Visual C#®
HOW TO PROGRAM
SIXTH EDITION

Deitel® Series Page

How To Program Series
Android™ How to Program, 3/E
C++ How to Program, 10/E
C How to Program, 8/E
Java™ How to Program, Early Objects Version, 10/E
Java™ How to Program, Late Objects Version, 10/E
Internet & World Wide Web How to Program, 5/E
Visual Basic® 2012 How to Program, 6/E
Visual C#® How to Program, 6/E

Deitel® Developer Series
Android™ 6 for Programmers: An App-Driven Approach, 3/E
C for Programmers with an Introduction to C11
C++11 for Programmers
C# 6 for Programmers
iOS® 8 for Programmers: An App-Driven Approach with Swift™
Java™ for Programmers, 3/E
JavaScript for Programmers
Swift™ for Programmers

Simply Series
Simply Visual Basic® 2010: An App-Driven Approach, 4/E
Simply C++: An App-Driven Tutorial Approach

VitalSource Web Books
http://bit.ly/DeitelOnVitalSource
Android™ How to Program, 2/E and 3/E
C++ How to Program, 8/E and 9/E
Java™ How to Program, 9/E and 10/E
Simply C++: An App-Driven Tutorial Approach
Simply Visual Basic® 2010: An App-Driven Approach, 4/E
Visual Basic® 2012 How to Program, 6/E
Visual C#® How to Program, 6/E
Visual C#® 2012 How to Program, 5/E

LiveLessons Video Learning Products
http://deitel.com/books/LiveLessons/
Android™ 6 App Development Fundamentals, 3/E
C++ Fundamentals
Java™ Fundamentals, 2/E
C# 6 Fundamentals
C# 2012 Fundamentals
iOS® 8 App Development Fundamentals with Swift™, 3/E
JavaScript Fundamentals
Swift™ Fundamentals

REVEL™ Interactive Multimedia
REVEL™ for Deitel Java™

To receive updates on Deitel publications, Resource Centers, training courses, partner offers and more, please join the Deitel communities on
- Facebook®—http://facebook.com/DeitelFan
- Twitter®—http://twitter.com/deitel
- LinkedIn®—http://linkedin.com/company/deitel-&-associates
- YouTube™—http://youtube.com/DeitelTV
- Google+™—http://google.com/+DeitelFan

and register for the free *Deitel® Buzz Online* e-mail newsletter at:
http://www.deitel.com/newsletter/subscribe.html

To communicate with the authors, send e-mail to:
deitel@deitel.com

For information on programming-languages corporate training seminars offered by Deitel & Associates, Inc. worldwide, write to deitel@deitel.com or visit:
http://www.deitel.com/training/

For continuing updates on Pearson/Deitel publications visit:
http://www.deitel.com
http://www.pearsonhighered.com/deitel/

Visit the Deitel Resource Centers, which will help you master programming languages, software development, Android™ and iOS® app development, and Internet- and web-related topics:
http://www.deitel.com/ResourceCenters.html

HOW TO PROGRAM

SIXTH EDITION

Paul Deitel
Harvey Deitel
Deitel & Associates, Inc.

PEARSON

Boston Columbus Hoboken Indianapolis New York San Francisco
Amsterdam Cape Town Dubai London Madrid Milan Munich Paris Montreal
Toronto Delhi Mexico City São Paulo Sydney Hong Kong Seoul Singapore Taipei Tokyo

Vice President, Editorial Director: *Marcia Horton*
Acquisitions Editor: *Tracy Johnson*
Editorial Assistant: *Kristy Alaura*
VP of Marketing: *Christy Lesko*
Field Marketing Manager: *Demetrius Hall*
Marketing Assistant: *Jon Bryant*
Director of Product Management: *Erin Gregg*
Team Lead, Program and Project Management: *Scott Disanno*
Program Manager: *Carole Snyder*
Project Manager: *Robert Engelhardt*
Manufacturing Buyer, Higher Ed | RR Donnelley: *Maura Zaldivar-Garcia*
Cover Design: *Paul Deitel*, *Harvey Deitel*, *Chuti Prasertsith*
R&P Manager: *Ben Ferrini*
Inventory Manager: *Ann Lam*
Cover Photo Credit: © *Kannanimages / Shutterstock*

Credits and acknowledgments borrowed from other sources and reproduced, with permission, in this textbook appear on page vi.

The authors and publisher of this book have used their best efforts in preparing this book. These efforts include the development, research, and testing of the theories and programs to determine their effectiveness. The authors and publisher make no warranty of any kind, expressed or implied, with regard to these programs or to the documentation contained in this book. The authors and publisher shall not be liable in any event for incidental or consequential damages in connection with, or arising out of, the furnishing, performance, or use of these programs.

© 2017 Pearson Education, Inc. Hoboken, New Jersey 07030

All rights reserved. Printed in the United States of America. This publication is protected by Copyright, and permission should be obtained from the publisher prior to any prohibited reproduction, storage in a retrieval system, or transmission in any form or by any means, electronic, mechanical, photocopying, recording, or likewise. To obtain permission(s) to use material from this work, please submit a written request to Pearson PLC, Permissions Department, 330 Hudson St, New York, NY 10013.

Many of the designations by manufacturers and sellers to distinguish their products are claimed as trademarks. Where those designations appear in this book, and the publisher was aware of a trademark claim, the designations have been printed in initial caps or all caps.

Microsoft and/or its respective suppliers make no representations about the suitability of the information contained in the documents and related graphics published as part of the services for any purpose. All such documents and related graphics are provided "as is" without warranty of any kind. Microsoft and/or its respective suppliers hereby disclaim all warranties and conditions with regard to this information, including all warranties and conditions of merchantability, whether express, implied or statutory, fitness for a particular purpose, title and non-infringement. In no event shall Microsoft and/or its respective suppliers be liable for any special, indirect or consequential damages or any damages whatsoever resulting from loss of use, data or profits, whether in an action of contract, negligence or other tortious action, arising out of or in connection with the use or performance of information available from the services. The documents and related graphics contained herein could include technical inaccuracies or typographical errors. Changes are periodically added to the information herein. Microsoft and/or its respective suppliers may make improvements and/or changes in the product(s) and/or the program(s) described herein at any time. Partial screen shots may be viewed in full within the software version specified.

The documents and related graphics contained herein could include technical inaccuracies or typographical errors. Changes are periodically added to the information herein. Microsoft and/or its respective suppliers may make improvements and/or changes in the product(s) and/or the program(s) described herein at any time. Partial screen shots may be viewed in full within the software version specified.

Library of Congress Cataloging-in-Publication Data on file.

10 9 8 7 6 5 4 3 2 1

ISBN-10:   0-13-460154-8
ISBN-13: 978-0-13-460154-0

PEARSON

In memory of William Siebert, Professor Emeritus of Electrical Engineering and Computer Science at MIT:

Your use of visualization techniques in your Signals and Systems lectures inspired the way generations of engineers, computer scientists, educators and authors present their work.

Harvey and Paul Deitel

Trademarks

DEITEL and the double-thumbs-up bug are registered trademarks of Deitel and Associates, Inc.

Microsoft® Windows®, and Microsoft Visual C#® are registered trademarks of the Microsoft Corporation in the U.S.A. And other countries. This book is not sponsored or endorsed by or affiliated with the Microsoft Corporation.

UNIX is a registered trademark of The Open Group.

Throughout this book, trademarks are used. Rather than put a trademark symbol in every occurrence of a trademarked name, we state that we are using the names in an editorial fashion only and to the benefit of the trademark owner, with no intention of infringement of the trademark.

国外计算机科学教材系列

Visual C#® 大学教程
（第六版）

Visual C#® How to Program

Sixth Edition

［美］ Paul Deitel　Harvey Deitel　著

洛基山　张君施　等译

电子工业出版社
Publishing House of Electronics Industry
北京·BEIJING

内 容 简 介

本书是一本C#编程方面的优秀教材。在第五版的基础上，全书根据最新的C# 6规范进行了更新。除了讲解面向对象编程的类与对象、方法、控制语句、数组、继承、多态、异常处理、GUI、字符串和字符、文件和流、搜索与排序、泛型、集合、数据库等基本概念，还重点介绍了C# 6中新包含的功能，如字符串插值、索引初始值设定项、null条件运算符等，并且专门讲解了函数式编程的相关特点。

本书可作为高等院校计算机科学、信息技术、软件工程及商科等相关专业的编程语言教材和C#编程教材，也是软件设计人员进行C#程序开发的宝贵参考资料。

Authorized translation from the English language edition, entitled Visual C# How to Program, Sixth Edition, 9780134601540 by Paul Deitel and Harvey Deitel, published by Pearson Education, Inc., Copyright © 2017 Pearson Education, Inc.

All rights reserved. No part of this book may be reproduced or transmitted in any form or by any means, electronic or mechanical, including photocopying, recording or by any information storage retrieval system, without permission from Pearson Education, Inc.

CHINESE SIMPLIFIED language edition published by PEARSON EDUCATION ASIA LTD. and PUBLISHING HOUSE OF ELECTRONICS INDUSTRY Copyright ©2019.

本书中文简体字版专有出版权由 Pearson Education（培生教育出版集团）授予电子工业出版社。未经出版者预先书面许可，不得以任何方式复制或抄袭本书的任何部分。

本书贴有 Pearson Education（培生教育出版集团）激光防伪标签，无标签者不得销售。

版权贸易合同登记号　　图字：01-2017-5717

图书在版编目(CIP)数据

Visual C#大学教程：第六版 /（美）保罗•戴特尔（Paul Deitel），（美）哈维•戴特尔（Harvey Deitel）著；洛基山等译. —北京：电子工业出版社，2019.7
书名原文：Visual C# How to Program, Sixth Edition
国外计算机科学教材系列
ISBN 978-7-121-36929-2

Ⅰ. ①V… Ⅱ. ①保… ②哈… ③洛… Ⅲ. ①C语言—程序设计—高等学校—教材 Ⅳ. ①TP312.8

中国版本图书馆 CIP 数据核字(2019)第 122724 号

责任编辑：冯小贝
印　　刷：山东华立印务有限公司
装　　订：山东华立印务有限公司
出版发行：电子工业出版社
　　　　　北京市海淀区万寿路173信箱　　邮编：100036
开　　本：787×1092　1/16　印张：47.75　字数：1546千字
版　　次：2007年7月第1版（原书第2版）
　　　　　2019年7月第5版（原书第6版）
印　　次：2019年7月第1次印刷
定　　价：149.00元

凡所购买电子工业出版社图书有缺损问题，请向购买书店调换。若书店售缺，请与本社发行部联系，联系及邮购电话：(010)88254888，88258888。
质量投诉请发邮件至 zlts@phei.com.cn，盗版侵权举报请发邮件至 dbqq@phei.com.cn。
本书咨询联系方式：fengxiaobei@phei.com.cn。

译 者 序

本书是全球知名的计算机编程语言作家 Deitel 父子编写的讲解 Visual C#编程的一部著作。在上一版的基础上，全书根据 C# 6 规范进行了更新，重点突出规范中涉及的新功能，以充分利用 C#强大的编程能力。本书以作者独有的"活代码"方法，详细讲解了面向对象编程和 Visual C#编程。在介绍每一项功能时，都以一个能在真实环境下执行的程序体现，并且每一个程序都给出了最终的执行结果。这就是"活代码"的精髓所在。对于初学者而言，这种"眼见为实"的方式，能极大地加深对 Visual C#编程的理解。

本书内容根据 Microsoft 的 Visual Studio Community 2015 版本进行了更新，以体现其新增加的功能和特性。同时，书中各章的组织结构安排非常合理，以适应从初学者到中高级 C#程序员的学习需求。

从大的模块来看，本书可分为几个部分，具体为：Visual C#简介（共 2 章）、C#基础知识（共 6 章）、面向对象编程（共 5 章）、Windows 窗体 GUI（共 2 章）、字符串与文件（共 2 章）、搜索、排序和泛型数据结构（共 4 章）、数据库操作（共 1 章）、异步编程（共 1 章）。为了缩减篇幅，其中的一些高级内容放在了本书的配套网站上。

具体到每一章，则讲解了面向对象编程和 Visual C#编程所涉及的类、对象、方法、字符串与字符、控制语句、数组、继承、多态、异常处理、UML、Windows 窗体与 GUI 设计、文件处理、数据搜索与排序、数据结构、泛型、集合、LINQ/PLINQ 函数式编程、数据库、异步编程等。书中给出的示例带有很强的趣味性，比如纸牌游戏程序、学生成绩统计程序等，使读者在学习过程中不会感到枯燥。"挑战题"部分给出的习题则具有很强的现实性，比如肥胖问题、全球变暖问题、碳排放问题等，从而让学生逐渐适应将所学知识应用于现实生活中。

书中关于 C# 6 新功能的讲解，穿插在常规内容的介绍中。这些新功能包括：字符串插值、表达式方法、自动属性初始值设定项、nameof 运算符、null 条件运算符 "?." 和 "?[]"、捕获异常的 when 子句、using static 指令、用于具有 Add 扩展方法的任何集合的集合初始值设定项、索引初始值设定项等，它们是实现快速编程的"利器"，应充分掌握。

本书的译者有着多年程序开发和数据库系统设计、管理、维护工作的经验。全书的相关术语，尤其是一些专业术语的译法，由北京工商大学张君施副教授负责制订标准。具体的翻译分工如下：前言及中英文术语对照表由张君施翻译，第 1~4 章由李剑渊翻译，第 5~10 章由卜静翻译，第 11~15 章由隆冬翻译，第 16~20 章由洛基山翻译，第 21~23 章及附录由张君施翻译。全书最后由洛基山负责统稿。

由于本书翻译时间紧且由多人共同完成，再加上许多新出现的专业术语还没有公认的译法，因此译稿中如有不妥之处，恳请广大读者批评指正。译者的联系方式为 bambo.zhang@gmail.com。

译 者
2018 年 10 月于加拿大

前 言

欢迎进入采用 Microsoft 的 Visual C#编程语言来开发桌面、移动和 Web 程序的世界。本书以 C# 6 以及相关的 Microsoft 软件技术为基础[1],利用 .NET 平台以及 Visual Studio 集成开发环境,可以方便地编写、测试和调试程序,并让它们在 Windows 设备上运行。Windows 操作系统可运行于台式机和笔记本电脑、移动电话、平板电脑、游戏系统以及与物联网相关的大量设备上。

我们相信,本书以及为学生和教师提供的配套资料,将使 Visual C#的讲解变得内容丰富、全面、充满挑战且具娱乐性。全书讲解的前沿计算技术,适合相关专业的大学课程体系,它们是两个主要的专业组织——ACM 和 IEEE 推荐的课程体系[2]。

书中讲解了当前最流行的 4 种编程思想:

- 面向对象编程
- 结构化编程
- 泛型编程
- 函数式编程(这一版本新增)

在阅读本书之前,可以先浏览一下业内人士对于本书的评价(见本书封底),它们精确地概述了本书的精髓。随后通过本书将为学生、教师以及专业人士提供更多的详细信息。

本书的核心是作者独创的"活代码"方法——C#中的编程思想,它是在完全可工作的程序环境下给出的,并且提供了运行结果,而不是使用代码片段。书中的示例程序和练习题取材广泛,它们来自计算机科学、商业、教育、社会问题、个人设备、体育运动、数学、拼图游戏、仿真、博弈游戏、图形、多媒体以及许多其他领域。本书还提供了大量的表格、线状图和 UML 类图,从而提供更为可视化的学习体验。

前言后面的"学前准备"部分,给出了如何将计算机设置成能够运行书中数百个代码示例的说明,并指导如何自己开发 C#程序。书中的代码示例可从如下网站下载[3]:

> http://www.deitel.com/books/VCSharpHTP6

和

> http://www.pearsonhighered.com/deitel

利用这些源代码,可编译和运行每一个程序——这有助于读者更快、更深入地精通 Visual C#以及相关的 Microsoft 技术。书中的大多数示例,都能够运行于 Windows 7/8/10(没有 9)系统的 Visual Studio 下。本书在线章节中的通用 Windows 平台(UWP)和 XAML 的代码示例,则要求运行于 Windows 10 系统下。

联系作者

在学习本书的过程中,如果有任何问题,可发邮件至

> deitel@deitel.com

我们会及时回复。

---

[1] 到本书编写时为止,Microsoft 还没有发布官方的 C# 6 规范,可以参考 https://github.com/ljw1004/csharpspec/blob/ gh-pages/README.md 上的一个非官方的版本。

[2] 推荐的课程体系包含在 2013 年计算机科学本科学位课程大纲(*Computer Science Curricula 2013 Curriculum Guidelines for Undergraduate Degree Programs in Computer Science*)中,它们由计算课程联合专家组(Joint Task Force on Computing Curricula)、ACM 和 IEEE 计算机学会于 2013 年 12 月 20 日发布。

[3] 相关的资源也可登录华信教育资源网(www.hxedu.com.cn)下载。

加入 Deitel & Associates 公司的社交圈

关于本书的更新,可访问:

http://www.deitel.com/books/VCSharpHTP6

还可以订阅作者的 Deitel Buzz Online 新闻组:

http://www.deitel.com/newsletter/subscribe.html

作者的社交媒体如下:

- Facebook——http://facebook.com/DeitelFan
- LinkedIn——http://linkedin.com/company/deitel-&-associates
- YouTube——http://youtube.com/DeitelTV
- Twitter——http://twitter.com/Deitel
- Instagram——http://instagram.com/DeitelFan
- Google+——http://google.com/+DeitelFan

尽早讲解对象

本书在第 1 章就讲解了面向对象编程的基本概念和术语。在第 2 章就允许读者可视化地操纵对象,比如标签和图形。第 3 章介绍 C#编程,将编写操作已有对象的 Visual C#程序。第 4 章中则会首次创建定制化的类和对象。尽早讲解对象和类,可以使读者立即"以对象的思维进行思考",并且能更全面地理解这些概念。

这种"尽早讲解对象"的思想,一直持续到第 5~9 章,它们给出了各种简单直接的案例分析。第 10~12 章中,将深入探究类和对象,讲解继承、接口和多态,然后将这些概念应用于接下来的各章中。

C# 6 新的语言特性

全书都会讲解 C# 6 新的语言特性(见图 1)——只要涉及一个新特性,本书页边会以文本"6"进行标注,如本段左侧所示。

C# 6 新的语言特性	相关章节
字符串插值	3.5 节
表达式方法和 get 访问器	7.15 节
自动属性初始值设定项	8.6.1 节
只读自动实现的属性	8.6.1 节
nameof 运算符	10.5.1 节
null 条件运算符 "?."	13.9.1 节
捕获异常的 when 子句	13.10 节
using static 指令	21.3.1 节
null 条件运算符 "?[ ]"	21.6 节
用于具有 Add 扩展方法的任何集合的集合初始值设定项	21.7 节
索引初始值设定项	21.7 节

图 1 C# 6 新的语言特性

充满趣味性、娱乐性和挑战性的练习题

本书包含数百个练习题,用于实践所学技巧。为便于自学,书中给出了大量的自测题以及答案。每一章都包含相当数量的练习题,通常的形式包括:

- 简单回顾重要的术语和概念
- 找出代码示例中的错误
- 编写一条程序语句
- 编写执行某项任务的方法
- 编写 C#类
- 编写完整的程序
- 完成几个重要的项目

图 2 中给出了本书中数百个练习题的一小部分,其中包括一些"挑战题"。挑战题鼓励读者利用计算机和 Internet 来研究并解决重大的社会问题。希望读者能用自己的价值观、策略和信念找出它们的解决之道。有关书中练习题的答案,只提供给采用本书作为教材的大学教师[①]。

书中的一些练习题		
"碳足迹"计算器	汽车油耗计算器	HugeInteger 类
体重指数计算器	计算 π 值	Tic-Tac-Toe 游戏
混合动力汽车的特性	勾股数组	ComplexNumber 类
性别中性化	关于全球变暖问题的小测验	Shape 继承层次
记事本 GUI	另一种税务规划:FairTax	工资系统
日历和约会 GUI	保留指定小数位	应付款程序
计算器 GUI	直角三角形的斜边长	多态银行程序
闹钟 GUI	显示由任意字符组成的正方形	CarbonFootprint 接口:多态
收音机 GUI	分离数字	画图
显示形状	温度转换	猜数游戏
奇偶性判断	完数	Ecofont 字体
数字倍数关系判断	质数	打字练习
拆分整数中的数字	颠倒数字	饭店账单计算器
平方表和立方表	将平均成绩转换成 4 个等级	文章编写器
Account 类	抛硬币	儿童黑话(Pig Latin)
Invoice 类	猜数游戏	更健康的烹饪配料
Employee 类	两点间的距离	消除垃圾邮件
Date 类	带赌注的掷骰子游戏	SMS 语言
删除重复代码	汉诺塔	学生成绩文件
目标心率计算器	计算机辅助教学	生成表示电话号码的单词
健康记录的计算机化	销售佣金	学生调查
信用额度计算器	消除重复值	网络钓鱼扫描程序
销售佣金计算器	掷骰子游戏	桶排序
薪水计算器	航空订位系统	回文
找出最大的两个数	骑士旅行国际象棋游戏	用栈求值表达式
悬垂 else 问题	八皇后国际象棋游戏	**建立自己的编译器**
回文	Eratosthenes 筛选法	泛型线性搜索
与二进制数等价的十进制数	龟兔赛跑	Color 类的 SortedDictionary
直角三角形的边	洗牌与发牌	质因子
阶乘	**建立自己的计算机(虚拟机)**	使用 LinkedList<int>的桶排序
无穷序列:数学常量 e	投票	使用 BitArray 执行 Eratosthenes 筛选法
全球人口增长	查询 Invoice 对象数组	信用查询程序
用密码强制保护隐私	删除重复的单词	掷骰子 60 000 000 次
条形图显示	Rectangle 类	Baseball 数据库程序
质数	储蓄账户类	使用 LINQ to XML 进行解析
销售情况统计	整数集	I/O 密集型程序与计算密集型程序
拼车省钱计算器	RationalNumber 类	递归地计算 Fibonacci 数

图 2 书中的一些练习题

---

① 教辅申请方式请参见书末的教学支持说明。

本书概览

这一部分讲解本书内容的组织结构，以帮助教师制订教学计划。

计算、Visual C#和 Visual Studio Community 2015 简介

以下两章：

- 第 1 章　计算机、Internet 和 Visual C#简介
- 第 2 章　Visual Studio 和可视化编程简介

讲解的是硬件和软件的基础知识、Microsoft 的 .NET 平台以及可视化编程。书中绝大部分的示例程序，都可以运行于安装了 Visual Studio Community 2015 的 Windows 7/8/10 系统上。1.12 节中测试了一个有趣的 Painter 程序。第 1 章在讲解面向对象编程时，定义了一些主要的术语，探讨了一些重要的概念，它们将用于后面的章节中。

C#基础知识简介

以下几章：

- 第 3 章　C#编程入门
- 第 4 章　类、对象、方法和 string 简介
- 第 5 章　算法设计与控制语句(1)
- 第 6 章　控制语句(2)
- 第 7 章　方法：深入探究
- 第 8 章　数组以及异常处理简介

涵盖了 C#编程的基础知识(数据类型、运算符、控制语句、方法、数组)，并讲解了面向对象编程。这几章必须按顺序讲解与学习。第 5 章和第 6 章很好地讲解了控制语句以及问题求解的过程；第 7 章和第 8 章分别详细探讨了方法和数组。第 8 章在讲解异常处理时给出了一个示例，它演示了访问数组边界之外的元素时会出现的情况。

面向对象编程：深入探究

以下几章：

- 第 9 章　LINQ 和 List 集合简介
- 第 10 章　类与对象：深入探究
- 第 11 章　面向对象编程：继承
- 第 12 章　面向对象编程：多态与接口
- 第 13 章　异常处理：深入探究

详细讲解了面向对象编程，包括类、对象、继承、多态、接口以及异常处理。可选学的两章在线章节以案例的形式探讨了为一个简单的 ATM 设计并实现面向对象软件的过程，细节将在后面给出。

第 9 章讲解了 Microsoft 的语言集成查询(LINQ)技术，这种技术对操作来自各种数据源的数据提供了统一的语法。这些数据源可以是数组、集合或者后面几章将会讲解的 XML 和数据库。这一章的内容简明扼要，以鼓励教师尽早讲解 LINQ 技术。9.4 节介绍了第 12 章中会用到的 List 集合。在本书的后面深入分析了 LINQ，涉及 LINQ to Entities(用于数据库查询)和 LINQ to XML。如果所讲课程不涉及 LINQ，则可以省略这一章中有关 LINQ 的内容。或者，当讲到第 17 章的一个示例(见图 17.6)以及第 22 章以后的内容时，才讲解这一部分。

Windows 窗体 GUI

以下两章：

- 第 14 章　图形用户界面与 Windows 窗体(1)
- 第 15 章　图形用户界面与 Windows 窗体(2)

详细讲解了如何用 Windows 窗体构建 GUI。讲授 Visual C#的教师，依然强烈希望在课堂上使用 Windows 窗体。这两章中的大多数示例程序，可以在学习完第 4 章后讲解。在其他几章中，也用到了 Windows 窗体 GUI。

Windows 中还存在另外两种 GUI 技术——Windows Presentation Foundation(WPF)和 Universal Windows Platform(UWP)。有关它们的讲解，请参见在线章节[①]。

字符串和文件

以下两章：

- 第 16 章　字符串和字符：深入探究
- 第 17 章　文件和流

分别讲解了字符串和文件的处理。第 4 章介绍了字符串，然后在整本书中都将用到它。第 16 章更详细地讨论了字符串。第 16 章中的大多数示例程序，可以在学习完第 4 章后再讲解。第 17 章的内容涉及文本文件处理和对象序列化，后者针对的是如何输入和输出整个对象。在学习第 17 章的内容之前，要求掌握第 14 章讲解的 Windows 窗体的概念。

搜索、排序和泛型数据结构

以下几章：

- 第 18 章　搜索与排序
- 第 19 章　定制链式数据结构
- 第 20 章　泛型
- 第 21 章　泛型集合以及 LINQ/PLINQ 函数式编程

讲解的是搜索、排序和数据结构的相关内容。大多数 C#程序员都应当使用 .NET 内置的搜索、排序和泛型集合(预包装的数据结构)功能，它们将在第 21 章探讨。如果希望讲解如何实现定制化的搜索、排序和数据结构功能，则可以学习第 18～20 章，这几章内容的学习要求事先掌握第 3～8 章和第 10～13 章中的知识。第 18 章给出了几个搜索和排序算法，并通过大 O 符号来比较每一种算法的复杂度——特别地，代码示例采用了可视化输出的方式，以展现算法是如何工作的。第 19 章讲解的是如何实现定制的数据结构，包括列表、栈、队列和二叉树。这一章中讲解的数据结构，保存的是对象的引用。第 20 章讲解 C# 泛型，并演示了如何创建类型安全的泛型方法和类型安全的栈数据结构。

利用 LINQ、PLINQ、lambda 表达式、委托以及不变性的函数式编程

除了泛型集合，第 21 章还讲解了一些有关编程的基础知识，包括如何用 LINQ to Objects 更简明地编写代码，从而写出包含更少错误的程序。21.12 节中采用了一个额外的方法调用，演示了 PLINQ(并行 LINQ)如何能够在多核系统中极大地提高 LINQ to Objects 的性能。这一章的练习题要求重新实现以前采用函数式编程技术的几个示例。

数据库、LINQ to Entities 和 SQL Server

这部分包含一章：

- 第 22 章　数据库和 LINQ

[①] Windows 窗体、WPF 和 UWP 程序都可以通过 Windows Store 发布。更多细节，请参见 http://bit.ly/ DesktopToUWP。

为初学者讲解了数据库编程,采用的是 ADO.NET 实体框架、LINQ to Entities 以及 Microsoft 的 SQL Server 免费版本(它随 Visual Studio Community 2015 一起安装)。在学习这一章中的示例程序之前,要求掌握第 3~14 章中的 C#、面向对象编程以及 Windows 窗体等知识。在线的几章内容采用了本章中讲解的技术。

异步编程

这部分包含一章:

- 第 23 章 async、await 与异步编程

它讲解的是如何利用多核体系结构来编写能够异步执行任务的程序,从而提升那些需长时间运行或者计算密集型任务的程序的性能和 GUI 响应能力。async 修饰符和 await 运算符极大地简化了异步编程,减少了相关的错误,并且使程序能够利用当今的多核计算机、智能手机和平板电脑的处理能力。本书第六版增加了一个案例分析,它在一个 GUI 程序中使用了任务并行库(TPL)、async 和 await——当进度条在一个 GUI 线程中持续前进时,让一个耗时的、计算密集型运算在另一个线程中并行地执行。

在线章节介绍

对于大多数入门性和中级的 Visual C#课程而言,本书的印刷版本包含了相当全面的核心内容(第 1~23 章)。对于高级课程和专业课程而言,可以讲解与本书相关的几章在线内容[①]。

图 3 中列出了在线章节所讨论的一些主题,而图 4 给出的是在线章节的配套练习题。

在线章节涉及的主题
Web 程序开发和 ASP.NET
XML 和 LINQ to XML
UWP GUI、图形、多媒体和 XAML
REST Web 服务
云计算与 Microsoft Azure
使用 Visual Studio Debugger
(选修)WPF GUI、图形、多媒体和 XAML
(选修)ATM 案例分析(1):面向对象设计和 UML
(选修)ATM 案例分析(2):在 C#中实现面向对象设计

图 3 在线章节涉及的主题

在线章节的配套练习题		
来宾簿程序	贷款计算器	国旗小测验
基于 Web 的地址簿	学生贷款还款计算器	电话簿程序与数据绑定
增强的绘图程序	汽车分期付款计算器	增强的 UsingGradients 程序
照片查看器	汽车油耗计算器	增强的 DrawStars 程序
数据绑定与 LINQ 查询	体重指数计算器	图像反射器
贪吃蛇	目标心率计算器	辅助功能:语音控制的画图程序
画图程序	电话簿 Web 服务	
增强的小费计算器	搜索喜欢的 Flickr 照片	

图 4 在线章节的配套练习题

Web 程序开发和 ASP.NET

利用 Microsoft 的 .NET 服务器端技术 ASP.NET,可以创建健壮的、可扩展的基于 Web 的程序。我们将创建几个程序,包括一个基于 Web 的来宾簿程序,它使用 ASP.NET 和 ADO.NET 实体框架,将数

[①] 相关资源可登录华信教育资源网(www.hxedu.com.cn)下载。

据保存到数据库中并显示在 Web 页面上。

可扩展标记语言(XML)

在软件开发行业和电子商务中,大量使用了可扩展标记语言(XML)。在 .NET 平台上,XML 也是无处不在的。XML 主要用于本书的在线内容。使用 XML 时要求理解 XAML——Microsoft 的 XML 词汇表,它用来描述 UWP GUI、图形和多媒体。在线章节中首先讲解了 XML 基础知识,然后探讨了 LINQ to XML,它利用 LINQ 语法来查询 XML 内容。

用于桌面和移动程序的 UWP

Universal Windows Platform(UWP)用于为所有的 Windows 设备提供共同的平台和用户体验,这些设备包括个人计算机、智能手机、平板电脑、Xbox,甚至 Microsoft 最新的 HoloLens 增强现实全息头盔——它们都使用几乎相同的代码。书中讲解了一些 GUI、图形和多媒体程序,并在个人计算机和智能手机模拟器中演示了它们的运行情况,智能手机模拟器可在 Visual Studio Community 2015 中找到。

REST Web 服务

Web 服务使程序员能够将程序的功能打包,使 Web 变成一种可重复使用的服务库。其中一个案例讲解的是数学测验题生成程序 Web 服务,它可由数学教学程序调用。

构建 Microsoft Azure 云计算程序

Microsoft Azure 的 Web 服务,可用来在"云"上开发、管理和发布程序。书中演示了如何利用 Azure Web 服务,将程序的数据进行在线保存。

WPF GUI、图形和多媒体

Windows Presentation Foundation(WPF)诞生于 Windows 窗体之后、UWP 之前,它是 Microsoft 用于构建健壮的 GUI、图形和多媒体桌面程序的另一种技术。WPF 对 GUI 的外观提供了全面的控制,包括在 Windows 窗体中不曾具备的多媒体能力。在讲解 WPF 时,我们实现了绘图、文本编辑器、颜色选择器、图书封面查看器、电视视频播放器、各种动画以及语音合成与识别等程序。

由于需要用 UWP 替换 WPF,以创建能够运行于桌面、移动和其他 Windows 设备上的程序,所以书中讲解 WPF 的内容直接来自本书的上一个版本,并且作者不再对这部分内容的正确性负责。

可选的案例分析:使用 UML 开发 ATM 的面向对象设计和 C#实现

UML(统一建模语言)是设计面向对象系统的图形化建模语言的行业标准。本书的前几章讲解了 UML,并提供了一个可选学的面向对象案例分析(在线章节),它使用 UML 来设计并实现一个简单的 ATM 系统。在这一部分内容中,分析了一个构建系统细节所要求的典型需求文档,明确了实现该系统所需要的类、类需要具有的属性、类需要表现的行为,还指定了类的方法必须如何交互,以满足系统需求。根据这些设计,书中还给出了一个可运行的 C#实现。读者经常反馈说,他们有"眼前一亮"的感觉。这个"集大成"的案例分析,使他们真正理解了面向对象的概念。

教学方法

本书包含丰富的示例。书中强调的是程序的清晰性,并集中讲解如何构建良好工程化的软件。

"活代码"方法 书中采用的是"活代码"示例——大多数的新概念,都是在完整的、可运行的 Visual C#程序环境中给出的。在程序的后面,都提供了一个或多个展示输入和输出结果的执行界面。少数情况下给出的是代码片段,但是为了确保正确性,首先会将它们置于一个完整可运行的程序中进行测试,然后将它们复制出来并放于书中。

目标 每一章开始处的"目标"部分,给出的是该章所涉及的主题。

编程提示 书中提供的编程提示,可帮助读者关注程序开发过程中的重要方面。这些提示和实践,体现了两位作者累计 90 余年的编程和教学经验之精华。

良好的编程实践
"良好的编程实践"提示，有助于得到更清晰、更易理解和更易维护的程序。

常见编程错误
给出这个编程提示，可使读者减少类似的错误。

错误防止提示
这类提示包含暴露和删除程序 bug 的建议，大多数描述的是如何在 Visual C#中防止将 bug 带入程序。

性能提示
这些提示，强调的是使程序运行得更快或使内存占用最小化的可能性。

可移植性提示
帮助读者编写能运行在各种平台下的代码。

软件工程结论
它强调的是体系性以及设计的问题，这些问题会影响软件系统的建立，尤其是对于大规模的系统。

外观设计提示
这些提示可帮助用户设计出有吸引力的、友好的图形用户界面，以符合业界规范。

摘要 各章(除第 1 章外)末尾给出了这一章的汇总性内容。
术语表 在每一章(除第 1 章外)中，都包含了一个按字母顺序排列的重要术语的列表。
索引 本书包含大量的索引。

获取本书中所用的软件

本书中的代码示例，是用 Microsoft 免费的 Visual Studio Community 2015 编写的。前言后面的"学前准备"部分，给出了下载和安装这些资源的指南。

教辅资源[①]

采用本书作为教材的教师，可以获得下面这些教辅资源。

- 习题解答手册 给出了各章末尾大多数练习题的答案。本书新增了许多挑战题，大部分都提供了答案。项目类的练习题没有提供答案。可以访问作者的 Programming Projects Resource Center，获取大量额外的练习题和项目题：

  http://www.deitel.com/ProgrammingProjects
- 测试项目文件 选择题(大约每一节给出两个问题)。
- PowerPoint 文件 包含了教材中的大部分代码和图表，并总结了重要的概念。

Microsoft DreamSpark

Microsoft 免费为学生提供许多专业的开发和设计工具，这个项目被称为 DreamSpark (http://www.

---

① 教辅申请方式请见书末的教学支持说明。

dreamspark.com）。关于验证学生身份以便能利用这个项目的详细信息，请参见该网站。为了编译、测试、调试和运行书中的程序示例，需要 Windows 10 系统以及免费的 Visual Studio Community 2015。除了在线的 UWP 示例，书中的其他示例还可以在 Windows 7 及以上版本的系统中编译和运行。

致谢

我们要感谢 Deitel & Associates 公司的 Barbara Deitel，她研究了 Visual C#、Visual Studio、.NET 的新功能以及其他的重要技术。还要感谢哈丁大学（Harding University）计算机科学系的助理教授 Frank McCown 博士，他建议我们在第 23 章包含一个带有 async 和 await 的 ProgressBar 示例，因此我们将一个类似的例子从另一本教材 *Java How to Program, 10/e* 移植到了本书中。

我们有幸与 Pearson Higher Education 的出版专家团队共同完成了这个项目。感谢 Computer Science 执行主编 Tracy Johnson 的指导以及为本书付出的精力。Kristy Alaura 成功地召集了本书的评审成员并组织了评审过程。Bob Engelhardt 很好地完成了本书的出版工作。

评审人员

本书得到了讲授 C#课程的教师以及行业专家的仔细评审，他们为本书的内容提出了无数的建议。书中遗留下来的问题，都是作者本人的责任。

第六版的评审人员：Qian Chen（Department of Engineering Technology: Computer Science Technology Program，Savannah State University），Octavio Hernandez（Microsoft Certified Solutions Developer，Principal Software Engineer at Advanced Bionics），José Antonio González Seco（Parliament of Andalusia，Spain），Bradley Sward（College of Dupage），Lucian Wischik（Microsoft Visual C# Team）。

第五版出版后的评审人员：为了准备本书第六版的编写，如下学者评审了第五版并提供了大量有益的建议。他们是：Qian Chen（Savannah State University），Hongmei Chi（Florida A&M University），Kui Du（University of Massachusetts，Boston），James Leasure（Cuyahoga Community College West），Victor Miller（Ramapo College），Gary Savard（Champlain College），Mohammad Yusuf（New Hampshire Technical Institute）。

其他评审人员：Douglas B. Bock（MCSD.NET，Southern Illinois University Edwardsville），Dan Crevier（Microsoft），Shay Friedman（Microsoft Visual C# MVP），Amit K. Ghosh（University of Texas at El Paso），Marcelo Guerra Hahn（Microsoft），Kim Hamilton（Software Design Engineer at Microsoft and co-author of *Learning UML 2.0*），Huanhui Hu（Microsoft Corporation），Stephen Hustedde（South Mountain College），James Edward Keysor（Florida Institute of Technology），Narges Kasiri（Oklahoma State University），Helena Kotas（Microsoft），Charles Liu（University of Texas at San Antonio），Chris Lovett（Software Architect at Microsoft），Bashar Lulu（INETA Country Leader，Arabian Gulf），John McIlhinney（Spatial Intelligence；Microsoft MVP Visual Developer，Visual Basic），Ged Mead（Microsoft Visual Basic MVP，DevCity.net），Anand Mukundan（Architect，Polaris Software Lab Ltd.），Dr. Hamid R. Nemati（The University of North Carolina at Greensboro），Timothy Ng（Microsoft），Akira Onishi（Microsoft），Jeffrey P. Scott（Blackhawk Technical College），Joe Stagner（Senior Program Manager，Developer Tools & Platforms，Microsoft），Erick Thompson（Microsoft），Jesús Ubaldo Quevedo-Torrero（University of Wisconsin–Parkside，Department of Computer Science），Shawn Weisfeld（Microsoft MVP and President and Founder of UserGroup.tv），Zijiang Yang（Western Michigan University）。

我们衷心欢迎读者提出意见、批评、更正和建议，以完善本书。请将它们发送至：

deitel@deitel.com

我们会及时回复。我们希望你会乐意阅读本书，如同我们在编写它时一样。

Paul Deitel
Harvey Deitel

关于作者

Paul Deitel，Deitel & Associates 公司 CEO 兼 CTO，具有超过 35 年计算机行业的工作经验，毕业于麻省理工学院。通过 Deitel & Associates 公司，他向行业客户提供了数以百计的编程课程，这些客户包括：Cisco、IBM、Boeing、Siemens、Sun Microsystems（现在为 Oracle）、Dell、Fidelity、NASA 肯尼迪航天中心、美国国家风暴实验室、NOAA（美国国家海洋和大气管理局）、白沙导弹基地、Rogue Wave Software、SunGard、Nortel Networks、Puma、iRobot、Invensys，等等。他和合作者 Harvey Deitel 博士是全球畅销的编程语言教材和专业图书/音频产品的作者。

Paul 获得过 2012 年至 2014 年的 Microsoft C# MVP 称号。Microsoft MVP 是一个年度奖项，授予全球知名的、有突出贡献的技术社区领导者，他们积极地与用户和 Microsoft 共享高质量的、来自真实世界的知识。Paul 还拥有 Java Certified Programmer 和 Java Certified Developer 证书，并且被授予 Oracle Java Champion 称号。

C# MVP 2012—2014

Harvey Deitel 博士，Deitel & Associates 公司主席兼首席战略官，具有 55 年以上的计算机行业工作经验。Deitel 博士在麻省理工学院获得电子工程学士和硕士学位，在波士顿大学获得数学博士学位——在将计算机科学专业从这些专业分离出去之前，Deitel 博士已经学习过计算机知识。他具有丰富的大学教学经验，在与儿子 Paul 于 1991 年创立 Deitel & Associates 公司之前，Deitel 博士是波士顿大学计算机科学系主任并获得了终身教职。他们的出版物已经赢得了国际声誉，并被翻译成了日文、德文、俄文、西班牙文、法文、波兰文、意大利文、简体中文、繁体中文、韩文、葡萄牙文、希腊文、乌尔都文和土耳其文。Deitel 博士为许多大公司、学术机构、政府部门和军队提供了数百场的专业编程培训。

关于 Deitel & Associates 公司

Deitel & Associates 公司由 Paul Deitel 和 Harvey Deitel 创立，是一家国际知名的提供企业培训服务和著作出版的公司，专门进行计算机编程语言、对象技术、Internet 和 Web 软件技术以及 Android 和 iOS 程序开发方面的培训与图书出版。公司的客户包括许多大公司、政府部门、军队以及学术机构。公司向全球客户提供由教师主导的主要编程语言和平台课程，包括 Visual C#、C++、C、Java，Android 程序开发、iOS 程序开发、Swift、Visual Basic 以及 Internet 和 Web 程序开发。

Deitel & Associates 公司与 Prentice Hall/Pearson 出版社具有 40 年的出版合作关系，出版了一流的编程教材、专业图书、LiveLessons 视频课程、电子图书，以及包含集成实验室和评估系统的 REVEL 交互式多媒体课程（http://revel.pearson.com）。可通过如下电子邮件地址联系 Deitel & Associates 公司和作者：

deitel@deitel.com

想了解有关 Deitel 的企业培训课程，可访问：

http://www.deitel.com/training

如果贵公司或机构希望获得关于教师现场培训的建议，可发邮件至 deitel@deitel.com。

希望购买 Deitel 图书的个人，可访问：

  http://bit.ly/DeitelOnAmazon

希望购买 LiveLessons 视频课程的个人，可访问：

  http://bit.ly/DeitelOnInformit

Deitel 图书的电子版和 LiveLessons 视频课程，通常可通过 Safari Books Online 订阅：

  http://SafariBooksOnline.com

想获得 10 天免费的 Safari Books Online 试读，可访问：

  https://www.safaribooksonline.com/register

公司、政府部门、军队和学术机构的团购，应直接与 Pearson 出版社联系。更多信息，请访问：

  http://www.informit.com/store/sales.aspx

学 前 准 备

在阅读本书之前请先阅读本节，以确保正确设置了计算机。

Visual Studio Community 2015 版本

本教材使用 Windows 10 系统和免费的 Visual Studio Community 2015 版本——Visual Studio 也可运行于 Windows 系统的各种老版本上。应确保系统满足如下网站列出的最低要求，以运行 Visual Studio Community 2015 版本：

    https://www.visualstudio.com/en-us/visual-studio-2015-system-requirements-vs

接着，从如下网站下载安装程序：

    https://www.visualstudio.com/products/visual-studio-express-vs

执行安装程序，并按照屏幕提示安装 Visual Studio。

尽管书中的示例是在 Windows 10 系统下开发的，但是它们也能运行于 Windows 7 系统及以上的版本中，不过在线的 UWP 示例除外。不包含 GUI 的大多数示例程序，也能够运行于其他的 C#和 .NET 版本中——详细信息请参见后面的"不使用 Microsoft Visual C#"内容。

查看文件扩展名

本书中有几个屏幕截图显示了带文件扩展名（如 .txt、.cs 或 .png 等）的文件名。可能需要将系统调整成显示文件扩展名。Windows 7 系统中的操作方法如下：

1. 打开 Windows Explorer（资源管理器）。
2. 按 Alt 键显示菜单栏，然后从 Tools（工具）菜单中选择 Folder Options（文件夹选项）。
3. 在出现的对话框中选择 View（查看）选项卡。
4. 在 Advanced settings（高级设置）窗格中，取消 Hide extensions for known file types（隐藏已知文件类型的扩展名）旁边的复选框的选中状态。
5. 单击 OK 按钮并关闭对话框。

Windows 8/10 系统中的操作方法如下：

1. 打开 File Explorer。
2. 单击 View 选项卡。
3. 确保选中了 File name extensions（文件扩展名）选项。

获取源代码

本书中的示例程序源代码可从如下网站下载[①]：

    http://www.deitel.com/books/VCsharpHTP6

[①] 也可登录华信教育资源网(www.hxedu.com.cn)下载。

单击 Examples 链接，将 ZIP 压缩文件下载到本地计算机——大多数浏览器都会默认将它下载到用户账户的 Downloads 文件夹下。可通过 Windows 内置的解压功能，或者使用第三方的压缩文件工具，解压这个 ZIP 文件。例如，可使用 WinZip(www.winzip.com)或者 7-zip(www.7-zip.org)。

在本书有关示例代码的讲解中，假定已经将这个 ZIP 文件解压到用户账户的 Documents 文件夹下，也可以将它们解压到其他位置。但是，需要相应地更改书中讲述的那些步骤。利用 Windows 内置的功能解压这个 ZIP 文件的步骤如下：

1. 打开 Windows Explorer(Windows 7)或 File Explorer(Windows 8/10)。
2. 找到系统中的 ZIP 文件，通常它位于用户账户的 Downloads 文件夹下。
3. 右击这个文件，选择 Extract All 选项。
4. 在出现的对话框中，选择希望放置解压文件的文件夹，然后单击 Extract 按钮。

配置 Visual Studio

这里将使用 Visual Studio 的 Options 对话框来配置几个 Visual Studio 选项。这些选项设置并不是必需的，但是它们可使显示出的 Visual Studio 界面与书中给出的屏幕截图一致。

Visual Studio 主题

Visual Studio 具有三种颜色主题——Blue(蓝色)、Dark(深色)和 Light(浅色)。英文原版书中使用的是带有浅色背景的 Blue 主题，以使书中的屏幕截图信息更易阅读。更改颜色主题的步骤如下：

1. 在 Visual Studio 的 Tools 菜单中选择 Options，显示 Options 对话框。
2. 在左列中选择 Environment。
3. 选择希望使用的 Color theme。

执行下面的操作时也要打开 Options 对话框。

行号

本书在分析示例程序时，采用行号来引用程序。许多程序员发现，在 Visual Studio 中显示行号也是有帮助的。为此，需执行如下操作：

1. 展开 Options 对话框左侧面板中的 Text Editor 节点。
2. 选择 All Languages。
3. 在右侧面板中，选中 Line numbers 复选框。

保持 Options 对话框的打开状态，执行下面的操作。

代码缩进的制表符宽度设置

Microsoft 建议在源代码中采用 4 个空格的缩进形式，它是 Visual Studio 的默认设置。由于书中代码行固定宽度的限制，这里采用的是 3 个空格的缩进，以减少代码行的数量，使代码更易阅读。改成 3 个空格缩进格式的步骤如下：

1. 展开 Options 对话框左侧面板中的 C#节点，选择 Tabs。
2. 选择 Insert spaces。
3. 在 Tab size 和 Indent size 文本框中都输入数字 3。
4. 单击 OK 按钮，保存设置。

不使用 Microsoft Visual C#

通过由 .NET Foundation(http://www.dotnetfoundation.org)管理的两个开源项目——Mono Project 和 .NET Core，可以在其他的平台上运行 C#程序。

Mono Project

Mono Project 为一个跨平台的 C#和 .NET Framework 开源项目，可安装在 Linux、OS X（即后来的 macOS）和 Windows 上。本书中的大多数非 GUI 示例程序，都是用 Mono Project 编译和运行的。Mono Project 还支持 Windows 窗体 GUI，它用在第 14～15 章以及后面的几个示例程序中。有关 Mono Project 的更多信息，请访问：

　　http://www.mono-project.com

.NET Core

.NET Core 是一个新的针对 Windows、Linux、OS X 和 FreeBSD 的跨平台 .NET 实现方案。本书中的大多数非 GUI 示例程序，也可以用 .NET Core 编译和运行。到本书编写时为止，针对 Windows 的 .NET Core 版本已经发布，而其他平台的版本仍在开发之中。有关 .NET Core 的更多信息，请访问：

　　https://dotnet.github.io

至此，就为学习本书做好了准备，希望你能喜欢它！

目 录

第 1 章 计算机、Internet 和 Visual C#简介 1
   1.1 简介 1
   1.2 在行业和研究领域的计算机与 Internet 2
   1.3 硬件和软件 3
   1.4 数据层次 4
   1.5 机器语言、汇编语言和高级语言 6
   1.6 对象技术 7
   1.7 Internet 和 WWW 9
   1.8 C# 10
   1.9 Microsoft 的 .NET 13
   1.10 Windows 操作系统 14
   1.11 Visual Studio 集成开发环境 15
   1.12 在 Visual Studio Community 中测试 Painter 程序 15
   自测题 17
   自测题答案 18
   练习题 19
   挑战题 20
   与挑战题相关的资源 21

第 2 章 Visual Studio 和可视化编程简介 22
   2.1 简介 22
   2.2 Visual Studio Community 2015 IDE 概述 22
   2.3 菜单栏和工具栏 26
   2.4 Visual Studio IDE 概览 27
   2.5 Help 菜单与上下文相关帮助 30
   2.6 可视化编程：创建显示文本和图像的简单程序 30
   2.7 小结 36
   2.8 Web 资源 36
   摘要 37
   术语表 38
   自测题 38
   自测题答案 39
   练习题 39

第 3 章 C#编程入门 43
   3.1 简介 44
   3.2 一个简单程序：显示一行文本 44
   3.3 在 VIsual Studio 中创建简单的程序 48
   3.4 修改 C#程序 52

3.5 字符串插值 54
3.6 另一个C#程序：整数相加 54
3.7 内存概念 57
3.8 算术运算 58
3.9 判断：相等性运算符与关系运算符 60
3.10 小结 64
摘要 64
术语表 66
自测题 67
自测题答案 68
练习题 70
挑战题 73

第4章 类、对象、方法和string简介 74
4.1 简介 75
4.2 测试一个Account类 75
4.3 包含实例变量、*Set*方法和*Get*方法的Account类 77
4.4 创建、编译和运行带两个类的Visual C#项目 81
4.5 包含*Set*方法和*Get*方法的软件工程 82
4.6 具有属性而不是*Set*方法和*Get*方法的Account类 82
4.7 自动实现的属性 85
4.8 Account类：用构造函数初始化对象 86
4.9 具有余额的Account类以及货币值处理 88
4.10 小结 92
摘要 93
术语表 96
自测题 97
自测题答案 97
练习题 98
挑战题 99

第5章 算法设计与控制语句(1) 100
5.1 简介 101
5.2 算法 101
5.3 伪代码 101
5.4 控制结构 102
5.5 if单选择语句 103
5.6 if…else双选择语句 104
5.7 Student类：嵌套if…else语句 107
5.8 while循环语句 109
5.9 形成算法：计数器控制循环 110
5.10 形成算法：标记控制循环 113
5.11 形成算法：嵌套控制语句 118
5.12 复合赋值运算符 121

5.13	增量运算符和减量运算符	122
5.14	简单类型	124
5.15	小结	124

摘要 125
术语表 127
自测题 128
自测题答案 129
练习题 130
挑战题 135

第6章 控制语句(2) 137

6.1	简介	138
6.2	计数器控制循环的实质	138
6.3	for 循环语句	139
6.4	使用 for 语句的示例	141
6.5	程序：对偶数求和	142
6.6	程序：复利计算	143
6.7	do…while 循环语句	145
6.8	switch 多选择语句	146
6.9	AutoPolicy 类案例分析：switch 语句中的字符串	150
6.10	break 和 continue 语句	152
6.11	逻辑运算符	153
6.12	结构化编程小结	158
6.13	小结	161

摘要 161
术语表 163
自测题 164
自测题答案 165
练习题 166
挑战题 169

第7章 方法：深入探究 170

7.1	简介	171
7.2	C#的代码包装	171
7.3	静态方法、静态变量和 Math 类	172
7.4	声明多参数方法	174
7.5	关于方法使用的说明	177
7.6	实参提升与强制转换	178
7.7	.NET Framework 类库	179
7.8	案例分析：随机数生成方法	181
7.9	案例分析：机会游戏(引入枚举)	184
7.10	声明的作用域	188
7.11	方法调用栈与活动记录	190
7.12	方法重载	193
7.13	可选参数	194

7.14 命名参数 195
7.15 C# 6 的表达式方法和属性 196
7.16 递归 196
7.17 值类型与引用类型 199
7.18 按值与按引用传递实参 199
7.19 小结 202
摘要 202
术语表 207
自测题 207
自测题答案 209
练习题 210
挑战题 215

第8章 数组以及异常处理简介 216
8.1 简介 217
8.2 数组 217
8.3 声明和创建数组 218
8.4 数组使用示例 219
8.5 用数组分析汇总结果以及异常处理 226
8.6 案例分析：模拟洗牌和发牌 228
8.7 将数组和数组元素传入方法 232
8.8 案例分析：GradeBook 类用数组保存成绩 233
8.9 多维数组 237
8.10 案例分析：使用矩形数组的 GradeBook 类 241
8.11 变长实参表 245
8.12 使用命令行实参 246
8.13 (选修)按值与按引用传递数组 248
8.14 小结 251
摘要 251
术语表 254
自测题 254
自测题答案 255
练习题 256
拓展内容：建立自己的计算机 262
挑战题 267

第9章 LINQ 和 List 集合简介 268
9.1 简介 268
9.2 用 LINQ 查询 int 数组 269
9.3 用 LINQ 查询 Employee 对象数组 272
9.4 集合 276
9.5 用 LINQ 查询泛型 List 集合 279
9.6 小结 281
9.7 Deitel 的 LINQ 资源中心 282

	摘要	282
	术语表	284
	自测题	284
	自测题答案	284
	练习题	284

第10章 类与对象：深入探究 286

10.1	简介	286
10.2	Time 类案例分析以及抛出异常	287
10.3	控制对成员的访问	290
10.4	用 this 引用访问当前对象的成员	290
10.5	Time 类案例分析：重载构造函数	292
10.6	默认构造函数和无参数构造函数	296
10.7	组合	297
10.8	垃圾回收与析构函数	299
10.9	静态类成员	300
10.10	只读实例变量	302
10.11	Class View 与 Object Browser	303
10.12	对象初始值设定项	304
10.13	运算符重载以及 struct 简介	305
10.14	Time 类案例分析：扩展方法	308
10.15	小结	310
	摘要	310
	术语表	313
	自测题	313
	自测题答案	313
	练习题	314

第11章 面向对象编程：继承 316

11.1	简介	316
11.2	基类与派生类	317
11.3	protected 成员	318
11.4	基类与派生类的关系	319
11.5	派生类的构造函数	333
11.6	继承与软件工程	333
11.7	object 类	334
11.8	小结	334
	摘要	335
	术语表	336
	自测题	336
	自测题答案	337
	练习题	337

第12章 面向对象编程：多态与接口 339

12.1	简介	339

12.2	多态示例	340
12.3	演示多态行为	341
12.4	抽象类和抽象方法	343
12.5	案例分析：使用多态的工资系统	345
12.6	sealed 方法和类	355
12.7	案例分析：创建和使用接口	356
12.8	小结	362
摘要		362
术语表		364
自测题		364
自测题答案		364
练习题		365
挑战题		366

第 13 章 异常处理：深入探究 367

13.1	简介	368
13.2	示例：除数为 0 不用异常处理	368
13.3	示例：处理 DivideByZeroException 和 FormatException 异常	370
13.4	.NET 的 Exception 层次	374
13.5	finally 语句块	375
13.6	using 语句	380
13.7	Exception 属性	381
13.8	用户定义异常类	384
13.9	检验空引用以及 C# 6 的 "?." 运算符	387
13.10	异常过滤器与 C# 6 的 when 子句	389
13.11	小结	389
摘要		389
术语表		392
自测题		392
自测题答案		393
练习题		393

第 14 章 图形用户界面与 Windows 窗体（1） 395

14.1	简介	395
14.2	Windows 窗体	396
14.3	事件处理	398
14.4	控件的属性和布局	403
14.5	标签、文本框和按钮	406
14.6	组框和面板	408
14.7	复选框和单选钮	410
14.8	图形框	416
14.9	工具提示	418
14.10	数字上下控件	419
14.11	鼠标事件处理	420

14.12 键事件处理 ………………………………………………………………………… 422
14.13 小结 ……………………………………………………………………………… 424
摘要 ………………………………………………………………………………………… 424
术语表 ……………………………………………………………………………………… 428
自测题 ……………………………………………………………………………………… 429
自测题答案 ………………………………………………………………………………… 429
练习题 ……………………………………………………………………………………… 430
挑战题 ……………………………………………………………………………………… 431

第 15 章 图形用户界面与 Windows 窗体(2) ………………………………………………… 433
15.1 简介 ……………………………………………………………………………… 433
15.2 菜单 ……………………………………………………………………………… 434
15.3 MonthCalendar 控件 …………………………………………………………… 440
15.4 DateTimePicker 控件 …………………………………………………………… 441
15.5 LinkLabel 控件 …………………………………………………………………… 443
15.6 ListBox 控件 ……………………………………………………………………… 446
15.7 CheckedListBox 控件 …………………………………………………………… 449
15.8 ComboBox 控件 ………………………………………………………………… 450
15.9 TreeView 控件 …………………………………………………………………… 453
15.10 ListView 控件 …………………………………………………………………… 457
15.11 TabControl 控件 ………………………………………………………………… 462
15.12 多文档界面(MDI)窗口 ………………………………………………………… 465
15.13 可视化继承 ……………………………………………………………………… 470
15.14 用户定义的控件 ………………………………………………………………… 474
15.15 小结 ……………………………………………………………………………… 476
摘要 ………………………………………………………………………………………… 476
术语表 ……………………………………………………………………………………… 479
自测题 ……………………………………………………………………………………… 480
自测题答案 ………………………………………………………………………………… 480
练习题 ……………………………………………………………………………………… 481

第 16 章 字符串和字符：深入探究 ……………………………………………………………… 483
16.1 简介 ……………………………………………………………………………… 483
16.2 字符和字符串基础 ……………………………………………………………… 484
16.3 string 构造函数 …………………………………………………………………… 484
16.4 string 索引器、Length 属性和 CopyTo 方法 ………………………………… 485
16.5 字符串比较 ……………………………………………………………………… 487
16.6 查找字符串中的字符和子串 …………………………………………………… 489
16.7 抽取字符串中的子串 …………………………………………………………… 491
16.8 拼接字符串 ……………………………………………………………………… 492
16.9 其他 string 方法 ………………………………………………………………… 492
16.10 StringBuilder 类 ………………………………………………………………… 493
16.11 StringBuilder 类的 Length 属性、Capacity 属性、EnsureCapacity 方法 以及索引器 ………… 494
16.12 StringBuilder 类的 Append 和 AppendFormat 方法 ………………………… 495

16.13	StringBuilder 类的 Insert、Remove 和 Replace 方法	497
16.14	几个 Char 方法	499
16.15	(在线)正则表达式处理简介	501
16.16	小结	501

摘要 ··· 501
术语表 ··· 503
自测题 ··· 503
自测题答案 ··· 504
练习题 ··· 504
挑战题 ··· 504

第 17 章 文件和流 ··· 506

17.1	简介	506
17.2	文件和流	506
17.3	创建顺序访问文本文件	507
17.4	从顺序访问文本文件读取数据	513
17.5	案例分析：信用查询程序	516
17.6	序列化	520
17.7	用对象序列化创建顺序访问文件	521
17.8	从二进制文件读取和去序列化数据	524
17.9	File 类和 Directory 类	525
17.10	小结	531

摘要 ··· 532
术语表 ··· 533
自测题 ··· 534
自测题答案 ··· 534
练习题 ··· 535
挑战题 ··· 536

第 18 章 搜索与排序 ··· 537

18.1	简介	537
18.2	搜索算法	538
18.3	排序算法	544
18.4	搜索算法和排序算法的效率	553
18.5	小结	554

摘要 ··· 554
术语表 ··· 556
自测题 ··· 556
自测题答案 ··· 556
练习题 ··· 556

第 19 章 定制链式数据结构 ··· 559

19.1	简介	559
19.2	简单类型 struct 以及装箱和拆箱	559
19.3	自引用类	560

19.4	链表	561
19.5	栈	569
19.6	队列	572
19.7	树	575
19.8	小结	584
摘要		584
术语表		586
自测题		586
自测题答案		587
练习题		587
拓展内容：建立自己的编译器		589

第20章 泛型 590

20.1	简介	590
20.2	泛型方法的由来	591
20.3	泛型方法的实现	592
20.4	类型约束	594
20.5	重载泛型方法	597
20.6	泛型类	597
20.7	小结	604
摘要		604
术语表		606
自测题		606
自测题答案		607
练习题		607

第21章 泛型集合以及 LINQ/PLINQ 函数式编程 609

21.1	简介	610
21.2	集合概述	611
21.3	Array 类和枚举器	612
21.4	字典集合	615
21.5	泛型 LinkedList 集合	619
21.6	C# 6 的 null 条件运算符 "?[ ]"	623
21.7	C# 6 的字典和集合初始值设定项	623
21.8	代理	624
21.9	lambda 表达式	626
21.10	函数式编程简介	628
21.11	用 LINQ 方法调用语法和 lambda 表达式进行函数式编程	630
21.12	PLINQ：提升 LINQ to Objects 在多核处理器上的性能	634
21.13	（选修）泛型类型的协变和逆变	637
21.14	小结	638
摘要		639
术语表		643
自测题		644

	自测题答案	645
	练习题	645
	函数式编程练习	646

第 22 章　数据库和 LINQ　648
 22.1　简介　648
 22.2　关系数据库　649
 22.3　Books 数据库　650
 22.4　LINQ to Entities 与 ADO.NET 实体框架　653
 22.5　用 LINQ 查询数据库　654
 22.6　动态绑定查询结果　663
 22.7　用 LINQ 取得来自多个表的数据　667
 22.8　创建主/细视图程序　671
 22.9　地址簿案例分析　673
 22.10　工具和 Web 资源　678
 22.11　小结　678
 摘要　678
 术语表　681
 自测题　682
 自测题答案　682
 练习题　683

第 23 章　async、await 与异步编程　684
 23.1　简介　684
 23.2　async 和 await 概述　686
 23.3　在 GUI 程序中执行异步任务　686
 23.4　同步执行两个计算密集型任务　689
 23.5　异步执行两个计算密集型任务　691
 23.6　使用 HttpClient 类异步调用 Flickr Web 服务　694
 23.7　显示异步任务的进度　700
 23.8　小结　703
 摘要　703
 术语表　706
 自测题　707
 自测题答案　707
 练习题　707

附录 A　运算符优先级表　709

附录 B　简单类型　711

附录 C　ASCII 字符集　712

索引　713

第1章 计算机、Internet 和 Visual C#简介

目标

本章将讲解

- 基本的硬件、软件和数据概念。
- 计算机编程语言的不同类型。
- Visual C#编程语言和 Windows 操作系统的历史。
- 什么是 Microsoft Azure 云计算。
- 对象技术基础。
- Internet 和 WWW 的历史。
- C# "生态系统"中 Windows、.NET、Visual Studio 和 C#所扮演的角色。
- 测试一个 Visual C#绘图程序。

概要

1.1 简介
1.2 在行业和研究领域的计算机与 Internet
1.3 硬件和软件
    1.3.1 摩尔定律
    1.3.2 计算机组织结构
1.4 数据层次
1.5 机器语言、汇编语言和高级语言
1.6 对象技术
1.7 Internet 和 WWW
1.8 C#
    1.8.1 面向对象编程
    1.8.2 事件驱动编程
    1.8.3 可视化编程
    1.8.4 泛型编程与函数式编程

    1.8.5 国际标准
    1.8.6 非 Windows 平台上的 C#
    1.8.7 Internet 与 Web 编程
    1.8.8 async、await 与异步编程
    1.8.9 其他主要的编程语言
1.9 Microsoft 的 .NET
    1.9.1 .NET Framework
    1.9.2 CLR
    1.9.3 平台独立性
    1.9.4 语言互操作性
1.10 Windows 操作系统
1.11 Visual Studio 集成开发环境
1.12 在 Visual Studio Community 中测试 Painter 程序

自测题 | 自测题答案 | 练习题 | 挑战题 | 与挑战题相关的资源

1.1 简介

欢迎学习 C#[①]——一种功能强大的编程语言,对于初学者容易学习,对于专业人士可用来构建各种计算机程序。通过本书的学习,就可以编写出让计算机执行功能强大的任务的指令。软件(即编写出的指令)可以控制硬件(即计算机和相关设备)。

[①] C#的发音为"C-sharp",其源于音乐符号"#"。

全球有数十亿的个人计算机和更多数量的移动设备，这些移动设备的核心也是计算机。自从 2001 年发布以来，C#已经成为构建应用程序的主要工具，它们用于个人计算机和系统。急速增长的移动手机、平板电脑和其他设备，为移动程序的开发创造了大量机会。在学习完本书之后，就能够利用 Microsoft 最新的 Universal Windows Platform(UWP)，在 Windows 10 上开发出同时适用于个人计算机以及 Windows 10 移动设备的程序。随着 Microsoft 收购 Xamarin，使得开发出的 C#移动程序也同样适用于 Android 设备和 iOS 设备(如 iPhone 和 iPad)。

1.2 在行业和研究领域的计算机与 Internet

如今的计算机领域令人激动！在过去 20 年中，影响最广、最为成功的商业公司，多数是技术型公司，例如 Apple、IBM、Hewlett Packard、Dell、Intel、Motorola、Cisco、Microsoft、Google、Amazon、Facebook、Twitter、eBay，等等。这些公司的多数员工，所学的都是计算机科学、计算机工程、信息系统或者相关专业。到本书编写时为止，Google 的母公司 Alphabet 以及 Apple，已经是全球具有极高商业价值的两家公司。图 1.1 中给出的一些示例，展现了计算机如何在研究、工业以及社会领域提高人们的生活品质。

领　域	描　述
电子健康记录	可以包含病人的医疗记录、处方、免疫情况、化验结果、过敏情况、医保信息等。将这些信息通过安全网络供卫生保健部门使用，可提升病人护理水平，减少出错概率，提高保健系统的整体效率，并有助于成本控制
人类基因组计划	人类基因组计划(Human Genome Project)的目标是揭示和分析人类 DNA 中的两万多个基因。这个计划利用计算机程序分析复杂的基因数据，测定构成人类 DNA 的数十亿个碱基对序列，并将信息保存在数据库中，通过 Internet 供许多领域的研究人员使用
AMBER 警报	AMBER(美国失踪人员应急响应)警报系统是美国用于帮助查找失踪儿童的一套系统。只要有儿童失踪的报告，执法部门就会通知电视台、广播电台以及各州的交通部门，它们会通过电视、广播、由计算机控制的公路标志、Internet 以及无线设备发布公告。AMBER 警报合作伙伴的 Facebook 账户，其用户可以根据位置"关注"AMBER 警报页面，从而能够接收有关警报的新闻推送
World Community Grid	全球的计算机用户，只需安装一个免费的安全软件，允许 World Community Grid(http://www.world-communitygrid.org)使用你的计算机，就可以贡献你的计算机闲置时的处理能力。通过 Internet，这种计算能力被用来代替昂贵的超级计算机，以执行用于公益事业的科学研究项目——为第三世界国家提供清洁水源、抵抗癌症、让饥荒地区生产更多的大米，等等
云计算	云计算(cloud computing)使用户能够利用保存在"云"上的软件、硬件和信息——通过 Internet 访问远程计算机，有需要时即可得。流行的云计算服务包括 Dropbox、Google Drive 和 Microsoft OneDrive。任何时候，用户都可以根据需要增加或减少对资源的需求。这样，与购买昂贵的软、硬件以确保有足够的存储和处理能力来满足峰值需求相比，云计算服务提供了更为经济的方式。利用云计算服务，就将管理这些应用程序的职责从商家转移到了服务提供商，从而为商家节省了时间、精力和金钱。在本书的在线章节中，使用了 Microsoft Azure，它是一个云计算平台，使用户能够开发、管理和发布云应用。通过 Microsoft Azure，程序能够将数据保存在云中，这样在任意时刻使用台式机和移动设备都能够访问这些数据。有关 Microsoft Azure 的免费和付费服务的更多信息，请访问：https://azure.microsoft.com
医疗影像	X 射线计算机断层(CT)扫描，也称为 CAT(计算机轴向断层)扫描，利用了数百个不同角度的人体 X 射线。计算机用于调整 X 射线的强度，优化对每一种人体组织的扫描，然后组合所有的信息，创建一个三维影像。MRI 扫描仪利用一种称为核磁共振成像的技术，可无创地获取人体内部的影像
GPS	全球定位系统(GPS)设备利用卫星网络来接收基于位置的信息。多颗卫星向 GPS 设备发送带有时间戳信息的信号，该设备计算与每一颗卫星之间的距离，计算的依据是信号离开卫星的时间和接收到的时间。利用这个信息，就可以确定设备的准确位置。GPS 设备可以提供详细的方向指导，并且能够协助查找附近的商业设施(餐馆、加油站)以及兴趣点。GPS 被大量用于基于位置的 Internet 服务，比如用于找寻朋友的"登录"程序(如 Foursquare 和 Facebook)，有关体育锻炼的程序(如记录户外运动时间、距离和速度的 Map My Ride+、Couch to 5K 和 RunKeeper)，帮助查找附近"对象"的约会程序，以及能够动态更新交通状况的程序等
机器人	机器人可用于日常性任务(如 iRobot 的 Roomba 扫地机器人)、娱乐(如机器宠物)、军队作战、深海/深空探索(如 NASA 的好奇号火星探测器)等。诸如 RoboHow(http://robohow.eu)的研究人员，正在设法创建自动化的机器人，以执行复杂的人工操作任务(如烹饪)，或者让机器人能够根据自己的经验以及观察人类执行任务的情况，具备自我学习的能力

图 1.1　计算机在各个领域提高人们的生活品质

领 域	描 述
电子邮件，即时消息和视频聊天	基于 Internet 的服务器，支持所有的在线消息发送形式。电子邮件的消息，通过邮件服务器发送并保存。即时消息(IM)和视频聊天程序，比如 Facebook Messenger、WhatsApp、AIM、Skype、Yahoo、Messenger、Google Hangouts、Trillian 以及其他的程序，使用户能够通过服务器与其他人实时交流、发送消息或者进行视频聊天
电子商务	这种技术通过 Amazon、eBay、Alibaba、Walmart 以及许多其他的公司得到了发展，其业务爆炸性增长，导致了传统零售业的衰落
网络电视	利用网络电视机顶盒(如 Apple TV、Android TV、Roku、Chromecast 和 TiVo)，使用户能够按需获取大量的内容，比如游戏、新闻、电影、电视剧等，并且能够确保所观看内容的流畅性
流式音乐服务	流式音乐服务(如 Apple Music、Pandora、Spotify 等)，使用户能够聆听 Web 上大量的音乐，创建定制的"音乐台"，并且能够根据用户的反馈找到新的音乐资源
自动驾驶汽车和智能房屋	这是两个巨大的市场。许多技术公司和汽车厂商正在开发自动驾驶汽车——它们已经有了庞大数量的安全记录，有可能很快就会被广泛使用，从而能够挽救生命、减少伤害。智能房屋利用计算机来管理安全、进行温度控制、减少能源开支以及实现灯光自动控制、火灾探测、窗户开关等
游戏编程	全球的视频游戏收入在 2017 年已经达到了 1070 亿美元(http://www.polygon.com/2015/4/22/8471789/worldwide-video-games-market-value-2015)。最复杂的游戏，其开发成本可能超过 1 亿美元，而最昂贵的一款游戏，其成本为 5 亿美元(http://www.gamespot.com/gallery/20-of-the-most-expensive-games-ever-made/2900-104/)。Bethesda 的 Fallout 4 游戏，在其发售的第一天，就有 7.5 亿美元的收入(http://fortune.com/2015/11/16/fallout4-is-quiet-best-seller/)。

图 1.1(续)　计算机在各个领域提高人们的生活品质

1.3 硬件和软件

计算机已经能够执行比人要快得多的计算以及进行逻辑判断。如今，大多数个人计算机都能够执行每秒数十亿次的计算，这比一个人一生中能够执行的计算次数还要多。超级计算机已经能够执行每秒数千万亿次的计算。中国的"天河二号"超级计算机，每秒能够执行 3.3 亿亿次计算(每秒 3.386 亿亿次浮点运算)[①]。作为比较，"天河二号"在 1 秒内所执行的计算，相当于地球上每一个人执行 3 百万次计算。而且，超级计算机的计算能力上限，正处于快速增长的过程中。

计算机即硬件(hardware)，它在处理数据时，使用的是称为计算机程序(computer program)的指令序列。根据计算机程序员指定的动作，这些程序指导着计算机的运行。运行在计算机上的程序，称为软件(software)。书中将讲解的几种主要编程技术，能够提高程序员的生产力，进而减少软件开发成本。这些编程技术包括：面向对象编程，泛型编程，函数式编程以及结构化编程。程序员创建的 C#程序，针对的是各种运行环境，包括桌面、移动设备(智能手机和平板电脑)，甚至包括"云"。

计算机由称为硬件的各种设备组成(如键盘、显示器、鼠标、硬盘、内存、DVD 驱动器以及处理单元)。得益于硬件和软件的快速发展，计算的成本已经大幅下降了。几十年前需占据一个大房间、花费数百万美元的计算机，如今已经浓缩成了一个比指甲还小的硅芯片，而其成本只有几美元。具有讽刺意味的是，硅是地球上最为丰富的原料之一，它是常见的沙子的成分。硅芯片技术使计算成本如此经济，以至于计算机已经成为一种日用品。

1.3.1 摩尔定律

对于大多数的产品和服务，用户的开销可能每年都会有所增加。在计算机和通信领域，情况则正好相反，尤其是用于支撑这些技术的硬件。在过去的几十年中，硬件成本已经大幅降低。

每过一到两年，相同计算机硬件的价格，大约会降低一半。这种趋势常称为摩尔定律(Moore's Law)，它由 Intel 创始人之一 Gordon Moore 在 20 世纪 60 年代提出。Intel 是当今计算机和嵌入式系统处理器的主要生产商。在计算机用于存储程序和数据的内存容量、所拥有的辅助存储设备(如硬盘)容量以及处理

---

① 参见 http://www.top500.org。

器速度方面，摩尔定律尤其适合。处理器速度，即计算机执行程序(也就是执行它的工作)的速度。这种增长，使得计算机具备更多的能力，为编程语言设计者的创新提出了更高的要求。

类似的成长规律也发生在通信领域，这一领域的费用已经急剧下降，因为大量的通信带宽(即信息承载能力)需求导致了激烈的竞争。据我们所知，还没有任何其他领域，能够在技术上进步如此之快而成本下降也这样迅速。这种非凡进步，导致了所谓的"信息革命"的出现。

1.3.2 计算机组织结构

无论计算机的物理外观如何不同，它们都可以被分解成各种逻辑单元(logical unit)或部分(见图1.2)。

逻辑单元	描述
输入单元	这个"接收"部分从输入设备(input device)获取信息(数据和计算机程序)，并将信息放入其他处理单元中，以便进行处理。大多数信息，都是通过键盘、触摸屏和鼠标进入计算机的。信息也可以通过许多其他方式输入，包括语音输入、扫描图像和条形码，以及从辅助存储设备(如硬盘、DVD驱动器、蓝光碟片驱动器和USB驱动器——也称为拇指驱动器或记忆棒)读取，从网络摄像头或者智能手机接收视频信息，或者从Internet接收信息(如从YouTube下载视频、从Amazon下载电子图书等)。较新的输入形式包括从GPS设备获取位置数据，从智能手机或者游戏控制器(如Microsoft Kinect for Xbox、Wii Remote和Sony PlayStation Move)的加速计(一种响应上/下、左/右、前进/后退加速信息的设备)中获取移动和方向信息，以及从设备(如Amazon Echo和Google Home)获取语音输入
输出单元	这个"运送"部分载有计算机已经处理过的信息，并将它们放入各种输出设备(output device)中，以供计算机之外的用户使用。现在，来自计算机的大多数信息的输出形式包括显示在屏幕上(包括触摸屏)；打印在纸上("绿色行动"组织不鼓励这样做)；在PC、媒体播放器(如iPod)以及体育场的超大屏幕上播放音频、视频；通过Internet传输或者用来控制其他设备(如机器人和智能装置)。也可以将信息输出到辅助存储设备中，比如固态硬盘(SSD)、硬盘、DVD和USB闪存。当今流行的输出形式，包括智能手机和游戏控制器、虚拟现实设备(如Oculus Rift和Google Cardboard)以及混合现实设备(如Microsoft的HoloLens)
内存单元	这个能快速访问的、容量相对较小的"仓库"部分，容纳的是由输入单元输入的信息，使它们能在需要时立即得到处理。经过处理后的信息在能够由输出单元放入输出设备之前，保存在内存单元中。内存单元中的信息是易失的——当关闭计算机时，它的内容会丢失。内存单元经常被称为内存(memory)、主存(primary memory)或者RAM(随机访问存储器)。对于台式机和笔记本电脑而言，其内存容量可达128 GB(但2～16 GB是最常见的配置)。GB表示吉字节，1 GB大约为10亿字节。1个字节(byte)包含8位(bit)，每一位代表0或者1
算术和逻辑单元(ALU)	这个"生产"部分执行计算，比如加、减、乘、除。它也包含判断机制，例如，可以使计算机比较内存单元中的两项，看它们是否相等。在如今的系统中，ALU通常是作为下一个逻辑单元CPU的一部分实现的
中央处理单元(CPU)	这个"管理"部分协调并监督其他部分的运作。CPU会告诉输入单元什么时候应该将信息读入内存单元中，通知ALU什么时候将内存单元中的信息用于计算，确定输出单元何时将信息从内存单元发送到某个输出设备中。现在的许多计算机都具有多个CPU，因此能同步执行多个操作。多核处理器(multicore processor)可在一个集成电路芯片上包含多个处理器——双核处理器具有两个CPU，四核处理器具有4个CPU，而八核处理器具有8个CPU。现今台式机的处理器，每秒能执行上一亿条的指令。第23章将讲解如何编写能够全面利用多核体系结构的程序
辅助存储单元	这是可长期保存的、大容量的"仓库"部分。放置在辅助存储设备(比如硬盘)中的程序或数据，在需要之前通常都不会由其他单元主动使用，而这一保存时间可能是几小时、几天、几个月甚至几年。因此，位于辅助存储设备中的信息是长期保存的——在计算机断电之后它依然会保留。与主存中的信息相比，访问辅助存储设备中的信息所花费时间要长得多，但它的成本要比主存小很多。辅助存储设备的例子包括：固态硬盘(SSD)、硬盘、DVD、USB闪存，其中有些设备的容量可以超过2 TB(TB表示太字节，1 TB大约为1万亿字节)。台式机和笔记本电脑的硬盘容量通常为2～6 TB

图1.2 计算机的逻辑单元

1.4 数据层次

计算机处理的数据项构成了数据层次(data hierarchy)。在这个结构中，数据项从最简单的位到复杂的字符、字段，变得越来越大、越来越复杂。图1.3演示了数据层次的划分。

位

计算机中的最小数据项能够处理值 0 或 1。这样的数据项称为 "位" 或 "比特"(bit)。bit 是 binary digit(二进制数字)的缩写,一个二进制数字是 0 和 1 的两个值之一。需要指出的是,计算机所执行的那些令人炫目的功能,仅仅涉及对 0 和 1 的最简单操作:检查位的值、设置位的值以及颠倒位的值(从 1 到 0,从 0 到 1)。

字符

如果操作数据时采用低级形式的位,则是一件冗长乏味的事情。所以人们更愿意用十进制数字(0~9)、字母(A~Z 和 a~z)以及特殊符号(如$、@、%、&、*、(、)、-、+、"、:、? 和 /)的数据形式。数字、字母和特殊符号称为字符(character)。计算机的字符集(character set)是用来编写程序和表示数据项的所有字符的集合。因为计算机只能处理 1 和 0,所以计算机的字符集将每个字符都表示成 0 和 1 的模式。C#支持各种字符集(包括 Unicode),其中有些字符集的每个字符的表示,可能需

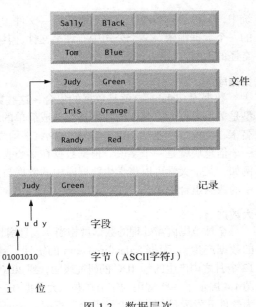

图 1.3 数据层次

要多个字节。Unicode 字符集支持世界上的许多种语言,还支持表情符号。关于 ASCII(美国信息交换标准码)字符集的更多信息,请参见附录 C。ASCII 字符集是 Unicode 字符集的一个颇受欢迎的子集,它包括英语字母表中的大小写字母、数字以及一些常见的特殊字符。本书的一个在线附录讲解了 Unicode 字符集。

字段

正如字符是由位构成的一样,字段(field)是由字符或字节构成的。一个字段就是一组有意义的字符或字节。例如,一个由大写字母和小写字母组成的字段,可用来表示某人的姓名;而由数字构成的字段,可用来表示某人的年龄。

记录

几个相关联的字段可用来构成一条记录(record)。例如,在一个工资支付系统中,员工记录可以由如下字段组成(字段的类型位于括号内):

- 员工号(整数)
- 姓名(字符串)
- 地址(字符串)
- 小时工资(含小数点的数字)
- 今年已发工资(含小数点的数字)
- 扣缴税额(含小数点的数字)

因此,一条记录就是一组相关的字段。在上面的例子中,所有的字段都针对同一名员工。公司可以有许多员工,而每一名员工都有一条工资支付记录。

为了方便检索文件中指定的记录,每条记录中至少要选出一个字段作为记录键(record key),它标识了属于特定的某个人或某个实体的记录,以将这条记录与其他的记录进行区分。例如,在前面描述的工资表记录中,通常将员工号作为记录键。

文件

一个文件(file)就是一组相关的记录。一般来说,文件可以包含任意格式的任意数据。在某些操作系

统中，文件只被当成字节序列看待——文件中的任何字节形式(如将数据组织成记录)都是由程序员创建的一个数据视图。某个公司中有许多文件，其中有些包含数百万甚至几十亿个字符信息，这并不是一件奇怪的事情。

数据库

数据库(database)就是数据的集合，这些数据被组织成易于访问和操作的形式。最流行的数据库模型是关系数据库，其中的数据被存储成简单的表。表中包含记录和字段。例如，学生表的字段，可以有名字、姓氏、专业、年级、学号、GPA(平均成绩)等。每一位学生的数据就是一条记录，而记录中的每一个信息块就是一个字段。根据数据在多个表或者数据库中的关系，可以搜索、排序和操作这些数据。例如，某个大学可以将学生数据库中的数据与来自课程数据库、学校住宿情况数据库和膳食计划数据库中的数据组合使用。

大数据

全球范围内需处理的数据量相当庞大且增长迅速。根据 IBM 的统计，每天大约有 2.5 万亿字节(2.5 EB)的数据产生[1]。而据 Salesforce.com 的统计，到 2015 年 10 月为止，全球大约 90%的数据都是在过去的 12 个月之内产生的[2]。IDC 的研究表明，到 2020 年，全球每年的数据产生量，将达到 40 ZB(40 万亿 GB)[3]。图 1.4 展示了一些常用的字节单位。大数据(big data)应用处理的是大量的数据，这个领域正在快速成长，为软件开发人员创造了大量机会。根据 Gartner Group 的研究，2015 年在大数据领域提供了 400 万个以上的职位[4]。

单位	字节	大约值
1 KB	1024 B	10^3 (1024)字节
1 MB	1024 KB	10^6 (1 000 000)字节
1 GB	1024 MB	10^9 (1 000 000 000)字节
1 TB	1024 GB	10^{12} (1 000 000 000 000)字节
1 PB	1024 TB	10^{15} (1 000 000 000 000 000)字节
1 EB	1024 PB	10^{18} (1 000 000 000 000 000 000)字节
1 ZB	1024 EB	10^{21} (1 000 000 000 000 000 000 000)字节

图 1.4　表示字节数的各种单位

1.5　机器语言、汇编语言和高级语言

程序员可以用各种不同的语言编写指令，其中有些语言可以被计算机直接理解，而其他语言需要有中间的"翻译"过程。

机器语言

计算机唯一能够直接理解的语言是它自己的机器语言(machine language)，也称为机器代码。这种语言是由计算机的硬件结构确定的。机器语言的构成一般是 1 和 0 的组合。对于人类而言，这种语言太难于处理。

汇编语言

如果使用机器语言编写程序，则对于大多数程序员而言，将会是一个相当缓慢而乏味的过程。因此，程序员使用一些与英语单词类似的缩写词来表示基本的操作。这些缩写词就构成了汇编语言(assembly language)的基础。称为汇编器(assembler)的翻译程序，会将汇编语言程序转换成机器语言。汇编语言代

---

[1] 参见 http://www-01.ibm.com/software/data/bigdata/what-is-big-data.html。
[2] 参见 https://www.salesforce.com/blog/2015/10/salesforce-channel-iftt.html。
[3] 参见 http://recode.net/2014/01/10/stuffed-why-data-storage-is-hot-again-really。
[4] 参见 http://fortune.com/2013/09/04/the-big-data-employment-boom。

码已经清晰了很多,但除非将它翻译成机器语言,否则计算机无法理解它。对于那些内存空间有限而执行效率要求很高的程序,依然需要使用汇编语言。

高级语言

为了加速编程过程,人们开发了高级语言(high-level language)。在高级语言中,一条程序语句就可以完成多个任务。高级语言,比如 C#、Visual Basic、C、C++、Java 和 Swift,其指令几乎与日常英语类似,也可以包含常用的数学符号。称为编译器(compiler)的翻译程序会将高级语言程序转换成机器语言。

将大型高级语言程序编译成机器语言的过程,需占用大量的计算机时间。解释器(interpreter)程序是为了直接执行高级语言程序而开发的(无须编译),但其执行速度要比编译过的程序慢得多。脚本语言(scripting language),比如流行的 Web 语言 JavaScript 和 PHP,就是由解释器程序处理的。

性能提示 1.1

对于 Internet 脚本语句而言,解释器程序具有比编译器更好的优势。只要被解释过的程序下载到客户端机器,它就能够执行,而不必先编译它。但是,与编译过的代码相比,被解释过的脚本通常会运行得更慢,并且要消耗更多的内存。利用一种称为 JIT 编译器(即时编译器)的技术,解释型语言能够运行得和编译型语言一样快。

1.6 对象技术

C#是一种面向对象的编程语言。本节将讲解对象技术的基本概念。

当对新的、功能更强大的软件的需求高涨时,快速、正确而经济地构建软件就成为一个永恒的目标。对象(object),或者更确切地说是类对象(class object,见第 4 章),本质而言就是可复用的软件组件。存在日期对象、时间对象、音频对象、视频对象、汽车对象、人对象等。几乎所有的名词都可以表述为软件对象,并可描述它的属性(如名字、颜色和尺寸)和行为(如计算、移动和沟通)等特征。软件开发人员发现,与以前的编程技术相比,采用模块化、面向对象的设计和实现方法,可以显著提高软件开发小组的生产率,而且面向对象程序通常更易于理解、更正和修改。

汽车作为对象

让我们从一个简单的类比开始。假设要驾驶一辆汽车,并且通过踩下加速踏板来使其跑得更快。在能够做这件事情之前,必须先发生哪些事情呢? 首先,必须有人设计出汽车。要制造汽车,通常都要从工程图开始,它类似于描述房子的设计蓝图。工程图中包含加速踏板的设计。加速踏板对司机隐藏了使汽车跑得更快的复杂机制,就像刹车踏板隐藏了使汽车减速的机制、方向盘隐藏了使汽车拐弯的机制一样。这样,即使对引擎一无所知的人,也能很容易地驾驶汽车。

在能够驾驶汽车之前,必须先根据描述它的工程图制造出这辆汽车。一辆完整的汽车会有一个真正的加速踏板,从而使汽车跑得更快。但这还不够——汽车不会自己加速(希望真能如此),因此司机必须踩下加速踏板。

方法与类

下面利用汽车的例子来介绍主要的面向对象编程概念。执行程序中的某项任务,需要一个方法(method)。方法描述了实际执行任务的程序语句。方法对用户隐藏了这些语句,就像汽车的加速踏板对司机隐藏了使汽车跑得更快的机制一样。在 C#中,需要创建称为"类"的程序单元来容纳执行类的任务的方法集。例如,代表银行账户的类,可以包含向账户存款的一个方法,可以包含从该账户取款的另一个方法。在概念上,类与汽车的工程图相似,工程图中包含的是加速踏板、方向盘等的设计。

根据类建立对象

在能够真正驾驶汽车之前,必须先根据工程图将汽车制造出来。同样,程序在能够根据类的方法定义执行任务之前,必须先构建出类的对象。这个过程被称为实例化。这样,对象就是指类的实例(instance)。

复用

正如能够多次使用汽车的工程图来生产多辆汽车一样，也可以将类多次使用来构建许多对象。在构建新的类和程序时复用现有的类，可节省时间和精力。复用也有助于程序员构建更可靠和更有效的系统，因为现有的类和组件通常都经过了大量的测试(找出问题)、调试(更正问题)和性能调优。正如工业革命时"可替换零件"理念是至关重要的一样，对于由对象技术所激励的软件革命而言，"可复用类"同样是至关重要的。

消息与方法调用

当驾驶汽车时，踩下加速踏板就是向汽车发出执行任务的一个消息——让汽车加速。类似地，需向对象发送消息。每一个消息都被实现成一个方法调用(method call)，它通知对象的方法执行任务。例如，程序可以调用特定银行账户的 deposit 方法来增加账户余额。

特性与实例变量

除了功能，汽车还具有许多特性(attribute)，如颜色、车门数量、油箱容积、当前车速以及行驶总里程(即里程表读数)。和汽车的功能一样，汽车的特性也是作为工程图设计的一部分提供的(例如，工程图中需包含里程表和燃油表的设计)。当驾驶汽车时，这些特性总是与它相关。每辆汽车都有自己的特性。例如，每辆汽车都知道自己油箱中有多少油，但不知道其他汽车的油箱中有多少油。

类似地，当在程序中使用对象时，对象也具有特性。这些特性被指定为对象的类的一部分。例如，银行账户对象有一个余额特性，表示账户中的资金总额。每个银行账户对象都知道它所代表的账户中的余额，但是不知道银行中其他账户的余额。特性是由类的实例变量(instance variable)指定的。

属性、get 访问器和 set 访问器

不一定能够直接访问特性(通常声明为私有的)。汽车制造商不希望驾驶员拆开车体来观察油箱中的油量，而应在仪表板上查看油表读数。银行不会让客户走进金库去计算账户中的金额，而是让银行柜台人员告知，或查看个性化的在线银行账户情况。类似地，我们不必访问对象的实例变量就可以使用它们。可以使用对象的属性(property)。属性包含的 get 访问器(get accessor)可以读取变量的值，而 set 访问器(set accessor)可以将值存储到变量中。

封装

类将属性和方法封装(encapsulate)或打包在对象中，使对象的属性和方法紧密相关。对象之间可以彼此通信，但通常不允许知道其他对象是如何实现的——实现的细节被隐藏在对象的内部。我们将看到，信息隐藏(information hiding)对良好的软件工程而言是至关重要的。

继承

通过继承(inheritance)，可以快速而方便地创建对象的新类——新类会吸收已有类的特性，并可以定制自己，添加自己独有的特性。在汽车类比中，"敞篷车"类的对象，当然具有比其更一般化的"汽车"类的特性，但它还有更特殊的地方：车篷可以展开和放下。

面向对象的分析与设计(OOAD)

很快就要用 C#编写程序了，但是该如何创建程序代码(code)呢？也许和许多初学编程的人一样，你只是打开计算机，然后开始输入代码。这种方法可能只适合于小型程序(如本书前几章见到的那些)。如果要建立软件系统，控制大银行的几千台自动柜员机(ATM)，那么该怎么办呢？如果是数千名软件开发人员共同建立一个新的美国空中交通控制系统，那么又该怎么办呢？对于这类大型的复杂项目，不能坐下来就开始编写程序。

为了创建最佳的解决方案，必须遵循一个详细的过程，分析(analysis)项目的需求(requirement，即确定系统需要完成什么)，并开发出一个能够满足这些需求的设计(design，即确定系统该如何完成这些功能)。理想情况下，需要经过这一过程并在编写任何代码之前，对设计进行仔细评估(或者由其他软件专家对设计进行审查)。如果这一过程是从面向对象的角度对系统进行分析和设计的，则称为面向对象的

分析与设计(OOAD)过程。用类似C#之类的面向对象编程语言编写程序，称为面向对象编程(OOP)。它使得计算机程序员可以将面向对象设计实现成可工作的系统。

UML（统一建模语言）

虽然有多种不同的OOAD过程存在，但只有一种图形化语言被广泛应用于任何OOAD过程间的沟通。这种语言称为统一建模语言(UML)，它是目前使用最广泛的、用于建模面向对象系统的图形化机制。第4章和第5章中将会接触到UML类图，然后在第12章中，会将它们用于面向对象编程的深入讲解中。本书在线章节中的ATM软件工程案例分析，将在讲解面向对象设计练习题的过程中给出一部分简单的UML特性。

1.7 Internet和WWW

20世纪60年代末，美国国防部高级研究计划署(ARPA)计划将它所资助的12所大学和研究机构的大型计算机系统进行联网，这些计算机通过数据传输速率为50 000 bps的通信线路连接。当时，大多数人（也只是少数能访问网络的人）都通过电话线以110 bps的速度连接计算机。相关的学术研究即将开启重要一步。ARPA的研究快速实现了ARPANET（阿帕网），即Internet的鼻祖。当今最快的Internet数据传输速率，可以达到每秒数十亿甚至数万亿比特。

但事情往往不按最初的计划发展。尽管ARPANET使科研人员能够将他们的计算机联网，但它的主要好处是通过电子邮件方便快捷地进行通信。即使在今天的Internet中，同样利用电子邮件、即时消息、文件传输以及诸如Facebook和Twitter等社交媒体，使全球几十亿人能够彼此快速而方便地通信。

在ARPANET上进行通信的协议（规则集），称为传输控制协议(TCP)。TCP确保了由"分组"（被编号的信息序列）所组成的消息，可以从发送方经过正确路由到达接收方，每个分组都按原样到达，并按正确的顺序装配它们。

Internet：网间网

在早期Internet演变的同时，全世界的机构都在实现各自的网络，进行组织内和组织间的通信，这样就出现了大量不同的联网硬件和软件。这种现象带来的一个挑战是：如何使这些不同的网络能彼此通信。ARPA为此开发了一个Internet协议(IP)，它创建了一个真正的"网间网"，就是今天Internet的体系结构。现在，这组协议被称为TCP/IP。

业界很快意识到，利用Internet可以提升它们的业务，为客户提供新型的、更好的服务。公司开始花费大量资金用来开发和强化它们的Internet业务，从而导致了通信运营商与软硬件供应商之间的激烈竞争，以满足不断增长的对基础设施的需求。这样，Internet上的带宽(bandwidth)——通信线路的信息传载能力——已经大大增加了，而硬件成本迅速下降。

WWW：使Internet易于使用

World Wide Web(WWW，简称为Web)是与Internet相关的硬件和软件集合，它使计算机用户可以定位和查看几乎任何主题的多媒体文档(包含文本、图形、动画、音频以及视频的组合文档)。1989年，CERN（欧洲核子研究组织）的Tim Berners-Lee着手开发了一种通过"超链接"的文本文档共享信息的技术——超文本标记语言(HTML)。Tim还写出了几个通信协议，比如超文本传输协议(HTTP)，以构成新的超文本信息系统的框架。Tim将这些协议称为World Wide Web。

1994年，Tim发起成立了一个组织——万维网联盟(W3C, http://www.w3.org)，致力于为万维网开发相关的技术。W3C的主要目标之一是：使全世界的每一个人，包括残疾人，无论他的语言和文化背景如何，都可以访问Web。

Web服务

Web服务(Web service)是保存在一台计算机上的软件组件，位于Internet上另一台计算机中的程序（或者其他的软件组件）能够访问它。通过Web服务就可以提供mashup(糅合)功能，这使得我们能够快速开发出程序,只需组合不同的 Web 服务即可。这些服务通常来自不同的机构,获取的信息具有不同的形式。例如,100 Destinations(http://www.100destinations.co.uk)就将来自 Twitter 的照片和推文与 Google Maps 的地图功能进行组合,使得用户能够通过其他人的照片来"游览"全球各个国家。

ProgrammableWeb(http://www.programmableweb.com/)提供的目录包含 15 000 多个 API 和 6200 多个 mashup,此外还有一些讲解如何创建自己的 mashup 的指南和样本代码。根据 ProgrammableWeb 的介绍,三个用得较多的 mashup API 是 Google Maps、Twitter 和 YouTube。

Ajax

Ajax 技术可使基于 Internet 的程序像桌面程序那样执行。这是一项艰难的任务,因为当数据在你的计算机与位于 Internet 上的服务器之间来回传输时,传输延迟是很大的困扰。利用 Ajax,像 Google Maps 这样的程序已经获得了与桌面程序一样的极好性能和外观。

物联网

Internet 已经不再是计算机的天下——它还是一个物物相连的网络,即物联网(Internet of Things)。物品就是任何具有 IP 地址的对象,IP 地址是 Internet 上定位某个物品的唯一标识符,这样的物品具备通过 Internet 自动发送数据的能力。举例如下:

- 具备应答器用于支付通行费的汽车
- 显示车库中空余停车位的显示器
- 植入人体的心脏监护器
- 用于水质监控的监视器
- 报告能源使用情况的智能计量器
- 放射线探测器
- 仓库中的货物跟踪器
- 记录运动和位置情况的移动程序
- 根据天气预报和室内活动情况调节房间温度的智能温控器
- 许多其他的物联网产品

1.8 C#

2000 年,Microsoft 推出了 C#编程语言。C#以 C、C++和 Java 为基础,它具有与 Java 类似的功能,适合有大量需求的程序开发任务,尤其是用于构建当今的桌面程序、大型企业应用、Web 程序、移动设备程序以及云应用。

1.8.1 面向对象编程

C#是面向对象的。前面已经给出了对象技术的基本概念,而在整本书中会大量用到面向对象编程。C#可以访问功能强大的 .NET Framework 类库,使程序员可以快速开发出程序。.NET Framework 类库是大量预先建立好的类的集合(见图 1.5)。1.9 节将进一步介绍 .NET。

.NET Framework 类库的一些主要功能如图 1.5 所示。

数据库	调试程序	数据库	调试程序
建立 Web 程序	多线程编程	权限管理	图形用户界面设计
图形	文件处理	移动式程序	数据结构
输入/输出	安全	字符串处理	UWP GUI
网络编程	Web 通信		

图 1.5 .NET Framework 类库的一些主要功能

1.8.2 事件驱动编程

C#的图形用户界面(GUI)是事件驱动(event driven)的。开发人员可以编写响应由用户发起的事件(event)的程序,如鼠标单击、键击、定时器到期以及点触、滑指动作、做手势等,后几种事件广泛用于智能手机和平板电脑上。

1.8.3 可视化编程

利用 Microsoft 的 Visual Studio,可以将 C#作为一种可视化的编程语言,除了可编写建立程序的语句,还可以方便地将按钮、文本框之类的预定义 GUI 对象拖放到屏幕上,并可对它们添加文本(标签)或调整大小。Visual Studio 会产生大部分的 GUI 代码。

1.8.4 泛型编程与函数式编程

泛型编程

最常见的程序功能是处理某些事物的集合——如数的集合、联系人的集合、视频文件的集合等。过去,必须为处理每一种类型的集合而单独编写程序。利用泛型编程(generic programming),就可以使代码能够处理"通用"的集合,而 C#负责处理特定类型的不同集合,从而省去了大量的工作。第 20~21 章中将讲解泛型以及泛型集合。

函数式编程

利用函数式编程(functional programming),只需指定希望完成的任务,而不必指定如何完成这项任务。例如,利用 Microsoft 的 LINQ(它将在第 9 章中讲解,并在后面许多章中都会用到),就可以这样要求:"这里是一组数,我想得到它们的和"。我们不需要指定如何找出每一个数并将它们相加的机制——LINQ 会负责处理。函数式编程加快了程序的开发,减少了发生的错误的数量。第 21 章中将深入探讨函数式编程。

1.8.5 国际标准

C#已经有了由 ECMA International 负责的国际标准:

http://www.ecma-international.org

这使得除了 Microsoft 的 Visual C#,还可以有其他的 C#语言。到本书编写时为止,C#的标准文档——ECMA-334 依然在为 C# 6 进行更新。有关 ECMA-334 的更多信息,请参见:

http://www.ecma-international.org/publications/standards/Ecma334.htm

可以从 Microsoft 下载中心找到有关 C# 6 规范的最新版本。其他文档以及 C#软件,也可以从这里下载。

1.8.6 非 Windows 平台上的 C#

尽管 C#最初是由 Microsoft 针对 Windows 平台而开发的,但它可以通过 Mono Project 和 .NET Core(二者均由 .NET Foundation 管理)用于其他平台上:

http://www.dotnetfoundation.org/

更多信息,请参见本书前面的"学前准备"部分。

1.8.7 Internet 与 Web 编程

当今的各种程序能够被编写成在全球计算机之间进行通信。我们可以看到,这正是 Microsoft .NET 战略的核心。可以使用 C#和 Microsoft 的 ASP.NET 技术构建基于 Web 的程序。

1.8.8 async、await 与异步编程

如今大多数的编程方法中,程序中的每一个任务都必须在前一个任务完成之后才能执行。这称为同

步编程(synchronous programming)，它是本书中大多数情况下采用的编程方式。C#也支持异步编程(asynchronous programming)，使得多个任务能够同时执行。异步编程使程序能够对用户的交互动作(如鼠标单击和键击)更具响应性，此外还有许多其他的用途。

在以前的 Visual C#版本中，异步编程难以实现且容易出错。C#中的 async 和 await 功能简化了异步编程，因为编译器对开发者隐藏了大部分彼此相关的复杂性。第 23 章中将简单介绍采用 async 和 await 的异步编程。

1.8.9 其他主要的编程语言

图 1.6 中汇总了一些流行的编程语言。

编程语言	描述
Ada	以 Pascal 为基础，它是在 20 世纪 70 年代和 80 年代早期由美国国防部(DOD)资助而发展起来的。DOD 希望有一种能够满足需求的简单语言。这种语言以 Ada Lovelace 女士的名字命名，她是诗人 Lord Byron 的女儿。Ada 在 19 世纪早期就编写出世界上第一个计算机程序(用于由 Charles Babbage 设计的分析机的机械计算装置)
Basic	于 20 世纪 60 年代由美国 Dartmouth 学院开发，为初学编程的程序员所熟知。它的许多后续版本都是面向对象的
C	于 20 世纪 70 年代由 Dennis Ritchie 在贝尔实验室推出。它因成为 UNIX 操作系统的开发语言而广为人知。如今，通用操作系统的大多数代码都是用 C 或者 C++语言编写的
C++	C++是 C 的扩展，它由 Bjarne Stroustrup 于 20 世纪 80 年代早期在贝尔实验室推出。C++提供了与 C 相同的大量特性，但更重要的是，它提供了面向对象编程的能力
COBOL	COBOL(面向商业的通用语言)是于 20 世纪 50 年代晚期开发的，其发起人包括计算机厂商、美国政府、计算机用户，它以 Grace Hopper 开发的一种语言为基础。Grace 曾是一名美国海军军官和计算机科学家。COBOL 依然被广泛应用于商业领域(对于大量的数据有精确性和高效性的需求)。COBOL 的最新版本支持面向对象编程
FORTRAN	FORTRAN(FORmula TRANslator) 由 IBM 在 20 世纪 50 年代开发，它用于要求复杂数学计算的科学和工程应用中。如今 FORTRAN 依然被广泛使用，其最新版本已经支持面向对象编程
Java	Sun Microsystems 公司于 1991 年资助了一个公司内部研究项目，这个项目由 James Gosling 领导，其结果是诞生了一种基于 C++的面向对象编程语言，称为 Java。Java 的主要目标是：用它编写的程序能够运行于各种计算机系统和由计算机控制的设备中。有时，这被称为"编写一次，到处运行"。现在，Java 已经被普遍用于开发大规模的企业级应用，以增强 Web 服务器(即提供在 Web 浏览器中看到的内容的计算机)的功能，为消费类设备(如智能手机、平板电脑、电视机顶盒、家用电器、汽车等)提供应用，还可用于许多其他用途。Java 也是用于开发 Android 智能手机和平板电脑程序的重要语言
Objective-C	Objective-C 是以 C 语言为基础的另一种面向对象语言。它于 20 世纪 80 年代早期开发，后来归 NeXT 所有，NeXT 随后被 Apple 收购。Objective-C 已经成为 OS X 操作系统以及基于 iOS 的设备(比如 iPod、iPhone 和 iPad)的主要编程语言
JavaScript	JavaScript 也是一种被广泛使用的脚本编写语言。它主要用于增加 Web 页面的程序功能——如动画以及与用户的交互性。所有主流的 Web 浏览器都支持 JavaScript
Pascal	20 世纪 60 年代的相关研究，导致了"结构化编程"思想的出现。这是一种编写程序的严格方法，与以前的编程技术相比，结构化编程使程序更清晰、更易测试和调试、更方便修改。Pascal 语言由 Niklaus Wirth 教授于 1971 年开发，它是根据结构化编程的研究成果而发展起来的。几十年间，Pascal 是讲授结构化编程的流行语言
PHP	PHP 是一种面向对象的、开源的脚本编写语言，它由开发人员社区所支持，并被无数的网站使用。PHP 是一种平台独立的语言，它可用于主要的 UNIX、Linux、Mac 以及 Windows 操作系统
Python	Python 是另一种面向对象的脚本编写语言，于 1991 年首次发布。它由位于阿姆斯特丹的荷兰国家数学与计算机科学研究所(CWI)的 Guido van Rossum 开发，其大部分功能来自 Modula-3——一种系统编程语言。Python 是"可扩展的"——能够通过类和编程接口进行扩展
Swift	Swift 发布于 2014 年，它是 Apple 针对未来的 iOS 和 OS X 程序开发而推出的一种编程语言。Swift 是一种当代语言，它包含来自流行的编程语言的特性，如 Objective-C、Java、C#、Ruby、Python 以及其他语言的特性。2015 年，Apple 发布了具有新的和改进过的特性的 Swift 2。根据 Tiobe Index 的统计，Swift 已经成为最流行的编程语言之一。Swift 为一种开源语言，所以它同样可以用在非 Apple 的平台上
Ruby on Rails	Ruby 于 20 世纪 90 年代中期由 Yukihiro Matsumoto 创建。它是一种开源的、面向对象的编程语言，具有与 Python 类似的简单语法。Ruby on Rails 将脚本编写语言 Ruby 与 Rails Web 应用程序框架进行了组合，后者由 37Signals 公司开发。对于 Web 开发人员而言，他们的著作 *Getting Real* 是必读的图书(可从 http://gettingreal.37-signals.com/toc.php 下载)。开发涉及数据库的 Web 程序时，许多开发人员反映，使用 Ruby on Rails 会比其他语言的效率更高

图 1.6 其他主要的编程语言

编程语言	描述
Scala	Scala（http://www.scala-lang.org/what-is-scala.html）是"可伸缩语言"的简称，它由 Martin Odersky 设计。Martin 是瑞士洛桑联邦理工学院（EPFL）的教授。Scala 发布于 2003 年，它同时采用面向对象编程和函数式编程模式，并可与 Java 集成。利用 Scala 编程，可极大地降低代码的数量
Visual Basic	Microsoft 的 Visual Basic 语言发布于 20 世纪 90 年代早期，它简化了 Windows 应用程序的开发。它的最新版本支持面向对象编程

图 1.6（续） 其他主要的编程语言

1.9 Microsoft 的 .NET

2000 年，Microsoft 推出了 .NET 计划（.NET initiative，参见 www.microsoft.com/net）。这是一个全新的思想，它将 Internet 和 Web 集成到软件的开发、工程、发布和使用中。.NET 不是强迫开发人员只使用一种编程语言，而是可以在任何与 .NET 兼容的语言（如 C#、Visual Basic、Visual C++等）中创建程序。Microsoft 的 ASP.NET 技术是 .NET 计划的一部分，它用于创建 Web 应用程序。

1.9.1 .NET Framework

.NET Framework 类库提供许多编程功能，可用来快速而简单地建立大量的 C#程序。它包含数千个已经预先创建好的类，这些类已经被测试过且性能已经被优化。虽然本书中将讲解如何创建自己的类，但是只要有可能，就应使用 .NET Framework 类库中现有的类，以加速软件开发过程，而且可以提高所开发软件的质量和性能。

1.9.2 CLR

公共语言运行时（CLR）是 .NET Framework 的另一个重要组成部分，它执行 .NET 程序，并提供使程序更容易开发和调试的功能。CLR 是一种虚拟机（VM）。VM 是一种软件，它管理程序的执行但隐藏了底层的操作系统和硬件。由 CLR 执行并管理的程序的源代码，称为托管代码（managed code）。CLR 为托管代码提供各种服务，例如：

- 集成用不同 .NET 语言编写的软件组件
- 处理组件之间的错误
- 强化安全性
- 自动进行内容管理

非托管代码无法使用 CLR 的服务，这使得它们更难于编写[①]。托管代码会按如下步骤被编译成与特定机器相关的指令。

1. 首先，代码会被编译成 Microsoft 中间语言（MSIL）。从不同语言和源转换成 MSIL 的代码，可以被 CLR 混合在一起，这使得程序员能够使用自己喜欢的 .NET 编程语言。由程序的组件使用的 MSIL 会被放入该程序的可执行文件中，也就是让计算机执行任务的那一个文件。
2. 程序执行时，CLR 中的另一个编译器（称为即时编译器或 JIT 编译器）将可执行文件中的 MSIL 翻译成（针对特定平台的）机器语言代码。
3. 在这个平台上执行机器语言代码。

1.9.3 平台独立性

如果存在针对某个平台的 .NET Framework（并已安装了它），这个平台就可以运行任何 .NET 程序。程序（不经修改）可在多个平台上运行的能力，称为平台独立性（platform independence）。如果代码只需编

---

① 参见 http://msdn.microsoft.com/library/8bs2ecf4。

写一次,即可不加修改地在另一种类型的计算机上使用,就可以节省开发时间和经费。此外,软件可以有更广泛的目标用户。以前,公司要确定是否值得将它们的程序转换到不同的平台上——这个过程称为移植(porting)。利用.NET,程序移植不再是问题了(只要平台上可以使用.NET即可)。

1.9.4 语言互操作性

.NET Framework 还提供高度的语言互操作性(language interoperability)。用不同的.NET语言(如C#和Visual Basic)编写的程序,都可以被编译成MSIL——不同的部分可以组合成一个统一的程序。这样,MSIL就使.NET Framework具有语言独立性(language independent)。

.NET Framework类库可以在任何.NET语言中使用。.NET的最新版本包括.NET 4.6和.NET Core。

- .NET 4.6做了许多提升,并增加了一些新特性,包括用于Web程序的ASP.NET 5,对当今高分辨率4K屏幕的支持,等等。
- .NET Core是一个新的针对Windows、Linux、OS X和FreeBSD的跨平台.NET子集。

1.10 Windows 操作系统

Windows是世界上最广泛使用的个人计算机桌面操作系统。操作系统(operating system)是一种软件系统,它使用户、开发人员以及系统管理员能够更方便地使用计算机。操作系统提供的服务,可以使程序更为安全、有效地运行,并且能与其他程序并发(即并行)地运行。其他流行的桌面操作系统包括Linux和Mac OS X。用于智能手机和平板电脑的移动操作系统包括Microsoft的Windows Phone、Google的Android、Apple的iOS(用于iPhone、iPad和iPod触屏设备)。图1.7中列出了Windows操作系统的演变过程。

版本	描述
20世纪90年代的Windows	20世纪80年代中期,Microsoft开发出了以图形用户界面为基础的Windows操作系统,它具有按钮、文本框、菜单以及其他的图形元素。20世纪90年代发布的各种Windows版本,主要用于个人计算。1993年发布Windows NT之后,Microsoft进入了企业操作系统市场
Windows XP与Windows Vista	Windows XP发布于2001年,它组合了Microsoft的企业和个人操作系统产品线。到本书编写时为止,它依然占据超过10%的操作系统市场份额(https://www.netmarketshare.com/operating-system-market-share.aspx)。Windows Vista发布于2007年,它新提供了具有吸引力的Aero用户界面,许多功能有所增强,还提供了一些新的应用程序,安全性也有所提高。但是,Windows Vista并没有流行开来
Windows 7	Windows 7曾经是世界上最广泛使用的桌面操作系统,一度占据超过47%的市场份额(https://www.netmarketshare.com/operating-system-market-share.aspx)。它的新特性包括对Aero用户界面的增强、更短的启动时间、对Windows Vista安全特性的进一步改良、提供触摸屏和多点触摸支持等
用于台式机和平板电脑的Windows 8	Windows 8发布于2012年,它对大量不同的设备提供一个相似的平台(运行程序的底层系统)和相同的用户体验。它的新外观特性是一个包含磁贴(tile)的启动界面,每个磁贴代表一个程序。这与Windows Phone中的情形类似,Windows Phone是用于智能手机的操作系统。Windows 8的其他特性包括支持用于触控板和触摸屏设备的多点触摸、强化的安全性等
Windows 8 UI(用户界面)	Windows 8 UI(以前称为"Metro")操作系统具有简洁的外观,对用户的干扰最小。这个操作系统中的程序采用无边框的窗口、标题栏和菜单。这些元素会被隐藏起来,使得程序能够充满整个屏幕,这对平板电脑和智能手机的小屏幕而言尤其有用。当用户滑动屏幕顶部或者底部时,界面元素会显示在应用栏中。滑动方式为按下鼠标按键,往滑动方向移动,然后释放鼠标按键。在触摸屏上,这可以通过手指滑动完成
Windows 10和UWP	Windows 10发布于2015年,是当前Windows的最新版本,在本书编写时,它占据了15%的操作系统市场份额(https://www.netmarketshare.com/operating-system-market-share.aspx)。除了多用户界面以及其他的更新,Windows 10中还加入了Universal Windows Platform(UWP),它用于为所有的Windows设备提供共同的平台和用户体验,这些设备包括个人计算机、智能手机、平板电脑、Xbox,甚至包括Microsoft最新的HoloLens增强现实全息头盔,它们都使用几乎相同的代码

图1.7 Windows操作系统的演变过程

Windows Store

可以通过Windows Store(Windows商店)销售应用程序,或者提供免费下载。到本书编写时为止,成为一名 Windows Store 注册开发人员的费用，分别是 19 美元(个人)和 99 美元(企业)。Microsoft 会扣除 30%的销售收入(在有些市场，比例还会更高)。更多信息，请参见 App Developer Agreement：

https://msdn.microsoft.com/en-us/library/windows/apps/hh694058.aspx

Windows Store 会为你的应用的定价提供几种商业模式。可以要求在下载之前就支付全部费用，起始价为 1.49 美元；也可以提供限定时间或者限制功能的试用版，使用户在购买完整版之前有机会试用；还可以利用"应用内购买"(in-app purchase)等方式销售虚拟商品(比如额外的应用功能)。有关 Windows Store 以及应用定价策略的更多信息，请参见：

https://msdn.microsoft.com/windows/uwp/monetize/index

1.11　Visual Studio 集成开发环境

C#程序是用 Microsoft 的 Visual Studio 创建的。Visual Studio 是一些软件工具的集合，这些软件工具称为集成开发环境(IDE)。利用 Visual Studio Community IDE，程序员能够快速而方便地编写、运行、测试、调试 C#程序。这个 IDE 还支持 Visual Basic、Visual C++和 F#等编程语言。本书中的大多数示例，都是用 Visual Studio Community 创建的，它在 Windows 7/8/10 下都可以运行。

1.12　在 Visual Studio Community 中测试 Painter 程序

现在，使用 Visual Studio Community 来测试一个已经建立好的程序，它使用户能够利用鼠标在屏幕上绘制图形。Painter 程序允许用户选择不同的画刷尺寸和颜色。该程序呈现给读者的一些元素和功能，也正是通过本书应掌握的典型编程技术。以下就是测试这个程序所需的步骤。为了进行测试，需假定已经将本书的示例文件放置到用户账户的 Documents\examples 文件夹下。

步骤 1：检查设置过程

确认已经按文前"学前准备"部分中介绍的方法正确地设置好计算机和软件。

步骤 2：进入 Painter 程序的目录

打开 File Explorer（Windows 8/10）或 Windows Explorer（Windows 7）窗口，进入：

C:\Users*yourUserName*\Documents\examples\ch01

双击 Painter 文件夹，查看它的内容(见图 1.8)，然后双击 Painter.sln 文件，在 Visual Studio 中打开这个程序的解决方案文件(solution)。程序的解决方案文件包含所有的代码文件、支持文件(如图像、视频、数据文件等)以及配置信息。下一章中将更详细地探讨解决方案文件的内容。

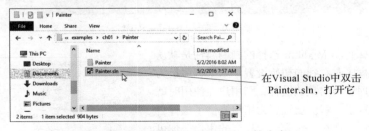

图 1.8　C:\examples\ch01\Painter 的内容

根据系统配置的情况，File Explorer 或 Windows Explorer 可能不会显示文件扩展名。为了在 Windows 8/10 中显示文件扩展名，需进行如下操作：

1. 打开 File Explorer。
2. 单击 View 选项卡，然后选中 File name extensions 选项。

Windows 7 中的操作步骤如下：

1. 打开 Windows Explorer。
2. 按 Alt 键显示菜单栏，然后从 Tools 菜单中选择 Folder Options。
3. 在出现的对话框中选择 View 选项卡。
4. 在 Advanced settings 窗格中，取消 Hide extensions for known file types 旁边的复选框的选中状态（注：如果这一项没有被选中，则不必进行操作）。
5. 单击 OK 按钮并关闭对话框。

步骤 3：运行 Painter 程序

为了查看正在运行的 Painter 程序，可单击 Start 按钮（见图 1.9）或者按 F5 键。

图 1.10 展示了运行的程序，并且标出了它的几个图形元素——称为控件(control)。这些控件包括组框(GroupBox)、单选钮(RadioButton)、按钮(Button)和面板(Panel)。本书中，将会探讨它们以及其他的许多控件。这个程序使用户可以用红色、蓝色、绿色或黑色画刷(分大、中、小号)画图。随着鼠标在白色面板上的拖动，Painter 程序会在鼠标指针的当前位置处用指定的颜色和尺寸画圆。鼠标移动得越慢，画出的图形就会越接近圆。这样，缓慢地拖动鼠标会画出一条实线(见图 1.11)，而快速拖动会画出虚线，线中间会留有空格。也可以回退(Undo)前一步的操作或者清除(Clear)所画的图形，从头重新开始画。执行这些操作的按钮位于 GUI 中单选钮的下方。利用已有的控件(对象)，可以在 Visual C#中创建功能强大的程序，而这样做要比自己编写所有的代码快得多。这就是软件复用的主要优势。

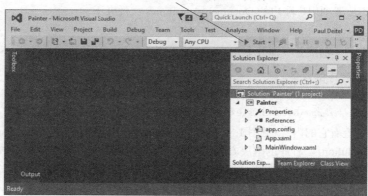

图 1.9 运行 Painter 程序

通过单选钮 Black 和 Medium 选择的画刷属性是默认设置，即首次运行程序时看到的初始设置。如果程序员为程序提供了具有合理选项的默认设置，则用户在使用时就不需要改变这些设置了。默认设置还为用户提供了选择自己的设置的直观提示。现在，作为这个程序的用户，你可以选择自己的设置。

步骤 4：改变画刷的颜色

单击单选钮 Red，改变画刷的颜色，然后单击单选钮 Small，改变画刷的大小。将鼠标定位在白色面板上，然后拖动它用画刷画图。画出如图 1.11 所示的花瓣。

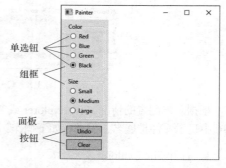

图 1.10 在 Windows 10 中运行 Painter 程序

步骤 5：改变画刷颜色和大小

单击单选钮 Green，改变画刷的颜色。然后，单击单选钮 Large，改变画刷的大小。画出如图 1.12 所示的小草和花茎。

图 1.11　用小的红色画刷绘制花瓣

图 1.12　用大的绿色画刷绘制小草和花茎

步骤 6：完成绘制

单击单选钮 Blue 和 Medium，画出如图 1.13 所示的雨滴，完成画图。

步骤 7：停止程序的运行

当在 Visual Studio 中运行程序时，可以单击 Visual Studio 工具栏上的停止按钮 ■ 来终止它，也可以单击该程序运行窗口中的关闭框按钮 ×。

完成了这个程序的测试运行后，我们已经为开发 C#程序做好准备了。第 2 章中将使用 Visual Studio 通过可视化编程技术创建第一个 C#程序。正如将要看到的那样，Visual Studio 会生成构建程序的 GUI 时所需的代码。第 3 章中将着手编写包含传统程序代码的 C#程序。

图 1.13　用中等蓝色画刷绘制雨滴

自测题

1.1　填空题。
   a) 计算机在处理数据时，使用的是称为_____的指令序列。
   b) 计算机由称为_____的各种设备(如键盘、显示器、鼠标、硬盘、内存、DVD 驱动器以及处理单元)组成。
   c) 计算机处理的数据项构成了_____。在这个结构中，数据项从最简单的位到复杂的字符、字段，变得越来越大、越来越复杂。
   d) 计算机只能直接理解自己的_____语言，这种语言只由 1 和 0 组成。
   e) 本章讨论的计算机编程语言的三种类型是：机器语言、_____和_____。
   f) 将高级语言翻译成机器语言的程序称为_____。
   g) _____处理器可以在一个集成电路芯片上放置多个处理器，例如双核处理器具有两个 CPU，而四核处理器具有 4 个 CPU。
   h) Windows 10 中加入了_____，它用几乎相同的代码构建的 Windows 程序，可用于个人计算机、智能手机、平板电脑、Xbox，甚至可用于 Microsoft 最新的 HoloLens 增强现实全息头盔。

1.2 填空题。
a) 对象，或者更确切地说是_____对象，本质而言就是可复用的软件组件。
b) 消息需发送给对象。每一个消息都被实现成一个方法_____，它通知对象的方法执行任务。
c) 通过_____，可以快速而方便地创建对象的新类——新类会吸收已有类的特性，并可以定制自己，添加自己独有的特性。
d) 为了创建最佳的解决方案，必须遵循一个详细的过程，分析项目的_____，即确定系统需要完成什么，并开发出一个能够满足这些需求的设计，即确定系统该如何完成这些功能。
e) Visual C#是_____驱动的。可以编写响应事件的程序，如鼠标单击、键击、定时器到期以及点触、滑指动作等。
f) Java 的主要目标是：用它编写的程序能够运行于各种计算机系统和由计算机控制的设备中。这有时称为_____。

1.3 填空题。
a) _____执行.NET 程序。
b) CLR 为_____代码提供各种服务，比如集成用不同.NET 语言编写的软件组件、处理组件之间的错误、强化安全性等。
c) 程序（不经修改）可在多个平台上运行的能力，称为平台_____。
d) Visual Studio 是一个_____，C#程序在这个环境下开发。
e) 可以将 Windows Phone 程序在_____上出售。

1.4 判断下列语句是否正确。如果不正确，请说明理由。
a) 软件对象既可对抽象事物建模，也可对现实事物建模。
b) 最流行的数据库模型是关系数据库，其中的数据被存储成简单的表。表中包含记录和字段。
c) 数据库就是数据的集合，这些数据被组织成易于访问和操作的形式。
d) 与主存中的信息相比，访问辅助存储设备中的数据所花费时间要长得多，但它的费用要比主存大得多。
e) 通过高级语言，程序员就可以将指令写得与日常英语几乎相同，也可以包含常见的数学表达式。
f) 当在程序中使用对象时，对象也具有属性。
g) TCP 确保了由"字节"组成的消息，可以从发送方经过正确路由到达接收方，每个分组都按原样到达，并按正确的顺序装配它们。
h) Internet 上的带宽——通信线路的信息传载能力已经大大增加了，但硬件成本也在上升。
i) 可以使用 C#和 Microsoft 的 ASP .NET 技术构建基于 Web 的程序。
j) Java 已经成为 Mac OS X 桌面操作系统以及基于 iOS 的设备（如 iPod、iPhone 和 iPad）的主要编程语言。
k) Microsoft 的 ASP.WEB 技术被用来创建 Web 程序。
l) Windows 是世界上使用最广泛的桌面操作系统之一。

1.5 将下面这些字节单位按从小到大的顺序排序：TB、MB、PB、GB、KB。
1.6 描述将 C#代码转换成能够在特定计算机上执行的两步翻译过程。

自测题答案

1.1 a) 计算机程序。b) 硬件。c) 数据层次。d) 机器。e) 汇编语言，高级语言。f) 编译器。g) 多核。h) UWP。
1.2 a) 类。b) 调用。c) 继承。d) 需求。e) 事件。f) 编写一次，到处运行。
1.3 a) .NET Framework 的 CLR。b) 托管。c) 独立性。d) IDE。e) Windows Store。
1.4 a) 正确。b) 正确。c) 正确。d) 错误。辅助存储设备的成本要比主存的成本小得多。e) 正确。

f) 正确。g) 错误。组成消息的不是字节，而是分组。h) 错误。硬件成本会不断下降。i) 正确。j) 错误。该语言应为 Swift 而不是 Java。k) 错误。应为 ASP.NET 技术。l) 正确。

1.5 KB、MB、GB、TB、PB。

1.6 首先，C#代码会被编译成 MSIL 并放置在一个可执行文件中。执行程序时，CLR 中的另一个编译器(称为即时编译器或 JIT 编译器)将可执行文件中的 MSIL 翻译成(针对特定平台的)机器语言代码。

练习题

1.7 填空题。
  a) 运行在计算机上的程序，称为_____。
  b) 诸如智能手机、家用电器、游戏控制器、机顶盒、汽车等包含小型计算机的系统，称为_____。
  c) 正如字符是由位组成的一样，_____是由字符或者字节构成的。
  d) 位于辅助存储设备中的信息，称为_____，在计算机断电之后它依然会保留。
  e) 称为_____的翻译程序，会将高级语言代码转换成机器语言代码。
  f) 在面向对象编程中，需要创建称为_____的程序单元来容纳执行类的任务的方法集。
  g) 应使用建筑块方法来创建程序。需避免事事亲自动手——要尽量使用已有的"建筑材料"。软件_____是面向对象编程的主要优点。

1.8 填空题。
  a) 虽然有多种不同的 OOAD 过程存在，但只有一种图形化语言广泛应用于任何 OOAD 过程结果的通信交流。这种语言称为_____，它是目前使用最广泛的、用于建模面向对象系统的图形化机制。
  b) Tim Berners-Lee 开发的_____，是一种在万维网上通过"超链接"的文本文档共享信息的技术。
  c) CLR 是一种_____机器。软件管理程序的执行但隐藏了底层的操作系统和硬件。
  d) 将程序从最初开发它的平台转移到不同的平台运行的方法，称为_____。
  e) Windows_____是一个云计算平台，使用户能够开发、管理和发布云应用。
  f) 利用已有的控件(对象)，可以在 Visual C#中创建功能强大的程序，而这样做要比自己编写所有的代码快得多。这就是软件_____的主要优势。

1.9 判断下列语句是否正确。如果不正确，请说明理由。
  a) 计算机中的最小数据项能够处理值 1 或 2。这样的数据项被称为"位"。"位"是"二进制位"的简称，一个二进制位是这两个值之一。
  b) Unicode 字符集是流行的 ASCII 字符集的子集，它包括大小写字母、数字以及一些常见的特殊字符。
  c) 以下均为计算机的输出形式：将数据显示在屏幕上，打印在纸上，在 PC 和媒体播放器上播放音频、视频，用来控制其他设备，比如机器人、3D 打印机以及智能装置。
  d) 复用有助于程序员构建更可靠和更有效的系统，因为现有的类和组件通常都经过了大量的测试、调试和性能调优。
  e) W3C 的主要目标之一是：使全世界的每一个人，包括残疾人，无论他的语言和文化背景如何，都可以访问 Web。
  f) C#只能用于 Windows 平台。
  g) .NET Framework 类库中包含数百万个已经预先创建好的类，它们已经被测试过且性能已经被优化。
  h) .NET 程序能够在任何平台上运行。
  i) UWP 对大量不同的设备(包括个人计算机、智能手机、平板电脑和 Xbox Live)提供一个统一的平台(运行程序的底层系统)和相同的用户体验。

1.10 与编译器相比,解释器的主要优势是什么?劣势又是什么?
1.11 在性能上,使用新型的 async 特性与使用老式的多线程相比,有哪些主要优点?
1.12 什么是操作系统?
1.13 为什么有时候更愿意使用云计算资源而不是自己购买全部的硬件设备?
1.14 将下列各项按硬件和软件分类。
   a) CPU
   b) 编译器
   c) 输入单元
   d) 字处理程序
   e) C#程序
1.15 翻译程序,比如汇编器和编译器,会将程序从一种语言(称为源语言)翻译成另一种语言(称为目标语言)。判断如下语句的正误。
   a) 汇编器将源语言程序翻译成机器语言程序。
   b) 高级语言通常是依赖于机器的。
   c) 在能够运行于计算机之前,要求对机器语言进行翻译。
   d) C#编译器将高级语言程序翻译成 SMIL。
1.16 写出下列缩写词的全称。
   a) W3C。b) OOP。c) CLR。d) MSIL。e) UML。f) IDE。
1.17 .NET Framework 和 CLR 的主要优点是什么?缺点是什么?
1.18 使用面向对象技术有哪些好处?
1.19 可能在你的手腕上正佩戴着生活中常见的一种对象——手表。讨论如下这些术语和概念应该如何应用到手表上:对象、属性和行为。
1.20 UML 的主要成就是什么?
1.21 早期 Internet 所带来的主要好处是什么?
1.22 Web 的主要功能是什么?
1.23 Microsoft 的 .NET 计划的主要愿景是什么?
1.24 .NET Framework 类库是如何促进 .NET 程序的开发的?
1.25 除了 OOP 提供的显而易见的复用好处,许多其他机构报告的 OOP 的另一个主要好处是什么?

挑战题

1.26 (测试练习:"碳足迹"计算器)一些科学家相信,碳排放,尤其是化石燃料的燃烧,对全球变暖影响巨大。如果每个人都限制碳燃料的使用,则这一趋势可以得到控制。各种机构和个人都在持续关注着它们的"碳足迹"。一些网站,如 TerraPass:

   http://www.terrapass.com/carbon-footprint-calculator-2/

   和 Carbon Footprint:

   http://www.carbonfootprint.com/calculator.aspx

   提供了"碳足迹"计算器。利用这些计算器,测试一下你的"碳足迹"是什么。在后面几章的练习题中,将要求编写你自己的"碳足迹"计算器。为此,需搜索用于计算"碳足迹"的公式。

1.27 (测试练习:体重指数计算器)根据最近的估计,美国人口中有大约 2/3 的人超重,有大约 1/2 的人肥胖。这会导致相关疾病(如糖尿病和心脏病)的大量出现。为了判断某个人是否超重或肥胖,可以使用一种称为体重指数(BMI)的测量方法。美国卫生与福利部在 http://www.nhlbi.nih.gov/guidelines/obesity/BMI/bmicalc.htm 上提供了一个 BMI 计算器,可用它来计算自己的 BMI。第 3 章的一个练习题将要求编写自己的 BMI 计算器。为此,需搜索用于计算 BMI 的公式。

1.28 （混合动力汽车的特性）本章讲解了类的一些基础知识。现在，你需要"丰富"一种称为"混合动力汽车"的类的内容。混合动力汽车正变得越来越流行，因为与纯汽油驱动汽车相比，它通常具有更少的油耗。浏览网络，研究一下现在流行的 4~5 种混合动力汽车，然后尽可能多地列出它们与混合动力有关的属性。例如，一些共同的属性包括每加仑[①]城市路况行驶里程和每加仑干线路况行驶里程。还要列出电池的属性（类型、质量等）。

1.29 （性别中性化）一些人希望在各种用于沟通的表格中消除性别歧视。要求你创建一个能处理文本段的程序，将其中与性别有关的单词用中性词代替。假设已经存在一个与性别有关的单词和替换它的中性词的清单（如将"妻子"换成"配偶"，将"男人"换成"人"，将"女儿"换成"孩子"，等等），给出读取这段文本并手工地执行替换的过程。第 5 章中将会讲到，"过程"的更形式化的称谓是"算法"，因此算法就指定了要执行的步骤以及执行的顺序。

与挑战题相关的资源

微软"创新杯"（Microsoft Imagine Cup）是一个全球性的比赛，学生可以利用相关技术来解决世界上的一些困难问题，比如环境可持续性、饥荒、应急响应、扫盲等。如果希望了解比赛的详细信息以及过去的获奖项目，可参见 https://www.imaginecup.com/Custom/Index/About。从这个网站还可以获取由全球慈善机构提交的几个项目设想。如果希望获取有关编程项目的更多想法，可在网上搜索"making a difference"，并访问如下网站：

http://www.un.org/millenniumgoals

United Nations Millennium Project 正在寻找有关全球重要问题的解决方案，如环境可持续性、性别平等、妇幼健康、全民教育等。

http://www.ibm.com/smarterplanet

IBM Smarter Planet 的网站探讨了 IBM 如何利用技术来解决一些问题，这些问题涉及商业、云计算、教育、可持续性等。

http://www.gatesfoundation.org

Bill and Melinda Gates Foundation 为一些机构提供资助，这些机构为减少发展中国家的饥饿、贫穷和疾病而工作。

http://nethope.org

NetHope 是全球人道主义组织的合作项目，它致力于解决一些技术问题，如组织间的沟通、应急响应等。

http://www.rainforestfoundation.org

Rainforest Foundation 旨在保护雨林，并且维护将雨林称为"家"的土著人的权益。这个网站列出了一些可以提供帮助的事情。

http://www.undp.org

联合国开发计划署（UNDP）在为全球面临的挑战寻求解决之道，如危机预防与恢复、能源与环境、民主治理等。

http://www.unido.org

联合国工业发展组织（UNIDO）希望着力解决的问题包括：减少贫困、为发展中国家提供参与全球贸易的机会、提高能源效率和可持续性等。

http://www.usaid.gov

USAID 致力于全球民主、健康、经济增长、冲突预防、人道主义援助等方面。

[①] 1 加仑(美) ≈ 3.785L——编者注。

第 2 章 Visual Studio 和可视化编程简介

目标

本章将讲解

- Visual Studio Community 2015 IDE 的基础知识，编写、运行和调试程序。
- 利用 Visual Studio 的 Windows Forms Application 模板创建一个新项目。
- 介绍将用来构建 GUI 的 Windows 窗体和控件。
- IDE 的菜单和工具栏中的主要命令。
- 了解 Visual Studio 中各种窗口的用途。
- Visual Studio 的帮助特性。
- 创建、编译和执行简单的 Visual C#程序，用可视化程序开发技术显示文本和图像。

概要

- 2.1 简介
- 2.2 Visual Studio Community 2015 IDE 概述
  - 2.2.1 Visual Studio Community 2015 简介
  - 2.2.2 Visual Studio 主题
  - 2.2.3 Start Page 中的链接
  - 2.2.4 创建新项目
  - 2.2.5 New Project 对话框与项目模板
  - 2.2.6 窗体与控件
- 2.3 菜单栏和工具栏
- 2.4 Visual Studio IDE 概览
  - 2.4.1 Solution Explorer 窗口
  - 2.4.2 Toolbox 窗口
  - 2.4.3 Properties 窗口
- 2.5 Help 菜单与上下文相关帮助
- 2.6 可视化编程：创建显示文本和图像的简单程序
- 2.7 小结
- 2.8 Web 资源

摘要 | 术语表 | 自测题 | 自测题答案 | 练习题

2.1 简介

Visual Studio 是 Microsoft 的集成开发环境(Integrated Development Environment，IDE)，用于创建、运行和调试用各种 .NET 编程语言编写的程序(也称为应用程序或应用)。本章提供了 Visual Studio Community 2015 IDE 的一个概览，并演示了如何通过将预定义的构建块拖放到位而创建简单的 Visual C# 程序——这种技术称为可视化程序开发(visual app development)。

2.2 Visual Studio Community 2015 IDE 概述

市面上有多个 Visual Studio 版本，本书中的示例程序、屏幕截图以及对程序的探讨，都以运行于 Windows 10 上的免费 Visual Studio Community 2015 为基础。关于安装这个软件的信息，请参见"学前准备"部分。除了几个示例,其他的程序都能够在 Windows 7/8/10 上创建和运行——对于只能运行于 Windows 10 的程序,会单独指出来。

给出的示例能够用于 Visual Studio 的所有版本,但某些选项、菜单和指令可能有所不同。以后,书中会将"Visual Studio Community 2015 IDE"简称为"Visual Studio"或"IDE"。本书假定读者已经熟悉了 Windows 操作系统。

2.2.1 Visual Studio Community 2015 简介

(注:书中用">"符号来表示从菜单中选择菜单项。例如,File > Save All 表示从 File 菜单中选择 Save All 菜单项。)

首先,需打开 Visual Studio。对于 Windows 10,单击左下角的按钮

然后选择 All Apps > Visual Studio 2015。对于 Windows 7,单击按钮

然后选择 All Programs > Visual Studio 2015。对于 Windows 8 的 Start 界面,找到并单击 Visual Studio 2015 磁贴,它包含图标:

开始时,Visual Studio 会显示它的 Start Page(起始页,见图 2.1)。根据版本的不同,这个 Start Page 可能会有所差异。Start Page 包含一列 Visual Studio 资源和 Web 资源的链接。任何时候,如果想返回到 Start Page,只需选择 View > Start Page 即可。

图 2.1 Visual Studio Community 2015 中的 Start Page 界面

2.2.2 Visual Studio 主题

Visual Studio 支持三种主题,用于指定 IDE 的配色方案:

- 深色主题(深色窗口背景,浅色文本)
- 浅色主题(浅色窗口背景,深色文本)

- 蓝色主题(浅色窗口背景，深色文本)

本书中采用蓝色主题。"学前准备"部分中讲解了如何进行这种设置。

2.2.3 Start Page 中的链接

Start Page 中的链接被排成两列。左列 Start 部分包含的选项，可用来新创建一个程序或者打开以前的程序。Recent 部分包含最近创建或修改过的项目的链接。

Start Page 的右列(其顶部为 Discover Visual Studio Community 2015)，包含各种在线文档和资源的链接，以帮助使用 Visual Studio 和了解 Microsoft 的编程技术。为了使 IDE 能够访问这些链接，要求已连接 Internet。

有关 Visual Studio 的更多信息，可以查看 MSDN 库：

```
https://msdn.microsoft.com/library/dd831853
```

MSDN 站点包含 Visual Studio 开发人员感兴趣的技术性文章、可下载文件和教程。也可以在 IDE 中选择 View > Other Windows > Web Browser，浏览 Web。为了请求一个 Web 页面，需在地址栏中输入它的 URL(见图 2.2)并按回车键——当然，计算机必须已经连接到 Internet。希望查看的 Web 页面会出现在 IDE 的另一个选项卡中——图 2.2 展示的是输入 http://msdn.microsoft.com/library 之后的 Web 浏览器窗口选项卡。

图 2.2 在 Visual Studio 中显示 MSDN 库的 Web 页面

2.2.4 创建新项目

要在 Visual C#中进行程序开发，必须创建一个新项目或打开一个已有的项目。项目(project)是一组相关文件，比如可以构成程序的 Visual C#代码和任何图像。Visual Studio 将程序组织成项目和解决方案，一个解决方案可包含一个或多个项目。包含多个项目的解决方案，可用来创建大型程序。本书中创建的大多数程序都只由一个项目组成。可以选择 File > New > Project 创建新项目，或者选择 File > Open > Project/Solution 打开已有的项目。也可以单击 Start Page 中 Start 部分里相应的链接。

2.2.5 New Project 对话框与项目模板

为了方便后面几个小节的讲解，需首先新创建一个项目。选择 File > New > Project，显示 New Project 对话框(见图 2.3)。对话框(dialog)是方便用户与计算机沟通的窗口。

Visual Studio 提供多种模板(template)，见图 2.3 左列，即用户能够在 Visual C#和其他语言中创建的项目类型。这些模板包括 Windows 窗体程序、WPF 程序以及其他程序。Visual Studio 的完整版本中提供了大量的模板。本章中将创建的 Windows 窗体程序是在 Windows 操作系统(如 Windows 7/8/10)中执行的程序，通常具有图形用户界面(GUI)。GUI 即程序与用户交互的可视化部分。GUI 程序包括 Microsoft Word、Internet Explorer 和 Visual Studio 之类的 Microsoft 软件产品，其他厂商创建的软件产品以及其他程序开发人员创建的定制软件。本书中将创建许多 Windows 程序。

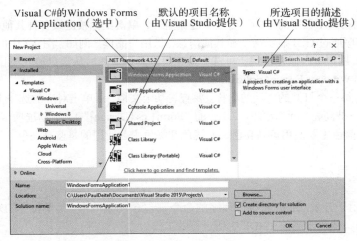

图 2.3　New Project 对话框

为了创建 Windows 窗体程序，需在 Templates 下选择 Visual C# > Windows > Classic Desktop，然后在中间列中选择 Windows Forms Application。默认情况下，Visual Studio 会将新的 Windows 窗体程序的项目和解决方案命名为 WindowsFormsApplication1(见图 2.3)。单击 OK 按钮，会显示 Design 视图(设计视图)的 IDE(见图 2.4)，它包含用于创建 GUI 的那些特性。

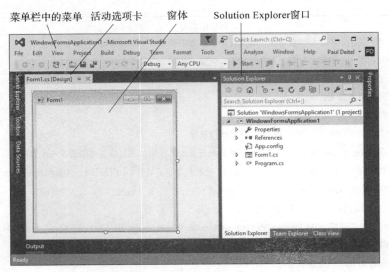

图 2.4　IDE 的 Design 视图

2.2.6　窗体与控件

Design 区域中标题为 Form1 的矩形框(称为窗体)代表所创建的程序的主窗口。每一个窗体都是 .NET Framework 类库中 Form 类的一个对象。程序可以有多个窗体(窗口)，但 2.6 节中创建的程序以及本书后面将创建的其他 Windows 窗体程序，都只使用一个窗体。后面将介绍如何通过添加 GUI 控件来定制窗体——2.6 节中，将向窗体添加一个标签和一个图形框。标签(Label)通常包含描述性文本(如 "Welcome to Visual C#!"），图形框（PictureBox）中显示的是图像。Visual Studio 中有许多控件和其他组件，可以用它们来构建并定制程序。本书中将讨论并使用其中的许多控件，也可以使用来自第三方的控件。

本章中，将使用来自 .NET Framework 类库的控件。将控件放到窗体上后，可以修改它的属性（见 2.4 节的讨论）。

窗体和控件共同构成了程序的 GUI。通过从键盘输入、单击鼠标按键或各种其他的方式，用户可以向程序输入数据。程序通过 GUI 显示指令和其他信息，供用户阅读。例如，图 2.3 中的 New Project 对话框显示了一个 GUI，用户单击鼠标按键，可选中某个模板类型，然后从键盘输入项目名称（图中显示的依然是默认项目名称 WindowsFormsApplication1）。

选项卡上列出了每一个打开的文档的名称。要查看某个文档，可单击对应的选项卡。活动选项卡（当前显示文档的选项卡）被高亮显示（例如图 2.4 中的 "Form1.cs [Design]"）。活动选项卡的高亮色与 Visual Studio 主题有关——蓝色主题使用黄高亮色，而浅色和深色主题使用的是蓝高亮色。

2.3　菜单栏和工具栏

管理 IDE 以及用于开发、维护和执行程序的命令都包含在菜单中，菜单位于 IDE 的菜单栏上（见图 2.5）。菜单的显示，依赖于当前在 IDE 中所进行的工作。

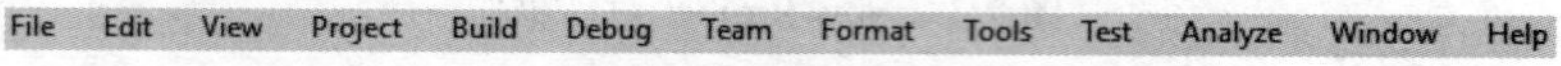

图 2.5　Visual Studio 的菜单栏

菜单包含相关的命令组（称为菜单项），选中某个菜单项时，IDE 会执行特定的操作（如打开窗口、保存文件、打印文件和执行程序）。例如，选择 File > New > Project，就是告知 IDE 显示 New Project 对话框。图 2.6 总结了图 2.5 中显示的菜单。

菜单	包含的命令
File	打开、关闭、添加和保存项目，以及打印项目数据和退出 Visual Studio
Edit	编辑程序，如剪切、复制、粘贴、撤销、恢复、删除、查找和选择
View	显示 IDE 窗口（如 Solution Explorer、Toolbox、Properties 窗口）和向 IDE 添加工具栏
Project	管理项目及其文件
Build	将程序转换成一个可执行程序
Debug	编译、调试（即找出并更正程序错误）和运行程序
Team	连接到 Team Foundation Server，该服务器由开发团队使用，多名成员共同开发一个程序
Format	排列和修改窗体的控件。只有当在 Design 视图中选中了某个 GUI 控件时，才会出现 Format 菜单
Tools	访问其他的 IDE 工具和选项，用于定制 IDE
Test	对程序执行各种类型的自动化测试
Analyze	查找并报告违反 .NET Framework Design Guideline (https://msdn.microsoft.com/library/ms229042) 的情况
Window	隐藏、打开、关闭或者显示 IDE 窗口
Help	获取有关 IDE 的帮助信息

图 2.6　窗体位于 Design 视图中时显示的各种 Visual Studio 菜单

从工具栏（toolbar）中可以访问许多常用的菜单命令（见图 2.7），其中包含图标（icon），它以图示化的方式表示命令。默认情况下，首次运行 Visual Studio 时显示的是标准工具栏，它包含大多数常用命令的图标，例如打开文件、保存文件和运行程序等（见图 2.7）。根据所使用的 Visual Studio 版本的不同，标准工具栏中出现的图标也可能不同。开始时，有些命令是禁用的（用灰色显示，无法使用）。只有能够使用时，Visual Studio 才允许启用它们。例如，一旦开始了文件编辑工作，Visual Studio 就会启用保存文件的命令。

可以定制工具栏，方法是选择 View > Toolbars，然后从图 2.8 的列表中选择工具栏。选中的每一个工具栏，都会与其他工具栏一起显示在 Visual Studio 窗口的顶部。移动工具栏时，需拖动其左侧的手柄

如果要通过工具栏执行某个命令，则可以单击它的图标。

要记住每个工具栏图标的含义是很困难的。将鼠标指针悬停在图标上，会使图标高亮显示，只需做短暂停留就会显示这个图标的描述，这称为"工具提示"（tool tip，见图 2.9）。工具提示有助于熟悉 IDE 的特性，便于记住每个工具栏图标的功能。

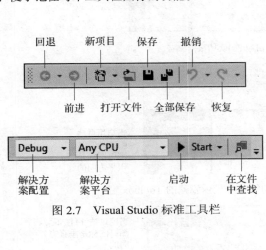

图 2.7　Visual Studio 标准工具栏

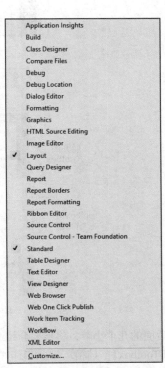

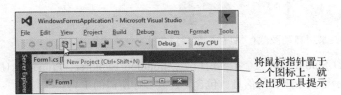

图 2.9　New Project 按钮的工具提示　　　图 2.8　可以添加到 IDE 顶部的工具栏列表

2.4　Visual Studio IDE 概览

IDE 提供的窗口用于访问项目文件和定制控件。本节将介绍在开发 Visual C#程序时经常用到的几个窗口。通过在 View 菜单中选择某个 IDE 窗口的名称，就能够访问它。

自动隐藏

Visual Studio 提供了一个节省空间的特性，称为"自动隐藏"（auto-hide）。当启用自动隐藏功能时，包含窗口名称的选项卡会沿着 IDE 窗口的左边、右边或底部出现（见图 2.10）。单击名称，就会显示这个窗口（见图 2.11）。再次单击名称（或者在窗口之外单击），就会隐藏这个窗口。为了"钉住"某个窗口（即禁用自动隐藏功能），需单击该窗口右上角的图钉图标。当启用自动隐藏功能时，图钉图标是水平方向的，

如图 2.11 所示。而当"钉住"窗口时，图钉图标是垂直方向的，

如图 2.12 所示。

图 2.10　自动隐藏功能演示

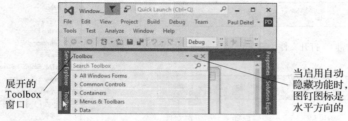

图 2.11　启用自动隐藏功能时，显示隐藏的 Toolbox 窗口

图 2.12　禁用自动隐藏（"钉住"窗口）

后面的几个小节，将概要介绍 Visual Studio 中的三个主要窗口——Solution Explorer、Properties（属性）和 Toolbox（工具箱）。这些窗口中显示了关于项目的信息，包含了建立程序所需的工具。

2.4.1　Solution Explorer 窗口

Solution Explorer 窗口（见图 2.13）提供了对解决方案中所有文件的访问。如果它没有显示在 IDE 中，可选择 View > Solution Explorer。打开一个新解决方案或已有的解决方案后，Solution Explorer 会显示解决方案的内容。

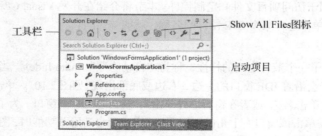

图 2.13　显示 WindowsFormsApplication1 项目的 Solution Explorer 窗口

解决方案的启动项目（startup project，在 Solution Explorer 窗口中显示为粗体），即当选择 Debug > Start Debugging（或按 F5 键）或者选择 Debug > Start Without Debugging（或按 Ctrl + F5 键）时，会运行的那个项目。对于只包含一个项目的解决方案（如本书中的那些），启动项目就是其中的唯一项目（这里即为

WindowsFormsApplication1)。当第一次创建程序时，出现的 Solution Explorer 窗口会如图 2.13 所示。与图 2.4 中的窗体对应的 Visual C# 文件为 Form1.cs（在图 2.13 中被选中）。Visual C# 文件的扩展名为 .cs，它是 "C Sharp" 的缩写。

默认情况下，IDE 只显示需要编辑的文件，而隐藏 IDE 产生的其他文件。Solution Explorer 窗口中有一个工具栏，它包含几个图标。单击 Show All Files 图标（见图 2.13），可以显示解决方案中的所有文件，包括由 IDE 产生的那些文件。单击节点左边的箭头，可展开或缩合该节点。单击 References 左边的箭头，会显示该目录下分组的那些项目（见图 2.14）。再次单击这个箭头，会缩合节点。其他的 Visual Studio 窗口也采用这种使用惯例。

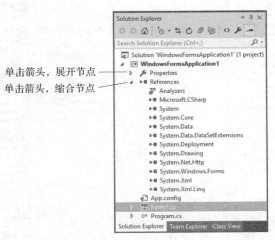

图 2.14 展开了 References 节点的 Solution Explorer 窗口

2.4.2 Toolbox 窗口

为了显示 Toolbox 窗口，需选择 View > Toolbox。Toolbox 窗口中包含的图标代表控件，它们用于定制窗体（见图 2.15）。利用可视化程序开发，可以将控件拖放到窗体上，而 IDE 会编写出创建这个控件的代码。与亲自编写这样的代码相比，这样做既快又简单。正如不需要知道如何制造引擎就可以驾驶汽车一样，我们也不需要知道如何建立控件就可以使用它们。复用已有的控件，可以在开发程序时节省时间和经费。当在本章的后面创建第一个程序时，将用到 Toolbox。

Toolbox 将一些预先已建立好的控件按类别分组，这些类别是 All Windows Forms、Common Controls、Containers、Menus & Toolbars、Data、Components、Printing、Dialogs、Reporting、WPF Interoperability 和 General，它们在图 2.15 中列出。同样要注意箭头的使用，它能展开或缩合控件组。本书将讨论许多 Toolbox 控件以及它们的功能。

2.4.3 Properties 窗口

如果 Properties 窗口没有显示在 Solution Explorer 窗口的下面，则需选择 View > Properties Window 来显示它。如果该窗口被设置成自动隐藏，则需要单击它的水平图钉图标，将其"钉住"。

Properties 窗口中显示的是 IDE 中当前所选窗体、控件或文件的属性。属性（property）指定关于窗体或控件的信息，如大小、颜色和位置。每一个窗体或者控件，都有自己的一套属性。选中某个属性时，有关它的描述会显示在 Properties 窗口的底部。

图 2.16 中显示的是 Form1 的 Properties 窗口——可以单击 Form1.cs [Design]窗口中的任何位置来查看它。左栏列出了这个窗体的属性，而右栏显示的是每个属性的当前值。可以将属性按如下顺序排列：

- 字母顺序(单击 Alphabetical 图标)
- 类别(单击 Categorized 图标)

根据 Properties 窗口的大小，有些属性可能被隐藏了。可以上下拖动滚动条(scrollbar)中的滑块(scrollbox)，或者单击滚动条顶部和底部的箭头来滚动属性列表。本章后面将讲解如何设置各种属性。

图 2.15　显示了 Common Controls 组中的控件的 Toolbox 窗口　　图 2.16　Properties 窗口

对于可视化程序开发而言，Properties 窗口极其重要，它可以让程序员快速地修改控件的属性，而将编写代码的工作交给 IDE "在幕后"进行。可以看到哪些属性可以修改，并且在多数情况下，可以知道某个属性的可接受值的范围。Properties 窗口中会显示某个选中的属性的简要描述，帮助程序员了解它的作用。

2.5　Help 菜单与上下文相关帮助

Microsoft 通过 Help 菜单提供大量的帮助文档，可以快速获得关于 Visual Studio、Visual C#以及其他更多的信息。Visual Studio 提供与"当前内容"(即鼠标光标位置周围的项)相关联的上下文相关帮助(context-sensitive help)。要使用上下文相关帮助，可单击某个项，然后按 F1 键。帮助文档显示在 Web 浏览器窗口中。如果要返回到 IDE 中，则可以关闭浏览器窗口，或在 Windows 任务栏中选择 IDE 的图标。

2.6　可视化编程：创建显示文本和图像的简单程序

本节创建的程序将会显示文本"Welcome to C# Programming!"和 Deitel & Associates 公司的小虫吉祥物。这个程序只包含一个窗体，它使用了一个标签和一个图形框。图 2.17 给出了运行这个程序的结果。相关程序以及吉祥物图像的文件，可从本章的示例文件中获得——参见本书"学前准备"部分中给出的下载指南。假定已经将本书的示例文件放置到用户账户的 Documents/examples 文件夹下。

对于这个示例,根本不需要编写任何 C#代码。它采用的是可视化程序开发技术。Visual Studio 会处理程序员的动作(如鼠标单击和拖放),并产生程序的代码。第 3 章将讨论如何编写程序代码。本书中,将逐渐建立大量的、功能越来越强大的程序,它们通常是程序员自己编写的代码和 Visual Studio 产生的代码的结合体。对于新手而言,理解 Visual Studio 产生的代码会有些难度,但几乎不需要去查看这些代码。

图 2.17 执行一个简单的程序

可视化程序开发可用于建立具有大量 GUI 的程序,它们要求有大量的用户交互。为了创建、保存、运行和终止这个程序,需执行如下的步骤。

步骤 1:关闭打开的项目。
如果本章前面讲解过的项目依然处于打开状态,则应选择 File > Close Solution 关闭它。

步骤 2:创建新项目
新创建一个 Windows 窗体程序:

1. 选择 File > New > Project,显示 New Project 对话框(见图 2.18)。
2. 选择 Windows Forms Application。将项目命名为 ASimpleApp,Location 指定成希望保存它的位置,然后单击 OK 按钮。这里将程序保存到 IDE 的默认位置——Visual Studio 2015\Projects 下面的用户账户的 Documents 文件夹里。

本章前面讲过,首次创建 Windows 窗体程序时,IDE 会在 Design 视图中打开(即程序处于设计状态而不是执行状态)。包含窗体的选项卡中的文本 "Form1.cs [Design]",表示是在可视化地设计窗体,而不是在编写代码。如果文本后面有一个星号,表明文件已经做过修改,但是还没有保存。

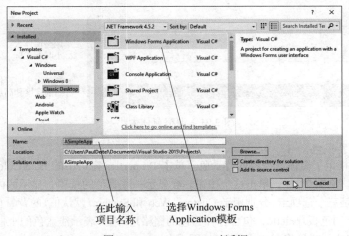

图 2.18 New Project 对话框

步骤 3:设置窗体标题栏中的文本
窗体标题栏中的文本由窗体的 Text 属性确定(见图 2.19)。如果还没有打开 Properties 窗口,则需选择 View > Properties Window,并将它"钉住",避免自动隐藏。单击窗体中的任何地方,会在 Properties 窗口中显示窗体的属性。单击 Text 属性框右侧的文本框并输入"A Simple App",如图 2.19 所示。完成后按回车键,窗体的标题栏就会立即更新(见图 2.20)。

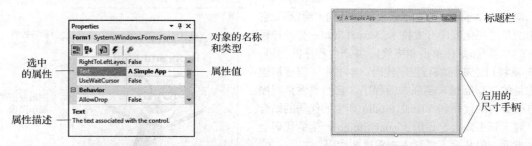

图 2.19　在 Properties 窗口中设置窗体的 Text 属性　　图 2.20　更新了标题栏、启用了尺寸手柄的窗体

步骤 4：调整窗体大小

　　窗体的尺寸用像素指定(像素即屏幕上的点)。默认情况下，窗体为 300 像素高、300 像素宽。单击并拖动窗体的某个尺寸手柄(sizing handle，窗体四周出现的小白框，如图 2.20 所示)，可调整窗体的大小。用鼠标选择右下角的尺寸手柄，并向下向右拖动，可使窗体变大。拖动鼠标时(见图 2.21)，IDE 的状态栏(位于 IDE 底部)会显示当前的宽度和高度(像素值)。这里将窗体设置成 400 像素宽、360 像素高。也可以通过 Properties 窗口中的 Size 属性来设置窗体的尺寸。

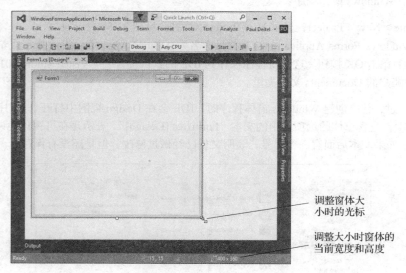

图 2.21　调整窗体大小

步骤 5：改变窗体的背景色

　　BackColor 属性指定了窗体或控件的背景色。单击 Properties 窗口中的 BackColor，会在属性值旁边出现一个下箭头按钮(见图 2.22)。单击这个按钮，会显示一些其他的选项，显示的内容会随属性的不同而不同。这里显示的是三个选项卡，分别用于 Custom、Web 和 System(默认值)的背景色设置。单击 Custom 选项卡，会显示一个调色板(palette，包含各种颜色的栅格)。选择表示浅蓝色的小框。选择颜色之后，调色板将会关闭，窗体的背景将变成浅蓝色(见图 2.23)。

步骤 6：向窗体添加 Label 控件

　　对于本章中创建的程序，所使用的典型控件位于 Toolbox 的 Common Controls 组中，有些位于 All Windows Forms 组中。如果还没有打开 Toolbox，则可以选择 View > Toolbox，显示一组控件，用它们来创建程序。如果组名被缩合了，则可以单击组名左边的箭头展开它们(图 2.15 中显示了 All Windows Forms 组和 Common Controls 组)。接下来，双击 Toolbox 中的 Label 控件，将一个标签添加到窗体的左上角(见图 2.24)——添加到窗体的每一个标签，都是来自 .NET Framework 类库的 Label 类的一个对象。(注：如果窗体位于 Toolbox 的后面，则可能需要隐藏或"钉住"Toolbox 才能看到标签。）双击 Toolbox 中的任何控件，都可以将它放到窗体中，但也可以将控件从 Toolbox"拖"到窗体(拖到窗体中可能更好，因为可以将它放到想要的位置)。默认情况下，标签会显示文本"label1"，而标签的背景色会与窗体的背景色相同。

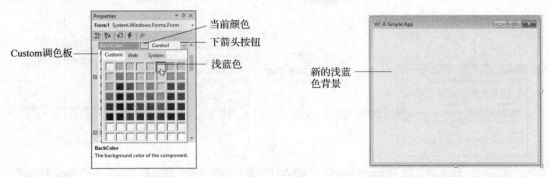

图 2.22　改变窗体的 BackColor 属性　　　　图 2.23　应用新的 BackColor 属性后的窗体

图 2.24　在窗体中添加标签

步骤 7：定制标签外观

单击标签的文本选中它，会在 Properties 窗口中显示它的属性。标签的 Text 属性决定了标签中显示的文本。窗体和标签各有自己的 Text 属性，但窗体和控件可以有相同的属性名称(如 BackColor、Text 等)而不会引起冲突。根据不同的控件，每一个属性的作用也会不同。执行如下步骤：

1. 将标签的 Text 属性设置为"Welcome to C# Programming!"。注意，标签可以缩放成适合在一行中显示所有输入的文本。
2. 默认情况下，标签的 AutoSize 属性设置为 True，它表示在需要时可使标签缩放，以容纳所有的文本。将这个属性设置为 False，使用户能自己缩放标签。然后，使用尺寸手柄，将标签大小调整到适合文本显示。
3. 要将标签移到窗体顶部中心位置，可以拖动它，或者用键盘的左、右箭头键调整它的位置(见图 2.25)。或者，也可以在选中标签时通过选择 Format > Center In Form > Horizontally，使其水平居中。

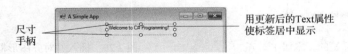

图 2.25　定制窗体和标签后的 GUI

步骤 8：设置标签的字体属性

要改变标签文本的字体类型，需进行如下操作：

1. 选择 Font 属性的某个值，这会使值的旁边出现一个省略号按钮(见图 2.26)——可以单击这个按钮，显示一个属性选项对话框。单击省略号按钮，这会显示 Font 对话框(见图 2.27)。
2. 在这个对话框中，可以选择字体名称(根据系统的不同，字体选项可能也会不同)、字体样式(Regular、Italic、Bold 等)和字体大小(16、18、20 等)。字体样本显示了所选字体的设置。在 Font 中选择 Segoe UI，这是 Microsoft 推荐的用户界面字体。在 Size 中将字体大小设置成 24 磅，然后单击 OK 按钮。

3. 如果标签的文本不能容纳于一行中，则会折行显示。调整标签的大小，使 "Welcome to" 出现在第一行，"C# Programming!" 出现在第二行。
4. 再次使标签居中显示。

图 2.26　显示标签 Font 属性的 Properties 窗口　　图 2.27　用于选择字体、样式和字体大小的 Font 对话框

步骤 9：对齐标签的文本

选择标签的 TextAlign 属性，可确定标签中如何对齐文本。这会显示一个代表对齐方式的 3×3 网格式按钮（见图 2.28）。每个按钮的位置对应于文本在标签中的位置。对于这个程序，将 TextAlign 属性设置为网格中的 MiddleCenter。这种设置会使文本在标签的水平方向和垂直方向都居中。其他的 TextAlign 值（如 TopLeft、TopRight 和 BottomCenter），可用来将文本定位到标签中的任何位置。某些对齐值可能要求使标签变大或变小，以便更好地容纳文本。

步骤 10：向窗体添加 PictureBox

PictureBox 控件用于显示图像。找到 Toolbox 中的 PictureBox 图标（见图 2.15），双击它即可将图形框添加到窗体中——添加到窗体中的每一个图形框，都是 .NET Framework 类库中 PictureBox 类的一个对象。当图形框出现时，拖动或使用箭头键，将它移到标签下面（见图 2.29）。

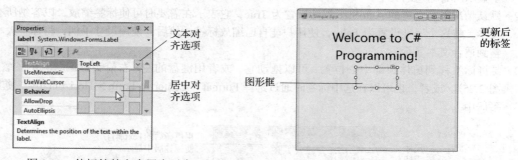

图 2.28　使标签的文本居中对齐　　图 2.29　插入并对齐图形框

步骤 11：插入图像

单击图形框，在 Properties 窗口中显示它的属性（见图 2.30），然后进行如下操作：

1. 找到并选择 Image 属性，它会显示所选图像的预览；如果没有选择图像，则会显示 "(none)"。
2. 单击省略号按钮，这时会出现 Select Resource 对话框（见图 2.31），它用来导入文件（比如图像文件）供程序使用。
3. 单击 Import 按钮，浏览要插入的图像，选择某个图像文件并单击 OK 按钮，将它添加到项目中。这里使用本章 examples 文件夹中的 bug.png 文件。支持的图像格式包括 PNG（可移植的网络图形）、GIF（图形交换格式）、JPEG（联合图像专家组）和 BMP（Windows 位图）。根据图像的尺寸，有可能只能在 Select Resource 对话框中预览到图像的一部分——可以调整对话框的大小，以查看图像的更多部分(见图 2.32)。单击 OK 按钮，即可使用这个图像。
4. 为了使图像能适合图形框的大小，可将 SizeMode 属性变成 StretchImage(见图 2.33)。调整图形框，使它变大(见图 2.34)，然后将其再次水平居中。

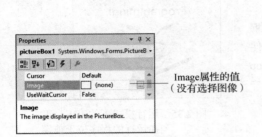

图 2.30　图形框的 Image 属性

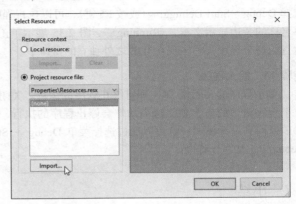

图 2.31　用 Select Resource 对话框为图形框选择图像

步骤 12：保存项目

选择 File > Save All，保存整个解决方案。解决方案文件(其扩展名为.sln)包含它的项目名称和位置，而项目文件(其文件扩展名为.csproj)包含项目中所有文件的名称和位置。如果以后希望再次打开某个项目，只需打开它的.sln 文件即可。

图 2.32　预览所选图像的 Select Resource 对话框

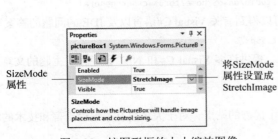

图 2.33　按图形框的大小缩放图像

图 2.34　显示图像的图形框

步骤 13：运行项目

到现在为止，所做的工作都是在 IDE 的设计模式中进行的(也就是还没有执行所创建的程序)。在执行程序的运行模式(run mode)中，用户只能与几个 IDE 特性交互，不可用的特性被禁用了(显示为灰色)。选择 Debug > Start Debugging(或按 F5 键)，可以执行程序。IDE 会进入运行模式，并在 IDE 标题栏中程序名称的旁边显示文本"(Running)"。图 2.35 展示了正在运行的这个程序，它出现在 IDE 之外独立的窗口中。

步骤 14：终止程序

单击程序的关闭框 ✕，即可终止程序的运行。关闭框位于程序窗口的右上角。这个动作会停止程序的执行，使 IDE 返回到设计模式。也可以通过选择菜单 Debug > Stop Debugging 来终止程序。

图 2.35　运行模式下的 IDE，正在运行的程序位于前端

2.7　小结

本章介绍了 Visual Studio IDE 的主要特性，可视化地设计了一个可运行的 Visual C#程序，而没有编写任何代码。Visual C#程序开发是两种风格的混合——可视化程序开发可用来方便地设计 GUI，避免烦琐的 GUI 编程，而传统的编程(见第 3 章)可以指定程序的行为。

本章创建了带一个窗体的 Visual C# Windows 窗体程序。本章用到了 Solution Explorer、Toolbox 和 Properties 窗口，它们对开发 Visual C#程序非常重要。还演示了上下文相关帮助的作用，它会显示与所选控件或文本相关的帮助主题。

本章使用了可视化程序开发技术来设计程序的 GUI，将一个标签和一个图形框添加到窗体。使用 Properties 窗口设置了窗体的 Text 属性和 BackColor 属性。Label 控件用于显示文本，PictureBox 控件用于显示图像。我们尝试了在标签中显示文本，将图像添加到图形框中。还用到了标签的 AutoSize、TextAlign 和 Font 属性，以及图形框的 Image 和 SizeMode 属性。

下一章将讨论"非可视化"的或"传统"的编程技术，将创建亲自编写的 Visual C#代码的第一个程序，而不是让 Visual Studio 创建代码。也会讲解内存概念，并编写在屏幕上显示信息的代码，接收来自用户的键盘输入，执行算术运算并进行判断。

2.8　Web 资源

请花些时间查看如下这些网站：

> https://www.visualstudio.com/

Microsoft Visual Studio 的主页。其中包括新闻、文档、下载链接以及其他资源。

> https://social.msdn.microsoft.com/Forums/vstudio/en-US/home?forum=csharpgeneral

这个网站支持 Microsoft Visual C#论坛，在论坛里可以得到有关 Visual C#语言以及 IDE 的问题的答案。

> https://msdn.microsoft.com/magazine/default.aspx

它是 Microsoft Developer Network Magazine 的网站，提供许多 Visual C#和 .NET 程序开发主题的文章以及代码，还包括以往主题的存档。

> http://stackoverflow.com/

除了 Microsoft 的这些论坛，StackOverflow 也是一个优秀的站点，对于大多数有关编程语言和技术的问题，都能够从这里找到答案。

摘要

2.1 节 简介
- Visual Studio 是 Microsoft 的集成开发环境(IDE)，用于创建、运行和调试用各种 .NET 编程语言编写的程序。
- 通过拖放预定义的构建块创建简单程序的方法，称为可视化程序开发。

2.2 节 Visual Studio Community 2015 IDE 概述
- Start Page 包含一列 Visual Studio IDE 资源和 Web 资源的链接。
- 构成一个程序的一组相关文件，就是一个项目。
- Visual Studio 将程序组织成项目和解决方案，一个解决方案可包含一个或多个项目。
- 对话框是方便用户与计算机沟通的窗口。
- Visual Studio 为可以创建的项目类型提供多种模板。
- 窗体代表正在创建的 Windows 窗体程序的主窗口。
- 总体而言，窗体和控件构成了程序的图形用户界面(GUI)，即程序的可视化部分，用户能与之交互。

2.3 节 菜单栏和工具栏
- 管理 IDE 以及用于开发、维护和执行程序的命令，都包含在菜单中，菜单位于 IDE 的菜单栏上。
- 菜单包含相关的命令组(称为菜单项)，选中某个菜单项时，IDE 会执行特定的操作(如打开窗口、保存文件、打印文件和执行程序)。
- 工具提示可以使程序员熟悉 IDE 的特性。

2.4 节 Visual Studio IDE 概览
- Solution Explorer 窗口中列出了解决方案中的全部文件。
- Toolbox 中包含定制窗体的控件。
- 通过使用可视化程序开发，可以将预定义的控件放入窗体中，而不必自己编写代码。
- 单击自动隐藏窗口的名称，会打开这个窗口。再次单击它，会使其隐藏。为了"钉住"某个窗口(即禁用自动隐藏)，需单击该窗口右上角的图钉图标。
- Properties 窗口中显示的是 Design 视图中当前所选窗体、控件或文件的属性。属性指定关于窗体或控件的信息，如大小、颜色和位置。利用 Properties 窗口可以直观地修改窗体和控件，而不必编写代码。
- 每一个控件都有自己的一套属性。Properties 窗口的左列显示属性的名称，而右列显示属性的值。窗口的工具栏包含按字母顺序(当选中 Alphabetical 图标时)或按类别(当选中 Categorized 图标时)组织属性的选项。

2.5 节 Help 菜单与上下文相关帮助
- 通过 Help 菜单，可以获得大量的帮助文档。
- 上下文相关帮助能提供一个相关帮助文章的清单。要使用上下文相关帮助，可单击某个项目，然后按 F1 键。

2.6 节 可视化编程：创建显示文本和图像的简单程序
- Visual C#程序开发，通常是编写部分程序代码和让 Visual Studio 产生其余代码的结合。
- 出现在窗体顶部(标题栏)中的文本，是在窗体的 Text 属性中指定的。
- 为了调整窗体的大小，需单击并拖动窗体的尺寸手柄(窗体四周出现的小方框)之一。可使用的尺寸手柄以白色框的形式出现。

- BackColor 属性指定窗体的背景色。对于添加到窗体的任何控件，窗体的背景色就是它的默认背景色。
- 双击 Toolbox 中的任何一个控件图标，就可将该种类型的一个控件放入窗体中。也可以将这些控件从 Toolbox 拖放到窗体上。
- 标签的 Text 属性决定了标签中显示的文本。窗体和标签都具有各自的 Text 属性。
- 当单击属性的省略号按钮时，会显示一个包含更多选项的对话框。
- 在 Font 对话框中，可以为窗体或标签的文本选择字体。
- TextAlign 属性指定标签中如何对齐文本。
- PictureBox 控件用于显示图像。显示的图像由 Image 属性指定。
- 处于设计模式下的程序是不可执行的。
- 在执行程序的运行模式中，用户只能与几个 IDE 特性交互。
- 当可视化地设计程序时，Visual C#文件的名称会出现在项目选项卡中，后面跟着文本"[Design]"。
- 单击关闭框，可终止程序的运行。

术语表

active tab 活动选项卡
Alphabetical icon Alphabetical 图标
auto-hide 自动隐藏
Categorized icon Categorized 图标
control 控件
Custom tab Custom 选项卡
Design view Design 视图（设计视图）
dialog 对话框
dragging 拖动
ellipsis button 省略号按钮
Font dialog Font 对话框
Form 窗体
Help menu Help 菜单
icon 图标
Label 标签
New Project dialog New Project 对话框
palette 调色板
PictureBox 图形框

project 项目
Properties window Properties 窗口
run mode 运行模式
scrollbar 滚动条
scrollbox 滑块
Show All Files icon Show All Files 图标
sizing handle 尺寸手柄
solution 解决方案
Start Page 开始页
startup project 启动项目
StretchImage value StretchImage 值
templates for projects 项目的模板
Text property Text 属性
tool tip 工具提示
toolbar 工具栏
visual app development 可视化程序开发
Windows Forms app Windows 窗体程序

自测题

2.1 填空题。
 a) _____技术，使程序员能够不必编写任何代码即可创建 GUI。
 b) _____是一个或多个项目的组合，这些项目共同构成了一个 Visual C#程序。
 c) _____功能隐藏了 IDE 中的窗口。
 d) 当鼠标指针悬停在图标上时，会出现_____。
 e) 可以在_____窗口中浏览解决方案文件。

f) Properties 窗口中的属性可以按_____或_____排序。
g) 窗体的_____属性，指定了窗体标题栏中显示的文本。
h) _____包含可以添加到窗体中的控件。
i) _____会根据当前的上下文内容显示相关的帮助文章。
j) _____属性指定标签中如何对齐文本。

2.2 判断下列语句是否正确。如果不正确，请说明理由。
a) 图标✕会使窗口自动隐藏。
b) 工具栏中的图标代表各种菜单命令。
c) 工具栏包含能够拖入窗体的控件的图标。
d) 窗体和标签都有标题栏。
e) 只有在编写代码时才能够修改控件的属性。
f) PictureBox 控件通常用于显示图像。
g) Visual C#文件的扩展名为.csharp。
h) 窗体的背景色是用 BackColor 属性设置的。

自测题答案

2.1 a) 可视化程序开发。b) 解决方案。c) 自动隐藏。d) 工具提示。e) Solution Explorer。f) 字母顺序，类别。g) Text。h) Toolbox（工具箱）。i) 上下文相关帮助。j) TextAlign。

2.2 a) 错误。图钉图标会使窗口自动隐藏，✕图标会关闭窗口。b) 正确。c) 错误。Toolbox 包含代表这些控件的图标。d) 错误。窗体有标题栏而标签没有(但标签上有文本)。e) 错误。控件的属性可以通过 Properties 窗口修改。f) 正确。g) 错误。Visual C#文件的扩展名为 .cs。h) 正确。

练习题

2.3 填空题。
a) 当单击省略号按钮时，会显示_____。
b) 使用_____，可立即显示相关的帮助文章。
c) GUI 是_____的缩写。
d) _____属性指定图形框要显示的图像。
e) _____菜单包含用于管理和显示窗口的命令。

2.4 判断下列语句是否正确。如果不正确，请说明理由。
a) 在 Toolbox 中双击某个控件的图标，可将该控件添加到窗体中。
b) 窗体、标签和图形框具有相同的属性。
c) 如果计算机已经连接到 Internet，则可以从 Visual Studio IDE 浏览一些网站。
d) Visual C#程序开发人员在创建复杂的程序时，通常不必编写任何代码。
e) 在程序执行期间，尺寸手柄是可见的。

2.5 在 Visual Studio 中出现的某些特性，在不同的上下文环境中会执行相似的动作。针对省略号按钮、下箭头按钮和工具提示，解释它们以这种方式执行的动作并给出例子。为什么 Visual Studio IDE 会以这种方式设计？

2.6 简要描述如下术语。
a) 工具栏
b) 菜单栏

c) Toolbox
　　d) 控件
　　e) 窗体
　　f) 解决方案

关于练习题 2.7~2.11 的说明
下面的几个练习题，要求使用还没有在本书中讨论过的控件来创建 GUI。这些练习题只是用来熟悉可视化程序开发的，程序本身不会执行任何动作。将控件从 Toolbox 拖入窗体中，可熟悉每个控件的形状。如果按照下面的指导逐步操作，就不会对这些 GUI 感到陌生了。

2.7　（**记事本 GUI**）为如图 2.36 所示的记事本创建 GUI。
　　a) 设置窗体的属性。将窗体的 Text 属性改成"My Notepad"。将 Font 属性设置成"9pt Segoe UI"——推荐的 Windows 程序字体属性。
　　b) 向窗体添加一个 MenuStrip 控件。插入这个控件之后，单击 Type Here 部分，输入菜单名称（如 File、Edit、View 和 About），然后按回车键。
　　c) 向窗体添加一个 RichTextBox 控件。将这个控件拖入窗体中。使用尺寸手柄，将 RichTextBox 控件的大小和位置调整成如图 2.36 所示的样子。将它的 Text 属性改成"Enter text here"。

2.8　（**日历和约会 GUI**）为如图 2.37 所示的日历创建 GUI。

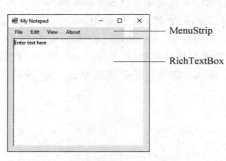

图 2.36　记事本 GUI

图 2.37　日历和约会 GUI

　　a) 设置窗体的属性。将窗体的 Text 属性改成"My Scheduler"，将 Font 属性改成"9pt Segoe UI"。将窗体的 Size 属性设置成"275, 400"。
　　b) 向窗体添加标签。向窗体添加两个标签，它们的大小相同（都为"231, 23"），将它们的 AutoSize 属性设置成 False，而且应将它们在窗体里水平居中放置。将标签的 Text 属性设置成如图 2.37 所示的那样。使用 12 磅字体大小。还要将 BackColor 属性设置成 Yellow。
　　c) 向窗体添加一个 MonthCalendar 控件。将这个控件添加到窗体中，并在两个标签之间适当的位置水平居中放置。
　　d) 向窗体添加一个 RichTextBox 控件。将这个控件添加到窗体中，并在第二个标签的下面居中放置。适当调整 RichTextBox 的大小。

2.9　（**计算器 GUI**）为如图 2.38 所示的计算器创建 GUI。
　　a) 设置窗体的属性。将窗体的 Text 属性改成 Calculator，将 Font 属性改成"9pt Segoe UI"，将它的 Size 属性改成"258, 210"。
　　b) 向窗体添加一个 TextBox 控件。在 Properties 窗口中将它的 Text 属性设置成 0。拉伸该文本框，将它放置在如图 2.38 所示的位置。将它的 TextAlign 属性设置成 Right，这会使文本框中显示的文本右对齐。
　　c) 向窗体添加第一个面板。Panel 控件用于分组其他的控件。向窗体添加一个 Panel 控件，将它的

BorderStyle 属性设置成 Fixed3D，这会使面板的里面凹陷下去；将它的 Size 属性设置成 "90，120"。这个面板包含的是计算器的数字键。

d) 向窗体添加第二个面板。将它的 BorderStyle 属性设置成 Fixed3D，将它的 Size 属性设置成 "62，120"。这个面板包含的是计算器的运算符键。

e) 向窗体添加第三个面板。将它的 BorderStyle 属性设置成 Fixed3D，将它的 Size 属性设置成 "54，62"。这个面板包含的是计算器的 C 键（清除键）和 C/A 键（全部清除键）。

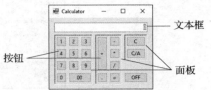

图 2.38　计算器 GUI

f) 向窗体添加按钮。计算器上有 20 个按钮。将 Button 控件拖放到面板上，即可添加它。将每个按钮的 Text 属性改成它所表示的计算器的键。在 Text 属性中输入的值，将出现在按钮上面。最后，利用 Size 属性调整这些按钮的大小。标记为 0~9、*、/、–、= 和 . 的按钮，其大小为 "23，23"；00 按钮的大小为 "52，23"；OFF 按钮的大小为 "54，23"；加号按钮的大小为 "23，81"；C 按钮和 C/A 按钮的大小为 "44，23"。

2.10 （闹钟 GUI）为如图 2.39 所示的闹钟创建 GUI。

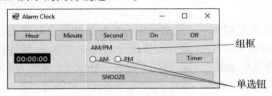

图 2.39　闹钟 GUI

a) 设置窗体的属性。将窗体的 Text 属性改成 Alarm Clock，将它的 Font 属性改成 "9pt Segoe UI"，将它的 Size 属性改成 "438，170"。

b) 向窗体添加按钮。向窗体添加 7 个按钮。将每个按钮的 Text 属性改成合适的文本。根据图中所示对齐这些按钮。

c) 向窗体添加一个组框（GroupBox 控件）。组框和面板类似，但组框会显示标题。将组框的 Text 属性设置成 AM/PM，将它的 Size 属性设置成 "100，50"，并将它在窗体中水平居中放置。

d) 在组框中添加 AM/PM 单选钮（RadioButton 控件）。在组框中放置两个单选钮。将一个单选钮的 Text 属性改成 AM，另一个改成 PM。根据图中所示对齐这些单选钮。

e) 向窗体添加时间标签。向窗体添加一个标签，将它的 Text 属性设置成 "00:00:00"，将它的 BorderStyle 属性设置成 Fixed3D，将它的 BackColor 属性设置成 Black。利用 Font 属性，使显示的时间为粗体、12 磅。将它的 ForeColor 属性改成 Silver（位于 Web 选项卡中），以使时间在黑色背景下突出显示。根据图中所示位置放置这个标签。

2.11 （收音机 GUI）为如图 2.40 所示的收音机创建 GUI。（注：这个练习使用的图像文件，位于本章的 examples 文件夹下。）

a) 设置窗体的属性。将 Font 属性改成 "9pt Segoe UI"。将窗体的 Text 属性设置成 Radio，将 Size 属性设置成 "427，194"。

b) 添加一个包含预存电台的组框和几个按钮。将组框的 Size 属性设置成 "180，55"，将 Text 属性设置成 "Pre-set Stations"。在组框中添加 6 个按钮，将每个按钮的 Size 属性设置成 "23，23"，依次将它们的 Text 属性设置成 1、2、3、4、5、6。

c) 添加一个表示扬声器的组框和两个复选框（CheckBox 控件）。将组框的 Size 属性设置成 "120，55"，将 Text 属性设置成 Speakers。在组框中添加两个复选框。分别将复选框的 Text 属性设置成 Rear 和 Front。

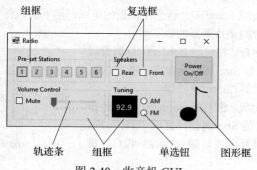

图 2.40 收音机 GUI

d) 添加一个代表收音机开关的按钮。向窗体添加一个按钮,将它的 Text 属性设置成"Power On/Off",将它的 Size 属性设置成"75,55"。

e) 依次添加一个表示音量按钮的组框、一个表示静音的复选框和一个调节音量的轨迹条(TrackBar 控件)。向窗体添加一个组框,将它的 Text 属性设置成"Volume Control",将它的 Size 属性设置成"180,70"。在该组框中添加一个复选框,将复选框的 Text 属性设置成 Mute。接着在组框添加一个轨迹条。

f) 添加一个表示电台选项的组框、一个表示电台的标签和两个分别表示 AM/FM 的单选钮。向窗体添加一个组框,将组框的 Text 属性设置成 Tuning,将 Size 属性设置成"120,70"。向组框添加一个标签,将标签的属性分别进行如下设置:AutoSize 属性为 False,Size 属性为"50,44",BackColor 属性为 Black,ForeColor 属性为 Silver,字体为 12 磅、粗体,TextAlign 属性为 MiddleCenter,Text 属性为 92.9。根据图中所示位置放置这个标签。在组框中添加两个单选钮,将一个单选钮的 Text 属性设置成 AM,另一个为 FM。

g) 添加一个图像。向窗体添加一个图形框,将它的 SizeMode 属性设置成 StretchImage,Size 属性为"55,70",Image 属性为 MusicNote.gif(位于本章的 examples 文件夹下)。

第3章 C#编程入门

目标

本章将讲解

- 用代码而不用可视化编程编写简单的C#程序。
- 从键盘输入数据,向屏幕输出数据。
- 利用C# 6的字符串插值方法,将一些值插入字符串中,创建格式化的字符串。
- 声明并使用各种类型的数据。
- 存储和读取内存数据。
- 使用算术运算符。
- 确定运算符的执行顺序。
- 利用相等性运算符和关系运算符编写判断语句。

概要

- 3.1 简介
- 3.2 一个简单程序:显示一行文本
  - 3.2.1 注释
  - 3.2.2 using 指令
  - 3.2.3 空行与空白
  - 3.2.4 类声明
  - 3.2.5 Main 方法
  - 3.2.6 显示一行文本
  - 3.2.7 花括号对的匹配问题
- 3.3 在 Visual Studio 中创建简单的程序
  - 3.3.1 创建控制台程序
  - 3.3.2 更改程序文件的名称
  - 3.3.3 编写代码和使用智能感知特性
  - 3.3.4 编译并运行程序
  - 3.3.5 语法错误、错误消息和 Error List 窗口
- 3.4 修改 C#程序
  - 3.4.1 用多条语句输出一行文本
  - 3.4.2 用单条语句输出多行文本
- 3.5 字符串插值
- 3.6 另一个 C#程序:整数相加
  - 3.6.1 声明 int 变量 number1
  - 3.6.2 声明变量 number2 和 sum
  - 3.6.3 提示用户输入数据
  - 3.6.4 将值读入变量 number1
  - 3.6.5 提示用户输入值并将其读入 number2 中
  - 3.6.6 将 number1 和 number2 相加
  - 3.6.7 用字符串插值显示 sum 值
  - 3.6.8 在输出语句中执行计算
- 3.7 内存概念
- 3.8 算术运算
  - 3.8.1 直线形算术表达式
  - 3.8.2 用于分组子表达式的圆括号
  - 3.8.3 运算符优先级规则
  - 3.8.4 代数表达式与 C#表达式示例
  - 3.8.5 冗余圆括号
- 3.9 判断:相等性运算符与关系运算符
- 3.10 小结

摘要 | 术语表 | 自测题 | 自测题答案 | 练习题 | 挑战题

3.1 简介

现在开始讲解 C#编程。本书中将要讲解的大多数 C#程序，都会处理信息并显示结果。本章将介绍控制台程序(console app)，它的输入/输出文本位于控制台窗口中。在 Windows 系统中，控制台窗口称为命令提示(Command Prompt)窗口。

开始的几个示例，只是简单地在屏幕上显示消息。接下来的一个程序，演示的是从用户那里获得两个数字，计算它们的和，并将结果显示出来。本章将讲解如何执行各种算术运算，并将结果保存起来以备后用。许多程序都包含需做出判断的逻辑，本章的最后一个示例演示了基本的判断方法，展示了如何比较数字，然后基于比较结果显示消息。例如，只有当两个数字具有同一个值时，程序才会显示表明它们相等的消息。这里将逐行分析每个示例。

3.2 一个简单程序：显示一行文本

先看一个只显示一行文本的简单程序。图 3.1 中给出了这个程序的源代码(source code)和输出结果。这个程序演示了 C#的几个重要特征。为方便起见，本书中出现的每一个程序都包含了行号，它们并不是实际的 C#代码的一部分。本书"学前准备"部分中，讲解了如何显示 C#代码的行号。很快就会看到，第 10 行完成了程序的实际工作——在屏幕上显示文本"Welcome to C# Programming!"。现在逐行分析这个程序。

```
1   // Fig. 3.1: Welcome1.cs
2   // Text-displaying app.
3   using System;
4
5   class Welcome1
6   {
7      // Main method begins execution of C# app
8      static void Main()
9      {
10         Console.WriteLine("Welcome to C# Programming!");
11      } // end Main
12  } // end class Welcome1
```

```
Welcome to C# Programming!
```

图 3.1 显示文本的程序

3.2.1 注释

第 1 行：

```
// Fig. 3.1: Welcome1.cs
```

以"//"开头，表明这一行后面的部分是注释(comment)。插入注释的作用，是为了记录程序的相关信息，提高它的可读性。C#编译器会忽略这些注释，因此当运行程序时，注释不会使计算机执行任何动作。本书中的每个程序都以一个注释开头，给出图号以及保存程序的文件名称。

以"//"开头的注释，称为单行注释(single-line comment)，这是因为注释到它所在行的末尾就结束了。这种注释也可从行的中间开始，它会一直到该行的末尾结束(如第 7 行、第 11 行、第 12 行所示)。

如下的注释称为定界注释(delimited comment)：

```
/* This is a delimited comment.
   It can be split over many lines */
```

它可以分布在多行中。这种类型的注释以定界符"/*"开头，以"*/"结尾。两个定界符之间的所有文本都会被编译器忽略。

第 3 章 C#编程入门

常见编程错误 3.1
遗忘定界注释的某个定界符,是一种语法错误。编程语言的语法,指定了以这种语言编写代码的语法规则。当编译器遇到违反C#语言规则的代码时,就会出现语法错误。这时,编译器不会生成可执行的文件,而是会给出一个或多个错误消息,以帮助确定并修正错误的代码。语法错误也称为编译器错误、编译时错误或者编译错误,因为是编译器在编译阶段发现它的。除非更正了所有的编译错误,否则无法执行程序。后面将看到,有些编译时错误并不是语法错误。

错误防止提示 3.1
当编译器报告错误时,错误可能并不在错误消息所指的行中。首先,要检查报告错误的行。如果该行没有语法错误,则要检查前面的几行。

第 2 行:

```
// Text-displaying app.
```

是一个单行注释,它描述程序的目的。

3.2.2 using 指令

第 3 行:

```
using System;
```

是一个 using 指令(using directive),它告诉编译器到哪里去寻找程序中使用的类。Visual C#的强大之处在于,它有丰富的预定义类可供复用,而不必亲自从头编写。这些类按照命名空间(namespace)组织,命名空间即相关类的命名集合。.NET 的预定义命名空间,统称为.NET Framework 类库。每个 using 指令都指定一个命名空间,它包含 C#程序可以使用的类。第 3 行的 using 指令,表明这个示例使用来自 System 命名空间的类,这个命名空间包含第 10 行使用的预定义 Console 类(详见稍后的介绍)以及许多其他有用的类。

错误防止提示 3.2
如果程序中用到的类没有用 using 指令指定它的命名空间,通常会造成编译错误,出现诸如 "The name 'Console' does not exist in the current context." 的消息。如果出现这种错误,应检查是否提供了合适的 using 指令,还要检查指令中的名称是否拼写正确,包括大小写字母是否正确。如果将鼠标悬停在错误消息的红色波浪线上,则 Visual Studio 会显示一个包含"Show potential fixes"链接的框。如果忘记了 using 指令,则可以将它添加到代码中——只需单击错误消息,让 Visual Studio 编辑代码即可。

对新使用的每个.NET 类,都要指出它所在的命名空间。这个信息是重要的,因为它能帮助找到每个类在.NET 文档中的描述。这个文档的 Web 版本可以在

```
https://msdn.microsoft.com/library/w0x726c2
```

中找到,它也可以通过 Help 菜单访问。还可以单击任何.NET 类名或方法名,然后按 F1 键获得更多的信息。最后,进入下面的站点,即可了解到某个命名空间的内容:

```
https://msdn.microsoft.com/namespace
```

因此

```
https://msdn.microsoft.com/System
```

会显示 System 命名空间的文档。

3.2.3 空行与空白

第 4 行是一行空行。空行和空格使代码更易于阅读,它们与制表符一起,被统称为空白(whitespace)。空格符和制表符,又特称为空白符(whitespace character)。编译器会忽略空白。

3.2.4 类声明

第 5 行：

```
class Welcome1
```

以一个类声明(class declaration)开始，它声明了一个名称为 Welcome1 的类。每一个程序需至少有一个由程序员定义的类声明，它称为用户定义类(user-defined class)。class 关键字引入类声明，它的后面紧跟类的名称。关键字(也称保留字)是 C#保留使用的。

关于类名称的命名约定

按照惯例，所有类名称都以一个大写字母开头，并且将包含的每个单词的第一个字母都大写(如 SampleClassName)。这种命名规范称为"帕斯卡命名法"(Pascal Case)。如果第一个字母为小写，则称为"驼峰命名法"(camel case)。类名称是一个标识符(identifier)，即一个字符序列，它由字母、数字和下画线(_)组成，不能以数字开头，也不能包含空格。这些标识符都是有效的：Welcome1，identifier，_value 以及 m_inputField1。7button 不是有效的标识符，因为它以数字开头；input field 也不是有效的标识符，因为它包含空格。通常而言，不以大写字母开头的标识符不是类名称。C#是大小写敏感的(case sensitive)，即大小写字母是有区别的。因此，a1 和 A1 是不同(但有效)的标识符。关键字总是全小写字母的形式。图 3.2 中列出了 C#关键字的完整清单①。

好的编程经验 3.1
按照约定，类名标识符总是应该以一个大写字母开头，并将其后每个单词的首字母都大写。

常见编程错误 3.2
C#是大小写敏感的。用错了标识符的大写和小写字母，通常会导致编译错误。

常见编程错误 3.3
将关键字作为标识符使用，是一个编译错误。

关键字和上下文关键字					
abstract	as	base	bool	break	byte
case	catch	char	checked	class	const
continue	decimal	default	delegate	do	double
else	enum	event	explicit	extern	false
finally	fixed	float	for	foreach	goto
if	implicit	in	int	interface	internal
is	lock	long	namespace	new	null
object	operator	out	override	params	private
protected	public	readonly	ref	return	sbyte
sealed	short	sizeof	stackalloc	static	string
struct	switch	this	throw	true	try
typeof	uint	ulong	unchecked	unsafe	ushort
using	virtual	void	volatile	while	
上下文关键字					
add	alias	ascending	async	await	by
descending	dynamic	equals	from	get	global
group	into	join	let	nameof	on
orderby	partial	remove	select	set	value
var	where	yield			

图 3.2 C#的关键字和上下文关键字

---

① 当位于关键字的上下文环境之外时，图 3.2 底部的上下文关键字可用作标识符，但为了清晰性，不推荐这样做。

类声明的文件名称

类声明的文件名称，通常是类的名称加上 .cs 文件扩展名，但也可以不这样命名。对于这个程序，文件名是 Welcome1.cs。

好的编程经验 3.2

按照惯例，只包含一个类的文件，命名时应和类同名（加上 .cs 扩展名），拼写和大小写都应一致。这样做，易于确定文件包含的是哪一个类的声明。

类声明的类体

每个类声明的类体（body），都以左花括号开头（见图 3.1 第 6 行），并以一个对应的右花括号（第 12 行）结束。第 7～11 行则进行了缩进。这种缩进是前面提到的空白约定的一种。下面的"好的编程经验"提示中，具体阐述了各种空白约定，以提高程序的清晰性。

好的编程经验 3.3

在界定类体的左花括号和右花括号之间，应将每个类声明的整个类体都缩进一级。这种格式既突出了类声明的结构，又使程序更易读。选择 Edit > Advanced > Format Document，可以让 IDE 格式化代码。

好的编程经验 3.4

可以设置愿意采用的缩进量，然后一致地使用它。也可以用 Tab 键来产生缩进，但不同的文本编辑器的制表符长度可能不同。Microsoft 建议采用 4 个空格的缩进形式，它是 Visual Studio 的默认设置。由于书中代码行宽度的限制，这里采用的是 3 个空格的缩进，以减少代码行的数量，使代码更易阅读。"学前准备"部分中讲解了如何进行这种设置。

错误防止提示 3.3

一旦在程序中输入了左花括号，就立即输入右花括号，然后将光标重新定位到二者之间并进行缩进，再进行输入。这一经验有助于避免因遗漏花括号而出现错误。

常见编程错误 3.4

如果花括号不成对出现，则是一种语法错误。

3.2.5 Main 方法

第 7 行：

    // Main method begins execution of C# app

是一个注释，它给出了程序第 8～11 行的用途。第 8 行：

    static void Main()

是程序开始执行的地方——称为入口点。标识符 Main 之后的圆括号，表明它是一个称为方法（method）的构建块。通常，类声明中会包含一个或多个方法。通常，方法名采用与类名相同的大小写惯例。对每个程序，类中必须有一个称为 Main 的方法（通常在第 8 行定义），否则它会无法执行。方法能够执行任务，并在完成任务后返回一个值。关键字 void（第 8 行）表示这个方法在完成任务后不返回值。后面将看到返回值的许多方法。第 4 章和第 7 章中将讲解关于方法的更多知识，第 8 章将探讨 Main 方法的圆括号中的内容。目前，只需在程序中模拟 Main 方法的第一行即可。

方法体

第 9 行中的左花括号，是方法体的开始。对应的右花括号结束声明（第 11 行）。方法体中的第 10 行在花括号对内进行了缩进。

好的编程经验 3.5

在界定方法体的左花括号和右花括号之间，应将每个方法声明的整个方法体都缩进一级。

3.2.6 显示一行文本

第 10 行：

```
Console.WriteLine("Welcome to C# Programming!");
```

指示计算机执行一个动作——输出包含在双引号间的字符串，但不包括双引号本身。有时，字符串称为一串字符、一条消息，或者一个字符串字面值(literal)。本书中称它们为字符串。编译器不会忽略字符串中的空白符。

Console 类提供标准输入/输出功能，它使程序可以在执行它的控制台窗口中读取和显示文本。Console.WriteLine 方法在控制台窗口显示一行文本。第 10 行中圆括号内的字符串是方法的实参（argument）。Console.WriteLine 方法执行任务时，会在控制台窗口显示它的实参。这个方法完成任务后，会将光标(表明下一个字符将会显示在哪里的一个闪烁的符号)放在控制台窗口中下一行的开始处。光标的这种移动，类似于用户在文本编辑器中输入时按下回车键后出现的情况——光标会移动到文件中下一行的开始处。

语句

整个第 10 行，包括 Console.WriteLine、圆括号、圆括号之间的实参 "Welcome to C# Programming!" 和分号，统称为一条语句(statement)。大多数语句都以分号结尾。当执行第 10 行时，它会在控制台窗口中显示消息 "Welcome to C# Programming!"。一个方法通常由一条或多条语句构成，它们执行这个方法的任务。

3.2.7 花括号对的匹配问题

阅读或编写程序时可能会发现，要想匹配界定类声明体或方法声明体的左、右花括号，是比较困难的。Visual Studio 可以帮助定位代码中的匹配花括号。只需将光标紧挨在左花括号的前面(或右花括号的后面)放置，Visual Studio 就会高亮显示两个匹配的花括号。

3.3 在 Visual Studio 中创建简单的程序

前面已经介绍了第一个控制台程序(见图 3.1)，下面逐步讲解如何用 Visual Studio Community 2015(以后将简称为 Visual Studio)来创建、编译和执行这个程序。

3.3.1 创建控制台程序

打开 Visual Studio 后，选择 File > New > Project，这会显示一个 New Project 对话框(见图 3.3)。在对话框的左边 Installed > Templates > Visual C#下面选择 Windows 类别，然后在对话框的中间选择 Console Application 模板。在对话框的 Name 域中输入 Welcome1——项目的名称，然后单击 OK 按钮，创建这个项目。默认情况下，项目的文件夹将被置于 visual studio 2015\Projects 下用户账户的 Documents 文件夹里。

现在，IDE 包含了打开的控制台程序，如图 3.4 所示。编辑器窗口已经包含由 IDE 提供的一些代码，其中有些代码和图 3.1 中的类似，有些则不同，它们使用了还没有讨论过的一些特性。IDE 插入这些额外的代码，是为了帮助组织程序，便于访问.NET Framework 类库中的某些常见类。目前还不需要这些代码，也与本程序的讨论无关，因此可以全部删除。

IDE 使用的代码配色模式，称为语法颜色高亮显示，它有助于直观地区分代码元素。例如，关键字显示成蓝色，注释为绿色。字面值的一个例子是图 3.1 第 10 行中传入 Console.WriteLine 方法的字符串。选择菜单 Tools > Options，可以定制代码编辑器中显示的颜色。随后会出现一个 Options 对话框。接着在对话框中展开 Environment 节点并选择 Fonts and Colors。在这里可以改变各种代码元素的颜色。Visual Studio 提供了许多方法，可以使编码体验个性化。

第 3 章 C#编程入门

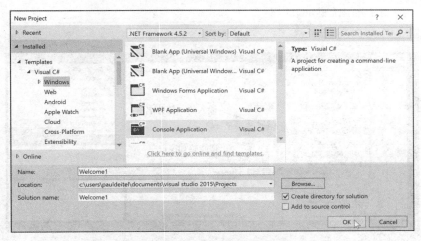

图 3.3 用 New Project 对话框创建控制台程序

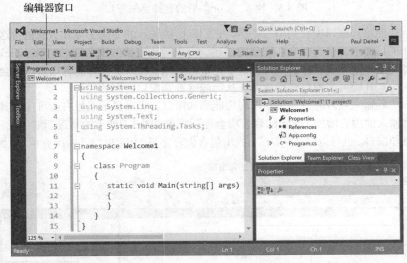

图 3.4 在编辑器中显示了控制台程序代码的 IDE，项目的内容显示在右上角的 Solution Explorer 中

3.3.2 更改程序文件的名称

对于本书中创建的程序，已经将它的源代码文件的默认名称(即 Program.cs)改成更具描述性的名称。为了重命名文件，需右击 Solution Explorer 窗口中的 Program.cs，选择 Rename，使文件名称变成可编辑的。Windows 会自动选中文件名称的前半部分(即 Program)。输入 Welcome1，然后按回车键，将名称改为 Welcome1.cs。不要删除和更改 .cs 文件扩展名。

 错误防止提示 3.4

当在 Visual Studio 中更改文件名称时，应总是在 Visual Studio 中操作。在 IDE 之外更改文件名称会破坏项目，并使其无法执行。

3.3.3 编写代码和使用智能感知特性

在编辑器窗口(见图 3.4)中，用图 3.1 中的代码替换由 IDE 产生的代码。当开始输入类名 Console(第 10 行)时，会显示一个智能感知(IntelliSense)窗口(见图 3.5)。

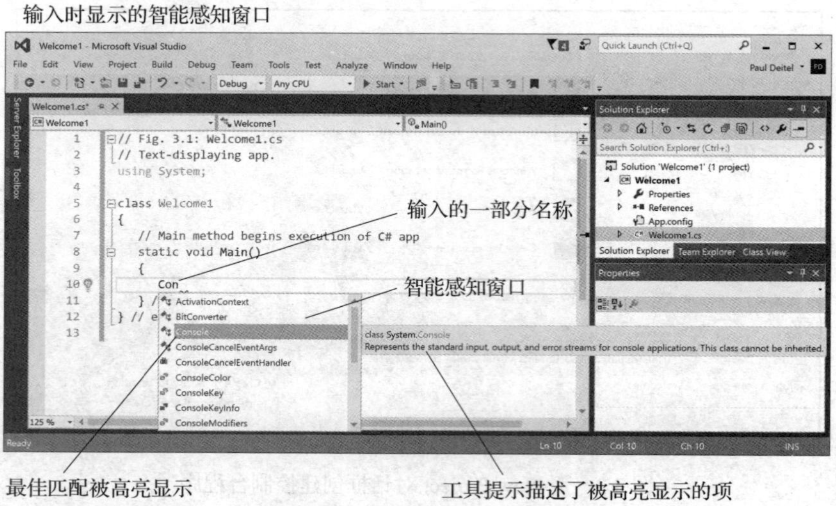

输入时显示的智能感知窗口

图 3.5　输入"Con"后的智能感知窗口

最佳匹配被高亮显示　　　　　　　　　　　　工具提示描述了被高亮显示的项

当输入时,智能感知窗口中会列出一些项,它们以已经输入的那些字母开头或包含这些字母。该窗口也会显示一个工具提示,包含首个匹配项的描述。可以键入完整的项名称(如 Console),双击列表中的项名称,或者按 Tab 键完成名称的输入。只要完整的名称被输入了,智能感知窗口就会关闭。显示智能感知窗口时,按 Ctrl 键可使窗口变得透明,从而能够看到窗口后面的代码。

在 Console 之后输入点号时,会重新出现智能感知窗口,它只显示点号右边可用的其他 Console 类的成员——随着输入的内容增加,显示的列表项会逐渐减少。图 3.6 展示的是逐渐缩小成只包含"Write"列表项的智能感知窗口。也可以输入"WL",找出包含大写字母"W"和"L"的所有项(比如,WriteLine)。

显示以Write开头的方法名称的智能感知窗口

键入的一部分成员　　　被高亮显示的成员　　　工具提示描述了被高亮显示的成员

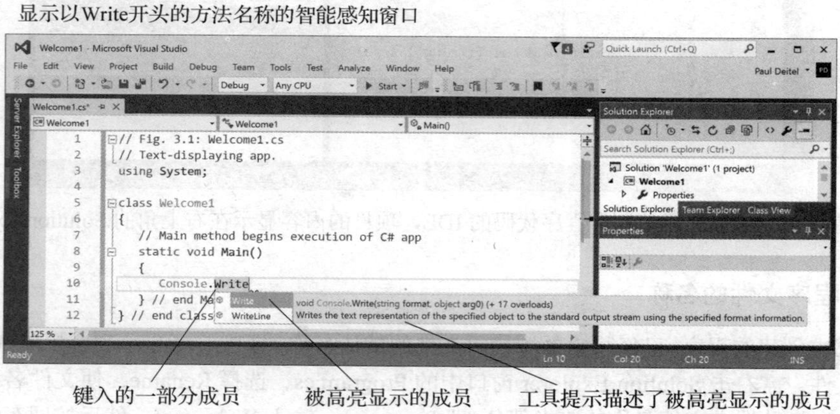

图 3.6　智能感知窗口

在 Console.WriteLine 之后输入开始圆括号字符(左圆括号)时,会显示一个参数信息(Parameter Info)窗口(见图 3.7)。这个窗口包含与方法的参数相关的信息,参数是方法执行任务所要求的数据。第 7 章中将看到,一个方法可以有多个版本。也就是说,一个类可以定义多个同名方法,只要它们的参数个数或参数类型不同——这是重载方法的概念。通常,这些方法都执行相似的任务。参数信息窗口表明所选方法有多少个版本,并提供在不同版本间上下滚动的箭头。例如,WriteLine 方法有许多个版本用于显示不用类型的数据,但这里只用到显示字符串的那一个。参数信息窗口是 IDE 提供的众多特性之一,这些特性可帮助开发程序。在后面的几章中,将更详细地介绍这些窗口中显示的信息。当希望了解某个方法的不同用法时,这个窗口尤其有用。从图 3.1 的代码已经知道,这里要用 WriteLine 显示一个字符串。因此,既然已经确切地知道了要使用哪个版本的 WriteLine，就可以按 Esc 键关闭参数信息窗口，当然也可以继续输入而忽略它。输入完程序的代码之后，可选择 File > Save All 来保存这个项目。

图 3.7　参数信息窗口

3.3.4　编译并运行程序

现在，准备编译并执行上面的程序。根据项目的类型，编译器可能将它编译成 .exe（可执行）文件、.dll（动态链接库）文件，或带其他扩展名的文件——可以在项目的子文件夹中找到这些文件。这些文件称为汇编文件（assembly），它们是编译过的 C# 代码的包装单元。这些汇编文件包含程序的 Microsoft 中间语言（MSIL，见 1.9.2 节）代码。

为了编译程序，需选择 Build > Build Solution。如果程序中没有编译时错误，则会编译它，使它成为一个可执行文件（项目子目录中的 Welcome1.exe 文件）。为了执行这个文件，可按 Ctrl + F5 键，这会调用 Main 方法（见图 3.1）。如果试图在编译程序之前就运行它，则 IDE 会首先编译它，如果没有错误就运行它。Main 方法的第 10 行语句会显示 "Welcome to C# Programming!"。图 3.8 展示了执行这个程序的结果，它是在控制台（命令提示）窗口中显示的。让程序的项目在 Visual Studio 中一直打开，本节稍后还会用到它。（注：控制台窗口通常是黑色背景、白色文字。为增强可读性，本书中将它配置成白色背景、黑色文字。为此，需右击命令提示窗口标题栏中的任何位置，然后选择 Properties。在出现的对话框中的 Colors 选项卡里，可以更改这些颜色。）

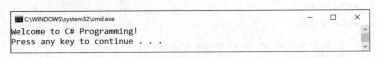

图 3.8　执行图 3.1 中的程序

3.3.5　语法错误、错误消息和 Error List 窗口

现在回到 Visual Studio 中的那个程序。输入代码时，IDE 会使用语法颜色高亮技术或给出错误提示。发生错误时，IDE 会在错误处的下方标上红色波浪线，并在 Error List 窗口中提供关于它的描述（见图 3.9）。如果看不到 Error List 窗口，可以选择 View > Error List 来显示它。在图 3.9 中，故意省略了第 10 行语句末尾的分号。错误消息表明有分号丢失。可以双击 Error List 中的某条错误消息，跳到代码中产生这个错误的位置。

错误防止提示 3.5

一个编译时错误可能导致在 Error List 窗口中出现多条错误消息。改正一个错误后，重新编译程序时可能会消除多条后续的错误消息。因此，当知道如何修复的一个错误时，应先改正它——IDE 会在后台重新编译代码，这样可能消除多条其他的错误消息。

图 3.9 IDE 中的语法错误

3.4 修改 C#程序

本节继续 C#编程的介绍,用两个示例来修改图 3.1 中的程序。

3.4.1 用多条语句输出一行文本

图 3.10 所示的 Welcome2 类使用了两条语句,产生与图 3.1 相同的输出。此后,书中会高亮显示每个代码清单中的新特性和关键特性,如图 3.10 第 10~11 行所示。

```
1   // Fig. 3.10: Welcome2.cs
2   // Displaying one line of text with multiple statements.
3   using System;
4
5   class Welcome2
6   {
7       // Main method begins execution of C# app
8       static void Main()
9       {
10          Console.Write("Welcome to ");
11          Console.WriteLine("C# Programming!");
12      } // end Main
13  } // end class Welcome2
```

```
Welcome to C# Programming!
```

图 3.10 用多条语句输出一行文本

这个程序与图 3.1 中的几乎相同。这里只讨论发生了变化的部分。第 2 行:

```
// Displaying one line of text with multiple statements.
```

表明了程序的目的。第 5 行开始了 Welcome2 类的声明。

Main 方法的第 10~11 行:

```
Console.Write("Welcome to ");
Console.WriteLine("C# Programming!");
```

在控制台窗口中显示一行文本。第一条语句利用 Console 的 Write 方法显示一个字符串。与 WriteLine 不同，在输出其实参之后，Write 不会将输出光标定位到控制台窗口中下一行的开始处，而是紧跟在 Write 显示的最后一个字符之后。因此，第 11 行将实参中第一个字符(即字母"C")紧跟在第 10 行显示的最后一个字符(即字符串右双引号之前的空白符)之后显示。每一条 Write 或 WriteLine 语句，都从上一条 Write 或 WriteLine 语句显示的最后一个字符后面显示字符。

3.4.2 用单条语句输出多行文本

通过使用换行符，可以用单条语句显示多行文本。换行符指示 Console 的 Write 和 WriteLine 方法，何时需要将输出光标定位在下一行的开始处。与空格符和制表符一样，换行符也是空白符。图 3.11 中的程序输出了 4 行文本，它使用了换行符来确定何时开始输出每一个新行。

```
1   // Fig. 3.11: Welcome3.cs
2   // Displaying multiple lines with a single statement.
3   using System;
4
5   class Welcome3
6   {
7       // Main method begins execution of C# app
8       static void Main()
9       {
10          Console.WriteLine("Welcome\nto\nC#\nProgramming!");
11      } // end Main
12  } // end class Welcome3
```

```
Welcome
to
C#
Programming!
```

图 3.11 用单条语句输出多行文本

这个程序与图 3.1 和图 3.10 中的大致相同，这里只分析不同之处。第 2 行：

```
// Displaying multiple lines with a single statement.
```

表明了程序的目的。第 5 行开始了 Welcome3 类的声明。

第 10 行：

```
Console.WriteLine("Welcome\nto\nC#\nProgramming!");
```

在控制台窗口中显示 4 个独立的文本行。通常，显示的字符串中的字符，会与双引号中出现的字符完全相同。但要注意，\和 n 这两个字符(在语句中重复出现了三次)并没有出现在屏幕上。反斜线"\"称为转义符(escape character)，它向 C#表明这是字符串中的一个"特殊字符"。当字符串中出现反斜线时，C#会将反斜线与它后面的那个字符组合成一个转义序列(escape sequence)[①]。

转义序列"\n"表示换行符(newline character)。当换行符出现在 Console 方法里要输出的字符串中时，它将使屏幕的输出光标移到控制台窗口下一行的开始处。图 3.12 列出了几个常用的转义序列，并描述了它们如何影响控制台窗口中字符的显示。

转义序列	描述
\n	换行符。将屏幕光标定位到下一行的开始处
\t	水平制表符。将屏幕光标移动到下一个制表符位置
\"	双引号。用于在字符串中放入一个双引号。例如，语句 "Console.Write("\"in quotes\"");" 会显示"in quotes"
\r	回车符。将屏幕光标定位到当前行的开始处，没有前进到下一行。回车符之后输出的任何字符，都会覆盖掉以前在同一行输出的字符
\\	反斜线。用于在字符串中放入一个反斜线

图 3.12 一些常用的转义序列

[①] 有些转义序列在"\"后面跟着 4 个或者 8 个十六进制字符，它们表示 Unicode 字符。更多信息，请参见 Microsoft 的 C# 6 规范的 Lexical Structure 部分。

3.5 字符串插值

许多程序都将数据格式化成字符串的形式。C# 6 中采用一种称为字符串插值(string interpolation)的机制,将一些值插入字符串中,以创建格式化的字符串。图 3.13 演示了字符串插值的用法。

```csharp
1   // Fig. 3.13: Welcome4.cs
2   // Inserting content into a string with string interpolation.
3   using System;
4
5   class Welcome4
6   {
7      // Main method begins execution of C# app
8      static void Main()
9      {
10         string person = "Paul"; // variable that stores the string "Paul"
11         Console.WriteLine($"Welcome to C# Programming, {person}!");
12      } // end Main
13  } // end class Welcome4
```

```
Welcome to C# Programming, Paul!
```

图 3.13 用字符串插值将信息插入字符串中

声明字符串变量 person

第 10 行:

```
string person = "Paul"; // variable that stores the string "Paul"
```

是一个变量声明语句(又称为声明),它指定程序中要使用的一个变量的名称(person)和类型(string)。变量(variable)代表计算机内存中的一个位置,此处能保存一个值供以后使用(本例中,在第 11 行使用)。在使用变量之前,都要声明它的名称(name)和类型(type)。

- 变量的名称使程序能访问内存中变量的值,名称可以是任何有效的标识符(关于标识符命名的要求,请参见 3.2 节)。
- 变量的类型指定内存中该位置存储的是哪种信息。string 类型的变量,保存的是字符型信息,比如字符型字面值"Paul"。实际上,字符型字面值具有 string 类型。

和其他语句一样,声明语句也以分号结束。

字符串插值

第 11 行:

```
Console.WriteLine($"Welcome to C# Programming, {person}!");
```

使用字符串插值,将变量 person 的值("Paul")插入 Console.WriteLine 将显示的字符串中。被插值的字符串必须以$(美元符)开头。需插入的插值表达式(interpolation expression),应放在一对花括号里(例如,{person}),它能够位于双引号("")里面的任何位置。C#遇到插值字符串时,会将花括号里面的插值表达式替换成对应的值——这里的{person}会被替换成 Paul。因此,第 11 行会显示:

```
Welcome to C# Programming, Paul!
```

3.6 另一个 C#程序:整数相加

下一个程序读取(或输入)用户从键盘上输入的两个整数(integer),如-22、7、0 和 1024,计算它们的和并显示结果。为了进行后面的计算,程序必须获知用户输入的数字,因此需要使用变量。图 3.14 中的程序演示了这些概念。在输出样本中,高亮显示了用户通过键盘输入的数据,并将它们显示为粗体。

```
 1    // Fig. 3.14: Addition.cs
 2    // Displaying the sum of two numbers input from the keyboard.
 3    using System;
 4
 5    class Addition
 6    {
 7       // Main method begins execution of C# app
 8       static void Main()
 9       {
10          int number1; // declare first number to add
11          int number2; // declare second number to add
12          int sum; // declare sum of number1 and number2
13
14          Console.Write("Enter first integer: "); // prompt user
15          // read first number from user
16          number1 = int.Parse(Console.ReadLine());
17
18          Console.Write("Enter second integer: "); // prompt user
19          // read second number from user
20          number2 = int.Parse(Console.ReadLine());
21
22          sum = number1 + number2; // add numbers
23
24          Console.WriteLine($"Sum is {sum}"); // display sum
25       } // end Main
26    } // end class Addition
```

```
Enter first integer: 45
Enter second integer: 72
Sum is 117
```

图 3.14　显示通过键盘输入的两个数之和

注释

第 1 ~ 2 行：

```
// Fig. 3.14: Addition.cs
// Displaying the sum of two numbers input from the keyboard.
```

声明了图号、文件名称和程序的用途。

Addition 类

第 5 行：

```
class Addition
```

开始声明 Addition 类。记住，每个类声明体都从左花括号开始(第 6 行)，到右花括号结束(第 26 行)。

Main 方法

程序在 Main 方法(第 8 ~ 25 行)执行。左花括号(第 9 行)标记了 Main 方法体的开始，对应的右花括号(第 25 行)表明它的结束。为了提高可读性，Main 方法比 Addition 类缩进了一级，而 Main 方法体内的代码又缩进了一级。

3.6.1　声明 int 变量 number1

第 10 行：

```
int number1; // declare first number to add
```

是一个变量声明语句，指定变量 number1 的类型为 int，它保存整数值(类似 7、–11、0 和 31 914 的值)。int 值的范围为–2 147 483 648 (int.MinValue) 至 +2 147 483 647 (int.MaxValue)。后面将看到，float、double 和 decimal 类型用于表示浮点数(如 3.4、0.0 和 –11.19)，char 类型用于表示字符。float 和 double 类型的变量在内存中存储实数的近似值。decimal 类型的变量精确存储浮点数(精确到 28 ~ 29 位有效位[①])。因此，decimal 变量常用于货币计算——第 4 章中将使用 decimal 类型的变量来表示 Account 类中的余额。char

---

① 参见 C# Language Speicification 的 4.1.7 节。

类型的变量表示单个字符,例如大写字母(如 A)、数字(如 7)、特殊字符(如*或%)或者转义序列(如换行符\n)。int、float、double、decimal 和 char 之类的类型,称为简单类型(simple type)。简单类型的名称是关键字,因此必须全部小写。附录 B 总结了 13 种简单类型(bool、byte、sbyte、char、short、ushort、int、uint、long、ulong、float、double、decimal)的特点,包括存储每一种类型所要求的内存数量。

3.6.2 声明变量 number2 和 sum

第 11 ~ 12 行的变量声明语句:

```
int number2; // declare second number to add
int sum; // declare sum of number1 and number2
```

将变量 number2 和 sum 声明为 int 类型。

好的编程经验 3.6
应在单独的行中声明每个变量。这种格式使得很容易在每个声明之后插入描述性的注释。

好的编程经验 3.7
选择有意义的变量名称,可使程序具有自说明性。也就是说,只要阅读代码本身就可以理解它的功能,而无须查看手册或阅读大量的注释。

好的编程经验 3.8
按照惯例,变量名标识符以小写字母开头,并且第一个单词之后的每个单词都用大写字母开头(如 firstNumber)。这种命名惯例称为"驼峰命名法"。

3.6.3 提示用户输入数据

第 14 行:

```
Console.Write("Enter first integer: "); // prompt user
```

利用 Console.Write 显示消息"Enter first integer:"。这个消息称为提示(prompt),因为它指导用户采取特定的动作。

3.6.4 将值读入变量 number1

第 16 行:

```
number1 = int.Parse(Console.ReadLine());
```

分两步执行。首先,它调用 Console 的 ReadLine 方法,等待用户从键盘输入字符串并按回车键。正如前面提到的那样,有些方法会执行任务,然后返回任务的结果。这里,ReadLine 会返回用户输入的文本。然后,用这个字符串作为 int 类型的 Parse 方法的实参,这个方法将字符序列转换成 int 类型的数据。

可能的错误输入

从技术上说,用户可以将任何内容作为输入值输入。ReadLine 方法将接收这个值,并将它传入 int 类型的 Parse 方法。这个方法假定字符串中包含有效的整数值。在这个程序中,如果用户输入非整数值,则会发生一个称为"运行时逻辑错误"的异常,程序随后终止。第 16 章中将讲解的字符串处理技术,可用来在将字符串转换成 int 值之前,检查输入格式是否正确。C#还提供一种称为"异常处理"的技术,可使程序能够处理这类错误并继续执行,从而使程序更健壮。这种做法也称为"使程序容错"(fault tolerant)。8.4 节中将讲解异常处理,然后第 10 章中会再次用到它。第 13 章会深入探讨异常处理的问题。

向变量赋值

第 16 行通过赋值运算符"=",将 int 类型的 Parse 方法调用的结果(一个 int 值)保存在变量 number1 中。可将这条语句理解成:number1 获得了 int.Parse 返回的值。赋值运算符"="称为二元运算符,因为它对两块信息进行操作。这些信息块称为操作数(operand)——这里的两个操作数是 number1 和调用

int.Parse 方法的结果。这条语句称为赋值语句,因为它对变量赋值。赋值运算符右侧的任何内容,总是在赋值执行之前计算。

好的编程经验 3.9
应在二元运算符的两边都加上空格,从而使代码更可读。

3.6.5 提示用户输入值并将其读入 number2 中

第 18 行:

```
Console.Write("Enter second integer: "); // prompt user
```

提示用户输入第二个整数。第 20 行:

```
number2 = int.Parse(Console.ReadLine());
```

读取第二个整数,并将其赋予变量 number2。

3.6.6 将 number1 和 number2 相加

第 22 行:

```
sum = number1 + number2; // add numbers
```

计算变量 number1 和 number2 的和,并用赋值运算符将结果赋予变量 sum。可将这条语句理解成:sum 获得了 number1 + number2 的值。当遇到 number1 + number2 时,保存在这些变量中的值会用于计算。加法运算符是一个二元运算符,它的两个操作数分别是 number1 和 number2。包含计算的那一部分语句称为表达式(expression)。实际上,语句中与值相关的任何部分都是表达式。例如,表达式 number1 + number2 的值是它们的和。类似地,表达式 Console.ReadLine()的值是用户输入的一个字符串。

3.6.7 用字符串插值显示 sum 值

计算完成之后,第 24 行:

```
Console.WriteLine($"Sum is {sum}"); // display sum
```

用 Console.WriteLine 方法显示 sum 的值。C#用第 22 行计算出的和来替换插值表达式"{sum}",因此,WriteLine 方法显示的是"Sum is ",后接 sum 的值和一个换行符。

3.6.8 在输出语句中执行计算

计算也可以在插值表达式中进行。我们可以以将第 22 行和第 24 行的语句合并成一条语句:

```
Console.WriteLine($"Sum is {number1 + number2}");
```

3.7 内存概念

类似于 number1、number2 和 sum 的变量名,实际上都对应于计算机中内存的某个位置(location)。每个变量都具有名称(name)、类型(type)、大小(size,由类型决定)和值(value)。

在图 3.14 的加法程序中,当执行:

```
number1 = int.Parse(Console.ReadLine());
```

语句(第 16 行)时,由用户输入的数字会被放入名称为 number1 的内存位置,这个位置是在运行时分配的。假设用户输入 45,则计算机会将这个整数值放入位置 number1,如图 3.15 所示。当某个值放入内存位置时,它会替换同一个位置以前的值,以前的值会被销毁。

| number1 | 45 |

图 3.15 展示变量 number1 的名称和值的内存位置

第 20 行的语句:

```
number2 = int.Parse(Console.ReadLine());
```

执行时,假设用户输入 72,则计算机会将这个整数值放入位置 number2。现在,内存应如图 3.16 那样。

图 3.14 中的程序获得 number1 和 number2 的值后,将它们相加,并将和值放入变量 sum 中。第 22 行的语句:

```
sum = number1 + number2; // add numbers
```

执行加法操作,然后替换 sum 以前的值。计算完 sum 的值后,内存应如图 3.17 那样。number1 和 number2 的值与它们用于计算 sum 之前的值完全相同。这些值被使用了,但没有被销毁——执行计算时,从内存位置读取值的过程是非破坏性的。

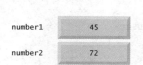

图 3.16 保存变量 number1 和 number2 的值后的内存位置

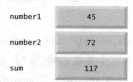

图 3.17 计算并保存变量 number1 和 number2 的和之后的内存位置

3.8 算术运算

大多数程序都执行算术运算。图 3.18 中总结了一些算术运算符(arithmetic operator)。要注意没有在代数中使用过的各种特殊符号的用法。星号"*"表示乘法,百分号"%"是求余数运算符(remainder operator),后面会讲解它们的用法。图 3.18 中的算术运算符是二元运算符,例如,表达式"f + 7"包含二元运算符"+"以及两个操作数"f"和"7"。

C#运算	算术运算符	代数表达式	C#表达式
加	+	$f + 7$	f + 7
减	−	$p − c$	p − c
乘	*	$b \cdot m$	b * m
除	/	x / y 或 $\dfrac{x}{y}$ 或 $x \div y$	x / y
求余	%	$r \bmod s$	r % s

图 3.18 算术运算符

如果除法运算符的两个操作数都是整数,则执行的是整除运算(integer division),其结果是一个整数。例如,表达式 7/4 的结果是 1,而表达式 17/5 的结果是 3。在整除中,简单地丢弃(即截断)了分数部分,不进行四舍五入。C#提供求余运算符"%",它的结果是除法运算的余数。表达式"x % y"的结果是 x 除以 y 的余数。因此,"7 % 4"得 3,"17 % 5"得 2。这个运算符常用于整型操作数,不过也可用于 float、double 和 decimal 等类型。本章的练习以及后面的几章中,将探讨求余运算符的几个有趣应用,比如判断一个数是否为另一个数的倍数。

3.8.1 直线形算术表达式

算术表达式必须为直线形的(straight-line form),以便于将程序的代码输入计算机。因此,类似"a 除以 b"的表述,必须在一行中写成 a / b。下面这样的算术表达式记法不能被 C#编译器接受,因此不能在 Visual Studio 编辑器中输入:

$$\frac{a}{b}$$

3.8.2 用于分组子表达式的圆括号

与代数表达式中使用的方法一样,C#表达式也用圆括号来对各项进行分组。例如,要将 b + c 的值乘以 a,可以写成

a * (b + c)

如果表达式包含嵌套的圆括号，如：

((a + b) * c)

则先计算最内层圆括号中的表达式(这里是 a + b)。

3.8.3 运算符优先级规则

对于算术表达式中运算符的执行顺序，C#根据如下的运算符优先级规则来确定，它们通常与代数中的优先级规则相同(见图 3.19)。这些规则使 C#能按正确的顺序使用运算符[①]。

运算符	运算	求值顺序(优先级)
首先求值		
*	乘	如果有多个同一种类型的运算符，则从左到右求值
/	除	
%	求余	
其次求值		
+	加	如果有多个同一种类型的运算符，则从左到右求值
−	减	

图 3.19　算术运算符的优先级

当说到从左到右进行运算时，指的是运算符的结合律(associativity)。也有一些运算符的结合律是从右到左的。图 3.19 中总结了这些运算符优先级规则。这个表将随着更多运算符的介绍而扩展。完整的运算符优先级请参见附录 A。

3.8.4 代数表达式与 C#表达式示例

下面将根据运算符的优先级规则探讨几个表达式。每个示例都会列出代数表达式和对应的 C#表达式。下面的示例是求 5 个数的算术平均值。

代数表达式：　$m = \dfrac{a+b+c+d+e}{5}$

C#表达式：　m = (a + b + c + d + e) / 5;

这对圆括号是必要的，因为除法的优先级比加法更高。结果是(a + b + c + d + e)全部的和除以 5。如果错误地省略这对圆括号，写成 a + b + c + d + e / 5，则计算的结果是

$a + b + c + d + \dfrac{e}{5}$

下面是一个直线形等式的例子：

代数表达式：　$y = mx + b$

C#表达式：　y = m * x + b;

这里没有必要添加圆括号。首先使用的是乘法运算符，因为乘法的优先级比加法更高。最后进行操作的是赋值运算，因为它比乘法和加法的优先级都低。

下面的这个例子包含求余、乘法、除法、加法和减法运算。

代数表达式：　$z = pr\%q + w/x - y$

C#表达式：　z = p * r % q + w / x - y;

[①] 这里只讨论简单的例子，以解释表达式的求值顺序。在本书的后面，将会遇到更复杂的表达式，存在更复杂的求值顺序问题。更多信息，请参见 Eric Lippert 的博客：https://ericlippert.com/2008/05/23/和 https://ericlippert.com/2007/08/14/。

语句下面圆圈里的数字,表示的是 C#使用该运算符的顺序。乘法、求余和除法运算会首先按从左到右的顺序执行(即它们的结合律是从左到右的),因为与加法和减法相比,它们具有更高的优先级。然后,进行加法和减法运算。这些运算是从左到右进行的。

二次多项式的求值

为了更好地理解运算符优先级的规则,考虑下面这个二次多项式($y = ax^2+bx+c$)的求值。

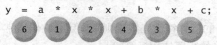

语句下面圆圈里的数字,表示的是 C#使用该运算符的顺序。乘法运算会首先按从左到右的顺序执行(它的结合律是从左到右的),因为与加法运算相比,它具有更高的优先级。接着执行的是加法运算,它从左到右进行。在 C#中不存在指数的代数运算符。因此,x^2 用 x * x 表示,6.6.1 节中将给出在 C#中执行指数运算的另一种形式。

假设在前面的二次多项式中,a、b、c 和 x 分别被初始化(即赋值)成 a= 2,b= 3,c= 7,x= 5。图 3.20 中给出了这些运算符的使用顺序。

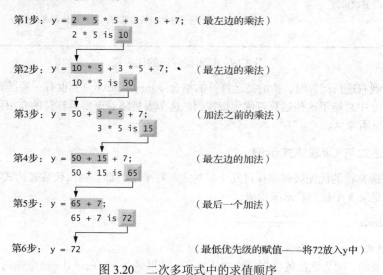

图 3.20 二次多项式中的求值顺序

3.8.5 冗余圆括号

正如在代数中那样,在表达式中放置一些不必要的圆括号,以使表达式更清晰。这些圆括号称为冗余圆括号(redundant parentheses)。例如,为了突出其中的项,前面的二次多项式赋值语句也可以用圆括号写成

  y = (a * x * x) + (b * x) + c;

3.9 判断:相等性运算符与关系运算符

"条件"就是一个结果为 true(真)或 false(假)的表达式。本节介绍 C#中 if 语句的简单版本,它使程序能够根据某个条件的值做出判断(decision)。例如,条件"成绩大于或等于 60"可用来判断学生是否通过了考试。如果 if 语句中的条件为真,则执行 if 语句体。如果条件为假,则不执行语句体。下面很快会讲到一个例子。

if 语句中的条件可以由相等性运算符("=="和"!=")以及关系运算符(">""<"">=""<=")构成,图 3.21 对它们进行了总结。两个相等性运算符("=="和"!=")的优先级相同,几个关系运算符(">"

"<"">=""<=")的优先级也都相同,但相等性运算符的优先级低于关系运算符的优先级。这两种运算符的结合律都是从左到右的。

常见编程错误 3.5

混淆相等性运算符"=="和赋值运算符"=",会导致逻辑错误或语法错误。相等性运算符表示"等于",而赋值运算符表示"获得"或"获得某个值"。为了避免混淆,有人将相等性运算符读成"双等于"或"等于等于"。

标准的代数相等性运算符或关系运算符	C#的相等性运算符或关系运算符	C#条件表达式示例	C#条件表达式的含义
关系运算符			
>	>	x > y	x 大于 y
<	<	x < y	x 小于 y
≥	>=	x >= y	x 大于或等于 y
≤	<=	x <= y	x 小于或等于 y
相等性运算符			
=	==	x == y	x 等于 y
≠	!=	x != y	x 不等于 y

图 3.21 相等性运算符与关系运算符

使用 if 语句

图 3.22 的程序用 6 个 if 语句比较用户输入的两个整数。如果任何一个 if 语句中的条件满足,则会执行与该 if 语句相关的输出语句。这个程序使用 Console 类进行提示,并从用户处读取两行文本,用 int 类型的 Parse 方法从文本中抽取整数,并将它们保存到变量 number1 和 number2 中。然后,程序比较这两个数,并显示比较结果为 true 时的信息。

```
1   // Fig. 3.22: Comparison.cs
2   // Comparing integers using if statements, equality operators
3   // and relational operators.
4   using System;
5
6   class Comparison
7   {
8       // Main method begins execution of C# app
9       static void Main()
10      {
11          // prompt user and read first number
12          Console.Write("Enter first integer: ");
13          int number1 = int.Parse(Console.ReadLine());
14
15          // prompt user and read second number
16          Console.Write("Enter second integer: ");
17          int number2 = int.Parse(Console.ReadLine());
18
19          if (number1 == number2)
20          {
21              Console.WriteLine($"{number1} == {number2}");
22          }
23
24          if (number1 != number2)
25          {
26              Console.WriteLine($"{number1} != {number2}");
27          }
28
29          if (number1 < number2)
30          {
31              Console.WriteLine($"{number1} < {number2}");
32          }
33
34          if (number1 > number2)
```

图 3.22 用 if 语句、相等性运算符和关系运算符比较整数

```
35      {
36          Console.WriteLine($"{number1} > {number2}");
37      }
38
39      if (number1 <= number2)
40      {
41          Console.WriteLine($"{number1} <= {number2}");
42      }
43
44      if (number1 >= number2)
45      {
46          Console.WriteLine($"{number1} >= {number2}");
47      }
48   } // end Main
49 } // end class Comparison
```

```
Enter first integer: 42
Enter second integer: 42
42 == 42
42 <= 42
42 >= 42
```

```
Enter first integer: 1000
Enter second integer: 2000
1000 != 2000
1000 < 2000
1000 <= 2000
```

```
Enter first integer: 2000
Enter second integer: 1000
2000 != 1000
2000 > 1000
2000 >= 1000
```

图 3.22(续)　用 if 语句、相等性运算符和关系运算符比较整数

Comparison 类

Comparison 类的声明从第 6 行开始:

```
class Comparison
```

类的 Main 方法(第 9～48 行)开始程序的执行。

读取来自用户的输入

第 11～13 行:

```
// prompt user and read first number
Console.Write("Enter first integer: ");
int number1 = int.Parse(Console.ReadLine());
```

提示用户输入第一个整数,读入其值,并将值保存在变量 number1 中。第 13 行还将 number1 声明成一个 int 变量,它保存由用户输入的第一个值。

第 15～17 行:

```
// prompt user and read second number
Console.Write("Enter second integer: ");
int number2 = int.Parse(Console.ReadLine());
```

执行同样的任务,但将输入值保存在变量 number2 中,它在第 17 行声明。

比较两个值

第 19～22 行的 if 语句:

```
if (number1 == number2)
{
    Console.WriteLine($"{number1} == {number2}");
}
```

对变量 number1 和 number2 的值进行比较，测试它们的相等性。条件 number1 == number2 左右两侧的圆括号是必须有的。如果这两个值相等，则第 21 行就显示一行文本，表明这两个数是相等的。第 21 行的输出中，使用了两个插值表达式来分别插入 number1 和 number2 的值。如果第 24 行、第 29 行、第 34 行、第 39 行和第 44 行的 if 条件有一个或多个为 true，则对应的语句体就会显示一行适当的文本。

图 3.22 中的每一条 if 语句，都包含一个缩进的语句体。还要注意，每一个语句体都被放入了一对花括号中，从而创建了一个语句块。

好的编程经验 3.10

应将 if 语句体中的语句缩进，以增强可读性。

错误防止提示 3.6

对于只包含一条语句的语句体，可以不使用花括号对。但是，对于有多条语句的语句体，必须使用花括号对。后面将看到，忘记将包含多条语句的语句体放入一对花括号中，会导致错误发生。为了防止出现这种问题且使代码更可读，应总是将每个 if 语句的语句体都放入一对花括号中，即使语句体中只包含一条语句。

常见编程错误 3.6

在紧跟 if 语句右圆括号的后面放一个分号，通常是一个逻辑错误(但不是语法错误)。分号会导致 if 语句体为空，因此它不会执行任何动作，不管它的条件是否为 true。更糟糕的是，if 语句原先的语句体现在变成了它后面的另一条语句，因此总是会被执行，这常常会导致程序产生不正确的结果。

空白

注意图 3.22 中空白的使用。前面说过，空白符(即制表符、换行符和空格)通常都会被编译器忽略。因此，程序员可以根据自己的喜好，将一条语句分成多行编写，或者在语句中放入一些空白符，这都不会改变程序的含义。但是，将标识符、字符串或多字符运算符(如 ">=")分开写是不正确的。理想情况下，应尽可能使语句短小，但并不总是能做到。

好的编程经验 3.11

如果语句较长，可以将它写成多行。如果必须将一条语句跨行编写，则应选择有意义的断点，如在逗号分隔清单中的某个逗号之后，或在长表达式的一个运算符之后。如果语句跨越两行或更多行，应该将第一行之后所有的行都缩进，直到语句结束。

目前为止已经讨论过的运算符的优先级和结合律

图 3.23 总结的是本章介绍的所有运算符的优先级顺序。这些运算符从上至下按照优先级递减的顺序排列。除了赋值运算符，其他运算符的结合律都是从左到右的。加法是左结合的，因此，表达式 x + y + z 求值时，相当于 (x + y) + z；赋值运算符是右结合的，因此，表达式 x = y = 0 求值时，相当于 x = (y = 0)。可以看到，它先将 0 赋予变量 y，然后将这个赋值的结果(0)赋予 x。

运算符	结合律	类型
* / %	从左到右	乘性
+ −	从左到右	加性
< <= > >=	从左到右	关系
== !=	从左到右	相等
=	从右到左	赋值

图 3.23 目前为止介绍过的运算符的优先级和结合律

好的编程经验 3.12

在编写包含多个运算符的表达式时，应参考运算符优先级表(完整的优先级表见附录 A)。要保证表达式中的运算是按照所期望的顺序进行的。如果不敢肯定复杂表达式中的计算顺序，则可以使用圆括号来强制实现相关的顺序，就像在代数表达式中那样。有些程序员也会使用圆括号来表明求值的顺序。注意，有些运算符(如赋值运算符)的结合律是从右到左的。

3.10 小结

本章讲解了C#的许多重要特性。首先探讨的是如何用 Console 类的 Write 和 WriteLine 方法在命令提示窗口中将数据显示在屏幕上。接着，利用 C# 6 的字符串插值方法，将一些值插入字符串中。然后分析了如何用 Console 类的 ReadLine 方法从键盘输入数据，如何用 int 类型的 Parse 方法将字符串转换成 int 值。还探讨了用 C#的算术运算符执行计算的过程。最后，讲解了用 if 语句以及关系运算符和相等性运算符进行判断。这里介绍的程序引入了基本的编程概念。第 4 章中将看到，C#程序的 Main 方法中通常只有几行代码——这些语句一般用来创建完成程序任务的对象。这一章还将介绍如何实现自己的类，并在程序中使用这些类的对象。

摘要

3.2.1 节 注释
- 程序员插入注释的作用，是为了记录程序的相关信息，提高它的可读性。C#编译器会忽略注释。
- 以"//"开头的注释，称为单行注释，这是因为注释到它所在行的末尾就结束了。
- 以"/*"和"*/"界定的注释，可以分成多行。
- 编程语言的语法，指定了以这种语言创建正确的程序的规则。

3.2.2 节 using 指令
- using 指令帮助编译器定位程序中使用的类。
- C#有丰富的预定义类供程序员复用，而不必从头编写程序。这些类按照命名空间组织，命名空间即相关类的命名集合。
- C#的预定义命名空间，被统称为 .NET Framework 类库。

3.2.3 节 空行与空白
- 空行和空格符使程序更易于阅读。空行、空格符和制表符统称为空白。空格符和制表符又称为空白符。编译器会忽略空白。

3.2.4 节 类声明
- 每一个 C#程序至少有一个由程序员定义的类声明(也称为用户定义类)。
- 关键字是 C#保留使用的，全部采用小写字母。
- class 关键字引入类声明，它的后面紧跟类的名称。
- 按照惯例，C#中所有的类名称都以大写字母开头，包含的每个单词的第一个字母都大写(如 SampleClassName)。这种命名规范称为"帕斯卡命名法"。
- C#的类名称是一个标识符，即一个字母序列，它由字母、数字和下画线(_)组成，不能以数字开头，也不能包含空格。
- C#是大小写敏感的，即大写字母与小写字母是不同的。
- 每个类声明的体用一对花括号({})界定。

3.2.5 节 Main 方法
- Main 方法是每一个 C#程序的起始点，它通常被定义成

```
static void Main()
```

- 方法能执行任务，并能在完成任务后返回信息。关键字 void 表明这个方法会执行任务，但是不返回任何值。

3.2.6 节　显示一行文本
- 语句会指导计算机执行动作。
- 位于双引号中的字符序列称为字符串、一串字符、消息或字符串字面值。
- Console 类使 C#程序能够在控制台窗口中读取并显示字符。
- Console.WriteLine 方法会在控制台窗口中显示它的实参，后接一个换行符，将光标定位到下一行的开始处。
- 大多数语句都以分号结尾。

3.3.1 节　创建控制台程序
- Visual Studio 提供了许多方法，可以使编码体验个性化。可以修改编辑器设置，使其显示行号，并可设置代码缩进。

3.3.3 节　编写代码和使用智能感知特性
- 输入字符时，在某些上下文环境中 Visual Studio 会高亮显示匹配所输入的所有字符的第一个成员，然后显示一个工具提示，它包含该成员的一个描述。这种 IDE 特性称为智能感知。
- 输入代码时，IDE 会使用语法颜色高亮特性，或者产生一个语法错误。

3.4.1 节　用多条语句输出一行文本
- Console.Write 会显示它的实参并将屏幕光标定位在紧跟所显示的最后一个字符之后。

3.4.2 节　用单条语句输出多行文本
- C#会将字符串中的反斜线与下一个字符组成一个转义序列。转义序列\n(换行符)会将光标定位到下一行的开始处。

3.5 节　字符串插值
- 变量声明语句指定了变量的名称和类型。
- 变量代表计算机内存中的一个位置，此处能保存一个值供以后使用。在使用变量之前，都必须声明它的名称和类型。
- 变量的名称使程序能够访问内存中变量的值。变量的名称可以是任何有效的标识符。
- 和其他语句一样，变量声明语句也以分号结束。
- 利用 C# 6 的字符串插值，可以将值插入字符串字面值中。
- 被插值的字符串，必须以$(美元符)开头。需插入的插值表达式，应放在一对花括号里，它能够位于双引号("")里面的任何位置。
- C#遇到插值字符串时，会将花括号里面的插值表达式替换成对应的值。

3.6.1 节　声明 int 变量 number1
- 整数即不含小数点的数，如–22、7、0 和 1024。
- int 类型用来声明保存整数值的变量。int 值的范围为–2 147 483 648 至+2 147 483 647。
- float、double 和 decimal 类型指定实数，char 类型用于指定字符数据。实数是包含小数点的数，如 3.4、0.0 和–11.19。char 类型的变量表示单个字符，例如大写字母(如 A)、数字(如 7)、特殊字符(如*或%)或者转义序列(如换行符\n)。
- int、float、double、decimal 和 char 之类的类型，常称为简单类型。简单类型的名称是关键字，因此必须全部小写。

3.6.3 节　提示用户输入数据
- 提示表明需要用户采取某个动作。

- Console 方法 ReadLine 从键盘获得一行文本供程序使用。
- int 类型的方法 Parse 从字符串中抽取一个整数。
- 赋值运算符"="使程序能够将一个值赋予一个变量。它是二元运算符,因为有两个操作数。赋值语句使用赋值运算符来给变量赋值。

3.6.6 节 将 number1 和 number2 相加
- 包含值的语句部分称为表达式。

3.7 节 内存概念
- 变量的名称对应于计算机的内存位置。每个变量都具有名称、类型、大小和值。
- 当某个值放入内存位置时,它会替换同一个位置以前的值。以前的值会丢失。

3.8 节 算术运算
- 大多数程序都执行算术运算。算术运算符包括:"+"(加法)、"−"(减法)、"*"(乘法)、"/"(除法)和"%"(求余)。
- 如果除法运算符的两个操作数都是整数,则结果是一个整数。
- 求余运算符"%"的结果是除法运算的余数。

3.8.1 节 直线形算术表达式
- C#中的算术表达式必须是直线形的。

3.8.2 节 用于分组子表达式的圆括号
- 如果表达式包含嵌套的圆括号,则会首先求值最内层的圆括号。

3.8.3 节 运算符优先级规则
- 对于算术表达式中运算符的执行顺序,C#根据运算符优先级规则来确定。
- 结合律决定了运算符是从左到右还是从右到左进行运算。

3.8.5 节 冗余圆括号
- 在表达式中使用冗余圆括号,可使表达式更清晰。

3.9 节 判断:相等性运算符和关系运算符
- "条件"就是一个结果为 true 或 false 的表达式。C#的 if 语句,使程序能够根据某个条件的值做出判断。
- if 语句中的条件,可以由相等性运算符("=="和"!=")以及关系运算符(">""<"">=""<=")构成。
- if 语句总是以关键字 if 开始,后接用圆括号括起来的一个条件,然后是包含在一对花括号中的语句体。
- 空语句,就是不执行任务的一条语句。

术语表

addition operator (+)   加法运算符(+)
argument   实参
assignment operator (=)   赋值运算符(=)
binary operator   二元运算符
body of a class declaration   类声明的体
camel case   驼峰命名法
char simple type   char 简单类型

character string   字符串
class declaration   类声明
class keyword   class 关键字
class name   类名称
Command Prompt   命令提示窗口
comment   注释
compilation error   编译错误

condition 条件
Console class Console 类
console window 控制台窗口
decimal simple type decimal 简单类型
decision 判断
division operator (/) 除法运算符(/)
double simple type double 简单类型
empty statement (;) 空语句(;)
equality operators 相等性运算符
== "is equal to" ==，等于
!= "is not equal to" !=，不等于
Error List window Error List 窗口
escape character 转义字符
escape sequence 转义序列
executable 可执行的
expression 表达式
fault tolerant 容错
float simple type float 简单类型
identifier 标识符
if statement if 语句
integer 整数
integer division 整除
IntelliSense 智能感知
interpolated string 被插值的字符串
interpolation expression 插值表达式
literal 字面值
location of a variable 变量的位置
Main method Main 方法
method 方法
namespace 命名空间
nested parentheses 嵌套的圆括号
newline character (\n) 换行符(\n)
operand 操作数

operator precedence 运算符优先级
Parameter Info window 参数信息窗口
parentheses ( ) 圆括号
Pascal Case 帕斯卡命名法
perform an action 执行动作
precedence of operators 运算符优先级
prompt 提示
redundant parentheses 冗余圆括号
relational operators 关系运算符
< "is less than" <，小于
> "is greater than" >，大于
remainder operator (%) 求余运算符(%)
reserved words 保留字
right brace (}) 右花括号(})
simple type 简单类型
single-line comment (//) 单行注释(//)
statement 语句
straight-line form 直线形
string 字符串
string interpolation 字符串插值
string type string 类型
subtraction operator (−) 减法运算符(−)
syntax-color highlighting 语法颜色高亮
syntax error 语法错误
using directive using 指令
variable 变量
variable declaration 变量声明
variable name 变量名称
variable size 变量大小
variable type 变量类型
variable value 变量值
void keyword void 关键字
whitespace 空白

自测题

3.1 填空题。
　　a) 方法体以_____开始，以_____结束。
　　b) 大多数语句都以_____结尾。
　　c) _____语句用来做出判断。
　　d) 单行注释以_____开始。
　　e) _____、_____和_____，统称为空白。换行符也被认为是空白。
　　f) _____是 C#保留使用的。

g) C#程序从_____方法开始执行。

h) _____方法和_____方法，会在控制台窗口显示信息。

i) _____能将值直接插入字符串字面值中。

3.2 判断下列语句是否正确。如果不正确，请说明理由。

a) 当执行程序时，注释会使计算机在屏幕上显示 "//" 之后的文本。

b) C#会认为变量 number 和 NuMbEr 是相同的。

c) 求余运算符 "%" 只能用于整型操作数。

d) 算术运算符 "*" "/" "%" "+" "−" 都具有相同的优先级。

e) 被插值的字符串，必须在字符串字面值的前面以$开头。

3.3 编写语句，完成下列任务。

a) 将变量 c、thisIsAVariable、q76354 和 number 声明成 int 类型。

b) 提示用户输入一个整数。

c) 输入一个整数并将它赋给一个 int 类型的变量 value。

d) 如果变量 number 不等于 7，显示 "The variable number is not equal to 7"。

e) 在控制台窗口的一行中显示 "This is a C# app"。

f) 在控制台窗口的两行中显示 "This is a C# app"。第一行应以 "C#" 结尾。使用 Console.WriteLine 方法。

g) 编写语句，利用字符串插值显示变量 x 和 y 的和。假设 x 和 y 的类型为 int，并且它们已经具有值。

3.4 找出并更正如下语句中的错误。

a) if (c < 7);
    {
        Console.WriteLine("c is less than 7");
    }

b) if (c => 7)
    {
        Console.WriteLine("c is equal to or greater than 7");
    }

3.5 编写声明、语句或注释，完成下列任务。

a) 表明程序将计算三个整数的乘积。

b) 将变量 x、y、z 和 result 声明成 int 类型。

c) 提示用户输入第一个整数。

d) 读取用户输入的第一个整数，并将它保存在变量 x 中。

e) 提示用户输入第二个整数。

f) 读取用户输入的第二个整数，并将它保存在变量 y 中。

g) 提示用户输入第三个整数。

h) 读取用户输入的第三个整数，并将它保存在变量 z 中。

i) 计算包含在变量 x、y 和 z 中的三个整数的乘积，并将结果赋值给变量 result。

j) 显示消息 "Product is "，后接变量 result 的值，应使用字符串插值。

3.6 利用上题中编写的语句，写出一个完整的程序，它计算并显示三个整数的乘积。

自测题答案

3.1 a) 左花括号（{）,右花括号（}）。b) 分号（;）。c) if。d) //。e) 空行、空白符、制表符。f) 关键字。g) Main。h) Console.WriteLine，Console.Write。i) 字符串插值。

3.2 答案如下所示。

a) 错误。当运行程序时，注释不会引起动作的执行。注释是为了记录程序的相关信息，提高程序的可读性。
b) 错误。C#是大小写敏感的，因此这些变量是不同的。
c) 错误。C#中，也可以将非整型操作数用于求余运算符。
d) 错误。运算符"*""/""%"的优先级相同，而运算符"+"和"-"的优先级较低。
e) 正确。

3.3 答案如下所示。

a) `int c;`
   `int thisIsAVariable;`
   `int q76354;`
   `int number;`
b) `Console.Write("Enter an integer: ");`
c) `value = int.Parse(Console.ReadLine());`
d) `if (number != 7)`
   `{`
   `    Console.WriteLine("The variable number is not equal to 7");`
   `}`
e) `Console.WriteLine("This is a C# app");`
f) `Console.WriteLine("This is a C#\napp");`
g) `Console.WriteLine($"The sum of {x} and {y} is {x + y}");`

3.4 答案如下所示。

a) 错误：if 语句中条件 (c < 7) 的右圆括号之后的分号错误。
   改正：将这个分号删除。（注：如果不删除分号，则不管 if 中的条件是否为 true，输出语句都会执行。）
b) 错误：关系运算符 "=>" 不正确。
   改正：将 "=>" 改成 ">="。

3.5 答案如下所示。

a) `// Calculating the product of three integers`
b) `int x;`
   `int y;`
   `int z;`
   `int result;`
c) `Console.Write("Enter first integer: ");`
d) `x = int.Parse(Console.ReadLine());`
e) `Console.Write("Enter second integer: ");`
f) `y = int.Parse(Console.ReadLine());`
g) `Console.Write("Enter third integer: ");`
h) `z = int.Parse(Console.ReadLine());`
i) `result = x * y * z;`
j) `Console.WriteLine($"Product is {result}");`

3.6 答案见图 3.24。

```
1   // Exercise 3.6: Product.cs
2   // Calculating the product of three integers.
3   using System;
4
5   class Product
6   {
7       static void Main()
8       {
9           int x; // stores first number to be entered by user
10          int y; // stores second number to be entered by user
11          int z; // stores third number to be entered by user
12          int result; // product of numbers
```

图 3.24　自测题 3.6 的答案

```
13
14          Console.Write("Enter first integer: "); // prompt for input
15          x = int.Parse(Console.ReadLine()); // read first integer
16
17          Console.Write("Enter second integer: "); // prompt for input
18          y = int.Parse(Console.ReadLine()); // read second integer
19
20          Console.Write("Enter third integer: "); // prompt for input
21          z = int.Parse(Console.ReadLine()); // read third integer
22
23          result = x * y * z; // calculate the product of the numbers
24          Console.WriteLine($"Product is {result}");
25       } // end Main
26    } // end class Product
```

```
Enter first integer: 10
Enter second integer: 20
Enter third integer: 30
Product is 6000
```

图 3.24(续)　自测题 3.6 的答案

练习题

3.7　填空题。

a) _____用于对程序进行文档描述，提高它的可读性。

b) C#程序中，判断可由_____做出。

c) 计算通常是由_____语句执行的。

d) 与乘法具有相同优先级的算术运算符是_____和_____。

e) 当算术表达式中的圆括号嵌套时，_____的圆括号会首先求值。

f) 在程序执行期间，不同时间计算机内存的位置可以包含不同的值，这称为_____。

3.8　编写 C#语句，完成下列任务。

a) 显示消息"Enter an integer:"，并将光标留在同一行上。

b) 将变量 b 和 c 的乘积赋予变量 a。

c) 表明程序执行一个简单的工资计算（即使用文本来帮助程序进行文档描述）。

3.9　判断下列语句是否正确。如果不正确，请说明理由。

a) C#的运算符是从左到右求值的。

b) 以下均为有效的变量名称：_under_bar_, m928134, t5, j7, her_sales, his_account_total, a, b, c, z, z2。

c) 不带圆括号的 C#算术表达式是从左到右求值的。

d) 以下均为无效的变量名称：3g, 87, 67h2, h22, 2h。

3.10　假设 x=2, y=3，下面各条语句的结果是什么？

a) Console.WriteLine($"x = {x}");

b) Console.WriteLine($"Value of {x} + {x} is {x + x}");

c) Console.Write("x =");

d) Console.WriteLine($"{x + y} = {y + x}");

3.11　下列 C#语句中，哪些包含值会发生改变的变量？

a) p = i + j + k + 7;

b) Console.WriteLine("variables whose values are modified");

c) Console.WriteLine("a = 5");

d) value = int.Parse(Console.ReadLine());

3.12　如果 $y = ax^3 + 7$，则针对这个方程下列哪些是正确的 C#语句？

a) y = a * x * x * x + 7;

b) y = a * x * x * (x + 7);

c) y = (a * x) * x * (x + 7);
d) y = (a * x) * x * x + 7;
e) y = a * (x * x * x) + 7;
f) y = a * x * (x * x + 7);

3.13 (求值顺序)指出以下每条 C#语句中运算符的求值顺序,并给出执行之后 x 的值。

a) x = 7 + 3 * 6 / 2 - 1;
b) x = 2 % 2 + 2 * 2 - 2 / 2;
c) x = (3 * 9 * (3 + (9 * 3 / (3))));

3.14 (显示数字)编写一个程序,它在同一行上显示数字 1~4,数字间用一个空格分开。使用下列技术编程。

a) 使用一条 Console.WriteLine 语句。
b) 使用 4 条 Console.Write 语句。
c) 使用一条 Console.WriteLine 语句,并使用 4 个 int 变量和字符串插值。

3.15 (算术运算)编写一个程序,要求用户输入两个整数,从用户处获得它们,并分别显示它们的和、积、差和商。使用图 3.14 中的技术。

3.16 (比较整数)编写一个程序,要求用户输入两个整数,从用户处获得它们,并显示较大的数,后接短语"is larger"。如果二者相等,则显示消息"These numbers are equal."。使用图 3.22 中的技术。

3.17 (算术运算,最小值和最大值)编写一个程序,要求用户输入三个整数,显示它们的和、平均值、积以及最小值和最大值。使用图 3.22 中的技术。(注:这个练习中的平均值计算的结果,应当是平均值的整数表示。因此,如果和值为 7,则平均值应为 2,而不是 2.3333⋯。)

3.18 (显示星号形状)编写一个程序,利用星号分别显示一个方形、一个椭圆形、一个箭头和一个菱形,如图 3.25 所示。

图 3.25 练习 3.18 的输出

3.19 给出如下代码的运行结果。

    Console.WriteLine("*\n**\n***\n****\n*****");

3.20 给出如下代码的运行结果。

    Console.WriteLine("*");
    Console.WriteLine("***");
    Console.WriteLine("*****");
    Console.WriteLine("****");
    Console.WriteLine("**");

3.21 给出如下代码的运行结果。

    Console.Write("*");
    Console.Write("***");
    Console.Write("*****");
    Console.Write("****");
    Console.WriteLine("**");

3.22 给出如下代码的运行结果。

    Console.Write("*");
    Console.WriteLine("***");
    Console.WriteLine("*****");
    Console.Write("****");
    Console.WriteLine("**");

3.23 给出如下代码的运行结果。
```
string s1 = "*";
string s2 = "***";
string s3 = "*****";
Console.WriteLine($"{s1}\n{s2}\n{s3}");
```

3.24 **(奇数或偶数)** 编写一个程序,读取一个整数,然后判断并显示它的奇偶性(提示:使用求余运算符。偶数是 2 的倍数,当用 2 去除 2 的任何倍数时,余数都是 0。)

3.25 **(倍数)** 编写一个程序,读取两个整数,判断第一个整数是否为第二个整数的倍数,显示结果。(提示:使用求余运算符。)

3.26 **(圆的直径、周长和面积)** 下面的内容有些超前。本章中讲解了整数和 int 类型,C#中也可以表示包含小数点的浮点数,如 3.141 59。编写一个程序,由用户输入一个圆的半径(整数值),显示它的直径、周长和面积,π 值使用浮点值 3.141 59。使用图 3.14 中的技术。(注:也可以将预定义常量 Math.PI 用于 π 值,这个常量比 3.141 59 更精确。Math 类在命名空间 System 中定义。)利用下面的公式(r 为半径):

直径 $= 2r$

周长 $= 2\pi r$

面积 $= \pi r^2$

不要将每个计算的结果保存在变量中,而应将每个计算的结果指定成在 Console.WriteLine 语句中输出的值。计算周长和面积所产生的值是浮点数。第 5 章中将讲解相关知识。

3.27 **(字符的等价整数值)** 下面的内容有些超前。本章中讲解了整数和 int 类型,C#也能够表示大写字母、小写字母以及大量的特殊符号。每一个字符都有对应的整数表示。计算机使用的字符的集合以及这些字符对应的整数表示,称为该计算机的字符集。在程序中表明字符值的方法,就是简单地将它放入单引号中,如'A'。

在字符的前面放上"(int)",即可确定该字符对应的整数值,例如:

`(int) 'A'`

位于圆括号中的关键字 int 称为强制转换运算符,而整个表达式称为强制转换表达式(第 5 章中将讲解关于强制转换运算符的更多知识)。下面的语句会输出一个字符和它的整数值:

`Console.WriteLine($"The character {'A'} has the value {(int)'A'}");`

当上面的语句执行时,字符串中会显示字符 A 和值 65。关于字符以及它们对应的整数值的完整清单,请参见附录 C。

使用与这个练习中前面给出的相似语句,编写一个程序,显示一些大写字母、小写字母、数字和特殊符号的对应整数值。显示如下字符的对应整数值:A、B、C、a、b、c、0、1、2、$、*、+、/、空格。

3.28 **(整数中的数字)** 编写一个程序,用户输入的是一个由 5 个数字组成的数,将这个数分隔成单个的数字并显示它们,数字之间用三个空格隔开。例如,如果用户输入 42339,则应该显示:

`4   2   3   3   9`

假设用户输入了正确的数字位数。如果执行程序时输入的数字位数多于5,会发生什么情况?如果少于 5 位,又会发生什么情况?(提示:利用本章中讲解的技术,即可完成这个练习题。需要使用除法和求余运算符来"摘取"每位数字。)

3.29 **(平方表和立方表)** 只使用本章中讲解的技术,编写一个程序,计算 0~10 的平方值和立方值,并以表格形式显示结果,如图 3.26 所示。所有的计算都必须使用变量 x。(注:这个程序不要求用户有任何输入。)

3.30 **(计算负值、正值和零值)** 编写一个程序,输入 5 个数,分别确定并显示负值、正值以及零值的个数。

```
number  square  cube
0       0       0
1       1       1
2       4       8
3       9       27
4       16      64
5       25      125
6       36      216
7       49      343
8       64      512
9       81      729
10      100     1000
```

图 3.26　练习 3.29 的输出

挑战题

3.31 (**BMI 计算器**)练习题 1.27 中介绍了体重指数(BMI)计算器。计算 BMI 的公式是

$$\text{BMI} = \frac{\text{以磅为单位的体重} \times 703}{\text{以英寸为单位的身高} \times \text{以英寸为单位的身高}}$$

或者

$$\text{BMI} = \frac{\text{以千克为单位的体重}}{\text{以米为单位的身高} \times \text{以米为单位的身高}}$$

创建一个 BMI 计算器程序，读取用户的体重(单位为磅或千克)和身高(单位为英寸或米)，然后计算并显示他的体重指数。还应显示如下信息(来自美国卫生与福利部以及全国卫生研究所)，以便用户能够评估他的 BMI：

```
BMI VALUES
Underweight:  less than 18.5
Normal:       between 18.5 and 24.9
Overweight:   between 25 and 29.9
Obese:        30 or greater
```

3.32 (**拼车省钱计算器**)研究几个拼车网站，创建一个程序，它计算你的日常驾驶成本，以便能估计出如果拼车出行的话能省下多少钱。这样做还有另外的好处，比如能减少碳排放、缓减交通拥堵。程序的输入信息如下，它需显示用户每日的驾车成本：

a) 每天的总行驶里程(英里数)
b) 每加仑汽油的费用(单位为美分)
c) 每加仑汽油的平均行驶里程(英里数)
d) 每天的停车费用(单位为美分)
e) 每天的通行费用(单位为美分)

第4章 类、对象、方法和 string 简介

目标

本章将讲解

- 利用 1.6 节中讲解的面向对象概念开始编程。
- 声明类,并用它创建对象。
- 将类的属性作为实例变量实现,将类的行为作为方法实现。
- 调用对象的方法,使它执行任务。
- 方法的局部变量,它与类的实例变量的不同之处。
- 通过验证来防止将坏数据保存到对象中。
- 理解私有实例变量和公共访问方法在软件工程中的好处。
- 利用属性为保存和获取数据提供更为友好的记法。
- 使用构造函数在创建对象时初始化对象的数据。
- 使用 decimal 类型精确表示并计算货币值。

概要

4.1 简介
4.2 测试一个 Account 类
   4.2.1 用关键字 new 实例化对象
   4.2.2 调用 Account 类的 GetName 方法
   4.2.3 由用户输入一个账户名
   4.2.4 调用 Account 类的 SetName 方法
4.3 包含实例变量、Set 方法和 Get 方法的 Account 类
   4.3.1 Account 类的声明
   4.3.2 class 关键字与类体
   4.3.3 string 类型的实例变量 name
   4.3.4 SetName 方法
   4.3.5 GetName 方法
   4.3.6 public 和 private 访问修饰符
   4.3.7 Account 类的 UML 类图
4.4 创建、编译和运行带两个类的 Visual C# 项目
4.5 包含 Set 方法和 Get 方法的软件工程
4.6 具有属性而不是 Set 方法和 Get 方法的 Account 类
   4.6.1 使用账户的 Name 属性的 AccountTest 类
   4.6.2 带实例变量和属性的 Account 类
   4.6.3 带属性的 Account 类的 UML 类图
4.7 自动实现的属性
4.8 Account 类:用构造函数初始化对象
   4.8.1 为定制对象初始化声明 Account 构造函数
   4.8.2 AccountTest 类:在创建时初始化 Account 对象
4.9 具有余额的 Account 类以及货币值处理
   4.9.1 带有 decimal 类型的 balance 实例变量的 Account 类
   4.9.2 使用具有余额的 Account 对象的 AccountTest 类
4.10 小结

摘要 | 术语表 | 自测题 | 自测题答案 | 练习题 | 挑战题

4.1 简介

（注：对于本章内容，要求预先学习过 1.6 节中有关面向对象编程的术语和概念。）

1.6 节中讨论过面向对象编程的概念，包括类、对象、实例变量、属性和方法。本章的示例中，将通过构建一个简单的银行账户类来实现这些概念。这个类的最终版本，将包含一个银行账户的账户名和余额，并会为账户的处理提供两个属性（Name 和 Balance）和两个方法（Deposit 和 Withdraw）。这些处理功能包括：

- 查询余额（利用 Balance 属性）
- 向账户存款，增加余额（利用 Deposit 方法）
- 从账户取款，减少余额（利用 Withdraw 方法）

本章的示例中，将创建 Balance 属性和 Deposit 方法。练习题 4.9 中，将创建 Withdraw 方法。

我们所创建的每一个类，都会成为用来创建对象的一种新类型，因此，C#是一种可扩展的编程语言。行业中由开发团队设计的程序，可能包含数百个甚至几千个类。

4.2 测试一个 Account 类

驾驶汽车的司机，可以控制汽车做什么（加速、减速、左转、右转，等等），而不必知道汽车内部是如何实现这些功能的。类似地，方法（比如 Main）也能够通过调用对象的方法来"控制" Account 对象，而不必知道类的内部机制是如何实现这些方法的。因此，包含 Main 方法的类，称为驱动器类（driver class）。下面将先讲解 Main 方法及其输出，以便能够理解 Account 对象是如何使用的。

为了便于熟悉本书后面以及行业中的大型程序，在 AccountTest.cs 文件中定义了 AccountTest 类和它的 Main 方法（见图 4.1）。同样，将 Account 类在一个单独的文件中定义（见图 4.2 中的 Account.cs 文件）。本节将讲解 AccountTest 类，4.3 节分析 Account 类。然后，4.4 节将探讨如何创建和编译一个包含多个.cs 源代码文件的项目。首先分析一下 AccountTest 类。

```
1   // Fig. 4.1: AccountTest.cs
2   // Creating and manipulating an Account object.
3   using System;
4
5   class AccountTest
6   {
7       static void Main()
8       {
9           // create an Account object and assign it to myAccount
10          Account myAccount = new Account();
11
12          // display myAccount's initial name (there isn't one yet)
13          Console.WriteLine($"Initial name is: {myAccount.GetName()}");
14
15          // prompt for and read the name, then put the name in the object
16          Console.Write("Enter the name: "); // prompt
17          string theName = Console.ReadLine(); // read the name
18          myAccount.SetName(theName); // put theName in the myAccount object
19
20          // display the name stored in the myAccount object
21          Console.WriteLine($"myAccount's name is: {myAccount.GetName()}");
22      }
23  }
```

```
Initial name is:
Enter the name: Jane Green
myAccount's name is: Jane Green
```

图 4.1　创建并操作一个 Account 对象

4.2.1 用关键字 new 实例化对象

通常,在类的对象被创建之前,是无法调用这个类的方法的[①]。第 10 行:

```
Account myAccount = new Account();
```

使用了对象创建表达式:

```
new Account()
```

来创建一个 Account 对象,然后将它赋予变量 myAccount。这个变量的类型是 Account——图 4.2 中定义的类。关键字 new 会创建指定类的一个新对象,这里的类为 Account。Account 右边的圆括号是必要的(4.8 节中将讨论)。

4.2.2 调用 Account 类的 GetName 方法

Account 类的 GetName 方法,返回保存在特定 Account 对象中的账户名。第 13 行:

```
Console.WriteLine($"Initial name is: {myAccount.GetName()}");
```

用表达式 myAccount.GetName() 调用对象的 GetName 方法,显示 myAccount 的初始账户名。为了对特定对象调用这个方法,需指定:

- 对象的名称(myAccount)
- 成员访问运算符 "."
- 方法名称(GetName)
- 一对圆括号

空的圆括号对表明,GetName 方法并不要求任何额外的信息来执行它的任务。很快就会看到,SetName 方法需要额外的信息才能执行任务。

当 Main 方法调用 GetName 方法时:

1. 程序会将执行从表达式 myAccount.GetName()(Main 方法中的第 13 行)转移到 GetName 方法的声明(见 4.3 节的讨论)。由于 GetName 是通过 myAccount 对象访问的,因此 GetName "知道" 应该操作哪一个对象的数据。
2. 接着,GetName 方法执行它的任务——将 myAccount 对象的名称返回给调用方法的第 13 行。
3. Console.WriteLine 显示由 GetName 返回的字符串——账户名会被插入到插值字符串中,即调用 GetName 方法的地方——然后,程序在 Main 方法的第 16 行继续执行。

由于还没有将一个账户名保存到 myAccount 对象中,所以第 13 行不会显示账户名。

4.2.3 由用户输入一个账户名

接下来,第 16 ~ 17 行提示用户输入一个账户名。第 17 行:

```
string theName = Console.ReadLine(); // read a line of text
```

利用 Console 方法 ReadLine,读取由用户输入的账户名,并将它赋予 string 变量 theName。用户输入账户名(这里为 "Jane Green")并按回车键,将它提交给程序。ReadLine 方法会读取整个行,包括用户输入的所有字符,但不包括用户按回车键时所输入的换行符,换行符会被丢弃。按下回车键时,也会将光标定位到控制台窗口的下一行开始处。因此,程序的下一个输出,将会从用户输入所在行的下一行开始。

4.2.4 调用 Account 类的 SetName 方法

Account 类的 SetName 方法将一个账户名保存(设置)到特定的 Account 对象中。第 18 行:

[①] 10.9 节中将看到,静态方法(以及其他的静态类成员)是一个例外。

```
myAccount.SetName(theName); // put theName in the myAccount object
```
调用 myAccounts 的 SetName 方法，将 theName 的值作为实参传递给这个方法。方法将这个值保存到对象 myAccount 中——下一节将看到它所保存的位置。

Main 方法调用 SetName 方法时：

1. 程序的执行会从 Main 方法中的第 18 行转移到 SetName 方法的声明部分。由于 SetName 方法是通过 myAccount 对象访问的，SetName 方法"知道"应该如何操作这个对象。
2. 接下来，SetName 方法将实参的值保存到 myAccount 对象中（见 4.3 节的讨论）。
3. 执行完 SetName 方法之后，程序控制转移到调用这个方法的地方（Main 方法中的第 18 行），然后继续执行第 21 行。

显示由用户输入的账户名

为了验证 myAccount 现在已经包含了用户输入的账户名，第 21 行：

```
Console.WriteLine($"myAccount's name is: {myAccount.GetName()}");
```

再次调用 myAccounts 的 GetName 方法。从输出的最后一行可以看出，用户在第 17 行输入的账户名被显示了。继续往下执行，会遇到 Main 方法的结束处，程序终止。

4.3 包含实例变量、Set 方法和 Get 方法的 Account 类

类似图 4.1 中可以创建并操作一个 Account 对象而不必知道它的实现细节的做法，称为"抽象"（abstraction）。抽象是面向对象编程的最强有力的软件工程优势。我们已经看到了 Account 类是如何使用的（见图 4.1），后面的几个小节中，将详细分析它的实现方式。最后，将给出一个 UML 类图，以精确的图形方式标出 Account 类的属性和操作。

4.3.1 Account 类的声明

Account 类（见图 4.2）包含一个 name 实例变量（第 7 行），它保存账户持有人的姓名——每一个 Account 对象都有自己的 name 实例变量的一个副本。4.9 节中，将添加一个 balance 实例变量，以跟踪每一个 Account 中的当前账户余额。Account 类还包含一个 SetName 方法和一个 GetName 方法，程序调用前者可以将一个账户名保存到 Account 对象中，调用后者可以获取这个账户名。

```
1   // Fig. 4.2: Account.cs
2   // A simple Account class that contains a private instance
3   // variable name and public methods to Set and Get name's value.
4
5   class Account
6   {
7      private string name; // instance variable
8
9      // method that sets the account name in the object
10     public void SetName(string accountName)
11     {
12        name = accountName; // store the account name
13     }
14
15     // method that retrieves the account name from the object
16     public string GetName()
17     {
18        return name; // returns name's value to this method's caller
19     }
20  }
```

图 4.2 Account 类包含私有实例变量 name，以及设置和获取 name 值的两个公共方法

4.3.2 class 关键字与类体

类声明从第 5 行：

```
        class Account
```
开始。正如第 3 章所讲,每个类声明都包含关键字 class,后面紧跟着类名称,这里为 Account。此外,每个类声明通常都保存在与类同名并以 .cs 文件扩展名结尾的文件里。因此,Account 类被保存在文件 Account.cs 中。类体用一对花括号封闭起来(见图 4.2 第 6 行和第 20 行)。

标识符与驼峰命名法

类、属性(property)、方法和变量的名称都为标识符,按惯例都必须遵循第 3 章中讨论过的两种命名规则:

- 类、属性和方法名称的第一个字母应为大写(帕斯卡命名法)
- 变量名称的第一个字母应为小写(驼峰命名法)

4.3.3 string 类型的实例变量 name

1.6 节讲过,类具有特性(attribute),而特性是作为实例变量实现的。类的对象在它们的整个生命周期过程中,都拥有这些实例变量。每个对象都有自己的实例变量副本。通常而言,类还包含方法和属性,它们用于操作属于某个特定类对象的实例变量。

实例变量是在类声明的内部声明的,但位于类的方法体之外。第 7 行:

```
        private string name; // instance variable
```

在 SetName 方法和 GetName 方法的体外声明了 string 类型的实例变量 name。如果有多个 Account 对象,则每一个对象都具有自己的 name 实例变量。由于 name 是一个实例变量,所以它能用于类的方法和属性中。Account 类的客户(client)——调用该类的方法的其他代码(如图 4.1 中 AccountTest 类的 Main 方法)——无法访问 name 实例变量,因为它被声明成私有的。但是,客户可以访问 Account 类的公共方法 SetName 和 GetName。这两个方法可以访问私有实例变量 name。4.3.6 节中将分析关键字 private 和 public,4.5 节将更详细地解释为什么私有实例变量和公共访问方法是一种强有力的体系结构。

 好的编程经验 4.1

建议在类体中先给出类的实例变量,这样就可以先看到变量的名称和类型,然后才会将它们用于类的方法和属性中。在类的方法(和属性)声明之外的任何地方都可以列出类的实例变量,但是如果将它们分散在各处,则代码会难以阅读。

null——string 变量的默认初始值

每一个实例变量都具有默认初始值(default initial value)——如果没有指定它的初始值,则由 C#提供一个默认值。因此,在实例变量能够使用之前,不需要显式地初始化它——除非必须初始化成与默认值不同的值。string 变量(如本例中的 name)的默认值为 null,这会在第 7 章讲解引用类型时进一步探讨。当使用 Console.Write 或 Console.WriteLine 显示包含 null 值的 string 变量时,在屏幕上不会显示文本——这就是为什么第一次调用 myAccount 的 GetName 方法时,Main 中的第 13 行不显示账户名的原因(见图 4.1)。

4.3.4 SetName 方法

下面详细分析 SetName 方法声明中的代码(见图 4.2 第 10~13 行):

```
        public void SetName(string accountName)
        {
            name = accountName; // store the account name
        }
```

方法声明的第一行(第 10 行)是方法声明首部。方法的返回类型(位于方法名称的左侧)指定的是当方法执行完任务之后向它的调用者返回的数据类型。返回类型 void(第 10 行)表明,当 SetName 完成任务后,它不会向它的调用方法(calling method)返回(即回馈)任何信息——本例中,调用方法即 Main 方法的第 18 行(见图 4.1)。后面将看到,Account 方法 GetName 会返回一个值。

SetName 方法的参数

1.6 节的汽车类比中探讨过这样的事实：踩汽车的加速踏板时，就会给汽车发送一条消息，使汽车执行任务——让它跑得更快。但是，汽车应该加速到多快呢？加速踏板踩得越使劲，汽车就加速得越快。因此，发送给汽车的消息，实际上包括了要执行的任务以及帮助汽车执行该任务的信息。这种信息称为参数（parameter），参数的值用于帮助汽车决定应该多快地加速。类似地，一个方法需要一个或多个参数，它们代表执行任务时所需的数据。

SetName 方法声明了一个 string 类型的参数 accountName——它接收作为实参（argument）传递给它的账户名。当执行图 4.1 第 18 行：

```
myAccount.SetName(theName); // put theName in the myAccount object
```

时，位于调用的圆括号对中的实参值（即保存在 theName 中的值），会被复制给方法首部中对应的参数（accountName），见图 4.2 第 10 行。图 4.1 的输出样本中，为 theName 输入了 "Jane Green"，因此，"Jane Green" 被复制给 accountName 参数。

SetName 方法的参数表

类似于 accountName 这样的参数，是在方法的参数表（parameter list）中声明的，参数表位于方法名称后面的圆括号对里。每一个参数都必须指定一种类型（这里为 string），后面跟着一个参数名称（这里为 accountName）。如果有多个参数，则将它们用逗号分隔，即

(*type1 name1*, *type2 name2*, …)

方法调用中的实参个数和顺序，必须与被调用的方法声明的参数表中的参数个数和顺序相同。

SetName 方法体

方法体是用一对花括号界定的（分别见图 4.2 第 11 行和第 13 行）。花括号对里面，是执行方法任务的一条或多条语句。这里的方法体只包含一条语句（第 12 行）：

```
name = accountName; // store the account name
```

它将 accountName 参数的值（一个字符串）赋予类的 name 实例变量，从而将账户名保存到一个对象中，供调用 SetName 方法时使用，这里为 Main 方法中的 myAccount[①]。执行完第 12 行之后，程序到达方法的结束花括号（第 13 行），方法返回给它的调用者。

参数为局部变量

第 3 章中，程序的 Main 方法中声明了它的所有变量。在特定方法体（如 Main）中声明的变量称为局部变量（local variable），它们只能用在这个方法中。方法只能访问自己的局部变量，不能访问其他方法的局部变量。当方法终止时，局部变量的值就丢失了。方法的参数也是该方法的局部变量。

4.3.5 GetName 方法

GetName 方法（第 16～19 行）：

```
public string GetName()
{
    return name; // returns name's value to this method's caller
}
```

向调用者返回特定 Account 对象的 name 值——正如方法的返回类型所指定的，它为一个字符串。这个方法的参数表为空，因此不需要任何其他信息即可执行任务。如果调用的方法具有非 void 的返回类型，则该方法会给它的调用者返回一个结果。Account 对象上调用 GetName 方法的语句，期待接收 Account 的账户名。

[①] 这里为 SetName 方法的参数（accountName）和实例变量（name）使用了不同的名称。业界的惯用做法是采用相同的名称。10.4 节中将展示不会引起歧义的这种做法。

第 18 行中的 return 语句：

> **return** name; // returns name's value to this method's caller

将实例变量 name 的 string 值返回给调用者，进而可以利用这个返回值。例如，语句(见图 4.1 第 21 行)：

> Console.WriteLine($"myAccount's name is: {myAccount.GetName()}");

使用由 GetName 返回的值，输出保存在 myAccount 对象中的账户名。

4.3.6 public 和 private 访问修饰符

图 4.2 第 7 行中：

> **private string** name; // instance variable

关键字 private 是一个访问修饰符(access modifier)。实例变量 name 是私有的，表明它只能由 Account 类的方法访问(其他成员也可以访问，比如属性，请参见后面的示例)。这称为信息隐藏(information hiding)——实例变量 name 被隐藏了，只能在 Account 类的方法(SetName 和 GetName)中使用。大多数实例变量都被声明成私有的。

这个类还包含 public 访问修饰符(第 10 行)：

> **public void** SetName(**string** accountName)

第 16 行也如此：

> **public string** GetName()

被声明成公有的方法(以及其他类成员)，表明它是"可公开使用的"。它们可以用于如下场合：

- 由类所声明的方法(和其他成员)使用。
- 由类的客户使用——其他类的方法(和成员)。示例中 AccountTest 的 Main 方法就是 Account 类的客户。

第 11 章中，将介绍另一个访问修饰符 protected。

类成员的默认访问

默认情况下，类中的一切都是私有的，除非用某种访问修饰符进行了限定。

错误防止提示 4.1
使类的实例变量为私有的、方法(以及属性)为公有的，使得只能通过类的方法和属性来访问实例变量，这样做可方便调试，因为有关数据操作的问题，都被限定在方法(和属性)里面。

常见编程错误 4.1
对于不是某个类的成员的方法，如果访问这个类的私有成员，则会产生编译错误。

4.3.7 Account 类的 UML 类图

本书中会经常使用 UML 类图来总结类的属性和操作。行业应用中，UML 类图有助于系统设计人员以简明、图形化、编程语言无关的形式指定系统需求，而它是在程序员以特定编程语言实现系统之前完成的。图 4.3 中给出了图 4.2 中 Account 类的 UML 类图。

顶部栏

在 UML 中，每个类在类图中被建模成包含三栏的矩形。这个类图中，顶部栏包含名称为 Account 的类，水平居中并以粗体显示。

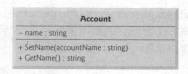

图 4.3　图 4.2 中 Account 类的 UML 类图

中间栏

中间栏包含类的特性名称，它对应于 C#中的实例变量。实例变量 name 在 C#中是私有的，因此类图在相应特性名称的前面加了一个减号访问修饰符。特性名称的后面是一个冒号,接着是特性的类型,这里为 string。

底部栏

底部栏包含类的操作(operation)SetName 和 GetName,对应于 C#中的这两个方法。UML 建模操作的方法为:操作名称的前面为 UML 访问修饰符,例如"+ SetName"。操作名称前面的加号,表明 SetName 在 UML 中是一个公共操作(即 C#中的一个公共方法)。GetName 操作也是公共的。

返回类型

通过在操作名称后面的圆括号之后加上冒号和返回类型,UML 以此来表示操作的返回类型。SetName 方法不返回值(即在 C#中返回 void),因此 UML 类图在这些操作的圆括号之后不指定返回类型。GetName 方法具有 string 返回类型。UML 具有自己的数据类型,它们与 C#中的数据类型相似,但为了简化,本书中只使用 C#数据类型。

参数

UML 建模参数的方法,是在操作名称后面的圆括号中列出参数名,后接一个冒号和参数类型。Account 方法 SetName 具有名称为 accountName 的 string 参数,因此类图中表示为

```
accountName : string
```

GetName 不具有任何参数,因此在类图中,其后面的圆括号中为空,与图 4.2 第 16 行中声明该方法时相同。

4.4 创建、编译和运行带两个类的 Visual C#项目

创建这个程序的项目时,需将 Program.cs 重命名为 AccountTest.cs,并将 Account.cs 文件添加到项目中。为了设置包含两个类的项目,需进行如下操作:

1. 按照第 3 章所述创建一个控制台程序。分别将本章中的项目命名为 Account1、Account2、Account3 和 Account4。
2. 将项目的 Program.cs 文件重命名为 AccountTest.cs。将自动产生的代码用 AccountTest 类的代码替换(见图 4.1)。
3. 右击 Solution Explorer 窗口中的项目名称,从弹出的菜单中选择 Add > Class。
4. 在 Add New Item 对话框的 Name 域,输入新文件的名称(Account.cs),然后单击 Add 按钮。在这个 Account.cs 文件中,将自动产生的代码用图 4.2 中的 Account 类的代码替换。

可以双击 Solution Explorer 窗口中的文件名称,在 Visual Studio 编辑器中打开每一个类。

在执行程序之前,必须先编译图 4.1 和图 4.2 中的类。这里是首次创建具有多个类的程序。AccountTest 类有一个 Main 方法,而 Account 类没有。IDE 会自动将包含 Main 方法的类作为程序的入口点。在 Visual Studio 中选择 Build > Build Solution,IDE 就会编译项目中的所有文件,以创建一个可执行的程序。如果两个类都正确编译——没有显示编译错误——就可以按 Ctrl + F5 组合键来运行程序,执行 AccountTest 类的 Main 方法。如果在运行程序之前没有编译它,则按 Ctrl + F5 组合键,就会首先编译项目,然后在没有编译错误的情况下运行它。

常见编程错误 4.2

对于某个项目,如果在多个类中声明了 Main 方法,则会导致编译错误:"Program has more than one entry point defined."

4.5 包含 Set 方法和 Get 方法的软件工程

利用 Set 方法，可以验证试图修改私有数据的有效性；利用 Get 方法，可以控制数据如何呈现给调用者。这就是强大的软件工程的优势。如果实例变量为公共的，则类的任何客户都能看到它的数据并可以修改它，包括将其改成一个无效的值。此外，公共数据还允许客户编写依赖于类的数据格式的代码。如果类中的数据格式发生了改变，则任何依赖于它的客户代码都被"破坏"了，需要调整成新的格式才能执行。

我们可能有这样的想法：尽管类的客户无法直接访问私有实例变量，但通过公共的 Set 方法和 Get 方法，客户可以做任何事情。还可能会认为：利用公共的 Get 方法，可以随时"偷窥"私有数据（并且能够看到它是如何保存在对象中的）；利用公共的 Set 方法，可以随意修改私有数据。

实际上，通过在程序中验证实参值，Set 方法可以拒绝无效数据值的任何修改企图，比如：

- 将体温设置成负值。
- 将三月份的日期设置成 1～31 之外的值。
- 将产品代码设置成不属于公司产品目录中的代码。

Get 方法可以让数据以不同的形式呈现，而使实际的数据表示对用户隐藏。比如，Grade 类保存的是 0～100 的 int 类型的 grade 实例变量值，但是 GetGrade 方法可以返回 string 类型的字母等级成绩，比如 90～100 返回 "A"，80～89 返回 "B"，等等。5.7 节中将利用属性进行这样的操作。严格控制对私有数据的访问和呈现，可以极大地减少错误，进而增强程序的健壮性、安全性和可用性。

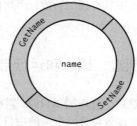

图 4.4 包含私有实例变量 name 的 Account 对象的概念图，它有两个位于保护层的公共方法

包含私有数据的 Account 对象的概念图

可以将 Account 对象按如图 4.4 所示来理解。私有实例变量 name 被隐藏在对象内部（用包含 name 的内部圆表示），它被外层的两个公共方法保护（用包含 GetName 和 SetName 的外部圆表示）。需要与 Account 交互的任何客户代码，只能调用外部的公共方法。

软件工程结论 4.1

通常，实例变量应声明为私有的，方法应声明为公共的。

软件工程结论 4.2

"变化"是常态而不是偶尔才发生。对于代码的改动，应该有心理准备，而且极有可能是经常出现的情况。利用公共方法 Set 和 Get 来控制对私有数据的访问，可使程序更清晰、更容易维护。

4.6 具有属性而不是 Set 方法和 Get 方法的 Account 类

前面的 Account 类，包含一个私有实例变量 name 和两个公共方法 SetName、GetName，这两个方法分别用于使客户能够设置和获取账户名。C#还提供了一种更方便的解决方案来完成同样的任务，这就是属性（property）。属性封装了一个 set 访问器（set accessor）和一个 get 访问器（get accessor），前者用于将值保存到变量中，后者用于获取变量的值[①]。这一节中将重新分析 AccountTest 类，以演示如何与包含公共属性 Name 的 Account 对象进行交互。然后，将给出一个更新后的 Account 类，并详细分析它的属性。

---

① 在后面的几章中，将看到有些属性并不需要同时具有 set 和 get 访问器。

4.6.1 使用账户的 Name 属性的 AccountTest 类

图 4.5 给出的是更新后的 AccountTest 类，它使用了 Account 类的 Name 属性（在图 4.6 中声明），以设置和获取 Account 的 name 实例变量的值。如果用户再次输入了账户名"Jane Green"，则这个程序的输出与图 4.1 中的相同。

```
1   // Fig. 4.5: AccountTest.cs
2   // Creating and manipulating an Account object with properties.
3   using System;
4
5   class AccountTest
6   {
7      static void Main()
8      {
9         // create an Account object and assign it to myAccount
10        Account myAccount = new Account();
11
12        // display myAccount's initial name
13        Console.WriteLine($"Initial name is: {myAccount.Name}");
14
15        // prompt for and read the name, then put the name in the object
16        Console.Write("Please enter the name: "); // prompt
17        string theName = Console.ReadLine(); // read a line of text
18        myAccount.Name = theName; // put theName in myAccount's Name
19
20        // display the name stored in object myAccount
21        Console.WriteLine($"myAccount's name is: {myAccount.Name}");
22     }
23  }
```

```
Initial name is:
Please enter the name: Jane Green
myAccount's name is: Jane Green
```

图 4.5　创建并操作一个具有属性的 Account 对象

调用 Account 类的 Name 属性，获取账户名

Account 类的 Name 属性的 get 访问器，获取保存在特定 Account 对象中的账户名。第 13 行：

```
Console.WriteLine($"Initial name is: {myAccount.Name}");
```

用表达式 myAccount.Name 访问对象的 Name 属性，显示 myAccount 的初始账户名。为了访问属性，需指定对象的名称（myAccount），后接一个成员访问运算符"."和属性的名称（Name）。获取账户名时，这种表示法会隐式地执行属性的 get 访问器，它返回账户名。

当 Main 在第 13 行访问 Name 属性时，会进行如下操作：

1. 将程序的执行从表达式 myAccount.Name（Main 中的第 13 行）转移到 Name 属性的 get 访问器。
2. 接着，Name 属性的 get 访问器执行任务——将 myAccount 的 name 实例变量的值返回给访问属性的第 13 行。
3. Console.WriteLine 显示由 Name 属性的 get 访问器返回的字符串——账户名会被插入到插值字符串中来代替表达式 myAccount.Name——然后，程序在 Main 的第 16 行继续执行。

和图 4.1 中一样，由于还没有将一个账户名保存到 myAccount 对象中，所以第 13 行不会显示账户名。

调用 Account 类的 Name 属性，设置账户名

接下来，第 16～17 行提示用户输入一个账户名。Account 类的 Name 属性的 set 访问器，将一个账户名保存（设置）到特定的 Account 对象中。第 18 行：

```
myAccount.Name = theName; // put theName in myAccount's Name
```

将 myAccounts 的 Name 属性设置成用户在第 17 行输入的字符串。当表达式 myAccount.Name 调用 Name 属性时，会执行如下操作：

1. 程序的执行会从 Main 中的第 18 行转移到 Name 的 set 访问器。
2. Name 属性的 set 访问器执行任务——将保存在 myAccount 对象 name 实例变量中的 string 值，赋予 Main 中的 Name 属性（第 18 行）。
3. Name 的 set 访问器完成任务后，执行将转移到访问 Name 属性的地方（Main 中第 18 行），然后继续执行到第 21 行。

为了验证 myAccount 现在已经包含了用户输入的账户名，第 21 行：

```
Console.WriteLine($"myAccount's name is: {myAccount.Name}");
```

再次访问 myAccounts 的 Name 属性，它使用属性的 get 访问器获取 name 实例变量的新值。从输出的最后一行可以看出，用户在第 17 行输入的账户名被显示了。

4.6.2 带实例变量和属性的 Account 类

更新后的 Account 类将图 4.2 中的 GetName 方法和 SetName 方法用 Name 属性替换了（见图 4.6 第 10～20 行）。属性的 get 和 set 访问器分别处理获取和设置数据的细节。与方法的名称不同，get 和 set 访问器的名称是以小写字母开头的。

```
1   // Fig. 4.6: Account.cs
2   // Account class that replaces public methods SetName
3   // and GetName with a public Name property.
4
5   class Account
6   {
7      private string name; // instance variable
8
9      // property to get and set the name instance variable
10     public string Name
11     {
12        get // returns the corresponding instance variable's value
13        {
14           return name; // returns the value of name to the client code
15        }
16        set // assigns a new value to the corresponding instance variable
17        {
18           name = value; // value is implicitly declared and initialized
19        }
20     }
21  }
```

图 4.6 用公共属性 Name 替换公共方法 SetName 和 GetName 的 Account 类

Name 属性的声明

第 10 行：

```
public string Name
```

是 Name 属性的声明的开始，它指定了：

- 属性是公共的，因此可以被类的客户使用
- 属性的类型为 string
- 属性的名称为 Name

按照惯例，属性的名称是它所操作的实例变量的名称，但首字母为大写——名称 Name 代表实例变量 name 的属性。C# 是大小写敏感的，因此这两个标识符是不同的。属性体在第 11～20 行被一对花括号封闭起来。

Name 属性的 get 访问器

get 访问器（第 12～15 行）执行的任务与图 4.2 中 GetName 方法的相同。get 访问器以关键字 get 开头，其访问器体用一对花括号界定（第 13 行和第 15 行）。与 GetName 方法相同，get 访问器体包含一条 return 语句（第 14 行），它返回 name 实例变量的值。因此，图 4.5 第 13 行中：

```
Console.WriteLine($"Initial name is: {myAccount.Name}");
```

表达式 myAccount.Name 取得 myAccount 的 name 实例变量的值。这种做法使得可以将属性当作底层数据，但是客户依然无法直接操作私有实例变量 name。get 是一个上下文关键字，因为它只在属性的上下文（即属性体）中使用——在其他地方，get 可以作为标识符使用。

Name 属性的 set 访问器

set 访问器（见图 4.6 第 16～19 行）以 set 标识符开头，后接用一对花括号界定的访问器体（第 17 行和第 19 行）。SetName 方法（见图 4.2）声明的参数 accountName，用于接收一个保存在 Account 对象中的新账户名——set 访问器用关键字 value（见图 4.6 第 18 行）接收新账户名。value 被隐式地声明，并被初始化成客户代码赋予属性的值。因此，图 4.5 第 18 行中：

```
myAccount.Name = theName;  // put theName in myAccount's Name
```

value 由 theName（用户输入的字符串）初始化。Name 属性的 set 访问器只是简单地将 value 赋予实例变量 name——图 4.11 中将展示一个执行验证的 set 访问器。和 get 一样，set 和 value 也是上下文关键字——set 只在属性的上下文中使用，value 只在 set 访问器的上下文中使用。

错误防止提示 4.2
尽管上下文关键字（比如 set 访问器中的 value）在其他情形下也可以用作标识符，但不建议这样做。

属性中的第 14 行和第 18 行（见图 4.6）语句都能访问 name，尽管它们是在属性之外声明的。可以在 Account 类的属性（以及其他属性和方法）中使用实例变量 name，因为 name 是位于同一个类中的实例变量。

4.6.3 带属性的 Account 类的 UML 类图

图 4.7 中给出了图 4.6 中 Account 类的 UML 类图。在 UML 中将 C#的属性建模为特性的形式。Name 属性在 UML 中为公共属性——表示为一个加号（+）后接位于一对书名号中的单词"property"。在书名号中使用描述性单词（UML 中称为版型，stereotype），有助于区别不同类型的特性和操作。UML 表示属性类型的方法，是在属性名称的后面加一个冒号，然后是类型名称。

Account
+ «property» Name : string

图 4.7　图 4.6 中 Account 类的 UML 类图

类图是用来帮助设计类的，因此不必显示类的每个实现细节。由于属性所操作的实例变量实际上是这个属性的实现细节，因此类图中没有显示 name 实例变量。根据这个类图实现 Account 类的程序员，要在实现过程中创建实例变量 name（见图 4.6）。同样，属性的 get 访问器和 set 访问器是实现的细节，因此在 UML 类图中没有列出。

4.7　自动实现的属性

图 4.6 中创建的 Account 类使用了私有实例变量 name 和公共属性 Name，使客户代码可以访问 name。当查看 Name 属性的定义（见图 4.6 第 10～20 行）时，注意 get 访问器只返回私有实例变量 name 的值，而 set 访问器只设置这个实例变量的值，这两个访问器中没有任何其他操作。对于这种简单情况，C#提供一种自动实现的属性（auto-implemented property）。

对于这种属性，C#编译器自动创建一个隐藏的私有实例变量，也会创建获取和设置这个隐藏私有实例变量的 get 和 set 访问器。这可使程序员不必烦琐地实现属性，当首次设计类时，这会是很方便的。如果以后要在 get 或 set 访问器中实现其他逻辑，则只需按图 4.6 所示的技术重新实现这个属性和实例变量即可。为了在图 4.6 的 Account 类中使用自动实现的属性，可以将第 7 行中的私有实例变量和第 10～20 行中的属性替换成如下的代码：

```
public string Name { get; set; }
```

图 4.8 中将为 Name 属性使用这种技术。

软件工程结论 4.3
对于不具有这种属性语法的编程语言，可以认为类的特性就是实例变量；对于 C#的属性语法，可以将属性理解成类的特性。

4.8 Account 类：用构造函数初始化对象

正如 4.6 节所述，当创建 Account 类的一个对象后（见图 4.6），默认情况下它的 string 实例变量 name 会被初始化为 null。如果想在创建 Account 对象时提供一个账户名，该怎么办呢？

声明的每个类都可以带一个包含参数的构造函数（constructor），用于创建该类的对象时将对象初始化。对每一个创建的对象，C#都要求有一个构造函数调用，因此声明类时，就是初始化对象的实例变量的理想时刻。下一个示例用一个构造函数改进了 Account 类（见图 4.8），它接收一个账户名并在创建 Account 对象时用这个账户名初始化 Name 属性（见图 4.9）。前面已经讲解了 Account 类的创建方式，本章后面的两个示例将在讲解 AccountTest 类之前给出 Account 类。

Account 类的这个版本，用自动实现的公共属性 Name（见图 4.8 第 6 行）替换了图 4.6 中的私有实例变量 name 和公共 Name 属性。这个属性会自动创建一个隐藏的私有实例变量，以保持属性的值。

```
 1  // Fig. 4.8: Account.cs
 2  // Account class with a constructor that initializes an Account's name.
 3
 4  class Account
 5  {
 6     public string Name { get; set; } // auto-implemented property
 7
 8     // constructor sets the Name property to parameter accountName's value
 9     public Account(string accountName) // constructor name is class name
10     {
11        Name = accountName;
12     }
13  }
```

图 4.8　Account 类用构造函数初始化账户名

4.8.1 为定制对象初始化声明 Account 构造函数

声明类时，可以提供自己的构造函数，以便为类的对象指定特定的初始值。例如，程序员可能希望在创建 Account 对象时为其指定一个账户名，如图 4.9 第 11 行所示：

```
Account account1 = new Account("Jane Green");
```

这里的 string 实参"Jane Green"会被传递给 Account 对象的构造函数，并用于初始化 name 实例变量。构造函数的标识符必须是类的名称。上述语句要求 Account 构造函数能够接收字符串。如图 4.8 所示为具有这种构造函数的 Account 类的改进版本。

Account 构造函数声明

下面详细分析一下这个构造函数声明中的代码（见图 4.8 第 9～12 行）：

```
public Account(string accountName) // constructor name is class name
{
    Name = accountName;
}
```

每个构造函数声明的第一行（这里为第 9 行）称为构造函数首部。构造函数声明了一个 string 类型的参数 accountName——表示作为实参传递给构造函数的账户名。构造函数与方法的一个重要区别是：构造函数不能指定返回类型（即使是 void 也不行）。通常，构造函数会被声明成公共的，以便它能被类的客户代码使用，以初始化类的对象。

构造函数体

构造函数体用一对花括号界定（见图 4.8 第 10 行和第 12 行），它包含执行构造函数任务的一条或多条语句。这里的函数体只包含一条语句（第 11 行），它将（string 类型）参数 accountName 的值赋予类的 Name 属性，从而将账户名信息保存在对象中。执行完第 11 行之后，构造函数完成了它的任务，因此会返回到调用该构造函数的对象创建表达式所在的代码行。很快就会看到，图 4.9 中第 11 行和第 12 行的语句都会调用这个构造函数。

4.8.2 AccountTest 类：在创建时初始化 Account 对象

AccountTest 程序（见图 4.9）利用构造函数初始化了两个 Account 对象。第 11 行创建并初始化 Account 对象 account1。关键字 new 会请求用于保存这个 Account 对象的系统内存，然后隐式地调用类的构造函数来初始化这个对象。这个调用是通过类名称后面的圆括号体现的，圆括号内包含的实参 "Jane Green" 用于初始化这个新对象的名称。第 11 行将这个初始化的对象的值赋予变量 account1。第 12 行重复这一步骤，用实参 "John Blue" 初始化变量 account2。第 15～16 行利用每个对象的 Name 属性获得账户名，并表明确实在创建对象时已经被初始化了。输出中显示了不同的账户名，确认每一个 Account 对象都具有自己的值。

```
 1   // Fig. 4.9: AccountTest.cs
 2   // Using the Account constructor to set an Account's name
 3   // when an Account object is created.
 4   using System;
 5
 6   class AccountTest
 7   {
 8       static void Main()
 9       {
10           // create two Account objects
11           Account account1 = new Account("Jane Green");
12           Account account2 = new Account("John Blue");
13
14           // display initial value of name for each Account
15           Console.WriteLine($"account1 name is: {account1.Name}");
16           Console.WriteLine($"account2 name is: {account2.Name}");
17       }
18   }
```

```
account1 name is: Jane Green
account2 name is: John Blue
```

图 4.9 使用 Account 构造函数，在创建 Account 对象时设置账户名

默认构造函数

回忆图 4.5 第 10 行：

    Account myAccount = new Account();

它利用 new 关键字创建了一个 Account 对象。下列表达式中的空圆括号对：

    new Account()

表示对类的默认构造函数（default constructor）的调用——对于没有显式地声明构造函数的类，编译器会提供一个公共的默认构造函数（没有任何参数）。当类只具有默认构造函数时，它的实例变量会被初始化成默认值：

- 数字型简单类型的默认值为 0
- 布尔类型的默认值为 false
- 其他类型为 null

10.5 节中，将看到具有多个构造函数的类，它们通过重载实现。

声明了构造函数的类，没有默认构造函数

只要为类声明了一个或多个构造函数，编译器就不会为它创建默认构造函数。这时，就无法像图4.5中那样，用表达式"new Account()"创建Account对象——除非所定义的某个定制构造函数没有参数。

软件工程结论 4.4

除非类的实例变量的默认初始化是可接受的，否则就应该提供一个构造函数，以确保在创建该类的每个新对象时，类的实例变量都会被合适地初始化成一个有意义的值。

在Account类的UML类图中添加构造函数

图4.10中的UML类图建模了图4.8中的Account类，该类包含一个带有string类型的accountName参数的构造函数。类图中，UML在底部栏将构造函数建模为类的操作的形式。为了区分构造函数与类的操作，UML要求在构造函数名称之前加上"«constructor»"字样。在底部栏中，习惯的做法是将构造函数放在其他操作之前。图4.14中的UML类图，会在底部栏中包含两个构造函数和一个操作。

```
Account
+ «property» Name : string
+ «constructor» Account(accountName: string)
```

图4.10 图4.8中Account类的UML类图

4.9 具有余额的Account类以及货币值处理

本节中将声明的Account类，除了需具有账户名，还需要有余额信息。大多数银行账户的余额都不是整数（如0、-22和1024），而是包含小数点的数（如99.99或者-20.15）。为此，Account类用decimal类型表示账户余额，这种类型可精确地表示小数，尤其是货币值。

4.9.1 带有decimal类型的balance实例变量的Account类

银行会有许多账户，每个账户都有自己的余额，因此图4.11中声明的Account类包含的信息如下：

- 账户名——自动实现Name属性（第6行）。
- 余额——私有decimal实例变量balance（第7行）和对应的公共Balance属性（第17～32行）。此处使用一个完整实现的Balance属性，以便在将set访问器的实参值赋予balance实例变量之前，可确保它是有效的。

默认情况下，decimal实例变量会被初始化成0。Account类的每一个实例（即对象），都具有自己的账户名和余额。

```
 1   // Fig. 4.13: Account.cs
 2   // Account class with a balance and a Deposit method.
 3
 4   class Account
 5   {
 6      public string Name { get; set; } // auto-implemented property
 7      private decimal balance; // instance variable
 8
 9      // Account constructor that receives two parameters
10      public Account(string accountName, decimal initialBalance)
11      {
12         Name = accountName;
13         Balance = initialBalance; // Balance's set accessor validates
14      }
15
16      // Balance property with validation
17      public decimal Balance
18      {
19         get
20         {
21            return balance;
22         }
23         private set // can be used only within the class
24         {
```

图4.11 Account类具有decimal实例变量balance和Balance属性，以及进行验证操作的Deposit方法

```
25        // validate that the balance is greater than 0.0; if it's not,
26        // instance variable balance keeps its prior value
27        if (value > 0.0m) // m indicates that 0.0 is a decimal literal
28        {
29           balance = value;
30        }
31     }
32  }
33
34  // method that deposits (adds) only a valid amount to the balance
35  public void Deposit(decimal depositAmount)
36  {
37     if (depositAmount > 0.0m) // if the depositAmount is valid
38     {
39        Balance = Balance + depositAmount; // add it to the balance
40     }
41  }
42 }
```

图 4.11（续） Account 类具有 decimal 实例变量 balance 和 Balance 属性，以及进行验证操作的 Deposit 方法

Account 类的双参数构造函数

由于一般情况下会在开立账户后立即存钱，所以构造函数（第 10～14 行）接收一个名称为 initialBalance 的 decimal 类型参数，代表初始余额。第 13 行将 initialBalance 赋予 Balance 属性，调用 Balance 的 set 访问器，确保在将值赋予 balance 实例变量之前，initialBalance 实参是有效的。

Account 属性 Balance

decimal 类型的 Balance 属性（第 17～32 行）提供一个 get 访问器，它允许类的客户获得特定 Account 对象的 balance 值。这个属性还提供一个 set 访问器。

图 4.6 中，Account 类定义了一个 Name 属性，其 set 访问器只是将它在隐式参数 value 中接收到的值赋予 Account 类的实例变量 name。这个 Name 属性不保证 name 只包含有效数据。

Balance 属性的 set 访问器执行验证工作（也称为有效性检查）。图 4.11 第 27 行确保 set 访问器的隐式 value 参数的值大于 0.0m——字母 m（或 M）表示 0.0 是一个 decimal 字面值[①]。如果 value 大于 0.0m，则将它的值赋予实例变量 balance（第 29 行）。否则，balance 的值保持不变。

尽管这里验证了余额，但没有对账户名这样做。一个人的姓名，其形式通常是五花八门的——有大量的姓名格式存在。通常的做法是，在填写表单时，要求限制姓名的字符个数。第 16 章中，将讲解如何检查字符串的长度，以确保它不会太长。

具有不同访问修饰符的 set 和 get 访问器

默认情况下，属性与它的 get 和 set 访问器具有相同的访问修饰符。例如，公共属性 Name，其访问器也是公共的。也可以用不同的访问修饰符声明 get 和 set 访问器。这时，必须将一个访问器显式地声明为与属性的访问类型相同，将另一个访问器用访问修饰符声明得比属性更严格。这里将 Balance 属性的 set 访问器声明成私有的——表明它只能在 Account 类内部使用，不能由类的客户使用。这可以确保只要存在 Account 对象，它的余额就只能由 Deposit 方法（以及练习题中的 Withdraw 方法）修改。

错误防止提示 4.3
将实例变量声明为私有的并不能自动保证数据的完整性——程序员必须提供有效性检查并报告错误。

错误防止提示 4.4
设置私有数据值的 set 访问器需要验证新值是否合适。如果不合适，则应当让实例变量保持不变，并产生一个错误。第 10 章将演示如何通过抛出异常来表明有错误发生。

---

① 表示 decimal 字面值时，数字后面必须有字母 m。默认情况下，C# 中带有小数点的数字型字面值为 double 类型，而 double 和 decimal 值不能混用。第 5 章中将讲解 double 类型。

Account 类的 Deposit 方法

公共方法 Deposit(第 35~41 行)使客户代码能向账户存钱,提高余额。第 35 行表明:

- 方法不向它的调用者返回任何信息(返回类型为 void)
- 接收一个 decimal 类型的 depositAmount 参数

只有当参数的值有效时——第 37 行验证它是否大于 0.0m,才会将 depositAmount 与余额相加。第 39 行首先将当前余额与 depositAmount 相加,形成一个临时的和值,然后将它赋予 Balance 属性。然后,属性的 set 访问器用新值替换 balance 实例变量的旧值(前面说过,加法的优先级比赋值运算高)。因此,第 39 行在等于号的右边利用了 Balance 属性的 get 访问器,在左边使用的是 set 访问器。要看重理解第 39 行中赋值运算符右边的计算,它不会改变实例变量 balance 的值——这就是为什么必须有赋值运算的原因。

软件工程结论 4.5

实现类的方法时,尽管方法可以直接访问类的实例变量,但应通过类的属性来访问。第 10 章将更深入地探讨这个问题。

4.9.2 使用具有余额的 Account 对象的 AccountTest 类

AccountTest 类(见图 4.12)创建了两个 Account 对象(第 9~10 行),并分别将它们初始化成有效的余额值 50.00m 和无效的余额值 –7.53m。对于本章中的示例,应假定余额必须大于或等于 0。第 13~16 行对 Console.WriteLine 方法的调用,输出了账户名和初始余额,它们分别从 Account 类的 Name 和 Balance 属性获得。

```csharp
1   // Fig. 4.12: AccountTest.cs
2   // Reading and writing monetary amounts with Account objects.
3   using System;
4
5   class AccountTest
6   {
7       static void Main()
8       {
9           Account account1 = new Account("Jane Green", 50.00m);
10          Account account2 = new Account("John Blue", -7.53m);
11
12          // display initial balance of each object
13          Console.WriteLine(
14              $"{account1.Name}'s balance: {account1.Balance:C}");
15          Console.WriteLine(
16              $"{account2.Name}'s balance: {account2.Balance:C}");
17
18          // prompt for then read input
19          Console.Write("\nEnter deposit amount for account1: ");
20          decimal depositAmount = decimal.Parse(Console.ReadLine());
21          Console.WriteLine(
22              $"adding {depositAmount:C} to account1 balance\n");
23          account1.Deposit(depositAmount); // add to account1's balance
24
25          // display balances
26          Console.WriteLine(
27              $"{account1.Name}'s balance: {account1.Balance:C}");
28          Console.WriteLine(
29              $"{account2.Name}'s balance: {account2.Balance:C}");
30
31          // prompt for then read input
32          Console.Write("\nEnter deposit amount for account2: ");
33          depositAmount = decimal.Parse(Console.ReadLine());
34          Console.WriteLine(
35              $"adding {depositAmount:C} to account2 balance\n");
36          account2.Deposit(depositAmount); // add to account2's balance
37
38          // display balances
```

图 4.12 用 Account 对象读取和写入账户值

```
39          Console.WriteLine(
40              $"{account1.Name}'s balance: {account1.Balance:C}");
41          Console.WriteLine(
42              $"{account2.Name}'s balance: {account2.Balance:C}");
43      }
44  }
```

```
Jane Green's balance: $50.00
John Blue's balance: $0.00

Enter deposit amount for account1: 25.53
adding $25.53 to account1 balance

Jane Green's balance: $75.53
John Blue's balance: $0.00

Enter deposit amount for account2: 123.45
adding $123.45 to account2 balance

Jane Green's balance: $75.53
John Blue's balance: $123.45
```

图 4.12（续） 用 Account 对象读取和写入账户值

显示 Account 对象的初始余额

第 14 行访问 account1 的 Balance 属性时，account1 的 balance 实例变量值从图 4.11 第 21 行返回，并被插入到图 4.12 第 14 行的插值字符串中，以供显示。类似地，第 16 行访问 account2 的 Balance 属性时，account2 的 balance 实例变量值从图 4.11 第 21 行返回，并被插入到图 4.12 第 16 行的插值字符串中，以供显示。account2 的初始余额为 0.00，因为构造函数拒绝了将它设置成一个负值的尝试。这样，balance 实例变量的值依然为默认初始值。

带格式的字符串插值表达式

这个程序将每个账户的余额显示成货币值。C# 6 字符串插值表达式中，可以在花括号里值的后面放一个冒号和一个格式指定符（format specifier）来指定格式。例如，第 14 行中的插值表达式：

```
{account1.Balance:C}
```

使用格式指定符 C 将 account1.Balance 格式化成货币。用户机器上的 Windows 本地化设置，决定了显示货币值的格式，比如千分位采用逗号还是点号。例如：

- 50 会显示成：$50.00（美国），50,00 e（德国，e 表示欧元），¥50（日本）。
- 4382.51 会显示成：$4,382.51（美国），4.382,51 e（德国），¥4,382（日本）。
- 1254827.40 会显示成：$1,254,827.40（美国），1.254.827,40 e（德国），¥1,254,827（日本）。

图 4.13 中列出了其他的格式指定符。

格式指定符	描述
C 或 c	将字符串格式化成货币值。会在数字后面显示合适的货币符号（美元为$）。用适合的分隔符将数字分开（美元中，每三个数位用逗号隔开），且默认为两位小数
D 或 d	将字符串格式化成整数
N 或 n	将字符串以千分位分隔符格式化，默认为两位小数
E 或 e	将数字以科学记数法格式化，默认为 6 位小数
F 或 f	将字符串以固定小数位数格式化，默认为两位小数
G 或 g	根据数字的不同，将数字以小数形式或使用科学记数法格式化。如果格式项中不包含格式指定符，则隐含使用 G 格式
X 或 x	将字符串格式化成十六进制

图 4.13 字符串格式指定符

从用户处读取 decimal 值

第 19 行（见图 4.12）提示用户为 account1 输入存款额。第 20 行声明了局部变量 depositAmount，存放用户输入的每一笔存款额。与实例变量不同（如 Account 类中的 name 和 balance），局部变量（如 Main 中的 depositAmount）不会被默认初始化，因此通常必须显式地初始化它们。后面将看到，depositAmount 变量的初始值是由用户的输入值决定的。

常见编程错误 4.3

如果试图使用一个未初始化的局部变量的值，则 C#编译器会发出编译错误 "Use of unassigned local variable 'variableName'"，其中的 variableName 会用实际的变量名称替换。这有助于避免危险的运行时逻辑错误。在编译时消除错误，总会比在运行时去改正它要好得多。

第 20 行用 Console 类的 ReadLine 方法获得用户输入，然后将用户输入的字符串传入 decimal 类型的 Parse 方法，它返回这个字符串中的 decimal 值。第 21～22 行以货币格式显示这个存款额。

存款

第 23 行调用了 account1 对象的 Deposit 方法，调用时将 depositAmount 作为该方法的实参。然后，方法将参数的值与 Balance 属性值相加（见图 4.11 第 39 行）。第 26～29 行（见图 4.12）再次输出两个 Account 的余额值，从中可以看出只有 account1 的余额发生了变化。

读取 decimal 值并存入 account2 中

第 32 行提示用户为 account2 输入存款额。第 33 行用 Console.ReadLine 方法获得用户输入，然后将返回值传入 decimal 类型的 Parse 方法。第 34～35 行显示了这个存款额。第 36 行调用了 account2 对象的 Deposit 方法，调用时将 depositAmount 作为该方法的实参。然后，方法将这个值累加到 account2 的 Balance 属性中。最后，第 39～42 行再次输出两个 Account 的余额值，从中可以看出只有 account2 的余额发生了变化。

Main 方法中的重复代码

第 13～14 行、第 15～16 行、第 26～27 行、第 28～29 行、第 39～40 行、第 41～42 行中的 6 组语句，几乎是相同的，它们都输出一个账户名和余额，唯一的不同是 Account 对象的名称——account1 或 account2。这种重复代码，为代码更新带来了维护性问题——如果需要进行错误更正或者更新，则需要修改 6 次且不能犯错。练习题 4.13 要求将图 4.12 中的代码修改成包含一个 DisplayAccount 方法，其参数为一个 Account 对象，输出为对象的 name 和 balance 值，并且只能包含输出代码的一个副本。这样，就能用对 DisplayAccount 方法的 6 次调用来替换 Main 中的重复语句。

软件工程结论 4.6

对于重复代码，可通过调用包含这些代码的一个副本的方法来代替，这样做可以减少程序的规模，并能提升维护性。

Account 类的 UML 类图

图 4.14 中的 UML 类图，精简地建模了图 4.11 中的 Account 类。在中间栏中，添加了两个公共属性：string 类型的 Name 和 decimal 类型的 Balance 。在底部栏中，添加了 Account 类的构造函数，它具有一个 string 类型的参数 name 和一个 decimal 类型的参数 initialBalance。类的公共 Deposit 操作也被建模在底部栏中——Deposit 具有 decimal 类型的 depositAmount 参数。Deposit 方法不返回值（即在 C#中返回 void），因此 UML 类图没有为它指定返回类型。

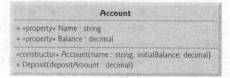

图 4.14　图 4.11 中 Account 类的 UML 类图

4.10　小结

本章讲解了类、对象、方法、实例变量、属性以及构造函数等基本的面向对象概念，在创建的绝大多数 C#程序中都会用到它们。然后讲解了如何声明类的实例变量来维护该类的每个对象的数据，还讲解了如何声明操作这些数据的 Set 和 Get 方法。我们演示了如何调用方法来执行任务，如何将信息作为实参传递给方法。接着，讲解了 C#中用于设置和获取数据的更多属性语法，还演示了如何访问属性，以执行属性的 set 和 get 访问器。我们讨论了方法的局部变量和类的实例变量的区别，并且知道了只有实例变量是被自动初始化的。本章解释了如何在访问器的声明中不添加额外的逻辑，创建只用于获取或设置实例变量值的自动实现的属性。并且展示了用于精确表示包含小数点的数（如货币值）的 decimal 类型。

本章讲解了如何创建 UML 类图，以便建模类的构造函数、方法和属性。我们理解了将实例变量声明成私有的但用公共的属性操作实例变量的好处。例如，可以用属性的 set 访问器来验证实例变量的新值，然后才将它用于修改变量的值。

下一章将介绍控制语句，它们指定动作的执行顺序。我们将在方法和属性中使用控制语句，以指示它们如何执行任务。

摘要

4.1 节　简介
- 我们所创建的每一个类，都会成为用来创建对象的一种新类型，因此，C#是一种可扩展的编程语言。

4.2 节　测试一个 Account 类
- 类自身无法执行。
- 包含一个方法，用于测试另一个类的功能的类，被称为驱动器类。

4.2.1 节　用关键字 new 实例化对象
- 通常，在类的对象被创建之前，是无法调用这个类的方法的。
- 对象创建表达式用关键字 new 来创建对象。

4.2.2 节　调用 Account 类的 GetName 方法
- 为了调用对象的方法，需在对象名后面跟一个成员访问运算符"."，然后是方法名和一对圆括号。空圆括号对表明方法并不要求任何额外的信息来执行它的任务。
- 调用方法时，程序会将执行路线从方法调用处转移到方法的声明里，方法执行任务，然后将控制权返回到方法调用处。

4.2.3 节　由用户输入一个账户名
- Console 方法 ReadLine 会读取字符，直到遇到换行符时为止。然后，它会返回一个包含整个字符（但不包含换行符）的字符串，换行符会被丢弃。

4.2.4 节　调用 Account 类的 SetName 方法
- 方法调用可以带有实参，以帮助方法执行任务。实参被放置在方法调用的圆括号对里。

4.3 节　包含实例变量、*Set* 方法和 *Get* 方法的 Account 类
- 可以创建并操作类的对象，而不必知道类的实现细节的做法，称为"抽象"。

4.3.1 节　Account 类的声明
- 类的实例变量，为该类的每一个对象保存数据。

4.3.2 节　class 关键字与类体
- 每个类声明都包含关键字 class，后面紧跟着类的名称。
- 每个类声明通常都保存在与类同名并以 .cs 文件扩展名结尾的文件里。
- 类体用一对花括号封闭起来。
- 类、属性、方法和变量名称，都为标识符，按惯例都必须遵循相关的命名法。类、属性和方法名称的第一个字母应大写，而变量名称的第一个字母为小写。

4.3.3 节 string 类型的实例变量 name
- 每个对象都有自己的实例变量副本。
- 在程序调用方法或访问属性之前，方法和属性执行之中，以及方法和属性执行完毕后，都存在实例变量。
- 实例变量是在类声明的内部声明的，但位于类的方法体之外。
- 类的客户——调用该类的方法（或访问它的属性）的其他代码——无法访问类的私有实例变量。但是，客户可以访问类的公共方法（和属性）。
- 每一个实例变量都具有默认初始值——如果没有指定初始值，则由 C#提供一个默认值。
- 在实例变量能够使用之前，不需要显式地初始化它——除非必须初始化成与默认值不同的值。
- string 类型实例变量的默认值为 null。
- 显示包含 null 值的 string 变量时，屏幕上不会显示文本。

4.3.4 节 SetName 方法
- 返回类型 void，表明方法不会向它的调用者返回任何信息。
- 方法需要有一个或多个参数，它们代表执行任务时所需的数据。
- 参数是在方法的参数表中声明的，参数表位于方法名称后面的圆括号对里。
- 每个参数都必须指定一个类型和一个参数名称。如果有多个参数，则需用逗号将它们分隔。
- 位于方法调用的圆括号对中的实参值，会被复制给方法声明中对应的参数。
- 方法调用中的实参个数和顺序，必须与被调用的方法声明参数表中的参数个数和顺序相同。
- 方法体是用一对花括号界定的。花括号对里面是执行方法任务的一条或多条语句。
- 在特定方法体中声明的变量称为局部变量，它们只能用在这个方法中。方法的参数也是该方法的局部变量。

4.3.5 节 GetName 方法
- 如果调用的方法具有非 void 的返回类型，则该方法会通过一条 return 语句给它的调用者返回一个结果。

4.3.6 节 public 和 private 访问修饰符
- 关键字 private 是一个访问修饰符。
- 私有实例变量只能由它的类的方法访问（其他成员也可以访问，比如属性）。这称为信息隐藏。
- 大多数实例变量都被声明为私有的。
- 声明为公共的方法（以及其他类成员），可以由同一个类中所声明的其他方法（以及其他成员）访问，也可以被类的客户访问。
- 默认情况下，类成员是私有的，除非通过访问修饰符将其指定为公共的。

4.3.7 节 Account 类的 UML 类图
- UML 类图总结了类的属性和操作。
- UML 类图有助于系统设计人员以简明、图形化、编程语言无关的形式指定系统需求，而它是在程序员以特定编程语言实现系统之前完成的。
- UML 中，每个类在类图中被建模成包含三栏的矩形。
- 顶部栏中包含类名，水平居中并以粗体显示。
- 中间栏包含类的属性。
- 属性名称前面的减号（–）访问修饰符，表明该属性是私有的。
- 属性名称后面是一个冒号和属性类型。
- 底部栏包含类的操作。
- UML 建模操作的方法为：操作名称的前面是访问修饰符，后面是一对圆括号。

- 加号(+)表示公共操作。
- 通过在操作名称后面的圆括号之后加上冒号和返回类型，UML 可用其表示操作的返回类型。
- UML 建模参数的方法，是在操作名称后面的圆括号中列出参数名，后接一个冒号和参数类型。

4.4 节 创建、编译和运行带两个类的 Visual C#项目
- 可以双击 Solution Explorer 窗口中的文件名称，在 Visual Studio 编辑器中打开每一个类。
- 在 Visual Studio 中选择 Build > Build Solution，IDE 就会编译项目中的所有文件，以创建一个可执行的程序。

4.5 节 包含 Set 方法和 Get 方法的软件工程
- 利用 Set 方法，可以验证试图修改私有数据的有效性；利用 Get 方法，可以控制数据如何呈现给调用者。

4.6 节 具有属性而不是 Set 方法和 Get 方法的 Account 类
- 属性包含一个 set 访问器和一个 get 访问器，前者用于将值保存到变量中，后者用于获取变量的值。

4.6.1 节 使用账户的 Name 属性的 AccountTest 类
- 为了访问属性获取它的值，需指定对象的名称，后接一个成员访问运算符"."和属性的名称——这会隐式地执行属性的 get 访问器，除非表达式位于等于号的左边。
- 访问位于等于号左边的属性，会隐式地执行属性的 set 访问器。

4.6.2 节 带实例变量和属性的 Account 类
- 属性声明指定属性的访问修饰符、类型、名称以及属性体。
- 按照惯例，属性标识符的形式是它所操作的实例变量名称的首字母大写形式。
- get 访问器以上下文关键字 get 开头，后接访问器体，它包含的 return 语句返回对应实例变量的值。
- 属性的记法使客户可以将属性看成底层数据。
- set 访问器以上下文关键字 set 开头，后接访问器体。
- set 访问器的上下文关键字 value 是被隐式声明的，并被初始化成客户代码赋予属性的值。

4.6.3 节 带属性的 Account 类的 UML 类图
- 在 UML 中将 C#属性建模成特性的形式。公共属性表示为一个加号(+)后接位于一对书名号中的单词"property"，然后是属性名称、一个冒号和属性类型。
- 在书名号中使用描述性单词(UML 中称为版型)，有助于区别不同类型的特性和操作。
- 类图是用来帮助设计类的，因此不必显示类的每个实现细节。
- 由于属性所操作的实例变量实际上是这个属性的实现细节，因此类图中没有显示对应的实例变量。
- 同样，属性的 get 访问器和 set 访问器是实现的细节，因此在 UML 类图中没有列出。

4.7 节 自动实现的属性
- 对于 get 访问器只返回实例变量值、set 访问器只设置实例变量值的属性，C#提供一种自动实现的属性的功能。
- 对于这种属性，C#编译器创建一个隐藏的私有实例变量，也会创建获取和设置这个私有实例变量的 get 和 set 访问器。

4.8 节 Account 类：用构造函数初始化对象
- 声明的每个类都可以带一个包含参数的构造函数，用于创建该类的对象时将对象初始化。
- 对每一个创建的对象，C#都要求有一个构造函数调用，因此声明类时，就是初始化对象的实例变量的理想时刻。

4.8.1 节 为定制对象初始化声明 Account 构造函数
- 构造函数必须与它的类同名。

- 构造函数与方法的一个重要区别是：构造函数不能指定返回类型（即使是 void 也不行）。
- 通常，构造函数会被声明成公共的，以便它能被类的客户代码使用，以初始化类的对象。

4.8.2 节 AccountTest 类：在创建时初始化 Account 对象
- 用关键字 new 创建对象，会隐式地调用类的构造函数来初始化这个对象。
- 对于没有显式地定义构造函数的类，编译器会提供一个不带参数的公共默认构造函数。
- 如果类只有一个默认构造函数，则类的实例变量会被初始化为它们的默认值——数字类型为 0，布尔类型为 false，其他类型为 null。
- 只要为类声明了一个或多个构造函数，编译器就不会创建默认构造函数。
- 类图中，UML 在底部栏将构造函数建模为类的操作的形式。为了区分构造函数与类的操作，UML 要求在构造函数名称之前加上"«constructor»"字样。
- 在底部栏中，习惯的做法是将构造函数放在其他操作之前。

4.9 节 具有余额的 Account 类以及货币值处理
- decimal 类型可精确地表示小数，尤其是货币值。

4.9.1 节 带有 decimal 类型的 balance 实例变量的 Account 类
- 默认情况下，decimal 实例变量会被初始化为 0。
- 属性的 set 访问器执行验证工作（也称为有效性检查）。
- 数字型字面值后面的字母 m，表示它是一个 decimal 类型的字面值数。
- 默认情况下，属性的 get 和 set 访问器具有与属性相同的访问修饰符。
- get 访问器和 set 访问器可以具有不同的访问修饰符。必须将一个访问器显式地声明为与属性的访问类型相同，将另一个访问器用访问修饰符声明得比属性更严格。
- 属性的私有 set 访问器只能由属性的类使用，而不能被类的客户使用。

4.9.2 节 使用具有余额的 Account 对象的 AccountTest 类
- C# 6 字符串插值表达式中，可以在花括号里值的后面放一个冒号和一个格式指定符，用来指定格式。
- C 格式指定符指定货币值（C 表示货币）——通常具有两位小数。
- 用户机器上的 Windows 本地化设置，决定了显示货币值的格式，比如千分位采用逗号还是点号。
- 与实例变量不同，局部变量不会被默认初始化。
- decimal 类型的 Parse 方法，会将字符串转换成 decimal 值。

术语表

abstraction　抽象	decimal simple type　decimal 简单类型
access modifier　访问修饰符	default constructor　默认构造函数
attribute（UML）　属性（UML）	default initial value　默认初始值
C format specifier　C 格式指定符	driver class　驱动器类
calling method　调用方法	format specifier　格式指定符
class declaration　类声明	get accessor　get 访问器
class keyword　class 关键字	information hiding　信息隐藏
client of a class　类的客户	instance variable　实例变量
comma-separated list　逗号分隔清单	invoke a method　调用方法
constructor　构造函数	local variable　局部变量
constructor header　构造函数首部	method　方法
decimal literal（M）　decimal 型字面值（M）	method header　方法首部

new operator　new 运算符
null keyword　null 关键字
object（or instance）　对象（或实例）
operation（UML）　操作（UML）
parameter　参数
parameter list　参数表
property　属性
property declaration　属性声明
public method　公共方法

public property　公共属性
return statement　return 语句
return type　返回类型
set accessor　set 访问器
UML class diagram　UML 类图
validation　验证
validity checking　有效性检查
void keyword　void 关键字

自测题

4.1 填空题。
    a) 格式指定符_____用于显示货币格式的值。
    b) 每个类声明都包含关键字_____，后面紧跟着类的名称。
    c) _____运算符会创建类的一个对象，类由关键字右侧的内容指定。
    d) 每一个参数都必须指定_____和_____。
    e) 返回类型_____表示方法在完成任务后不返回任何信息。
    f) 当类的每个对象维护它自己的特性副本时，则该特性被称为_____。
    g) 对于_____，编译器会自动产生一个私有实例变量以及一个 set 访问器和一个 get 访问器。
    h) _____类型的变量，通常用于表示货币值。
    i) decimal 类型的_____方法，会将字符串转换成 decimal 值。
    j) 关键字 public 是一个_____。

4.2 判断下列语句是否正确。如果不正确，请说明理由。
    a) 按照约定，方法名称的第一个字母为小写，而后续所有单词都以一个大写字母开始。
    b) 属性的 get 访问器，使客户能够修改与该属性相关的实例变量的值。
    c) 所有实例变量都会被默认初始化成 null。
    d) 如果方法声明中的方法名后面是空圆括号对，则表明这个方法执行任务时不需要任何参数。
    e) 方法调用中的实参个数，必须与被调用的方法声明参数表中的参数个数相同。
    f) 用 private 访问修饰符声明的变量或方法，只能由声明它们的类的成员访问。
    g) 在特定方法体中声明的变量称为实例变量，它们能用在这个类的所有方法中。
    h) 属性声明中，必须同时包含 get 访问器和 set 访问器。
    i) 方法或属性体用一对花括号界定。
    j) 默认情况下，局部变量会被初始化。

4.3 局部变量与实例变量有什么不同？

4.4 解释方法参数的作用。参数与实参有什么不同？

自测题答案

4.1 a) C。b) class。c) new。d) 类型，名称。e) void。f) 实例变量。g) 自动实现的属性。h) decimal。i) Parse。j) 访问修饰符。

4.2 a) 错误。按照惯例，方法名称的第一个字母为大写，而后续所有单词都以一个大写字母开始。b) 错误。属性的 get 访问器使客户能够取得与该属性相关的实例变量的值，属性的 set 访问器使客户能够修改与该属性相关的实例变量的值。c) 错误。数字型实例变量被初始化成 0，布尔型被初始化成 false，所有其他类型被初始化成 null。d) 正确。e) 正确。f) 正确。g) 错误。这样的变量称为局部变量，只能用于声明它的方法之内。h) 错误。属性声明中可以有 get 访问器、set 访问器或两者皆有。i) 正确。j) 错误。实例变量默认会被初始化。

4.3 局部变量在方法体内声明，只能用于声明它的方法内。实例变量是在类中声明的，而不是在类的任何方法体内声明的。类的每个对象（实例），都有该实例变量的一个单独副本。而且，类的所有成员都可以访问实例变量（第 10 章中会讲到一种例外情况）。

4.4 参数代表额外的信息，方法需要这些信息才能执行任务。方法所要求的每一个参数在该方法的声明中指定。实参是当调用方法时传递给方法参数的实际值。

练习题

4.5 （new 关键字）关键字 new 的作用是什么？当在程序中使用这个关键字时，会发生什么情况？

4.6 （默认构造函数）什么是默认构造函数？如果类只有一个默认构造函数，对象的实例变量是如何初始化的？

4.7 （实例变量）解释实例变量的作用。

4.8 （属性）为什么类可以为实例变量提供属性？

4.9 （修改 Account 类）修改 Account 类（见图 4.11），提供一个名称为 Withdraw 的方法，它从 Account 中取款。应确保取款额没有超过余额。如果超过了，则余额应当不发生变化，并且方法应显示消息 "Withdrawal amount exceeded account balance."。将 AccountTest 类（见图 4.12）修改成测试 Withdraw 方法。

4.10 （Invoice 类）创建一个名称为 Invoice 的类，五金商店可用它来表示出售过的某件商品的发票。Invoice 必须通过实例变量或自动实现的属性包含 4 项信息：零件编号（string 类型）、零件描述（string 类型）、采购数量（int 类型）和单价（decimal 类型）。类中应包含一个初始化这 4 个值的构造函数。要为每个实例变量提供带 get 和 set 访问器的属性。对于 Quantity 和 PricePerItem 属性，如果传递给 set 访问器的是负值，则实例变量中的值应当保持不变。此外，还应提供一个名称为 GetInvoiceAmount 的方法，它计算票面总和（即将单价与数量相乘），然后以 decimal 值返回这个总和。编写一个名称为 InvoiceTest 的测试程序，演示 Invoice 类的功能。

4.11 （Employee 类）创建一个名称为 Employee 的类，它以实例变量或自动实现的属性的形式包含 3 项信息：员工的名字（string 类型）、员工的姓氏（string 类型）和月工资（decimal 类型）。类中应包含一个初始化这 3 个值的构造函数。要为每个实例变量提供带 get 和 set 访问器的属性。如果月工资为负值，则 set 访问器应让实例变量的值不发生改变。编写一个名称为 EmployeeTest 的测试程序，演示 Employee 类的功能。创建两个 Employee 对象，并显示每个对象的年工资。然后，将每位员工的工资增加 10%，并再次显示每个对象的年工资。

4.12 （Date 类）创建一个名称为 Date 的类，它以实例变量或自动实现的属性的形式包含 3 个信息块：月（int 类型）、日（int 类型）和年（int 类型）。类中应包含一个初始化这 3 个自动实现的属性的构造函数，并假定提供的值是正确的。提供一个 DisplayDate 方法，它显示月、日和年信息，中间用斜线（/）隔开。编写一个名称为 DateTest 的测试程序，演示 Date 类的功能。

4.13 （删除 Main 方法中的重复代码）图 4.12 的 AccountTest 类中，Main 方法包含 6 组语句（第 13~14 行、第 15~16 行、第 26~27 行、第 29~29 行、第 39~40 行、第 41~42 行），每一组语句显示 Account 对象的 Name 和 Balance 值。分析这些语句可知，它们唯一的不同是所操作的 Account 对象——account1 或 account2。这个练习题中需新定义一个 DisplayAccount 方法，它只包含这组输出语句的一个副本。该方法的参数是一个 Account 对象，输出为该对象的 Name 和 Balance 值。用

DisplayAccount 调用替换 Main 方法中的 6 组重复语句，每次调用时，传递的实参是要输出的那个 Account 对象。

修改图 4.12 中的 AccountTest 类，声明如下的 DisplayAccount 方法，使其位于 Main 方法右花括号之后、AccountTest 类右花括号之前：

```
static void DisplayAccount(Account accountToDisplay)
{
    // place the statement that displays
    // accountToDisplay's Name and Balance here
}
```

将成员函数体中的注释，替换成一条显示 accountToDisplay 的 Name 和 Balance 值的语句。

注意，Main 方法是一个静态方法。也要将 DisplayAccount 方法声明成静态的。当 Main 方法需要调用同一个类中的另一个方法，而没有预先创建该类的一个对象时，其他方法也必须被声明为静态的。

完成 DisplayAccount 类的声明之后，修改 Main 方法，将显示每一个 Account 的 Name 和 Balance 值的语句，用 DisplayAccount 调用替换——实参分别是 account1 或 account2 对象。然后，测试更新后的 AccountTest 类，以确保它的输出与图 4.12 相同。

挑战题

4.14 （目标心率计算器）运动时，可以利用心率监测仪来查看心率是否位于教练和医生建议的安全范围内。根据美国心脏学会（AHA）的介绍（http://bit.ly/AHATargetHeartRates），每分钟的最高心率是 220 与年龄的差值。而目标心率的范围是最高心率的 50%～85%。（注：这些指标是由 AHA 估计得出的。不同人群的最高心率和目标心率，会根据健康状况、肥胖程度以及性别而有所不同。在从事体育锻炼时，应咨询医生或专家。）创建一个名称为 HeartRates 的类。这个类的属性应当包含人的名字、姓氏、出生年份和当前年份。类中应包含一个接收这些数据作为参数的构造函数。对每个属性，都应当提供 set 和 get 访问器。类还应当包含一个计算并返回年龄（以年计）的属性，一个计算并返回最高心率的属性，以及两个分别计算并返回最低和最高目标心率的属性。编写一个程序，提示输入个人信息，实例化 HeartRates 类的一个对象，并输出该对象的信息，包括名字、姓氏、出生年份，然后计算并输出年龄（以年计）、最高心率以及目标心率范围。

4.15 （健康记录的计算机化）最近的新闻中，关于卫生保健的问题是健康记录的计算机化。出于敏感的私人信息的安全性考虑（以及其他原因），这种行为必须小心对待（以后的练习题中会强调这些因素）。将健康记录计算机化，可使各类专家更容易地查看健康档案和历史情况。这可以提升卫生保健的质量，有助于避免出现药物排斥或者开出错误的药方，减少开支，甚至能在紧急情况下挽救生命。本练习题中，需要为某人设计一个最基本的 HealthProfile 类。这个类的属性，应当包含他的名字、姓氏、性别、出生日期（由出生时的月、日、年等属性组成）、身高（单位为英寸）以及体重（单位为磅）。类中应包含一个作为参数接收这些数据的构造函数。对每个属性，都应当提供 set 和 get 访问器。这个类还应当包含几个方法，它们计算并返回用户的年龄（单位为年）、最高心率和目标心率范围（见练习题 4.14），以及体重指数（BMI，见练习题 3.31）。编写一个程序，提示输入个人信息，实例化 HealthProfile 类的一个对象，并输出该对象的信息，包括他的名字、姓氏、性别、出生日期、身高和体重，然后计算并输出他的年龄（以年计）、BMI、最高心率以及目标心率范围。该程序还应当显示一个"BMI 值"表（见练习题 3.31）。

第5章 算法设计与控制语句(1)

目标

本章将讲解
- 基本的问题求解技术。
- 通过自顶向下、逐步细化的过程，用伪代码开发算法。
- 使用 if 和 if…else 选择语句在多个动作中进行选择。
- 使用 while 语句反复执行语句。
- 使用计数器控制循环和标记控制循环。
- 使用嵌套控制语句。
- 使用增量、减量和复合赋值运算符。
- 学习简单的数据类型。
- 通过学习顺序、选择和迭代控制结构来理解结构化编程的元素。

概要

- 5.1 简介
- 5.2 算法
- 5.3 伪代码
- 5.4 控制结构
  - 5.4.1 顺序结构
  - 5.4.2 选择语句
  - 5.4.3 迭代语句
  - 5.4.4 控制语句小结
- 5.5 if 单选择语句
- 5.6 if…else 双选择语句
  - 5.6.1 嵌套 if…else 语句
  - 5.6.2 悬垂 else 问题
  - 5.6.3 语句块
  - 5.6.4 条件运算符 "?:"
- 5.7 Student 类：嵌套 if…else 语句
- 5.8 while 循环语句
- 5.9 形成算法：计数器控制循环
  - 5.9.1 计数器控制循环的伪代码算法
  - 5.9.2 实现计数器控制循环
  - 5.9.3 整除与截尾
- 5.10 形成算法：标记控制循环
  - 5.10.1 自顶向下、逐步细化：顶层设计和第一步细化
  - 5.10.2 第二步细化
  - 5.10.3 实现标记控制循环
  - 5.10.4 标记控制循环的程序逻辑
  - 5.10.5 while 语句中的花括号
  - 5.10.6 简单类型之间的显式和隐式转换
  - 5.10.7 浮点数的格式化
- 5.11 形成算法：嵌套控制语句
  - 5.11.1 问题描述
  - 5.11.2 自顶向下、逐步细化：顶层设计的伪代码描述
  - 5.11.3 自顶向下、逐步细化：第一步细化
  - 5.11.4 自顶向下、逐步细化：第二步细化
  - 5.11.5 完成伪代码的第二步细化
  - 5.11.6 实现伪代码算法的程序
- 5.12 复合赋值运算符
- 5.13 增量运算符和减量运算符
  - 5.13.1 前置增量与后置增量的比较
  - 5.13.2 简化增量语句
  - 5.13.3 运算符的优先级和结合律
- 5.14 简单类型
- 5.15 小结

摘要 | 术语表 | 自测题 | 自测题答案 | 练习题 | 挑战题

5.1 简介

在编写解决问题的程序之前，我们必须对问题有全局的理解，并要仔细规划解决它的办法。编写程序时，还必须知晓那些可以利用的构建块，并采用那些经过了验证的程序构建技术。本章和下一章，将探讨结构化编程的理论和原则。这里给出的概念，对于构造类和操作对象是至关重要的。本章将介绍 C# 的 if、if…else 和 while 控制语句，这三个构建块可以用来指定方法和属性执行任务时所需的逻辑。还将讲解复合赋值、增量和减量运算符。最后，将更详细地探讨 C# 的简单类型。

5.2 算法

任何计算问题，都可以通过以特定的顺序执行一系列动作来得到解决。与如下两个因素相关的问题求解过程，称为算法（algorithm）：

1. 要执行的动作（action）
2. 执行这些动作的顺序（order）

下面的这个例子，演示了正确指定执行动作顺序的重要性。

考虑某位执行主管早上起床上班的"朝阳算法"：(1) 起床；(2) 脱掉睡衣；(3) 沐浴；(4) 穿衣；(5) 吃早餐；(6) 搭车上班。这个过程就是为主管每天的有效工作而准备的。现在来看一下与这个顺序稍微有些差异的这些步骤：(1) 起床；(2) 脱掉睡衣；(3) 穿衣；(4) 沐浴；(5) 吃早餐；(6) 搭车上班。按照这种顺序，这位主管就只能全身湿透地去上班了。指定在程序中执行语句（动作）的顺序，称为程序控制（program control）。本章将介绍如何使用控制语句（control statement）来进行程序控制。

5.3 伪代码

伪代码（pseudocode）是一种非形式化语言，它用来帮助程序员开发算法，而不必考虑 C# 语言语法的严格细节。对于开发要转换成 C# 程序的结构化部分的算法而言，伪代码尤其有用。伪代码与日常的语言类似，它很方便且具亲和性，但它不是真正的计算机编程语言。图 5.1 中将给出一个用伪代码编写的算法。当然，程序员也可以用母语来设计自己的伪代码风格。

伪代码不会在计算机上执行，而是帮助程序员在用某种编程语言（比如 C#）编写程序之前将它"构思"出来。本章将给出几个示例，它们利用伪代码来开发 C# 程序。

这里给出的伪代码完全由字符构成，所以可以在文本编辑器中方便地输入它。经过精心准备的伪代码，可以轻松地转换成对应的 C# 程序。

通常而言，伪代码描述的语句，可以转换成 C# 程序，并且在计算机上运行之后会产生动作。这类动作包括输入、输出、赋值和计算。伪代码中，通常不包含变量声明的描述，但是有些程序员会列出变量并给出每个变量的用途。

用于加法程序的伪代码

下面给出一个伪代码示例，它可以帮助程序员创建图 3.14 中的加法程序。这段伪代码（见图 5.1）对应于一个算法，它从用户处获取两个整数，将它们相加，然后显示它们的和。这里给出了完整的伪代码描述——后面将探讨如何根据问题描述来创建伪代码。

注意，这里的伪代码语句只是一些英语句子，它表示 C# 中要执行的任务。第 1~2 行对应于图 3.14 中的第 14 行和第 16 行，第 4~5 行对应于第 18 行和第 20 行，而第 7~8 行与第 22 行和第 24 行相对应。

5.4 控制结构

通常而言,语句是按照它们的编写顺序一条接一条执行的。这一过程称为顺序执行(sequential execution)。使用即将讨论的各种C#语句,程序员能指定要执行的下一条语句,并不一定必须是顺序排列的下一条语句,这称为控制转移(transfer of control)。

```
1   Prompt the user to enter the first integer
2   Input the first integer
3
4   Prompt the user to enter the second integer
5   Input the second integer
6
7   Add first integer and second integer, store result
8   Display result
```

图 5.1　图 3.14 中加法程序的伪代码

20 世纪 60 年代,随意使用控制转移显然是软件开发团队经历过的许多困难的根源。人们将矛头指向了 goto 语句(那时的大多数编程语言都使用它),它允许程序员将控制转移到程序中范围非常广的某个可能位置。

Bohm 和 Jacopini 已经证明[①],不用 goto 语句也可以编写出程序。摆在程序员面前的挑战,是将他们的编程习惯转到"无 goto 的编程"。术语"结构化编程",几乎成了"消灭 goto"的同义词。直到 20 世纪 70 年代,大多数程序员才开始认真考虑结构化编程。这样做的效果是令人赞叹的。软件开发小组称,他们的开发时间缩短了,系统能够及时交付运行并在预算之内完成软件项目。这些成绩的要点是:结构化编程更清晰、更易调试和修改,并且不容易出错。

Bohm 和 Jacopini 的工作表明,所有的程序都可以通过三种控制结构编写——顺序结构、选择结构和循环结构。下面将讨论它们是如何在 C#中实现的。

5.4.1 顺序结构

顺序结构(sequence structure)是 C#的基本结构。除非用指令改变了顺序,否则计算机执行 C#语句时,会按照编写它们的顺序一条接一条地执行——按顺序执行。图 5.2 所示的 UML 活动图,演示了一种典型的顺序结构,它按照顺序执行了两个计算。在顺序结构中,可以按需要有任意多的动作。

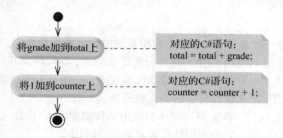

图 5.2　顺序结构的活动图

活动图建模软件系统的工作流,工作流也称为活动。这样的工作流可能包含部分算法,如图 5.2 中的顺序结构那样。UML 活动图由一些符号组成,如动作状态符号(矩形,但左右两边是向外弯曲的弧)、菱形和小圆圈。这些符号通过转移箭头连接,代表活动的流动,即动作发生的顺序。

和伪代码一样,活动图可帮助程序员开发和描述算法。活动图还能清楚地表示控制结构是如何操作的。本章和下一章中,将使用 UML 活动图来展示控制语句中的控制流。

考虑图 5.2 中的顺序结构活动图。它包含两个动作状态,每一个动作状态包含一个动作表达式,例如"将 grade 加到 total 上"或"将 1 加到 counter 上",动作表达式指定了要执行的一个特定动作。活动图中的箭头代表转移,它表示动作状态发生时所代表的动作的发生顺序。实现这些动作的程序在图 5.2 中演示,它首先将 grade 加到 total 上,然后将 counter 加 1。

---

① C. Bohm and G. Jacopini,"Flow Diagrams,Turing Machines,and Languages with Only Two Formation Rules," *Communications of the ACM*,Vol. 9,No. 5,May 1966,pp. 336-371.

活动图顶部的实心圆,代表活动的初始状态——程序执行所建模动作之前的开始工作流。活动图底部出现的用空心圆包围的实心圆,代表终止状态——程序执行动作之后的结束工作流。

图 5.2 中还包含两个右上角折起的矩形。它们是 UML 注解,类似于 C#中的注释,以解释性的语句描述图中符号的目的。图 5.2 使用 UML 注解来展示与每个动作状态相关联的 C#代码。虚线将每个注释与它所描述的元素连接起来。通常,活动图并不给出实现活动的 C#代码。此处使用注释的目的,是为了演示如何将活动图与 C#代码联系起来。

5.4.2 选择语句

C#有 3 种类型的选择结构(selection structure),从现在开始,本书中称它们为选择语句。如果条件为真,则 if 语句会执行(选择)某个动作;如果为假,则会跳过这个动作。如果条件为真,则 if…else 语句会执行某个动作;如果为假,则会执行一个不同的动作。根据表达式的值,switch 语句(见第 6 章)会执行许多不同动作中的某一个。

if 语句是单选择语句,因为它只选择或忽略单一的动作(后面将看到,也可能是一个动作组);if…else 语句称为双选择语句,因为它在两个不同的动作(或两组动作)之间进行选择;switch 语句称为多选择语句,因为它会在许多不同的动作(或动作组)之间进行选择。

5.4.3 迭代语句

C#提供了 4 种迭代语句(有时称为循环语句),只要条件(称为循环继续条件)为真,就会重复执行这些语句。迭代语句包括 while、do…while、for 和 foreach 语句(第 6 章将讲解 do…while 和 for 语句,第 8 章将探讨 foreach 语句)。while、for 和 foreach 语句会在它们的语句体内执行 0 次或多次动作(或动作组)——如果循环继续条件最初就为假,则不执行动作(或动作组)。do…while 语句在语句体内执行 1 次或多次动作(或动作组)。if、else、switch、while、do、for 和 foreach 都是 C#的关键字。

5.4.4 控制语句小结

C#只有三种控制语句:顺序语句、选择语句(3 种)和迭代语句(4 种)。将这些语句按照程序实现的适当算法组合在一起,就构成了一个程序。可以将每一种控制语句建模成一个活动图。与图 5.2 一样,每一个活动图都包含一个初始状态和一个终止状态,分别表示控制语句的入口点和出口点。利用单入/单出控制语句,就很容易建立程序——只需将一条语句的出口点与下一条语句的入口点连接起来。这种方式,称为控制语句堆叠。后面将看到,还有另外一种方式能够连接控制语句,即控制语句嵌套。在这种方式中,一条控制语句可以出现在另一条控制语句里面。因此,仅用三种控制语句和两种组合方式,就可构造出 C#程序。这就是简单性的本质。

5.5 if 单选择语句

3.9 节中简要讲解过 if 单选择语句。程序使用选择语句在多组可选动作之间进行选择。例如,假设考试的及格分数为 60,则伪代码语句:

  if 学生成绩大于或者等于 60
    显示 "Passed"

就表示一条 if 语句,它用于判断"学生成绩大于或者等于 60"这个条件是否为真。如果为真,则输出"Passed",并且序列中的下一条伪代码语句会"执行"(不要忘了,伪代码不是一种真正的编程语言)。如果条件为假,则会忽略这条显示语句,按顺序执行下一条伪代码语句。这条选择语句第二行的缩进是可选的,但推荐这样做,因为它突显了结构化程序的内在结构。

可以将前面的伪代码 if 语句写成 C#语句:

```
if (studentGrade >= 60)
{
    Console.WriteLine("Passed");
}
```

这段 C#代码与伪代码紧密相关。这是伪代码的特性之一，它使得伪代码成为一种有用的程序开发工具。

bool 简单类型

第 3 章中讲过，判断能够以包含关系运算符或者相等性运算符的条件为基础。实际上，判断的依据可以是任何能够求值为 true 或 false 的表达式。C#为布尔型变量提供了 bool 简单类型，这种变量只能保存 true 和 false 这两个值之一，它们都是 C#的关键字。

if 语句的 UML 活动图

图 5.3 给出了 if 单选择语句的 UML 活动图。这个图包含了活动图中最重要的符号——菱形，或称判断符号，表明要进行一个判断。工作流将沿着由与该符号相关的监控条件所决定的路径流动，条件可以为真，也可以为假。从判断符号产生的每个转移箭头，都有一个监控条件（在箭头旁边的方括号中指定）。如果某个监控条件为真，则工作流进入转移箭头指向的动作状态。图 5.3 中，如果成绩大于或等于 60，则程序输出"Passed"，然后转移到这个活动的终止状态。如果成绩小于 60，则程序立即转移到终止状态，不显示消息。

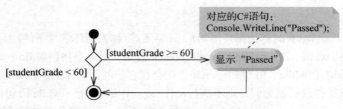

图 5.3 if 单选择语句的 UML 活动图

if 语句是单入/单出控制语句。我们将看到，其他控制语句的活动图也包含初始状态、转移箭头、动作状态（指示要执行的动作）、判断符号（指示要进行的判断）、监控条件以及终止状态。

5.6 if…else 双选择语句

if 单选择语句仅在条件为真时才执行指定的动作，否则就跳过这个动作。if…else 双选择语句使程序员可以指定在条件为真时执行一个动作，在条件为假时执行另一个动作。例如，伪代码语句：

> if 学生成绩大于或者等于 60
>   显示 "Passed"
> else
>   显示 "Failed"

表示的 if…else 语句，在学生成绩大于或者等于 60 时输出 "Passed"，小于 60 时输出 "Failed"。不管是何种情况，显示完输出信息后，序列中的下一条伪代码语句都会 "执行"。

可以将前面的 if…else 伪代码语句写成 C#语句：

```
if (grade >= 60)
{
    Console.WriteLine("Passed");
}
else
{
    Console.WriteLine("Failed");
}
```

else 部分的语句体也是缩进的。无论选择哪种缩进约定，都应该在整个程序中一致地采用这种约定。

第 5 章 算法设计与控制语句(1) 105

好的编程经验 5.1
应将 if…else 语句的两个语句体部分都缩进。Visual Studio 会自动这样做。

好的编程经验 5.2
如果有多级缩进,则每一级应缩进相同的空间量。本书采用 3 个空格的缩进形式,但 Microsoft 建议使用 4 个空格,它是 Visual Studio 的默认设置。

if…else 语句的 UML 活动图

图 5.4 中给出了 if…else 双选择语句中的控制流。再一次看到,UML 活动图中的符号(包括初始状态、转移箭头和终止状态)表示了动作状态和判断。

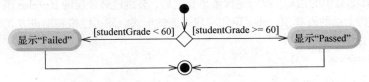

图 5.4 if…else 双选择语句的 UML 活动图

5.6.1 嵌套 if…else 语句

在 if…else 语句中放入其他 if…else 语句,可创建嵌套 if…else 语句。利用它,程序中能够测试多个选择条件。例如,如下的嵌套 if…else 伪代码语句,会对大于或等于 90 的考试成绩输出 "A",对 80~89 的成绩输出 "B",对 70~79 的成绩输出 "C",对 60~69 的成绩输出 "D",对其他的所有成绩输出 "F"。

```
if   学生成绩大于或者等于 90
    显示 "A"
else
    if   学生成绩大于或者等于 80
        显示 "B"
    else
        if   学生成绩大于或者等于 70
            显示 "C"
        else
            if   学生成绩大于或者等于 60
                显示 "D"
            else
                显示 "F"
```

这里利用背景阴影来显示嵌套。可以将这段伪代码写成 C#语句:

```csharp
if (studentGrade >= 90)
{
   Console.WriteLine("A")
}
else
{
   if (studentGrade >= 80)
   {
      Console.WriteLine("B")
   }
   else
   {
      if (studentGrade >= 70)
      {
         Console.WriteLine("C")
      }
      else
      {
```

```csharp
            if (studentGrade >= 60)
            {
                Console.WriteLine("D")
            }
            else
            {
                Console.WriteLine("F")
            }
        }
    }
}
```

如果 studentGrade 变量的值大于或等于 90，则嵌套 if…else 语句中的前 4 个条件都为真，但只执行第一个 if…else 语句的 if 部分中的语句。执行完这条语句之后，会跳过最外层的 if…else 语句的 else 部分。大多数程序员更愿意将上面的嵌套 if…else 语句写成下面的形式。除了空格和缩进方式不同，它们的作用完全相同。编译器会忽略这些差异。

```csharp
if (studentGrade >= 90)
{
    Console.WriteLine("A");
}
else if (studentGrade >= 80)
{
    Console.WriteLine("B");
}
else if (studentGrade >= 70)
{
    Console.WriteLine("C");
}
else if (studentGrade >= 60)
{
    Console.WriteLine("D");
}
else
{
    Console.WriteLine("F");
}
```

后一种形式避免了将代码过分地向右缩进。前一种形式经常使一行中没有多少空间可以写代码，被迫将代码分行，这会降低程序的可读性。

错误防止提示 5.1
在嵌套 if…else 语句中，应确保测试了所有可能的情况。

5.6.2 悬垂 else 问题

控制语句的语句体，应包含在一对花括号中。这可以避免出现称为"悬垂 else 问题"的逻辑错误。练习题 5.27~5.29 中探讨了这类问题。

5.6.3 语句块

通常，if 语句的语句体中总是希望只有一条语句。为了在 if 语句体(或 if…else 语句的 else 语句体)内包含多条语句，需将它们包含在一对花括号中。正如本书中所做的那样，使用花括号是一种良好的习惯。包含在一对花括号中的语句(比如控制语句、属性或方法的语句体)，就构成了一个语句块(block)。语句块可以位于控制语句、属性或方法中任何单条语句能够放置的位置。

下面的示例，在 if…else 语句的 else 部分包含了一个语句块：

```csharp
if (studentGrade >= 60)
{
    Console.WriteLine("Passed");
}
else
{
```

```
        Console.WriteLine("Failed");
        Console.WriteLine("You must take this course again.");
}
```

如果 studentGrade 小于 60，则程序会执行 else 语句体中的两条语句，并输出：

```
Failed
You must take this course again.
```

如果没有将这两条语句用花括号括起来，则语句：

```
Console.WriteLine("You must take this course again.");
```

将位于 if…else 语句的 else 语句体之外，并且无论成绩是否小于 60，它都会执行。

语法错误与逻辑错误

语法错误（如语句块中的一个花括号位于程序之外）可以被编译器捕获，而逻辑错误（如类似上面的问题，或者执行错误的计算）在执行时才会产生影响。致命的逻辑错误可导致程序失败并提前终止，非致命的逻辑错误可以让程序继续执行，但会产生不正确的结果。

空语句

正如语句块可以放在单条语句能够放置的任何位置一样，语句块中也可以没有任何语句，这称为空语句，它用一个分号表示。

常见编程错误 5.1

if 单选择语句中，在 if 语句的条件后加一个分号会导致逻辑错误；if…else 双选择语句中，在 if…else 语句的条件后加一个分号会导致语法错误（当 if 部分包含实际的语句体时）。

5.6.4 条件运算符"?:"

C#提供了条件运算符 "?:"，可用来替换 if…else 语句。这会使代码更简短、更清晰。条件运算符是 C#中唯一的三元运算符——它带有三个操作数。这些操作数与 "?:" 符号一起，构成一个条件表达式。

- 第一个操作数(位于问号左侧)是一个布尔表达式，它求值为 true 或 false。
- 第二个操作数(位于问号与冒号之间)，是布尔表达式的结果为 true 时条件表达式的值。
- 第三个操作数(位于冒号右侧)，是布尔表达式的结果为 false 时条件表达式的值。

目前而言，要求第二个和第三个操作数具有相同的类型。7.6 节将探讨隐式转换，在两个操作数具有不同的类型时，可能发生隐式转换。

例如，语句：

```
Console.WriteLine(studentGrade >= 60 ? "Passed" : "Failed");
```

会显示 WriteLine 的条件表达式实参的值。上述语句中的条件表达式，在条件：

```
studentGrade >= 60
```

为 true 时的结果为 "Passed"，为 false 时的结果为 "Failed"。因此，就本质而言，这条带有条件运算符的语句，与 5.6 节中的第一条 if…else 语句的功能相同。条件运算符的优先级较低，因此通常需将整个条件表达式置于一对圆括号中。我们将看到，条件表达式还可以用在一些无法使用 if…else 语句的场合。

5.7 Student 类：嵌套 if…else 语句

图 5.5 和图 5.6 中的示例演示了一个嵌套 if…else 语句，它根据平均成绩确定学生的字母成绩等级。

Student 类

Student 类(见图 5.5)保存一名学生的姓名和平均成绩，并为操作这些值提供了属性。这个类包含：

- 自动实现的 string 属性 Name(第 7 行)，保存学生的姓名。

- 用于保存课程平均成绩的 int 类型的实例变量 average（第 8 行），以及对应的 Average 属性（第 18 ~ 36 行），用于取得和设置平均成绩。Average 的 set 访问器利用嵌套 if 语句（第 28 ~ 34 行）验证赋予 Average 属性的值。这些语句可确保值大于 0 且小于或者等于 100。位于这个范围之外的值，不会使实例变量 average 的值发生改变。每一条 if 语句只包含一个简单条件——只进行一次测试的条件。6.11 节中将看到如何利用逻辑运算符来编写组合条件，将几个简单条件合并在一起。只有第 28 行中的条件为真，才会测试第 30 行中的那个条件。这样，只有当第 28 行和第 30 行中的条件同时为真时，才会执行第 32 行中的那条语句。
- 第 11 ~ 15 行的构造函数设置 Name 和 Average 属性。
- 第 39 ~ 68 行中的只读属性 LetterGrade，利用嵌套 if…else 语句根据平均成绩确定学生的字母等级成绩。只读属性只提供 get 访问器。注意，局部变量 letterGrade 被初始化成 string.Empty（第 43 行），它表示一个空字符串（不包含字符的字符串）。

```csharp
1   // Fig. 5.5: Student.cs
2   // Student class that stores a student name and average.
3   using System;
4
5   class Student
6   {
7      public string Name { get; set; } // property
8      private int average; // instance variable
9
10     // constructor initializes Name and Average properties
11     public Student(string studentName, int studentAverage)
12     {
13        Name = studentName;
14        Average = studentAverage; // sets average instance variable
15     }
16
17     // property to get and set instance variable average
18     public int Average
19     {
20        get // returns the Student's average
21        {
22           return average;
23        }
24        set  // sets the Student's average
25        {
26           // validate that value is > 0 and <= 100; otherwise,
27           // keep instance variable average's current value
28           if (value > 0)
29           {
30              if (value <= 100)
31              {
32                 average = value; // assign to instance variable
33              }
34           }
35        }
36     }
37
38     // returns the Student's letter grade, based on the average
39     string LetterGrade
40     {
41        get
42        {
43           string letterGrade = string.Empty; // string.Empty is ""
44
45           if (average >= 90)
46           {
47              letterGrade = "A";
48           }
49           else if (average >= 80)
50           {
51              letterGrade = "B";
52           }
```

图 5.5 保存学生姓名和平均成绩的 Student 类

```
53        else if (average >= 70)
54        {
55           letterGrade = "C";
56        }
57        else if (average >= 60)
58        {
59           letterGrade = "D";
60        }
61        else
62        {
63           letterGrade = "F";
64        }
65
66        return letterGrade;
67     }
68   }
69 }
```

图 5.5(续)　保存学生姓名和平均成绩的 Student 类

StudentTest 类

为了分别演示位于 Student 类的 Average 和 LetterGrade 属性中的嵌套 if 语句和嵌套 if…else 语句，Main 方法(见图 5.6)创建了两个 Student 对象(第 9～10 行)。然后，第 12～15 行根据对象的 Name、Average 和 LetterGrade 属性，分别显示每一位学生的姓名、平均成绩和字母等级成绩。

```
1   // Fig. 5.6: StudentTest.cs
2   // Create and test Student objects.
3   using System;
4
5   class StudentTest
6   {
7      static void Main()
8      {
9         Student student1 = new Student("Jane Green", 93);
10        Student student2 = new Student("John Blue", 72);
11
12        Console.Write($"{student1.Name}'s letter grade equivalent of ");
13        Console.WriteLine($"{student1.Average} is {student1.LetterGrade}");
14        Console.Write($"{student2.Name}'s letter grade equivalent of ");
15        Console.WriteLine($"{student2.Average} is {student2.LetterGrade}");
16     }
17  }
```

```
Jane Green's letter grade equivalent of 93 is A
John Blue's letter grade equivalent of 72 is C
```

图 5.6　创建并测试 Student 对象

5.8　while 循环语句

当某个条件保持为真时，循环语句可以指定程序应该重复执行某个动作。伪代码语句：

　　while　购物清单上还有采购项
　　　　将下一个采购项放入购物车中并将它从清单上划去

描述的是购物过程中发生的循环。条件"购物清单上还有采购项"可以为真，也可以为假。如果为真，则动作"将下一个采购项放入购物车中并将它从清单上划去"会执行。只要条件为真，这个动作就会重复执行。包含在 while 循环语句内的语句，构成了 while 循环语句的体，它可以是单条语句，也可以是语句块。最终，条件会变为假(当已经购买完购物清单上的最后一项并将它从清单上划去后)。这时，循环终止，接着执行循环语句之后的第一条语句。

作为 while 循环语句的一个例子，假设程序要寻找数字 3 的第一个大于 100 的幂值。执行下列 while 循环语句之后，product 即会包含结果：

```
int product = 3;

while (product <= 100)
{
    product = 3 * product;
}
```

当开始执行这条 while 语句时,变量 product 的值为 3。每次迭代 while 语句时,都将 product 乘以 3,因此 product 的值将依次变为 9、27、81 和 243。当 product 变成 243 时,条件 product <= 100 变为假。这会终止循环,因此 product 的最终值为 243。这时,程序将接着执行 while 语句后的下一条语句。

常见编程错误 5.2

在 while 语句的循环体中,如果没有给出一个使循环条件最终变为假的动作,通常会导致无限循环,即循环永远不会终止。这通常会导致程序"挂起"(hang)。

while 循环语句的活动图

图 5.7 所示的 UML 活动图演示了上述 while 语句的控制流。再一次看到,活动图中的符号(包括初始状态、转移箭头、终止状态以及三个注释)表示了动作状态和判断。这个活动图引入了 UML 的合并符号。UML 将合并符号和判断符号都表示为菱形。合并符号将多个活动流合并成一个。在这个活动图中,合并符号将来自初始状态的转移与来自动作状态的转移合并,使它们都流入确定循环是否应该开始(或继续)执行的判断中。

根据"流入"和"流出"转移箭头的数量,可以区分判断符号和合并符号。判断符号有一个指向菱形的转移箭头,但两个或多个从菱形引出的转移箭头,表示在这一点可能发生的转移。此外,从判断符号引出的每个转移箭头旁边,都有一个监控条件。合并符号有指向菱形的两个或多个转移箭头,但只有一个从菱形引出的转移箭头,表示将多个活动流合并,继续后面的活动。转移箭头不会与有监控条件的合并符号关联在一起。

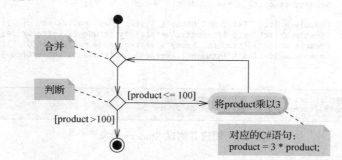

图 5.7 while 循环语句的 UML 活动图

图 5.7 清晰地展现了本节前面讨论的 while 循环语句。从动作状态产生的转移箭头返回到合并点,程序流从该点转移回每次循环开始时的判断点。循环会继续执行,直到监控条件 product > 100 变为真。然后,退出 while 语句(到达终止状态),控制权交给程序执行顺序中的下一条语句。

5.9 形成算法:计数器控制循环

为了演示算法是如何开发出来的,下面给出计算班级平均成绩的两种解法。考虑如下的问题描述。

> 有 10 名学生的一个班级进行了一次小测验。给出每名学生的测验成绩(0~100 的整数),求班级平均成绩。

班级平均成绩等于总成绩除以学生人数。在计算机上求解这个问题的算法,必须输入每个成绩,跟踪输入的所有成绩的总和,执行平均值计算并显示结果。

5.9.1 计数器控制循环的伪代码算法

下面利用伪代码列出要执行的动作,并指定执行它们的顺序。我们使用计数器控制循环来一次输入一个成绩。这种技术使用一个称为计数器的变量(或控制变量)来控制一组语句的执行次数。计数器控制循环常称为确定性循环,因为在开始执行循环之前,就已经知道循环的执行次数。这个例子中,当计数器超过 10 时,循环就会终止。本节将给出一个完整开发的伪代码算法(见图 5.8),以及实现这个算法的 C#代码(见图 5.9)。5.10 节中,将演示如何从头开发伪代码算法。

注意图 5.8 的算法中提到的总成绩(total)与计数器(counter)。total 是一个用于累加几个值的变量,counter 是一个用于计数的变量,这里的成绩计数器表示用户输入了几个成绩。在使用之前,用于保存总成绩的变量通常要初始化成 0。在伪代码中,构成 while 结构体的语句并没有用花括号包围起来,但是也可以这么做。

```
1   将总成绩(total)设置成 0
2   将计数器(counter)设置为 1
3
4   while counter 小于或等于 10 时
5       提示用户输入下一个成绩
6       输入下一个成绩
7       将这个成绩相加到 total 中
8       将 counter 加 1
9
10  将班级平均成绩设置成 total 除以 10
11  显示班级平均成绩
```

图 5.8 利用计数器控制循环求解班级平均成绩问题的伪代码算法

软件工程结论 5.1

经验表明,在计算机上解决一个问题,最困难的部分是为解决方案设计算法。一旦确定了正确的算法,从它得出可使用的 C#程序的过程就变得简单了。

5.9.2 实现计数器控制循环

图 5.9 中的 Main 方法,实现了图 5.8 中的伪代码所描述的求解班级平均成绩的算法——它允许用户输入 10 个成绩,然后计算并显示平均成绩。

```csharp
1   // Fig. 5.9: ClassAverage.cs
2   // Solving the class-average problem using counter-controlled iteration.
3   using System;
4
5   class ClassAverage
6   {
7       static void Main()
8       {
9           // initialization phase
10          int total = 0; // initialize sum of grades entered by the user
11          int gradeCounter = 1; // initialize grade # to be entered next
12
13          // processing phase uses counter-controlled iteration
14          while (gradeCounter <= 10) // loop 10 times
15          {
16              Console.Write("Enter grade: "); // prompt
17              int grade = int.Parse(Console.ReadLine()); // input grade
18              total = total + grade; // add the grade to total
19              gradeCounter = gradeCounter + 1; // increment the counter by 1
20          }
21
22          // termination phase
23          int average = total / 10; // integer division yields integer result
24
25          // display total and average of grades
26          Console.WriteLine($"\nTotal of all 10 grades is {total}");
27          Console.WriteLine($"Class average is {average}");
28      }
29  }
```

```
Enter grade: 88
Enter grade: 79
Enter grade: 95
Enter grade: 100
Enter grade: 48
Enter grade: 88
Enter grade: 92
Enter grade: 83
Enter grade: 90
Enter grade: 85
Total of all 10 grades is 848
Class average is 84
```

图 5.9 利用计数器控制循环求解班级平均成绩

Main 方法中的局部变量

第 10 行、第 11 行、第 17 行和第 23 行分别声明了局部变量 total、gradeCounter、grade 和 average。方法体中声明的变量是局部变量，其使用范围，只能是从方法中该变量的声明行到该方法声明的结束花括号。局部变量的声明，必须出现在方法中使用它的位置之前，否则会发生编译错误。在 while 循环体之内声明的变量 grade，只能用于该语句块中。

初始化阶段：初始化变量 total 和 gradeCounter

C#要求所有的局部变量都必须被明确赋值——在使用局部变量的值之前，必须为它赋予一个值。第 10～11 行声明并初始化 total 为 0，gradeCounter 为 1，然后再使用它们的值，因此这两个变量是"被明确赋值"的（分别位于第 17 行和第 23 行的 grade 和 average，也是如此）。

常见编程错误 5.3

在表达式中使用局部变量之前，所有的局部变量都必须被明确赋值。在局部变量被明确赋值之前使用它，会导致编译错误。

错误防止提示 5.2

应在声明局部变量时就对它进行初始化，这样做能避免由于试图使用未初始化的数据而产生的编译错误。C#并不要求在声明局部变量时对它进行初始化，但要求在将它的值用于表达式之前必须进行初始化。

错误防止提示 5.3

应在声明语句或赋值语句中初始化计数器与总成绩。总成绩通常初始化为 0。计数器通常初始化为 0 或 1，取决于其用法（下面将分别举例）。

处理阶段：从用户处读取 10 个成绩

第 14 行表明，只要 gradeCounter 的值小于或等于 10，while 语句就应该一直循环（也称为迭代）。只要这个条件保持为真，while 语句就会反复执行界定其语句体的花括号中的语句（第 15～20 行）。

第 16 行在控制台窗口中显示提示"Enter grade:"。第 17 行读取用户输入的成绩，并将其赋予变量 grade。然后，第 18 行将用户新输入的 grade 与 total 相加，并将结果赋予 total，替换以前的值。

第 19 行将 gradeCounter 加 1，表明程序已经处理了一个成绩，并且等待用户输入下一个成绩。递增 gradeCounter 的值最终会使它超过 10，此时 while 循环将终止，因为其条件（第 14 行）变成了假。

终止阶段：计算并显示班级平均成绩

当循环终止时，第 23 行执行求平均成绩的计算，并将结果赋予变量 average。第 26 行显示文本"Total of all 10 grades is "，后接 total 变量的值。然后，第 27 行显示文本"Class average is "，后接 average 变量的值。执行到第 28 行时，程序终止。

注意，这个例子只包含一个类，Main 方法执行这个类要做的所有工作。本章和第 3 章中，已经出现过包含两个类的示例：

- 一个类包含实例变量、属性以及利用它们执行任务的方法。
- 一个类包含 Main 方法，用于创建另一个类的对象，调用它的方法并访问它的属性。

有时候，当没有必要创建一个单独的类来完成一个简单任务时，就会将程序的全部语句放在一个类的 Main 方法里。

5.9.3 整除与截尾

第 23 行执行的求平均成绩的计算，得到的是一个整数结果。程序的输出表明，计算样本数据时的总成绩是 848，除以 10 之后，结果应该是浮点数 84.8。但是，计算 total/10 的结果是整数 84，因为 total 和 10 都是整数。将两个整数相除，进行的是整除——结果中的所有小数部分都被舍弃了（截尾而不是四舍五入）。下一节中，将看到如何获得计算平均成绩的浮点结果。

常见编程错误 5.4

如果认为整除是四舍五入(而不是截尾)，则会导致不正确的结果。例如，7÷4 在常规的算术运算中的结果是 1.75，而在整除运算中会截尾成 1，而不是四舍五入成 2。

5.10 形成算法：标记控制循环

下面将 5.9 节中求班级平均成绩的问题进行推广。考虑如下的问题：

开发一个求班级平均成绩的程序，使其每次运行时都可以处理任意数量的学生成绩。

在前一个求班级平均成绩的例子里，问题描述中指定了学生数，因此提前知道了成绩个数(10 个)。在这个例子中，没有指出程序执行期间用户会输入多少个成绩，所以必须处理任意数量的成绩。那么程序该如何确定何时停止输入成绩呢？怎样知道何时应该计算并输出班级平均成绩呢？

解决这个问题的一种办法，是使用一种称为标记值(sentinel value)的特殊值，它表示数据输入的结束。标记值又称为信号值、哑值或标志值。用户不断输入成绩，直到所有有效成绩都输入完毕。然后，用户输入一个标记值，表示不再需要输入成绩了。标记控制循环常称为非确定性循环，因为在开始执行循环之前并不知道循环的执行次数。显然，所选的标记值必须与可接受的输入值不产生混淆。考试成绩是非负整数，因此对于这个问题，–1 是可接受的标记值。这样，计算班级平均成绩的程序，在运行时可以处理诸如 95、96、75、74、89 和–1 之类的输入流。然后，程序会计算 95、96、75、74 和 89 的平均成绩并输出它。由于–1 是标记值，所以不应将它包含在求平均成绩的计算中。

5.10.1 自顶向下、逐步细化：顶层设计和第一步细化

我们利用一种称为"自顶向下、逐步细化"的技术来开发求班级平均成绩的程序，这种技术对于具有良好结构的程序而言是至关重要的。首先从顶层设计的伪代码表示开始，顶层设计就是涵盖程序全部功能的一句话：

求班级平均成绩

事实上，顶层设计就是程序的完整描述。遗憾的是，它几乎无法表达编写 C#程序所需的足够详细的信息。因此要有细化的过程。我们将这个顶层设计分解成一系列更小的任务，并将它们按照执行的顺序列出来。这就得到了如下的第一步细化结果：

初始化变量
输入成绩、对成绩求和并计算成绩个数
计算并显示班级平均成绩

这次细化只用到了顺序结构——列出来的这些步骤应该一个接一个地依次执行。

软件工程结论 5.2

与顶层设计一样，每次细化都是算法的一次完整描述，但是详细程度有所变化。

软件工程结论 5.3

在逻辑上，许多程序都可以被分成三个阶段：初始化变量的初始化阶段，输入数据值和相应调整变量(如计数器和总成绩)的处理阶段，以及计算并输出最终结果的终止阶段。

5.10.2 第二步细化

对于自顶向下处理的第一次细化，需要用到的就只有"软件工程结论 5.3"。为了处理下一级——第二步细化，需指定各个变量。这个示例中，需要一个保存总成绩的变量、一个表示已经处理了多少个成

绩的计数器变量、一个接收由用户输入的每个成绩的变量，以及一个保存平均成绩的变量。伪代码语句：

  初始化变量

可以被细化成

  将总成绩(total)初始化成0
  将计数器(counter)初始化成0

在使用之前，只有变量 total 和 counter 需要被初始化。不需要初始化变量 average 和 grade（分别用于计算平均成绩和用户输入），因为在进行计算或输入时，会替换它们的值。

  伪代码语句：

    输入成绩、对成绩求和并计算成绩个数

要求不断地输入每个成绩。我们无法预先知道有多少个成绩需要处理，因此使用标记控制循环。用户依次输入成绩。输入最后一个成绩后，输入标记值。输入每一个成绩时，程序会测试标记值。如果输入的是标记值，程序会终止循环。这样，前述伪代码语句的第二步细化就是

  提示用户输入第一个成绩
  输入第一个成绩(可能是标记值)
  while 用户还没有输入标记值：
    将这个成绩累加到 total 中
    将 counter 加 1
    提示用户输入下一个成绩
    输入下一个成绩(可能是标记值)

这里只是简单地缩进了 while 语句下的那些语句，以表明它们属于这条 while 语句。再次强调，伪代码只不过是一种非形式化的程序开发辅助工具。

  伪代码语句：

    计算并显示班级平均成绩

可以被细化成

  if counter 不等于 0
    将平均成绩(average)设置成 total 除以 counter 的值
    显示 average 的值
  else
    显示 "No grades were entered"

此处小心地测试了除数为 0 的情况。除数为 0 是一个逻辑错误，如果没有被检测到，则会导致程序失败或者产生无效的输出。求解班级平均成绩问题的第二步细化的完整伪代码，请参见图 5.10。

  错误防止提示 5.4
  当对其值可能为 0 的表达式执行除法运算时，要在程序中明确地测试这种可能性并适当地处理它（如显示一条错误消息），以避免错误的发生。

  图 5.8 和图 5.10 的伪代码中添加了一些空行和缩进，以增强可读性。这些空行将伪代码算法分隔成各种段落，并将控制语句分开，而缩进突出的是控制语句的语句体。

  图 5.10 中的伪代码算法，解决的是更一般化的求解班级平均成绩问题。只经过两步细化后，这个算法就开发出来了。有时，可能需要更多步骤的细化。

第 5 章 算法设计与控制语句(1)

```
1    将总成绩(total)初始化成 0
2    将计数器(counter)初始化成 0
3
4    提示用户输入第一个成绩
5    输入第一个成绩(可能是标记值)
6
7    while  用户还没有输入标记值：
8          将这个成绩累加到 total 中
9          将 counter 加 1
10         提示用户输入下一个成绩
11         输入下一个成绩(可能是标记值)
12
13   if  counter 不等于 0
14         将平均成绩(average)设置成 total 除以 counter 的值
15         显示 average 的值
16   else
17         显示 "No grades were entered"
```

图 5.10 用标记控制循环求解班级平均成绩问题的伪代码算法

软件工程结论 5.4

当指定的伪代码算法足够详细到能将它转换成 C#语句时，应终止自顶向下、逐步细化的过程。

软件工程结论 5.5

有些程序员不使用程序开发工具，比如伪代码。他们认为，终极目标是在计算机上解决问题，而编写伪代码会耽误最终结果的产出。尽管这种做法对于简单和熟悉的问题可能起作用，但对于大型而复杂的工程而言，这样做会导致严重的错误和延迟。

5.10.3 实现标记控制循环

图 5.11 中的 Main 方法实现了图 5.10 中的伪代码算法。尽管用户输入的每个成绩都是整数，但求平均成绩时很可能产生一个带小数点的数，即实数或浮点数(如 7.33、0.0975 或 1000.12345)。int 类型不能表示这样的数，因此这个示例中必须使用另一种类型来处理浮点数。C#提供了在内存中保存浮点数的两种基本类型——float 和 double。二者的主要区别是：与 float 变量相比，double 变量通常能存放更大、更精确的数，即小数点右边的位数可以更多。这些位数又称为精度。第 6 章中将讲解更多的浮点数类型。

```csharp
1    // Fig. 5.11: ClassAverage.cs
2    // Solving the class-average problem using sentinel-controlled iteration.
3    using System;
4
5    class ClassAverage
6    {
7       static void Main()
8       {
9          // initialization phase
10         int total = 0; // initialize sum of grades
11         int gradeCounter = 0; // initialize # of grades entered so far
12
13         // processing phase
14         // prompt for input and read grade from user
15         Console.Write("Enter grade or -1 to quit: ");
16         int grade = int.Parse(Console.ReadLine());
17
18         // loop until sentinel value is read from the user
```

图 5.11 用标记控制循环求解班级平均成绩

```
19      while (grade != -1)
20      {
21          total = total + grade; // add grade to total
22          gradeCounter = gradeCounter + 1; // increment counter
23
24          // prompt for input and read grade from user
25          Console.Write("Enter grade or -1 to quit: ");
26          grade = int.Parse(Console.ReadLine());
27      }
28
29      // termination phase
30      // if the user entered at least one grade...
31      if (gradeCounter != 0)
32      {
33          // use number with decimal point to calculate average of grades
34          double average = (double) total / gradeCounter;
35
36          // display the total and average (with two digits of precision)
37          Console.WriteLine(
38              $"\nTotal of the {gradeCounter} grades entered is {total}");
39          Console.WriteLine($"Class average is {average:F}");
40      }
41      else // no grades were entered, so output error message
42      {
43          Console.WriteLine("No grades were entered");
44      }
45  }
46 }
```

```
Enter grade or -1 to quit: 97
Enter grade or -1 to quit: 88
Enter grade or -1 to quit: 72
Enter grade or -1 to quit: -1

Total of the 3 grades entered is 257
Class average is 85.67
```

图 5.11（续）　用标记控制循环求解班级平均成绩

前面说过，整除产生的是一个整数结果。这个程序引入了一种特殊的运算符，称为强制转换运算符（cast operator），它强制计算平均成绩时产生浮点数结果。这个程序还使用了堆叠控制语句，即控制语句可以（按顺序）堆叠到另外的控制语句上——while 语句（第 19～27 行）的后面有 if…else 语句（第 31～44 行）。这个程序中的多数代码与图 5.9 中的相同，所以将重点关注新的概念。

5.10.4　标记控制循环的程序逻辑

第 11 行将 gradeCounter 初始化为 0，因为还没有输入任何成绩。记住，这个程序使用了标记控制循环来输入各个成绩。只有当用户输入了一个有效成绩之后，程序才递增 gradeCounter 的值。第 34 行声明了 double 类型的变量 average，它能使班级平均成绩保存为浮点数。

下面将这个程序中的标记控制循环的程序逻辑，与图 5.9 中的计数器控制循环的程序逻辑进行比较。在计数器控制循环中，while 语句（见图 5.9 第 14～20 行）的每次迭代，都要读取用户输入的一个值，它针对的是指定的迭代次数。在标记控制循环中，程序到达 while 循环之前读入第一个值（见图 5.11 第 15～16 行）。这个值决定了程序的控制流是否进入 while 的循环体。如果 while 的条件为假（第 19 行），即用户输入了标记值，则不执行 while 循环体（这时，没有输入成绩）。反过来，如果条件为真，则会执行循环体，将用户输入的成绩加到 total 上，并将 gradeCounter 的值加 1（第 21～22 行）。然后，循环体中的第 25～26 行从用户处读入下一个值。接着，当程序控制到达第 27 行循环体的结束花括号时，程序继续执行 while 条件的下一次测试（第 19 行）。这个条件利用最近输入的值来判断是否应再次执行循环体。

变量 grade 的值，总是在测试 while 条件之前先从用户那里读入。这样便能保证程序在处理新输入的值（即将它加到 total 上）之前，首先检测它是否为标记值。如果输入的是标记值，则循环终止，程序不会将 -1 加到变量 total 上。

好的编程经验 5.3
在标记控制循环中，应该提醒用户输入标记值。

循环终止之后，执行第 31～44 行的 if…else 语句。第 31 行判断是否输入了成绩。如果没有输入，则执行 if…else 语句的 else 部分，并显示消息 "No grades were entered"。

5.10.5 while 语句中的花括号

注意图 5.11 中的 while 语句块(第 20～27 行)。如果没有花括号，则循环会认为它的语句体只包含第一条语句，它将成绩加到 total 上。语句块中的最后三条语句会落到循环体之外，导致计算机将代码误解为

```
while (grade != -1)
    total = total + grade; // add grade to total
gradeCounter = gradeCounter + 1; // increment counter

// prompt for input and read grade from user
Console.Write("Enter grade or -1 to quit: ");
grade = int.Parse(Console.ReadLine());
```

如果用户在第 16 行没有输入标记值-1(while 语句之前)，则上述代码会导致无限循环。

错误防止提示 5.5
省略界定语句块的花括号会导致逻辑错误，比如出现无限循环。为了防止出现这类问题，应将每个控制语句的语句体都放入一对花括号中，即使语句体中只有一条语句。

5.10.6 简单类型之间的显式和隐式转换

如果至少输入了一个成绩，则图 5.11 第 34 行：

```
double average = (double) total / gradeCounter;
```

会计算平均成绩。回忆图 5.9 可知，整除产生的是一个整数结果。尽管变量 average 被声明成 double 类型，如果将第 34 行写成

```
double average = total / gradeCounter;
```

那么在将右边除法的结果赋予 average 之前，也会丢失商的小数部分。

强制转换运算符

为了对本示例中的整数执行浮点计算，首先需利用一元强制转换运算符，创建一个临时的浮点值。第 34 行使用 "(double)" 强制转换运算符(它的优先级比算术运算符高)，为操作数 total 创建了一个临时 double 类型的副本(total 位于强制转换运算符的右边)。保存在 total 中的值仍旧是一个整数。使用强制转换运算符的这种方式，称为显式转换(explicit conversion)。

类型提升

强制转换操作之后，计算变成了 total 的临时 double 副本除以整数 gradeCounter。对于算术运算，编译器只知道如何计算操作数类型相同的表达式。为此，编译器会对所选操作数执行一种称为提升(也称为隐式转换)的操作。例如，在一个包含数据类型 int 和 double 的值的表达式中，编译器会将 int 类型的操作数提升为 double 类型。因此，第 34 行中，编译器创建 double 类型的 gradeCounter 值的一个临时副本，然后执行浮点数除法运算。最后，这个浮点结果被赋值给 average。7.6.1 节中将探讨简单数据类型的提升操作。

任意类型的强制转换运算符

强制转换运算符适用于任何简单类型。第 12 章中将探讨其他类型的强制转换运算符。强制转换运算符由包含在一对圆括号中的类型名称构成，它是一元的(即只带有一个操作数)。C#还支持加运算符 "+"

和减运算符"–"的一元版本,因此可以编写类似"+5"或"–7"的表达式。强制转换运算符具有第二高的优先级(见附录 A 中的运算符优先级表)。

5.10.7 浮点数的格式化

第 39 行:

```
Console.WriteLine($"Class average is {average:F}");
```

输出班级平均成绩。本例中,我们将班级平均成绩四舍五入到小数点后面的两位数。插值表达式中的格式指定符 F:

{average:F}

通常会将 average 的值格式化成小数点后面有两个数字——同样,用户机器上的 Windows 本地化设置,决定了实际的显示格式,比如小数点右边的数位,千分位采用逗号还是点号,等等。

浮点数的四舍五入

当用 F 格式指定符格式化浮点值时,被格式化的值会被四舍五入到指定的小数位,但内存中的这个值不会发生变化。对于大多数计算机设置而言,以 F 格式输出的任何浮点值,都会被四舍五入到百分位。例如,123.457 将变成 123.46,27.333 将变成 27.33。但是,对于某些设置,这些值会被四舍五入成整数。这个程序中,输入的三个成绩的和为 257,得到的平均值为 86.666 66…。在美国,F 格式指定符会将 average 四舍五入成百分位,因此平均成绩显示为 85.67。

5.11 形成算法:嵌套控制语句

下面这个示例中,将再一次使用伪代码和自顶向下、逐步细化的方法来规划算法,并会写出对应的 C#程序。我们已经看到,控制语句可以(按顺序)堆叠到其他的控制语句上。这个案例中,将讨论两种控制语句中的另一种连接结构,即在一个控制语句中嵌套另一个控制语句。

5.11.1 问题描述

考虑如下的问题描述。

> 某大学开设了一门课程,是为准备参加国家房地产经纪人执业考试的学生提供的。去年,有 10 名学生在学完这门课后参加了考试。现在,学校想了解这些学生的考试情况。要求编写一个程序,汇总考试结果。程序员有这 10 名学生的清单。清单上每个姓名之后的数字 1 表示通过了考试,2 表示未通过。
>
> 要求程序按如下步骤分析考试结果:
> 1. 输入考试结果(即 1 或 2)。每次请求下一个考试结果时,要在屏幕上显示消息"Enter result"。
> 2. 计算每种考试结果的数量。
> 3. 显示考试的汇总结果,分别给出通过了考试和未通过考试的学生人数。
> 4. 如果通过考试的学生超过 8 人,就显示消息"Bonus to instructor!"(给老师发奖金)。

问题分析

仔细阅读了上面的问题描述之后,可得出如下结论:

1. 程序必须处理 10 名学生的考试结果。可采用计数器控制循环,因为已经事先知道了考试结果的数量。
2. 每个考试结果都是一个数字值——1 或 2。每次读入一个考试结果时,程序都必须判断这个数是 1 还是 2。在我们的算法中,将测试 1 的情况。如果数字不为 1,则假设它为 2(练习题 5.24 会考虑这种假设所带来的后果)。

3. 需要用两个计数器来跟踪考试结果,一个用于统计通过了考试的学生人数,另一个用于统计未通过考试的学生人数。
4. 当程序处理完所有结果后,必须判断是否有 8 名以上的学生通过了考试。

5.11.2 自顶向下、逐步细化:顶层设计的伪代码描述

现在用自顶向下、逐步细化的方法处理。首先给出顶层设计的伪代码表示:

> 分析考试结果并确定是否应给老师发奖金

同样,这个顶层设计是程序的完整表示,在能够将伪代码自然地转换成 C#程序之前,还需要几个细化步骤。

5.11.3 自顶向下、逐步细化:第一步细化

第一步细化是

> 初始化变量
> 输入 10 个考试结果,并计算通过了考试的人数和未通过的人数
> 显示考试结果的汇总情况,并确定是否应给老师发奖金

至此,尽管已经有了整个程序的完整表示,但还有必要进行进一步的细化。现在指定各个变量。需要两个计数器来记录通过的人数和未通过的人数,其中一个用于控制循环过程。还需要一个变量用于保存用户的输入。算法开始时,保存用户输入值的变量将不会被初始化,因为它的值是在循环的每次迭代过程中从用户处读取的。

5.11.4 自顶向下、逐步细化:第二步细化

伪代码语句:

> 初始化变量

可以被细化成

> 将通过人数(passes)初始化成 0
> 将未通过人数(failures)初始化成 0
> 将学生计数器(student counter)初始化成 1

注意,只有这些计数器需要在算法开始时被初始化。

伪代码语句:

> 输入 10 个考试结果,并计算通过了考试的人数和未通过的人数

要求一个连续输入考试结果的循环。我们已经预先知道了只有 10 个考试结果,因此适合采用计数器控制循环。在循环里面(即循环里面的嵌套),有一条双选择语句来判断每一个考试结果是通过还是失败,进而递增相应的计数器。这样,前述伪代码语句的细化就是

> while   student counter 小于或等于 10 时
>   提示用户输入下一个考试结果
>   输入下一个考试结果
>
>   if   学生通过了考试
>   将 passes 加 1
>   else
>   将 failures 加 1
>
>   将 student counter 加 1

这里使用了空行将 if…else 语句独立出来,这样能提高可读性。

伪代码语句：

　　显示考试结果的汇总情况，并确定是否应给老师发奖金

可以被细化成

　　显示通过考试的人数
　　显示未通过考试的人数

　　if 有超过 8 人通过了考试
　　　　显示 "Bonus to instructor!"

5.11.5 完成伪代码的第二步细化

伪代码第二步细化的完整结果，请参见图 5.12。注意，为了增强可读性，图中同样使用了空行使 while 语句独立出来。现在，这个伪代码已经足够细化到能转换成 C#语句了。图 5.13 中给出了实现这个伪代码算法的程序以及输出样本。

5.11.6 实现伪代码算法的程序

图 5.13 中给出了实现这个伪代码算法的程序以及两个输出样本。对于图 5.13 第 10～12 行和第 19 行声明的局部变量，Main 方法将用于处理考试结果。

```
1  将通过人数(passes)初始化成 0
2  将未通过人数(failures)初始化成 0
3  将学生计数器(student counter)初始化成 1
4
5  while  student counter 小于或等于 10 时
6      提示用户输入下一个考试结果
7      输入下一个考试结果
8
9      if  学生通过了考试
10         将 passes 加 1
11     else
12         将 failures 加 1
13
14     将 student counter 加 1
15
16 显示通过考试的人数
17 显示未通过考试的人数
18
19 if  有超过 8 人通过了考试
20     显示 "Bonus to instructor!"
```

图 5.12　细化考试结果问题的伪代码

```csharp
1   // Fig. 5.13: Analysis.cs
2   // Analysis of examination results, using nested control statements.
3   using System;
4
5   class Analysis
6   {
7       static void Main()
8       {
9           // initialize variables in declarations
10          int passes = 0; // number of passes
11          int failures = 0; // number of failures
12          int studentCounter = 1; // student counter
13
14          // process 10 students using counter-controlled iteration
15          while (studentCounter <= 10)
16          {
17              // prompt user for input and obtain a value from the user
18              Console.Write("Enter result (1 = pass, 2 = fail): ");
19              int result = int.Parse(Console.ReadLine());
20
21              // if...else is nested in the while statement
22              if (result == 1)
23              {
24                  passes = passes + 1; // increment passes
25              }
26              else
27              {
28                  failures = failures + 1; // increment failures
29              }
30
31              // increment studentCounter so loop eventually terminates
32              studentCounter = studentCounter + 1;
33          }
34
35          // termination phase; prepare and display results
36          Console.WriteLine($"Passed: {passes}\nFailed: {failures}");
37
38          // determine whether more than 8 students passed
39          if (passes > 8)
40          {
```

图 5.13　使用嵌套控制语句分析考试结果

```
41            Console.WriteLine("Bonus to instructor!");
42         }
43      }
44 }
```

```
Enter result (1 = pass, 2 = fail): 1
Enter result (1 = pass, 2 = fail): 2
Enter result (1 = pass, 2 = fail): 1
Enter result (1 = pass, 2 = fail): 1
Enter result (1 = pass, 2 = fail): 1
Enter result (1 = pass, 2 = fail): 1
Enter result (1 = pass, 2 = fail): 1
Enter result (1 = pass, 2 = fail): 1
Enter result (1 = pass, 2 = fail): 1
Enter result (1 = pass, 2 = fail): 1
Passed: 9
Failed: 1
Bonus to instructor!
```

```
Enter result (1 = pass, 2 = fail): 1
Enter result (1 = pass, 2 = fail): 2
Enter result (1 = pass, 2 = fail): 2
Enter result (1 = pass, 2 = fail): 1
Enter result (1 = pass, 2 = fail): 2
Enter result (1 = pass, 2 = fail): 1
Enter result (1 = pass, 2 = fail): 1
Enter result (1 = pass, 2 = fail): 2
Enter result (1 = pass, 2 = fail): 1
Enter result (1 = pass, 2 = fail): 2
Passed: 5
Failed: 5
```

图 5.13(续) 使用嵌套控制语句分析考试结果

while 语句(第 15～33 行)循环了 10 次。每循环一次，读取并处理一个考试结果。注意，处理每个结果的 if…else 语句(第 22～29 行)是嵌套在 while 语句中的。如果 result 为 1，则 if…else 语句会递增 passes，否则会假设 result 为 2 并递增 failures。第 32 行先递增 studentCounter，然后才在第 15 行再次测试循环条件。输入了 10 个值后，循环终止，并在第 36 行显示通过和未通过考试的学生人数。第 39～42 行判断是否有 8 名学生通过了考试。如果是，则输出消息 "Bonus to instructor!"。

图 5.13 显示了该程序执行两次时的输入和输出结果。第一次执行时，第 39 行中的条件为真——有 8 名以上的学生通过了考试，因此输出消息，表明应该给老师发奖金。

5.12 复合赋值运算符

复合赋值运算符可以简化赋值表达式。下面的语句：

variable = variable operator expression;

其中 *operator* 可以是二元运算符 "+" "-" "*" "/" "%"（或者是后面将要讨论的其他二元运算符），都可以写成下面的形式：

variable operator= expression;

例如，可以将语句：

c = c + 3;

用加法复合赋值运算符 "+=" 简写成

c += 3;

"+=" 运算符将右边表达式的值与运算符左边的变量的值相加，并将结果保存到运算符左边的变量中。因此，赋值表达式 c += 3 会将 c 加 3。图 5.14 给出了算术复合赋值运算符、使用这些运算符的示例表达式以及对运算符的解释。

赋值运算符	示例表达式	解 释	赋 值
假定：int c = 3, d = 5, e = 4, f = 6, g = 12;			
+=	c += 7	c = c + 7	c 值为 10
-=	d -= 4	d = d - 4	d 值为 1
*=	e *= 5	e = e * 5	e 值为 20
/=	f /= 3	f = f / 3	f 值为 2
%=	g %= 9	g = g % 9	g 值为 3

图 5.14 算术复合赋值运算符

5.13 增量运算符和减量运算符

C#提供了两个一元运算符，用于将数值变量的值加 1 或减 1（见图 5.15）。它们是一元增量运算符"++"和一元减量运算符"--"。程序可以使用增量运算符"++"将名称为 c 的变量的值加 1，而不必使用表达式 c = c + 1 或 c += 1。位于变量前面的增量和减量运算符，分别称为前置增量运算符和前置减量运算符；位于变量后面的增量和减量运算符，分别称为后置增量运算符和后置减量运算符。

对变量使用前置增量（或前置减量）运算符加 1（或减 1）的操作，称为前增（或前减）。前增（或前减）指的是将变量先加 1（或减 1），然后在表达式中使用该变量的新值。

对变量使用后置增量（或后置减量）运算符加 1（或减 1）的操作，称为后增（或后减）。后增（或后减）先在表达式中使用变量的当前值，然后再将变量的值加 1（或减 1）。

运 算 符	样本表达式	解 释
++（前置增量）	++a	将 a 加 1，然后在包含 a 的表达式中使用 a 的新值
++（后置增量）	a++	将 a 加 1，但是在包含 a 的表达式中使用 a 的旧值
--（前置减量）	--b	将 b 减 1，然后在包含 b 的表达式中使用 b 的新值
--（后置减量）	b--	将 b 减 1，但是在包含 b 的表达式中使用 b 的旧值

图 5.15 增量和减量运算符

 好的编程经验 5.4
与二元运算符不同，一元增量或减量运算符应该与操作数紧挨在一起，中间不能有空格。

5.13.1 前置增量与后置增量的比较

图 5.16 演示了"++"增量运算符的前置和后置版本之间的差异。减量运算符"--"的情况与此类似。

```
1   // Fig. 5.16: Increment.cs
2   // Prefix increment and postfix increment operators.
3   using System;
4
5   class Increment
6   {
7       static void Main()
8       {
9           // demonstrate postfix increment operator
10          int c = 5; // assign 5 to c
11          Console.WriteLine($"c before postincrement: {c}"); // displays 5
12          Console.WriteLine($"     postincrementing c: {c++}"); // displays 5
13          Console.WriteLine($" c after postincrement: {c}"); // displays 6
14
15          Console.WriteLine(); // skip a line
16
```

图 5.16 前置增量与后置增量运算符的比较

```
17        // demonstrate prefix increment operator
18        c = 5; // assign 5 to c
19        Console.WriteLine($" c before preincrement: {c}"); // displays 5
20        Console.WriteLine($"     preincrementing c: {++c}"); // displays 6
21        Console.WriteLine($"  c after preincrement: {c}"); // displays 6
22     }
23 }
```

```
 c before postincrement: 5
     postincrementing c: 5
  c after postincrement: 6

  c before preincrement: 5
     preincrementing c: 6
   c after preincrement: 6
```

图 5.16(续) 前置增量与后置增量运算符的比较

第 10 行将变量 c 初始化为 5，第 11 行输出 c 的初始值。第 12 行输出表达式 c++的值。这个表达式将变量 c 后增，因此输出的是 c 的原始值(5)，然后 c 的值加 1(变为 6)。这样，第 12 行再次显示的是 c 的初始值(5)。第 13 行输出了 c 的新值(6)，证实变量值的确在第 12 行中增加了 1。

第 18 行将 c 的值重置为 5，第 19 行输出 c 的值。第 20 行输出表达式++c 的值。这个表达式将 c 前增，因此其值增加 1，然后输出新值(6)。第 21 行再次输出 c 的值，表明执行了第 20 行之后，c 的值仍为 6。

5.13.2 简化增量语句

算术复合赋值运算符以及增量和减量运算符，都可以用来简化语句。例如，图 5.13 中的三条赋值语句(第 24 行、第 28 行和第 32 行)：

```
passes = passes + 1;
failures = failures + 1;
studentCounter = studentCounter + 1;
```

可以用复合赋值运算符更简洁地写成

```
passes += 1;
failures += 1;
studentCounter += 1;
```

甚至可以更简洁地使用前置增量运算符，如下所示：

```
++passes;
++failures;
++studentCounter;
```

或者，采用后置增量运算符写成

```
passes++;
failures++;
studentCounter++;
```

当语句本身只对一个变量执行增量或减量运算时，则前置增量和后置增量的效果相同，前置减量和后置减量的效果也相同。只有当变量出现在一个大型表达式环境中时，对它执行前置增量和后置增量操作才具有不同的效果(前置减量和后置减量的情况类似)。

常见编程错误 5.5

如果试图对一个表达式而不是可赋值的变量使用增量或减量运算符，则会导致语法错误。例如，"++(x+1)"就会导致语法错误，因为"(x+1)"不是一个能够被赋值的表达式。

5.13.3 运算符的优先级和结合律

图 5.17 总结的是到目前为止所有运算符的优先级和结合律。这些运算符从上至下按照优先级递减的顺序排列。第二列描述了每个优先级中运算符的结合律。条件运算符"?:"，一元前置增量运算符"++"、

一元前置减量运算符"--"、一元加"+"、一元减"-",以及强制转换运算符和赋值运算符"="、"+="、"-="、"*="、"/="、"%="的结合律,都是从右到左的。表中的所有其他运算符,其结合律都是从左到右。第三列是运算符的类型。

运算符	结合律	类型
. new ++(后置) --(后置)	从左到右	最高优先级
++ -- + - (强制转换)	从右到左	一元前置
* / %	从左到右	乘性
+ -	从左到右	加性
< <= > >=	从左到右	关系
== !=	从左到右	相等性
?:	从右到左	条件
= += -= *= /= %=	从右到左	赋值

图 5.17 到目前为止介绍过的运算符的优先级和结合律

5.14 简单类型

附录 B 的表中列出了 C#的 13 种简单类型(simple type)。与作为前辈语言的 C 和 C++类似,C#也要求所有变量都具有类型。

在 C 和 C++中,经常要为一个程序单独编写不同的版本,以支持不同的计算机平台,因为在不同的计算机上,无法保证各种简单类型是等同的。例如,某台机器上的 int 值,可能是用 16 位(2 字节)内存表示的,而另一台机器上的 int 值可能用 32 位(4 字节)内存表示。C#中,int 值总是 32 位(4 字节)的。事实上,所有 C#数字类型的长度都是固定的,参见附录 B。

附录 B 中的每种类型都列出了所占用的位数(8 位为 1 字节)以及值的范围。因为 C#的设计者希望 C#具有最大程度的可移植性,因此对字符格式和浮点数使用了国际化的标准。它的字符格式采用 Unicode,浮点数格式采用 IEEE 754。有关 Unicode 的更多信息,可访问 http:// unicode.org;有关 IEEE 754 的更多信息,可访问 http://grouper.ieee.org/ groups/754/。

前面说过,在方法外声明为类的实例变量的简单类型变量,除非明确地进行了初始化,否则会自动赋予默认值。类型为 char、byte、sbyte、short、ushort、int、uint、long、ulong、float、double、decimal 的实例变量,其默认值都为 0。bool 类型的实例变量的默认值为 false。其他类型的实例变量的默认值为 null。

5.15 小结

本章讲解了基本的问题求解技术,利用这些技术可以构建类并为它们开发方法。演示了如何构建算法,然后讲解如何通过伪代码开发的几个阶段来对算法进行细化,这样做的结果就是能够实现作为方法的一部分执行的 C#代码。还讲解了如何通过自顶向下、逐步细化的方式,来规划方法必须执行的动作以及执行它们的顺序。

开发任何算法时,都只需要三种控制语句——顺序语句、选择语句和循环语句。特别地,本章讲解了 if 单选择语句、if…else 双选择语句和 while 循环语句。它们是构建程序的基本模块。我们使用了控制语句堆叠来计算一组学生的总成绩和平均成绩,并用计数器控制循环和标记控制循环来计算平均成绩。还使用了嵌套控制语句,根据一组考试结果进行分析和判断。引入了 C#的复合赋值运算符、一元强制转换运算符、条件运算符以及增量和减量运算符。最后,本章探讨了简单类型。下一章将继续讨论控制语句,并讲解 for、do…while 和 switch 语句。

摘要

5.2 节 算法
- 算法是关于要执行的动作以及执行它们的顺序的问题求解过程。
- 指定在程序中执行语句(动作)的顺序,称为程序控制。

5.3 节 伪代码
- 伪代码是一种非形式化语言,它用来帮助程序员开发算法,而不必考虑 C#语言语法的严格细节。
- 经过精心准备的伪代码,可以轻松地转换成对应的 C#程序。

5.4 节 控制结构
- 存在三种控制结构类型:顺序、选择和循环。

5.4.1 节 顺序结构
- 顺序结构是 C#的基本结构。除非用指令改变了顺序,否则计算机执行 C#语句时会按照编写它们的顺序一条接一条地执行。
- 活动图是 UML 的一部分。活动图建模软件系统的工作流。
- 活动图由特殊用途的符号组成,如动作状态符号、菱形和小圆圈。这些符号通过转移箭头连接,代表活动的流向。
- 和伪代码一样,活动图可帮助程序员开发和描述算法。活动图还能清楚地表示控制结构是如何操作的。
- 动作状态符号(用矩形表示,但左右两边是向外弯曲的弧)表示要执行的动作。
- 活动图中的箭头代表转移,它表示动作状态发生时所代表的动作的执行顺序。
- 活动图中的实心圆代表活动的初始状态。被空心圆包围的实心圆代表终止状态。
- 右上角折起的矩形是 UML 注解(类似于 C#中的注释),它以解释性的语句描述图中符号的目的。

5.4.2 节 选择语句
- C#具有三种类型的选择语句:if 语句,if…else 语句,switch 语句。
- if 语句是单选择语句,因为它只选择或忽略单一的动作(或动作组)。
- if…else 语句称为双选择语句,因为它在两个不同的动作(或动作组)之间进行选择。
- switch 语句称为多选择语句,因为它会在许多不同的动作(或动作组)之间进行选择。

5.4.3 节 迭代语句
- C#提供 4 种类型的迭代语句:while 语句,do…while 语句,for 语句,foreach 语句。
- while、for 和 foreach 语句会在它们的语句体内执行 0 次或多次动作。
- do…while 语句在语句体内执行 1 次或多次动作。

5.4.4 节 控制语句小结
- 控制语句可以按两种方式组合:控制语句堆叠和控制语句嵌套。

5.5 节 if 单选择语句
- if 单选择语句仅在条件为真时才执行指定的动作(或动作组),否则就跳过这个动作。
- 在活动图中,菱形符号代表要进行一个判断。工作流将继续沿着由该符号的相关监控条件所决定的路径流动。
- 当用 UML 活动图建模时,所有的控制语句都包含初始状态、转移箭头、动作状态和判断符号。

5.6 节 if…else 双选择语句
- if…else 语句用于指定在条件为真时执行一个动作(或动作组),在条件为假时执行另一个动作(或动作组)。

5.6.3 节 语句块
- 为了在 if 语句体(或 if…else 语句的 else 语句体)内包含多条语句,需将它们包含在花括号中。
- 包含在一对花括号内的一组语句,称为语句块。语句块可以放在程序中任何单条语句能够放置的位置。

5.6.4 节 条件运算符 "?:"
- C#提供条件运算符 "?:",可用来替换 if…else 语句。如果条件表达式中的第一个操作数求值为真,则表达式的值为第二个操作数,否则为第三个操作数。

5.7 节 Student 类:嵌套 if…else 语句
- 只读属性只提供 get 访问器。

5.8 节 while 循环语句
- 当某个条件保持为真时,循环语句指定程序需重复执行某个动作。
- while 循环语句的格式是
  ```
  while (condition)
  {
      statement
  }
  ```
- UML 将合并符号和判断符号都表示为菱形。合并符号将两个活动流合并成一个。

5.9.1 节 计数器控制循环的伪代码算法
- 计数器控制循环,是一种利用计数器变量来控制一组语句的执行次数的技术。

5.9.2 节 实现计数器控制循环
- 在使用局部变量之前,所有的局部变量都必须赋值。

5.9.3 节 整除与截尾
- 将两个整数相除,进行的是整除——结果中的所有小数部分都被舍弃了。

5.10 节 形成算法:标记控制循环
- 标记控制循环技术使用一种称为标记值的特殊值,标记值表示"数据输入的结束"。
- 标记控制循环常称为非确定性循环,因为循环的执行次数无法预先知晓。

5.10.1 节 自顶向下、逐步细化:顶层设计和第一步细化
- 自顶向下、逐步细化的技术,对于具有良好结构的程序而言是至关重要的。
- 首先给出顶层伪代码表示——事实上,这条顶层语句就是程序的完整表示。
- 顶层设计几乎无法表达编写 C#程序所需的足够详细的信息。因此在第一步细化时,将这个顶层设计分解成一系列更小的任务,并将它们按照执行的顺序列出来。

5.10.2 节 第二步细化
- 第二步细化中,关注的是特定变量以及程序逻辑。

5.10.3 节 实现标记控制循环
- 带小数点的数,称为实数或浮点数(如 7.33、0.0975 或 1000.123 45)。
- float 和 double 类型称为浮点类型。
- double 类型的变量通常能存放更大、更精确的数(精度更大)。

5.10.6 节 简单类型之间的显式和隐式转换
- 一元强制转换运算符"(double)",会创建它的操作数的一个临时浮点型副本。使用强制转换运算符的这种方式,称为显式转换。
- 为了确保二元运算符中的两个操作数的类型相同,C#会对所选操作数执行提升操作。

5.10.7 节 浮点数的格式化
- 格式指定符 F 用于格式化浮点数——通常会四舍五入成小数点后两位数字。

5.12 节 复合赋值运算符
- C#提供了几个复合赋值运算符用来简化赋值表达式,这些运算符包括:"+=","–=","*=","/=","%="。

5.13 节 增量运算符和减量运算符
- C#提供一元增量运算符"++"和一元减量运算符"– –",分别用于将数值变量的值加 1 和减 1。
- 前置增量(或前置减量)运算符会使变量先加 1(或减 1),然后在表达式中使用该变量的新值。后置增量(或后置减量)运算符会使变量加 1(或减 1),但在表达式中使用该变量的旧值。

5.14 节 简单类型
- C#要求所有的变量都具有类型。
- 在方法外声明为类的实例变量的简单类型变量,会被自动赋予默认值。类型为 char、byte、sbyte、short、ushort、int、uint、long、ulong、float、double、decimal 的实例变量,其默认值都为 0。bool 类型实例变量的默认值为 false。其他类型的实例变量的默认值为 null。

术语表

– – operator   "– –"运算符
?: operator   "?:"运算符
++ operator   "++"运算符
action   动作
algorithm   算法
block   语句块
body of a loop   循环体
bool simple type   bool 简单类型
conditional operator (?:)   条件运算符("?:")
control statement   控制语句
control-statement nesting   控制语句嵌套
control-statement stacking   控制语句堆叠
control structure   控制结构
control variable   控制变量
counter   计数器
dangling-else problem   悬垂 else 问题
decision   判断
decrement operator (– –)   减量运算符(– –)
definite assignment   明确赋值
definite iteration   确定性循环
diamond (in the UML)   UML 中的菱形
dotted line   虚线
double-selection statement   双选择语句
dummy value   哑值
explicit conversion   显式转换

fatal logic error   致命逻辑错误
flag value   标志值
goto statement   goto 语句
if selection statement   if 选择语句
implicit conversion   隐式转换
increment operator (++)   增量运算符(++)
indefinite iteration   无限迭代
infinite loop   无限循环
integer division   整除
iteration   迭代
iteration statement   迭代语句
logic error   逻辑错误
loop   循环
merge symbol (in the UML)   UML 中的合并符号
multiple-selection statement   多选择语句
multiplicative operators   乘性运算符
nested control statements   嵌套控制语句
nonfatal logic error   非致命逻辑错误
note (in the UML)   UML 中的注解
postfix decrement operator   后置减量运算符
postfix increment operator   后置增量运算符
prefix decrement operator   前置减量运算符
prefix increment operator   前置增量运算符
procedure   过程

program control 程序控制	solid circle (in the UML) UML 中的实心圆
promotion 提升类型转换	stacked control statements 控制语句堆叠
pseudocode 伪代码	structured programming 结构化编程
refinement 细化	syntax error 语法错误
selection statement 选择语句	ternary operator 三元运算符
sentinel-controlled iteration 标记控制循环	total 总和，总成绩
sentinel value 标记值	transfer of control 控制转移
sequence structure 顺序结构	transition (in the UML) UML 中的转移
sequential execution 顺序执行	truncate 截尾
signal value 信号值	unary cast operator 一元强制转换运算符
simple types 简单类型	unary operator 一元运算符
single-selection statement 单选择语句	while iteration statement while 循环语句
small circle (in the UML) UML 中的小圆圈	workflow 工作流

自测题

5.1 填空题。
a) 所有程序都能够以三种控制结构类型编写，这三种结构是：_____、_____ 和_____。
b) 当条件为真时，_____ 语句被用来执行一个动作；当条件为假时，该语句执行另一个动作。
c) 重复执行一组指令特定次数的循环，称为_____ 循环。
d) 当无法预先知道一组语句将重复执行多少次时，应使用_____ 来终止这个循环。
e) _____ 结构是 C#的基本结构——默认情况下，语句是按照它们出现的顺序执行的。
f) int 类型实例变量的默认值为_____。
g) C#要求所有的变量都具有_____。
h) 如果增量运算符位于变量的_____，则变量的值会加 1 且新的值会被用于表达式中。

5.2 判断下列语句是否正确。如果不正确，请说明理由。
a) 算法是关于要执行的动作以及执行它们的顺序的问题求解过程。
b) 包含在一对圆括号内的一组语句，称为语句块。
c) 选择语句指定当某个条件为真时要重复执行的动作。
d) 嵌套控制语句出现在另一个控制语句的语句体中。
e) C#提供的算术复合赋值运算符有 "+=" "-=" "*=" "/=" "%="，用于简化赋值表达式。
f) 指定在程序中执行语句(动作)的顺序，称为程序控制。
g) 一元强制转换运算符 "(double)" 会创建它的操作数的一个临时整型副本。
h) bool 类型的实例变量的默认值为 true。
i) 伪代码是用来帮助程序员在用编程语言编写程序之前"思考"的。

5.3 编写 4 条不同的 C#语句，它们都将 int 变量 x 加 1。

5.4 编写 C#语句，完成下列任务。
a) 将 x 和 y 的和赋予 z，并在计算之后用 "++" 运算符将 x 的值增加 1。只使用一条语句且要确保语句中使用的是 x 的旧值。
b) 测试变量 count 的值是否大于 10。如果是，则显示 "Count is greater than 10"。
c) 将变量 x 的值减 1，然后用变量 total 与它相减。只使用一条语句。
d) 计算 q 除以 divisor 之后的余数，并将结果赋予 q。以两种方式编写这条语句。

5.5 编写 C#语句，完成下列任务。

a) 声明一个 int 类型的变量 sum，并将它初始化成 0。
b) 声明一个 int 类型的变量 x，并将它初始化成 1。
c) 计算变量 x 和 sum 的和，并将结果赋予变量 sum。
d) 显示"The sum is："，后接变量 sum 的值。

5.6 将练习题 5.5 中的语句组合成 C#程序，计算并显示整数 1~10 的和。使用 while 循环语句和增量语句。循环应当在 x 的值变为 11 时终止。

5.7 执行下列语句之后，确定变量的值。假设开始执行语句时，所有变量的类型都为 int，并且都有值 5。

```
product *= x++;
```

5.8 找出并更正如下代码段中的错误。

a)
```
while (c <= 5)
{
    product *= c;
    ++c;
```
b)
```
if (gender == 1)
{
    Console.WriteLine("Woman");
}
else;
{
    Console.WriteLine("Man");
}
```

5.9 下面的 while 语句中有什么错误？

```
while (z >= 0)
{
    sum += z;
}
```

自测题答案

5.1 a) 顺序，选择，循环。b) if…else。c) 计数器控制（或确定性）。d) 标记值、信号值、标志值或哑值。e) 顺序。f) 0。g) 类型。h) 前面。

5.2 a) 正确。b) 错误。包含在一对花括号内的一组语句，称为语句块。c) 错误。循环语句指定当某个条件为真时要重复执行的某一条语句。选择语句根据条件的真假性来确定是否要执行动作。d) 正确。e) 正确。f) 正确。g) 错误。一元强制转换运算符"（double）"会创建它的操作数的一个临时浮点型副本。h) 错误。bool 类型的实例变量的默认值为 false。i) 正确。

5.3
```
x = x + 1;
x += 1;
++x;
x++;
```

5.4 答案如下所示。
a) `z = x++ + y;`
b)
```
if (count > 10)
{
    Console.WriteLine("Count is greater than 10");
}
```
c) `total -= --x;`
d) `q %= divisor;`
   `q = q % divisor;`

5.5 答案如下所示。
a) `int sum = 0;`

b) `int x = 1;`
c) `sum += x;` or `sum = sum + x;`
d) `Console.WriteLine($"The sum is: {sum}");`

5.6 程序如下所示。

```
1   // Ex. 5.6: Calculate.cs
2   // Calculate the sum of the integers from 1 to 10
3   using System;
4
5   class Calculate
6   {
7      static void Main()
8      {
9         int sum = 0; // initialize sum to 0 for totaling
10        int x = 1; // initialize x to 1 for counting
11
12        while (x <= 10) // while x is less than or equal to 10
13        {
14           sum += x; // add x to sum
15           ++x; // increment x
16        } // end while
17
18        Console.WriteLine($"The sum is: {sum}");
19     }
20  }
```

```
The sum is: 55
```

5.7 product = 25, x = 6
5.8 答案如下所示。
    a) 错误：忘记了 while 语句体的结束右花括号。
        改正：在语句"++c;"之后添加一个结束右花括号。
    b) 错误：else 之后的分号会导致逻辑错误。第二条输出语句总是会执行。
        改正：将这个分号删除。
5.9 while 语句中变量 z 的值永远不会改变。因此，如果初始时循环继续条件(z >= 0)为真，则会出现无限循环。为了防止出现无限循环，必须递减 z 的值，以使它最终变为小于 0。

练习题

5.10 比较并对照 if 单选择语句和 while 循环语句。这两种语句的相似度如何？它们有何不同？
5.11 （整除）当 C#程序中试图用一个整数除以另一个整数时，会发生什么情况？这个计算的分数部分会发生什么情况？应该如何避免这种结果？
5.12 （组合控制语句）描述能将控制语句组合在一起的两种方式。
5.13 （选择循环语句）对于求前 100 个正整数之和的计算，应该采用何种循环？对于求任意个正整数之和的计算，应该采用何种循环？简要描述这些任务是如何执行的。
5.14 （前置增量运算符与后置增量运算符的比较）前置增量运算符与后置增量运算符有什么不同？
5.15 （查错）找出并更正如下代码段中的错误。（注：在每个代码段中可能有多个错误。）
    a)
```
if (age >= 65);
{
    Console.WriteLine("Age greater than or equal to 65");
}
else
{
    Console.WriteLine("Age is less than 65)";
}
```

```
b) int x = 1, total;
   while (x <= 10)
   {
       total += x;
       ++x;
   }
c) while (x <= 100)
       total += x;
       ++x;
d) while (y > 0)
   {
       Console.WriteLine(y);
       ++y;
```

5.16 （程序运行结果）下面的程序运行后会显示什么结果？

```
1   // Ex. 5.16: Mystery.cs
2   using System;
3
4   class Mystery
5   {
6       static void Main()
7       {
8           int x = 1;
9           int total = 0;
10
11          while (x <= 10)
12          {
13              int y = x * x;
14              Console.WriteLine(y);
15              total += y;
16              ++x;
17          }
18
19          Console.WriteLine($"Total is {total}");
20      }
21  }
```

对于练习题 5.17~5.20，依次执行下列步骤：
  a) 阅读问题描述。
  b) 使用伪代码和自顶向下、逐步细化的方法来形成算法。
  c) 编写 C#程序。
  d) 测试、调试并执行 C#程序。
  e) 处理三组完整的数据。

5.17 （汽车的油耗）驾驶员都会关心汽车的油耗情况。某位驾驶员记录下了每次加满油后行驶的里程数和加油量。开发一个 C#程序，向程序输入每次加油时行驶的里程数和加油量（都为整数）。程序应根据每次的加油量计算并显示油耗（每加仑行驶的里程数），还应显示到目前为止的综合油耗。所有求平均值的计算，都必须得到浮点值。将显示的结果四舍五入到最接近的百分位。使用 Console 类的 ReadLine 方法和标记控制循环来获得用户输入的数据。

5.18 （信用额度计算器）开发一个 C#程序，它判断商店的任何客户在付账时是否超出了他的信用额度。对每位客户，都存在如下信息：
  a) 账号
  b) 月初的欠款
  c) 客户本月已经支付的所有商品的总金额
  d) 客户账户本月已存入的总金额
  e) 允许的信用额度
这个程序需将以上所有数据作为整数输入，然后计算新的欠款（它等于月初欠款 + 已支付的总金额 – 银行存款），显示这个新的欠款并判断它是否超出了客户的信用额度。对于已经超出了信用额度的客户，程序需显示消息 "Credit limit exceeded"。使用标记控制循环获得账户数据。

5.19 (销售佣金计算器)一家大型公司根据佣金向销售人员发工资。销售人员每周可获得的收入为 200 美元加上本周销售额的 9%。例如，如果某一周的销售额为 5000 美元，则销售人员的收入为 200 美元加上 5000 美元的 9%，总共为 650 美元。已知每个销售人员出售的物品清单，每种物品的价格如下所示：

物品	价格
1	239.99
2	129.75
3	99.95
4	350.89

开发一个 C#程序，输入每位销售人员上周每种物品的销售情况，然后计算并显示他的收入。销售人员可以出售的物品数量不限。

5.20 (工资计算器)开发一个 C#程序，确定三位员工的工资。公司对每位员工前 40 个小时的工作发计时工资，此后的工时发 1.5 倍的计时工资。给定公司三位员工的名单、每位员工上周工作的小时数和每位员工的小时工资，程序需输入每位员工的这些信息，然后确定并显示该员工的总工资。使用 Console 类的 ReadLine 方法输入这些数据。

5.21 (找出最大数)查找最大值(即一组值中最大的那一个)的过程，经常用于计算机程序中。例如，确定销售比赛优胜者的程序，要输入每位销售人员销售的单元数，销售的单元数最多的销售人员，就是获胜者。编写一个伪代码程序，然后编写一个输入 10 个整数序列的 C#程序，确定并显示最大的整数。程序需至少使用如下的三个变量。

a) counter。一个 1~10 的计数器(即跟踪已经有多少个数输入了，并判断什么时候这 10 个数已经全部被处理了)。

b) number。用户最近输入的那个整数。

c) largest。到目前为止最大的那个数。

5.22 (表格式输出)编写一个 C#程序，它使用循环并用表格的形式显示如下的值：

N	10*N	100*N	1000*N
1	10	100	1000
2	20	200	2000
3	30	300	3000
4	40	400	4000
5	50	500	5000

5.23 (找出最大的两个数)使用与练习题 5.21 相似的方法，找出输入的 10 个值中最大的两个值。(注：一次只能输入一个数。)

5.24 (验证用户输入)修改图 5.13 中的程序，验证它的输入。对于任何输入值，如果它不为 1 或 2，则显示消息 "Invalid input"，然后进入循环，直到用户输入了正确的值。

5.25 (程序运行结果)下面的程序运行后会显示什么结果？

```csharp
1   // Ex. 5.25: Mystery2.cs
2   using System;
3
4   class Mystery2
5   {
6      static void Main()
7      {
8         int count = 1;
9
10        while (count <= 10)
11        {
12           Console.WriteLine(count % 2 == 1 ? "****" : "++++++++");
13           ++count;
14        }
15     }
16  }
```

5.26 (程序运行结果)下面的程序运行后会显示什么结果?

```
1   // Ex. 5.26: Mystery3.cs
2   using System;
3
4   class Mystery3
5   {
6      static void Main()
7      {
8         int row = 10;
9         int column;
10
11        while (row >= 1)
12        {
13           column = 1;
14
15           while (column <= 10)
16           {
17              Console.Write(row % 2 == 1 ? "<" : ">");
18              ++column;
19           }
20
21           --row;
22           Console.WriteLine();
23        }
24     }
25  }
```

5.27 (垂悬 else 问题)C#编译器总是将 else 与前面离它最近的 if 相关联,除非加上花括号来改变这种关系。这种行为导致了悬垂 else 问题。如下嵌套语句的缩进:

```
if (x > 5)
    if (y > 5)
        Console.WriteLine("x and y are > 5");
else
    Console.WriteLine("x is <= 5");
```

似乎表明,如果 x 大于 5,则嵌套 if 语句判断 y 是否也大于 5。如果是,则输出字符串 "x and y are > 5"。否则,如果 x 不大于 5,则 if…else 的 else 部分输出字符串 "x is <= 5"。小心! 这个嵌套 if…else 语句并不会按上面的方式执行。编译器实际上会将语句解释为

```
if (x > 5)
    if (y > 5)
        Console.WriteLine("x and y are > 5");
    else
        Console.WriteLine("x is <= 5");
```

其中,第一个 if 的语句体是一个嵌套 if…else 语句。外层 if 语句测试 x 是否大于 5。如果是,则继续测试 y 是否也大于 5。如果第二个条件为真,则显示正确的字符串 "x and y are > 5"。但是,如果第二个条件为假,则显示字符串 "x is <= 5",即使我们知道 x 是大于 5 的也会如此。与此类似的错误是,如果外层 if 语句的条件为假,则会跳过内层 if…else 语句,什么也不显示。对于这个练习题,需对上述代码添加花括号,以强制嵌套 if…else 语句按它的设计意图执行。

5.28 (另一个垂悬 else 问题)根据练习题 5.27 中对垂悬 else 问题的讨论,确定 x 为 9、y 为 11 或者 x 为 11、y 为 9 时下列各组代码的输出。下面的代码中已经省略了缩进,以使问题更具挑战性。(提示: 可采用前面讲解过的缩进约定。)

a)
```
if (x < 10)
if (y > 10)
Console.WriteLine("*****");
else
Console.WriteLine("#####");
Console.WriteLine("$$$$$");
```

b)
```
if (x < 10)
{
if (y > 10)
```

```
Console.WriteLine("*****");
}
else
{
Console.WriteLine("#####");
Console.WriteLine("$$$$$");
```

5.29 (另一个悬垂 else 问题)根据练习题 5.27 中对垂悬 else 问题的讨论,修改下列代码,以产生各小题中所示的输出。使用合适的缩进技术。除了插入花括号,不能做其他的更改。下面的代码中已经省略了缩进,以使问题更具挑战性。(注:有可能不需要做更改。)

```
if (y == 8)
if (x == 5)
Console.WriteLine("@@@@@");
else
Console.WriteLine("#####");
Console.WriteLine("$$$$$");
Console.WriteLine("&&&&&");
```

a) 假设 x = 5,y = 8,产生如下输出:

@@@@@
$$$$$
&&&&&

b) 假设 x = 5,y = 8,产生如下输出:

@@@@@

c) 假设 x = 5,y = 8,产生如下输出:

@@@@@
&&&&&

d) 假设 x = 5,y = 7,产生如下输出:

#####
$$$$$
&&&&&

5.30 (星状正方形)编写一个程序,提示用户输入正方形的边长,然后显示一个其边由星号组成的、边长为输入值(输入值即为组成正方形边所用的星号个数)的空心正方形。程序应对边长为 1~20 的正方形都适合。如果用户输入的值小于 1 或大于 20,则应分别显示边长为 1 或 20 的正方形。

5.31 (回文)回文是指顺读和倒读都相同的字符序列。例如,下列五位数都是回文:12321,55555,45554,11611。编写一个程序,读取一个五位数并判断它是否为回文。如果输入的数字不足五位,则显示一个错误消息,并让用户重新输入。(提示:用求余和除法运算符从右到左依次取得数字中的各个数。)

5.32 (显示与二进制数等价的十进制数)编写一个程序,输入为只包含 0 和 1 的一个整数(即二进制数),显示它的等价十进制数。(提示:从二进制数字中取得各个数的方法,与练习题 5.31 中从十进制数字中取得各个数的方法类似。在十进制系统中,最右边的那个数具有位值 1,向左的下一个数具有位值 10,然后是 100,1000,等等。十进制数 234 可以被解释为 4×1 + 3×10 + 2×100。在二进制系统中,最右边的那个数具有位值 1,向左的下一个数具有位值 2,然后是 4,8,等等。与二进制数 1101 等价的十进制数是 1×1 + 0×2 + 1×4 + 1×8,即 13。)

5.33 (星形棋盘图案)编写一个程序,要求只使用如下的输出语句:

```
Console.Write("* ");
Console.Write(" ");
Console.WriteLine();
```

显示下面的棋盘图案。不带实参的 Console.WriteLine 方法调用,会输出一个换行符。(提示:可使用循环语句。)

```
            * * * * *
         * * * * * * *
       * * * * * * * * *
     * * * * * * * * * * *
       * * * * * * * * *
         * * * * * * *
            * * * * *
```

5.34 (2 的倍数)编写一个程序，在控制台窗口显示整数 2 的倍数，即 2，4，8，16，32，64，等等。循环 40 次。运行这个程序时，会发生什么情况？

5.35 (找出代码中的错误)下列语句中有什么错误？假设正确语句是要对 x 和 y 的和加 1。

```
Console.WriteLine(++(x + y));
```

5.36 (三角形的边)编写一个程序，它读取由用户输入的三个非零值，然后判断并显示这些值是否能构成三角形的三条边。

5.37 (直角三角形的边)编写一个程序，它读取三个非零整数，然后判断并显示这些值是否能构成一个直角三角形的三条边。

5.38 (阶乘)非负整数 n 的阶乘可写为 $n!$，它的定义如下：

$n! = n \cdot (n-1) \cdot (n-2) \cdot \cdots \cdot 1$（$n$ 的值大于或等于 1）

和

$n! = 1 \quad (n = 0)$

例如，$5! = 5 \cdot 4 \cdot 3 \cdot 2 \cdot 1$，即 120。编写一个程序，它读取一个非负整数，然后计算并显示它的阶乘。

5.39 (无穷序列：数学常量 e)编写一个程序，它使用如下公式估计数学常量 e 的值：

$$e = 1 + \frac{1}{1!} + \frac{1}{2!} + \frac{1}{3!} + \cdots$$

(System 命名空间 Math 类中的)预定义常量 Math.E 提供了 e 的近似值。利用 WriteLine 方法同时输出 e 的估计值和 Math.E，以供比较。

5.40 (无穷序列：e^x)编写一个程序，它使用如下公式计算 e^x 的值：

$$e^x = 1 + \frac{x}{1!} + \frac{x^2}{2!} + \frac{x^3}{3!} + \cdots$$

将程序的计算结果与下列方法调用的返回值进行比较：

```
math.Pow(Math.E, x)
```

(注：预定义的方法 Math.Pow 带有两个实参，第二个实参为第一个实参的指数。6.6 节将探讨 Math.Pow。)

挑战题

5.41 (全球人口增长)在过去的几个世纪，全球的人口数量已经大幅增加了。持续的增长最终将导致对空气、饮用水、可耕地以及其他有限资源的挑战。有证据表明，最近几年的人口增长已经减缓了，在 21 世纪的某个时刻，全球人口数量将达到顶峰，然后开始下降。

对于这个练习题，需在线研究全球人口的增长情况。一定要调查各种不同的观点。估计当前的全球人口数量和增长率(即今年将增加的大致百分比)。编写一个程序，计算接下来的 75 年中每一年的全球人口增加数量，假设每年的增长率与今年的一致且保持不变。显示结果时，第一列应显示 1～75 的年数，第二列应显示到该年末预计的人口数量，第三列应显示该年新增加的人口数量。利用这些结果，判断在哪一年全球人口数量将会是现在的两倍。假设年增长率保持不变。(提示：应使用 double 变量而不是 int 变量，因为 int 变量最大只能存储约为 20 亿的数。使用格式指定符 F0 来显示 double 值，它会将值四舍五入成最接近的整数——格式指定符中的"0"表示小数点右边没有数位。)

5.42 (用密码强制保护隐私) Internet 通信以及基于连接到 Internet 的计算机上的数据存储的爆炸式增长，已经极大地突显了隐私保护的问题。密码学关注的是将数据编码，使它难于被未授权的用户读取，甚至希望即使采用最先进的方法也无法读取。在这个练习题中，需要为加密和解密数据给出一种简单的机制。希望在 Internet 上发送数据的一家公司，要求你编写一个加密数据的程序，以使它能更安全地传输。所有的数据都是作为 4 位整数传输的。程序应读取由用户输入的一个 4 位整数，并用如下方法加密它：将每位数字进行如下替换：将它与 7 相加，然后将这个新值除以 10，得到的余数即为替换后的数字。接着，将第一、第三位数字互换，将第二、第四位数字互换。最后显示加密后的整数。编写另一个程序，它输入加密后的一个 4 位整数，然后解密它(是加密的逆过程)，以得到原始数字。应使用格式指定符 D4 来显示加密后的值，以应对起始数字为 0 的情况。格式指定符 D 用于格式化整数值，D4 表示值应当用最少 4 位数字来格式化，前面有可能是 0。

第6章 控制语句(2)

目标

本章将讲解

- 计数器控制循环的实质。
- 使用 for 和 do…while 循环语句重复执行程序中的语句。
- 理解使用 switch 选择语句的多项选择。
- 使用 break 和 continue 控制语句改变控制流。
- 在控制语句中使用逻辑运算符构成复合条件。
- 理解 "&&" 和 "||" 运算符的短路求值。
- 理解用浮点数据类型表示货币值时可能出现的表示性错误。
- 结构化编程和 C# 控制语句的小结。

概要

6.1 简介
6.2 计数器控制循环的实质
6.3 for 循环语句
    6.3.1 对 for 语句首部的深入分析
    6.3.2 for 语句的通用格式
    6.3.3 for 语句控制变量的作用域
    6.3.4 for 语句首部中的表达式是可选的
    6.3.5 在 for 语句首部中放入算术表达式
    6.3.6 在 for 语句体中使用控制变量
    6.3.7 for 语句的 UML 活动图
6.4 使用 for 语句的示例
6.5 程序：对偶数求和
6.6 程序：复利计算
    6.6.1 用 Math 方法 Pow 计算利息
    6.6.2 用字段宽度和对齐方式格式化
    6.6.3 警告：不要对货币值使用 float 或 double 类型
6.7 do…while 循环语句
6.8 switch 多选择语句
    6.8.1 用 switch 语句对各种成绩等级计数
    6.8.2 switch 语句的 UML 活动图
    6.8.3 关于 switch 语句每个分支中表达式的说明
6.9 AutoPolicy 类案例分析：switch 语句中的字符串
6.10 break 和 continue 语句
    6.10.1 break 语句
    6.10.2 continue 语句
6.11 逻辑运算符
    6.11.1 条件与 "&&" 运算符
    6.11.2 条件或 "||" 运算符
    6.11.3 复杂条件的短路求值
    6.11.4 布尔逻辑与 "&" 和布尔逻辑或 "|" 运算符
    6.11.5 布尔逻辑异或 "^" 运算符
    6.11.6 逻辑非 "!" 运算符
    6.11.7 逻辑运算符示例
6.12 结构化编程小结
6.13 小结

摘要 | 术语表 | 自测题 | 自测题答案 | 练习题 | 挑战题

6.1 简介

本章继续结构化编程理论和原则的讨论，介绍 C# 中使用的控制语句，并且将演示 for、do…while 和 switch 语句的用法。通过一些使用 while 和 for 语句的示例，将揭示计数器控制循环的实质。本章将使用 switch 语句，根据用户输入的一组数字成绩，计算对应的 A、B、C、D 和 F 成绩等级的数量。本章还将介绍 break 和 continue 控制语句，讨论 C# 的逻辑运算符，它们能在控制语句中组合简单的条件表达式。最后，将总结 C# 的控制语句以及本章和第 5 章讲解过的问题求解技术。

6.2 计数器控制循环的实质

这一节使用第 5 章讨论过的 while 循环语句来形式化执行计数器控制循环所需的如下要素：

1. 一个控制变量(control variable)或循环计数器。
2. 控制变量的初始值(initial value)。
3. 应用于循环的控制变量增量(increment)。
4. 确定是否应该再次循环的循环继续条件(loop-continuation condition)。

考虑图 6.1 中的程序，它使用一个循环来显示 1～10 的数。

```
1   // Fig. 6.1: WhileCounter.cs
2   // Counter-controlled iteration with the while iteration statement.
3   using System;
4
5   class WhileCounter
6   {
7      static void Main()
8      {
9         int counter = 1; // declare and initialize control variable
10
11        while (counter <= 10) // loop-continuation condition
12        {
13           Console.Write($"{counter}   ");
14           ++counter; // increment control variable
15        }
16
17        Console.WriteLine();
18     }
19  }
```

```
1  2  3  4  5  6  7  8  9  10
```

图 6.1　包含 while 循环语句的计数器控制循环

图 6.1 中，计数器控制循环的要素在第 9 行、第 11 行和第 14 行定义。第 9 行将控制变量(counter)声明为 int 类型，在内存中为其保留空间，并将其初始值设置为 1。

第 13 行显示了每次循环迭代时控制变量 counter 的值。每次循环迭代时，第 14 行将控制变量的值增加 1。while 中的循环继续条件(第 11 行)测试控制变量的值是否小于或等于 10(这是条件为真时的终止值)。即使当控制变量的值为 10 时，程序也会执行 while 语句体。当控制变量的值超过 10 时(即 counter 变为 11)，循环会终止。

错误防止提示 6.1
因为浮点值是近似值，因此用 float 或 double 类型的变量来控制计数器循环，可能导致不精确的计数器值和不准确的终止测试。应使用整数值来控制循环的计数。

6.3 for 循环语句

6.2 节给出了计数器控制循环的实质。while 语句可用来实现任何计数器控制循环。C#还提供了 for 循环语句，它在一行代码中指定计数器控制循环的所有细节。一般情况下，for 语句用于计数器控制循环，而 while 语句用于标记控制循环。但是，while 和 for 都可以用于这两种循环类型。图 6.2 利用 for 语句重新实现了图 6.1 中的程序。

```
1   // Fig. 6.2: ForCounter.cs
2   // Counter-controlled iteration with the for iteration statement.
3   using System;
4
5   class ForCounter
6   {
7      static void Main()
8      {
9         // for statement header includes initialization,
10        // loop-continuation condition and increment
11        for (int counter = 1; counter <= 10; ++counter)
12        {
13           Console.Write($"{counter}   ");
14        }
15
16        Console.WriteLine();
17     }
18  }
```

```
1 2 3 4 5 6 7 8 9 10
```

图 6.2　包含 for 循环语句的计数器控制循环

当 for 语句(第 11～14 行)开始执行时，声明控制变量 counter，并将其初始化为 1(回忆 6.2 节，计数器控制循环的前两个要素是控制变量及其初始值)。接下来，程序检查循环继续条件：counter <= 10，其前后必须有两个分号。由于 counter 的初始值为 1，所以开始时该条件为真。因此，语句体(第 13 行)显示控制变量 counter 的值，即 1。执行完循环体之后，程序通过表达式++counter(即第二个分号右侧的部分)将 counter 加 1。然后，再次测试循环，以判断是否应该继续进行下一次迭代。这时，counter 的值为 2，因此条件仍为真(还未超过终止值 10)，程序再次执行语句体。这一过程持续到显示了 1～10 这些数，并且 counter 的值变为 11。这时，继续循环的测试失败，循环终止，程序继续在 for 语句之后的那一条语句执行(第 16 行)。

图 6.2(在第 11 行中)使用了循环继续条件 counter <= 10。如果将条件错误地指定成 counter < 10，则循环将只迭代 9 次。这种常见的逻辑错误，称为"差 1 错误"。

常见编程错误 6.1

在循环语句的循环继续条件中，使用不正确的关系运算符或循环计数器终止值，都会导致差 1 错误。

错误防止提示 6.2

在循环继续条件中使用终止值和"<="运算符，可避免产生差 1 错误。对于显示 1～10 的循环，循环继续条件应为 counter<=10(而不是 counter<10，它会导致差 1 错误)或 counter < 11。许多程序员喜欢使用基于 0 的计数。这时，为了计算 10 次，counter 应初始化为 0，而循环继续条件应为 counter < 10。

6.3.1　对 for 语句首部的深入分析

图 6.3 更深入地分析了图 6.2 中的 for 语句。for 语句的第一行(包括关键字 for 以及后面圆括号中的

所有内容),即图 6.2 第 11 行,有时称为 for 语句首部(for statement header)。for 语句首部"承担了所有工作"——指定包含控制变量的 for 计数器控制循环所需的各项。

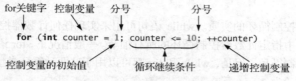

图 6.3　for 语句首部的构成

6.3.2　for 语句的通用格式

for 语句的一般格式是

for (*initialization*; *loopContinuationCondition*; *increment*)
{
　　statement
}

其中,*initialization* 表达式命名循环的控制变量,并可提供其初始值;*loopContinuationCondition* 是确定循环是否应该继续执行的条件,*increment* 修改控制变量的值(可能是增量,也可能是减量),以便循环继续条件最终变成假。for 语句首部中的两个分号是必须有的。注意,语句末尾没有分号,因为中间已经包含了分号。

6.3.3　for 语句控制变量的作用域

如果 for 语句首部中的 *initialization* 表达式声明了控制变量(即控制变量的类型在变量名称之前指定,如图 6.2 所示),则控制变量只能用在这个 for 语句中——for 语句之外它将不再存在。控制变量名称的这种受限使用的范围,即指变量的作用域(scope)。变量的作用域,定义了该变量可以在程序中的什么位置使用。例如,一个局部变量只能用在声明该变量的方法中,并且只能用在从声明它的地方到声明它的语句块的结尾。第 7 章将详细讨论作用域。

常见编程错误 6.2
　　当 for 语句的控制变量在 for 语句首部的 *initialization* 部分声明时,如果在 for 语句体之后使用它,则会导致编译错误。

6.3.4　for 语句首部中的表达式是可选的

for 语句首部中的三个表达式都是可有可无的。如果省略 *loopContinuationCondition*,则 C#假设条件总为真,因此会产生无限循环。如果程序在循环前初始化了控制变量,则可以省略 *initialization* 表达式。这时,控制变量的作用域不会限制在循环内。如果程序通过循环体中的语句来计算增量,或者根本不需要增量,则可以省略 *increment* 表达式。for 语句中的 *increment* 表达式,就像 for 语句体末尾的一条独立语句。因此,表达式:

```
counter = counter + 1
counter += 1
++counter
counter++
```

都与 for 语句中的 *increment* 表达式等价。许多程序员更喜欢用 counter++,因为它很简单,并且 for 循环是在语句体执行之后计算增量表达式的。因此,后置递增形式似乎更自然。这时,让值增加的变量并不出现在更大的表达式中,因此前置增量和后置增量运算符实际上具有相同的效果。

性能提示 6.1
　　前置增量稍微有些性能优势,但如果因看起来更自然而选择后置增量(正如 for 语句首部中那样),则编译器会将其优化成形式更为有效的代码。

第 6 章 控制语句(2)

错误防止提示 6.3

若循环语句中的循环继续条件永远不会变成假,则会出现无限循环。为了防止在计数器控制循环中出现这种情况,应确保在每次迭代时,控制变量的值是增加(或减小)的。在标记控制循环中,应确保最终输入了标记值。

6.3.5 在 for 语句首部中放入算术表达式

在 for 语句的初始化、循环继续条件和增量部分中,都可以包含算术表达式。例如,假设 x = 2,y = 10,如果 x 和 y 都在循环体中没有被修改,则语句:

```
for (int j = x; j <= 4 * x * y; j += y / x)
```

等价于:

```
for (int j = 2; j <= 80; j += 5)
```

for 语句的增量值也可以为负数,这时实际上就是减量,循环是向下计数的。

6.3.6 在 for 语句体中使用控制变量

程序经常显示控制变量的值,或在循环体中将其用于计算,但这些用法并不是必需的。在 for 循环中,控制变量常用于控制循环,而在 for 语句体中不涉及它。

错误防止提示 6.4

尽管在 for 循环体中可以改变控制变量的值,但应该避免这样做,因为在实践中这样做会导致一些微妙的错误。如果程序必须在循环体中修改控制变量的值,则应使用 while 而不是 for 语句。

6.3.7 for 语句的 UML 活动图

图 6.4 展示了图 6.2 中 for 语句的 UML 活动图。通过这个图,显然可以看出初始化发生在第一次循环继续测试的求值之前,而增量操作发生在每次循环时执行了语句体之后。

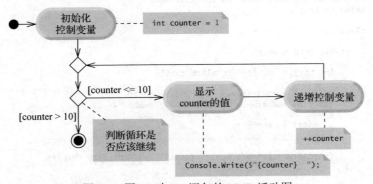

图 6.4 图 6.2 中 for 语句的 UML 活动图

6.4 使用 for 语句的示例

下面的几个示例演示了在 for 语句中改变控制变量值的几种技术。对于每种情况,都只写出了适当的 for 语句首部。要注意循环中用于控制变量减量的关系运算符的变化。

a) 控制变量从 1 变到 100,增量为 1。

```
for (int i = 1; i <= 100; ++i)
```

b) 控制变量从 100 变到 1,减量为 1。

```
for (int i = 100; i >= 1; --i)
```

c) 控制变量从 7 变到 77，增量为 7。

```
for (int i = 7; i <= 77; i += 7)
```

d) 控制变量从 20 变到 2，减量为 2。

```
for (int i = 20; i >= 2; i -= 2)
```

e) 按 2，5，8，11，14，17，20 的规律来改变控制变量。

```
for (int i = 2; i <= 20; i += 3)
```

f) 按 99，88，77，66，55，44，33，22，11，0 的规律来改变控制变量。

```
for (int i = 99; i >= 0; i -= 11)
```

常见编程错误 6.3

对于向下计数的循环，如果在循环继续条件里没有使用合适的关系运算符(如在向下计数到 1 的循环中使用了 i <= 1，而不是 i >= 1)，则通常会导致逻辑错误。

常见编程错误 6.4

如果控制变量的增减量大于 1，则不要在循环继续条件中使用相等性运算符("!="或"==")。例如，对于这样的 for 语句首部：(int counter = 1; counter != 10; counter += 2)，该循环继续条件 "counter != 10" 永远不会变为假(从而导致无限循环)，因为每次迭代的增量为 2。

6.5 程序：对偶数求和

现在考虑一个应用示例，它演示了 for 语句的简单用法。图 6.5 中的程序使用一条 for 语句求 2~20 的偶数和，并将结果保存在一个名称为 total 的 int 变量中。循环的每次迭代(第 12~15 行)都将控制变量 number 的当前值与变量 total 相加。

```
 1   // Fig. 6.5: Sum.cs
 2   // Summing integers with the for statement.
 3   using System;
 4
 5   class Sum
 6   {
 7      static void Main()
 8      {
 9         int total = 0; // initialize total
10
11         // total even integers from 2 through 20
12         for (int number = 2; number <= 20; number += 2)
13         {
14            total += number;
15         }
16
17         Console.WriteLine($"Sum is {total}"); // display results
18      }
19   }
```

```
Sum is 110
```

图 6.5 用 for 语句求偶数和

初始化表达式和增量表达式，可以是用逗号分隔的表达式列表，这样就可以使用多个初始化表达式或多个增量表达式。例如，尽管不鼓励这样做，但第 14 行的 for 语句体可以合并到 for 语句首部的增量部分中(使用逗号分隔)，如下所示：

```
total += number, number += 2
```

6.6 程序：复利计算

下一个程序使用 for 语句计算复利。考虑如下的问题：

一个人在储蓄账户上存入 1000 美元，年利率为 5%。假设所有利息都继续存入，计算并输出 10 年间每年年末时账户上的存款余额。利用下面的公式来确定余额：

$$a = p(1+r)^n$$

其中

p 为最初投入的资金(即本金)
r 为年利率(5%的年利率即 0.05)
n 为年数
a 是第 n 年末时的余额

对这个问题的求解(见图 6.6)涉及一个循环，为 10 年间的每一年计算存款余额。

```csharp
1   // Fig. 6.6: Interest.cs
2   // Compound-interest calculations with for.
3   using System;
4
5   class Interest
6   {
7      static void Main()
8      {
9         decimal principal = 1000; // initial amount before interest
10        double rate = 0.05; // interest rate
11
12        // display headers
13        Console.WriteLine("Year    Amount on deposit");
14
15        // calculate amount on deposit for each of ten years
16        for (int year = 1; year <= 10; ++year)
17        {
18           // calculate new amount for specified year
19           decimal amount = principal *
20              ((decimal) Math.Pow(1.0 + rate, year));
21
22           // display the year and the amount
23           Console.WriteLine($"{year,4}{amount,20:C}");
24        }
25     }
26  }
```

```
Year    Amount on deposit
   1           $1,050.00
   2           $1,102.50
   3           $1,157.63
   4           $1,215.51
   5           $1,276.28
   6           $1,340.10
   7           $1,407.10
   8           $1,477.46
   9           $1,551.33
  10           $1,628.89
```

图 6.6 使用 for 循环进行复利计算

第 9 行和第 19 行分别声明 decimal 变量 principal 和 amount，第 10 行声明 double 变量 rate。第 9~10 行还将 principal 初始化为 1000(美元)，将 rate 初始化为 0.05。C#将 0.05 之类的数值型常量看成 double 类型。类似地，C#将 7 和 1000 这样的整数常量当成 int 类型——与 double 值不同，可以将 int 值赋予 decimal 类型的变量。principal 初始化为 1000 时，int 类型会被隐式地提升为 decimal 类型，不要求进行强制转换。第 13 行输出两列结果的列标题。第一列显示年，第二列显示该年末的存款余额。

6.6.1 用 Math 方法 Pow 计算利息

类提供了对其对象执行常见任务的方法。大多数方法都必须对某个具体对象进行调用。例如，图4.12中为了将钱存入银行账户，需对 Account 对象 account1 和 account2 调用 Deposit 方法。许多类还提供执行常见任务但不指定对象的方法，它们必须通过类名称调用。这样的方法称为静态方法(static method)。前面已经使用过 Console 类的几个静态方法——Write、WriteLine 和 ReadLine。通过指定类名称，后接一个成员访问运算符"."以及方法名，即可调用静态方法。也就是

ClassName.*MethodName*(*arguments*)

C#并没有包含求幂运算符，但是可以用 Math 类的静态方法 Pow 执行复利计算。表达式：

```
Math.Pow(x, y)
```

计算 x 的 y 次幂。这个方法接收两个 double 实参，返回一个 double 值。图 6.6 第 19~20 行执行来自问题描述中的计算：

$a = p(1+r)^n$

其中 a 表示存款余额，p 表示本金，r 是年利率，n 是年数。在这个计算中，要将一个 decimal 值 principal 乘以一个 double 值(Math.Pow 的返回值)。C#并不在 decimal 和 double 之间进行隐式转换，因为这种转换可能丢失信息，因此第 20 行有一个"(decimal)"强制转换运算符，它显式地将 Math.Pow 返回的 double 值变成 decimal 值。

for 语句体中包含了 1.0 + rate 的计算，它作为 Math.Pow 方法的实参出现。事实上，这个计算在每次循环时都产生相同的结果，因此每次循环迭代时重复这个计算是一种浪费。

性能提示 6.2

在循环中，应避免进行那些结果从来不会更改的计算——这样的计算通常应该放在循环之前。编译器通常会进行这样的优化。

6.6.2 用字段宽度和对齐方式格式化

每次计算之后，第 23 行：

```
Console.WriteLine($"{year,4}{amount,20:C}");
```

显示年数及当年末的存款余额。插值表达式：

```
{year,4}
```

格式化 year 的输出。逗号后的整数 4 表明，输出值显示的字段宽度(field width)应该为 4，即 WriteLine 用至少 4 个字符的位置显示值。如果要输出的值小于 4 个字符宽度(这里为 1 个或 2 个字符)，则字段中的值默认为右对齐(right-aligned)——值的前面有 2 个或 3 个空格。如果要输出的值超过了 4 个字符宽度，则字段将向右扩展，以容纳整个值。这样将会使第二列向右延伸，破坏表格格式输出中列的整齐性。同样，插值表达式：

```
{amount,20:C}
```

将 amount 格式化成货币(C)形式，在至少 20 个字符的字段宽度内右对齐显示。负字段宽度值表示输出为左对齐。

6.6.3 警告：不要对货币值使用 float 或 double 类型

4.9 节中讲解过简单类型 decimal，它用于精确表示和计算货币值。也许可以尝试用浮点类型 float 或 double 执行类似的计算。但是对于某些值，如果采用 float 或 double 类型，则可能会出现一种"表示性错误"(representational error)。例如，当用 10 除以 3 时，结果是浮点数 3.333 333 3…，这个 3 的序列会无限循环下去。计算机只分配了固定数量的空间来容纳这样的值，因此，被保存的浮点值只能是近似值。

常见编程错误 6.5
使用浮点数时(如用浮点数进行相等性比较)，如果假定它们是精确表示的，则会导致错误结果。浮点数是近似表示的。

错误防止提示 6.5
不要使用 double(或 float) 类型的变量来执行精确的货币计算，而应使用 decimal 类型。浮点数是不精确的，可能导致错误，产生不准确的货币值。

浮点数的应用

浮点数的应用很广泛，尤其可用于表示一些度量的值。例如，当说到(人的)正常体温为 98.6 华氏度时，并不需要精确到很大的位数。当把体温计上的温度读成 98.6 时，它实际可能是 98.599 947 321 064 3。对于涉及体温的大多数程序而言，将这个数字简化成 98.6 是合适的。同样，第 5 章中曾使用 double 类型来执行班级平均成绩的计算。由于浮点数的非精确性，double 类型比 float 类型更合适，因为 double 变量能够更精确地表示浮点数。为此，本书中将用 decimal 类型处理货币值，而将 double 类型用于其他情况。

注意四舍五入值的显示

假设保存在计算机中的两个 double 类型美元额是 14.234(通常会将其四舍五入到 14.23，以供显示)和 18.673(通常会将其显示成 18.67)。这两个金额相加时，得到的内部和是 32.907，但通常会将其显示成 32.91(四舍五入)。因此，输入就是这样的：

```
  14.23
+ 18.67
-------
  32.91
```

但是，如果我们自己将显示的这两个数相加，则得到的和应该是 32.90。所以要小心这种计算！对于使用编程语言工作的人来说，如果这种语言不支持用于精确的货币计算的类型，比如 decimal，则可以参照练习题 6.18，它解释了执行这种计算的整数用法。

6.7 do…while 循环语句

do…while 循环语句类似于 while 语句。while 语句中，执行循环体之前会先在循环的开头测试循环继续条件。如果条件为假，则不执行语句体。do…while 语句在执行循环体之后测试循环继续条件，因此循环体总是至少执行一次。do…while 语句终止时，将继续执行语句序列中的下一条语句。图 6.7 中用 do…while 语句(第 11~15 行)输出数字 1~10。

```
 1   // Fig. 6.7: DoWhileTest.cs
 2   // do...while iteration statement.
 3   using System;
 4
 5   class DoWhileTest
 6   {
 7      static void Main()
 8      {
 9         int counter = 1; // initialize counter
10
11         do
12         {
13            Console.Write($"{counter}   ");
14            ++counter;
15         } while (counter <= 10); // required semicolon
16
17         Console.WriteLine();
18      }
19   }
```

```
1 2 3 4 5 6 7 8 9 10
```

图 6.7 do…while 循环语句

第 9 行声明并初始化了控制变量 counter。一旦进入 do…while 语句,第 13 行就输出 counter 的值,而第 14 行将 counter 加 1。然后,程序计算循环底部的循环继续测试条件的值(第 15 行)。如果条件为真,则继续执行 do…while 语句中的第一条语句(第 13 行)。如果条件为假,则终止循环,程序继续执行循环之后的下一条语句(第 17 行)。

do…while 循环语句的 UML 活动图

图 6.8 中给出了 do…while 循环语句的 UML 活动图。通过该图显然可以看出,至少执行一次循环体动作状态后,才会对循环继续条件求值。可以将这个活动图与 while 语句的活动图(见图 5.7)进行比较。

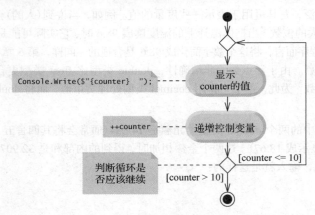

图 6.8 do…while 循环语句的 UML 活动图

6.8 switch 多选择语句

第 5 章讨论过 if 单选择语句和 if…else 双选择语句。C#还提供了 switch 多选择语句,它能够基于一个表达式的可能值执行不同的动作。每个动作都与 switch 语句中表达式的值相关联。这些表达式,可以是常量整型表达式(constant integral expression)或者常量字符串表达式(constant string expression):

- 常量整型表达式是任何涉及字符和整数常量的表达式,其计算结果为一个整数值,例如 sbyte、byte、short、ushort、int、uint、long、ulong、char 类型的值,或者 enum 类型的常量(enum 类型见 7.9 节的介绍)。
- 常量字符串表达式由字符串字面值或 const 字符串变量构成,它们的结果总是一个不变的字符串。

6.8.1 用 switch 语句对各种成绩等级计数

图 6.9 中的程序计算用户输入的一组数字成绩的平均值,而且还利用一个 switch 语句来判断每个成绩是否等价于 A、B、C、D 或 F 成绩等级,并使相应的成绩等级计数器加 1。程序还给出了每个成绩等级的学生数的汇总。

```
1   // Fig. 6.9: LetterGrades.cs
2   // Using a switch statement to count letter grades.
3   using System;
4
5   class LetterGrades
6   {
7       static void Main()
8       {
9           int total = 0; // sum of grades
10          int gradeCounter = 0; // number of grades entered
11          int aCount = 0; // count of A grades
12          int bCount = 0; // count of B grades
```

图 6.9 用 switch 语句对成绩等级进行计算

```csharp
13      int cCount = 0; // count of C grades
14      int dCount = 0; // count of D grades
15      int fCount = 0; // count of F grades
16
17      Console.WriteLine("Enter the integer grades in the range 0-100.");
18      Console.WriteLine(
19          "Type <Ctrl> z and press Enter to terminate input:");
20
21      string input = Console.ReadLine(); // read user input
22
23      // loop until user enters the end-of-file indicator (<Ctrl> z)
24      while (input != null)
25      {
26          int grade = int.Parse(input); // read grade off user input
27          total += grade; // add grade to total
28          ++gradeCounter; // increment number of grades
29
30          // determine which grade was entered
31          switch (grade / 10)
32          {
33              case 9: // grade was in the 90s
34              case 10: // grade was 100
35                  ++aCount; // increment aCount
36                  break; // necessary to exit switch
37              case 8: // grade was between 80 and 89
38                  ++bCount; // increment bCount
39                  break; // exit switch
40              case 7: // grade was between 70 and 79
41                  ++cCount; // increment cCount
42                  break; // exit switch
43              case 6: // grade was between 60 and 69
44                  ++dCount; // increment dCount
45                  break; // exit switch
46              default: // grade was less than 60
47                  ++fCount; // increment fCount
48                  break; // exit switch
49          }
50
51          input = Console.ReadLine(); // read user input
52      }
53
54      Console.WriteLine("\nGrade Report:");
55
56      // if user entered at least one grade...
57      if (gradeCounter != 0)
58      {
59          // calculate average of all grades entered
60          double average = (double) total / gradeCounter;
61
62          // output summary of results
63          Console.WriteLine(
64              $"Total of the {gradeCounter} grades entered is {total}");
65          Console.WriteLine($"Class average is {average:F}");
66          Console.WriteLine("Number of students who received each grade:");
67          Console.WriteLine($"A: {aCount}"); // display number of A grades
68          Console.WriteLine($"B: {bCount}"); // display number of B grades
69          Console.WriteLine($"C: {cCount}"); // display number of C grades
70          Console.WriteLine($"D: {dCount}"); // display number of D grades
71          Console.WriteLine($"F: {fCount}"); // display number of F grades
72      }
73      else // no grades were entered, so output appropriate message
74      {
75          Console.WriteLine("No grades were entered");
76      }
77  }
78 }
```

```
Enter the integer grades in the range 0-100.
Type <Ctrl> z and press Enter to terminate input:
99
92
45
57
63
```

图 6.9(续)　用 switch 语句对成绩等级进行计算

```
71
76
85
90
100
^Z
Grade Report:
Total of the 10 grades entered is 778
Class average is 77.80
Number of students who received each grade:
A: 4
B: 1
C: 2
D: 1
F: 2
```

图 6.9(续)　用 switch 语句对成绩等级进行计算

第 9 行和第 10 行分别声明了局部变量 total 和 gradeCounter，并将它们初始化成 0。分别用于跟踪总成绩以及用户输入的成绩个数。第 11～15 行声明了表示每个成绩等级的计数器变量，并将它们初始化成 0。Main 方法包含两个主要部分。第 21～52 行使用标记控制循环，从用户处读取一个任意整数成绩，更新变量 total 和 gradeCounter，并针对输入的每个成绩更新相应的字母成绩等级计数器。第 54～76 行输出一个报告，其中包含所有输入成绩的和、成绩平均值以及每个字母成绩等级的学生数。

从用户处读取 10 个成绩

第 17～19 行提示用户输入整数成绩，并通过输入 Ctrl + z 组合键和按回车键来终止输入。Ctrl + z 组合键，表示在命令提示窗口下输入时，要同时按下 Ctrl 键和 z 键。Ctrl + z 组合键是一个 Windows 键序列，表示文件结束指示符(end-of-file indicator)。这是告诉程序没有更多数据要输入的途径之一。当程序在用 ReadLine 方法等待输入时，如果输入了 Ctrl + z 组合键，则会返回 null 值（文件结束指示符是与系统有关的键击组合。在许多非 Windows 系统中，文件结束指示符是 Ctrl + d 组合键）。第 17 章中将介绍程序从文件读取输入时如何使用文件结束指示符。输入文件结束指示符时，Windows 通常会在命令提示窗口中显示"^Z"字符，如图 6.9 所示。

第 21 行用 ReadLine 方法取得用户输入的第一行，并将它存储在变量 input 中。while 语句(第 24～52 行)处理这个用户输入。第 24 行的条件检查 input 的值是否为 null——Console 类的 ReadLine 方法只有在用户输入了文件结束指示符时才返回 null。只要不输入文件结束指示符，input 就不会为 null，条件就为真。

第 26 行将 input 中的字符串转换成 int 类型，第 27 行将 grade 加到 total 上，第 28 行将 gradeCounter 增加 1。

处理成绩

switch 语句(第 31～49 行)判断应该增加哪个计数器的值。这个示例中，假设用户输入了 0～100 的一个有效成绩。90～100 的成绩代表 A，80～89 代表 B，70～79 代表 C，60～69 代表 D，0～59 代表 F。switch 语句由一个语句块组成，它包含一个分支标签(case label)序列和一个可选的默认分支(default label)。此处的这些语句，用于判断基于成绩应将哪个计数器加 1。

switch 语句

当控制流到达 switch 语句时，程序对圆括号中的表达式"grade / 10"进行求值。这种表达式称为 switch 表达式。程序会尝试将 switch 表达式的值与每个分支标签进行比较。第 31 行的 switch 表达式执行的是整数除法，它会将结果的小数部分截去。因此，当将 0～100 的任何值除以 10 时，结果总是一个 0～10 的值。在分支标签中使用了几个这样的结果值。例如，如果用户输入整数 85，则 switch 表达式求值为 int 值 8。switch 比较 8 与每个分支，如果发现匹配(第 37 行的 "case 8:")，则程序执行这个分支语句。对于整数 8，第 38 行将 bCount 加 1，因为 80 多分的成绩对应的成绩等级是 B。

break 语句(第 39 行)使程序控制继续执行 switch 之后的第一条语句(第 51 行)，这条语句读取用户输入的下一行，并将其赋予变量 input。第 52 行标志着输入成绩的 while 语句体的结束，因此控制流进入 while 的条件(第 24 行)，以判断是否应该基于为 input 变量最近赋予的值继续执行循环。

连续的分支标签

switch 语句中的几个分支，分别测试了值 10、9、8、7、6 的情况。第 33～34 行测试了 9 和 10 的情况，二者都代表成绩等级 A。以这种方式连续列出多个分支标签的情况，并且它们之间没有语句，就可以使它们执行一组相同的语句。也就是说，当控制表达式求值为 9 或 10 时，将执行第 35～36 行的语句。switch 语句不提供测试值范围的机制，因此要测试的每一个值，都必须列在单独的分支标签中。每个分支中都可以有多条语句。switch 语句与其他控制语句不同，在分支中不需要用花括号将多条语句包围起来。

默认分支

如果 switch 表达式的值和分支标签之间没有出现匹配的情况，则执行默认分支(第 47～48 行)。这个示例中，使用默认分支来处理 switch 表达式的值小于 6 的所有情况，即所有不及格的成绩等级。如果没有匹配成功且 switch 语句没有包含默认分支，则程序控制会简单地继续执行 switch 语句后的下一条语句。

好的编程经验 6.1
尽管 switch 语句中的每个分支和默认分支可以按任意顺序出现，但最好是将默认分支放在最后。

C#的 switch 语句不会"落入"后续分支

在许多其他使用 switch 语句的编程语言中，分支末尾的 break 语句不是必要的。这类语言中，如果没有 break 语句，则每次在 switch 中找到匹配之后，就会执行对应分支的语句以及后续的分支语句，直至遇到 break 语句或到达 switch 语句末尾时为止。这种情况常称为"落入"后续分支语句中。忘记加上 break 语句经常会导致逻辑错误。C#与这些编程语言不同，位于每个分支后面的语句，需要包含一条终止这个分支的语句，比如 break、return 或者 throw[①]。如果没有这样的语句，则会发生编译错误[②]。

显示成绩报告

第 54～76 行根据输入的成绩显示一个报告(见图 6.9 中的输入/输出窗口)。第 57 行确定用户是否至少输入了一个成绩——这有助于避免被零除的情况。如果是，则第 60 行计算平均成绩。然后，第 63～71 行输出总成绩、班级平均成绩，以及获得每种字母成绩等级的学生数。如果没有输入任何成绩，则第 75 行输出一条适当的消息。图 6.9 中的输出展示了 10 个成绩的示例成绩报告。

6.8.2 switch 语句的 UML 活动图

图 6.10 展示了常规的 switch 语句的 UML 活动图。分支标签后面的每组语句，通常以 break 或 return 语句结束执行，在处理该分支之后终止 switch 语句。一般情况下应使用 break 语句。图 6.10 通过在活动图中包括 break 语句而强调了这一点。通过这个图显然可以看出，每个分支末尾的 break 语句可以立即使控制退出 switch 语句。

6.8.3 关于 switch 语句每个分支中表达式的说明

在 switch 语句的分支中，常量整型表达式也可以是字符常量(character constant)——位于单引号中的特定字符，如 'A'、'7'或'$'——它们表示字符的整数值(附录 C 中给出了 ASCII 字符集中字符的整数值，而 ASCII 字符集是 C#所用的 Unicode 字符集的子集)。字符串常量(或字符串字面值)是双引号中的字符

[①] 第 13 章中将讨论 throw 语句。
[②] 将分支或者默认分支中的 break 语句用一条类似"goto case *value*;"或"goto default;"的语句替换(其中 *value* 为 switch 分支中的一个常量值或字面值)，就可以实现这种"落入"效果。

序列或者 const 类型的字符串变量，前者如"Welcome to C# Programming!"。对于字符串常量，还可以使用 null 或 string.Empty 值。

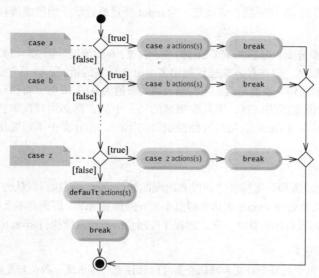

图 6.10　带 break 语句的 switch 多选择语句的 UML 活动图

每个分支中的表达式也可以是一个常量（constant）——它的值在整个程序中都不改变。常量用关键字 const 声明（见第 7 章）。C#还有一个称为枚举的特性，将在第 7 章讨论。枚举常量也可以用在分支标签中。第 12 章中将给出实现 switch 逻辑的一种更好的形式——使用称为多态的技术创建的程序，比使用 switch 逻辑的程序更清晰、更易于维护和扩展。

6.9　AutoPolicy 类案例分析：switch 语句中的字符串

字符串可以用作 switch 语句中的控制表达式，而字符串字面值可以用在分支标签中。为了演示它们的用法，假设需要设计一个满足如下要求的程序：

假设你被一家汽车保险公司聘用，该公司服务于美国东北区的几个州：康涅狄格，缅因，马萨诸塞，新罕布什尔，新泽西，纽约，宾夕法尼亚，罗得岛，佛蒙特。公司希望创建一个能够生成报告的程序，对每一份保单，判断它是否属于"免责"条款所在的州。这些州应该包括：马萨诸塞，新泽西，纽约，宾夕法尼亚。

这个程序包含两个类——AutoPolicy 类（见图 6.11）和 AutoPolicyTest 类（见图 6.12）。

AutoPolicy 类

AutoPolicy 类（见图 6.11）表示一份汽车保单。这个类包含：

- int 类型的属性 AccountNumber（第 5 行），保存保单号。
- 自动实现的 string 类型的属性 MakeAndModel（第 6 行），保存汽车的厂商名称和型号（如"Toyota Camry"）。
- 自动实现的 string 类型的属性 State（第 7 行），保存某个保单所在州的两字符缩写形式（如"MA"表示马萨诸塞州。）
- 一个构造函数（第 10~15 行），它初始化类的属性。
- 只读属性 IsNoFaultState（第 18~37 行），它返回一个布尔值，表示某个保单是否属于"免责"条款所在的州。注意这个属性的名称——按照命名惯例，布尔型属性通常以"Is"开头。

IsNoFaultState 属性中，switch 表达式（第 25 行）是由 AutoPolicy 的 State 属性返回的字符串。switch 语句将 switch 表达式的值与每一个分支标签进行比较（第 27 行），以判断保单是否来自马萨诸塞州、新泽西州、纽约州或宾夕法尼亚州（"免责"条款所在的州）。如果是，则第 28 行将局部变量 noFaultState 设置成 true，switch 语句终止；否则，默认分支将 noFaultState 设置成 false（第 31 行）。接着，IsNoFaultState 的 get 访问器返回局部变量 noFaultState 的值。

```
1   // Fig. 6.11: AutoPolicy.cs
2   // Class that represents an auto insurance policy.
3   class AutoPolicy
4   {
5       public int AccountNumber { get; set; } // policy account number
6       public string MakeAndModel { get; set; } // car that policy applies to
7       public string State { get; set; } // two-letter state abbreviation
8
9       // constructor
10      public AutoPolicy(int accountNumber, string makeAndModel, string state)
11      {
12          AccountNumber = accountNumber;
13          MakeAndModel = makeAndModel;
14          State = state;
15      }
16
17      // returns whether the state has no-fault insurance
18      public bool IsNoFaultState
19      {
20          get
21          {
22              bool noFaultState;
23
24              // determine whether state has no-fault auto insurance
25              switch (State) // get AutoPolicy object's state abbreviation
26              {
27                  case "MA": case "NJ": case "NY": case "PA":
28                      noFaultState = true;
29                      break;
30                  default:
31                      noFaultState = false;
32                      break;
33              }
34
35              return noFaultState;
36          }
37      }
38  }
```

图 6.11　AutoPolicy 类表示一份汽车保单

出于简单性考虑，没有验证 AutoPolicy 属性的正确性，且假定州的缩写名称都为两个大写字母。此外，真实的 AutoPolicy 类很可能还会包含许多其他的属性和方法，比如投保人姓名、地址、出生日期等。练习题 6.28 中将增强 AutoPolicy 类的功能，利用 6.11 节中讲解的技术来验证州缩写词的有效性。

AutoPolicyTest 类

AutoPolicyTest 类（见图 6.12）创建了两个 AutoPolicy 对象（Main 方法中第 10 ~ 11 行）。第 14 ~ 15 行将两个对象传递给静态方法 policyInNoFaultState（第 20 ~ 28 行），该方法使用 AutoPolicy 的方法，判断并显示所接收的对象是否代表位于"免责"条款所在州的保单。

```
1   // Fig. 6.12: AutoPolicyTest.cs
2   // Demonstrating strings in switch.
3   using System;
4
5   class AutoPolicyTest
6   {
7       static void Main()
8       {
9           // create two AutoPolicy objects
10          AutoPolicy policy1 = new AutoPolicy(11111111, "Toyota Camry", "NJ");
```

图 6.12　演示 switch 语句中的字符串控制表达式

```
11      AutoPolicy policy2 = new AutoPolicy(22222222, "Ford Fusion", "ME");
12
13      // display whether each policy is in a no-fault state
14      PolicyInNoFaultState(policy1);
15      PolicyInNoFaultState(policy2);
16    }
17
18    // method that displays whether an AutoPolicy
19    // is in a state with no-fault auto insurance
20    public static void PolicyInNoFaultState(AutoPolicy policy)
21    {
22      Console.WriteLine("The auto policy:");
23      Console.Write($"Account #: {policy.AccountNumber}; ");
24      Console.WriteLine($"Car: {policy.MakeAndModel};");
25      Console.Write($"State {policy.State}; ");
26      Console.Write($"({policy.IsNoFaultState ? "is": "is not"})");
27      Console.WriteLine(" a no-fault state\n");
28    }
29  }
```

```
The auto policy:
Account #: 11111111; Car: Toyota Camry;
State NJ is a no-fault state

The auto policy:
Account #: 22222222; Car: Ford Fusion;
State ME is not a no-fault state
```

图 6.12(续)　演示 switch 语句中的字符串控制表达式

6.10　break 和 continue 语句

除了选择语句和循环语句，C#还提供了 break 语句和 continue 语句，以改变控制流。前一节中展示了如何使用 break 语句来终止 switch 语句的执行，这一节将讨论如何在循环语句中使用 break 语句。

6.10.1　break 语句

当在 while、for、do…while、switch 或 foreach 语句中执行 break 语句时，会立即从这些语句中退出。执行通常会在控制语句之后的第一条语句上继续进行。图 6.13 演示了用 break 语句退出 for 循环的情况。当 for 语句(第 11~19 行)中第 13 行的嵌套 if 语句检测到 count 为 5 时，就会执行第 15 行的 break 语句。这会终止 for 循环，程序会前进到第 21 行(即紧接在 for 语句之后的第一行)，显示一条消息，指出了循环终止时控制变量的值。由于 break 语句的存在，这个循环只完整地执行了 4 次循环体，而不是 10 次。

```
1   // Fig. 6.13: BreakTest.cs
2   // break statement exiting a for statement.
3   using System;
4
5   class BreakTest
6   {
7     static void Main()
8     {
9       int count; // control variable also used after loop terminates
10
11      for (count = 1; count <= 10; ++count) // loop 10 times
12      {
13        if (count == 5) // if count is 5,
14        {
15          break; // terminate loop
16        }
17
18        Console.Write($"{count} ");
19      }
20
```

图 6.13　退出 for 循环的 break 语句

```
21        Console.WriteLine($"\nBroke out of loop at count = {count}");
22     }
23  }
```

```
1 2 3 4
Broke out of loop at count = 5
```

图 6.13(续)　退出 for 循环的 break 语句

6.10.2　continue 语句

当在 while、for、do…while 或 foreach 语句中执行 continue 语句时，会跳过循环体中的剩余语句，并继续进行循环的下一次迭代。在 while 语句和 do…while 语句中，当执行完 continue 语句后，程序会立即测试循环继续条件。在 for 语句中，通常会先执行增量表达式，然后对循环继续条件求值。

图 6.14 在 for 语句中使用了 continue 语句，当嵌套 if 语句(第 11 行)判断出 count 的值为 5 时，就跳过第 16 行的语句。当执行完 continue 语句后，程序控制会继续对 for 语句中的控制变量加 1(第 9 行)。

软件工程结论 6.1

有些程序员认为 break 和 continue 语句违反了结构化编程原则。由于使用结构化编程技术可实现同样的功能，所以他们不使用 break 和 continue 语句。

软件工程结论 6.2

达到高质量的软件工程与获得最佳性能的软件，这是一对矛盾。经常的情况是顾此失彼。除了那些要求获得最佳性能的情况，一般应该遵循如下原则：首先，使代码简单且正确；其次，在尽可能的情况下，使程序运行迅速。

```
 1   // Fig. 6.14: ContinueTest.cs
 2   // continue statement skipping an iteration of a for statement.
 3   using System;
 4
 5   class ContinueTest
 6   {
 7      static void Main()
 8      {
 9         for (int count = 1; count <= 10; ++count) // loop 10 times
10         {
11            if (count == 5) // if count is 5,
12            {
13               continue; // skip remaining code in loop
14            }
15
16            Console.Write($"{count} ");
17         }
18
19         Console.WriteLine("\nUsed continue to skip displaying 5");
20      }
21   }
```

```
1 2 3 4 6 7 8 9 10
Used continue to skip displaying 5
```

图 6.14　continue 语句跳过 for 循环的一次迭代

6.11　逻辑运算符

if、if…else、while、do…while 和 for 语句都需要有一个条件，以判断如何继续执行程序的控制流。到目前为止，我们只探讨过简单条件(simple condition)，例如 count <= 10、number != sentinelValue 和 total > 1000。简单条件是用关系运算符(">""<"">=""<=")以及相等性运算符("=="和"!=")来表示的，

每个表达式只测试一个条件。为了在判断过程中测试多个条件,要在多个独立的语句中、嵌套 if 语句中或 if···else 语句中执行测试。有时,控制语句要求更复杂的条件来判断程序的控制流。

C#提供了逻辑运算符(logical operator),能通过组合简单条件来形成更复杂的条件。逻辑运算符包括 "&&"(条件与)、"||"(条件或)、"&"(布尔逻辑与)、"|"(布尔逻辑或)、"^"(布尔逻辑异或)以及"!"(逻辑非)。

6.11.1 条件与 "&&" 运算符

假设希望在选择某个执行路径之前,需确保程序中某个点的两个条件都为真。这时,可以使用条件与 "&&" 运算符,如下所示:

```
if (gender == 'F' && age >= 65)
{
    ++seniorFemales;
}
```

这个 if 语句包含两个简单条件。条件 gender == 'F' 判断某人是否为女性。条件 age >= 65 判断某人是否为老年人。if 语句考虑组合条件:

gender == 'F' && age >= 65

当且仅当两个简单条件都为真时,这个条件才为真。如果组合条件为真,则 if 语句体将 seniorFemales 加 1。如果两个简单条件中有一个或两个为假,则会跳过这个增量语句。有些程序员发现,加上冗余的圆括号之后,会使前面的组合条件的可读性更好,如下所示:

(gender == 'F') && (age >= 65)

图 6.15 中的表格对条件与 "&&" 运算符进行了总结。这个表格给出了对于表达式 1 和表达式 2 求值为真或假的所有 4 种可能组合。这样的表称为真值表(truth table)。C#对包括关系运算符、相等性运算符或逻辑运算符的所有表达式的求值为布尔值,即结果为真或假。

表达式 1	表达式 2	表达式 1 && 表达式 2
false	false	false
false	true	false
true	false	false
true	true	true

图 6.15 条件与 "&&" 运算符的真值表

6.11.2 条件或 "||" 运算符

假设希望在选择某个执行路径之前,需确保程序中某个点的两个条件之一为真。这时,可以使用条件或 "||" 运算符,如下面的程序段所示:

```
if ((semesterAverage >= 90) || (finalExam >= 90))
{
    Console.WriteLine ("Student grade is A");
}
```

这个 if 语句也包含两个简单条件。对条件 semesterAverage >= 90 求值,可根据学生在整个学期的实际表现判断他的这门课程是否能得 A。对条件 finalExam >= 90 求值,可根据学生在期末考试中的突出表现判断他的这门课程是否能得 A。然后,if 语句考虑组合条件:

(semesterAverage >= 90) || (finalExam >= 90)

如果这两个简单条件有一个为真,或二者都为真,则该学生获得 A。只有当两个简单条件都为假时,才不会显示消息 "Student grade is A"。图 6.16 是条件或 "||" 运算符的真值表。运算符 "&&" 的优先级要比 "||" 的高,它们的结合律都是从左到右的。

表达式 1	表达式 2	表达式 1 || 表达式 2
false	false	false
false	true	true
true	false	true
true	true	true

图 6.16　条件或"\|\|"运算符的真值表

6.11.3　复杂条件的短路求值

包含"&&"或"\|\|"运算符的表达式部分，仅在知道了条件为真或假之后才能求值。这样，对于表达式：

    (gender == 'F') && (age >= 65)

的求值，如果 gender 不等于'F'就会立即停止（即整个表达式为假）。如果 gender 等于'F'则会继续（即如果条件 age >= 65 为真，则整个表达式仍会为真）。条件与和条件或表达式的这一特性，称为短路求值（short-circuit evaluation）。

常见编程错误 6.6
在使用"&&"运算符的表达式中，对一个条件（称为相关条件）的求值，可能需要另一个条件为真时才有意义。这时，相关条件应该放在另一个条件之后，否则会产生错误。例如，在表达式(i != 0) && (10/i == 2)中，第二个条件必须出现在第一个条件之后，否则可能会发生除数为零的错误。

6.11.4　布尔逻辑与"&"和布尔逻辑或"\|"运算符

布尔逻辑与"&"和布尔逻辑或"\|"运算符的工作方式，分别与"&&"（条件与）和"\|\|"（条件或）运算符相同，只有一点例外：布尔逻辑运算符总是将两个操作数都求值（即它们不执行短路求值）。因此，表达式：

    (gender == 'F') & (age >= 65)

不管 gender 是否等于'F'，都会计算 age >= 65。如果布尔逻辑运算符的右操作数有另外的用途（辅助功能），比如修改变量的值，则这种方式就非常有用。例如，表达式：

    (birthday == **true**) \| (++age >= 65)

确保了条件++age >= 65 会被求值。这样，不管整个表达式为真还是为假，变量 age 都会在表达式中加 1。

错误防止提示 6.6
出于清晰性考虑，应避免在条件中使用具有辅助功能的表达式。使用辅助功能看似聪明，但会使代码更难理解，并且可能导致微妙的逻辑错误。

6.11.5　布尔逻辑异或"^"运算符

对于包含布尔逻辑异或"^"运算符（也称为 XOR 运算符）的复杂情况，当且仅当其操作数之一为真且另一个操作数为假时，整个条件才为真。如果两个操作数都为真，或都为假，则整个条件为假。图 6.17 是布尔逻辑异或"^"运算符的真值表。这个运算符也可以确保两个操作数都被求值。

表达式 1	表达式 2	表达式 1 ^ 表达式 2
false	false	false
false	true	true
true	false	true
true	true	false

图 6.17　布尔逻辑异或"^"运算符的真值表

6.11.6 逻辑非"!"运算符

逻辑非"!"运算符能够"颠倒"一个条件的含义。逻辑运算符"&&""||""&""|""^"都是二元运算符,它们要组合两个条件,而逻辑非运算符是一元运算符,只有一个条件作为操作数。逻辑非运算符位于条件之前,如果原始条件(不带逻辑非运算符的条件)为假,则选择一条执行路径,如下面的程序段所示:

```
if (! (grade == sentinelValue))
{
    Console.WriteLine($"The next grade is {grade}");
}
```

仅当 grade 不等于 sentinelValue 时,才会执行 WriteLine 调用。包含条件 grade == sentinelValue 的圆括号是必须有的,因为逻辑非运算符的优先级比相等性运算符要高。

大多数情况下,通过合适的关系运算符或相等性运算符,以不同的方式表达条件,就可避免使用逻辑非运算符。例如,前面的语句也可以写成

```
if (grade != sentinelValue)
{
    Console.WriteLine($"The next grade is {grade}");
}
```

这种灵活性有助于以更方便的形式表达条件。图 6.18 是逻辑非"!"运算符的真值表。

表达式	!表达式
false	true
true	false

图 6.18　逻辑非"!"运算符的真值表

6.11.7 逻辑运算符示例

图 6.19 通过产生逻辑运算符和布尔逻辑运算符的真值表,演示了它们的用法。输出显示了被求值的表达式以及它的布尔结果。第 10~14 行生成"&&"(条件与)的真值表;第 17~21 行产生的是"||"(条件或)的真值表;第 24~28 行是"&"(布尔逻辑与)的真值表;第 31~35 行是"|"(布尔逻辑或)的真值表;第 38~42 行是"^"(布尔逻辑异或)的真值表;第 45~47 是"!"(逻辑非)的真值表。

```
 1  // Fig. 6.19: LogicalOperators.cs
 2  // Logical operators.
 3  using System;
 4
 5  class LogicalOperators
 6  {
 7      static void Main()
 8      {
 9          // create truth table for && (conditional AND) operator
10          Console.WriteLine("Conditional AND (&&)");
11          Console.WriteLine($"false && false: {false && false}");
12          Console.WriteLine($"false && true: {false && true}");
13          Console.WriteLine($"true && false: {true && false}");
14          Console.WriteLine($"true && true: {true && true}\n");
15
16          // create truth table for || (conditional OR) operator
17          Console.WriteLine("Conditional OR (||)");
18          Console.WriteLine($"false || false: {false || false}");
19          Console.WriteLine($"false || true: {false || true}");
20          Console.WriteLine($"true || false: {true || false}");
21          Console.WriteLine($"true || true: {true || true}\n");
22
23          // create truth table for & (boolean logical AND) operator
24          Console.WriteLine("Boolean logical AND (&)");
```

图 6.19　各种逻辑运算符的真值表

```
25        Console.WriteLine($"false & false: {false & false}");
26        Console.WriteLine($"false & true: {false & true}");
27        Console.WriteLine($"true & false: {true & false}");
28        Console.WriteLine($"true & true: {true & true}\n");
29
30        // create truth table for | (boolean logical inclusive OR) operator
31        Console.WriteLine("Boolean logical inclusive OR (|)");
32        Console.WriteLine($"false | false: {false | false}");
33        Console.WriteLine($"false | true: {false | true}");
34        Console.WriteLine($"true | false: {true | false}");
35        Console.WriteLine($"true | true: {true | true}\n");
36
37        // create truth table for ^ (boolean logical exclusive OR) operator
38        Console.WriteLine("Boolean logical exclusive OR (^)");
39        Console.WriteLine($"false ^ false: {false ^ false}");
40        Console.WriteLine($"false ^ true: {false ^ true}");
41        Console.WriteLine($"true ^ false: {true ^ false}");
42        Console.WriteLine($"true ^ true: {true ^ true}\n");
43
44        // create truth table for ! (logical negation) operator
45        Console.WriteLine("Logical negation (!)");
46        Console.WriteLine($"!false: {!false}");
47        Console.WriteLine($"!true: {!true}");
48    }
49 }
```

```
Conditional AND (&&)
false && false: False
false && true: False
true && false: False
true && true: True

Conditional OR (||)
false || false: False
false || true: True
true || false: True
true || true: True

Boolean logical AND (&)
false & false: False
false & true: False
true & false: False
true & true: True

Boolean logical inclusive OR (|)
false | false: False
false | true: True
true | false: True
true | true: True

Boolean logical exclusive OR (^)
false ^ false: False
```

```
false ^ true: True
true ^ false: True
true ^ true: False

Logical negation (!)
!false: True
!true: False
```

图 6.19(续) 各种逻辑运算符的真值表

到目前为止介绍过的运算符的优先级和结合律

图 6.20 展示了到目前为止介绍过的运算符的优先级和结合律。这些运算符从上至下按照优先级递减的顺序排列。

运算符	结合律	类型
. new ++(后置) --(后置)	从左到右	最高优先级
++ -- + - ! (强制转换)	从右到左	一元前置
* / %	从左到右	乘性
+ -	从左到右	加性
< <= > >=	从左到右	关系

图 6.20 到目前为止介绍过的运算符的优先级和结合律

运算符	结合律	类型
== !=	从左到右	相等性
&	从左到右	布尔逻辑与
^	从左到右	布尔逻辑异或
|	从左到右	布尔逻辑或
&&	从左到右	条件与
||	从左到右	条件或
?:	从右到左	条件
= += -= *= /= %=	从右到左	赋值

图 6.20(续)　到目前为止介绍过的运算符的优先级和结合律

6.12　结构化编程小结

正如建筑师设计建筑物时要利用同行的集体智慧一样，程序员设计程序时也应如此。与建筑行业相比，编程行业要年轻得多，因此集体智慧相应较少但增长很快。我们已经知道，与非结构化的程序相比，用结构化编程得到的程序更容易理解、测试、调试和修改，甚至在数学意义上更容易证明它的正确性。

控制语句是单入/单出语句

图 6.21 使用 UML 活动图总结了 C#中的各种控制语句。初始状态和终止状态分别给出了每种控制语句的入口点和出口点。活动图中随意连接的各个符号，会导致非结构化的程序。因此，只能以两种简单的方式连接一组有限的控制语句，以建立结构化的程序。

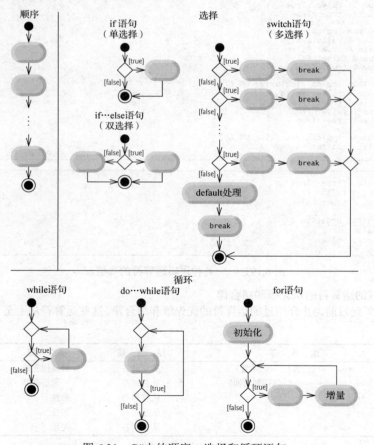

图 6.21　C#中的顺序、选择和循环语句

出于简单性考虑，这里只使用了单入/单出控制语句，即每个控制语句都只有一个入口和一个出口。依次连接这些控制语句所形成的结构化程序是简单的。一个控制语句的终止状态，会连接到下一个控制语句的初始状态。也就是说，在程序中这些语句是一个接一个依次放置的。这种方式，称为控制语句堆叠。构成结构化程序的规则，也适用于控制语句嵌套。

构成结构化程序的规则

图 6.22 中给出了构成结构化程序的规则。这些规则假定动作状态可以用来表示任何动作。规则还假定是从最简单的活动图开始（见图 6.23），它只由一个初始状态、一个动作状态、一个终止状态和一些转移箭头组成。

构成结构化程序的规则
1 从最简单的活动图开始（见图 6.23）。
2 任何动作状态，都能用顺序执行的两个动作状态替换。
3 任何动作状态，都能用任意控制语句(动作状态序列，if，if…else，switch，while，do…while，for 或者 foreach，参见第 8 章)替换。
4 规则 2 和规则 3 能以任何顺序根据需要随意使用。

图 6.22　构成结构化程序的规则

使用图 6.22 中的这些规则，总是可以得到正确结构化了的活动图，它们很简洁，就像积木一样。例如，不断地对最简单的活动图应用规则 2，就可以得到一个依次包含许多动作状态的活动图（见图 6.24）。规则 2 产生一个控制语句堆叠，因此可将规则 2 称为堆叠规则(stacking rule)。（注：图 6.24 中的垂直虚线不是 UML 的组成部分，这里用它们来区分图 6.22 中规则 2 所演示的程序的 4 个活动图。）

图 6.23　最简单的活动图

规则 3 称为嵌套规则(nesting rule)。不断地对最简单的活动图应用规则 3，就可以得到一个包含整齐的嵌套控制语句的活动图。例如在图 6.25 中，最简单的活动图中的动作状态用双选择语句(if…else 语句)替换了。然后，依次将规则 3 应用到双选择语句的动作状态中，将这些动作状态都用双选择语句替换。包围在每个双选择语句之外的虚线动作状态符号，表示的是被替换掉的动作状态。图 6.25 中的虚线箭头和虚线动作状态符号不是 UML 的组成部分，它们只是为了表示任何动作状态都可以用任意控制语句替换。

规则 4 会产生更大型的、更复杂的和更深嵌套的语句。应用图 6.22 中的那些规则得到的图，可构成所有可能的结构化活动图的集合，进而可得到所有可能的结构化程序。这种结构化方法的"漂亮"之处是：只需要使用 8 种简单的单入/单出控制语句(包含 foreach 语句，它将在 8.4.5 节介绍)，并且只需将它们用两种简单的方式组合。

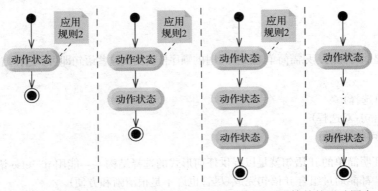

图 6.24　将图 6.22 中的堆叠规则(规则 2)重复应用到最简单的活动图中

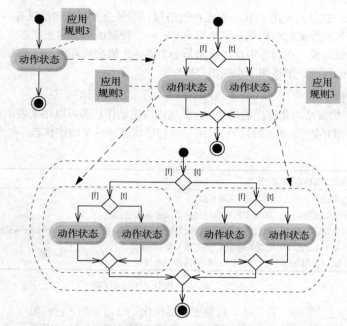

图 6.25 将图 6.22 中的嵌套规则(规则 3)重复应用到最简单的活动图中

如果遵循图 6.22 中的这些规则,就不会创造出非结构化的活动图(比如图 6.26 中的这个)。如果无法肯定某个图是否是结构化的,可反向应用图 6.22 中的规则,将它化简成最简单的活动图。如果能够简化它,则表明原始图就是结构化的,否则就是非结构化的。

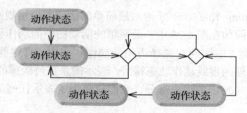

图 6.26 非结构化的活动图

三种控制结构

结构化编程可使程序更简单。研究表明,只需采用三种形式的控制结构,即可实现任何算法:

- 顺序
- 选择
- 循环

顺序结构是显而易见的,只需简单地按执行时的顺序依次给出这些语句即可。选择结构是通过三种途径实现的:

- if 语句(单选择)
- if…else 语句(双选择)
- switch 语句(多选择)

事实上,很容易证明简单的 if 语句就足以提供任何形式的选择结构——能用 if…else 语句和 switch 语句完成的任何事情,都能通过组合 if 语句完成(尽管也许不是很清晰和方便)。

循环结构是通过 4 种途径实现的:

- while 语句
- do…while 语句
- for 语句
- foreach 语句

很容易证明，while 语句就足以提供任何形式的循环结构。能用 do…while、for 和 foreach 语句完成的任何事情，都能通过 while 语句完成(尽管也许不是很清晰和方便)。

综合以上结论，可以知道 C#程序中所需的任何形式的控制结构，都能够通过如下三种方式表示：

- 顺序结构
- if 语句(选择)
- while 语句(循环)

而且它们只需以两种方式组合——堆叠和嵌套。

6.13 小结

第 5 章探讨了 if、if…else 和 while 控制语句。本章介绍了 for、do…while 和 switch 控制语句(第 8 章将讲解 foreach 语句)。利用顺序结构(即按执行顺序列出的语句)、3 种选择语句(if, if…else, switch)和 4 种循环语句(while, do…while, for, foreach)的组合，可以设计出任何算法。我们看到，for 和 do…while 语句在表达某些类型的循环时更加方便。同样，switch 语句比嵌套 if…else 语句能够更加方便地表示多种选择的情形。本章讨论了如何用堆叠和嵌套来组合各种控制语句，介绍了如何在循环语句中用 break 和 continue 语句改变控制流。本章还引入了逻辑运算符，它们能在控制语句中使用更复杂的条件表达式。第 7 章中将更深入地探讨方法。

摘要

6.2 节　计数器控制循环的实质
- 计数器控制循环要求一个控制变量、初始值、每次通过循环时控制变量改变的增量(或减量)，以及决定循环是否应该继续的循环继续条件。

6.3 节　for 循环语句
- 一般情况下，for 语句用于计数器控制循环，while 语句用于标记控制循环。

6.3.1 节　对 for 语句首部的深入分析
- for 语句首部"承担了所有工作"——指定包含控制变量的 for 计数器控制循环所需的各项。

6.3.2 节　for 语句的通用格式
- for 语句的一般格式是

    for (*initialization*; *loopContinuationCondition*; *increment*)
    {
        statement
    }

    其中，*initialization* 表达式命名循环的控制变量，并可提供其初始值；*loopContinuationCondition* 是确定循环是否应该继续执行的条件；*increment* 修改控制变量的值，以便循环继续条件最终变成假。

6.3.3 节　for 语句控制变量的作用域
- 变量的作用域，定义了该变量可以在程序中的什么位置使用。一个局部变量只能用在声明该变量的方法中，并且只能用在从声明它的地方到声明它的语句块的结尾。在 for 语句 initialization 表达式中声明的控制变量，只能用在这个 for 语句中。

6.3.5 节　在 for 语句首部中放入算术表达式
- for 语句的增量值也可以为负数，这时实际上就表示减量，循环是向下计数的。

6.6 节　程序：复利计算
- 当 decimal 类型的变量被初始化为一个 int 值时，类型 int 会被隐式提升为 decimal，不要求进行强制转换。

6.6.1 节　用 Math 方法 Pow 计算利息
- 必须用类名称才能调用的方法，称为静态方法。
- C#中没有求幂运算符，而是用 Math.Pow(x, y)计算 x 的 y 次幂。这个方法接收两个 double 实参，返回一个 double 值。
- C#不会隐式地在 double 类型和 decimal 类型之间转换，因为在任何一种转换中都有可能丢失信息。为了执行这种转换，需使用强制转换运算符。

6.6.2 节　用字段宽度和对齐方式格式化
- 默认情况下，值在字段中是右对齐的。为了表示值要左对齐输出，只需用负的字段宽度值即可。
- 在格式项中，逗号后的整数 n 表明输出值显示的字段宽度应该为 n，即用至少 n 个字符的位置显示值（使用空格作为填充字符）。

6.6.3 节　警告：不要对货币值使用 float 或 double 类型
- double（或 float）类型的浮点数在货币计算中会遇到问题，所以应使用 decimal 类型。

6.7 节　do…while 循环语句
- do…while 语句在执行循环体之后测试循环继续条件，因此循环体总是至少执行一次。
- do…while 语句的形式如下：
  ```
  do
  {
      statement
  } while (condition);
  ```

6.8 节　switch 多选择语句
- 根据表达式可能的值，switch 多选择语句会执行不同的动作。

6.8.1 节　用 switch 语句对各种成绩等级计数
- 当遇到文件结束键序列时，Console.ReadLine 方法会返回 null。
- switch 语句的语句块由一系列分支标签和一个可选的默认分支组成。
- 位于关键字 switch 之后圆括号里面的表达式是 switch 表达式。程序会尝试将 switch 表达式的值与每个分支标签进行比较。如果匹配，则执行匹配的分支中的语句。
- switch 语句不提供测试值范围的机制，因此要测试的每一个值，都必须列在单独的分支标签中。
- 执行完分支中的语句后，要求提供一条终止该分支的语句，比如 break 或 return 语句。
- 如果 switch 表达式的值和分支标签之间没有出现匹配的情况，则执行默认分支。如果没有匹配成功且 switch 语句没有包含默认分支，则程序控制会简单地继续执行 switch 语句后的下一条语句。

6.10.1 节　break 语句
- 当在 while、for、do…while、switch 或 foreach 语句中执行 break 语句时，会立即从这些语句中退出。执行通常会继续在控制语句之后的第一条语句上进行。

6.10.2 节　continue 语句
- 当在 while、for、do…while 或 foreach 中执行 continue 语句时，会跳过循环体中的剩余语句，并继续进行下一次迭代。在 for 语句中，会先执行增量操作，然后测试循环继续条件。

6.11 节　逻辑运算符
- 逻辑运算符可以通过组合简单条件来形成更复杂的条件。逻辑运算符包括："&&"（条件与）、"||"（条件或）、"&"（布尔逻辑与）、"|"（布尔逻辑或）、"^"（布尔逻辑异或）以及"!"（逻辑非）。

6.11.1 节　条件与"&&"运算符
- 条件与"&&"运算符能确保在选择某个执行路径之前两个条件都为真。

6.11.2 节　条件或"||"运算符
- 条件或"||"运算符能确保在选择某个执行路径之前两个条件中的一个或两个为真。

6.11.3 节　复杂条件的短路求值
- 包含"&&"或"||"运算符的表达式部分，仅在知道了条件为真或假之后才能求值。条件与"&&"和条件或"||"表达式的这一特性，称为短路求值。

6.11.4 节　布尔逻辑与"&"和布尔逻辑或"|"运算符
- 布尔逻辑与"&"和布尔逻辑或"|"运算符的工作方式，分别与条件与"&&"和条件或"||"运算符相同，但布尔逻辑运算符总是将两个操作数都求值（即它们不执行短路求值）。

6.11.5 节　布尔逻辑异或"^"运算符
- 对于包含布尔逻辑异或"^"运算符的复杂条件，当且仅当其操作数之一为真并且另一个操作数为假时，整个条件才为真。如果两个操作数都为真或都为假，则整个条件为假。

6.11.6 节　逻辑非"!"运算符
- 逻辑非运算符"!"能够"颠倒"一个条件的含义。逻辑非运算符位于条件之前，如果原始条件（不带逻辑非运算符的条件）为假，则选择一条执行路径。大多数情况下，通过合适的关系运算符或相等性运算符，以不同的方式表达条件，就可避免使用逻辑非运算符。

6.12 节　结构化编程小结
- C#程序中所需的任何形式的控制，都能够通过顺序结构、if 语句（选择）和 while 语句（循环）表示。而且它们只需以两种方式组合——堆叠和嵌套。

术语表

!, logical negation operator　!，逻辑非运算符
&&, conditional AND operator　&&，条件与运算符
||, conditional OR operator　||，条件或运算符
break statement　break 语句
case label in switch　switch 语句中的分支标签
character constant　字符常量
const keyword　const 关键字
constant　常量
constant integral expression　常量整型表达式
constant string expression　常量字符串表达式
continue statement　continue 语句

control variable　控制变量
end-of-file indicator　文件结束指示符
field width　字段宽度
for header　for 首部
for iteration statement　for 循环语句
for statement header　for 语句首部
iteration of a loop　循环的迭代
left-aligned　左对齐
logical operators　逻辑运算符
loop-continuation condition　循环继续条件
multiple-selection statement　多选择语句
nested control statements　嵌套控制语句

nesting rule 嵌套规则
off-by-one error 差 1 错误
iteration statement 迭代语句
right-aligned 右对齐
scope of a variable 变量的作用域
short-circuit evaluation 短路求值
side effect 辅助功能

simple condition 简单条件
stacked control statements 控制语句堆叠
stacking rule 堆叠规则
static method 静态方法
switch expression switch 表达式
truth table 真值表

自测题

6.1 填空题。
a) 一般情况下，_____语句用于计数器控制循环，而_____语句用于标记控制循环。
b) do…while 语句在执行循环体_____测试循环继续条件，因此循环体总是至少执行一次。
c) 根据整型变量或表达式可能的值，_____语句会在多个动作中间进行选择。
d) 当在循环语句中执行时，_____语句会跳过循环体中的剩余语句，并继续进行下一次迭代。
e) _____运算符在选择某个执行路径之前，可用来确保两个条件都为真。
f) 如果 for 首部中的循环继续条件最初为_____，则不会执行 for 语句体。
g) 执行通用任务、不能在对象上调用的方法，称为_____方法。

6.2 判断下列语句是否正确。如果不正确，请说明理由。
a) 在 switch 选择语句中，要求有默认分支。
b) 在 switch 选择语句的每一个分支中，要求有 break 语句。
c) 如果(x > y)为真，或者(a < b)为真，则表达式((x > y) && (a < b))就为真。
d) 如果包含"||"运算符的表达式的两个操作数有一个为真或两个都为真，则这个表达式就为真。
e) 在格式项(如{0, 4})中，逗号后面的整数表示要显示的字符串的字段宽度。
f) 为了测试 switch 语句中值的范围，需在分支标签的起始值和结尾值之间使用连字符(-)。
g) 连续地列出多个分支，让它们之间没有语句，可使这些分支执行同一组语句。

6.3 编写一条或一组 C#语句，完成下列任务。
a) 使用 for 语句，求 1~99 的奇数和。假设已经声明了整型变量 sum 和 count。
b) 用 Pow 方法计算 2.5 的 3 次幂。
c) 使用 while 循环和计数器变量 i，显示 1~20 的整数。假设已经声明了变量 i，但没有初始化它。每行显示 5 个整数。(提示：利用计算 i % 5。当它的结果为 0 时，显示一个换行符，否则显示一个制表符。使用 Console.WriteLine( )方法输出换行符，而使用 Console.Write('\t')方法输出制表符。)
d) 用 for 语句解决 c)部分的同样问题。

6.4 找出如下代码段中的错误并改正。
a) ```
i = 1;
while (i <= 10);
    ++i;
}
```
b) ```
for (k = 0.1; k != 1.0; k += 0.1)
{
    Console.WriteLine(k);
}
```
c) ```
switch (n)
{
    case 1:
```
```

```csharp
            Console.WriteLine("The number is 1");
        case 2:
            Console.WriteLine("The number is 2");
            break;
        default:
            Console.WriteLine("The number is not 1 or 2");
            break;
    }
```
d) 下面的代码应显示值 1~10:
```csharp
n = 1;
while (n < 10)
{
    Console.WriteLine(n++);
}
```

自测题答案

6.1 a) for, while。b) 之后。c) switch。d) continue。e) &&（条件与）或&（布尔逻辑与）。f) false。g) 静态。

6.2 a) 错误。默认分支是可选的。如果不需要默认动作，则没有必要使用默认分支。b) 错误。可以用其他的语句终止分支，比如 return 语句。c) 错误。使用"&&"运算符时，只有两个关系表达式都为真时整个表达式才为真。d) 正确。e) 正确。f) 错误。switch 语句不提供测试值的范围的机制，因此要测试的每一个值都必须列在单独的分支标签中。g) 正确。

6.3 答案如下所示。
```csharp
a) sum = 0;
    for (count = 1; count <= 99; count += 2)
    {
        sum += count
    }
b) double result = Math.Pow(2.5, 3);
c) i = 1;

    while (i <= 20)
    {
        Console.Write(i);

        if (i % 5 == 0)
        {
            Console.WriteLine();
        }
        else
        {
            Console.Write('\t');
        }

        ++i;
    }
d) for (i = 1; i <= 20; ++i)
    {
        Console.Write(i);

        if (i % 5 == 0)
        {
```

```
            Console.WriteLine();
        }
        else
        {
            Console.Write('\t');
        }
    }
```

6.4 答案如下所示。

    a) 错误：while 首部后面的分号会导致无限循环，并且 while 语句体中缺失左花括号。

       改正：删除分号并在循环体之前添加一个左花括号。

    b) 错误：使用浮点数来控制 for 语句可能会出现错误，因为在大多数计算机中，浮点数是近似表示的。

       改正：使用整数，并且为了获得所期望的值需执行正确的计算：

```
for (k = 1; k < 10; ++k)
{
    Console.WriteLine((double) k / 10);
}
```

    c) 错误：分支 1 不能落入分支 2 中。

       改正：应以某种方式终止分支，比如在第一个分支的语句末尾添加一条 break 语句。

    d) 错误：在 while 循环继续条件中使用了错误的运算符。

       改正：将 "<" 替换成 "<="，或者将 10 改成 11。

练习题

6.5 描述计数器控制循环的 4 个基本要素。

6.6 比较 while 循环语句和 for 循环语句。

6.7 探讨一种更适合使用 do…while 语句而不适合使用 while 语句的情况。给出原因。

6.8 比较 break 语句和 continue 语句。

6.9 找出并更正下列代码段中的错误。

    a)
```
For (i = 100, i >= 1, ++i)
{
    Console.WriteLine(i);
}
```

    b) 下面的代码应显示整型值 value 是奇数还是偶数：
```
switch (value % 2)
{
    case 0:
        Console.WriteLine("Even integer");
    case 1:
        Console.WriteLine("Odd integer");
}
```

    c) 下面的代码应输出 19～1 的奇数：
```
for (int i = 19; i >= 1; i += 2)
{
    Console.WriteLine(i);
}
```

    d) 下面的代码应输出 2～100 的偶数：
```
counter = 2;
do
{
    Console.WriteLine(counter);
    counter += 2;
} While (counter < 100);
```

6.10 (代码运行结果)运行下面的代码会显示什么结果?

```
1   // Exercise 6.10 Solution: Printing.cs
2   using System;
3
4   class Printing
5   {
6      static void Main()
7      {
8         for (int i = 1; i <= 10; ++i)
9         {
10           for (int j = 1; j <= 5; ++j)
11           {
12              Console.Write('@');
13           }
14
15           Console.WriteLine();
16        }
17     }
18  }
```

6.11 (查找最小值)编写一个程序,找出几个整数中的最小值。假设读取的第一个值确定了将从用户处输入的值的数量。

6.12 (奇数的乘积)编写一个程序,计算 1~7 的奇数的乘积。

6.13 (阶乘)阶乘常用于概率问题中。正整数 n 的阶乘(记为 $n!$)等于 1~n 的乘积。编写一个程序,计算 1~5 的整数的阶乘。以表格形式显示结果。如果要计算 20 的阶乘,会遇到什么困难?

6.14 (改进的复利计算程序)修改复利计算程序(见图 6.6),分别对于利率 5%、6%、7%、8%、9% 和 10% 重复这些步骤。使用 for 循环来改变利率。

6.15 (三角形输出)编写一个程序,它分别显示如下的图案,并且后一个图案要位于前一个的下面。使用几个 for 循环来产生这些图案。所有的星号都应当通过 Console.Write('*');形式的一条语句显示,这条语句会使星号并排显示。Console.WriteLine();语句会使输出移动到下一行。Console.Write(' ');语句可用来显示最后两个图案中的空格。程序中不能有其他的输出语句。(提示:最后两个图案要求每一行都以适当数量的空格开始。)

```
(a)              (b)              (c)              (d)
*                **********        **********                *
**               *********          *********               **
***              ********            ********              ***
****             *******              *******             ****
*****            ******                ******            *****
******           *****                  *****           ******
*******          ****                    ****          *******
********         ***                      ***         ********
*********        **                        **        *********
**********       *                          *       **********
```

6.16 (条形图输出)计算机的一个有趣应用是显示曲线图和条形图。编写一个程序,它读取 1~30 中的三个数。对于读取的每一个数,程序需显示相同数量的星号。例如,如果读取的是 7,则应显示 "*******"。

6.17 (销售情况统计)某个网站销售三种产品,它们的售价分别如下:产品 1,2.98 美元;产品 2,4.50 美元;产品 3,9.98 美元。编写一个程序,它读取如下的数字序列:
a) 产品编号
b) 销售量
程序应使用一个 switch 语句来确定每种产品的销售额,还要计算并显示所有售出产品的总销售额。使用标记控制循环,确定什么时候程序应该停止循环并显示最终结果。

6.18 (改进的复利计算程序)在以后的工作中,可能会用到不具备支持精确货币计算的 decimal 类型的编程语言。对于这类语言,应使用整数来进行货币计算。修改图 6.6 中的程序,让它只使用整数来计算复利。将所有的金额都当成以美分为单位的整数值。然后，分别利用除法和求余操作，将结果分解成美元部分和美分部分。显示结果时，在二者的中间插入一个小数点。

6.19 假设 i = 1, j = 2, k = 3, m = 2，下面的语句会显示什么？
   a) Console.WriteLine(i == 1);
   b) Console.WriteLine(j == 3);
   c) Console.WriteLine((i >= 1) && (j < 4));
   d) Console.WriteLine((m <= 99) & (k < m));
   e) Console.WriteLine((j >= i) || (k == m));
   f) Console.WriteLine((k + m < j) | (3 - j >= k));
   g) Console.WriteLine(!(k > m));

6.20 (**计算 π 值**)用下面的无限序列计算 π 值：

$$\pi = 4 - \frac{4}{3} + \frac{4}{5} - \frac{4}{7} + \frac{4}{9} - \frac{4}{11} + \cdots$$

显示一个表格，它分别给出用这个序列的 1 项、2 项、3 项等计算出的 π 的近似值。要分别得到值为 3.14、3.141、3.1415、3.141 59 的 π 值，各需要使用这个序列的多少项？

6.21 (**勾股数组**)存在三条边的边长均为整数值的正三角形。正三角形的三条边的整数边长值的集合，称为勾股数组(参见 http://en.wikipedia.org/wiki/Pythagorean_triple)。三条边的长度必须满足关系：两条直角边的平方和等于斜边的平方。编写一个程序，找出边长值不超过 500 的所有勾股数组，分别定义两条直角边和斜边为 side1、side2 和 hypotenuse。使用一个三层嵌套的 for 循环来测试所有的可能性。这种方法是"蛮力计算"(brute-force)的一个例子。在更高级的计算机科学课程中存在许多有趣的问题，它们除了使用蛮力计算方法解决，还不存在已知的算法。

6.22 (**修改三角形输出程序**)如果要求将练习题 6.15 中输出的 4 个彼此独立的星号三角形改成并排显示，该如何修改代码？可灵活使用嵌套 for 循环。

6.23 (**显示菱形**)编写一个程序，它显示如下的菱形图案。可以使用显示一个星号、一个空格或一个换行符的输出语句。应尽量多地使用循环(嵌套 for 语句)，并尽量少使用输出语句。

```
        *
       ***
      *****
     *******
    *********
     *******
      *****
       ***
        *
```

6.24 (**修改菱形输出程序**)修改练习题 6.23 中编写的程序，它读取 1～19 中的一个奇数，这个数指定菱形的行数。程序应显示具有这个行数的一个菱形。

6.25 (**与 break 语句等价的结构化语句**)针对 break 语句和 continue 语句的批评是：它们都不是结构化的。实际上，这两种语句都可以用结构化语句替换，但这样做会显得有些笨拙。描述一下，应该如何从程序的循环中删除语句，并用等价的结构化语句替换。(提示：break 语句会从循环体中退出循环。退出循环的另一种方式是让循环继续条件的测试失败。考虑在循环继续条件测试中使用第二种测试，这种测试表示"需尽早退出循环，因为有一个'中断'条件"。)利用这里的技术，将图 6.13 的程序中的 break 语句删除。

6.26 (**代码运行结果**)如下代码段的作用是什么？
```
for (int i = 1; i <= 5; ++i)
{
    for (int j = 1; j <= 3; ++j)
    {
```

```
        for (int k = 1; k <= 4; ++k)
        {
            Console.Write('*');
        }
        Console.WriteLine();
    }
    Console.WriteLine();
}
```

6.27 （与 continue 语句等价的结构化语句）描述一下，应该如何从程序的循环中删除 continue 语句，并用等价的结构化语句替换。利用这里的技术，将图 6.14 的程序中的 continue 语句删除。

6.28 （修改 AutoPolicy 类）修改图 6.11 中的 AutoPolicy 类，使它能够验证美国东北区这几个州的两字母代码。这些州代码分别如下。CT：康涅狄格；MA：马萨诸塞；ME：缅因；NH：新罕布什尔；NJ：新泽西；NY：纽约；PA：宾夕法尼亚；VT：佛蒙特。在 State 属性的 set 访问器中，使用逻辑或运算符 "||" 在 if…else 语句中创建一个组合条件，它将方法的实参与州的两字母代码进行比较。如果州代码错误，则 if…else 语句的 else 部分应显示一条错误消息。后面的几章中，将讲解如何使用异常处理来表明方法接收的值无效。

挑战题

6.29 （关于全球变暖问题的小测验）关于全球变暖问题的争论，随着电影 *An Inconvenient Truth* 而变得广为人知。这部电影因美国前副总统戈尔而出名。戈尔和联合国政府间气候变化专家小组（IPCC）共同获得了 2007 年度诺贝尔和平奖，以表彰他们在"建立和传播关于人类活动导致的气候变化方面的大量知识"所做的贡献。在线研究关于全球变暖的正反观点（进行网络搜索时，可能要使用类似"global warming skeptics"的短语）。设计一个关于全球变暖的有 5 个问题的多项选择小测验，每个问题都有 4 个答案选项（编号 1~4）。需客观且公平地给出正反两方面的观点。接下来编写一个程序，它管理这个小测验、计算回答正确的问题个数（0~5），并向用户反馈结果。如果用户正确地回答了全部 5 个问题，则输出"Excellent"；答对 4 个输出"Very good"；答对 3 个或以下输出"Time to brush up on your knowledge of global warming"，并应在所有输出中列出一些相关站点。

6.30 （另一种税务规划：FairTax）在美国存在许多使税负更为公平的提议，查看下面这个网站：

http://www.fairtax.org

探讨一下它所提议的 FairTax（公平税负）是如何运作的。一种建议是取消收入所得税和大部分其他的税种，代之以所购买的全部商品和服务的 23%的消费税。而一些反对 FairTax 的观点质疑 23%这个税率，并称由于计算税费的方式不同，更精确的税率应该是 30%。编写一个程序，它提示用户输入各种开销的费用（如供房、食物、衣服、交通、教育、健康、度假），然后输出用户需支付的大致 FairTax 的税费是多少。

第 7 章 方法：深入探究

目标

本章将讲解
- 静态方法和变量如何与类相关联而不是与对象相关联。
- 使用常见的 Math 类的方法。
- 当实参类型与参数类型不完全匹配时，如何使用 C#的实参提升规则。
- 详细了解 .NET Framework 类库中的各种命名空间。
- 使用随机数生成方法，实现机会游戏程序。
- 标识符的可见性如何受限于特定的程序范围。
- 方法调用栈如何支持方法的调用/返回机制。
- 方法重载。
- 可选参数和命名参数。
- 使用递归方法。
- 值类型和引用类型。
- 按值与按引用传递方法实参。

概要

- 7.1 简介
- 7.2 C#的代码包装
  - 7.2.1 模块化程序
  - 7.2.2 调用方法
- 7.3 静态方法、静态变量和 Math 类
  - 7.3.1 Math 类的方法
  - 7.3.2 Math 类常量 PI 和 E
  - 7.3.3 Main 方法是静态的
  - 7.3.4 关于 Main 方法的其他说明
- 7.4 声明多参数方法
  - 7.4.1 static 关键字
  - 7.4.2 Maximum 方法
  - 7.4.3 字符串的拼接
  - 7.4.4 字符串的拆分
  - 7.4.5 将变量声明成字段
  - 7.4.6 通过复用 Math.Max 方法实现 Maximum 方法
- 7.5 关于方法使用的说明
- 7.6 实参提升与强制转换
  - 7.6.1 提升规则
  - 7.6.2 显式强制转换有时是必要的
- 7.7 .NET Framework 类库
- 7.8 案例分析：随机数生成方法
  - 7.8.1 创建 Random 类型的对象
  - 7.8.2 产生随机整数
  - 7.8.3 缩放随机数范围
  - 7.8.4 平移随机数范围
  - 7.8.5 组合使用缩放和平移
  - 7.8.6 掷六面骰子
  - 7.8.7 随机数的缩放和平移
  - 7.8.8 测试和调试的重复性
- 7.9 案例分析：机会游戏(引入枚举)
  - 7.9.1 RollDice 方法
  - 7.9.2 Main 方法的局部变量
  - 7.9.3 enum 类型 Status
  - 7.9.4 第一轮掷骰子

		7.9.5　enum 类型 DiceNames
		7.9.6　enum 适用的数据类型
		7.9.7　整数与 enum 常量的比较
	7.10　声明的作用域
	7.11　方法调用栈与活动记录
		7.11.1　方法调用栈
		7.11.2　栈帧
		7.11.3　局部变量与栈帧
		7.11.4　栈溢出
		7.11.5　方法调用栈分析
	7.12　方法重载
		7.12.1　声明重载方法
		7.12.2　区分重载方法

		7.12.3　重载方法的返回类型
	7.13　可选参数
	7.14　命名参数
	7.15　C# 6 的表达式方法和属性
	7.16　递归
		7.16.1　基本情况与递归调用
		7.16.2　递归阶乘计算
		7.16.3　递归阶乘实现
	7.17　值类型与引用类型
	7.18　按值与按引用传递实参
		7.18.1　ref 和 out 参数
		7.18.2　ref、out 和值参数使用示例
	7.19　小结

摘要　|　术语表　|　自测题　|　自测题答案　|　练习题　|　挑战题

7.1　简介

　　这一章将更深入地探讨方法，讲解非静态方法与静态方法的差异。我们还将看到，.NET Framework 类库中的 Math 类提供了许多静态方法，可用于进行数学计算。本章也会讨论静态变量(也称为类变量)，解释 Main 方法为什么是静态的。

　　这一章将声明具有多个参数的方法，讲解如何利用 "+" 运算符进行字符串拼接。还会探讨 C# 的实参提升规则，它隐式地将一种简单类型的值转换成另一种值类型，并给出编译器何时会使用这些规则。本章也会给出几个常用的 Framework 类库命名空间。

　　本章还将简要给出几种充满乐趣的模拟技术，讲解随机数的产生以及一种流行的掷骰子游戏，它使用了已经介绍过的大多数编程技术。这一章将用 const 关键字和 enum 类型声明一些命名常量。然后，将给出 C# 中的作用域规则，它决定了程序中的什么位置可以引用标识符。

　　这一章还将探讨 C# 如何利用方法调用栈跟踪当前正在执行的方法、方法的局部变量在内存中如何维护、当方法完成执行后它如何知道返回的地方。我们将在类中重载方法，这些方法的名称相同，但参数个数或类型不同，还将讲解如何使用可选参数和命名参数。

　　本章还会介绍 C# 6 的表达式方法，它为只向调用者返回一个值的那些方法提供了一种简洁形式。也会为只读属性的 get 访问器采用这种表达式形式。

　　这一章将探讨递归方法如何调用自己，将大问题分解为较小的子问题，直到最终解决原始的问题。最后，将深入分析值类型和引用类型的实参如何传递给方法。

7.2　C# 的代码包装

　　前面已经使用过属性、方法和类来包装代码。后面的几章中，会涉及更多的代码包装机制。将程序员定义的属性、方法和类，与 .NET Framework 类库以及其他各种类库中预定义的属性、方法和类进行组合，就构成了 C# 程序。相关的类通常组合成命名空间并被编译成类库，以便能在其他程序中复用。第 15 章中将会看到如何创建自己的命名空间和类库。Framework 类库提供了丰富的预定义类，这些类可用于执行常用数学计算、字符串操作、字符操作、输入/输出操作、图形用户界面、图形、多媒体、打印、文件处理、数据库操作、网络操作、错误检查、Web 程序开发、辅助性(用于残疾用户)功能等。

软件工程结论 7.1

不要"事必躬亲"。只要有可能，就应复用 Framework 类库中的类和方法(参见 https://msdn.microsoft.com/library/mt472912)。这样可减少程序开发时间，避免引入错误，同时能够获得好的性能和安全性。

7.2.1 模块化程序

通过将程序的任务分解到一些自包含的单元中，方法(在其他编程语言中称为函数或过程)能使程序模块化。在所有编写的程序中都会声明方法，位于方法体中的语句只需编写一次，即可在程序的多个位置复用它，并且它对其他方法是隐藏的。

将程序通过方法模块化，有几个方面的原因：

- 软件复用。例如，在以前的程序中，不必定义如何从键盘读取一行文本——C#通过 Console 类的 ReadLine 方法提供了这种功能。
- 避免代码重复。
- 使程序更易测试、调试和维护。

软件工程结论 7.2

为了提高软件复用性，每个方法都应该限制成执行单一的、定义良好的任务，并且方法的名称应该有效地表示这项任务。

7.2.2 调用方法

我们知道，方法是通过方法调用来使用的，当被调方法完成任务后，它会返回一个结果，或者只是简单地将控制返回给调用者。这种方法调用/返回的结构，就如同管理的分级形式(见图 7.1)。

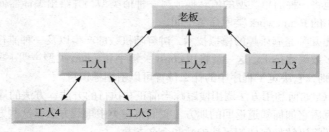

图 7.1 "老板/工人"方法的分级关系

老板(调用者)要求工人(被调方法)执行任务，并在完成任务后报告(即返回)结果。老板方法并不需要知道工人方法如何执行分派给它的任务。工人也可以调用其他的工人方法，包括老板并不知道的那些工人方法。后面将看到，这种对实现细节的隐藏，有效地实现了良好的软件工程。图 7.1 中展示了老板方法如何以分级方式与几个工人方法沟通。老板会将任务分解给多个工人。注意，工人 1 也是工人 4 和工人 5 的老板。这种关系尽管不必是分级的，但通常会如此，从而使测试、调试和更新程序变得更容易。

7.3 静态方法、静态变量和 Math 类

6.6.1 节中讲解过，尽管大多数方法都是用来操作特定对象上的数据，但并不总是如此。有时，方法执行任务时，并不依赖于任何对象上的数据(而是依赖于方法的实参)。这样的方法作为一个整体应用于声明它的类，称为静态方法(static method)。

类中常用一组静态方法来执行常见的任务。例如，回忆图 6.6，我们用 Math 类的静态方法 Pow 来求一个值的幂。为了将方法声明成静态的，只需在方法声明的返回类型之前放上关键字 static 即可。调用

静态方法时，指定声明方法的类名称，后接成员访问运算符"."和方法名称如下所示：

ClassName.*MethodName*(*arguments*)

7.3.1 Math 类的方法

下面将使用各种 Math 类的方法来体会静态方法的概念。Math 类（来自 System 命名空间）提供了一批方法，能用来执行常见的数学计算。例如，可以用如下静态方法调用计算 900.0 的平方根：

```
double value = Math.Sqrt(900.0);
```

表达式 Math.Sqrt(900.0) 的求值结果是 30.0。Sqrt 方法带有一个 double 类型的实参，并返回一个 double 类型的结果。为了在控制台窗口中输出上述方法调用的值，可以编写语句：

```
Console.WriteLine(Math.Sqrt(900.0));
```

这条语句中，Sqrt 返回的值成为 WriteLine 方法的实参。在调用 Sqrt 之前，没有创建 Math 对象；在调用 WriteLine 之前，也没有创建 Console 对象。还要注意，所有 Math 类方法都是静态的。因此，调用每个方法时，都要在方法名之前加上类名 Math 和成员访问运算符"."。

方法的实参可以是常量、变量或表达式。如果 c＝13.0，d＝3.0，f＝4.0，则语句：

```
Console.WriteLine(Math.Sqrt(c + d * f));
```

会计算并输出 $13.0 + 3.0 \times 4.0 = 25.0$ 的平方根，即 5.0。图 7.2 中总结了 Math 类的几个方法。图中，x 和 y 都为 double 类型。

方法	描述	示例
Abs(x)	x 的绝对值	Abs(23.7) = 23.7
		Abs(0.0) = 0.0
		Abs(−23.7) = 23.7
Ceiling(x)	将 x 变为不小于 x 的最小整数	Ceiling(9.2) = 10.0
		Ceiling(−9.8) = −9.0
Floor(x)	将 x 变为不大于 x 的最大整数	Floor(9.2) = 9.0
		Floor(−9.8) = −10.0
Cos(x)	x 的三角余弦值（x 为弧度）	Cos(0.0) = 1.0
Sin(x)	x 的三角正弦值（x 为弧度）	Sin(0.0) = 0.0
Tan(x)	x 的三角正切值（x 为弧度）	Tan(0.0) = 0.0
Exp(x)	指数方法 e^x	Exp(1.0) = 2.718 28
		Exp(2.0) = 7.389 06
Log(x)	x 的自然对数（底数为 e）	Log(Math.E) = 1.0
		Log(Math.E * Math.E) = 2.0
Max(x, y)	x 与 y 的较大值	Max(2.3, 12.7) = 12.7
		Max(−2.3, −12.7) = −2.3
Min(x, y)	x 与 y 的较小值	Min(2.3, 12.7) = 2.3
		Min(−2.3, −12.7) = −12.7
Pow(x, y)	x 的 y 次幂（x^y）	Pow(2.0, 7.0) = 128.0
		Pow(9.0, 0.5) = 3.0
Sqrt(x)	x 的平方根	Sqrt(900.0) = 30.0

图 7.2 Math 类的几个方法

7.3.2 Math 类常量 PI 和 E

回忆 4.3 节，类的每个对象都有类的实例变量的副本。还存在某些变量，类的每个对象并不需要有该变量的一个单独副本(后面就会看到)。这种变量被声明成静态的,也称为类变量(class variable)。当创建了包含静态变量的类对象时,该类的所有对象都共享静态变量的一个副本。类的静态变量和实例变量共同表示了类的字段(field)。10.9 节中将讲解关于静态字段的更多知识。

Math 类还声明了两个 double 类型的常量,它们分别代表两个常用的数学值:

- 常量 Math.PI(3.141 592 653 589 793 1),是圆的周长与直径之比。
- 常量 Math.E(2.718 281 828 459 045 1),是自然对数(用 Math 类中的静态方法 Log 计算)的基值。

这两个常量在 Math 类中用修饰符 public 和 const 声明。将这些变量声明成公共的,这样其他程序员就能在自己的类中使用它们。常量是用关键字 const 声明的,其值不能在声明之后改变。用 const 声明的字段隐含表示为静态的,所以可以通过类名称 Math 和成员访问运算符"."访问它们,比如 Math.PI 和 Math.E。

常见编程错误 7.1

在类中声明而不在方法或属性中声明的常量,都被隐式地声明为静态的。因此,用关键字 static 显式地声明这样的常量,是一种语法错误。

7.3.3 Main 方法是静态的

为什么必须将 Main 方法声明成静态的呢?程序启动时,还没有创建类的对象,必须调用 Main 方法才能开始执行程序。有时,Main 方法也称为程序的入口点(entry point)。将 Main 方法声明为静态的,使得执行环境不必创建类的实例就可以调用 Main 方法。Main 方法通常使用如下的方法首部进行声明:

```
static void Main()
```

但也可以具有如下的方法首部:

```
static void Main(string[] args)
```

我们会在 8.12 节中讲解。此外,Main 方法可以声明返回类型 int(而不是 void)——如果某个程序是通过另一个程序执行的,并且需要向调用它的程序返回一个是否执行成功的标识,则返回类型 int 就是有用的。

7.3.4 关于 Main 方法的其他说明

前几章中的大多数程序,都只有一个包含 Main 方法的类,而有些示例中还有 Main 方法所使用的另一个类,用于创建和操作对象。实际上,任何类都能包含 Main 方法。而且,那些包含两个类的示例,都可以作为一个类来实现。例如,在图 4.11 和图 4.12 的程序中,Main 方法(见图 4.12 第 7~43 行)本可以放入 Account 类中(见图 4.11)。这种操作所得到的程序,与两个类的版本一致。声明的每一个类中,都可以放置一个 Main 方法。利用这一点,有些程序员会在其声明的每个类中创建一个小型测试程序。但是,如果在项目的类里面声明了多个 Main 方法,则需要告诉 IDE 将哪一个作为程序的入口点。为此,需执行如下操作:

1. 在 Visual Studio 里打开项目,选择 Project > [ProjectName] Properties(其中[ProjectName]为项目的名称)。
2. 选取 Startup object 列表框中作为入口点的 Main 方法所在的类。

7.4 声明多参数方法

现在讲解如何编写带多个参数的方法。图 7.3 中定义的 Maximum 方法,判断并返回三个 double 值中的最大者。程序从 Main 方法(第 8~23 行)开始执行。第 19 行调用 Maximum 方法(在第 26~43 行声明),判断并返回三个 double 实参中的最大者。7.4.3 节中,将讲解第 22 行中的"+"运算符的用法。输出结果表明,不管最大的那个值位于实参中的哪个位置,Maximum 方法都能找到它。

```csharp
1   // Fig. 7.3: MaximumFinder.cs
2   // Method Maximum with three parameters.
3   using System;
4
5   class MaximumFinder
6   {
7      // obtain three floating-point values and determine maximum value
8      static void Main()
9      {
10         // prompt for and input three floating-point values
11         Console.Write("Enter first floating-point value: ");
12         double number1 = double.Parse(Console.ReadLine());
13         Console.Write("Enter second floating-point value: ");
14         double number2 = double.Parse(Console.ReadLine());
15         Console.Write("Enter third floating-point value: ");
16         double number3 = double.Parse(Console.ReadLine());
17
18         // determine the maximum of three values
19         double result = Maximum(number1, number2, number3);
20
21         // display maximum value
22         Console.WriteLine("Maximum is: " + result);
23      }
24
25      // returns the maximum of its three double parameters
26      static double Maximum(double x, double y, double z)
27      {
28         double maximumValue = x; // assume x is the largest to start
29
30         // determine whether y is greater than maximumValue
31         if (y > maximumValue)
32         {
33            maximumValue = y;
34         }
35
36         // determine whether z is greater than maximumValue
37         if (z > maximumValue)
38         {
39            maximumValue = z;
40         }
41
42         return maximumValue;
43      }
44   }
```

```
Enter first floating-point values: 3.33
Enter second floating-point values: 1.11
Enter third floating-point values: 2.22
Maximum is: 3.33
```

```
Enter first floating-point values: 2.22
Enter second floating-point values: 3.33
Enter third floating-point values: 1.11
Maximum is: 3.33
```

```
Enter first floating-point values: 2.22
Enter second floating-point values: 1.11
Enter third floating-point values: 3.33
Maximum is: 3.33
```

图 7.3 带三个参数的 Maximum 方法

7.4.1 static 关键字

Maximum 方法的声明以关键字 static 开头，它使 Main 方法（另一个静态方法）在第 19 行调用 Maximum 方法时，不必创建 MaximumFinder 类的对象，也不必用类名称 MaximumFinder 限定方法名称，因为位于同一个类中的静态方法可以彼此直接调用。

7.4.2 Maximum 方法

下面分析 Maximum 方法的声明(第 26～43 行)。第 26 行表明,该方法返回一个 double 值,方法的名称为 Maximum,它需要三个 double 参数(x、y 和 z)来完成任务。当一个方法具有多个参数时,参数间用逗号分隔。第 19 行调用 Maximum 方法时,分别用实参 number1、number2 和 number3 的值初始化参数 x、y 和 z。在方法调用中,对于方法声明中的每个参数,都必须有一个对应的实参。并且每个实参的类型,都必须与对应参数的类型兼容。例如,double 参数可以接收 7.35(double)、22(int)或–0.034 56(double)之类的值,但不能接收"hello"之类的字符串值。7.6 节将讨论方法调用中能向每种基本类型参数提供的实参类型。注意,第 12 行、第 14 行、第 16 行中的 double 类型的 Parse 方法,会将用户输入的字符串转换成 double 值。

常见编程错误 7.2

将相同类型的方法参数声明成"double x,y",而不是"double x,double y",这是一个语法错误。对于参数表中的每个参数,都要求明确指定类型。

确定最大值的逻辑

为了确定最大值,先假定参数 x 包含最大值,因此第 28 行声明了局部变量 maximumValue,并用参数 x 的值初始化它。当然,有可能是参数 y 或 z 包含了实际的最大值,因此必须将这些值与 maximumValue 逐一比较。第 31～34 行的 if 语句,判断 y 是否大于 maximumValue。如果是,则第 33 行将 y 的值赋予 maximumValue。第 37～40 行的 if 语句,判断 z 是否大于 maximumValue。如果是,则第 39 行将 z 的值赋予 maximumValue。此时,三者中的最大值保留在 maximumValue 中,因此第 42 行将这个值返回到第 19 行,并在这一行将结果赋予变量 result。当程序控制返回到调用 Maximum 方法所在的位置时,该方法的参数 x、y 和 z 就不再可访问了。方法最多只能返回一个值,返回值可以是包含许多值的值类型(用 struct 实现,见 10.13 节),也可以是包含许多值的一个对象引用。

7.4.3 字符串的拼接

利用"+"运算符(或"+="复合运算符),可以将较小的字符串组合成较大的字符串。这称为字符串拼接(string concatenation)。当"+"运算符的两个操作数都是字符串对象时,则会创建一个新的字符串对象,该对象中字符的组成方式为:将右操作数中的字符放在左操作数字符的末尾。例如,表达式"hello "+"there"会创建字符串"hello there"。

在图 7.3 第 22 行中,表达式 `"Maximum is: "+ result` 使用了"+"运算符,其操作数类型分别为 string 和 double。每一种简单类型的值,都具有字符串表示的形式。当"+"运算符的一个操作数是 string 类型时,另一个操作数会被隐式地转换成 string 类型,然后将它们拼接。因此第 22 行中,double 值被转换成它的字符串形式,并放在字符串"Maximum is:"的末尾。如果 double 值的后面有数字 0,则会被丢弃。因此,数字 9.3500 的字符串形式为"9.35"。

任何类型的值都能够转换成字符串

如果将布尔值与字符串拼接,则布尔值将转换成字符串"True"或"False"(注意,首字母为大写形式)。此外,每一个对象都有 ToString 方法,它返回对象的字符串形式。当对象与字符串拼接时,就会隐含调用该对象的 ToString 方法,以获得该对象的字符串表示。如果对象为 null,则会写入空字符串。

如果某种类型没有定义 ToString 方法,则它的默认 ToString 形式所返回的字符串会包含该类型的完全限定名(fully qualified name)——类型所在的命名空间,后接一个点号,然后是类型名称(例如,.NET 类 Object 会返回字符串"System.Object")。对于程序员创建的每一种类型,都可以声明一个定制的 ToString 方法。第 8 章中的 Card 类就会这样处理,它表示一副牌中的一张牌。

用字符串插值格式化字符串

图 7.3 第 22 行也可以用字符串插值形式写成

```
Console.WriteLine($"Maximum is: {result}");
```
和字符串拼接一样，用字符串插值将对象插入字符串时，会隐式调用对象的 ToString 方法，取得这个对象的字符串表示。

7.4.4 字符串的拆分

当在程序源代码中输入比较长的字符串字面值或插值字符串时，可以将它分成几个小一些的字符串，并将它们放在多个代码行中，以提高可读性。利用字符串拼接，这些字符串可以被重新组装到一起。第 16 章将详细介绍字符串。

常见编程错误 7.3
将字符串字面值或插值字符串断开写在多行上，这是一个语法错误。如果一行中无法容纳一个字符串，则可以将它拆分成几个小一些的字符串，并通过拼接形成想要的字符串。

常见编程错误 7.4
将用于字符串拼接的"+"运算符与用于加法的"+"运算符混淆，会导致奇怪的结果。"+"运算符是左结合的。例如，如果 int 类型的变量 y 的值为 5，则表达式"y + 2 = " + y + 2 的结果是字符串"y + 2 = 52"，而不是"y + 2 = 7"，因为 y 的值(5)先和字符串"y + 2 = " 拼接，然后值 2 与新的较大字符串"y + 2 = 5"拼接。但是，表达式"y + 2 = " + (y + 2)会生成期望的结果"y + 2 = 7"。利用 C# 6 的字符串插值方法，就可以消除这种错误。

7.4.5 将变量声明成字段

Main 方法中的 result 是一个局部变量，因为它是在该方法体的语句块中声明的。必须将变量声明为类的字段（即作为类的实例变量或静态变量）的两种情形为：要在类的多个方法中使用，或程序在调用类的多个方法之间要保存它们的值。

7.4.6 通过复用 Math.Max 方法实现 Maximum 方法

回忆图 7.2，Math 类的 Max 方法能够确定两个值中哪一个较大。找出三个值中最大者的方法，也可以通过两次调用 Math.Max 来实现，如下所示：

```
return Math.Max(x, Math.Max(y, z));
```
最左边的 Math.Max 调用指定了两个实参：x 和 Math.Max(y, z)。在任何方法能够被调用之前，.NET 运行时都必须计算它的所有实参，以确定它们的值。如果实参是一个方法调用，则必须先执行它，以确定其返回值。因此，在前面的语句中，会首先计算 Math.Max(y, z)，以确定 y 和 z 中的较大者。然后，将这个结果作为第二个实参传递给另一个 Math.Max 调用，它返回这两个实参中的较大者。以这种方式使用 Math.Max，这是软件复用的一个很好例子——通过复用 Math.Max 来找到三个值中的最大者，而 Math.Max 会找出两个值中的较大者。注意，这行代码比图 7.3 中的第 28~42 行要简洁得多。

7.5 关于方法使用的说明

调用方法的三种途径
前面已经看到了调用方法的三种途径：
1. 一个方法调用同一个类中的另一个方法，例如图 7.3 第 19 行，在 Main 方法中调用 Maximum(number1, number2, number3)。
2. 使用对象的引用，后接一个成员访问运算符"."和方法名称，以调用被引用对象的非静态方法。正如图 4.12 第 23 行所示，它在 AccountTest 类的 Main 方法中调用 account1.Deposit(depositAmount)。

3. 使用类名称和成员访问运算符"."调用类的静态方法,如图 7.3 第 12 行、第 14 行和第 16 行所示,每一行都调用了 Console.ReadLine( )方法。7.3 节中的 Math.Sqrt(900.0)也是这种用法。

从方法返回的三种途径

有三种途径可将控制返回到调用方法的语句:

- 到达结束方法的右花括号,返回类型为 void。
- 返回类型为 void,在方法中执行如下语句:

  return;
- 方法返回一个结果,语句为下面的形式,其中的 *expression* 会被求值,且其结果(和控制)会被返回给调用者:

  return *expression*;

常见编程错误 7.5

在类声明体外声明方法,或在一个方法的声明体内声明另一个方法,都是语法错误。

常见编程错误 7.6

在方法体内将其参数重新声明成局部变量,是一个编译错误。

常见编程错误 7.7

对于应该返回值的方法,如果忘记返回这个值,则是一个编译错误。如果指定了非 void 的其他返回类型,则方法必须使用一条 return 语句,它返回一个与方法的返回类型兼容的值。从方法中返回了一个值,但它的返回值的类型已经被声明为 void,这是一个编译错误。

静态成员只能直接访问类的其他静态成员

静态方法或属性,只能直接调用同一个类里的其他静态方法或属性(即使用方法名本身),并且只能直接操作同一个类里的静态变量。为了访问类的非静态成员,静态方法或属性必须使用该类的对象的引用。回忆前面所讲,静态方法作为一个整体与类相关,而非静态方法与类的特定对象(实例)相关,可以操作该对象的实例变量(以及类的静态成员)。

在一个类的许多个对象中,每一个都有自己的实例变量副本,它们可以同时存在。假设一个静态方法希望直接调用一个非静态方法,这个方法应该如何知道要操作哪个对象的实例变量呢? 如果在调用非静态方法时,该类的任何对象还不存在,会发生什么情况呢?

软件工程结论 7.3

静态方法不能直接访问同一个类中的非静态成员。

7.6 实参提升与强制转换

方法调用的另一个重要特性是实参提升(argument promotion)——将实参值隐式地转换成方法在其对应参数中希望接收的类型。例如,程序可以对整型实参调用 Math 方法 Sqrt,即使该方法希望接收一个 double 实参。语句:

`Console.WriteLine(Math.Sqrt(4));`

能正确地对 Math.sqrt(4)求值,并会输出结果 2.0。Sqrt 的参数表使 C#在将值传递给 Sqrt 之前,先将 int 值 4 转换成 double 值 4.0。如果不能满足 C#的提升规则(promotion rule),则这样的转换可能导致编译错误。提升规则指定了允许进行哪些转换。也就是说,它指定的是执行哪些转换时不会丢失数据。在上面的 Sqrt 例子中,将 int 值转换成 double 值,不会改变它的值。但是,当将 double 值转换成 int 值时,会将 double 值的小数部分截去,因此会丢失一部分值。另外,double 变量可以存放比 int 变量更大(和更小)的值,因此从 double 到 int 的转换,可能因 double 值无法放进 int 中而丢失信息。将较大的整数类型转换成较小的整数类型时(如将 long 转换成 int),也可能导致错误的结果。

7.6.1 提升规则

提升规则能用于包含两个或多个简单类型的值的表达式,还可用于作为实参传递给方法的简单类型的值。每个值都会被提升到表达式中的合适的类型(实际上,表达式使用的是每个被提升值的临时副本——原始值的类型并没有变化)。图 7.4 按字母顺序列出了几种简单类型以及它们能够提升到的类型。所有的简单类型的值,也都能被隐式转换为 object 类型。第 19 章将演示这种隐式转换。

类型	转换类型
bool	无法隐式转换成其他简单类型
byte	ushort, short, uint, int, ulong, long, decimal, float, double
char	ushort, int, uint, long, ulong, decimal, float, double
decimal	无法隐式转换成其他简单类型
double	无法隐式转换成其他简单类型
float	double
int	long, decimal, float, double
long	decimal, float, double
sbyte	short, int, long, decimal, float, double
short	int, long, decimal, float, double
uint	ulong, long, decimal, float, double
ulong	decimal, float, double
ushort	uint, int, ulong, long, decimal, float, double

图 7.4 简单类型之间的隐式转换

7.6.2 显式强制转换有时是必要的

默认情况下,如果目标类型无法表示原始类型的值时,C#就不允许在简单类型间进行隐式转换(如 int 值 2 000 000 不能表示成 short 类型;小数点后有数字的浮点数无法表示成整型类型,如 long、int 或 short)。

当可能因为转换而丢失信息时,编译器要求程序员使用强制转换运算符来明确地强制进行转换,否则会出现编译错误。这样,就使程序员能从编译器那里获得控制权。这种运算符的本质是:我知道这种转换可能导致信息丢失,但此处为了达到我们的目标,这样做是允许的。假设 Square 方法计算一个 int 实参的平方值。为了用名称为 doubleValue 的 double 实参的整数部分调用 Square,应该将方法调用写成 Square((int) doubleValue)。这个方法调用明确地将 doubleValue 的值强制转换成一个整数,并用在 Square 方法中。因此,如果 doubleValue 的值是 4.5,则方法收到的值是 4,返回的值是 16 而不是 20.25。

> **常见编程错误 7.8**
> 将一个简单类型转换成另一个简单类型时,如果提升是不允许的,则可能会改变值。例如,将浮点值转换成整数值,会导致结果中的截尾错误(小数部分丢失)。

7.7 .NET Framework 类库

由许多预定义的类组成的相关类,称为命名空间。.NET 的命名空间,统称为.NET Framework 类库。

using 指令与命名空间

本书中，可以用 using 指令来使用 .NET Framework 类库中的类，而不必指定命名空间的名称。例如，包含如下声明的程序：

using System;

当需要使用 System 命名空间中的类名称时，不必使用完全限定名。这样，就可以在代码中使用非限定类名 Console，而不必用完全限定名 System.Console。

软件工程结论 7.4

如果每次在源代码中使用类时都指定完全限定名，则 C#编译器并不要求在源代码文件中有 using 指令。大多数程序员更愿意使用 using 指令，从而使程序更精简。

读者可能已经注意到，包含多个类的项目，每一个类的源代码文件中并不需要额外的 using 指令来使用项目中的其他类。项目中的类之间存在一种特殊的关系——默认情况下，这些类位于同一个命名空间中，它们可以被项目中的其他类使用。因此，当项目中的一个类使用同一个项目中另外的类时，不需要 using 指令——正如第 4 章的示例中 AccountTest 类使用 Account 类那样。此外，没有明确地放入某个命名空间的任何类，都会被隐含放入所谓的全局命名空间(global namespace)中。

.NET 命名空间

C#的强大之处，就在于 .NET Framework 类库的命名空间中有大量的类。图 7.5 列出了一些主要的命名空间，它们只不过是 .NET Framework 类库中可复用类的一小部分。

命名空间	描述
System.Windows.Forms	包含用来创建并维护 GUI 的类(第 14 章和第 15 章中将讨论这个命名空间中的各种类)
System.Windows.Controls	包含用于 Windows Presentation Foundation(WPF)的类，WPF 用于 GUI、二维/三维图形、多媒体和动画(见有关 WPF 的在线章节)
System.Windows.Input	
System.Windows.Media	
System.Windows.Shapes	
System.Linq	包含支持语言集成查询(LINQ)的类(见第 9 章以及其他几章)
System.Data.Entity	包含用于操作数据库中数据的类，包括对 LINQ to Entities 的支持(见第 22 章)
System.IO	包含使程序能操作输入/输出数据的类(见第 17 章)
System.Web	包含用于创建并维护 Web 程序的类，Web 程序可通过 Internet 访问(见在线章节"Web 程序开发和 ASP.NET")
System.Xml	包含用来创建并维护 XML 数据的类。数据能从 XML 文件读取或将其写入 XML 文件(见在线章节"XML 和 LINQ to XML")
System.Xml.Linq	包含支持语言集成查询(LINQ)的类，用于 XML 文档(见在线章节"XML 和 LINQ to XML"以及其他几章)
System.Collections	包含为维护数据集合而定义数据结构的类(见第 21 章)
System.Collections.Generic	
System.Text	包含使程序能操作字符和字符串的类(见第 16 章)

图 7.5　.NET Framework 类库中的命名空间(部分)

关于 .NET 类中方法的更多信息来源

有关 .NET Framework 类库中 .NET 类方法的更多信息，可参考：

https://msdn.microsoft.com/library/mt472912

访问这个站点时，可以看到 Framework 类库中按字母顺序排列的所有命名空间清单。找到某个命名空间并单击它的链接,可以看到按字母顺序排列的所有类清单以及每个类的简要描述。单击某个类的链接,可以看到这个类的更完整描述。单击左列的 Methods 链接,可以看到该类的方法清单。

好的编程经验 7.1

在线的 .NET Framework 文档易于搜索,并提供了关于每个类的许多细节。学习本书中的每个类时,可以从在线文档中寻找这个类的其他信息。

7.8 案例分析:随机数生成方法

在本节和下一节中,将开发一个结构化良好的游戏程序,它具有多个方法。这个程序用到了本书到目前为止所讲的大多数控制语句,并引入了几个新的编程概念。

赌场里总有一些事情激励着赌客们——从坐在铺着毛毯的红木赌桌旁玩双骰子的富豪赌客,到独臂大盗手中剩余不多的爆米花。这就是机会元素,即有幸用一小袋钱变成一座金山的可能性。这个机会元素可以用 System 命名空间的 Random 类对象引入程序中。Random 类的对象可以产生随机的 byte、int 或 double 值。下面的几个示例中,将使用 Random 类的对象来生成随机数。

安全随机数

根据 Microsoft 的说明,由于所使用的数学算法的原因,Random 类产生的随机值并不是完全随机的,但在实践中已经足够随机了。使用该类产生的随机值,不应当用于创建随机选择的口令。如果程序要求所谓的密码安全随机数,则应使用命名空间 System.Security.Cryptography 中的 RNGCryptoService-Provider 类[①]来产生随机值:

```
https://msdn.microsoft.com/library/system.security.cryptography.
rngcryptoserviceprovider
```

7.8.1 创建 Random 类型的对象

利用 Random 类(来自 System 命名空间),可创建一个随机数生成器对象:

```
Random randomNumbers = new Random();
```

然后,这个 Random 对象就可以用来生成随机的 byte、int 和 double 值——此处只探讨随机 int 值。

7.8.2 产生随机整数

考虑语句:

```
int randomValue = randomNumbers.Next();
```

如果不带实参,Random 类的 Next 方法可产生 0 至+2 147 483 646(包含二者)之间的随机 int 值。如果 Next 方法确实是随机地产生值,则每次调用它时,这个范围中的每个值被选中的可能性(或概率)是相等的。实际上,Next 方法返回的值是伪随机数——通过复杂的数学计算生成的一个值序列。这个计算过程利用当前时间(当然,时间是不断变化的)作为随机数生成器的种子(seed),以使每次执行程序都会生成不同的随机值序列。

7.8.3 缩放随机数范围

Next 方法直接生成的值的范围,经常与特定 C#程序所要求的值的范围不同。例如,模拟抛硬币的程序,只需要用 0 代表正面,用 1 代表反面;模拟掷六面骰子的程序,要求 1~6 的随机整数;视频游戏中,一个随机预测下一种飞过地平线的太空船类型(一共 4 种)的程序,可能需要 1~4 的随机整数。对于这些情况,Random 类提供了接收不同实参的 Next 版本。一种 Next 方法接收一个 int 实参,返回一个位

---

① RNGCryptoServiceProvider 类可生成 byte 数组。数组将在第 8 章讨论。

于 0 到实参值(不含二者)之间的值。例如，可以使用语句：

```
int randomValue = randomNumbers.Next(6); // 0, 1, 2, 3, 4 or 5
```

返回 0、1、2、3、4 或 5。实参 6 称为缩放因子(scaling factor)，表示 Next 应该生成的数值个数(这里是 6 个，即 0～5)。这种操作，称为"缩放"(scaling)由 Random 类 Next 方法生成的取值范围。

7.8.4 平移随机数范围

假设要模拟的六面骰子的 6 个面上有数字 1～6，而不是 0～5，这时只缩放值的范围就不够了。为此，要平移(shift)生成的数的范围。这可以通过向 Next 方法的结果增加一个平移值(shifting value)来实现。对于前面的问题，这个平移值为 1，即

```
int face = 1 + randomNumbers.Next(6); // 1, 2, 3, 4, 5 or 6
```

平移值(1)指定了想要的随机整数集中的第一个值。上面的语句为 face 赋予了一个 1～6 的随机整数。

7.8.5 组合使用缩放和平移

Next 方法的第三种形式，提供了表示平移值和缩放范围的更直观形式。这个方法接收两个 int 实参，返回的值是从第一个实参值到第二个实参值(不含二者)之间的值。可以用这个方法编写上述语句的等价语句：

```
int face = randomNumbers.Next(1, 7); // 1, 2, 3, 4, 5 or 6
```

7.8.6 掷六面骰子

为了演示随机数，下面开发的程序模拟掷六面骰子 20 次，并显示每次所掷的点数值。图 7.6 中给出了两个输出样本，它们验证了前面计算的结果是 1～6 的整数，并且每次运行程序时会生成不同的随机数序列。第 9 行创建了 Random 对象 randomNumbers，生成随机值。第 15 行在一个循环中掷骰子 20 次，第 16 行显示每一次循环的结果值。

```csharp
1   // Fig. 7.6: RandomIntegers.cs
2   // Shifted and scaled random integers.
3   using System;
4
5   class RandomIntegers
6   {
7       static void Main()
8       {
9           Random randomNumbers = new Random(); // random-number generator
10
11          // loop 20 times
12          for (int counter = 1; counter <= 20; ++counter)
13          {
14              // pick random integer from 1 to 6
15              int face = randomNumbers.Next(1, 7);
16              Console.Write($"{face}   "); // display generated value
17          }
18
19          Console.WriteLine();
20      }
21  }
```

```
3 3 3 1 1 2 1 2 4 2 2 3 6 2 5 3 4 6 6 1
```

```
6 2 5 1 3 5 2 1 6 5 4 1 6 1 3 3 1 4 3 4
```

图 7.6 输出经过了平移和缩放的随机整数

掷六面骰子 60 000 000 次

为了展示用 Next 方法生成的数大约是等概率发生的，我们模拟掷骰子 60 000 000 次(见图 7.7)。1～6 中的每个整数，都应当大约出现 10 000 000 次。

```csharp
 1  // Fig. 7.7: RollDie.cs
 2  // Roll a six-sided die 60,000,000 times.
 3  using System;
 4
 5  class RollDie
 6  {
 7      static void Main()
 8      {
 9          Random randomNumbers = new Random(); // random-number generator
10
11          int frequency1 = 0; // count of 1s rolled
12          int frequency2 = 0; // count of 2s rolled
13          int frequency3 = 0; // count of 3s rolled
14          int frequency4 = 0; // count of 4s rolled
15          int frequency5 = 0; // count of 5s rolled
16          int frequency6 = 0; // count of 6s rolled
17
18          // summarize results of 60,000,000 rolls of a die
19          for (int roll = 1; roll <= 60000000; ++roll)
20          {
21              int face = randomNumbers.Next(1, 7); // number from 1 to 6
22
23              // determine roll value 1-6 and increment appropriate counter
24              switch (face)
25              {
26                  case 1:
27                      ++frequency1; // increment the 1s counter
28                      break;
29                  case 2:
30                      ++frequency2; // increment the 2s counter
31                      break;
32                  case 3:
33                      ++frequency3; // increment the 3s counter
34                      break;
35                  case 4:
36                      ++frequency4; // increment the 4s counter
37                      break;
38                  case 5:
39                      ++frequency5; // increment the 5s counter
40                      break;
41                  case 6:
42                      ++frequency6; // increment the 6s counter
43                      break;
44              }
45          }
46
47          Console.WriteLine("Face\tFrequency"); // output headers
48          Console.WriteLine($"1\t{frequency1}\n2\t{frequency2}");
49          Console.WriteLine($"3\t{frequency3}\n4\t{frequency4}");
50          Console.WriteLine($"5\t{frequency5}\n6\t{frequency6}");
51      }
52  }
```

Face	Frequency
1	10006774
2	9993289
3	9993438
4	10006520
5	9998762
6	10001217

Face	Frequency
1	10002183
2	9997815
3	9999619
4	10006012
5	9994806
6	9999565

图 7.7 掷六面骰子 60 000 000 次

正如两个输出样本所示，由 Next 方法生成的值，能真实地模拟掷六面骰子的情形。程序使用了嵌套控制语句（在 for 语句内嵌套 switch 语句），以确定骰子的每面出现的次数。for 语句（第 19～45 行）迭代了 60 000 000 次。每次迭代时，第 21 行生成一个 1~6 的随机值。然后，这个 face 值被用作 switch 语句的控制表达式（第 24 行）。每次迭代时，基于 face 的值，switch 语句将 6 个计数器变量之一加 1（8.4.7 节将会介绍，可以用更简洁的方式将这个程序中的整个 switch 语句换成一条语句）。switch 语句中没有默认分支，因为分支标签中已经囊括了第 21 行中的表达式可能生成的每一个掷骰子的结果。运行这个程序几次，并观察结果。可以看到，每次都会产生不同的结果。

7.8.7 随机数的缩放和平移

前面演示的语句：

```
int face = randomNumbers.Next(1, 7);
```

模拟了掷六面骰子的情况。这条语句总会赋予变量 face 一个 1~7 的整数。这个范围的宽度（即范围内连续整数的个数）是 6，起始数是 1。观察前面的语句，可以看到范围宽度由作为实参传递给 Random 方法 Next 的两个实参值的差决定，而范围的起始数为第一个实参值。可以将这个结果一般化为

```
int number = randomNumbers.Next(shiftingValue, shiftingValue + scalingFactor);
```

其中 shiftingValue 指定了期望的连续整数的第一个数，scalingFactor 指定了在这个范围中有多少个数。

也可以从值的集合而不是连续的整数范围中随机选取整数。为此，使用 Next 方法的一种更简单的办法是用只带一个实参的版本。例如，为了从序列 2、5、8、11 和 14 中获得一个随机值，可以使用语句：

```
int number = 2 + 3 * randomNumbers.Next(5);
```

在这种情况下，randomNumbers.Next(5) 产生 0~4 的值。每个产生的值乘以 3，得到序列 0、3、6、9、12。然后，将这些值加 2，平移值的范围，就可以得到序列 2、5、8、11、14。可以将这个结果一般化为

```
int number = shiftingValue +
    differenceBetweenValues * randomNumbers.Next(scalingFactor);
```

其中，shiftingValue 指定了期望的值范围中的第一个数，differenceBetweenValues 表示序列中两个连续的数之间的差，而 scalingFactor 指定在范围中有多少个数。

7.8.8 测试和调试的重复性

本节开头曾提到过，Random 类的方法实际上是基于复杂的数学计算生成伪随机数。重复调用任何 Random 类的方法，都会生成一个看似随机的数字序列。生成伪随机数的计算，利用了当天的时间作为种子值（seed value），以改变序列值的起始点。每个新 Random 对象，都会基于创建这个对象时的计算机系统时钟来为自己设置一个种子值，使得程序的每次执行都会生成不同的随机数序列。

当调试程序时，在每次执行期间重复使用完全相同的伪随机数序列，有时非常有用。这种可重复性能够证明：在用不同的随机数序列测试程序之前，对于某个特定的随机数序列，程序是能够正常运行的。当可重复性很重要时，可以用如下方式创建一个 Random 对象：

```
Random randomNumbers = new Random(seedValue);
```

其中，（int 类型的）seedValue 实参为随机数计算的种子值——使用同一个 seedValue 种子值，可以产生相同的随机数序列。当然，使用不同的种子值，会产生不同的随机数序列。

7.9 案例分析：机会游戏（引入枚举）

一个流行的机会游戏，是称为 craps 的掷骰子游戏，在世界各地的赌场和街头小巷中都可以玩它。游戏的规则如下：

> 玩家掷两枚骰子。每枚骰子有六面，每一面都有一个 1~6 的点数。等两枚骰子停止转动后，计算两个朝上的面的点数和。如果第一次掷时点数和为 7 或 11，则玩家获胜；如

果点数和为 2、3 或 12(称为 craps)，则玩家输，庄家赢；如果点数和为 4、5、6、8、9 或 10，则这个和成为玩家所要的"点数"。为了获胜，玩家必须继续掷骰子，直到掷出相同的点数。如果在掷出相同的点数之前掷出了点数和 7，则玩家输。

图 7.8 中的程序模拟了这个游戏，它采用定义游戏逻辑的方法。Main 方法(第 24 ~ 80 行)在需要时调用静态方法 RollDice(第 83 ~ 94 行)，以便掷两枚骰子并计算它们的点数和。4 个输出样本分别展示了如下几种情况：首次掷骰子时玩家赢，首次掷骰子时玩家输，掷几次后玩家赢，以及掷几次后玩家输。变量 randomNumbers(第 8 行)被声明成静态的，这样它只需创建一次即可用在 RollDice 方法中。

```csharp
 1  // Fig. 7.8: Craps.cs
 2  // Craps class simulates the dice game craps.
 3  using System;
 4
 5  class Craps
 6  {
 7     // create random-number generator for use in method RollDice
 8     private static Random randomNumbers = new Random();
 9
10     // enumeration with constants that represent the game status
11     private enum Status {Continue, Won, Lost}
12
13     // enumeration with constants that represent common rolls of the dice
14     private enum DiceNames
15     {
16        SnakeEyes = 2,
17        Trey = 3,
18        Seven = 7,
19        YoLeven = 11,
20        BoxCars = 12
21     }
22
23     // plays one game of craps
24     static void Main()
25     {
26        // gameStatus can contain Continue, Won or Lost
27        Status gameStatus = Status.Continue;
28        int myPoint = 0; // point if no win or loss on first roll
29
30        int sumOfDice = RollDice(); // first roll of the dice
31
32        // determine game status and point based on first roll
33        switch ((DiceNames) sumOfDice)
34        {
35           case DiceNames.Seven: // win with 7 on first roll
36           case DiceNames.YoLeven: // win with 11 on first roll
37              gameStatus = Status.Won;
38              break;
39           case DiceNames.SnakeEyes: // lose with 2 on first roll
40           case DiceNames.Trey: // lose with 3 on first roll
41           case DiceNames.BoxCars: // lose with 12 on first roll
42              gameStatus = Status.Lost;
43              break;
44           default: // did not win or lose, so remember point
45              gameStatus = Status.Continue; // game is not over
46              myPoint = sumOfDice; // remember the point
47              Console.WriteLine($"Point is {myPoint}");
48              break;
49        }
50
51        // while game is not complete
52        while (gameStatus == Status.Continue) // game not Won or Lost
53        {
54           sumOfDice = RollDice(); // roll dice again
55
56           // determine game status
57           if (sumOfDice == myPoint) // win by making point
58           {
59              gameStatus = Status.Won;
60           }
61           else
```

图 7.8　Craps 类模拟掷骰子游戏

```csharp
62          {
63              // lose by rolling 7 before point
64              if (sumOfDice == (int) DiceNames.Seven)
65              {
66                  gameStatus = Status.Lost;
67              }
68          }
69      }
70
71      // display won or lost message
72      if (gameStatus == Status.Won)
73      {
74          Console.WriteLine("Player wins");
75      }
76      else
77      {
78          Console.WriteLine("Player loses");
79      }
80  }
81
82  // roll dice, calculate sum and display results
83  static int RollDice()
84  {
85      // pick random die values
86      int die1 = randomNumbers.Next(1, 7); // first die roll
87      int die2 = randomNumbers.Next(1, 7); // second die roll
88
89      int sum = die1 + die2; // sum of die values
90
91      // display results of this roll
92      Console.WriteLine($"Player rolled {die1} + {die2} = {sum}");
93      return sum; // return sum of dice
94  }
95 }
```

```
Player rolled 2 + 5 = 7
Player wins
```

```
Player rolled 2 + 1 = 3
Player loses
```

```
Player rolled 4 + 6 = 10
Point is 10
Player rolled 1 + 3 = 4
Player rolled 1 + 3 = 4
Player rolled 2 + 3 = 5
Player rolled 4 + 4 = 8
Player rolled 6 + 6 = 12
Player rolled 4 + 4 = 8
Player rolled 4 + 5 = 9
Player rolled 2 + 6 = 8
Player rolled 6 + 6 = 12
Player rolled 6 + 4 = 10
Player wins
```

```
Player rolled 2 + 4 = 6
Point is 6
Player rolled 3 + 1 = 4
Player rolled 5 + 5 = 10
Player rolled 6 + 1 = 7
Player loses
```

图 7.8(续)　Craps 类模拟掷骰子游戏

7.9.1　RollDice 方法

在游戏规则里，玩家必须在第一次时掷两枚骰子，并且所有后续掷骰子的动作都必须如此。我们声明了 RollDice 方法(第 83~94 行), 用来掷两枚骰子并计算它们的点数和。这个方法只声明了一次, 但是在 Main 方法中有两个地方(第 30 行和第 54 行)调用了它, Main 方法中包含了一次完整的掷骰子游戏的逻辑。RollDice 方法不带实参, 它的参数表为空。每次调用这个方法时, 它都会返回骰子的点数和(int 值)。尽管第 86 行和第 87 行看起来相同(除了骰子名称不同), 但它们不一定会得到相同的结果。每条语句都会生成一个 1~6 的随机值。变量 randomNumbers 没有在方法中声明(用在第 86 行和第 87 行), 而是将它声明为该类的一个私有静态变量, 并在第 8 行初始化。这样, 就创建了一个能在 RollDice 方法的每个调用中重复使用的 Random 对象。

7.9.2 Main 方法的局部变量

在这个游戏中, 玩家第一次掷两枚骰子时可能输也可能赢, 也可能要掷好几次才能定出输赢。Main 方法(第 24~80 行)用局部变量 gameStatus(第 27 行)跟踪整个游戏的状态, 用局部变量 myPoint(第 28 行)在玩家第一轮没有输赢时存储"点数", 用局部变量 sumOfDice(第 30 行)保存最近一次掷骰子时的点数和。变量 myPoint 被初始化为 0, 以保证程序能够编译。如果没有初始化 myPoint, 则编译时会发生错误, 因为 myPoint 没有在 switch 语句的每个分支中赋值, 程序可能在没有为 myPoint 赋值之前使用它。相反, gameStatus 不需要初始化, 因为它在 switch 语句的每个分支中都被赋了值, 因此使用之前已经初始化。不过, 作为一种良好习惯, 应总是初始化变量。

7.9.3 enum 类型 Status

局部变量 gameStatus(第 27 行)被声明为新类型 Status, 它在第 11 行声明。Status 是一种称为枚举 (enumeration)的用户定义类型, 它声明了由标识符表示的一组常量。枚举由关键字 enum 和类型名称(这里是 Status)引入。和类一样, enum 声明体用一对花括号界定。花括号内是逗号分隔的枚举常量表——默认情况下, 第一个常量的值为 0, 后续常量的值依次递增 1。enum 常量名必须是唯一的, 但与每个常量相关联的值不必如此。Status 类型被声明为 Craps 类的私有成员, 因为它只在这个类中使用。

Status 类型的变量, 只能赋给枚举中声明的三个值之一。玩家赢时, 程序将局部变量 gameStatus 设置为 Status.Won(第 37 行和第 59 行); 玩家输时, gameStatus 被设置为 Status.Lost(第 42 行和第 66 行); 没有定出输赢时, gameStatus 被设置为 Status.Continue(第 45 行), 表示需要再次掷骰子。

好的编程经验 7.2

用枚举常量(如 Status.Won、Status.Lost 和 Status.Continue)而不用整数字面值(如 0、1、2), 可以使代码更可读、更好维护。

7.9.4 第一轮掷骰子

Main 方法的第 30 行调用 RollDice, 它从 1~6 取两个随机数, 显示第一枚骰子的值、第二枚骰子的值以及点数和, 并返回这个点数和。然后, Main 方法进入第 33~49 行中的 switch 语句, 用 sumOfDice 值确定游戏的输赢, 或者判断是否还要再次掷骰子。

7.9.5 enum 类型 DiceNames

第一次掷骰子时, 决定输赢的两个骰子的点数和在第 14~21 行被声明为 DiceNames 枚举常量, 用在 switch 语句的各个分支中。标识符名称采用不同点数和的赌场术语。在 DiceNames 枚举中, 每个标识符名称都被显式地指定了一个值。声明枚举时, enum 声明中的每一个常量, 都是一个 int 类型的值。如果 enum 声明中不对标识符赋值, 则编译器会对它赋值。如果第一个 enum 常量未赋值, 则编译器将它赋值为 0。如果任何其他 enum 常量没有赋值, 则编译器会将它赋值为比前一个 enum 常量多 1。例如, 在 Status 枚举中, 编译器隐式将 Status.Continue 赋值为 0, 将 Status.Won 赋值为 1, 将 Status.Lost 赋值为 2。

7.9.6 enum 适用的数据类型

也可以将枚举的类型指定成 byte、sbyte、short、ushort、int、uint、long 或 ulong，如下所示：

    private enum MyEnum : *typeName* {*Constant1*, *Constant2*, …}

其中 *typeName* 表示某种简单类型。

7.9.7 整数与 enum 常量的比较

如果需要比较简单类型值与枚举常量的基础值，则必须用强制转换运算符使两个类型匹配。第 33 行的 switch 表达式中，sumOfDice 中的 int 值用强制转换运算符转换成了 DiceNames 类型，并将它与 DiceNames 中的每个常量进行比较。第 35～36 行用 Seven(7) 和 YoLeven(11) 判断玩家第一次掷骰子时是否赢；第 39～41 行用 SnakeEyes(2)、Trey(3) 和 BoxCars(12) 判断玩家第一次掷骰子时是否输。第一轮过后，如果还没有定出输赢，则默认分支(第 44～48 行)将 sumOfDice 保存到 myPoint 中(第 46 行)，并显示点数(第 47 行)。

再次掷骰子

如果希望再次掷出第一轮的点数，则执行第 52～69 行的循环。第 54 行再次掷骰子。在第 57 行，如果 sumOfDice 与 myPoint 相符，则第 59 行设置 gameStatus 为 Status.Won，循环终止，因为游戏已经完成。第 64 行用强制转换运算符"(int)"获得 DiceNames.Seven 的基础值，使其可以与 sumOfDice 进行比较。如果 sumOfDice 与 Seven(7) 相等，则第 66 行将 gameStatus 设置为 Status.Lost，循环终止。游戏完成之后，第 72～79 行显示一条消息，表示玩家赢或输，然后程序终止。

Craps 示例中的控制语句

注意，这个程序中使用了前面介绍的各种程序控制机制。Craps 类使用了两个方法——Main 和 RollDice(在 Main 中调用了两次)，并使用了 switch、while、if…else 和嵌套 if 控制语句。还要注意，switch 语句中利用多个分支标签，对总和 Seven 与 YoLeven(第 35～36 行)以及总和 SnakeEyes、Trey 与 BoxCars(第 39～41 行)分别执行相同的语句。

自动实现的属性的代码段

Visual Studio 的代码段(code snippet)特性，使程序员可以在源代码中插入预定义的代码模板。通过这样的代码段，就可以用枚举类型的所有可能值来简单地创建一条 switch 语句。在 C#代码中输入 switch，然后按 Tab 键两次。如果在 switch 语句的表达式中指定了枚举类型的一个变量，则按回车键会自动生成每个枚举常量的分支。

要取得所有可用代码段的列表，可输入 Ctrl + k、Ctrl + x 组合键，这样会在代码编辑器中打开 Insert Snippet 窗口。可以用鼠标在代码段文件夹中寻找代码段。这个特性也可以这样使用：右击源代码编辑器并从菜单中选择 Insert Snippet 菜单项。

7.10 声明的作用域

前面已经看到了各种 C# 实体的声明，比如类、方法、属性、变量和参数。通过声明引入的这些名称，可以用来引用这些 C# 实体。声明的作用域(scope)是程序中可以用非限定名引用所声明实体的部分。这样的实体位于程序的这个作用域中。本节将探讨几个重要的作用域问题。基本的作用域规则如下所示：

1. 参数声明的作用域，是声明所在的方法体。
2. 局部变量声明的作用域从声明点开始，到声明所在语句块的结束为止。
3. for 语句首部初始化部分出现的局部变量声明的作用域，是 for 语句体以及首部中的其他表达式。
4. 类的方法、属性或字段的作用域为整个类体。这就使类的非静态方法和属性可以使用类的任何字段、方法和属性,不管它们的声明顺序如何。类似地,静态方法和属性可以使用类的任何静态成员。

任何语句块都可以包含变量声明。如果方法中的局部变量或参数与字段同名,则字段会被隐藏,直到语句块终止执行时为止——第 10 章中将探讨如何访问被隐藏的字段。如果方法中的一个嵌套语句块包含的变量,具有与方法外语句块中的局部变量相同的名称,则会发生编译错误。图 7.9 中的程序演示了静态变量和局部变量的作用域问题。

错误防止提示 7.1

应对字段和局部变量使用不同的名称,以防止调用方法时,因为方法的局部变量隐藏了类中的同名字段而造成微妙的逻辑错误。

```csharp
1   // Fig. 7.9: Scope.cs
2   // Scope class demonstrates static and local variable scopes.
3   using System;
4   
5   class Scope
6   {
7      // static variable that's accessible to all methods of this class
8      private static int x = 1;
9   
10     // Main creates and initializes local variable x
11     // and calls methods UseLocalVariable and UseStaticVariable
12     static void Main()
13     {
14        int x = 5; // method's local variable x hides static variable x
15   
16        Console.WriteLine($"local x in method Main is {x}");
17   
18        // UseLocalVariable has its own local x
19        UseLocalVariable();
20   
21        // UseStaticVariable uses class Scope's static variable x
22        UseStaticVariable();
23   
24        // UseLocalVariable reinitializes its own local x
25        UseLocalVariable();
26   
27        // class Scope's static variable x retains its value
28        UseStaticVariable();
29   
30        Console.WriteLine($"\nlocal x in method Main is {x}");
31     }
32   
33     // create and initialize local variable x during each call
34     static void UseLocalVariable()
35     {
36        int x = 25; // initialized each time UseLocalVariable is called
37   
38        Console.WriteLine(
39           $"\nlocal x on entering method UseLocalVariable is {x}");
40        ++x; // modifies this method's local variable x
41        Console.WriteLine(
42           $"local x before exiting method UseLocalVariable is {x}");
43     }
44   
45     // modify class Scope's static variable x during each call
46     static void UseStaticVariable()
47     {
48        Console.WriteLine("\nstatic variable x on entering method " +
49           $"UseStaticVariable is {x}");
50        x *= 10; // modifies class Scope's static variable x
51        Console.WriteLine("static variable x before exiting " +
52           $"method UseStaticVariable is {x}");
53     }
54   }
```

图 7.9 演示静态变量和局部变量作用域的 Scope 类

```
local x in method Main is 5

local x on entering method UseLocalVariable is 25
local x before exiting method UseLocalVariable is 26

static variable x on entering method UseStaticVariable is 1
static variable x before exiting method UseStaticVariable is 10

local x on entering method UseLocalVariable is 25
local x before exiting method UseLocalVariable is 26

static variable x on entering method UseStaticVariable is 10
static variable x before exiting method UseStaticVariable is 100

local x in method Main is 5
```

图 7.9(续)　演示静态变量和局部变量作用域的 Scope 类

第 8 行声明了静态变量 x 并将其初始化为 1，它在声明了名称为 x 的局部变量的任何语句块（或方法）中都被隐藏。Main 方法（第 12~31 行）声明了局部变量 x（第 14 行）并将其初始化为 5。这个局部变量值的输出，表明 Main 方法中隐藏了静态变量 x（其值为 1）。程序声明了另外两个方法：UseLocalVariable（第 34~43 行）和 UseStaticVariable（第 46~53 行），它们都不带实参也不返回结果。Main 方法将每个方法调用两次（第 19~28 行）。UseLocalVariable 方法声明了局部变量 x（第 36 行）。首次调用 UseLocalVariable 时（第 19 行），它创建局部变量 x 并将其初始化为 25（第 36 行），输出 x 值（第 38~39 行），递增 x（第 40 行）并再次输出 x 值（第 41~42 行）。第二次调用 UseLocalVariable 方法时（第 25 行），它重新创建局部变量 x 并再次将其初始化为 25，因此两次调用这个方法的输出都相同。

UseStaticVariable 方法没有声明任何局部变量。因此，它引用 x 时，使用类的静态变量 x（第 8 行）。首次调用 UseStaticVariable 方法时（第 22 行），它输出静态变量 x 的值 1（第 48~49 行），将静态变量 x 乘以 10（第 50 行），并再次输出静态变量 x 的值 10（第 51~52 行），然后返回。再次调用 UseStaticVariable 方法时（第 28 行），静态变量的值变成了 10，因此方法输出 10，然后输出 100。最后，在 Main 方法中，程序再次输出静态变量 x 的值（第 30 行），显示这些方法调用没有修改 Main 方法的局部变量 x，因为所有这些方法引用的是其他作用域中的变量 x。

7.11　方法调用栈与活动记录

为了理解 C#是如何执行方法调用的，先考虑一个称为栈（stack）的数据结构（即相关数据项的集合）。可以将栈看成一叠盘子。放盘子时，通常置于最上面——将盘子"压入"（push）栈。类似地，当拿走盘子时，总是从最上面取——将盘子"弹出"（pop）栈。栈称为后入先出（last-in, first-out, LIFO）数据结构——压入栈（插入）的最后一项，是从栈中弹出（移走）的第一项。

7.11.1　方法调用栈

对于计算机科学相关专业的学生而言，需重点理解的一种计算机制是方法调用栈（method-call stack），有时也称为程序执行栈（program-execution stack）。位于"幕后"的数据结构，支持方法的调用/返回机制。它还支持每个被调方法的局部变量的创建、维护和销毁。正如图 7.11~图 7.13 中看到的那样，这种 LIFO 行为，正好就是一个方法返回到调用它的那个方法时所做的事情。

7.11.2　栈帧

调用某个方法时，它可能会调用其他方法，而后者还可能继续调用另外的方法，且所有的调用都是在方法返回之前进行的。最终，每个方法都必须将控制返回给调用它的那个方法。因此，必须以某种方式跟踪每个方法的返回地址，以便将控制返回到它的调用者。方法调用栈，就是处理这类信息的完美数据结构。只要某个方法调用了另一个方法，就会将一个项压入栈中。这个项称为栈帧（stack frame）或活动记录（activation record），它包含被调方法返回到调用方法时所需的返回地址。还包含一些其他信息（后面会讲解）。如果被调方法返回到调用方法，而不是调用另外的方法，则会"弹出"（pop）这个方法调用的栈帧，且控制会转移到被弹出的栈帧所包含的返回地址。这种实现机制，同样适用于方法访问属性，或者属性调用方法时的情形。

调用栈的亮点在于，每个被调方法总是能够在调用栈的顶部找到返回到它的调用者时所需要的信息。而且，如果一个方法调用了另一个方法，则这个新方法的栈帧也会被压入调用栈。因此，新的被调方法返回到它的调用者时所需要的返回地址，就位于栈的顶部。

7.11.3 局部变量与栈帧

栈帧还有另外一个重要的功能。大多数方法都包含局部变量，局部变量需要在方法执行时存在。如果一个方法调用了其他的方法，则局部变量仍然需要保持存在状态。但是，当被调方法返回到它的调用者后，它的局部变量需要"消失"。被调方法的栈帧，就是保存它的局部变量的内存地址的理想场所。只要被调方法处于活动状态，它的栈帧就会存在。当方法返回时（此时不再需要它的局部变量），它的栈帧就从栈弹出，而这些局部变量将不复存在。

7.11.4 栈溢出

当然，计算机的内存容量是有限的，因此只有一定数量的内存能够用于在方法调用栈上保存活动记录。如果发生的方法调用超出了方法调用栈上能容纳的活动记录，就会发生称为栈溢出（stack overflow）的致命错误[①]——通常是由无限递归引起的（见 7.16 节）。

7.11.5 方法调用栈分析

下面考虑调用栈如何支持 Main 方法（见图 7.10 第 8~12 行）所调用的 Square 方法（第 15~18 行）的操作。

```
 1  // Fig. 7.10: SquareTest.cs
 2  // Square method used to demonstrate the method
 3  // call stack and activation records.
 4  using System;
 5
 6  class Program
 7  {
 8      static void Main()
 9      {
10          int x = 10; // value to square (local variable in main)
11          Console.WriteLine($"x squared: {Square(x)}");
12      }
13
14      // returns the square of an integer
15      static int Square(int y) // y is a local variable
16      {
17          return y * y; // calculate square of y and return result
18      }
19  }
```

```
x squared: 100
```

图 7.10　用于演示方法调用栈和活动记录的 Square 方法

首先，操作系统调用 Main 方法，这会将一个活动记录压入栈中（见图 7.11）。这个活动记录会告诉 Main 方法如何返回到操作系统（即转移到返回地址 R1），并包含 Main 方法的局部变量 x（初始化为 10）所需的空间。

在返回到操作系统之前，Main 方法在图 7.10 第 11 行调用 Square 方法。这会导致 Square 方法（第 15~18 行）的一个栈帧被压入方法调用栈（见图 7.12）。这个栈帧包含返回地址 R2，使 Square 方法可以返回到 Main 方法，它还包含 Square 方法的局部变量 y 所需的内存。

[①] 这就是 stackoverflow.com 网站名称的由来。它是一个有关编程问题的优秀网站。

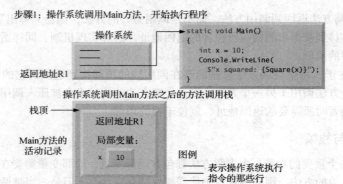

图 7.11 操作系统调用 Main 方法，执行程序后的方法调用栈

Square 方法执行完计算之后，它需要返回到 Main 方法，并且不再需要 y 的内存。因此，Square 方法的栈帧被弹出——提供 Square 在 Main 中的返回位置(即 R2)，并丢失它的局部变量(参见步骤 3)。图 7.13 展示了 Square 方法的活动记录被弹出之后的方法调用栈。

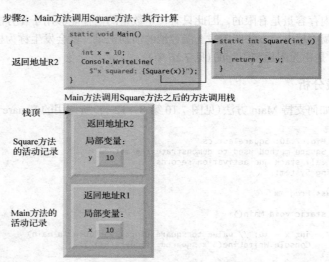

图 7.12 Main 方法调用 Square 方法执行计算之后的方法调用栈

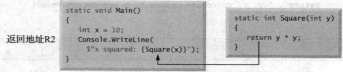

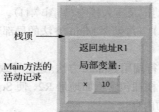

图 7.13 Square 方法返回到 Main 之后的方法调用栈

然后，Main 方法输出调用 Square 方法之后的结果（见图 7.10 第 11 行）。到达 Main 方法的闭花括号（第 12 行）时，会弹出它的栈帧，为 Main 方法提供返回到操作系统的地址（即图 7.11 中的 R1）——这时，Main 方法的局部变量 x 不复存在。

前面已经看到，对于支持程序的执行而言，栈数据结构扮演了多么重要的一个角色。在计算机科学中，数据结构具有许多重要的应用。第 19 章和第 21 章将探讨栈、队列、列表、树以及其他各种数据结构。

7.12 方法重载

一个类中可以声明多个同名的方法，只要它们的参数集（参数个数、类型和顺序）不同，这称为方法重载（method overloading）。调用重载方法（overloaded method）时，C#编译器会根据调用实参的个数、类型和顺序选择相应的方法。方法重载常用于创建几个名称相同的方法，它们执行相同或相似的任务，但使用不同类型或不同个数的实参。例如，重载的 Random 方法 Next（见 7.8 节）具有不同数量的实参；重载的 Math 方法 Max 具有不同类型（int 或 double）的实参。下一个示例演示了重载方法的声明与调用，第 10 章将提供几个重载构造函数的例子。

7.12.1 声明重载方法

在 MethodOverload 类（见图 7.14）中，包含有 Square 方法的两个重载版本，一个计算 int 值的平方值（返回 int 值），另一个计算 double 值的平方值（返回 double 值）。尽管方法名称相同，参数表与语句体相似，但可以将它们看成不同的方法。如果将方法名称分别看成 "Square of int" 和 "Square of double"，则可能有助于理解它们的差异。

```
1   // Fig. 7.14: MethodOverload.cs
2   // Overloaded method declarations.
3   using System;
4
5   class MethodOverload
6   {
7       // test overloaded square methods
8       static void Main()
9       {
10          Console.WriteLine($"Square of integer 7 is {Square(7)}");
11          Console.WriteLine($"Square of double 7.5 is {Square(7.5)}");
12      }
13
14      // square method with int argument
15      static int Square(int intValue)
16      {
17          Console.WriteLine($"Called square with int argument: {intValue}");
18          return intValue * intValue;
19      }
20
21      // square method with double argument
22      static double Square(double doubleValue)
23      {
24          Console.WriteLine(
25              $"Called square with double argument: {doubleValue}");
26          return doubleValue * doubleValue;
27      }
28  }
```

```
Called square with int argument: 7
Square of integer 7 is 49
Called square with double argument: 7.5
Square of double 7.5 is 56.25
```

图 7.14 重载方法的声明

Main 方法中的第 10 行调用 Square 方法，实参为 7。整数型字面值作为 int 类型，因此第 10 行的方法调用采用第 15~19 行的 Square 版本，指定 int 参数。类似地，第 11 行调用 Square 方法，实参为 7.5。

浮点型字面值为 double 类型，因此第 11 行的方法调用采用第 22～27 行的 Square 版本，它指定的是 double 参数。每个方法首先输出一行文本，证明在这种情形中调用了正确的方法。

图 7.14 的重载方法执行相同的计算，但处理两种不同的数据类型。C#的泛型特性提供了编写单一的"通用方法"的机制，可以对一组重载方法执行相同的任务。泛型方法将在第 20 章讨论。

7.12.2 区分重载方法

编译器根据签名(signature)区分重载方法，签名是方法名和参数个数、类型与顺序的组合。签名还包括参数传递方式，可以用 ref 和 out 关键字来修改，见 7.18 节。如果编译器在编译期间只关注方法名称，则图 7.14 的代码会产生歧义——编译器不知道如何区别两个 Square 方法(第 15～19 行和第 22～27 行)。在内部，编译器用签名来判断类中的方法是否在类中唯一。

例如，图 7.14 中编译器用方法签名区别"Square of int"方法(指定 int 参数的 Square 方法)和"Square of double"方法(指定 double 参数的 Square 方法)。下面是另一个示例。如果 Method1 方法的声明为

    void Method1(int a, float b)

则它与下列方法具有不同的签名：

    void Method1(float a, int b)

参数类型的顺序非常重要——编译器认为上述两个 Method1 方法的首部是不同的。

7.12.3 重载方法的返回类型

讨论编译器使用的方法逻辑名称时，并没有提到方法的返回类型。方法无法用返回类型加以区分。如果在一个名称为 MethodOverloadError 的类中，用如下方法首部定义了两个重载的方法：

    int Square(int x)
    double Square(int x)

它们的签名相同，但具有不同的返回类型，则编译器会对第二个 Square 方法产生如下的错误消息：

    Type 'MethodOverloadError' already defines a member called 'Square'
    with the same parameter types

重载方法的参数表不同时，它们可以具有相同或者不同的返回类型。此外，重载方法的参数个数也不要求相同。

常见编程错误 7.9
声明参数表相同的重载方法是一个编译错误，即使其返回类型不同。

7.13 可选参数

方法可以具有可选参数(optional parameter)，它使得调用方法能够调整传递的实参个数。如果省略了可选实参，则可选参数将会指定一个赋予它的默认值(default value)。可以创建具有一个或多个可选参数的方法。所有的可选参数都必须放在非可选参数的右边，即位于参数表的末尾。

常见编程错误 7.10
在可选参数的右边声明非可选参数，是一个编译错误。

当参数具有默认值时，调用者可以将这个默认值作为实参值传递。例如，方法首部：

    static int Power(int baseValue, int exponentValue = 2)

将第二个参数指定成可选的。对 Power 的任何调用，都必须至少有一个 baseValue 实参值，否则会发生编译错误。或者，也可以向 Power 传递第二个实参(用于 exponentValue 参数)。每个可选参数都必须指定

一个默认值，方法是在参数后加等于号和默认值。例如，Power 方法的首部中，将 exponentValue 的默认值设置为 2。考虑下面几个对 Power 的调用：

- Power()——这个调用将产生编译错误，因为 Power 方法要求至少有一个实参。
- Power(10)——这个调用是有效的，因为传递了一个实参值(10)。它没有指定可选的 exponentValue 值，因此编译器根据方法首部中的定义为其赋值为 2。
- Power(10, 3)——这个调用也是有效的。10 作为要求的那个实参传递，3 作为可选的实参传递。

图 7.15 演示了可选参数的用法。这个程序计算基值的幂的结果。Power 方法（第 15 ~ 25 行）中指定它的第二个参数是可选的。Main 方法中的第 10 ~ 11 行调用了这个方法。第 10 行调用时没有指定可选的第二个实参。这时，编译器将指定第二个实参值为 2，即可选实参的默认值，它在调用中是不可见的。

```
 1   // Fig. 7.15: CalculatePowers.cs
 2   // Optional parameter demonstration with method Power.
 3   using System;
 4
 5   class CalculatePowers
 6   {
 7      // call Power with and without optional arguments
 8      static void Main()
 9      {
10         Console.WriteLine($"Power(10) = {Power(10)}") ;
11         Console.WriteLine($"Power(2, 10) = {Power(2, 10)}");
12      }
13
14      // use iteration to calculate power
15      static int Power(int baseValue, int exponentValue = 2)
16      {
17         int result = 1;
18
19         for (int i = 1; i <= exponentValue; ++i)
20         {
21            result *= baseValue;
22         }
23
24         return result;
25      }
26   }
```

```
Power(10) = 100
Power(2, 10) = 1024
```

图 7.15　Power 方法的可选参数演示

7.14　命名参数

通常，当调用方法时，实参值会依次按从左到右的顺序赋予参数表中的参数。考虑一个 Time 类，它将一天中 24 小时格式的时间保存成几个 int 值，分别代表小时(0 ~ 23)、分钟(0 ~ 59)和秒数(0 ~ 59)。这个类可以提供一个带可选参数的 SetTime 方法，比如：

　　　　public void SetTime(int hour = 0, int minute = 0, int second = 0)

在这个方法首部中，三个参数全部都是可选的。假设有一个 Time 对象 t，则可以按如下几种方式调用 SetTime 方法：

- t.SetTime()——这个调用没有指定实参，因此编译器会为每一个参数都赋予默认值 0。得到的时间为 12:00:00 AM。
- t.SetTime(12)——这个调用中，编译器将实参 12 赋予第一个参数 hour，将默认值 0 分别赋予参数 minute 和 second。得到的时间为 12:00:00 PM。

- t.SetTime(12, 30)——这个调用中，编译器将实参 12 和 30 分别赋予参数 hour 和 minute，将默认值 0 赋予参数 second。得到的时间为 12:30:00 PM。
- t.SetTime(12, 30, 22)——这个调用分别为参数 hour、minute 和 second 指定实参值 12、30 和 22，因此编译器不提供默认值。得到的时间为 12:30:22 PM。

如果只希望为 hour 和 second 指定实参，该如何做呢？可能会想到按如下方式调用方法：

```
t.SetTime(12, , 22); // COMPILATION ERROR
```

C#不允许像上面的语句那样跳过某个实参。C#提供了一种称为命名参数 (named parameter) 的特性，它在调用带可选参数的方法时，只需提供希望指定的可选实参即可。为此，需明确地在方法调用的实参表中指定参数的名称和值，中间用冒号隔开。例如，前面的语句可以改写成

```
t.SetTime(hour: 12, second: 22); // sets the time to 12:00:22
```

这样，编译器会为参数 hour 赋值实参 12，为参数 second 赋值实参 22。参数 minute 没有指定，因此编译器会为它赋予默认值 0。使用命名参数时，也可以用乱序的方式指定实参，非可选参数的实参值必须提供。这种"实参名称：值"的用法，也可以用于任何方法的非可选参数中。

7.15 C# 6 的表达式方法和属性

C# 6 为下列情形引入了一种简明的语法：
- 只包含一条 return 语句、返回一个值的方法。
- 只读属性，其中的 get 访问器只包含一条 return 语句。
- 语句体中只包含一条语句的方法。

考虑如下的 Cube 方法：

```
static int Cube(int x)
{
    return x * x * x;
}
```

C# 6 中，它可以用表达式方法 (expression-bodied method) 写成

```
static int Cube(int x) => x * x * x;
```

x * x * x 的结果会被隐式地返回给 Cube 的调用者。符号 "=>" 位于方法参数表的后面，然后是不带花括号对或者 return 语句的方法体，这种做法可同时用于静态和非静态方法。如果 "=>" 右边的表达式不具有值（即调用方法时返回 void），则表达式方法必须返回 void。同样，只读属性也可以作为表达式属性 (expression-bodied property) 实现。下面的语句重新实现了图 6.11 中的 IsNoFaultState 属性，它返回逻辑表达式的结果：

```
public bool IsNoFaultState =>
    State == "MA" || State == "NJ" || State == "NY" || State == "PA";
```

7.16 递归

前面介绍的程序，通常由严格按层次方式调用的方法组成。对某些问题，其使用的方法可以自己调用自己。递归方法 (recursive method) 是直接调用自己或通过另一方法间接调用自己的方法。下面先介绍递归概念，然后再介绍几个包含递归方法的程序。

7.16.1 基本情况与递归调用

递归问题的解决办法可分为多个相似的步骤。调用递归方法解决问题时，方法实际上只知道如何解

决最简单的情况——称为基本情况（base case）。对基本情况的方法调用，只是简单地返回一个结果。如果在更复杂的问题中调用方法，则方法将问题分成两个概念性部分（这种技术称为"分而治之"）：方法知道如何处理的部分和不知道如何处理的部分。为了进行递归，后者要模拟原问题，但稍做简化或使问题范围缩小。由于这个新问题与原问题相似，因此方法调用自己的一个（或多个）最新副本来处理这个较小的问题——这称为递归调用（recursive call），也称为递归步骤（recursion step）。递归步骤通常包括 return 语句，其结果将与方法中需要处理的部分组合，形成的结果返回给原调用者。

递归步骤在原方法调用仍然打开时执行，即原调用还没有完成。递归步骤可能导致更多的递归调用，因为可继续将每个新的子问题分解为两个概念性部分。为了让递归最终停止，每次调用方法时都要使问题进一步简化，从而产生越来越小的问题序列，最终转换到基本情况。这时，方法能处理这个基本情况，并向上一级方法副本返回结果。这个返回过程一直发生，直到原方法调用将最终结果返回给调用者。与前面介绍的传统问题求解方法相比，这一过程似乎颇为复杂。

7.16.2 递归阶乘计算

下面用递归执行一个流行的数学计算。考虑非负整数 n 的阶乘——写为 $n!$（读音为 "n 阶乘"），它是下列序列的积：

$$n \cdot (n-1) \cdot (n-2) \cdot \ldots \cdot 1$$

1!等于 1，0!定义为 1。例如，5!等于 $5 \times 4 \times 3 \times 2 \times 1$，即 120。

整数 number 大于或等于 0 时的阶乘，可以用下列 for 循环迭代（非递归）计算：

```
long factorial = 1;

for (long counter = number; counter >= 1; --counter)
{
    factorial *= counter;
}
```

通过下列关系，可以得到阶乘方法的递归声明：

$$n! = n \cdot (n-1)!$$

例如，5!显然等于 $5 \times 4!$，如下所示：

$5! = 5 \cdot 4 \cdot 3 \cdot 2 \cdot 1$
$5! = 5 \cdot (4 \cdot 3 \cdot 2 \cdot 1)$
$5! = 5 \cdot (4!)$

计算 5!的过程如图 7.16 所示。图 7.16(a)显示了如何进行递归调用，直到 1!求值为 1，递归终止；图 7.16(b)显示了每次递归调用向调用者返回的值，直到计算完值并返回它。

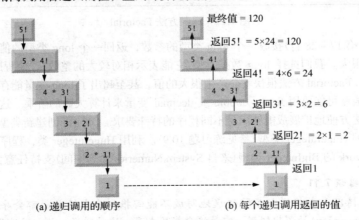

(a) 递归调用的顺序　　　　　　(b) 每个递归调用返回的值

图 7.16　5!的递归计算

7.16.3 递归阶乘实现

图 7.17 的程序通过递归计算并输出 0 ~ 10 的整数阶乘。递归方法 Factorial(第 17 ~ 28 行)首先测试终止条件是否为真(第 20 行)。如果 number 小于或等于 1(基本情况),则 Factorial 返回 1,不再继续递归;如果 number 大于 1,则第 26 行语句将问题表示为 number 乘以递归调用 Factorial 求值的 number – 1 的阶乘,它比原先 Factorial(number) 的计算稍微简单一些。

```csharp
1   // Fig. 7.17: FactorialTest.cs
2   // Recursive Factorial method.
3   using System;
4
5   class FactorialTest
6   {
7      static void Main()
8      {
9         // calculate the factorials of 0 through 10
10        for (long counter = 0; counter <= 10; ++counter)
11        {
12           Console.WriteLine($"{counter}! = {Factorial(counter)}");
13        }
14     }
15
16     // recursive declaration of method Factorial
17     static long Factorial(long number)
18     {
19        // base case
20        if (number <= 1)
21        {
22           return 1;
23        }
24        else // recursion step
25        {
26           return number * Factorial(number - 1);
27        }
28     }
29  }
```

```
0! = 1
1! = 1
2! = 2
3! = 6
4! = 24
5! = 120
6! = 720
7! = 5040
8! = 40320
9! = 362880
10! = 3628800
```

图 7.17 递归方法 Factorial

Factorial 方法(第 17 ~ 28 行)接收一个 long 类型的参数,返回一个 long 类型的值。从图 7.17 可见,阶乘值很快就变得很大。我们选择 long 数据类型(它能表示相对较大的整数),使程序可以计算大于 20 的阶乘。遗憾的是,Factorial 方法很快就会产生很大的值,甚至超出了 long 变量能存储的最大值。由于整型类型的限制,最终可能要用 float、double 或 decimal 变量来计算大数的阶乘。这就指出了某些编程语言的弱点——无法方便地扩展成能够满足不同程序的特殊要求。C#允许创建新类型。例如,可以为任意大的整数创建一种 HugeInteger 类型(参见练习题 10.9)。利用 HugeInteger 类,程序就可以计算大数的阶乘。.NET Framework 的 BigInteger 类型(来自 System.Numerics 命名空间)支持任意大的整数。

常见编程错误 7.11
省略基本情况,或将递归步骤错误地写成不能回推到基本情况,都会导致称为无限递归(infinite recursion)的逻辑错误,它最终会耗尽内存。这种错误,就如同迭代(非递归)解决方案中的无限循环问题。

7.17 值类型与引用类型

C#中的类型分为两类——值类型(value type)和引用类型(reference type)。

值类型

C#的简单类型(如 int 和 double)都是值类型。值类型的变量只包含这种类型的一个值。例如，图 7.18 显示的 int 变量 count 包含数值 7。

图 7.18 值类型的变量

引用类型

相反，引用类型的变量(也称为引用)包含存储变量所引用数据的位置。这样的变量，被认为是在程序中"引用对象"。例如，语句：

```
Account myAccount = new Account();
```

创建了(第 4 章中)Account 类的一个对象，将它放在内存中，并将该对象的引用保存在一个 Account 类型的变量 myAccount 中，如图 7.19 所示。图中的 Account 对象有一个 name 实例变量。

默认被初始化成 null 的引用类型实例变量

引用类型实例变量(如图 7.19 中的 myAccount)默认初始化为 null。string 是引用类型。因此，图 7.19 中 string 实例变量 name 显示为空框，表示一个 null 值变量。值为 null 的 string 变量不是空串，空串用""或 string.Empty 表示。null 值表示不引用对象，而空串表示不包含任何字符的一个 string 对象。7.18 节将更详细地讨论值类型和引用类型。

图 7.19 引用类型的变量

软件工程结论 7.5

一个变量的声明类型(如 int 或 Account)，表明了它是值类型的变量还是引用类型的变量。如果变量类型为某种简单类型(见附录 B)、enum 类型或者 struct 类型(见 10.13 节)，则它就是值类型。诸如 Account 的类，就是引用类型。

7.18 按值与按引用传递实参

在许多编程语言中，将实参传递给方法的两种途径是按值传递(pass-by-value)和按引用传递(pass-by-reference)。实参按值传递时(C#的默认方式)，会生成实参值的副本并传给被调方法。修改被调方法中的实参值副本，不会影响调用方法中原始变量的值。这样，就可以防止意外的副作用影响开发正确的、可靠的软件系统。在本章前面的程序中，传递的每个实参都是按值传递的。按引用传递实参时，调用者让方法能够直接访问并修改调用者的原始变量——传递的不是变量的副本。

为了按引用将对象传递给方法，只需在方法调用的实参中提供引用这个对象的变量即可。然后，在方法体中用对应的参数名引用这个对象。参数引用内存中的原始对象，因此被调方法可以直接访问原始对象。

上一节中探讨过值类型与引用类型的区别。二者的主要区别是

- 值类型变量存储数值，因此在方法调用中指定值类型变量时，会将这个变量值的副本传递给方法。

- 引用类型变量存储对象的引用，因此将实参指定成引用类型变量时，会向方法传递引用对象实际引用的副本。

即使引用本身是按值传递的，方法仍然可以使用收到的引用来访问（甚至修改）原始对象。同样，通过 return 语句从方法返回信息时，这个方法返回值类型变量中存储的值的副本，或引用类型变量中存储的引用副本。返回引用时，调用方法可以用这个引用与被引用的对象进行交互。

性能提示 7.1
按值传递的一个缺点是：如果传递的数据项很大，则复制这个数据项可能会占用相当多的执行时间和内存空间。

性能提示 7.2
按引用传递不需要复制潜在的大量数据，因此能够提高性能。

软件工程结论 7.6
按引用传递的安全性较差，因为被调方法能够破坏调用者的数据。

7.18.1 ref 和 out 参数

如果要按引用传递一个变量，使被调方法能修改调用者中变量的值，该怎么办呢？为此，C#提供了关键字 ref 和 out。

ref 参数

参数声明中使用关键字 ref，可以按引用将变量传递给方法——被调方法可以修改调用者中的原始变量。ref 关键字，用于传递调用方法中已经被初始化的变量。

常见编程错误 7.12
在方法调用中，如果传递给 ref 参数的变量实参未被初始化，则编译器会产生一个错误。

out 参数

在参数前面加上关键字 out，可以创建输出参数（output parameter）。它告诉编译器，这个实参按引用传入被调方法，被调方法对调用者中的原始变量赋值。这也可防止编译器对传入方法的未初始化变量实参产生错误消息。

常见编程错误 7.13
如果方法没有在每一个可能的执行路径上对 out 参数赋值，则编译器会产生错误。而且，在对 out 参数赋值之前就读取它，也会导致编译错误。

软件工程结论 7.7
方法只能通过 return 语句向它的调用者返回一个值，但可以通过指定多个输出参数（ref 或 out）返回多个值。

通过引用传递引用类型的变量

也可以按引用传递引用类型的变量，程序员能够修改它，使其引用新对象。按引用传递引用是一种复杂而强大的技术，将在 8.13 节介绍。

软件工程结论 7.8
默认情况下，C#不允许选择实参是按值传递还是按引用传递。值类型是按值传递的。对象不会传递给方法，而是将对象的引用传入方法——引用本身是按值传递的。方法收到对象引用时，可以直接操作这个对象，但不能将引用值修改成引用新对象。

7.18.2 ref、out 和值参数使用示例

图 7.20 中的程序通过关键字 ref 和 out 操作整数值。ReferenceAndOutputParameters 类包含三个方法，计算整数的平方值。

```csharp
1   // Fig. 7.20: ReferenceAndOutputParameters.cs
2   // Reference, output and value parameters.
3   using System;
4
5   class ReferenceAndOutputParameters
6   {
7      // call methods with reference, output and value parameters
8      static void Main()
9      {
10         int y = 5; // initialize y to 5
11         int z; // declares z, but does not initialize it
12
13         // display original values of y and z
14         Console.WriteLine($"Original value of y: {y}");
15         Console.WriteLine("Original value of z: uninitialized\n");
16
17         // pass y and z by reference
18         SquareRef(ref y); // must use keyword ref
19         SquareOut(out z); // must use keyword out
20
21         // display values of y and z after they're modified by
22         // methods SquareRef and SquareOut, respectively
23         Console.WriteLine($"Value of y after SquareRef: {y}");
24         Console.WriteLine($"Value of z after SquareOut: {z}\n");
25
26         // pass y and z by value
27         Square(y);
28         Square(z);
29
30         // display values of y and z after they're passed to method Square
31         // to demonstrate that arguments passed by value are not modified
32         Console.WriteLine($"Value of y after Square: {y}");
33         Console.WriteLine($"Value of z after Square: {z}");
34      }
35
36      // uses reference parameter x to modify caller's variable
37      static void SquareRef(ref int x)
38      {
39         x = x * x; // squares value of caller's variable
40      }
41
42      // uses output parameter x to assign a value
43      // to an uninitialized variable
44      static void SquareOut(out int x)
45      {
46         x = 6; // assigns a value to caller's variable
47         x = x * x; // squares value of caller's variable
48      }
49
50      // parameter x receives a copy of the value passed as an argument,
51      // so this method cannot modify the caller's variable
52      static void Square(int x)
53      {
54         x = x * x;
55      }
56   }
```

```
Original value of y: 5
Original value of z: uninitialized

Value of y after SquareRef: 25
Value of z after SquareOut: 36

Value of y after Square: 25
Value of z after Square: 36
```

图 7.20　ref、out 和值参数

SquareRef 方法(第 37~40 行)将参数 x 自乘,并将新值赋予 x。SquareRef 方法的参数 x 被声明为 ref int,表示传入这个方法的实参应为按引用传递的整数。由于实参是按引用传递的,因此第 39 行赋值时,会修改调用者的原始实参值。

SquareOut 方法(第 44~48 行)将参数赋值为 6(第 46 行),然后求这个数的平方值。SquareOut 方法的参数声明为 out int,表示传入这个方法的实参应为按引用传递的整数,且实参不必事先初始化。

Square 方法(第 52~55 行)将参数 x 自乘,将新值赋予 x。调用这个方法时,实参的副本传入参数 x。因此,即使方法中修改了参数 x,调用者的原始值也不会修改。

Main 方法(第 8~34 行)调用了 SquareRef、SquareOut 和 Square 方法。这个方法首先将变量 y 初始化为 5,并声明但不初始化变量 z。第 18~19 行调用了 SquareRef 和 SquareOut 方法。注意,将变量传入带引用参数的方法时,它的前面必须加上声明引用参数时所用的关键字(ref 或 out)。第 23~24 行显示了调用 SquareRef 和 SquareOut 方法之后的 y 值和 z 值。注意,y 已经变成了 25,而 z 已经被设置成了 36。

第 27~28 行用实参 y 和 z 调用了 Square 方法。这里,两个实参都是按值传递的——只将其值的副本传入 Square 方法。结果,y 和 z 的值仍然分别保持为 25 和 36。第 32~33 行输出了 y 和 z 的值,证实它们没有发生变化。

常见编程错误 7.14

方法调用中的 ref 和 out 实参,必须与方法声明中指定的 ref 和 out 参数相符,否则会发生编译错误。

7.19 小结

本章讨论了非静态方法与静态方法的不同,以及如何通过在方法名前加上方法所在的类名和一个成员访问运算符"."来调用静态方法。.NET Framework 类库中的 Math 类提供了许多静态方法,用于进行数学计算。我们还探讨了静态类成员,解释了为什么 Main 方法必须声明成静态的。

本章介绍了几个常用的 Framework 类库命名空间。学习了如何使用"+"运算符来执行字符串拼接。还讲解了如何用 const 关键字声明常量,如何用 enum 类型定义命名常量集。然后演示了模拟技术,并用 Random 类来产生一组随机数。我们还知道了类中的字段和局部变量的作用域。本章介绍了类中如何重载方法,它们是名称相同但签名不同的方法。并解释了如何使用可选参数和命名参数。

本章也介绍了 C# 6 的表达式方法和只读属性的这种简洁形式,用于实现只包含一条 return 语句的方法和只读属性的 get 访问器。本章解释了递归方法如何调用自己,将大问题分解为较小的子问题,直到最终解决原始的问题。此外还分析了值类型和引用类型的差别以及如何将它们传入方法,如何用 ref 和 out 关键字按引用传递实参。

第 8 章将讲解如何在数组中维护数据和数据表,将介绍掷骰子 60 000 000 次的程序的精简版本,并给出 GradeBook 案例分析的两个改进版本。还将介绍如何访问程序的命令行实参,它们是在开始执行控制台程序时传入 Main 方法的。

摘要

7.1 节 简介

- 经验表明,开发并维护大型程序的最佳途径,是将它从小的、简单的部分开始构造。这种技术称为"分而治之"。

7.2 节 C#的代码包装

- 包装代码的三种常见途径是:方法、类和命名空间。

7.2.1 节 模块化程序
- 通过将程序的任务分解到一些自包含的单元中，方法能使程序模块化。
- 将程序划分成有意义的方法，可使它更易调试和维护。

7.3 节 静态方法、静态变量和 Math 类
- 调用静态方法时，指定声明方法的类，后接成员访问运算符"."和方法名，如下所示：

    ClassName.MetbodName (arguments)

7.3.1 节 Math 类的方法
- 方法的实参可以是常量、变量或表达式。

7.3.2 节 Math 类常量 PI 和 E
- 常量是用关键字 const 声明的，其值不能在声明之后改变。
- 常量 Math.PI (3.141 592 653 589 793 1) 是圆的周长与直径之比。常量 Math.E (2.718 281 828 459 045 1) 是自然对数的基值。
- 当类的每个对象维护自己的属性副本时，类的每个对象(实例)具有变量的各自实例。当创建了包含静态变量的类对象时，该类的所有对象都共享该类的静态变量的一个副本。
- 静态变量和实例变量共同表示了类的字段。

7.3.4 节 关于 Main 方法的其他说明
- 如果项目的类里面声明了多个 Main 方法，则需要告诉 IDE 将哪一个 Main 方法作为程序的入口点。为此，需单击菜单 Project > [ProjectName]Properties，并选择 Startup object 列表框中作为入口点的 Main 方法所在的类。

7.4.2 节 Maximum 方法
- 方法中的多个参数，是在用逗号分隔的参数表中指定的。
- 当调用方法时，每个参数都会用对应实参中的值初始化。在方法调用中，对于方法声明中的每个参数，都必须有一个对应的实参。每个实参的类型，都必须与对应参数的类型兼容。
- 当程序控制返回到调用方法所在的点时，方法的参数就不再可访问了。
- 方法最多只能返回一个值，返回值可以是包含许多值的值类型(用 struct 实现)，也可以是包含许多值的一个对象的引用。

7.4.3 节 字符串的拼接
- 在 C#中利用"+"运算符，可以将较小的字符串组合成较大的字符串。这称为字符串拼接。
- C#中每个简单类型的值，都有一个字符串表示方法。当"+"运算符的一个操作数是 string 类型时，另一个操作数会被转换成这个类型，然后将两个操作数拼接。

7.4.4 节 字符串的拆分
- 所有对象都有一个 ToString 方法，它返回该对象的字符串表示。当对象与字符串拼接时，就会隐含调用该对象的 ToString 方法，以获得该对象的字符串表示。然后，会拼接这两个字符串。

7.5 节 关于方法使用的说明
- 存在调用方法的三种途径：使用方法名调用位于同一个类中的另一个方法；使用包含对象引用的变量，后接成员访问运算符"."和方法名，调用被引用对象的非静态方法；使用类名和成员访问运算符"."调用类的静态方法。
- 静态方法只能直接调用同一个类里的其他静态方法，并且只能直接操纵同一个类里的静态变量。
- 有三种途径可将控制返回到调用方法的语句：到达结束方法的右花括号，返回类型为 void；返回类型为 void，在方法中执行语句：

    ```
    return;
    ```

方法返回一个结果，语句为下面的形式，其中的 *expression* 会被求值，且其结果（和控制）会被返回给调用者：

    `return` *expression*;

7.6 节 实参提升与强制转换
- 方法调用的另一个重要特性是实参提升——将实参值隐式转换成方法在其对应参数中希望接收的类型。

7.6.1 节 提升规则
- 提升规则用于包含两个或多个简单类型值的表达式，还可用于作为实参传递给方法的简单类型值。

7.6.2 节 显式强制转换有时是必要的
- 当可能因为在简单类型间转换而丢失信息时，编译器要求程序员使用强制转换运算符来明确地强制进行转换。

7.7 节 .NET Framework 类库
- 由许多预定义的类组成的相关类，称为命名空间。.NET 的命名空间，统称为 .NET Framework 类库。

7.8.2 节 产生随机整数
- Random 类的 Next 方法可产生 0 至 +2 147 483 646（包含二者）的随机 int 值。
- Random 类的方法，实际上是基于复杂的数学计算生成伪随机数。生成伪随机数的计算，利用了当天的时间作为种子值，以改变序列值的起始点。

7.8.3 节 缩放随机数范围
- Random 类提供 Next 方法的其他几个版本。其中一个版本接收一个 int 实参，返回一个位于 0 到实参值（不含二者）的值。另一个版本接收两个 int 实参，返回的值是从第一个实参值到第二个实参值（不含二者）之间的值。

7.8.8 节 测试和调试的重复性
- 如果每次使用同样的种子值，则 Random 对象会生成相同的随机数序列。Random 类的构造函数将种子值作为实参接收。

7.9.3 节 enum 类型 Status
- 枚举由关键字 enum 和类型名引入。enum 声明用花括号界定它的语句体，花括号内是逗号分隔的枚举常量表。
- enum 类型的变量，只能被赋予该 enum 类型的常量。

7.9.5 节 enum 类型 DiceNames
- 声明枚举时，enum 声明中的每个常量都是 int 类型的一个常量值。如果 enum 声明中不对标识符赋值，则编译器会对它赋值。如果第一个 enum 常量未赋值，则编译器将它赋值为 0。如果任何其他 enum 常量没有赋值，则编译器会将它赋值为比前一个 enum 常量多 1。枚举常量的名称必须是唯一的，但是它们的底层值可以相同。

7.9.6 节 enum 适用的数据类型
- 如果需要对简单整型值和枚举常量的基础值进行比较，则必须用强制转换运算符使两个类型匹配。

7.10 节 声明的作用域
- 声明的作用域，是程序中可以用非限定名引用所声明实体的部分。
- 参数声明的作用域，是声明所在的方法体。
- 局部变量的作用域从声明点开始，到声明所在语句块结束为止。
- for 语句首部初始化部分出现的局部变量声明的作用域，是 for 语句体以及首部中的其他表达式。

第 7 章 方法：深入探究

- 类的方法、属性或字段的作用域为整个类体。
- 任何语句块都可以包含变量声明。如果方法中的局部变量或参数与字段同名，则这个字段隐藏，直到语句块终止执行时为止。

7.11 节　方法调用栈与活动记录
- 栈称为后入先出(LIFO)数据结构——压入栈(插入)的最后一项，是从栈中弹出(移走)的第一项。

7.11.1 节　方法调用栈
- 方法调用栈(有时也成为程序执行栈)是一种数据结构，它支持方法调用/返回机制。它还支持每个被调方法的局部变量的创建、维护和销毁。

7.11.2 节　栈帧
- 每个方法最终都必须将控制返回给调用它的那个方法。方法调用栈，就是处理这类信息的完美数据结构。
- 只要某个方法调用了另一个方法，就会将一个项(称为栈帧或活动记录)压入栈中。这个项包含被调方法返回到调用方法时所需的返回地址。
- 如果被调方法返回到调用方法，而不是调用另外的方法，则会"弹出"这个方法调用的栈帧，并且控制会转移到被弹出的栈帧所包含的返回地址。
- 这种实现机制，同样适用于方法访问属性或者属性调用方法时的情形。

7.11.3 节　局部变量与栈帧
- 栈帧还包含方法所声明的参数和局部变量的内存地址。
- 方法返回时(此时不再需要它的局部变量)，它的栈帧就从栈弹出，而局部变量将不复存在。

7.11.4 节　栈溢出
- 如果发生的方法调用超出了方法调用栈上能容纳的活动记录，就会发生称为栈溢出的致命错误。

7.12.1 节　声明重载方法
- 一个类中可以声明多个名称相同的方法，只要它们的参数集不同——这称为方法重载。调用重载方法时，C#编译器会根据调用实参的个数、类型和顺序选择相应的方法。

7.12.2 节　区分重载方法
- 编译器根据签名区分重载方法，签名是方法名和参数个数、类型与顺序的组合。签名还包括参数传递方式，可以用 ref 和 out 关键字修改。

7.12.3 节　重载方法的返回类型
- 如果两个方法的签名相同而返回类型不同，则编译器会产生错误。重载方法的参数表不同时，返回类型可以具有相同或不同的返回类型。

7.13 节　可选参数
- 方法可以具有可选参数，它使得调用方法能够调整传递的实参个数。如果省略了可选实参，则可选参数将会指定一个赋予它的默认值。
- 方法可以具有一个或多个可选参数。所有的可选参数都必须放在非可选参数的右边。
- 当参数具有默认值时，调用者可以将这个默认值作为实参值传递。

7.14 节　命名参数
- 通常，当调用方法时，实参值会依次按从左到右的顺序赋予参数表中的参数。
- C#提供了一种称为命名参数的特性，它在调用带可选参数的方法时，只需提供希望指定的可选实参即可。为此，需明确地在方法调用的实参表中指定参数的名称和值，中间用冒号隔开。

7.15 节　C# 6 的表达式方法和属性
- C# 6 采用一种新的表达式方法语法，用于只包含一条返回一个值的 return 语句或者单一的语句体；表达式属性用于只读属性，它的 get 访问器只包含一条 return 语句。
- 符号"=>"位于方法参数表的后面，然后是不带花括号对或者 return 语句的方法体。
- 只读属性可以通过表达式属性实现，其语法形式为

    modifiers returnType PropertyName => expression;

7.16 节 递归
- 递归是直接调用自己或通过另一方法间接调用自己的方法。

7.16.1 节 基本情况与递归调用
- 调用递归方法解决问题时，方法实际上只知道如何解决最简单的情况(称为基本情况)。对基本情况的方法调用，只是简单地返回一个结果。
- 如果在更复杂的问题中调用方法，则方法将问题分成两个概念性部分：方法知道如何解决的部分和不知道如何解决的部分。由于这个新问题与原问题相似，因此方法调用自己的最新副本来处理这个较小的问题，这个过程称为递归调用，也称为递归步骤。

7.16.2 节 递归阶乘计算
- 通过下列关系可以得到阶乘方法的递归声明：

    $n! = n \cdot (n-1)!$

7.17 节 值类型与引用类型
- C#中的类型分为两类——值类型和引用类型。
- C#的简单类型(如 int)、enum 类型和 struct 类型都是值类型。
- 值类型的变量只包含这种类型的一个值。
- 引用类型的变量(也称为引用)包含存储变量所引用数据的位置。这样的变量被认为是"引用对象"。
- 引用类型的实例变量，默认被初始化为 null。
- string 类型为引用类型。值为 null 的字符串变量不是空串，空串用""或 string.Empty 表示。
- null 表示不引用对象。
- 空串就是不包含任何字符的字符串。

7.18 节 按值与按引用传递实参
- 在许多编程语言中，将实参传递给方法的两种途径是按值传递和按引用传递。
- 当按值传递实参时(默认情况)，是将实参值的一个副本传递给被调方法。修改被调方法中的实参值副本，不会影响调用方法中原始变量的值。
- 按引用传递实参时，方法能够直接访问并修改调用者中的原始数据。
- 值类型变量存储数值，因此在方法调用中指定值类型变量时，会将这个变量值的副本传递给方法。引用类型变量存储对象的引用，因此将实参指定成引用类型变量时，会向方法传递引用对象实际引用的副本。
- 通过 return 语句从方法返回信息时，方法会返回值类型变量中存储的值的副本，或引用类型变量存储的引用副本。

7.18.1 节 ref 和 out 参数
- C#为传递引用变量提供关键字 ref 和 out。
- ref 参数表示实参将按引用传入方法，即被调方法能够修改调用者中的原始变量值。
- out 参数表示可能会将未初始化的变量按引用传入方法中，而被调方法将在调用者中为原始变量赋值。
- 方法只能通过 return 语句向它的调用者返回一个值，但可以通过指定多个输出参数(ref 或 out)返回多个值。
- 变量传入带引用参数的方法时，它的前面必须加上声明引用参数时所用的关键字(ref 或 out)。

术语表

activation record　活动记录	pass-by-value　按值传递
argument promotion　实参提升	pop data from a stack　将数据弹出栈
base case in recursion　递归中的基本情况	program-execution stack　程序执行栈
default value　默认值	push data onto a stack　将数据压入栈
divide-and-conquer approach　"分而治之"方法	pseudorandom number　伪随机数
element of chance　机会元素	Random class　Random 类
enumeration　枚举	random number　随机数
enumeration constant　枚举常量	ref keyword　ref 关键字
expression-bodied method　表达式方法	recursion　递归
expression-bodied property　表达式属性	recursion step　递归步骤
field of a class　类的字段	recursive call　递归调用
fully qualified name　完全限定名	recursive method　递归方法
implicit conversion　隐式转换	refer to an object　引用对象
infinite recursion　无穷递归	reference　引用
Math.PI constant　Math.PI 常量	reference type　引用类型
Math.E constant　Math.E 常量	signature of a method　方法的签名
method-call stack　方法调用栈	simulation　模拟
named parameter　命名参数	stack　栈
optional parameter　可选参数	stack frame　栈帧
out keyword　out 关键字	stack overflow　栈溢出
output parameter　输出参数	string concatenation　字符串拼接
overloaded method　重载方法	unqualified name　非限定名
pass-by-reference　按引用传递	value type　值类型

自测题

7.1 填空题。
 a) 在程序中使用方法，是通过_____实现的。
 b) 只在声明它的方法中可知的变量，称为_____。
 c) 被调方法中的_____语句，可用来将表达式的值回传给调用方法。
 d) 关键字_____表示方法不返回值。
 e) 数据只能从栈的_____添加或删除。
 f) 栈称为_____的数据结构——压入栈(插入)的最后一项，是从栈中弹出(移走)的第一项。
 g) 有三种途径可将控制从被调方法返回到调用方法，它们是_____、_____和_____。
 h) _____类的对象处理伪随机数。
 i) 在程序执行期间，程序执行栈里包含每次调用方法时用到的局部变量的内存地址。这一数据作为程序执行栈的一部分被保存，它称为方法调用的_____或_____。
 j) 如果方法调用的个数超出了程序执行栈的容量，就会发生称为_____的错误。
 k) 声明的_____，是程序中可以用非限定名引用所声明实体的部分。
 l) 多个方法可以具有相同的名称，它们对不同类型或数量的实参进行操作。这一特性称为方法_____。

m）程序执行栈也称为_____栈。
n）直接或间接调用自己的方法，是_____方法。
o）递归方法通常具有两个部分：通过测试_____而终止递归的部分，以及将问题表述成一个递归调用，比原始调用稍微简单一些的部分。
p）在表达式方法或只读属性中，符号_____表示方法或只读属性的 get 访问器体。
q）C#中的类型，可以是_____类型或者_____类型。

7.2 对于图 7.8 中的 Craps 类，给出如下每个实体的作用域。
    a）randomNumbers 变量
    b）die1 变量
    c）RollDice 方法
    d）Main 方法
    e）sumOfDice 变量

7.3 编写一个程序，它测试图 7.2 中 Math 类方法调用的例子是否会产生所给出的结果。

7.4 为如下每个方法给出方法的首部。
    a）Hypotenuse 方法，它带有两个双精度浮点参数 side1 和 side2，返回一个双精度浮点结果。
    b）Smallest 方法，它有三个整型参数 x、y 和 z，返回一个整数。
    c）Instructions 方法，它不带任何参数，且不返回任何值。（注：这样的方法通常用来向用户显示说明性文字。）
    d）IntToDouble 方法，它带一个整型参数 number，返回一个 double 值。

7.5 找出并更正下列代码段中的错误。
    a）
```
void G()
{
    Console.WriteLine("Inside method G");
    void H()
    {
        Console.WriteLine("Inside method H");
    }
}
```
    b）
```
int Sum(int x, int y)
{
    int result;
    result = x + y;
}
```
    c）
```
void F(float a);
{
    float a;
    Console.WriteLine(a);
}
```
    d）
```
void Product()
{
    int a = 6, b = 5, c = 4, result;
    result = a * b * c;
    Console.WriteLine("Result is " + result);
    return result;
}
```

7.6 编写一个完整的 C#程序，它提示用户输入一个球的半径（double 类型），然后调用 SphereVolume 方法计算并显示它的体积。编写一个表达式方法，它包含如下用于计算球体积的表达式：

    (4.0 / 3.0) * Math.PI * Math.Pow(radius, 3)

自测题答案

7.1 a) 方法调用。b) 局部变量。c) return。d) void。e) 顶部。f) 后入先出(LIFO)。g) "return;" 或 "return *expression*;" 或者遇到方法的闭右括号时。h) Random。i) 活动记录，栈帧。j) 栈溢出。k) 作用域。l) 重载。m) 方法调用。n) 递归。o) 基本情况。p) =>。q) 值，引用。

7.2 a) 类体。b) 定义 RollDice 方法体的语句块。c) 类体。d) 类体。e) 定义 Main 方法体的语句块。

7.3 图 7.21 给出了图 7.2 中 Math 类的方法。

```
 1   // Exercise 7.3 Solution: MathTest.cs
 2   // Testing the Math class methods.
 3   using System;
 4
 5   class MathTest
 6   {
 7      static void Main()
 8      {
 9         Console.WriteLine($"Math.Abs(23.7) = {Math.Abs(23.7)}");
10         Console.WriteLine($"Math.Abs(0.0) = {Math.Abs(0.0)}");
11         Console.WriteLine($"Math.Abs(-23.7) = {Math.Abs(-23.7)}");
12         Console.WriteLine($"Math.Ceiling(9.2) = {Math.Ceiling(9.2)}");
13         Console.WriteLine($"Math.Ceiling(-9.8) = {Math.Ceiling(-9.8)}");
14         Console.WriteLine($"Math.Cos(0.0) = {Math.Cos(0.0)}");
15         Console.WriteLine($"Math.Exp(1.0) = {Math.Exp(1.0)}");
16         Console.WriteLine($"Math.Exp(2.0) = {Math.Exp(2.0)}");
17         Console.WriteLine($"Math.Floor(9.2) = {Math.Floor(9.2)}");
18         Console.WriteLine($"Math.Floor(-9.8) = {Math.Floor(-9.8)}");
19         Console.WriteLine($"Math.Log(Math.E) = {Math.Log(Math.E)}");
20         Console.WriteLine($"Math.Log(Math.E * Math.E) = {Math.Log(Math.E * Math.E)}");
21         Console.WriteLine($"Math.Max(2.3, 12.7) = {Math.Max(2.3, 12.7)}");
22         Console.WriteLine($"Math.Max(-2.3, -12.7) = {Math.Max(-2.3, -12.7)}");
23         Console.WriteLine($"Math.Min(2.3, 12.7) = {Math.Min(2.3, 12.7)}");
24         Console.WriteLine($"Math.Min(-2.3, -12.7) = {Math.Min(-2.3, -12.7)}");
25         Console.WriteLine($"Math.Pow(2.0, 7.0) = {Math.Pow(2.0, 7.0)}");
26         Console.WriteLine($"Math.Pow(9.0, 0.5) = {Math.Pow(9.0, 0.5)}");
27         Console.WriteLine($"Math.Sin(0.0) = {Math.Sin(0.0)}");
28         Console.WriteLine($"Math.Sqrt(900.0) = {Math.Sqrt(900.0)}");
29         Console.WriteLine($"Math.Tan(0.0) = {Math.Tan(0.0)}");
30      }
31   }
```

```
Math.Abs(23.7) = 23.7
Math.Abs(0.0) = 0
Math.Abs(-23.7) = 23.7
Math.Ceiling(9.2) = 10
Math.Ceiling(-9.8) = -9
Math.Cos(0.0) = 1
Math.Exp(1.0) = 2.71828182845905
Math.Exp(2.0) = 7.38905609893065
Math.Floor(9.2) = 9
Math.Floor(-9.8) = -10
Math.Log(Math.E) = 1
Math.Log(Math.E * Math.E) = 2
Math.Max(2.3, 12.7) = 12.7
Math.Max(-2.3, -12.7) = -2.3
Math.Min(2.3, 12.7) = 2.3
Math.Min(-2.3, -12.7) = -12.7
Math.Pow(2.0, 7.0) = 128
Math.Pow(9.0, 0.5) = 3
Math.Sin(0.0) = 0
Math.Sqrt(900.0) = 30
Math.Tan(0.0) = 0
```

图 7.21 自测题 7.3 的答案

7.4 答案如下所示。
   a) **double** Hypotenuse(**double** side1, **double** side2)
   b) **int** Smallest(**int** x, **int** y, **int** z)
   c) **void** Instructions()
   d) **double** IntToDouble(**int** number)

7.5 答案如下所示。
   a) 错误：方法 H 在方法 G 内声明。
      改正：将 H 的声明移到 G 的声明之外。

b) 错误：方法应当返回一个整数值，但实际上没有。

改正：删除方法体中的语句，并用如下语句替换：

 return x + y;

或者在方法体的末尾添加如下的语句：

 return result;

c) 错误：参数表右圆括号后面的分号是错误的，且参数 a 不应该在方法内重复声明。

改正：删除参数表右圆括号后面的分号，并删除声明 "float a;"。

d) 错误：方法本不应该返回值，但这里返回了一个值。

改正：将返回类型从 void 改为 int。

7.6 见图 7.22。

```
1   // Exercise 7.6 Solution: Sphere.cs
2   // Calculate the volume of a sphere.
3   using System;
4
5   class Sphere
6   {
7      // obtain radius from user and display volume of sphere
8      static void Main()
9      {
10         Console.Write(                    );
11         double radius = double.Parse(Console.ReadLine());
12         Console.WriteLine(            {SphereVolume(radius):F3} );
13      }
14
15      // calculate and return sphere volume
16      static double SphereVolume(double radius) =>
17         (   /   ) *            * Math.Pow(radius,   );
18   }
```

```
Enter radius of sphere: 4
Volume is 268.083
```

图 7.22　自测题 7.6 的答案

练习题

7.7 如下的每条语句执行之后，double 类型的 x 的值是多少？
　　a) x = Math.Abs(7.5);
　　b) x = Math.Floor(7.5);
　　c) x = Math.Abs(0.0);
　　d) x = Math.Ceiling(0.0);
　　e) x = Math.Abs(-6.4);
　　f) x = Math.Ceiling(-6.4);
　　g) x = Math.Ceiling(-Math.Abs(-8 + Math.Floor(-5.5)));

7.8 （停车费）一家停车场停车 3 小时以内收费 2.00 美元，停车超过 3 小时后，每小时收费 0.50 美元（不足 1 小时按 1 小时计算）。24 小时内最多收费 10.00 美元。假设不会有一次停车超过 24 小时的情况出现。编写一个程序，它计算并显示前一天停入车库的每一辆车的停车费用。需要输入每辆车的停车时间。程序需显示当前车辆的停车费用，并应计算和显示前一天的总收费。使用 CalculateCharges 方法确定每辆车的费用。

7.9 （四舍五入到最近的整数）Math.Floor 方法可用来将一个值四舍五入到与它最为接近的整数。语句：

　　　y = Math.Floor(x + 0.5);

会将数字 x 舍入到最近的整数并将结果赋予 y。编写一个程序，它读取一些 double 值并用上面的语句四舍五入到最近的整数。对于每个所处理的数，需同时显示原值和四舍五入后的值。

7.10 （保留指定小数位）Math.Floor 方法可用来将一个数保留指定的小数位。语句：

y = Math.Floor(x * 10 + 0.5) / 10;

将 x 保留至十分位（即小数点右边的第一位）。语句：

y = Math.Floor(x * 100 + 0.5) / 100;

它将 x 保留至百分位（即小数点右边的第二位）。编写一个程序，它定义了将数 x 进行各种四舍五入操作的 4 种表达式方法：

a) RoundToInteger(number)
b) RoundToTenths(number)
c) RoundToHundredths(number)
d) RoundToThousandths(number)

对每个读取的值，程序需显示原始值、四舍五入到最接近的整数值以及十分位值、百分位值和千分位值。

7.11 回答下列问题。

a) "随机选择数字"的含义是什么？
b) 对于模拟机会游戏而言，为什么 Random 类是有用的？
c) 为什么经常需要缩放或平移由 Random 对象产生的值？
d) 为什么将真实世界的情况进行计算机模拟是一种有用的技术？

7.12 编写语句，将随机整数赋值给如下范围内的变量 n。假设已经定义了 Random randomNumbers = new Random()，且使用的是 Random.Next 方法的双参数版本。

a) $1 \leq n \leq 2$
b) $1 \leq n \leq 100$
c) $0 \leq n \leq 9$
d) $1000 \leq n \leq 1112$
e) $-1 \leq n \leq 1$
f) $-3 \leq n \leq 11$

7.13 对如下的整数集编写一条语句，随机显示集合中的一个数字。假设已经定义了 Random randomNumbers = new Random()，且使用的是 Random.Next 方法的单参数版本。

a) 2，4，6，8，10。
b) 3，5，7，9，11。
c) 6，10，14，18，22。

7.14 （求幂）编写一个 IntegerPower(base, exponent)方法，它返回 $base^{exponent}$ 的值。例如，IntegerPower(3, 4)等于 3^4（或 $3 \times 3 \times 3 \times 3$）。假设 exponent 为正整数，base 为整数。IntegerPower 方法利用一条 for 语句或 while 语句控制计算过程。不要使用任何 Math 类库中的方法。将这个方法用于程序中，它读取 base 和 exponent 的整数值，并用 IntegerPower 方法执行计算。

7.15 （直角三角形的斜边长）编写一个表达式方法 Hypotenuse，给定直角三角形两条直角边的长度，计算其斜边长度。方法带有两个 double 类型的参数，并返回一个 double 类型的斜边值。将这个方法用于程序中，它读取 side1 和 side2 的 double 值，并用 Hypotenuse 方法计算斜边值。用这个程序计算图 7.23 中每个三角形的斜边长。

三角形	边 1	边 2
1	3.0	4.0
2	5.0	12.0
3	8.0	15.0

图 7.23 练习题 7.15 中三角形的边长值

7.16 （倍数关系）编写一个表达式方法 Multiple，它读取两个整数并判断第二个整数是否为第一个的倍数。方法带有两个整型实参，如果第二个数是第一个数的倍数，则返回 true，否则返回 false。将这个方法用于程序中，向程序输入一系列的整数对（每次一对），并判断每一对数中第二个值是否为第一个值的倍数。

7.17 （**奇偶性判断**）编写一个表达式方法 IsEven，它使用求余运算符（%）判断一个整数是否为偶数。方法带有一个整型实参，如果它为偶数，则返回 true，否则返回 false。将这个方法用于程序中，向它输入一系列的整数值（每次一个），判断值的奇偶性。

7.18 （**显示星号正方形**）编写一个 SquareOfAsterisks 方法，它显示一个由星号组成的实心正方形（行和列中的星号数量相同），其边长由整型参数 side 指定。例如，如果 side 为 4，则方法应显示：

```
****
****
****
****
```

将这个方法用于程序中，它从用户处读取 side 的整数值，并用 SquareOfAsterisks 方法输出星号。

7.19 （**显示由任意字符组成的正方形**）修改练习题 7.18 中创建的方法，使正方形能用字符参数 fillCharacter 中包含的任何字符构成，而默认字符为 "*"。如果 side 为 5，fillCharacter 为 "#"，则方法应显示：

```
#####
#####
#####
#####
#####
```

（提示：使用表达式 char.Parse（Console.ReadLine（））从用户处读取字符。char 类型的变量能够保存单个字符值。）

7.20 （**圆的面积**）编写一个程序，它提示用户输入圆的半径，并用表达式方法 CircleArea 计算圆的面积。

7.21 （**分离数字**）编写代码段，完成下列任务。
 a) 用整数 a 除以整数 b，计算商的整数部分。
 b) 用整数 a 除以整数 b，计算商的余数部分。
 c) 利用 a) 和 b) 中给出的程序段，编写一个 DisplayDigits 方法，它接收一个 1～99 999 之间的整数，显示组成这个数的每个数字序列，数字间用两个空格分开。例如，整数 4562 应显示成
   4 5 6 2
 d) 将在 c) 中开发的方法集成到一个程序中，向它输入一个整数并用这个整数调用 DisplayDigits 方法。显示结果。

7.22 （**温度转换**）实现如下的整型方法：
 a) 表达式方法 Celsius 返回与华氏温度相等的摄氏温度，它采用如下的公式：
   `5.0 / 9.0 * (f - 32);`
 b) 表达式方法 Fahrenheit 返回与摄氏温度相等的华氏温度，它采用如下的公式：
   `9.0 / 5.0 * c + 32;`
 c) 使用 a) 和 b) 中的方法编写一个程序，用户输入任何一种温度值（摄氏或华氏），程序将显示对应的另一种温度值。

7.23 （**查找最小值**）编写一个 Minimum3 方法，它找出三个浮点数中的最小值。利用 Math.Min 方法实现这个方法。将这个方法应用于程序中，它从用户处读取三个值，确定最小值并显示结果。

7.24 （**完数**）如果某个整数的因子（包括 1 但不包括整数本身）之和等于这个整数，则该数就被称为完数。例如，6 就是一个完数，因为 6 = 1 + 2 + 3。编写一个 Perfect 方法，它判断参数 value 是否为完数。将这个方法应用于程序中，它判断并显示 2～1000 之间的全部完数。显示每个完数的因子，以验证它确实是完数。

7.25 （**质数**）如果某个大于 1 的整数只能由 1 和自身整除，则这个整数称为质数。例如，2、3、5 和 7 是质数，而 4、6、8 和 9 不是。

a) 编写一个方法，它判断一个数是否为质数。
b) 在程序中使用这个方法，显示小于 10 000 的全部质数。
c) 开始时，可能会想到要确定某个数 n 是否为质数，需进行测试的次数最多为 n/2 次，其实只需最多测试 n 的平方根次即可。重新编写这个程序，并以这两种方式运行它。

7.26 (**颠倒数字**)编写一个带整数值参数的方法，它返回这个值的逆序数字。例如，如果整数值为 7631，则方法应返回 1367。将这个方法应用于程序中，它从用户处读取一个值并显示结果。

7.27 (**最大公约数**)两个整数的最大公约数(GCD)，是能被这两个数整除的最大的整数。编写一个 Gcd 方法，它返回两个整数的最大公约数。将这个方法应用于程序中，它从用户处读取两个值并显示结果。

7.28 (**将平均成绩转换成 4 个等级**)编写一个 QualityPoints 方法，它接收学生的平均成绩，如果成绩为 90～100，则返回 4；80～89 返回 3；70～79 返回 2；60～69 返回 1；60 以下返回 0。将这个方法应用于程序中，它从用户处读取一个值并显示结果。

7.29 (**抛硬币**)编写一个程序，它模拟抛硬币的过程。让程序在用户每次选择"Toss Coin"菜单选项时抛一枚硬币。计算硬币的每一面出现的次数，并显示结果。程序应调用一个单独的方法 Flip，它不带参数，硬币背面(tail)朝上时返回 false，正面(head)朝上时返回 true。(注：如果程序确实模拟了抛硬币的过程，则硬币两个面出现的概率应当大致相同。)

7.30 (**猜数游戏**)编写一个程序，它按如下方式让玩家猜数。程序选择 1～1000 的一个随机整数，让玩家猜。它显示提示"Guess a number between 1 and 1000"，玩家输入第一次猜测的数字。如果玩家猜错，则程序应显示"Too high. Try again." 或"Too low. Try again."，以帮助玩家逐步接近正确答案。程序需提示玩家再次猜数。如果玩家猜中了，则应显示"Congratulations. You guessed the number!"，并应允许玩家选择是否再玩一次。(注：这个练习中用到的猜测技术，与第 18 章讨论的二分搜索技术相似。)

7.31 (**猜数游戏的增强版本**)修改练习题 7.30 中的程序，计算玩家猜过的次数。如果次数少于 10，则显示"Either you know the secret or you got lucky!"；如果次数正好是 10 次，则显示"Aha! You know the secret!"；如果多余 10 次，则显示"You should be able to do better!"。为什么能够不到 10 次就能猜中呢？对于每一次"好的猜测"，玩家都能够去除一半的数。给出不超过 10 次就能够猜中 1～1000 之间任意一个数的原因。

7.32 (**两点间的距离**)编写一个 Distance 方法，它计算点 (x1, y1) 和 (x2, y2) 之间的距离。所有的坐标值和返回值都为 double 类型。将这个方法应用于程序中，该程序让用户输入两个点的坐标值。

7.33 (**修改掷骰子游戏**)修改图 7.8 中的掷骰子程序，使它允许下注。将变量 balance 初始化成 1000 美元。提示玩家输入下注额 wager。检查 wager 是否小于或等于 balance，如果不成立，则应让用户再次输入 wager，直到输入了有效的值为止。输入了正确的 wager 之后，运行一次游戏。如果玩家获胜，则将 wager 加到 balance 上，并显示新的 balance 值。如果玩家输，则将 balance 减去 wager，并显示新的 balance 值。检查 balance 是否已经变成了 0。如果是，则显示消息"Sorry. You busted!"。

7.34 (**二进制、八进制和十六进制**)编写一个程序，它显示一个表格，包含 1～256 范围内的一个十进制数等价的二进制、八进制和十六进制值。

7.35 (**递归求幂计算**)编写一个递归方法 Power(base，exponent)，它返回 $base^{exponent}$ 的值。例如，Power(3, 4) = 3×3×3×3。假设 exponent 是一个大于或等于 1 的整数。递归步骤应使用关系：

$$base^{exponent} = base \cdot base^{exponent-1}$$

终止条件是 exponent 等于 1，因为：

$$base^1 = base$$

将这个方法集成到一个程序中，该程序让用户输入 base 值和 exponent 值。

7.36 (**汉诺塔问题**)每一位计算机科学家都会遇到一些经典的问题，汉诺塔问题(见图 7.24)就是其中最著名的一个。传说在远东有一座教堂,牧师们试图将一叠盘子从一个柱子移到另一个柱子。柱子上最初有 64 个盘子,它们按尺寸大小依次排列,大的在下,小的在上。一次只能移动一个盘子,且任何时候不能将大盘子放在小盘子上面。第三个柱子可以用来暂时放置盘子。据说盘子移完之后,世界末日就会到来,因此我们不希望帮助他们加快移动进度。

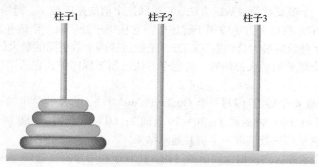

图 7.24　4 个盘子的汉诺塔问题

假设要将盘子从柱子 1 移到柱子 3。我们要开发一个算法,它输出移动盘子的顺序。

如果用传统方法,则很快就会发现这个问题太复杂了。如果用递归的办法,则立即就可以理出思路。移动 n 个盘子,可以简化为移动 n−1 个盘子(从而可以利用递归),如下所示:

a) 将 n−1 个盘子从柱子 1 移到柱子 2 上,用柱子 3 作为临时存放区。
b) 将最后一个盘子(最大的那个)从柱子 1 移到柱子 3 上。
c) 将 n−1 个盘子从柱子 2 移到柱子 3 上,用柱子 1 作为临时存放区。

移动 n=1 个盘子时(即递归的基本情况),过程结束。对于基本情况,只需移动盘子即可,不需要临时存放区。

编写一个解决汉诺塔问题的程序,允许用户输入盘子的个数。需使用具有 4 个参数的 Tower 递归方法:

a) 要移动的盘子个数
b) 最初存放盘子的柱子
c) 移动完后存放盘子的柱子
d) 临时存放盘子的柱子

程序应显示从起始柱子向目标柱子移动盘子的详细步骤。例如,要将 3 个盘子从柱子 1 移到柱子 3,应显示的步骤如下:

1 --> 3 (表示将一个盘子从柱子 1 移到柱子 3)

1 --> 2

3 --> 2

1 --> 3

2 --> 1

2 --> 3

1 --> 3

7.37　(代码运行结果)下面的方法会显示什么结果?

```
// Parameter b must be positive to prevent infinite recursion
static int Mystery(int a, int b)
{
    if (b == 1)
        return a;
    else
        return a + Mystery(a, b - 1);
}
```

7.38 （查找错误）找出如下递归方法中的错误并改正。

```
static int Sum(int n)
{
    if (n == 0)
    {
        return 0;
    }
    else
    {
        return n + Sum(n);
    }
}
```

挑战题

随着计算机成本的下降，不管学生的经济状况如何，他都能够拥有一台计算机并在学校使用。正如后面的两个练习题中所指出的那样，这种现象可以使全球范围内的学生极大地提升他们的学习体验。[注：可以查看诸如"每个孩子一台计算机"(http://one.laptop.org)之类的项目。也可以研究一下"绿色"计算机，要关注这些设备主要的"绿色"特性。利用电子产品环境评估工具(http://www.epeat.net)，可以评估台式机、笔记本以及显示器的"绿色"特性，以帮助学生确定应该选购哪些产品。]

7.39 （计算机辅助教学）计算机在教育领域的使用，称为"计算机辅助教学"(CAI)。编写一个程序，以帮助小学生学习乘法。利用一个 Random 对象来产生两个一位正整数。程序需向用户提示一个问题，比如：

```
How much is 6 times 7?
```

然后，学生应输入答案。接下来，程序需检查答案的正确性。如果回答正确，则显示消息 "Very good!"，并给出另一个乘法问题。如果答案错误，则应显示消息 "No. Please try again."，然后让学生回答同一个问题，直到答对为止。产生每个新问题时，应使用一个独立的方法。这个方法应在程序开始执行时调用一次，然后在学生正确回答问题后再调用一次。

7.40 （CAI：降低学生的疲劳感）CAI 所面临的一个问题是学生的疲劳感。这可以通过变化计算机的响应，使学生保持注意力，从而降低疲劳感。修改练习题 7.39 中的程序，为每一个答案附带各种评语。针对回答正确的可能评语有

```
Very good!
Excellent!
Nice work!
Keep up the good work!
```

针对回答错误的可能评语有

```
No. Please try again.
Wrong. Try once more.
Don't give up!
No. Keep trying.
```

利用随机数生成方法选择 1~4 中的一个数，并用它来为每个正确或错误的答案选择 4 种可能的评语之一。利用一条 switch 语句来提供这些评语。

第 8 章 数组以及异常处理简介

目标

本章将讲解

- 用数组在值列表和表中存储及读取数据。
- 声明、初始化数组,引用数组元素。
- 用 foreach 语句迭代遍历数组。
- 用 var 隐式声明类型化的局部变量,并让编译器从初始值中推断出类型。
- 利用异常处理机制来处理运行时的问题。
- 在 C# 6 中声明只读自动实现的属性。
- 用 C# 6 的自动属性初始值设定项初始化自动实现的属性。
- 将数组传入方法。
- 声明并操纵多维数组——矩形数组和交错数组。
- 编写使用变长实参表的方法。
- 将命令行实参读入程序。

概要

8.1 简介
8.2 数组
8.3 声明和创建数组
8.4 数组使用示例
    8.4.1 创建并初始化数组
    8.4.2 使用数组初始值设定项
    8.4.3 计算每个数组元素存储的值
    8.4.4 数组元素值求和
    8.4.5 用 foreach 迭代遍历数组
    8.4.6 使用条形图显示数组数据以及 var 类型推断
    8.4.7 将数组元素用作计数器
8.5 用数组分析汇总结果以及异常处理
    8.5.1 汇总结果
    8.5.2 异常处理:处理不正确的反馈值
    8.5.3 try 语句
    8.5.4 执行 catch 语句块

8.5.5 异常参数的 Message 属性
8.6 案例分析:模拟洗牌和发牌
    8.6.1 Card 类和只读自动实现的属性
    8.6.2 DeckOfCards 类
    8.6.3 洗牌和发牌
8.7 将数组和数组元素传入方法
8.8 案例分析:GradeBook 类用数组保存成绩
8.9 多维数组
    8.9.1 矩形数组
    8.9.2 交错数组
    8.9.3 二维数组示例:显示元素值
8.10 案例分析:使用矩形数组的 GradeBook 类
8.11 变长实参表
8.12 使用命令行实参
8.13 (选修)按值与按引用传递数组
8.14 小结

摘要 | 术语表 | 自测题 | 自测题答案 | 练习题 | 拓展内容:建立自己的计算机 | 挑战题

8.1 简介

本章介绍一个重要主题——数据结构，它是相关数据项的集合。数组(array)是一种数据结构，它由相同类型的相关数据项组成。数组是定长实体——创建之后保持相同的长度，但数组变量可以被重新赋值，使其引用不同长度的新数组。

本章将首先讲解如何声明、创建和初始化数组，然后给出几个使用数组的示例。我们将探讨 foreach 语句，它以一种精巧的形式访问数组（或者集合，见 9.4 节和第 21 章）中的数据。

还将使用 var 关键字来隐式声明类型化的局部变量——编译器将根据初始值来确定局部变量的类型。也会讲解异常处理，它用于检测并处理执行程序的过程中发生的问题。

本章中的许多示例，处理的是 int 简单类型的值的数组。为了演示存储引用类型的数组，本章给出了一个模拟洗牌和发牌操作的程序，它操作的是一个包含 Card 对象的数组。这个示例中，将介绍 C# 6 只读自动实现的属性，由它定义的属性，只能用于获取属性值，而不能设置属性值。

本章将构建 GradeBook 类的两个版本，用数组在内存中维护一组成绩，并分析它们。还将展示如何定义接收变长实参表(C#中实现成数组)的方法，也会演示如何让 Main 方法接收字符串数组，它包含命令行实参。

8.2 数组

数组是一组变量，包含具有相同类型的值，这种变量称为元素(element)。数组为引用类型——实际上，数组变量就是数组对象的一个引用。数组的元素，可以是值类型或者引用类型，也可以是另一个数组——例如，int 数组中的每一个元素都是一个 int 值，而 string 数组中的每一个元素都是一个 string 对象的引用。数组的命名规则，与其他变量名称的命名规则相同。

数组的逻辑表示，数组访问表达式

图 8.1 展示了整型数组 c 的逻辑表示，这个数组包含 12 个元素。程序访问数组元素时，可以采用数组访问表达式，即用数组名加上方括号中该元素的索引(位置号)。每个数组中的第一个元素都具有 0 索引，有时称为第 0 个元素。因此，数组 c 的元素名称，依次是 c[0]，c[1]，c[2]，等等。数组 c 中最大的索引是 11，比数组中的元素数 12 少 1，因为索引是从 0 开始的。

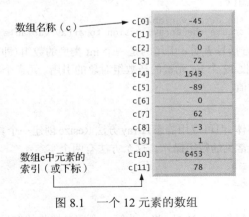

图 8.1 一个 12 元素的数组

索引必须是非负整数值

索引必须是非负整数值，或者是具有 int、uint、long 或 ulong 类型值的整型表达式，也可以是能够被隐式提升成这 4 种类型之一的某种类型值(见 7.6.1 节)。假设变量 a 等于 5，b 等于 6，则语句：

```
        c[a + b] += 2;
```
会先计算表达式 a + b 的值，以确定数组的索引。这个表达式的意思是：将元素 c[11] 的值加 2。这种数组访问表达式可用于赋值语句的左边，从而将一个新值放入数组元素中。

关于数组 c 的更多分析

再认真看看图 8.1 中的数组 c。引用数组的变量名称为 c，每个数组实例都知道自己的长度，并将这一信息保存在 Length 属性中。例如，表达式 c.Length 返回的是数组 c 的长度（12）。数组的 Length 属性是只读的，其值不能改变。这个数组的 12 个元素，分别称为 c[0]，c[1]，c[2]，…，c[11]。如果引用这个范围之外的元素，比如 c[-1] 或 c[12]，则会发生运行时错误（将在图 8.9 中演示）。c[0] 的值为-45，c[1] 为 6，c[2] 为 0，c[7] 为 62，c[11] 为 78。为了计算数组 c 中前三个元素值的和，可以写成

```
        sum = c[0] + c[1] + c[2];
```
为了将 c[6] 的值除以 2，并将结果赋予变量 x，可以写成

```
        x = c[6] / 2;
```

8.3 声明和创建数组

数组要占用内存空间。由于数组是对象，因此通常要用关键字 new 创建①。为了创建数组对象，需要在使用关键字 new 的数组创建表达式中指定数组元素的类型与个数。这种表达式返回的引用可以存放在数组变量中。用如下语句创建的数组对象，包含 12 个 int 元素，每一个元素都被默认初始化成 0，并且将数组的引用存放在变量 c 中：

```
        int[] c = new int[12];
```
用 new 关键字创建数组时，数组的每一个元素都接收默认值——数值型的简单类型元素为 0，布尔元素为 false，引用为 null。上述语句创建的数组，其内存情况如图 8.1 所示，但是每个数组元素还没有被赋予图中所示的值。8.4.2 节中将讲解如何在创建数组时指定非默认的初始值。

常见编程错误 8.1
声明数组变量时，在声明的方括号内指定元素个数（如 int[12] c;）是一种语法错误。

也可以用如下语句创建数组 c：
```
int[] c; // declare the array variable
c = new int[12]; // create the array; assign to array variable
```
这个声明中，类型 int 后面的方括号表明 c 引用的是一个 int 类型的数组（即 c 中存放数组对象的引用）。在赋值语句中，数组变量 c 接收 12 个 int 元素的新数组对象的引用。元素个数也可以指定成一个表达式，在执行时会计算这个表达式的值。

调整数组长度

尽管数组是固定长度的实体，但可以用静态 Array 方法 Resize 创建一个具有指定长度的新数组。Array 类定义了许多方法，用于执行常见的数组操作。这个方法有两个实参：

● 要调整长度的数组
● 新的长度值

这个方法会将原数组内容复制到新数组，将作为第一个实参接收的变量设置为新数组的引用。例如，在下列语句中：

---

① 8.4.2 节中给出了一种不需要 new 关键字的情形。

```
int[] newArray = new int[5];
Array.Resize(ref newArray, 10);
```

变量 newArray 最初指向一个 5 元素的数组。Resize 方法将 newArray 设置成了引用一个 10 元素的数组，它包含原始数组的元素值。如果新数组比旧数组小，则无法在新数组中容纳的元素值会被丢弃，并且不会给出警告信息。如果没有其他数组变量引用原始数组，则它的内存空间会在运行时被收回[①]。

8.4 数组使用示例

这一节给出几个示例，它们演示了如何声明、创建、初始化数组以及操作数组元素。

8.4.1 创建并初始化数组

在图 8.2 第 10 行中，使用了一个数组创建表达式，它创建了一个 5 元素的 int 类型的数组，其值被默认初始化成 0。所得到的数组引用，用于初始化 array 变量，以引用这个新的数组对象。

```
 1  // Fig. 8.2: InitArray.cs
 2  // Creating an array.
 3  using System;
 4
 5  class InitArray
 6  {
 7     static void Main()
 8     {
 9        // create the space for array and initialize to default zeros
10        int[] array = new int[5]; // array contains 5 int elements
11
12        Console.WriteLine($"{"Index"}{"Value",8}"); // headings
13
14        // output each array element's value
15        for (int counter = 0; counter < array.Length; ++counter)
16        {
17           Console.WriteLine($"{counter,5}{array[counter],8}");
18        }
19     }
20  }
```

```
Index    Value
    0        0
    1        0
    2        0
    3        0
    4        0
```

图 8.2 创建一个数组

第 12 行显示的是程序输出中的列标题。第一列显示每一个数组元素的索引值（5 元素数组的索引值为 0～4），第二列给出的是每一个元素的默认值（0）。根据如下的字符串插值表达式，"Value"列为 8 个字宽、右对齐：

`{"Value",8}`

第 15～18 行的 for 语句，输出每个数组元素的索引值（用 counter 表示）和值（用 array[counter]表示）。循环控制变量 counter 最初为 0——索引值从 0 开始，因此采用基数为 0 的计数，使循环能够访问每个数组元素。循环控制条件使用了属性 array.Length（第 15 行），以获得数组的长度。本例中，数组长度为 5，因此只要 counter 的值小于 5，循环就会继续执行。对于 5 元素的数组，其最高索引值为 4，因此循环继续条件用小于号保证循环不会访问超出数组末尾的元素（即最后一次迭代的 counter 为 4）。稍后将会讲解，执行时遇到越界索引会发生什么情况。

[①] 10.8 节中将探讨运行时如何回收不再使用的内存对象。

8.4.2 使用数组初始值设定项

程序中可以创建数组,并用数组初始值设定项(array initializer)初始化它的元素。数组初始值设定项是一个用逗号分隔的表达式列表(称为初始值设定项列表),并放在花括号中。数组长度由初始值设定项列表中的元素个数确定。例如,声明:

```
int[] n = {10, 20, 30, 40, 50};
```

创建一个 5 元素的数组,索引值为 0、1、2、3 和 4,元素 n[0]初始化为 10,n[1]初始化为 20,等等。这条语句不要求用 new 关键字来创建数组对象——编译器会计算初始值设定项的个数(5),确定数组长度,然后"在幕后"设置对应的 new 操作。图 8.3 中的程序,通过 5 个值初始化了一个整型数组(第 10 行),并以表格形式显示它。用于显示数组内容的第 15～18 行,与图 8.2 第 15～18 行相同。

```csharp
1  // Fig. 8.3: InitArray.cs
2  // Initializing the elements of an array with an array initializer.
3  using System;
4
5  class InitArray
6  {
7     static void Main()
8     {
9        // initializer list specifies the value of each element
10       int[] array = {32, 27, 64, 18, 95};
11
12       Console.WriteLine($"{"Index"}{"Value",8}"); // headings
13
14       // output each array element's value
15       for (int counter = 0; counter < array.Length; ++counter)
16       {
17          Console.WriteLine($"{counter,5}{array[counter],8}");
18       }
19    }
20 }
```

```
Index   Value
    0      32
    1      27
    2      64
    3      18
    4      95
```

图 8.3 用数组初始值设定项初始化数组元素

8.4.3 计算每个数组元素存储的值

图 8.4 创建了一个 5 元素数组,并将其赋值为 2～10 的偶数(2、4、6、8、10)。然后,以表格形式显示这个数组。第 13～16 行计算数组元素的值,将 for 循环的控制变量 counter 的当前值乘以 2 并加 2。

```csharp
1  // Fig. 8.4: InitArray.cs
2  // Calculating values to be placed into the elements of an array.
3  using System;
4
5  class InitArray
6  {
7     static void Main()
8     {
9        const int ArrayLength = 5; // create a named constant
10       int[] array = new int[ArrayLength]; // create array
11
12       // calculate value for each array element
13       for (int counter = 0; counter < array.Length; ++counter)
14       {
15          array[counter] = 2 + 2 * counter;
16       }
```

图 8.4 计算要放入数组元素中的值

```
17
18      Console.WriteLine($"{"Index"}{"Value",8}"); // headings
19
20      // output each array element's value
21      for (int counter = 0; counter < array.Length; ++counter)
22      {
23          Console.WriteLine($"{counter,5}{array[counter],8}");
24      }
25   }
26 }
```

```
Index  Value
    0      2
    1      4
    2      6
    3      8
    4     10
```

图 8.4(续)　计算要放入数组元素中的值

用 const 声明命名常量

第 9 行用修饰符 const 声明常量 ArrayLength，并将其初始化成 5。声明常量时，必须对它初始化，此后不能修改。与类、方法和属性一样，常量的名称也遵循"帕斯卡命名法"。

好的编程经验 8.1

常量也称为命名常量(named constant)。与直接使用字面值(如 5)相比，常量能使程序的可读性更强，因为诸如 ArrayLength 的命名常量，清楚地表明了它的用途，而字面值根据上下文有多种不同的含义。使用命名常量的另一好处是：必须改变常量值时，只需在声明中修改即可，因此减少了代码维护的成本。

好的编程经验 8.2

将数组的长度定义为命名常量而不是字面值常量，可以使代码更具清晰性。这种技术，可消除所谓的"幻数"(magic number)。例如，在一段处理一个 5 元素数组的代码中，如果反复出现 5 这个数字，就会对它生成一种人为的重要性，当程序包含其他与数组长度无关的数字 5 时，就会产生混淆。

常见编程错误 8.2

在初始化命名常量之后再对它赋值，会导致编译错误。

常见编程错误 8.3

使用命名常量之前没有将它初始化，会导致编译错误。

8.4.4　数组元素值求和

通常，数组的元素表示的是计算时要用到的一系列值。例如，如果数组元素的值表示考试成绩，则教师可能希望得到数组元素值的和并用这个和求出平均成绩。本章稍后的几个 GradeBook 示例(见 8.8 节和 8.10 节)将使用这一技术。图 8.5 对一个 10 元素的 int 类型的数组元素值求和，该数组在第 9 行声明并初始化。for 语句将每一个元素的值与 total 相加，执行求和计算(第 15 行)[1]。

```
1   // Fig. 8.5: SumArray.cs
2   // Computing the sum of the elements of an array.
3   using System;
```

图 8.5　计算数组元素值的和

---

[1] 数组初始值设定项提供的值通常从程序中读取，而不是在初始值设定项列表中指定。例如，程序可能从用户处通过键盘获取这些值，或者从磁盘文件读取(见第 17 章)。这样可使程序更具复用性，因为它能利用不同的数据集。

```
4
5   class SumArray
6   {
7       static void Main()
8       {
9           int[] array = {87, 68, 94, 100, 83, 78, 85, 91, 76, 87};
10          int total = 0;
11
12          // add each element's value to total
13          for (int counter = 0; counter < array.Length; ++counter)
14          {
15              total += array[counter]; // add element value to total
16          }
17
18          Console.WriteLine($"Total of array elements: {total}");
19      }
20  }
```

```
Total of array elements: 849
```

图 8.5(续)　计算数组元素值的和

8.4.5　用 foreach 迭代遍历数组

前面采用的是计数器控制 for 语句,用于迭代遍历数组元素。本节将讲解 foreach 语句,它会对数组(或者集合,见 9.4 节)的全部元素进行一次迭代。foreach 语句的语法如下:

foreach（*type identifier* **in** *arrayName*）
{
　　statement
}

其中 *type* 和 *identifier* 分别是迭代变量的类型和名称(如 int number),*arrayName* 是要迭代的数组。迭代变量的类型,必须与数组元素的类型相兼容。在 foreach 语句的每一次循环中,迭代变量将依次取数组元素中的每一个值。

图 8.6 用 foreach 语句计算 array 元素值的和(第 13～16 行)。迭代变量 number 的类型被声明成 int(第 13 行),因为 array 包含的是 int 值。从第一个元素开始,foreach 语句依次迭代 array 中的每一个 int 值。可以将 foreach 语句的首部理解成:在每一次迭代中,将 array 的下一个元素"赋予"int 变量 number,然后执行下一条语句。第 13～16 行中的语句,与图 8.5 第 13～16 行中使用的计数器控制循环语句等价。

常见编程错误 8.4
如果试图在 foreach 语句体中改变迭代变量的值,则会导致编译错误。

```
1   // Fig. 8.6: ForEachTest.cs
2   // Using the foreach statement to total integers in an array.
3   using System;
4
5   class ForEachTest
6   {
7       static void Main()
8       {
9           int[] array = {87, 68, 94, 100, 83, 78, 85, 91, 76, 87};
10          int total = 0;
11
12          // add each element's value to total
13          foreach (int number in array)
14          {
15              total += number;
16          }
17
18          Console.WriteLine($"Total of array elements: {total}");
19      }
20  }
```

```
Total of array elements: 849
```

图 8.6　用 foreach 语句对数组元素值求和

第 8 章 数组以及异常处理简介

foreach 与 for 的比较

如果不要求访问当前数组元素的索引值，就可以用 foreach 语句替代 for 语句。例如，对数组元素的整数值求和，只需要访问元素的值，而元素的索引并不重要。如果出于某种原因，需要进行遍历数组以外的操作，则必须使用计数器（如根据计数器的值计算元素的值，见图 8.4），因此应该使用 for 语句。

常见编程错误 8.5

如果利用 foreach 语句的迭代变量去修改数组元素的值，则会导致逻辑错误——迭代变量只能用于访问数组元素值，而不能修改它。

8.4.6 使用条形图显示数组数据以及 var 类型推断

许多程序以图形方式向用户显示数据。例如，数字值经常用条形图显示。条形图中，较长的条形等比例地表示较大的值。用图形显示数字数据的一种简单方法，就是采用条形图，其中每个数值显示为一串星号。

教师可以画出各个成绩段内的成绩数，以了解成绩的分布情况。假设考试成绩为 87、68、94、100、83、78、85、91、76 和 87。这组成绩里有 1 个 100 分，2 个 90 多分，4 个 80 多分，2 个 70 多分，1 个 60 多分，没有不及格。下一个程序（见图 8.7）用 11 个元素的数组存储这些成绩分布数据，每个元素对应于一类成绩。例如，array[0] 表示 0～9 分的成绩数，array[7] 表示 70～79 分的成绩数，array[10] 表示 100 分的成绩数。本章稍后的两个 GradeBook 类版本（见 8.8 节和 8.10 节），根据一组成绩统计这些成绩分布情况。现在，我们手工地创建这个 array，将它的元素初始化为每个范围的成绩个数（见图 8.7 第 9 行）。分析完这个程序的逻辑之后，将探讨关键字 var 的用法（第 14 行和第 27 行）。

```
1   // Fig. 8.7: BarChart.cs
2   // Bar chart displaying app.
3   using System;
4
5   class BarChart
6   {
7       static void Main()
8       {
9           int[] array = {0, 0, 0, 0, 0, 0, 1, 2, 4, 2, 1}; // distribution
10
11          Console.WriteLine("Grade distribution:");
12
13          // for each array element, output a bar of the chart
14          for (var counter = 0; counter < array.Length; ++counter)
15          {
16              // output bar labels ("00-09: ", ..., "90-99: ", "100: ")
17              if (counter == 10)
18              {
19                  Console.Write("   100: ");
20              }
21              else
22              {
23                  Console.Write($"{counter * 10:D2}-{counter * 10 + 9:D2}: ");
24              }
25
26              // display bar of asterisks
27              for (var stars = 0; stars < array[counter]; ++stars)
28              {
29                  Console.Write("*");
30              }
31
32              Console.WriteLine(); // start a new line of output
33          }
34      }
35  }
```

图 8.7 显示条形图的程序

```
Grade distribution:
00-09:
10-19:
20-29:
30-39:
40-49:
50-59:
60-69: *
70-79: **
80-89: ****
90-99: **
  100: *
```

图 8.7(续)　显示条形图的程序

这个程序读取 array 中的元素值，将其画成条形图。每个成绩范围后面的星号条，表示这个范围的成绩个数。为了标记每个条形，第 17～24 行根据 counter 的当前值输出成绩范围（如"70-79:"）。当 counter 为 10 时，第 19 行输出"100:"，使其与其他条形标记的冒号对齐。如果 counter 不等于 10，则第 23 行利用字符串插值表达式：

   `{counter * 10:D2}`

和

   `{counter * 10 + 9:D2}`

格式化成绩等级的标记。格式指定符 D 表示这个值要格式化为整数，D 后面的数字表示这个格式化整数包含多少位。2 表示不到两位的数前面加 0。

  嵌套 for 语句（第 27～30 行）输出星号。注意第 27 行的循环继续条件"stars < array[counter]"。每次到达内部 for 语句时，循环计数从 0 到比 array[counter]少 1，从而用数组中的值确定要显示的星号数。本例中，array[0]至 array[5]包含 0，因为没有不及格的成绩。因此，前 6 个成绩范围中不显示星号。

var 关键字与隐式类型化局部变量

  第 14 行：

    `for (var counter = 0; counter < array.Length; ++counter)`

注意，变量 counter 的前面不是某种类型，而是一个 var 关键字。这样声明的变量，使编译器能够根据它的初始值设定项来确定变量的类型。这种处理方式，称为"类型推断"（type inference）。而以这种方式声明的局部变量，称为"隐式类型化局部变量"（implicitly typed local variable）。这个示例中，编译器推断出 counter 的类型为 int，因为它是用字面值 0 初始化的，而 0 是一个 int 值。

  因此，图 4.9 第 11 行：

    `Account account1 = new Account("Jane Green");`

类型 Account 出现了两次：一次用于声明 account1 变量的类型，另一次用于指定新创建的对象的类型。以后，应将这条语句写成

    `var account1 = new Account("Jane Green");`

编译器会推断出 account1 的类型是 Account，因为它能够根据创建 Account 对象的表达式：

    `new Account("Jane Green")`

确定 account1 的类型。

  C#的编码规范：

    https://msdn.microsoft.com/library/ff926074

建议，如果根据局部变量的初始值，其类型是显而易见的，则应使用类型推断[①]。当然，这些编码规范

[①] 第 9 章中将看到，类型推断尤其适合于匿名类型——类型是根据表达式的结果得出的，并且没有提供类型名称。

第 8 章 数组以及异常处理简介

只是一些建议,并不是强制性的。在业界,每一位程序员可能都有自己的编码习惯,而不必遵从于 Microsoft 的编码规范。

关于隐式类型化局部变量的更多说明

利用初始值设定项列表,也可以通过隐式类型化局部变量来初始化数组变量。下面的语句中,values 的类型被推断成 int[]:

var values = **new**[] {32, 27, 64, 18, 95, 14, 90, 70, 60, 37};

new[]指定用于数组的初始值设定项列表。数组元素的类型 int,是从初始值设定项推导出来的。下面的语句中,values 没有使用 new[],而是直接被初始化,这会导致编译错误:

var values = {32, 27, 64, 18, 95, 14, 90, 70, 60, 37};

常见编程错误 8.6
初始值设定项列表可用于数组和集合。用初始值设定项列表初始化隐式类型化局部变量时,如果没有使用 new[],则会发生编译错误,因为编译器无法推断出变量应该是数组还是集合。第 9 章中将用到 List 集合,而第 21 章会详细讲解集合。

8.4.7 将数组元素用作计数器

有时,程序用计数器变量汇总数据,比如统计结果。图 7.7 的掷骰子程序中,用不同的计数器跟踪了掷 60 000 000 次骰子时每一面出现的次数。图 7.7 中程序的数组版本在图 8.8 中给出。

```
 1  // Fig. 8.8: RollDie.cs
 2  // Roll a six-sided die 60,000,000 times.
 3  using System;
 4
 5  class RollDie
 6  {
 7     static void Main()
 8     {
 9        var randomNumbers = new Random(); // random-number generator
10        var frequency = new int[7]; // array of frequency counters
11
12        // roll die 60,000,000 times; use die value as frequency index
13        for (var roll = 1; roll <= 60000000; ++roll)
14        {
15           ++frequency[randomNumbers.Next(1, 7)];
16        }
17
18        Console.WriteLine($"{"Face"}{"Frequency",10}");
19
20        // output each array element's value
21        for (var face = 1; face < frequency.Length; ++face)
22        {
23           Console.WriteLine($"{face,4}{frequency[face],10}");
24        }
25     }
26  }
```

```
Face  Frequency
   1   10004131
   2    9998200
   3   10003734
   4    9999332
   5    9999792
   6    9994811
```

图 8.8 掷六面骰子 60 000 000 次

这个程序通过数组 frequency(第 10 行)计算骰子每一面出现的次数。它用第 15 行中的一条语句,代替了图 7.7 中的第 24~44 行。图 8.8 第 15 行用随机值确定要增加 frequency 的哪一个数组元素。调用 Next,会生成 1~6 的随机数,因此数组 frequency 应足以容纳 6 个计数器。这里用了一个 7 元素的数组,忽略 frequency[0]。因为用 frequency[1]递增点数为 1 的面,比用 frequency[0]更合乎逻辑。这样,每个面的点数就可以直接作为数组 frequency 的索引。这里还将图 7.7 第 48~50 行换成对数组 frequency 的循环遍历，用于输出结果（见图 8.8 第 21~24 行）。

8.5 用数组分析汇总结果以及异常处理

下一个示例用数组统计调查中收集到的数据。考虑如下的问题描述：

  20 名学生用 1~5 的分数评价学生食堂的伙食质量（1 表示"很差"，5 表示"很好"）。将 20 个评价分数放在一个整型数组中，并统计每一种评分的出现次数。

这是一个典型的数组处理程序（见图 8.9）。我们希望统计每一种评分（即 1~5）的数量。数组 responses（第 10~11 行）是表示调查结果的一个整型数组，它包含 20 个元素。数组中的最后一个值，被故意设置成了一个错误的反馈结果（14）。执行 C#程序时，运行时会检查数组元素索引的有效性——所有索引都必须大于或等于 0，并且小于数组的长度。如果试图访问位于索引范围之外的元素，则会导致运行时错误，这称为 IndexOutOfRangeException 异常。在本节的末尾将讨论无效的反馈值的情况，演示数组边界检查的用法并介绍 C#的异常处理机制，它可以用来检测并处理 IndexOutOfRangeException 异常。

```csharp
1   // Fig. 8.9: StudentPoll.cs
2   // Poll analysis app.
3   using System;
4
5   class StudentPoll
6   {
7      static void Main()
8      {
9         // student response array (more typically, input at runtime)
10        int[] responses = {1, 2, 5, 4, 3, 5, 2, 1, 3, 3, 1, 4, 3, 3, 3,
11           2, 3, 3, 2, 14};
12        var frequency = new int[6]; // array of frequency counters
13
14        // for each answer, select responses element and use that value
15        // as frequency index to determine element to increment
16        for (var answer = 0; answer < responses.Length; ++answer)
17        {
18           try
19           {
20              ++frequency[responses[answer]];
21           }
22           catch (IndexOutOfRangeException ex)
23           {
24              Console.WriteLine(ex.Message);
25              Console.WriteLine(
26                 $"   responses[{answer}] = {responses[answer]}\n");
27           }
28        }
29
30        Console.WriteLine($"{"Rating"}{"Frequency",10}");
31
32        // output each array element's value
33        for (var rating = 1; rating < frequency.Length; ++rating)
34        {
35           Console.WriteLine($"{rating,6}{frequency[rating],10}");
36        }
37     }
38  }
```

```
Index was outside the bounds of the array.
   responses[19] = 14

Rating Frequency
     1         3
     2         4
     3         8
     4         2
     5         2
```

图 8.9 进行民意调查分析的一个程序

frequency 数组

我们用一个 6 元素的数组 frequency（第 12 行）计算每一种反馈结果的数量。每个元素都被用于一种可能的调查结果类型的计数器——frequency[1]计算将伙食质量评分为 1 的学生人数，frequency[2]计算评分为 2 的学生人数，等等。

8.5.1 汇总结果

第 16～28 行从数组 responses 一次一个地读取反馈结果，并递增 frequency[1]～frequency[5]中的某一个。这里忽略 frequency[0]，因为调查的反馈被限制在范围 1～5。循环中的重点语句出现在第 20 行，它根据对 responses[answer]值的判断递增合适的 frequency 计数器。

下面逐步分析一下这条 foreach 语句的前几次迭代：

- 当计数器 answer 为 0 时，responses[answer]的值为 responses[0]的值（即 1，见第 10 行）。这时，frequency[responses[answer]]被解释为 frequency[1]，因此将计数器 frequency[1]递增 1。为了计算表达式的值，应从最内层的方括号开始计算（answer，当前为 0）。answer 的值被插入表达式中，然后处理下一组方括号（responses[answer]）。这个值被用作 frequency 数组的索引，以判断需要递增的计数器（这时为 frequency[1]）。
- 下一次循环时，answer 为 1，responses[answer]的值为 responses[1]的值（即 2，见第 10 行），因此将 frequency[responses[answer]]解释为 frequency[2]，导致递增的是 frequency[2]。
- 当 answer 为 2 时，responses[answer]的值为 responses[2]的值（即 5，见第 10 行），因此将 frequency[responses[answer]]解释为 frequency[5]，导致递增的是 frequency[5]。如此继续下去。

不管调查中需要处理多少数量的反馈值，都只需要一个 6 元素的数组（忽略元素 0）来汇总结果，因为所有正确的反馈值都位于 1～5 之间，而 6 元素数组的索引值是 0～5。在图 8.9 的输出中，Frequency 列只汇总了 responses 数组中 20 个值的 19 个，它的最后一个元素包含的反馈值不正确，没有计算在内。可以简化第 16～28 行，只需将第 16 行写成

```
foreach (var response in responses)
```

将第 20 行写成

```
++frequency[response];
```

且相应修改第 25～26 行显示的出错消息。

8.5.2 异常处理：处理不正确的反馈值

发生异常，就表明程序在执行过程中出现了问题。通过异常处理机制，使程序员能够创建可以解决（或处理）异常的容错程序。许多情况下，异常处理能够使程序继续执行，就好像没有发生问题一样。例如，即使某个反馈值超出了范围，图 8.9 中的学生民意调查程序依然会显示结果。如果遇到更严重的问题，则程序可能无法正常执行，而是要求将问题告知用户，然后有控制地终止程序。如果运行时环境或方法检测到问题，比如无效的数组索引或方法实参，则程序会抛出一个异常。这个示例中的异常是由运行时抛出的。10.2 节中将讲解如何由程序本身抛出异常。

8.5.3 try 语句

为了处理异常，需将可能抛出异常的任何代码放入 try 语句中（见图 8.9 第 18～27 行）。try 语句块（第 18～21 行）包含可能抛出异常的代码，而 catch 语句块（第 22～27 行）包含异常发生时用来处理异常的代码。可以用许多 catch 语句块来处理不同类型的异常，它们是在对应的 try 语句块中抛出的。当第 20 行正确地递增了 frequency 数组中的某个元素时，会忽略第 22～27 行中的语句。界定 try 语句体和 catch 语句体的花括号不能省略。

8.5.4 执行 catch 语句块

当程序遇到 responses 数组中的值 14 时，它会尝试将 frequency[14]加 1。这个数组元素并不存在，因为 frequency 数组只有 6 个元素。由于对数组边界进行检查是在执行时进行的，所以它会产生一个异常，即第 20 行会抛出 IndexOutOfRangeException 异常，将问题告知程序。这时，try 语句块会终止，catch 语句块开始执行。如果在 try 语句块中声明了任何变量，则它将不再存在，在 catch 语句块中无法访问这种变量。

catch 语句块声明了异常参数的类型（IndexOutOfRangeException）和名称（ex）。catch 语句块能够处理所指定类型的异常。在 catch 语句块中，可以用参数的标识符与所捕获的异常对象进行交互。

错误防止提示 8.1

编写访问数组元素的代码时，应确保数组索引总是大于等于 0 且小于数组长度。这有助于防止出现 IndexOutOfRangeException 异常。

8.5.5 异常参数的 Message 属性

当第 22~27 行捕获异常时，程序会显示一条消息，表明发生了问题。第 24 行使用异常对象的 Message 属性，获得保存在异常对象中的错误消息并显示它。显示完这条消息后，就认为已经处理了异常，程序会继续执行 catch 语句块结尾花括号之后的下一条语句。也就是到达 for 语句的末尾（第 28 行），因此会继续执行循环的下一次迭代操作。第 10 章中会再次讲解异常处理，而第 13 章会更深入地探讨它。

8.6 案例分析：模拟洗牌和发牌

本章前面的几个示例，使用的是值类型元素的数组。本节将用随机数生成方法和引用类型元素的数组（表示纸牌的对象），开发一个模拟洗牌和发牌操作的类。然后，这个类可以用于实现玩纸牌的程序。本章末尾的几个练习，将用这里开发的技术构建一个纸牌程序。

我们首先创建一个 Card 类（见图 8.10），它表示一张牌，具有面值("Ace"，"Deuce"，"Three"，…，"Jack"，"Queen"，"King")和花色("Hearts"，"Diamonds"，"Clubs"，"Spades")。然后，建立一个 DeckOfCards 类（见图 8.11），它包含 52 张牌，每个元素都是一个 Card 对象。接着，将创建一个程序（见图 8.12），它利用了 DeckOfCards 类的洗牌与发牌功能。

8.6.1 Card 类和只读自动实现的属性

Card 类（见图 8.10）包含两个自动实现的 string 属性——Face 和 Suit——用于保存某个 Card 对象的面值和花色。在 C# 6 之前，自动实现的属性要求同时具有 get 和 set 访问器。这里的 Face 和 Suit 被定义成 C# 6 只读自动实现的属性，使客户代码只能获取属性的值，因为这种属性是只读的。只读自动实现的属性，只能在声明时或者相关构造函数中被初始化。在声明时初始化自动实现的属性，是 C# 6 的一个新特性，称为"自动属性初始值设定项"。实现这种初始化的操作，是在属性声明的后面添加一个等于号和一个初始值：

      Type *PropertyName* { **get**; **set**; } = *initializer*;

也可以在声明中初始化实例变量。

构造函数（第 9~13 行）接收两个字符串，用于初始化这个类的属性。这里的 ToString 方法（第 16 行）是用表达式方法实现的，所创建的字符串由牌的面值（Face）、字符串"of"和花色（Suit）构成（如"Ace of Spades"）。当使用需要字符串的对象时，许多情况下会隐式调用该对象的 ToString 方法。例如：

- 用 Write 或 WriteLine 方法输出对象。

- 将对象通过 "+" 运算符与字符串拼接。
- 将对象插入一个字符串插值表达式中。

如果需要获取对象的字符串表示,也需要显式地调用 ToString 方法。

```csharp
1   // Fig. 8.10: Card.cs
2   // Card class represents a playing card.
3   class Card
4   {
5      private string Face { get; } // Card's face ("Ace", "Deuce", ...)
6      private string Suit { get; } // Card's suit ("Hearts", "Diamonds", ...)
7
8      // two-parameter constructor initializes card's Face and Suit
9      public Card(string face, string suit)
10     {
11        Face = face; // initialize face of card
12        Suit = suit; // initialize suit of card
13     }
14
15     // return string representation of Card
16     public override string ToString() => $"{Face} of {Suit}";
17  }
```

图 8.10 Card 类表示一张牌

ToString 方法必须如图 8.10 第 16 行所示的那样声明。11.4.1 节中将讲解 override 关键字的用法。

8.6.2 DeckOfCards 类

DeckOfCards 类(见图 8.11)创建并管理由 Card 对象引用的数组。命名常量 NumberOfCards(第 10 行),指定一副牌中的纸牌数量(52)。第 11 行声明的 deck 实例变量,引用一个包含 NumberOfCards(52)个元素的 Card 对象数组——默认情况下,deck 数组的元素值为空。和简单类型数组变量的声明一样,对象数组变量的声明包括数组中的元素类型,后接方括号和数组变量名(如 Card[ ] deck)。DeckOfCards 类还声明了一个 int 类型的实例变量 currentCard(第 12 行),表示 deck 数组中要处理的下一个 Card 对象。注意,不能对 NumberOfCards、deck 和 currentCard 用 var 进行类型推断,因为它们不是某个方法或属性的局部变量。

```csharp
1   // Fig. 8.11: DeckOfCards.cs
2   // DeckOfCards class represents a deck of playing cards.
3   using System;
4
5   class DeckOfCards
6   {
7      // create one Random object to share among DeckOfCards objects
8      private static Random randomNumbers = new Random();
9
10     private const int NumberOfCards = 52; // number of cards in a deck
11     private Card[] deck = new Card[NumberOfCards];
12     private int currentCard = 0; // index of next Card to be dealt (0-51)
13
14     // constructor fills deck of Cards
15     public DeckOfCards()
16     {
17        string[] faces = {"Ace", "Deuce", "Three", "Four", "Five", "Six",
18           "Seven", "Eight", "Nine", "Ten", "Jack", "Queen", "King"};
19        string[] suits = {"Hearts", "Diamonds", "Clubs", "Spades"};
20
21        // populate deck with Card objects
22        for (var count = 0; count < deck.Length; ++count)
23        {
24           deck[count] = new Card(faces[count % 13], suits[count / 13]);
25        }
26     }
27
28     // shuffle deck of Cards with one-pass algorithm
29     public void Shuffle()
```

图 8.11 DeckOfCards 类表示一副牌

```
30      {
31          // after shuffling, dealing should start at deck[0] again
32          currentCard = 0; // reinitialize currentCard
33
34          // for each Card, pick another random Card and swap them
35          for (var first = 0; first < deck.Length; ++first)
36          {
37              // select a random number between 0 and 51
38              var second = randomNumbers.Next(NumberOfCards);
39
40              // swap current Card with randomly selected Card
41              Card temp = deck[first];
42              deck[first] = deck[second];
43              deck[second] = temp;
44          }
45      }
46
47      // deal one Card
48      public Card DealCard()
49      {
50          // determine whether Cards remain to be dealt
51          if (currentCard < deck.Length)
52          {
53              return deck[currentCard++]; // return current Card in array
54          }
55          else
56          {
57              return null; // indicate that all Cards were dealt
58          }
59      }
60  }
```

图 8.11(续)　DeckOfCards 类表示一副牌

DeckOfCards 类：构造函数

构造函数利用 for 语句(第 22 ~ 25 行)，将 Card 值填入 deck 数组中。for 语句将 count 初始化为 0，并在 count 小于 deck.Length 时循环，使 count 取 0 ~ 51 的每个整数(deck 数组的索引)。每个 Card 用两个字符串实例化和初始化，一个来自 faces 数组(包含字符串"Ace" ~ "King")，一个来自 suits 数组(它包含字符串"Hearts"、"Diamonds"、"Clubs"和"Spades")。count % 13(第 24 行)的计算结果是 0 ~ 12 中的某个值，即 faces 数组的 13 个索引值之一。同样，count / 13 的计算结果是 0 ~ 3 中的某个值，即 suits 数组的 4 个索引值之一。初始化 deck 数组时，它包含 52 张牌，为每种花色依次配对牌面值"Ace" ~ "King"。注意，第 22 ~ 25 行中不能使用 foreach 循环，因为需要改变 deck 的每一个元素值。

DeckOfCards 类：Shuffle 方法

Shuffle 方法(第 29 ~ 45 行)洗一副牌。这个方法循环遍历所有的 52 张牌，并执行如下任务：

- 对每个 Card，为了选出另一个张牌，随机选择 0 ~ 51 中的一个数。
- 然后，将数组中当前的 Card 对象与随机选择的 Card 对象交换。这个交换操作用第 41 ~ 43 行的三条赋值语句完成。借用的变量 temp，用于临时存储交换的两个 Card 对象之一。

这种交换操作，不可以只用两条语句完成：

```
deck[first] = deck[second];
deck[second] = deck[first];
```

如果 deck[first]为"Ace" of "Spades"，deck[second]为"Queen" of "Hearts"，则执行完第一个赋值操作之后，两个数组都将包含"Queen" of "Hearts"，而"Ace" of "Spades"会丢失。因此，借用的变量 temp 是必需的。for 循环终止后，这些 Card 对象就是随机排序的了。整个数组只进行了 52 次交换，就将所有的 Card 对象移动了位置。

推荐：使用"无偏"洗牌算法

对于真正的纸牌游戏，推荐使用所谓的"无偏"洗牌算法。这种算法可确保所有可能的纸牌排列情况都会公平地出现。一种流行的"无偏"洗牌算法是 Fisher-Yates 算法：

http://en.wikipedia.org/wiki/Fisher-Yates_shuffle

这个页面中还给出了伪代码，展示如何实现该算法。

DeckOfCards 类：DealCard 方法

DealCard 方法（第 48～59 行）每次处理数组中的一个 Card 对象。前面说过，currentCard 表示下一张要处理的牌的索引（即最上面的一张牌）。因此，第 51 行比较 currentCard 与 deck 数组的长度。如果 deck 不为空（即 currentCard 小于 52），则第 53 行返回最上面的一张牌，并将 currentCard 加 1，准备下次执行 DealCard 方法。否则，第 57 行返回 null，表示已经到达一副牌的末尾。

8.6.3 洗牌和发牌

图 8.12 演示了 DeckOfCards 类的洗牌和发牌功能。第 10 行创建了一个名称为 myDeckOfCards 的 DeckOfCards 对象，并通过类型推断来确定变量的类型。DeckOfCards 构造函数创建了包含 52 个 Card 对象的一副牌，按牌的花色与面值排序。第 11 行调用 myDeckOfCards 的 Shuffle 方法，重新排列这些 Card 对象（即洗牌）。第 14～22 行的 for 语句处理全部的 52 张牌，将它们显示成 4 列，每列 13 张牌。第 16 行处理和显示一个 Card 对象，它是用 myDeckOfCards 的 DealCard 方法取得的。将 Card 对象置于一个字符串插值表达式中时，会隐式调用它的 ToString 方法。由于字段宽度为负值，因此结果将在 19 个字符宽度的字段中左对齐显示。

```csharp
1   // Fig. 8.12: DeckOfCardsTest.cs
2   // Card shuffling and dealing app.
3   using System;
4   
5   class DeckOfCardsTest
6   {
7      // execute app
8      static void Main()
9      {
10         var myDeckOfCards = new DeckOfCards();
11         myDeckOfCards.Shuffle(); // place Cards in random order
12   
13         // display all 52 Cards in the order in which they are dealt
14         for (var i = 0; i < 52; ++i)
15         {
16            Console.Write($"{myDeckOfCards.DealCard(),-19}");
17   
18            if ((i + 1) % 4 == 0)
19            {
20               Console.WriteLine();
21            }
22         }
23      }
24   }
```

Eight of Clubs	Ten of Clubs	Ten of Spades	Four of Spades
Ace of Spades	Jack of Spades	Three of Spades	Seven of Spades
Three of Diamonds	Five of Clubs	Eight of Spades	Five of Hearts

Ace of Hearts	Ten of Hearts	Deuce of Hearts	Deuce of Clubs
Jack of Hearts	Nine of Spades	Four of Hearts	Seven of Clubs
Queen of Spades	Seven of Diamonds	Five of Diamonds	Ace of Clubs
Four of Clubs	Ten of Diamonds	Jack of Clubs	Six of Diamonds
Eight of Diamonds	King of Hearts	Three of Clubs	King of Spades
King of Diamonds	Six of Spades	Deuce of Spades	Five of Spades
Queen of Clubs	King of Clubs	Queen of Hearts	Seven of Hearts
Ace of Diamonds	Deuce of Diamonds	Four of Diamonds	Nine of Clubs
Queen of Diamonds	Jack of Diamonds	Six of Hearts	Nine of Diamonds
Nine of Hearts	Three of Hearts	Six of Clubs	Eight of Hearts

图 8.12 洗牌与发牌程序

8.7 将数组和数组元素传入方法

要将数组实参传递给方法，需指定不带方括号的数组名称。例如，如果 hourlyTemperatures 数组的声明如下：

```
var hourlyTemperatures = new double[24];
```

则下列方法调用语句：

```
ModifyArray(hourlyTemperatures);
```

会将 hourlyTemperatures 数组的引用传递给 ModifyArray 方法。每个数组对象都"知道"自己的长度（通过 Length 属性可获得）。因此，将数组对象的引用传给方法时，不必在另一个实参中传递数组长度。

指定数组参数

为了让方法通过方法调用接收数组引用，方法的参数表必须指定数组参数。例如，ModifyArray 方法的首部可能如下所示：

```
void ModifyArray(double[] b)
```

它表明 ModifyArray 要在参数 b 中接收一个 double 数组的引用。方法调用传递 hourlyTemperatures 数组的引用，因此被调方法使用数组变量 b 时，它引用的数组对象就是调用方法中的 hourlyTemperatures 对象。

按值传递与按引用传递

如果传递给方法的实参是引用类型的一个数组或一个数组元素，则被调方法会接收这个引用的副本。但是，如果方法实参是值类型的数组元素，则被调方法接收这个元素的值的副本。要将一个数组元素传递给方法，可以在方法调用中用数组的索引名作为实参（如 hourlyTemperatures[2]）。如果希望按引用将值类型数组元素传递给方法，则必须像 7.18 节中那样使用 ref 关键字。

传递整个数组与传递单个数组元素的比较

图 8.13 演示了向方法传递整个数组与传递一个值类型数组元素的差异。第 16~19 行的 foreach 语句，首先输出 array 的 5 个 int 元素值。第 21 行调用 ModifyArray 方法，将 array 作为实参传入。ModifyArray 方法（第 38~44 行）接收 array 引用的副本，并用这个引用将数组的每个元素值乘以 2。为了证明 Main 中修改了 array 元素，第 25~28 行的 foreach 语句再次输出 array 的 5 个元素。从输出可见，ModifyArray 方法将每个元素的值倍增了。

```
1   // Fig. 8.13: PassArray.cs
2   // Passing arrays and individual array elements to methods.
3   using System;
4
5   class PassArray
6   {
7      // Main creates array and calls ModifyArray and ModifyElement
8      static void Main()
9      {
10         int[] array = {1, 2, 3, 4, 5};
11
12         Console.WriteLine("Effects of passing reference to entire array:");
13         Console.WriteLine("The values of the original array are:");
14
15         // output original array elements
16         foreach (var value in array)
17         {
18            Console.Write($"   {value}");
19         }
20
21         ModifyArray(array); // pass array reference
22         Console.WriteLine("\n\nThe values of the modified array are:");
```

图 8.13 将数组和数组元素传递给方法

```csharp
23
24          // output modified array elements
25          foreach (var value in array)
26          {
27              Console.Write($"   {value}");
28          }
29
30          Console.WriteLine("\n\nEffects of passing array element value:\n" +
31              $"array[3] before ModifyElement: {array[3]}");
32
33          ModifyElement(array[3]); // attempt to modify array[3]
34          Console.WriteLine($"array[3] after ModifyElement: {array[3]}");
35      }
36
37      // multiply each element of an array by 2
38      static void ModifyArray(int[] array2)
39      {
40          for (var counter = 0; counter < array2.Length; ++counter)
41          {
42              array2[counter] *= 2;
43          }
44      }
45
46      // multiply argument by 2
47      static void ModifyElement(int element)
48      {
49          element *= 2;
50          Console.WriteLine($"Value of element in ModifyElement: {element}");
51      }
52  }
```

```
Effects of passing reference to entire array:
The values of the original array are:
   1   2   3   4   5

The values of the modified array are:
   2   4   6   8   10

Effects of passing array element value:
array[3] before ModifyElement: 8
Value of element in ModifyElement: 16
array[3] after ModifyElement: 8
```

图 8.13(续)　将数组和数组元素传递给方法

图 8.13 中的程序还表明，当将各个值类型数组元素的副本传递给方法时，在被调方法中修改这个副本，不会影响调用方法中这个数组元素的原始值。为了显示调用 ModifyElement 方法之前 array[3]的值，第 30～31 行输出了 array[3]的值，即 8。第 33 行调用 ModifyElement 方法，并将 array[3]作为实参传入。由于 array[3]在 array 中实际上是一个 int 值(8)，因此，传递的是 array[3]中值的副本。ModifyElement 方法将收到的实参值乘以 2，将结果存放在 element 参数中，然后输出 element 的值(16)。和局部变量一样，方法参数在相应方法执行完毕后不复存在，因此终止 ModifyElement 方法时，方法参数 element 将不复存在。当程序将控制返回给 Main 方法时，第 34 行输出了 array[3]未经修改的值(即 8)。

8.8　案例分析：GradeBook 类用数组保存成绩

下面将开发 GradeBook 类的第一个版本，它表示教师所用的一个成绩簿，记录一次考试中的学生成绩，并可以提供成绩报告，包括每名学生的成绩、班级平均分、最高分、最低分、成绩分布条形图等。本节中给出的 GradeBook 类的这个版本，将一次考试中的学生成绩保存在一个一维数组中。8.10 节中给出的另一个版本，使用的是一个二维数组，它保存多次考试中每名学生的成绩。

GradeBook 类将学生成绩存放在 array 中

图 8.14 中的输出结果，总结了保存在一个 GradeBook 类(见图 8.15)对象中的 10 个成绩，这个类使用一个整型数组存储单次考试的 10 个学生成绩。grades 数组在图 8.15 第 7 行中声明为实例变量，使每个 GradeBook 对象都拥有自己的一组成绩。

```
Welcome to the grade book for
CS101 Introduction to C# Programming!

The grades are:

Student  1:  87
Student  2:  68
Student  3:  94
Student  4: 100
Student  5:  83
Student  6:  78
Student  7:  85
Student  8:  91
Student  9:  76
Student 10:  87

Class average is 84.90
Lowest grade is 68
Highest grade is 100

Grade distribution:
00-09:
10-19:
20-29:
30-39:
40-49:
50-59:
60-69: *
70-79: **
80-89: ****
90-99: **
  100: *
```

图 8.14　将一次考试成绩保存在数组中的 GradeBook 类的输出结果

```csharp
 1  // Fig. 8.15: GradeBook.cs
 2  // Grade book using an array to store test grades.
 3  using System;
 4
 5  class GradeBook
 6  {
 7     private int[] grades; // array of student grades
 8
 9     // getter-only auto-implemented property CourseName
10     public string CourseName { get; }
11
12     // two-parameter constructor initializes
13     // auto-implemented property CourseName and grades array
14     public GradeBook(string name, int[] gradesArray)
15     {
16        CourseName = name; // set CourseName to name
17        grades = gradesArray; // initialize grades array
18     }
19
20     // display a welcome message to the GradeBook user
21     public void DisplayMessage()
22     {
23        // auto-implemented property CourseName gets the name of course
24        Console.WriteLine(
25           $"Welcome to the grade book for\n{CourseName}!\n");
26     }
27
28     // perform various operations on the data
29     public void ProcessGrades()
30     {
31        // output grades array
32        OutputGrades();
33
34        // call method GetAverage to calculate the average grade
35        Console.WriteLine($"\nClass average is {GetAverage():F}");
36
37        // call methods GetMinimum and GetMaximum
38        Console.WriteLine($"Lowest grade is {GetMinimum()}");
```

图 8.15　用数组保存考试成绩的 GradeBook 类

```csharp
39         Console.WriteLine($"Highest grade is {GetMaximum()}\n");
40
41         // call OutputBarChart to display grade distribution chart
42         OutputBarChart();
43     }
44
45     // find minimum grade
46     public int GetMinimum()
47     {
48         var lowGrade = grades[0]; // assume grades[0] is smallest
49
50         // loop through grades array
51         foreach (var grade in grades)
52         {
53             // if grade lower than lowGrade, assign it to lowGrade
54             if (grade < lowGrade)
55             {
56                 lowGrade = grade; // new lowest grade
57             }
58         }
59
60         return lowGrade; // return lowest grade
61     }
62
63     // find maximum grade
64     public int GetMaximum()
65     {
66         var highGrade = grades[0]; // assume grades[0] is largest
67
68         // loop through grades array
69         foreach (var grade in grades)
70         {
71             // if grade greater than highGrade, assign it to highGrade
72             if (grade > highGrade)
73             {
74                 highGrade = grade; // new highest grade
75             }
76         }
77
78         return highGrade; // return highest grade
79     }
80
81     // determine average grade for test
82     public double GetAverage()
83     {
84         var total = 0.0; // initialize total as a double
85
86         // sum students' grades
87         foreach (var grade in grades)
88         {
89             total += grade;
90         }
91
92         // return average of grades
93         return total / grades.Length;
94     }
95
96     // output bar chart displaying grade distribution
97     public void OutputBarChart()
98     {
99         Console.WriteLine("Grade distribution:");
100
101         // stores frequency of grades in each range of 10 grades
102         var frequency = new int[11];
103
104         // for each grade, increment the appropriate frequency
105         foreach (var grade in grades)
106         {
107             ++frequency[grade / 10];
108         }
109
110         // for each grade frequency, display bar in chart
111         for (var count = 0; count < frequency.Length; ++count)
112         {
113             // output bar label ("00-09: ", ..., "90-99: ", "100: ")
114             if (count == 10)
```

图 8.15(续) 用数组保存考试成绩的 GradeBook 类

```
115        {
116            Console.Write("   100: ");
117        }
118        else
119        {
120            Console.Write($"{count * 10:D2}-{count * 10 + 9:D2}: ");
121        }
122
123        // display bar of asterisks
124        for (var stars = 0; stars < frequency[count]; ++stars)
125        {
126            Console.Write("*");
127        }
128
129        Console.WriteLine(); // start a new line of output
130    }
131 }
132
133 // output the contents of the grades array
134 public void OutputGrades()
135 {
136    Console.WriteLine("The grades are:\n");
137
138    // output each student's grade
139    for (var student = 0; student < grades.Length; ++student)
140    {
141        Console.WriteLine(
142            $"Student {student + 1, 2}: {grades[student],3}");
143    }
144 }
145 }
```

图 8.15(续)　用数组保存考试成绩的 GradeBook 类

构造函数(第 14~18 行)有两个参数——课程名称和成绩数组。当程序(见图 8.16 中的 GradeBookTest 类)创建 GradeBook 对象时，它将一个 int 数组传入构造函数，将数组的引用赋予实例变量 grades(见图 8.15 第 17 行)。grades 数组的长度，由将数组传入构造函数的类确定。因此，GradeBook 对象可以处理不同数量的成绩——与调用者的数组中的元素个数一样多。所传数组中的成绩，可以是用户从键盘输入的，也可以从磁盘文件读取(见第 17 章)。在这个测试程序中，通过一组成绩来初始化数组(见图 8.16 第 9 行)。将成绩放入 GradeBook 类的实例变量 grades 之后，这个类的所有方法都可以在需要时访问 grades 的元素，进行各种计算。

ProcessGrades 方法和 OutputGrades 方法

ProcessGrades 方法(见图 8.15 第 29~43 行)包含一系列方法调用，输出成绩汇总报告。第 32 行调用 OutputGrades 方法，输出 grades 数组的内容。OutputGrades 方法的第 139~143 行用 for 语句输出学生成绩。这里必须使用 for 语句而不是 foreach 语句，因为第 141~142 行用计数器变量 student 的值在特定学生号旁边输出每个成绩(见图 8.14)。尽管数组索引从 0 开始，但教师对学生编号时通常从 1 开始。因此，第 141~142 行输出 student + 1 的值作为学生号，产生成绩标记 "Student 1:"、"Student 2:"，等等。

GetAverage 方法

接下来，ProcessGrades 方法调用 GetAverage 方法(第 35 行)，计算平均成绩。GetAverage 方法(第 82~94 行)用 foreach 语句将数组 grades 中的值求和，然后计算平均值。foreach 语句首部的迭代变量，表示每次迭代时 grade 会取得 grades 数组中的一个值。注意，第 93 行计算平均值时，用 grades.Length 来确定要计算平均值的成绩个数。因为已经将 total 初始化成一个 double 值 0.0，所以此处不必使用强制转换运算符。

GetMinimum 方法和 GetMaximum 方法

ProcessGrades 方法(第 38~39 行)调用了 GetMinimum 方法和 GetMaximum 方法，分别确定考试中的最低成绩和最高成绩。两个方法都用 foreach 语句对 grades 数组进行循环操作。GetMinimum 方法(第 51~58 行)对数组进行循环操作，第 54~57 行将每个成绩与 lowGrade 进行比较。如果 grade 的值小于

lowGrade，则将 lowGrade 设置为这个成绩。执行到第 60 行时，lowGrade 就包含数组中的最低成绩。GetMaximum 方法（第 64 ~ 79 行）的工作原理与 GetMinimum 类似。

OutputBarChart 方法

最后，ProcessGrades 方法在第 42 行调用 OutputBarChart 方法，用类似图 8.7 的方法显示成绩数据分布图。图 8.7 中，通过一组成绩手工地计算每一个成绩段（即 0 ~ 9，10 ~ 19，…，90 ~ 99，100）中的成绩个数。而在本例中，第 102 ~ 108 行使用与图 8.8 和图 8.9 相似的技术来计算每个成绩段的成绩个数。第 102 行声明和初始化了包含 11 个 int 值的 frequency 数组，存储每个成绩段的成绩个数。对 grades 数组中的每个成绩，第 105 ~ 108 行将 frequency 数组的相应元素加 1。为了确定要将哪个元素加 1，第 107 行将当前成绩除以 10（整除）。例如，如果成绩为 85，则第 107 行将 frequency[8]加 1，更新 80 ~ 89 范围的成绩个数。然后，第 111 ~ 130 行根据 frequency 数组的值输出条形图（见图 8.7）。与图 8.7 第 27 ~ 30 行一样，图 8.15 第 124 ~ 127 行用 frequency 数组中的值确定每一个条形中显示的星号个数。

演示 GradeBook 类的 GradeBookTest 类

图 8.16 第 11 ~ 12 行创建了 GradeBook 类（见图 8.15）的一个对象，它使用图 8.16 第 9 行声明并初始化的 int 数组 gradesArray。第 13 行显示一条欢迎消息，第 14 行调用 GradeBook 对象的 ProcessGrades 方法。输出显示了 myGradeBook 中 10 个成绩的汇总情况。

软件工程结论 8.1

测试套件（test harness）或者测试程序，负责创建所测试类的对象并向它提供数据。测试数据可以用数组初始值设定项直接放进数组中，可以由用户从键盘输入，还可以来自文件（见第 17 章）。初始化完对象之后，测试套件利用对象的成员来操作数据。这种在测试套件中收集数据的方法，可以使类操作不同来源的数据。

```
 1   // Fig. 8.16: GradeBookTest.cs
 2   // Create a GradeBook object using an array of grades.
 3   class GradeBookTest
 4   {
 5      // Main method begins app execution
 6      static void Main()
 7      {
 8         // one-dimensional array of student grades
 9         int[] gradesArray = {87, 68, 94, 100, 83, 78, 85, 91, 76, 87};
10
11         var myGradeBook = new GradeBook(
12            "CS101 Introduction to C# Programming", gradesArray);
13         myGradeBook.DisplayMessage();
14         myGradeBook.ProcessGrades();
15      }
16   }
```

图 8.16　用成绩数组创建 GradeBook 对象

8.9　多维数组

二维数组经常用来表示数值表，它将信息放在行和列中。为了确定某个表元素，必须指定两个索引值。习惯上，第一个是行索引，第二个是列索引。（多维数组可以具有多于两个的维度，但本书并不探讨它们。）C#支持两种类型的二维数组——矩形数组和交错数组。

8.9.1　矩形数组

矩形数组（rectangular array）用行和列的形式表示表信息，每行的列数相同。图 8.17 显示了矩形数组 a，它包含 3 行 4 列（即 3×4 数组）。一般来说，m 行、n 列的数组称为 m×n 数组。

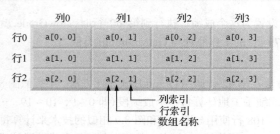

图 8.17　包含 3 行、4 列的一个矩形数组

二维矩形数组的数组访问表达式

数组 a 中的每个元素，在图 8.17 中用数组访问表达式 a[*row, column*]标识，a 是数组名，*row* 与 *column* 是索引，它们通过行号和列号唯一标识数组 a 中的每个元素。位于行 0 中的元素名，第一个索引都是 0；位于列 3 的元素名，第二个索引都是 3。

二维矩形数组的数组初始值设定项

和一维数组一样，多维数组也可以在声明中用数组初始值设定项初始化。一个两行两列的矩形数组 b，可以用嵌套数组初始值设定项（nested array initializer）来声明和初始化，如下所示：

```
int[,] b = {{1, 2}, {3, 4}};
```

其中的初始值设定项按行分组，每一行由一对花括号括起来。因此，1 和 2 分别初始化 b[0][0]和 b[0][1]，3 和 4 分别初始化 b[1][0]和 b[1][1]。编译器计算初始值设定项列表中的嵌套数组初始值设定项个数（用外花括号对中的两对内花括号组表示），确定数组 b 的行数。编译器计算一行中嵌套初始值设定项的个数，确定这一行的列数(2)。如果每一行的初始值设定项个数不同，则编译器会产生错误，因为矩形数组每一行的长度必须相同。

8.9.2　交错数组

和矩形数组一样，交错数组（jagged array）的每个元素都引用一个一维数组。交错数组非常灵活，因为数组中每一行的长度可以不同。例如，交错数组可以存储一个学生在多个课程中的考试成绩，而不同课程的考试次数可能不同。

二维交错数组的数组初始值设定项

访问交错数组中的元素时，采用的是数组访问表达式 *arrayName*[*row*][*column*]，它类似于矩形数组的数组访问表达式，但每个维度用一对方括号表示。具有三行长度不同的交错数组，可以声明并初始化如下：

```
int[][] jagged = {new int[] {1, 2},
                  new int[] {3},
                  new int[] {4, 5, 6}};
```

这条语句中，1 和 2 分别初始化 jagged[0][0]和 jagged[0][1]，3 用于初始化 jagged[1][0]，而 4、5 和 6 分别用于 jagged[2][0]、jagged[2][1]和 jagged[2][2]的初始化。因此，上述声明中的数组 jagged，实际上包括 4 个独立的一维数组，一个表示这些行（也就是交错数组本身），一个包含第一行的值（{1,2}），一个包含第二行的值（{3}），一个包含第三行的值（{4,5,6}）。这样，数组 jagged 本身也是一个有三个元素的数组，每个元素都是一个一维 int 数组的引用。

二维交错数组在内存中的存储方式

注意观察矩形数组与交错数组的数组创建表达式的差别。jagged 数组类型（int）的后面，是两对方括号，表示它是一个 int 数组的数组。而且，在数组初始值设定项中，C#要求用 new 关键字创建每一行的数组对象。图 8.18 演示了声明和初始化后的 jagged 数组的引用情况。

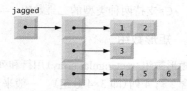

图 8.18　包含长度不同的三行的交错数组

用数组创建表达式创建二维数组

矩形数组可以用数组创建表达式来创建。例如，下面的语句声明了变量 b，并将它赋值为一个 3×4 矩形数组的引用：

```
int[,] b;
b = new int[3, 4];
```

这里用字面值 3 和 4 来分别指定行数和列数，但这不是强制的——也可以使用变量和表达式来指定数组的维数。和一维数组一样，矩形数组的元素是在创建数组对象时被初始化的。

交错数组不能用一个数组创建表达式完整地创建。下列语句会导致语法错误：

```
int[][] c = new int[2][5]; // error
```

正确的做法是：分别初始化交错数组中的每一个一维数组。可以创建交错数组如下：

```
int[][] c;
c = new int[2][]; // create 2 rows
c[0] = new int[5]; // create 5 columns for row 0
c[1] = new int[3]; // create 3 columns for row 1
```

这些语句创建了一个两行的交错数组，行 0 包含 5 列，行 1 有 3 列。

8.9.3 二维数组示例：显示元素值

图 8.19 演示了用数组初始值设定项初始化矩形数组和交错数组，并用嵌套 for 循环遍历数组（即访问数组的每个元素）。InitArray 类的 Main 方法创建了两个数组。第 12 行用嵌套数组初始值设定项初始化了变量 rectangular，将数组的行 0 初始化为 1、2 和 3，将行 1 初始化为 4、5 和 6。第 17～19 行用不同长度的嵌套初始值设定项初始化了变量 jagged。这里，初始值设定项用 new 关键字创建了每一行的一维数组。行 0 被初始化成包含两个元素值，分别为 1 和 2；行 1 的初始元素值为 3；行 2 被初始化为三个元素值，分别为 4、5 和 6。

```
1   // Fig. 8.19: InitArray.cs
2   // Initializing rectangular and jagged arrays.
3   using System;
4
5   class InitArray
6   {
7      // create and output rectangular and jagged arrays
8      static void Main()
9      {
10        // with rectangular arrays,
11        // every row must be the same length.
12        int[,] rectangular = {{1, 2, 3}, {4, 5, 6}};
13
14        // with jagged arrays,
15        // we need to use "new int[]" for every row,
16        // but every row does not need to be the same length.
17        int[][] jagged = {new int[] {1, 2},
18                          new int[] {3},
19                          new int[] {4, 5, 6}};
20
21        OutputArray(rectangular); // displays array rectangular by row
22        Console.WriteLine(); // output a blank line
23        OutputArray(jagged); // displays array jagged by row
24     }
25
26     // output rows and columns of a rectangular array
27     static void OutputArray(int[,] array )
28     {
29        Console.WriteLine("Values in the rectangular array by row are");
30
31        // loop through array's rows
32        for (var row = 0; row < array.GetLength(0); ++row)
33        {
34           // loop through columns of current row
35           for (var column = 0; column < array.GetLength(1); ++column)
```

图 8.19　初始化矩形数组和交错数组

```
36          {
37              Console.Write($"{array[row, column]}  ");
38          }
39
40          Console.WriteLine(); // start new line of output
41      }
42   }
43
44   // output rows and columns of a jagged array
45   static void OutputArray(int[][] array)
46   {
47      Console.WriteLine("Values in the jagged array by row are");
48
49      // loop through each row
50      foreach (var row in array)
51      {
52          // loop through each element in current row
53          foreach (var element in row)
54          {
55              Console.Write($"{element}  ");
56          }
57
58          Console.WriteLine(); // start new line of output
59      }
60   }
61 }

Values in the rectangular array by row are
1  2  3
4  5  6
Values in the jagged array by row are
1  2
3
4  5  6
```

图 8.19(续) 初始化矩形数组和交错数组

重载 OutputArray 方法

OutputArray 方法被重载了。第一个版本(第 27 ~ 42 行)将数组参数指定成"int[,] array",表示它是一个矩形数组。第二个版本(第 45 ~ 60 行)是一个交错数组,因为它的数组参数是"int[ ][ ] array"。

用于矩形数组的 OutputArray 方法

第 21 行调用 OutputArray 方法,它带有实参 rectangular,因此调用第 27 ~ 42 行的 OutputArray 版本。嵌套 for 语句(第 32 ~ 41 行)输出矩形数组的行。每个 for 语句的循环继续条件(第 32 行和第 35 行)用矩形数组的 GetLength 方法获得每一维的长度。维的编号从 0 开始,因此方法调用 GetLength(0)返回数组第一维的长度(行数),GetLength(1)返回数组第二维的长度(列数)。也可以用 foreach 语句来迭代遍历矩形数组中的全部元素。这时,foreach 会迭代遍历从行 0 开始的所有行和列,就好像元素位于一维数组中那样。

用于交错数组的 OutputArray 方法

第 23 行调用 OutputArray 方法,它带有实参 jagged,因此调用第 45 ~ 60 行的 OutputArray 版本。嵌套 foreach 语句(第 50 ~ 59 行)输出交错数组的行。内层 foreach 语句(第 53 ~ 56 行)迭代遍历当前行的每个元素。这使得循环能够确定每一行中的确切列数。由于交错数组是作为数组的数组创建的,因此可以使用嵌套 foreach 语句来在控制台窗口中输出元素。外层循环迭代遍历 array 的元素,它引用代表每一行的一个一维 int 数组。内层循环迭代遍历当前行的每个元素。

用 for 语句执行的常见多维数组操作

许多常见的多维数组操作都使用 for 语句。例如,下列 for 语句将图 8.17 矩形数组 a 的行 2 中的所有元素都设置为 0:

```
for (int column = 0; column < a.GetLength(1); ++column)
{
    a[2, column] = 0;
}
```

这里指定的是行 2，因此知道第一个索引值总是 2（0 是第一行，1 是第二行）。这个 for 循环只改变第二个索引（即列索引）。上述 for 语句等价于下列赋值语句：

```
a[2, 0] = 0;
a[2, 1] = 0;
a[2, 2] = 0;
a[2, 3] = 0;
```

下列嵌套 for 语句将数组 a 中的所有元素值求和：

```
int total = 0;

for (int row = 0; row < a.GetLength(0); ++row)
{
    for (int column = 0; column < a.GetLength(1); ++column)
    {
        total += a[row, column];
    }
}
```

内层 for 语句将一行中的数组元素值求和。外层 for 语句首先设置行索引为 0，使内层 for 语句可以将行 0 中的元素求和。然后，外层 for 语句将 row 增加到 1，将行 1 中的元素求和。接着，外层 for 语句将 row 增加到 2，计算行 2 中的元素和值。当外层 for 语句终止时，变量 total 的值会被显示。下一个示例中，将演示如何用更简明的方法通过 foreach 语句处理矩形数组。

8.10 案例分析：使用矩形数组的 GradeBook 类

8.8 节中介绍的 GradeBook 类（见图 8.15）用一个一维数组来存储一次考试的学生成绩。对于某门课程，通常都会进行多次考试。教师可能希望分析某门课程的全部成绩，包括每名学生的成绩和整个班的成绩。

GradeBook 类将学生成绩存放在矩形数组中

图 8.20 给出了 10 名学生 3 次考试的汇总情况。图 8.21 中的 GradeBook 类版本用矩形数组 grades 存储多名学生在多次考试中的成绩。数组的每一行代表一名学生在整个课程中的各次成绩，而每一列表示某次测验中所有学生的成绩。GradeBookTest 程序（见图 8.22）将该数组作为实参传递给 GradeBook 构造函数。这个示例中，用一个 10×3 的数组来保存 10 名学生在 3 次考试中的成绩。

```
Welcome to the grade book for
CS101 Introduction to C# Programming!

The grades are:
            Test 1  Test 2  Test 3  Average
Student  1    87      96      70     84.33
Student  2    68      87      90     81.67
Student  3    94     100      90     94.67
Student  4   100      81      82     87.67
Student  5    83      65      85     77.67
Student  6    78      87      65     76.67
Student  7    85      75      83     81.00
Student  8    91      94     100     95.00
Student  9    76      72      84     77.33
Student 10    87      93      73     84.33

Lowest grade in the grade book is 65
Highest grade in the grade book is 100

Overall grade distribution:
00-09:
10-19:
20-29:
30-39:
40-49:
50-59:
60-69: ***
70-79: ******
80-89: ***********
90-99: *******
  100: ***
```

图 8.20 使用二维数组的 GradeBook 类的输出结果

```csharp
1   // Fig. 8.21: GradeBook.cs
2   // Grade book using a rectangular array to store grades.
3   using System;
4
5   class GradeBook
6   {
7      private int[,] grades; // rectangular array of student grades
8
9      // auto-implemented property CourseName
10     public string CourseName { get; }
11
12     // two-parameter constructor initializes
13     // auto-implemented property CourseName and grades array
14     public GradeBook(string name, int[,] gradesArray)
15     {
16        CourseName = name; // set CourseName to name
17        grades = gradesArray; // initialize grades array
18     }
19
20     // display a welcome message to the GradeBook user
21     public void DisplayMessage()
22     {
23        // auto-implemented property CourseName gets the name of course
24        Console.WriteLine(
25           $"Welcome to the grade book for\n{CourseName}!\n");
26     }
27
28     // perform various operations on the data
29     public void ProcessGrades()
30     {
31        // output grades array
32        OutputGrades();
33
34        // call methods GetMinimum and GetMaximum
35        Console.WriteLine(
36           $"\nLowest grade in the grade book is {GetMinimum()}" +
37           $"\nHighest grade in the grade book is {GetMaximum()}\n");
38
39        // output grade distribution chart of all grades on all tests
40        OutputBarChart();
41     }
42
43     // find minimum grade
44     public int GetMinimum()
45     {
46        // assume first element of grades array is smallest
47        var lowGrade = grades[0, 0];
48
49        // loop through elements of rectangular grades array
50        foreach (var grade in grades)
51        {
52           // if grade less than lowGrade, assign it to lowGrade
53           if (grade < lowGrade)
54           {
55              lowGrade = grade;
56           }
57        }
58
59        return lowGrade; // return lowest grade
60     }
61
62     // find maximum grade
63     public int GetMaximum()
64     {
65        // assume first element of grades array is largest
66        var highGrade = grades[0, 0];
67
68        // loop through elements of rectangular grades array
69        foreach (var grade in grades)
70        {
71           // if grade greater than highGrade, assign it to highGrade
72           if (grade > highGrade)
73           {
74              highGrade = grade;
```

图 8.21 用矩形数组保存成绩的 GradeBook 类

```csharp
75         }
76     }
77
78     return highGrade; // return highest grade
79 }
80
81 // determine average grade for particular student
82 public double GetAverage(int student)
83 {
84     // get the number of grades per student
85     var gradeCount = grades.GetLength(1);
86     var total = 0.0; // initialize total
87
88     // sum grades for one student
89     for (var exam = 0; exam < gradeCount; ++exam)
90     {
91         total += grades[student, exam];
92     }
93
94     // return average of grades
95     return total / gradeCount;
96 }
97
98 // output bar chart displaying overall grade distribution
99 public void OutputBarChart()
100 {
101     Console.WriteLine("Overall grade distribution:");
102
103     // stores frequency of grades in each range of 10 grades
104     var frequency = new int[11];
105
106     // for each grade in GradeBook, increment the appropriate frequency
107     foreach (var grade in grades)
108     {
109         ++frequency[grade / 10];
110     }
111
112     // for each grade frequency, display bar in chart
113     for (var count = 0; count < frequency.Length; ++count)
114     {
115         // output bar label ("00-09: ", ..., "90-99: ", "100: ")
116         if (count == 10)
117         {
118             Console.Write("  100: ");
119         }
120         else
121         {
122             Console.Write($"{count * 10:D2}-{count * 10 + 9:D2}: ");
123         }
124
125         // display bar of asterisks
126         for (var stars = 0; stars < frequency[count]; ++stars)
127         {
128             Console.Write("*");
129         }
130
131         Console.WriteLine(); // start a new line of output
132     }
133 }
134
135 // output the contents of the grades array
136 public void OutputGrades()
137 {
138     Console.WriteLine("The grades are:\n");
139     Console.Write("            "); // align column heads
140
141     // create a column heading for each of the tests
142     for (var test = 0; test < grades.GetLength(1); ++test)
143     {
144         Console.Write($"Test {test + 1}  ");
145     }
146
147     Console.WriteLine("Average"); // student average column heading
```

图 8.21(续) 用矩形数组保存成绩的 GradeBook 类

```csharp
148
149         // create rows/columns of text representing array grades
150         for (var student = 0; student < grades.GetLength(0); ++student)
151         {
152             Console.Write($"Student {student + 1,2}");
153
154             // output student's grades
155             for (var grade = 0; grade < grades.GetLength(1); ++grade)
156             {
157                 Console.Write($"{grades[student, grade],8}");
158             }
159
160             // call method GetAverage to calculate student's average grade;
161             // pass row number as the argument to GetAverage
162             Console.WriteLine($"{GetAverage(student),9:F}");
163         }
164     }
165 }
```

图 8.21(续) 用矩形数组保存成绩的 GradeBook 类

有 5 个方法对数组进行不同的操作,从而处理这些成绩。这些方法与前面 GradeBook 类的一维数组版本(见图 8.15)中的对应方法类似。GetMinimum 方法(见图 8.21 第 44~60 行)确定学生的最低成绩;GetMaximum 方法(第 63~79 行)取得最高成绩;GetAverage 方法(第 82~96 行)计算某名学生在整个学期中的平均成绩;OutputBarChart 方法(第 99~133 行)输出整个学期中所有成绩的条形分布图;OutputGrades 方法(第 136~164 行)将整个二维数组与每名学生的学期平均成绩一起输出为表格形式。

用 foreach 语句处理二维数组

GetMinimum、GetMaximum 和 OutputBarChart 方法,分别用 foreach 语句对数组 grades 进行循环,例如 GetMinimum 方法(第 50~57 行)中的 foreach 语句。为了寻找最低总成绩,这个 foreach 语句对矩形数组 grades 进行迭代,比较每个元素与变量 lowGrade。如果 grade 的值小于 lowGrade,则将 lowGrade 设置为这个成绩。

foreach 语句遍历数组 grades 的每个元素时,按索引顺序检查第一行的每个元素,然后检查第二行的每个元素,依次类推。第 50~57 行的 foreach 语句遍历 grades 元素的顺序,和下列嵌套 for 语句相同:

```csharp
for (var row = 0; row < grades.GetLength(0); ++row)
{
    for (var column = 0; column < grades.GetLength(1); ++column)
    {
        if (grades[row, column] < lowGrade)
        {
            lowGrade = grades[row, column];
        }
    }
}
```

foreach 语句完成后,lowGrade 的值就是矩形数组中的最低成绩。GetMaximum 方法的工作方式与 GetMinimum 方法类似。注意,与上述采用嵌套 for 语句相比,使用 foreach 要简洁得多。

软件工程结论 8.2
编写程序时,多数情况下应让代码"简洁明快"。

OutputBarChart 方法

OutputBarChart 方法(第 99~133 行)显示成绩分布条形图。foreach 语句(第 107~110 行)的语法在一维数组和二维数组中是相同的。

OutputGrades 方法

OutputGrades 方法(第 136~164 行)使用了嵌套 for 语句来输出数组 grades 的值和每名学生的学期平均成绩。图 8.20 中的输出显示了结果,它与教师实际使用的成绩簿中的表格格式很类似。图 8.21 第 142~145 行显示了每次考试的列标题。这里使用 for 语句而不是 foreach 语句,以便能用一个数字标识每次考试。类似地，第 150～163 行的 for 语句首先输出行标记，用计数器变量标识每名学生（第 152 行）。因为数组索引是从 0 开始的，所以让第 144 行和第 152 行分别输出 test + 1 和 student + 1 的值，得到从 1 开始的考试号和学生号（见图 8.20）。图 8.21 第 155～158 行的内层 for 语句，用外层 for 语句的计数器变量 student 对数组 grades 某一行进行循环，输出每个学生的考试成绩。最后，第 162 行将 grades 的行索引（即 student）传入 GetAverage 方法，得到该学生的学期平均成绩。

GetAverage 方法

GetAverage 方法（第 82～96 行）带有一个实参，即某个特定学生的行索引。当第 162 行调用 GetAverage 方法时，实参是 int 值 student，它指定矩形数组 grades 的某一行。GetAverage 方法计算这一行中数组元素的和，然后除以考试的次数，并将浮点值结果作为一个 double 值返回（第 95 行）。

演示 GradeBook 类的 GradeBookTest 类

图 8.22 中创建了 GradeBook 类（见图 8.21）的一个对象，它使用了图 8.22 第 9～18 行声明并初始化的二维 int 数组 gradesArray。第 20～21 行将课程名和 gradesArray 数组传入 GradeBook 构造函数。第 22～23 行调用 myGradeBook 类的 DisplayMessage 方法和 ProcessGrades 方法，分别显示欢迎消息和取得学期中学生成绩的汇总报告。

```
1   // Fig. 8.22: GradeBookTest.cs
2   // Create a GradeBook object using a rectangular array of grades.
3   class GradeBookTest
4   {
5       // Main method begins app execution
6       static void Main()
7       {
8           // rectangular array of student grades
9           int[,] gradesArray = {{87, 96, 70},
10                                {68, 87, 90},
11                                {94, 100, 90},
12                                {100, 81, 82},
13                                {83, 65, 85},
14                                {78, 87, 65},
15                                {85, 75, 83},
16                                {91, 94, 100},
17                                {76, 72, 84},
18                                {87, 93, 73}};
19
20          GradeBook myGradeBook = new GradeBook(
21              "CS101 Introduction to C# Programming", gradesArray);
22          myGradeBook.DisplayMessage();
23          myGradeBook.ProcessGrades();
24      }
25  }
```

图 8.22 用成绩矩形数组创建 GradeBook 对象

8.11 变长实参表

利用变长实参表（variable-length argument list），可以在创建方法时不指定实参的个数。在方法参数表中，将一维数组类型参数前面加上关键字 params，表示这个方法接收可变数量的实参，它的类型为数组元素的类型。params 修饰符的这种用法，只能出现在参数表的最后一个参数前面。尽管可以用方法重载和数组传递来获得变长实参表能实现的大部分功能，但使用 params 修饰符要简洁一些。

图 8.23 演示了 Average 方法（第 8～19 行）的用法，这个方法有一个 double 类型的变长参数（第 8 行）。C#将变长实参表当成具有同类型元素的一维数组来处理。因此，在方法体中可以将参数 numbers 当成 double 数组处理。第 13～16 行用 foreach 循环来遍历数组，计算数组中所有 double 值的和。第 18 行通过 numbers.Length 获得 numbers 数组的大小，用于计算平均成绩。图 8.23 第 30 行、第 32 行和第 34 行分别用 2 个、3 个和 4 个实参调用 Average 方法。这个方法有一个变长实参表，因此无论调用方法传递多少个 double 实参，它都可以求出平均值。输出显示，对 Average 方法的每次调用，都返回了正确的结果。

常见编程错误 8.7
params 修饰符只能用在参数表的最后一个参数中。

```csharp
1   // Fig. 8.23: ParamArrayTest.cs
2   // Using variable-length argument lists.
3   using System;
4
5   class ParamArrayTest
6   {
7      // calculate average
8      static double Average(params double[] numbers)
9      {
10         var total = 0.0; // initialize total
11
12         // calculate total using the foreach statement
13         foreach (var d in numbers)
14         {
15            total += d;
16         }
17
18         return numbers.Length != 0 ? total / numbers.Length : 0.0;
19      }
20
21      static void Main()
22      {
23         var d1 = 10.0;
24         var d2 = 20.0;
25         var d3 = 30.0;
26         var d4 = 40.0;
27
28         Console.WriteLine(
29            $"d1 = {d1:F1}\nd2 = {d2:F1}\nd3 = {d3:F1}\nd4 = {d4:F1}\n");
30         Console.WriteLine($"Average of d1 and d2 is {Average(d1, d2):F1}");
31         Console.WriteLine(
32            $"Average of d1, d2 and d3 is {Average(d1, d2, d3):F1}");
33         Console.WriteLine(
34            $"Average of d1, d2, d3 and d4 is {Average(d1, d2, d3, d4):F1}");
35      }
36   }
```

```
d1 = 10.0
d2 = 20.0
d3 = 30.0
d4 = 40.0

Average of d1 and d2 is 15.0
Average of d1, d2 and d3 is 20.0
Average of d1, d2, d3 and d4 is 25.0
```

图 8.23　使用变长实参表

8.12　使用命令行实参

在许多系统中，可以从命令行向程序传递实参，只需在 Main 的参数表中放上类型为 string[]的参数（即字符串数组）即可。这些实参称为命令行实参。习惯上，将这个参数命名为 args（见图 8.24 第 7 行）。进入包含某个程序的.exe 文件所在的目录，输入程序的文件名称（可能还需要命令行实参），然后按回车键，就可以直接在命令提示符下执行这个程序。在命令提示符下执行程序时，执行环境会将程序名称后面的命令行实参作为一维数组 args 中的字符串传入程序的 Main 方法。从命令行传入的实参个数，由数组的 Length 属性确定。例如，命令"MyApp a b"将两个命令行实参传入 MyApp 程序。命令行实参之间，必须用空格分隔，而不是用逗号分隔。执行上述命令时，Main 方法的入口点接收两个元素的数组 args（即 args.Length 为 2），其中 args[0]包含字符串"a"，args[1]包含字符串"b"。命令行实参常用于向程序传递选项和文件名称。

第 8 章 数组以及异常处理简介

```csharp
1   // Fig. 8.24: InitArray.cs
2   // Using command-line arguments to initialize an array.
3   using System;
4
5   class InitArray
6   {
7      static void Main(string[] args)
8      {
9         // check number of command-line arguments
10        if (args.Length != 3)
11        {
12           Console.WriteLine(
13              "Error: Please re-enter the entire command, including\n" +
14              "an array size, initial value and increment.");
15        }
16        else
17        {
18           // get array size from first command-line argument
19           var arrayLength = int.Parse(args[0]);
20           var array = new int[arrayLength]; // create array
21
22           // get initial value and increment from command-line argument
23           var initialValue = int.Parse(args[1]);
24           var increment = int.Parse(args[2]);
25
26           // calculate value for each array element
27           for (var counter = 0; counter < array.Length; ++counter)
28           {
29              array[counter] = initialValue + increment * counter;
30           }
31
32           Console.WriteLine($"{"Index"}{"Value",8}");
33
34           // display array index and value
35           for (int counter = 0; counter < array.Length; ++counter)
36           {
37              Console.WriteLine($"{counter,5}{array[counter],8}");
38           }
39        }
40     }
41  }
```

```
C:\Users\PaulDeitel\Documents\examples\ch08\fig08_24>InitArray.exe
Error: Please re-enter the entire command, including
an array size, initial value and increment.
```

```
C:\Users\PaulDeitel\Documents\examples\ch08\fig08_24>InitArray.exe 5 0 4
Index   Value
    0       0
    1       4
    2       8
    3      12
    4      16
```

```
C:\Users\PaulDeitel\Documents\examples\ch08\fig08_24>InitArray.exe 10 1 2
Index   Value
    0       1
    1       3
    2       5
    3       7
    4       9
    5      11
    6      13
    7      15
    8      17
    9      19
```

图 8.24 用命令行实参初始化数组

图 8.24 用三个命令行实参初始化了一个数组。执行程序时，如果 args.Length 不是 3，则程序会显示一条错误消息并终止（第 10～15 行）。否则，第 16～39 行用命令行实参的值初始化并显示数组。

命令行实参是作为 args 中的字符串传给 Main 的。第 19 行取得 args[0] 的值——表示数组大小的一个字符串，并将它转换成一个 int 值，第 20 行用它来创建数组。

第 23～24 行将 args[1] 和 args[2] 命令行实参转换成 int 值，并分别将它们保存在 initialValue 和 increment 变量中——如果用户没有输入有效的整数值，则这两行可能导致异常。第 29 行计算每个数组元素的值。

第一次执行的输出样本表明，程序接收到的命令行实参个数不够。第二次执行时，用命令行实参 5、0 和 4 分别指定数组大小(5)、第一个元素值(0)和数组中每个值的增量(4)。对应的输出显示用这些值创建了一个数组，包含整数 0、4、8、12 和 16。第三次执行的输出，表明命令行实参 10、1 和 2 产生的数组有 10 个元素，它们是 1～19 的非负奇数值。

在 Visual Studio 中指定命令行实参

这个示例是在命令提示窗口下运行的。也可以在 IDE 中向程序提供命令行实参。为此，需在 Solution Explorer 中右击项目的 Properties 节点，然后选择 Open 选项。在打开的对话框中单击 Debug 选项卡，然后在 Command line arguments 文本框中输入实参。运行程序时，IDE 会将这些命令行实参传递给它。

8.13　（选修）按值与按引用传递数组

C# 中，"存储"对象（比如数组）的变量，并不实际存储对象本身，而是存储对象的引用。引用类型变量与值类型变量的差异，会导致一些微妙的问题，我们必须了解它们，以建立安全稳定的程序。

我们知道，将实参传递给方法时，被调方法接收的是实参值的一个副本。修改被调方法中的副本，不会影响调用方法中变量的原始值。如果实参为引用类型，则方法建立引用的副本，而不是所引用对象的副本。引用的副本也指向原始对象，即在被调方法中改变对象会影响到原始对象。

性能提示 8.1

按引用传递数组和其他对象，能提高性能。如果数组按值传递，则要传递每个元素的副本。对于大型数组，这样会浪费时间，需消耗大量存储空间来容纳数组副本。

7.18 节曾介绍过，C# 可以用 ref 关键字按引用传递变量。也可以用 ref 关键字按引用传递引用类型变量，让被调方法修改调用者中的原始变量，从而使变量引用不同的对象。这种功能如果使用不当，则可能会导致微妙的问题。例如，用 ref 传递引用类型对象（比如数组）时，被调方法实际控制的是引用本身，使被调方法可以将调用者的原始引用换成不同的对象，甚至可以换成 null。这样可能导致无法预测的后果，对执行关键任务的程序会造成灾难。

图 8.25 中的程序，演示了按值传递引用和用 ref 关键字按引用传递引用之间的微妙差异。第 11 行和第 14 行声明了两个整型数组变量 firstArray 和 firstArrayCopy。第 11 行将 firstArray 初始化成值 1、2 和 3。第 14 行的赋值语句将保持在 firstArray 中的引用复制给变量 firstArrayCopy，导致这两个变量引用的是同一个数组对象。我们建立引用的副本，以便后面能够判断引用 firstArray 是否被覆盖了。第 21～24 行的 foreach 语句显示完 firstArray 的内容之后，再将它传入 FirstDouble 方法（第 27 行），以便验证被调方法确实改变了数组内容。

```
1   // Fig. 8.25: ArrayReferenceTest.cs
2   // Testing the effects of passing array references
3   // by value and by reference.
4   using System;
5
6   class ArrayReferenceTest
7   {
```

图 8.25　按值和按引用传递数组引用的不同效果

```csharp
 8   static void Main(string[] args)
 9   {
10       // create and initialize firstArray
11       int[] firstArray = {1, 2, 3};
12
13       // copy the reference in variable firstArray
14       int[] firstArrayCopy = firstArray;
15
16       Console.WriteLine("Test passing firstArray reference by value");
17       Console.Write(
18           "Contents of firstArray before calling FirstDouble:\n\t");
19
20       // display contents of firstArray
21       foreach (var element in firstArray)
22       {
23           Console.Write($"{element} ");
24       }
25
26       // pass variable firstArray by value to FirstDouble
27       FirstDouble(firstArray);
28
29       Console.Write(
30           "\nContents of firstArray after calling FirstDouble\n\t");
31
32       // display contents of firstArray
33       foreach (var element in firstArray)
34       {
35           Console.Write($"{element} ");
36       }
37
38       // test whether reference was changed by FirstDouble
39       if (firstArray == firstArrayCopy)
40       {
41           Console.WriteLine("\n\nThe references refer to the same array");
42       }
43       else
44       {
45           Console.WriteLine(
46               "\n\nThe references refer to different arrays");
47       }
48
49       // create and initialize secondArray
50       int[] secondArray = {1, 2, 3};
51
52       // copy the reference in variable secondArray
53       int[] secondArrayCopy = secondArray;
54
55       Console.WriteLine(
56           "\nTest passing secondArray reference by reference");
57       Console.Write(
58           "Contents of secondArray before calling SecondDouble:\n\t");
59
60       // display contents of secondArray before method call
61       foreach (var element in secondArray)
62       {
63           Console.Write($"{element} ");
64       }
65
66       // pass variable secondArray by reference to SecondDouble
67       SecondDouble(ref secondArray);
68
69       Console.Write(
70           "\nContents of secondArray after calling SecondDouble:\n\t");
71
72       // display contents of secondArray after method call
73       foreach (var element in secondArray)
74       {
75           Console.Write($"{element} ");
76       }
77
78       // test whether reference was changed by SecondDouble
79       if (secondArray == secondArrayCopy)
80       {
81           Console.WriteLine("\n\nThe references refer to the same array");
82       }
83       else
84       {
```

图 8.25(续)　按值和按引用传递数组引用的不同效果

```csharp
85          Console.WriteLine(
86              "\n\nThe references refer to different arrays");
87      }
88  }
89
90  // modify elements of array and attempt to modify reference
91  static void FirstDouble(int[] array)
92  {
93      // double each element's value
94      for (var i = 0; i < array.Length; ++i)
95      {
96          array[i] *= 2;
97      }
98
99      // create new object and assign its reference to array
100     array = new int[] {11, 12, 13};
101 }
102
103 // modify elements of array and change reference array
104 // to refer to a new array
105 static void SecondDouble(ref int[] array)
106 {
107     // double each element's value
108     for (var i = 0; i < array.Length; ++i)
109     {
110         array[i] *= 2;
111     }
112
113     // create new object and assign its reference to array
114     array = new int[] {11, 12, 13};
115 }
116 }
```

```
Test passing firstArray reference by value
Contents of firstArray before calling FirstDouble:
        1 2 3
Contents of firstArray after calling FirstDouble
        2 4 6

The references refer to the same array

Test passing secondArray reference by reference
Contents of secondArray before calling SecondDouble:
        1 2 3
Contents of secondArray after calling SecondDouble:
        11 12 13

The references refer to different arrays
```

图 8.25(续) 按值和按引用传递数组引用的不同效果

FirstDouble 方法

FirstDouble 方法的 for 语句(第 94~97 行)将数组中所有元素的值乘以 2。第 100 行创建一个新数组，包含值 11、12 和 13，并将数组引用赋予参数 array，试图覆盖调用者中的引用 firstArray。当然这不会发生，因为这个引用是按值传递的。执行完 FirstDouble 方法之后，第 33~36 行的 foreach 语句显示 firstArray 的内容，表明这个方法改变了元素值。第 39~47 行的 if…else 语句，用 "==" 运算符比较引用 firstArray(刚才试图覆盖的引用)和 firstArrayCopy。第 39 行的表达式结果为真，表明 "==" 运算符的两个操作数引用了同一个对象。这里，firstArray 表示的对象是第 11 行生成的数组，而不是 FirstDouble 方法生成的数组(第 100 行)，因此 firstArray 中存储的原始引用没有被修改。

SecondDouble 方法

第 50~87 行执行类似的测试，它使用数组变量 secondArray 和 secondArrayCopy 以及 SecondDouble 方法(第 105~115 行)。SecondDouble 方法的操作与 FirstDouble 相同，但用关键字 ref 接收数组实参。方法调用执行完之后，secondArray 中存储的引用，是对 SecondDouble 方法第 114 行创建的数组的引用，说明用关键字 ref 传递的变量，可以在被调方法中修改。因此，调用方法中的变量，实际上指向的是另一个对象——这里是 SecondDouble 里创建的数组。第 79～87 行的 if...else 语句，确认 secondArray 和 secondArrayCopy 不再指向同一个数组。

软件工程结论 8.3
方法按值接收引用类型的参数时，传递的是对象引用的副本。这样可防止方法覆盖传入这个方法的引用。绝大多数情况下，最好应防止调用者的引用被修改。如果确实要修改调用者的引用，则可以用关键字 ref 传递引用类型参数，但这种情形很少见。

软件工程结论 8.4
C#中，传递给被调方法的是对象(包括数组)的引用。被调方法接收调用者中对象的引用时，可以与调用者的对象进行交互，甚至可以改变它的值。

8.14 小结

本章首先讲解了数据结构，介绍了用数组存储数据，以及如何读取值列表和表中的数据。然后解释了声明、创建和初始化数组的方法，给出了演示常见的数组操作的几个示例。接着介绍了 C#最新的控制语句——foreach 迭代语句，它以简洁且不易出错的形式来访问数组以及其他数据结构中的数据。

本章演示了隐式类型化局部变量(关键字 var)的用法，编译器会根据初始值来确定变量的类型。然后介绍了异常处理机制，当程序试图访问超出数组边界的数组元素时，这种机制可使程序能够继续执行。

本章还利用了数组来模拟洗牌和发牌的过程。这个示例中，给出了 C# 6 的只读自动实现的属性。由它定义的属性，只能用于获取属性值，而不能设置属性值。还探讨了用于自动实现的属性的自动属性初始值设定项。

本章构建了 GradeBook 类的两个版本，用数组在内存中维护一组成绩，并分析它们。最后，展示了如何定义接收变长实参表的方法，还演示了如何让 Main 方法接收作为命令行实参的字符串数组。

第 9 章将继续讲解数据结构，并介绍 List 集合，它是一种动态可伸缩的基于数组的集合。第 18 章将讨论排序和搜索算法。第 19 章将讲解动态数据结构，如表、队列、栈和树，它们可以随程序的执行而增长或缩短。第 20 章将讲解泛型，它提供创建方法和类的通用模型，只需声明一次，即可用于许多不同的数据类型中。第 21 章将介绍 .NET Framework 提供的数据结构类，其中有些使用泛型，可以指定特定数据结构存储的具体对象类型。程序员应该利用这些预定义的数据结构，而不是自己创建。第 21 章将讲解许多的数据结构类，它们可以随程序存储需求的变化而增长或缩短。.NET Framework 还提供了 Array 类，它包含操作数组的实用工具方法，比如本章中用到的 Resize 方法。第 21 章使用了 Array 类的几个静态方法，执行诸如数组数据的排序和搜索之类的操作。

到目前为止，我们已经讨论了类、对象、控制语句、方法和数组的基本概念。第 9 章将介绍语言集成查询(Language Integrated Query，LINQ)，它使程序员能够编写可从大范围的数据源(如数组)中获取信息的表达式。在这一章中将看到如何用 LINQ 来搜索、排序以及过滤数据。

摘要

8.1 节 简介
- 数组是一种数据结构，它由相同类型的相关数据项组成。数组是固定长度的实体——创建之后保持相同长度。

8.2 节 数组
- 数组是引用类型。
- 数组的元素可以是值类型或引用类型(包含其他数组)。

- 程序引用数组元素时，可以采用数组访问表达式，即用数组名加上方括号中特定元素的索引。
- 数组中的第一个元素具有 0 索引，有时称为"第 0 个元素"。
- 数组的 Length 属性返回数组中元素的个数。

8.3 节　声明和创建数组
- 要创建数组对象，就要在使用关键字 new 的数组创建表达式中指定数组元素的类型和个数，例如：

    int[ ] a = new int[12];
- 创建数组时，数组的每一个元素都具有默认值。
- 值类型数组中的每一个元素，都包含一个具有数组声明类型的值。在引用类型的数组中，每个元素都是数组声明类型对象的一个引用或 null。

8.4.2 节　使用数组初始值设定项
- 程序可以创建数组，并用数组初始值设定项初始化它的元素。数组初始值设定项是一个逗号分隔的表达式列表（称为初始值设定项列表），放在一对花括号中。

8.4.3 节　计算每个数组元素存储的值
- 声明常量时必须对它进行初始化，此后不能修改。

8.4.5 节　用 foreach 迭代遍历数组
- foreach 语句对整个数组或集合的元素进行迭代。foreach 语句的语法如下：

    foreach (*type identifier* **in** *arrayName*)
    {
        statement
    }

    其中，*type* 和 *identifier* 分别是迭代变量的类型和名称，*arrayName* 是要迭代的数组。
- 可以将 foreach 语句的首部理解成：在每一次迭代中，将数组的下一个元素"赋予"迭代变量，然后执行下一条语句。
- foreach 语句中的迭代变量，只能用来访问数组元素，而不能用来改变迭代变量的值。如果试图在 foreach 语句体中改变迭代变量的值，则会导致编译错误。

8.4.6 节　使用条形图显示数组数据以及 var 类型推断
- 在格式项中，格式指定符 D 表示这个值要格式化为整数，D 后面的数字表示这个格式化整数包含多少位。
- 用 var 关键字声明的局部变量，可以让编译器根据变量的初始值设定项来推断出它的类型。这种处理方式称为"类型推断"，而以这种方式声明的局部变量，称为"隐式类型化局部变量"。
- 关键字 var 不能用于声明通过初始值设定项列表初始化的数组——这样的初始值设定项也可以用于集合，所以编译器无法推断出变量应该为数组，还是应该为集合。

8.5.2 节　异常处理：处理不正确的反馈值
- 发生异常，就表明程序在执行过程中出现了问题。
- 通过异常处理机制，使程序员能够创建可以解决（或处理）异常的容错程序。

8.5.3 节　try 语句
- 为了处理异常，需将可能抛出异常的任何代码放入 try 语句中。
- try 语句块包含可能抛出异常的代码，而 catch 语句块包含异常发生时用来处理异常的代码。
- 可以用许多 catch 语句块来处理不同类型的异常，它们是在对应的 try 语句块中抛出的。
- 当 try 语句块终止时，在它里面声明的任何变量都会超出它的作用域。

8.5.4 节　执行 catch 语句块
- catch 语句块声明了一个类型和一个异常参数。在 catch 语句块中，可以用参数的标识符与所捕获

第8章 数组以及异常处理简介

- 执行程序时,会检查数组元素索引的有效性——所有索引都必须大于或等于 0 且小于数组的长度。如果试图用无效的索引值访问数组元素,则会抛出 IndexOutOfRangeException 异常。

8.5.5 节 异常参数的 Message 属性
- 异常对象的 Message 属性,返回该异常的错误消息。

8.6.1 节 Card 类和只读自动实现的属性
- 在 C# 6 之前,自动实现的属性要求同时具有 get 和 set 访问器。
- C# 6 提供只读自动实现的属性。
- 这种只读自动实现的属性,只能在声明时或者相关构造函数中被初始化。
- 在声明时初始化自动实现的属性,是 C# 6 的一个新特性,称为"自动属性初始值设定项"。
- 当使用需要字符串的对象时(如将一个对象与字符串拼接),许多情况下会隐式调用该对象的 ToString 方法。

8.7 节 将数组和数组元素传入方法
- 如果传递给方法的实参是引用类型的一个数组或一个数组元素,则被调方法会接收这个引用的副本。但是,如果方法实参是值类型的数组元素,则被调方法接收这个元素的值的副本。

8.9 节 多维数组
- 二维数组经常用来表示数值表,它将信息放在行和列中。为了确定某个表元素,必须指定两个索引值。
- C#支持两种类型的二维数组——矩形数组和交错数组。
- 矩形数组用行和列的形式表示表信息,每行的列数相同。
- 矩形数组 a 中的元素,用 a[*row, column*]形式的表达式标识。
- 矩形数组可以用如下形式的数组初始值设定项声明并初始化:

    arrayType[,] *arrayName* = {{*row0 initializer*}, {*row1 initializer*}, …};

  矩形数组的所有行必须具有相同的长度。
- 矩形数组可以用如下形式的数组创建表达式创建:

    arrayType[,] *arrayName* = **new** *arrayType*[*numRows, numColumns*];

- 和矩形数组一样,交错数组的每个元素都引用一个一维数组。
- 交错数组中各行的长度不必相同。
- 用如下形式的数组访问表达式,可访问交错数组 *arrayName* 中的元素:

    arrayName[*row*][*column*]

- 交错数组可以用如下形式声明并初始化:

    arrayType[ ][ ]　*arrayName* = {**new** *arrayType*[ ] {*row0 initializer*},
    　　　　　　　　　　　　　　new *arrayType*[ ] {*row1 initializer*}, …};

8.10 节 案例分析:使用矩形数组的 GradeBook 类
- foreach 语句遍历矩形数组的每个元素时,按索引顺序检查第一行中的每个元素,然后检查第二行中的每个元素,依此类推。

8.11 节 变长实参表
- 在方法参数表中,将一维数组类型参数前面加上关键字 params,表示这个方法接收可变数量的实参,它的类型为数组元素的类型。
- params 修饰符,只能出现在参数表的最后一项中。
- C#将变长实参表当成一维数组来处理。

8.12 节 使用命令行实参
- 在命令提示符下执行程序时，执行环境会将程序名称后面的命令行实参作为一维数组 args 中的字符串传入程序的 Main 方法。

8.13 节 （选修）按值与按引用传递数组
- 当引用类型对象用 ref 传递时，被调方法实际控制引用本身，使被调方法可以将调用者的原始引用换成不同的对象，甚至可以换成 null。
- 如果确实要修改调用者的引用，则可以用关键字 ref 传递引用类型参数，但这种情形很少见。

术语表

array　数组	jagged array　交错数组
array initializer　数组初始值设定项	leading 0　前面加 0
bounds checking　边界检查	m-by-n array　m×n 数组
catch block　catch 语句块	magic number　幻数
column index　列索引	multidimensional array　多维数组
column of an array　数组的列	name of an array　数组名称
command-line arguments　命令行实参	named constant　命名常量
const keyword　const 关键字	params modifier　params 修饰符
element of an array　数组元素	rectangular array　矩形数组
exception　异常	row index　行索引
exception handling　异常处理	row of an array　数组的行
fault-tolerant program　容错程序	table of values　值表
foreach statement　foreach 语句	test harness　测试套件
index　索引	traverse an array　遍历数组
index zero　索引 0	try statement　try 语句
initializer list　初始值设定项列表	two-dimensional array　二维数组
iteration variable　迭代变量	zeroth element　第 0 个元素

自测题

8.1 填空题。
　　a）值列表和表中的值，可以保存在_____中。
　　b）数组是一组_____（称为元素），它包含具有相同_____的值。
　　c）利用_____语句，就能不使用计数器迭代遍历数组中的元素。
　　d）引用特定数组元素的数字，称为元素的_____。
　　e）使用两个索引的数组，称为_____数组。
　　f）用 foreach 语句首部_____，可以迭代遍历 double 类型的数组 numbers。
　　g）命令行实参，保存在一个_____中。
　　h）使用表达式_____，可获得命令行中实参的全部数量。假设命令行实参保存在 args 中。
　　i）对于命令 MyApp test，第一个命令行实参是_____。
　　j）方法参数表中的_____，表示方法可以接收可变数量的实参。
　　k）C# 6 中，可以声明_____自动实现的属性，它只可读取，不能更改。

8.2 判断下列语句是否正确。如果不正确，请说明理由。

a) 一个数组中，可以保存许多不同类型的值。
b) 数组索引的类型，通常应为 float。
c) 当被调方法执行完成时，传递给方法和在该方法中修改的各个数组元素，将包含修改后的值。
d) 命令行实参用逗号分隔。
e) 自动实现的属性不能在它的声明中被初始化。

8.3 为数组 fractions 执行下列任务。
a) 将常量 ArraySize 初始化为 10。
b) 声明变量 fractions，它引用一个 double 类型的、包含 ArraySize 个元素的数组。将这些元素初始化成 0。
c) 为索引号为 3 的数组元素命名。
d) 将索引号为 9 的数组元素赋值为 1.667。
e) 将索引号为 6 的数组元素赋值为 3.333。
f) 使用一条 for 语句，计算所有数组元素的和。将整型变量 x 声明成循环的控制变量。
g) 使用一条 foreach 语句，计算所有数组元素的和。将 double 类型的变量 element 声明成循环的控制变量。

8.4 为数组 table 执行下列任务。
a) 声明这个数组变量，并用一个 3×3 的矩形数组初始化它。假设常量 ARRAY_SIZE 已经被声明成 3。
b) 这个数组包含多少个元素？
c) 用嵌套 for 语句，将数组的每个元素初始化成该数组元素的索引值之和。

8.5 找出并改正下列代码段中的错误。
a) `const int ArraySize = 5;`
   `ArraySize = 10;`
b) `Assume var b = new int[10];`
   `for (var i = 0; i <= b.Length; ++i)`
   `{`
   `    b[i] = 1;`
   `}`
c) `Assume int[,] a = {{1, 2}, {3, 4}};`
   `    a[1][1] = 5;`

自测题答案

8.1 a) 数组。b) 变量, 类型。c) foreach。d) 索引（或位置号）。e) 二维。f) foreach(double d in numbers)。g) 字符串数组，称为 args。h) args.Length。i) test。j) params 修饰符。k) 只读。

8.2 答案如下所示。
a) 错误。数组只能存储同一类型的值。
b) 错误。数组索引必须为整数或者整型表达式。
c) 对于数组的值类型元素而言，是错误的。被调方法接收并操作这个元素的一个副本，因此对它的改动不会影响到原始值。但是，如果将数组的引用传递给方法，则在被调方法中对数组元素的修改，会影响到它的原始值。对引用类型的元素而言，这种说法是正确的。被调方法接收该元素引用的一个副本，而对被引用对象的改变，将反映到原始数组元素中。
d) 错误。命令行实参用空格分隔。
e) 错误。C# 6 中，可以在自动实现的属性声明中使用自动属性初始值设定项。

8.3 答案如下所示。
a) `const int ArraySize = 10;`

b) `var fractions = new double[ArraySize];`
c) `fractions[3]`
d) `fractions[9] = 1.667;`
e) `fractions[6] = 3.333;`
f)
```
var total = 0.0;
for (var x = 0; x < fractions.Length; ++x)
{
    total += fractions[x];
}
```
g)
```
var total = 0.0;
foreach (var element in fractions)
{
    total += element;
}
```

8.4 答案如下所示。
a) `var table = new int[ArraySize, ArraySize];`
b) 9 个。
c)
```
for (var x = 0; x < table.GetLength(0); ++x)
{
    for (var y = 0; y < table.GetLength(1); ++y)
    {
        table[x, y] = x + y;
    }
}
```

8.5 答案如下所示。
a) 错误：在常量被初始化之后，不能再对它赋值。
改正：应在 const 声明中对常量赋予正确的值。
b) 错误：在元素边界 (b[10]) 的外面引用了数组元素。
改正：将 "<=" 运算符改成 "<"。
c) 错误：数组的索引操作执行不正确。
改正：将语句改成 a[1,1] = 5;。

练习题

8.6 填空题。
a) 一维数组 p 包含 4 个元素，这些元素的名称分别是_____，_____，_____和_____。
b) 在数组声明中提供数组名称、类型并指定维数，这样的数组称为_____数组。
c) 在一个二维数组中，第一个索引指定元素的_____，第二个索引指定元素的_____。
d) m×n 数组包含_____行、_____列和_____个元素。
e) 一个包含 3 行、5 列的交错数组 d 的名称是_____。

8.7 判断下列语句是否正确。如果不正确，请说明理由。
a) 为了引用数组中特定的位置或元素，就要指定数组的变量名和特定元素的值。
b) 引用数组的变量声明，会为数组保留内存空间。
c) 为了表示需要为整型数组 p 保留 100 个位置，应将其声明为 p[100];。
d) 将一个 15 元素数组的各个元素初始化成 0 的程序，必须至少包含一条 for 语句。
e) 为了计算一个二维数组元素值的和，必须使用嵌套 for 语句。

8.8 编写 C# 语句，完成下列任务：
a) 显示索引号为 6 的字符数组 f 的元素值。

b) 将一维整型数组 g 的全部 5 个元素都初始化成 8。
c) 计算浮点型数组 c 的 100 个元素的和。
d) 将包含 11 个元素的数组 a 复制到数组 b 的前面部分，b 包含 34 个元素。
e) 找出并显示包含在 99 个元素的浮点数组 w 中的最小值和最大值。

8.9 假设有一个 2×3 的矩形整型数组 t，完成下列各题。
a) 编写声明 t 并创建这个数组的一条语句。
b) t 包含多少行？
c) t 包含多少列？
d) t 包含多少个元素？
e) 写出 t 中行 1(第二行)的全部元素的名称。
f) 写出 t 中列 2(第三列)的全部元素的名称。
g) 编写一条语句，将 t 中行 0、列 1 的元素的值设置成 0。
h) 编写几条语句，将 t 的每个元素初始化成 1。不要使用迭代语句。
i) 编写一条嵌套 for 语句，将 t 的每个元素初始化成 3。
j) 编写一条嵌套 for 语句，从用户处输入 t 的每个元素的值。
k) 编写几条语句，找出并显示 t 中的最小值。
l) 编写一条语句，显示 t 中行 0(第一行)的元素值。
m) 编写一条语句，计算 t 中列 2(第三列)所有元素值的和。
n) 编写几条语句，以表格形式显示 t 中的值。在表格的顶部将列索引作为表头列出，每一行的左侧是行索引。

8.10 (销售佣金)利用一个一维数组解决如下问题。公司根据佣金给销售员发工资。销售人员每周可获得的收入，为 200 美元加上本周销售额的 9%。例如，如果某一周的销售额为 5000 美元，则销售员的收入为 200 美元加上 5000 美元的 9%，总共 650 美元。使用一个计数器数组编写一个程序，它判断每周收入分别在如下范围内的销售员有多少人(假设每一位销售员的收入都为整数)。将结果以表格形式显示。
a) 200 ~ 299 美元
b) 300 ~ 399 美元
c) 400 ~ 499 美元
d) 500 ~ 599 美元
e) 600 ~ 699 美元
f) 700 ~ 799 美元
g) 800 ~ 899 美元
h) 900 ~ 999 美元
i) 1000 美元及以上

8.11 (数组操作)编写几条语句，对一维数组执行如下的操作。
a) 将整型数组 counts 的三个元素置为 0。
b) 将整型数组 bonus 的 4 个元素的值都加 1。
c) 以列格式显示整型数组 bestScores 的 5 个值。

8.12 (消除重复值)利用一个一维数组解决如下问题。编写一个程序，它读取 10 ~ 100(包含二者)的 5 个数字。读取每个数时，只要与以前读取的数不重复，就显示它。"最坏"情况下，5 个数都是不同的。尽可能使用最小的数组解决这个问题。在用户输入完所有值之后，显示这些不同值的完整集合。

8.13 (交错数组)如下代码段将一个 3×5 的交错数组 sales 设置成 0。按照这个顺序列出它的全部元素。

```
for (var row = 0; row < sales.Length; ++row)
{
   for (var col = 0; col < sales[row].Length; ++col)
   {
      sales[row][col] = 0;
   }
}
```

8.14 **(变长实参表)**编写一个程序，它计算一系列整数的积，这些整数是使用变长实参表传递给 product 方法的。用几个调用测试这个方法，每次使用不同数量的实参。

8.15 **(命令行实参)**重新编写图 8.2 中的程序，使数组的大小由第一个命令行实参指定。如果没有提供命令行实参，则使用默认值 10。

8.16 **(使用 foreach 语句)**编写一个程序，它使用 foreach 语句对用命令行实参传入的几个 double 值求和。(提示：使用 static double 方法 Parse，可将一个字符串转换成 double 值。)

8.17 **(掷骰子)**编写一个程序，它模拟掷两枚骰子的过程。掷每一枚骰子时，程序应分别使用 Random 类的一个对象。然后，计算两个骰子的点数和。每个骰子都能给出 1 ~ 6 的一个整数值，因此和值应在 2 ~ 12 内变化。7 为最大可能出现的和值，2 和 12 为最小可能出现的和值。图 8.26 中给出了 36 种可能的组合。需掷这两枚骰子 36 000 次。使用一个一维数组，记录每种和值出现的次数。将结果以表格形式显示。分析结果是否合理(例如，存在和值为 7 的 6 种情况，所以和值为 7 大约有 1/6 的可能性)。

8.18 **(掷骰子游戏)**编写一个程序，它运行图 7.8 中的掷骰子游戏 1 000 000 次，回答如下问题。

a) 在掷第一次、第二次……第二十次以及之后，玩家各赢了多少次？

b) 在掷第一次、第二次……第二十次以及之后，玩家各输了多少次？

c) 玩家获胜的概率是多少？(注：应当可以发现掷骰子是最公平的游戏之一。)

d) 运行一次掷骰子游戏的平均时长是多少？

	1	2	3	4	5	6
1	2	3	4	5	6	7
2	3	4	5	6	7	8
3	4	5	6	7	8	9
4	5	6	7	8	9	10
5	6	7	8	9	10	11
6	7	8	9	10	11	12

图 8.26 两枚骰子的 36 种可能和值

8.19 **(航空订座系统)**一家小型航空公司为其刚使用的自动订座系统购买了一台计算机。要求你开发这个新系统。编写一个程序，为这家航空公司唯一的(10 座)飞机分配座位。

显示如下两个选项：Please type 1 for First Class 和 Please type 2 for Economy。如果用户输入 1，则需为他分配一个头等舱座位(座位 1 ~ 5)；如果输入 2，则需分配一个经济舱座位(座位 6 ~ 10)。使用一个 bool 类型的一维数组，表示飞机的订座情况。将数组的所有元素都初始化成 false，表示座位全部都没有被预订。分配某个座位之后，将数组中的对应元素设置成 true，表示该座位不可再预订。

对于已经预订完的座位，不能再重新预订。当经济舱座位已订满时，需询问旅客是否愿意转到头等舱(反过来也如此)。如果愿意，则应分配适当的座位；如果不愿意，则应显示消息“Next flight leaves in 3 hours.”。

8.20 **(总销售额)**利用一个矩形数组解决如下问题。一家公司有三名销售员(1 ~ 3)，销售 5 种不同的产品(1 ~ 5)。每一天，所有销售员都要报告售出的每种产品的情况，包含如下信息：

a) 销售员编号

b) 产品编号

c) 该产品当日的销售额

这样，每位销售员每天都要提交 0 ~ 5 份报告。假设上个月的这些报告都存在。编写一个程序，读取上个月销售情况的全部信息，并分别按销售员和产品汇总销售额。所有的汇总结果应保存在一个矩形数组 sales 中。处理上个月的所有信息后，将结果以表格形式显示，每一列代表一名销售员，每一行代表一种产品。对所有行求和，得出上月每种产品的总销售额；对所有列求和，得出上月每一名销售员的总销售额。表格的右边小计行和下边小计列中，应分别包含这些总销售额信息。

8.21 (龟图)Logo 语言使龟图的概念变得非常有名。假设有一个机器乌龟，通过一个 C#程序控制它在房间里的移动。乌龟有一个表示两种方向的画笔——向上或向下。画笔向下时，乌龟会画出移动时留下的路径形状；画笔向上时，它自由移动，不写下任何东西。在这个问题中，需模拟乌龟的动作并创建一个计算机化的画板。

使用一个初始化为 0 的 20×20 矩形数组 floor。从一个包含命令的数组中读取命令，跟踪任何时候乌龟的当前位置以及画笔的向上或向下状态。假设乌龟总是从地面位置(0，0)开始，画笔向上，且默认向右移动。程序要处理的乌龟命令如图 8.27 所示。

假设乌龟位于靠近中心的位置。下列"程序"会绘制并显示一个 12×12 的正方形并使画笔向上：

```
2
5,12
3
5,12
3
5,12
3
5,12
1
6
9
```

画笔向下并移动乌龟时，将数组 floor 的相应元素设置为 1。遇到命令 6（显示数组）时，只要数组元素为 1，就在该位置显示一个星号或任何其他符号。对于数组元素 0，则显示空白。

编写一个程序，实现上面的龟图功能。编写几个龟图程序，画一些有趣的图形。可以添加其他命令，以提升龟图语言的能力。

命令	含 义
1	画笔向上
2	画笔向下
3	右转
4	左转
5,10	前进 10 格（将 10 替换成其他数字，表示前进相应的格数）
6	显示 20×20 数组
9	数据结束（标记值）

图 8.27　龟图命令

8.22 (骑士旅行)国际象棋中，最有趣的问题之一是骑士旅行问题，它最初是由数学家欧拉提出的。问题如下：能否让骑士在空棋盘上移动，走过 64 个方格且每个方格只走一次？这里将深度探讨这个有趣的问题。

骑士的移动是 L 形路线（一个方向两格，另一垂直方向一格，即中国象棋中的"马走日"，但没有"绊马腿"的限制）。这样，从空棋盘中央的方格中，骑士(标记为 K)可以有 8 种不同的移动方式(编号为 0～7)，如图 8.28 所示。

a) 在纸上画一个 8×8 棋盘，试着手工移动骑士。在走过的第一个方格中标 1，在第二个中标 2，在第三个中标 3，依次类推。开始移动之前，先估计一下能够走多少步，总共有 64 步。你走了多少步？与你的预期相符吗？

b) 现在，开发一个在棋盘上移动骑士的程序。棋盘用 8×8 的矩形数组 board 表示。所有的方格都被初始化为 0。我们用水平和垂直分量分别描述 8 种可能的移动方式。例如，图 8.28 中类型 0 的移动，是由水平右移两个方格和垂直上移一个方格组成的；类型 2 的移动，是由水平左移一个方格和垂直上移两个方格组成的。水平左移和垂直上移，用负数表示。8 种移动方式，可以用两个一维数组 horizontal 和 vertical 描述，如下所示：

```
horizontal[0] = 2      vertical[0] = -1
horizontal[1] = 1      vertical[1] = -2
horizontal[2] = -1     vertical[2] = -2
horizontal[3] = -2     vertical[3] = -1
horizontal[4] = -2     vertical[4] = 1
horizontal[5] = -1     vertical[5] = 2
horizontal[6] = 1      vertical[6] = 2
horizontal[7] = 2      vertical[7] = 1
```

用变量 currentRow 和 currentColumn 分别表示骑士当前位置的行和列。为了进行 moveNumber 类型的移动（moveNumber 在 0~7 之间），应使用语句：

```
currentRow += vertical[moveNumber];
currentColumn += horizontal[moveNumber];
```

编写一个解决骑士旅行问题的程序，使用一个在 1~64 之间变化的计数器，它用于记录每一方格中骑士最近一次的移动次数。应测试各种可能的移动，以判断骑士是否已经访问过某个方格。还应测试各种可能的移动，以确保骑士不会走到棋盘的外面。运行这个程序，骑士移动了多少步？

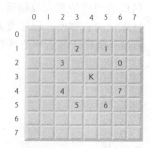

图 8.28　骑士的 8 种可能的移动方式

c) 编写并运行完骑士旅行程序之后，可以进行一些有价值的分析。利用这些分析结果，我们要开发一个移动骑士的试探程序。试探不一定会成功，但经过仔细设计的试探方法，可以极大地提高成功的可能性。我们可以发现，外层方格比靠近棋盘中心的方格更难处理。事实上，最难处理和访问的是位于四个角的方格。

直觉告诉我们，应先将骑士移到最难处理的方格，而留下那些最容易访问的方格。这样，当旅行快结束、棋盘显得"拥挤"时，成功的可能性最大。

可以进行一次"可访问性试探"，根据每个方格的可访问性进行分类，并（利用 L 形步伐）总是将骑士向最难访问的方格移动。在二维数组 accessibility 中记下某个方格能够访问的格数。在空棋盘上，中间 16 个方格能够访问的格数为 8，四个角的方格能够访问的格数为 2，其他方格的可访问格数为 3、4 或 6，如下所示：

```
2 3 4 4 4 4 3 2
3 4 6 6 6 6 4 3
4 6 8 8 8 8 6 4
4 6 8 8 8 8 6 4
4 6 8 8 8 8 6 4
4 6 8 8 8 8 6 4
3 4 6 6 6 6 4 3
2 3 4 4 4 4 3 2
```

现在，用这些可访问性试探值重新编写骑士旅行程序。骑士应总是向具有最小可访问性值的方格移动。对于可访问性值相等的情况，骑士可以移到其中的任何一个方格。这样，旅行应从某个角开始。（注：骑士在棋盘上移动时，随着越来越多的方格被占用，可访问性值会下降。这样，任何时候棋盘上任一方格上的可访问性值，就正好是该方格能够被访问的方格个数。）运行这个程序，查看是否访问了全部的方格。将程序修改成运行 64 次，每一次都从棋盘上的一个不同方格开始。有多少次全部走完了所有的方格？

d) 编写一个骑士旅行程序，当遇到两个或多个方格中的可访问性值相等的情况时，确定选择哪一个方格，应先考虑从这些"相等"的方格中能够访问的那些方格。向这些"相等"方格中的某一个移动时，应考虑下一次移动时能向具有最小可访问性值的方格移动。

8.23　（骑士旅行：蛮力计算方法）练习题 8.22(c) 中得到了解决骑士旅行问题的一种方法，它通过"可访问性试探"来获得许多种解法并可以有效地执行。随着计算机的运算能力越来越强，可以采用简单的算法来解决多种问题。求解这类问题的方法，称为"蛮力计算方法"。

a) 用随机数生成方法让骑士在棋盘上(按 L 形走法)随机移动。运行完一次后，应显示最后的棋盘情况。骑士能走多远？

b) 最可能的情况是，骑士不会走得太远。修改程序，让骑士旅行 1000 次。需使用一个一维数组来跟踪每次旅行走了多少步。完成 1000 次旅行后，应以表格形式显示这些信息。最好的结果是什么？

c) 通常，上述程序能够得到较好的走法，但无法走遍棋盘。现在，让程序一直运行，直到走遍了一次棋盘为止。同样，用一个表保存每一次走了多少步，并在首次走遍棋盘后显示表中的信息。在走遍棋盘之前，已经尝试了多少次旅行？

d) 比较蛮力计算方法与"可访问性试探"方法，哪一个需要对问题进行更仔细的分析？哪一种算法更难开发？哪一个要求更强大的计算机能力？利用"可访问性试探"方法，是否计算能够提前知道可以走遍棋盘？利用蛮力计算方法，是否能够提前知道可以走遍棋盘？分析一下蛮力计算方法的利与弊。

8.24 (八皇后问题)国际象棋中的另一个难题是八皇后问题。该问题的描述如下：空棋盘上能否放置八个皇后，使一个皇后不会"攻击"另一个(即不会有两个皇后位于同一行、同一列或同一对角线上)。运行这个程序。(提示：可以为棋盘上的每一个方格指定一个值，表示如果在空棋盘上的这个方格中放入一个皇后时可以"删除"多少个方格。角上的方格中放置的数字是 22，如图 8.29 所示。在 64 个方格中放入这些"删除数"之后，问题就变成：将下一个皇后放在删除数最小的那个方格中。为什么这种策略凭直觉就可行？)

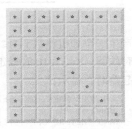

图 8.29　在棋盘左上角放入一个皇后，就"删除"了 22 个方格

8.25 (八皇后问题：蛮力计算方法)这个练习题要用几种蛮力计算方法来解决练习题 8.24 中的八皇后问题。

a) 用练习题 8.23 中的随机蛮力计算方法解决八皇后问题。

b) 用穷举法(即测试八个皇后在棋盘上的各种组合)解决八皇后问题。

8.26 (骑士旅行：闭合路径测试)在骑士旅行问题中(见练习题 8.22)，如果骑士经过了 64 个方格中的每一个，且每个方格只经过一次，就表明走遍了棋盘。如果最后一次移动又回到了出发时的那个方格，则表明这是一个闭合路径。修改练习题 8.22 中的程序，测试走遍了棋盘时是否为闭合路径。

8.27 (Eratosthenes 筛选法)质数是只能被本身和 1 整除的任何整数。Eratosthenes 筛选法(Sieve of Eratosthenes)是寻找质数的一种方法。它的执行过程如下。

a) 创建一个 bool 类型的数组，将所有元素初始化为 true。索引值为质数的数组元素，其值保持为 true；所有其他数组元素的值，设置为 false。

b) 从数组索引 2 开始，判断某个元素的值是否为 true。如果是，则对数组后面的元素进行循环，将索引值为该索引值倍数的元素的值设置为 false。然后，对值为 true 的下一个元素继续这一过程。对于数组索引 2，将数组中索引值为 2 的倍数(即 4，6，8，10，等等)的所有元素都设置为 false；对于数组索引 3，将数组中索引值为 3 的倍数(即 6，9，12，15，等等)的所有元素都设置为 false；如此继续。

当这一过程完成时，值依然为 true 的数组元素，就表示它的索引值是一个质数。可以显示这些索引值。编写一个程序，它使用一个包含 1000 个元素的数组来确定并显示 2～999 的质数。忽略元素 0 和 1。

8.28 (模拟：龟兔赛跑)现在要重新演绎经典的龟兔赛跑故事。这里将使用随机数生成方法来模拟这个令人难忘的事件。

两位选手从 70 个方格的第 1 格开始起跑，每个方格表示跑道上的一个可能位置，终点线位于第 70 个方格。第一个到达终点的选手，会被奖励一桶鲜萝卜和生菜。竞赛途中要经过一座很滑的山，因此选手可能会跌倒。

有一个每秒滴答一次的时钟,随着时钟的每一次滴答,程序需按如图 8.30 所示的规则调整选手的位置。用两个变量来跟踪它们的位置(即位置号为 1～70)。每位选手从位置 1 开始(出发点)。如果选手在跑第 1 格时就跌倒,则将它移回到第 1 格。

选手	移动类型	时间百分比	实际的移动
乌龟	快走	50%	向右 3 格
	跌倒	20%	向左 6 格
	慢走	30%	向右 1 格
兔子	睡觉	20%	不移动
	大跳	20%	向右 9 格
	大跌	10%	向左 12 格
	小跳	30%	向右 1 格
	小跌	20%	向左 2 格

图 8.30 改变龟兔位置的规则

产生一个随机整数 $i(1 \leqslant i \leqslant 10)$,以得到图 8.30 中的百分比。对于乌龟,$1 \leqslant i \leqslant 5$ 时快走,$6 \leqslant i \leqslant 7$ 时跌倒,$8 \leqslant i \leqslant 10$ 时慢走。对兔子也采用类似的方法。

起跑时,显示:

```
ON YOUR MARK, GET SET
BANG !!!!!
AND THEY'RE OFF !!!!!
```

然后,时钟每滴答一下(即一个循环),显示一条包含 70 个位置的线,将乌龟所在的位置显示为字母 T,将兔子所在的位置显示为字母 H。有可能两位选手位于同一个方格。这时,乌龟会咬兔子,所以应在该方格中显示 "OUCH!!!"。除 T、H 和 "OUCH!!!"(表示都占据了这个方格)以外的其他位置,都应显示为空。

显示完方格线之后,测试某位选手是否到达或超过了第 70 格。如果是,则显示获胜者并终止模拟过程。如果乌龟获胜,则显示 "TORTOISE WINS!!! YAY!!!";如果兔子获胜,则显示 "Hare wins. Yuch."。如果两位选手同时获胜,则可以让乌龟赢("同情弱者"),或者显示 "It's a tie."。如果都没有到达终点,则再次循环,模拟时钟的下一次滴答。当开始准备运行程序时,可以让一群"粉丝"来观看比赛,你会发现观众有多投入!

8.29 (洗牌与发牌)修改图 8.12 中的程序,使其处理一手牌(包含 5 张牌)。然后,修改图 8.11 中的 DeckOfCards 类,使其包含几个方法来判断这手牌中是否有如下情况的牌。

   a) 两张面值相同的牌(一对牌)
   b) 两对牌
   c) 三色同号的牌(如三张 J)
   d) 四色同号的牌(如四张 A)
   e) 同花色(即五张牌的花色相同)
   f) 一条龙(即五张牌的面值连续)
   g) 满堂红(即两张牌的面值相同,另外三张牌的面值相同)

8.30 (洗牌与发牌)用练习题 8.29 开发的方法编写一个程序,发两手牌(每手 5 张),判断两手牌中哪一手更好。

拓展内容:建立自己的计算机

对于下面的几个问题,要暂时撇开高级语言编程的讲解,以便"剖开"计算机,看看其内部结构。这里将讲解的是机器语言编程,还将编写几个机器语言程序。为了强化体验,随后将(通过软件模拟技术)构建一台计算机,在它的上面可以执行这些机器语言程序。

8.31 (机器语言编程)下面将创建一台称为 Simpletron 的计算机。顾名思义,它是一台简单但功能强大的机器。Simpletron 只能运行用它能够直接理解的语言编写的程序,这种语言是 Simpletron Machine Language(SML)。

Simpletron 包含一个累加器(accumulator),它是一种特殊的寄存器,存放 Simpletron 用于各种计算和处理的信息。Simpletron 中的所有信息,都按"字"进行处理。"字"是一种有符号的 4 位十进制数,如+3364、-1293、+0007、-0001 等。Simpletron 有 100 字的内存空间,这些字通过地址号 00,01,…,99 引用。

运行 SML 程序之前,必须先将程序代码载入或放置到内存中。每个 SML 程序的第一条指令(或语句)总是会被放入地址 00 处,模拟器会从该地址开始执行。

用 SML 编写的每一条指令,都占用 Simpletron 内存中的一个字(因此,指令是一种有符号的 4 位十进制数)。我们假定 SML 指令的符号总是正号,但数据字的符号可为正号或负号。Simpletron 内存中的每个地址,可以包含一条指令或者程序使用的一个数据值,也可以是未使用的(从而是未定义的)内存区。每条 SML 指令的前两位是操作码(operation code),它指定要执行的操作。图 8.31 中给出了 SML 的操作码。

SML 指令的最后两位是操作数,即操作的字所在的内存地址。下面考虑几个简单的 SML 程序。第一个 SML 程序(见图 8.32)从键盘读取两个数字,然后计算并显示它们的和。指令+1007 会从键盘读取第一个数并将其放入内存地址 07(已经被初始化为 0)。然后,指令+1008 读取下一个数并将其放入内存地址 08。载入(load)指令+2007 将第一个数放入累加器中,加法(add)指令+3008 将第二个数与累加器中的数相加。所有的 SML 算术运算指令,都将结果保留在累加器中。保存(store)指令+2109 将结果放入内存地址 09。然后,写(write)指令+1109 取得并显示这个结果(一个有符号的 4 位十进制数)。挂起(halt)指令+4300 终止程序的执行。

操 作 码	含 义
输入/输出操作	
const int Read = 10;	将来自键盘的字保存到某个内存地址中
const int Write = 11;	将某个内存地址中的字显示在屏幕上
载入/保存操作	
const int Load = 20;	将保存在某个内存地址中的字载入累加器
const int Store = 21;	将累加器中的字放入某个内存地址
算术运算	
const int Add = 30;	将某个内存地址中的字与累加器中的字相加(结果保留在累加器中)
const int Subtract = 31;	将某个内存地址中的字与累加器中的字相减(结果保留在累加器中)
const int Divide = 32;	将某个内存地址中的字与累加器中的字相除(结果保留在累加器中)
const int Multiply = 33;	将某个内存地址中的字与累加器中的字相乘(结果保留在累加器中)
控制转移操作	
const int Branch = 40;	转至特定内存地址
const int BranchNeg = 41;	如果累加器中的值为负数,则转至特定内存地址
const int BranchZero = 42;	如果累加器中的值为 0,则转至特定内存地址
const int Halt = 43;	挂起,程序已经完成任务

图 8.31 SML 的操作码

第二个 SML 程序(见图 8.33)从键盘读取两个数,然后确定并显示较大的那一个。注意,这里用指令+4107 作为条件控制转移指令,它与 C#中的 if 语句类似。

编写一个 SML 程序,完成下列任务。

a) 用标记控制循环读取两个正数,然后计算并显示它们的和。输入负值时表示终止输入。

地址	指令	含义
00	+1007	(读 A)
01	+1008	(读 B)
02	+2007	(载入 A)
03	+3008	(加 B)
04	+2109	(保存 C)
05	+1109	(写 C)
06	+4300	(挂起)
07	+0000	(变量 A)
08	+0000	(变量 B)
09	+0000	(结果 C)

图 8.32　读取两个整数并求和的 SML 程序

地址	指令	含义
00	+1009	(读 A)
01	+1010	(读 B)
02	+2009	(载入 A)
03	+3110	(减 B)
04	+4107	(若累加器中的值为负，转至地址 07)
05	+1109	(写 A)
06	+4300	(挂起)
07	+1110	(写 B)
08	+4300	(挂起)
09	+0000	(变量 A)
10	+0000	(变量 B)

图 8.33　读取两个整数并确定较大者的 SML 程序

b) 用计数器控制循环读取 7 个数(正数或负数)，然后计算并显示它们的平均值。

c) 读取一个数序列，然后找出并显示最大的那个数。读取的第一个数表示要处理多少个数。

8.32 (**计算机模拟程序**)这个练习中将构建一台计算机。当然，这里不是用购买的配件来组装一台计算机，而是用一种功能强大的软件模拟技术来建立练习题 8.31 中 Simpletron 的面向对象软件模型。这个 Simpletron 模拟程序可以将你所使用的计算机变成 Simpletron，并可以实际运行、测试和调试练习题 8.31 中所编写的 SML 程序。

运行这个 Simpletron 模拟程序时，应从显示如下信息开始：

```
*** Welcome to Simpletron! ***
*** Please enter your program one instruction ***
*** (or data word) at a time into the input ***
*** text field. I will display the location ***
*** number and a question mark (?). You then ***
*** type the word for that location. Enter ***
*** -99999 to stop entering your program. ***
```

程序应使用一个包含 100 个元素的一维数组 memory 来模拟 Simpletron 的内存。现在假设模拟程序已经运行，下面是输入图 8.33 中的程序(见练习题 8.31)时显示的对话框：

```
00 ? +1009
01 ? +1010
02 ? +2009
03 ? +3110
04 ? +4107
05 ? +1109
06 ? +4300
07 ? +1110
08 ? +4300
09 ? +0000
10 ? +0000
11 ? -99999
```

程序应显示内存地址，后接一个问号。问号后面的值是由用户输入的。输入标记值-99999 后，程序应显示如下信息：

```
*** Program loading completed ***
*** Program execution begins   ***
```

现在，SML 程序已经放置（或载入）memory 数组。让 Simpletron 执行 SML 程序。和 C#中一样，执行从地址 00 中的指令开始并依次前行，除非被控制转移指令导向到了程序的其他部分。

利用 accumulator 变量来表示累加寄存器，用变量 instructionCounter 来跟踪包含所执行的指令的内存地址，用变量 operationCode 表示当前所执行的操作（即指令字左边的两位），用变量 operand 表示当前指令所操作的内存地址。因此，operand 就是当前所执行的指令最右边的两位。不要直接从内存执行指令，而是应将要执行的下一条指令从内存转到变量 instructionRegister 中。然后，"摘取"左边的两位，将它们放入 operationCode 中；"摘取"右边的两位，将它们放入 operand 中。开始执行 Simpletron 时，所有的特殊寄存器都被初始化为 0。

下面逐步分析一下第一个 SML 指令（内存地址 00 中的指令+1009）的执行过程。这个过程称为指令执行周期（instruction execution cycle）。

instructionCounter 给出了要执行的下一个指令的内存地址。我们用下列 C#语句从 memory 中取得该地址的内容：

```
instructionRegister = memory[instructionCounter];
```

下列语句从指令寄存器中读取操作码和操作数：

```
operationCode = instructionRegister / 100;
operand = instructionRegister % 100;
```

现在，Simpletron 必须确定操作码表示"读"（read）指令而不是"写"（write）、"载入"（load）指令等。一条 switch 语句需区分 SML 的 12 种不同操作。这条语句中，各种 SML 指令的行为被模拟成图 8.34 中所示的指令。这里将简要分析几个分支指令，其他的不再讲解。

指令	描述
读：	显示提示"Enter an integer"，然后读取一个整数并将其存放在地址 memory[operand]中
载入：	accumulator = memory[operand];
加：	accumulator += memory[operand];
挂起：	终止 SML 程序的执行，并显示消息"*** Simpletron execution terminated ***"

图 8.34　Simpletron 中几种 SML 指令的行为

SML 程序完成执行后，应显示每个寄存器的名称和它的内容，以及内存的完整内容。这种输出经常称为"内存转储"。为了帮助编写转储方法，图 8.35 中给出了一种内存转储的格式。执行完 Simpletron 程序后，转储应显示终止执行的时刻实际的指令值和数据值。

```
REGISTERS:
accumulator          +0000
instructionCounter     00
instructionRegister  +0000
operationCode          00
operand                00
MEMORY:
       0     1     2     3     4     5     6     7     8     9
  0 +0000 +0000 +0000 +0000 +0000 +0000 +0000 +0000 +0000 +0000
 10 +0000 +0000 +0000 +0000 +0000 +0000 +0000 +0000 +0000 +0000
 20 +0000 +0000 +0000 +0000 +0000 +0000 +0000 +0000 +0000 +0000
 30 +0000 +0000 +0000 +0000 +0000 +0000 +0000 +0000 +0000 +0000
 40 +0000 +0000 +0000 +0000 +0000 +0000 +0000 +0000 +0000 +0000
 50 +0000 +0000 +0000 +0000 +0000 +0000 +0000 +0000 +0000 +0000
 60 +0000 +0000 +0000 +0000 +0000 +0000 +0000 +0000 +0000 +0000
 70 +0000 +0000 +0000 +0000 +0000 +0000 +0000 +0000 +0000 +0000
 80 +0000 +0000 +0000 +0000 +0000 +0000 +0000 +0000 +0000 +0000
 90 +0000 +0000 +0000 +0000 +0000 +0000 +0000 +0000 +0000 +0000
```

图 8.35　内存转储示例

下面继续执行程序的第一条指令，即内存地址 00 中的+1009。前面说过，switch 语句会模拟这一任务，提示用户输入一个值、读取这个值并将其保存到内存地址 memory[operand]。然后，值会被读取到地址 09 中。

此时，就完成了第一条指令的模拟。接下来，就是准备让 Simpletron 执行下一条指令。由于刚刚执行的指令不是控制转移指令，因此只需将 instructionCounter 的值加 1 即可。这一动作完成了第一条指令的模拟执行。整个过程（即指令执行周期）重新开始，读取下一条要执行的指令。

现在考虑如何模拟控制转移指令。只需相应调整指令计数器中的值即可。因此，无条件转移指令(40) 可以用 switch 语句模拟如下：

```
instructionCounter = operand;
```

"累加器中的值为 0" 的条件转移指令，被模拟成

```
if (accumulator == 0)
{
    instructionCounter = operand;
}
```

通过这些模拟，就可以实现 Simpletron 程序并运行练习 8.31 中编写的全部 SML 程序了。如果愿意，还可以在 SML 中增加其他功能，并在 Simpletron 模拟程序中为这些功能提供模拟指令。

应该在模拟程序中检查各种类型的错误。例如，载入程序时，用户输入 Simpletron 模拟程序内存中的每个数，都应位于–9999 和+9999 之间。模拟程序应当测试输入的每个数是否位于这个范围内。如果不是，则应提示用户重新输入，直到输入了正确的值为止。

在执行期间，模拟程序应检查各种严重的错误，比如除数为 0、操作码无效、累加器溢出（即算术运算的结果大于+9999 或者小于–9999）。这类严重错误称为致命错误(fatal error)。检测到致命错误时，模拟程序应显示错误消息，例如：

```
*** Attempt to divide by zero ***
*** Simpletron execution abnormally terminated ***
```

而且应按前面介绍的格式，显示完整的计算机内存转储情况。这种处理方式可以帮助用户找出程序中的错误。

8.33 （项目：**修改 Simpletron 模拟程序**）练习题 8.32 中编写的计算机软件模拟程序，执行的是用 SML 编写的程序。在这个练习题中，将对 Simpletron 模拟程序进行几处修改和增强。

a) 将 Simpletron 模拟程序的内存扩展至包含 1000 个内存地址，使它能够处理更大型的程序。
b) 允许模拟程序执行求余运算。这个改动要求增加一条 SML 指令。
c) 允许模拟程序执行指数运算。这个改动要求增加一条 SML 指令。
d) 将模拟程序修改成用十六进制值而不是整数值来表示 SML 指令。
e) 将模拟程序修改成允许输出换行符。这个改动要求增加一条 SML 指令。
f) 将模拟程序修改成不仅能处理整数值，而且还能处理浮点数值。
g) 将模拟程序修改成能够处理字符串输入。（提示：每个 Simpletron 字都可以被分为两组，每个组都包含两位整数。每一个两位整数表示一个大写字符的 ASCII（见附录 C）十进制对应值。增加一条机器语言指令，它读入一个字符串并将该字符串保存在以特定 Simpletron 内存地址开始的地方。该内存地址中的字的前半部分，保存的是字符串中的字符个数（即字符串的长度），而后半部分包含的是一个用两个十进制位表示的 ASCII 字符。机器语言指令应将每一个字符转换成对应的 ASCII 值，并将该值赋给一个半字。）
h) 修改模拟程序，使它能处理用上一步中的格式保存的大写字符串的输出。（提示：增加一条机器语言指令，它显示在特定 Simpletron 内存地址开始处的字符串。该内存地址中的字的前半部分，保存的是字符串中的字符个数（即字符串的长度），而后半部分包含的是一个用两个十进制位表示的 ASCII 字符。机器语言指令会检查这个长度，并通过将每两个位数字翻译成等价的字符来显示字符串。）

挑战题

8.34 （民意调查）Internet 和 Web 使更多的人能够利用网络参加投票、表达观点，等等。2012 年的美国总统候选人，就大量利用了 Internet 来为竞选发布消息和筹款。在这个练习题中，将编写一个简单的民意调查程序，它使用户能够为 5 个社会认知问题确定其重要性等级(1 为最不重要，10 为最重要)。找出 5 个你认为重要的问题（比如社会问题、全球环境问题等）。利用一个一维数组 topics（String 类型）来保存这 5 个问题。为了汇总调查结果，需使用一个 5 × 10 的二维数组 responses（int 类型），其中每一行对应于 topics 数组中的一个元素。运行程序时，它应询问用户为每个问题打分。让你的朋友和家人参与调查，然后让程序显示汇总结果，应包括：

a) 一个表格形式的报告，让 5 个问题位于表格左列，10 个重要性等级位于表格最上面一行，在每一列中放入关于每个问题的重要性数字。
b) 在每一行的右边给出该问题的平均值。
c) 哪个问题的总得分最高？显示该问题和总得分。
d) 哪个问题的总得分最低？显示该问题和总得分。

第 9 章 LINQ 和 List 集合简介

目标

本章将讲解

- 讲解基本的 LINQ 概念。
- 利用范围变量以及 from、where 和 select 子句查询数组。
- 对 LINQ 查询结果进行迭代。
- 用 orderby 子句排序 LINQ 查询结果。
- 讲解基本的接口概念，分析 IEnumerable<T>接口如何让 foreach 语句迭代遍历数组或者集合的元素。
- 基本的.NET 集合概念。
- 熟悉常用的泛型类 List 方法。
- 创建并使用泛型 List 集合。
- 用 LINQ 查询泛型 List 集合。
- 在 LINQ 查询中用 let 子句声明多个范围变量。
- 讲解延迟执行如何使 LINQ 查询更有用。

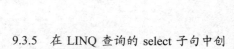

概要

9.1 简介
9.2 用 LINQ 查询 int 数组
    9.2.1 from 子句
    9.2.2 where 子句
    9.2.3 select 子句
    9.2.4 迭代遍历 LINQ 查询的结果
    9.2.5 orderby 子句
    9.2.6 IEnumerable<T>接口
9.3 用 LINQ 查询 Employee 对象数组
    9.3.1 获取 LINQ 查询范围变量的属性
    9.3.2 用多个属性排序 LINQ 查询的结果
    9.3.3 Any、First 和 Count 扩展方法
    9.3.4 选择对象的属性
9.3.5 在 LINQ 查询的 select 子句中创建新类型
9.4 集合
    9.4.1 List<T>集合
    9.4.2 动态缩放 List<T>集合的大小
9.5 用 LINQ 查询泛型 List 集合
    9.5.1 let 子句
    9.5.2 延迟执行
    9.5.3 扩展方法 ToArray 和 ToList
    9.5.4 集合初始值设定项
9.6 小结
9.7 Deitel 的 LINQ 资源中心

摘要 |术语表 | 自测题 | 自测题答案 | 练习题 |

9.1 简介

第 8 章介绍了数组，它是一种简单的数据结构，用于存储特定类型的数据项。尽管数组很常用，但它的能力有限。例如，创建数组时必须指定它的大小。如果在执行时要修改数组的大小，则必须手工地

第 9 章 LINQ 和 List 集合简介

创建一个新数组,并将现有元素内容复制到新数组中,或者用 Array 类的 Resize 方法创建新数组。

本章将介绍 .NET Framework 的 List 集合类,它们的功能要比传统数组强得多。List 与数组相似,但它提供了更丰富的功能,比如动态缩放——当向 List 增加项时,它能够扩展其大小。本章将用 List 集合实现几个和上一章类似的例子。List 和 .NET Framework 中的其他集合,是可复用、可靠、功能强大而高效的,并且经过了认真设计和测试,能保证它们的正确性和性能。

对于即使程序不执行时依然需要保存的大量数据,通常将其存放在数据库中,数据库是一种有组织的数据集合(见第 22 章)。数据库管理系统(DBMS)提供了存储、组织、获取和修改数据库中数据的机制。称为 SQL(发音为 "sequel")的语言是一种国际标准,它用于对关系数据库执行查询(即请求符合指定条件的数据)和操作数据。这些数据库,将数据按表的形式组织。不同表内保存的数据存在某种关系——主要目的是消除重复数据。多年来,程序访问关系数据库时,都是向 DBMS 传入 SQL 查询,然后处理返回的结果。本章将介绍 C#的 LINQ(Language Integrated Query,语言集成查询)功能。LINQ 可用来编写查询表达式(与 SQL 查询相似),从各种数据源(而不限于数据库)取得信息。本章中,将使用 LINQ to Objects 来操作内存中的对象,比如数组和 List。

LINQ 提供者

LINQ 的语法是内置于 C#中的,但 LINQ 查询可以在许多不同的环境下使用,因为存在称为提供者(provider)的库。LINQ 提供者是一组类,它们实现 LINQ 操作,使程序能与数据源进行交互,执行诸如排序、分组、过滤之类的操作。有许多专用的 LINQ 提供者,可以和特定 Web 站点或数据格式进行交互。图 9.1 中列出了本书中使用 LINQ 的各章以及它的用途。

相关的章	用 途
第 9 章 LINQ 和 List 集合简介	查询数组和 List
第 16 章 字符串和字符:深入探索	在 Windows 窗体程序(位于本章的在线内容中)里选择 GUI 控件
第 17 章 文件和流	搜索目录、处理文本文件
第 21 章 泛型集合以及 LINQ/PLINQ 函数式编程	通过委托(delegate)和 lambda 表达式展示 LINQ 方法调用的语法。介绍函数式编程的概念,利用 LINQ to Objects 更精简地编写 bug 较少的代码。展示 PLINQ(并行 LINQ)如何极大地提高多核系统中 LINQ to Objects 的性能
第 22 章 数据库和 LINQ	利用 LINQ to Entities 查询数据库信息。和 LINQ to Objects 一样,LINQ to Entities 已经内置于 C#和 .NET Framework 中
第 23 章 async、await 与异步编程	利用 LINQ to XML 查询来自 Web 服务的 XML 响应结果。和 LINQ to Objects 一样,LINQ to XML 已经内置于 C#和 .NET Framework 中
Web 程序开发和 ASP.NET(在线)	提取数据库中的信息,用于 Web 程序
XML 和 LINQ to XML(在线)	更深入地探讨利用 LINQ to XML 查询 XML 文档的方法
REST Web 服务(在线)	查询并更新数据库。处理 WCF 返回的 XML

图 9.1 本书中使用 LINQ 的各章

LINQ 查询语法与方法调用语法的比较

存在两种 LINQ 方法:一种采用类似于 SQL 的语法,另一种采用方法调用语法。本章讲解的是更简单的类似于 SQL 的语法。第 21 章将涉及方法调用语法,讲解委托及 lambda 表达式,通过它们可以将一个方法传递给另一个方法,以执行任务。

9.2 用 LINQ 查询 int 数组

图 9.2 展示了如何利用 LINQ to Objects 查询整型数组,选择满足一组条件的元素——这一过程称为"过滤"(filtering)。过滤数组的循环语句集中处理获取结果的过程——对元素进行迭代并检查元素是否满足期望的条件。LINQ 指定了被选中的元素必须满足的条件。这称为声明式编程(declarative programming)。与之相对的是命令式编程(imperative programming)(到目前为止都是这样做的),在这种

编程方式中，程序员要指定执行任务的实际步骤。第 22~24 行中的查询，指定结果应由 values 数组中大于 4 的所有 int 值构成。它没有指定如何获得这些结果——C#编译器会生成所有必要的代码，这是 LINQ 的一个强大之处。使用 LINQ to Objects 时，要求包含 System.Linq 命名空间（第 4 行）。

```csharp
 1   // Fig. 9.2: LINQWithSimpleTypeArray.cs
 2   // LINQ to Objects using an int array.
 3   using System;
 4   using System.Linq;
 5
 6   class LINQWithSimpleTypeArray
 7   {
 8       static void Main()
 9       {
10           // create an integer array
11           var values = new[] {2, 9, 5, 0, 3, 7, 1, 4, 8, 5};
12
13           // display original values
14           Console.Write("Original array:");
15           foreach (var element in values)
16           {
17               Console.Write($" {element}");
18           }
19
20           // LINQ query that obtains values greater than 4 from the array
21           var filtered =
22               from value in values // data source is values
23               where value > 4
24               select value;
25
26           // display filtered results
27           Console.Write("\nArray values greater than 4:");
28           foreach (var element in filtered)
29           {
30               Console.Write($" {element}");
31           }
32
33           // use orderby clause to sort original values in ascending order
34           var sorted =
35               from value in values // data source is values
36               orderby value
37               select value;
38
39           // display sorted results
40           Console.Write("\nOriginal array, sorted:");
41           foreach (var element in sorted)
42           {
43               Console.Write($" {element}");
44           }
45
46           // sort the filtered results into descending order
47           var sortFilteredResults =
48               from value in filtered    // data source is LINQ query filtered
49               orderby value descending
50               select value;
51
52           // display the sorted results
53           Console.Write(
54               "\nValues greater than 4, descending order (two queries):");
55           foreach (var element in sortFilteredResults)
56           {
57               Console.Write($" {element}");
58           }
59
60           // filter original array and sort results in descending order
61           var sortAndFilter =
62               from value in values     // data source is values
63               where value > 4
64               orderby value descending
65               select value;
66
67           // display the filtered and sorted results
```

图 9.2 使用 int 数组的 LINQ to Objects

```
68      Console.Write(
69          "\nValues greater than 4, descending order (one query):");
70      foreach (var element in sortAndFilter)
71      {
72          Console.Write($" {element}");
73      }
74
75      Console.WriteLine();
76   }
77 }
```

```
Original array: 2 9 5 0 3 7 1 4 8 5
Array values greater than 4: 9 5 7 8 5
Original array, sorted: 0 1 2 3 4 5 5 7 8 9
Values greater than 4, descending order (two queries): 9 8 7 5 5
Values greater than 4, descending order (one query): 9 8 7 5 5
```

图 9.2(续)　使用 int 数组的 LINQ to Objects

9.2.1 from 子句

LINQ 查询从 from 子句(第 22 行)开始，它指定了范围变量(value)和要查询的数据源(values)。范围变量表示数据源中的每个项(每次取一个)，与 foreach 语句中的控制变量非常相似。由于是一次从 int 数组 values 取一个元素，所以编译器可判断出范围变量 value 应为 int 类型。也可以在关键字 from 和范围变量名称之间，明确地指定范围变量的类型。

在 from 子句中指定范围变量，可使 IDE 提供 IntelliSense 功能。当在代码编辑器中输入范围变量后接一个点号时，IDE 会显示该变量的方法和属性，以便更容易地构建查询语句。

隐式类型化局部变量

通常而言，(用 var 声明的)隐式类型化局部变量可用于由 LINQ 查询返回的数据集合，比如第 21 行、第 34 行、第 47 行和第 61 行。foreach 语句中也利用了这一特性来声明控制变量。

9.2.2 where 子句

如果 where 子句(第 23 行)的条件求值为 true，则选中这个元素，即将它放入结果中。这里，只有当数组中的 int 值大于 4 时才会放入结果中。取一个集合元素并根据元素的条件测试返回 true 值或者 false 值的表达式，称为谓词(predicate)。

9.2.3 select 子句

对数据源中的每个项，select 子句(第 24 行)确定结果中显示什么值。这里为范围变量当前所表示的那个 int 值。后面将看到，select 子句也可以包含表达式，在将值包含到结果之前，该表达式可以对这个值进行转换。大多数 LINQ 查询以一个 select 子句结尾。

9.2.4 迭代遍历 LINQ 查询的结果

第 28～31 行用 foreach 语句显示查询结果。我们知道，foreach 语句可以迭代遍历数组，以便处理数组中的每一个元素。实际上，foreach 语句不仅能够迭代遍历数组，还可以处理集合和 LINQ 查询的结果。第 28～31 行的 foreach 语句对查询结果 filtered 进行迭代，显示它的每一项。

LINQ 与迭代语句的比较

其实，可以很容易地用迭代语句测试每个值，然后显示大于 4 的整数。但是，这样就会使选择元素的代码和显示元素的代码交织在一起。利用 LINQ，就将二者区分开了：

- LINQ 查询指定如何找到这些值
- 循环语句依次访问查询的结果

这样，就使得代码更容易理解和维护。

9.2.5 orderby 子句

orderby 子句(第 36 行)按升序排序查询结果。第 49 行和第 64 行的 orderby 子句使用 descending 修饰符，按降序排序查询结果。也存在 ascending 修饰符，但通常不用它，因为它为默认设置。具有相同类型、能够进行比较的任何值，都能够使用 orderby 子句。简单类型(如 int)的值总是可以与同类型的值进行比较，第 12 章将介绍引用型值的比较。

第 48～50 行和第 62～65 行的查询产生相同的结果，但采用的方法不同。第 48～50 行用 LINQ 排序第 22～24 行的查询 filtered 的结果，第二个查询同时使用 where 和 orderby 子句。由于查询可以对其他查询的结果进行操作，因此可以一次一步地建立查询，在方法间传递查询结果，以便进一步处理。

9.2.6 IEnumerable<T>接口

前面说过，foreach 语句能够迭代遍历数组、集合和 LINQ 查询的结果。实际上，foreach 语句能够对任何所谓的 IEnumerable<T>对象进行迭代，这种对象恰好就是 LINQ 查询返回的。

IEnumerable<T>是一个接口。接口定义并标准化了人和系统彼此交互的方式。例如，收音机上的控制钮，就是用户与收音机内部元件之间的接口。控制钮能使用户执行一组有限的操作(如调台、调音量、选择 AM/FM)。不同的收音机，可能用不同的方法实现这些控制钮(如使用按钮、拨盘或语音命令)。接口指定了收音机允许用户进行什么操作，但没有指定如何进行操作。类似地还有驾驶员和手动挡汽车之间的接口，包括方向盘、换挡杆、离合器踏板、油门踏板和刹车踏板。几乎所有的手动挡汽车都有这种接口，这使得能够驾驶一种车型的人，也可以驾驶另一种车型。

软件对象也是通过接口进行通信的。C#接口描述一组方法和属性，对象可以调用它们，通知对象执行某个任务，或者返回某种信息。IEnumerable<T>接口描述了任何对象可以迭代的功能，即提供访问每个元素的方法和属性。实现了某个接口的类，必须声明由该接口所描述的所有方法和属性。

大多数 LINQ 查询返回一个 IEnumerable<T>对象——有些查询只返回一个值(如一个 int 数组所有元素的和)。对于返回 IEnumerable<T>对象的查询，可以使用 foreach 语句来迭代查询结果。符号"<T>"表明它是一个泛型接口，可用于任何数据类型(如 int、string 或 Employee)。9.4 节将讲解有关符号"<T>"的更多知识。12.7 节将探讨接口，并会讲解如何定义自己的接口。第 20 章将会详细讲解泛型。

9.3 用 LINQ 查询 Employee 对象数组

LINQ 不限于查询类似 int 值的简单类型的数组，它还可以用于大多数数据类型，包括 string 类和用户定义类。LINQ 不能用于没有确定意义的查询——例如，不能对不可比较的值使用 orderby 子句。.NET 中的可比较类型是实现了 IComparable 接口的类型，见 20.4 节的介绍。C#中所有内置的类型，比如 string、int 和 double，都实现了 IComparable 接口。图 9.3 中给出了一个 Employee 类。图 9.4 中利用 LINQ to Objects 查询 Employee 对象数组。

```
 1   // Fig. 9.3: Employee.cs
 2   // Employee class with FirstName, LastName and MonthlySalary properties.
 3   class Employee
 4   {
 5      public string FirstName { get; } // read-only auto-implemented property
 6      public string LastName { get; } // read-only auto-implemented property
 7      private decimal monthlySalary; // monthly salary of employee
 8
 9      // constructor initializes first name, last name and monthly salary
10      public Employee(string firstName, string lastName,
11         decimal monthlySalary)
12      {
```

图 9.3 具有 FirstName、LastName 和 MonthlySalary 属性的 Employee 类

```csharp
13            FirstName = firstName;
14            LastName = lastName;
15            MonthlySalary = monthlySalary;
16        }
17
18        // property that gets and sets the employee's monthly salary
19        public decimal MonthlySalary
20        {
21            get
22            {
23                return monthlySalary;
24            }
25            set
26            {
27                if (value >= 0M) // validate that salary is nonnegative
28                {
29                    monthlySalary = value;
30                }
31            }
32        }
33
34        // return a string containing the employee's information
35        public override string ToString() =>
36            $"{FirstName,-10} {LastName,-10} {MonthlySalary,10:C}";
37 }
```

图 9.3(续) 具有 FirstName、LastName 和 MonthlySalary 属性的 Employee 类

```csharp
1  // Fig. 9.4: LINQWithArrayOfObjects.cs
2  // LINQ to Objects querying an array of Employee objects.
3  using System;
4  using System.Linq;
5
6  class LINQWithArrayOfObjects
7  {
8      static void Main()
9      {
10         // initialize array of employees
11         var employees = new[] {
12             new Employee("Jason", "Red", 5000M),
13             new Employee("Ashley", "Green", 7600M),
14             new Employee("Matthew", "Indigo", 3587.5M),
15             new Employee("James", "Indigo", 4700.77M),
16             new Employee("Luke", "Indigo", 6200M),
17             new Employee("Jason", "Blue", 3200M),
18             new Employee("Wendy", "Brown", 4236.4M)};
19
20         // display all employees
21         Console.WriteLine("Original array:");
22         foreach (var element in employees)
23         {
24             Console.WriteLine(element);
25         }
26
27         // filter a range of salaries using && in a LINQ query
28         var between4K6K =
29             from e in employees
30             where (e.MonthlySalary >= 4000M) && (e.MonthlySalary <= 6000M)
31             select e;
32
33         // display employees making between 4000 and 6000 per month
34         Console.WriteLine("\nEmployees earning in the range" +
35             $"{4000:C}-{6000:C} per month:");
36         foreach (var element in between4K6K)
37         {
38             Console.WriteLine(element);
39         }
40
41         // order the employees by last name, then first name with LINQ
42         var nameSorted =
43             from e in employees
44             orderby e.LastName, e.FirstName
45             select e;
```

图 9.4 查询 Employee 对象数组的 LINQ to Objects

```csharp
46
47         // header
48         Console.WriteLine("\nFirst employee when sorted by name:");
49
50         // attempt to display the first result of the above LINQ query
51         if (nameSorted.Any())
52         {
53             Console.WriteLine(nameSorted.First());
54         }
55         else
56         {
57             Console.WriteLine("not found");
58         }
59
60         // use LINQ to select employee last names
61         var lastNames =
62             from e in employees
63             select e.LastName;
64
65         // use method Distinct to select unique last names
66         Console.WriteLine("\nUnique employee last names:");
67         foreach (var element in lastNames.Distinct())
68         {
69             Console.WriteLine(element);
70         }
71
72         // use LINQ to select first and last names
73         var names =
74             from e in employees
75             select new {e.FirstName, e.LastName};
76
77         // display full names
78         Console.WriteLine("\nNames only:");
79         foreach (var element in names)
80         {
81             Console.WriteLine(element);
82         }
83
84         Console.WriteLine();
85     }
86 }
```

```
Original array:
Jason      Red         $5,000.00
Ashley     Green       $7,600.00
Matthew    Indigo      $3,587.50
James      Indigo      $4,700.77
Luke       Indigo      $6,200.00
Jason      Blue        $3,200.00
Wendy      Brown       $4,236.40

Employees earning in the range $4,000.00-$6,000.00 per month:
Jason      Red         $5,000.00
James      Indigo      $4,700.77
Wendy      Brown       $4,236.40

First employee when sorted by name:
Jason      Blue        $3,200.00

Unique employee last names:
Red
Green
Indigo
Blue
Brown

Names only:
{ FirstName = Jason, LastName = Red }
{ FirstName = Ashley, LastName = Green }
{ FirstName = Matthew, LastName = Indigo }
{ FirstName = James, LastName = Indigo }
{ FirstName = Luke, LastName = Indigo }
{ FirstName = Jason, LastName = Blue }
{ FirstName = Wendy, LastName = Brown }
```

图 9.4(续) 查询 Employee 对象数组的 LINQ to Objects

9.3.1 获取 LINQ 查询范围变量的属性

图 9.4 第 30 行中的 where 子句，取得了范围变量的属性。编译器会推断出范围变量的类型为 Employee，因为 employees 被定义成 Employee 对象数组（第 11～18 行）。where 子句中可以使用任何布尔表达式。第 30 行使用 "&&" 运算符（条件与）来组合条件。这里，查询结果中只包括月工资为 4000～6000 美元（包含二者）的员工，查询结果在第 36～39 行显示。

9.3.2 用多个属性排序 LINQ 查询的结果

利用一个 orderby 子句，第 44 行根据逗号分隔表中指定的两个属性来排序结果。这里是让员工按姓氏字母顺序排列；姓氏相同的员工，再按名字排序。

9.3.3 Any、First 和 Count 扩展方法

第 51 行使用了 Any 方法，只要查询结果至少包含一个元素，这个方法就返回 true。查询结果的 First 方法（第 53 行）返回结果中的第一个元素。在调用 First 方法之前，应确保查询结果不为空（第 51 行），否则会抛出 InvalidOperationException 异常。

注意，这里没有指定定义 First 和 Any 方法的类。可能你会认为它们是 IEnumerable<T>接口的方法，其实不是。实际上，它们是扩展方法，即能够用来增强类的功能但不必修改类定义的方法。使用 LINQ 扩展方法时，可以将它们看作 IEnumerable<T>接口的方法。10.14 节中讲解了如何创建扩展方法。

LINQ 定义了很多个扩展方法，比如 Count，它返回结果中的元素个数。如果不用 Any 方法，也可以检查 Count 是否为 0，但更有效的办法是判断是否至少有一个元素，而不是计算全部元素的个数。实际上，LINQ 查询语法会被编译器变换成扩展方法调用，在一个方法调用中使用另一个方法调用的结果。这种设计，使查询可以运行于前一个查询的结果之上，只需将一个方法调用的结果传递给另一个方法即可。有关 IEnumerable<T>扩展方法的完整列表，请参见：

https://msdn.microsoft.com/library/9eekhta0

9.3.4 选择对象的属性

第 63 行用 select 子句选择范围变量的 LastName 属性，而不是范围变量本身。这会使查询结果只包含姓氏（字符串），而不是整个 Employee 对象。第 67～70 行显示了不同的姓氏。Distinct 扩展方法（第 67 行）删除重复元素，使结果集中的所有元素都是唯一的。

9.3.5 在 LINQ 查询的 select 子句中创建新类型

示例中最后一个 LINQ 查询（第 74～75 行）选择了 FirstName 和 LastName 属性。语法：

    new {e.FirstName, e.LastName}

创建了一个新的匿名类型（没有名称的类型）对象，它是编译器根据花括号中列出的属性产生的。这里，匿名类型的每一个新对象，都被初始化成来自对应 Employee 对象中的 FirstName 值和 LastName 值。然后，可以在迭代结果时访问这些被选中的属性。隐式类型化局部变量可以用于匿名类型，因此不必在声明这种变量时指定它的类型。

编译器在创建匿名类型时，会自动产生一个 ToString 方法，它返回对象的字符串表示。从输出结果可以看到，它包含属性名和属性值，并放在花括号中。匿名类型将在第 22 章详细介绍。

投影

第 74～75 行中的查询是一个投影（projection），它将对象转换成另一种形式。这里，转换创建的新对象只包含 FirstName 和 LastName 属性。投影也可以用来操作数据。例如，包含 MonthlySalary 的投影可以利用下面的表达式，将 MonthlySalary 属性值乘以 1.1，使所有员工都加薪 10%：

```
e.MonthlySalary * 1.1M
```

更改匿名类型中的属性名称

对于匿名类型中所选择的属性，可以为它指定一个新名称。例如，第 75 行可以改成

```
new {First = e.FirstName, Last = e.LastName}
```

这样，匿名类型就具有属性 First 和 Last，而不是 FirstName 和 LastName。如果不指定新名称，则会使用属性的原始名称。

9.4 集合

.NET Framework 类库提供了几个类（称为集合），可以存储相关联的对象组。这些类提供了高效的方法，可以组织、存储和取得数据，而不要求知道数据是如何存放的。这样就可以减少程序开发的时间。

前面已经用数组存储过对象序列。在执行时，数组不会根据元素个数自动改变大小来容纳额外的元素，而必须手工地创建新数组，或使用 Array 类的 Resize 方法。

9.4.1 List<T>集合

泛型集合类 List<T>（位于 System.Collections.Generic 命名空间）提供了解决上述问题的便利办法。其中，"T" 是一个占位符，当声明新的 List 对象时，会将它替换成 List 要保存的元素类型。这类似于声明数组时指定类型。例如：

```
List<int> intList;
```

声明 intList 为一个 List 集合，只能存储 int 值。而

```
List<string> stringList;
```

声明 stringList 为 string 类型的 List。具有这种可以用于任何类型的占位符的类，称为泛型类（generic class）。泛型类将在第 20 章讨论；有关泛型集合类的更多分析，请参见第 21 章，图 21.2 列出了所有的集合类。图 9.5 展示了 List<T>类的常用方法和属性。

方法或属性	描述
Add	将一个元素添加到 List 的末尾
AddRange	将集合的实参元素追加到 List 的末尾
Capacity	属性，取得或者设置不调整大小时 List 能够保存的元素个数
Clear	删除 List 中的全部元素
Contains	如果 List 包含指定的元素，则返回 true，否则返回 false
Count	属性，返回 List 中保存的元素个数
IndexOf	返回 List 中指定的值第一次出现的索引
Insert	在指定索引处插入一个元素
Remove	删除第一次出现的指定值
RemoveAt	删除指定索引处的一个元素
RemoveRange	删除 List 中从指定索引处开始的指定数量的元素
Sort	排序 List
TrimExcess	将 List 的 Capacity 属性值设置为当前包含的元素个数（Count 值）

图 9.5 List<T>类的常用方法和属性

9.4.2 动态缩放 List<T>集合的大小

图 9.6 演示了动态缩放 List 对象大小的情形。第 11 行创建了一个 String 类型的 List，然后，第 14～15 行分别显示它的原始 Count 和 Capacity 属性值。

- Count 属性返回 List 中当前的元素数量。
- Capacity 属性表示 List 在不增长的情况下可以容纳多少项。

创建 List 时,这两个属性的初始值都为 0,但可以在创建时指定 Capacity 值。

```csharp
1   // Fig. 9.6: ListCollection.cs
2   // Generic List<T> collection demonstration.
3   using System;
4   using System.Collections.Generic;
5
6   class ListCollection
7   {
8       static void Main()
9       {
10          // create a new List of strings
11          var items = new List<string>();
12
13          // display List's Count and Capacity before adding elements
14          Console.WriteLine("Before adding to items: " +
15              $"Count = {items.Count}; Capacity = {items.Capacity}");
16
17          items.Add("red"); // append an item to the List
18          items.Insert(0, "yellow"); // insert the value at index 0
19
20          // display List's Count and Capacity after adding two elements
21          Console.WriteLine("After adding two elements to items: " +
22              $"Count = {items.Count}; Capacity = {items.Capacity}");
23
24          // display the colors in the list
25          Console.Write(
26              "\nDisplay list contents with counter-controlled loop:");
27          for (var i = 0; i < items.Count; i++)
28          {
29              Console.Write($" {items[i]}");
30          }
31
32          // display colors using foreach
33          Console.Write("\nDisplay list contents with foreach statement:");
34          foreach (var item in items)
35          {
36              Console.Write($" {item}");
37          }
38
39          items.Add("green"); // add "green" to the end of the List
40          items.Add("yellow"); // add "yellow" to the end of the List
41
42          // display List's Count and Capacity after adding two more elements
43          Console.WriteLine("\n\nAfter adding two more elements to items: " +
44              $"Count = {items.Count}; Capacity = {items.Capacity}");
45
46          // display the List
47          Console.Write("\nList with two new elements:");
48          foreach (var item in items)
49          {
50              Console.Write($" {item}");
51          }
52
53          items.Remove("yellow"); // remove the first "yellow"
54
55          // display the List
56          Console.Write("\n\nRemove first instance of yellow:");
57          foreach (var item in items)
58          {
59              Console.Write($" {item}");
60          }
61
62          items.RemoveAt(1); // remove item at index 1
63
64          // display the List
65          Console.Write("\nRemove second list element (green):");
66          foreach (var item in items)
67          {
```

图 9.6 泛型 List<T>集合演示

```csharp
68              Console.Write($" {item}");
69          }
70
71          // display List's Count and Capacity after removing two elements
72          Console.WriteLine("\nAfter removing two elements from items: " +
73              $"Count = {items.Count}; Capacity = {items.Capacity}");
74
75          // check if a value is in the List
76          Console.WriteLine("\n\"red\" is " +
77              $"{(items.Contains("red") ? string.Empty : "not ")}in the list");
78
79          items.Add("orange"); // add "orange" to the end of the List
80          items.Add("violet"); // add "violet" to the end of the List
81          items.Add("blue");   // add "blue" to the end of the List
82
83          // display List's Count and Capacity after adding three more elements
84          Console.WriteLine("\nAfter adding three more elements to items: " +
85              $"Count = {items.Count}; Capacity = {items.Capacity}");
86
87          // display the List
88          Console.Write("List with three new elements:");
89          foreach (var item in items)
90          {
91              Console.Write($" {item}");
92          }
93          Console.WriteLine();
94      }
95  }
```

```
Before adding to items: Count = 0; Capacity = 0
After adding two elements to items: Count = 2; Capacity = 4

Display list contents with counter-controlled loop: yellow red
Display list contents with foreach statement: yellow red

After adding two more elements to items: Count = 4; Capacity = 4
List with two new elements: yellow red green yellow

Remove first instance of yellow: red green yellow
Remove second list element (green): red yellow
After removing two elements from items: Count = 2; Capacity = 4

"red" is in the list

After adding three more elements to items: Count = 5; Capacity = 8
List with three new elements: red yellow orange violet blue
```

图 9.6(续)　泛型 List<T>集合演示

添加和插入元素

Add 和 Insert 方法将元素加进 List 中(第 17～18 行)：

- Add 方法将它的实参追加到 List 的末尾。
- Insert 方法将新元素插入到 List 中指定的位置。

Insert 方法的第一个实参是一个索引——和数组一样，集合索引是从 0 开始编号的。第二个实参是要在该索引处插入的值。为了容纳新元素，原来位于这个索引处的元素(以及后面的所有元素)的索引值会增加 1。"red" 的原始索引值为 0，现在的值为 1，以便 "yellow" 能够在 0 索引值处插入。

Count 和 Capacity 属性

第 21～22 行显示了完成 Add 和 Insert 操作之后的 Count 值(2)和 Capacity 值(4)。执行第 17 行时，这个 List 会将其 Capacity 属性值提升为 4，以便容纳 4 个元素。其中的一个元素，会立即被 "red" 占据。此时，List 的 Count 值为 1。执行第 18 行时，依然有空间容纳额外的 3 个元素，因此，可以插入 "yellow"，而 Count 值变为 2。

迭代 List 的元素

第 27～30 行显示了 List 中的项。和数组一样，访问 List 元素时，只需将索引放在 List 变量名后面的方括号中即可。带有索引的 List 表达式，可用来修改该索引处的元素。第 34～37 行用 foreach 语句显示了 List 的内容。

添加更多元素，为 List 扩容

第 39～51 行为这个 List 添加更多的元素，然后再次显示它的 Count、Capacity 值以及它的元素。

删除元素

Remove 方法删除具有指定值的第一个元素（第 53 行）。如果删除成功，则返回 true，否则返回 false。第 57～60 行显示执行完第 53 行之后 List 的内容。与之类似的 RemoveAt 方法，会删除指定索引处的元素（第 62 行）。利用这两个方法删除元素时，后面所有元素的索引都减少 1，这与 Insert 方法正好相反。第 66～69 行显示执行完第 62 行之后 List 的内容。第 72～73 行显示执行完删除操作后 List 的 Count 值（2）和 Capacity 值（4）。此时，List 中还存在容纳两个元素的空间。

判断元素是否在 List 中

第 77 行用 Contains 方法检查 List 中是否存在某个项。如果 List 中有这个元素，则 Contains 方法返回 true，否则返回 false。这个方法将实参与 List 中的每个元素依次比较，直到找到了这个项的位置。因此，对大型 List 使用 Contains 方法时，其效率不高。

添加更多元素，为 List 扩容

第 79～81 行为 List 添加三个元素。在执行第 79～80 行之前，Count 值为 2，Capacity 值为 4，因此 List 中依然有空间容纳由这两条语句添加的两个新元素。但是，当执行第 81 行时，Count 和 Capacity 属性的值都为 4，因此 List 将它的 Capacity 值倍增为 8，而 Count 值现在为 5，留下能够容纳三个新元素的空间。

倍增 Capacity 值

List 增长时，必须（在幕后）创建一个更大的内部数组，并将所有元素复制到新数组中，这是一个耗时的操作。每次添加一个元素就要加大 List，这是一种低效率的做法。为了最小化重新分配内存的次数，当需要更多的内存空间时，List 会将其容量加倍①。

性能提示 9.1

倍增 List 的 Capacity 属性值，对于将 List 快速扩容到"合适的大小"而言，是一种有效的方式。与每次只将 List 增长到能够容纳新添加的元素所需的空间相比，倍增是一种有效率的操作。这样做的缺点，是 List 占用的空间可能会比它所要求的多。这是以空间换时间的一个典型例子。

性能提示 9.2

当需要更多的空间时，倍增 List 的容量可能会浪费空间。例如，一个包含 1 000 000 个元素的 List 如果已满，则当添加一个新元素时，会使它的容量变成能容纳 2 000 000 个元素。这会导致 999 999 个位置的浪费。可以利用 TrimExcess 方法，它的用法为 yourListObject.TrimExcess( )，将 List 的 Capacity 属性值设置成等于当前的 Count 值。为了更好地利用空间，可以直接设置 Capacity 值——如果已经知道 List 不会超过 100 个元素，就可以将 Capacity 值设置成 100，或者在构造 List 时就赋予它这个初始容量。

9.5 用 LINQ 查询泛型 List 集合

和数组一样，也可以利用 LINQ to Objects 来查询 List。图 9.7 中的字符串 List，被转换成了大写形式，并查找以 "R" 开头的那些字符串。

---

① 这种做法并不是强制的，可以根据具体情况来实现。

```csharp
 1   // Fig. 9.7: LINQWithListCollection.cs
 2   // LINQ to Objects using a List<string>.
 3   using System;
 4   using System.Linq;
 5   using System.Collections.Generic;
 6
 7   class LINQWithListCollection
 8   {
 9      static void Main()
10      {
11         // populate a List of strings
12         var items = new List<string>();
13         items.Add("aQua"); // add "aQua" to the end of the List
14         items.Add("RusT"); // add "RusT" to the end of the List
15         items.Add("yElLow"); // add "yElLow" to the end of the List
16         items.Add("rEd"); // add "rEd" to the end of the List
17
18         // display initial List
19         Console.Write("items contains:");
20         foreach (var item in items)
21         {
22            Console.Write($" {item}");
23         }
24
25         Console.WriteLine(); // output end of line
26
27         // convert to uppercase, select those starting with "R" and sort
28         var startsWithR =
29            from item in items
30            let uppercaseString = item.ToUpper()
31            where uppercaseString.StartsWith("R")
32            orderby uppercaseString
33            select uppercaseString;
34
35         // display query results
36         Console.Write("results of query startsWithR:");
37         foreach (var item in startsWithR)
38         {
39            Console.Write($" {item}");
40         }
41
42         Console.WriteLine(); // output end of line
43
44         items.Add("rUbY"); // add "rUbY" to the end of the List
45         items.Add("SaFfRon"); // add "SaFfRon" to the end of the List
46
47         // display initial List
48         Console.Write("items contains:");
49         foreach (var item in items)
50         {
51            Console.Write($" {item}");
52         }
53
54         Console.WriteLine(); // output end of line
55
56         // display updated query results
57         Console.Write("results of query startsWithR:");
58         foreach (var item in startsWithR)
59         {
60            Console.Write($" {item}");
61         }
62
63         Console.WriteLine(); // output end of line
64      }
65   }
```

```
items contains: aQua RusT yElLow rEd
results of query startsWithR: RED RUST
items contains: aQua RusT yElLow rEd rUbY SaFfRon
results of query startsWithR: RED RUBY RUST
```

图 9.7 使用 List<string>的 LINQ to Objects

9.5.1 let 子句

第 30 行用 LINQ 的 let 子句创建了一个新的范围变量。它可以用于存储临时结果,以便在后面的 LINQ 查询中使用。通常,let 子句会声明一个新的范围变量,可以对其赋值一个表达式的结果,该表达式对查询的原始范围变量进行操作。这里，我们用 string 方法 ToUpper 将每个项转换成大写形式，然后将结果保存在新的范围变量 uppercaseString 中。然后，将这个 uppercaseString 用于 where、orderby 和 select 子句中。where 子句（第 31 行）用 string 方法 StartsWith 判断 uppercaseString 是否以字符 "R" 开头。StartsWith 方法执行大小写敏感的比较，判断一个字符串是否以作为实参接收的字符串开头。如果 uppercaseString 以 "R" 开头，则 StartsWith 方法返回 true，并将这个元素包含在查询结果中。更强大的字符串匹配操作，可以利用第 16 章介绍的正则表达式功能（在线内容）。

9.5.2 延迟执行

注意，查询只创建一次（第 29～33 行），但对结果迭代了两次（第 37～40 行和第 58～61 行），得到了两个不同的颜色词列表。这就是 LINQ 的 "延迟执行"（deferred execution）功能。LINQ 查询只在访问结果时才执行（如进行迭代时或使用 Count 方法时），而不是在定义查询时执行。这样就可以使查询 "一次创建、多次执行"。每次执行查询时，数据源的任何变化都会反映到结果中。

性能提示 9.3

如果并不需要立即获得查询结果，则延迟执行可提高性能。

9.5.3 扩展方法 ToArray 和 ToList

有时，我们可能希望立即处理查询所得的结果集合。为此，LINQ 提供了扩展方法 ToArray 和 ToList。执行这两个方法时，由查询所得的结果分别是一个数组和一个 List<T>。21.12 节中将用到 ToArray 方法。

性能提示 9.4

在多次对同一个结果进行迭代时，ToArray 和 ToList 方法还能够提高效率，因为查询只需执行一次。

9.5.4 集合初始值设定项

与数组初始值设定项类似，集合初始值设定项（collection initializer）为初始化集合提供了一种便利的语法。例如，图 9.7 第 12～16 行可以换成下列语句：

```
var items = new List<string> {"aQua", "RusT", "yElLow", "rEd"};
```

上述声明中，用 new 关键字明确地创建了一个 List<string>。这样，编译器就知道初始值设定项列表中包含的元素是用于 List<string> 的。下列声明会导致编译错误，因为编译器无法确定需要创建的是数组还是集合：

```
var items = {"aQua", "RusT", "yElLow", "rEd"};
```

9.6 小结

本章介绍的 LINQ（语言集成查询）是一个查询数据的强大特性。我们讲解了如何用 LINQ 的 where 子句过滤数组或集合，如何用 orderby 子句排序查询结果。此外用 select 子句选择对象的特定属性，用 let 子句定义新的范围变量，使查询语句的编写更为方便。string 类的 StartsWith 方法，可以用来过滤以特定字符或字符序列开始的字符串。可以用几个 LINQ 扩展方法来执行查询语法没有提供的操作——Distinct 方法从结果中删除重复项，Any 方法判断结果是否包含任何项，First 方法取得结果中的第一个元素。

本章讲解了 List<T> 泛型集合，它提供数组的所有功能，同时还包含其他有用的功能，如动态缩放。我们用 Add 方法将新项添加到 List 的末尾，用 Insert 方法将新项插入到 List 中指定的位置，用 Remove 方法删除 List 中的第一个指定项，用 RemoveAt 方法删除指定索引处的项，以及用 Contains 方法判断某个项是否在 List 中。我们还用 Count 属性返回 List 中的项数，用 Capacity 属性确定在不扩容的情况下能够容纳的 List 元素的个数。后面几章中将讲解 LINQ 的更多高级特性。

第 10 章中将更深入地探讨类。内容涉及 this 引用、构造函数、运行时如何通过垃圾回收机制管理内存、静态类成员、只读类成员、对象初始值设定项以及运算符重载。

9.7 Deitel 的 LINQ 资源中心

我们创建了一个内容丰富的 LINQ 资源中心(http://www.deitel.com/LINQ/)，它包含许多其他信息的链接，包括 Microsoft LINQ 团队成员的博客、图书、样章、FAQ、教程、视频、网播(Webcast)以及其他资源。

摘要

9.1 节 简介
- .NET 的集合类提供了可复用的数据结构，它们是可靠、功能强大且高效的。
- List 会自动增加它的容量，以容纳更多的元素。
- 大批量数据通常存放在数据库中，数据库是有组织的数据集合。当今最流行的数据库系统是关系数据库。SQL 是一种国际标准语言，几乎所有的关系数据库都使用它执行查询操作(即请求符合指定条件的数据)。
- LINQ 可用来编写查询表达式(与 SQL 查询相似)，从各种数据源取得信息。可以查询数组和 List，选择满足一组条件的元素——称为过滤。
- LINQ 提供者是一组类，它们实现 LINQ 操作，使程序能与数据源交互，执行诸如排序、分组、过滤之类的操作。

9.2 节 用 LINQ 查询 int 数组
- 迭代语句关注的是迭代遍历元素的过程。LINQ 指定的不是读取结果所需的步骤，而是所选元素必须满足的条件。
- System.Linq 命名空间包含用于 LINQ to Objects 的类。

9.2.1 节 from 子句
- from 子句指定了范围变量和要查询的数据源。范围变量表示数据源中的每个项(每次取一个)。

9.2.2 节 where 子句
- 如果 where 子句的条件求值为 true，则选中元素，将它放进结果中。

9.2.3 节 select 子句
- select 子句确定结果中应该包含什么值。

9.2.4 节 迭代遍历 LINQ 查询的结果
- foreach 语句可以迭代遍历实现了 IEnumerable<T>接口的任何对象。

9.2.5 节 orderby 子句
- 利用一个或多个表达式，orderby 子句排序查询结果，默认为升序。也可以用 descending 修饰符，将结果指定成按降序排序。

9.2.6 节 IEnumerable<T>接口
- 大多数 LINQ 查询返回的对象实现了 IEnumerable<T>接口。
- C#的接口描述了一组方法和属性，可用来与对象交互。
- IEnumerable<T>接口描述任何对象可以迭代的功能，即提供依次访问每个元素的方法。
- 实现了某个接口的类，必须在接口中定义每一个成员。

- 数组和泛型集合实现了 IEnumerable<T>接口。

9.3 节 用 LINQ 查询 Employee 对象数组
- LINQ 可以用在任何数据类型的集合中。

9.3.2 节 用多个属性排序 LINQ 查询的结果
- orderby 子句根据逗号分隔表中指定的几个表达式的排序结果。

9.3.3 节 Any、First 和 Count 扩展方法
- 如果查询结果中至少包含一个元素，则 Any 方法返回 true，否则返回 false。
- First 方法返回查询结果中的第一个元素。在调用 First 方法之前，应先检查查询结果是否非空。
- Count 方法返回查询结果中的元素个数。

9.3.4 节 选择对象的属性
- Distinct 方法删除查询结果中的重复值。

9.3.5 节 在 LINQ 查询的 select 子句中创建新类型
- 在 select 子句中，可以选择任意数量的属性（投影）并将它们封装到对象中，只需在 new 关键字之后花括号中的逗号分隔列表中指定它们即可。编译器会自动创建一个包含这些属性的新类，称为匿名类型。

9.4 节 集合
- .NET 集合类提供了高效的方法，可以组织、存储和取得数据，而不要求知道数据是如何存放的。

9.4.1 节 List<T>集合
- List<T>类与数组相似，但它提供了更丰富的功能，比如动态缩放。
- Add 方法将它的实参追加到 List 的末尾。
- Insert 方法会将新元素插入 List 中指定的位置。
- Count 属性返回 List 中当前的元素数量。
- List 可以像数组一样被索引，只需将索引放在 List 对象名后面的方括号中即可。
- Remove 方法删除具有指定值的第一个元素。
- RemoveAt 方法会删除指定索引处的元素。
- 如果 List 中存在某个元素，则 Contains 方法返回 true，否则返回 false。
- Capacity 属性表示 List 在不增长的情况下可以容纳多少项。

9.5 节 用 LINQ 查询泛型 List 集合
- LINQ to Objects 可以查询 List。

9.5.1 节 let 子句
- LINQ 的 let 子句创建一个新的范围变量。它可以用于存储临时结果，以便在后面的 LINQ 查询中使用。
- string 类的 StartsWith 方法，判断一个字符串是否以作为实参传入的字符串开头。

9.5.2 节 延迟执行
- LINQ 查询使用延迟执行，查询只在访问结果时才执行，而不是在创建查询时执行。

9.5.3 节 扩展方法 ToArray 和 ToList
- 有时，我们可能希望立即处理查询所得的结果集合。为此，LINQ 提供了扩展方法 ToArray 和 ToList。

9.5.4 节 集合初始值设定项
- 与数组初始值设定项类似，集合初始值设定项为初始化集合提供了一种便利的语法。

术语表

anonymous type　匿名类型
collection initializer　集合初始值设定项
declarative programming　声明式编程
deferred execution　延迟执行
dynamic resizing　动态缩放
imperative programming　命令式编程
interface　接口
let clause of a LINQ query　LINQ 查询中的 let 子句
LINQ provider　LINQ 提供者
LINQ to Objects
List<T> collection class　List<T>集合类
predicate　谓词
projection　投影
query expression　查询表达式
query using LINQ　使用 LINQ 的查询
range variable　范围变量
Remove method of class List<T>　List<T>类的 Remove 方法
select clause of a LINQ query　LINQ 查询中的 select 子句
ToUpper method of class string　string 类的 ToUpper 方法
where clause of a LINQ query　LINQ 查询中的 where 子句

自测题

9.1　填空题。
　　a) 使用 List 类的_____属性，可以得到 List 中的元素数量。
　　b) LINQ 的_____子句用于过滤。
　　c) _____类专门用于存储一组对象，并提供组织、存储和取得这些对象的方法。
　　d) 为了将元素追加到 List 的末尾，应使用_____方法。
　　e) 为了从 LINQ 查询中获得不包含重复值的结果，应使用_____方法。

9.2　判断下列语句是否正确。如果不正确，请说明理由。
　　a) LINQ 查询中的 orderby 子句，只能以升序排列结果。
　　b) LINQ 查询能够用于数组和集合。
　　c) List 类的 Remove 方法会删除指定索引处的那个元素。

自测题答案

9.1　a) Count。b) where。c) 集合。d) Add。e) Distinct。
9.2　a) 错误。descending 修饰符可用来使 orderby 子句按降序排列结果。b) 正确。c) 错误。Remove 方法会删除与它的实参相同的第一个元素。RemoveAt 方法用于删除指定索引处的那个元素。

练习题

9.3　(查询 Invoice 对象数组)利用包含本章示例程序 ex09_03 文件夹下提供的 Invoice 类，创建一个 Invoice 对象数组。使用图 9.8 中给出的样本数据。Invoice 类包含 4 个属性：部件编号(PartNumber，int 类型)、部件描述(PartDescription，string 类型)、购买数量(Quantity，int 类型)以及单价(Price，decimal 类型)。对 Invoice 对象数组执行下列查询并显示结果。
　　a) 使用 LINQ 按照 PartDescription 排序 Invoice 对象。
　　b) 使用 LINQ 按照 Price 排序 Invoice 对象。

c) 使用 LINQ 选择 PartDescription 和 Quantity，并按 Quantity 排序结果。
d) 用 LINQ 从每个 Invoice 对象中选择 PartDescription 以及 Invoice 的金额（即 Quantity×Price）。将所计算的列命名为 InvoiceTotal。根据 Invoice 金额排序结果。（提示：在一个新的范围变量 total 中用 let 子句保存 Quantity×Price 的结果。）
e) 使用 d)中 LINQ 查询的结果，选择 200～500 美元之间的 InvoiceTotal。

部件编号	部件描述	数量	单价
83	Electric sander	7	57.98
24	Power saw	18	99.99
7	Sledge hammer	11	21.50
77	Hammer	76	11.99
39	Lawn mower	3	79.50
68	Screwdriver	106	6.99
56	Jig saw	21	11.00
3	Wrench	34	7.50

图 9.8　练习题 9.3 的样本数据

9.4 （删除重复的单词）编写一个控制台程序，从用户处输入一个句子（假设没有标点符号），然后确定并显示按字母顺序排列的不重复的单词。不区分字母的大小写。（提示：可以使用不带实参的 string 方法 Split，即 sentence.Split()，将句子分拆到一个包含所有单词的 string 数组中。默认情况下，Split 使用空格作为分隔符。在调用 Split 方法之前，需使用 string 方法 ToLower。）

9.5 （排序字母并删除重复的字母）编写一个控制台程序，它将 30 个随机字母插入到一个 List<char> 中。对 List 执行下列查询并显示结果。（提示：字符串可以像数组一样进行索引，并且能访问指定索引处的字符。）
a) 使用 LINQ 按照升序排列 List。
b) 使用 LINQ 按照降序排列 List。
c) 按升序显示删除了重复值的 List。

第 10 章 类与对象：深入探究

目标

本章将讲解

- 利用组合功能，使类可以引用其他类的对象，将它作为成员。
- 抛出异常，指明实参值越界。
- 用关键字 this，让对象引用自身。
- 使用静态变量和方法。
- 使用只读字段。
- 利用 C# 的内存管理特性。
- 使用 IDE 的 Class View 和 Object Browser 窗口。
- 在同一条语句中使用对象初始值设定项创建对象并初始化它。
- 重载内置的运算符，用于自定义类型的对象。
- 用 struct 自定义值类型。
- 使用扩展方法，增强现有类的功能。

概要

10.1 简介
10.2 Time 类案例分析以及抛出异常
    10.2.1 Time1 类的声明
    10.2.2 使用 Time1 类
10.3 控制对成员的访问
10.4 用 this 引用访问当前对象的成员
10.5 Time 类案例分析：重载构造函数
    10.5.1 带重载构造函数的 Time2 类
    10.5.2 使用 Time2 类的重载构造函数
10.6 默认构造函数和无参数构造函数
10.7 组合
    10.7.1 Date 类
    10.7.2 Employee 类
    10.7.3 EmployeeTest 类

10.8 垃圾回收与析构函数
10.9 静态类成员
10.10 只读实例变量
10.11 Class View 与 Object Browser
    10.11.1 使用 Class View 窗口
    10.11.2 使用 Object Browser 窗口
10.12 对象初始值设定项
10.13 运算符重载以及 struct 简介
    10.13.1 用 struct 创建值类型
    10.13.2 ComplexNumber 值类型
    10.13.3 ComplexTest 类
10.14 Time 类案例分析：扩展方法
10.15 小结

摘要 | 术语表 | 自测题 | 自测题答案 | 练习题

10.1 简介

本章将深入探讨如何建立类、控制类成员访问和创建构造函数。还将探讨组合 (composition) 特性，它使类可以将其他类的对象作为成员引用。本章还将详细讨论静态类成员、只读实例变量和属性。

本章还会讲解运算符重载。前几章中，已经声明了自己的类并用方法来对这些类的对象执行任务。通过运算符重载，可以定义内置运算符（如+、-和<）在自己的类对象中的行为。与调用方法对对象执行任务（如进行算术运算）相比，运算符重载提供了更加方便的形式。

本章将展示如何利用 struct 创建自己的值类型，探讨 struct 和类的主要不同点，并指出何时应该使用 struct 类型。最后，还会讲解如何创建自己的扩展方法，为已有的类型增加功能。

10.2 Time 类案例分析以及抛出异常

第一个示例中有两个类：Time1 类（见图 10.1）和 Time1Test 类（见图 10.2）。Time1 类表示一天中的时间[①]。Time1Test 类的 Main 方法创建 Time1 类的一个对象并调用它的方法。这个程序的输出如图 10.2 所示。

10.2.1 Time1 类的声明

Time1 类包含三个 int 类型的公共属性（见图 10.1 第 7~9 行）——Hour、Minute 和 Second。它们用世界时间格式表示时间（24 小时制，小时范围为 0~23）。Time1 类的公共方法包括 SetTime（第 13~25 行）、ToUniversalString（第 28~29 行）和 ToString（第 32~34 行）。这些方法，也称其为类向它的客户提供的公共服务或公共接口。本示例中，Time1 类没有声明构造函数，因此编译器会为其定义一个默认构造函数。每个属性都会接收默认 int 值 0。实例变量和自动实现的属性，也可以在它们的声明中赋值。

```csharp
1   // Fig. 10.1: Time1.cs
2   // Time1 class declaration maintains the time in 24-hour format.
3   using System; // namespace containing ArgumentOutOfRangeException
4
5   public class Time1
6   {
7       public int Hour { get; set; } // 0 - 23
8       public int Minute { get; set; } // 0 - 59
9       public int Second { get; set; } // 0 - 59
10
11      // set a new time value using universal time; throw an
12      // exception if the hour, minute or second is invalid
13      public void SetTime(int hour, int minute, int second)
14      {
15          // validate hour, minute and second
16          if ((hour < 0 || hour > 23) || (minute < 0 || minute > 59) ||
17              (second < 0 || second > 59))
18          {
19              throw new ArgumentOutOfRangeException();
20          }
21
22          Hour = hour;
23          Minute = minute;
24          Second = second;
25      }
26
27      // convert to string in universal-time format (HH:MM:SS)
28      public string ToUniversalString() =>
29          $"{Hour:D2}:{Minute:D2}:{Second:D2}";
30
31      // convert to string in standard-time format (H:MM:SS AM or PM)
32      public override string ToString() =>
33          $"{((Hour == 0 || Hour == 12) ? 12 : Hour % 12)}:" +
34          $"{Minute:D2}:{Second:D2} {(Hour < 12 ? "AM" : "PM")}";
35  }
```

图 10.1　24 小时格式的 Time1 类的声明

公共类

图 10.1 中，将 Time1 类声明成一个公共类，表示它可以在其他项目中被重复使用。尽管 Time1 类

[①] C#中的 DateTime 和 DateTimeOffset 类型用于日期和时间操作。这里有关时间的示例仅仅出于演示目的，程序员不必对日期和时间创建自己的类型。15.4 节中将用到 DateTime。

只用在这个项目中，但是对于后面可能会用在其他项目中的任何类，都会将其声明成公共的。

SetTime 方法与抛出异常

SetTime 方法（第 13~25 行）是一个公共方法，它声明了三个 int 参数，并用它们来设置时间。第 16~17 行测试每一个实参的值，以判断是否越界。如果值没有越界，则第 22~24 行分别将值赋予 Hour、Minute 和 Second 属性。hour 值（第 13 行）的范围为 0~23，因为通用时间格式用 0~23 的整数表示时间（如下午 1 时为 13 时，下午 11 时为 23 时，午夜为 0 时，中午为 12 时）。类似地，minute 和 second 的值范围为 0~59。对于这些范围之外的值，第 19 行会抛出一个 ArgumentOutOfRangeException 类型（位于命名空间 System）的异常，它通知客户代码有一个无效的实参传递给了方法。正如第 8 章所讲，可以使用 try…catch 语句来捕获异常并尝试恢复程序的执行。图 10.2 中的程序将这样做。throw 语句（第 19 行）创建了一个 ArgumentOutOfRangeException 类型的新对象。类名称之后的圆括号表明，这是一个对 ArgumentOutOfRangeException 构造函数的调用。创建了异常对象之后，throw 语句会立即终止 SetTime 方法的执行，而异常会返回到试图设置时间的代码，在那里可以捕获异常并处理。

ToUniversalString 方法

ToUniversalString 方法（第 28~29 行）是一个表达式方法——只包含一条 return 语句的方法的简写形式。ToUniversalString 方法不带实参，它返回世界时间格式的字符串，由 6 位数字组成——时、分、秒各占两位。例如，如果时间为下午 1:30:07，则方法返回 "13:30:07"。这个方法隐式地返回第 29 行中的字符串插值表达式的值。"D2" 格式限定符将整数格式化成两位数字，并且在少于两位时会在前面添加数字 0。

ToString 方法

ToString 方法（第 32~34 行）是一个不带实参的表达式方法，它返回的字符串将 Hour、Minute 和 Second 值用冒号分开，后接 AM 或 PM 指示符（如 1:27:06 PM）。和 ToUniversalString 方法一样，ToString 方法也会隐式地返回一个字符串插值表达式的值。这里没有对 Hour 值格式化，但将 Minute 和 Second 格式化成了两位数字值，并且必要时会在前面加数字 0。第 33 行用条件运算符 "?:" 确定字符串中的 Hour 值——如果它为 0 或 12（AM 或 PM），则显示 12，否则显示 1~11 的值。第 34 行的条件运算符，确定字符串中是否应插入 AM 或 PM。

10.2.2 使用 Time1 类

Time1Test 应用类（见图 10.2）中使用了 Time1 类。第 10 行创建了一个 Time1 对象，并将它赋予局部变量 time。运算符 new 会调用 Time1 类的默认构造函数，因为 Time1 没有声明任何构造函数。第 13~17 行输出时间，先用世界时间格式（调用 time 的 ToUniversalString 方法，第 14 行），然后用标准时间格式（显式地调用 time 的 ToString 方法，第 16 行），确认 Time1 对象已经被正确地初始化。第 20 行调用 time 对象的 SetTime 方法来改变时间。然后，第 21~24 行再次用两种格式输出时间，确认时间被正确设置了。

```
1   // Fig. 10.2: Time1Test.cs
2   // Time1 object used in an app.
3   using System;
4
5   class Time1Test
6   {
7       static void Main()
8       {
9           // create and initialize a Time1 object
10          var time = new Time1(); // invokes Time1 constructor
11
12          // output string representations of the time
13          Console.WriteLine(
```

图 10.2 在程序中使用 Time1 对象

```
14              $"The initial universal time is: {time.ToUniversalString()}");
15          Console.WriteLine(
16              $"The initial standard time is: {time.ToString()}");
17          Console.WriteLine(); // output a blank line
18
19          // change time and output updated time
20          time.SetTime(13, 27, 6);
21          Console.WriteLine(
22              $"Universal time after SetTime is: {time.ToUniversalString()}");
23          Console.WriteLine(
24              $"Standard time after SetTime is: {time.ToString()}");
25          Console.WriteLine(); // output a blank line
26
27          // attempt to set time with invalid values
28          try
29          {
30              time.SetTime(99, 99, 99);
31          }
32          catch (ArgumentOutOfRangeException ex)
33          {
34              Console.WriteLine(ex.Message + "\n");
35          }
36
37          // display time after attempt to set invalid values
38          Console.WriteLine("After attempting invalid settings:");
39          Console.WriteLine($"Universal time: {time.ToUniversalString()}");
40          Console.WriteLine($"Standard time: {time.ToString()}");
41      }
42  }
```

```
The initial universal time is: 00:00:00
The initial standard time is: 12:00:00 AM

Universal time after SetTime is: 13:27:06
Standard time after SetTime is: 1:27:06 PM

Specified argument was out of the range of valid values.

After attempting invalid settings:
Universal time: 13:27:06
Standard time: 1:27:06 PM
```

图 10.2(续)　在程序中使用 Time1 对象

用无效值调用 Time 1 类的 SetTime 方法

为了演示 SetTime 方法确实会验证它的实参，第 30 行调用 SetTime 方法，将实参 hour、minute 和 second 指定为无效值 99。这条语句被放在了 try 语句块中(第 28 ~ 31 行)，SetTime 方法对它会抛出 ArgumentOutOfRangeException 异常，因为实参的值无效。当抛出异常时，异常会在第 32 ~ 35 行被捕获，而异常的 Message 属性会显示出来。第 38 ~ 40 行再次用两种格式输出时间，确认 SetTime 方法在实参无效的情况下没有改变时间。

关于 Time1 类声明的说明

考虑 Time1 类设计中的几个问题。时间用三个整数表示，分别代表小时、分钟和秒数。但是，类的客户并不关心类中数据的实际表示方法。例如，Time1 内部可以将时间表示为从午夜算起的秒数，或者从午夜算起的分钟数和秒数，这样做完全合理。客户不必关心这些细节，照样可以使用相同的公共方法和属性，在不知道这些变化的情况下得到相同的结果——当然，如果采用新的数据表示形式，则需要重新实现 Hour、Minute 和 Second 属性。(练习题 10.4 要求将时间表示为从午夜算起的秒数，表明类的客户的确不知道其内部表示情况。)

 软件工程结论 10.1

类可以简化编程，因为客户只需使用类提供的公共成员。这些成员通常是面向客户的，而不是面向实现的。客户不关心、也不必知道类的实现细节。通常，客户关心的是类能做什么，而不关心它是如何做的。当然，客户需要关心类的操作是否正确和高效。

软件工程结论 10.2

与实现过程相比,接口的变化没有那样频繁。实现改变时,要相应改变依赖于实现的代码。隐藏实现细节,可以使程序的其他部分对类的实现细节的依赖度降低。

软件工程结论 10.3

与本书中所使用的简化后的类相比,现实中对日期和时间的操作要复杂得多。对于那些要求处理日期和时间的程序,需要查看 .NET 命名空间 System 中的 DateTimeOffest、DateTime、TimeSpan 和 TimeZoneInfo 值类型。

10.3 控制对成员的访问

访问修饰符 public 和 private 控制着对类的变量、方法和属性的访问(第 11 章中,将介绍另一个访问修饰符 protected)。10.2 节曾介绍过,公共方法和属性的主要目的,是让类的客户知道类提供的服务(即类的公共接口)。类的客户不必关心类如何完成任务。为此,类的私有变量、属性和方法(即类的实现细节)是类的客户无法直接访问的。

图 10.3 中的程序,演示了在类之外无法直接访问类的私有成员。这个程序中,使用了 Time1 类的一个改进版本,它声明的是私有实例变量 hour、minute 和 second,而不是公共属性 Hour、Minute 和 Second。第 9～11 行试图直接访问 Time1 对象 time 的私有实例变量 hour、minute 和 second。编译这个程序时,编译器会产生一个错误消息,指出这些私有成员无法访问。

```
1   // Fig. 10.3: MemberAccessTest.cs
2   // Private members of class Time1 are not accessible outside the class.
3   class MemberAccessTest
4   {
5       static void Main()
6       {
7           var time = new Time1(); // create and initialize Time1 object
8
9           time.hour = 7; // error: hour has private access in Time1
10          time.minute = 15; // error: minute has private access in Time1
11          time.second = 30; // error: second has private access in Time1
12      }
13  }
```

Code	Description	Project	File	Line
CS0122	'Time1.hour' is inaccessible due to its protection level	MemberAccessTest	MemberAccessTest.cs	9
CS0122	'Time1.minute' is inaccessible due to its protection level	MemberAccessTest	MemberAccessTest.cs	10
CS0122	'Time1.second' is inaccessible due to its protection level	MemberAccessTest	MemberAccessTest.cs	11

图 10.3 Time1 类的私有成员不能从类外访问

10.4 用 this 引用访问当前对象的成员

每个对象都可以用关键字 this 引用自己(也称为 this 引用)。调用特定对象的非静态方法(或属性)时,方法体会隐式地用关键字 this 引用这个对象的实例变量和其他非静态类成员。从图 10.4 可以看出,也可以在非静态方法体中显式地使用关键字 this。10.5 节将介绍 this 关键字的另一种有趣用法,10.9 节将解释为什么 this 关键字不能在静态方法中使用。

```
1   // Fig. 10.4: ThisTest.cs
2   // this used implicitly and explicitly to refer to members of an object.
3   using System;
4
5   class ThisTest
6   {
```

图 10.4 隐式和显式地引用对象成员的 this 引用

```
 7      static void Main()
 8      {
 9          var time = new SimpleTime(15, 30, 19);
10          Console.WriteLine(time.BuildString());
11      }
12  }
13
14  // class SimpleTime demonstrates the "this" reference
15  public class SimpleTime
16  {
17      private int hour; // 0-23
18      private int minute; // 0-59
19      private int second; // 0-59
20
21      // if the constructor uses parameter names identical to
22      // instance-variable names, the "this" reference is
23      // required to distinguish between the names
24      public SimpleTime(int hour, int minute, int second)
25      {
26          this.hour = hour; // set "this" object's hour instance variable
27          this.minute = minute; // set "this" object's minute
28          this.second = second; // set "this" object's second
29      }
30
31      // use explicit and implicit "this" to call ToUniversalString
32      public string BuildString() =>
33          $"{"this.ToUniversalString()",24}: {this.ToUniversalString()}" +
34          $"\n{"ToUniversalString()",24}: {ToUniversalString()}";
35
36      // convert to string in universal-time format (HH:MM:SS)
37      // "this" is not required here to access instance variables,
38      // because the method does not have local variables with the same
39      // names as the instance variables
40      public string ToUniversalString() =>
41          $"{this.hour:D2}:{this.minute:D2}:{this.second:D2}";
42  }
```

```
this.ToUniversalString(): 15:30:19
    ToUniversalString(): 15:30:19
```

图 10.4(续)　隐式和显式地引用对象成员的 this 引用

图 10.4 演示了如何隐式和显式地使用 this 引用，让 ThisTest 类的 Main 方法显示 SimpleTime 类对象的私有数据。为简单起见，这里在一个文件中声明了两个类——ThisTest 类在第 5～12 行声明，SimpleTime 类在第 15～42 行声明。

SimpleTime 类声明了三个私有实例变量——hour、minute 和 second (第 17～19 行)。构造函数 (第 24～29 行)接收三个 int 实参，初始化一个 SimpleTime 对象(出于简单性的考虑，没有进行有效性验证)。构造函数中使用的参数名和类的实例变量名是相同的(第 17～19 行)。此处这样做的目的，是为了隐藏相应的实例变量，以便演示显式地使用 this 引用的做法。如果方法包含的局部变量名称与实例变量的名称相同，则局部变量会"遮住"(或隐藏)方法体中的实例变量。但是，可以用 this 引用来显式地访问被隐藏的实例变量，第 26～28 行就是这样处理 SimpleTime 中被隐藏的实例变量的。

软件工程结论 10.4

利用属性访问类的实例变量，通常可避免这种遮蔽效果，因为属性名采用帕斯卡命名法(第一个字母大写)，而参数名采用驼峰命名法(第一个字母小写)。

BuildString 方法(第 32～34 行)返回显式和隐式使用 this 引用的语句创建的字符串。第 33 行显式地用 this 引用调用 ToUniversalString 方法。第 34 行隐式地用 this 引用调用同一个方法。程序员通常不会显式地用 this 来引用当前对象中的其他方法。此外，ToUniversalString 方法在第 41 行显式地用 this 引用访问了每个实例变量。此处不是必要的，因为这个方法没有隐藏类的实例变量的局部变量。

ThisTest 类(第 5～12 行)演示了 SimpleTime 类。第 9 行创建了 SimpleTime 类的一个实例并调用它的构造函数。第 10 行调用对象的 BuildString 方法，然后显示结果。

10.5 Time 类案例分析：重载构造函数

下面演示的类有几个重载构造函数，使这个类的对象可以用不同方式方便地初始化。要重载构造函数，只需提供具有不同签名的多个构造函数声明。

10.5.1 带重载构造函数的 Time2 类

默认情况下，Time1 类（见图 10.1）的属性 Hour、Minute 和 Second 会被初始化为默认值 0（即世界时间的午夜）。Time1 类不允许类的客户将时间初始化为特定非零值，因为它没有定义这样的构造函数。Time2 类（见图 10.5）包含几个重载的构造函数。这个程序中，一个构造函数调用了另一个构造函数，而后者又调用了 SetTime 方法，通过类的 Hour、Minute 和 Second 属性（它们执行验证工作）来设置私有实例变量 hour、minute 和 second 的值。编译器调用相应的构造函数时，将构造函数调用中指定的实参个数和类型与它的声明中指定的参数个数和类型进行匹配。

```
 1   // Fig. 10.5: Time2.cs
 2   // Time2 class declaration with overloaded constructors.
 3   using System; // for class ArgumentOutOfRangeException
 4
 5   public class Time2
 6   {
 7      private int hour;   // 0 - 23
 8      private int minute; // 0 - 59
 9      private int second; // 0 - 59
10
11      // constructor can be called with zero, one, two or three arguments
12      public Time2(int hour = 0, int minute = 0, int second = 0)
13      {
14         SetTime(hour, minute, second); // invoke SetTime to validate time
15      }
16
17      // Time2 constructor: another Time2 object supplied as an argument
18      public Time2(Time2 time)
19         : this(time.Hour, time.Minute, time.Second) { }
20
21      // set a new time value using universal time; invalid values
22      // cause the properties' set accessors to throw exceptions
23      public void SetTime(int hour, int minute, int second)
24      {
25         Hour = hour;     // set the Hour property
26         Minute = minute; // set the Minute property
27         Second = second; // set the Second property
28      }
29
30      // property that gets and sets the hour
31      public int Hour
32      {
33         get
34         {
35            return hour;
36         }
37         set
38         {
39            if (value < 0 || value > 23)
40            {
41               throw new ArgumentOutOfRangeException(nameof(value),
42                  value, $"{nameof(Hour)} must be 0-23");
43            }
44
45            hour = value;
46         }
47      }
48
49      // property that gets and sets the minute
50      public int Minute
```

图 10.5 带重载构造函数的 Time2 类

```
51      {
52         get
53         {
54            return minute;
55         }
56         set
57         {
58            if (value < 0 || value > 59)
59            {
60               throw new ArgumentOutOfRangeException(nameof(value),
61                  value, $"{nameof(Minute)} must be 0-59");
62            }
63
64            minute = value;
65         }
66      }
67
68      // property that gets and sets the second
69      public int Second
70      {
71         get
72         {
73            return second;
74         }
75         set
76         {
77            if (value < 0 || value > 59)
78            {
79               throw new ArgumentOutOfRangeException(nameof(value),
80                  value, $"{nameof(Second)} must be 0-59");
81            }
82
83            second = value;
84         }
85      }
86
87      // convert to string in universal-time format (HH:MM:SS)
88      public string ToUniversalString() =>
89         $"{Hour:D2}:{Minute:D2}:{Second:D2}";
90
91      // convert to string in standard-time format (H:MM:SS AM or PM)
92      public override string ToString() =>
93         $"{((Hour == 0 || Hour == 12) ? 12 : Hour % 12)}:" +
94         $"{Minute:D2}:{Second:D2} {(Hour < 12 ? "AM" : "PM")}";
95   }
```

图 10.5（续） 带重载构造函数的 Time2 类

Time2 类的三实参构造函数

第 12~15 行声明的构造函数具有三个默认参数。这里没有定义带空参数表的构造函数，所以对于 Time2 类，第 12~15 行的构造函数也被认为是类的无参数构造函数（parameterless constructor）——可以不带实参调用构造函数，编译器将提供默认的实参值。调用这个构造函数时，也可以带指定小时数的一个实参、分别指定小时数和分钟数的两个实参，或者为小时数、分钟数和秒数指定三个实参。它会调用 SetTime 方法设置时间。

常见编程错误 10.1
构造函数可以调用它的类的方法。注意，实例变量可能还没有被初始化，因为构造函数还处于初始化对象的过程中。在实例变量被正确初始化之前就使用它，是一个逻辑错误。

构造函数初始值设定项

第 18~19 行声明了另一个 Time2 构造函数，它接收 Time2 对象的一个引用。这时，Time2 实参的值在第 12~15 行被传入三参数的构造函数，初始化 hour、minute 和 second。在这个构造函数中，使用的 this 只允许用在它的首部中。第 19 行：

: this(time.Hour, time.Minute, time.Second) { }

": this" 后面跟着一对包含实参的圆括号，表示对类的其他构造函数的调用——这里为带三个 int 实参的 Time2 构造函数(第 12～15 行)。第 19 行传递 time 实参的 Hour、Minute 和 Second 属性的值,初始化将被构建的 Time2 对象。任何位于第 18～19 行构造函数体内的初始化代码,都会在调用另外的构造函数之后被执行。

类似第 19 行这样使用 this 的方式,被称为构造函数初始值设定项(constructor initializer)。这使得类能够复用由构造函数提供的初始化代码,而不必在另一个构造函数中定义类似的代码。如果要改变 Time2 类对象的初始化方法,只需要修改第 12～15 行的构造函数即可。甚至连这个构造函数都不必修改——它仅仅调用了 SetTime 方法来执行实际的初始化工作,因此可以将修改放到 SetTime 方法中。

软件工程结论 10.5

通过构造函数初始值设定项,使得类更容易维护、修改和调试,因为可以将共同的初始化代码在一个构造函数中定义,而由另外的构造函数调用。

尽管 hour、minute 和 second 被声明为 Time2 类的私有变量,第 19 行也可以用表达式 time.hour、time.minute 和 time.second 直接访问构造函数的 time 实参的 hour、minute 和 second 实例变量。

软件工程结论 10.6

执行类的方法时,如果该方法引用了同一个类中的另一个对象(通常是通过一个参数接收的),则它能够访问该对象所有的数据和方法(包括私有数据和私有方法)。

SetTime 方法与 Hour、Minute 和 Second 属性

SetTime 方法(第 23～28 行)调用属性 Hour(第 31～47 行)、Minute(第 50～66 行)和 Second(第 69～85 行)的 set 访问器,保证提供的 hour 值在 0～23 范围内,minute 和 second 值在 0～59 范围内。如果有值越界,则每个 set 访问器都会抛出 ArgumentOutOfRangeException 异常(第 41～42 行、第 60～61 行和第 79～80 行)。这个示例中,使用的是接收三个实参的异常类重载构造函数:

- 越界的项的字符串名称
- 为该项所赋的值
- 一条错误消息

常见的做法是在错误消息中给出变量或属性的标识符。这个信息有助于客户代码程序员理解错误发生时所处的环境。在 C# 6 以前,必须将标识符硬编码到错误消息字符串中。C# 6 中,则可以使用 nameof 运算符(第 41～42 行、第 60～61 行,第 79～80 行),它返回包含在一对圆括号中的标识符的字符串形式。例如,第 41 行的表达式:

```
nameof(value)
```

会返回字符串"value",而第 42 行的表达式:

```
nameof(Hour)
```

会返回字符串"Hour"。

好的编程经验 10.1

如果需要在字符串字面值中包含标识符,则应使用 nameof 运算符,而不是将标识符名称硬编码到字符串中。如果在 Visual Studio 中用鼠标右击某个标识符,然后通过 Rename 选项更改代码中这个标识符的名称,则 nameof 所返回的字符串会自动更新成标识符的新名称。

关于 Time2 类的方法、属性和构造函数的说明

Time2 类的属性可在整个类体中访问——SetTime 方法在第 25～27 行对属性 Hour、Minute 和 Second 赋值,而 ToUniversalString 和 ToString 方法在第 89 行和第 93～94 行分别使用了这三个属性。这些方法本可以直接访问类的私有数据。但是,考虑将时间的表示形式从三个 int 值(需要 12 字节的内存)改成自午夜以来所流逝的秒数(只需要 4 字节的内存)。如果进行了这种改变,则只有直接访问私有数据的代码

需要修改——对于 Time2 类来说，就是 Hour、Minute 和 Second 这几个属性的语句体。SetTime、ToUniversalString 或 ToString 的方法体并不需要修改，因为它们并不通过 Hour、Minute 和 Second 直接访问私有数据。类的这种设计方式，减少了当类的实现发生变化时出现错误的可能性。

类似地，每个构造函数都可以包含来自 SetTime 方法中的适当语句的副本。这样做的效率可能稍高一些，因为它消除了额外的构造函数调用，以及对 SetTime 方法调用的开销。但是，在多个方法或构造函数中重复相同的语句，会使类的内部数据表示形式的修改变得更加困难、更易出错。让一个构造函数调用另一个构造函数，甚至直接调用 SetTime 方法，只要求对 SetTime 实现的任何变化改动一次即可。

软件工程结论 10.7

当实现类的方法时，应使用类的属性来访问类的私有数据，这可以简化代码维护，并能够降低出错的可能性。

10.5.2 使用 Time2 类的重载构造函数

Time2Test 类（见图 10.6）创建了 6 个 Time2 对象（第 9～13 行和第 41 行），调用几个重载的 Time2 构造函数。

```csharp
1   // Fig. 10.6: Time2Test.cs
2   // Overloaded constructors used to initialize Time2 objects.
3   using System;
4
5   public class Time2Test
6   {
7      static void Main()
8      {
9         var t1 = new Time2(); // 00:00:00
10        var t2 = new Time2(2); // 02:00:00
11        var t3 = new Time2(21, 34); // 21:34:00
12        var t4 = new Time2(12, 25, 42); // 12:25:42
13        var t5 = new Time2(t4); // 12:25:42
14
15        Console.WriteLine("Constructed with:\n");
16        Console.WriteLine("t1: all arguments defaulted");
17        Console.WriteLine($"   {t1.ToUniversalString()}"); // 00:00:00
18        Console.WriteLine($"   {t1.ToString()}\n"); // 12:00:00 AM
19
20        Console.WriteLine(
21           "t2: hour specified; minute and second defaulted");
22        Console.WriteLine($"   {t2.ToUniversalString()}"); // 02:00:00
23        Console.WriteLine($"   {t2.ToString()}\n"); // 2:00:00 AM
24
25        Console.WriteLine(
26           "t3: hour and minute specified; second defaulted");
27        Console.WriteLine($"   {t3.ToUniversalString()}"); // 21:34:00
28        Console.WriteLine($"   {t3.ToString()}\n"); // 9:34:00 PM
29
30        Console.WriteLine("t4: hour, minute and second specified");
31        Console.WriteLine($"   {t4.ToUniversalString()}"); // 12:25:42
32        Console.WriteLine($"   {t4.ToString()}\n"); // 12:25:42 PM
33
34        Console.WriteLine("t5: Time2 object t4 specified");
35        Console.WriteLine($"   {t5.ToUniversalString()}"); // 12:25:42
36        Console.WriteLine($"   {t5.ToString()}"); // 12:25:42 PM
37
38        // attempt to initialize t6 with invalid values
39        try
40        {
41           var t6 = new Time2(27, 74, 99); // invalid values
42        }
43        catch (ArgumentOutOfRangeException ex)
44        {
45           Console.WriteLine("\nException while initializing t6:");
46           Console.WriteLine(ex.Message);
47        }
48     }
49  }
```

图 10.6　用于初始化 Time2 对象的重载构造函数

```
Constructed with:
t1: all arguments defaulted
   00:00:00
   12:00:00 AM

t2: hour specified; minute and second defaulted
   02:00:00
   2:00:00 AM

t3: hour and minute specified; second defaulted
   21:34:00
   9:34:00 PM

t4: hour, minute and second specified
   12:25:42
   12:25:42 PM

t5: Time2 object t4 specified
   12:25:42
   12:25:42 PM

Exception while initializing t6:
Hour must be 0-23
Parameter name: value
Actual value was 27.
```

图 10.6(续) 用于初始化 Time2 对象的重载构造函数

第 9 ~ 13 行演示了将实参传递给 Time2 构造函数的方法。C#会调用相应的重载构造函数，将构造函数调用中的实参个数和类型，与每个构造函数声明中的参数个数和类型进行匹配。第 9 ~ 12 行中的每一行，都会调用图 10.5 第 12 ~ 15 行中的构造函数。

- 图 10.6 第 9 行调用不带实参的构造函数，它会使编译器为三个参数都提供默认值 0。
- 第 10 行调用带一个实参(表示小时)的构造函数，编译器会为分钟和秒提供默认值 0。
- 第 11 行调用带两个实参(表示小时和分钟)的构造函数，编译器会为秒提供默认值 0。
- 第 12 行调用的构造函数，具有小时、分钟和秒值。

第 13 行调用图 10.5 第 18 ~ 19 行中的构造函数。图 10.6 第 15 ~ 36 行显示了每个初始化过的 Time2 对象的字符串表示，确认它们已经被正确地初始化了。

第 41 行试图通过创建一个新的 Time2 对象来初始化 t6，并将三个无效值传递给构造函数。当构造函数使用无效的小时值来初始化 Hour 属性时，会发生 ArgumentOutOfRangeException 异常。第 43 行捕获了这个异常并显示了它的 Message 属性值，其结果就是图 10.6 输出中的最后三行。由于创建异常对象时使用的是有三个实参的 ArgumentOutOfRangeException 构造函数，所以异常的 Message 属性也会包含关于越界值的信息。

10.6 默认构造函数和无参数构造函数

每一个类都必须至少具有一个构造函数——如果类的声明中不提供构造函数，则编译器会创建一个默认构造函数，调用它时不带任何实参。11.4.1 节中，将讲解如何用默认构造函数隐式地执行一项特殊任务。

对于已经显式地声明了至少一个构造函数的类，编译器不会创建默认构造函数。如果希望调用一个不带实参的构造函数，则必须声明一个无参数构造函数(parameterless constructor)——声明时不带参数的构造函数，或者所有参数都具有默认值的构造函数(如图 10.5 第 12 行)。和默认构造函数一样，无参数构造函数也用空圆括号对调用。如果调用 Time2 类的三实参构造函数时不提供实参，则编译器会为每一个参数提供值 0。如果省略 Time2 类的无实参构造函数，则类的客户就无法用表达式 new Time2( ) 创建 Time2 对象。如果某个类同时提供了一个无参数构造函数和一个所有参数均为默认实参值的(同名)构造函数，则调用构造函数时如果没有包含实参，编译器会使用无参数构造函数。

10.7 组合

类可以具有值类型的对象，或者引用其他类的对象，将它作为自己的成员。这种功能称为组合（composition），有时也称为"有"（has-a）关系。例如，AlarmClock 类的对象需要知道当前时间和响闹钟的时间，因此可以用 Time 对象的两个引用作为 AlarmClock 对象的成员。

软件工程结论 10.8

复用软件的一种形式是组合，即一个类可以包含其他对象的引用。前面说过，类为引用类型。类可以具有自己类型的属性。例如，Person 类可以具有 Person 类型的 Mother 和 Father 属性，而它们引用的是其他的 Person 对象。

10.7.1 Date 类

下面的组合示例包含三个类——Date（见图 10.7）、Employee（见图 10.8）和 EmployeeTest（见图 10.9）。Date 类（见图 10.7）声明了 int 实例变量 month 和 day（第 7~8 行）以及自动实现的属性 Year（第 9 行），它们用于表示一个日期。

```csharp
1   // Fig. 10.7: Date.cs
2   // Date class declaration.
3   using System;
4
5   public class Date
6   {
7       private int month; // 1-12
8       private int day;   // 1-31 based on month
9       public int Year { get; private set; } // auto-implemented property Year
10
11      // constructor: use property Month to confirm proper value for month;
12      // use property Day to confirm proper value for day
13      public Date(int month, int day, int year)
14      {
15          Month = month; // validates month
16          Year = year;   // could validate year
17          Day = day;     // validates day
18          Console.WriteLine($"Date object constructor for date {this}");
19      }
20
21      // property that gets and sets the month
22      public int Month
23      {
24          get
25          {
26              return month;
27          }
28          private set // make writing inaccessible outside the class
29          {
30              if (value <= 0 || value > 12) // validate month
31              {
32                  throw new ArgumentOutOfRangeException(
33                      nameof(value), value, $"{nameof(Month)} must be 1-12");
34              }
35
36              month = value;
37          }
38      }
39
40      // property that gets and sets the day
41      public int Day
42      {
43          get
44          {
45              return day;
46          }
```

图 10.7 Date 类的声明

```csharp
47         private set  // make writing inaccessible outside the class
48         {
49             int[] daysPerMonth =
50                 {0, 31, 29, 31, 30, 31, 30, 31, 31, 30, 31, 30, 31};
51
52             // check if day in range for month
53             if (value <= 0 || value > daysPerMonth[Month])
54             {
55                 throw new ArgumentOutOfRangeException(nameof(value), value,
56                     $"{nameof(Day)} out of range for current month/year");
57             }
58             // check for leap year
59             if (Month == 2 && value == 29 &&
60                 !(Year % 400 == 0 || (Year % 4 == 0 && Year % 100 != 0)))
61             {
62                 throw new ArgumentOutOfRangeException(nameof(value), value,
63                     $"{nameof(Day)} out of range for current month/year");
64             }
65
66             day = value;
67         }
68     }
69
70     // return a string of the form month/day/year
71     public override string ToString() => $"{Month}/{Day}/{Year}";
72 }
```

图 10.7(续)   Date 类的声明

构造函数

第 13~19 行的构造函数接收三个 int 值。第 15 行调用 Month 属性的 set 访问器(第 28~37 行)来验证月份。如果月份值越界了，则访问器会抛出一个异常。第 16 行用 Year 属性来设置年份。由于 Year 是一个自动实现的属性，所以这里并不需要验证它——假定 Year 的值是正确的。第 17 行使用 Day 属性的 set 访问器(第 47~67 行)，它根据当前的 Month 和 Year 对日期值进行验证并赋值(依次使用 Month 和 Year 属性获得月份值和年份值)。

初始化的顺序是重要的，因为属性 Day 的 set 访问器会在 Month 和 Year 都正确的假设前提下再执行验证操作。第 53 行根据特定 Month 中的天数判断日期是否正确。如果不正确，则抛出异常。第 59~60 行判断 Month 是否为 February、日期是否为 29 和 Year 是否为闰年(如果当年不是闰年，则二月只有 28 天)。如果条件不满足，则会抛出一个异常。如果没有异常抛出，则表明日期值正确，在第 66 行将它赋予实例变量。构造函数中的第 18 行将 this 引用格式化成一个字符串。由于 this 是当前 Date 对象的引用，因此会隐式地调用对象的 ToString 方法(第 71 行)，获得这个对象的字符串表示。

私有 set 访问器

Date 类使用访问修饰符，确保类的客户必须使用合适的方法和属性来访问私有数据。特别地，属性 Year、Month 和 Day 声明了私有 set 访问器(分别见第 9 行、第 28 行和第 47 行)，以限制这些 set 访问器只能在类的内部使用。与将实例变量声明成私有的理由一样，也将这些 set 访问器声明成私有的——这样做可减少代码维护量，控制对类数据的访问。尽管 Date 类的构造函数、方法和属性依然具有使用 set 访问器执行验证的全部优点，但类的客户必须使用类的构造函数来初始化 Date 对象中的数据。Year、Month 和 Day 的 get 访问器被隐式地设定成公共的——如果在 get 或 set 访问器的前面没有访问修饰符，则会使用属性的访问修饰符。

10.7.2   Employee 类

Employee 类(见图 10.8)具有公共自动实现的只读属性 FirstName、LastName、BirthDate 和 HireDate。BirthDate 和 HireDate(第 7~8 行)引用 Date 对象，表明类可以将其他类的对象引用当作成员。当然，对于 FirstName 和 LastName 属性来说，它们引用 String 对象时也是这样的情况。Employee 构造函数(第 11~18 行)利用它的 4 个参数来初始化类的属性。调用 Employee 类的 ToString 方法时，它返回的字符串包含两个 Date 对象的字符串表示，每个字符串都是隐式地调用 Date 类的 ToString 方法获得的。

第10章 类与对象：深入探究

```csharp
1   // Fig. 10.8: Employee.cs
2   // Employee class with references to other objects.
3   public class Employee
4   {
5      public string FirstName { get; }
6      public string LastName { get; }
7      public Date BirthDate { get; }
8      public Date HireDate { get; }
9
10     // constructor to initialize name, birth date and hire date
11     public Employee(string firstName, string lastName,
12         Date birthDate, Date hireDate)
13     {
14         FirstName = firstName;
15         LastName = lastName;
16         BirthDate = birthDate;
17         HireDate = hireDate;
18     }
19
20     // convert Employee to string format
21     public override string ToString() => $"{LastName}, {FirstName} " +
22         $"Hired: {HireDate}  Birthday: {BirthDate}";
23  }
```

图 10.8　引用其他对象的 Employee 类

10.7.3　EmployeeTest 类

EmployeeTest 类（见图 10.9）创建了两个 Date 对象（第 9 ~ 10 行），分别表示 Employee 的生日和雇用日期。第 11 行创建了一个 Employee 对象并初始化它的实例变量，向构造函数传入两个字符串（表示 Employee 的名字和姓氏）和两个 Date 对象（表示生日和雇用日期）。第 13 行隐式地调用 Employee 的 ToString 方法，显示它的字符串表示值，表明对象被正确地初始化了。

```csharp
1   // Fig. 10.9: EmployeeTest.cs
2   // Composition demonstration.
3   using System;
4
5   class EmployeeTest
6   {
7      static void Main()
8      {
9         var birthday = new Date(7, 24, 1949);
10        var hireDate = new Date(3, 12, 1988);
11        var employee = new Employee("Bob", "Blue", birthday, hireDate);
12
13        Console.WriteLine(employee);
14     }
15  }
```

```
Date object constructor for date 7/24/1949
Date object constructor for date 3/12/1988
Blue, Bob  Hired: 3/12/1988  Birthday: 7/24/1949
```

图 10.9　组合的用法示例

10.8　垃圾回收与析构函数

程序中创建的每一个对象，都要使用各种系统资源，比如内存。在许多编程语言中，这些系统资源保留给对象使用，直到程序员明确地将它们释放。如果管理资源的对象失去了所有引用，但还没有明确地释放资源，则程序不能再访问和释放这个资源。这称为资源泄漏（resource leak）。

当资源不再使用时，需要有某种方式将资源归还给系统，以避免资源泄漏。公共语言运行时（CLR）功能会自动进行内存管理，将不再使用的对象所占用的内存用垃圾收集器（garbage collector）回收，以便内存可以用于其他对象。当对象不再有任何引用时，它就变成了"适合回收的"。每个对象都有一个特殊的成员,称为析构函数(destructor),它由垃圾收集器调用,在垃圾收集器释放对象的内存之前,对对象执行"终止内务处理"(termination housekeeping)的工作。析构函数的声明与无参数构造函数类似,但它的名称是类名前面加上一个代字号(~),且首部没有访问修饰符。垃圾收集器调用对象的析构函数之后,对象就变成适合回收的了。用于存放这种对象的内存,可以由垃圾收集器释放。

C#中的内存泄漏(memory leak)问题,不像其他语言(如 C 和 C++语言)那样常见。因为在这些语言中,内存不是自动回收的。不过,有时在非常特别的情况下,C#中也会出现内存泄漏。还可能发生其他类型的资源泄漏。例如,程序可以打开一个磁盘文件并修改它的内容。如果文件没有关闭,那么在打开它的程序终止它之前,其他任何程序都不能修改(甚至使用)这个文件。

垃圾收集器的问题是:并不能保证在特定的时刻执行它的任务。因此,垃圾收集器可以在对象适合析构之后随时调用它的析构函数,在执行析构函数之后随时释放内存。事实上,这两种情况都可能不会在程序终止之前发生。因此,就无法确定析构函数是否调用、何时调用。为此,析构函数几乎从不使用。

软件工程结论 10.9

如果类中使用了资源,如磁盘文件,就应该提供一个方法来释放这些资源。为此,许多 Framework 类库中的类都提供 Close 或 Dispose 方法。13.6 节中将介绍 Dispose 方法,然后会将它用在后面的许多示例中。Close 方法通常用于与文件相关联的对象(见第 17 章),或者用于所谓的数据流的其他类型。

10.9 静态类成员

每一个对象都有自己的实例变量副本。某些情况下,只有某个特定变量的一个副本应当由类的所有对象共享。这时,就要使用静态变量(或属性)。静态变量或属性,表示类际信息(classwide information)——类的所有对象共享相同的一块数据。静态变量或属性的声明,以关键字 static 开头。

下面举一个静态数据的例子。假设某个视频游戏中有多个 Martian(火星人)和其他太空生物。每个火星人都很勇敢,只要有另外 4 个火星人存在,它们就敢于攻击其他太空生物。如果人数不到 5 个,则每个火星人都很胆小。因此,每个火星人都需要知道 martianCount 的值(即火星人的数量)。可以将 martianCount 作为 Martian 类的实例变量(或者属性,但此处只讨论作为实例变量的情形)。这样,每个 Martian 对象具有这个实例变量的一个副本,而且每次创建新的 Martian 对象时,都必须在所有 Martian 对象中更新 martianCount 实例变量。这样,冗余的副本会浪费空间,更新每个副本也会浪费时间,而且容易出错。为此,我们将 martianCount 声明成静态的,使 martianCount 成为类际数据。每个 Martian 都可以访问 martianCount,但是只需维护 martianCount 的一个静态副本,这样可以节省空间。通过一个 Martian 构造函数,使静态 martianCount 的值加 1,可以节约时间。由于只有一个副本,所以不需要为每个 Martian 对象的单独 martianCount 副本加 1。

软件工程结论 10.10

当类的所有对象必须共享变量的同一个副本时,应使用静态变量。

静态变量作用域

静态变量的作用域是它的类体。类的公共静态成员,可以在成员名前面加上类名和成员访问运算符"."来访问,如 Math.PI。类的私有静态成员,只能通过类的方法和属性访问。要从类外访问私有静态成员,可以提供一个公共的静态方法或属性。

常见编程错误 10.2

访问或调用静态成员时通过类实例来引用(像非静态成员一样),是一个编译错误。

软件工程结论 10.11
即使类的对象没有被实例化,也可以使用该类的静态变量、方法和属性。只要在执行时类已经被载入内存,就可以使用它的静态成员。

静态方法与非静态类成员

静态方法(或属性)不能直接访问非静态类成员,因为静态方法(或属性)可以在没有类对象存在的情况下被调用。基于同样的理由,也不能在静态方法中使用 this 引用——this 引用必须指向类的特定对象。调用静态方法时,内存中可能还没有该类的任何对象存在。

Employee 类

下一个程序包含两个类——Employee 类(见图 10.10)和 EmployeeTest 类(见图 10.11)。Employee 类声明了一个私有静态自动实现的属性 Count,用于维护已经创建的 Employee 类对象的数量。这里将 Count 的 set 访问器声明成私有的,因为只有 Employee 类才能修改 Count 的值。Count 为自动实现的静态属性,所以编译器会创建一个由 Count 管理的对应私有静态变量。如果声明静态变量时没有初始化它,则编译器会将它初始化成对应类型的默认值(这里的默认值为 0)。

Employee 对象存在时,Count 可以用在 Employee 对象的任何方法或属性中——这个示例在构造函数中递增 Count 的值(第 19 行)。客户代码能够用表达式 Employee.Count 访问 Count,这个表达式会求值为当前已经创建的 Employee 对象的数量。

```csharp
1   // Fig. 10.10: Employee.cs
2   // static property used to maintain a count of the number of
3   // Employee objects that have been created.
4   using System;
5
6   public class Employee
7   {
8       public static int Count { get; private set; } // objects in memory
9
10      public string FirstName { get; }
11      public string LastName { get; }
12
13      // initialize employee, add 1 to static Count and
14      // output string indicating that constructor was called
15      public Employee(string firstName, string lastName)
16      {
17          FirstName = firstName;
18          LastName = lastName;
19          ++Count; // increment static count of employees
20          Console.WriteLine("Employee constructor: " +
21              $"{FirstName} {LastName}; Count = {Count}");
22      }
23  }
```

图 10.10 用于维护已经创建的 Employee 类对象的数量的静态属性

EmployeeTest 类

EmployeeTest 类中的 Main 方法(见图 10.11)实例化两个 Employee 对象(第 14~15 行)。调用每个 Employee 对象的构造函数时,图 10.10 第 17~18 行将 Employee 的名字和姓氏,分别赋予属性 FirstName 和 LastName。这两条语句并不会复制原始字符串实参。

软件工程结论 10.12
实际上,C#中的字符串对象是不可变的(immutable)——创建之后不能被修改。因此,一个字符串可以具有多个引用,这是安全的。但对于大多数其他类的对象而言,通常不是这种情况。既然字符串对象不可变,那么为什么能够用 "+" "+=" 之类的运算符来拼接字符串对象呢?字符串拼接操作,实际上会得到包含拼接值的新字符串对象,原先的字符串对象并没有被改动。

```csharp
1   // Fig. 10.11: EmployeeTest.cs
2   // static member demonstration.
3   using System;
4
5   class EmployeeTest
6   {
7      static void Main()
8      {
9         // show that Count is 0 before creating Employees
10        Console.WriteLine(
11           $"Employees before instantiation: {Employee.Count}");
12
13        // create two Employees; Count should become 2
14        var e1 = new Employee("Susan", "Baker");
15        var e2 = new Employee("Bob", "Blue");
16
17        // show that Count is 2 after creating two Employees
18        Console.WriteLine(
19           $"\nEmployees after instantiation: {Employee.Count}");
20
21        // get names of Employees
22        Console.WriteLine($"\nEmployee 1: {e1.FirstName} {e1.LastName}");
23        Console.WriteLine($"Employee 2: {e2.FirstName} {e2.LastName}");
24
25        // in this example, there is only one reference to each Employee,
26        // so the following statements cause the CLR to mark each
27        // Employee object as being eligible for garbage collection
28        e1 = null; // mark object referenced by e1 as no longer needed
29        e2 = null; // mark object referenced by e2 as no longer needed
30     }
31  }
```

```
Employees before instantiation: 0
Employee constructor: Susan Baker; Count = 1
Employee constructor: Bob Blue; Count = 2

Employees after instantiation: 2

Employee 1: Susan Baker
Employee 2: Bob Blue
```

图 10.11 静态成员演示

图 10.11 第 18~19 行显示了更新后的 Count 值。Main 方法利用两个 Employee 对象执行完之后, 引用 e1 和 e2 在第 28~29 行被设置成 null。这时, e1 和 e2 不再引用第 14~15 行实例化的对象。对象就变成适合析构的了, 因为程序中不再有这些对象的引用。调用对象的析构函数之后, 对象就变成为适合回收内存的了。(注意, 这里并不需要将 e1 和 e2 设置成 null, 因为它们是局部变量——当引用类型的局部变量超出它的作用域时, 该对象的引用数量会被自动减少。)

最终, 垃圾收集器会回收这些对象的内存(或者当程序终止时, 由操作系统回收它们)。C#不能保证垃圾收集器何时执行甚至是否会执行。当垃圾收集器确实运行时, 有可能只有部分可回收的对象被收回, 也可能根本就没有。

10.10 只读实例变量

"最低权限原则"(principle of least privilege)是良好软件工程的基础。对于程序而言, 这一原则表示代码只能提供完成指定任务所需的权限和访问, 而不能更多。下面看看这个原则如何运用于实例变量。

有些实例变量需要修改, 有些则不需要。8.4 节中, 使用了关键字 const 来声明常量, 它必须在声明时被初始化——类的所有对象, 都具有该常量的同一个值。但是, 如果希望类的每一个对象, 对同一个常量具有不同的值, 该怎么办呢? 为此, C#提供了 readonly 关键字, 可以指定对象的实例变量不能修改, 在构建了这个对象之后, 如果修改它则会发生错误。例如:

```
private readonly int Increment;
```

声明了 int 类型的只读实例变量 Increment。和常量一样, 只读变量的标识符采用帕斯卡命名规范。尽管只读实例变量可以在声明时初始化,但这不是必要的。只读变量可以由类的每个构造函数初始化,或者在变量的声明中初始化。构造函数可以多次对只读实例变量赋值——变量要等构造函数执行完毕之后才变成不可修改的。如果构造函数不初始化只读变量,则该变量会和任何其他实例变量一样,接收相同的默认值(数字简单类型为 0, 布尔类型为 false, 引用类型为 null)——实际上,这些值是在执行构造函数之前被设置的,但是它们可以由被调用的构造函数重新赋值。

软件工程结论 10.13
将实例变量声明为只读的,有助于遵循最低权限原则。如果在构造完对象之后实例变量的值不应当被修改,则可以将它声明为只读的,以防止被修改。

常量成员必须在编译时赋值。常量成员只能用其他常量值初始化,如整数、字符串字面值、字符或者其他常量成员。如果常量成员的值不能在编译时确定——比如常量是用某个方法调用的结果初始化的,则必须用 readonly 关键字声明,以便在执行时能初始化。只读变量可以用更复杂的表达式初始化,如数组初始值设定项、返回数值或对象引用的方法调用等。

常见编程错误 10.3
除了在声明或对象的构造函数调用的情况下,试图修改只读实例变量是一个编译错误。

错误防止提示 10.1
试图修改只读实例变量,会在编译时引起错误,而不是导致执行时错误。程序员总是希望尽可能在编译阶段找出程序的 bug,而不愿在执行阶段才发现它们(研究发现,修复执行阶段发现的 bug, 费时又费力)。

软件工程结论 10.14
如果只读实例变量在声明时被初始化为常量,则不需要类的每个对象有一个单独的副本。对于这样的变量,应将其声明为常量。用 const 声明的常量隐含为静态的,因此整个类只用一个副本。

C# 6 只读自动实现的属性与 readonly 关键字

8.6.1 节中讲解过 C# 6 只读自动实现的属性。当自动实现的属性只具有 get 访问器时,则该属性只能用于读取值,所以编译器会隐式地将对应的私有实例变量声明成 readonly 类型。只读自动实现的属性可以在它的声明或者构造函数中被初始化。

10.11 Class View 与 Object Browser

前面已经介绍过面向对象编程的主要概念,下面讲解 Visual Studio 中的两个特性——Class View 和 Object Browser, 可以帮助设计面向对象的程序。

10.11.1 使用 Class View 窗口

Class View 显示项目中所有类的字段、方法和属性。选择 View > Class View, 会显示一个 Class View 选项卡, 它位于 IDE 中 Solution Explorer 选项卡的相邻位置。图 10.12 中显示的 Class View 窗口, 是针对图 10.1(Time1 类)和图 10.2(Time1Test 类)的 Time1 项目的。

该视图显示成层次式结构,项目名称(Time1)是根,它包含一系列节点,表示这个项目中的类、变量、方法和属性。如果在节点左边出现:

▷

则表示这个节点可以展开,从而显示其他的节点。如果在节点左边出现:

◢

则表示这个节点可以缩合。从这个 Class View 窗口可以看出, Time1 项目包含 Time1 类和作为子类的

Time1Test 类。选中 Time1 类时,可以在窗口下方看到类的成员。Time1 类包含 SetTime、ToString 和 ToUniversalString 方法,它们用下面的紫色框表示:

还包含公共属性 Hour、Minute 和 Second,用下面的扳手图标表示:

如果某个类具有私有成员,则成员图标中会包含一个小锁。Time1 类和 Time1Test 类都具有 Base Types 节点。如果展开这个节点,则可以看到 Object 类,因为每个类都继承自 System.Object 类(见第 11 章的介绍)。

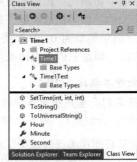

图 10.12 Time1 类(见图 10.1)和 Time1Test 类(见图 10.2)的 Class View 窗口

10.11.2 使用 Object Browser 窗口

Visual Studio 的 Object Browser 中列出了 .NET 库中所有的类。可以用 Object Browser 了解特定类提供的功能。为了打开 Object Browser,需选择 View > Object Browser。图 10.13 显示了用户在 System 命名空间的 Math 类中导航时的 Object Browser 窗口。为此,需展开 Object Browser 左上角窗格中的 mscorlib(Microsoft Core Library)节点,然后展开它的 System 子节点。来自 System 命名空间中的大多数常见的类(比如 System.Math)都位于 mscorlib 中。

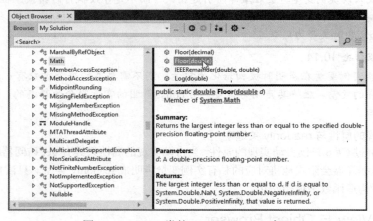

图 10.13 Math 类的 Object Browser 窗口

Object Browser 在右上角窗格中列出了 Math 类提供的所有方法,这使得程序员可以立即得到关于各种对象功能的信息。如果单击右上角窗格中的成员名,则可以在右下角窗格中看到这个成员的描述。Object Browser 是了解类或类的某个方法的一种快速机制。在 Object Browser 中选择某个类型或者成员,然后按 F1 键,也可以查看类或方法的完整在线文档描述。

10.12 对象初始值设定项

利用对象初始值设定项(object initializer),使程序员能够在同一条语句中创建对象并初始化它的公共属性(和公共实例变量,如果有的话)。当类没有提供满足需求的合适构造函数,但提供了调用时可以不带实参的一个构造函数,以及可以用来设置类数据的属性时,就可以利用对象初始值设定项。下面的这两条语句,演示了使用图 10.5 中 Time2 类的对象初始值设定项。

```
// create a Time2 object and initialize its properties
var aTime = new Time2 {Hour = 14, Minute = 30, Second = 12};
```

```
// create a Time2 object and initialize only its Minute property
var anotherTime = new Time2 {Minute = 45};
```

第一条语句创建了一个 Time2 对象(aTime)，它用 Time2 类的构造函数初始化，调用这个构造函数时可以不带实参，然后使用对象初始值设定项来设置它的 Hour、Minute 和 Second 属性值。注意，紧跟在 new Time2 后面的是一个对象初始值设定项表(object-initializer list)，它是一个属性及其值的逗号分隔表，位于花括号中。每个属性名只能在对象初始值设定项表中出现一次。对象初始值设定项按出现的顺序执行属性初始值设定工作。

第二条语句创建了一个新的 Time2 对象(anotherTime)，它用 Time2 类的构造函数初始化，调用这个构造函数时可以不带实参，然后使用对象初始值设定项来设置它的 Minute 属性。当调用 Time2 构造函数时如果不带实参，则会将它初始化成午夜时刻。然后，对象初始值设定项将每个指定的属性设置为所提供的值。这里将 Minute 属性设置为 45，Hour 和 Second 属性保持默认值，因为对象初始值设定项中没有指定它们的值。

10.13 运算符重载以及 struct 简介

对于某些类型的操作(如算术运算)而言，方法调用的形式有可能很笨拙。对于这类情形，方便的做法是使用 C# 丰富的内置运算符。这一节将讲解的是如何创建用于自定义类型的对象的运算符，这个过程称为运算符重载(operator overloading)。

大多数运算符都是可以被重载的。有些运算符经常要被重载，特别是各种算术运算符(如+和−)。与方法调用相比，使用运算符是一种更为自然的形式。所有可被重载的运算符的清单，请参见：

https://msdn.microsoft.com/library/8edha89s

10.13.1 用 struct 创建值类型

为了演示运算符重载的用法，我们定义一种 ComplexNumber 类型(见 10.13.2 节)。复数的形式如下：

realPart + *imaginaryPart* * i

其中 i 为 $\sqrt{-1}$。与整数和浮点数一样，复数也是常用于计算的一种数字类型。我们知道，C#的简单数字类型为值类型。为了模仿简单数字类型，这里利用 struct 关键字(structure 的缩写)，将 ComplexNumber 定义成一种值类型，而不是将它定义成一个类。C#中的简单类型，比如 int 和 double，实际上是 struct 类型的别名——int 由 struct System.Int32 定义，long 由 System.Int64 定义，而 double 的定义由 System.Double 给出。10.13.2 节中讲解的运算符重载技术，也可以应用于类。

何时声明 struct 类型

Microsoft 建议对大多数新类型通过类来定义。但是对于下列情形，建议使用 struct：

● 定义的类型只表示一个值——复数就是同时具有实数部分和虚数部分的一个数。
● 对象的大小不超过 16 字节——复数的实部和虚部将分别用一个 double 值表示(总共 16 字节)。

有关建议使用 struct 的全部情形，请参见：

https://msdn.microsoft.com/library/ms229017

10.13.2 ComplexNumber 值类型

值类型 ComplexNumber(见图 10.14)重载了加(+)、减(−)、乘(*)运算符，使程序能像普通算术运算一样将 ComplexNumber 的实例相加、相减和相乘。第 9~10 行分别为 ComplexNumber 的 Real(实数)部分和 Imaginary(虚数)部分定义了自动实现的只读属性。

```csharp
1   // Fig. 10.14: ComplexNumber.cs
2   // Value type that overloads operators for adding, subtracting
3   // and multiplying complex numbers.
4   using System;
5
6   public struct ComplexNumber
7   {
8      // read-only properties that get the real and imaginary component
9      public double Real { get; }
10     public double Imaginary { get; }
11
12     // constructor
13     public ComplexNumber(double real, double imaginary)
14     {
15        Real = real;
16        Imaginary = imaginary;
17     }
18
19     // return string representation of ComplexNumber
20     public override string ToString() =>
21        $"({Real} {(Imaginary < 0 ? "-" : "+")} {Math.Abs(Imaginary)}i)";
22
23     // overload the addition operator
24     public static ComplexNumber operator+(ComplexNumber x, ComplexNumber y)
25     {
26        return new ComplexNumber(x.Real + y.Real,
27           x.Imaginary + y.Imaginary);
28     }
29
30     // overload the subtraction operator
31     public static ComplexNumber operator-(ComplexNumber x, ComplexNumber y)
32     {
33        return new ComplexNumber(x.Real - y.Real,
34           x.Imaginary - y.Imaginary );
35     }
36
37     // overload the multiplication operator
38     public static ComplexNumber operator*(ComplexNumber x, ComplexNumber y)
39     {
40        return new ComplexNumber(
41           x.Real * y.Real - x.Imaginary * y.Imaginary,
42           x.Real * y.Imaginary + y.Real * x.Imaginary);
43     }
44  }
```

图 10.14 重载加、减、乘运算符，用于复数的值类型

构造函数

第 13～17 行定义的 ComplexNumber 构造函数，接收的参数用于初始化 Real 和 Imaginary 属性。与类不同，不能为 struct 定义一个无参数构造函数——编译器总是会提供一个初始化 struct 实例变量的默认构造函数，并会将它们初始化成默认值。此外，struct 也不能在实例变量或者属性声明中指定初始值。

重载的运算符

第 24～28 行重载了加法运算符，对两个复数执行加法操作。关键字 operator 后面跟着一个运算符符号（如+），表示这个方法重载了指定的运算符。对于重载的运算符方法，必须被声明成公共的和静态的。

重载二元运算符的方法，必须具有两个实参——第一个是左操作数，第二个是右操作数。ComplexNumber 类的重载加法运算符有两个 ComplexNumber 实参，并且返回表示这两个实参之和的一个 ComplexNumber。方法体将这两个 ComplexNumber 相加，并将结果作为一个新的 ComplexNumber 返回。

这里没有修改实参 x 和 y 传入的原操作数内容，这符合我们对这个操作的直观要求——两个数相加，并不会改变它们的值。第 31～43 行提供类似的重载运算符，对 ComplexNumber 执行减法和乘法运算。

软件工程结论 10.15

重载运算符对类对象的处理和运算，与对简单类型对象的处理相似。这样就避免了不直观地使用运算符。

软件工程结论 10.16

重载运算符方法中,应至少有一个参数必须为所重载运算符的类型。这样可防止程序员改变运算符对简单类型的操作。

软件工程结论 10.17

尽管无法重载算术赋值运算符(如+=和-=),但 C#允许将它们与声明对应算术运算符(如+和-)的任何类型一起使用。

10.13.3 ComplexTest 类

ComplexTest 类(见图 10.15)演示了 ComplexNumber 的相加、相减和相乘的重载运算符的用法。第 10 ~ 21 行提示用户输入两个复数的实数部分和虚数部分,然后用这个输入创建两个 ComplexNumber 对象,用于计算。

```
1   // Fig. 10.15: ComplexTest.cs
2   // Overloading operators for complex numbers.
3   using System;
4
5   class ComplexTest
6   {
7      static void Main()
8      {
9         // prompt the user to enter the first complex number
10        Console.Write("Enter the real part of complex number x: ");
11        double realPart = double.Parse(Console.ReadLine());
12        Console.Write("Enter the imaginary part of complex number x: ");
13        double imaginaryPart = double.Parse(Console.ReadLine());
14        var x = new ComplexNumber(realPart, imaginaryPart);
15
16        // prompt the user to enter the second complex number
17        Console.Write("\nEnter the real part of complex number y: ");
18        realPart = double.Parse(Console.ReadLine());
19        Console.Write("Enter the imaginary part of complex number y: ");
20        imaginaryPart = double.Parse(Console.ReadLine());
21        var y = new ComplexNumber(realPart, imaginaryPart);
22
23        // display the results of calculations with x and y
24        Console.WriteLine();
25        Console.WriteLine($"{x} + {y} = {x + y}");
26        Console.WriteLine($"{x} - {y} = {x - y}");
27        Console.WriteLine($"{x} * {y} = {x * y}");
28     }
29  }
```

```
Enter the real part of complex number x: 2
Enter the imaginary part of complex number x: 4
Enter the real part of complex number y: 4
Enter the imaginary part of complex number y: -2

(2 + 4i) + (4 - 2i) = (6 + 2i)
(2 + 4i) - (4 - 2i) = (-2 + 6i)
(2 + 4i) * (4 - 2i) = (16 + 12i)
```

图 10.15　为复数重载运算符

第 25 ~ 27 行用重载运算符将 x 和 y 相加、相减和相乘(利用字符串插值表达式),然后输出结果。第 25 行执行的是加法,对 ComplexNumber 操作数 x 和 y 使用加法运算符。如果没有运算符重载,则表达式 x + y 没有意义,编译器不知道两个 ComplexNumber 对象如何相加。这个表达式在这里是有意义的,因为已经在图 10.14 第 24 ~ 28 行定义了两个 ComplexNumber 的加法运算符。图 10.15 第 25 行将两个复数相加时,会调用"operator+"声明,传入的左操作数为第一个实参,右操作数为第二个实参。第 26 ~ 27 行使用减法和乘法运算符时,也同样调用相应的重载运算符声明。

每一个计算的结果,都是由对应的重载运算符方法返回的一个新 ComplexNumber 对象。当将这个新对象置于字符串插值表达式中时,会隐式调用它的 ToString 方法(见图 10.14 第 20 ~ 21 行)。图 10.15 第 25

10.14 Time 类案例分析：扩展方法

行中的表达式 "x + y"，也可以改写成显式地调用结果 ComplexNumber 对象的 ToString 方法，如下所示：

```
(x + y).ToString()
```

可以用扩展方法在现有类型中增加新功能，而不必修改类型的源代码。9.3.3 节中讲过，LINQ 的功能就是通过扩展方法实现的。图 10.16 使用扩展方法，为（10.5 节中的）Time2 类添加了两个新方法——DisplayTime 和 AddHours。

```csharp
1   // Fig. 10.16: TimeExtensionsTest.cs
2   // Demonstrating extension methods.
3   using System;
4
5   class TimeExtensionsTest
6   {
7      static void Main()
8      {
9         var myTime = new Time2(); // call Time2 constructor
10        myTime.SetTime(11, 34, 15); // set the time to 11:34:15
11
12        // test the DisplayTime extension method
13        Console.Write("Use the DisplayTime extension method: ");
14        myTime.DisplayTime();
15
16        // test the AddHours extension method
17        Console.Write("Add 5 hours with the AddHours extension method: ");
18        var timeAdded = myTime.AddHours(5); // add five hours
19        timeAdded.DisplayTime(); // display the new Time2 object
20
21        // add hours and display the time in one statement
22        Console.Write("Add 15 hours with the AddHours extension method: ");
23        myTime.AddHours(15).DisplayTime(); // add hours and display time
24
25        // use fully qualified extension-method name to display the time
26        Console.Write("Use fully qualified extension-method name: ");
27        TimeExtensions.DisplayTime(myTime);
28     }
29  }
30
31  // extension-methods class
32  static class TimeExtensions
33  {
34     // display the Time2 object in console
35     public static void DisplayTime(this Time2 aTime)
36     {
37        Console.WriteLine(aTime.ToString());
38     }
39
40     // add the specified number of hours to the time
41     // and return a new Time2 object
42     public static Time2 AddHours(this Time2 aTime, int hours)
43     {
44        // create a new Time2 object
45        var newTime = new Time2() {
46           Minute = aTime.Minute, Second = aTime.Second};
47
48        // add the specified number of hours to the given time
49        newTime.Hour = (aTime.Hour + hours) % 24;
50
51        return newTime; // return the new Time2 object
52     }
53  }
```

```
Use the DisplayTime extension method: 11:34:15 AM
Add 5 hours with the AddHours extension method: 4:34:15 PM
Add 15 hours with the AddHours extension method: 2:34:15 AM
Use fully qualified extension-method name: 11:34:15 AM
```

图 10.16　演示扩展方法的用法

DisplayTime 扩展方法

扩展方法 DisplayTime(第 35～38 行)在控制台窗口中显示时间的字符串表示。这个方法的主要新特性是 this 关键字,它位于方法首部 Time2 参数的前面(第 35 行)——这会告知编译器 DisplayTime 是现有类(Time2 类)的一个扩展方法。扩展方法第一个参数的类型,指定了可以用哪一种类型的对象调用这个方法。因此,每一个扩展方法都必须至少定义一个参数。此外,扩展方法还必须被定义成静态类中的静态方法,如 TimeExtensions 类(第 32～53 行)。静态类只能包含静态成员,不能被实例化。

调用 DisplayTime 扩展方法

第 14 行使用 Time2 对象 myTime,调用 DisplayTime 扩展方法。注意,这里没有提供方法调用的实参。编译器会隐式传入调用方法时的对象(myTime),作为扩展方法的第一个实参。这样,调用 DisplayTime 时,就好像它是一个 Time2 实例方法。事实上,智能感知(IntelliSense)特性会显示扩展方法和类的实例方法,并会用如下的图标将扩展方法标出:

图标中的向下箭头,表明这是一个扩展方法。此外,当在 IntelliSense 窗口里选中一个扩展方法时,所显示的工具提示会包含文本"(extension)",表示它是一个扩展方法。

AddHours 扩展方法

图 10.16 第 42～52 行定义了 AddHours 扩展方法。同样,第一个参数声明中的 this 关键字,表示可以对 Time2 对象调用 AddHours 方法。第二个参数是一个 int 值,它指定时间中要增加的小时数。AddHours 方法返回增加指定小时数之后的新 Time2 对象。

第 45～46 行创建了一个 Time2 新对象,并用对象初始值设定项,将 Minute 和 Second 属性分别设置成参数 aTime 中对应的值——当只增加小时数时,这两个值不会更改。第 49 行在原 Time2 对象的 Hour 属性中增加第二个实参中指定的小时数,然后用"%"运算符保证值的范围为 0～23。这个值被赋予新 Time2 对象的 Hour 属性。第 51 行将这个新 Time2 对象返回给调用者。

调用 AddHours 扩展方法

第 18 行调用 AddHours 扩展方法,在 myTime 对象的小时值中增加 5 小时。注意,方法调用只指定了一个实参——要增加的小时数。同样,编译器隐式地将方法调用所用的对象(myTime)传入,作为扩展方法的第一个实参。AddHours 返回的 Time2 对象被赋予局部变量(timeAdded),并用 DisplayTime 扩展方法在控制台中显示(第 19 行)。

在一条语句中同时调用两个扩展方法

第 23 行在一条语句中同时使用扩展方法 DisplayTime 和 AddHours,在 myTime 中增加 15 小时并在控制台中显示结果。在一条语句中同时调用多个方法,被称为"层叠式方法调用"(cascaded method call)。一个方法返回一个对象之后,可以在该方法调用的后面加一个成员访问运算符".",然后对所返回的对象调用另一个方法。方法是从左至右调用的。第 23 行中,DisplayTime 方法是对由 AddHours 方法返回的 Time2 对象进行调用。这样做,就不必将 AddHours 方法返回的对象赋予一个变量,然后在另一条语句中调用 DisplayTime 方法。

用完全限定名调用扩展方法

第 27 行用完全限定名调用扩展方法 DisplayTime,即扩展方法所在类名(TimeExtensions)后接成员访问运算符"."和方法名(DisplayTime)及其实参表。注意第 27 行,它调用 DisplayTime 时将 Time2 对象作为方法实参传入。使用完全限定方法名时,必须指定一个实参作为扩展方法的第一个参数。扩展方法的这种用法采用了静态方法调用的语法。

使用扩展方法的提醒

如果定义扩展方法时,所采用的类型已经被实例方法定义,并且名称相同、签名兼容,则实例方法会掩盖(隐藏)扩展方法。此外，如果以后更新预定义的类型，让实例方法掩盖扩展方法，则编译器不会报告任何错误，智能感知特性不会显示这个扩展方法。

10.15　小结

本章介绍了类的更多概念。有关时间的几个示例，给出了一个完整的类声明，包括私有数据、重载公共构造函数(提高初始化灵活性)、操作类数据的属性，以及以两种不同格式返回时间的字符串表示。

对于类的非静态方法和属性，this 引用隐式地用于访问当前对象的实例变量和其他非静态成员。这里显式地用 this 引用访问类成员(包括被隐藏的实例变量)，我们看到了在构造函数中如何用关键字 this 调用同一类的另一个构造函数。

利用组合功能，使类可以引用其他类的对象，将它作为成员。本章介绍了 C# 的垃圾回收功能，了解了它如何回收不再使用的对象的内存。然后解释了类中静态变量的功能，并演示了如何在自己的类中声明并使用静态变量和方法。此外分析了如何声明并初始化只读变量，对于只读自动实现的变量，编译器会自动将其标记为只读实例变量。

本章介绍了如何用 Visual Studio 的 Class View 和 Object Browser 窗口，在 Framework 类库的类和程序的类中导航，以找出这些类的信息。创建对象时，可以用对象初始值设定项将其属性初始化。介绍了如何定义重载运算符，使内置运算符在类对象中有不同的行为。还讲解了如何用 struct 创建自己的值类型。最后，展示了如何利用扩展方法来对已有类型进行功能扩展，而不必修改源代码。

下一章将讲解继承。我们将看到，C# 中的所有类都直接或间接与 object 根类相关。下一章还会讲解继承如何使程序员能够更快地创建相关联的类。

摘要

10.2.1 节　Time1 类的声明
- 类的公共方法，是类向客户提供的公共服务或公共接口。
- 修改私有变量值的方法和属性，要验证新值是否有效。
- 类的方法和属性可以抛出异常，表明遇到了无效数据。

10.2.2 节　使用 Time1 类
- 类的客户并不关心类中数据的实际表示方法。这使得程序员能够改变类的表示形式。客户可以使用相同的公共方法和属性，在不知道这些变化的情况下得到相同的结果。
- 客户不关心、也不必知道类的实现细节。通常，客户关心的是类能做什么，而不关心它是如何做的。

10.3 节　控制对成员的访问
- 访问修饰符 public 和 private 控制着对类的变量、方法和属性的访问。类的私有变量、属性和方法是类的客户无法直接访问的。
- 如果客户试图使用另一个类的私有成员，则编译器会产生错误消息，指出这些私有成员无法访问。

10.4 节　用 this 引用访问当前对象的成员
- 每个对象都可以用关键字 this 引用自己。调用特定对象的非静态方法时，方法体会隐式地用关键字 this 引用这个对象的实例变量、其他方法和属性。
- 如果方法包含与字段同名的局部变量，则方法将引用局部变量而不是引用字段。但是，非静态方法可以使用 this 引用来显式地引用隐藏的实例变量。
- 方法中的参数名称或局部变量名称，应避免与字段名称冲突。这有助于防止微妙的、难于查找的错误。

10.5 节 Time 类案例分析：重载构造函数
- 要重载构造函数，只需提供具有不同签名的多个构造函数声明即可。

10.5.1 节 带重载构造函数的 Time2 类
- 在构造函数首部的后面加上构造函数初始值设定项": this(args)"，会调用同一个类中匹配的重载构造函数。
- 构造函数初始值设定项，是一种复用初始化代码的流行办法，这些代码由类的某个构造函数提供，而不是在另一构造函数体中由相似的代码定义。
- 当类的一个对象具有同一类的另一对象的引用时，第一个对象可以访问第二个对象的所有数据和方法（包括私有数据和方法）。
- 当实现类的方法时，应使用类的属性来访问类的私有数据。这样做可以减少代码维护的工作量，降低出错的可能性。
- 带三个实参的 ArgumentOutOfRangeException 构造函数，使程序员能够指定越界的项的名称、越界项的值和错误消息。

10.6 节 默认构造函数和无参数构造函数
- 每一个类都必须至少有一个构造函数。如果在类的声明中没有指定构造函数，则编译器会为这个类创建一个默认构造函数。
- 对于已经显式地声明了至少一个构造函数的类，编译器不会创建默认构造函数。这时，如果希望能够调用不带实参的构造函数，则必须声明一个无参数构造函数。

10.7 节 组合
- 类可以具有值类型的对象，或者引用其他类的对象，将它作为自己的成员。这种功能称为组合，有时也称为"有"关系。

10.8 节 垃圾回收与析构函数
- 程序中创建的每一个对象，都要使用各种系统资源，比如内存。CLR 会自动进行内存管理，将不再使用的对象所占用的内存用垃圾收集器回收。
- 在垃圾收集器回收对象的内存之前，由垃圾收集器调用析构函数，执行"终止内务处理"工作。
- C#中的内存泄漏问题不像其他语言（如 C 和 C++语言）那样常见。因为在这些语言中，内存不是自动回收的。
- 垃圾收集器的问题是：并不能保证在特定的时刻执行它的任务。因此，垃圾收集器可以在对象适合析构之后随时调用析构函数，这样就无法确定析构函数是否被调用、何时调用。

10.9 节 静态类成员
- 静态变量表示类际信息——类的所有对象共享同一个变量。
- 静态变量的作用域是它的类体。类的公共静态成员，可以通过用类名加上成员访问运算符"."、限定成员名来访问。
- 即使类的对象不存在，它的静态成员也存在——只要在执行时类载入了内存，就可以使用这些静态成员。
- C#中的字符串对象是不可变的——创建之后不能被修改。因此，一个字符串对象可以具有多个引用，这是安全的。
- 静态方法不能直接访问非静态类成员，因为静态方法可以在不存在类对象的情况下被调用。出于同样的理由，this 引用不能在静态方法中使用。

10.10 节 只读实例变量
- "最低权限原则"是良好软件工程的基础。对于程序，这一原则表示代码只能提供完成指定任务所需的权限和访问，而不能更多。

- 在构造了只读实例变量的对象之后，如果试图修改它，就会产生错误。
- 尽管只读实例变量可以在声明时初始化，但这不是必要的。只读变量可以由类的每个构造函数初始化。
- 声明为 const 的成员，必须在编译时赋值。不能在编译时确定值的常量成员，必须用 readonly 关键字声明，以便在执行时能初始化。
- 若自动实现的属性只具有 get 访问器，则该属性只能用于读取值，所以编译器会隐式地将对应的私有实例变量声明成只读类型。

10.11.1 节　使用 Class View 窗口
- Class View 窗口用于显示项目中所有类的字段、方法和属性。该视图显示成层次式结构，项目名称是根，它包含一系列节点，每一个节点表示这个项目中的类、字段、方法和属性。

10.11.2 节　使用 Object Browser 窗口
- Object Browser 窗口中列出了 Framework 类库中的所有类。这个窗口是了解类或类的方法的一种快速机制。

10.12 节　对象初始值设定项
- 利用对象初始值设定项，使程序员能够在同一条语句中创建对象并初始化它的公共属性（和公共实例变量，如果有的话）。
- 对象初始值设定项表是一个属性（和公共实例变量）及其值的逗号分隔表，位于一对花括号中。
- 每个属性名和实例变量名只能在对象初始值设定项表中出现一次。
- 对象初始值设定项会首先调用类的构造函数，然后按它们出现的顺序，依次设置在对象初始值设定项表中指定的每个属性和变量的值。

10.13 节　运算符重载以及 struct 简介
- 方法调用的形式对某些类很麻烦，尤其是与数学有关的类。有时，可以方便地利用 C#丰富的内置运算符来指定对象的操作。

10.13.1 节　用 struct 创建值类型
- 可以用 struct 定义自己的值类型。
- C#的简单类型（如 int 和 double），实际上都是 struct 类型的别名。
- Microsoft 建议对大多数新类型通过类来定义，但是对于下列情形，建议使用 struct：表示单一值的类型，以及大小不超过 16 字节的对象。

10.13.2 节　ComplexNumber 值类型
- 关键字 operator 后面跟着一个运算符符号，表示方法重载了这个运算符。重载二元运算符的方法，必须被声明成静态的，并且应带有两个实参。第一个实参为左操作数，第二个实参为右操作数。
- 重载运算符对类对象的处理和运算，与对简单类型对象的处理相似。应避免不直观地使用运算符。

10.14 节　Time 类案例分析：扩展方法
- 扩展方法在现有类型中增加新功能，而不必修改类型的源代码。
- LINQ 功能也是以扩展方法的形式出现的。
- 在方法首部第一个参数（对象参数）的前面加上关键字 this，表明这个方法扩展了已有的类型。C#编译器用这个信息将增加的代码插入到编译过的程序中，使现有类型可以使用扩展方法。
- 扩展方法第一个参数的类型，指定了所扩展的类型。
- 必须将扩展方法定义成静态类中的静态方法。
- 编译器会隐式地传入调用方法时的对象，作为扩展方法的第一个实参。这样，调用扩展方法就好像调用扩展类的实例方法一样。

- 智能感知特性会显示扩展方法和类的实例方法,并会用一个特殊的图标将扩展方法标出。
- 调用层叠式方法时,是从左至右进行的。
- 扩展方法的完全限定名,是扩展方法所在的类名,后接成员访问运算符"."和方法名及其实参表。使用完全限定方法名时,必须指定一个实参作为扩展方法的第一个参数。
- 如果扩展的类型定义了和扩展方法同名的实例方法,并且如果签名兼容,则实例方法会掩盖扩展方法。

术语表

ArgumentOutOfRangeException Class ArgumentOutOfRangeException 类
Class View Class View 窗口
classwide information 类际信息
composition 组合
data representation 数据表示
destructor 析构函数
eligible for destruction 适合析构的
extension method 扩展方法
garbage collector 垃圾收集器
has-a relationship "有"关系
immutable 不可变的
memory leak 内存泄漏

nameof operator nameof 运算符
Object Browser Object Browser 窗口
object initializer 对象初始值设定项
operator keyword operator 关键字
operator overloading 运算符重载
overloaded constructors 重载构造函数
public interface 公共接口
public service 公共服务
resource leak 资源泄漏
service of a class 类的服务
static variable 静态变量
this keyword this 关键字
throw an exception 抛出异常

自测题

10.1 填空题。

a) 类的公共成员,也称为类的_____或_____。
b) 如果方法包含与某个字段同名的一个局部变量,则该局部变量将_____该方法作用域内的这个字段。
c) 在释放对象的内存之前,垃圾收集器会调用_____。
d) 如果类声明了构造函数,则编译器不会创建_____。
e) 对象出现在代码中需要字符串的地方时,可以隐式地调用对象的_____方法。
f) 有时,组合被称为_____关系。
g) _____变量表示类际信息——类的所有对象共享这个变量。
h) _____要求代码只能提供完成指定任务所需的权限和访问。
i) 用关键字_____声明的实例变量,指定该变量是不可修改的。
j) _____运算符,返回标识符名称的字符串表示。
k) _____可用来定义内置运算符如何操作自定义类型的对象。
l) _____可用来为已有类型增加新功能。

10.2 假设 Book 类定义了 Title、Author 和 Year 属性。利用对象初始值设定项,创建一个 Book 类对象,并初始化它的属性。

自测题答案

10.1 a) 公共服务,公共接口。b) 隐藏。c) 析构函数。d) 默认构造函数。e) ToString。f) "有"。g) 静态。h) "最小权限原则"。i) readonly。j) nameof。k) 运算符重载。l) 扩展方法。

10.2 `new Book {Title = "Visual C# How to Program", Author = "Deitel", Year = 2017}`

练习题

10.3 （矩形类）创建一个 Rectangle 类。这个类具有属性 length 和 width，它们的默认值均为 1。它还包含只读属性 Perimeter（周长）和 Area（面积）。通过 set 访问器验证 length 和 width 都为大于 0.0 且小于 20.0 的浮点数。编写一个程序，测试这个 Rectangle 类。

10.4 （修改类的内部数据表示）对于图 10.5 中的 Time2 类而言，完全有理由将它的内部时间表示成自午夜开始的秒数，而不是三个整数值 hour、minute 和 second。客户程序照样可以使用相同的公共方法和属性得到同样的结果。修改图 10.5 中的 Time2 类，将 Time2 实现成自午夜算起的秒数，并用图 10.6 中的同一个测试程序进行验证：对于类的客户而言，这些变化是不可见的。

10.5 （储蓄账户类）创建一个 SavingsAccount 类。利用一个静态属性 AnnualInterestRate（可读写）来保存全部账户持有人的年利率。类的每个对象都包含一个 SavingsBalance 属性，表示该存款账户当前的存款余额。提供一个计算月利息的 CalculateMonthlyInterest 方法，计算办法是将 SavingsBalance 与 AnnualInterestRate 相乘并除以 12，并将这个利息值添加到 SavingsBalance 中。编写一个程序，测试这个 SavingsAccount 类。创建两个 savingsAccount 对象 saver1 和 saver2，它们分别具有余额 2000.00 美元和 3000.00 美元。将 AnnualInterestRate 设置成 4%，然后计算月利息并为这两个账户显示新的余额。接着，将 AnnualInterestRate 设置成 5%，计算下一个月的月利息并为这两个账户显示新的余额。

10.6 （增强的 Date 类）修改图 10.7 中的 Date 类，对实例变量 month、day 和 year 的初始化值执行错误检查（Date 类目前只验证月份和日期）。需要将自动实现的属性 Year 转换成具有相关 Year 属性的实例变量 year。提供一个 NextDay 方法，将日期增加 1。Date 对象应总是包含有效的数据，并在企图被设置成无效数据时抛出异常。编写一个测试 NextDay 方法的程序，在每个循环迭代中显示日期，演示该方法运行正确。应测试如下几种情况：

a) 递增到下一个月。
b) 递增到下一年。

10.7 （整数集合）创建一个 IntegerSet 类。每一个 IntegerSet 对象保存的是 0～100 的整数。集合被表示成一个布尔型数组。如果 i 在集合中，则数组元素 a[i] 的值为 true；如果 j 不在集合中，则数组元素 a[j] 的值为 false。无参数构造函数将数组初始化成一个"空集合"（即数组中的值全为 false 的集合）。提供如下这些方法：

a) Union 方法创建第三个集合，它是两个现有集合的并集（即如果两个集合中处于同一位置的元素值有一个或两个为 true，则第三个集合中对应的数组元素为 true，否则为 false）。
b) Intersection 方法创建第三个集合，它是两个现有集合的交集（即如果两个集合中处于同一位置的元素值有一个或两个为 false，则第三个集合中对应的数组元素为 false，否则为 true）。
c) InsertElement 方法将一个新的整数 k 插入集合中（将 a[k] 设置为 true）。
d) DeleteElement 方法删除整数 m——将 a[m] 设置为 false。
e) ToString 方法返回一个字符串，它包含用空格分隔的集合中的数字列表。只包括集合中出现的元素，用 "---" 表示空集合。
f) IsEqualTo 方法判断两个集合是否相等。

编写一个程序，测试这个 IntegerSet 类。实例化几个 IntegerSet 对象，测试所有的方法是否正常工作。

10.8 （有理数）创建一个 Rational 类，执行带分数的算术运算。编写一个程序，测试这个类。用两个整数变量表示类的私有实例变量——numerator（分子）和 denominator（分母）。提供一个构造函数，使得在声明类的对象时能够将它初始化。这个构造函数应当以简化形式保存分数。分数：

等于 1/2，因此在对象中应将 numerator 保存为 1，将 denominator 保存为 2。提供一个无参数构造函数，用于在没有提供初始值设定项的情况下使用默认值。提供几个公共方法，分别执行如下操作(所有计算结果应为简化形式)：

a) 两个有理数相加。
b) 两个有理数相减。
c) 两个有理数相乘。
d) 两个有理数相除。
e) 以 a/b 的形式显示有理数，其中 a 为分子，b 为分母。
f) 以浮点数格式显示有理数(应提供格式化功能，使类的客户能够指定小数点后面的位数)。

10.9 (HugeInteger 类)创建一个 HugeInteger 类，它用一个 40 元素的数字数组存放多达 40 位的整数值。为这个类提供方法 Input、ToString、Add 和 Subtract。为了比较两个 HugeInteger 对象，应提供如下几个方法：IsEqualTo, IsNotEqualTo, IsGreaterThan, IsLessThan, IsGreaterThanOrEqualTo, IsLessThanOrEqualTo。如果两个 HugeInteger 对象之间保持方法名称所指定的关系，则该方法返回 true，否则返回 false。还应提供 IsZero 方法。如果愿意，还可以提供方法 Multiply、Divide 和 Remainder。在 Input 方法中，利用 string 方法 ToCharArray 将输入字符串转换成字符数组，然后对这些字符进行迭代，创建 HugeInteger 对象。(注：.NET Framework 类库为任意大小的整数值提供了 BigInteger 类型。)

10.10 (三子棋游戏)创建一个 TicTacToe 类，利用它能够编写出一个玩三子棋(Tic-Tac-Toe)游戏的完整程序。这个类应包含一个私有的 3×3 矩形数组(数组元素值为整数)。构造函数应将空棋盘初始化为 0。让两个人玩这个游戏。一个人走棋时，将 1 放在指定的格中；第二个人走棋时，将 2 放在指定的格中。每一次都只允许移动到空白格中。每次走棋之后，应判断是否有人赢了(即三个 1 或三个 2 连成一条线)，或者是否为平局。如果愿意，还可以将程序修改成人机游戏。也可以让玩家指定谁下先手。如果还不满足，则可以开发一个程序，在 4×4×4 棋盘上玩三维三子棋游戏。

10.11 (Time2 类的扩展方法)利用扩展方法，为 Time2 类(见图 10.5)提供一个 Tick 方法，它将时间增加 1 秒。Time2 对象应总是处于一致的状态，所以应考虑如下几种情况：

a) 递增到下一分钟。
b) 递增到下一小时。
c) 递增到下一天(即从 11:59:59 PM 到 12:00:00 AM)。

10.12 (增强的 ComplexNumber 类)强化 ComplexNumber 类(见图 10.14)，为其提供重载的"=="和"!="运算符，分别用于比较复数的相等性和不相等性。重载这两个运算符的方法，必须返回一个布尔值。编写一个程序，测试这两个重载运算符。

10.13 (项目：用重载运算符替换 Rational 方法)修改练习题 10.8 中的 Rational 类，声明 4 个重载运算符：+, -, *, /。它们分别替换类中对分数进行加、减、乘、除运算的方法。编写一个程序，测试这些重载运算符。

10.14 (项目：用重载运算符替换 HugeInteger 方法)修改练习 10.9 中的 HugeInteger 类，声明几个重载运算符：+, -, ==, !=, >, <, >=, <=。它们分别替换类中的方法：Add, Subtract, IsEqualTo, IsNotEqualTo, IsGreaterThan, IsLessThan, IsGreaterThanOrEqualTo, IsLessThanOrEqualTo。编写一个程序，测试这些重载运算符。如果愿意，还可以为乘法(*)、除法(/)和求余(%)运算提供重载运算符。

第 11 章 面向对象编程：继承

目标

本章将讲解

- 继承如何提高软件的可复用性。
- 创建继承基类的属性和行为的派生类。
- 在派生类中重写基类的方法。
- 利用访问修饰符 protected，使派生类方法能访问基类成员。
- 利用 base 访问基类成员。
- 继承层次中如何使用构造函数。
- 所有类的直接或间接基类——object 类中的方法。

概要

11.1 简介
11.2 基类与派生类
11.3 protected 成员
11.4 基类与派生类的关系
    11.4.1 创建和使用 CommissionEmployee 类
    11.4.2 不用继承创建 BasePlusCommissionEmployee 类
    11.4.3 创建 CommissionEmployee-BasePlusCommissionEmployee 继承层次
    11.4.4 CommissionEmployee-BasePlusCommissionEmployee 继承层次使用 protected 实例变量
    11.4.5 CommissionEmployee-BasePlusCommissionEmployee 继承层次使用私有实例变量
11.5 派生类的构造函数
11.6 继承与软件工程
11.7 object 类
11.8 小结

摘要 | 术语表 | 自测题 | 自测题答案 | 练习题

11.1 简介

本章继续介绍面向对象编程(OOP)，引入 OOP 中的一个重要特性——继承(inheritance)，它是一种软件复用形式，创建新类时可吸收现有类的成员，并可赋予其新功能或修改原有功能。利用继承，程序员可以复用经过验证的、调试过的高性能软件，从而节省开发程序的时间。这样做，还可以更为高效地实现系统。

现有类称为基类(base class)，新类从基类继承成员，而新类是派生类(derived class)。每个派生类又可以成为其他派生类的基类。派生类通常会添加自己的字段、属性和方法。因此，派生类比基类更具体，表示更特殊的对象组。通常，派生类提供基类的行为并增加了自己特有的行为。

直接基类(direct base class)是派生类直接继承的基类。间接基类(indirect base class)是位于类层次(class hierarchy)中直接基类上面的任何类，类层次定义了类间的继承关系。类层次从 object 类开始，这个类是 Framework 类库中 System.Object 类的别名，object 是一个 C#关键字。所有类都直接或间接扩展（或"继承自"）object 类。11.7 节给出了 object 类的方法，所有其他的类都继承这些方法。对于单继承（single inheritance）的情况，类是从一个直接基类派生的。C#只支持单继承。第 12 章中，将给出利用接口实现多继承的许多好处（多继承，即从多个基类继承），同时又避免了在某些编程语言中出现的关联性问题。

建立软件系统的经验表明，大量代码都是在处理紧密相关的特殊情形。特殊情形很容易将程序员拖入细节而忘记大局。利用面向对象编程，可使程序员集中考虑系统中对象间的共性，而不是陷入特殊情形。

下面给出"是"关系（is-a relationship）和"有"关系（has-a relationship）的区别。"是"关系表示继承。在这种关系中，派生类的对象也可以当成它的基类的对象。例如，小汽车"是"交通工具，卡车也"是"。相反，"有"关系表示组合（见第 10 章）。在"有"关系中，对象包含引用其他对象的成员。例如，小汽车"有"方向盘，小汽车对象具有方向盘对象的引用。

新类可以从类库中的类继承。公司可以开发自己的类库，也可以利用全球范围内可用的其他类库。今后的某一天，大多数新软件都可以从标准化可复用组件构造出来，就像当今的汽车和大多数计算机硬件的生产一样。这样就可以开发出更强大、更丰富、更经济的软件。

11.2 基类与派生类

某个类的对象，经常也会"是"另一个类的对象。例如，在几何学中，矩形"是"四边形（正方形、平行四边形和梯形也是这样）。因此，可以说矩形类 Rectangle 是从四边形类 Quadrilateral 继承而来的。在这个上下文环境中，Quadrilateral 类是基类，Rectangle 类是派生类。矩形是四边形的一种特殊类型，但是要说每个四边形都是矩形，则是不正确的——四边形可以是平行四边形或其他形状。图 11.1 给出了几个简单的基类和派生类的例子。基类通常"更一般"，而派生通常"更具体"。

基类	派 生 类
Student	GraduateStudent, UndergraduateStudent
Shape	Circle, Triangle, Rectangle
Loan	CarLoan, HomeImprovementLoan, MortgageLoan
Employee	Faculty, Staff, HourlyWorker, CommissionWorker
SpaceObject	Star, Moon, Planet, FlyingSaucer
BankAccount	CheckingAccount, SavingsAccount

图 11.1 继承的例子

由于每个派生类对象都"是"它的基类的对象，而一个基类可以有多个派生类，因此，基类表示的对象集合，通常比派生类表示的对象集合更大。例如，基类 Vehicle 表示所有的交通工具，包括小汽车、卡车、轮船、自行车，等等。相反，派生类 Car 是更小、更具体的交通工具子集。

继承关系形成了树状层次结构（见图 11.2 和图 11.3）。基类和它的派生类存在一种层次关系。将类加入继承关系中时，它就与其他类"相关联"了。一个类，既可以是为其他类提供成员的基类，也可以是继承其他类成员的派生类。有时，一个类既是基类，又是派生类。

下图中建立的类层次样本（见图 11.2），也称为继承层次（inheritance hierarchy）。图 11.2 的 UML 类框图，显示了 CommunityMember（大学社团）的多种成员，包括 Employee（员工）、Student（学生）和 Alumnus（校友）。Employee 有 Faculty（教员）或 Staff（教工）。Faculty 有 Administrator（管理者，如校长、系主任）和 Teacher（教师）。这个层次中还可以包含其他的类，例如，学生有本科生和研究生，本科生有大一、大二、大三和大四学生。

层次中的每个三角形空心箭头，表示一个"是"关系。例如，从类层次的箭头可以看出，Employee "是" CommunityMember，Teacher "是" Faculty。CommunityMember "是" Employee、Student 和 Alumnus

的直接基类是所有其他类的间接基类。从框图底部开始，可以沿着箭头方向采用"是"关系，直到最上层的基类。例如，Administrator "是" Faculty，"是" Employee，"是" CommunityMember。

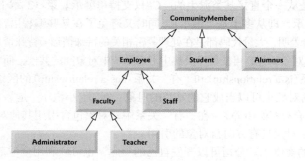

图 11.2　大学社区成员的继承层次 UML 类框图

图 11.3 的 Shape 层次从基类 Shape 开始，这个类被扩展成派生类 TwoDimensionalShape 和 ThreeDimensionalShape——形状或者是二维形体，或者是三维形体。这个层次的第三层，是一些更具体的二维形体和三维形体。和图 11.2 一样，可以从框图底部开始沿箭头方向，直到这个类层次的最顶层基类，标识几个"是"关系。例如，Triangle（三角形）"是" TwoDimensionalShape，也"是" Shape，而 Sphere（球形）"是" ThreeDimensionalShape，也"是" Shape。这个层次中也可以包含其他的类，例如，椭圆和梯形也是二维形体。

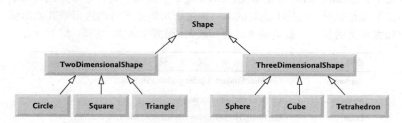

图 11.3　展示各种形体继承关系的 UML 类框图

并非所有的类关系都是继承关系。第 10 章中介绍过"有"关系，即类的成员是其他类对象的引用。这种关系通过组合现有类来创建新类。例如，对于 Employee、BirthDate 和 TelephoneNumber 类，不能说 Employee "是" BirthDate，也不能说 Employee "是" TelephoneNumber。但是，可以说 Employee "有" BirthDate，Employee "有" TelephoneNumber。

可以对基类对象和派生类对象进行类似的处理——它们的共性表现在基类的成员中。从同一基类扩展来的所有类对象，都可以作为该基类的对象使用（即这样的对象与基类具有"是"关系）。但是，基类对象不能作为其派生类的对象使用。例如，所有小汽车都是交通工具，但并非所有交通工具都是小汽车（还有其他交通工具，例如卡车、飞机和自行车）。本章和第 12 章中，将探讨许多"是"关系的例子。

派生类可以定制化它从基类继承的方法。这时，派生类可以重写（override）或者重定义基类的方法，用更合适的实现代替它，就像在本章代码示例中经常见到的那样。

11.3　protected 成员

第 10 章中介绍过访问修饰符 public 和 private。当程序具有某个类或它的派生类对象的引用时，就可以访问这个类的公共成员。类的私有成员，只能在类的内部访问。基类的私有成员被它的派生类继承，但不能由派生类的方法和属性直接访问。本节将介绍访问修饰符 protected，它提供了介于公共和私有之间的中级访问层次。基类的 protected 成员，可以由基类成员和派生类成员访问。

当成为派生类中的成员时，所有非私有基类成员保持原有的访问修饰符（即公共基类成员成为公共派生类成员，protected 基类成员成为 protected 派生类成员）。

派生类的方法，可以引用基类的公共成员和 protected 成员，只需使用成员名即可。当派生类的方法重写基类的方法时，要从派生类中访问基类的方法，可以在基类的方法名前面加上关键字 base 和一个成员访问运算符"."。11.4 节将介绍如何访问基类中被重写过的成员。

软件工程结论 11.1

派生类的属性和方法，不能直接访问基类的私有成员。派生类只能通过基类提供的非私有方法和属性，改变私有基类字段的状态。

软件工程结论 11.2

在基类中声明私有字段，可以帮助程序员测试、调试和修正系统。如果派生类能访问基类的私有字段，则从派生类继承的类，也同样能访问这些字段。这样，就可以传递私有字段的访问，失去了信息隐藏的好处。

11.4 基类与派生类的关系

本节使用的继承层次，包含公司工资支付程序中的员工类型，利用它来讨论基类与派生类的关系。这个公司有如下两种员工类型：

- 佣金员工（表示为基类对象），其工资为销售额的百分比。
- 底薪佣金员工（表示为派生类对象），其工资为基本工资加销售额的百分比。

这里将把两种员工类型间的关系分成 5 个示例来逐步讨论，通过这些精心设计的示例，讲解用继承实现良好软件工程的主要功能。

1. 第一个示例创建一个 CommissionEmployee 类，它直接继承自 object 类。这个类将员工的名字、姓氏、社会保障号声明为自动实现的公共属性，将佣金比例和销售额声明为私有实例变量。
2. 第二个示例声明了一个 BasePlusCommissionEmployee 类，它也直接继承自 object 类。这个类将员工的名字、姓氏、社会保障号声明为自动实现的公共属性，将佣金比例、销售额和底薪声明为私有实例变量。这个类是通过编写类所需的每一行代码而创建的。稍后可以看到，创建这个类的更有效的方法，是从 CommissionEmployee 类继承。
3. 第三个示例单独声明了一个 BasePlusCommissionEmployee 类，它扩展了 CommissionEmployee 类（即 BasePlusCommissionEmployee "是"有底薪的 CommissionEmployee）。BasePlusCommission-Employee 试图访问 CommissionEmployee 类的私有成员——这会导致编译错误，因为派生类不能访问基类的私有实例变量。
4. 第四个示例显示了如果将基类 CommissionEmployee 的实例变量声明成 protected，则从 CommissionEmployee 类继承的 BasePlusCommissionEmployee 类可以直接访问这些数据。
5. 第五个示例在 CommissionEmployee 中将 CommissionEmployee 实例变量再次设置为私有的，以获得良好的软件工程实践。然后，我们看看从 CommissionEmployee 类继承的 BasePlus-CommissionEmployee 类，它能利用 CommissionEmployee 的公共方法和属性来操作 CommissionEmployee 的私有实例变量。

前四个示例中，对于应该使用属性的地方，我们直接访问实例变量。第五个示例中，将采用到目前为止讲解过的高效的软件工程技术，创建易于维护、修改和调试的几个类。

11.4.1 创建和使用 CommissionEmployee 类

首先声明一个 CommissionEmployee 类（见图 11.4）。第 5 行中的冒号加类名 object，表示 Commission-

Employee 类扩展了(即继承自)object 类(object 为 System 命名空间中 Object 类的别名)。程序员应利用继承从现有类创建新类。所有的类(object 类除外)都是从现有类扩展而来的。由于 CommissionEmployee 类扩展了 object 类，所以它也继承了 object 类的方法(11.7 节中总结了 object 类的方法)。所有 C#类都直接或间接继承 object 类的方法。如果不指定一个类继承另一个类，则新创建的类就隐式地继承自 object 类。为此，通常不在代码中包含"：object"，本例只是为了演示。

```csharp
1   // Fig. 11.4: CommissionEmployee.cs
2   // CommissionEmployee class represents a commission employee.
3   using System;
4
5   public class CommissionEmployee : object
6   {
7       public string FirstName { get; }
8       public string LastName { get; }
9       public string SocialSecurityNumber { get; }
10      private decimal grossSales; // gross weekly sales
11      private decimal commissionRate; // commission percentage
12
13      // five-parameter constructor
14      public CommissionEmployee(string firstName, string lastName,
15          string socialSecurityNumber, decimal grossSales,
16          decimal commissionRate)
17      {
18          // implicit call to object constructor occurs here
19          FirstName = firstName;
20          LastName = lastName;
21          SocialSecurityNumber = socialSecurityNumber;
22          GrossSales = grossSales; // validates gross sales
23          CommissionRate = commissionRate; // validates commission rate
24      }
25
26      // property that gets and sets commission employee's gross sales
27      public decimal GrossSales
28      {
29          get
30          {
31              return grossSales;
32          }
33          set
34          {
35              if (value < 0) // validation
36              {
37                  throw new ArgumentOutOfRangeException(nameof(value),
38                      value, $"{nameof(GrossSales)} must be >= 0");
39              }
40
41              grossSales = value;
42          }
43      }
44
45      // property that gets and sets commission employee's commission rate
46      public decimal CommissionRate
47      {
48          get
49          {
50              return commissionRate;
51          }
52          set
53          {
54              if (value <= 0 || value >= 1) // validation
55              {
56                  throw new ArgumentOutOfRangeException(nameof(value),
57                      value, $"{nameof(CommissionRate)} must be > 0 and < 1");
58              }
59
60              commissionRate = value;
61          }
62      }
63  }
```

图 11.4 CommissionEmployee 类代表佣金员工

```
64        // calculate commission employee's pay
65        public decimal Earnings() => commissionRate * grossSales;
66
67        // return string representation of CommissionEmployee object
68        public override string ToString() =>
69            $"commission employee: {FirstName} {LastName}\n" +
70            $"social security number: {SocialSecurityNumber}\n" +
71            $"gross sales: {grossSales:C}\n" +
72            $"commission rate: {commissionRate:F2}";
73    }
```

图 11.4(续)　CommissionEmployee 类代表佣金员工

CommissionEmployee 类概述

CommissionEmployee 类包括：公共只读自动实现的属性 FirstName、LastName 和 SocialSecurityNumber，以及私有实例变量 grossSales 和 commissionRate。这个类提供了：

- 一个构造函数(第 14~24 行)。
- 几个公共属性(第 27~62 行)，用于设置和或获取 grossSales 和 commissionRate 的值。
- 表达式方法 Earnings(第 65 行)和 ToString(第 68~72 行)。

由于实例变量 grossSales 和 commissionRate 是私有的，所以其他类无法直接访问这两个变量。将实例变量声明为私有的，并提供公共属性来操作和验证它们，有助于保证良好的软件工程。GrossSales 和 CommissionRate 的 set 访问器先检验实参，然后再将它们的值分别赋予实例变量 grossSales 和 commissionRate。

CommissionEmployee 构造函数

不能继承构造函数，因此 CommissionEmployee 类不继承 object 类的构造函数。但是，CommissionEmployee 类的构造函数隐式调用了 object 类的构造函数。事实上，在执行自己的语句体中的代码之前，派生类的构造函数都会调用它的直接基类的构造函数(或隐式调用，如果没有指定构造函数调用)，以保证正确地初始化从基类继承的实例变量。

11.4.3 节将介绍显式调用基类构造函数的语法。如果代码没有包含对基类构造函数的显式调用，则编译器会隐式调用基类的默认构造函数或无参数构造函数。第 18 行的注释指出在哪里进行隐式调用基类 object 的构造函数(这个调用不必编写代码)。即使类没有构造函数，编译器为类隐式声明的默认构造函数，也会调用基类的默认构造函数或无参数构造函数。object 类是唯一没有基类的类。

隐式调用 object 类的构造函数之后，构造函数的第 19~23 行为类的属性赋值。这里并没有验证实参 firstName、lastName 和 socialSecurityNumber 的值。当然可以验证名字和姓氏，也许是验证它们的长度是否合理。同样，可以验证社会保障号，以确保它包含 9 位数字，以及是否包含连字符(如 123-45-6789 或 123456789)。

CommissionEmployee 类的 Earnings 方法

Earnings 方法(第 65 行)计算佣金员工的收入，计算方法是将 commissionRate 与 grossSales 相乘，然后返回结果。实际应用中，第 65 行需通过 CommissionRate 和 GrossSales 属性来访问这两个实例变量。此处(以及后面的几个示例中)直接访问它们，是出于演示 protected 访问修饰符的作用的目的。本章最后一个示例中，将不采用这种形式。

CommissionEmployee 类的 ToString 方法

ToString 方法(第 68~72 行)有些特殊——它是所有类直接或间接从 object 类继承的一个方法。ToString 方法返回对象的字符串表示。它可以被直接调用，但是当对象必须转换成字符串表示时，也会隐式地调用这个方法，比如用 Console 的 Write 或 WriteLine 方法显示对象，或者将对象插入一个字符串插值表达式中。默认情况下，object 类的 ToString 方法会返回对象的完全限定类名称。对于 object，ToString 方法会返回：

System.Object

因为 object 是 System 命名空间中 Object 类的别名。ToString 是个占位符，通常要在派生类中被重写，以便指定适合派生类对象中的数据的字符串表示。

CommissionEmployee 类的 ToString 方法重写（重定义）了 object 类的 ToString 方法。调用时，CommissionEmployee 的 ToString 方法返回的字符串包含有关 CommissionEmployee 的信息。第 71 行用（"{grossSales:C}"中的）格式指定符 "C"，将 grossSales 格式化为币值，第 72 行用（"{commissionRate:F2}"中的）格式指定符 "F2"，将 commissionRate 格式化为小数点后面带两位数字。

要重写基类方法，派生类必须在声明方法时使用关键字 override，并使用与基类方法相同的签名（方法名、参数个数、参数类型），返回类型也要与基类相同——object 类的 ToString 方法不带参数，返回 string 类型，因此 CommissionEmployee 也将 ToString 声明为不带参数，返回 string 类型。后面很快会看到，对于 object 方法 ToString，基类方法也必须被声明成 virtual 类型。

常见编程错误 11.1

用另一个访问修饰符重写方法，是一个编译错误。用更严格的访问修饰符重写方法，会破坏"是"关系。如果公共方法可以被重写成 protected 方法或私有方法，则派生类对象将无法作为基类对象来响应相同的方法调用。实际使用中，一旦在基类中声明了一个方法，则基类的所有直接和间接派生类必须具有相同的访问修饰符。

CommissionEmployeeTest 类

图 11.5 测试了 CommissionEmployee 类。第 10~11 行创建了一个 CommissionEmployee 对象，并调用它的构造函数（见图 11.4 第 14~24 行）来初始化它。这里为销售额和佣金比例值添加了后缀 "M"，表明它们是小数。图 11.5 第 16~22 行用 CommissionEmployee 的属性取得对象的实例变量值，用于输出。第 23 行输出由 Earnings 方法计算得出的数额。第 25~26 行调用对象的 GrossSales 属性和 CommissionRate 属性的 set 访问器，分别改变实例变量 grossSales 和 commissionRate 的值。第 30 行输出更新后 CommissionEmployee 的字符串表示。当对象用 Console 的 WriteLine 方法输出时，它会隐式调用 ToString 方法，显示该对象的字符串表示。第 31 行输出更新后的收入值。

```
1   // Fig. 11.5: CommissionEmployeeTest.cs
2   // Testing class CommissionEmployee.
3   using System;
4
5   class CommissionEmployeeTest
6   {
7       static void Main()
8       {
9           // instantiate CommissionEmployee object
10          var employee = new CommissionEmployee("Sue", "Jones",
11              "222-22-2222", 10000.00M, .06M);
12
13          // display CommissionEmployee data
14          Console.WriteLine(
15              "Employee information obtained by properties and methods: \n");
16          Console.WriteLine($"First name is {employee.FirstName}");
17          Console.WriteLine($"Last name is {employee.LastName}");
18          Console.WriteLine(
19              $"Social security number is {employee.SocialSecurityNumber}");
20          Console.WriteLine($"Gross sales are {employee.GrossSales:C}");
21          Console.WriteLine(
22              $"Commission rate is {employee.CommissionRate:F2}");
23          Console.WriteLine($"Earnings are {employee.Earnings():C}");
24
25          employee.GrossSales = 5000.00M; // set gross sales
26          employee.CommissionRate = .1M; // set commission rate
27
28          Console.WriteLine(
29              "\nUpdated employee information obtained by ToString:\n");
```

图 11.5　测试 CommissionEmployee 类

```
30        Console.WriteLine(employee);
31        Console.WriteLine($"earnings: {employee.Earnings():C}");
32    }
33 }
```

```
Employee information obtained by properties and methods:

First name is Sue
Last name is Jones
Social security number is 222-22-2222
Gross sales are $10,000.00
Commission rate is 0.06
Earnings are $600.00

Updated employee information obtained by ToString:

commission employee: Sue Jones
social security number: 222-22-2222
gross sales: $5,000.00
commission rate: 0.10
earnings: $500.00
```

图 11.5(续)　测试 CommissionEmployee 类

11.4.2　不用继承创建 BasePlusCommissionEmployee 类

现在讨论继承的第二部分，声明和测试一个（全新而独立的）BasePlusCommissionEmployee 类（见图 11.6），它包含名字、姓氏、社会保障号、销售额、佣金比例和底薪。这个类名称中的"Base"，表示的是底薪而非基类。

```csharp
1  // Fig. 11.6: BasePlusCommissionEmployee.cs
2  // BasePlusCommissionEmployee class represents an employee that receives
3  // a base salary in addition to a commission.
4  using System;
5
6  public class BasePlusCommissionEmployee
7  {
8     public string FirstName { get; }
9     public string LastName { get; }
10    public string SocialSecurityNumber { get; }
11    private decimal grossSales; // gross weekly sales
12    private decimal commissionRate; // commission percentage
13    private decimal baseSalary; // base salary per week
14
15    // six-parameter constructor
16    public BasePlusCommissionEmployee(string firstName, string lastName,
17       string socialSecurityNumber, decimal grossSales,
18       decimal commissionRate, decimal baseSalary)
19    {
20       // implicit call to object constructor occurs here
21       FirstName = firstName;
22       LastName = lastName;
23       SocialSecurityNumber = socialSecurityNumber;
24       GrossSales = grossSales; // validates gross sales
25       CommissionRate = commissionRate; // validates commission rate
26       BaseSalary = baseSalary; // validates base salary
27    }
28
29    // property that gets and sets gross sales
30    public decimal GrossSales
31    {
32       get
33       {
34          return grossSales;
35       }
36       set
37       {
38          if (value < 0) // validation
39          {
40             throw new ArgumentOutOfRangeException(nameof(value),
```

图 11.6　BasePlusCommissionEmployee 类表示收入为底薪加上佣金的员工

```csharp
41              value, $"{nameof(GrossSales)} must be >= 0");
42          }
43
44          grossSales = value;
45      }
46  }
47
48  // property that gets and sets commission rate
49  public decimal CommissionRate
50  {
51      get
52      {
53          return commissionRate;
54      }
55      set
56      {
57          if (value <= 0 || value >= 1) // validation
58          {
59              throw new ArgumentOutOfRangeException(nameof(value),
60                  value, $"{nameof(CommissionRate)} must be > 0 and < 1");
61          }
62
63          commissionRate = value;
64      }
65  }
66
67  // property that gets and sets BasePlusCommissionEmployee's base salary
68  public decimal BaseSalary
69  {
70      get
71      {
72          return baseSalary;
73      }
74      set
75      {
76          if (value < 0) // validation
77          {
78              throw new ArgumentOutOfRangeException(nameof(value),
79                  value, $"{nameof(BaseSalary)} must be >= 0");
80          }
81
82          baseSalary = value;
83      }
84  }
85
86  // calculate earnings
87  public decimal Earnings() =>
88      baseSalary + (commissionRate * grossSales);
89
90  // return string representation of BasePlusCommissionEmployee
91  public override string ToString() =>
92      $"base-salaried commission employee: {FirstName} {LastName}\n" +
93      $"social security number: {SocialSecurityNumber}\n" +
94      $"gross sales: {grossSales:C}\n" +
95      $"commission rate: {commissionRate:F2}\n" +
96      $"base salary: {baseSalary:C}";
97  }
```

图 11.6(续) BasePlusCommissionEmployee 类表示收入为底薪加上佣金的员工

BasePlusCommissionEmployee 类包括：公共只读自动实现的属性 FirstName、LastName 和 SocialSecurityNumber，以及私有实例变量 grossSales、commissionRate 和 baseSalary。这个类提供了：

- 一个构造函数(第 16～27 行)。
- 用于操作 grossSales、commissionRate 和 baseSalary 的公共属性。
- 表达式方法 Earnings(第 87～88 行)和 ToString(第 91～96 行)。

实例变量 grossSales、commissionRate 和 baseSalary 为私有的，因此其他类的对象不能直接访问这些变量。GrossSales、CommissionRate 和 BaseSalary 的 set 访问器先检验实参，然后再将它们的值分别赋予实例变量 grossSales、commissionRate 和 baseSalary。

BasePlusCommissionEmployee 的变量、属性和方法，封装了底薪佣金员工的所有必要特性。注意，这个类和 CommissionEmployee 类（见图 11.4）具有相似之处——这个示例中，还没有分析这种相似性。

BasePlusCommissionEmployee 类没有在第 6 行用语法": object"扩展 object 类，因此这个类隐式地扩展 object 类。还要注意，和 CommissionEmployee 的构造函数（见图 11.4 第 14～24 行）一样，BasePlusCommissionEmployee 类的构造函数也隐式地调用 object 类的默认构造函数，见图 11.6 第 20 行的注释。

BasePlusCommissionEmployee 类的 Earnings 方法（第 87～88 行）计算底薪佣金员工的收入。第 88 行返回员工底薪加上销售额和佣金比例相乘所得的结果。

BasePlusCommissionEmployee 类重写了 object 类的 ToString 方法（第 91～96 行），返回包含 BasePlusCommissionEmployee 信息的字符串。同样，这里用格式指定符"C"，将销售额和底薪格式化成货币值，用格式指定符"F2"格式化佣金比例，指定小数点后面两位数据精度。

BasePlusCommissionEmployeeTest 类

图 11.7 中的程序测试了 BasePlusCommissionEmployee 类。第 10～11 行实例化 BasePlusCommissionEmployee 对象，并将"Bob"、"Lewis"、"333-33-3333"、5000.00M、.04M 和 300.00M 分别作为名字、姓氏、社会保障号、销售额、佣金比例和底薪传入构造函数。第 16～24 行用 BasePlusCommissionEmployee 的属性和方法，取得对象的实例变量值并计算收入，用于输出。第 26 行调用对象的 BaseSalary 属性，改变底薪。BaseSalary 属性的 set 访问器（见图 11.6 第 68～84 行）保证实例变量 baseSalary 不会被赋予负值，因为员工的底薪不能为负。图 11.7 第 30～31 行隐式调用对象的 ToString 方法，获得对象的字符串表示。

```
1   // Fig. 11.7: BasePlusCommissionEmployeeTest.cs
2   // Testing class BasePlusCommissionEmployee.
3   using System;
4
5   class BasePlusCommissionEmployeeTest
6   {
7      static void Main()
8      {
9         // instantiate BasePlusCommissionEmployee object
10        var employee = new BasePlusCommissionEmployee("Bob", "Lewis",
11           "333-33-3333", 5000.00M, .04M, 300.00M);
12
13        // display BasePlusCommissionEmployee's data
14        Console.WriteLine(
15           "Employee information obtained by properties and methods: \n");
16        Console.WriteLine($"First name is {employee.FirstName}");
17        Console.WriteLine($"Last name is {employee.LastName}");
18        Console.WriteLine(
19           $"Social security number is {employee.SocialSecurityNumber}");
20        Console.WriteLine($"Gross sales are {employee.GrossSales:C}");
21        Console.WriteLine(
22           $"Commission rate is {employee.CommissionRate:F2}");
23        Console.WriteLine($"Earnings are {employee.Earnings():C}");
24        Console.WriteLine($"Base salary is {employee.BaseSalary:C}");
25
26        employee.BaseSalary = 1000.00M; // set base salary
27
28        Console.WriteLine(
29           "\nUpdated employee information obtained by ToString:\n");
30        Console.WriteLine(employee);
31        Console.WriteLine($"earnings: {employee.Earnings():C}");
32     }
33  }
```

图 11.7 测试 BasePlusCommissionEmployee 类

```
Employee information obtained by properties and methods:

First name is Bob
Last name is Lewis
Social security number is 333-33-3333
Gross sales are $5,000.00
Commission rate is 0.04
Earnings are $500.00
Base salary is $300.00

Updated employee information obtained by ToString:

base-salaried commission employee: Bob Lewis
social security number: 333-33-3333
gross sales: $5,000.00
commission rate: 0.04
base salary: $1,000.00
earnings: $1,200.00
```

图 11.7(续)　测试 BasePlusCommissionEmployee 类

重复代码

BasePlusCommissionEmployee 类(见图 11.6)的大部分代码与 CommissionEmployee 类(见图 11.4)的代码相同或相似。例如，在 BasePlusCommissionEmployee 类中，属性 FirstName、LastName 和 SocialSecurityNumber 与 CommissionEmployee 类中的相同。CommissionEmployee 和 BasePlusCommissionEmployee 类都包含私有实例变量 commissionRate 和 grossSales，操作这些变量的属性也是相同的。此外，BasePlusCommissionEmployee 类的构造函数也与 CommissionEmployee 类的几乎相同，只是 BasePlusCommissionEmployee 的构造函数还设置了 BaseSalary。

在 BasePlusCommissionEmployee 类中新增加的是私有实例变量 baseSalary，以及公共属性 BaseSalary。BasePlusCommissionEmployee 类的 Earnings 方法，也和 CommissionEmployee 类中的这个方法几乎相同，只不过 BasePlusCommissionEmployee 类中的方法还增加了 baseSalary。类似地，BasePlusCommissionEmployee 类的 ToString 方法与 CommissionEmployee 类中的几乎相同，只不过 BasePlusCommissionEmployee 类的 ToString 方法还将实例变量 baseSalary 的值格式化为货币值。

我们只是机械地将 CommissionEmployee 类的代码复制并粘贴到 BasePlusCommissionEmployee 类中，然后修改 BasePlusCommissionEmployee 类，使它包含底薪和操作底薪的方法。这种"复制-粘贴"的方法既容易出错，又很费时间。更糟糕的是，系统中分散着同一代码的多个副本，使代码维护非常困难。是否存在某种方式，能够将一个类的成员"吸收"到其他类中而不必复制代码呢？下面的几个示例将回答这个问题，它们采用更巧妙的办法来建立类——使用继承。

错误防止提示 11.1

代码从一个类复制并粘贴到其他类中，可能会将错误扩散到多个源代码文件。为了避免重复代码(以及可能的错误)，当需要一个类"吸收"另一个类的成员时，应该使用继承而不是使用"复制-粘贴"的方法。

软件工程结论 11.3

使用继承时，层次中所有类的共同成员应放在基类中声明。当需要改变这些公共特性时，程序员只需改变基类，派生类会继承这些变化。如果没有继承，则要改变包含该代码副本的所有源代码文件。

11.4.3　创建 CommissionEmployee-BasePlusCommissionEmployee 继承层次

现在，我们声明 BasePlusCommissionEmployee 类(见图 11.8)，它扩展(继承自) CommissionEmployee 类(见图 11.4)[①]。BasePlusCommissionEmployee 对象"是"一个 CommissionEmployee(因为继承传递了

[①] 为此，需创建一个项目，它包含来自图 11.4 的 CommissionEmployee.cs 文件。

CommissionEmployee 类的功能），但 BasePlusCommissionEmployee 还包含实例变量 baseSalary（见图 11.8 第 7 行）。类声明第 5 行中的冒号表示继承。作为派生类，BasePlusCommissionEmployee 继承 CommissionEmployee 类的成员，但是只能访问其中的非私有成员。CommissionEmployee 类的构造函数没有被继承。因此，BasePlusCommissionEmployee 的公共服务包括它的构造函数（第 11~18 行）、从 CommissionEmployee 类继承的公共方法和属性、BaseSalary 属性（第 22~38 行）、Earnings 方法（第 41~42 行）和 ToString 方法（第 45~51 行）。稍后将分析图 11.8 中的错误。

```csharp
1   // Fig. 11.8: BasePlusCommissionEmployee.cs
2   // BasePlusCommissionEmployee inherits from CommissionEmployee.
3   using System;
4
5   public class BasePlusCommissionEmployee : CommissionEmployee
6   {
7      private decimal baseSalary; // base salary per week
8
9      // six-parameter derived-class constructor
10     // with call to base class CommissionEmployee constructor
11     public BasePlusCommissionEmployee(string firstName, string lastName,
12        string socialSecurityNumber, decimal grossSales,
13        decimal commissionRate, decimal baseSalary)
14        : base(firstName, lastName, socialSecurityNumber,
15           grossSales, commissionRate)
16     {
17        BaseSalary = baseSalary; // validates base salary
18     }
19
20     // property that gets and sets
21     // BasePlusCommissionEmployee's base salary
22     public decimal BaseSalary
23     {
24        get
25        {
26           return baseSalary;
27        }
28        set
29        {
30           if (value < 0) // validation
31           {
32              throw new ArgumentOutOfRangeException(nameof(value),
33                 value, $"{nameof(BaseSalary)} must be >= 0");
34           }
35
36           baseSalary = value;
37        }
38     }
39
40     // calculate earnings
41     public override decimal Earnings() =>
42        baseSalary + (commissionRate * grossSales);
43
44     // return string representation of BasePlusCommissionEmployee
45     public override string ToString() =>
46        // not allowed: attempts to access private base-class members
47        $"base-salaried commission employee: {FirstName} {LastName}\n" +
48        $"social security number: {SocialSecurityNumber}\n" +
49        $"gross sales: {grossSales:C}\n" +
50        $"commission rate: {commissionRate:F2}\n" +
51        $"base salary: {baseSalary}";
52  }
```

Code	Description	File	Line
❌ CS0506	'BasePlusCommissionEmployee.Earnings()': cannot override inherited member 'CommissionEmployee.Earnings()' because it is not marked virtual, abstract, or override	BasePlusCommissionEmployee.cs	41
❌ CS0122	'CommissionEmployee.commissionRate' is inaccessible due to its protection level	BasePlusCommissionEmployee.cs	42
❌ CS0122	'CommissionEmployee.commissionRate' is inaccessible due to its protection level	BasePlusCommissionEmployee.cs	50
❌ CS0122	'CommissionEmployee.grossSales' is inaccessible due to its protection level	BasePlusCommissionEmployee.cs	42
❌ CS0122	'CommissionEmployee.grossSales' is inaccessible due to its protection level	BasePlusCommissionEmployee.cs	49
❌ CS1022	Type or namespace definition, or end-of-file expected	BasePlusCommissionEmployee.cs	53

图 11.8 从 CommissionEmployee 类继承的 BasePlusCommissionEmployee 类

派生类的构造函数必须调用基类的构造函数

每个派生类构造函数都必须显式或隐式地调用它的基类构造函数,以保证正确地初始化了从基类继承的实例变量。BasePlusCommissionEmployee 的 6 参数构造函数,显式地调用了 CommissionEmployee 类的 5 参数构造函数,初始化 BasePlusCommissionEmployee 对象的 CommissionEmployee 部分,即 FirstName、LastName、SocialSecurityNumber、GrossSales 和 CommissionRate。

BasePlusCommissionEmployee 构造函数中的第 14~15 行,通过一个构造函数初始值设定项调用了 CommissionEmployee 的构造函数(在图 11.4 第 14~24 行声明)。10.5 节中,用构造函数初始值设定项和关键字 this,调用了位于同一个类中的重载构造函数。图 11.8 第 14 行,用构造函数初始值设定项和关键字 base 调用了基类构造函数,传递的实参用于初始化从基类继承到派生类对象中的对应属性。如果 BasePlusCommissionEmployee 的构造函数没有显式地调用 CommissionEmployee 的构造函数,则 C#会隐式地认为是调用 CommissionEmployee 的无参数构造函数或者默认构造函数。CommissionEmployee 类中不存在这样的构造函数,因此编译器会产生一个错误。

常见编程错误 11.2

如果派生类构造函数调用某个基类构造函数,实参个数和类型与基类构造函数声明中指定的参数个数和类型不一致,就会发生编译错误。

BasePlusCommissionEmployee 类的 Earnings 方法

图 11.8 第 41~42 行用关键字 override 声明了 Earnings 方法,重写 CommissionEmployee 的 Earnings 方法,就好像前面几个示例中处理 ToString 方法时那样。第 41 行会导致图 11.8 中给出的第一个编译错误,表示无法重写基类的 Earnings 方法,因为这个方法没有被显式地标为 virtual、abstract 或 override。关键字 virtual 和 abstract 表示派生类中可以重写基类的方法[①];override 修饰符用于声明派生类方法重写 virtual 基类方法或 abstract 基类方法。这个修饰符还隐式地将派生类方法声明为 virtual 类型,允许在继承层次下面的派生类中被重写。对图 11.4 中 Earnings 方法的声明添加关键字 virtual,如下所示:

```
public virtual decimal Earnings()
```

就可消除图 11.8 中的第一个编译错误。

编译器会对图 11.8 第 42 行产生错误,因为基类 CommissionEmployee 的实例变量 commissionRate 和 grossSales 是私有的——派生类 BasePlusCommissionEmployee 的方法不能访问基类的私有成员。基于同样的理由,编译器也会在 ToString 方法的第 49~50 行产生错误。利用从 CommissionEmployee 类继承的公共属性,可以防止 BasePlusCommissionEmployee 类中的这些错误。例如,第 42 行、第 49 行和第 50 行可以通过 CommissionRate 和 GrossSales 属性的 get 访问器,分别访问 CommissionEmployee 类的私有实例变量 commissionRate 和 grossSales。

11.4.4 CommissionEmployee-BasePlusCommissionEmployee 继承层次使用 protected 实例变量

为了使 BasePlusCommissionEmployee 类能直接访问基类实例变量 grossSales 和 commissionRate,可以在基类中将这些变量声明为 protected 类型。11.3 节曾介绍过,基类的所有派生类,都可以访问基类的 protected 成员。这个示例中的 CommissionEmployee 类,是从图 11.4 改进而来的,它将实例变量 grossSales 和 commissionRate 声明为

```
protected decimal grossSales; // gross weekly sales
protected decimal commissionRate; // commission percentage
```

而没有将它们声明成私有类型。还将 Earnings 方法声明成 virtual 类型,这样 BasePlusCommissionEmployee 类就能够重写它。CommissionEmployee 类定义中的其他部分与图 11.4 中的相同。CommissionEmployee 类的完整源代码位于这个示例的项目文件中。

---

① 12.4 节中将看到,被声明为 abstract 的方法,也是 virtual 类型的方法。

BasePlusCommissionEmployee 类

BasePlusCommissionEmployee 类（见图 11.9）扩展了包含 protected 实例变量 grossSales 和 commissionRate 的 CommissionEmployee 类。每一个 BasePlusCommissionEmployee 对象，都包含这两个 CommissionEmployee 实例变量，它们是作为 protected 成员被继承到 BasePlusCommissionEmployee 类中的。这样，在 Earnings 和 ToString 方法中直接访问实例变量 grossSales 和 commissionRate，就不会导致编译错误了。如果有新的派生类扩展了 BasePlusCommissionEmployee 类，则它也继承这些 protected 成员。

BasePlusCommissionEmployee 类不继承 CommissionEmployee 类的构造函数。但是，BasePlusCommissionEmployee 类的构造函数（第 12 ~ 19 行）通过构造函数初始值设定项调用了 CommissionEmployee 类的构造函数。同样，BasePlusCommissionEmployee 类的构造函数必须显式地调用 CommissionEmployee 的构造函数，因为 CommissionEmployee 类并没有提供能够被隐式地调用的无参数构造函数。

```csharp
1   // Fig. 11.9: BasePlusCommissionEmployee.cs
2   // BasePlusCommissionEmployee inherits from CommissionEmployee and has
3   // access to CommissionEmployee's protected members.
4   using System;
5
6   public class BasePlusCommissionEmployee : CommissionEmployee
7   {
8       private decimal baseSalary; // base salary per week
9
10      // six-parameter derived-class constructor
11      // with call to base class CommissionEmployee constructor
12      public BasePlusCommissionEmployee(string firstName, string lastName,
13          string socialSecurityNumber, decimal grossSales,
14          decimal commissionRate, decimal baseSalary)
15          : base(firstName, lastName, socialSecurityNumber,
16              grossSales, commissionRate)
17      {
18          BaseSalary = baseSalary; // validates base salary
19      }
20
21      // property that gets and sets
22      // BasePlusCommissionEmployee's base salary
23      public decimal BaseSalary
24      {
25          get
26          {
27              return baseSalary;
28          }
29          set
30          {
31              if (value < 0) // validation
32              {
33                  throw new ArgumentOutOfRangeException(nameof(value),
34                      value, $"{nameof(BaseSalary)} must be >= 0");
35              }
36
37              baseSalary = value;
38          }
39      }
40
41      // calculate earnings
42      public override decimal Earnings() =>
43          baseSalary + (commissionRate * grossSales);
44
45      // return string representation of BasePlusCommissionEmployee
46      public override string ToString() =>
47          $"base-salaried commission employee: {FirstName} {LastName}\n" +
48          $"social security number: {SocialSecurityNumber}\n" +
49          $"gross sales: {grossSales:C}\n" +
50          $"commission rate: {commissionRate:F2}\n" +
51          $"base salary: {baseSalary}";
52  }
```

图 11.9 BasePlusCommissionEmployee 类继承自 CommissionEmployee 类，能够访问 CommissionEmployee 类的 protected 成员

测试 BasePlusCommissionEmployee 类

这个示例项目中的 BasePlusCommissionEmployeeTest 类与图 11.7 中的类相同，产生的输出也相同，因此不再给出它的代码。尽管图 11.6 中的 BasePlusCommissionEmployee 类没有使用继承，而图 11.9 中的类使用了继承，但两个类提供相同的功能。图 11.9 中的源代码(共 52 行)要比图 11.6 中的(共 97 行)少很多，因为在图 11.9 中，BasePlusCommissionEmployee 类的多数功能是从 CommissionEmployee 类继承的。这样，现在就只存在 CommissionEmployee 功能的一个副本了。这使得代码更容易维护、修改和调试，因为与 CommissionEmployee 类相关的代码只存在于这个类中。

公共数据与 protected 数据的比较

也可以将基类 CommissionEmployee 的实例变量 grossSales 和 commissionRate 声明为公共的，使派生类 BasePlusCommissionEmployee 可以访问基类实例变量。但是，声明公共实例变量是一种糟糕的软件工程做法，因为类的客户可以无限制地对实例变量进行访问，大大增加了出错和导致不一致性的机会。利用 protected 实例变量，派生类就可以访问实例变量，但不是从基类派生出的其他类，就无法直接访问这些变量。

有关 protected 实例变量的问题

这个示例中，将基类的实例变量声明为 protected，使派生类可以访问它们。利用 protected 实例变量，就可以直接访问派生类中的变量，而不必调用相关属性的 set 或 get 访问器，导致违背封装性的问题。大多数情况下，应使用私有实例变量并通过属性来访问它，以遵循良好的软件工程规范。这样的代码更容易维护、修改和调试。

使用 protected 实例变量会导致几个潜在的问题。首先，由于派生类对象可以直接设置继承的变量的值，而不必用属性的 set 访问器，所以派生类对象可以将无效值赋予变量。例如，如果声明 CommissionEmployee 类的实例变量 grossSales 为 protected 类型，则派生类对象(如 BasePlusCommissionEmployee)就可以直接对 grossSales 赋予一个负数，使其成为无效值。

使用 protected 实例变量的第二个问题是，派生类方法的代码很可能需要依赖于基类的数据实现才能编写。实践中，派生类只应依赖于基类的服务(即非私有方法和属性)，而不应依赖于基类的数据实现。基类中使用 protected 实例变量时，如果基类的实现发生了变化，则可能需要修改基类的所有派生类。例如，如果出于某种原因，需要更改实例变量 grossSales 和 commissionRate 的名称，则必须在直接引用这两个基类实例变量的所有派生类中也进行同样的改动。对于这种情况，称该软件是"脆弱的"(fragile 或 brittle)，因为基类的小小改变就会"破坏"派生类的实现。当基类中的实现发生变化时，程序员应当依然能够向派生类提供相同的服务。当然，如果基类中的服务发生改变，则必须重新实现派生类。

软件工程结论 11.4

声明基类实例变量为 private(而不是 protected)类型，可以在改变这些实例变量在基类中的实现时，不影响它们在派生类中的实现。

11.4.5 CommissionEmployee-BasePlusCommissionEmployee 继承层次使用私有实例变量

下面再看看这个继承层次，这一次采用的是良好的软件工程实践。

CommissionEmployee 基类

CommissionEmployee 类(见图 11.10)再次将实例变量 grossSales 和 commissionRate 声明成私有的(第 10~11 行)。Earnings 方法(第 65 行)和 ToString 方法(第 68~72 行)不再直接访问它们，而是利用属性 GrossSales 和 CommissionRate 来访问数据。如果这两个实例变量的名称发生了变化，则 Earnings 和 ToString 方法的声明不需要做任何改动，只有直接操作实例变量的属性 GrossSales 和 CommissionRate 需要改变。这些变化只发生在基类中，派生类不需要改变。将变化的影响限制在局部，是一种好的软件工程实践。派生类 BasePlusCommissionEmployee(见图 11.11)继承自 CommissionEmployee 类，可以通过继承的公共属性访问基类的私有成员。

```csharp
1   // Fig. 11.10: CommissionEmployee.cs
2   // CommissionEmployee class represents a commission employee.
3   using System;
4
5   public class CommissionEmployee
6   {
7      public string FirstName { get; }
8      public string LastName { get; }
9      public string SocialSecurityNumber { get; }
10     private decimal grossSales; // gross weekly sales
11     private decimal commissionRate; // commission percentage
12
13     // five-parameter constructor
14     public CommissionEmployee(string firstName, string lastName,
15        string socialSecurityNumber, decimal grossSales,
16        decimal commissionRate)
17     {
18        // implicit call to object constructor occurs here
19        FirstName = firstName;
20        LastName = lastName;
21        SocialSecurityNumber = socialSecurityNumber;
22        GrossSales = grossSales; // validates gross sales
23        CommissionRate = commissionRate; // validates commission rate
24     }
25
26     // property that gets and sets commission employee's gross sales
27     public decimal GrossSales
28     {
29        get
30        {
31           return grossSales;
32        }
33        set
34        {
35           if (value < 0) // validation
36           {
37              throw new ArgumentOutOfRangeException(nameof(value),
38                 value, $"{nameof(GrossSales)} must be >= 0");
39           }
40
41           grossSales = value;
42        }
43     }
44
45     // property that gets and sets commission employee's commission rate
46     public decimal CommissionRate
47     {
48        get
49        {
50           return commissionRate;
51        }
52        set
53        {
54           if (value <= 0 || value >= 1) // validation
55           {
56              throw new ArgumentOutOfRangeException(nameof(value),
57                 value, $"{nameof(CommissionRate)} must be > 0 and < 1");
58           }
59
60           commissionRate = value;
61        }
62     }
63
64     // calculate commission employee's pay
65     public virtual decimal Earnings() => CommissionRate * GrossSales;
66
67     // return string representation of CommissionEmployee object
68     public override string ToString() =>
69        $"commission employee: {FirstName} {LastName}\n" +
70        $"social security number: {SocialSecurityNumber}\n" +
71        $"gross sales: {GrossSales:C}\n" +
72        $"commission rate: {CommissionRate:F2}";
73  }
```

图 11.10　CommissionEmployee 类代表佣金员工

BasePlusCommissionEmployee 派生类

BasePlusCommissionEmployee 类(见图 11.11)的方法实现中有几处变化,以区分图 11.9 中的版本。Earnings 方法(见图 11.11 第 43 行)和 ToString 方法(第 46~47 行)都调用了 BaseSalary 属性的 get 访问器来获得底薪值,而不是直接访问 baseSalary。如果决定要重命名实例变量 baseSalary,则只需改变 BaseSalary 的属性体即可。

```csharp
1   // Fig. 11.11: BasePlusCommissionEmployee.cs
2   // BasePlusCommissionEmployee inherits from CommissionEmployee and has
3   // controlled access to CommissionEmployee's private data via
4   // its public properties.
5   using System;
6
7   public class BasePlusCommissionEmployee : CommissionEmployee
8   {
9      private decimal baseSalary; // base salary per week
10
11     // six-parameter derived-class constructor
12     // with call to base class CommissionEmployee constructor
13     public BasePlusCommissionEmployee(string firstName, string lastName,
14        string socialSecurityNumber, decimal grossSales,
15        decimal commissionRate, decimal baseSalary)
16        : base(firstName, lastName, socialSecurityNumber,
17            grossSales, commissionRate)
18     {
19        BaseSalary = baseSalary; // validates base salary
20     }
21
22     // property that gets and sets
23     // BasePlusCommissionEmployee's base salary
24     public decimal BaseSalary
25     {
26        get
27        {
28           return baseSalary;
29        }
30        set
31        {
32           if (value < 0) // validation
33           {
34              throw new ArgumentOutOfRangeException(nameof(value),
35                 value, $"{nameof(BaseSalary)} must be >= 0");
36           }
37
38           baseSalary = value;
39        }
40     }
41
42     // calculate earnings
43     public override decimal Earnings() => BaseSalary + base.Earnings();
44
45     // return string representation of BasePlusCommissionEmployee
46     public override string ToString() =>
47        $"base-salaried {base.ToString()}\nbase salary: {BaseSalary:C}";
48  }
```

图 11.11　BasePlusCommissionEmployee 类继承自 CommissionEmployee 类,能够通过 CommissionEmployee 类的公共属性访问它的私有成员

BasePlusCommissionEmployee 类的 Earnings 方法

BasePlusCommissionEmployee 类的 Earnings 方法(见图 11.11 第 43 行)重写了 CommissionEmployee 类的 Earnings 方法(见图 11.10 第 65 行),计算底薪佣金员工的收入。这个新版本根据佣金计算员工的收入时,调用了 CommissionEmployee 类的 Earnings 方法,使用的是表达式 base.Earnings()(见图 11.11 第 43 行),然后将底薪与这个值相加,计算员工的总收入。应注意派生类中调用重写的基类方法的语法——在基类方法名前面加上关键字 base 和成员访问运算符 "."。这种方法引用是良好的软件工程实践:让 BasePlusCommissionEmployee 的 Earnings 方法调用 CommissionEmployee 的 Earnings 方法,以计算 BasePlusCommissionEmployee 对象收入的一部分,从而避免代码重复,减少代码维护问题。

常见编程错误 11.3
在派生类中重写基类的方法时,派生类版本通常会调用基类版本,完成部分工作。引用基类方法时,没有在基类方法名前面加上关键字 base 和成员访问运算符,会使派生类方法调用自己,从而导致无限递归。

BasePlusCommissionEmployee 类的 ToString 方法

类似地,BasePlusCommissionEmployee 类的 ToString 方法(见图 11.11 第 46~47 行)重写了 CommissionEmployee 类的 ToString 方法(见图 11.10 第 68~72 行),返回底薪佣金员工的字符串表示。这个新版本通过调用 CommissionEmployee 类的 ToString 方法和表达式 base.ToString()(见图 11.11 第 47 行),创建了 BasePlusCommissionEmployee 对象的部分字符串表示(即字符串 "commission employee" 和 CommissionEmployee 类私有实例变量的值),并将结果与派生类的 ToString 方法返回的结果(它包含底薪)合并在一起。

测试 BasePlusCommissionEmployee 类

BasePlusCommissionEmployeeTest 类执行的操作,与图 11.7 中对 BasePlusCommissionEmployee 对象执行的操作相同,产生的输出也相同,因此这里不再给出代码。尽管每一个 BasePlusCommissionEmployee 类的行为相同,但图 11.11 中的这个版本是一种最佳的软件工程实践。利用继承、使用隐藏数据的属性和保证一致性,我们有效而高效地构建了良好工程化的类。

11.5 派生类的构造函数

上一节曾介绍过,实例化派生类对象时,就出现了一个构造函数调用链。派生类构造函数在执行自己的任务之前,要显式地(通过 base 引用和构造函数初始值设定项)或隐式地(调用基类默认构造函数或无参数构造函数)调用直接基类的构造函数。类似地,如果基类从另一个类派生,则要求基类的构造函数调用类层次中的下一个类的构造函数,等等。这个链中最后一个调用的构造函数,总是 object 类的构造函数。原始派生类的构造函数体,总是最后才执行。每一个基类的构造函数,都操作被派生类对象继承的基类数据。

例如,再次考虑图 11.10 和图 11.11 中的 CommissionEmployee-BasePlusCommissionEmployee 类层次。当程序创建 BasePlusCommissionEmployee 对象时,会调用 BasePlusCommissionEmployee 的构造函数。这个构造函数会立即调用 CommissionEmployee 类的构造函数,而它又会立即隐式地调用 object 类的构造函数。object 类的构造函数执行完它的任务后,会将控制权立即返回给 CommissionEmployee 的构造函数,它初始化作为 BasePlusCommissionEmployee 对象一部分的 CommissionEmployee 数据。当 CommissionEmployee 类的构造函数执行完毕后,会将控制权返回 BasePlusCommissionEmployee 类的构造函数,它初始化 BasePlusCommissionEmployee 类对象的 BaseSalary。

11.6 继承与软件工程

这一节探讨利用继承定制化现有软件的问题。新类扩展现有类时,新类会继承现有类的成员。可以定制新类以满足需求,定制的途径包括增加成员和重写基类成员。C#只要求访问经过编译的基类代码,以便能编译并执行使用或扩展基类的任何程序。这种强大的功能对独立软件厂商(ISV)很有吸引力,因为他们可以开发具有专利的类,然后销售或发放许可证,以类库的形式提供给用户。然后,用户可以快速从这些类库派生出新类,而不必访问 ISV 的专有源代码。

软件工程结论 11.5
尽管从类继承不要求访问类的源代码,但开发人员通常希望通过源代码了解类是如何实现的。例如,他们可能希望确保扩展的是一个可靠的类,这个类需运行良好且能够安全地实现。

对于初学者而言，有时很难理解处理行业中大型软件项目的设计人员所面临的问题。熟悉这类项目的人认为，有效的软件复用可以改进软件开发过程。面向对象编程利用了软件的复用性，因此通常会极大地缩短开发时间。利用大量有用的类库，可以通过继承充分发挥软件复用的好处。

软件工程结论 11.6

在面向对象系统的设计阶段，设计者通常会发现有些类是密切相关的。设计者要"提取出"共同的成员，并将它们放到基类中。然后，应当利用继承开发派生类，用基类没有的功能使它们专门化。

软件工程结论 11.7

声明派生类，并不影响基类的源代码。继承会保护基类的完整性。

阅读派生类的声明比较费力，因为派生类中没有显式地声明继承的成员，但它们是存在的。对派生类成员进行文档化记录时，也存在同样的问题。

11.7　object 类

本章开头曾介绍过，所有类都直接或间接继承自 object 类（Framework 类库中 System.Object 的别名），因此所有其他类都继承它的非静态方法。图 11.12 总结了 object 类的这些方法。关于 object 类的方法的更多知识，请参见：

http://msdn.microsoft.com/library/system.object

方法	描述
Equals	比较两个对象的相等性，如果相等则返回 true，否则返回 false。它可以将任何对象作为实参。当必须比较某个类中两个对象的相等性时，这个类必须重写 Equals 方法，以比较两个对象的内容。站点 http://bit.ly/OverridingEqualsCSharp 解释了正确重写 Equals 方法的要求
Finalize	不能被显式地声明或调用。当类包含析构函数时，编译器会隐式地将它重写为 protected 方法 Finalize，在垃圾收集器释放对象的内存之前，这个方法由垃圾收集器调用。垃圾收集器不能保证释放对象，因此无法保证会执行对象的 Finalize 方法。当执行派生类的 Finalize 方法时，它会先执行自己的任务，然后调用基类的 Finalize 方法。通常情况下，应避免使用这个方法
GetHashCode	哈希表数据结构，将一个称为键（key）的对象与另一个称为值（value）的对象相关联。哈希表将在第 21 章讨论。当值被初次插入哈希表中时，会调用键的 GetHashCode 方法。返回的值由哈希表使用，以确定插入对应值的位置。键的哈希码也由哈希表使用，用于定位键的对应值
GetType	在执行时，每个对象都知道自己的类型。GetType 方法（在 12.5 节中使用）返回（System 命名空间中）Type 类的一个对象，它包含关于对象类型的信息，比如它的类名称（从 Type 属性 FullName 获得）
MemberwiseClone	这个 protected 方法不带实参，返回一个 object 引用，为它调用的对象创建一个副本。这个方法的实现执行影子复制（shallow copy）——位于一个对象中的实例变量值，会被复制到同一种类型的另一个对象中。对于引用类型，只会复制引用
ReferenceEquals	这个静态方法接收两个 object 引用实参，如果它们是同一个实例或者为空引用，则返回 true。否则，返回 false
ToString	返回当前对象的字符串表示（见 7.4 节）。这个方法的默认实现返回命名空间，后接一个点号和对象的类名称

图 11.12　直接或间接被所有类继承的 object 的方法

11.8　小结

本章讲解了继承——可以在创建类时吸收现有类的成员和增加新功能。探讨了基类与派生类，通过继承基类成员和重写被继承的 virtual 方法，可以创建派生类。然后分析了访问修饰符 protected，派生类成员可以访问 protected 基类成员。并且讲解了如何用 base 关键字访问基类成员。还探讨了继承层次中如何使用构造函数。最后，给出了所有类的直接或间接基类 object 中的方法。

第 12 章通过引入多态继续讨论继承，多态是一个面向对象概念，可以用于编写程序，用更一般的方法处理通过继承相联系的各种类对象。学习完第 12 章之后，应当已经熟悉了面向对象编程的主要技术——类、对象、封装、继承和多态。

摘要

11.1 节 简介
- 继承是软件复用的一种形式，创建新类时可吸收现有类的成员，并用新的或修改后的功能增强它们。利用继承，程序员可以节省开发程序的时间，复用经过验证的、调试过的高质量软件。
- 派生类比基类更具体，表示更特殊的对象组。
- "是"关系表示继承。在这种关系中，派生类的对象也可以当成它的基类的对象。

11.2 节 基类与派生类
- 继承关系形成了树状层次结构。基类和它的派生类存在一种层次关系。
- 从同一基类扩展来的所有类对象，都可以作为该基类的对象使用。但是，基类对象不能作为其派生类的对象使用。
- 当基类的方法由派生类继承时，派生类通常也需要该方法的自定义版本。这时，派生类可以重写基类的方法，用更合适的实现代替它。

11.3 节 protected 成员
- protected 提供了介于公共和私有之间的中级访问层次。基类的 protected 成员，可以由基类成员和派生类成员访问。
- 当基类的成员成为派生类的成员时，它会保持原有的访问修饰符。
- 派生类的方法不能直接访问基类的私有成员。

11.4.1 节 创建和使用 CommissionEmployee 类
- 在类声明首部末尾的冒号后面接一个基类名称，表示所声明的类扩展了这个基类。
- 如果不指定一个类继承另一个类，则它就隐式地扩展 object 类。
- 任何派生类构造函数的首要任务，是调用它的直接基类的构造函数，可以是显式或隐式调用（如果没有指定构造函数调用，就会采用隐式调用）。
- 不会继承构造函数。即使类没有构造函数，编译器为类隐式声明的默认构造函数，也会调用基类的默认构造函数或无参数构造函数。
- ToString 方法是每一个类直接或间接从 object 类继承的一个方法，object 类是 C#类层次的根。
- 要重写基类方法，派生类必须在声明方法时使用关键字 override，并使用与基类方法相同的签名（方法名、参数个数、参数类型），返回类型也要与基类相同。而且，基类方法必须被声明成 virtual 类型。
- 用不同的访问修饰符重写方法，是一个编译错误。

11.4.2 节 不用继承创建 BasePlusCommissionEmployee 类
- 代码从一个类复制并粘贴到其他类中，可能会将错误扩散到多个源代码文件。为了避免重复代码（以及可能的错误），当需要一个类"吸收"另一个类的成员时，应该使用继承。

11.4.3 节 创建 CommissionEmployee-BasePlusCommissionEmployee 继承层次
- 关键字 virtual 和 abstract，表示派生类中可以重写基类的属性或方法。
- 利用 override 修饰符，可以声明派生类方法重写 virtual 基类方法或 abstract 基类方法。这个修饰符也会隐式地将派生类方法声明成 virtual 类型。
- 当基类的成员是私有时，派生类中的成员不允许访问它们。

11.4.4 节 CommissionEmployee-BasePlusCommissionEmployee 继承层次使用 protected 实例变量

- 利用 protected 实例变量，就可以直接访问派生类中的变量，而不必调用相关属性的 set 或 get 访问器。
- 当基类中的小改动就会"破坏"派生类的实现时，这种软件是脆弱的。当基类中的实现发生变化时，程序员应当依然能够向派生类提供相同的服务。
- 将基类实例变量声明为私有的，可以使得当改变这些实例变量在基类中的实现时，不影响派生类中的实现。

11.4.5 节 CommissionEmployee-BasePlusCommissionEmployee 继承层次使用私有实例变量

- 派生类中调用重写的基类方法的语法，是在基类方法名前面加上关键字 base 和成员访问运算符 "."。
- 引用基类方法时，不在基类方法名前面加上关键字 base 和成员访问运算符 "."，会使派生类方法调用自己，从而造成无限递归错误。

11.5 节 派生类的构造函数

- 实例化派生类对象时，就出现了一个构造函数调用链。这个链中最后一个调用的构造函数，总是 object 类的构造函数。原始派生类的构造函数体总是最后才执行。

11.6 节 继承与软件工程

- 可以定制新的类，以满足需求，对它增加成员并重写基类成员。

11.7 节 object 类

- 所有的 C#类都直接或间接继承自 object 类。因此，所有其他的类都继承它的 7 个方法。这些方法包括：Equals, Finalize, GetHashCode, GetType, MemberwiseClone, ReferenceEquals, ToString。

术语表

base class	基类	inherited member	继承的成员
base-class constructor	基类构造函数	inherited method	继承的方法
base keyword	base 关键字	invoke a base-class method	调用基类方法
brittle software	脆弱软件	is-a relationship	"是"关系
class hierarchy	类层次	object class	object 类
class library	类库	object of a derived class	派生类的对象
composition	组合	object of a base class	基类的对象
derived class	派生类	override keyword	override 关键字
direct base class	直接基类	private base-class member	私有基类成员
extend a base class	扩展基类	public base-class member	公共基类成员
fragile software	脆弱软件	ReferenceEquals method of class object	object 类的 ReferenceEquals 方法
has-a relationship	"有"关系		
hierarchical relationship	层次关系	single inheritance	单继承
hierarchy diagram	层次框图	shallow copy	影子复制
indirect base class	间接基类	software reuse	软件复用
inheritance	继承	virtual keyword	virtual 关键字
inheritance hierarchy	继承层次		

自测题

11.1 填空题。

a) _____ 是软件复用的一种形式，新的类会利用已经存在的类的成员并用新的能力增强这些类。

b) 基类的_____成员，只能在基类声明和派生类声明中访问。
c) 在_____关系中，也可以将派生类的对象看成它的基类的对象。
d) 在_____关系中，类对象包含作为其他类对象引用的成员。
e) 在单继承中，基类和它的派生存在一种_____关系。
f) 当程序具有基类或它的派生类对象的引用时，可以在任何地方访问这个基类的_____成员。
g) 当实例化派生类的对象时，基类的_____被隐式或显式地调用。
h) 派生类的构造函数，可以通过_____关键字调用基类的构造函数。

11.2 判断下列语句是否正确。如果不正确，请说明理由。
a) 基类的构造函数没有被派生类继承。
b) "有"关系是通过继承实现的。
c) Car 类与 SteeringWheel 类和 Brakes 类具有"是"关系。
d) 继承促进了经过验证的高质量软件的复用。
e) 当派生类用相同的签名和返回类型重定义基类方法时，就称派生类重载了基类方法。

自测题答案

11.1 a) 继承。b) protected。c) "是"或继承。d) "有"或组合。e) 层次。f) 公共。g) 构造函数。h) base。

11.2 a) 正确。b) 错误。"有"关系是通过组合实现的。"是"关系是通过继承实现的。c) 错误。这些例子是"有"关系。Car 类与 Vehicle 类为"是"关系。d) 正确。e) 错误。这称为重写，而不是重载。

练习题

11.3 (组合与继承的比较)用继承编写的许多程序，都能够用组合来编写，反过来也如此。使用组合而不是继承，重写 CommissionEmployee–BasePlusCommissionEmployee 层次中的 BasePlusCommissionEmployee 类(见图 11.11)。

11.4 (继承与软件复用)探讨继承提升软件复用性、节省开发时间，以及帮助防止错误的各种方式。

11.5 (Student 继承层次)用与图 11.2 中给出的层次类似的方法，为大学里的学生画出一个继承层次的 UML 类框图。Student 类是层次的基类，然后用 UndergraduateStudent 类和 GraduateStudent 类扩展 Student 类。尽可能地扩展这个层次深度。例如，UndergraduateStudent 类可以扩展成 Freshman、Sophomore、Junior 和 Senior 类，而 GraduateStudent 类可以扩展成 DoctoralStudent 类和 MastersStudent 类。画出这个继承层次后，讨论类之间存在的关系。(注：不需要为这个练习编写任何代码。)

11.6 (Shape 继承层次)现实世界中的形体，要远比图 11.3 的继承层次中所包含的形体多得多。将所有能够想出的二维和三维形体写下来，并用尽可能多的层级将它们放入一个更完整的 Shape 层次中。这个层次的顶部应当是 Shape 类。而 TwoDimensionalShape 类和 ThreeDimensionalShape 类应当扩展 Shape 类。必要时，可在正确的位置添加其他派生类，比如 Quadrilateral 类和 Sphere 类。

11.7 (Protected 与 Private 的比较)有些程序员倾向于不使用 protected 访问修饰符，因为他们认为 protected 会破坏基类的封装性。与在基类中使用 private 访问修饰符相比，使用 protected 有哪些优点？

11.8 (Quadrilateral 继承层次)为 Quadrilateral、Trapezoid、Parallelogram、Rectangle 和 Square 类编写一个继承层次。将 Quadrilateral 用作基类。尽可能地扩展这个层次深度。为每个类指定实例变量、

属性和方法。Quadrilateral 类的私有实例变量,应为该四边形 4 个顶点的 *x-y* 坐标。编写一个程序,实例化这些类对象并输出每个对象的面积(Quadrilateral 除外)。

11.9 (**Account** 继承层次)创建一个继承层次,银行用它来表示客户的账户情况。这家银行所有的客户,都能够向他们的账户中存钱(即存款),也能够取钱(即取款)。此外,还存在许多特定的账户类型。例如,储蓄账户能够获得利息,而支票账户需为每一笔交易支付费用。

创建一个基类 Account 以及继承自它的派生类 SavingsAccount 和 CheckingAccount。基类 Account 应当包含一个 decimal 类型的私有实例变量,表示账户余额。这个类应当提供一个构造函数,它接收一个初始余额并用这个初始余额来初始化具有公共属性的实例变量。这个属性应当验证初始余额,以确保它大于或等于 0.0。如果不是这样,则应抛出一个异常。这个类应提供两个公共方法。Credit 方法将一定数量的资金添加到当前余额中。Debit 方法从 Account 中取款,并应确保取款额不会超过 Account 的余额。如果超过了,则余额应不发生变化,且方法应输出消息"Debit amount exceeded account balance."。这个类还应在 Balance 属性中提供一个 get 访问器,返回当前的余额。

派生类 SavingsAccount 继承 Account 类的功能,但还包含一个 decimal 类型的实例变量,代表赋予 Account 的利率(百分比)。SavingsAccount 的构造函数,应接收一个初始余额和一个利率的初始值。SavingsAccount 应提供一个公共方法 CalculateInterest,它返回一个 decimal 值,表示账户获得的利息。CalculateInterest 方法应根据利率和账户余额的乘积来确定利息。(注:SavingsAccount 应继承 Credit 方法和 Debit 方法,而不必重定义它们。)

派生类 CheckingAccount 应从基类 Account 继承,并包含一个 decimal 类型的实例变量,表示每笔交易需支付的手续费。CheckingAccount 的构造函数,应接收一个初始余额和一个表示需支付的手续费的参数。CheckingAccount 类应重定义 Credit 方法和 Debit 方法,以便一旦交易成功,就从账户余额中扣减手续费。这两个方法的 CheckingAccount 版本,应调用基类的 Account 版本来执行对账户余额的更新。CheckingAccount 的 Debit 方法,只应当在取款真正发生之后才扣减手续费(即取款额没有超出账户余额)。(提示:将 Account 的 Debit 方法定义成返回一个布尔值,表示取款是否成功。然后,利用这个返回值决定是否应该扣减手续费。)

以这个层次定义了这些类之后,编写一个程序,创建每个类的对象并测试它们的方法。通过首次调用 SavingsAccount 对象的 CalculateInterest 方法,将利息添加到 SavingsAccount 对象中,然后,将返回的利息传递给这个对象的 Credit 方法。

第 12 章　面向对象编程：多态与接口

目标

本章将讲解

- 多态如何实现"通用编程"，使系统具有可扩展性。
- 用重写的方法实现多态。
- 创建抽象方法和类。
- 用运算符 is 在执行时确定对象的类型，然后利用向下强制转换操作，执行特定类型的处理。
- 创建 sealed 方法和类。
- 声明和实现接口。
- 简要介绍 .NET Framework 类库中的 IComparable、IComponent、IDisposable 和 IEnumerator 接口。

概要

12.1　简介
12.2　多态示例
12.3　演示多态行为
12.4　抽象类和抽象方法
12.5　案例分析：使用多态的工资系统
　　12.5.1　创建抽象基类 Employee
　　12.5.2　创建具体派生类 SalariedEmployee
　　12.5.3　创建具体派生类 HourlyEmployee
　　12.5.4　创建具体派生类 CommissionEmployee
　　12.5.5　创建间接具体派生类 BasePlusCommissionEmployee
　　12.5.6　多态处理、运算符 is 和向下强制转换
　　12.5.7　基类与派生类变量间允许的赋值小结
12.6　sealed 方法和类
12.7　案例分析：创建和使用接口
　　12.7.1　开发 IPayable 层次
　　12.7.2　声明 IPayable 接口
　　12.7.3　创建 Invoice 类
　　12.7.4　修改 Employee 类，实现 IPayable 接口
　　12.7.5　用 IPayable 接口多态处理 Invoice 和 Employee
　　12.7.6　.NET Framework 类库的常用接口
12.8　小结

摘要 | 术语表 | 自测题 | 自测题答案 | 练习题 | 挑战题

12.1　简介

本章继续讲解面向对象编程，介绍并演示继承层次中的多态（polymorphism）。利用多态，可以使程序员进行"通用编程"而不是"特定编程"。特别地，多态使程序能够处理类层次中具有共同基类的对象，就好像它们都是基类的所有对象一样。

考虑一个多态的例子。假设程序要模拟几种动物的运动，进行生物学研究。Fish、Frog 和 Bird 类代表要研究的三种动物。假设每个类都扩展基类 Animal，它包含 Move 方法并维护动物当前位置的 x-y-z 坐标。每个派生类都以不同的方式实现了 Move 方法。程序维护着一个各种 Animal 派生类对象的引用集合。为了模拟动物的运动，程序每秒钟向每个对象发送相同的消息，即 Move。每种动物用不同的方式响应 Move 消息——Fish 游 3 英尺，Frog 跳 5 英尺，Bird 飞 10 英尺。程序向每种动物发出 Move 消息，但每种动物知道如何根据不同运动类型修改它的 x-y-z 坐标。多态的要旨是：每个对象都知道如何响应相同的方法调用，做正确的事。同一消息（即 Move）发送到不同对象时，得到的结果具有"多种形式"，因此称为"多态"。

系统易于扩展

利用多态，可以设计和实现易于扩展的系统——增加新类时，只要新类是继承层次中的一部分，程序的多态部分就只需做少许修改或不必修改。程序中唯一要针对新类改变的部分，就是程序员加进层次中的新类所要求的内容。例如，如果扩展 Animal 类，创建 Tortoise 类，它响应 Move 消息时可能每秒爬 1 英寸，只需编写 Tortoise 类和实例化 Tortoise 对象的模拟部分，而处理一般 Animal 类的模拟部分可以保持不变。

本章分为几个部分。首先，将探讨几个常见的多态例子，然后用一个示例演示多态的行为。很快就会看到，可使用基类引用来多态地操作基类对象和派生类对象。

呈现多态特性的 Employee 继承层次

本章将再次采用 11.4.5 节的员工层次来讲解一个案例，开发一个简单的工资系统，用每类员工的 Earnings 方法多态地计算各类员工的周薪。尽管每类员工的薪水计算方式不同，但可以利用多态对员工进行"通用"处理。在这个案例分析中，将扩大类层次，加进两个新类 SalariedEmployee（周薪固定的人）和 HourlyEmployee（计时工，加班工资为小时工资的 1.5 倍）。更新后的类层次中，将在基类 Employee 中声明所有类共有的功能，Employee 类（见 12.5.1 节）被 SalariedEmployee、HourlyEmployee 和 CommissionEmployee 类直接继承，被 BasePlusCommissionEmployee 类间接继承。稍后将会看到，用基类 Employee 引用调用每位员工的 Earnings 方法时，C#的多态功能可确保执行正确的收入计算。

在执行时判断对象的类型

当执行多态处理时，偶尔需要特别针对某个对象进行编程。后面的 Employee 案例，演示了程序可以在执行时确定对象的类型并相应地处理这种对象。这个案例分析中，将用这些功能确定特定员工对象是否为 BasePlusCommissionEmployee。如果是，则将他的底薪增加 10%。

接口

本章将继续讨论 C#的接口。接口描述了对象可以调用的一套方法和属性，但不提供具体的实现。可以声明实现（implement）一个或几个接口的类，即提供方法和属性的具体实现。每个接口成员，必须在实现该接口的所有类中声明。类实现接口之后，这个类的所有对象与接口类型具有"是"关系，这个类的所有对象保证能提供接口描述的功能。这一结论，也适用于该类的所有派生类。

接口特别适合于将共同功能分配给可能不相关的类。这样，就可以多态地处理不相关的类的对象，实现同一接口的类对象可以响应相同的方法调用。为了演示接口的创建和使用，后面将修改工资系统，产生一个通用的应付款程序，可以计算公司员工收入和购买货物的应付款。可以看到，接口提供的多态功能与继承的功能相似。

12.2 多态示例

下面再举几个多态的例子。

Quadrilateral 继承层次

如果 Rectangle 类是由 Quadrilateral 类（四边形类）派生的，则 Rectangle 对象是 Quadrilateral 对象的

更特定的版本。能够对 Quadrilateral 对象进行的任何操作(如计算周长或面积)，也可以对 Rectangle 对象进行。这些操作还可以对其他 Quadrilateral 执行，比如 Square(正方形)、Parallelogram(平行四边形)和 Trapezoid(梯形)。程序通过基类变量调用方法时，会发生多态，即执行时可根据引用对象的类型来调用方法的正确派生类版本。12.3 节中将给出演示这一过程的一个简单代码示例。

视频游戏 SpaceObject 继承层次

再举另一个例子，假设要设计一个视频游戏，操作许多不同类型的对象，包括 Martian、Venusian、Plutonian、SpaceShip 和 LaserBeam 类的对象。每个类都从公共基类 SpaceObject 继承，它有一个 Draw 方法。每个派生类都实现这个方法。一个屏幕管理程序维护着各种类的对象引用集合(如 SpaceObject 数组)。为了刷新屏幕，屏幕管理程序定期向每个对象发送同一个消息——Draw。但每种类型的对象都以不同的方式响应。例如，Martian 对象可能将自己画成红色，有几根天线；SpaceShip 对象可能将自己画成亮银色的飞船；LaserBeam 对象可能在屏幕上画出亮红色的光束。我们再次看到，同一消息(这里是 Draw)发送到不同的对象时，得到的结果具有多种形式。

屏幕管理程序可以利用多态，使系统中增加新类时所需修改的代码最少。假设要在视频游戏中增加新的 Mercurian 对象。为此，需建立一个扩展 SpaceObject 类的 Mercurian 类，并为它提供 Draw 方法的实现。SpaceObject 集合中出现 Mercurian 类对象时，屏幕管理程序的代码调用 Draw 方法，这与集合中其他对象的操作相同，而不管这些对象的类型如何。因此，插入新的 Mercurian 对象时，不必修改屏幕管理程序的代码。这样，除了建立新类和修改创建新对象的代码，不必修改系统，就可以用多态增加系统初创时没有预见到的其他类型。

软件工程结论 12.1

多态提高了可扩展性。处理多态行为的软件，与接收消息的对象类型无关。不必对多态系统的逻辑进行修改，就可以将响应现有方法调用的新对象类型集成到系统中。程序员只需修改实例化新对象的客户代码，以接纳新的类型。

12.3 演示多态行为

11.4 节中创建了一个佣金-员工类层次，其中的 BasePlusCommissionEmployee 类继承自 CommissionEmployee 类。这里给出的几个示例，操作 CommissionEmployee 对象和 BasePlusCommissionEmployee 对象，利用它们的引用调用不同的方法。基类对象中关注基类引用，派生类对象中关注派生类引用。这些赋值是自然而明显的——基类引用的目的是引用基类对象，派生类引用的目的是引用派生类对象。但是，也可以使用其他赋值方法。

下一个示例关注针对派生类对象的基类引用，然后展示如何通过基类引用调用派生类功能，以调用派生类对象的方法——调用的方法取决于实际引用对象的类型，而不是引用的类型。这个示例给出的主要概念是：可以将派生类对象看成基类对象，这样就可以实现许多有趣的操作。程序可以创建一个基类引用集合，它引用许多派生类类型的对象，因为每一个派生类对象，都是它的基类的对象。例如，可以将 BasePlusCommissionEmployee 对象的引用赋予基类 CommissionEmployee 变量，因为 BasePlusCommissionEmployee "是"一个 CommissionEmployee——可以将 BasePlusCommissionEmployee 当成 CommissionEmployee。

反过来，基类对象不是它的任何派生类的对象。例如，不能将 CommissionEmployee 对象引用直接赋予派生类 BasePlusCommissionEmployee 变量，因为 CommissionEmployee 不是 BasePlusCommissionEmployee——CommissionEmployee 没有 baseSalary 实例变量，也没有 BaseSalary 属性。编译器允许将基类引用赋予派生类变量，只要显式地将基类引用强制转换为派生类类型，这种技术将在 12.5.6 节详细介绍。

软件工程结论 12.2

"是"关系适用于从派生类到它的直接(和间接)基类，反过来不成立。

图 12.1 演示了用基类和派生类变量存储基类和派生类对象引用的三种方式。前两种方式很简单，就像 11.4 节中那样，我们将基类引用赋予基类变量，将派生类引用赋予派生类变量。然后，演示了派生类和基类的关系（即 "是" 关系），将派生类引用赋予基类变量。（注：这个程序分别利用了图 11.10 和图 11.11 中的 CommissionEmployee 类和 BasePlusCommissionEmployee 类。）

```csharp
 1   // Fig. 12.1: PolymorphismTest.cs
 2   // Assigning base-class and derived-class references to base-class and
 3   // derived-class variables.
 4   using System;
 5
 6   class PolymorphismTest
 7   {
 8      static void Main()
 9      {
10         // assign base-class reference to base-class variable
11         var commissionEmployee = new CommissionEmployee(
12            "Sue", "Jones", "222-22-2222", 10000.00M, .06M);
13
14         // assign derived-class reference to derived-class variable
15         var basePlusCommissionEmployee = new BasePlusCommissionEmployee(
16            "Bob", "Lewis", "333-33-3333", 5000.00M, .04M, 300.00M);
17
18         // invoke ToString and Earnings on base-class object
19         // using base-class variable
20         Console.WriteLine(
21            "Call CommissionEmployee's ToString and Earnings methods " +
22            "with base-class reference to base class object\n");
23         Console.WriteLine(commissionEmployee.ToString());
24         Console.WriteLine($"earnings: {commissionEmployee.Earnings()}\n");
25
26         // invoke ToString and Earnings on derived-class object
27         // using derived-class variable
28         Console.WriteLine("Call BasePlusCommissionEmployee's ToString and" +
29            " Earnings methods with derived class reference to" +
30            " derived-class object\n");
31         Console.WriteLine(basePlusCommissionEmployee.ToString());
32         Console.WriteLine(
33            $"earnings: {basePlusCommissionEmployee.Earnings()}\n");
34
35         // invoke ToString and Earnings on derived-class object
36         // using base-class variable
37         CommissionEmployee commissionEmployee2 = basePlusCommissionEmployee;
38         Console.WriteLine(
39            "Call BasePlusCommissionEmployee's ToString and Earnings " +
40            "methods with base class reference to derived-class object");
41         Console.WriteLine(commissionEmployee2.ToString());
42         Console.WriteLine(
43            $"earnings: {basePlusCommissionEmployee.Earnings()}\n");
44      }
45   }
```

```
Call CommissionEmployee's ToString and Earnings methods with base class
reference to base class object:

commission employee: Sue Jones
social security number: 222-22-2222
gross sales: $10,000.00
commission rate: 0.06
earnings: $600.00

Call BasePlusCommissionEmployee's ToString and Earnings methods with derived
class reference to derived class object:

base-salaried commission employee: Bob Lewis
social security number: 333-33-3333
gross sales: $5,000.00
commission rate: 0.04
base salary: $300.00
earnings: $500.00
```

图 12.1　将基类和派生类引用赋予基类和派生类变量

```
Call BasePlusCommissionEmployee's ToString and Earnings methods with base
class reference to derived class object:

base-salaried commission employee: Bob Lewis
social security number: 333-33-3333
gross sales: $5,000.00
commission rate: 0.04
base salary: $300.00
earnings: $500.00
```

图 12.1(续)　将基类和派生类引用赋予基类和派生类变量

图 12.1 第 11～12 行创建了一个新的 CommissionEmployee 对象，并将它的引用赋予 Commission-Employee 变量。第 15～16 行新创建了一个 BasePlusCommissionEmployee 对象，并将它的引用赋予一个 BasePlusCommissionEmployee 变量。这些赋值是很自然的——CommissionEmployee 变量的主要作用，是保存 CommissionEmployee 对象的引用。第 23～24 行使用 commissionEmployee 引用调用 ToString 和 Earnings 方法。由于 commissionEmployee 引用 CommissionEmployee 对象，因此调用的是这些方法的基类 CommissionEmployee 版本。类似地，第 31～33 行用 basePlusCommissionEmployee 引用调用 BasePlusCommissionEmployee 对象的 ToString 和 Earnings 方法。这会调用这些方法的派生类 BasePlusCommissionEmployee 版本。

然后，第 37 行将派生类对象 BasePlusCommissionEmployee 的引用赋予一个基类 CommissionEmployee 变量，第 41～43 行用它调用 ToString 方法和 Earnings 方法。注意第 41 行的 commissionEmployee2.ToString() 方法，它实际上调用的是 BasePlusCommissionEmployee 类的 ToString 方法。编译器允许这样"跨越"，因为派生类对象"是"基类对象。当遇到通过变量进行的 virtual 方法调用时，编译器会检查变量的类类型，以判断能否调用这个方法。如果类包含了适当的方法声明(或者继承了某个适当的方法声明)，则编译器允许进行这种调用。执行时，变量引用的对象类型，决定了实际使用的方法。

软件工程结论 12.3
包含派生类对象引用的基类变量用于调用 virtual 方法，实际上调用的是这个方法的重写派生类版本。

12.4　抽象类和抽象方法

当谈到类类型时，总是假设程序会创建该类型的对象。但是，在某些情况下，定义不实例化任何对象的类是有用处的。这样的类被称为抽象类(abstract class)。因为抽象类在继承层次中只作为基类，因此也将它称为抽象基类(abstract base class)。这种类不能用来实例化对象，因为稍后可以看到，抽象类是不完整的——派生类必须定义"遗失的部分"。12.5.1 节中给出了抽象类的用法。

抽象类的作用

抽象类的主要作用是提供合适的基类，其他类可从它继承并共享共同的设计。例如，在图 11.3 的 Shape 层次中，派生类继承 Shape 的共同属性(如 Location、Color 和 BorderThickness)和共同行为(如 Draw、Move、Resize 和 ChangeColor)。可以用来实例化对象的类，称为具体类(concrete class)。这样的类对声明的每个方法都提供了实现(有些实现可以被继承)。例如，可以从抽象基类 TwoDimensionalShape(二维形体)派生出具体类 Circle(圆)，Square(正方形)和 Triangle(三角形)。类似地，可以从抽象基类 ThreeDimensionalShape(三维形体)派生出具体类 Sphere(球体)、Cube(立方体)和 Tetrahedron(四面体)。抽象类太一般化，无法创建实际的对象，它只指定了派生类的共性。需要有更多细节才能创建对象。例如，如果将 Draw 消息发给抽象类 TwoDimensionalShape，则它知道这个二维形体应能绘图，但不知道要画什么具体形状，因此无法实现真正的 Draw 方法。具体类提供使对象能够实例化的细节。

只使用抽象基类类型的客户代码

并不是所有继承层次都包含抽象类。但是，程序员经常在编写客户代码时只使用抽象基类类型，以减少客户代码对特定派生类类型的依赖性。例如，可以编写一个方法，它带有一个抽象基类类型参数。调用这个方法时，可向它传递一个具体类的对象，该类直接或间接扩展作为参数类型指定的抽象基类。

继承层次中抽象基类类型的多个层级

有时，抽象类存在多个层级。例如，图 11.3 中的 Shape 层次从抽象类 Shape 开始，下一层也是两个抽象类 TwoDimensionalShape 和 ThreeDimensionalShape。再下一层声明了 TwoDimensionalShape 的具体类（Circle、Square 和 Triangle）和 ThreeDimensionalShape 的具体类（Sphere、Cube 和 Tetrahedron）。

创建抽象类

抽象类用关键字 abstract 声明。通常，抽象类包含一个或多个抽象方法。抽象方法声明中包含关键字 abstract，例如：

```
public abstract void Draw(); // abstract method
```

抽象方法隐含为 virtual 类型，并且不提供具体的实现。包含任何抽象方法的类，都必须声明为抽象类，即使这个类中包含某些具体的（非抽象的）方法。抽象基类的每个具体派生类，也必须为基类抽象方法提供具体实现。图 12.4 中将展示一个抽象类和抽象方法的示例。

抽象属性

属性也可以被声明为 abstract 或 virtual 类型，然后在派生类中用 override 关键字重写它们，就像方法一样。这样，就使抽象基类能够指定派生类的共同属性。声明抽象属性的形式如下：

```
public abstract PropertyType MyProperty { get; set; }
```

get 和 set 关键字后面的分号，表示不提供这些方法的实现。抽象属性可以省略 get 访问器和 set 访问器的实现。具体派生类必须提供抽象属性中声明的每个方法的实现。如果同时提供了 get 和 set 访问器，则每个具体派生类必须实现它们。如果省略了其中的某一个，则派生类不允许实现被省略的那一个，否则会导致编译错误。

构造函数和静态方法不能声明成 abstract 或 virtual 类型

构造函数和静态方法不能声明成 abstract 或 virtual 类型。构造函数不能继承，因此从来不会实现 abstract 类型的构造函数。同样，派生类不能重写静态方法，因此静态方法也不能被实现。

软件工程结论 12.4

抽象类直接或间接地声明类层次中各种类的共有属性和行为。抽象类通常包含一个或几个抽象方法或属性，它们必须在具体派生类中被重写。抽象类的实例变量、具体方法和具体属性，都遵守常规的继承规则。

常见编程错误 12.1

试图实例化抽象类的对象，会导致编译错误。

常见编程错误 12.2

如果在派生类中没有实现基类的抽象方法和属性，则会导致编译错误，除非派生类也被声明为抽象的。

声明抽象基类类型的变量

尽管不能实例化抽象基类的对象，但稍后将会看到，可以用抽象基类声明变量来保存抽象类派生的任何具体类的对象引用。程序通常会用这种变量多态地操作派生类对象。也可以用抽象基类的名称调用在抽象基类中声明的静态方法。

多态与设备驱动程序

多态尤其适合于高效地实现所谓的"分层软件系统"。例如，在操作系统中，操作各种不同类型的物理设备的方式差异巨大。尽管如此，同样的命令可用于从不同的设备读取/写入数据。对于每个设备，操作系统用称为"设备驱动程序"的一个软件来控制系统与设备间的所有通信。发送给设备驱动程序对象的"写"消息，需要在该设备驱动程序的上下文中具体解释，并且还要解释设备驱动程序是如何操作这种设备的。然而，写调用本身，与系统中对任何其他设备的写调用实际上没有什么区别：都是将内存中一定数目的字节放入设备中。面向对象的操作系统，可能会用抽象基类为所有设备驱动程序提供接口。然后，通过继承抽象基类，形成执行所有类似操作的派生类。设备驱动程序方法，在抽象基类中作为抽象方法声明。这些抽象方法的实现是在派生类中提供的，派生类对应于具体的设备驱动程序类型。新设备总在不断推出，而且经常在操作系统发布后很久才面世。购买新设备时，设备厂商会提供设备驱动程序。将设备连接到计算机并安装驱动程序之后，就可以立即对它进行操作了。这是多态使系统可扩展的另一个范例。

12.5 案例分析：使用多态的工资系统

本节再次分析 11.4 节已经探讨过的 CommissionEmployee-BasePlusCommissionEmployee 层次。这里将使用抽象方法和多态，根据员工类型进行工资计算。我们将创建改进的员工层次，解决如下问题：

公司每周给员工发工资。员工分为 4 种：
1. 固定工的周薪相同，不管他的工作时间有多长。
2. 计时工按时计酬，超过 40 小时要支付加班工资（为小时工资的 1.5 倍）。
3. 佣金员工按销售额的百分比提成。
4. 底薪佣金员工的工资，是底薪加上销售额的百分比提成。

在某个支付周期内，公司决定对底薪佣金员工的底薪增加 10%。公司希望能有一个程序来多态地进行工资计算。

可以用抽象类 Employee 表示一般概念上的员工。扩展 Employee 类的类是 SalariedEmployee、CommissionEmployee 和 HourlyEmployee。BasePlusCommissionEmployee 类扩展 CommissionEmployee 类，表示底薪佣金员工。图 12.2 中的 UML 类框图，显示了这个多态员工工资程序的继承层次。根据 UML 规则，抽象类 Employee 显示为斜体字。

图 12.2　Employee 类层次的 UML 类框图

抽象基类 Employee 声明了层次的"接口"，即程序可以对所有 Employee 对象调用的一组成员。"接口"表示程序可以和任何 Employee 派生类对象通信的各种途径。不要将这个一般意义上的"接口"与C#接口混淆，C#接口见 12.7 节中的介绍。不管如何计算员工的收入，每位员工都有名字、姓氏和社会保障号，因此抽象基类 Employee 中包含了这些数据。

下面的几个小节将逐步实现 Employee 类层次。12.5.1 节实现抽象基类 Employee，12.5.2 ~ 12.5.5 节将各实现一个具体类。12.5.6 节中的测试程序，建立了所有这些类的对象，并且将多态地处理它们。

12.5.1 创建抽象基类 Employee

Employee 类（见图 12.4）提供 Earnings 和 ToString 方法，此外还提供了几个操作 Employee 数据的自动实现的属性。Earnings 方法适用于所有的员工，但会根据员工类型进行不同的收入计算。因此，在基类 Employee 中将 Earnings 方法声明为抽象的，因为默认实现对这个方法没有意义——没有足够的信息能够确定返回什么收入值。每个派生类都用相应的实现重写 Earnings 方法。为了计算员工收入，程序将员工对象的引用赋予一个基类 Employee 变量，然后调用这个变量的 Earnings 方法。我们维护一个 Employee 变量的 List，每个元素是一个 Employee 对象的引用（当然，不能是 Employee 对象，因为 Employee 是抽象类，但由于继承，Employee 的所有派生类的对象都可以看作 Employee 对象）。程序对这个 List 进行迭代，调用每个 Employee 对象的 Earnings 方法。C#会多态地处理这些方法调用。Employee 类中将 Earnings 作为抽象方法，使 Employee 类的每个直接派生的具体类，都会用执行相应工资计算的方法重写 Earnings 方法。

Employee 类的 ToString 方法返回一个字符串，包含员工的名字、姓氏和社会保障号。Employee 的每个派生类都重写 ToString 方法，创建包含员工类型的类对象的字符串表示（如 "salaried employee:"），加上员工信息的其他部分。

图 12.3 在左侧显示了层次中的 5 个类，在顶部给出了 Earnings 方法和 ToString 方法。对于每个类，图中显示了每个方法所期望的结果。（注：这里没有列出基类 Employee 的属性，因为它们没有在任何派生类中重写，这些属性在派生类中直接继承和使用。）

	Earnings	ToString
Employee	abstract	*firstName lastName* social security number: *SSN*
Salaried- Employee	weeklySalary	salaried employee: *firstName lastName* social security number: *SSN* weekly salary: *weeklysalary*
Hourly- Employee	*If hours <= 40* 　　wage * hours *If hours > 40* 　　40 * wage + 　　(hours - 40) * 　　wage * 1.5	hourly employee: *firstName lastName* social security number: *SSN* hourly wage: *wage* hours worked: *hours*
Commission- Employee	commissionRate * grossSales	commission employee: *firstName lastName* social security number: *SSN* gross sales: *grossSales* commission rate: *commissionRate*
BasePlus- Commission- Employee	baseSalary + (commissionRate * grossSales)	base salaried commission employee: 　　*firstName lastName* social security number: *SSN* gross sales: *grossSales* commission rate: *commissionRate* base salary: *baseSalary*

图 12.3　Employee 类层次的多态接口

Employee 类

下面考虑 Employee 类的声明（见图 12.4）。这个类包含：几个自动实现的只读属性，它们用于处理员工的名字、姓氏和社会保障号（第 5~7 行）；一个构造函数，它用于初始化名字、姓氏和社会保障号（第 10~16 行）；表达式方法 ToString（第 19~20 行）用属性返回 Employee 的字符串表示；抽象方法 Earnings（第 23 行）必须在具体派生类中实现。本例中，Employee 的构造函数不会检验社会保障号的有效性。通常，这种检验是应该提供的。

第 12 章 面向对象编程：多态与接口

```csharp
 1   // Fig. 12.4: Employee.cs
 2   // Employee abstract base class.
 3   public abstract class Employee
 4   {
 5      public string FirstName { get; }
 6      public string LastName { get; }
 7      public string SocialSecurityNumber { get; }
 8
 9      // three-parameter constructor
10      public Employee(string firstName, string lastName,
11         string socialSecurityNumber)
12      {
13         FirstName = firstName;
14         LastName = lastName;
15         SocialSecurityNumber = socialSecurityNumber;
16      }
17
18      // return string representation of Employee object, using properties
19      public override string ToString() => $"{FirstName} {LastName}\n" +
20         $"social security number: {SocialSecurityNumber}";
21
22      // abstract method overridden by derived classes
23      public abstract decimal Earnings(); // no implementation here
24   }
```

图 12.4 Employee 抽象基类

为什么要将 Earnings 声明为抽象方法呢？正如前面解释的，Employee 类中显然不能提供这个方法的实现，因为无法计算一个广义员工的收入，必须首先知道确切的 Employee 类型，才能知道正确的收入计算方法。将这个方法声明为抽象的，就表明每个具体派生类必须提供适当的 Earnings 方法实现，程序可以用基类 Employee 变量对任何类型的 Employee 多态地调用 Earnings 方法。

12.5.2 创建具体派生类 SalariedEmployee

SalariedEmployee 类（见图 12.5）扩展 Employee 类（第 5 行），并重写 Earnings 方法（第 37 行），使 SalariedEmployee 成为具体类。这个类包含一个构造函数（第 10 ~ 15 行），它的实参是名字、姓氏、社会保障号和周薪；属性 WeeklySalary（第 18 ~ 34 行）操作实例变量 weeklySalary，set 访问器保证只对 weeklySalary 赋予非负值；Earnings 方法（第 37 行）计算 SalariedEmployee 的收入；ToString 方法（第 40 ~ 42 行）返回的字符串包含员工类型（"salaried employee:"）和由基类 Employee 的 ToString 方法产生的员工特定信息，以及 SalariedEmployee 的 WeeklySalary 属性。SalariedEmployee 类的构造函数将名字、姓氏和社会保障号通过构造函数初始值设定项传入 Employee 构造函数（第 12 行），初始化基类的数据。Earnings 方法重写 Employee 的抽象方法 Earnings，提供的具体实现返回 SalariedEmployee 的周薪。如果不实现 Earnings 方法，则 SalariedEmployee 类必须声明为抽象类，否则会产生编译错误（当然，这里的 SalariedEmployee 应为具体类）。

```csharp
 1   // Fig. 12.5: SalariedEmployee.cs
 2   // SalariedEmployee class that extends Employee.
 3   using System;
 4
 5   public class SalariedEmployee : Employee
 6   {
 7      private decimal weeklySalary;
 8
 9      // four-parameter constructor
10      public SalariedEmployee(string firstName, string lastName,
11         string socialSecurityNumber, decimal weeklySalary)
12         : base(firstName, lastName, socialSecurityNumber)
13      {
14         WeeklySalary = weeklySalary; // validate salary
15      }
16
17      // property that gets and sets salaried employee's salary
18      public decimal WeeklySalary
19      {
```

图 12.5 扩展 Employee 类的 SalariedEmployee 类

```csharp
20        get
21        {
22           return weeklySalary;
23        }
24        set
25        {
26           if (value < 0) // validation
27           {
28              throw new ArgumentOutOfRangeException(nameof(value),
29                 value, $"{nameof(WeeklySalary)} must be >= 0");
30           }
31
32           weeklySalary = value;
33        }
34     }
35
36     // calculate earnings; override abstract method Earnings in Employee
37     public override decimal Earnings() => WeeklySalary;
38
39     // return string representation of SalariedEmployee object
40     public override string ToString() =>
41        $"salaried employee: {base.ToString()}\n" +
42        $"weekly salary: {WeeklySalary:C}";
43  }
```

图 12.5(续) 扩展 Employee 类的 SalariedEmployee 类

SalariedEmployee 类的 ToString 方法(第 40～42 行)重写 Employee 类的 ToString 方法。如果 SalariedEmployee 类不重写 ToString 方法，则 SalariedEmployee 会继承 Employee 类的 ToString 版本。这时，SalariedEmployee 类的 ToString 方法只是简单地返回员工的名字、姓氏和社会保障号，不能完全表示 SalariedEmployee。

为了产生 SalariedEmployee 的完整字符串表示，派生类的 ToString 方法返回 "salaried employee:"，后接基类 Employee 的特定信息(名字、姓氏和社会保障号)，这些信息是调用基类的 ToString 方法实现的(第 41 行)——代码复用的范例。这个字符串表示还包含员工的周薪，它是通过属性 Weekly Salary 获取的。

12.5.3 创建具体派生类 HourlyEmployee

HourlyEmployee 类(见图 12.6)也扩展了 Employee 类(第 5 行)。这个类的构造函数(第 11～18 行)的实参是名字、姓氏、社会保障号、小时工资和工时数。第 21～37 行和第 40～56 行，分别对实例变量 wage 和 hours(第 7～8 行)声明属性 Wage 和 Hours。属性 Wage 的 set 访问器，保证 wage 为非负值；属性 Hours 的 set 访问器，保证 hours 值为 0～168(包括二者)，168 为一周的总小时数。这个类重写了 Earnings 方法(第 59～69 行)，计算 HourlyEmployee 的收入，也重写了 ToString 方法(第 72～74 行)，它返回该类员工的字符串表示。HourlyEmployee 的构造函数将名字、姓氏和社会保障号传入基类 Employee 的构造函数(第 14 行)，初始化基类的数据。而且，ToString 方法会调用基类的 ToString 方法(第 73 行)，获得员工的特定信息(即名字、姓氏和社会保障号)的字符串表示。

```csharp
1   // Fig. 12.6: HourlyEmployee.cs
2   // HourlyEmployee class that extends Employee.
3   using System;
4
5   public class HourlyEmployee : Employee
6   {
7      private decimal wage; // wage per hour
8      private decimal hours; // hours worked for the week
9
10     // five-parameter constructor
11     public HourlyEmployee(string firstName, string lastName,
12        string socialSecurityNumber, decimal hourlyWage,
13        decimal hoursWorked)
14        : base(firstName, lastName, socialSecurityNumber)
15     {
```

图 12.6 扩展 Employee 类的 HourlyEmployee 类

```csharp
16          Wage = hourlyWage; // validate hourly wage
17          Hours = hoursWorked; // validate hours worked
18      }
19
20      // property that gets and sets hourly employee's wage
21      public decimal Wage
22      {
23          get
24          {
25              return wage;
26          }
27          set
28          {
29              if (value < 0) // validation
30              {
31                  throw new ArgumentOutOfRangeException(nameof(value),
32                      value, $"{nameof(Wage)} must be >= 0");
33              }
34
35              wage = value;
36          }
37      }
38
39      // property that gets and sets hourly employee's hours
40      public decimal Hours
41      {
42          get
43          {
44              return hours;
45          }
46          set
47          {
48              if (value < 0 || value > 168) // validation
49              {
50                  throw new ArgumentOutOfRangeException(nameof(value),
51                      value, $"{nameof(Hours)} must be >= 0 and <= 168");
52              }
53
54              hours = value;
55          }
56      }
57
58      // calculate earnings; override Employee's abstract method Earnings
59      public override decimal Earnings()
60      {
61          if (Hours <= 40) // no overtime
62          {
63              return Wage * Hours;
64          }
65          else
66          {
67              return (40 * Wage) + ((Hours - 40) * Wage * 1.5M);
68          }
69      }
70
71      // return string representation of HourlyEmployee object
72      public override string ToString() =>
73          $"hourly employee: {base.ToString()}\n" +
74          $"hourly wage: {Wage:C}\nhours worked: {Hours:F2}";
75  }
```

图 12.6(续) 扩展 Employee 类的 HourlyEmployee 类

12.5.4 创建具体派生类 CommissionEmployee

CommissionEmployee 类(见图 12.7)扩展了 Employee 类(第 5 行)。这个类的构造函数(第 11~18 行)包含的实参是名字、姓氏、社会保障号、销售额和佣金比例。GrossSales 和 CommissionRate 属性(第 21~37 行和第 40~56 行)分别操作实例变量 grossSales 和 commissionRate；重写的 Earnings 方法(第 59 行)计算 CommissionEmployee 的收入；重写的 ToString 方法(第 62~65 行)返回该类员工的字符串表示。CommissionEmployee 类的构造函数也将名字、姓氏和社会保障号传入 Employee 的构造函数(第 14 行)，初始化 Employee 的数据。ToString 方法会调用基类的 ToString 方法(第 63 行)，获得员工的特定信息(即名字、姓氏和社会保障号)的字符串表示。

```csharp
1   // Fig. 12.7: CommissionEmployee.cs
2   // CommissionEmployee class that extends Employee.
3   using System;
4
5   public class CommissionEmployee : Employee
6   {
7      private decimal grossSales; // gross weekly sales
8      private decimal commissionRate; // commission percentage
9
10     // five-parameter constructor
11     public CommissionEmployee(string firstName, string lastName,
12        string socialSecurityNumber, decimal grossSales,
13        decimal commissionRate)
14        : base(firstName, lastName, socialSecurityNumber)
15     {
16        GrossSales = grossSales; // validates gross sales
17        CommissionRate = commissionRate; // validates commission rate
18     }
19
20     // property that gets and sets commission employee's gross sales
21     public decimal GrossSales
22     {
23        get
24        {
25           return grossSales;
26        }
27        set
28        {
29           if (value < 0) // validation
30           {
31              throw new ArgumentOutOfRangeException(nameof(value),
32                 value, $"{nameof(GrossSales)} must be >= 0");
33           }
34
35           grossSales = value;
36        }
37     }
38
39     // property that gets and sets commission employee's commission rate
40     public decimal CommissionRate
41     {
42        get
43        {
44           return commissionRate;
45        }
46        set
47        {
48           if (value <= 0 || value >= 1) // validation
49           {
50              throw new ArgumentOutOfRangeException(nameof(value),
51                 value, $"{nameof(CommissionRate)} must be > 0 and < 1");
52           }
53
54           commissionRate = value;
55        }
56     }
57
58     // calculate earnings; override abstract method Earnings in Employee
59     public override decimal Earnings() => CommissionRate * GrossSales;
60
61     // return string representation of CommissionEmployee object
62     public override string ToString() =>
63        $"commission employee: {base.ToString()}\n" +
64        $"gross sales: {GrossSales:C}\n" +
65        $"commission rate: {CommissionRate:F2}";
66  }
```

图 12.7 扩展 Employee 类的 CommissionEmployee 类

12.5.5 创建间接具体派生类 BasePlusCommissionEmployee

BasePlusCommissionEmployee 类(见图 12.8)扩展 CommissionEmployee 类(第 5 行),因此是 Employee 类的一个间接派生类。BasePlusCommissionEmployee 类的构造函数(第 10~17 行),包含的实参是名字、

姓氏、社会保障号、销售额、佣金比例和底薪。然后，它将名字、姓氏、社会保障号、销售额和佣金比例传入 CommissionEmployee 类的构造函数（第 13～14 行），初始化基类的数据。BasePlusCommissionEmployee 还包含 BaseSalary 属性（第 21～37 行），操作实例变量 baseSalary。重写的 Earnings 方法（第 40 行），用于计算 BasePlusCommissionEmployee 的收入，它调用基类 CommissionEmployee 的 Earnings 方法，计算收入中基于佣金的部分。同样，它也展示了代码复用的好处。重写的 ToString 方法（第 43～44 行）创建 BasePlusCommissionEmployee 的字符串表示，包含"base-salaried"，后接基类 CommissionEmployee 的 ToString 方法产生的字符串（代码复用的又一范例），然后是底薪。得到的字符串结果是"base-salaried commission employee"，后接 BasePlusCommissionEmployee 的其他信息。前面曾介绍过，CommissionEmployee 的 ToString 方法通过调用基类（即 Employee 类）的 ToString 方法，获得员工的名字、姓氏和社会保障号——这是代码复用的又一范例。BasePlusCommissionEmployee 的 ToString 方法发起了一系列方法调用，跨越了 Employee 层次中的三层。

```
1   // Fig. 12.8: BasePlusCommissionEmployee.cs
2   // BasePlusCommissionEmployee class that extends CommissionEmployee.
3   using System;
4
5   public class BasePlusCommissionEmployee : CommissionEmployee
6   {
7      private decimal baseSalary; // base salary per week
8
9      // six-parameter constructor
10     public BasePlusCommissionEmployee(string firstName, string lastName,
11        string socialSecurityNumber, decimal grossSales,
12        decimal commissionRate, decimal baseSalary)
13        : base(firstName, lastName, socialSecurityNumber,
14           grossSales, commissionRate)
15     {
16        BaseSalary = baseSalary; // validates base salary
17     }
18
19     // property that gets and sets
20     // BasePlusCommissionEmployee's base salary
21     public decimal BaseSalary
22     {
23        get
24        {
25           return baseSalary;
26        }
27        set
28        {
29           if (value < 0) // validation
30           {
31              throw new ArgumentOutOfRangeException(nameof(value),
32                 value, $"{nameof(BaseSalary)} must be >= 0");
33           }
34
35           baseSalary = value;
36        }
37     }
38
39     // calculate earnings
40     public override decimal Earnings() => BaseSalary + base.Earnings();
41
42     // return string representation of BasePlusCommissionEmployee
43     public override string ToString() =>
44        $"base-salaried {base.ToString()}\nbase salary: {BaseSalary:C}";
45  }
```

图 12.8 扩展 CommissionEmployee 类的 BasePlusCommissionEmployee 类

12.5.6 多态处理、运算符 is 和向下强制转换

为了测试 Employee 层次，图 12.9 的程序为 4 个具体类 SalariedEmployee、HourlyEmployee、CommissionEmployee 和 BasePlusCommissionEmployee 分别创建了一个对象（第 11～19 行）。程序首先通过每个对象自己的类型来操作这些对象（第 23～30 行），然后用 Employee 变量 List 多态地操作（第 33～

56行)——将对象输出为字符串时,WriteLine 方法会隐式地调用每个对象的 ToString 方法。多态地处理对象时,程序将每个 BasePlusCommissionEmployee 的底薪增加 10%(当然,这要求在执行时确定对象的类型)。最后,第 59~63 行多态地确定并输出 Employee List 中每个对象的类型。

```csharp
1   // Fig. 12.9: PayrollSystemTest.cs
2   // Employee hierarchy test app.
3   using System;
4   using System.Collections.Generic;
5
6   class PayrollSystemTest
7   {
8      static void Main()
9      {
10        // create derived-class objects
11        var salariedEmployee = new SalariedEmployee("John", "Smith",
12           "111-11-1111", 800.00M);
13        var hourlyEmployee = new HourlyEmployee("Karen", "Price",
14           "222-22-2222", 16.75M, 40.0M);
15        var commissionEmployee = new CommissionEmployee("Sue", "Jones",
16           "333-33-3333", 10000.00M, .06M);
17        var basePlusCommissionEmployee =
18           new BasePlusCommissionEmployee("Bob", "Lewis",
19           "444-44-4444", 5000.00M, .04M, 300.00M);
20
21        Console.WriteLine("Employees processed individually:\n");
22
23        Console.WriteLine($"{salariedEmployee}\nearned: " +
24           $"{salariedEmployee.Earnings():C}\n");
25        Console.WriteLine(
26           $"{hourlyEmployee}\nearned: {hourlyEmployee.Earnings():C}\n");
27        Console.WriteLine($"{commissionEmployee}\nearned: " +
28           $"{commissionEmployee.Earnings():C}\n");
29        Console.WriteLine($"{basePlusCommissionEmployee}\nearned: " +
30           $"{basePlusCommissionEmployee.Earnings():C}\n");
31
32        // create List<Employee> and initialize with employee objects
33        var employees = new List<Employee>() {salariedEmployee,
34           hourlyEmployee, commissionEmployee, basePlusCommissionEmployee};
35
36        Console.WriteLine("Employees processed polymorphically:\n");
37
38        // generically process each element in employees
39        foreach (var currentEmployee in employees)
40        {
41           Console.WriteLine(currentEmployee); // invokes ToString
42
43           // determine whether element is a BasePlusCommissionEmployee
44           if (currentEmployee is BasePlusCommissionEmployee)
45           {
46              // downcast Employee reference to
47              // BasePlusCommissionEmployee reference
48              var employee = (BasePlusCommissionEmployee) currentEmployee;
49
50              employee.BaseSalary *= 1.10M;
51              Console.WriteLine("new base salary with 10% increase is: " +
52                 $"{employee.BaseSalary:C}");
53           }
54
55           Console.WriteLine($"earned: {currentEmployee.Earnings():C}\n");
56        }
57
58        // get type name of each object in employees
59        for (int j = 0; j < employees.Count; j++)
60        {
61           Console.WriteLine(
62              $"Employee {j} is a {employees[j].GetType()}");
63        }
64     }
65  }
```

图 12.9 测试 Employee 层次的程序

```
Employees processed individually:

salaried employee: John Smith
social security number: 111-11-1111
weekly salary: $800.00
earned: $800.00

hourly employee: Karen Price
social security number: 222-22-2222
hourly wage: $16.75
hours worked: 40.00
earned: $670.00

commission employee: Sue Jones
social security number: 333-33-3333
gross sales: $10,000.00
commission rate: 0.06
earned: $600.00

base-salaried commission employee: Bob Lewis
social security number: 444-44-4444
gross sales: $5,000.00
commission rate: 0.04
base salary: $300.00
earned: $500.00

Employees processed polymorphically:

salaried employee: John Smith
social security number: 111-11-1111
weekly salary: $800.00
earned: $800.00

hourly employee: Karen Price
social security number: 222-22-2222
hourly wage: $16.75
hours worked: 40.00
earned: $670.00

commission employee: Sue Jones
social security number: 333-33-3333
gross sales: $10,000.00
commission rate: 0.06
earned: $600.00

base-salaried commission employee: Bob Lewis
social security number: 444-44-4444
gross sales: $5,000.00
commission rate: 0.04
base salary: $300.00
new base salary with 10% increase is: $330.00
earned: $530.00

Employee 0 is a SalariedEmployee
Employee 1 is a HourlyEmployee
Employee 2 is a CommissionEmployee
Employee 3 is a BasePlusCommissionEmployee
```

图 12.9（续） 测试 Employee 层次的程序

将派生类对象赋予基类引用

第 33～34 行创建了一个名称为 employees 的 List<Employee>对象，并用在第 11～19 行创建的 SalariedEmployee、HourlyEmployee、CommissionEmployee 和 BasePlusCommissionEmployee 初始化它。这个 List 的每一个元素，都是一个 Employee 变量。每一个派生类对象，都可以被赋值给 employees 的一个元素，因为 SalariedEmployee "是" 一个 Employee，HourlyEmployee "是" 一个 Employee，CommissionEmployee "是" 一个 Employee，BasePlusCommissionEmployee 也 "是" 一个 Employee。即使 Employee 是一个抽象类，也允许进行这种赋值。

多态地处理 Employee

第 39～56 行对 employees 进行迭代，对 Employee 变量 currentEmployee 调用 ToString 方法和 Earnings 方法，每次迭代都赋值不同的 Employee 引用。输出结果表明，确实对每一个类调用了对应的方法。执行时，会根据 currentEmployee 所指的对象类型调用正确的 ToString 和 Earnings 方法。这一过程称为动态绑定(dynamic binding)或后绑定(late binding)。例如，第 41 行隐式地调用 currentEmployee 所指对象的 ToString 方法。只有 Employee 类的方法才能通过 Employee 变量调用。当然，Employee 包含 object 类的方法，如 ToString 方法(11.7 节介绍了从 object 类继承的所有类的方法)。基类引用只能用于调用基类(或类层次中更上级的类)中声明的方法。

将 BasePlusCommissionEmployee 的底薪增加 10%

我们对 BasePlusCommissionEmployee 对象进行特殊处理——遇到这种对象时，就将其底薪增加 10%。多态地处理对象时，通常不必关心"特例"，但为了调整底薪，必须在执行时确定 Employee 对象的类型。第 44 行用 is 运算符判断 Employee 对象类型是否为 BasePlusCommissionEmployee。如果 currentEmployee 所引用的对象是一个 BasePlusCommissionEmployee，则第 44 行的条件为真。由于任何 BasePlusCommissionEmployee 派生类的对象(如果存在的话)"是"一个 BasePlusCommissionEmployee，所以对于 BasePlusCommissionEmployee 派生类的任何对象，该条件也为真。

第 48 行将 currentEmployee 的类型从 Employee 强制转换成 BasePlusCommissionEmployee，并将结果赋予 BasePlusCommissionEmployee 变量 employee。这称为"向下强制转换"(downcast)，因为被转换的类型位于类层次的下层。只有当 currentEmployee 当前所引用的对象与 BasePlusCommissionEmployee 具有"是"关系时，才允许进行这种向下强制转换操作——第 44 行的条件测试就用于此目的。为什么要进行这种向下强制转换呢？基类引用只能调用基类中声明的方法——通过基类引用调用只属于派生类的方法，会导致编译错误。如果程序需要对基类变量引用的派生类对象进行派生类特定的操作，则必须首先将基类引用强制转换为派生类引用。所以，为了对 currentEmployee 使用派生类 BasePlusCommissionEmployee 的 BaseSalary 属性，必须进行这种强制转换。

常见编程错误 12.3
将基类变量赋予派生类变量(而不是显式地进行向下强制转换)，会导致编译错误。

软件工程结论 12.5
如果执行时将派生类对象的引用赋予了直接或间接基类的变量，则可以将基类变量中保存的引用强制转换成派生类对象的引用。进行这种强制转换前，要用 is 运算符保证对象确实是相应派生类类型的对象。

向下强制转换对象时，如果在执行时这个对象和强制转换运算符指定的类型不为"是"关系，就会抛出(System 命名空间中的)InvalidCastException 异常。对象只能被强制转换为它本身的类型或其基类的类型。要避免可能的 InvalidCastException 异常，可以用 as 运算符进行向下强制转换，而不用强制转换运算符。例如，语句：

```
var employee = currentEmployee as BasePlusCommissionEmployee;
```

其中 employee 被赋予 BasePlusCommissionEmployee 对象的引用，或在 currentEmployee 不是 BasePlusCommissionEmployee 时返回 null 值。然后，可以比较 employee 和 null 值，判断强制转换操作是否成功。

如果第 44 行的 is 表达式成立，则 if 语句(第 44～53 行)执行 BasePlusCommissionEmployee 对象所要求的特殊处理。利用 BasePlusCommissionEmployee 变量 employee，第 50 行用派生类特有的属性 BaseSalary 取得员工底薪，并将其增加 10%。

第 55 行调用 currentEmployee 的 Earnings 方法，它多态地调用相应子类对象的 Earnings 方法。第 55 行多态地获得 SalariedEmployee、HourlyEmployee 和 CommissionEmployee 的收入，产生的结果与第 24 行、第 26 行和第 28 行分别获得这些员工收入的情况相同。但是，第 55 行从 BasePlusCommissionEmployee 获得的收入，要比第 30 行获得的高，因为底薪增加了 10%。

每个对象都知道自己的类型

第 59~63 行将每种员工类型显示为字符串。C#中的每一个对象，都知道自己的类型，可以通过 GetType 方法获得这一信息，这是所有类从 object 类继承的方法。GetType 方法返回（System 命名空间中）Type 类的对象，包含对象的类型信息，包括类名、方法名和基类名。第 62 行调用对象的 GetType 方法，获得它的运行时类（即表示对象类型的 Type 对象）。然后，对 GetType 返回的对象隐式地调用 ToString 方法。Type 类的 ToString 方法返回类名。

避免向下强制转换时的编译错误

前一个示例中，第 48 行通过将 Employee 变量向下强制转换为一个 BasePlusCommissionEmployee 变量，避免了编译错误——BasePlusCommissionEmployee 的类型是从强制转换操作中推断出来的。如果删除这个强制转换运算符，试图将 Employee 变量 currentEmployee 直接赋予 BasePlusCommissionEmployee 变量 employee（其类型不是 var，而是显式地声明成 BasePlusCommissionEmployee），则会得到一个 "Cannot implicitly convert type"（无法隐式地转换类型）的编译错误。这个编译错误表明，如果没有合适的强制转换运算符，将基类对象 currentEmployee 的引用赋予派生类变量 employee 是不允许的。编译器会阻止这种赋值，因为 CommissionEmployee 不是 BasePlusCommissionEmployee——"是"关系只存在于派生类到它的基类，反过来则不成立。

同样，如果第 50 行和第 52 行使用基类变量 currentEmployee 而不用派生类变量 employee，则使用派生类特有的属性 BaseSalary 时，会在每一行上发生编译错误 "'Employee' does not contain a definition for 'BaseSalary'"。对基类引用调用只有派生类才有的方法或属性是不允许的。尽管第 50 行和第 52 行只有在第 44 行返回 true 时才执行，表明 currentEmployee 已经赋予 BasePlusCommissionEmployee 对象的引用，但不能对基类 Employee 引用 currentEmployee 使用派生类 BasePlusCommissionEmployee 的 BaseSalary 属性。第 50 行和第 52 行会产生编译错误，因为 BaseSalary 不是基类成员，不能用于基类变量。尽管执行时实际调用的方法取决于对象的类型，但变量只能调用该类型变量的成员方法，编译器会检验这一点。利用基类 Employee 变量，只能调用 Employee 类中的方法和属性，包括 ToString 和 Earnings 方法，FirstName、LastName 和 SocialSecurityNumber 属性，以及从 object 类继承的那些方法。

12.5.7 基类与派生类变量间允许的赋值小结

我们已经见过了完整的程序，它对不同派生类对象进行多态处理，下面总结基类、派生类的对象和变量能干什么，不能干什么。尽管派生类对象也"是"基类对象，但两者毕竟是不同的。前面讨论过，派生类对象可以作为基类对象。但是，派生类可以具有额外的派生类特有的成员。为此，将基类引用赋予派生类变量时要进行显式强制转换操作，否则会使基类对象中的派生类成员成为未定义的。

前面已经讨论了将基类和派生类引用赋予基类和派生类变量的 4 种方法：

1. 将基类引用赋予基类变量，这是显而易见的。
2. 将派生类引用赋予派生类变量，这是显而易见的。
3. 将派生类引用赋予基类变量是安全的，因为派生类对象"是"基类的对象。但是，这个引用只能用于引用基类成员。如果代码通过基类变量引用只有派生类才有的成员，则编译器会报告错误。
4. 将基类引用赋予派生类变量，是一个编译错误。为了避免这种错误，必须显式地将基类引用强制转换成派生类类型，或者用 as 运算符进行强制转换。执行时，如果引用所指的对象不是派生类对象，则会发生异常（除非使用 as 运算符，这时需检验表达式的返回结果是否为 null）。可以用 is 运算符保证只对派生类对象进行强制转换。

12.6 sealed 方法和类

只有声明为 virtual、override 或 abstract 的方法才能在派生类中被重写。基类中声明为 sealed 的方法不能在派生类中重写。私有方法隐含为 sealed 的，因为派生类中不能重写它（但派生类中可以声明与基类中的私有方法具有相同签名的新方法）。静态方法也隐含为 sealed 的，因为静态方法也不能被重写。同时声明为 override 和 sealed 的派生类方法可以重写基类方法，但不能在继承层次的下层派生类中重写。

sealed 方法的声明不能改变，因此所有派生类都使用同一个方法实现。对 sealed 方法（以及非 virtual 方法）的调用在编译时解析，称为静态绑定（static binding）。由于编译器知道 sealed 方法不能被重写，因此经常会优化程序，删除 sealed 方法的调用，换成每个方法调用位置的扩展代码。这种技术称为内联代码（inlining the code）。

性能提示 12.1

编译器可以决定对某个 sealed 方法调用进行内联，通常是对小而简单的 sealed 方法进行这样的处理。内联并不违反封装性或信息隐藏，但的确提高了性能，因为它消除了方法调用的开销。

声明为 sealed 的类不能作为基类（即 sealed 类不能被扩展）。sealed 类中的所有方法，都隐含为 sealed 类型。string 类是一个 sealed 类，这个类不能被扩展，因此使用 string 的程序只能依靠 Framework 类库中指定的 string 对象的功能。

常见编程错误 12.4

声明 sealed 类的派生类，会导致编译错误。

12.7 案例分析：创建和使用接口

下一个示例（见图 12.11 ~ 图 12.14）再次分析 12.5 节中的工资系统。假设公司希望在一个应付款程序中执行多种财务操作——除了计算必须支付给每位员工的工资，还要计算各种发票（如购买货物的账单）的应付款。尽管员工和发票之间没有关联，但对它们的操作都是计算某种应付款。对于员工，应付款指的是员工收入；对于发票，应付款指的是发票上的总货价。能否在一个程序中多态地计算员工和发票的应付款呢？能否让不相关的类实现一组共同的方法（如计算应付款的方法）？接口提供的正是这种功能。

标准化交互

接口定义并标准化了人和系统彼此交互的方式。例如，收音机上的控制钮，就是用户和收音机内部元件之间的接口。控制钮能使用户执行一组有限的操作（如调台、调音量、选择 AM/FM）。不同的收音机，可能用不同的方法实现这些控制钮功能（如使用按钮、拨盘或语音命令）。接口指定了收音机必须允许用户进行什么操作，但没有指定如何进行操作。类似地，驾驶员和手动挡汽车之间的接口，包括方向盘、换挡杆、离合器踏板、油门踏板和刹车踏板。几乎所有手动挡汽车都有这种接口，这使得能驾驶一种车型的人，也能驾驶另一种车型。尽管每种汽车的部件稍有不同，但用途是相同的——使人能驾驶车辆。

软件中的接口

软件对象也是通过接口进行通信的。C#接口描述了一组方法和属性，对象可以调用它们，告诉对象执行某个任务或返回某种信息。下一个示例引入了接口 IPayable，它描述对象进行付款操作时必须具备的功能——提供合适的应付款方法。接口声明以关键字 interface 开始，它只能包含：

- 抽象方法
- 抽象属性
- 抽象索引器（本书中将不讨论）
- 抽象事件（事件在第 14 章讨论）

所有的接口成员，都被隐式地声明为公共的和抽象的。此外，每个接口可以扩展一个或多个其他接口，创建其他类可以实现的更完善的接口。

常见编程错误 12.5
显式地将接口成员声明为公共的和抽象的，是一个编译错误，因为这在接口成员声明中是多余的。在接口中指定具体实现细节(如具体方法声明)，也是一个编译错误。

实现接口

类实现某个接口的方法，是在类声明的冒号后面给出接口的名称。这个语法，与表示从基类继承的语法相同。实现接口的具体类，必须声明接口的每个成员，即在接口声明中指定签名。实现接口而不实现它的所有成员的类，是一个抽象类——必须将它声明成 abstract，且必须为每个未实现的接口成员包含一个 abstract 声明。实现接口，就如同和编译器签署了一份协议："我会提供接口指定的所有成员，或者我会将它们声明为抽象的"。

常见编程错误 12.6
如果在实现接口的类中不定义或者不声明接口的任何成员，会导致编译错误。

不相关的类的共同方法

接口常用于不相关的类需共享共同的方法时。这样，就可以对不相关的类的对象进行多态处理，实现同一接口的类对象可以响应相同的方法调用。程序员可以创建接口，描述所要的功能，然后在需要这个功能的任何类中实现这个接口。例如，在本节开发的应付款程序中，我们在需要计算应付款的任何类中实现 IPayable 接口(如 Employee 类和 Invoice 类)。

接口与抽象类的比较

当没有需要继承的默认实现时，也就是没有字段或默认方法实现需要继承时，常常使用接口而不是抽象类。与抽象类一样，接口通常为公共类型，因此一般在与接口同名的文件中声明，文件扩展名为.cs。

12.7.1 开发 IPayable 层次

为了建立程序，确定工资、发票等应付款，首先必须创建名称为 IPayable 的接口。IPayable 接口包含 GetPaymentAmount 方法，它返回的 decimal 值是实现该接口的任何类对象的应付款。GetPaymentAmount 方法是 Employee 层次 Earnings 方法的通用版，Earnings 方法只计算 Employee 的应付款，而 GetPaymentAmount 方法可以适用于各种不相关的对象。声明 IPayable 接口之后，我们引入 Invoice 类，它实现 IPayable 接口。然后，修改 Employee 类，使它也实现 IPayable 接口。

Invoice 类和 Employee 类，代表了公司要计算应付款的目标，两个类都实现了 IPayable，因此程序可以对 Invoice 对象和 Employee 对象调用 GetPaymentAmount 方法。这样，就可以多态地处理 Invoice 类和 Employee 类，满足应付款程序的要求。

好的编程经验 12.1
习惯上，接口名以"I"开头(如 IPayable)。这有助于区分接口和类，提高代码的可读性。

好的编程经验 12.2
声明接口中的方法时，选择的方法名应能描述该方法的通用用途，因为这个方法可以由各种不相关的类实现。

包含接口的 UML 类框图

图 12.10 中的 UML 类框图显示了应付款程序中使用的接口和类层次。这个层次从 IPayable 接口开始。UML 区分接口和类，在接口名上面的书名号(«和»)中加上了"interface"字样。UML 通过实现(realization)表示类和接口间的关系。类可以"具体化"或"实现"接口。类框图中用带虚线的箭头建模

了这种实现关系，空心箭头从实现类指向接口。图 12.10 中的框图表明，Invoice 类和 Employee 类都实现了 IPayable 接口。与图 12.2 中一样，Employee 类显示为斜体，表示它是一个抽象类。具体类 SalariedEmployee 扩展 Employee 类，继承基类和 IPayable 接口的实现关系。图 12.10 中，本可以包含 12.5 节中的全部 Employee 类层次，但是为了简化后面的示例，这里没有包含 HourlyEmployee、CommissionEmployee 和 BasePlusCommissionEmployee 类。

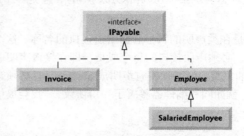

图 12.10　包含 IPayable 接口和类层次的 UML 类框图

12.7.2　声明 IPayable 接口

图 12.11 第 3 行开始 IPayable 接口的声明。IPayable 接口包含公共抽象方法 GetPaymentAmount(第 5 行)。这个方法不能被显式地声明为公共的或抽象的。接口可以包含任意数量的成员，而接口方法可以具有参数。

```
1   // Fig. 12.11: IPayable.cs
2   // IPayable interface declaration.
3   public interface IPayable
4   {
5      decimal GetPaymentAmount(); // calculate payment; no implementation
6   }
```

图 12.11　IPayable 接口的声明

12.7.3　创建 Invoice 类

现在创建 Invoice 类(见图 12.12)，它表示只包含一种零部件账单信息的简单发票。这个类包含属性 PartNumber(第 7 行)、PartDescription(第 8 行)、Quantity(第 23~39 行)和 PricePerItem(第 42~58 行)，分别表示零件编号、零件描述、采购数量和单价。Invoice 类还包含一个构造函数(第 13~20 行)和一个 ToString 方法(第 61~63 行)，后者返回 Invoice 对象的字符串表示。Quantity 和 PricePerItem 属性的 set 访问器，保证了 quantity 和 pricePerItem 只能获得非负值。

```
1   // Fig. 12.12: Invoice.cs
2   // Invoice class implements IPayable.
3   using System;
4
5   public class Invoice : IPayable
6   {
7      public string PartNumber { get; }
8      public string PartDescription { get; }
9      private int quantity;
10     private decimal pricePerItem;
11
12     // four-parameter constructor
13     public Invoice(string partNumber, string partDescription, int quantity,
14        decimal pricePerItem)
15     {
16        PartNumber = partNumber;
17        PartDescription = partDescription;
18        Quantity = quantity; // validate quantity
19        PricePerItem = pricePerItem; // validate price per item
20     }
21
```

图 12.12　Invoice 类实现了 IPayable 接口

```csharp
22       // property that gets and sets the quantity on the invoice
23       public int Quantity
24       {
25          get
26          {
27             return quantity;
28          }
29          set
30          {
31             if (value < 0) // validation
32             {
33                throw new ArgumentOutOfRangeException(nameof(value),
34                   value, $"{nameof(Quantity)} must be >= 0");
35             }
36
37             quantity = value;
38          }
39       }
40
41       // property that gets and sets the price per item
42       public decimal PricePerItem
43       {
44          get
45          {
46             return pricePerItem;
47          }
48          set
49          {
50             if (value < 0) // validation
51             {
52                throw new ArgumentOutOfRangeException(nameof(value),
53                   value, $"{nameof(PricePerItem)} must be >= 0");
54             }
55
56             pricePerItem = value;
57          }
58       }
59
60       // return string representation of Invoice object
61       public override string ToString() =>
62          $"invoice:\npart number: {PartNumber} ({PartDescription})\n" +
63          $"quantity: {Quantity}\nprice per item: {PricePerItem:C}";
64
65       // method required to carry out contract with interface IPayable
66       public decimal GetPaymentAmount() => Quantity * PricePerItem;
67    }
```

图 12.12（续） Invoice 类实现了 IPayable 接口

第 5 行表明 Invoice 类实现了 IPayable 接口。和所有类一样，Invoice 类也隐式地继承自 object 类。实现多个接口的类的所有对象，与每个实现的接口类型具有"是"关系。

为了实现多个接口，只需在类声明的冒号之后列出一个逗号分隔的接口名列表即可。例如：

public class ClassName : BaseClassName, FirstInterface, SecondInterface, ...

类从一个基类继承并实现一个或多个接口时，类声明中必须先列出基类名称，然后是接口名称。

软件工程结论 12.6

C#中不允许派生类从多个基类继承，只可以从一个基类继承并实现任意数量的接口。

Invoice 类实现了 IPayable 接口中的一个方法——GetPaymentAmount 方法在第 66 行声明。这个方法计算发票上的应付款。它将 quantity 和 pricePerItem 的值相乘（通过相应的属性获得），并返回结果。这个方法满足 IPayable 接口中该方法的实现要求——我们已经满足了与编译器相关的接口协议。

12.7.4 修改 Employee 类，实现 IPayable 接口

现在修改 Employee 类，使它实现 IPayable 接口（见图 12.13）。这个类的声明与图 12.4 中的相似，只有两点不同：

- 图 12.13 第 3 行表明 Employee 类实现了 IPayable 接口。
- 第 27 行实现了 IPayable 接口的 GetPaymentAmount 方法。

注意，GetPaymentAmount 方法只是简单地调用了 Employee 的抽象方法 Earnings。执行时，当对 Employee 派生类对象调用 GetPaymentAmount 方法时，它会调用该类的具体方法 Earnings，而这个方法知道如何计算该派生类类型的对象的收入。

```csharp
1   // Fig. 12.13: Employee.cs
2   // Employee abstract base class that implements interface IPayable.
3   public abstract class Employee : IPayable
4   {
5      public string FirstName { get; }
6      public string LastName { get; }
7      public string SocialSecurityNumber { get; }
8
9      // three-parameter constructor
10     public Employee(string firstName, string lastName,
11        string socialSecurityNumber)
12     {
13        FirstName = firstName;
14        LastName = lastName;
15        SocialSecurityNumber = socialSecurityNumber;
16     }
17
18     // return string representation of Employee object, using properties
19     public override string ToString() => $"{FirstName} {LastName}\n" +
20        $"social security number: {SocialSecurityNumber}";
21
22     // abstract method overridden by derived classes
23     public abstract decimal Earnings(); // no implementation here
24
25     // implementing GetPaymentAmount here enables the entire Employee
26     // class hierarchy to be used in an app that processes IPayables
27     public decimal GetPaymentAmount() => Earnings();
28  }
```

图 12.13　实现了 IPayable 接口的 Employee 抽象基类

Employee 的派生类与 IPayable 接口

类实现接口时，继承提供的"是"关系依然适用。Employee 类实现 IPayable，因此可以说 Employee "是" IPayable 的，从而 Employee 的派生类也"是" IPayable 的。这样，如果用图 12.13 中新的 Employee 类更新 12.5 节中的类层次，则 SalariedEmployees、HourlyEmployees、CommissionEmployees 和 BasePlusCommissionEmployees 都为 IPayable 对象。正如可以将 SalariedEmployee 派生对象的引用赋予基类 Employee 变量一样，也可以将 SalariedEmployee 对象（或任何其他的 Employee 派生类对象）的引用赋予 IPayable 变量。Invoice 类实现了 IPayable 接口，因此 Invoice 对象也"是" IPayable 对象，可以将 Invoice 对象的引用赋予 IPayable 变量。

软件工程结论 12.7

在"是"关系的实现上，继承和接口相似。实现接口的类对象，都可以看成该接口类型的对象。实现接口的类的派生类对象，也可以看成该接口类型的对象。

软件工程结论 12.8

基类和派生类之间的"是"关系，以及接口和实现接口的类之间的"是"关系，在将对象传递给方法时，会依然保持这种关系。方法参数收到基类或接口类型的变量时，这个方法多态地处理作为实参收到的对象。

12.7.5　用 IPayable 接口多态处理 Invoice 和 Employee

PayableInterfaceTest（见图 12.14）演示了可以用 IPayable 接口在一个程序中多态地处理一组 Invoice 和 Employee。第 12～16 行创建了一个名称为 payableObjects 的 List<IPayable>，并用 4 个新对象初始化

它——2个 Invoice 对象(第 13 ~ 14 行)和 2 个 SalariedEmployee 对象(第 15 ~ 16 行)。这些赋值是允许的，因为 Invoice "是" 一个 IPayable，SalariedEmployee "是" 一个 Employee，而 Employee "是" 一个 IPayable。第 22 ~ 28 行用 foreach 语句多态地处理 payableObjects 中的每一个 IPayable 对象，输出对象字符串和应付款。尽管接口 IPayable 中没有声明 ToString 方法，但第 25 行隐式地对 IPayable 接口引用 payable 调用了这个方法——所有的引用(包括接口类型的引用)都引用了扩展的 object 类的对象，因此它们都有 ToString 方法。第 27 行调用 IPayable 方法 GetPaymentAmount，无论对象的实际类型是什么，它都获得 payableObjects 中每个对象的应付款。输出表明，第 25 行和第 27 行中的方法调用，的确调用了 ToString 方法和 GetPaymentAmount 方法的对应类版本。

软件工程结论 12.9

object 类的所有方法，都可以用接口类型的引用调用，这个引用指向一个对象，所有对象都继承 object 类的方法。

```csharp
1   // Fig. 12.14: PayableInterfaceTest.cs
2   // Tests interface IPayable with disparate classes.
3   using System;
4   using System.Collections.Generic;
5
6   class PayableInterfaceTest
7   {
8      static void Main()
9      {
10         // create a List<IPayable> and initialize it with four
11         // objects of classes that implement interface IPayable
12         var payableObjects = new List<IPayable>() {
13            new Invoice("01234", "seat", 2, 375.00M),
14            new Invoice("56789", "tire", 4, 79.95M),
15            new SalariedEmployee("John", "Smith", "111-11-1111", 800.00M),
16            new SalariedEmployee("Lisa", "Barnes", "888-88-8888", 1200.00M)};
17
18         Console.WriteLine(
19            "Invoices and Employees processed polymorphically:\n");
20
21         // generically process each element in payableObjects
22         foreach (var payable in payableObjects)
23         {
24            // output payable and its appropriate payment amount
25            Console.WriteLine($"{payable}");
26            Console.WriteLine(
27               $"payment due: {payable.GetPaymentAmount():C}\n");
28         }
29      }
30   }
```

```
Invoices and Employees processed polymorphically:

invoice:
part number: 01234 (seat)
quantity: 2
price per item: $375.00
payment due: $750.00

invoice:
part number: 56789 (tire)
quantity: 4
price per item: $79.95
payment due: $319.80

salaried employee: John Smith
social security number: 111-11-1111
weekly salary: $800.00
payment due: $800.00

salaried employee: Lisa Barnes
social security number: 888-88-8888
weekly salary: $1,200.00
payment due: $1,200.00
```

图 12.14 用不同的类测试 IPayable 接口

12.7.6 .NET Framework 类库的常用接口

本节将概述 .NET Framework 类库中的几个常用公共接口。这些接口的实现和使用方法，与程序员自己创建接口的方式相同（如 12.7.2 节中的 IPayable 接口）。实现这些接口，就可以将自定义类型的对象与 Framework 类库中的许多重要特性相融合。图 12.15 总结了几个 Framework 类库中的常用接口，并解释了为什么可以用自定义类型实现它们。

接　　口	描　　述
IComparable	C#包含几个比较运算符（例如，<, <=, >, >=, ==, !=），使程序员能够比较简单类型的值。10.13 节中讲解了可以重载这些运算符，以用于自己的类型。IComparable 接口允许将实现这个接口的类对象与另一个类对象进行比较。这个接口包含一个 CompareTo 方法，它比较调用该方法的对象与方法实参中传入的对象。利用程序员指定的准则，类必须实现 CompareTo 方法来返回一个值，表明调用它的对象小于（返回负整数值）、等于（返回 0 值）或大于（返回正整数值）作为实参传递的对象。例如，如果 Employee 类实现了 IComparable 接口，则它的 CompareTo 方法可以通过员工的收入来比较两个 Employee 对象。IComparable 接口常用于在集合（比如数组）中排序对象。第 20 章和第 21 章中将用到 IComparable 接口
IComponent	由表示组件的任何类实现，包括 GUI 控件（比如按钮和标签）。IComponent 接口定义组件必须实现的行为。第 14 章和第 15 章中将探讨这个接口，以及实现该接口的许多 GUI 控件
IDisposable	由必须提供明确机制来释放资源的类实现。有些资源在某个时刻只能由一个程序使用。此外，有些资源（比如磁盘文件）和内存不一样，它们是无控制的资源，不能通过垃圾收集器释放。实现了 IDisposable 接口的类，提供一个 Dispose 方法，可以调用它来显式地释放与对象相关联的资源。第 13 章中将简要讨论这个接口。关于这个接口的更多信息，请参见 http://msdn.microsoft.com/library/system.idisposable。MSDN 上的文章 *Implementing a Dispose Method*（http://msdn.microsoft.com/library/fs2xkftw）探讨了在类中实现这个接口的正确方法
IEnumerator	用于一次一个元素地迭代遍历某个集合（如数组或 List）中的所有元素——foreach 语句使用 IEnumerator 对象来迭代遍历元素。IEnumerator 接口包含移动到集合中下一个元素的 MoveNext 方法、移动到第一个元素之前位置的 Reset 方法，以及返回当前位置的对象的 Current 属性。第 21 章中将使用这个接口。所有的 IEnumberable 对象（参见第 9 章），都提供一个返回 IEnumerator 对象的 GetEnumerator 方法

图 12.15　.NET Framework 类库中的常用接口

12.8　小结

本章介绍了多态——处理类层次中共享同一个基类的多个对象时，把它们都当成这个基类的对象的一种能力。探讨了多态如何使系统具备可扩展性和可维护性，然后演示了如何利用重写的方法来影响多态行为。抽象类的目的是提供适当的基类，让其他类继承。本章讲解了抽象类可以声明抽象方法，每个派生类都必须实现这些抽象方法，才能成为具体类。还探讨了程序可以用抽象类变量多态地调用抽象方法的具体派生类实现。也讲解了如何在执行时确定对象的类型。展示了如何创建 sealed 方法和类。最后，研究了如何以另一种方式声明和实现接口，以获得多态行为，通常在不同的、彼此不相关的类对象之间实现。

至此，就已经讲解完了类、对象、封装、继承、接口和多态等概念，它们是面向对象编程的最本质内容。后面将深入探讨如何利用异常处理来应付运行时错误。

摘要

12.1 节　简介

- 利用多态，可以设计和实现易于扩展的系统——增加新类时，程序的通用部分只需做少许修改或不必修改。

12.2 节 多态示例
- 利用多态，根据方法调用的对象类型，相同的方法名和签名可以引发不同的行为。
- 多态提高了可扩展性。处理多态行为的软件，与接收消息的对象类型无关。不必对基本系统进行修改，响应现有方法调用的新对象类型，就可以集成到系统中。

12.3 节 演示多态行为
- 通过基类引用调用派生类功能来调用派生类对象的方法时，调用的方法取决于实际引用对象的类型。

12.4 节 抽象类和抽象方法
- 抽象类是不完整的类，不能用它来实例化对象。
- 抽象类的主要作用，是提供合适的基类，其他类可从它继承并共享共同的设计。
- 可以用来实例化对象的类，称为具体类。
- 抽象类用关键字 abstract 声明。
- 抽象基类的每个具体派生类，必须为基类的抽象方法和属性提供具体的实现。
- 如果在派生类中没有实现基类的抽象方法和属性，则会导致编译错误，除非派生类也被声明为抽象的。
- 尽管不能实例化抽象基类的对象，但可以用抽象基类声明变量，用它来保存抽象类派生的任何具体类的对象引用。

12.5 节 案例分析：使用多态的工资系统
- 将方法声明成抽象的，就表明每个具体派生类都必须提供合适的实现。
- 执行时，会根据引用类型变量所引用的对象类型解析所有的 virtual 方法调用。这一过程称为动态绑定或后绑定。
- is 运算符判断左操作数中的对象类型，是否匹配右操作数指定的类型，如果二者具有"是"关系，则返回 true。
- as 运算符执行向下强制转换运算，如果转换成功，则返回一个适当对象的引用，否则返回 null。
- 基类引用只能用来调用在基类中声明的方法。如果程序需要对基类变量引用的派生类对象进行派生类特定的操作，则必须首先将基类引用向下强制转换为派生类引用。
- C#中的每一个对象都知道自己的类型，可以通过 GetType 方法获得这一信息，这是所有类从 object 类继承的方法。
- 将基类引用赋予派生类变量，如果不是显式地进行强制转换或者没有使用 as 运算符，则是不允许的。可以用 is 运算符保证只对派生类对象进行强制转换。

12.6 节 sealed 方法和类
- 基类中声明为 sealed 的方法，不能在派生类中重写。
- 声明为 sealed 的类不能作为基类（即 sealed 类不能被扩展）。sealed 类中的所有方法都隐含为 sealed 类型。

12.7 节 案例分析：创建和使用接口
- 接口定义并标准化了人和系统彼此交互的方式。
- 接口声明以关键字 interface 开始，只能包含抽象方法、属性、索引器和事件。
- 所有的接口成员都被隐式地声明为公共的和抽象的。它们并不指定任何的实现细节，比如具体的方法声明。
- 每个接口可以扩展一个或多个其他接口，创建其他类可以实现的更完善的接口。
- 类实现某个接口的方法，是在类声明的冒号后面给出接口的名称。

- 实现接口而不实现它的所有成员的类，必须被声明成抽象类，且必须为每个未实现的接口成员包含一个抽象声明。
- UML 通过实现表示类和接口间的关系。类可以"具体化"或"实现"接口。
- 为了实现多个接口，只需在类声明的冒号之后列出一个逗号分隔的接口名列表即可。
- 在"是"关系的实现上，继承和接口相似。实现接口的类对象，都可以看成该接口类型的对象。
- object 类的所有方法，都可以用接口类型的引用调用，这个引用指向一个对象，所有对象都继承 object 类的方法。

术语表

abstract class 抽象类	interface inheritance 接口继承
abstract keyword abstract 关键字	interface keyword interface 关键字
abstract method 抽象方法	is-a relationship "是"关系
as operator as 运算符	is operator is 运算符
base-class reference 基类引用	late binding 后绑定
concrete class 具体类	polymorphism 多态
downcasting 向下强制转换	realization 实现
dynamic binding 动态绑定	sealed class sealed 类
implement an interface 实现接口	sealed method sealed 方法
inlining code 内联代码	static binding 静态绑定
interface declaration 接口声明	Type class Type 类

自测题

12.1 填空题。
　　a) 如果类至少包含一个抽象方法，则它必须被声明成＿＿＿＿类。
　　b) 其对象能够被实例化的类，称为＿＿＿＿类。
　　c) ＿＿＿＿利用基类变量调用基类或派生类对象上的方法，使程序员能够实现"通用编程"。
　　d) 类中不提供实现的方法，必须用＿＿＿＿关键字声明。
　　e) 将基类变量中的引用强制转换成派生类类型，称为＿＿＿＿。

12.2 判断下列语句是否正确。如果不正确，请说明理由。
　　a) 可以将基类对象看成与派生类对象相似。
　　b) 抽象类中的所有方法，都必须被声明成抽象的。
　　c) 试图通过基类变量调用只有派生类才有的方法，会导致错误。
　　d) 如果基类声明了一个抽象方法，则派生类必须实现这个方法。
　　e) 实现了接口的类对象，都可以看成该接口类型的对象。

自测题答案

12.1 a) 抽象。b) 具体。c) 多态。d) abstract。e) 向下强制转换。
12.2 a) 正确。b) 错误。抽象类可以包含带有实现的方法，也可以包含抽象方法。c) 正确。d) 错误。只有具体派生类才必须实现这个方法。e) 正确。

练习题

12.3 （通用编程）多态如何使程序员能够进行"通用编程"而不是"特定编程"？探讨一下"通用编程"的主要好处。

12.4 （继承接口与继承实现的比较）派生类可以继承基类的"接口"或"实现"。将继承层次设计成继承接口的形式，与将它设计成继承实现的方式有何不同？

12.5 （抽象方法）抽象方法是什么？描述适合使用抽象方法的情形。

12.6 （多态与可扩展性）多态如何提升可扩展性？

12.7 （基类引用与派生类引用的赋值）讨论将基类和派生类引用赋予基类和派生类变量的 4 种方法。

12.8 （抽象类与接口的比较）对比抽象类与接口的异同。什么情况下要使用抽象类？什么情况下要使用接口？

12.9 （修改工资系统）修改图 12.4 ~ 图 12.9 中的工资系统，使它在 Employee 类中包含私有实例变量 birthDate。利用图 10.7 中的 Date 类来表示员工的生日。假设工资是按月支付的。创建一个 Employee 变量的数组，保存各种员工对象的引用。在一个循环中（多态地）计算每位员工的工资，如果当前月份是员工的生日月份，则对该员工增加 100.00 美元的奖金。

12.10 （Shape 层次）实现图 11.3 中的 Shape 层次。忽略 Triangle 类和 Tetrahedron 类。每个 TwoDimensionalShape 应当包含只读抽象属性 Area，它计算二维形体的面积。每个 ThreeDimensionalShape 应当包含只读抽象属性 Area 和 Volume，它们分别计算三维形体的表面积和体积。创建一个程序，利用 Shape 数组引用层次中每个具体类的对象。输出每个数组元素引用的对象的文本描述。此外，在处理数组中所有形体的循环中，需判断形体是 TwoDimensionalShape 还是 ThreeDimensionalShape。如果为 TwoDimensionalShape，则显示它的面积；如果为 ThreeDimensionalShape，则显示它的表面积和体积。

12.11 （修改工资系统）修改图 12.4 ~ 图 12.9 中的工资系统，使它包含另外一个 Employee 派生类 PieceWorker，它表示根据生产商品的数量而支付工资的员工。PieceWorker 类应包含私有实例变量 wage（保存每生产一件商品员工得到的工资）和 pieces（保存生产的商品数量）。在 PieceWorker 类中提供 Earnings 方法的具体实现，它将 wage 和 pieces 相乘得出员工的收入。创建一个 Employee 变量的数组，保存这个新 Employee 层次中每个具体类对象的引用。显示每个 Employee 的字符串表示和他的收入。

12.12 （修改应付款程序）修改图 12.11 ~ 图 12.14 中的应付款程序，使它包含图 12.4 ~ 图 12.9 中的工资程序的完整功能。程序需依然能够处理两个 Invoice 对象，但现在需对 4 种 Employee 派生类的每一种处理一个对象。如果当前被处理的对象是 BasePlusCommissionEmployee，则需将员工的底薪增加 10%。最后，应对每个对象输出工资额。修改 PayableInterfaceTest（见图 12.14），多态地处理两个 Invoice、一个 SalariedEmployee、一个 HourlyEmployee、一个 CommissionEmployee 和一个 BasePlus- CommissionEmployee。首先，要输出每个 IPayable 对象的字符串表示，然后，如果对象是 BasePlusCommissionEmployee，则将它的底薪增加 10%。最后，对每个 IPayable 对象输出工资额。

12.13 （利用 Account 层次的多态银行程序）利用练习题 11.9 中创建的 Account 层次，开发一个多态银行程序。创建一个引用 SavingsAccount 对象和 CheckingAccount 对象的 Account 数组。对数组中的每个 Account，允许用户指定利用 Debit 方法从 Account 中取款的金额和利用 Credit 方法向 Account 存款的金额。处理每个 Account 时，需判断它的类型。如果是 SavingsAccount 类型，则利用 CalculateInterest 方法计算它的利息，然后用 Credit 方法将利息添加到账户余额中。处理完一个 Account 之后，输出利用基类属性 Balance 获得的更新后的账户余额。

挑战题

12.14 (CarbonFootprint 接口：多态)正如本章中讲解的那样，利用接口可以为各种可能的类指定相似的行为。全球的政府和公司，都越来越关心"碳足迹"(carbon footprint，即每年向大气中排放的二氧化碳量)的问题，它们来自燃烧各种燃料的建筑物、汽车等。许多科学家将全球变暖的现象归咎于这些温室气体。创建三个没有继承关系的小型的类：Building、Car 和 Bicycle 类。编写一个包含 GetCarbonFootprint 方法的 ICarbonFootprint 接口。让这三个类实现这个接口，利用 GetCarbonFootprint 方法计算每个类的大致碳足迹(需查看相关网站来了解如何计算碳足迹)。编写一个程序，创建每个类的对象，将这些对象的引用放入 List<ICarbonFootprint>，然后迭代遍历这个 List，多态地调用每个对象的 GetCarbonFootprint 方法。

第13章 异常处理：深入探究

目标

本章将讲解

- 什么是异常，如何处理异常。
- 何时使用异常处理。
- 使用 try 语句块来界定可能抛出异常的代码。
- 使用 throw 语句表明在运行时出现的问题。
- 用 catch 语句块指定异常处理器。
- 如果不捕获异常会发生什么情况。
- 理解异常处理终止模式的机制。
- 用 finally 语句块释放资源。
- 如何利用 using 语句自动释放资源。
- 理解 .NET 的异常类层次。
- 使用 Exception 属性。
- 创建新的异常类型。
- 使用 C# 6 的 null 条件运算符 "?."，在使用引用调用方法或访问属性之前，判断该引用是否为空。
- 利用可空类型，指定变量可以包含值，或者为空。
- 利用 C# 6 的异常过滤器，为异常的捕获指定条件。

概要

13.1 简介
13.2 示例：除数为 0 不用异常处理
    13.2.1 除数为 0
    13.2.2 输入非数字分母
    13.2.3 未处理的异常会终止程序
13.3 示例：处理 DivideByZeroException 和 FormatException 异常
    13.3.1 在 try 语句块中包含代码
    13.3.2 捕获异常
    13.3.3 未捕获异常
    13.3.4 异常处理的终止模式
    13.3.5 异常发生时的控制流
13.4 .NET 的 Exception 层次
    13.4.1 SystemException 类
    13.4.2 方法可能抛出哪些异常
13.5 finally 语句块
    13.5.1 将资源释放代码移入 finally 语句块中
    13.5.2 演示 finally 语句块的用法
    13.5.3 用 throw 语句抛出异常
    13.5.4 重抛异常
    13.5.5 在 finally 语句块后返回
13.6 using 语句
13.7 Exception 属性
    13.7.1 InnerException 属性
    13.7.2 其他 Exception 属性
    13.7.3 演示 Exception 属性和栈解退
    13.7.4 用 InnerException 抛出 Exception
    13.7.5 显示关于 Exception 的信息
13.8 用户定义异常类
13.9 检验空引用以及 C# 6 的 "?." 运算符
    13.9.1 null 条件运算符 "?."
    13.9.2 再次分析 is 和 as 运算符
    13.9.3 可空类型

13.9.4　null 合并运算符 "??"　　　　　　　　　13.11　小结
13.10　异常过滤器与 C# 6 的 when 子句
摘要 ｜ 术语表 ｜ 自测题 ｜ 自测题答案 ｜ 练习题 ｜

13.1　简介

这一章将更深入地探讨异常处理。从 8.5 节可知，异常表明程序在执行期间出现了问题。名称"异常"来自这样一个事实：尽管问题可能会发生，但不是经常发生。正如 8.5 节和第 10 章中讲到的，利用异常处理，程序员可以创建能够处理异常的程序——许多情况下，异常处理使程序可以继续执行，就好像没有发生问题一样。但是，当遇到更严重的问题时程序可能无法正常执行，因此要求将问题通知用户，然后有控制地终止程序。本章中讲解的 C#特性，使程序员可以编写清晰的、健壮的和更加容错的程序(即程序能够处理出现的问题并继续执行)。有关 Visual C#中异常处理的"最佳实践"，可参见 Visual Studio 文档[①]。

回顾完异常处理概念和基本的异常处理技术之后，将概述 .NET 中的异常处理类层次。程序执行期间，通常会请求资源和释放资源(如磁盘文件)。这种资源通常是有限的，或者一次只能让一个程序使用。下面将演示一部分异常处理机制，程序使用资源之后会保证释放资源，让其他程序使用，即使发生了异常也如此。还将讲解 System.Exception 类(所有异常类的基类)的几个属性，并讨论如何创建并使用自己的异常类。

本章还会涉及可用来处理空值的各种 C#特性，包括：

- C# 6 的 null 条件运算符 "?."，在使用引用调用方法或访问属性之前，判断该引用是否为空。
- null 合并运算符 "??"，如果它的左操作数非空，则返回左操作数值，否则返回右操作数值。
- 可空类型(nullable type)，它指定的值类型变量可以包含值，也可以为空。

最后，将讲解 C# 6 的异常过滤器，它指定的条件用于捕获异常。

13.2　示例：除数为 0 不用异常处理

首先看一个不采用异常处理机制的控制台程序，出现错误时会发生什么情况。图 13.1 中的程序从用户处输入两个整数，然后将第一个数整除第二个数，得到一个 int 类型的结果。这个示例中，当方法发现问题但无法处理它时，会抛出异常(即发生异常)。

```
1   // Fig. 13.1: DivideByZeroNoExceptionHandling.cs
2   // Integer division without exception handling.
3   using System;
4
5   class DivideByZeroNoExceptionHandling
6   {
7       static void Main()
8       {
9           // get numerator
10          Console.Write("Please enter an integer numerator: ");
11          var numerator = int.Parse(Console.ReadLine());
12
13          // get denominator
14          Console.Write("Please enter an integer denominator: ");
15          var denominator = int.Parse(Console.ReadLine());
16
17          // divide the two integers, then display the result
18          var result = numerator / denominator;
19          Console.WriteLine(
20              $"\nResult: {numerator} / {denominator} = {result}");
21      }
22  }
```

图 13.1　不带异常处理的整除

[①] "Best Practices for Handling Exceptions [C#]," *.NET Framework Developer's Guide*, Visual Studio .NET Online Help, 网址为 https://msdn.microsoft.com/library/seyhszts。

```
Please enter an integer numerator: 100
Please enter an integer denominator: 7
Result: 100 / 7 = 14
```

```
Please enter an integer numerator: 100
Please enter an integer denominator: 0
Unhandled Exception: System.DivideByZeroException:
   Attempted to divide by zero.
   at DivideByZeroNoExceptionHandling.Main()
      in C:\Users\PaulDeitel\Documents\examples\ch13\Fig13_01\
      DivideByZeroNoExceptionHandling\DivideByZeroNoExceptionHandling\
      DivideByZeroNoExceptionHandling.cs:line 18
```

```
Please enter an integer numerator: 100
Please enter an integer denominator: hello
Unhandled Exception: System.FormatException:
   Input string was not in a correct format.
   at System.Number.StringToNumber(String str, NumberStyles options,
      NumberBuffer& number, NumberFormatInfo info, Boolean parseDecimal)
   at System.Number.ParseInt32(String s, NumberStyles style,
      NumberFormatInfo info)
   at System.Int32.Parse(String s)
   at DivideByZeroNoExceptionHandling.Main()
      in C:\Users\PaulDeitel\Documents\examples\ch13\Fig13_01\
      DivideByZeroNoExceptionHandling\DivideByZeroNoExceptionHandling\
      DivideByZeroNoExceptionHandling.cs:line 15
```

图 13.1(续)　不带异常处理的整除

运行程序

以前讲解过的大多数示例，无论在 Debug 菜单中选取 Start Debugging，还是选取 Start Without Debugging，所得到的运行结果都是相同的。稍后将会介绍，图 13.1 中的示例程序，在用户输入某个值时可能发生异常。这里不准备调试这个程序，只是想看看出现错误时会发生什么情况。为此，需通过菜单 Debug > Start Without Debugging 执行它。如果在执行期间发生异常，则会出现一个对话框，表明程序"已经停止工作了"。只需单击 Cancel 或 Close Program 按钮，即可终止程序的运行。描述这个异常的错误消息会显示在输出窗口中。图 13.1 中将错误消息进行了格式调整，以便于阅读。首次执行时，程序成功地执行了除法运算，直至运行完毕也没有发生异常。

13.2.1　除数为 0

在第二次执行中，用户输入了分母 0。输入了这个无效值后，程序显示了几行信息。这个信息称为栈踪迹（stack trace），它在表示所发生问题的描述消息中包含了异常类的名称（System. DivideByZeroException）以及产生异常的执行路径，其中包含每一个方法的调用。栈踪迹有助于调试程序。第一行错误消息，指出发生了 DivideByZeroException 异常。整数运算遇到除数为 0 时，CLR 会抛出 DivideByZeroException 异常（位于命名空间 System 中）。异常名称后面的文本"Attempted to divide by zero"，表明了发生这个异常的原因。整数运算中不允许除数为 0[①]。

栈踪迹中的每个"at"行，都表示发生异常时执行的特定方法中的代码行。"at"行包含发生异常的命名空间、类名和方法名：

  DivideByZeroNoExceptionHandling.Main

包含代码的文件的位置和名称为

[①] 浮点数除法运算中，分母为 0 是允许的。这种计算得到的结果是无穷大，表示为 Double.PositiveInfinity 或 Double.NegativeInfinity 常量，取决于分子是正值还是负值。这些值显示为 Infinity 或 -Infinity。如果分子和分母均为 0，则计算结果是一个常量 Double.NaN(NaN 表示"不是一个数"），在计算结果未定义时返回。

```
C:\Users\PaulDeitel\Documents\examples\ch13\Fig13_01\
    DivideByZeroNoExceptionHandling\
    DivideByZeroNoExceptionHandling\
    DivideByZeroNoExceptionHandling.cs
```

以及发生异常的行号：

```
:line 18
```

(DivideByZeroNoExceptionHandling 类没有在任何命名空间中声明，所以这里显示的栈踪迹中，这个类名称的前面没有显示命名空间。)

这里，栈踪迹显示程序执行 Main 方法第 18 行时发生了 DivideByZeroException 异常。栈踪迹中的第一个"at"行，表示异常的抛出点(throw point)——发生异常的初始点(即 Main 方法第 18 行)。这一信息使程序员很容易就能看到是哪一个方法调用导致了异常。栈踪迹中后续的"at"行，指明了在程序到达抛出点之前有哪些方法调用。

13.2.2 输入非数字分母

在第三次执行中，用户输入字符串"hello"作为分母。这会导致 FormatException 异常，从而出现另一个栈踪迹。前面几个从用户读取数字值的示例中，假设用户输入的是整数值，但是也有可能输入非整数值。当 int.Parse 方法接收到一个不表示有效整数值的字符串时，会发生 FormatException 异常(位于命名空间 System)。从栈踪迹中最后一个"at"行开始，我们看到异常在 Main 方法第 15 行中被检测到。栈踪迹还给出了导致抛出异常的其他几个方法：

- Main 方法会调用 Int32.Parse 方法——int 就是 Int32 的别名
- Int32.Parse 方法调用 Number.ParseInt32 方法
- Number.ParseInt32 方法调用 Number.StringToNumber 方法

抛出点发生在 Number.StringToNumber 中，从栈踪迹第一个"at"行就可看出。注意，栈踪迹的实际文本与操作系统的本地化设置有关。

13.2.3 未处理的异常会终止程序

在图 13.1 的几个执行样本中，程序在发生异常和显示栈踪迹时终止了。但是，并不总是会这样。有时，即使发生了异常且显示了栈踪迹，程序仍然可以继续执行。这时，程序可能产生不正确的结果。下一节将演示如何处理异常，以使程序能够正常地运行完毕。

13.3 示例：处理 DivideByZeroException 和 FormatException 异常

下面考虑一个简单的异常处理示例。图 13.2 中的程序，利用异常处理来对可能发生的 DivideByZeroException 异常和 FormatException 异常进行处理。程序从用户处读取两个整数(第 18~21 行)。假设用户输入的是两个整数且分母不为 0，则第 25 行会执行除法操作，而第 28~29 行会显示结果。但是，如果用户输入了非整数值，或者输入的分母值为 0，则会发生异常。这个程序演示了如何捕获和处理这类异常，这里是显示错误消息并让用户输入另一组值。

```csharp
1   // Fig. 13.2: DivideByZeroExceptionHandling.cs
2   // FormatException and DivideByZeroException handlers.
3   using System;
4
5   class DivideByZeroExceptionHandling
6   {
7       static void Main(string[] args)
8       {
9           var continueLoop = true; // determines whether to keep looping
```

图 13.2 FormatException 异常和 DivideByZeroException 异常的处理

```csharp
10      do
11      {
12          // retrieve user input and calculate quotient
13          try
14          {
15              // int.Parse generates FormatException
16              // if argument cannot be converted to an integer
17              Console.Write("Enter an integer numerator: ");
18              var numerator = int.Parse(Console.ReadLine());
19              Console.Write("Enter an integer denominator: ");
20              var denominator = int.Parse(Console.ReadLine());
21
22              // division generates DivideByZeroException
23              // if denominator is 0
24              var result = numerator / denominator;
25
26              // display result
27              Console.WriteLine(
28                  $"\nResult: {numerator} / {denominator} = {result}");
29              continueLoop = false;
30          }
31          catch (FormatException formatException)
32          {
33              Console.WriteLine($"\n{formatException.Message}");
34              Console.WriteLine(
35                  "You must enter two integers. Please try again.\n");
36          }
37          catch (DivideByZeroException divideByZeroException)
38          {
39              Console.WriteLine($"\n{divideByZeroException.Message}");
40              Console.WriteLine(
41                  "Zero is an invalid denominator. Please try again.\n");
42          }
43      } while (continueLoop);
44  }
45 }
```

```
Please enter an integer numerator: 100
Please enter an integer denominator: 7
Result: 100 / 7 = 14
```

```
Enter an integer numerator: 100
Enter an integer denominator: 0

Attempted to divide by zero.
Zero is an invalid denominator. Please try again.

Enter an integer numerator: 100
Enter an integer denominator: 7

Result: 100 / 7 = 14
```

```
Enter an integer numerator: 100
Enter an integer denominator: hello

Input string was not in a correct format.
You must enter two integers. Please try again.

Enter an integer numerator: 100
Enter an integer denominator: 7

Result: 100 / 7 = 14
```

图 13.2(续)　FormatException 异常和 DivideByZeroException 异常的处理

输出样本

讲解程序的细节之前，我们先看一下图 13.2 的输出样本。第一个输出窗口显示计算成功，用户输入了分子 100 和分母 7。注意，结果值(14)为一个 int 值，因为整除总是得到 int 结果。第二个输出窗口显示的是试图用一个值除以 0 的情形。在整数算术中，CLR 会测试除数是否为 0，如果分母为 0 则产生 DivideByZeroException 异常。程序会检测出这个异常并显示一条错误消息，表明除数为 0。最后的输出样本是输入非 int 值的情形，用户将"hello"作为分母输入。程序试图用 int.Parse 方法将输入字符串转换成 int 值(第 19 行和第 21 行)。如果实参值无法转换成 int 类型，则方法会抛出 FormatException 异常。程序会捕获这个异常并显示一条错误消息，要求用户输入两个 int 值。

将字符串转换为整数的另一种方式

另一种验证输入值的办法是使用 int.TryParse 方法，它在可能的情况下将字符串转换成 int 值。和 int.Parse 方法一样，所有的数字型简单类型，都具有 TryParse 方法。TryParse 方法要求两个实参，一个是要解析的字符串，另一个是保存转换结果的变量。这个方法返回一个布尔值，只有成功地将字符串转换成一个 int 值时，才返回真值。否则，TryParse 方法会将第二个实参赋值为 0——该实参是按引用传递的，所以 TryParse 方法可以修改它的值。

 错误防止提示 13.1

TryParse 方法可以用在代码中验证输入值，而不是让代码抛出异常，所以一般情况下应优先采用这种技术。

13.3.1 在 try 语句块中包含代码

现在分析得到这些输出样本结果所需的用户交互过程以及控制流。第 14~31 行定义了一个 try 语句块，其中的代码可能抛出异常，还包括发生异常时将跳过的代码。例如，除非第 25 行的计算成功完成，否则程序不能显示新的结果(第 28~29 行)。

用户输入表示分子和分母的值。读取 int 值的两条语句(第 19 行和第 21 行)调用 int.Parse 方法，将字符串转换成 int 值。如果无法将字符串实参转换成 int 值，则这个方法会抛出 FormatException 异常。如果第 19 行和第 21 行的值转换成功(即没有发生异常)，则第 25 行将 numerator 除以 denominator，并将结果赋予变量 result。如果 denominator 为 0，则第 25 行会使 CLR 抛出 DivideByZeroException 异常。如果第 25 行没有抛出异常，则第 28~29 行显示除法计算的结果。

13.3.2 捕获异常

异常处理的代码出现在 catch 语句块中。一般而言，当 try 语句块中发生异常时，对应的 catch 语句块会捕获并处理这个异常。本例中的 try 语句块后面有两个 catch 语句块，一个处理 FormatException 异常(第 32~37 行)，另一个处理 DivideByZeroException 异常(第 38~43 行)。catch 语句块可以指定一个异常参数，表示 catch 语句块能够处理的异常。在 catch 语句块的里面，可以用参数的标识符与所捕获的异常对象进行交互。如果不需要在 catch 语句块中使用异常对象，则可以省略异常参数的标识符。catch 参数的类型，就是 catch 语句块处理的异常类型。或者，也可以包括一个 catch 语句块，不指定异常类型，这种 catch 语句块(称为通用 catch 子句)可捕获所有的异常类型。try 语句块的后面，必须至少紧跟着一个 catch 语句块或一个 finally 语句块(见 13.5 节的讨论)。

图 13.2 中，第一个 catch 语句块捕获 FormatException 异常(由 int.Parse 方法抛出)，第二个 catch 语句块捕获 DivideByZeroException 异常(由 CLR 抛出)。如果发生了异常，则程序只执行第一个匹配的 catch 语句块。本例中，两个异常处理器都显示一个错误消息对话框。catch 语句块终止之后，程序控制转入最后一个 catch 语句块后面的第一条语句(本例中为方法末尾)。稍后，将详细分析异常处理中这个控制流是如何工作的。

13.3.3 未捕获异常

未捕获异常或未处理异常，即没有相应 catch 语句块的异常。图 13.1 第二个和第三个输出中，显示了未捕获异常的结果。前面的示例中看到过，发生异常时，程序(在显示异常的栈踪迹后)会提前终止。未捕获异常的结果，取决于程序如何执行——图 13.1 演示了通过 Debug > Start Without Debugging 执行程序时未捕获异常的结果。如果通过 Debug > Start Debugging 运行程序，且运行时环境检测到了一个未捕获异常，则程序会暂停，显示一个 Exception Assistant(异常助理)窗口(见图 13.3)。

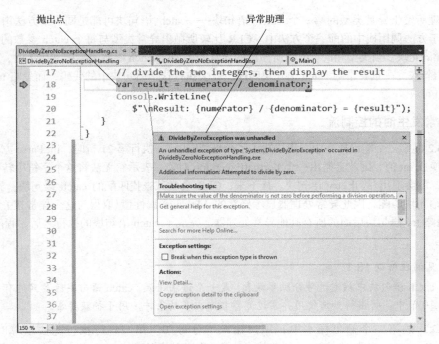

图 13.3　异常助理窗口

异常助理窗口中，包含如下内容：

- 一条指示线，从异常助理窗口指向导致异常发生的代码行。
- 异常的类型。
- 一个 Troubleshooting tips 窗口，给出的帮助信息是有关产生这种异常的原因以及处理它的办法。
- 查看或者复制完整的异常细节的链接。

图 13.3 显示了图 13.1 的程序中用户输入除数为 0 时出现的异常助理窗口。

13.3.4　异常处理的终止模式

前面曾介绍过，程序中发生异常的点称为抛出点——这是调试的重要位置(见 13.7 节的演示)。如果 try 语句块中发生了异常(例如，图 13.2 第 19 行和第 21 行的代码抛出的 FormatException 异常)，则 try 语句块立即终止，程序控制转移到后面第一个异常参数类型与所有抛出类型相符的 catch 语句块。处理完异常之后，程序控制不返回抛出点，因为 try 语句块已经退出(任何局部变量也已经超出了它的作用域)。控制在最后一个 catch 语句块之后恢复。这称为异常处理的终止模式(termination model)。[注：有些语言使用异常处理的恢复模式(resumption model)，处理异常之后，程序控制会返回到抛出点。] 如果 try 语句块中没有发生异常，则图 13.2 的程序顺利完成这个 try 语句块(将 continueLoop 设置成 false)，忽略第 32~37 行和第 38~43 行的 catch 语句块。然后，程序执行 try 和 catch 语句块后面的第一条语句。这时，程序会到达 do…while 循环语句的末尾(第 44 行)，现在的条件测试结果依然为 false，但已经到达 Main 方法的结尾处，所以程序终止。

try 语句块与对应的 catch 语句块和 finally 语句块一起，构成了 try 语句(try statement)。千万不要将术语"try 语句块"和"try 语句"相混淆，try 语句块指关键字 try 后面的代码块(在 catch 语句块和 finally 语句块之前)，而 try 语句包含从关键字 try 开始，到最后一个 catch 语句块或 finally 语句块的所有代码，包括 try 语句块与对应的 catch 语句块和 finally 语句块。

当 try 语句块终止时，它的局部变量都会超出作用域。如果 try 语句块因为异常而终止，则 CLR 会搜索能够处理所发生异常类型的第一个 catch 语句块——catch 语句块可能是同一个方法中的外层语句块，或者位于方法调用栈中的前一个方法中。CLR 比较所抛出异常类型与每个 catch 参数的类型，找到匹配的 catch 语句块。当类型相同，或者所抛出的异常的类型是 catch 参数类型的派生类时，就找到了匹配的 catch 语句块。一旦异常与 catch 语句块匹配，就会执行这个语句块中的代码，而忽略 try 语句中的其他 catch 语句块。

13.3.5 异常发生时的控制流

在图 13.2 的第三个输出样本中，用户输入了分母"hello"。执行第 21 行时，int.Parse 方法不能将这个字符串转换成 int 值，因此会抛出一个 FormatException 对象，表示它无法将这个字符串转换成 int 值。发生异常时，就会退出(终止)try 语句块。接下来，CLR 会尝试查找匹配的 catch 语句块。异常与第 32 行的 catch 语句块匹配，因此异常处理器显示异常的 Message 属性值(取得与这个异常相关联的错误消息)，程序忽略 try 语句块后面的所有其他异常处理器。完成了 catch 语句块的执行之后，程序会在第 44 行继续执行。

常见编程错误 13.1
在 catch 语句块中指定逗号分隔参数表，是一个语法错误。catch 语句块最多只能有一个参数。13.10 节中，将讲解如何使用异常过滤器指定更多的条件，用于捕获异常。

在图 13.2 的第二个输出样本中，用户输入了分母 0。第 25 行执行除法运算时，会发生 DivideByZeroException 异常。同样，try 语句块会终止，程序寻找匹配的 catch 语句块。这时，第一个 catch 语句块不匹配，catch 处理器声明中的异常类型与抛出的异常类型不同，而 FormatException 不是 DivideByZeroException 的基类。因此，程序继续寻找匹配的 catch 语句块，在第 38 行找到。第 40 行显示这个异常的 Message 属性值。同样，完成了 catch 语句块的执行之后，程序会在第 44 行继续执行。

13.4 .NET 的 Exception 层次

C#中，异常处理机制只能抛出和捕获 Exception 类及其派生类的对象。但是要注意，C#程序可以和其他 .NET 语言(如 C++)编写的软件组件进行交互，这些语言没有严格的异常类型。可以用通用 catch 子句捕获这类异常。

本节将概述几个 .NET Framework 的异常类，主要介绍从 Exception 类派生的异常。此外，还将探讨如何判断特定方法是否抛出异常。

13.4.1 SystemException 类

命名空间 System 中的 Exception 类是 .NET 的异常类层次中的基类。从 Exception 类派生出的一个重要的类是 SystemException。CLR 会产生 SystemException 类。只要程序编写得当，大部分这类异常都可以避免。例如，如果程序试图访问边界外的数组索引，则 CLR 会抛出 IndexOutOfRangeException 类型(SystemException 的派生类)的异常。类似地，当程序通过引用类型的变量调用方法，而引用为 null 值时，也会发生异常。这种异常属于 NullReferenceException 类(SystemException 的另一个派生类)。本章前面曾介绍过，整除中除数为 0 时，会发生 DivideByZeroException 异常。

由 CLR 抛出的其他异常，包括 OutOfMemoryException、StackOverflowException 和 ExecutionEngineException，这些异常在程序导致 CLR 不稳定时产生。某些情况下，这样的异常甚至不能被捕获。最好的办法，是将这类异常记录成日志(利用类似 Apache 的 log4net 工具，参见 http://logging.apache.org/log4net/)，然后终止程序的运行。

异常类层次的好处，是一个 catch 语句块可以捕获特定类型的异常，利用继承的"是"关系，可以用基类异常捕获相关异常类型层次中的异常。例如，13.3.2 节讲解了不带参数的 catch 语句块，它捕获所有类型的异常（包括没有从 Exception 类派生的异常）。指定 Exception 类型参数的 catch 语句块，可以捕获从 Exception 类派生的所有异常，因为 Exception 类是 .NET Framework 中所有异常类的基类。这种做法的好处，是异常处理器可以通过 catch 语句块中的参数访问被捕获异常的信息。13.7 节将进一步讲解如何获取异常信息。

利用异常的继承关系，使 catch 语句块可以用简洁的语法捕获相关的异常。也可以用一组异常处理器捕获每个派生类的异常类型，但捕获基类的异常类型更加简洁。不过，只有当基类与所有派生类的处理行为相同时，这种技术才有意义。否则，要各自捕获每个派生类的异常。

常见编程错误 13.2
将捕获基类异常的 catch 语句块放在捕获派生类异常的 catch 语句块之前，编译器会报告错误。如果是这种情况，则基类 catch 语句块会捕获所有基类及其派生类异常，因此从来不会执行派生类异常处理器，这可能是个逻辑错误。

13.4.2 方法可能抛出哪些异常

如何判断程序中可能发生异常呢？对于 .NET Framework 中包含的方法，应参考在线文档中有关这些方法的详细描述。如果方法可能抛出异常，则它的描述中会包含一个 Exceptions 节，指定这个方法抛出的异常类型并简要描述了发生这种异常的原因。例如，可以搜索 Visual Studio 在线文档中的 int.Parse 方法，这个方法的 Web 页面中有一个 Exceptions 节，表示它可以抛出三种类型的异常：

- ArgumentNullException
- FormatException
- OverflowException

并且还给出了理由。（注：也可以在 10.11 节讲解的 Object Browser 中找到这个信息。）

软件工程结论 13.1
如果方法可能抛出异常，则直接或间接调用这个方法的语句应放入 try 语句块中，并且这些异常应当被捕获和处理。

最难处理的是判断 CLR 何时可能抛出异常。这类信息出现在 C#语言规范中，它指定了抛出异常的情形。到本书编写时为止，C#语言规范还没有由 Microsoft 正式发布。非官方的版本，可在下列网址中找到：

https://github.com/ljw1004/csharpspec/blob/gh-pages/README.md

13.5 finally 语句块

程序经常要动态地（即在执行时）请求资源和释放资源。例如，程序读取磁盘文件时，首先要执行文件打开请求（见第 17 章）。只有请求成功，程序才能读取文件的内容。通常，操作系统不允许多个程序同时操作一个文件。因此，程序处理完文件之后，应关闭它（即释放资源），以供其他程序使用。如果文件没有关闭，则会发生资源泄漏（resource leak）。这时，其他程序就无法使用这个文件资源。

在 C/C++ 之类的编程语言中，程序员负责动态内存管理，最常见的资源泄漏是内存泄漏（memory leak）。当程序分配了内存（如 C#程序员用 new 关键字分配内存），但在不再需要它之后没有解除对内存的分配，这时就会发生内存泄漏。通常，C#中不存在这个问题，因为 CLR 会对执行程序不再需要的内存进行垃圾回收操作（见 10.8 节）。但是，还可能发生其他种类的资源泄漏（如未关闭的文件）。

错误防止提示 13.2

CLR 不能完全消除内存泄漏。CLR 要在程序不包含对象的引用时才会进行垃圾回收，而且即使是这样，也会存在一个延迟。因此，如果程序员无意间保留了不再需要的对象引用，就可能发生内存泄漏。

13.5.1 将资源释放代码移入 finally 语句块中

通常，当程序使用了要求显式释放的资源时，容易发生异常。例如，处理文件的程序，可能在处理过程中收到 IOException 异常。为此，文件处理代码通常出现在 try 语句块中。不管程序处理文件时是否遇到异常，都应关闭不再需要的文件。假设程序将所有资源请求和资源释放代码放在 try 语句块中，如果没有异常发生，则 try 语句块正常执行，用完之后能够释放资源。但是，如果发生异常，则 try 语句块可能在执行资源释放代码之前提前退出。可以在每个 catch 语句块中重复所有的资源释放代码，但这样做会使代码更难修改和维护。也可以将资源释放代码放在 try 语句之后，但如果 try 语句块由于 return 语句或者发生异常而终止，则 try 语句后面的代码就从来不会执行。

为了解决这些问题，C#的异常处理机制提供了 finally 语句块，不管是否成功执行了 try 语句块还是发生了异常，都会保证执行 finally 语句块。这样，finally 语句块就成为一个理想的地方，可以将对应 try 语句块所请求和操作资源的资源释放代码放入其中。

- 如果 try 语句块执行成功，则它终止之后立即执行 finally 语句块——到达 try 语句块的闭花括号，或者在语句块中遇到一条 return 语句。
- 如果 try 语句块中发生了异常，则 finally 语句块会在 catch 语句块完成之后立即执行——到达 catch 语句块的闭花括号，或者在语句块中遇到一条 return 语句。
- 如果不存在 catch 语句块、与 try 语句块相关联的 catch 语句块没有捕获异常，或者如果与 try 语句块相关联的 catch 语句块本身抛出异常，则会在 finally 语句块执行完之后才由外层 try 语句块（它可能位于调用方法中）处理这个异常。

将资源释放代码放进 finally 语句块之后，就保证了即使程序因未捕获异常而终止，资源也会被释放。try 语句块中的局部变量，不能在对应 finally 语句块中访问。为此，必须同时在 try 语句块和对应的 finally 语句块中访问的变量，应放在 try 语句块之前声明。

错误防止提示 13.3

finally 语句块通常包含释放对应于 try 语句块中所请求资源的代码，使 finally 语句块成为消除资源泄漏的一种有效机制。

性能提示 13.1

作为一项规则，当程序中不再需要资源时，就应尽快将它释放。这会使它能尽快地被重复使用。

如果 try 语句块后面有一个或多个 catch 语句块，则 finally 语句块是可选的。但是，如果 try 语句块后面没有 catch 语句块，则必须在 try 语句块后面立即放置一个 finally 语句块。如果 try 语句块后面有 catch 语句块，则 finally 语句块（如有）应放在最后一个 catch 语句块的后面。try 语句中，只能用空白和注释分隔各个语句块。

13.5.2 演示 finally 语句块的用法

图 13.4 中的程序演示了 finally 语句块的用法，不管对应的 try 语句块中是否发生了异常，finally 语句块总是会执行。程序由 Main 方法（第 8~47 行）和另外 4 个方法组成，这几个方法由 Main 方法调用，演示 finally 语句块的用法。这些方法是 DoesNotThrowException（第 50~67 行）、ThrowExceptionWithCatch（第 70~89 行）、ThrowExceptionWithoutCatch（第 92~108 行）和 ThrowExceptionCatchRethrow（第 111~136 行）。

```csharp
1   // Fig. 13.4: UsingExceptions.cs
2   // finally blocks always execute, even when no exception occurs.
3
4   using System;
5
6   class UsingExceptions
7   {
8      static void Main()
9      {
10        // Case 1: No exceptions occur in called method
11        Console.WriteLine("Calling DoesNotThrowException");
12        DoesNotThrowException();
13
14        // Case 2: Exception occurs and is caught in called method
15        Console.WriteLine("\nCalling ThrowExceptionWithCatch");
16        ThrowExceptionWithCatch();
17
18        // Case 3: Exception occurs, but is not caught in called method
19        // because there is no catch block.
20        Console.WriteLine("\nCalling ThrowExceptionWithoutCatch");
21
22        // call ThrowExceptionWithoutCatch
23        try
24        {
25           ThrowExceptionWithoutCatch();
26        }
27        catch
28        {
29           Console.WriteLine(
30              "Caught exception from ThrowExceptionWithoutCatch in Main");
31        }
32
33        // Case 4: Exception occurs and is caught in called method,
34        // then rethrown to caller.
35        Console.WriteLine("\nCalling ThrowExceptionCatchRethrow");
36
37        // call ThrowExceptionCatchRethrow
38        try
39        {
40           ThrowExceptionCatchRethrow();
41        }
42        catch
43        {
44           Console.WriteLine(
45              "Caught exception from ThrowExceptionCatchRethrow in Main");
46        }
47     }
48
49     // no exceptions thrown
50     static void DoesNotThrowException()
51     {
52        // try block does not throw any exceptions
53        try
54        {
55           Console.WriteLine("In DoesNotThrowException");
56        }
57        catch
58        {
59           Console.WriteLine("This catch never executes");
60        }
61        finally
62        {
63           Console.WriteLine("finally executed in DoesNotThrowException");
64        }
65
66        Console.WriteLine("End of DoesNotThrowException");
67     }
68
69     // throws exception and catches it locally
70     static void ThrowExceptionWithCatch()
71     {
72        // try block throws exception
73        try
```

图 13.4 即使没有异常发生，也总是会执行 finally 语句块

```csharp
74         {
75             Console.WriteLine("In ThrowExceptionWithCatch");
76             throw new Exception("Exception in ThrowExceptionWithCatch");
77         }
78         catch (Exception exceptionParameter)
79         {
80             Console.WriteLine($"Message: {exceptionParameter.Message}");
81         }
82         finally
83         {
84             Console.WriteLine(
85                 "finally executed in ThrowExceptionWithCatch");
86         }
87
88         Console.WriteLine("End of ThrowExceptionWithCatch");
89     }
90
91     // throws exception and does not catch it locally
92     static void ThrowExceptionWithoutCatch()
93     {
94         // throw exception, but do not catch it
95         try
96         {
97             Console.WriteLine("In ThrowExceptionWithoutCatch");
98             throw new Exception("Exception in ThrowExceptionWithoutCatch");
99         }
100        finally
101        {
102            Console.WriteLine(
103                "finally executed in ThrowExceptionWithoutCatch");
104        }
105
106        // unreachable code; logic error
107        Console.WriteLine("End of ThrowExceptionWithoutCatch");
108    }
109
110    // throws exception, catches it and rethrows it
111    static void ThrowExceptionCatchRethrow()
112    {
113        // try block throws exception
114        try
115        {
116            Console.WriteLine("In ThrowExceptionCatchRethrow");
117            throw new Exception("Exception in ThrowExceptionCatchRethrow");
118        }
119        catch (Exception exceptionParameter)
120        {
121            Console.WriteLine("Message: " + exceptionParameter.Message);
122
123            // rethrow exception for further processing
124            throw;
125
126            // unreachable code; logic error
127        }
128        finally
129        {
130            Console.WriteLine(
131                "finally executed in ThrowExceptionCatchRethrow");
132        }
133
134        // any code placed here is never reached
135        Console.WriteLine("End of ThrowExceptionCatchRethrow");
136    }
137 }
```

```
Calling DoesNotThrowException
In DoesNotThrowException
finally executed in DoesNotThrowException
End of DoesNotThrowException

Calling ThrowExceptionWithCatch
In ThrowExceptionWithCatch
Message: Exception in ThrowExceptionWithCatch
finally executed in ThrowExceptionWithCatch
End of ThrowExceptionWithCatch
```

图 13.4(续)　即使没有异常发生，也总是会执行 finally 语句块

```
Calling ThrowExceptionWithoutCatch
In ThrowExceptionWithoutCatch
finally executed in ThrowExceptionWithoutCatch
Caught exception from ThrowExceptionWithoutCatch in Main

Calling ThrowExceptionCatchRethrow
In ThrowExceptionCatchRethrow
Message: Exception in ThrowExceptionCatchRethrow
finally executed in ThrowExceptionCatchRethrow
Caught exception from ThrowExceptionCatchRethrow in Main
```

图 13.4(续)　即使没有异常发生，也总是会执行 finally 语句块

Main 方法的第 12 行调用了 DoesNotThrowException 方法。这个方法的 try 语句块输出一条消息(第 55 行)。由于 try 语句块不抛出任何异常，因此程序控制忽略 catch 语句块(第 57~60 行)，执行 finally 语句块(第 61~64 行)，它输出一条消息。这时，程序控制转入 finally 语句块后面的第一条语句(第 66 行)，输出一条消息，表示到达了这个方法的末尾。然后，程序控制返回 Main 方法。

13.5.3　用 throw 语句抛出异常

Main 方法第 16 行调用 ThrowExceptionWithCatch 方法(第 70~89 行)，try 语句块(第 73~77 行)输出一条消息。然后，try 语句块创建一个 Exception 对象，并用 throw 语句抛出它(第 76 行)。执行 throw 语句表示代码中出现了问题。正如在前面几章中看到的那样，可以用 throw 语句抛出异常。就像 Framework 类库中的方法和 CLR 抛出的异常一样，用这种方式也是通知客户程序发生了异常。throw 语句指定了要抛出的对象。throw 语句的操作数，可以是 Exception 类型或从 Exception 类派生的任何类型。

传入构造函数的字符串，会成为异常对象的错误消息。执行 try 语句块中的 throw 语句时，try 语句块立即退出，程序控制转入 try 语句块后面第一个匹配的 catch 语句块(第 78~81 行)。这个示例中，抛出的类型(Exception)匹配 catch 语句块中指定的类型，因此第 80 行输出一条消息，表示发生了异常。然后，执行 finally 语句块(第 82~86 行)并输出消息。这时，程序控制转入 finally 语句块后面的第一条语句(第 88 行)，输出一条消息，表示到达了这个方法的末尾。程序控制返回 Main 方法。第 80 行中，用异常对象的 Message 属性取得与该异常相关联的错误消息(即传入 Exception 构造函数的消息)。13.7 节讨论了 Exception 类的几个属性。

Main 方法第 23~31 行定义了一个 try 语句块，在其中 Main 方法调用了 ThrowExceptionWithoutCatch 方法(第 92~108 行)。try 语句块使 Main 方法可以捕获由 ThrowExceptionWithoutCatch 抛出的任何异常。ThrowExceptionWithoutCatch 方法第 95~99 行的 try 语句块首先输出一条消息，然后抛出 Exception(第 98 行)并立即退出。

通常，程序控制会转入 try 语句块后面的第一个 catch 语句块。但是，这个 try 语句块没有任何 catch 语句块。因此，在 ThrowExceptionWithoutCatch 方法中没有捕获异常。程序控制转入 finally 语句块(第 100~104 行)，它输出一条消息。这时，程序控制返回到 Main 方法，finally 语句块后面的任何语句(例如，第 107 行)都不会执行。(事实上，编译器会为此发出一条警告信息。)本例中，这类语句会导致逻辑错误，因为没有捕获第 98 行抛出的异常。在 Main 方法中，第 27~31 行的 catch 语句块捕获异常并显示一条消息，表示异常是在 Main 方法中捕获的。

13.5.4　重抛异常

Main 方法第 38~46 行定义了一个 try 语句块，在其中 Main 方法调用了 ThrowExceptionCatchRethrow 方法(第 111~136 行)。这个 try 语句使 Main 方法可以捕获由 ThrowExceptionCatchRethrow 抛出的任何异常。ThrowExceptionCatchRethrow 方法第 114~132 行的 try 语句块首先输出一条消息，然后抛出 Exception(第 117 行)。try 语句块立即退出，程序控制转入 try 语句块后面的第一个 catch 语句块(第 119~127 行)。这个示例中，抛出的类型(Exception)匹配 catch 语句块中指定的类型，因此第 121 行输出一条消息，

表示发生了异常。第 124 行用 throw 语句重抛(rethrow)这个异常。这表示 catch 语句块执行了部分异常处理，然后再次抛出异常(这里是传回给 Main 方法)，供进一步处理。

也可以用另一种 throw 语句重抛异常，该语句带有一个操作数，它是所捕获异常的引用。但一定要注意，这种 throw 语句的形式会重新设置抛出点，使原始抛出点的栈踪迹信息丢失。13.7 节演示了 catch 语句块中使用带操作数的 throw 语句的用法。在那里可以看到，捕获异常之后，可以在 catch 语句块中创建和抛出不同类型的异常对象，也可以在新异常对象中包含原始异常。类库设计人员经常用这种办法定制从类库方法中抛出的异常类型，这样做也可提供额外的调试信息。

软件工程结论 13.2

一般而言，更好的做法是抛出一个新的异常，并将原始异常传递给新异常的构造函数，而不是重抛原始异常。这样做，可保持来自原始异常的全部栈踪迹。13.7.3 节中，将给出一个将原始异常传递给新异常的构造函数的用法。

ThrowExceptionCatchRethrow 方法中的异常处理是不完整的，因为第 124 行中的 throw 语句会立即终止 catch 语句块——如果从第 124 行到语句块结束之间有任何代码，则不会执行它们。执行第 124 行时，ThrowExceptionCatchRethrow 方法会终止并将控制返回给 Main 方法，以搜索合适的 catch 语句块。再一次，finally 语句块(第 128~132 行)会执行并输出消息，然后将控制返回给 Main 方法。当控制返回到 Main 方法后，第 42~46 行的 catch 语句块捕获异常并显示一条消息，表示异常被捕获了。然后，程序终止。

13.5.5 在 finally 语句块后返回

finally 语句块终止之后要执行的下一条语句，取决于异常处理的状态。如果 try 语句块成功执行，或者如果 catch 语句块捕获并处理了异常，则程序转入执行 finally 语句块后面的下一条语句，继续执行。但是，如果没有捕获到异常，或者 catch 语句块重抛了异常，则程序控制会转入外层 try 语句块。外层 try 语句块可能在调用方法中，也可能位于它的某个调用者中。try 语句块中也可以嵌套一个 try 语句块，这时，外层 try 语句块中的 catch 语句块会处理内层 try 语句块中没有捕获的任何异常。如果 try 语句块执行并有对应的 finally 语句块，则即使 try 语句块因为 return 语句而终止，也会执行 finally 语句块。return 语句在执行完 finally 语句块之后执行。

常见编程错误 13.3

如果执行 finally 语句块时还有等待处理的未捕获异常，且 finally 语句块中抛出该 finally 语句块中没有捕获的新异常，则第一个异常会丢失，新异常会传入外层 try 语句块。

错误防止提示 13.4

finally 语句块中放入可以抛出异常的代码时，一定将代码放在能捕获相应异常类型的 try 语句中。这样就不会丢失任何未捕获异常，并且在执行 finally 语句块之前会重抛发生的异常。

软件工程结论 13.3

不要在每条可能抛出异常的语句周围都加上 try 语句块，否则程序会难于阅读。较好的做法是在一段代码周围加上一个 try 语句块，try 语句块之后用 catch 语句块处理每种可能的异常。然后，在 catch 语句块之后放上一个 finally 语句块。为了区分多个可能抛出相同异常类型的语句，一定要使用不同的 try 语句块。

13.6 using 语句

通常而言，资源释放代码应放在 finally 语句块中，不管对应的 try 语句块中使用资源时是否发生了异常，这样做都可以保证会释放资源。利用 using 语句(不要与使用命名空间的 using 指令相混淆)，可以简化代码的编写、获得资源、在 try 语句块中使用资源并在对应的 finally 语句块中释放资源。例如，文件处理程序(见第 17 章)可以用 using 语句处理文件,保证文件不再使用时能正确地关闭它。资源必须是实现 IDisposable 接口的对象,因此具有 Dispose 方法。using 语句的一般格式是

```
using (var exampleObject = new ExampleClass())
{
    exampleObject.SomeMethod(); // do something with exampleObject
}
```

其中,ExampleClass 是实现了 IDisposable 接口的类。这段代码会创建一个 ExampleClass 类型的对象并在语句中使用,然后调用它的 Dispose 方法,以释放对象使用的任何资源。using 语句隐式地将语句体中的代码放在 try 语句块中,对应的 finally 语句块调用对象的 Dispose 方法。例如,上述代码等价于:

```
{
    var exampleObject = new ExampleClass();
    try
    {
        exampleObject.SomeMethod();
    }
    finally
    {
        if (exampleObject != null)
        {
            exampleObject.Dispose();
        }
    }
}
```

finally 语句块中的 if 语句,确保了 exampleObject 非空——它确实引用了一个对象。否则,当试图调用 Dispose 方法时,会发生 NullReferenceException 异常。13.9 节中将讲解 C# 6 中的 "?." 运算符,它能用一行代码更方便地表述上面的 if 语句。

13.7 Exception 属性

13.4 节曾介绍过,异常类型从 Exception 类派生,Exception 类有几个属性。这些属性常用于形成错误消息,表示捕获到的异常。其中的两个重要属性是 Message 和 StackTrace。Message 属性保存与 Exception 对象相关联的错误消息(字符串)。这个消息可以是在异常类型中定义的默认消息,也可以是抛出 Exception 对象时传入 Exception 对象构造函数的定制消息。StackTrace 属性包含一个字符串,表示方法调用栈(method-call stack)。前面曾介绍过,运行时环境总是保持着打开的方法调用清单,这些调用已经开始但还没有返回。StackTrace 表示在发生异常的时刻还没有处理完毕的方法序列。如果 IDE 可以访问编译器对方法产生的调试信息(例如,项目中的部分代码,而不是第三方提供的库),则栈踪迹还包括行号,第一个行号表示抛出点,后面的行号表示栈踪迹中调用该方法的位置。

13.7.1 InnerException 属性

另一个常用的属性是 InnerException。如果异常发生在类库中,则类库通常会捕获该异常,然后抛出一个包含有信息的新异常,这些信息有助于客户代码的编写者确定发生异常的原因。通常而言,类库编写者会将原始的异常对象"打包"进一个新的异常对象——这使得客户代码编写者能够获知导致发生异常的细节。

例如,程序员设计记账系统时,可能有一些账号处理代码,账号用字符串输入,但在代码中表示为 int 值。前面曾介绍过,程序可以用 int.Parse 方法将字符串转换成 int 值,当遇到无效的数字格式时,这个方法会抛出 FormatException 异常。出现这种情况时,类库程序员可能希望使用与 FormatException 默认消息不同的错误消息,也可能希望使用一个新的异常类型,如 InvalidAccountNumberException。

这时,类库程序员要提供捕获 FormatException 异常的代码,然后在 catch 语句块中创建一个 InvalidAccountNumberException 对象,并将原先的异常作为构造函数的一个实参传入。原始的异常对象,就成为 InvalidAccountNumberException 对象的 InnerException 属性值。13.8 节将讲解如何创建定制的异常类。

如果使用了记账系统库的代码中发生了 InvalidAccountNumberException 异常，则对应的 catch 语句块能够通过 InnerException 属性获得原始异常的引用。因此，InvalidAccountNumberException 异常表明用户输入了一个无效的账号，并且数字格式也是无效的。如果 InnerException 属性为 null，则表示异常不是由另一个异常造成的。

13.7.2 其他 Exception 属性

Exception 类还提供了其他几个属性，包括 HelpLink、Source 和 TargetSite。

- HelpLink 属性指定描述所发生问题的帮助文件的链接。如果文件不存在，则属性值为 null。
- Source 属性指定导致异常发生的程序名或类库名。
- TargetSite 属性指定导致异常发生的方法。

13.7.3 演示 Exception 属性和栈解退

下一个示例（见图 13.5）演示了 Exception 类的 Message、StackTrace 和 InnerException 属性。此外，这个示例中还引入了栈解退（stack unwinding）——特定作用域中发生异常而没有捕获时，方法调用栈"解退"，并试图在下一个外层 try 语句块中捕获这个异常。讨论 StackTrace 属性和栈解退机制时，将跟踪调用栈上的方法。为了查看栈踪迹情况，需要用 13.2 节中讲解的类似步骤执行这个程序。

```
1   // Fig. 13.5: Properties.cs
2   // Stack unwinding and Exception class properties.
3   // Demonstrates using properties Message, StackTrace and InnerException.
4   using System;
5
6   class Properties
7   {
8      static void Main()
9      {
10         // call Method1; any Exception generated is caught
11         // in the catch block that follows
12         try
13         {
14            Method1();
15         }
16         catch (Exception exceptionParameter)
17         {
18            // output the string representation of the Exception, then output
19            // properties Message, StackTrace and InnerException
20            Console.WriteLine("exceptionParameter.ToString: \n" +
21               exceptionParameter);
22            Console.WriteLine("\nexceptionParameter.Message: \n" +
23               exceptionParameter.Message);
24            Console.WriteLine("\nexceptionParameter.StackTrace: \n" +
25               exceptionParameter.StackTrace);
26            Console.WriteLine("\nexceptionParameter.InnerException: \n" +
27               exceptionParameter.InnerException);
28         }
29      }
30
31      // calls Method2
32      static void Method1()
33      {
34         Method2();
35      }
36
37      // calls Method3
38      static void Method2()
39      {
40         Method3();
41      }
42
43      // throws an Exception containing an InnerException
44      static void Method3()
```

图 13.5 栈解退和 Exception 类的几个属性

```
45      {
46         // attempt to convert string to int
47         try
48         {
49            int.Parse("Not an integer");
50         }
51         catch (FormatException formatExceptionParameter)
52         {
53            // wrap FormatException in new Exception
54            throw new Exception("Exception occurred in Method3",
55               formatExceptionParameter);
56         }
57      }
58   }
```

```
exceptionParameter.ToString:
System.Exception: Exception occurred in Method3 --->
   System.FormatException: Input string was not in a correct format.
   at System.Number.StringToNumber(String str, NumberStyles options,
      NumberBuffer& number, NumberFormatInfo info, Boolean parseDecimal)
   at System.Number.ParseInt32(String s, NumberStyles style,
      NumberFormatInfo info)
   at System.Int32.Parse(String s)
   at Properties.Method3() in C:\Users\PaulDeitel\Documents\examples\
      ch13\Fig13_05\Properties\Properties\Properties.cs:line 49
   --- End of inner exception stack trace ---
   at Properties.Method3() in C:\Users\PaulDeitel\Documents\examples\
      ch13\Fig13_05\Properties\Properties\Properties.cs:line 54
   at Properties.Method2() in C:\Users\PaulDeitel\Documents\examples\
      ch13\Fig13_05\Properties\Properties\Properties.cs:line 40
   at Properties.Method1() in C:\Users\PaulDeitel\Documents\examples\
      ch13\Fig13_05\Properties\Properties\Properties.cs:line 34
   at Properties.Main() in C:\Users\PaulDeitel\Documents\examples\
      ch13\Fig13_05\Properties\Properties\Properties.cs:line 14

exceptionParameter.Message:
Exception occurred in Method3
```

```
exceptionParameter.StackTrace:
   at Properties.Method3() in C:\Users\PaulDeitel\Documents\examples\
      ch13\Fig13_05\Properties\Properties\Properties.cs:line 54
   at Properties.Method2() in C:\Users\PaulDeitel\Documents\examples\
      ch13\Fig13_05\Properties\Properties\Properties.cs:line 40
   at Properties.Method1() in C:\Users\PaulDeitel\Documents\examples\
      ch13\Fig13_05\Properties\Properties\Properties.cs:line 34
   at Properties.Main() in C:\Users\PaulDeitel\Documents\examples\
      ch13\Fig13_05\Properties\Properties\Properties.cs:line 14

exceptionParameter.InnerException:
System.FormatException: Input string was not in a correct format.
   at System.Number.StringToNumber(String str, NumberStyles options,
      NumberBuffer& number, NumberFormatInfo info, Boolean parseDecimal)
   at System.Number.ParseInt32(String s, NumberStyles style,
      NumberFormatInfo info)
   at System.Int32.Parse(String s)
   at Properties.Method3() in C:\Users\PaulDeitel\Documents\examples\
      ch13\Fig13_05\Properties\Properties\Properties.cs:line 49
```

图 13.5（续） 栈解退和 Exception 类的几个属性

程序从 Main 方法开始执行，它成为方法调用栈中的第一个方法。Main 方法的 try 语句块中，第 14 行调用 Method1 方法（在第 32~35 行声明），这是栈中的第二个方法。如果 Method1 方法抛出异常，则第 16~28 行的 catch 语句块处理异常，并输出发生异常的信息。Method1 方法第 34 行调用 Method2 方法（第 38~41 行），它成为栈中的第三个方法。然后，Method2 方法第 40 行调用 Method3 方法（第 44~57 行），这是栈中的第四个方法。

这时，程序的方法调用栈（从上到下）为

```
Method3
Method2
Method1
Main
```

最近调用的方法(Method3)出现在栈顶,最早调用的方法(Main)出现在栈底。Method3 方法的 try 语句块(第 47~56 行)调用 int.Parse 方法(第 49 行),它试图将字符串转换成 int 值。这时,int.Parse 成为调用栈中的第五个方法,也是最后一个。

13.7.4 用 InnerException 抛出 Exception

由于 int.Parse 方法的实参不是 int 格式,因此第 49 行抛出 FormatException 异常,在 Method3 方法的第 51 行捕获。这个异常使 int.Parse 调用终止,因此这个方法从方法调用栈中解退(即删除)。然后,Method3 方法中的 catch 语句块创建并抛出一个 Exception 对象。Exception 构造函数的第一个实参,是示例中的定制错误消息"Exception occurred in Method3."。第二个实参是 InnerException——被捕获的 FormatException 异常。这个新异常对象的 StackTrace 属性表明了异常的抛出点(第 54~55 行)。现在,Method3 方法终止,因为方法体中没有捕获 catch 语句块中抛出的异常。因此,控制返回调用栈中调用 Method3 之前的方法(Method2)。这样就从方法调用栈中解退了 Method3 方法。

当控制返回到 Method2 方法第 40 行时,CLR 发现第 40 行不在 try 语句块中。因此,Method2 方法中无法捕获这个异常,该方法终止。这样,就从调用栈中解退 Method2 方法,并将控制返回到 Method1 方法第 34 行。

同样,第 34 行仍然不在 try 语句块中,因此 Method1 方法不能捕获这个异常。这个方法终止并从调用栈中解退,控制返回到 Main 方法第 14 行,它确实位于 try 语句块中。Main 方法中的 try 语句块退出,catch 语句块(第 16~28 行)捕获这个异常。这个 catch 语句块用 Message、StackTrace 和 InnerException 属性来创建输出。栈解退会一直持续,直到 catch 语句块捕获异常或程序终止时为止。

13.7.5 显示关于 Exception 的信息

图 13.5 输出的第一段(已经将它的格式进行了调整,以提高可读性)包含异常的字符串表示,它是从 ToString 方法的隐式调用中返回的。字符串以异常类的名称开始,后接 Message 属性值。后面的 4 项表示 InnerException 对象的栈踪迹。其余的输出显示了 Method3 方法第 54~55 行所抛出异常的栈踪迹。StackTrace 表示异常抛出点的方法调用栈状态,而不是最终异常捕获点的状态。每一个以"at"开头的 StackTrace 行,表示调用栈中的一个方法。这些行显示了发生异常的方法、方法所在的文件以及文件中抛出点的行号。内部异常信息包含了内部异常的栈踪迹。

错误防止提示 13.5

捕获和重抛异常时,应在重抛异常中提供额外的调试信息。为此,应创建一个 Exception 子类对象,包含更特定的调试信息,然后将原先捕获的异常传入新异常对象的构造函数,初始化 InnerException 属性。

下一段输出(两行)显示 Method3 方法中所抛出异常的 Message 属性值("Exception occurred in Method3")。

第三段输出显示 Method3 方法中所抛出异常的 StackTrace 属性值。这个 StackTrace 属性包含从 Method3 方法第 54 行开始的栈踪迹,因为这是创建并抛出 Exception 对象的点。栈踪迹总是从异常的抛出点开始。

最后一段输出显示 InnerException 属性值的字符串表示,包括异常对象的命名空间和类名,以及它的 Message 和 StackTrace 属性。

13.8 用户定义异常类

多数情况下,可以用 .NET Framework 类库中现有的异常类表示程序中发生的异常。但是在某些情况下，有时需针对程序中发生的问题创建新的异常类。用户定义异常类(user-defined exception class)必须直接或间接继承 System 命名空间中的 Exception 类。创建抛出异常的代码时，应将它们很好地文档化，以便使用代码的其他开发人员能够知道如何处理这些异常。

好的编程经验 13.1
将每种错误类型与相应名称的异常类相关联，可以提高程序的清晰性。

软件工程结论 13.4
创建用户定义异常类之前，应先了解 .NET Framework 类库中现有的异常类，以确定是否已经存在合适的异常类型。

NegativeNumberException 类

图 13.6~图 13.7 中的程序，演示了用户定义异常类的用法。NegativeNumberException 类(见图 13.6)表示程序对负数进行非法操作时产生的异常，如试图计算负数的平方根。根据 Microsoft 的"异常处理最佳实践"(bit.ly/ExceptionsBestPractices)，用户定义的异常通常应扩展 Exception 类，类名以"Exception"结尾，并应定义三个构造函数：

- 一个无参数构造函数
- 一个接收字符串实参(错误消息)的构造函数
- 一个接收字符串实参和 Exception 实参(错误消息和内部异常对象)的构造函数

定义了这三个构造函数后，就使异常类更加灵活，其他程序员可以方便地使用和扩展它。

```csharp
 1   // Fig. 13.6: NegativeNumberException.cs
 2   // NegativeNumberException represents exceptions caused by
 3   // illegal operations performed on negative numbers.
 4   using System;
 5
 6   public class NegativeNumberException : Exception
 7   {
 8      // default constructor
 9      public NegativeNumberException()
10         : base("Illegal operation for a negative number")
11      {
12         // empty body
13      }
14
15      // constructor for customizing error message
16      public NegativeNumberException(string messageValue)
17         : base(messageValue)
18      {
19         // empty body
20      }
21
22      // constructor for customizing the exception's error
23      // message and specifying the InnerException object
24      public NegativeNumberException(string messageValue, Exception inner)
25         : base(messageValue, inner)
26      {
27         // empty body
28      }
29   }
```

图 13.6 表示对负数进行非法操作时导致异常的 NegativeNumberException 类

NegativeNumberException 异常在算术运算中经常发生，因此可以让派生类 NegativeNumberException 继承 ArithmeticException 类。但是，ArithmeticException 类继承 SystemException 类，而后者是由 CLR 抛出的异常。前面的"异常处理最佳实践"中说过，用户定义异常类应继承 Exception 类，而不是 SystemException 类。这里本应该使用内置的 ArgumentOutOfRangeException 类(见第 10 章)，它是针对无效的实参值推荐的最佳异常类。这里创建自己的异常类型，只是出于演示目的。

使用 NegativeNumberException 类

SquareRootTest 类（见图 13.7）演示了这个用户定义异常类。程序让用户输入一个数字值，然后调用 SquareRoot 方法（第 40~52 行），计算这个值的平方根。为了执行这个计算，SquareRoot 方法调用 Math 类的 Sqrt 方法，它接收一个 double 类型的实参。通常而言，如果实参为负值，则 Sqrt 方法返回 NaN。这个程序中，我们要阻止用户计算负数的平方根。如果用户输入了负数，则 SquareRoot 方法抛出 NegativeNumberException 异常（第 45~46 行）。否则，SquareRoot 方法调用 Math 类的 Sqrt 方法，计算平方根（第 50 行）。

```csharp
1   // Fig. 13.7: SquareRootTest.cs
2   // Demonstrating a user-defined exception class.
3   using System;
4
5   class SquareRootTest
6   {
7      static void Main(string[] args)
8      {
9         var continueLoop = true;
10
11        do
12        {
13           // catch any NegativeNumberException thrown
14           try
15           {
16              Console.Write(
17                 "Enter a value to calculate the square root of: ");
18              double inputValue = double.Parse(Console.ReadLine());
19              double result = SquareRoot(inputValue);
20
21              Console.WriteLine(
22                 $"The square root of {inputValue} is {result:F6}\n");
23              continueLoop = false;
24           }
25           catch (FormatException formatException)
26           {
27              Console.WriteLine("\n" + formatException.Message);
28              Console.WriteLine("Please enter a double value.\n");
29           }
30           catch (NegativeNumberException negativeNumberException)
31           {
32              Console.WriteLine("\n" + negativeNumberException.Message);
33              Console.WriteLine("Please enter a non-negative value.\n");
34           }
35        } while (continueLoop);
36     }
37
38     // computes square root of parameter; throws
39     // NegativeNumberException if parameter is negative
40     public static double SquareRoot(double value)
41     {
42        // if negative operand, throw NegativeNumberException
43        if (value < 0)
44        {
45           throw new NegativeNumberException(
46              "Square root of negative number not permitted");
47        }
48        else
49        {
50           return Math.Sqrt(value); // compute square root
51        }
52     }
53  }
```

```
Enter a value to calculate the square root of: 30
The square root of 30 is 5.477226
```

```
Enter a value to calculate the square root of: hello
```

图 13.7　演示用户定义异常类

第 13 章 异常处理：深入探究   387

```
Input string was not in a correct format.
Please enter a double value.

Enter a value to calculate the square root of: 25
The square root of 25 is 5.000000
```

```
Enter a value to calculate the square root of: -2

Square root of negative number not permitted
Please enter a non-negative value.

Enter a value to calculate the square root of: 2
The square root of 2 is 1.414214
```

图 13.7(续)　演示用户定义异常类

用户输入一个值后，try 语句(第 14~34 行)会尝试用这个值调用 SquareRoot 方法。如果用户输入的不是数字，则会发生 FormatException 异常，第 25~29 行的 catch 语句块会处理这个异常。如果用户输入一个负数，则 SquareRoot 方法抛出 NegativeNumberException 异常(第 45~46 行)，第 30~34 行的 catch 语句块会捕获和处理这种类型的异常。

13.9　检验空引用以及 C# 6 的 "?." 运算符

13.6 节中，有一段如下的代码：

```
{
    var exampleObject = new ExampleClass();
    try
    {
        exampleObject.SomeMethod();
    }
    finally
    {
        if (exampleObject != null)
        {
            exampleObject.Dispose();
        }
    }
}
```

位于 finally 语句块中的 if 语句，可确保只要 exampleObject 为空，就跳过对 Dispose 方法的调用，从而防止出现 NullReferenceException 异常。

错误防止提示 13.6
在使用引用调用方法或者访问对象的属性之前，应确保它不是一个空引用。

13.9.1　null 条件运算符 "?."

C# 6 的 null 条件运算符 "?." 为检验空值提供了一种更简洁的途径。下面的一条语句，就可以替换上述包含 4 行的 if 语句：

```
exampleObject?.Dispose();
```

这条语句中，只有当 exampleObject 非空时，才会调用 Dispose 方法——这正是前面的 if 语句所表达的思想。

13.9.2　再次分析 is 和 as 运算符

12.5.6 节中，讲解过用 is 运算符进行向下强制转换的操作，还提到过这种操作有可能导致 InvalidCastException 异常。利用如下的 as 运算符，就可以避免出现这种异常：

```
var employee = currentEmployee as BasePlusCommissionEmployee;
```
如果 currentEmployee "是" 一个 BasePlusCommissionEmployee，则 employee 会被赋予 BasePlusCommission-Employee 值；否则，赋值为空。由于 employee 可能为空，所以在使用它之前，必须确保它不为空。例如，为了给 BasePlusCommissionEmployee 加薪 10%，可以使用语句：
```
employee?.BaseSalary *= 1.10M;
```
只有当 employee 非空时，才会获取并修改 BaseSalary 属性的值。

13.9.3 可空类型

假设我们希望获取表达式 employee?.BaseSalary 的值，如下所示：
```
decimal salary = employee?.BaseSalary;
```
实际上，这条语句会导致编译错误，因为无法隐式地将 "decimal?" 转换成 decimal 类型。

通常而言，值类型的变量无法被赋值为空。因为 employee 引用可能为空，所以表达式：
```
employee?.BaseSalary
```
会返回一种可空类型——有可能为空的值类型。指定可空类型的方法，是在值类型的名称后面加一个问号—— "decimal?" 就表示一个可空的 decimal 类型。语句：
```
decimal? salary = employee?.BaseSalary;
```
表明 salary 可以为空，或者等于 employee 的 BaseSalary。

为了访问底层的值，可空类型提供如下方法和属性：

- GetValueOrDefault 方法检验可空类型的变量是否包含值。如果包含，则该方法返回这个值，否则，返回值类型的默认值。该方法的一个重载方法接收一个实参，它表示由用户指定的默认值。
- 如果可空类型的变量包含值，则其 HasValue 属性返回 true，否则返回 false。
- 如果可空类型的变量的底层值非空，则 Value 属性返回该值，否则抛出 InvalidOperationException 异常。

也可以将可空类型的变量用作 null 条件运算符 "?." 或者 null 合并运算符 "??" 的左操作数。null 合并运算符将在下一节讨论。

错误防止提示 13.7

在使用可空类型变量的 Value 属性之前，应使用 HasValue 属性来检查该变量是否包含值。如果不包含值，则使用 Value 属性会导致 InvalidOperationException 异常。

13.9.4 null 合并运算符 "??"

对于可能为空的值，C#还提供了一个 null 合并运算符 "??"。该运算符具有两个操作数。如果左操作数非空，则整个 "??" 表达式的计算结果就是左操作数的值，否则为右操作数的值。例如，语句：
```
decimal salary = employee?.BaseSalary ?? 0M;
```
如果 employee 非空，则 salary 就被赋予 employee 的 BaseSalary，否则赋值为 0M。上述语句等价于：
```
decimal salary = (employee?.BaseSalary).GetValueOrDefault();
```
可以看出，与下面的等价代码相比，上面的两条语句更紧凑、更简洁：
```
decimal salary = 0M;

if (employee != null)
{
    salary = employee.BaseSalary
}
```

13.10 异常过滤器与 C# 6 的 when 子句

在 C# 6 之前，可以根据异常的类型来捕获异常。C# 6 中采用异常过滤器(exception filter)，它能够根据一条 catch 子句指定的异常类型和由一个 when 子句指定的条件来捕获异常，其形式为

   catch(*ExceptionType name*) **when**(*condition*)

也可以在 catch 子句中不提供异常类型，指定一个通用形式的异常过滤器。这样就可以只根据一个条件来捕获异常。其形式为

   catch when(*condition*)

对于上述两种情况，只有当 when 子句的条件为 true 时，才会捕获异常。否则，异常不会被捕获，而寻找合适的 catch 子句的搜索工作会持续。

异常过滤器的典型用法，是判断某个异常对象的属性是否具有特定的值。假设一个与 Web 服务器相连的程序计划下载视频文件。这个程序需调用可能抛出 HttpException 异常的方法——例如，可能没有找到 Web 服务器、可能没有权限访问 Web 服务器等。HttpException 类有一个 ErrorCode 属性，它包含一个数字型代码，程序可以用这个代码值来判断是什么导致了错误，并相应地处理出现的异常。下面的 catch 处理器只有当异常对象的 ErrorCode 属性包含值 401 时，才会捕获 HttpException 异常。这个属性值表明程序没有访问 Web 服务器的权限：

   catch (**HttpException ex**) **when** (**exception.ErrorCode == 401**)

对于其他的 ErrorCode 属性值，可以提供类似的、包含异常过滤器的 catch 处理器。

常见编程错误 13.4
在一个 try 语句块的后面放置多个 catch 子句，而这些 catch 子句具有相同的类型，这样做会导致编译错误，除非每一个 catch 子句后面的 when 子句都是不同的。如果存在多个这样的 catch 子句，而其中一个不包含 when 子句，则应将它置于最后一个，否则会导致编译错误。

13.11 小结

本章介绍了如何用异常处理来应付程序中出现的错误。给出的一个示例，演示了除数为 0 时如何进行异常处理。我们学习了如何用 try 语句块来包含可能抛出异常的代码，如何用 catch 语句块处理可能产生的异常。此外探讨了异常处理的终止模式，处理完异常之后，程序控制不返回到抛出点。

本章还研究了 .NET Exception 层次中几个重要的类，包括 Exception(派生用户定义异常类)和 SystemException。接下来，介绍了如何用 finally 语句块释放资源(无论是否发生异常)，以及如何用 throw 语句抛出和重抛异常。还讲解了如何用 using 语句来实现自动化释放资源的过程。我们探讨了如何用 Exception 类的属性 Message、StackTrace 和 InnerException 获得关于异常的信息。并且介绍了如何创建自己的异常类。

本章给出了 C# 6 中新引入的 null 条件运算符，它用于在访问引用对象之前，测试该引用是否为空。也介绍了可空类型和 null 合并运算符。最后，讲解了 C# 6 中新采用的 catch 子句和 when 子句，用于构造异常过滤器。

后面的两章，将深入分析有关图形用户界面的问题。这两章和本书的其余部分，都会采用异常处理机制来使示例更健壮，同时会涉及 C# 的新特性。

摘要

13.1 节　简介
- 出现了异常，就表明程序在执行期间出现了问题。

- 通过异常处理，使程序员能创建可以解决(或处理)异常的程序。

13.2 节 示例：除数为 0 不用异常处理
- 当 CLR 发现问题且无法处理它时，会抛出异常。

13.2.1 节 除数为 0
- 栈踪迹包含异常的名称以及发生异常的那一刻完整的方法调用栈，异常名称以描述性的消息表明发生了问题。
- 整数运算中，不允许除数为 0。
- 浮点数除法中，除数为 0 是允许的。这种计算得到的结果是无穷大，表示为 Double.PositiveInfinity 或 Double.NegativeInfinity 常量，取决于分子是正还是负。如果分子和分母均为 0，则计算结果是一个常量 Double.NaN。
- 当在整除计算中除数为 0 时，会抛出 DivideByZeroException 异常。

13.2.2 节 输入非数字分母
- 当 int.Parse 方法接收到一个不表示有效整数值的字符串时，会发生 FormatException 异常。

13.3.1 节 在 try 语句块中包含代码
- try 语句块中的代码可能抛出异常，还包括发生异常时不会执行的代码。

13.3.2 节 捕获异常
- catch 语句块可以指定一个标识符，表示 catch 语句块能够处理的异常。通用 catch 子句会捕获所有的异常类型，但是不能访问异常信息。
- try 语句块的后面，必须至少紧跟着一个 catch 语句块或一个 finally 语句块。

13.3.3 节 未捕获异常
- 未捕获异常，就是没有相应 catch 语句块的异常。

13.3.4 节 异常处理的终止模式
- 处理完异常之后，程序控制不返回抛出点，因为 try 语句块已经退出。控制在最后一个 catch 语句块之后恢复。这称为异常处理的终止模式。

13.3.5 节 异常发生时的控制流
- 当程序中的方法调用发现异常或 CLR 检测到问题时，方法或 CLR 会抛出异常。
- 程序中发生异常的位置，称为抛出点。
- 如果 try 语句块中发生了异常，则 try 语句块会立即终止，程序控制转移到后面异常参数类型与所有抛出类型相符的第一个 catch 语句块中。
- try 语句块与对应的 catch 语句块和 finally 语句块一起，构成了 try 语句。
- CLR 比较所抛出异常类型与每个 catch 参数的类型，找到匹配的 catch 语句块。当类型相同或被抛出的异常的类型是异常参数类型的派生类时，就找到了匹配的 catch 语句块。
- 一旦异常匹配某个 catch 语句块，就会忽略其他的 catch 语句块。

13.4 节 .NET 的 Exception 层次
- C#中，异常处理机制只能抛出和捕获 Exception 类及其派生类的对象。
- 命名空间 System 中的 Exception 类，是 .NET Framework 类库的异常类层次中的基类。

13.4.1 节 SystemException 类
- CLR 产生 SystemException 异常，可能在程序执行期间随时发生。只要程序编写得当，大部分这类异常都可以避免。
- 异常类层次的好处，是一个 catch 语句块可以捕获特定类型的异常，利用继承的"是"关系，可以用基类异常捕获相关异常类型层次中的异常。

第 13 章 异常处理：深入探究

- 指定 Exception 类型参数的 catch 语句块，可以捕获从 Exception 类派生的所有异常，因为 Exception 是所有异常类的基类。

13.5 节 finally 语句块
- 最常见的资源泄漏类型是内存泄漏。
- 当程序分配了内存，但在不再需要它之后没有解除对内存的分配，就会发生内存泄漏。通常，C#中不存在这个问题，因为 CLR 会对执行程序不再需要的内存进行内存回收。

13.5.1 节 将资源释放代码移入 finally 语句块中
- C#的异常处理机制提供了 finally 语句块，如果程序控制进入对应的 try 语句块，都会保证执行 finally 语句块。
- 无论对应的 try 语句块是成功执行还是发生了异常，finally 语句块总是会执行。这样，finally 语句块就成为一个理想的地方，可以将对应 try 语句块所请求和操作资源的资源释放代码放入其中。
- 如果 try 语句块执行成功，则它终止之后会立即执行 finally 语句块。如果 try 语句块中发生了异常，则 finally 语句块会在匹配的 catch 语句块完成之后立即执行。
- 如果与 try 语句块相关联的 catch 语句块没有捕获异常，或者如果与 try 语句块相关联的 catch 语句块本身抛出异常，则会在 finally 语句块执行完之后才由外层 try 语句块（如果存在的话）处理这个异常。
- throw 语句可以重抛异常，表示 catch 语句块执行了部分异常处理，然后再次抛出异常供进一步处理。

13.6 节 using 语句
- using 语句简化了代码的编写，利用它可获得 IDisposable 资源、在 try 语句块中使用资源并在对应的 finally 语句块中释放资源。

13.7 节 Exception 属性
- Exception 类的 Message 属性，保存与 Exception 对象相关联的错误消息。
- Exception 类的 StackTrace 属性包含一个字符串，表示方法调用栈。

13.7.1 节 InnerException 属性
- 类库程序员常用的另一个 Exception 属性是 InnerException。通常，类库程序员会利用这个属性"打包"代码中捕获的异常对象，然后可以抛出类库特定的新异常类型。

13.7.3 节 演示 Exception 属性和栈解退
- 当抛出了异常但还没有在特定的作用域中被捕获时，会发生栈解退，并试图在下一个外层 try 语句块中捕获这个异常。

13.8 节 用户定义异常类
- 用户定义异常类必须直接或间接继承 System 命名空间中的 Exception 类。
- 通常，用户定义异常类会扩展 Exception 类，它的类名以 "Exception" 结尾，并会定义一个无参数构造函数，一个接收字符串实参（错误消息）的构造函数，以及一个接收字符串实参和 Exception 实参（错误消息和内部异常对象）的构造函数。

13.9.1 节 null 条件运算符 "?."
- C# 6 的 null 条件运算符 "?."，只有当它的左操作数非空时，才会访问一个属性或者调用一个方法。否则，会终止整个表达式的求值计算，且将其结果赋值为空。

13.9.3 节 可空类型
- 可空类型是一种有可能为空的值类型。
- 指定可空类型的方法，是在值类型的名称后面加一个问号。
- GetValueOrDefault 方法检验可空类型的变量是否包含值。如果包含，则该方法返回这个值，否则，返回值类型的默认值。
- 如果可空类型的变量包含值，则其 HasValue 属性返回 true，否则返回 false。
- Value 属性返回可空类型变量的底层值。

13.9.4 节 null 合并运算符 "??"
- null 合并运算符具有两个操作数。如果左操作数非空，则整个 "??" 表达式的计算结果就是左操作数的值，否则为右操作数的值。

13.10 节 异常过滤器与 C# 6 的 when 子句
- 在 C# 6 之前，可以根据异常的类型来捕获异常。
- C# 6 中采用异常过滤器，它能够根据一条 catch 子句指定的异常类型和由一个 when 子句指定的条件来捕获异常。
- 也可以在 catch 子句中不提供异常类型，指定一个通用形式的异常过滤器。
- 异常过滤器中的 catch 子句，只有当 when 子句的条件为 true 时，才会捕获异常。
- 如果异常过滤器的条件为 false，则异常不会被捕获，而异常的栈踪迹信息会被保存，直到异常被捕获时为止。

术语表

catch an exception　捕获异常	resource leak　资源泄漏
catch block　catch 语句块	rethrow an exception　重抛异常
divide by zero　除数为 0	robust program　健壮的程序
exception　异常	stack trace　栈踪迹
Exception Assistant　异常助理	stack unwinding　栈解退
Exception class　Exception 类	SystemException class　SystemException 类
exception filter　异常过滤器	throw an exception　抛出异常
exception handling　异常处理	throw point　抛出点
fault-tolerant program　容错程序	throw statement　throw 语句
finally block　finally 语句块	try block　try 语句块
general catch clause　通用 catch 子句	try statement　try 语句
handle an exception　处理异常	uncaught exception　未捕获异常
memory leak　内存泄漏	unhandled exception　未处理的异常
method-call stack　方法调用栈	user-defined exception class　用户定义异常类
nullable type　可空类型	using statement　using 语句
out-of-range array index　数组索引越界	when clause　when 子句

自测题

13.1 填空题。

a) 当方法检测到发生了问题时，方法会_____异常。

b) 只要在代码中出现了，与 try 语句块相关联的_____语句块总是会执行。

c) 异常类派生自_____类。
d) 抛出异常的语句，称为异常的_____。
e) C#采用异常处理的_____模式，而不采用异常处理的_____模式。
f) 方法中的未捕获异常，会导致它从方法调用栈中_____。
g) 如果实参不是一个有效的整数值，则 int.Parse 方法会抛出_____异常。
h) _____运算符，只有当它的左操作数非空时，才会访问一个属性或者调用一个方法。
i) 使用_____运算符的表达式，如果其左操作数非空，则整个表达式的计算结果就是左操作数的值，否则为右操作数的值。

13.2 判断下列语句是否正确。如果不正确，请说明理由。
a) 当首次检测到异常时，方法中的异常总会得到处理。
b) 用户定义异常类应扩展 SystemException 类。
c) 访问数组索引界外的元素，会导致 CLR 抛出异常。
d) 对于没有任何对应 catch 语句块的 try 语句块而言，它后面的 finally 语句块是可有可无的。
e) finally 语句块总是保证会执行。
f) 利用 return 关键字，可以返回到异常的抛出点。
g) 异常可以被重新抛出。
h) Exception 类的 Message 属性返回一个字符串，表示抛出异常的方法。
i) 利用 when 子句，可以使 catch 子句添加一个异常过滤器。
j) 可空类型变量的 Value 属性，总是返回变量的底层值。

自测题答案

13.1 a) 抛出。b) finally。c) Exception。d) 抛出点。e) 终止，恢复。f) 解退。g) FormatException。h) null 条件。i) null 合并。

13.2 a) 错误。异常可以由方法调用栈上的其他方法处理。b) 错误。用户定义异常类通常应扩展 Exception 类。c) 正确。d) 错误。没有任何 catch 语句块的 try 语句块，要求有一个 finally 语句块。e) 错误。只有当程序控制进入对应的 try 语句块之后，才会执行 finally 语句块。f) 错误。return 语句会使控制返回到调用者。g) 正确。h) 错误。Exception 类的 Message 属性返回的字符串表示错误消息。i) 正确。j) 错误。如果可空类型变量的值为空，则访问它的 Value 属性，会导致 InvalidOperationException 异常。

练习题

13.3 （**异常基类与派生类**）利用继承创建一个异常基类和各种派生的异常类。编写一个程序，演示指定基类捕获派生类异常的 catch 语句的用法。

13.4 （**捕获异常**）编写一个程序，演示各种异常是如何用下列语句捕获的：
```
catch (Exception ex)
```

13.5 （**异常处理器的顺序**）为了演示异常处理器顺序的重要性，编写两个程序，一个包含正确排序的 catch 语句块（将基类异常处理器放置在所有派生类异常处理器的后面），另一个的排序错误（将基类异常处理器放在派生类异常处理器的前面）。当编译第二个程序时，会发生什么情况？

13.6 （**构造函数出错**）异常可以用来表示在构造对象时发生了问题。编写一个程序，给出一个构造函数，它将有关构造函数出错的信息传递给一个异常处理器。抛出的异常还应包含发送给构造函数的实参。

13.7 (重抛异常)编写一个演示重抛异常的程序。

13.8 (没有捕获全部异常)编写一个程序,演示一个方法没有在它的 try 语句块中捕获所有可能的异常的情况,有些异常会"滑到" try 语句块之外去处理。

13.9 (来自深度嵌套的方法的异常)编写一个程序,抛出一个来自深度嵌套的方法的异常。catch 语句块应当跟随在包含调用链的 try 语句块的后面。被捕获的异常,应当是程序员自己定义的某个异常。捕获这个异常时,应显示异常的消息和它的栈踪迹。

13.10 (FormatException 异常)创建一个程序,输入汽车行驶的英里数和所消耗的汽油加仑数,并计算每加仑汽油的行驶里程数。程序中需处理异常,比如将输入字符串转换成 double 值时可能发生的 FormatException 异常。如果输入了无效数据,则应显示消息来通知用户。

第 14 章 图形用户界面与 Windows 窗体(1)

目标

本章将讲解

- 图形用户界面(GUI)的设计原则。
- 创建图形用户界面。
- 处理用户与 GUI 控件交互产生的事件。
- 包含 GUI 控件和事件处理类的命名空间。
- 创建和操作各种控件。
- 在 GUI 控件中增加描述性工具提示。
- 处理鼠标事件和键事件。

概要

14.1 简介
14.2 Windows 窗体
14.3 事件处理
    14.3.1 简单事件驱动 GUI
    14.3.2 自动产生的 GUI 代码
    14.3.3 代理和事件处理机制
    14.3.4 创建事件处理器的另一种途径
    14.3.5 定位事件信息
14.4 控件的属性和布局
    14.4.1 锚定和停靠
    14.4.2 用 Visual Studio 编辑 GUI 的布局
14.5 标签、文本框和按钮

14.6 组框和面板
14.7 复选框和单选钮
    14.7.1 复选框
    14.7.2 用位运算符组合字体样式
    14.7.3 单选钮
14.8 图形框
14.9 工具提示
14.10 数字上下控件
14.11 鼠标事件处理
14.12 键事件处理
14.13 小结

摘要 | 术语表 | 自测题 | 自测题答案 | 练习题 | 挑战题

14.1 简介

图形用户界面(GUI)使用户可以直观地与程序交互。GUI(发音为"GOO-ee")使程序具有与众不同的外观。

外观设计提示 14.1

一致的用户界面使用户能更快地了解新程序，因为程序都具有相同的外观。

考虑图 14.1 中的 GUI 例子，它展示的 Visual Studio 窗口包含各种 GUI 控件。靠近窗口顶部的地方是一个菜单栏，它包含菜单 File、Edit、View 等。菜单栏下面是一个包含一些按钮的工具栏，每一个按钮都表示一个预定义的任务，比如创建一个新项目或者打开一个文件。再往下是一个选项卡，它代表当前打开的那个文件。这种选项卡式的视图，使用户可以在打开的多个文件之间切换。这些控件形成了用户友好的界面，通过界面，用户可以与 IDE 交互。

GUI 用 GUI 控件创建。GUI 控件也称为组件（component）或窗件（widget），窗件是"窗口小件"（window gadget）的简称。GUI 控件是可以在屏幕上显示信息的对象，或者是让用户通过鼠标、键盘和其他输入形式（如声音命令）与程序交互的对象。图 14.2 中列出了几个常见的 GUI 控件，后面的几节和第 15 章中，将详细探讨这些 GUI 控件。第 15 章还将探讨其他 GUI 控件的特性和属性。

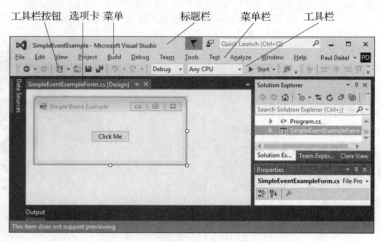

图 14.1　Visual Studio 中的 GUI 控件

控　　件	描　　述
标签（Label）	显示图像或不可编辑的文本
文本框（TextBox）	使用户能通过键盘输入数据。它也可以用来显示可编辑的或不可编辑的文本
按钮（Button）	用鼠标单击时触发事件
复选框（CheckBox）	指定能够被选中或不被选中的一个选项
组合框（ComboBox）	提供一个下拉列表，用户能通过单击其中的某一项或在框中输入来选择
列表框（ListBox）	提供一个项目列表，用户能通过单击其中的某一项来选择
面板（Panel）	控件能放入其中并进行组织的一个容器
数字上下控件（NumericUpDowm）	使用户能从某个数字输入值范围内选择

图 14.2　一些基本的 GUI 控件

14.2　Windows 窗体

Windows 窗体（Windows Form）是一种能够用来创建 GUI 的库。本书的在线章节中，讲解了 Universal Windows Platform（UWP）和 Windows Presentation Foundation（WPF），它们也可以用于创建 GUI。窗体（Form）是一种图形化元素，它出现在计算机桌面上，可以是对话框、窗口或 MDI 窗口（将在第 15 章讲解）。组件（component）是实现了 IComponent 接口的类实例，这个接口定义了组件必须实现的行为。控件（如按钮或标签）是一种组件，它在运行时具有图形化的表示。有些组件没有图形化表示（例如，System.Windows.Forms 命名空间中的 Timer 类，见第 15 章）。这些组件在运行时无法看到。

图 14.3 显示了 C# Toolbox（工具箱）中的 Windows 窗体控件和组件。控件和组件是按功能分类的。选择 Toolbox 顶部的类别 All Windows Forms，可以在其他选项卡中浏览所有控件和组件（见图 14.3）。本章和下一章中，将讨论其中的许多控件和组件。为了在窗体中增加控件或组件，需从 Toolbox 选中这个控件或组件，并将它拖到窗体中。为了"去选"（deselect）控件或组件，需选中 Toolbox 中的 Pointer 项（清单顶端的那个图标）。

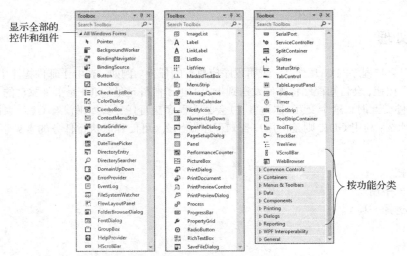

图 14.3　Windows 窗体中的组件和控件

活动窗口与焦点

屏幕上有多个窗口时，活动窗口（active window）是指最前面的窗口，它的标题栏会高亮显示。

当用户单击窗口中某个地方时，这个窗口就会变成活动窗口。活动窗口具有"焦点"。例如，从工具箱中选择一项时，Visual Studio 的活动窗口是 Toolbox 窗口；当编辑控件的属性时，活动窗口就是 Properties 窗口。

自动生成的代码保存在单独的文件中

窗体就是控件和组件的容器（container）。将控件或组件从 Toolbox 拖到窗体上时，Visual Studio 会产生创建这个对象的代码，并会设置它的基本属性。当在 IDE 中修改控件或组件的属性时，代码会更新。从窗体中删除控件或组件，会删除对应的代码。IDE 会利用多个部分类（partial 类）在一个单独的文件中维护这些代码，这些类会分布在多个文件中，编译器会将它们汇编成一个类。程序员也可以自己编写这些代码，但让 Visual Studio 处理细节会容易得多。2.6 节中讲解过可视化编程的概念。本章和下一章中，将利用可视化编程来搭建更完善的 GUI。

窗体常见的属性、方法和事件

本章介绍的每一个控件或组件，都位于 System.Windows.Forms 命名空间中。为了创建 Windows 窗体程序，通常要创建 Windows 窗体、设置它的属性、在窗体中添加控件、设置控件的属性并实现事件处理器（方法），以便响应控件产生的事件。图 14.4 中列出了窗体的常见属性、方法和事件。

窗体的属性、方法和事件	描　　述
常见属性	
AcceptButton	当按下回车键时默认被单击的按钮
AutoScroll	当需要时允许或禁止滚动条出现的布尔值（默认为 false）
CancelButton	当按下 Escape 键时单击的按钮
FormBorderStyle	窗体的边界样式（默认为 Sizable）
Font	显示在窗体上的文本字体，以及添加到窗体中的控件的默认字体
Text	窗体标题栏中的文本
常见方法	
Close	关闭窗体并释放所有资源，比如窗体内容所使用的内存。关闭后的窗体，不能被重新打开
Hide	隐藏窗体，但不销毁它，也不释放它的资源
Show	显示隐藏的窗体
常见事件	
Load	在窗体向用户显示之前发生。下一节中，将讲解事件以及事件处理

图 14.4　窗体的常见属性、方法和事件

14.3 事件处理

通常,用户会与程序的 GUI 交互,表明程序应执行的任务。例如,在电子邮件程序中编写电子邮件时,单击"发送"按钮,会告知程序将邮件发送到指定的电子邮件地址。GUI 是事件驱动的(event driven)。用户与 GUI 控件交互时,这个交互(称为事件)会驱动程序执行任务。如果没有 GUI,则是由程序告诉用户接下来做什么;利用 GUI,则是由用户告知程序做什么。可使程序执行任务的常见事件(用户交互)包括:

- 单击按钮
- 在文本框中输入
- 从菜单选择一项
- 关闭窗口
- 移动鼠标

所有的 GUI 控件,都具有与它们相关联的事件。其他类型的对象,同样也可以具有相关联的事件。发生事件时执行任务的方法,称为事件处理器(event handler);响应事件的整个过程,称为事件处理(event handling)。

14.3.1 简单事件驱动 GUI

图 14.5 中的窗体包含一个按钮,用户单击它时会显示一个消息框(MessageBox)。注意第 6 行的 namespace 声明,它会为所创建的每一个类添加该声明。命名空间会将相关的类分成组。7.4.3 节中讲过,每个类的名称,实际上是它的命名空间名称、一个点号以及类名称的组合——这称为类的完全限定名。第 15 章和第 19 章中将以这种形式使用命名空间。如果其他命名空间中还有相同名称的类,则可以在程序中用完全限定名来加以区分,以避免命名冲突(name conflict),也称为命名碰撞(name collision)。

```csharp
1   // Fig. 14.5: SimpleEventExampleForm.cs
2   // Simple event handling example.
3   using System;
4   using System.Windows.Forms;
5
6   namespace SimpleEventExample
7   {
8       // Form that shows a simple event handler
9       public partial class SimpleEventExampleForm : Form
10      {
11          // default constructor
12          public SimpleEventExampleForm()
13          {
14              InitializeComponent();
15          }
16
17          // handles click event of Button clickButton
18          private void clickButton_Click(object sender, EventArgs e)
19          {
20              MessageBox.Show("Button was clicked.");
21          }
22      }
23  }
```

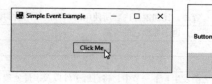

图 14.5 简单事件处理示例

重命名 Form1.cs 文件

利用 2.6 节中介绍过的技术，下面创建包含一个按钮的窗体。首先，新创建一个 Windows 窗体程序，将其命名为 SimpleEventExample。然后进行如下操作：

1. 在 Solution Explorer 窗口将 Form1.cs 文件重命名为 SimpleEventExampleForm.cs。
2. 在设计区中单击这个窗体，然后利用 Properties 窗口，将窗体的 Text 属性设置为 "Simple Event Example"。
3. 将窗体的 Font 属性设置为 Segoe UI，9pt。为此，需在 Properties 窗口中选中 Font 属性，然后单击属性值字段中的省略号按钮，显示字体对话框。

向窗体添加一个按钮

将按钮控件从 Toolbox 拖到窗体上。在 Properties 窗口中，将 "(Name)" 属性(它指定按钮的变量名称)设置为 clickButton，将 Text 属性设置为 Click Me。注意，按照惯例，控件的变量名称应以控件的类型结尾。例如，变量名 clickButton 中的 "Button"，就是控件的类型。

为按钮的 Click 事件添加一个事件处理器

用户单击这个示例中的按钮时，我们希望显示一个消息框。为此，必须对按钮的 Click 事件创建一个事件处理器。创建事件处理器的方法是双击该按钮。这会打开一个文件，它会在程序代码中包含一个空的事件处理器：

```
private void clickButton_Click(object sender, EventArgs e)
{
}
```

习惯上，IDE 命名事件处理器方法的形式是 *objectName_eventName*(如 clickButton_Click)。当用户单击 clickButton 控件时，会执行 clickButton_Click 事件处理器。

事件处理器参数

每个事件处理器在调用时都接收两个参数。第一个参数默认为 object 引用 sender，它引用由于用户交互而产生的事件的对象。第二个参数是 EventArgs 类型(或其派生类)对象的引用，通常被命名为 e。这个对象包含所发生事件的其他信息。EventArgs 是表示事件信息的所有类的基类。

显示消息框

为了在发生事件时显示消息框，需在事件处理器的语句体中插入语句：

```
MessageBox.Show("Button was clicked.");
```

得到的事件处理器出现在图 14.5 第 18~21 行。当执行程序并单击按钮时，会出现一个消息框，显示文本 "Button was clicked."。

14.3.2 自动产生的 GUI 代码

Visual Studio 会将自动产生的 GUI 代码放入 Form 类的 Designer.cs 文件中——这里为 SimpleEventExampleForm.Designer.cs 文件。要打开这个文件，只需在 Solution Explorer 窗口中展开 Form 类的节点，并双击以 Designer.cs 结尾的文件名。图 14.6 和图 14.7 显示了这个文件的内容。默认情况下，IDE 会缩合图 14.7 第 23~57 行的代码——可以单击第 23 行旁边的图标

以展开代码。单击图标

可缩合代码。

```
SimpleEventExampleForm.Designer.cs
SimpleEventExample | SimpleEventExample.SimpleEventExampleForm | components
1  namespace SimpleEventExample
2  {
3      partial class SimpleEventExampleForm
4      {
5          /// <summary>
6          /// Required designer variable.
7          /// </summary>
8          private System.ComponentModel.IContainer components = null;
9
10         /// <summary>
11         /// Clean up any resources being used.
12         /// </summary>
13         /// <param name="disposing">true if managed resources should be disposed; othe
14         protected override void Dispose(bool disposing)
15         {
16             if (disposing && (components != null))
17             {
18                 components.Dispose();
19             }
20             base.Dispose(disposing);
21         }
22
```

图 14.6　Visual Studio 产生的代码文件(前半部分)

```
SimpleEventExampleForm.Designer.cs
SimpleEventExample | SimpleEventExample.SimpleEventExampleForm | components
23         #region Windows Form Designer generated code
24
25         /// <summary>
26         /// Required method for Designer support - do not modify
27         /// the contents of this method with the code editor.
28         /// </summary>
29         private void InitializeComponent()
30         {
31             this.clickButton = new System.Windows.Forms.Button();
32             this.SuspendLayout();
33             //
34             // clickButton
35             //
36             this.clickButton.Location = new System.Drawing.Point(120, 37);
37             this.clickButton.Name = "clickButton";
38             this.clickButton.Size = new System.Drawing.Size(75, 23);
39             this.clickButton.TabIndex = 0;
40             this.clickButton.Text = "Click Me";
41             this.clickButton.UseVisualStyleBackColor = true;
42             this.clickButton.Click += new System.EventHandler(this.clickButton_Click);
43             //
44             // SimpleEventExampleForm
45             //
46             this.AutoScaleDimensions = new System.Drawing.SizeF(7F, 15F);
47             this.AutoScaleMode = System.Windows.Forms.AutoScaleMode.Font;
48             this.ClientSize = new System.Drawing.Size(314, 97);
49             this.Controls.Add(this.clickButton);
50             this.Font = new System.Drawing.Font("Segoe UI", 9F, System.Drawing.FontSty
51             this.Name = "SimpleEventExampleForm";
52             this.Text = "Simple Event Example";
53             this.ResumeLayout(false);
54
55         }
56
57         #endregion
58
59         private System.Windows.Forms.Button clickButton;
60     }
61 }
```

图 14.7　Visual Studio 产生的代码文件(后半部分)

由于我们已经熟悉了类和对象，因此这些代码不难理解。这些代码是由 Visual Studio 创建并维护的，因此通常不必查看它。事实上，不需要理解这里的大多数代码就可以建立 GUI 程序。但是，这里依然会详细介绍这些代码，以帮助理解 GUI 程序是如何工作的。

定义 GUI 的自动生成代码，实际上是 Form 类的一部分，这里是 SimpleEventExampleForm 类。图 14.6 第 3 行(以及图 14.5 第 9 行)使用了 partial 修饰符，它使这个类可以分解到多个文件中，包括自动生成代码的文件和程序员编写的代码文件。图 14.7 第 59 行包含按钮控件 clickButton 的声明，它是在设计模式(Design mode)中创建的。这个控件被声明为 SimpleEventExampleForm 类的一个实例变量。默认情况下，通过 C#的设计窗口创建的所有控件的变量声明，都具有 private 访问修饰符。代码还包含一个 Dispose 方法(见图 14.6 第 14~21 行)和 InitializeComponent 方法(见图 14.7 第 29~55 行)，前者用于释放资源，后者包含创建按钮以及设置按钮和窗体属性的代码。属性值对应于在 Properties 窗口中为每个控件设置的值。Visual Studio 在产生的代码中增加了注释，如第 33~35 行那样。当创建按钮的 Click 事件的事件处理器时，产生了第 42 行。

当创建窗体时，会调用 InitializeComponent 方法，并会建立窗体标题、窗体大小、控件大小以及文本等属性。Visual Studio 还会用 InitializeComponent 方法中的代码创建设计视图中看到的 GUI。改变 InitializeComponent 方法中的代码，可能会使 Visual Studio 无法正确地显示 GUI。

错误防止提示 14.1

在设计模式中建立 GUI 时所产生的 Designer.cs 文件中的代码不能直接修改，这就是为什么要将它们放在一个单独的文件中的原因。如果改变这些代码，则可能会使 GUI 无法在设计模式中正确地显示，甚至可以导致程序的功能错误。在设计模式中，建议只在 Properties 窗口中(而不是在 Designer.cs 文件中)修改控件的属性。

14.3.3 代理和事件处理机制

产生事件的控件，称为事件发送者(event sender)。事件处理方法称为事件处理器，它响应控件产生的特定事件。发生事件时，事件发送者调用它的事件处理器来执行任务(即"处理事件")。

.NET 的事件处理机制，允许程序员自己选择事件处理方法的名称。但是，事件处理方法必须声明正确的参数，以接收所处理的事件的信息。由于可以自己选择方法名，因此按钮之类的事件发送者事先无法知道哪个方法将响应它的事件。为此，需要一种机制来表明哪个方法是某个事件的事件接收者。

代理

事件处理器通过称为"代理"(delegate)的特殊对象与控件的事件相连接。代理类型的声明，指定了返回类型和方法签名——在事件处理中，代理确定事件处理器的返回类型以及实参。GUI 控件具有预定义的代理，响应可以产生的每个事件。例如，按钮 Click 事件的代理类型为 EventHandler(位于命名空间 System)。C#的在线帮助文档将这种类型声明为

```
public delegate void EventHandler(object sender, EventArgs e);
```

它使用关键字 delegate 声明代理类型 EventHandler，引用的方法返回 void。它接收两个参数，一个是 object 类型(事件发送者)，一个是 EventArgs 类型。如果比较代理声明与 clickButton_Click 的首部(见图 14.5 第 18 行)，则可以看到这个事件处理器返回相同的类型，接收由 EventHandler 代理指定的相同参数——参数名称不必一致。上述声明实际上创建了整个类。这个特殊类的声明细节，是由编译器处理的。

指明代理应调用的方法

由于每个事件处理器都声明为代理，因此发生事件时，事件发送者只需调用相应的代理。例如，按钮单击时会调用它的 EventHandler 代理。代理的工作，就是调用适当的方法。为了调用 clickButton_Click 方法，Visual Studio 会将 clickButton_Click 赋予按钮的 Click EventHandler 代理，如图 14.7 第 42 行所示。在设计模式中双击按钮控件时，Visual Studio 会添加这些代码。表达式：

```
new System.EventHandler(this.clickButton_Click);
```

会创建 EventHandler 代理对象，并用 clickButton_Click 方法将它初始化。第 42 行用"+="运算符将代理添加到按钮的 Click EventHandler 代理。这表示当用户单击按钮时，clickButton_Click 会做出响应。编译器创建的代理类重载了"+="运算符。

(选修)多播代理

实际上,可以指定几个方法来响应一个事件,方法是在按钮的 Click 事件中用类似于图 14.7 第 42 行的语句添加其他代理。事件代理是多播(multicast)的,表示一组代理对象具有相同的签名。发生事件时,事件发送者会调用多播代理引用的每一个方法。这称为事件多播(event multicasting)。事件代理从 MulticastDelegate 类继承,而 MulticastDelegate 类派生自 Delegate 类(二者都位于 System 命名空间)。大多数情况下,只需为控件上的特定事件指定一个事件处理器。

14.3.4 创建事件处理器的另一种途径

对于图 14.5 中的 GUI 程序,可以双击窗体中的 Button 控件,创建它的事件处理器。这种技术会产生控件的默认事件(default event)的事件处理器,即控件最常使用的事件。控件可以产生许多不同的事件,每个事件都有自己的事件处理器。例如,程序也可以对按钮的 MouseHover 事件提供事件处理器,这在鼠标指针位于按钮之上时发生。下面讨论如何创建不是控件的默认事件的事件处理器。

用 Properties 窗口创建事件处理器

可以通过 Properties 窗口创建事件处理器。如果选择窗体上的控件,然后单击 Properties 窗口中的 Events 图标(见图 14.8 中高亮显示的闪电图标),则窗口中会列出这个控件的所有事件。可以双击事件的名称,在编辑器中显示事件处理器(如果事件处理器已经存在),也可以创建事件处理器。还可以选中某个事件,然后用它右边的下拉列表选择一个已有的方法作为这个事件的事件处理器。出现在下拉列表中的方法是 Form 类的方法,它具有所选事件的事件处理器所要的签名。可以选择 Properties 图标,返回到控件的 Properties 窗口(见图 14.8)。

一个方法就可以处理多个控件中的事件。例如,如果有一个程序,其两个复选框分别表示文本的粗体和斜体。用户可以选择粗体、斜体或者粗斜体。字体的样式,依赖于这两个复选框的选取情况。因此,这两个复选框的事件可由同一个方法处理,该方法可判断每一个复选框的状态,从而决定用户所选择的字体样式。

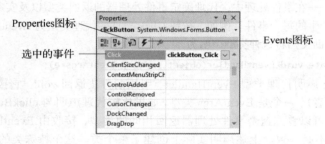

图 14.8 在 Properties 窗口中查看按钮控件的事件

可以对多个事件指定一个事件处理器,只需在 Properties 窗口的 Events 选项卡中选中多个控件(用鼠标拖过它们或者按住 Shift 键每次单击一个),然后挑选一个方法。如果是以这种方式创建新的事件处理器,则要适当地对它重新命名,以使它不仅仅只包含一个控件的名称。也可以分别选择各个控件,并对每个控件的事件指定同一个方法。

14.3.5 定位事件信息

应阅读 Visual Studio 文档,了解每个控件产生的不同事件。为此,需在 IDE 中选择这个控件(可在窗体的设计模式或者 Toolbox 中选择控件),然后按 F1 键,显示它的在线帮助文档(见图 14.9)。

第 14 章 图形用户界面与 Windows 窗体(1)

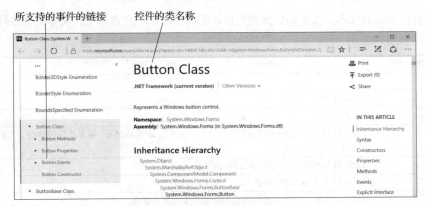

图 14.9 按钮事件的链接

显示的 Web 页面包含关于这个控件的类的一些基本信息。页面的左列，是有关这个类的更多信息的几个链接——Button Methods、Button Properties、Button Events 和 Button Constructor。每一个链接显示的是类成员的一个子集。单击该控件的事件列表的链接(图中为 Button Events)，可显示它所支持的事件。

接下来，单击某个事件名，可以看到该事件的描述以及使用它的示例。图 14.10 中，显示的是有关控件 Click 事件的信息。Click 事件是 Control 类的一个成员，Control 类为 Button 类的间接基类。页面中的 Remarks 部分探讨了有关所选事件的细节。或者，也可以使用 Object Browser 来查看 System.Windows.Forms 命名空间中的这个信息。Object Browser 中只会给出在某个类中直接定义的成员。Click 事件的原始定义位于 Control 类中，并被继承到了 Button 类中。因此，必须在 Object Browser 中查看 Control 类，才能看到关于 Click 事件的文档。关于 Object Browser 的更多信息，请参见 10.11 节。

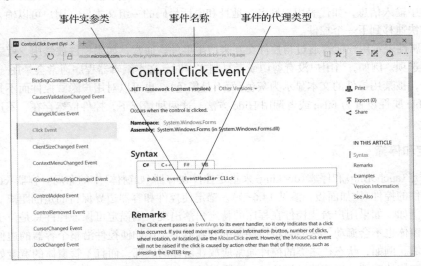

图 14.10 Click 事件的细节

14.4 控件的属性和布局

本节将探讨许多控件的常见属性。控件是从 Control 类(位于 System.Windows.Forms 命名空间)派生的。图 14.11 中列出了 Control 类的一些属性和方法。此处显示的属性，可以对许多控件进行设置。例如，

Text 属性指定控件显示的文本。文本的位置随控件的不同而不同。在窗体中，文本出现在标题栏，而按钮的文本出现在它的表面。

Control 类的属性和方法	描 述
常见属性	
BackColor	控件的背景色
BackgroundImage	控件的背景图像
Enabled	指定控件是否是启用的(即用户是否能与它交互)。通常情况下，被禁用的控件会"变灰"，这是向用户表明它是被禁用的
Focused	指定控件是否具有焦点(只在运行时可用)
Font	显示在控件上的文本的字体
ForeColor	控件的前景色。它通常用于确定 Text 属性中的文本颜色
TabIndex	控件的 Tab 键顺序。当按下 Tab 键时，焦点会根据 Tab 键顺序在控件间传递。程序员可以设置这个顺序
TabStop	如果值为 true，则用户能够通过 Tab 键将焦点给予这个控件
Text	与控件相关联的文本。文本的位置和外观，随控件类型的不同而不同
Visible	控件是否可见
常见方法	
Hide	隐藏控件(将 Visible 属性设置成 false)
Select	获得焦点
Show	显示控件(将 Visible 属性设置成 true)

图 14.11　Control 类的属性和方法

Select 方法将焦点传到控件，并使它变成活动控件(active control)。若在执行 Windows 窗体程序时按 Tab 键，则控件会根据 TabIndex 属性指定的顺序获得焦点。这个属性是由 Visual Studio 设置的，它根据控件加进窗体的顺序设置，但程序员可以通过 View > Tab Order 改变这个顺序。TabIndex 可以帮助用户在许多控件中输入信息，如代表用户姓名、地址和电话号码的一组文本框。用户可以输入信息，然后通过按 Tab 键快速移到下一个控件。

Enabled 属性表示用户能否通过与控件交互来产生事件。通常，如果控件被禁用，就表示用户此时无法访问它的选项。例如，当用户没有剪切或者复制文本时，文本编辑器程序通常会禁用"粘贴"命令。大多数情况下，被禁用控件的文本显示为灰色(而不是黑色)。也可以对用户隐藏控件而不是禁用控件，方法是将 Visible 属性设置为 false 或者调用 Hide 方法。这两种情况下，控件依然存在，不过在窗体上看不到。

14.4.1　锚定和停靠

可以用锚定(anchoring)和停靠(docking)来指定控件在容器(如窗体)中的布局。容器(container)是一种容纳其他控件的控件(比如面板，参见 14.6 节)。锚定使控件和容器边界保持固定的距离。锚定可以提升用户体验。例如，如果用户希望控件在程序的特定角落出现，则锚定可保证控件总是位于这个角落，即使用户缩放窗体也不会挪动。停靠会将控件捆绑到容器上，比如使控件沿整个容器的边伸展，或者充满整个容器区域。例如，状态栏之类的控件通常应放在窗体的底部，而且不管窗体的宽度如何，状态栏都应占据整个窗体的底部。当缩放父控件时，被停靠的控件也会跟着缩放。

锚定演示

当窗口(或者其他类型的容器，比如面板)的大小改变时，被锚定的控件会移动(大小也会改变)，以使它与窗口边的距离不会变化。默认情况下，大多数控件都锚定到窗体的左上角。为了观看锚定控件的效果，我们创建一个简单的 Windows 窗体程序，它包含两个按钮。将一个控件锚定到底部右侧，即按图 14.12 设置 Anchor 属性。对另一个控件采用它的默认锚定设置(即位于左上角)。执行程序，放大窗体。

锚定到底部右侧的控件,和窗体右下角总是保持相同距离(见图14.13),另一个控件则和窗体左上角保持原有距离。

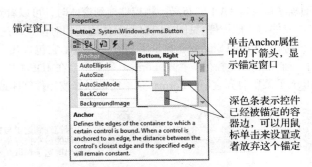

图 14.12　设置控件的 Anchor 属性

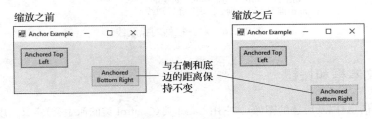

图 14.13　锚定演示

图 14.14 中,按钮被停靠在窗体顶端(占据整个顶部)。窗体缩放时,按钮也会缩放成占据窗体的新宽度。窗体具有 Padding 属性,它指定停靠控件与窗体边沿的距离。这个属性指定 4 个值(每边一个),默认值都为 0。图 14.15 中汇总了一些控件的布局属性。

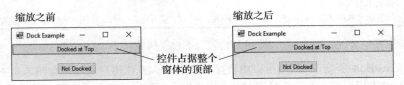

图 14.14　将按钮停靠在窗体顶部

控件的布局属性	描　述
Anchor	使控件和容器边界保持固定的距离,即使缩放容器,距离也不会改变
Dock	使控件占据容器的一条边,或者充满容器的剩余空间
Padding	设置容器的边与被停靠的控件之间的间距。默认值为 0,它使控件看上去与容器的边齐平
Location	指定控件左上角的位置(一组坐标值),坐标值与容器的左上角相关
Size	将控件的大小(像素值)指定成一个 Size 对象,它具有 Width 属性和 Height 属性
MinimumSize, MaximumSize	分别表示控件的最小和最大尺寸

图 14.15　控件的布局属性

控件的 Anchor 属性和 Dock 属性,是相对于控件的父容器设置的,这个父容器可以是窗体或另一个父容器(如面板)。窗体(或其他控件)的最小和最大尺寸,可以通过 MinimumSize 属性和 MaximumSize 属性分别设置。这两个属性可以设置给定尺寸范围内的 GUI 布局。也就是说,不能使窗体小于 MinimumSize 指定的尺寸或大于 MaximumSize 指定的尺寸。为了将窗体设置成固定尺寸(这样的窗体不能缩放),只需将这两个属性设置为相同值即可。

14.4.2 用 Visual Studio 编辑 GUI 的布局

Visual Studio 可帮助程序员设置 GUI 的布局。将控件拖到窗体时，可以看到一些蓝色的线(称为抓取线)，它们可以帮助定位控件与其他控件(见图14.16)和窗体边的相对位置。这一特性使拖动的控件能够被"抓取"到其他控件的旁边。Visual Studio 还提供了 Format 菜单，它包含几个修改 GUI 布局的选项。除非在设计视图中选择了一个(或一组)控件，否则 Format 菜单不会在 IDE 中出现。选择多个控件时，可以用 Format 菜单的 Align 子菜单对齐它们。Format 菜单还可以修改控件间距或在窗体上使控件居中。

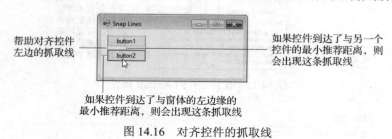

图 14.16 对齐控件的抓取线

14.5 标签、文本框和按钮

标签提供文本信息(以及可选的图像)，它用 Label 类(Control 类的派生类)定义。用户不能直接修改标签中显示的文本。在程序中修改标签的 Text 属性，即可改变它的文本。图14.17 中列出了常见的标签属性。

常见的标签属性	描述
Font	标签上文本的字体
Text	标签上的文本
TextAlign	标签的文本在控件中的对齐方式——水平(左、中、右)或者垂直(顶部、中间、底部)。默认设置为顶部、居左

图 14.17 常见的标签属性

文本框(用 TextBox 类定义)区域可以由程序显示文本，或让用户通过键盘输入文本。口令文本框(password TextBox)中用户输入的信息是隐藏的。用户输入字符时，口令文本框会屏蔽用户的输入，而只显示口令字符。如果将 UseSystemPasswordChar 属性设置为 true，则文本框就会成为口令文本框。当登录到计算机和 Web 站点时，用户经常会遇到两种文本框：用户名文本框可以输入用户名，口令文本框可以输入口令。图14.18 中列出了文本框的常见属性和事件。

文本框的属性和事件	描述
常见属性	
AcceptsReturn	对于多行文本框，如果该值为 true，则在文本框中输入回车键会创建一个新行。如果为 false(默认值)，则按回车键的效果与按下窗体上的默认按钮相同。默认按钮是赋予窗体的 AcceptButton 属性的那个按钮
Multiline	如果为 true，则文本框能跨越多行。默认为 false
ReadOnly	如果为 true，则文本框具有灰色背景，而文本不能编辑。默认为 false
ScrollBars	对于多行文本框，这个属性表示出现哪些滚动条，值可以有 None(默认值)、Horizontal、Vertical 或 Both
Text	文本框中的文本内容
UseSystemPasswordChar	为 true 时，文本框成为一个口令文本框，用户输入的每个字符都会被系统指定的字符掩盖
常见事件	
TextChanged	当文本框中的文本发生变化时产生(如用户添加或删除字符)。当在设计模式中双击文本框控件时，会产生这个事件的一个空事件处理器

图 14.18 文本框的常见属性和事件

按钮是一种控件，当用户单击它时会触发程序中的一个特定动作，或者选取某个选项。可以看到，程序可以使用几种类型的按钮，比如复选框(checkbox)或单选钮(radio button)。所有的按钮类都派生自 ButtonBase 类(位于 System.Windows.Forms 命名空间)，这个类定义了按钮的共性。本节将讨论 Button 类，它通常用于让用户向程序发出一个命令。图 14.19 中列出了按钮的常见属性和事件。

按钮的属性和事件	描述
常见属性	
Text	指定显示在按钮表面的文本
FlatStyle	改变按钮的外观。属性可以是 Flat(按钮不显示成三维外观)、Popup(如果用户将鼠标指针移过按钮，则按钮外观会从平的变成突出的)、Standard(三维外观)和 System(按钮的外观由操作系统控制)。默认值为 Standard
常见事件	
Click	用户单击按钮时产生。当在设计模式中双击按钮控件时，会产生这个事件的一个空事件处理器

图 14.19　按钮的常见属性和事件

图 14.20 中的程序用到了文本框、按钮和标签。用户在口令文本框中输入文本并单击按钮，使标签中显示输入的文本。通常不会显示这个文本，因为口令文本框的目的是隐藏用户输入的文本。用户单击 Show Me 按钮时，这个程序接收用户在口令文本框中输入的文本，并在标签中显示它。

```
 1  // Fig. 14.20: LabelTextBoxButtonTestForm.cs
 2  // Using a TextBox, Label and Button to display
 3  // the hidden text in a password TextBox.
 4  using System;
 5  using System.Windows.Forms;
 6
 7  namespace LabelTextBoxButtonTest
 8  {
 9     // Form that creates a password TextBox and
10     // a Label to display TextBox contents
11     public partial class LabelTextBoxButtonTestForm : Form
12     {
13        // default constructor
14        public LabelTextBoxButtonTestForm()
15        {
16           InitializeComponent();
17        }
18
19        // display user input in Label
20        private void displayPasswordButton_Click(object sender, EventArgs e)
21        {
22           // display the text that the user typed
23           displayPasswordLabel.Text = inputPasswordTextBox.Text;
24        }
25     }
26  }
```

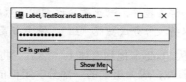

图 14.20　利用文本框、标签和按钮显示口令文本框中隐藏的文本

首先，我们创建 GUI，将这些控件(文本框、按钮和标签)拖到窗体上。放置好控件之后，在 Properties 窗口将它们的默认名称 textBox1、button1 和 label1 分别改成更有意义的名称：displayPasswordLabel、displayPasswordButton 和 inputPasswordTextBox。Properties 窗口的"(Name)"属性，用户可以改变控件的变量名。Visual Studio 会创建必要的代码，并将代码放入文件 LabelTextBoxButtonTestForm.Designer.cs 中部分类的 InitializeComponent 方法中。

然后，将 displayPasswordButton 的 Text 属性设置为 "Show Me"，并清除 displayPasswordLabel 的 Text 属性，使得当程序开始执行时它为空。displayPasswordLabel 的 BorderStyle 属性设置为 Fixed3D，使标签呈现三维外观。还要将它的 TextAlign 属性改成 MiddleLeft，以便文本能在标签中上下居中显示。如果将 UseSystemPasswordChar 设置为 true，则 inputPasswordTextBox 的口令字符由用户的系统设置确定。

为了创建 displayPasswordButton 的事件处理器，可在设计模式中双击这个控件。我们在事件处理器的方法体中增加第 23 行的代码。用户在执行程序时如果单击 Show Me 按钮，则第 23 行会获得用户在 inputPasswordTextBox 中输入的文本，并会在 displayPasswordLabel 中显示它。

14.6 组框和面板

组框(GroupBox)和面板(Panel)负责布置 GUI 中的控件。它们常用于在 GUI 中组合几个功能相近的控件或有关联的控件。当移动组框或面板时，其中的所有控件也会跟着一起移动。而且，组框和面板还可以用来同时显示或隐藏一组控件。修改容器的 Visible 属性，可以转换它所包含所有控件的可见性。

组框和面板的主要不同在于：组框可以显示标题(即文本)但没有滚动条，而面板可以包含滚动条却没有标题。默认情况下，组框的边框较细，面板可以通过 BorderStyle 属性改变边框。图 14.21 和图 14.22 分别列出了组框和面板的常见属性。

外观设计提示 14.2
面板和组框中可以包含其他的面板和组框，形成更复杂的布局。

组框的属性	描述
Controls	组框包含的控件集
Text	指定在组框顶部显示的标题文本

图 14.21　组框的属性

面板的属性	描述
AutoScroll	当面板由于太小而无法显示所有的控件时，这个属性指定是否出现滚动条。默认为 false
BorderStyle	设置面板的边界。默认值为 None。其他选项有 Fixed3D 和 FixedSingle
Controls	面板包含的控件集

图 14.22　面板的属性

外观设计提示 14.3
可以在组框或面板中锚定和停靠控件，以此来安排 GUI。然后，可以将组框、面板锚定或停靠在窗体上。这样，就可以将控件分成功能"组"，便于布置。

为了创建组框，需将它的图标从 Toolbox 拖到窗体上。然后，将新控件从 Toolbox 拖到组框中。这些控件会被加入组框的 Controls 属性，成为组框的一部分。组框的 Text 属性指定的是组框顶部的标题。

为了创建面板，需将它的图标从 Toolbox 拖到窗体上。然后，将控件从 Toolbox 拖到面板上，直接在面板中添加控件。为了启用滚动条，需将面板的 AutoScroll 属性设置为 true。如果面板被缩放而无法显示所有的控件，则会出现滚动条(见图 14.23)。可以利用滚动条来查看面板中的所有控件，设计时和执行时都可以这样做。图 14.23 中，面板的 BorderStyle 属性被设置为 FixedSingle，以便能在窗体中看到面板。

第 14 章 图形用户界面与 Windows 窗体(1)

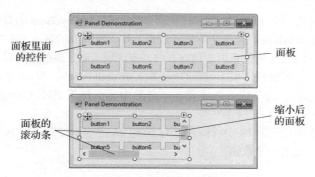

图 14.23 创建带滚动条的面板

图 14.24 中的程序用组框和面板来安排按钮。单击这些按钮时，它们的事件处理器会改变标签的文本。

```csharp
 1  // Fig. 14.24: GroupBoxPanelExampleForm.cs
 2  // Using GroupBoxes and Panels to arrange Buttons.
 3  using System;
 4  using System.Windows.Forms;
 5
 6  namespace GroupBoxPanelExample
 7  {
 8     // Form that displays a GroupBox and a Panel
 9     public partial class GroupBoxPanelExampleForm : Form
10     {
11        // default constructor
12        public GroupBoxPanelExampleForm()
13        {
14           InitializeComponent();
15        }
16
17        // event handler for Hi Button
18        private void hiButton_Click(object sender, EventArgs e)
19        {
20           messageLabel.Text = "Hi pressed"; // change text in Label
21        }
22
23        // event handler for Bye Button
24        private void byeButton_Click(object sender, EventArgs e)
25        {
26           messageLabel.Text = "Bye pressed"; // change text in Label
27        }
28
29        // event handler for Far Left Button
30        private void leftButton_Click(object sender, EventArgs e)
31        {
32           messageLabel.Text = "Far Left pressed"; // change text in Label
33        }
34
35        // event handler for Far Right Button
36        private void rightButton_Click(object sender, EventArgs e)
37        {
38           messageLabel.Text = "Far Right pressed"; // change text in Label
39        }
40     }
41  }
```

 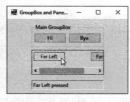 

图 14.24 使用组框和面板来安排按钮

组框 mainGroupBox 有两个按钮：hiButton（显示文本"Hi"）和 byeButton（显示文本"Bye"）。面板 mainPanel 也有两个按钮：leftButton（显示文本"Far Left"）和 rightButton（显示文本"Far Right"）。mainPanel 的 AutoScroll 属性设置为 true，当面板内容比面板的可视区域需要更多的空间时，会出现滚动条。标签 messageLabel 最初为空。为了将控件加入 mainGroupBox 或 mainPanel，Visual Studio 会调用每个容器的 Controls 属性的 Add 方法。这些代码被放置在部分类中，它位于文件 GroupBoxPanelExampleForm.Designer.cs 中。

4 个按钮的事件处理器位于第 18~39 行。第 20 行、第 26 行、第 32 行、第 38 行改变了 messageLabel 的文本，表明用户按下的是哪一个按钮。

14.7 复选框和单选钮

C#中有两种类型的状态按钮（state button）：复选框（CheckBox）和单选钮（RadioButton），它们可以处于开/关状态或真/假状态。和 Button 类一样，CheckBox 类和 RadioButton 类也是从 ButtonBase 类派生的。

14.7.1 复选框

复选框是一个小的方框，可能为空，也可能包含复选标志。用户单击复选框选中它时，会在方框中出现一个复选标志。如果再次单击复选框来"去选"它，则会移除复选标志。还可以将 ThreeState 属性设置为 true，将复选框配置成在三个状态间触发，这三个状态是：选中、不选和中间状态。可以同时选择任意多个复选框。图 14.25 中列出了复选框的常见属性和事件。

复选框的属性和事件	描述
常见属性	
Appearance	默认情况下，这个属性被设置成 Normal，表示显示成传统的复选框。如果设置成 Button，则选中复选框时，它会显示成被按下的按钮
Checked	表示复选框是被选中了（包含一个复选标志）还是没有被选中（无复选标志）。这个属性返回一个布尔值，默认值为 false（没有被选中）
CheckState	利用来自 CheckState 枚举（枚举值为 Checked、Unchecked 或 Indeterminate）的值，表示复选框的状态。当不清楚状态应该是选中还是不选中时，就可以使用 Indeterminate 状态。如果将 CheckState 设置成 Indeterminate，则复选框通常会以阴影的形式显示
Text	指定显示在复选框右边的文本
ThreeState	如果这个属性值为 true，则复选框具有三种状态：选中、不选和中间状态。默认情况下，这个属性为 false，复选框只有两种状态：选中和不选。当为 true 时，对于选中和中间状态，Checked 属性的值都为 true
常见事件	
CheckedChanged	当 Checked 属性或者 CheckState 属性发生改变时，产生该事件。这是复选框的默认事件。当在设计模式中双击复选框控件时，会产生这个事件的一个空事件处理器

图 14.25　复选框的常见属性和事件

图 14.26 中的程序，使用户可以通过选择复选框来改变标签的字体样式。一个复选框的事件处理器采用粗体，另一个复选框的事件处理器采用斜体。如果同时选中两个复选框，则字体会被设置为粗斜体。初始时，两个复选框都没有被选中。

```
1    // Fig. 14.26: CheckBoxTestForm.cs
2    // Using CheckBoxes to toggle italic and bold styles.
3    using System;
4    using System.Drawing;
5    using System.Windows.Forms;
6
7    namespace CheckBoxTest
8    {
9        // Form contains CheckBoxes to allow the user to modify sample text
```

图 14.26　使用复选框改变字体样式

```
10    public partial class CheckBoxTestForm : Form
11    {
12        // default constructor
13        public CheckBoxTestForm()
14        {
15            InitializeComponent();
16        }
17
18        // toggle the font style between bold and
19        // not bold based on the current setting
20        private void boldCheckBox_CheckedChanged(object sender, EventArgs e)
21        {
22            outputLabel.Font = new Font(outputLabel.Font,
23                outputLabel.Font.Style ^ FontStyle.Bold);
24        }
25
26        // toggle the font style between italic and
27        // not italic based on the current setting
28        private void italicCheckBox_CheckedChanged(
29            object sender, EventArgs e)
30        {
31            outputLabel.Font = new Font(outputLabel.Font,
32                outputLabel.Font.Style ^ FontStyle.Italic);
33        }
34    }
35 }
```

图 14.26(续)　使用复选框改变字体样式

boldCheckBox 的 Text 属性设置为 Bold，italicCheckBox 的 Text 属性设置为 Italic。outputLabel 的 Text 属性设置为 "Watch the font style change"。创建了控件之后，要定义它们的事件处理器。在设计模式中双击复选框，会创建一个空的 CheckedChanged 事件处理器。

为了改变标签的字体样式，可将它的 Font 属性设置为新的 Font 对象(第 22~23 行和第 31~32 行)。Font 类位于 System.Drawing 命名空间。此处使用的 Font 构造函数，所带的实参是当前的字体和新样式。实参 outputLabel.Font 用 outputLabel 原先的字体名和字号。样式由 FontStyle 枚举的成员指定，取值可以为 Regular、Bold、Italic、Strikeout 和 Underline(Strikeout 样式显示带删除线的文本)。Font 对象的 Style 属性是只读的，因此只能在创建 Font 对象时设置。

14.7.2　用位运算符组合字体样式

可以通过位运算符(bitwise operator)组合字体样式，位运算符对信息的位进行操作。回忆第 1 章可知，计算机将所有数据都表示为 0 和 1 的组合。每个 0 或 1 代表一个位。FontStyle(位于命名空间 System.Drawing)表示选择一组位值时可以组合不同的 FontStyle 元素，用位运算符产生组合样式。这些样式不是相互排斥的，因此可以组合不同的样式，并且删除它们不会影响原先 FontStyle 元素的组合。

利用逻辑或运算符"|"或者逻辑异或运算符"^"，可以组合出各种字体样式。对两个位采用逻辑或运算符时，如果其中至少有一个位的值为 1，则结果为 1。使用逻辑或运算符组合样式时的原则如下所示。假设 FontStyle.Bold 表示为位 01，FontStyle.Italic 表示为位 10。用逻辑或运算符组合样式时，得到位 11：

```
01  =  Bold
10  =  Italic
--
11  =  Bold and Italic
```

逻辑或运算符可以用来创建样式组合。但是，如果取消一个样式组合(如图 14.26 所示)，则会发生什么呢?

逻辑异或运算符可以组合样式和取消已有的样式设置。当两个位采用逻辑异或运算符时，如果两个位的值相同，则结果为 0；如果两个位的值不同，则结果为 1。

使用逻辑异或运算符组合样式时的原则如下所示。同样假设 FontStyle.Bold 表示为位 01，FontStyle.Italic 表示为位 10。用逻辑异或运算符组合样式时，得到位 11：

```
 01  =  Bold
 10  =  Italic
 --
 11  =  Bold and Italic
```

现在，假设要从上面的 FontStyle.Bold 和 FontStyle.Italic 组合中删除 FontStyle.Bold 样式，最简单的做法是将逻辑异或运算符再次作用于组合样式和 FontStyle.Bold：

```
 11  =  Bold and Italic
 01  =  Bold
 --
 10  =  Italic
```

这是一个简单的例子。如果考虑到 FontStyle 有 5 个不同的值（Bold, Italic, Regular, Strikeout, Underline），则使用位运算符组合 FontStyle 值的好处就更加显而易见，这可以得到 16 种不同的 FontStyle 组合。利用位运算符组合字体样式，可以大大减少检查各种字体组合所需的代码量。

图 14.26 中，我们需要设置 FontStyle，以便使原先不为粗体的文本显示为粗体，使原先为粗体的文本显示为非粗体。第 23 行用逻辑异或运算符进行了这个操作。如果 outputLabel.Font.Style 为粗体，则得到的样式为非粗体；如果文本原先为斜体，则得到的样式为粗斜体，而不仅仅是粗体。第 32 行用同样的方法处理了 FontStyle.Italic。

如果不用位运算符合成 FontStyle 元素，则不得不测试当前的样式并相应地改变它。在 boldCheckBox_CheckedChanged 事件处理器中，测试普通样式，再将它变成粗体；测试粗体，再将它变成普通样式；测试斜体，再将它变成粗斜体；测试粗斜体，再将它变成斜体。这样做非常麻烦，因为对于增加的每个新样式，都会使组合数翻倍。增加一个表示下画线的复选框时，还要求测试额外的 8 种样式；增加一个表示删除线的复选框时，还要求测试额外的 16 种样式。

14.7.3 单选钮

单选钮（用 RadioButton 类定义）和复选框相似，它也有两种状态——选中和不选（也称为去选）。但是，单选钮通常以组（group）的形式出现，一次只能选中组内的一个单选钮。选择组中一个单选钮时，会使所有其他单选钮都去选。因此，单选钮用来表示一组互斥选项（即多个选项不能同时被选中）。

外观设计提示 14.4

当用户一次只应选择组中的一项时，可使用单选钮；当用户一次应当选择组中的多项时，可使用复选框。

被添加到一个容器中的所有单选钮就构成了同一个组。为了将单选钮分放到不同的组中，必须将它们添加到不同的容器中，比如组框或面板。图 14.27 中列出了单选钮的常见属性和事件。

单选钮的属性和事件	描 述
常见属性	
Checked	表示单选钮是否被选中
Text	指定单选钮的文本
常见事件	
CheckedChanged	每次改变单选钮的选中状态时产生。在设计模式中双击单选钮控件时，会产生这个事件的一个空事件处理器

图 14.27 单选钮的常见属性和事件

第 14 章 图形用户界面与 Windows 窗体(1)

软件工程结论 14.1

窗体、组框和面板可以用作单选钮的逻辑组。每个组中的单选钮是彼此互斥的，但不同逻辑组中的单选钮不是互斥的。

图 14.28 中的程序用单选钮使用户可以选择消息框的选项。选中所期望的属性后，用户按 Display 按钮可显示消息框。左下角的标签显示了消息框的结果(即用户单击了哪个按钮，即 Yes、No、Cancel 等)。

```csharp
1   // Fig. 14.28: RadioButtonsTestForm.cs
2   // Using RadioButtons to set message window options.
3   using System;
4   using System.Windows.Forms;
5
6   namespace RadioButtonsTest
7   {
8       // Form contains several RadioButtons--user chooses one
9       // from each group to create a custom MessageBox
10      public partial class RadioButtonsTestForm : Form
11      {
12          // create variables that store the user's choice of options
13          private MessageBoxIcon IconType { get; set; }
14          private MessageBoxButtons ButtonType { get; set; }
15
16          // default constructor
17          public RadioButtonsTestForm()
18          {
19              InitializeComponent();
20          }
21
22          // change Buttons based on option chosen by sender
23          private void buttonType_CheckedChanged(object sender, EventArgs e)
24          {
25              if (sender == okRadioButton) // display OK Button
26              {
27                  ButtonType = MessageBoxButtons.OK;
28              }
29              // display OK and Cancel Buttons
30              else if (sender == okCancelRadioButton)
31              {
32                  ButtonType = MessageBoxButtons.OKCancel;
33              }
34              // display Abort, Retry and Ignore Buttons
35              else if (sender == abortRetryIgnoreRadioButton)
36              {
37                  ButtonType = MessageBoxButtons.AbortRetryIgnore;
38              }
39              // display Yes, No and Cancel Buttons
40              else if (sender == yesNoCancelRadioButton)
41              {
42                  ButtonType = MessageBoxButtons.YesNoCancel;
43              }
44              // display Yes and No Buttons
45              else if (sender == yesNoRadioButton)
46              {
47                  ButtonType = MessageBoxButtons.YesNo;
48              }
49              // only one option left--display Retry and Cancel Buttons
50              else
51              {
52                  ButtonType = MessageBoxButtons.RetryCancel;
53              }
54          }
55
56          // change Icon based on option chosen by sender
57          private void iconType_CheckedChanged(object sender, EventArgs e)
58          {
59              if (sender == asteriskRadioButton) // display asterisk Icon
60              {
61                  IconType = MessageBoxIcon.Asterisk;
62              }
63              // display error Icon
64              else if (sender == errorRadioButton)
```

图 14.28 利用单选钮设置消息窗口选项

```csharp
 65         {
 66             IconType = MessageBoxIcon.Error;
 67         }
 68         // display exclamation point Icon
 69         else if (sender == exclamationRadioButton)
 70         {
 71             IconType = MessageBoxIcon.Exclamation;
 72         }
 73         // display hand Icon
 74         else if (sender == handRadioButton)
 75         {
 76             IconType = MessageBoxIcon.Hand;
 77         }
 78         // display information Icon
 79         else if (sender == informationRadioButton)
 80         {
 81             IconType = MessageBoxIcon.Information;
 82         }
 83         // display question mark Icon
 84         else if (sender == questionRadioButton)
 85         {
 86             IconType = MessageBoxIcon.Question;
 87         }
 88         // display stop Icon
 89         else if (sender == stopRadioButton)
 90         {
 91             IconType = MessageBoxIcon.Stop;
 92         }
 93         // only one option left--display warning Icon
 94         else
 95         {
 96             IconType = MessageBoxIcon.Warning;
 97         }
 98     }
 99
100     // display MessageBox and Button user pressed
101     private void displayButton_Click(object sender, EventArgs e)
102     {
103         // display MessageBox and store
104         // the value of the Button that was pressed
105         DialogResult result = MessageBox.Show(
106             "This is your Custom MessageBox.", "Custom MessageBox",
107             ButtonType, IconType);
108
109         // check to see which Button was pressed in the MessageBox
110         // change text displayed accordingly
111         switch (result)
112         {
113             case DialogResult.OK:
114                 displayLabel.Text = "OK was pressed.";
115                 break;
116             case DialogResult.Cancel:
117                 displayLabel.Text = "Cancel was pressed.";
118                 break;
119             case DialogResult.Abort:
120                 displayLabel.Text = "Abort was pressed.";
121                 break;
122             case DialogResult.Retry:
123                 displayLabel.Text = "Retry was pressed.";
124                 break;
125             case DialogResult.Ignore:
126                 displayLabel.Text = "Ignore was pressed.";
127                 break;
128             case DialogResult.Yes:
129                 displayLabel.Text = "Yes was pressed.";
130                 break;
131             case DialogResult.No:
132                 displayLabel.Text = "No was pressed.";
133                 break;
134         }
135     }
136 }
137 }
```

图 14.28(续)　利用单选钮设置消息窗口选项

图 14.28(续)　利用单选钮设置消息窗口选项

用户的选择被保存在 IconType 和 ButtonType 对象中(在第 13~14 行声明)。IconType 的类型是 MessageBoxIcon, 取值为 Asterisk、Error、Exclamation、Hand、Information、None、Question、Stop 和 Warning。输出样本只显示了 Error、Exclamation、Information 和 Question 图标。

ButtonType 的类型为 MessageBoxButtons, 取值为 AbortRertryIgnore、OK、OKCancel、RetryCancel、YesNo 和 YesNoCancel。各个值的名称,表明了消息框中向用户显示的选项。输出样本窗口显示了包含所有 MessageBoxButtons 枚举值的消息框。

这里创建的两种组框(Button Type 和 Icon),包含相应枚举选项的单选钮。每个组框中,一次只能选中一个单选钮。用户单击 Display 按钮时,会显示一个定制的消息框。displayLabel 标签用于在消息框中显示用户按下的是哪一个按钮。

单选钮的事件处理器处理每个单选钮的 CheckedChanged 事件。当 Button Type 组框中的某个单选钮被选中时,第 23~54 行中的事件处理器(它用于该组框中的所有单选钮)会设置 ButtonType 的值。类似地,当 Icon 组框中的某个单选钮被选中时,第 57~98 行中的事件处理器(它用于该组框中的所有单选钮)会设置 IconType 的值。

displayButton 的 Click 事件处理器(第 101~135 行)创建了一个消息框(第 105~107 行)。消息框选项由 IconType 和 ButtonType 中保存的值指定。当用户单击某个消息框按钮时,消息框的结果会返回给程序。

这个结果是 DialogResult 枚举中的值，取值为 Abort、Cancel、Ignore、No、None、OK、Retry 或 Yes。第 111~134 行的 switch 语句测试结果并相应设置 displayLabel.Text 属性。

14.8 图形框

图形框(用 PictureBox 类定义)显示图像。图像可以是几种格式之一，比如位图、PNG(可移植的网络图形)、GIF(图形交换格式)和 JPEG(联合图像专家组)。图形框的 Image 属性指定要显示的图像，SizeMode 属性表示图像如何显示(Normal, StretchImage, Autosize, CenterImage, Zoom)。图 14.29 给出了图形框的常见属性和事件。

图形框的属性和事件	描述
常见属性	
Image	设置在图形框中显示的图像
SizeMode	控制图像大小和位置的枚举值。值可以是 Normal(默认值)、StretchImage、AutoSize、CenterImage 和 Zoom。Normal 将图像放在图形框的左上角，而 CenterImage 会将图像放在中间。如果图像太大，则这两个选项都会将它截断；StretchImage 将图像的大小调整为适合图形框；AutoSize 将图形框的大小调整为适合图像；Zoom 将图像的大小调整为适合图形框，但是保留长宽比
常见事件	
Click	用户单击控件时产生。当在设计模式中双击这个控件时，会产生这个事件的一个空事件处理器

图 14.29 图形框的常见属性和事件

图 14.30 中的程序用图形框 imagePictureBox 显示三个位图图像(image0.bmp、image1.bmp 和 image2.bmp)之一。这些图像文件位于本章示例目录的 Images 子目录中。用户单击 Next Image 按钮时，图像会依次换成下一个。当显示最后一个图像且用户单击了 Next Image 按钮时，会再次显示第一个图像。

```csharp
1   // Fig. 14.30: PictureBoxTestForm.cs
2   // Using a PictureBox to display images.
3   using System;
4   using System.Drawing;
5   using System.Windows.Forms;
6
7   namespace PictureBoxTest
8   {
9       // Form to display different images when Button is clicked
10      public partial class PictureBoxTestForm : Form
11      {
12          private int ImageNumber { get; set; } = -1; // image to display
13
14          // default constructor
15          public PictureBoxTestForm()
16          {
17              InitializeComponent();
18          }
19
20          // change image whenever Next Button is clicked
21          private void nextButton_Click(object sender, EventArgs e)
22          {
23              ImageNumber = (ImageNumber + 1) % 3; // cycles from 0 to 2
24
25              // retrieve image from resources and load into PictureBox
26              imagePictureBox.Image =
27                  (Image) (Properties.Resources.ResourceManager.GetObject(
28                  $"image{ImageNumber}"));
29          }
30      }
31  }
```

图 14.30 使用图形框显示图像

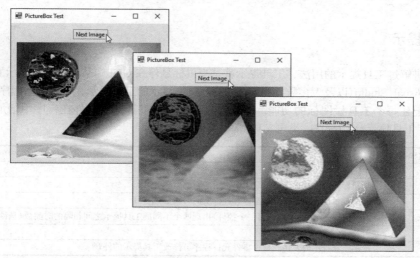

图 14.30(续) 使用图形框显示图像

编程时使用资源

这个示例中，我们将图像作为资源(resource)添加到项目中。这会使 IDE 将图像复制到程序的可执行文件中，使程序可以通过项目的 Properties 命名空间访问图像。这样，就不必担心将程序移到另一个位置或另一台计算机时的图像显示问题。

如果是在创建一个新项目，则可以用如下步骤将图像作为资源添加到项目中。

1. 创建项目后，右击 Solution Explorer 中项目的 Properties 节点并选择 Open，这会显示该项目的属性。
2. 选择左边选项卡中的 Resources 选项卡。
3. 在 Resources 选项卡顶端单击 Add Resource 按钮旁边的向下箭头，并选择 Add Existing File，显示 Add existing file to resources 对话框。
4. 找到希望作为资源添加的图像文件，单击 Open 按钮。本章示例目录的 Images 子目录中提供了三个样本图像文件。
5. 保存项目。

现在，文件会在 Solution Explorer 的 Resources 文件夹中出现。在后面的大部分使用图像的示例中，都将使用这种技术。

项目的资源，可通过 Resources 类(来自项目的 Properties 命名空间)由程序访问。Resources 类包含 ResourceManager 对象，它用于在程序中与资源交互。为了访问图像，可以使用 GetObject 方法，它的实参为出现在 Resources 选项卡中的资源名(如"image0")，这个方法将资源作为 Object 返回。第 27~28 行用下列字符串插值表达式的结果来调用 GetObject 方法：

```
$"image{ImageNumber}"
```

这会建立资源名，将下一个图形的索引(ImageNumber，从第 23 行取得)放在单词"image"的后面。必须将这个对象转换成 Image 类型(位于 System.Drawing 命名空间)，再将它赋予图形框的 Image 属性(第 26~28 行)。

Resources 类也可以直接访问用表达式 Resources.resourceName 定义的资源，其中 resourceName 为创建资源时提供的资源名。使用这种表达式时，返回的资源已经具有合适的类型。例如，Properties.Resources.image0 是表示第一个图像的 Image 对象。

14.9 工具提示

第 2 章中讲解过工具提示的用法，工具提示就是当鼠标悬停在 GUI 中某一项上时显示的帮助文本。前面曾说过，Visual Studio（以及大多数具有 GUI 的程序）中显示的工具提示，可帮助新程序员熟悉 IDE 的特性，便于记住每个工具栏图标的功能。本节将演示如何用工具提示组件在程序中增加工具提示。图 14.31 描述了工具提示（用 ToolTip 类定义）的常见属性和事件。

工具提示的属性和事件	描述
常见属性	
AutoPopDelay	当鼠标悬停在控件上时出现工具提示的时间数（毫秒）
InitialDelay	工具提示出现前鼠标必须悬停在控件上的时间数（毫秒）
ReshowDelay	（鼠标从一个控件移动到另一个控件）出现两个不同的工具提示之间相隔的时间数（毫秒）
常见事件	
Draw	显示工具提示时发生。这个事件允许程序员修改工具提示的外观

图 14.31　工具提示的常见属性和事件

当从 Toolbox 中添加工具提示组件时，它会出现在组件架（component tray）中，即窗体设计模式中位于窗口底部的区域。工具提示加进窗体之后，其他控件的 Properties 窗口中会出现一个新属性。这个属性在 Properties 窗口中显示为 "ToolTip on" 加上工具提示组件名。例如，如果窗体的工具提示名称为 helpfulToolTip，则可以将控件的 ToolTip on helpfulToolTip 属性设置为控件的工具提示文本。图 14.32 演示了工具提示组件。这个示例中创建的 GUI 包含两个标签（Lable），因此可以演示每个标签的不同工具提示。由于这里没有事件处理代码，因此没有给出 Form 类的代码。

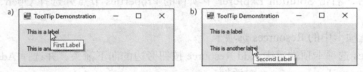

图 14.32　演示工具提示组件

在这个示例中，IDE 将工具提示组件命名为 toolTip1。图 14.33 显示了组件架中的工具提示。我们将第一个标签的工具提示文本设置为 "First Label"，将第二个标签的工具提示文本设置为 "Second Label"。图 14.34 演示了如何为第一个标签设置工具提示文本。

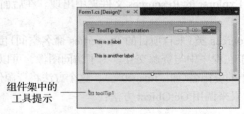

图 14.33　组件架中的工具提示

图 14.34　设置控件的工具提示文本

14.10 数字上下控件

有时，我们希望将用户的输入选择限制成特定范围内的数字值。这就是数字上下控件（由 NumericUpDown 类定义）的用途。数字上下控件像一个文本框，但右边有两个小按钮，一个具有上箭头，另一个具有下箭头。默认情况下，用户可以在数字上下控件中输入数字值，就像文本框中那样，也可以单击上箭头或下箭头，分别将控件中的值增加或减少。最大值和最小值分别用 Maximum 和 Minimum 属性指定（都为 decimal 类型）。Increment 属性（也是 decimal 类型）指定用户单击箭头时当前的值如何变化。DecimalPlaces 属性指定控件应显示的小数位数。图 14.35 描述了数字上下控件的常见属性和事件。

数字上下控件的属性和事件	描 述
常见属性	
DecimalPlaces	指定控件中可显示多少位小数
Increment	指定用户单击上箭头或下箭头时控件中的当前值如何变化
Maximum	控件的值范围中的最大值
Minimum	控件的值范围中的最小值
UpDownAlign	改变数字上下控件中上按钮和下按钮的对齐方式。它可用来将控件的这两个按钮显示在控件的左边或右边
Value	当前显示在控件中的数字值
常见事件	
ValueChanged	当控件中的值发生变化时，发生这个事件。它是数字上下控件的默认事件

图 14.35　数字上下控件的常见属性和事件

图 14.36 中的程序演示了在 GUI 中计算利息的数字上下控件的用法。这个程序中执行的计算和图 6.6 中的相似。文本框用于输入本金和利率，数字上下控件用于输入计算利息的年数。

```
 1  // Fig. 14.36: InterestCalculatorForm.cs
 2  // Demonstrating the NumericUpDown control.
 3  using System;
 4  using System.Windows.Forms;
 5
 6  namespace NumericUpDownTest
 7  {
 8     public partial class InterestCalculatorForm : Form
 9     {
10        // default constructor
11        public InterestCalculatorForm()
12        {
13           InitializeComponent();
14        }
15
16        private void calculateButton_Click(object sender, EventArgs e)
17        {
18           // retrieve user input
19           decimal principal = decimal.Parse(principalTextBox.Text);
20           double rate = double.Parse(interestTextBox.Text);
21           int year = (int) yearUpDown.Value;
22
23           // set output header
24           string output = "Year\tAmount on Deposit\r\n";
25
26           // calculate amount after each year and append to output
27           for (int yearCounter = 1; yearCounter <= year; ++yearCounter)
28           {
29              decimal amount = principal *
30                 ((decimal) Math.Pow((1 + rate / 100), yearCounter));
31              output += $"{yearCounter}\t{amount:C}\r\n";
32           }
33
34           displayTextBox.Text = output; // display result
35        }
```

图 14.36　数字上下控件演示

```
36     }
37   }
```

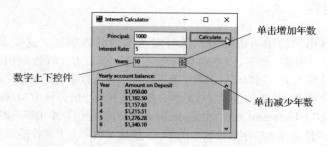

图 14.36(续)　数字上下控件演示

对于数字上下控件 yearUpDown，将它的 Minimum 属性设置为 1，将 Maximum 属性设置为 10，Increment 属性保持默认值 1。这些设置指定用户可以输入 1~10 的年数，增量为 1。如果将 Increment 设置为 0.5，则也可以输入 1.5、2.5 之类的值。注意，如果不修改 DecimalPlaces 属性（默认值为 0），则 1.5 和 2.5 会分别显示为 2 和 3。我们将数字上下控件的 ReadOnly 属性设置为 true，表示用户不能在控件中输入数字进行选择。这样，用户必须单击上箭头或下箭头来修改控件的值。默认情况下，ReadOnly 属性设置为 false。这个程序的输出在带垂直滚动条的多行只读文本框中显示，用户可以滚动显示整个输出。注意，第 24 行和第 31 行中的 "\r\n" 是必须有的，它用于在文本框中换行。

14.11　鼠标事件处理

本节将讲解如何处理鼠标事件(mouse event)，比如单击和移动。当用户通过鼠标与控件交互时，就会产生这些事件。可以对 System.Windows.Forms.Control 类派生的任何控件处理鼠标事件。对大多数鼠标事件，事件信息通过 MouseEventArgs 类对象传入事件处理方法，用于创建事件处理器的代理是 MouseEventHandler。这些事件的每一个鼠标事件处理方法，都要求一个 object 对象和一个 MouseEventArgs 对象作为实参。

MouseEventArgs 类包含与鼠标事件相关的信息，比如鼠标指针的 x 坐标和 y 坐标，按下的鼠标按键（Right、Left 或 Middle）以及鼠标单击的次数。MouseEventArgs 对象的 x 坐标和 y 坐标值是相对于产生事件的控件的，即点 (0, 0) 表示发生鼠标事件的控件的左上角。图 14.37 中描述了几个常见的鼠标事件和事件的实参。

鼠标事件和事件的实参	
具有 EventArgs 类型事件的实参的鼠标事件	
MouseEnter	鼠标指针进入控件的边界
MouseHover	鼠标指针悬停在控件的边界内
MouseLeave	鼠标指针离开控件的边界
具有 MouseEventArgs 类型事件的实参的鼠标事件	
MouseDown	鼠标指针位于控件的边界内时按下鼠标按键
MouseMove	鼠标指针位于控件的边界内时移动鼠标指针
MouseUp	鼠标指针位于控件的边界内时释放鼠标按键
MouseWheel	控件具有焦点时转动鼠标滚轮
MouseEventArgs 类的属性	
Button	指定按下的是哪个鼠标按键(Left、Right、Middle 或 None)
Clicks	鼠标按键被按下的次数
X	事件发生时所在控件内的 x 坐标
Y	事件发生时所在控件内的 y 坐标

图 14.37　鼠标事件和事件的实参

图 14.38 中的程序，利用鼠标事件在窗体上画图。用户拖动鼠标时（即按下鼠标键并移动鼠标），拖动操作期间会在发生每个鼠标事件的位置上显示一个小圆。在第 12 行，程序声明了 ShouldPaint 属性，它判断是否应在窗体上画图。我们只希望在鼠标键被按下时才画图。因此，用户单击或按下鼠标键时，系统会产生一个 MouseDown 事件，它的事件处理器（第 21~25 行）会将 ShouldPaint 设置为 true。用户释放鼠标键时，系统会产生 MouseUp 事件，在 PainterForm_MouseUp 事件处理器（第 28~32 行）中将 ShouldPaint 设置为 false，程序停止画图。MouseMove 事件在用户移动鼠标时连续发生，而系统只在鼠标键被首次按下时产生 MouseDown 事件，只在鼠标键被放开时产生 MouseUp 事件。

```csharp
1   // Fig. 14.38: PainterForm.cs
2   // Using the mouse to draw on a Form.
3   using System;
4   using System.Drawing;
5   using System.Windows.Forms;
6
7   namespace Painter
8   {
9      // creates a Form that's a drawing surface
10     public partial class PainterForm : Form
11     {
12        bool ShouldPaint { get; set; } = false; // whether to paint
13
14        // default constructor
15        public PainterForm()
16        {
17           InitializeComponent();
18        }
19
20        // should paint when mouse button is pressed down
21        private void PainterForm_MouseDown(object sender, MouseEventArgs e)
22        {
23           // indicate that user is dragging the mouse
24           ShouldPaint = true;
25        }
26
27        // stop painting when mouse button is released
28        private void PainterForm_MouseUp(object sender, MouseEventArgs e)
29        {
30           // indicate that user released the mouse button
31           ShouldPaint = false;
32        }
33
34        // draw circle whenever mouse moves with its button held down
35        private void PainterForm_MouseMove(object sender, MouseEventArgs e)
36        {
37           if (ShouldPaint) // check if mouse button is being pressed
38           {
39              // draw a circle where the mouse pointer is present
40              using (Graphics graphics = CreateGraphics())
41              {
42                 graphics.FillEllipse(
43                    new SolidBrush(Color.BlueViolet), e.X, e.Y, 4, 4);
44              }
45           }
46        }
47     }
48  }
```

图 14.38　利用鼠标在窗体上画图

鼠标移过控件时，会产生这个控件的 MouseMove 事件。在 PainterForm_MouseMove 事件处理器(第 35~46 行)中，程序只在 ShouldPaint 为 true(即按下鼠标键)时才画图。在 using 语句中，第 40 行调用继承的 Form 类方法 CreateGraphics，创建一个 Graphics 对象，使程序可以在窗体上画图。Graphics 类提供了绘制各种形状的方法。例如，第 42~43 行用 FillEllipse 方法画圆。FillEllipse 方法的第一个参数是一个 SolidBrush 类的对象，它指定用统一颜色填充形体。颜色在 SolidBrush 类的构造函数实参中提供。Color 类型包含各种预定义的颜色常量，我们选择 Color.BlueViolet。FillEllipse 绘制了一个椭圆，其边界矩形指定左上角的 x 坐标、y 坐标、矩形宽度以及长度，它们是这个方法的后 4 个实参。x 坐标和 y 坐标表示鼠标事件的位置，可以从鼠标事件的实参(e.X 和 e.Y)取得。要画圆时，可将边界矩形的宽度和长度设置成相等的，这里是 4 像素。Graphics、SolidBrush 和 Color 都位于 System.Drawing 命名空间中。从第 13 章可知，using 语句会自动对关键字 using 后面圆括号中创建的对象调用 Dispose 方法。这一点是重要的，因为 Graphics 对象是一种有限的资源，对 Graphics 对象调用 Dispose 方法，可确保会将它的资源返回给系统，以供重新使用。

14.12 键事件处理

当按下或释放键盘上的键时，会发生键事件(key event)。可以对 System.Windows.Forms.Control 派生的任何控件处理键事件。键事件有三个：KeyPress，KeyUp，KeyDown。用户按下字符键、空格或者回退键时，会产生 KeyPress 事件。按下的是哪一个键，可以由事件处理器的 KeyPressEventArgs 实参的 KeyChar 属性确定。

KeyPress 事件并不知道发生键事件时是否按下了修饰键(如 Shift、Alt 和 Ctrl)。如果需要这一信息，则可以使用 KeyUp 或 KeyDown 事件。这些事件的 KeyEventArgs 实参，都包含修饰键的信息。图 14.39 中列出了一些重要的键事件和事件的实参。几个属性会返回 Keys 枚举值，这些值提供了指定键盘上各种键的常量。和 FontStyle 枚举(见 14.7 节)一样，Keys 枚举也可表示为一些位的组合，因此可以将枚举常量与位运算符进行组合来表示同时按下了多个键。

键事件和事件的实参	
具有 KeyEventArgs 类型事件的实参的键事件	
KeyDown	键刚被按下时产生
KeyUp	键被释放时产生
具有 KeyPressEventArgs 类型事件的实参的键事件	
KeyPress	键被按下时产生。在 KeyDown 之后、KeyUp 之前产生
KeyPressEventArgs 类的属性	
KeyChar	返回所按键的 ASCII 字符
KeyEventArgs 类的属性	
Alt	表明是否按下了 Alt 键
Control	表明是否按下了 Ctrl 键
Shift	表明是否按下了 Shift 键
KeyCode	返回 Keys 枚举中的一个作为键的键码。没有包含修饰键的信息。它用于测试特定的键
KeyData	返回某个键与作为修饰键信息的某个 Keys 值组合的键码。这个属性包含关于所按键的全部信息
KeyValue	返回 int 类型的键码，而不是返回 Keys 枚举中的一个值。这个属性用来获得所按键的数字表示。int 值称为 Windows 虚拟键码
Modifiers	返回表示任何所按修饰键(Alt、Ctrl 和 Shift)的 Keys 值。这个属性只用来确定修饰键的信息

图 14.39 键事件和事件的实参

图 14.40 中的程序演示了键事件处理器的用法，它显示用户按下的键。程序是一个有两个标签的窗体，一个标签显示被按下的键，另一个显示修饰键信息。

```csharp
1   // Fig. 14.40: KeyDemo.cs
2   // Displaying information about the key the user pressed.
3   using System;
4   using System.Windows.Forms;
5
6   namespace KeyDemo
7   {
8       // Form to display key information when key is pressed
9       public partial class KeyDemo : Form
10      {
11          // default constructor
12          public KeyDemo()
13          {
14              InitializeComponent();
15          }
16
17          // display the character pressed using KeyChar
18          private void KeyDemo_KeyPress(object sender, KeyPressEventArgs e)
19          {
20              charLabel.Text = $"Key pressed: {e.KeyChar}";
21          }
22
23          // display modifier keys, key code, key data and key value
24          private void KeyDemo_KeyDown(object sender, KeyEventArgs e)
25          {
26              keyInfoLabel.Text =
27                  $"Alt: {(e.Alt ? "Yes" : "No")}\n" +
28                  $"Shift: {(e.Shift ? "Yes" : "No")}\n" +
29                  $"Ctrl: {(e.Control ? "Yes" : "No")}\n" +
30                  $"KeyCode: {e.KeyCode}\n" +
31                  $"KeyData: {e.KeyData}\n" +
32                  $"KeyValue: {e.KeyValue}";
33          }
34
35          // clear Labels when key released
36          private void KeyDemo_KeyUp(object sender, KeyEventArgs e)
37          {
38              charLabel.Text = "";
39              keyInfoLabel.Text = "";
40          }
41      }
42  }
```

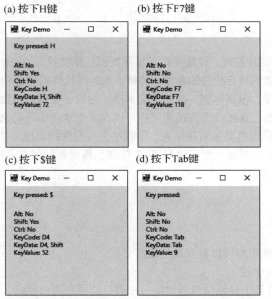

图 14.40　显示有关用户按下的键的信息

控件 charLabel 显示按下的键的字符值, 而 keyInfoLabel 显示与所按的键相关的信息。因为 KeyDown 和 KeyPress 事件传达的信息不同, 因此 KeyDemo 窗体要同时处理这两个事件。

KeyPress 事件处理器(第 18~21 行)访问 KeyPressEventArgs 对象的 KeyChar 属性。这会返回所按键的 char 值, 然后在 charLabel 中显示(第 20 行)。如果按下的键不是 ASCII 字符, 则不发生 KeyPress 事件, charLabel 不显示任何文本。ASCII 是字母、数字、标点符号和其他字符的常用编码格式, 但它不支持功能键(如 F1 键)和修饰键(Alt、Ctrl 和 Shift)。

KeyDown 事件处理器(第 24~33 行)显示 KeyEventArgs 对象中的信息。这个处理器用 Alt、Shift 和 Control 属性测试 Alt、Shift 和 Ctrl 键, 分别返回一个布尔值——true 表示该键被按下, false 表示没有被按下。然后, 处理器显示 KeyCode、KeyData 和 KeyValue 属性的值。

KeyCode 属性返回 Keys 枚举值(第 30 行)。KeyCode 属性返回按下的键, 但不提供关于修饰键的任何信息。因此, 大写 "A" 和小写 "a" 都表示为 A 键。

KeyData 属性(第 31 行)也返回 Keys 枚举值, 但这个属性包含关于修饰键的信息。因此, 如果输入的是 "A", 则 KeyData 会显示同时按下了 A 键和 Shift 键。最后, KeyValue(第 32 行)返回所按键的 int 值键码。当测试非 ASCII 键(如 F12 键)时, 键码就可以派上用场。

KeyUp 事件处理器(第 36~40 行)在释放键时会清除两个标签的内容。从输出可以看出, charLabel 中不显示非 ASCII 键, 因为它不产生 KeyPress 事件。例如, 当按下 F7 键时, charLabel 不显示任何文本, 如图 14.40(b) 所示。不过, 还是会产生 KeyDown 事件, 并且 keyInfoLabel 会显示所按键的信息。通过比较所按的键的 KeyCode 与 Keys 枚举中的值, Keys 枚举可以用来测试特定的键。

软件工程结论 14.2

为了使控件响应按下的特定键(如 Enter 键), 应处理一个键事件并测试按下的键。为了在窗体上按下 Enter 键时可单击某个按钮, 需设置该窗体的 AcceptButton 属性。

默认情况下, 键事件由当前具有焦点的控件处理。有时, 也可以让窗体来处理键事件。为此, 可以将窗体的 KeyPreview 属性设置为 true, 使窗体接收键事件, 然后传给另一个控件。例如, 按下一个键会产生窗体的 KeyPress 事件, 即使焦点位于窗体中的控件上而不在窗体本身。

14.13 小结

本章介绍了几个常用的 GUI 控件, 详细探讨了事件处理, 并展示了如何创建事件处理器。我们讲解了代理如何将事件处理器连接到特定控件的事件, 解释了如何用控件的属性和 Visual Studio 指定 GUI 的布局。然后, 演示了几个控件, 包括标签、按钮和文本框。分析了如何用组框和面板来组织其他控件。接着, 演示了复选框和单选钮, 这些状态按钮用户可以在多个选项中进行选择。我们用图形框控件显示图形, 在 GUI 中用工具提示组件显示有用信息, 用数字上下控件指定输入值的范围。接着, 演示了如何处理鼠标事件和键事件。下一章将介绍其他的 GUI 控件, 将讲解如何在 GUI 中增加菜单, 创建显示多个窗体的 Windows 窗体程序。

摘要

14.1 节 简介

- 图形用户界面(GUI)使用户可以直观地与程序交互。
- GUI 是由 GUI 控件构建的。
- GUI 控件是可以在屏幕上显示信息的对象, 或者是让用户通过鼠标、键盘和其他输入形式与程序交互的对象。

14.2 节 Windows 窗体
- Windows 窗体用于创建程序的 GUI。
- 窗体是图形化元素，它出现在计算机桌面上时，可以是对话框、窗口或 MDI 窗口(多文档界面窗口)。
- 组件是实现 IComponent 接口的类实例，这个接口定义组件必须实现的行为，如怎样载入组件。
- 控件是一种组件，它在运行时具有图形化的表示。
- 有些组件没有图形化表示(如 System.Windows.Forms 命名空间中的 Timer 类)。这些组件在运行时无法看到。
- 屏幕上有多个窗口时，活动窗口是指最前面的窗口，它的标题栏会高亮显示。当用户单击窗口中某个地方时，这个窗口就会变成活动窗口。
- 活动窗口具有"焦点"。
- 窗体就是控件和组件的容器。

14.3 节 事件处理
- 通常，用户会与程序的 GUI 交互，表明程序应执行的任务。
- GUI 是事件驱动的。
- 用户与 GUI 控件交互时，这个交互(称为事件)会驱动程序执行任务。常见的事件包括：单击按钮、在文本框中输入、从菜单中选择一项、关闭窗口和移动鼠标。
- 发生事件时执行任务的方法，称为事件处理器；响应事件的整个过程，称为事件处理。

14.3.1 节 简单事件驱动 GUI
- 只有当用户执行特定的事件时，才会执行事件处理器。
- 每个事件处理器在调用时都接收两个参数。第一个参数通常是名称为 sender 的 object 引用，它引用产生事件的对象。第二个参数是 EventArgs 类型(或其派生类)的事件实参对象的引用，通常被命名为 e。这个对象包含所发生事件的其他信息。
- EventArgs 是表示事件信息的所有类的基类。

14.3.2 节 自动产生的 GUI 代码
- Visual Studio 产生的代码，会创建并初始化在 GUI 设计窗口中建立的 GUI。这个自动生成的代码放在窗体的 Designer.cs 文件中。
- 定义 GUI 的自动生成代码是窗体的类的一部分。在类声明中使用 partial 修饰符，可以使类分布于多个文件中。
- Designer.cs 文件声明在设计模式中创建的控件。
- Designer.cs 文件包含用于释放资源的 Dispose 方法以及设置窗体的属性和控件的 InitializeComponent 方法。
- Visual Studio 用 InitializeComponent 方法中的代码创建设计视图中看到的 GUI。改变这个方法中的代码，可能会使 Visual Studio 无法正确地显示 GUI。

14.3.3 节 代理和事件处理机制
- 产生事件的控件称为事件发送者。
- 事件处理方法称为事件处理器，它响应控件产生的特定事件。
- 发生事件时，事件发送者会调用它的事件处理器执行任务。
- .NET 的事件处理机制，允许程序员自己选择事件处理方法的名称。但是，事件处理方法必须声明正确的参数，以接收所处理的事件的信息。
- 事件处理器通过称为"代理"的特殊对象与控件的事件相连接。
- 代理对象保存方法的引用，方法的签名由代理类型的声明指定。
- GUI 控件具有预定义的代理，响应可以产生的每个事件。

- 由于每个事件处理器都声明为代理,因此发生事件时,事件发送者只需调用相应的代理。代理的工作,就是调用适当的方法。
- 事件代理表示一组代理对象具有相同的签名。
- 发生事件时,事件发送者会调用多播代理引用的每一个方法。多播代理使一个事件可以调用几个方法。
- 事件代理从 MulticastDelegate 类继承,而 MulticastDelegate 类派生自 Delegate 类(二者都位于 System 命名空间)。

14.3.4 节　创建事件处理器的另一种途径
- 在设计视图中双击某个控件,会为这个控件的默认事件创建一个事件处理器。
- 通常,控件可以产生许多不同的事件,每个事件都有自己的事件处理器。
- 可以通过 Properties 窗口创建其他的事件处理器。
- 如果选择窗体上的控件,然后单击 Properties 窗口中的 Events 图标(高亮显示的闪电图标),则窗口中会列出这个控件的所有事件。可以双击事件的名称,在编辑器中显示事件处理器(如果事件处理器已经存在),或者可以创建相应的事件处理器。
- 可以选中某个事件,然后用它右边的下拉列表选择一个已有的方法,作为这个事件的事件处理器。出现在下拉列表中的方法是 Form 类的方法,它具有所选事件的事件处理器所要的签名。
- 一个事件处理器就可以处理多个控件中的多个事件。

14.3.5 节　定位事件信息
- 应阅读 Visual Studio 文档,了解每个控件产生的不同事件。为此,需在 IDE 中选择这个控件,然后按 F1 键,显示它的在线帮助文档。显示的 Web 页面包含关于这个控件的类的一些基本信息。单击该控件的事件列表的链接,可显示它所支持的事件。

14.4 节　控件的属性和布局
- 控件是从 Control 类(位于 System.Windows.Forms 命名空间)派生的。
- Select 方法将焦点传到控件,并使它变成活动控件。
- Enabled 属性表示用户能否通过与控件交互来产生事件。
- 程序员可以对用户隐藏控件而不是禁用控件,方法是将 Visible 属性设置为 false,或者调用 Hide 方法。
- 锚定使控件和容器边界保持固定的距离,即使缩放容器,距离也不会改变。
- 停靠会将控件捆绑到容器上,比如使控件沿整个容器的边伸展,或者充满整个剩余空间。
- Padding 属性指定停靠控件与窗体边沿的距离。
- 控件的 Anchor 属性和 Dock 属性是相对于控件的父容器设置的,这个父容器可以是窗体或另一个父容器(如面板)。
- 窗体(或其他控件)的最小和最大尺寸,可以通过 MinimumSize 属性和 MaximumSize 属性分别设置。
- 将控件拖到窗体时,可以看到一些蓝色的线(称为抓取线),它们可以帮助定位控件与其他控件和窗体边的相对位置。
- Visual Studio 还提供了 Format 菜单,它包含几个修改 GUI 布局的选项。

14.5 节　标签、文本框和按钮
- 用户不能直接修改标签中显示的文本(或者可选的图像)。
- 文本框(用 TextBox 类定义)区域可以由程序显示文本,或让用户通过键盘输入文本。
- 用户在口令文本框中输入的信息是隐藏的。用户输入字符时,口令文本框会屏蔽用户的输入,而只显示口令字符(通常为*)。如果将 UseSystemPasswordChar 属性设置为 true,则文本框就会成为口令文本框。
- 按钮是一种控件,当用户单击它时会触发程序中的一个动作或选择某个选项。

第 14 章 图形用户界面与 Windows 窗体(1)

- 所有的按钮类都派生自 ButtonBase 类(位于 System.Windows.Forms 命名空间),这个类定义了按钮的共性。

14.6 节 组框和面板
- 组框和面板负责安排 GUI 中的控件。
- 组框和面板常用于在 GUI 中组合几个功能相近的控件或有关联的控件。
- 组框可以显示标题(即文本)但没有滚动条,而面板可以包含滚动条却没有标题。
- 默认情况下,组框的边框较细,面板可以通过 BorderStyle 属性改变边框。
- 组框或面板的控件会被添加到它的 Controls 属性中。
- 为了启用面板的滚动条,需将它的 AutoScroll 属性设置为 true。如果面板被缩放而无法显示所有的控件,则会出现滚动条。

14.7 节 复选框和单选钮
- 复选框和单选钮可以处于开/关状态或真/假状态。
- CheckBox 类和 RadioButton 类是从 ButtonBase 类派生的。
- 复选框是一个小的方框,可能为空,也可能包含复选标志。选中复选框时,会在方框中出现一个复选标志。可以同时选择任意多个复选框。
- 将复选框的 ThreeState 属性设置成 true,可以将它配置成具有三个状态:选中、不选和中间状态。
- 字体样式可以通过位运算符组合,比如逻辑或运算符"|"或者逻辑异或运算符"^"。
- 单选钮(用 RadioButton 类定义)和复选框相似,它也有两种状态——选中和不选(也称为去选)。
- 单选钮通常以组的形式出现,一次只能选中组内的一个单选钮。选择组中一个单选钮时,会使所有其他单选钮都去选。因此,单选钮被用来表示一组互斥的选项。
- 被添加到一个容器中的所有单选钮,都位于同一个组中。

14.8 节 图形框
- 图形框显示图像。
- 显示的图像由 Image 属性指定。
- SizeMode 属性表示应该如何显示图像(Normal,StretchImage,Autosize,CenterImage,Zoom)。
- 可以将图像作为资源嵌入项目中。
- 嵌入的图像文件,会在 Solution Explorer 的 Resources 文件夹中出现。
- (项目的 Properties 命名空间中的) Resources 类保存的是项目的资源。
- ResourceManager 类提供在程序中访问项目资源的方法。
- 为了访问项目资源中的图像(或者其他资源),可以使用 ResourceManager 类的 GetObject 方法,它的实参为出现在 Resources 选项卡中的资源名,这个方法将资源作为 Object 返回。
- Resources 类可以直接访问用表达式 Resources.*resourceName* 定义的资源。

14.9 节 工具提示
- 工具提示可帮助程序员熟悉窗体的特性,便于记住每个工具栏图标的功能。在 Properties 窗口中,通过设置 ToolTip on componentName 项的内容,可以为控件指定一个工具提示,其中 componentName 是工具提示组件的名称。
- 工具提示组件可用来在程序中添加工具提示。
- 工具提示组件被放置在组件架中,组件架是设计模式中窗体下面的灰色区域。

14.10 节 数字上下控件
- 有时,我们希望将用户的输入选择限制成特定范围内的数字值。这就是数字上下控件的用途。
- 数字上下控件像一个文本框,但右边有两个小按钮,一个带上箭头,一个带下箭头。默认情况下,用户可以在数字上下控件中输入数字值，就像文本框中那样，也可以单击上箭头或下箭头，分别将控件中的值增加或减少。
- 最大值和最小值分别用 Maximum 和 Minimum 属性指定（都为 decimal 类型）。
- Increment 属性（也是 decimal 类型）指定用户单击上箭头或下箭头时的增量。
- 将数字上下控件的 ReadOnly 属性设置为 true，可指定用户只能通过上下箭头来改变控件中的值。

14.11 节　鼠标事件处理
- 鼠标事件，比如单击和移动。当用户通过鼠标与控件交互时，就会产生这些事件。
- 可以对 System.Windows.Forms.Control 类的任何子类处理鼠标事件。
- MouseEventArgs 类包含与鼠标事件相关的信息，比如鼠标指针的 x 坐标和 y 坐标，按下的鼠标按键（Right、Left 或 Middle）以及鼠标单击的次数。
- 只要用户按下了鼠标按键，系统就会产生 MouseDown 事件。
- 只要用户释放了鼠标按键（完成"单击"操作），系统就会产生 MouseUp 事件。
- 鼠标移过控件时，会产生这个控件的 MouseMove 事件。

14.12 节　键事件处理
- 当按下和释放键盘上的键时，会发生键事件。
- 存在三种键事件：KeyPress，KeyUp，KeyDown。
- 用户按下字符键、空格或者回退键时，会产生 KeyPress 事件。按下的是哪一个键，可以由事件处理器的 KeyPressEventArgs 实参的 KeyChar 属性确定。
- KeyPress 事件并不知道发生键事件时是否按下了修饰键。如果需要这一信息，则可以使用 KeyUp 或 KeyDown 事件。

术语表

active control　活动控件	event handling　事件处理
active window　活动窗口	event multicasting　事件多播
anchor a control　锚定控件	event handler　事件处理器
bitwise operator　位运算符	event sender　事件发送者
ButtonBase class　ButtonBase 类	focus　焦点
checkbox　复选框	Font class　Font 类
CheckBox class　CheckBox 类	FontStyle enumeration　FontStyle 枚举
Color structure　Color 结构	Graphics class　Graphics 类
component　组件	GroupBox class　GroupBox 类
component tray　组件架	IComponent interface　IComponent 接口
container　容器	key code　键码
Control class　Control 类	key event　键事件
default event　默认事件	KeyEventArgs class　KeyEventArgs 类
delegate　代理	KeyPressEventArgs class　KeyPressEventArgs 类
delegate class　delegate 类	Keys enumeration　Keys 枚举
delegate keyword　delegate 关键字	MessageBox class　MessageBox 类
deselected state　去选状态	modifier key　修饰键
dock a control　停靠控件	mouse click　鼠标单击
event　事件	mouse event　鼠标事件
event handler　事件处理器	mouse move　鼠标移动

mouse press　鼠标按下
MouseEventArgs class　MouseEventArgs 类
multicast delegate　多播代理
MulticastDelegate class　MulticastDelegate 类
mutual exclusion　互斥
"not-selected" state　未选中状态
NumericUpDown class　NumericUpDown 类
Panel class　Panel 控件
partial class　部分类
password TextBox　口令文本框
PictureBox class　PictureBox 类
radio button　单选钮
radio button group　单选钮组

RadioButton class　RadioButton 类
ResourceManager class　ResourceManager 类
Resources class　Resources 类
selected state　选中状态
Size structure　Size 结构
snap line　抓取线
SolidBrush class　SolidBrush 类
state button　状态按钮
ToolTip class　ToolTip 类
widget　窗件
window gadget　窗口小件
Windows Form　Windows 窗体

自测题

14.1 判断下列语句是否正确。如果不正确，请说明理由。
　　a) KeyData 属性包含关于修饰键的数据。
　　b) 窗体是一个容器。
　　c) 所有的窗体、组件和控件都是类。
　　d) 复选框被用来表示一组互斥的选项。
　　e) 用户可以编辑标签中显示的文本。
　　f) 按下按钮时会产生事件。
　　g) 所有的鼠标事件都使用同一个事件实参类。
　　h) Visual Studio 可以注册事件并产生一个空的事件处理器。
　　i) 数字上下控件被用来指定输入值的范围。
　　j) 控件的工具提示文本，是用 Control 类的 ToolTip 属性设置的。

14.2 填空题。
　　a) 活动窗口具有_____。
　　b) 窗体充当所添加的控件的_____。
　　c) GUI 是_____驱动的。
　　d) 处理同一个事件的所有方法，都必须具有相同的_____。
　　e) _____文本框会掩盖用户输入的字符。
　　f) _____类和_____类可帮助布置 GUI 中的控件，并为单选钮提供逻辑分组。
　　g) 典型的鼠标事件包括_____和_____。
　　h) 当按下或释放键盘上的键时，会发生_____事件。
　　i) 修饰键包括_____、_____和_____。
　　j) _____事件或代理，可以用来调用多个方法。

自测题答案

14.1 a) 正确。b) 正确。c) 正确。d) 错误。单选钮被用来表示一组互斥的选项。e) 错误。标签的文本不能由用户编辑。f) 正确。g) 错误。有些鼠标事件使用 EventArgs，其他的使用 MouseEventArgs。

h）正确。i）正确。j）错误。控件的工具提示文本，是通过必须添加到程序中的工具提示组件设置的。

14.2 a）焦点。b）容器。c）事件。d）签名。e）口令。f）GroupBox，Panel。g）鼠标单击，鼠标移动。h）键。i）Shift，Ctrl，Alt。j）多播。

练习题

14.3 扩展图 14.26 中的程序，使它包含一个用于每个字体样式选项的复选框。（提示：应使用逻辑异或运算符"^"而不是显式地测试每一个位。）

14.4 创建图 14.41 中的 GUI（不必提供功能）。

图 14.41 计算器 GUI

14.5 创建图 14.42 中的 GUI（不必提供功能）。

图 14.42 打印机 GUI

14.6 （温度转换）编写一个温度转换程序，它将华氏温度转换成摄氏温度。华氏温度值应从键盘（通过文本框）输入。应使用一个标签来显示转换后的温度。利用下面的公式进行转换：

$$Celsius = (5/9) \times (Fahrenheit - 32)$$

14.7 （增强的绘图程序）扩展图 14.38 中的程序，使它包含能改变所画线条的粗细和颜色的选项。创建一个与图 14.43 类似的 GUI。用户应能够在程序的面板上画图。为了取得画图的 Graphics 对象，需调用 panelName.CreateGraphics( ) 方法，调用时应将 panelName 替换成你的面板的名称。

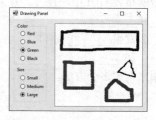

图 14.43 绘图程序的 GUI

14.8 （猜数游戏）编写一个程序，它按如下方式让玩家"猜数"。程序选择一个随机产生的 int 值（1~1000）供猜测，然后在一个标签中显示如下文本：

```
I have a number between 1 and 1000--can you guess my number?
Please enter your first guess.
```

应使用一个文本框来输入所猜测的数。每次输入所猜的数后，程序的背景色应变成红色或蓝色。红色表示用户感觉到"热"，蓝色表示"冷"。为了帮助用户逐渐接近正确答案，应在一个标签中显示"Too High"或"Too Low"。当用户猜测到了正确答案时，应在一个消息框中显示"Correct!"，将窗体的背景色变成绿色并禁用文本框。回忆前面的内容可知，通过将控件的 Enabled 属性设置成 false，就可以禁用文本框(就如同其他的控件那样)。提供一个按钮，以允许用户再次玩这个游戏。单击这个按钮后，程序应产生一个新的随机数，将背景色改成默认的颜色并启用文本框。

14.9 (**毛绒骰子订单**)编写一个程序，让用户处理购买毛绒骰子的订单。程序应能计算订单的总价，包括税费和运费。程序应提供几个文本框，用于输入订单号、客户姓名以及送货地址。初始时，这些字段中包含的文本用于描述它们的用途。程序还提供几个复选框用于选择骰子的颜色，提供几个文本框用于输入订购的数量。当用户改变了三个数量字段中的任何一个值时，程序应更新总费用、税费以及运费。程序还应包含一个按钮，单击它时会使全部的字段都变为它们的原始值。税率采用 5%。20 组骰子以内的运费为 1.50 美元。如果订购数量超过 20 组，则免运费。所有的字段都必须填写，选择某一项时，应允许用户输入该项的数量。

挑战题

14.10 (**Ecofont**) Ecofont 是由 SPRANQ(一家荷兰公司)开发的一种字体，采用这种字体打印时最多可以减少 20%的用墨量，进而减少了墨盒的使用量以及生产和运输过程中的环境影响(使用的能源更少，运输时消耗的燃料更少，等等)。这种字体以 sans-serif Verdana 为基础，它的字母中有小的圆"洞"，在较小的字号下是看不见的，比如常使用的 9 磅字或 10 磅字。Ecofont 的免费版本可从如下网址下载：

http://www.ecofont.com/en/products/green/font/download-the-ink-saving-font.html

按照网站上的指导，安装字体文件 ecofont_vera_sans_regular.ttf。接下来，开发一个基于 GUI 的程序，允许用户在文本框中输入以 Ecofont 字体显示的文本。创建一个 Increase Font Size 按钮和一个 Decrease Font Size 按钮，允许用户每次单击时将字号放大或缩小 1 磅。将文本框的 Font 属性设置为"9 point Ecofont"。还要将这个控件的 MultiLine 属性设置成 true，以便用户能够输入包含多行文本的消息。放大文字时，就能够更清楚地看到字母中的"洞"；缩小文字时，这些"洞"就会变得越来越不清晰了。为了在程序中改变文本框的字体，需使用如下形式的一条语句：

```
inputTextBox.Font = new Font(inputTextBox.Font.FontFamily,
    inputTextBox.Font.SizeInPoints + 1);
```

它会将文本框的 Font 属性设置成一个新的 Font 对象，这个对象使用文本框的当前字体，但会将它的 SizeInPoints 属性值加 1，以增加字号。也可以用类似的语句来缩小字号。当能够看到字母中的"洞"时，这时的最小字号是多少?

14.11 (**项目：打字——计算机时代的重要技能**)为了能够用计算机和 Internet 有效地工作，一种至关重要的技能是能够快速且正确地打字。这个练习题中，将构建一个帮助用户练习"盲打"(即不看键盘就能正确地打字)的程序。程序应显示一个模拟真实键盘的虚拟键盘，并允许用户在不看真实键盘的情况下能够查看在屏幕上所输入的信息。将键盘上的键表示成按钮。当用户按下每一个键时，程序应将相应的按钮高亮显示，并将字符添加到一个文本框中，以显示用户到目前为止所输入的信息。(提示：为了高亮显示按钮，可利用它的 BackColor 属性来改变它的背景色。)

释放键时，应将背景色恢复成原来的颜色。）

可以通过输入一条包含 26 个字母的句子来测试程序，比如"The quick brown fox jumped over a lazy dog."。在 Web 上还可以找到其他类似的句子。

为了使程序更有趣，还可以监视用户的准确性。可以让用户输入预先保存在程序中的短语，运行时让这些短语显示在虚拟键盘的上面。可以记录用户正确的键击次数是多少，输入错误的次数是多少。还可以记录用户输入哪些键时存在困难，并给出关于这些键的一个报告。

第 15 章 图形用户界面与 Windows 窗体 (2)

目标

本章将讲解

- 创建菜单、选项卡化窗口和多文档界面 (MDI) 程序。
- 用 ListView 和 TreeView 控件显示信息。
- 用 LinkLabel 控件创建超链接。
- 在 ListBox、CheckedListBox 和 ComboBox 控件中显示列表信息。
- 用 MonthCalendar 控件输入日期。
- 用 DateTimePicker 控件输入日期和时间数据。
- 创建定制控件。
- 使用可视化继承在已有 GUI 的基础上构建 GUI。

概要

15.1	简介	15.9	TreeView 控件
15.2	菜单	15.10	ListView 控件
15.3	MonthCalendar 控件	15.11	TabControl 控件
15.4	DateTimePicker 控件	15.12	多文档界面 (MDI) 窗口
15.5	LinkLabel 控件	15.13	可视化继承
15.6	ListBox 控件	15.14	用户定义的控件
15.7	CheckedListBox 控件	15.15	小结
15.8	ComboBox 控件		

摘要 | 术语表 | 自测题 | 自测题答案 | 练习题

15.1 简介

本章继续探讨有关 Windows 窗体程序的问题。首先介绍菜单，它向用户显示按逻辑组织的命令 (或选项)。我们将讲解如何在 Windows 窗体设计器中创建菜单，讨论用 MonthCalendar 和 DateTimePicker 控件输入并显示日期和时间。还会介绍 LinkLabel 控件，它使用户只需通过鼠标单击，即可超链接本地机器或 Web 页面上的文件。

本章将演示如何通过 ListBox 和 ListView 控件操作值列表，如何在 CheckedListBox 控件中组合多个复选框。还会用 ComboBox 控件创建下拉列表，并用 TreeView 控件显示层次化的数据。还将介绍另外两个重要的 GUI 元素——选项卡化控件和多文档界面 (MDI) 窗口。利用这些组件，可以创建出具有复杂 GUI 的程序。最后，将使用可视化继承在已有 GUI 的基础上构建 GUI。

Visual Studio 提供了大量 GUI 控件，其中的一些在本章 (和上一章) 介绍。程序员还可以设计定制控件并将它们加入工具箱中，本章的最后一个示例会演示这一功能。本章介绍的技术，是创建更复杂的 GUI 和定制控件的基础。

15.2 菜单

菜单为 Windows 窗体程序提供一组相关联的命令。尽管这些命令随不同的程序而有所不同,但有些命令是许多程序共有的,如 Open 和 Save。菜单是 GUI 不可分割的一部分,因为它们组织命令,而不会使 GUI 显得混乱。

图 15.1 是展开了的 Visual Studio 的菜单,它列出了各种命令(称为菜单项)和子菜单(即菜单下的菜单)。顶级菜单出现在图的左边,而子菜单或菜单项显示在右边。包含菜单项的菜单,是菜单项的父菜单。包含子菜单的菜单项,被看成是这个子菜单的父菜单。

菜单项可以有 Alt 快捷键(也称访问快捷键、键盘快捷键或热键),可以通过按 Alt 键和菜单文本上带下画线的字母所对应的键来访问(通常使用 Alt+F 组合键可以打开 File 菜单)。菜单项也同样可以有快捷键(组合 Ctrl、Shift、Alt、F1、F2 以及字母键等)。有些菜单项会显示复选标志,通常表示这个菜单可以同时选择多个选项。

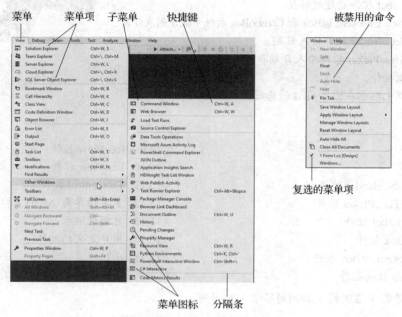

图 15.1 菜单、子菜单和菜单项

为了创建菜单,可打开 Toolbox(工具箱)并将 MenuStrip 控件拖动到窗体上。这会在窗体顶部(标题栏下面)创建一个菜单栏,并会将 MenuStrip 图标放入组件架中。要选择 MenuStrip,可单击这个图标。现在,就可以在设计模式中创建并编辑程序的菜单了。与其他控件一样,菜单也具有属性和事件,可以通过 Properties 窗口访问。

为了将菜单项加入菜单中,可单击 Type Here 文本框(见图 15.2)并输入菜单项的名称。这个动作会在菜单中加入类型为 ToolStripMenuItem 的一项。按回车键后,菜单项的名称就会加入菜单中,然后,会出现更多的 Type Here 文本框,可以在原菜单项的下面或旁边增加项(见图 15.3)。

为了创建访问快捷键,需在字母前面加 "&" 符号,使它在菜单文本中显示下画线。例如,为了将 File 菜单项的字母 F 加上下画线,可输入 "&File";为了显示 "&" 符号,可输入 "&&"。为了在菜单项中添加另外的快捷键(如 Ctrl + F9 组合键),可设置相应 ToolStripMenuItem 的 ShortcutKeys 属性。为此,应选择 Properties 窗口中这个属性右边的向下箭头。在出现的窗口中(见图 15.4),用 CheckBox 和下拉列表选择快捷键。完成之后,单击屏幕上的任何其他地方。将 ShowShortcutKeys 属性设置为

false，可隐藏快捷键。通过修改 ShortcutKeyDisplayString 属性，可以修改快捷键在菜单项中的显示方式。

图 15.2　在 Visual Studio 中编辑菜单

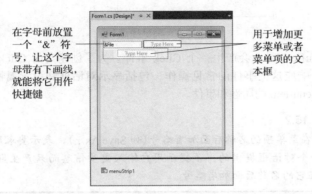

图 15.3　将 ToolStripMenuItem 添加到 MenuStrip 中

图 15.4　设置菜单项的快捷键

外观设计提示 15.1

按钮可以具有访问快捷键。只需将"&"符号放于紧挨在按钮文本中所要的字母之前即可。运行程序时如果要利用访问快捷键来按某个按钮，用户只需按下 Alt 键和带下画线的字母对应的键。当运行程序时，如果看不到下画线，可通过按 Alt 键来显示它。

用鼠标选中某个菜单项并按 Delete 键，即可删除它。菜单项可以用分隔条(separator bar)按逻辑组织起来，插入分隔条时只需右击菜单并选择 Insert > Separator，或者输入菜单项文本"-"。

除了文本之外，Visual Studio 还允许将文本框(TextBox)和组合框(ComboBox)作为菜单项加入。在设计模式中添加一项时，可能会注意到在输入新项的文本之前，会出现一个下拉列表。单击向下箭头

（见图 15.5），可以选择要添加的项类型——MenuItem（类型为 ToolStripMenuItem，这是默认类型）、ComboBox（类型为 ToolStripComboBox）和 TextBox（类型为 ToolStripTextBox）。我们主要考虑 ToolStripMenuItem。（注：如果浏览的这个下拉列表针对的是不位于顶层的菜单项，则会出现第四个选项，使用户可以插入分隔条。）

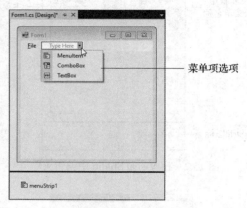

图 15.5　菜单项选项

选中 ToolStripMenuItem 时，会产生一个 Click 事件。为了创建空的 Click 事件处理器，需在设计模式中双击菜单项。响应这类事件的常见操作，包括显示对话框和设置属性。图 15.6 中总结了 MenuStrip 与 ToolStripMenuItem 的属性和事件。

 外观设计提示 15.2
习惯上，如果在菜单项的名称后面加省略号（如 Save As…），表示要求用户提供更多的信息，通常是通过一个对话框提供的。不提示用户输入更多信息而只产生即时动作的菜单项（如 Save），不应在它的名称后面加省略号。

MenuStrip 与 ToolStripMenuItem 的属性和事件	描　　述
MenuStrip 属性	
RightToLeft	使文本从右到左显示。对于从右到左阅读的语言而言，这个属性是有用的
ToolStripMenuItem 属性	
Checked	表示菜单项是否被选中。默认值为 false，即没有选中菜单项
CheckOnClick	单击菜单项时，它应表现为被选中或未被选中
ShortcutKeyDisplayString	指定菜单项中应作为快捷键出现的文本。如果为空，则会显示快捷键的名称。否则，这个属性中的文本会作为快捷键显示
ShortcutKeys	指定菜单项的快捷键（如 Ctrl + F9 等价于单击某个特定的菜单项）
ShowShortcutKeys	表示快捷键是否显示在菜单项文本的旁边。默认值为 true，即显示快捷键
Text	指定菜单项的文本。为了创建一个 Alt 访问快捷键，需在前面放置一个 "&" 符号（如 "&File" 指定名称为 File 的菜单，其中字母 F 带有下画线）
常见的 ToolStripMenuItem 事件	
Click	当单击某个项或者使用了快捷键时，会产生这个事件。在设计模式中双击菜单时，会产生这个默认事件

图 15.6　MenuStrip 与 ToolStripMenuItem 的属性和事件

MenuTestForm 类（见图 15.7）在窗体上创建了一个简单的菜单。窗体的顶级 File 菜单包含菜单项 About（显示一个消息框）和 Exit（终止程序）。程序还包含一个 Format 菜单，它的菜单项用来改变标签上的文本格式。Format 菜单的子菜单 Color 和 Font，可分别改变标签文本的颜色和字体。

```csharp
1   // Fig. 15.7: MenuTestForm.cs
2   // Using Menus to change font colors and styles.
3   using System;
4   using System.Drawing;
5   using System.Windows.Forms;
6
7   namespace MenuTest
8   {
9      // our Form contains a Menu that changes the font color
10     // and style of the text displayed in Label
11     public partial class MenuTestForm : Form
12     {
13        // constructor
14        public MenuTestForm()
15        {
16           InitializeComponent();
17        }
18
19        // display MessageBox when About ToolStripMenuItem is selected
20        private void aboutToolStripMenuItem_Click(
21           object sender, EventArgs e)
22        {
23           MessageBox.Show("This is an example\nof using menus.", "About",
24              MessageBoxButtons.OK, MessageBoxIcon.Information);
25        }
26
27        // exit program when Exit ToolStripMenuItem is selected
28        private void exitToolStripMenuItem_Click(object sender, EventArgs e)
29        {
30           Application.Exit();
31        }
32
33        // reset checkmarks for Color ToolStripMenuItems
34        private void ClearColor()
35        {
36           // clear all checkmarks
37           blackToolStripMenuItem.Checked = false;
38           blueToolStripMenuItem.Checked = false;
39           redToolStripMenuItem.Checked = false;
40           greenToolStripMenuItem.Checked = false;
41        }
42
43        // update Menu state and color display black
44        private void blackToolStripMenuItem_Click(
45           object sender, EventArgs e)
46        {
47           // reset checkmarks for Color ToolStripMenuItems
48           ClearColor();
49
50           // set color to Black
51           displayLabel.ForeColor = Color.Black;
52           blackToolStripMenuItem.Checked = true;
53        }
54
55        // update Menu state and color display blue
56        private void blueToolStripMenuItem_Click(object sender, EventArgs e)
57        {
58           // reset checkmarks for Color ToolStripMenuItems
59           ClearColor();
60
61           // set color to Blue
62           displayLabel.ForeColor = Color.Blue;
63           blueToolStripMenuItem.Checked = true;
64        }
65
66        // update Menu state and color display red
67        private void redToolStripMenuItem_Click(
68           object sender, EventArgs e)
69        {
70           // reset checkmarks for Color ToolStripMenuItems
71           ClearColor();
72
73           // set color to Red
74           displayLabel.ForeColor = Color.Red;
75           redToolStripMenuItem.Checked = true;
```

图15.7 使用菜单改变字体颜色和样式

```csharp
 76        }
 77
 78        // update Menu state and color display green
 79        private void greenToolStripMenuItem_Click(
 80           object sender, EventArgs e)
 81        {
 82           // reset checkmarks for Color ToolStripMenuItems
 83           ClearColor();
 84
 85           // set color to Green
 86           displayLabel.ForeColor = Color.Green;
 87           greenToolStripMenuItem.Checked = true;
 88        }
 89
 90        // reset checkmarks for Font ToolStripMenuItems
 91        private void ClearFont()
 92        {
 93           // clear all checkmarks
 94           timesToolStripMenuItem.Checked = false;
 95           courierToolStripMenuItem.Checked = false;
 96           comicToolStripMenuItem.Checked = false;
 97        }
 98
 99        // update Menu state and set Font to Times New Roman
100        private void timesToolStripMenuItem_Click(
101           object sender, EventArgs e)
102        {
103           // reset checkmarks for Font ToolStripMenuItems
104           ClearFont();
105
106           // set Times New Roman font
107           timesToolStripMenuItem.Checked = true;
108           displayLabel.Font = new Font("Times New Roman", 14,
109              displayLabel.Font.Style);
110        }
111
112        // update Menu state and set Font to Courier
113        private void courierToolStripMenuItem_Click(
114           object sender, EventArgs e)
115        {
116           // reset checkmarks for Font ToolStripMenuItems
117           ClearFont();
118
119           // set Courier font
120           courierToolStripMenuItem.Checked = true;
121           displayLabel.Font = new Font("Courier", 14,
122              displayLabel.Font.Style);
123        }
124
125        // update Menu state and set Font to Comic Sans MS
126        private void comicToolStripMenuItem_Click(
127           object sender, EventArgs e)
128        {
129           // reset checkmarks for Font ToolStripMenuItems
130           ClearFont();
131
132           // set Comic Sans font
133           comicToolStripMenuItem.Checked = true;
134           displayLabel.Font = new Font("Comic Sans MS", 14,
135              displayLabel.Font.Style);
136        }
137
138        // toggle checkmark and toggle bold style
139        private void boldToolStripMenuItem_Click(object sender, EventArgs e)
140        {
141           // toggle checkmark
142           boldToolStripMenuItem.Checked = !boldToolStripMenuItem.Checked;
143
144           // use Xor to toggle bold, keep all other styles
145           displayLabel.Font = new Font(displayLabel.Font,
146              displayLabel.Font.Style ^ FontStyle.Bold);
147        }
148
149        // toggle checkmark and toggle italic style
```

图 15.7(续)　使用菜单改变字体颜色和样式

```
150        private void italicToolStripMenuItem_Click(
151           object sender, EventArgs e)
152        {
153           // toggle checkmark
154           italicToolStripMenuItem.Checked =
155              !italicToolStripMenuItem.Checked;
156
157           // use Xor to toggle italic, keep all other styles
158           displayLabel.Font = new Font(displayLabel.Font,
159              displayLabel.Font.Style ^ FontStyle.Italic);
160        }
161     }
162  }
```

(a) 初始GUI

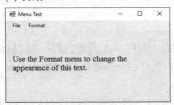

(b) 选择Bold菜单项

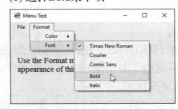

(c) 将文本设置成粗体之后的GUI

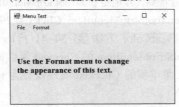

(d) 选择Red菜单项

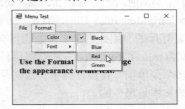

(e) 将文本设置成红色之后的GUI

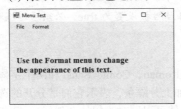

(f) 选择File > About之后显示的对话框

图 15.7(续) 使用菜单改变字体颜色和样式

创建 GUI

为了创建这个 GUI，首先要将 MenuStrip 从 Toolbox 拖到窗体中。然后，在设计模式下创建如输出样本所示的菜单结构。File 菜单(fileToolStripMenuItem)有菜单项：

- About (aboutToolStripMenuItem)
- Exit (exitToolStripMenuItem)

Format 菜单(formatToolStripMenuItem)有两个子菜单。第一个子菜单是 Color(colorToolStripMenuItem)，它包含菜单项：

- Black (blackToolStripMenuItem)
- Blue (blueToolStripMenuItem)
- Red (redToolStripMenuItem)
- Green (greenToolStripMenuItem)

第二个子菜单是 Font(fontToolStripMenuItem)，它包含菜单项：

- Times New Roman (timesToolStripMenuItem)
- Courier (courierToolStripMenuItem)
- Comic Sans (comicToolStripMenuItem)
- 一个分隔条 (dashToolStripMenuItem)
- Bold (boldToolStripMenuItem) 和 Italic (italicToolStripMenuItem)

为 About 和 Exit 菜单项处理 Click 事件

单击 File 菜单中的 About 菜单项时，会显示一个消息框(第 20~25 行)。Exit 菜单项通过 Application 类的静态方法 Exit 关闭程序(第 30 行)。Application 类的几个静态方法控制程序的执行。Exit 方法使程序终止。

Color 子菜单的事件

Color 子菜单中的项(Black, Blue, Red, Green)是互斥的，用户一次只能选择一项(具体做法见稍后的介绍)。为了表示选中了某个菜单项，需将每个 Color 菜单项的 Checked 属性设置为 true。这会使菜单项的左边出现一个复选标志。

每一个 Color 菜单项都有自己的 Click 事件处理器。颜色 Black 的方法处理器是 blackToolStripMenuItem_Click(第 44~53 行)。类似地，颜色 Blue、Red 和 Green 的事件处理器，分别是 blueToolStripMenuItem_Click(第 56~64 行)、redToolStripMenuItem_Click(第 67~76 行)和 greenToolStripMenuItem_Click(第 79~88 行)。每个 Color 菜单项是互斥的，因此每个事件处理器会先调用 ClearColor 方法(第 34~41 行)，再将相应的 Checked 属性设置为 true。ClearColor 方法会将每种颜色 ToolStripMenuItem 的 Checked 属性设置为 false，以防止同时选择多个菜单项。在设计器中，最初是将 Black 菜单项的 Checked 属性设置为 true，因为程序开始时窗体上的文本是黑色的。

软件工程结论 15.1

MenuStrip 不会强制菜单项的互斥，即使 Checked 属性被设置为 true。必须通过编程来实现这种行为。

Font 子菜单的事件

Font 菜单包含三个字体菜单项(Courier, Times New Roman, Comic Sans)和两个字体样式菜单项(Bold, Italic)。我们在字体菜单项和字体样式菜单项之间加上分隔条，表示它们是分开的选项。Font 对象一次只能指定一种字体，但可以同时设置多种样式(如字体可以同时为粗体和斜体)。我们设置字体菜单项，显示复选标志。和 Color 菜单一样，必须在事件处理器中强制这些项互斥。

字体菜单项 Times New Roman、Courier 和 Comic Sans 的事件处理器，分别为 timesToolStripMenuItem_Click(第 100~110 行)、courierToolStripMenuItem_Click(第 113~123 行)和 comicToolStripMenuItem_Click(第 126~136 行)。这些事件处理器与 Color 菜单项中的那些类似。每个事件处理器都会调用 ClearFont 方法，清除所有字体菜单项的 Checked 属性(第 91~97 行)，然后对发出事件的菜单项设置 Checked 属性为 true。这样，就保证了这些菜单项是互斥的。在设计模式中，最初是将 Times New Roman 菜单项的 Checked 属性设置为 true，因为这是窗体上文本的初始字体。Bold 和 Italic 菜单项的事件处理器(第 139~160 行)用逻辑异或运算符"^"组合字体样式，见第 14 章的讨论。

15.3 MonthCalendar 控件

许多程序都必须执行有关日期和时间的计算。.NET Framework 提供了两个控件，使程序可以取得日期和时间信息，这两个控件是 MonthCalendar 和 DateTimePicker(见 15.4 节)。

MonthCalendar 控件(见图 15.8)在窗体上显示月历。用户可以选择当前月份中的某个日期，也可以用提供的箭头转移到另一个月份。当选中了某个日期时，它会高亮显示。要选择多个日期，可以按住 Shift

键并单击各个日期。这个控件的默认事件是 DateChanged，在选中新日期时产生。控件的属性可以修改日历的外观、一次选择的日期数以及可以选择的最小和最大日期。图 15.9 中总结了 MonthCalendar 的常见属性和事件。

图 15.8　MonthCalendar 控件

MonthCalendar 的属性和事件	描　　述
常见属性	
FirstDayOfWeek	设置日历中每一周第一个显示的日期
MaxDate	可以选择的最后一个日期
MaxSelectionCount	可以一次选择的最多天数
MinDate	可以选择的第一个日期
MonthlyBoldedDates	日历中以粗体显示的一组日期
SelectionEnd	用户选择的最后一个日期
SelectionRange	用户选择的日期
SelectionStart	用户选择的第一个日期
常见事件	
DateChanged	当选中了日历中的某个日期时，产生这个事件

图 15.9　MonthCalendar 的常见属性和事件

15.4　DateTimePicker 控件

DateTimePicker 控件（输出见图 15.11）与 MonthCalendar 控件类似，但它在选择向下箭头时才会显示日历。可以用 DateTimePicker 控件从用户处读取日期和时间信息。DateTimePicker 的 Value 属性保存一个 DateTime 对象，它总是包含日期和时间信息。利用 Date 属性，可以从 DateTime 对象取得日期信息，而利用 TimeOfDay 属性，可以取得时间信息。

DateTimePicker 控件比 MonthCalendar 控件更容易定制，它提供更多的属性，可以编辑下拉日历的外观。利用 DateTimePickerFormat 枚举，Format 属性可指定可供用户选择的选项。这个枚举中的值分别为 Long（用长格式显示日期，如 Thursday, July 10, 2013）、Short（用短格式显示日期，如 7/10/2013）、Time（显示时间值，如 5:31:02 PM）和 Custom（使用自定义格式）。如果使用 Custom，则 DateTimePicker 控件的显示由 CustomFormat 属性指定。这个控件的默认事件为 ValueChanged，发生在改变所选值（日期或时间）时。图 15.10 中总结了 DateTimePicker 的常见属性和事件。

DateTimePicker 的属性和事件	描　　述
常见属性	
CalendarForeColor	设置日历的文本颜色
CalendarMonthBackground	设置日历的背景色
CustomFormat	为控件中显示的日期或时间设置定制的格式字符串
Format	为控件中显示的日期或时间设置格式

图 15.10　DateTimePicker 的常见属性和事件

DateTimePicker 的属性和事件	描述
MaxDate	可以选择的最大日期和时间
MinDate	可以选择的最小日期和时间
ShowCheckBox	表明是否应在所选日期和时间的左边显示一个复选框
ShowUpDown	表示控件是否应显示向上和向下的按钮。当 DateTimePicker 用于选择时间时，这个属性是有用的，这些按钮可用来增加或减少小时、分钟和秒数
Value	用户选择的数据
常见事件	
ValueChanged	Value 属性发生变化时产生这个事件，包括用户选择了一个新的日期或时间时

图 15.10(续)　DateTimePicker 的常见属性和事件

图 15.11 中的程序，演示了用 DateTimePicker 控件选择商品的发货时间。许多公司都会用到这个功能——在线零售商通常会指定商品的发货日期并估计送到客户家中的时间。用户选择发货日期，然后会显示出估计的到货日期。这个日期总是发货之后的两天，遇到星期天则为三天(星期天不送货)。

```csharp
1   // Fig. 15.11: DateTimePickerForm.cs
2   // Using a DateTimePicker to select a drop-off time.
3   using System;
4   using System.Windows.Forms;
5
6   namespace DateTimePickerTest
7   {
8       // Form lets user select a drop-off date using a DateTimePicker
9       // and displays an estimated delivery date
10      public partial class DateTimePickerForm : Form
11      {
12          // constructor
13          public DateTimePickerForm()
14          {
15              InitializeComponent();
16          }
17
18          private void dropOffDateTimePicker_ValueChanged(
19              object sender, EventArgs e)
20          {
21              DateTime dropOffDate = dropOffDateTimePicker.Value;
22
23              // add extra time when items are dropped off Sunday
24              if (dropOffDate.DayOfWeek == DayOfWeek.Friday ||
25                  dropOffDate.DayOfWeek == DayOfWeek.Saturday ||
26                  dropOffDate.DayOfWeek == DayOfWeek.Sunday)
27              {
28                  //estimate three days for delivery
29                  outputLabel.Text = dropOffDate.AddDays(3).ToLongDateString();
30              }
31              else
32              {
33                  // otherwise estimate only two days for delivery
34                  outputLabel.Text = dropOffDate.AddDays(2).ToLongDateString();
35              }
36          }
37
38          private void DateTimePickerForm_Load(object sender, EventArgs e)
39          {
40              // user cannot select days before today
41              dropOffDateTimePicker.MinDate = DateTime.Today;
42
43              // user can only select days up to one year in the future
44              dropOffDateTimePicker.MaxDate = DateTime.Today.AddYears(1);
45          }
46      }
47  }
```

图 15.11　利用 DateTimePicker 选择发货日期

(a) 首次执行程序时，GUI显示当前日期　　(b) 选择发货日期

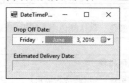

(c) 选取发货日期之后的GUI　　(d) 显示当前日期和所选日期的GUI

图 15.11（续）　利用 DateTimePicker 选择发货日期

DateTimePicker（dropOffDateTimePicker）的 Format 属性设置为 Long，因此用户在此只可以选择日期。用户选择日期时，会发生 ValueChanged 事件。这个事件的事件处理器（第 18~36 行）首先从 DateTimePicker 的 Value 属性（第 21 行）取得所选日期。第 24~26 行用 DateTime 结构的 DayOfWeek 属性，确定所选日期为星期几。星期几表示为 DayOfWeek 枚举。第 29 行和第 34 行用 DateTime 的 AddDays 方法，分别将日期增加两天或三天。然后，得到的日期用 ToLongDateString 方法显示为 Long 格式。

这个程序中，我们不希望用户能选择当前日期之前的发货日期，或者一年之后的发货日期。为此，在载入窗体时设置 DateTimePicker 的 MinDate 和 MaxDate 属性（第 41 行和第 44 行）。Today 属性返回当前日期，而 AddYears 方法（实参为 1）指定一年以后的日期。

下面仔细探讨一下输出。程序首先显示当前日期，见图 15.11（a）。图 15.11（b）中，我们选择 6 月 23 日。图 15.11（c）中，估计到货日期显示为 6 月 25 日。图 15.11（d）表示在选中了 23 日后，它在日历中被高亮显示。

15.5　LinkLabel 控件

LinkLabel 控件显示到其他资源的链接，如文件或 Web 页面（见图 15.12）。LinkLabel 控件显示带下画线的文本（默认为蓝色）。当鼠标移到链接上时，指针会变成手形，类似于 Web 页面中超链接的行为。可以改变链接的颜色，分别表示它还没有被访问过、以前访问过或者是活动的（鼠标悬停在链接上）。单击 LinkLabel 控件时，会产生 LinkClicked 事件（见图 15.13）。LinkLabel 类从 Label 类派生，因此继承 Label 类的所有功能。

图 15.12　程序中的 LinkLabel 控件

外观设计提示 15.3

LinkLabel 控件最适合表示用户可以单击链接跳到 Web 页面之类的资源，但也可以用其他控件完成类似工作。

LinkLabel 的属性和事件	描述
常见属性	
ActiveLinkColor	指定当用户处于单击链接的过程中时活动链接的颜色。默认颜色由系统设定(通常为红色)
LinkArea	指定 LinkLabel 中的哪一部分文本为链接
LinkBehavior	指定链接的行为,比如当鼠标放置其上时链接如何出现
LinkColor	指定在被单击之前链接的原始颜色。默认颜色由系统设定(通常为蓝色)
LinkVisited	如果为 true,则链接表现为已经访问过的(颜色会变成由 VisitedLinkColor 属性指定的颜色)。默认为 false
Text	指定控件的文本
UseMnemonic	如果为 true,则在 Text 属性中的 "&" 符号充当快捷键(类似于菜单中的 Alt 快捷键)
VisitedLinkColor	指定访问过的链接的颜色。默认颜色由系统设定(通常为紫色)
常见事件(事件实参 LinkLabelLinkClickedEventArgs)	
LinkClicked	单击链接时产生。在设计模式中双击这个控件时,会产生这个默认事件

图 15.13 LinkLabel 的常见属性和事件

LinkLabelTestForm 类(见图 15.14)用三个 LinkLabel 控件分别链接到 C 盘、Deitel Web 页面(www.deitel.com)和记事本程序。LinkLabel 控件 cDriveLinkLabel、deitelLinkLabel 和 notepadLinkLabel 的 Text 属性,分别描述了它们的用途。

```
1   // Fig. 15.14: LinkLabelTestForm.cs
2   // Using LinkLabels to create hyperlinks.
3   using System;
4   using System.Windows.Forms;
5
6   namespace LinkLabelTest
7   {
8      // Form using LinkLabels to browse the C:\ drive,
9      // load a web page and run Notepad
10     public partial class LinkLabelTestForm : Form
11     {
12        // constructor
13        public LinkLabelTestForm()
14        {
15           InitializeComponent();
16        }
17
18        // browse C:\ drive
19        private void cDriveLinkLabel_LinkClicked(object sender,
20           LinkLabelLinkClickedEventArgs e)
21        {
22           // change LinkColor after it has been clicked
23           cDriveLinkLabel.LinkVisited = true;
24
25           System.Diagnostics.Process.Start(@"C:\");
26        }
27
28        // load www.deitel.com in web browser
29        private void deitelLinkLabel_LinkClicked(object sender,
30           LinkLabelLinkClickedEventArgs e)
31        {
32           // change LinkColor after it has been clicked
33           deitelLinkLabel.LinkVisited = true;
34
35           System.Diagnostics.Process.Start("http://www.deitel.com");
36        }
37
38        // run app Notepad
39        private void notepadLinkLabel_LinkClicked(object sender,
40           LinkLabelLinkClickedEventArgs e)
41        {
42           // change LinkColor after it has been clicked
43           notepadLinkLabel.LinkVisited = true;
44
```

图 15.14 使用 LinkLabel 创建超链接

```
45        // program called as if in run
46        // menu and full path not needed
47        System.Diagnostics.Process.Start("notepad");
48     }
49  }
50 }
```

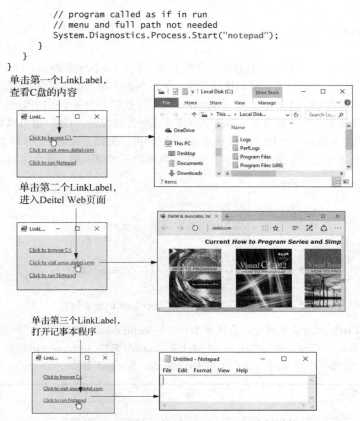

图 15.14(续)　使用 LinkLabel 创建超链接

LinkLabel 的事件处理器调用 Process 类(位于 System.Diagnostics 命名空间)的 Start 方法，可以在程序中执行另外的程序、载入文档或 Web 页面。Start 方法可以带一个实参(打开的文件)或两个实参(要运行的程序和它的命令行实参)。Start 方法的实参形式，可以和 Windows 的 Run 命令(Start > Run)的输入相同。对于 Windows 能够寻找到的程序，不需要完整的路径名，而且通常也可省略扩展名。为了打开 Windows 知道其类型的文件(且知道如何处理它)，只需使用文件的完整路径名。例如，如果将一个 .docx 文件传入方法，则 Windows 会用 Microsoft Word 打开它(也可以是注册成能打开 .docx 文件的任何程序)。Windows 操作系统能够用与文件扩展名相关联的程序打开这个文件。

cDriveLinkLabel 的 LinkClicked 事件处理器浏览 C 盘(第 19~26 行)。第 23 行将 LinkVisited 属性设置为 true，它会将链接的颜色从蓝色变为紫色(可以通过 Visual Studio 中的 Properties 窗口配置 LinkVisited 的颜色)。然后，事件处理器将 "@"C:\"" 传入 Start 方法(第 25 行)，打开 Windows Explorer 窗口。"C:\" 前面的 "@" 符号，表示字符串中的所有字符都应当按字面值解释——这称为 "逐字字符串"(verbatim string)。因此，字符串中的反斜线不作为转义序列的第一个字符。这样，可以简化表示目录路径的字符串，不必将路径中的每个反斜线字符都写成 "\\"。

deitelLinkLabel 的 LinkClicked 事件处理器(第 29~36 行)会在用户的默认 Web 浏览器中打开 Web 页面 www.deitel.com。为此，我们将 Web 页面地址作为字符串传入(第 35 行)，它会在新的 Web 浏览器窗口或标签中打开这个 Web 页面。第 33 行将 LinkVisited 属性设置为 true。

notepadLinkLabel 的 LinkClicked 事件处理器(第 39~48 行)打开记事本程序。第 43 行将 LinkVisited 属性设置为 true，使链接显示为已访问过的链接。第 47 行将实参 notepad 传入 Start 方法，这会运行 notepad.exe。第 47 行既不要求完整路径名，也不需要 .exe 扩展名——Windows 会自动辨别出传入 Start 方法的实参是可执行文件。

15.6 ListBox 控件

ListBox(列表框)控件允许用户查看并选择列表中的多个项。ListBox 是静态 GUI 实体,这表示用户不能直接编辑列表项。用户可以用文本框和按钮指定要加进列表的项,但实际的添加过程必须在代码中执行。CheckedListBox 控件(见 15.7 节)扩展了 ListBox 控件,在列表中每个项的旁边加上了复选框。这样,就使用户可以同时在多个项上放置复选标志,就像复选框控件那样。(用户也可以从 ListBox 控件中选择多个项,只需设置 ListBox 控件的 SelectionMode 属性即可,见稍后介绍。)图 15.15 显示了 ListBox 控件和 CheckedListBox 控件。在这两种控件中,如果项数超出了可视区域,就会出现滚动条。

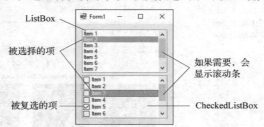

图 15.15　窗体中的 ListBox 和 CheckedListBox 控件

图 15.16 列出了 ListBox 的常见属性、方法和事件。SelectionMode 属性确定了可被选中的项数。这个属性的可能取值是 None、One、MultiSimple 和 MultiExtended(来自 SelectionMode 枚举)。这些设置的差别见图 15.16。用户选择一个新项时,会产生 SelectedIndexChanged 事件。

ListBox 的属性、方法和事件	描　述
常见属性	
Items	ListBox 中的项集合
MultiColumn	表示 ListBox 中是否能显示多列。显示多列可消除水平滚动条
SelectedIndex	返回所选项的索引。如果没有选择任何一项,则属性返回-1;如果用户选择了多个项,则只返回其中的一个索引。如果选中了多个项,则应使用 SelectedIndices 属性
SelectedIndices	返回包含全部所选项索引的一个集合
SelectedItem	返回所选项的引用。如果选择了多个项,它可以返回任意一个所选项的引用
SelectedItems	返回所选项的集合
SelectionMode	确定能够被选中的项数以及多个项能够被选中的方法。值为 None、One(默认)、MultiSimple(允许多个选择)或者 MultiExtended(允许将箭头键或鼠标单击与 Shift 键和 Ctrl 键进行组合来进行多个选择)
Sorted	表示项是否按字母顺序排序。将这个属性值设置为 true 时会排序项。默认为 false
常见方法	
ClearSelected	清除所有项的选择
GetSelected	如果位于指定索引处的项被选中,则返回 true
常见事件	
SelectedIndexChanged	当所选项的索引发生变化时产生。在设计模式中双击控件时,会产生这个默认事件

图 15.16　ListBox 的常见属性、方法和事件

ListBox 和 CheckedListBox 都有属性 Items、SelectedItem 和 SelectedIndex。Items 属性返回 ListBox 中的项集合。集合是 .NET 框架中管理对象清单的常用方法。许多 .NET GUI 控件(如 ListBox)都用集合提供一列内部对象(如 ListBox 中的项)。第 21 章将进一步介绍集合。Items 属性返回的集合表示为 ListBox.ObjectCollection 类型的对象。SelectedItem 属性返回 ListBox 中当前被选中的项。如果用户能够

选择多个项,则可以使用 SelectedItems 集合将所有被选中的项作为 ListBox.SelectedObjectColection 返回。SelectedIndex 属性返回所选项的索引——如果有多个项,则可以使用 SelectedIndices 属性,它返回一个 ListBox.SelectedIndexCollection。如果没有选中项,则 SelectedIndex 属性返回–1。GetSelected 方法的实参为索引,当选中了该索引处的项时,它返回 true。

向 ListBox 和 CheckedListBox 添加项

为了将项加进 ListBox 或 CheckedListBox,必须将对象加进它的 Items 集合。为此,要调用 Add 方法,将字符串加进 ListBox 或 CheckedListBox 的 Items 集合。例如,语句:

  myListBox.Items.Add(*myListItem*);

将字符串 *myListItem* 加进 ListBox *myListBox*。为了添加多个对象,可以多次调用 Add 方法,也可以调用 AddRange 方法来添加一个对象数组。ListBox 和 CheckedListBox 类都会调用所提交对象的 ToString 方法,以确定列表中对应项的标签。这样,就可以在 ListBox 或 CheckedListBox 中添加不同对象,以后可以通过 SelectedItem 和 SelectedItems 属性返回。

或者,也可以直观地将项加进 ListBox 和 CheckedListBox,只需检查 Properties 窗口中的 Items 属性即可。单击省略号按钮,打开 String Collection Editor,它包含一个添加项的文本区,每个项都位于单独的一行中(见图 15.17)。然后,Visual Studio 会编写代码,在 InitializeComponent 方法中将这些字符串加进 Items 集合。

图 15.17 String Collection Editor 窗口

图 15.18 中的程序用 ListBoxTestForm 类在 ListBox displayListBox 中添加、删除和清除项。ListBoxTestForm 类用文本框 inputTextBox 让用户输入新项。用户单击 Add 按钮时,displayListBox 中会出现新项。类似地,如果用户选中某项并单击 Remove 按钮,则会删除该项。单击 Clear 按钮时,会删除 displayListBox 中的所有项。单击 Exit 按钮,可终止程序。

addButton_Click 事件处理器(第 20~24 行)调用 ListBox 中 Items 集合的 Add 方法。这个方法带一个字符串实参,作为要加进 displayListBox 的项。这里使用的字符串是用户在 inputTextBox 中输入的(第 22 行)。添加项之后,会清除 inputTextBox.Text(第 23 行)。

removeButton_Click 事件处理器(第 27~34 行)用 RemoveAt 方法从 ListBox 中删除一项。removeButton_Click 事件处理器首先用 SelectedIndex 属性确定选中的索引值。如果 SelectedIndex 不为 –1(即选中了某一项),则第 32 行会删除与选中索引值相对应的项。

```
 1   // Fig. 15.18: ListBoxTestForm.cs
 2   // Program that adds, removes and clears ListBox items.
 3   using System;
 4   using System.Windows.Forms;
 5
 6   namespace ListBoxTest
 7   {
 8      // Form uses a TextBox and Buttons to add,
 9      // remove, and clear ListBox items
10      public partial class ListBoxTestForm : Form
11      {
12         // constructor
13         public ListBoxTestForm()
14         {
```

图 15.18 添加、删除和清除 ListBox 项的程序

```csharp
15         InitializeComponent();
16      }
17
18      // add new item to ListBox (text from input TextBox)
19      // and clear input TextBox
20      private void addButton_Click(object sender, EventArgs e)
21      {
22         displayListBox.Items.Add(inputTextBox.Text);
23         inputTextBox.Clear();
24      }
25
26      // remove item if one is selected
27      private void removeButton_Click(object sender, EventArgs e)
28      {
29         // check whether item is selected; if so, remove
30         if (displayListBox.SelectedIndex != -1)
31         {
32            displayListBox.Items.RemoveAt(displayListBox.SelectedIndex);
33         }
34      }
35
36      // clear all items in ListBox
37      private void clearButton_Click(object sender, EventArgs e)
38      {
39         displayListBox.Items.Clear();
40      }
41
42      // exit app
43      private void exitButton_Click(object sender, EventArgs e)
44      {
45         Application.Exit();
46      }
47   }
48 }
```

(a) 添加了Dog、Cat和Chicken之后、还没有添加Cow时的GUI

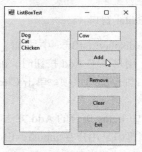

(b) 添加了Cow之后、还没有删除Chicken时的GUI

(c) 删除Chicken之后的GUI

(d) 清除ListBox之后的GUI

图 15.18(续) 添加、删除和清除 ListBox 项的程序

clearButton_Click 事件处理器(第 37~40 行)调用 Items 集合的 Clear 方法(第 39 行)。这会从 displayListBox 中删除所有的项。最后，exitButton_Click 事件处理器(第 43~46 行)调用 Application.Exit 方法(第 45 行)，终止程序。

15.7 CheckedListBox 控件

CheckedListBox 控件是从 ListBox 类派生的,它会在每个项的旁边加一个复选框。相关的项可以通过 Add 方法和 AddRange 方法添加,也可以通过 String Collection Editor 添加。CheckedListBox 允许选中多个项,但项的选择更受限制。SelectionMode 属性只能取值为 None 和 One。One 表示允许有一个选择,而 None 表示允许没有选择。由于项必须具有复选标记才表示被选中,因此如果希望用户复选某一项,则必须将 SelectionMode 设置成 One。这样,将 SelectionMode 属性在 One 和 None 之间变换,可有效地使用户能启用和禁用复选项。图 15.19 列出了 CheckedListBox 的常见属性、方法和事件。

常见编程错误 15.1

在 CheckedListBox 控件的 Properties 窗口中,将 SelectionMode 属性设置为 MultiSimple 或 MultiExtended 时,IDE 会显示错误消息。如果是在程序中设置这个值,则会出现运行时错误。

当复选或去选 CheckedListBox 的项时,会发生 ItemCheck 事件。事件实参属性 CurrentValue 和 NewValue,分别返回项的当前状态和新状态的 CheckState 值。比较这些值,可以判断 CheckedListBox 项是否已被复选或去选。CheckedListBox 控件保留了 SelectedItems 和 SelectedIndices 属性(从 ListBox 类继承),但它还包括 CheckedItems 和 CheckedIndices 属性,它们返回复选项及其索引的信息。

CheckedListBox 的属性、方法和事件	描述
常见属性	(ListBox 的全部属性、方法和事件,都由 CheckedListBox 继承)
CheckedItems	只在运行时可访问。将被复选的项集合作为 CheckedListBox.CheckedItemCollection 返回。它与被选中的项不同,被选中的项(不一定被复选了)会高亮显示。任何时刻都最多只能有一个被选中的项
CheckedIndices	只在运行时可访问。将所有被复选项的索引作为 CheckedListBox.CheckedIndexCollection 返回
CheckOnClick	当它为 true 且用户单击了某个项时,这个项会同时被选中和复选(或者去选)。默认情况下,这个属性为 false,表示用户必须选中某一项,然后再次单击它来复选或去选它
SelectionMode	判断项是否能被选中或复选。可能的值是 One(默认,允许有多个复选)和 None(不允许放置任何复选标志)
常见方法	
GetItemChecked	带一个索引参数,如果对应的项被复选了,则返回 true
常见事件(事件实参 ItemCheckEventArgs)	
ItemCheck	项被复选或去选时产生
ItemCheckEventArgs 属性	
CurrentValue	表示当前的项是否被复选或去选。可能的值是 Checked、Unchecked 和 Indeterminate
Index	返回发生变化的项的索引值(从 0 开始)
NewValue	指定项的新状态

图 15.19 CheckedListBox 的常见属性、方法和事件

图 15.20 中的 CheckedListBoxTestForm 类用 CheckedListBox 和 ListBox 显示用户选择的图书。CheckedListBox 允许用户选择多个书名。在 String Collection Editor 中加进了一些有关 Deitel 的图书的项:C,C++、Java、Internet & WWW、Visual Basic、Visual C+、Visual C#(缩写 "HTP" 代表 "How to Program")。ListBox(名称为 displayListBox)显示用户的选择。在本例的屏幕截图中,左边是 CheckedListBox,右边是 ListBox。

```
1   // Fig. 15.20: CheckedListBoxTestForm.cs
2   // Using a CheckedListBox to add items to a display ListBox
3
4   using System.Windows.Forms;
5
```

图 15.20 利用 CheckedListBox 添加项,显示 ListBox

```csharp
 6  namespace CheckedListBoxTest
 7  {
 8      // Form uses a checked ListBox to add items to a display ListBox
 9      public partial class CheckedListBoxTestForm : Form
10      {
11          // constructor
12          public CheckedListBoxTestForm()
13          {
14              InitializeComponent();
15          }
16
17          // item checked or unchecked
18          // add or remove from display ListBox
19          private void itemCheckedListBox_ItemCheck(
20              object sender, ItemCheckEventArgs e)
21          {
22              // obtain reference of selected item
23              string item = itemCheckedListBox.SelectedItem.ToString();
24
25              // if item checked, add to ListBox
26              // otherwise remove from ListBox
27              if (e.NewValue == CheckState.Checked)
28              {
29                  displayListBox.Items.Add(item);
30              }
31              else
32              {
33                  displayListBox.Items.Remove(item);
34              }
35          }
36      }
37  }
```

(a) 执行程序时显示的初始GUI　　(b) 选择前三项之后的GUI

(c) 去选"C++ HTP"之后的GUI　　(d) 选择"Visual C# HTP"之后的GUI

图 15.20(续)　利用 CheckedListBox 添加项，显示 ListBox

当用户在 itemCheckedListBox 中复选或去选某个项时，会发生 ItemCheck 控件，并会执行 itemCheckedListBox_ItemCheck 事件处理器(第 19~35 行)。if…else 语句(第 27~34 行)判断用户是否复选或去选了 CheckedListBox 中的项。第 27 行用 NewValue 属性判断项是否被复选了(CheckState.Checked)。如果用户复选了某个项，则第 29 行会将它加进 ListBox displayListBox 中。如果用户去选了某个项，则第 33 行会从 displayListBox 中删除对应的项。这个事件处理器是通过在设计模式中选择 CheckedListBox 创建的，在 Properties 窗口浏览控件的事件并双击 ItemCheck 事件。CheckedListBox 的默认事件是 SelectedIndexChanged 事件。

15.8　ComboBox 控件

ComboBox 控件组合了文本框和下拉列表——包含可以选择的值列表的 GUI 组件。通常，ComboBox 显示为文本框加右边的向下箭头。默认情况下，用户可以在文本框中输入文本，也可单击向下箭头显示预定义的列表项。如果用户从列表中选择某个元素，则文本框中会显示这个元素。如果列表包含的元素多于下拉列表能显示的个数，则会出现滚动条。下拉列表一次可以显示的最大项数由 MaxDropDownItems 属性确定。图 15.21 显示了三种不同状态的 ComboBox 示例。

图 15.21　ComboBox 示例

和 ListBox 控件一样，可以用 Add 方法和 AddRange 方法在程序中将对象加进 Items 集合，也可以直观地使用 String Collection Editor。图 15.22 中列出了 ComboBox 的常见属性和事件。

外观设计提示 15.4

使用 ComboBox 可以节省 GUI 中的空间。ComboBox 的短处是：与 ListBox 不同，如果用户不展开下拉列表，就无法看到可用的项。

ComboBox 的属性和事件	描　　述
常见属性	
DropDownStyle	确定 ComboBox 的类型。值 Simple 表示可以编辑文本部分，并且用户总是能看到列表；值 DropDown（默认）表示可以编辑文本部分，但用户必须单击箭头按钮才能看到列表；值 DropDownList 表示不可以编辑文本部分，但用户必须单击箭头按钮才能看到列表
Items	ComboBox 中的项集合
MaxDropDownItems	指定下拉列表中能够显示的最大项数(1~100)。如果项数超过了这个数字，则会出现滚动条
SelectedIndex	返回所选项的索引值。如果没有选中的项，则返回–1
SelectedItem	返回所选项的引用
Sorted	表示项是否按字母顺序排序。将这个属性值设置为 true，表示排序相应的项。默认为 false
常见事件	
SelectedIndexChanged	当所选索引发生改变时发生（比如选择了不同的项）。在设计模式中双击控件时，会产生这个默认事件

图 15.22　ComboBox 的常见属性和事件

DropDownStyle 属性确定了 ComboBox 的类型，表示为 ComboBoxStyle 枚举，它包含值 Simple、DropDown 和 DropDownList。Simple 选项不显示向下箭头，如果 ComboBox 足够"高"，则会垂直地显示所有的项——有可能出现滚动条，以使用户可以查看没有显示的项。用户还可以在选择区中输入选项。DropDown 样式（默认）在单击向下箭头（或按向下箭头键）时显示下拉列表。用户可以在 ComboBox 中输入一个新项。最后一个样式是 DropDownList，它显示一个下拉列表，但不允许用户在文本框中输入。

ComboBox 控件具有属性 Items、SelectedItem 和 SelectedIndex，它们与 ListBox 的对应属性类似。ComboBox 中最多可以选中一个项。如果没有选中任何一项，则 SelectedIndex 为–1。所选项发生改变时，会产生 SelectedIndexChanged 事件。

ComboBoxTestForm 类（见图 15.23）让用户利用 ComboBox 选择要画的形体——圆、椭圆、矩形或饼形（可以填充或不填充）。本例中的 ComboBox 不可编辑，因此用户不能在文本框中输入。

外观设计提示 15.5

只有当程序被设计成接受用户提交的元素时，才能使列表(如 ComboBox)可编辑。否则，用户可能会输入不适合程序的项。

```csharp
1   // Fig. 15.23: ComboBoxTestForm.cs
2   // Using ComboBox to select a shape to draw.
3   using System;
4   using System.Drawing;
5   using System.Windows.Forms;
6
7   namespace ComboBoxTest
8   {
9      // Form uses a ComboBox to select different shapes to draw
10     public partial class ComboBoxTestForm : Form
11     {
12        // constructor
13        public ComboBoxTestForm()
14        {
15           InitializeComponent();
16        }
17
18        // get index of selected shape, draw shape
19        private void imageComboBox_SelectedIndexChanged(
20           object sender, EventArgs e)
21        {
22           // create graphics object, Pen and SolidBrush
23           using (Graphics myGraphics = base.CreateGraphics())
24
25           // create Pen using color DarkRed
26           using (Pen myPen = new Pen(Color.DarkRed))
27
28           // create SolidBrush using color DarkRed
29           using (SolidBrush mySolidBrush = new SolidBrush(Color.DarkRed))
30           {
31              // clear drawing area, setting it to color white
32              myGraphics.Clear(Color.White);
33
34              // find index, draw proper shape
35              switch (imageComboBox.SelectedIndex)
36              {
37                 case 0: // case Circle is selected
38                    myGraphics.DrawEllipse(myPen, 50, 50, 150, 150);
39                    break;
40                 case 1: // case Rectangle is selected
41                    myGraphics.DrawRectangle(myPen, 50, 50, 150, 150);
42                    break;
43                 case 2: // case Ellipse is selected
44                    myGraphics.DrawEllipse(myPen, 50, 85, 150, 115);
45                    break;
46                 case 3: // case Pie is selected
47                    myGraphics.DrawPie(myPen, 50, 50, 150, 150, 0, 45);
48                    break;
49                 case 4: // case Filled Circle is selected
50                    myGraphics.FillEllipse(mySolidBrush, 50, 50, 150, 150);
51                    break;
52                 case 5: // case Filled Rectangle is selected
53                    myGraphics.FillRectangle(
54                       mySolidBrush, 50, 50, 150, 150);
55                    break;
56                 case 6: // case Filled Ellipse is selected
57                    myGraphics.FillEllipse(mySolidBrush, 50, 85, 150, 115);
58                    break;
59                 case 7: // case Filled Pie is selected
60                    myGraphics.FillPie(
61                       mySolidBrush, 50, 50, 150, 150, 0, 45);
62                    break;
63              }
64           }
65        }
66     }
67  }
```

图 15.23 用于绘制所选形体的 ComboBox

(a) 执行程序时显示的初始GUI　　(b) 从ComboBox选择Circle之后的GUI

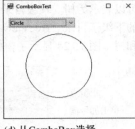

(c) 从ComboBox选择Filled　　(d) 从ComboBox选择
　　Square之后的GUI　　　　　　Filled Pie之后的GUI

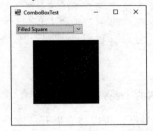
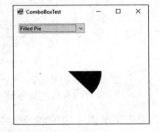

图 15.23(续)　用于绘制所选形体的 ComboBox

创建了 ComboBox imageComboBox 之后，在 Properties 窗口中将它的 DropDownStyle 属性设置为 DropDownList，使它不能编辑。然后，用 String Collection Editor 将 Circle、Square、Ellipse、Pie、Filled Circle、Filled Square、Filled Ellipse 和 Filled Pie 加进 Items 集合中。用户从 imageComboBox 选择项时，发生 SelectedIndexChanged 事件，执行 imageComboBox_SelectedIndexChanged 事件处理器(第 19~65 行)。第 23~29 行创建了一个 Graphics 对象、一个 Pen 对象和一个 SolidBrush 对象，用于在窗体上画图——它们都为 IDisposable 对象，所以使用链式 using 语句(第 30 行的开始花括号之前的多个 using 子句)，可确保在事件处理器的末尾会调用它们的 Dispose 方法。Graphics 对象(第 23 行)使笔和画刷可以用几个 Graphics 方法之一在组件上画图。DrawEllipse、DrawRectangle 和 DrawPie 方法(第 38 行，第 41 行，第 44 行，第 47 行)用 Pen 对象(第 26 行)画出对应形体的轮廓。FillEllipse、FillRectangle 和 FillPie 方法(第 50 行，第 53~54 行，第 57 行，第 60~61 行)用 SolidBrush 对象(第 29 行)填充对应的实心形体。第 32 行用 Graphics 方法 Clear 将整个窗体绘制成白色。

程序根据所选项的索引绘制形体(第 35~61 行)。Graphics 方法 DrawEllipse(第 38 行)的实参包括一个 Pen，中心的 x、y 坐标，以及所画椭圆边界框(即矩形区域)的宽度和高度。坐标系统的原点是窗体的左上角，x 坐标向右增加，y 坐标向下增加。圆是椭圆的一种特殊情况(宽度和高度相等)。第 38 行画圆，第 44 行画宽度和高度不同的椭圆。

Graphics 方法 DrawRectangle(第 41 行)的实参包括一个 Pen，左上角的 x、y 坐标，以及所画矩形的宽度和高度。DrawPie 方法(第 47 行)将饼形作为椭圆的一部分绘制。椭圆的边界为矩形。DrawPie 方法的实参包括一个 Pen，矩形左上角的 x、y 坐标，它的宽度和高度，起始角(单位为度)以及饼形的夹角(度)。角度顺时针增加。FillEllipse 方法(第 50 行和第 57 行)、FillRectangle 方法(第 53~54 行)和 FillPie 方法(第 60~61 行)与不填充时相似，但实参中只有 Brush(如 SolidBrush)而不是 Pen。图 15.23 中的屏幕截图演示了一些所画的形体。

15.9　TreeView 控件

TreeView 控件用树显示节点层次。传统上，节点就是包含值的对象，并且可以引用其他的节点。父节点包含子节点，而子节点又可以是其他节点的父节点。具有相同父节点的两个子节点称为同胞节点。

树就是节点的集合,通常按照层次方式组织。树的第一个父节点是根节点(TreeView 可以有多个根)。例如,计算机的文件系统可以表示为树。顶级目录(也许是 C 盘)为根,C 盘的每个子目录都是子节点,而每个子目录又都有自己的下级子目录。TreeView 控件可以显示层次信息,如前面提到的文件结构。第 19 章将更详细地讲解节点和树。图 15.24 显示了窗体上的 TreeView 控件。

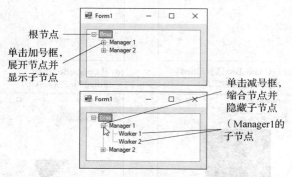

图 15.24　显示样本树的 TreeView 控件

在 TreeView 中,单击父节点左边的加号框或减号框,可以将它展开或缩合。没有子节点的节点则没有这些框。

TreeView 中的节点是 TreeNode 类的实例。每个 TreeNode 具有 Nodes 集合(类型为 TreeNodeCollection),包含其他的 TreeNode 列表,即它的子节点。Parent 属性返回父节点的引用(如果是根节点,则返回 null)。图 15.25 和图 15.26 中列出了 TreeView 和 TreeNode 的常见属性、TreeNode 的常见方法以及 TreeView 的常见事件。

TreeView 的属性和事件	描　　述
常见属性	
CheckBoxes	表示节点旁边是否出现复选框,true 值表示显示。默认为 false
ImageList	指定一个包含节点图标的 ImageList 对象。ImageList 对象是一个包含 Image 对象的集合
Nodes	将控件中的 TreeNode 集合作为 TreeNodeCollection 返回。它包含 Add 方法(添加一个 TreeNode 对象)、Clear 方法(删除全部集合)和 Remove 方法(删除指定节点)。删除父节点时,会同时删除它的所有子节点
SelectedNode	被选中的节点
常见事件(事件实参 TreeViewEventArgs)	
AfterSelect	当所选节点发生变化时产生。在设计模式中双击控件时,会产生这个默认事件

图 15.25　TreeView 的常见属性和事件

TreeNode 的属性和方法	描　　述
常见属性	
Checked	表示是否选中了 TreeNode(父 TreeView 中的 CheckBoxes 属性必须设置为 true)
FirstNode	指定 Nodes 集合中的第一个节点(即树的第一个子节点)
FullPath	节点从树根开始的路径
ImageIndex	当去选一个节点时,指定 TreeView 的 ImageList 中要显示的图像的索引
LastNode	指定 Nodes 集合中的最后一个节点(即树的最后一个子节点)
NextNode	下一个同胞节点
Nodes	包含在当前节点中的 TreeNode 集合(即当前节点的全部子节点)。它包含 Add 方法(添加一个 TreeNode 对象)、Clear 方法(删除全部集合)和 Remove 方法(删除指定节点)。删除父节点时,会同时删除它的所有子节点

图 15.26　TreeNode 的常见属性和方法

TreeNode 的属性和方法	描述
PrevNode	前一个同胞节点
SelectedImageIndex	当选择一个节点时，指定 TreeView 的 ImageList 中要显示的图像的索引
Text	指定 TreeNode 的文本
常见方法	
Collapse	缩合节点
Expand	展开节点
ExpandAll	展开节点的所有子节点
GetNodeCount	返回子节点个数

图 15.26(续)　TreeNode 的常见属性和方法

为了可视化地将节点加进 TreeView 中，可单击 Properties 窗口中 Nodes 属性旁边的省略号。这会打开 TreeNode Editor 窗口(见图 15.27)，显示表示 TreeView 的一个空树。其中的按钮用来创建根节点以及增加或删除节点。右边是当前节点的属性，在此可重命名节点。

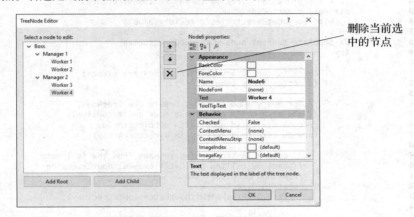

图 15.27　TreeNode Editor 窗口

为了通过程序添加节点，需首先创建根节点。即创建新的 TreeNode 对象并传入要显示的字符串。然后，调用 Add 方法，将这个新的 TreeNode 加进 TreeView 的 Nodes 集合中。这样，为了将根节点添加到 TreeView myTreeView 中，可编写：

　　myTreeView.Nodes.Add(**new** TreeNode(*rootLabel*));

其中，*myTreeView* 是要增加节点的 TreeView，*rootLabel* 是 *myTreeView* 中要显示的文本。为了在根节点上增加子节点，需将新的 TreeNode 加进它的 Nodes 集合中。可以用下列语句从 TreeView 中选择合适的根节点：

　　myTreeView.Nodes[*myIndex*]

其中，*myIndex* 是 *myTreeView* 的 Nodes 集合中的根节点索引。通过与将根节点加进 *myTreeView* 相同的过程，可以将节点加进子节点中。为了在索引 *myIndex* 处的根节点上增加子节点，需用下列语句：

　　myTreeView.Nodes[*myIndex*].Nodes.Add(**new** TreeNode(*ChildLabel*));

TreeViewDirectoryStructureForm 类(见图 15.28)用 TreeView 显示用户选择的目录内容，文本框和按钮用于指定目录。首先，输入希望显示的完整目录路径。然后，单击按钮，将指定目录设置为 TreeView 的根节点。这个目录中的每个子目录都会成为子节点。这种布局与 Windows Explorer 相似。单击文件夹左边的加号框或减号框，可以展开或缩合它。

```csharp
 1   // Fig. 15.28: TreeViewDirectoryStructureForm.cs
 2   // Using TreeView to display directory structure.
 3   using System;
 4   using System.Windows.Forms;
 5   using System.IO;
 6
 7   namespace TreeViewDirectoryStructure
 8   {
 9      // Form uses TreeView to display directory structure
10      public partial class TreeViewDirectoryStructureForm : Form
11      {
12         string substringDirectory; // store last part of full path name
13
14         // constructor
15         public TreeViewDirectoryStructureForm()
16         {
17            InitializeComponent();
18         }
19
20         // populate current node with subdirectories
21         public void PopulateTreeView(
22            string directoryValue, TreeNode parentNode)
23         {
24            // array stores all subdirectories in the directory
25            string[] directoryArray =
26               Directory.GetDirectories(directoryValue);
27
28            // populate current node with subdirectories
29            try
30            {
31               // check to see if any subdirectories are present
32               if (directoryArray.Length != 0)
33               {
34                  // for every subdirectory, create new TreeNode,
35                  // add as a child of current node and recursively
36                  // populate child nodes with subdirectories
37                  foreach (string directory in directoryArray)
38                  {
39                     // obtain last part of path name from the full path
40                     // name by calling the GetFileNameWithoutExtension
41                     // method of class Path
42                     substringDirectory =
43                        Path.GetFileNameWithoutExtension(directory);
44
45                     // create TreeNode for current directory
46                     TreeNode myNode = new TreeNode(substringDirectory);
47
48                     // add current directory node to parent node
49                     parentNode.Nodes.Add(myNode);
50
51                     // recursively populate every subdirectory
52                     PopulateTreeView(directory, myNode);
53                  }
54               }
55            }
56            catch (UnauthorizedAccessException)
57            {
58               parentNode.Nodes.Add("Access denied");
59            }
60         }
61
62         // handles enterButton click event
63         private void enterButton_Click(object sender, EventArgs e)
64         {
65            // clear all nodes
66            directoryTreeView.Nodes.Clear();
67
68            // check if the directory entered by user exists
69            // if it does, then fill in the TreeView,
70            // if not, display error MessageBox
71            if (Directory.Exists(inputTextBox.Text))
72            {
73               // add full path name to directoryTreeView
74               directoryTreeView.Nodes.Add(inputTextBox.Text);
```

图 15.28 用来显示目录结构的 TreeView

```
75
76          // insert subfolders
77          PopulateTreeView(
78              inputTextBox.Text, directoryTreeView.Nodes[ 0 ]);
79      }
80      // display error MessageBox if directory not found
81      else
82      {
83          MessageBox.Show(inputTextBox.Text + " could not be found.",
84              "Directory Not Found", MessageBoxButtons.OK,
85              MessageBoxIcon.Error);
86      }
87   }
88 }
89 }
```

(a) 用户输入一个目录路径之后的GUI　　(b) 用户按下回车键，显示目录的内容之后的GUI

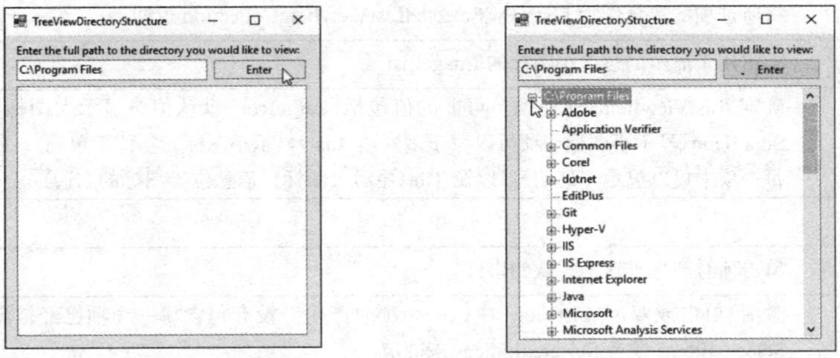

图 15.28（续）　用来显示目录结构的 TreeView

用户单击 enterButton 时，会清空 directoryTreeView 中的所有节点（第 66 行）。然后，如果目录存在（第 71 行），则可用 inputTextBox 中输入的路径创建根节点。第 74 行将这个目录作为根节点加进 directoryTreeView 中，第 77~78 行调用 PopulateTreeView 方法（第 21~60 行），它的实参是目录（字符串）和父节点。然后，PopulateTreeView 方法创建与实参所指目录的子目录对应的子节点。

PopulateTreeView 方法（第 21~60 行）用 Directory 类（位于 System.IO 命名空间）的 GetDirectories 方法（第 25~26 行）获得子目录清单。GetDirectories 方法的实参是一个字符串（当前目录），它返回字符串数组（子目录）。如果由于安全原因无法访问这个目录，则抛出 UnauthorizedAccessException 异常。第 56~59 行会捕获这个异常，并会增加一个包含 "Access denied" 的节点，而不是显示子目录。

如果子目录可以访问，则第 42~43 行用 Path 类的 GetFileNameWithoutExtension 方法将完整路径名缩短为目录名，以提高可读性。Path 类提供将文件或目录路径作为字符串处理的功能。然后，用 directoryArray 中的每个字符串创建一个新的子节点（第 46 行）。我们用 Add 方法（第 49 行）将每个子节点加进父节点中。接着，对每个子目录递归调用 PopulateTreeView 方法（第 52 行），最终会建成整个目录结构的 TreeView。当程序载入大的目录时，递归算法可能会导致延迟。但是，一旦文件夹名加进相应的 Nodes 集合之后，就可以不带延迟地展开和缩合。下一小节中，将介绍另一种解决这个问题的算法。

15.10　ListView 控件

ListView 控件和 ListBox 类似，二者都显示一个列表，用户能够从中选择一个或多个项（图 15.31 显示了 ListView 的一个例子）。但是，ListView 更加灵活多变，可以用不同的格式显示项。例如，ListView 可以在列表项旁边显示图标（由它的 SmallImageList、LargeImageList 或 StateImageList 属性控制），并且可以在一个列中显示项的细节。MultiSelect 属性（布尔值）确定是否可以选择多个项。将 CheckBoxes 属性（布尔值）设置为 true，就可以包括复选框，使 ListView 的外观类似于 CheckedListBox。View 属性指定 ListBox 的布局。Activation 属性确定用户选择列表项的方法。图 15.29 解释了这些属性和 Click、ItemActivate 事件的细节。

ListView 的属性和事件	描述
常见属性	
Activation	决定用户如何激活一个项。这个属性的参数是 ItemActivation 枚举中的一个值。可能的值包括 OneClick(单击激活)、TwoClick(双击激活，鼠标移动到项的上面时改变颜色)以及 Standard(默认值，双击激活，项不改变颜色)
CheckBoxes	表示项旁边是否出现复选框，如果为 true 则显示。默认为 false
LargeImageList	指定用于显示的包含大图标的 ImageList
Items	返回控件中的 ListViewItem 集合
MultiSelect	确定是否允许进行多项选择。默认值为 true，允许进行多项选择
SelectedItems	将所选项的集合作为 ListView.SelectedListViewItemCollection 返回
SmallImageList	指定用于显示的包含小图标的 ImageList
View	确定 ListViewItem 的外观。可能的值包括 LargeIcon(默认值，显示大图标，项可以位于多列)、SmallIcon(显示小图标，项可以位于多列)、List(显示小图标，项位于单列)、Details(与 List 相似，但每个项中可以显示多列信息)以及 Tile(显示大图标，信息位于图标的右边)
常见事件	
Click	单击项时产生。这是默认的事件
ItemActivate	激活(单击或双击)ListView 中的一个项时产生。没有包含哪一个项已经被激活的信息，可以使用 SelectedItems 或者 SelectedIndices 来确定

图 15.29　ListView 的常见属性和事件

ListView 中可以定义作为 ListView 项图标的图像。为了显示图像，要求有 ImageList 组件。可以将 ImageList 组件从 Toolbox 拖到窗体上来创建这个组件。然后，选择 Properties 窗口的 Images 属性，显示 Images Collection Editor 窗口(见图 15.30)。在这里可以浏览希望加进 ImageList 的图像，ImageList 包含一组图像。增加图像后，可以将它嵌入程序中(像资源一样)，因此在发布的程序中不需要单独包含它们。不过，它们不是项目的一部分。这个示例中，我们通过程序增加图像而不是使用 Images Collection Editor，以便能使用图像资源。创建了一个空的 ImageList 之后，将文件以及文件夹图像(随本章的示例提供)作为资源添加到项目中。接下来，将 ListView 的 SmallImageList 属性设置成新的 ImageList 对象。SmallImageList 属性指定用于小图标的图像列表，LargeImageList 属性设置用于大图标的图像列表。ListView 中的每一项均为 ListViewItem 类型。为了选择 ListView 项的图标，需将项的 ImageIndex 属性设置为对应的索引。

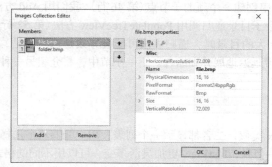

图 15.30　包含 ImageList 组件的 Images Collection Editor 窗口

ListViewTestForm 类(见图 15.31)在 ListView 中显示文件和文件夹，并用小图标表示每个文件或文件夹。如果由于权限设置使文件或文件夹无法访问，则会出现一个消息框。程序会扫描所浏览的目录内容，而不是立即对整个磁盘进行索引。

```csharp
1   // Fig. 15.31: ListViewTestForm.cs
2   // Displaying directories and their contents in a ListView.
3   using System;
4   using System.Windows.Forms;
5   using System.IO;
6
7   namespace ListViewTest
8   {
9      // Form contains a ListView which displays
10     // folders and files in a directory
11     public partial class ListViewTestForm : Form
12     {
13        // store current directory
14        string currentDirectory = Directory.GetCurrentDirectory();
15
16        // constructor
17        public ListViewTestForm()
18        {
19           InitializeComponent();
20        }
21
22        // browse directory user clicked or go up one level
23        private void browserListView_Click(object sender, EventArgs e)
24        {
25           // ensure an item is selected
26           if (browserListView.SelectedItems.Count != 0)
27           {
28              // if first item selected, go up one level
29              if (browserListView.Items[0].Selected)
30              {
31                 // create DirectoryInfo object for directory
32                 DirectoryInfo directoryObject =
33                    new DirectoryInfo(currentDirectory);
34
35                 // if directory has parent, load it
36                 if (directoryObject.Parent != null)
37                 {
38                    LoadFilesInDirectory(directoryObject.Parent.FullName);
39                 }
40              }
41
42              // selected directory or file
43              else
44              {
45                 // directory or file chosen
46                 string chosen = browserListView.SelectedItems[0].Text;
47
48                 // if item selected is directory, load selected directory
49                 if (Directory.Exists(
50                    Path.Combine(currentDirectory, chosen)))
51                 {
52                    LoadFilesInDirectory(
53                       Path.Combine(currentDirectory, chosen));
54                 }
55              }
56
57              // update displayLabel
58              displayLabel.Text = currentDirectory;
59           }
60        }
61
62        // display files/subdirectories of current directory
63        public void LoadFilesInDirectory(string currentDirectoryValue)
64        {
65           // load directory information and display
66           try
67           {
68              // clear ListView and set first item
69              browserListView.Items.Clear();
70              browserListView.Items.Add("Go Up One Level");
71
72              // update current directory
73              currentDirectory = currentDirectoryValue;
74              DirectoryInfo newCurrentDirectory =
75                 new DirectoryInfo(currentDirectory);
```

图 15.31 在 ListView 中显示目录及内容

```csharp
 76
 77         // put files and directories into arrays
 78         DirectoryInfo[] directoryArray =
 79            newCurrentDirectory.GetDirectories();
 80         FileInfo[] fileArray = newCurrentDirectory.GetFiles();
 81
 82         // add directory names to ListView
 83         foreach (DirectoryInfo dir in directoryArray)
 84         {
 85            // add directory to ListView
 86            ListViewItem newDirectoryItem =
 87               browserListView.Items.Add(dir.Name);
 88
 89            newDirectoryItem.ImageIndex = 0;   // set directory image
 90         }
 91
 92         // add file names to ListView
 93         foreach (FileInfo file in fileArray)
 94         {
 95            // add file to ListView
 96            ListViewItem newFileItem =
 97               browserListView.Items.Add(file.Name);
 98
 99            newFileItem.ImageIndex = 1;   // set file image
100         }
101      }
102
103      // access denied
104      catch (UnauthorizedAccessException)
105      {
106         MessageBox.Show("Warning: Some files may not be " +
107            "visible due to permission settings",
108            "Attention", 0, MessageBoxIcon.Warning);
109      }
110   }
111
112   // handle load event when Form displayed for first time
113   private void ListViewTestForm_Load(object sender, EventArgs e)
114   {
115      // add icon images to ImageList
116      fileFolderImageList.Images.Add(Properties.Resources.folder);
117      fileFolderImageList.Images.Add(Properties.Resources.file);
118
119      // load current directory into browserListView
120      LoadFilesInDirectory(currentDirectory);
121      displayLabel.Text = currentDirectory;
122   }
123 }
124 }
```

(a) 显示程序的默认文件夹的GUI

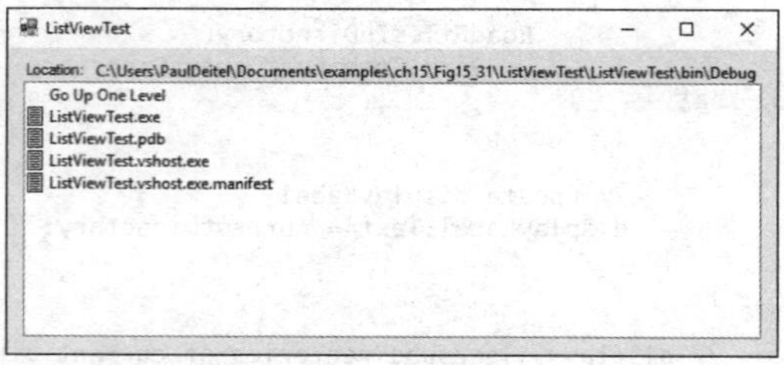

(b) 显示C:\Users目录内容的GUI

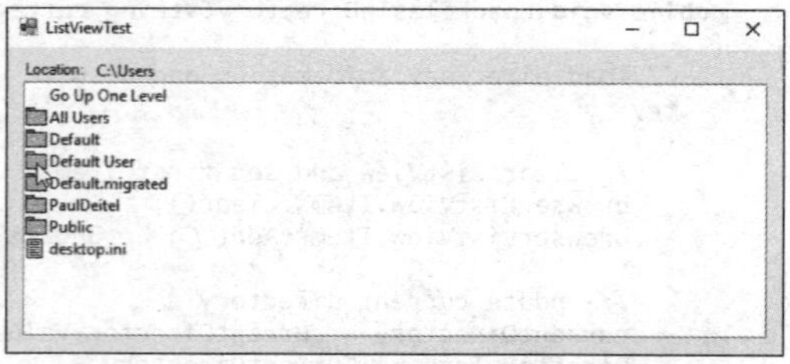

图 15.31(续)　在 ListView 中显示目录及内容

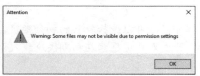

(c) 试图打开一个
无访问权限的
目录时出现的
对话框

图 15.31(续)　在 ListView 中显示目录及内容

ListViewTestForm_Load 方法

ListViewTestForm_Load 方法(第 113~122 行)处理窗体的 Load 事件。载入程序时,文件夹和文件图标图像会加进 fileFolderImageList 的 Images 集合中(第 116~117 行)。由于 ListView 的 SmallImageList 属性被设置成这个 ImageList,因此 ListView 可以将这些图像显示为每个项的图标。由于文件夹图标会首先加入,因此它的数组索引为 0,而文件图标的数组索引为 1。程序还在首次载入时将(第 14 行获得的)主目录载入 ListView 中(第 120 行),并显示目录路径(第 121 行)。

LoadFilesInDirectory 方法

LoadFilesInDirectory 方法(第 63~110 行)用传入的目录(currentDirectoryValue)建立 browserListView。它清除 browserListView 并添加元素 "Go Up One Level"。用户单击这个元素时,程序会向上移一层(稍后将介绍如何实现)。然后,这个方法创建 DirectoryInfo 对象,并用字符串 currentDirectory 初始化它(第 74~75 行)。如果没有浏览目录的权限,则抛出异常(并在第 104 行捕获)。LoadFilesInDirectory 方法与前一个程序(见图 15.28)的 PopulateTreeView 方法不同。LoadFilesInDirectory 不是装入硬盘中的所有文件夹,而是只装入当前目录中的文件夹和文件。

DirectoryInfo 类(位于 System.IO 命名空间)可以用来方便地浏览和操纵目录结构。GetDirectories 方法(第 79 行)返回 DirectoryInfo 对象数组,包含当前目录的子目录。类似地,GetFiles 方法(第 80 行)返回 FileInfo 类对象,它包含当前目录中的文件。Name 属性(DirectoryInfo 类和 FileInfo 类)只包含目录名或文件名。比如,包含的是 "temp" 而不是 "C:\myfolder\temp"。为了访问全名,需使用 FullName 属性。

第 83~90 行和第 93~100 行对当前目录中的子目录和文件进行迭代,将它们加进 browserListView 中。第 89 行和第 99 行设置新创建的项的 ImageIndex 属性。如果该项为目录,则将它的图标设置为目录图标(索引为 0);如果为文件,则将它的图标设置为文件图标(索引为 1)。

browserListView_Click 方法

用户单击 browserListView 控件时,会响应 browserListView_Click 方法(第 23~60 行)。第 26 行检查是否选择了任何一项。如果已经做出了选择,则第 29 行判断用户是否选中了 browserListView 中的第一项。browserListView 中的第一项总是 "Go Up One Level",如果选择的是它,则程序会尝试向上一级。第 32~33 行对当前目录创建一个 DirectoryInfo 对象。第 36 行测试 Parent 属性,以确保用户不位于目录树的根部。Parent 属性将父目录表示为 DirectoryInfo 对象。如果不存在父目录,则这个属性返回 null 值。如果存在父目录,则第 38 行将父目录的全名传入 LoadFilesInDirectory 方法。

如果用户没有选择 browserListView 中的第一项,则第 43~55 行允许用户继续在目录结构中导航。第 46 行创建字符串 chosen,并将所选项的文本(集合 SelectedItems 中的第一个项)赋予它。第 49~50 行判断用户是否选择了有效的目录(而不是文件)。利用 Path 类的 Combine 方法,程序组合字符串 currentDirectory 和 chosen,形成新的目录路径。当需要时,Combine 方法会自动在两个字符串之间加入反斜线。这个值会被传入 Directory 类的 Exists 方法。如果字符串参数是有效的目录,则 Exists 方法返回 true。这时,程序将字符串传入 LoadFilesInDirectory 方法(第 52~53 行)。最后,用新目录更新 displayLabel(第 58 行)。

这个程序能快速载入,因为它只对当前目录中的文件进行索引,当载入新目录时,可能有一点点延迟。此外,重新载入目录时可以看到目录结构中发生的变化。前一个程序(见图 15.28)最初时可能有较长的延迟,因为它载入的是整个目录结构。这种情况是软件世界中常见的事。

软件工程结论 15.2
当设计长时间运行的程序时，可以选择较长的初始延迟，以便在后面的运行中提高性能。但在短期运行的程序中，开发人员更愿意在初期快速载入，而在每个动作之后稍有延迟。

15.11 TabControl 控件

TabControl 控件可创建选项卡化窗口，比如 Visual Studio 中看到的那些（见图 15.32）。这样，就可以在窗体的同一个空间中指定更多信息，并可使显示的数据按照逻辑分组。TabControl 控件包含 TabPage 对象，它类似于 Panel 和 GroupBox。TabPage 对象中也可以包含控件。首先，将控件加进 TabPage 对象，然后将 TabPage 加进 TabControl 控件。一次只能显示一个 TabPage。为了将对象加进 TabPage 和 TabControl 控件，可以使用下列语句：

```
myTabPage.Controls.Add(myControl);
myTabControl.TabPages.Add(myTabPage);
```

这些语句会调用 Controls 集合和 TabPages 集合的 Add 方法。这里的示例将 TabControl *myControl* 加进 TabPage *myTabPage* 中，然后将 *myTabPage* 加进 *myTabControl* 中。或者，也可以用 AddRange 方法分别将一组 TabPage 加进 TabControl，或将一组控件加进 TabPage。图 15.33 显示了一个 TabControl 控件示例。

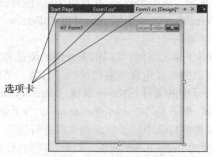

图 15.32　Visual Studio 中的选项卡化窗口

可以直观地添加这种控件，方法是在设计模式中将它们拖放到窗体上。为了在设计模式中添加 TabPage，可单击 TabControl 的顶部，打开它的智能任务菜单并选择 Add Tab（见图 15.34）。或者，也可以单击 Properties 窗口中的 TabPages 属性，并在出现的对话框中添加选项卡。为了改变选项卡的标签，可以设置 TabPage 的 Text 属性。如果是通过单击选项卡来选择 TabControl，即选择 TabPage，就需单击选项卡下面的控件区。为了将控件加进 TabPage，需从 Toolbox 中拖入一项。为了浏览不同的 TabPage，需单击对应的选项卡（设计模式或运行模式中都可以）。

图 15.33　包含 TabPages 的 TabControl 控件示例

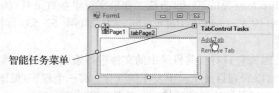

图 15.34　添加到 TabControl 的 TabPage

图 15.35 中描述了 TabControl 的常见属性和事件。当单击 TabPage 中的选项卡时,都会产生一个 Click 事件。这个事件的事件处理器可以通过双击 TabPage 的页面体创建。

TabControl 的属性和事件	描述
常见属性	
ImageList	指定在选项卡上显示的图像
ItemSize	指定选项卡的大小
Multiline	表明是否能将选项卡显示成多行
SelectedIndex	所选 TabPage 的索引
SelectedTab	被选中的 TabPage
TabCount	返回 TabPage 的数量
TabPages	将 TabControl 内 TabPage 的集合作为 TabControl.TabPageCollection 返回
常见事件	
SelectedIndexChanged	当 SelectedIndex 变化时(选择了另一个 TabPage)产生

图 15.35 TabControl 的常见属性和事件

UsingTabsForm 类(见图 15.36)用 TabControl 显示与标签中的文本有关的各种选项(Color、Size 和 Message)。最后一个 TabPage 显示 About 消息,它描述了 TabControl 的用法。

```csharp
1   // Fig. 15.36: UsingTabsForm.cs
2   // Using TabControl to display various font settings.
3   using System;
4   using System.Drawing;
5   using System.Windows.Forms;
6
7   namespace UsingTabs
8   {
9      // Form uses Tabs and RadioButtons to display various font settings
10     public partial class UsingTabsForm : Form
11     {
12        // constructor
13        public UsingTabsForm()
14        {
15           InitializeComponent();
16        }
17
18        // event handler for Black RadioButton
19        private void blackRadioButton_CheckedChanged(
20           object sender, EventArgs e)
21        {
22           displayLabel.ForeColor = Color.Black; // change color to black
23        }
24
25        // event handler for Red RadioButton
26        private void redRadioButton_CheckedChanged(
27           object sender, EventArgs e)
28        {
29           displayLabel.ForeColor = Color.Red; // change color to red
30        }
31
32        // event handler for Green RadioButton
33        private void greenRadioButton_CheckedChanged(
34           object sender, EventArgs e)
35        {
36           displayLabel.ForeColor = Color.Green; // change color to green
37        }
38
39        // event handler for 12 point RadioButton
40        private void size12RadioButton_CheckedChanged(
41           object sender, EventArgs e)
42        {
43           // change font size to 12
44           displayLabel.Font = new Font(displayLabel.Font.Name, 12);
45        }
46
```

图 15.36 用来显示各种字体设置的 TabControl

```csharp
47    // event handler for 16 point RadioButton
48    private void size16RadioButton_CheckedChanged(
49       object sender, EventArgs e)
50    {
51       // change font size to 16
52       displayLabel.Font = new Font(displayLabel.Font.Name, 16);
53    }
54
55    // event handler for 20 point RadioButton
56    private void size20RadioButton_CheckedChanged(
57       object sender, EventArgs e)
58    {
59       // change font size to 20
60       displayLabel.Font = new Font(displayLabel.Font.Name, 20);
61    }
62
63    // event handler for Hello! RadioButton
64    private void helloRadioButton_CheckedChanged(
65       object sender, EventArgs e)
66    {
67       displayLabel.Text = "Hello!"; // change text to Hello!
68    }
69
70    // event handler for Goodbye! RadioButton
71    private void goodbyeRadioButton_CheckedChanged(
72       object sender, EventArgs e)
73    {
74       displayLabel.Text = "Goodbye!"; // change text to Goodbye!
75    }
76  }
77 }
```

(a) 从Color选项卡中选择Red单选钮　　(b) 从Size选项卡中选择20 point单选钮

(c) 从Message选项卡中选择Goodbye!单选钮　　(d) 选择About选项卡

图 15.36(续)　用来显示各种字体设置的 TabControl

textOptionsTabControl 以及 colorTabPage、sizeTabPage、messageTabPage 和 aboutTabPage 都在设计模式中创建（见以前的介绍）。

- colorTabPage 包含三个单选钮，分别用于设置成黑色(blackRadioButton)、红色(redRadioButton)和绿色(greenRadioButton)。这个 TabPage 在图 15.36(a)中显示。每个单选钮的 CheckedChanged 事件处理器都会更新 displayLabel 中的文本颜色(第 22 行，第 29 行，第 36 行)。
- 图 15.36(b)中的 sizeTabPage 具有三个单选钮，分别对应于字号 12(size12RadioButton)、16(size16RadioButton)和 20(size20RadioButton)，用于改变 displayLabel 的字号，分别见第 44 行、第 52 行、第 60 行。
- 图 15.36(c)中的 messageTabPage 包含两个单选钮，对应消息 "Hello!" (helloRadioButton)和 "Goodbye!" (goodbyeRadioButton)。这两个单选钮决定了 displayLabel 上显示的文本(分别在第 67 行和第 74 行设置)。

- 图 15.36(d)中的 aboutTabPage 包含一个标签(messageLabel),用来描述 TabControl 的用途。

软件工程结论 15.3

TabPage 可以作为一个单选钮逻辑组的容器,保证单选钮会相互排斥。为了将多个单选钮组放在一个 TabPage 中,应在 TabPage 里用 Panel 或 GroupBox 分组单选钮。

15.12 多文档界面(MDI)窗口

前面的几章建立的都是单文档界面(single document interface,SDI)程序。这样的程序(包括 Microsoft 的记事本程序和画图程序)只支持在一个窗口中显示单个文档。为了编辑多个文档,用户必须执行 SDI 程序的多个实例。

许多复杂的程序都是多文档界面(multiple document interface,MDI)程序,它使用户可以同时编辑多个文档(如 Microsoft Office 产品)。MDI 程序还具有变得更加复杂的趋势——与画图程序相比,Paint Shop Pro 和 Photoshop 具有多得多的图像编辑特性。

MDI 程序的主程序窗口称为父窗口,而程序中的每个窗口称为子窗口。尽管每个 MDI 程序可以有许多子窗口,但只能有一个父窗口。而且,一次最多只能激活一个子窗口。子窗口本身不能作为自己的父窗口,也不能移到父窗口之外。除此之外,子窗口和其他任何窗口没有什么不同(可以关闭、最小化、调整大小,等等)。子窗口的功能可以不同于父窗口中其他子窗口的功能。例如,一个子窗口允许用户编辑图形,另一个子窗口允许编辑文本,第三个可以显示图形化的网络流量,但三者都位于同一个 MDI 父窗口之下。图 15.37 描述了一个包含两个子窗口的 MDI 程序。

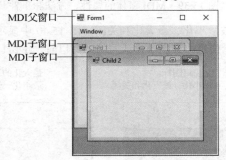

图 15.37 MDI 父窗口和两个子窗口

为了创建 MDI 窗体,需将窗体的 IsMdiContainer 属性设置为 true。这时,窗体的外观会发生改变,如图 15.38 所示。然后,创建一个要加进该窗体的子窗体类。为此,右击 Solution Explorer 中的项目名,并选择 Project > Add Windows Form,命名文件。可按照自己的想法编辑窗体。为了将子窗体加进父窗体中,必须创建一个新的子窗体对象,将它的 MdiParent 属性设置成父窗体,并调用子窗体对象的 Show 方法。一般而言,为了将子窗体加进父窗体,可以用下列代码:

```
ChildFormClass childForm = New ChildFormClass();
childForm.MdiParent = parentForm;
childForm.Show();
```

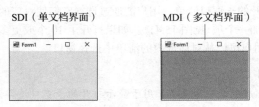

图 15.38 SDI 窗体和 MDI 窗体

大多数情况下，都是由父窗体创建子窗体，因此 parentForm 引用为 this 类型。创建子窗体的代码通常放在事件处理器中，它会响应用户操作而创建一个新窗口。创建新的子窗体的常用技术是菜单选择（比如，File 菜单下有一个子菜单选项 New，后面跟着子菜单选项 Window）。

Form 类的 MdiChildren 属性返回子窗体引用数组。它可以用于父窗体希望检查所有子窗体状态的情况。例如，保证在关闭父窗体之前已保存了所有子窗体的内容。ActiveMdiChild 属性返回活动子窗体的引用。如果没有活动子窗体，则返回 null。图 15.39 中描述了 MDI 窗体的其他特性。

MDI 窗体的属性、方法和事件	描　　述
常见的 MDI 子窗体属性	
IsMdiChild	表明窗体是否为一个 MDI 子窗体。true 表示是 MDI 子窗体（只读属性）
MdiParent	指定子窗体的 MDI 父窗体
常见的 MDI 父窗体属性	
ActiveMdiChild	返回当前被激活的 MDI 子窗体（如果没有，则返回 null）
IsMdiContainer	表明窗体能作为一个 MDI 父窗体。true 表明能作为 MDI 父窗体。默认为 false
MdiChildren	将 MDI 子窗体作为窗体数组返回
常见方法	
LayoutMdi	确定 MDI 父窗体中子窗体的显示方式。方法参数是一个 MdiLayout 枚举，它的可能取值为 ArrangeIcons、Cascade、TileHorizontal 和 TileVertical。图 15.42 中总结了每种取值的效果
常见事件	
MdiChildActivate	关闭或激活 MDI 子窗体时产生

图 15.39　MDI 窗体的属性、方法和事件

子窗口可以独立于父窗口被最小化、最大化和关闭。图 15.40 中显示了两个图像，一个包含两个最小化子窗口，另一个有最大化子窗口。当最小化或关闭父窗口时，子窗口也会被最小化或关闭。

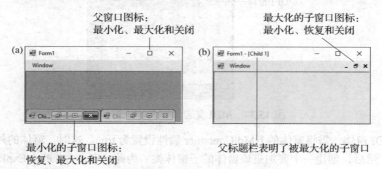

图 15.40　最小化和最大化子窗口

注意，图 15.40(b)的标题栏是 "Form1-[Child1]"。当最大化子窗口时，它的标题栏文本会插入到父窗口的标题栏中。当最大化或最小化子窗口时，它的标题栏中会显示一个恢复图标，可以使子窗口恢复成原有尺寸（最大化或最小化之前的尺寸）。

C#提供了帮助跟踪 MDI 容器中所打开子窗口的属性。MenuStrip 类的 MdiWindowListItem 属性，指定哪一个菜单（如有）显示打开的子窗口清单，用户能通过选择它们使对应的窗口置于前面。打开新的子窗口时，在清单末尾中会增加一个项（见图 15.41）。如果打开了 10 个或更多的子窗口，则清单会包含一个 More Windows 选项，使用户可以从对话框内的清单中选择窗口。

好的编程经验 15.1

创建 MDI 程序时，应包含一个菜单，用于显示打开的子窗口清单。这样做可使用户能够快速选择子窗口。

MDI 容器可以让用户安排子窗口的位置。MDI 程序中的子窗口,可以通过调用父窗的 LayoutMdi 方法进行布局。LayoutMdi 方法带有 MdiLayout 枚举,它的取值为 ArrangeIcons、Cascade、TileHorizontal 和 TileVertical。平铺窗口(Tiled window)表示完全填满父窗口且不重叠,这种窗口可以水平平铺(取值为 TileHorizontal)或垂直平铺(取值为 TileVertical)。层叠窗口(取值为 Cascade)可重叠,每个子窗口的大小相同,并会显示一个标题栏(如有)。ArrangeIcons 值会为任何最小化的子窗口安排一个图标。如果最小化窗口分散在父窗口中,则可以用 ArrangeIcons 值使它们在父窗口左下角整齐排列。图 15.42 演示了不同 MdiLayout 枚举值的显示效果。

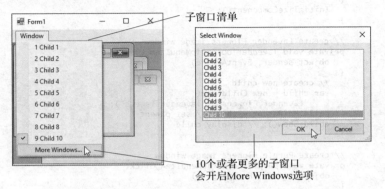

图 15.41　MenuStrip 属性 MdiWindowListItem 的效果示例

图 15.43 中的 UsingMDIForm 类演示了 MDI 窗口。UsingMDIForm 类使用了子窗体 ChildForm(见图 15.44)的三个实例,它们各包含一个图形框,用于显示图像。MDI 父窗体包含一个菜单,用户可以创建并安排子窗体。

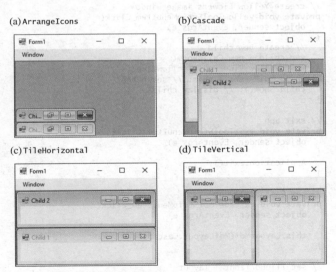

图 15.42　不同的 MdiLayout 枚举值的表现

MDI 父窗体

图 15.43 体现的是 UsingMDIForm 类,即程序的 MDI 父窗体。首先创建的这个窗体包含两个顶级菜单。第一个菜单是 File(fileToolStripMenuItem),它包含 Exit 项(exitToolStripMenuItem)和一个 New 子菜单(newToolStripMenuItem),New 子菜单由每个子窗体的项组成。第二个菜单是 Window(windowToolStripMenuItem),它提供布局 MDI 子窗体的选项以及一个活动 MDI 子窗体清单。

```csharp
1   // Fig. 15.43: UsingMDIForm.cs
2   // Demonstrating an MDI parent and MDI child windows.
3   using System;
4   using System.Windows.Forms;
5
6   namespace UsingMDI
7   {
8      // Form demonstrates the use of MDI parent and child windows
9      public partial class UsingMDIForm : Form
10     {
11        // constructor
12        public UsingMDIForm()
13        {
14           InitializeComponent();
15        }
16
17        // create Lavender Flowers image window
18        private void lavenderToolStripMenuItem_Click(
19           object sender, EventArgs e)
20        {
21           // create new child
22           var child = new ChildForm(
23              "Lavender Flowers", "lavenderflowers");
24           child.MdiParent = this; // set parent
25           child.Show(); // display child
26        }
27
28        // create Purple Flowers image window
29        private void purpleToolStripMenuItem_Click(
30           object sender, EventArgs e)
31        {
32           // create new child
33           var child = new ChildForm(
34              "Purple Flowers", "purpleflowers");
35           child.MdiParent = this; // set parent
36           child.Show(); // display child
37        }
38
39        // create Yellow Flowers image window
40        private void yellowToolStripMenuItem_Click(
41           object sender, EventArgs e)
42        {
43           // create new child
44           var child = new ChildForm(
45              "Yellow Flowers", "yellowflowers");
46           child.MdiParent = this; // set parent
47           child.Show(); // display child
48        }
49
50        // exit app
51        private void exitToolStripMenuItem_Click(
52           object sender, EventArgs e)
53        {
54           Application.Exit();
55        }
56
57        // set Cascade layout
58        private void cascadeToolStripMenuItem_Click(
59           object sender, EventArgs e)
60        {
61           this.LayoutMdi(MdiLayout.Cascade);
62        }
63
64        // set TileHorizontal layout
65        private void tileHorizontalToolStripMenuItem_Click(
66           object sender, EventArgs e)
67        {
68           this.LayoutMdi(MdiLayout.TileHorizontal);
69        }
70
71        // set TileVertical layout
72        private void tileVerticalToolStripMenuItem_Click(
73           object sender, EventArgs e)
74        {
75           this.LayoutMdi(MdiLayout.TileVertical);
```

图 15.43 演示 MDI 父窗口和子窗口

```
76        }
77      }
78    }
```

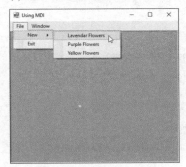

(a) 选择Lavender Flowers菜单项

(b) 显示的Lavender Flowers子窗口

(c) 选择Cascade菜单项

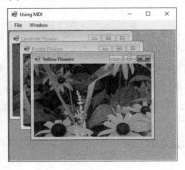

(d) MDI窗口中的层叠化子窗口

图 15.43(续)　演示 MDI 父窗口和子窗口

在 Properties 窗口中，将 Form 的 IsMdiContainer 属性设置为 true，使窗体成为 MDI 父窗体。此外，还将 MenuStrip 的 MdiWindowListItem 属性设置为 windowToolStripMenuItem，使 Window 菜单包含子 MDI 窗体清单。

Cascade 菜单项(cascadeToolStripMenuItem)具有一个事件处理器 cascadeToolStripMenuItem_Click (第 58~62 行)，它按层叠样式布置子窗口。这个事件处理器调用 LayoutMdi 方法，使用 MdiLayout 枚举中的 Cascade 值作为实参(第 61 行)。

Tile Horizontal 菜单项(tileHorizontalToolStripMenuItem)具有一个事件处理器(第 65~69 行)，它按水平样式布置子窗口。这个事件处理器调用 LayoutMdi 方法，使用 MdiLayout 枚举中的 TileHorizontal 值作为实参(第 68 行)。

最后，Tile Vertical 菜单项(tileVerticalToolStripMenuItem)具有一个事件处理器 tileVertical-ToolStripMenuItem_Click(第 72~76 行)，它按垂直样式布置子窗口。这个事件处理器调用 LayoutMdi 方法，使用 MdiLayout 枚举中的 TileVertical 值作为实参(第 75 行)。

MDI 子窗体

到目前为止，这个程序还不能算是完整的——还必须定义 MDI 子类。为此，右击 Solution Explorer 中的项目名称并选择 Add > Windows Form。然后，在对话框中将新类命名为 ChildForm(见图 15.44)。接下来，在 ChildForm 中添加图形框 displayPictureBox。在 ChildForm 构造函数的第 16 行，设置了标题栏文本。第 19~21 行取得合适的图像资源，并将它强制转换成 Image 并设置了 displayPictureBox 的 Image 属性。上述程序中使用的这些图像，可在本章示例目录的 Images 子文件夹下找到。

```csharp
 1   // Fig. 15.44: ChildForm.cs
 2   // Child window of MDI parent.
 3
 4   using System.Drawing;
 5   using System.Windows.Forms;
 6
 7   namespace UsingMDI
 8   {
 9      public partial class ChildForm : Form
10      {
11         public ChildForm(string title, string resourceName)
12         {
13            // Required for Windows Form Designer support
14            InitializeComponent();
15
16            Text = title; // set title text
17
18            // set image to display in PictureBox
19            displayPictureBox.Image =
20               (Image) (Properties.Resources.ResourceManager.GetObject(
21                  resourceName));
22         }
23      }
24   }
```

图 15.44　MDI 父窗体的子窗体

定义了 MDI 子类后，MDI 父窗体（见图 15.43）就可以创建新的子窗体了。第 18~48 行的事件处理器创建了一个的新子窗体，对应于所单击的菜单项。第 22~23 行、第 33~34 行和第 44~45 行，分别创建了 ChildForm 的新实例。第 24 行、第 35 行和第 46 行，分别将每个子窗体的 MdiParent 属性设置为父窗体。第 25 行、第 36 行和第 47 行，分别调用 Show 方法显示每个子窗体。

15.13　可视化继承

第 11 章探讨过如何通过继承创建类。还用继承创建过显示 GUI 的窗体，新的 Form 类是从 System.Windows.Forms.Form 类派生的。这是可视化继承（visual inheritance）的一个示例。派生的 Form 类包含 Form 基类的功能，包括基类的任何属性、方法、变量和控件。派生类还从它的基类继承所有的可视化特性——缩放、组件布局、GUI 控件间的间距、颜色以及字体。

利用可视化继承，可以获得视觉一致性。例如，可以定义一个基本窗体，它包含产品的标志、特定的背景色、预定义的菜单栏以及其他元素。然后，可以在整个程序中使用这个窗体，达到统一性和标识性。也可以创建继承其他控件的控件。例如，可以创建定制的 UserControl（见 15.14 节），它从现有控件派生而来。

创建基本窗体

VisualInheritanceBaseForm 类（见图 15.45）派生自 Form 类。图中的输出展示了 Form 类是如何起作用的。这个 GUI 包含两个标签，文本分别为 "Bugs, Bugs, Bugs" 和 "Copyright 2017, by Deitel & Associates, Inc."；还有一个按钮，它显示的文本为 "Learn More"。当用户单击 Learn More 按钮时，会调用 learnMoreButton_Click 方法（第 18~24 行）。这个方法显示一个消息框，提供某些包含信息的文本。

```csharp
 1   // Fig. 15.45: VisualInheritanceBaseForm.cs
 2   // Base Form for use with visual inheritance.
 3   using System;
 4   using System.Windows.Forms;
 5
 6   namespace VisualInheritanceBase
 7   {
 8      // base Form used to demonstrate visual inheritance
 9      public partial class VisualInheritanceBaseForm : Form
10      {
11         // constructor
```

图 15.45　用于可视化继承的基本窗体

```
12      public VisualInheritanceBaseForm()
13      {
14          InitializeComponent();
15      }
16
17      // display MessageBox when Button is clicked
18      private void learnMoreButton_Click(object sender, EventArgs e)
19      {
20          MessageBox.Show(
21              "Bugs, Bugs, Bugs is a product of deitel.com",
22              "Learn More", MessageBoxButtons.OK,
23              MessageBoxIcon.Information);
24      }
25  }
26 }
```

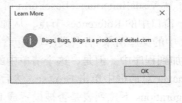

图 15.45(续)　用于可视化继承的基本窗体

声明和使用可复用类的步骤

为了使类能在多个程序中使用，就必须将它放入类库中，使它可复用。建立可复用类的步骤如下：

1. 声明一个公共类。如果类不是公共的，则它只能让同一个汇编过程中的其他类使用，即编译进同一个 .dll 文件或 .exe 文件。
2. 选择一个命名空间名称，并在源代码文件中增加一个 namespace 声明，表示可复用类的声明。
3. 将类编译进类库。
4. 在程序中增加类库的引用。
5. 使用这个类。

下面看一下这些步骤如何用于这个示例中。

步骤 1：创建一个公共类

这一步中，可以使用图 15.45 中声明的公共类 VisualInheritanceBaseForm。默认情况下，应将新创建的每个 Form 类都声明成公共类。

步骤 2：添加 namespace 声明

第二步是使用 IDE 创建的 namespace 声明。默认情况下，程序员定义的每个新类，都被放置在与项目名称相同的命名空间中。本书的几乎每个示例中，都可以看到能从诸如 .NET Framework 类库的已有库中，将类导入 C#程序。每个类都属于某个命名空间，其中包含一组相关的类。随着程序越来越复杂，命名空间能帮助程序员管理程序组件的复杂性。类库和命名空间还可以促进软件复用，使程序可以添加其他命名空间中的类(就像本书的许多示例中那样)。本书前面几章的示例中，删除了命名空间声明，是因为不需要它们。

将一个类放进 namespace 声明中，表示这个类是该命名空间的一部分。namespace 名称是完全限定类名的一部分，所以类名 VisualInheritanceTestForm 实际上是 VisualInheritanceBase.VisualInheritanceBaseForm。程序中可以使用这个完全限定类名，也可以用 using 指令和简单名称(非限定类名 VisualInheritanceBaseForm)。如果其他命名空间中也有名称相同的类，则可以用完全限定类名来加以区分，以避免名称冲突(也称为名称碰撞)。

步骤 3：编译类库

为了让其他窗体继承 VisualInheritanceForm，必须将 VisualInheritanceForm 打包成一个类库，并将它编译进一个 .dll 文件中。这样的文件称为动态链接库(dynamically linked library)，它是一种打包类的方式，以便程序员能从其他程序中引用这些类。右击 Solution Explorer 中的项目名称，并选择 Properties，然后单击 Application 标签。在 Output type 下拉列表中，将 Windows Application 改成 Class Library。这样，建立这个项目就会产生 .dll 文件。当首次创建项目时，选择 New Project 对话框中的 Class Library 模板，即可将项目配置成类库。(注：类库不能作为单独的程序执行。图 15.45 中的屏幕截图，是在将项目配置成类库之前得到的。)

步骤 4：添加类库引用

类编译并存储到类库文件之后，可以从任何程序中引用这个库，只要告诉 Visual Studio 到哪里找这个类库文件即可。为了从 VisualInheritanceBaseForm 可视化地继承，需首先创建一个新的 Windows 程序。右击 Solution Explorer 窗口中的 References 节点，从弹出的菜单中选择 Add Reference。出现的对话框中包含 .NET Framework 中的类库清单。有些类库(如包含 System 命名空间的类库)是所有程序都会用到的，因此 IDE 会将它们添加到程序中。但是，这个清单中的类库并不会自动加入。

在 Reference Manager 对话框中单击 Browse，然后单击 Browse 按钮。当构建类库时，根据 IDE 工具栏中的 Solution Configurations 下拉列表是否被设置成 Debug 或者 Release，Visual C#会将 .dll 文件放置在项目的 bin\Debug 或者 bin\Release 文件夹下。在 Browse 选项卡中，可以导航到步骤 3 所建类库文件的目录(如图 15.46 所示)，选择 .dll 文件并单击 Add 按钮。

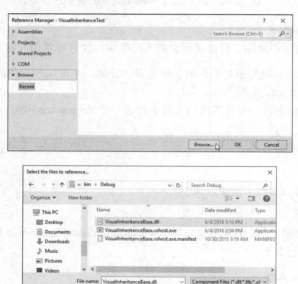

图 15.46 使用 Reference Manager 对话框浏览 .dll 文件

步骤 5：使用从基本窗体派生的类

打开定义新程序 GUI 的文件，修改定义类的那一行，使程序的窗体必须从 VisualInheritanceBaseForm 类继承。现在，声明类的行应该如下所示：

```
public partial class VisualInheritanceTestForm :
    VisualInheritanceBase.VisualInheritanceBaseForm
```

除非在 using 指令中指定了命名空间 VisualInheritanceBase，否则必须使用完全限定类名 VisualInheritanceBase.VisualInheritanceBaseForm。在设计视图中，新程序的窗体现在应显示继承自基本窗体的控件(见图 15.47)。现在，可以向窗体中增加更多的组件。

图 15.47 演示可视化继承的窗体

VisualInheritanceTestForm 类

VisualInheritanceTestForm 类（见图 15.48）是从 VisualInheritanceBaseForm 派生的类，它的输出描述了程序的功能。VisualInheritanceTestForm 继承了基类 VisualInheritanceBaseForm 的组件、布局和功能（见图 15.45）。我们增加了另一个按钮，它的文本为 "About this Program"。用户单击这个按钮时，会调用 aboutButton_Click 方法（见图 15.48 第 19~25 行）。这个方法会显示另一个消息框，提供包含不同信息的文本（第 21~24 行）。

```csharp
1  // Fig. 15.48: VisualInheritanceTestForm.cs
2  // Derived Form using visual inheritance.
3  using System;
4  using System.Windows.Forms;
5
6  namespace VisualInheritanceTest
7  {
8     // derived form using visual inheritance
9     public partial class VisualInheritanceTestForm :
10        VisualInheritanceBase.VisualInheritanceBaseForm
11    {
12       // constructor
13       public VisualInheritanceTestForm()
14       {
15          InitializeComponent();
16       }
17
18       // display MessageBox when Button is clicked
19       private void aboutButton_Click(object sender, EventArgs e)
20       {
21          MessageBox.Show(
22             "This program was created by Deitel & Associates.",
23             "About This Program", MessageBoxButtons.OK,
24             MessageBoxIcon.Information);
25       }
26    }
27 }
```

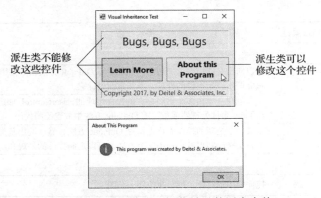

图 15.48 演示可视化继承的派生窗体

如果用户单击 Learn More 按钮，则基类事件处理器 learnMoreButton_Click 会处理这个事件。由于

VisualInheritanceBaseForm 用私有访问修饰符声明控件，因此 VisualInheritanceTestForm 类不能以任何方法修改从 VisualInheritanceBaseForm 类继承的控件。IDE 中继承控件的左上角显示了一个小图标，表示它们是继承的，不能改变。

15.14 用户定义的控件

.NET Framework 允许创建定制控件。这些定制控件出现在用户的 Toolbox 中，可以像按钮、标签和其他预定义控件一样加进窗体、面板或组框中。创建定制控件的最简单方法，是从现有控件（如标签）派生一个类。这样，可以在现有控件中增加功能，而不必重新实现现有控件。例如，可以创建新型的标签，它的功能和普通标签相同但外观不同。为此，可以从 Label 类继承标签并重写 OnPaint 方法。

OnPaint 方法

所有的控件都有 OnPaint 方法，当必须重画组件时系统会调用这个方法（如缩放组件时）。接收 PaintEventArgs 对象的方法包含图形信息——Graphics 属性是要画的图形对象，ClipRectangle 属性定义控件的矩形边界。只要系统发出一个在屏幕上画控件的 Paint 事件，控件就会捕获这个事件并调用它的 OnPaint 方法。在执行程序员定制的绘制代码之前，必须在重写的 OnPaint 实现中显式地调用基类的 OnPaint 方法。大多数情况下，这样做可以保证执行原先的绘制代码以及在定制控件的类中定义的代码。

创建新的控件

为了创建由现有控件构成的新控件，需使用 UserControl 类。加进定制控件的控件，称为构成控件 (constituent control)。例如，程序员可以创建一个 UserControl，它由按钮、标签和文本框组成，各有相关的功能（如按钮的功能是将标签的文本设置成文本框中的文本）。UserControl 充当加入其中的控件的容器的角色。UserControl 包含构成控件，但无法判断应该如何显示这些构成控件。为了控制每个构成控件的外观，必须处理每个控件的 Paint 事件或者重写 OnPaint 事件。传入 Paint 事件处理器和 OnPaint 方法的是一个 PaintEventArgs 对象，它可以用来在构成控件上画图形（直线、矩形，等等）。

采用另一种技术，程序员可以创建一个继承自 Control 类的全新控件。这个类不定义任何特定的行为，行为需由程序员定义。Control 类处理与所有控件相关联的项，比如事件和缩放句柄。OnPaint 方法应包含对基类 OnPaint 方法的调用，它会调用 Paint 事件处理器。由程序员在重写的 OnPaint 方法中添加绘制定制图形的代码。这种技术提供了极大的灵活性，但也更需要规划。图 15.49 总结了定制控件的创建。

定制控件技术和 PaintEventArgs 属性	描 述
定制控件技术	
从 Windows 窗体控件继承	可以向已有的控件添加功能。如果重写 OnPaint 方法，需调用基类的 OnPaint 方法。只能调用原始控件的外观，不能重新设计它
创建一个 UserControl	可以创建一个由多个已经存在的控件组成的 UserControl（如组合它们的功能）。可以在 Paint 事件处理器或重写的 OnPaint 方法中放置绘图代码
从 Control 类继承	定义一个全新的控件。首先重写 OnPaint 方法，然后调用基类方法 OnPaint，用这两个方法来绘制控件。利用这个方法，可以定制控件的外观和功能
PaintEventArgs 属性	
Graphics	控件的图形对象，用于在控件上画图
ClipRectangle	指定表明控件边界的矩形

图 15.49 定制控件的创建

时钟控件

图 15.50 中的程序创建了一个时钟控件。这个 UserControl 由一个标签(Label)和一个定时器(Timer)组成,只要定时器发出事件(本例中为每秒发出一个事件),标签就会更新,反映当前的时间。

```csharp
1   // Fig. 15.50: ClockUserControl.cs
2   // User-defined control with a Timer and a Label.
3   using System;
4   using System.Windows.Forms;
5
6   namespace ClockExample
7   {
8       // UserControl that displays the time on a Label
9       public partial class ClockUserControl : UserControl
10      {
11          // constructor
12          public ClockUserControl()
13          {
14              InitializeComponent();
15          }
16
17          // update Label at every tick
18          private void clockTimer_Tick(object sender, EventArgs e)
19          {
20              // get current time (Now), convert to string
21              displayLabel.Text = DateTime.Now.ToLongTimeString();
22          }
23      }
24  }
```

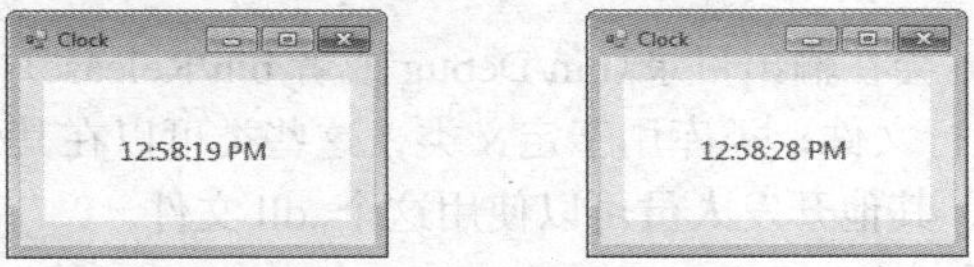

图 15.50 包含定时器和标签的用户定义的控件

定时器

Timer(位于 System.Windows.Forms 命名空间)是一种非可视组件,它根据设定的时间间隔发出 Tick 事件。这个间隔用 Timer 的 Interval 属性设置,它定义事件之间的毫秒数。默认情况下,会禁用定时器,不产生事件。

添加用户定义的控件(即用户控件)

上述程序包含一个用户控件(ClockUserControl)和一个窗体(显示这个用户控件)。首先创建一个 Windows 程序,然后选择 Project > Add User Control,创建一个 UserControl 类。这会显示一个对话框,从中可以选择要添加的项类型——用户控件已经被选中了。然后,将文件(以及类)命名为 ClockUserControl。空的 ClockUserControl 显示为灰色矩形。

设计用户控件

可以将这个控件当成 Windows 窗体,这意味着可以用 Toolbox 添加控件,用 Properties 窗口设置属性。不过,我们不是在创建程序,只是创建由其他控件组成的一个新控件。在 UserControl 中添加标签 displayLabel 和定时器 clockTimer。将定时器间隔设置为 1000 毫秒,并设置每个 Tick 事件的 displayLabel 的文本(第 18~22 行)。为了产生事件,必须启用 clockTimer,即在 Properties 窗口中将 Enabled 属性设置为 true。

DateTime 结构(位于 System 命名空间)包含 Now 属性,它返回当前时间。ToLongTimeString 方法将 Now 转换成包含当前时、分、秒(以及 AM 或 PM)的字符串。我们用它在 displayLabel 中设置时间(第 21 行)。

创建之后,时钟控件就会作为 Toolbox 中的一项出现,其标题名称为 ProjectName Components,其中 ProjectName 就是程序员定义的项目名称。在工具箱中能够看到时钟控件之前，可能需要先切换到程序的窗体。为了使用这个控件，只需将它拖到窗体上并运行 Windows 程序即可。我们指定 ClockUserControl 对象用白色背景，使它在窗体中更突出。图 15.50 显示了 Clock 的输出，其中包含 ClockUserControl。Clock 中没有事件处理器，因此我们只显示 ClockUserControl 的代码。

与其他开发人员共享定制控件

Visual Studio 使用户可以和其他开发人员共享定制控件。为了创建可以提供给其他解决方案的 UserControl，需遵循如下步骤：

1. 创建一个新的 Class Library 项目。
2. 删除程序提供的 Classl.cs。
3. 右击 Solution Explorer 中的项目名称，并选择 Add > User Control，命名用户控件文件，然后单击 Add 按钮。
4. 在项目中，为 UserControl 增加控件和功能（见图 15.51）。

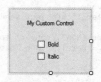

图 15.51　定制控件的创建

5. 构建项目。Visual Studio 会在输出目录（bin/Debug 或者 bin/Release）中创建 UserControl 的 .dll 文件。这个文件不是可执行文件；类库用于定义类，这些类可以在其他可执行程序中复用。利用下面的步骤 6 和步骤 7，其他开发人员可以使用这个 .dll 文件。
6. 创建新的 Windows 程序。
7. 在这个 Windows 程序中，右击 Toolbox 并选择 Choose Items。在出现的 Choose Toolbox Items 对话框中，单击 Browse 按钮。浏览步骤 1~5 中所创建的类库的 .dll 文件。然后，这个项会出现在 Choose Toolbox Items 对话框的 .NET Framework Components 选项卡下。如果还没有被复选，则复选该项。单击 OK 按钮，将它加进 Toolbox 中。现在，这个控件就像任何其他控件一样，可以加进窗体中。

15.15　小结

如今的许多商用程序都提供 GUI，人们很容易使用和操纵它。由于存在用户友好的 GUI 的需求，因此设计复杂 GUI 的能力是一种重要的编程技巧。Visual Studio 的 IDE 使 GUI 开发变得快速且容易。第 14 章和第 15 章讲解了基本的 Windows 窗体 GUI 开发技术。本章演示了如何创建菜单，使用户能很容易地访问程序的功能。本章讲解了 DateTimePicker 和 MonthCalendar 控件，它们使用户能够输入日期和时间值。接着演示了 LinkLabel 控件的用法，它用于将用户链接到程序或 Web 页面。我们用几个控件向用户提供数据清单，如 ListBox、CheckedListBox 和 ListView。并用 ComboBox 控件创建下拉列表，用 TreeView 控件显示层次式数据。然后介绍了复杂 GUI，它们使用选项卡化窗口和多文档界面。最后演示了可视化继承和创建定制控件的方法。下一章中将讲解字符串和字符的处理。

摘要

15.2 节　菜单
- 菜单为 Windows 窗体程序提供一组相关联的命令。

- 展开的菜单会列出子菜单和菜单项。
- 包含菜单项的菜单是菜单项的父菜单。包含子菜单的菜单项被看成是这个子菜单的父菜单。
- 所有的菜单和菜单项,都可以有快捷键。
- 有些菜单项会显示复选标志,表示这个菜单可以同时选择多个选项。
- MenuStrip 控件用于创建 GUI 中的菜单。
- 顶级菜单和它的菜单项是用 ToolStripMenuItem 表示的。
- 为了创建访问快捷键,需在字母前面加 "&" 符号,使它在菜单中显示下画线。
- 为了添加其他的快捷键,可设置 ToolStripMenuItem 的 ShortcutKeys 属性。
- 将 ShowShortcutKeys 属性设置成 false,可以隐藏快捷键。通过修改 ShortcutKeyDisplayString 属性,可以改变快捷键在菜单项中的显示方式。
- 菜单项的 Checked 属性用于在菜单项的左边显示一个复选标记。

15.3 节 MonthCalendar 控件
- MonthCalendar 控件用于显示月历。
- 用户可以选择当前月份中的某个日期,也可以转移到另一个月份。
- 当选择了一个新的日期时,会发生 MonthCalendar 的 DateChanged 事件。

15.4 节 DateTimePicker 控件
- 可以用 DateTimePicker 控件从用户处读取日期和时间信息。
- DateTimePicker 类的 Format 属性可指定供用户选择的选项。
- 当所选的值发生变化时,会发生 DateTimePicker 的 ValueChanged 事件。

15.5 节 LinkLabel 控件
- LinkLabel 控件显示到其他资源(如文件或 Web 页面)的链接。
- LinkLabel 控件显示带下画线的文本(默认为蓝色)。当鼠标移到链接上时,指针会变成手形,类似于 Web 页面中的超链接行为。
- 可以改变链接的颜色,表示还没有访问过的链接、以前访问过的链接或活动链接。
- 单击 LinkLabel 控件时,会产生 LinkClicked 事件。

15.6 节 ListBox 控件
- ListBox 控件允许用户查看并选择列表中的多个项。
- ListBox 的 SelectionMode 属性确定了可被选中的项数。
- 用户选择一个新项时,会产生 ListBox 类的 SelectedIndexChanged 事件。
- Items 属性返回 ListBox 中的项集合。
- SelectedItem 属性返回 ListBox 中当前所选中的项。
- 利用 Add 方法,可将项添加到 ListBox 的 Items 集合中。
- 也可以直观地将项加进 ListBox 和 CheckedListBox,只需使用 Properties 窗口中的 Items 属性即可。

15.7 节 CheckedListBox 控件
- CheckedListBox 控件扩展 ListBox 控件,在列表中的每个项旁边加上了复选框。
- 项可以通过 Add 方法和 AddRange 方法添加,也可以通过 String Collection Editor 添加。
- CheckedListBox 暗示可以复选多个项。
- 当用户复选或去选 CheckedListBox 的项时,会发生 CheckedListBox 事件 ItemCheck。

15.8 节 ComboBox 控件
- ComboBox 控件结合了文本框和下拉列表的特性。
- MaxDropDownItems 属性指定一次可以显示的最多项数。

- 可以用 Add 方法和 AddRange 方法在程序中将对象加进 Items 集合，也可以直观地使用 String Collection Editor。
- DropDownStyle 属性确定了 ComboBox 的类型，表示为 ComboBoxStyle 枚举，它包含值 Simple、DropDown 和 DropDownList。
- ComboBox 中最多可以选中一个项(如果没有被选中，则 SelectedIndex 的值为-1)。
- 当在 ComboBox 中改变所选的项时，会发生 SelectedIndexChanged 事件。

15.9 节 TreeView 控件
- TreeView 控件用树显示节点层次。
- 传统上，节点就是包含值的对象，并且可以引用其他的节点。
- 父节点包含子节点，而子节点又可以是其他节点的父节点。
- 具有相同父节点的两个子节点，称为同胞节点。
- 树就是节点的集合，通常按照层次方式组织。树的第一个父节点为根节点——可以有多个根节点存在。
- TreeView 控件适合于显示层次式信息。
- 在 TreeView 中，单击父节点左边的加号框或减号框，可以将它展开或缩合。没有子节点的节点则没有这些框。
- TreeView 中显示的节点是 TreeNode 类的实例。
- 每个 TreeNode 都具有 Nodes 集合(类型为 TreeNodeCollection)，它包含 TreeNodes 的列表。
- 为了可视化地将节点加进 TreeView 中，可单击 Properties 窗口中 Nodes 属性旁边的省略号。这会打开 TreeNode Editor，显示表示 TreeView 的一个空树。
- 为了在程序中添加节点，需创建一个新的根 TreeNode 对象并向它传入要显示的字符串。然后，调用 Add 方法，将这个新的 TreeNode 加进 TreeView 的 Nodes 集合中。

15.10 节 ListView 控件
- ListView 控件和 ListBox 类似，二者都显示一个列表，用户能够从中选择一个或多个项。但是，ListView 更加灵活多变，可以用不同的格式显示项。
- MultiSelect 属性(布尔值)确定是否可以选择多个项。
- 为了显示图像，要求有 ImageList 组件。
- ListView 类的 SmallImageList 属性，指定用作小图标的图像列表。
- ListView 类的 LargeImageList 属性，指定用作大图标的图像列表。
- ListView 中的每一项均为 ListViewItem 类型。

15.11 节 TabControl 控件
- TabControl 控件用于创建选项卡化窗口。
- TabControl 控件包含 TabPage 对象。一次只能显示一个 TabPage。
- 可以直观地添加 TabControl 控件，方法是在设计模式中将它们拖放到窗体上。
- 为了在设计模式中添加 TabPage，需打开 TabControl 的智能任务菜单，并单击 Add Tab 选项，或者在 Properties 窗口中单击 TabPages 属性，然后在出现的对话框中添加选项卡。
- 当单击 TabPage 中的选项卡时，都会产生一个 Click 事件。

15.12 节 多文档界面(MDI)窗口
- MDI 程序的主程序窗口称为父窗口，而程序中的每个窗口称为子窗口。
- 子窗口不能同时作为自己的父窗口，也不能移到父窗口之外。
- 为了创建 MDI 窗体，需创建一个新窗体并将它的 IsMdiContainer 属性设置为 true。
- 为了将子窗体加进父窗体中，需创建一个新的子窗体对象，将它的 MdiParent 属性设置成父窗体，并调用子窗体对象的 Show 方法。

- MenuStrip 类的 MdiWindowListItem 属性指定哪个菜单（如有）显示打开的子窗口清单。
- MDI 容器可以让用户安排子窗口的位置。MDI 程序中的子窗口，可以通过调用父窗体的 LayoutMdi 方法进行布局。

15.13 节 可视化继承
- 利用可视化继承，程序员能根据已有的窗体创建新的窗体。派生的 Form 类包含 Form 基类的功能。
- 可视化继承同样适用于其他控件。
- 通过复用代码，可视化继承使得程序间获得了视觉一致性。
- 可复用的类通常会放置到一个类库中。
- 编译类库时，编译器会创建一个称为动态链接库的 .dll 文件，它是一种打包类的方式，以便程序员能从其他程序中引用这些类。

15.14 节 用户定义的控件
- .NET Framework 允许创建定制控件。
- 定制控件出现在用户的 Toolbox 中，可以像按钮、标签和其他预定义控件一样加进窗体、面板或组框中。
- 创建定制控件的最简单方法，是从现有控件（如标签）派生一个类。这样，可以在现有控件中增加功能，而不必重新实现现有控件。
- 为了创建由现有控件构成的新控件，需使用 UserControl 类。
- 加进定制控件的控件，称为构成控件。
- 程序员可以创建一个继承自 Control 类的全新控件。这个类不定义任何特定行为，需由程序员定义。
- Timer 是一种非可视组件，它在设定的时间间隔发出 Tick 事件。这个间隔用 Timer 的 Interval 属性设置，它定义事件之间的毫秒数。计时器默认是禁用的。

术语表

access shortcut 访问快捷键	ListBox class ListBox 类
Application class Application 类	ListView class ListView 类
cascaded window 层叠窗口	ListViewItem class ListViewItem 类
CheckedListBox class CheckedListBox 类	MenuStrip class MenuStrip 类
child node 子节点	MonthCalendar class MonthCalendar 类
child window 子窗口	multiple document interface (MDI) 多文档界面 (MDI)
ComboBox class ComboBox 类	
constituent controls 构成控件	node 节点
DateTime struct DateTime 结构	Nodes collection Nodes 集合
DateTimePicker class DateTimePicker 类	ObjectCollection class ObjectCollection 类
DayOfWeek enumeration DayOfWeek 枚举	PaintEventArgs class PaintEventArgs 类
DirectoryInfo class DirectoryInfo 类	parent node 父节点
.dll file .dll 文件	parent window 父窗口
dynamically linked library 动态链接库	Path class Path 类
FileInfo class FileInfo 类	Process class Process 类
hotkey 热键	root node 根节点
ImageList class ImageList 类	SelectionMode enumeration SelectionMode 枚举
keyboard shortcut 键盘快捷键	separator bar 分隔条
LinkLabel class LinkLabel 类	sibling node 同胞节点

single document interface (SDI)　单文档界面(SDI)
TabControl class　TabControl 类
TabPage class　TabPage 类
Tick event of class Timer　Timer 类的 Tick 事件
tiled window　平铺窗口
Timer class　Timer 类
ToolStripMenuItem class　ToolStripMenuItem 类
tree　树
TreeNode class　TreeNode 类
TreeNodeCollection type　TreeNodeCollection 类型
TreeView class　TreeView 类
TreeViewEventArgs class　TreeViewEventArgs 类
UserControl class　UserControl 类
verbatim string　逐字字符串
visual inheritance　可视化继承

自测题

15.1 判断下列语句是否正确。如果不正确，请说明理由。
　　a) 菜单会将相关的类分成组。
　　b) 菜单项可以显示 ComboBox、复选标志以及访问快捷键。
　　c) ListBox 控件只允许单项选择(和单选钮相同)。
　　d) ComboBox 控件通常具有下拉列表。
　　e) 在 TreeView 控件中删除一个父节点，也会删除它的子节点。
　　f) 用户只能选择 ListView 控件中的一项。
　　g) TabPage 可以充当单选钮的容器。
　　h) 一个 MDI 子窗口可以包含 MDI 子窗口。
　　i) MDI 子窗口可以移到它的父窗口边界之外。
　　j) 有两种基本方式用于创建定制控件。

15.2 填空题。
　　a) Process 类的_____方法，可以打开文件和 Web 页面，它类似于 Windows 中的 Run 命令。
　　b) 如果 ComboBox 中的元素比它能容纳的要多，则会出现_____。
　　c) TreeView 中的顶级节点是_____节点。
　　d) _____和_____能够显示包含在 ImageList 控件中的图标。
　　e) _____属性使菜单能够显示活动子窗口清单。
　　f) _____类使程序员能够将几个控件组合到一个定制控件中。
　　g) _____通过将 TabPage 层叠放置来节省空间。
　　h) _____窗口布局选项，可使所有的 MDI 窗口都具有相同的大小，并将它们层叠放置，以使每个标题栏都是(尽可能)可见的。
　　i) _____通常用来显示到其他资源、文件或 Web 页面的链接。

自测题答案

15.1　a) 错误。菜单提供一组相关命令。b) 正确。c) 错误。可以是单项选择或者多项选择。d) 正确。e) 正确。f) 错误。用户可以选择一项或多项。g) 正确。h) 错误。只有 MDI 父窗口可以包含 MDI 子窗口。MDI 父窗口不可以是 MDI 子窗口。i) 错误。MDI 子窗口不可以移到它的父窗口边界之外。j) 错误。有三种途径：1) 从已有控件继承；2) 使用 UserControl；3) 从 Control 类派生并从头创建控件。

15.2　a) Start。b) 滚动条。c) 根。d) ListView，TreeView。e) MdiWindowListItem。f) UserControl。g) TabControl。h) 层叠。i) LinkLabel。

练习题

15.3 （使用 ComboBox）编写一个程序，在一个 ComboBox 中显示美国 15 个州的州名。当在 ComboBox 中选择了一项时，删除它。

15.4 （使用 ComboBox 和 ListBox）在练习题 15.3 的程序中添加一个 ListBox。当用户从 ComboBox 中选择了一项时，将它从 ComboBox 中移到 ListBox 中。程序应确保 ComboBox 至少包含一项。如果 ComboBox 为空，则应在一个消息框中输出一条消息，然后在用户关闭消息框时终止程序。

15.5 （排序字符串）编写一个程序，它允许用户在文本框中输入字符串。输入的每一个字符串，都被添加到一个 ListBox 中。在将字符串添加到 ListBox 时，应确保字符串是排好序的。(注：可使用 Sorted 属性。）

15.6 （文件浏览器）以图 15.14、图 15.28 和图 15.31 中的程序为基础，创建一个（类似于 Windows Explorer 的）文件浏览器。这个文件浏览器应具有 TreeView，它使用户能够浏览文件夹。还应具有 ListView，它用于显示所浏览文件夹的内容（全部子文件夹和文件）。在 ListView 中双击文件，应能打开它；在 ListView 或 TreeView 中双击文件夹，应能浏览它。如果由于权限设置使文件或文件夹无法访问，则应通知用户。

15.7 （MDI 文本编辑器）创建一个 MDI 文本编辑器。每个子窗口应包含一个多行的 RichTextBox。MDI 父窗口应具有一个 Format 菜单，它包含的子菜单能够控制活动子窗口中文本的大小、字体和颜色。每个子菜单至少应具有三个选项。此外，父窗口应具有 File 菜单，其菜单项为 New（创建一个新子菜单）、Close（关闭活动的子菜单）和 Exit（退出程序）。父窗口应具有一个 Window 菜单，它用于显示打开的子窗口清单以及它们的布局选项。

15.8 （用户定义的登录控件）创建一个名称为 LoginPasswordUserControl 的 UserControl，它包含一个显示字符串 "Login:" 的标签（loginLabel）、一个能使用户输入登录名称的文本框（loginTextBox）、一个显示字符串 "Password:" 的标签（passwordLabel），以及一个让用户输入口令的文本框（passwordTextBox）。在口令文本框的 Properties 窗口中，将 PasswordChar 属性设置成 "*"。LoginPasswordUserControl 控件必须提供公共只读属性 Login 和 Password，使程序能够从 loginTextBox 和 passwordTextBox 中取得用户的输入。这个 UserControl 必须放入一个程序中，它在一个 LoginPasswordUserControl 里显示用户输入的值。

15.9 （餐馆账单计算器）有家餐馆希望有一个程序来计算每一桌的消费额。程序应在 4 个 ComboBox 中显示图 15.52 中的全部菜单项。每个 ComboBox 应包含由餐馆提供的食物类别（Beverage，Appetizer，Main Course，Dessert）。用户能从这些 ComboBox 中选择一种并将它添加到某一桌的账单中。每当在 ComboBox 中选择了一项时，就将它的价格添加到账单中。用户能够单击 Clear Bill 按钮，将 "Subtotal:"、"Tax:" 和 "Total:" 字段恢复成 0.00 美元。

菜 单	类 别	单 价	菜 单	类 别	单 价
Soda	Beverage	$1.95	Chicken Alfredo	Main Course	$13.95
Tea	Beverage	$1.50	Chicken Picatta	Main Course	$13.95
Coffee	Beverage	$1.25	Turkey Club	Main Course	$11.95
Mineral Water	Beverage	$2.95	Lobster Pie	Main Course	$19.95
Juice	Beverage	$2.50	Prime Rib	Main Course	$20.95
Milk	Beverage	$1.50	Shrimp Scampi	Main Course	$18.95
Buffalo Wings	Appetizer	$5.95	Turkey Dinner	Main Course	$13.95
Buffalo Fingers	Appetizer	$6.95	Stuffed Chicken	Main Course	$14.95
Potato Skins	Appetizer	$8.95	Apple Pie	Dessert	$5.95

图 15.52 食物类别和单价

菜　单	类　别	单　价	菜　单	类　别	单　价
Nachos	Appetizer	$8.95	Sundae	Dessert	$3.95
Mushroom Caps	Appetizer	$10.95	Carrot Cake	Dessert	$5.95
Shrimp Cocktail	Appetizer	$12.95	Mud Pie	Dessert	$4.95
Chips and Salsa	Appetizer	$6.95	Apple Crisp	Dessert	$5.95
Seafood Alfredo	Main Course	$15.95			

图 15.52(续)　食物类别和单价

15.10 （使用 TabPage）创建一个程序，它包含三个 TabPage。在第一个 TabPage 上放置一个有 6 项的 CheckedListBox，在第二个 TabPage 上放置 6 个 TextBox，在第三个 TabPage 上放置 6 个 LinkLabel。用户在第一个 TabPage 上的选择，应当指定要显示的是哪一个 LinkLabel。为了隐藏或显示 LinkLabel 的值，可利用它的 Visible 属性。利用第二个 TabPage 来改变由 LinkLabel 打开的 Web 页面。

15.11 （MDI 画图程序）创建一个 MDI 程序，它的每个子窗口都有一个用于画图的面板。在这个 MDI 程序中添加菜单，使用户能够改变画刷的大小和颜色。运行程序时，应确保当一个窗口遮盖了另一个时，应清除面板的内容。

第 16 章 字符串和字符：深入探究

目标

本章将讲解

- 创建并操作 string 类的不可变字符/字符串对象，以及 StringBuilder 类的可变字符/字符串对象。
- 使用 string 类和 StringBuilder 类中的各种方法。
- 操作 Char 结构的字符对象。
- 使用正则表达式类 Regex 和 Match。

概要

- 16.1 简介
- 16.2 字符和字符串基础
- 16.3 string 构造函数
- 16.4 string 索引器、Length 属性和 CopyTo 方法
- 16.5 字符串比较
- 16.6 查找字符串中的字符和子串
- 16.7 抽取字符串中的子串
- 16.8 拼接字符串
- 16.9 其他的 string 方法
- 16.10 StringBuilder 类
- 16.11 StringBuilder 类的 Length 属性、Capacity 属性、EnsureCapacity 方法以及索引器
- 16.12 StringBuilder 类的 Append 和 AppendFormat 方法
- 16.13 StringBuilder 类的 Insert、Remove 和 Replace 方法
- 16.14 几个 Char 方法
- 16.15 （在线）正则表达式处理简介
- 16.16 小结

摘要 | 术语表 | 自测题 | 自测题答案 | 练习题 | 挑战题

16.1 简介

本章将介绍 .NET Framework 类库的字符串和字符处理功能，演示如何用正则表达式搜索文本中的模式。本章介绍的技术适用于大多数程序，尤其是文本编辑器、字处理器、页面布局软件、计算机打字系统，以及其他种类的文本处理软件。前几章介绍了一些基本的字符串处理功能，本章将详细介绍 System 命名空间中的 string 类和 char 类型、System.Text 命名空间中的 StringBuilder 类的文本处理功能。

首先将概述字符和字符串的基础知识，介绍字符常量和字符串字面值。然后，将提供几个示例，其中包含 string 类的多个构造函数和方法。这些示例演示了如何确定字符串的长度、复制字符串、访问字符串中的各个字符、搜索字符串、从较大的字符串中获取较小的字符串、比较字符串、拼接字符串、替换字符串中的字符，以及将字符串变成大写或小写字母形式等。

接下来将介绍 StringBuilder 类，它用来动态地合成字符串。将演示 StringBuilder 类中确定并指定 StringBuilder 大小的能力，以及在 StringBuilder 对象中添加、插入、删除和替换字符的能力。接着，将介绍 Char 结构的字符测试方法，这些方法可以让程序判断字符是否为数字、字母、小写字母、大写字母、标点符号或其他符号。这些方法，可以用来验证用户输入的各个字符。此外，Char 结构还提供了将字符转换成大写或小写字母的方法。

本章还将提供一个探讨正则表达式的在线章节。我们将探讨 System.Text.RegularExpressions 命名空间中的 Regex 和 Match 类，也会探讨构成正则表达式的符号。然后，将演示如何在字符串中搜索模式、将整个字符串与模式匹配、替换字符串中匹配模式的字符、在正则表达式模式指定的定界符处拆分字符串。

16.2 字符和字符串基础

字符是 C#源代码的基本"建筑材料"。每个程序都由字符构成，以有意义的方式组合起来，从而创建一个序列，编译器将这个序列解释为指令，指令描述了如何完成任务。程序可能包含字符常量（character constant）。字符常量就是表示为整数值的字符，称为字符码（character code）。例如，整数值 122 对应于字符常量'z'，整数值 10 对应于换行符'\n'。字符常量按照 Unicode 字符集建立。Unicode 字符集是一个国际字符集，它包含比 ASCII 字符集更多的符号和字母（ASCII 字符集见附录 C）。有关 Unicode 的更多信息，请参见本书的在线附录。

字符串将字符序列当成一个单元对待。这些字符可以是大写字母、小写字母、数字或各种特殊字符：+, -, *, /, $, 等等。字符串就是 string 类型的一个对象。正如关键字 object 是 Object 类的别名一样，关键字 string 是 String 类（位于 System 命名空间）的别名。我们将字符串字面值（string literal）或字符串常量（string constant）写成双引号中的字符序列，例如：

```
"John Q. Doe"
"9999 Main Street"
"Waltham, Massachusetts"
"(201) 555-1212"
```

声明可以将字符串字面值赋予 string 引用。声明：

```
string color = "blue";
```

将 string 引用 color 初始化为字符串字面值对象"blue"。

性能提示 16.1

如果程序中多次出现同一个字符串字面值对象，则程序中使用这个字符串字面值的每个地方，都只会引用它的一个副本。可以按这种方式共享对象，因为字符串字面值对象隐含为常量。这样共享可以节省内存。

逐字字符串

前面说过，字符串中的反斜线表示一个转义序列。因此，要在字符串中放入一个反斜线，则需写成"\\"。有时，字符串会包含多个反斜线字符（这种情况经常出现在文件名中）。为了避免太多的反斜线，可以用"@"符号创建一个称为"逐字字符串"（verbatim string）的字符串，将所有的字符直接解释为字符串字面值。"@"符号后面双引号中的反斜线，不会被认为是转义序列，而是常规的反斜线字符。通常，这可以简化编程，并会增加代码的可读性。

例如，对于下列赋值语句中的字符串：

```
string file = "C:\\MyFolder\\MySubFolder\\MyFile.txt";
```

利用逐字字符串语法，可将它写成

```
string file = @"C:\MyFolder\MySubFolder\MyFile.txt";
```

逐字字符串也可以跨行，并且会保留定界符"@""和""""之间的所有换行符、空格和制表符。

16.3 string 构造函数

图 16.1 中的程序演示了 string 类的三个构造函数的用法。

第 16 章 字符串和字符：深入探究

```csharp
1   // Fig. 16.1: StringConstructor.cs
2   // Demonstrating string class constructors.
3   using System;
4
5   class StringConstructor
6   {
7      static void Main()
8      {
9         // string initialization
10        char[] characterArray =
11           {'b', 'i', 'r', 't', 'h', ' ', 'd', 'a', 'y'};
12        var originalString = "Welcome to C# programming!";
13        var string1 = originalString;
14        var string2 = new string(characterArray);
15        var string3 = new string(characterArray, 6, 3);
16        var string4 = new string('C', 5);
17
18        Console.WriteLine($"string1 = \"{string1}\"\n" +
19           $"string2 = \"{string2}\"\n" +
20           $"string3 = \"{string3}\"\n" +
21           $"string4 = \"{string4}\"\n");
22     }
23  }
```

```
string1 = "Welcome to C# programming!"
string2 = "birth day"
string3 = "day"
string4 = "CCCCC"
```

图 16.1 string 类的构造函数的用法

第 10~11 行创建了一个 char 数组 characterArray，它包含 9 个字符。第 12~16 行声明了几个 string 对象：originalString，string1，string2，string3，string4。第 12 行将字符串字面值 "Welcome to C# programming!" 赋予 string 引用 originalString。第 13 行将 string1 设置为引用同一个字符串字面值。

第 14 行赋予 string2 一个新的字符串，所用 string 构造函数的实参是一个字符数组。这个新的字符串包含 characterArray 数组中字符的一个副本。

第 15 行赋予 string3 一个新的字符串，所用 string 构造函数的实参是一个字符数组和两个 int 值。第二个实参指定从数组中复制字符的起始索引位置（偏移量）；第三个实参指定要从数组中指定起始位置复制的字符个数。新字符串包含数组中指定字符的副本。如果指定的偏移量或字符个数导致程序必须访问字符数组界外的元素，则会抛出 ArgumentOutOfRangeException 异常。

第 16 行赋予 string4 一个新的字符串，所用 string 构造函数的实参是一个字符和一个 int 值，后者指定该字符在字符串中重复的次数。

软件工程结论 16.1
大多数情况下，没有必要复制现有的字符串。所有的字符串都是不可变的，它的内容在创建之后就不能改变。而且，如果 string（或任何引用类型的对象）还存在一个或多个引用，则内存回收器就不能回收这个对象。

16.4 string 索引器、Length 属性和 CopyTo 方法

图 16.2 的示例中，展示了如下属性或方法的用法：

- 用于获取字符串中任何一个字符的 string 索引器 "[ ]"。
- string 属性 Length 返回字符串的长度。
- string 的 CopyTo 方法将指定数量的字符从字符串复制到一个 char 数组。

```
 1   // Fig. 16.2: StringMethods.cs
 2   // string indexer, Length property and CopyTo method.
 3
 4   using System;
 5
 6   class StringMethods
 7   {
 8      static void Main()
 9      {
10         var string1 = "hello there";
11         var characterArray = new char[5];
12
13         Console.WriteLine($"string1: \"{string1}\""); // output string1
14
15         // test Length property
16         Console.WriteLine($"Length of string1: {string1.Length}");
17
18         // loop through characters in string1 and display reversed
19         Console.Write("The string reversed is: ");
20
21         for (int i = string1.Length - 1; i >= 0; --i)
22         {
23            Console.Write(string1[i]);
24         }
25
26         // copy characters from string1 into characterArray
27         string1.CopyTo(0, characterArray, 0, characterArray.Length);
28         Console.Write("\nThe character array is: ");
29
30         foreach (var element in characterArray)
31         {
32            Console.Write(element);
33         }
34
35         Console.WriteLine("\n");
36      }
37   }
```

```
string1: "hello there"
Length of string1: 11
The string reversed is: ereht olleh
The character array is: hello
```

图 16.2　string 的索引器、Length 属性和 CopyTo 方法

第 16 行用 string 属性 Length，确定 string1 中的字符个数。和数组一样，string 总是知道自己的长度。

第 21~24 行利用 string 索引器 "[]" 将 string1 中的字符逆序显示，string 索引器将字符串视为一个字符数组，它返回 string 中指定索引处的字符。和数组一样，字符串中第一个元素的索引为 0。

常见编程错误 16.1

试图访问位于字符串界外的字符会导致 IndexOutOfRangeException 异常。

第 27 行用 string 的 CopyTo 方法，将 string1 中的字符复制到一个字符数组（characterArray）。这个方法的第一个实参是从 string 中复制字符的起始索引；第二个实参是复制字符的目标字符数组；第三个实参是字符数组中放置复制字符的起始位置的索引；最后一个实参是复制的字符个数。第 30~33 行一次一个字符地输出这个 char 数组的内容。

第 21~24 行中的 for 语句使用了 string 的 Length 属性和索引器，用它们来逆序显示字符串。这个循环也可以利用 foreach 语句和 Reverse 扩展方法来实现：

```
foreach (var element in string1.Reverse())
{
   Console.Write(element);
}
```

Reverse 方法是众多 LINQ 扩展方法之一，它要求对 System.Linq 命名空间使用 using 指令。

16.5 字符串比较

下面的两个示例，演示了比较字符串的各种方法。为了理解一个字符串如何"大于"或"小于"另一个字符串，可以考虑有关姓氏序列的字母顺序的处理过程。毫无疑问，我们会将"Jones"放在"Smith"前面，因为在字母表中，"Jones"的第一个字母位于"Smith"的第一个字母之前。字母表不仅仅是 26 个字母的集合，它还是字母的有序列表，每个字母都出现在特定的位置。例如，Z 不仅是字母表中的一个字母，它还是字母表中的第 26 个字母。计算机可以按字母表顺序排序字符，因为在内部，字母是用数字码表示的，而这些数字码按照字母顺序排序。因此，"a"就比"b"小。细节请参见附录 C。

用 Equals 方法、CompareTo 方法和相等性运算符"=="比较字符串

string 类提供了比较字符串的几种办法。图 16.3 中的程序，演示了 Equals 方法、CompareTo 方法以及相等性运算符"=="的用法。

```
1   // Fig. 16.3: StringCompare.cs
2   // Comparing strings
3   using System;
4
5   class StringCompare
6   {
7       static void Main()
8       {
9           var string1 = "hello";
10          var string2 = "good bye";
11          var string3 = "Happy Birthday";
12          var string4 = "happy birthday";
13
14          // output values of four strings
15          Console.WriteLine($"string1 = \"{string1}\"" +
16              $"\nstring2 = \"{string2}\"" +
17              $"\nstring3 = \"{string3}\"" +
18              $"\nstring4 = \"{string4}\"\n");
19
20          // test for equality using Equals method
21          if (string1.Equals("hello"))
22          {
23              Console.WriteLine("string1 equals \"hello\"");
24          }
25          else
26          {
27              Console.WriteLine("string1 does not equal \"hello\"");
28          }
29
30          // test for equality with ==
31          if (string1 == "hello")
32          {
33              Console.WriteLine("string1 equals \"hello\"");
34          }
35          else
36          {
37              Console.WriteLine("string1 does not equal \"hello\"");
38          }
39
40          // test for equality comparing case
41          if (string.Equals(string3, string4)) // static method
42          {
43              Console.WriteLine("string3 equals string4");
44          }
45          else
46          {
47              Console.WriteLine("string3 does not equal string4");
48          }
49
50          // test CompareTo
```

图 16.3　字符串的比较

```
51        Console.WriteLine(
52            $"\nstring1.CompareTo(string2) is {string1.CompareTo(string2)}");
53        Console.WriteLine(
54            $"string2.CompareTo(string1) is {string2.CompareTo(string1)}");
55        Console.WriteLine(
56            $"string1.CompareTo(string1) is {string1.CompareTo(string1)}");
57        Console.WriteLine(
58            $"string3.CompareTo(string4) is {string3.CompareTo(string4)}");
59        Console.WriteLine(
60            $"string4.CompareTo(string3) is {string4.CompareTo(string3)}");
61    }
62 }
```

```
string1 = "hello"
string2 = "good bye"
string3 = "Happy Birthday"
string4 = "happy birthday"

string1 equals "hello"
string1 equals "hello"
string3 does not equal string4

string1.CompareTo(string2) is 1
string2.CompareTo(string1) is -1
string1.CompareTo(string1) is 0
string3.CompareTo(string4) is 1
string4.CompareTo(string3) is -1
```

图 16.3(续)　字符串的比较

if 语句中的条件(第 21 行)用 string 方法 Equals 比较 string1 与字符串字面值 "hello" (实参值), 判断它们是否相等。Equals 方法是从 object 类继承的, 在 string 中被重写, 它测试两个对象的相等性(即检查两个字符串是否包含相同的内容)。对象相等时, 这个方法返回 true, 否则返回 false。这个示例中, 测试的结果是 true, 因为 string1 引用了字符串字面值对象 "hello"。Equals 方法会采用单词排序规则, 这些规则与系统当前选择的设置无关。将字符串 "hello" 和 "HELLO" 进行比较, 会返回 false, 因为小写字母与对应的大写字母不同。

第 31 行的条件用 string 类重载的相等性运算符 "==" 比较 string1 与字符串字面值 "hello" 的相等性。C#中, 相等性运算符也可以比较两个字符串的内容。因此, if 语句的条件求值为 true, 因为 string1 的值与 "hello" 相等。

第 41 行测试 string3 是否与 string4 相等, 它验证了字符串比较确实是大小写敏感的。这里, 静态方法 Equals 用于比较两个字符串的值。"Happy Birthday" 不等于 "happy birthday", 因此 if 语句的条件不成立, 会输出消息 "string3 does not equal string4"(第 47 行)。

第 51~60 行用 string 方法 CompareTo 比较两个字符串。字符串相等时, CompareTo 方法返回 0。如果调用 CompareTo 的字符串小于通过实参传入的字符串, 则返回负值, 否则返回正值。

注意, CompareTo 方法认为 string3 大于 string4。这两个字符串的唯一不同是: string3 中包含两个大写字母, 而 string4 中的对应位置是小写字母。这个方法采用的排序规则与字母的大小写相关, 并且与系统的设置有关。

判断字符串是否以指定的字符串开头或结尾

图 16.4 中的程序测试字符串是否以给定的字符串开头或者结尾。StartsWith 方法判断一个字符串是否以作为实参传入的字符串开头; EndsWith 方法判断一个字符串是否以作为实参传入的字符串结尾。

```
1   // Fig. 16.4: StringStartEnd.cs
2   // Demonstrating StartsWith and EndsWith methods.
3   using System;
4
5   class StringStartEnd
6   {
7       static void Main()
8       {
```

图 16.4　StartsWith 和 EndsWith 方法的用法演示

第 16 章　字符串和字符：深入探究

```
9       string[] strings = {"started", "starting", "ended", "ending"};
10
11       // test every string to see if it starts with "st"
12       foreach (var element in strings)
13       {
14           if (element.StartsWith("st"))
15           {
16               Console.WriteLine($"\"{element}\" starts with \"st\"");
17           }
18       }
19
20       Console.WriteLine();
21
22       // test every string to see if it ends with "ed"
23       foreach (var element in strings)
24       {
25           if (element.EndsWith("ed"))
26           {
27               Console.WriteLine($"\"{element}\" ends with \"ed\"");
28           }
29       }
30
31       Console.WriteLine();
32    }
33 }
```

```
"started" starts with "st"
"starting" starts with "st"

"started" ends with "ed"
"ended" ends with "ed"
```

图 16.4(续)　StartsWith 和 EndsWith 方法的用法演示

第 9 行定义了一个字符串数组（称为 strings），它包含字符串"started"、"starting"、"ended"和"ending"。第 14 行使用了 StartsWith 方法，它带有一个 string 实参。if 语句中的条件判断当前的 element 是否以 "st" 开头。如果是，则方法返回 true，并在消息中输出 element 的内容。

第 25 行使用 EndsWith 方法，判断当前的 element 是否以 "ed" 结尾。如果是，则方法返回 true，并在消息中输出 element 的内容。

16.6　查找字符串中的字符和子串

许多程序中，都有必要搜索字符串中的一个字符或一组字符。例如，创建文字处理程序的程序员，可能希望提供搜索文档的功能。图 16.5 中的程序演示了 string 方法 IndexOf、IndexOfAny、LastIndexOf 和 LastIndexOfAny 的几个版本，它们可搜索字符串中指定的字符或子串。本例中执行的所有搜索，针对的都是字符串 letters（第 9 行）。

```
1  // Fig. 16.5: StringIndexMethods.cs
2  // Searching for characters and substrings in strings.
3  using System;
4
5  class StringIndexMethods
6  {
7      static void Main()
8      {
9          var letters = "abcdefghijklmabcdefghijklm";
10         char[] searchLetters = {'c', 'a', '$'};
11
12         // test IndexOf to locate a character in a string
13         Console.WriteLine($"First 'c' is located at index " +
14             letters.IndexOf('c'));
15         Console.WriteLine("First 'a' starting at 1 is located at index " +
16             letters.IndexOf('a', 1));
17         Console.WriteLine("First '$' in the 5 positions starting at 3 " +
18             $"is located at index " + letters.IndexOf('$', 3, 5));
19
```

图 16.5　搜索字符串中的字符和子串

```
20        // test LastIndexOf to find a character in a string
21        Console.WriteLine($"\nLast 'c' is located at index " +
22            letters.LastIndexOf('c'));
23        Console.WriteLine("Last 'a' up to position 25 is located at " +
24            "index " + letters.LastIndexOf('a', 25));
25        Console.WriteLine("Last '$' in the 5 positions ending at 15 " +
26            "is located at index " + letters.LastIndexOf('$', 15, 5));
27
28        // test IndexOf to locate a substring in a string
29        Console.WriteLine("\nFirst \"def\" is located at index " +
30            letters.IndexOf("def"));
31        Console.WriteLine("First \"def\" starting at 7 is located at " +
32            "index " + letters.IndexOf("def", 7));
33        Console.WriteLine("First \"hello\" in the 15 positions " +
34            "starting at 5 is located at index " +
35            letters.IndexOf("hello", 5, 15));
36
37        // test LastIndexOf to find a substring in a string
38        Console.WriteLine("\nLast \"def\" is located at index " +
39            letters.LastIndexOf("def"));
40        Console.WriteLine("Last \"def\" up to position 25 is located " +
41            "at index " + letters.LastIndexOf("def", 25));
42        Console.WriteLine("Last \"hello\" in the 15 positions " +
43            "ending at 20 is located at index " +
44            letters.LastIndexOf("hello", 20, 15));
45
46        // test IndexOfAny to find first occurrence of character in array
47        Console.WriteLine("\nFirst 'c', 'a' or '$' is " +
48            "located at index " + letters.IndexOfAny(searchLetters));
49        Console.WriteLine("First 'c', 'a' or '$' starting at 7 is " +
50            "located at index " + letters.IndexOfAny(searchLetters, 7));
51        Console.WriteLine("First 'c', 'a' or '$' in the 5 positions " +
52            "starting at 7 is located at index " +
53            letters.IndexOfAny(searchLetters, 7, 5));
54
55        // test LastIndexOfAny to find last occurrence of character
56        // in array
57        Console.WriteLine("\nLast 'c', 'a' or '$' is " +
58            "located at index " + letters.LastIndexOfAny(searchLetters));
59        Console.WriteLine("Last 'c', 'a' or '$' up to position 1 is " +
60            "located at index " +
61            letters.LastIndexOfAny(searchLetters, 1));
62        Console.WriteLine("Last 'c', 'a' or '$' in the 5 positions " +
63            "ending at 25 is located at index " +
64            letters.LastIndexOfAny(searchLetters, 25, 5));
65    }
66 }
```

```
First 'c' is located at index 2
First 'a' starting at 1 is located at index 13
First '$' in the 5 positions starting at 3 is located at index -1

Last 'c' is located at index 15
Last 'a' up to position 25 is located at index 13
Last '$' in the 5 positions ending at 15 is located at index -1

First "def" is located at index 3
First "def" starting at 7 is located at index 16
First "hello" in the 15 positions starting at 5 is located at index -1

Last "def" is located at index 16
Last "def" up to position 25 is located at index 16
Last "hello" in the 15 positions ending at 20 is located at index -1

First 'c', 'a' or '$' is located at index 0
First 'c', 'a' or '$' starting at 7 is located at index 13
First 'c', 'a' or '$' in the 5 positions starting at 7 is located at index -1

Last 'c', 'a' or '$' is located at index 15
Last 'c', 'a' or '$' up to position 1 is located at index 0
Last 'c', 'a' or '$' in the 5 positions ending at 25 is located at index -1
```

图 16.5(续)　搜索字符串中的字符和子串

第 14 行、第 16 行、第 18 行用 IndexOf 方法搜索字符串中首次出现的指定字符或子串。如果找到了该字符，则方法返回字符串中指定字符的索引，否则返回-1。第 16 行的表达式所用的 IndexOf 版本带有两个实参——要搜索的字符和字符串中开始搜索的起始索引。这个方法不检查起始索引(这里是 1)之前的任何字符。第 18 行中的表达式所用的 IndexOf 版本带三个实参——要搜索的字符、开始搜索的起始索引和要搜索的字符数。

第 22~24 行和第 26 行用 LastIndexOf 方法搜索字符串中最后一次出现的指定字符。这个方法从字符串的结尾处往前搜索到字符串的开始处。如果找到了字符，则方法返回字符串中指定字符的索引，否则返回–1。LastIndexOf 方法有三个版本。第 22 行的表达式所用的版本带一个实参：要搜索的字符；第 24 行的表达式所用的版本有两个实参——要搜索的字符和从后开始搜索字符的最大索引；第 26 行的表达式所用的版本带三个实参——要搜索的字符、从后开始搜索的起始索引和要搜索的字符数。

对于第 29~44 行使用的 IndexOf 和 LastIndexOf 方法，它们的第一个实参都是字符串而不是字符。这些方法也执行与前面描述的方法相似的操作，但只搜索字符串实参中指定的字符序列(或子串)。

对于第 47~64 行使用的 IndexOfAny 和 LastIndexOfAny 方法，它们的第一个实参都是字符数组。这些方法也执行与前面描述的方法相似的操作，但只返回字符数组实参中任何字符第一次(或最后一次)出现时的索引。

常见编程错误 16.2

在三参数的重载方法 LastIndexOf 和 LastIndexOfAny 中，第二个实参的值必须大于或等于第三个实参的值。这看起来似乎有违直觉，但不要忘了，搜索是从字符串的末尾向前进行的。

16.7 抽取字符串中的子串

string 类提供了两个 Substring 方法，它们可以复制部分现有的字符串，从而创建新的字符串。每个方法都返回一个新的字符串。图 16.6 中的程序演示这两个方法的用法。

```
1   // Fig. 16.6: SubString.cs
2   // Demonstrating the string Substring method.
3   using System;
4
5   class SubString
6   {
7      static void Main()
8      {
9         var letters = "abcdefghijklmabcdefghijklm";
10
11        // invoke Substring method and pass it one parameter
12        Console.WriteLine("Substring from index 20 to end is " +
13           $"\"{letters.Substring(20)}\"");
14
15        // invoke Substring method and pass it two parameters
16        Console.WriteLine("Substring from index 0 of length 6 is " +
17           $"\"{letters.Substring(0, 6)}\"");
18     }
19  }
```

```
Substring from index 20 to end is "hijklm"
Substring from index 0 of length 6 is "abcdef"
```

图 16.6　string 类的 Substring 方法演示

第 13 行中的语句使用了 Substring 方法，它带一个 int 实参。这个实参指定了从原始字符串中复制字符的起始索引。返回的子串包含从起始索引到字符串结尾的字符。如果实参指定的索引位于字符串的界外，则会抛出 ArgumentOutOfRangeException 异常。

Substring 方法的第二个版本(第 17 行)带两个 int 实参。第一个实参指定了从原始字符串中复制字符的起始索引，第二个实参指定要复制的子串长度。返回的子串包含原始字符串中指定字符的副本。如果提供的子串长度太长(即子串试图获得原始字符串末尾以外的字符)，则会抛出 ArgumentOutOfRangeException 异常。

16.8 拼接字符串

"+"运算符并不是执行字符串拼接的唯一方法。string 类的静态方法 Concat（见图 16.7）也可以拼接两个字符串，返回的新字符串包含来自两个原始字符串的组合字符。第 15 行利用 Concat 方法，将 string2 中的字符追加到 string1 的末尾。这一行中的语句不会改变原始字符串。

```csharp
1   // Fig. 16.7: SubConcatenation.cs
2   // Demonstrating string class Concat method.
3   using System;
4
5   class StringConcatenation
6   {
7       static void Main()
8       {
9           var string1 = "Happy ";
10          var string2 = "Birthday";
11
12          Console.WriteLine($"string1 = \"{string1}\"");
13          Console.WriteLine($"string2 = \"{string2}\"");
14          Console.WriteLine("\nResult of string.Concat(string1, string2) = " +
15              string.Concat(string1, string2));
16          Console.WriteLine($"string1 after concatenation = {string1}");
17      }
18  }
```

```
string1 = "Happy "
string2 = "Birthday"

Result of string.Concat(string1, string2) = Happy Birthday
string1 after concatenation = Happy
```

图 16.7 string 类的 Concat 方法演示

16.9 其他的 string 方法

string 类提供了几个方法，它们返回修改后的字符串副本。图 16.8 中的程序演示了 string 方法 Replace、ToLower、ToUpper 和 Trim 的用法。

```csharp
1   // Fig. 16.8: StringMethods2.cs
2   // Demonstrating string methods Replace, ToLower, ToUpper and Trim
3
4   using System;
5
6   class StringMethods2
7   {
8       static void Main()
9       {
10          var string1 = "cheers!";
11          var string2 = "GOOD BYE ";
12          var string3 = "   spaces   ";
13
14          Console.WriteLine($"string1 = \"{string1}\"\n" +
15              $"string2 = \"{string2}\"\n" +
16              $"string3 = \"{string3}\"");
17
18          // call method Replace
19          Console.WriteLine("\nReplacing \"e\" with \"E\" in string1: " +
20              $"\"{string1.Replace('e', 'E')}\"");
21
22          // call ToLower and ToUpper
23          Console.WriteLine(
24              $"\nstring1.ToUpper() = \"{string1.ToUpper()}\"" +
```

图 16.8 string 方法 Replace、ToLower、ToUpper 和 Trim 的用法

```
25              $"\nstring2.ToLower() = \"{string2.ToLower()}\"");
26
27          // call Trim method
28          Console.WriteLine(
29              $"\nstring3 after trim = \"{string3.Trim()}\"");
30
31          Console.WriteLine($"\nstring1 = \"{string1}\"");
32      }
33  }
```

```
string1 = "cheers!"
string2 = "GOOD BYE "
string3 = "   spaces   "
Replacing "e" with "E" in string1: "chEErs!"
string1.ToUpper() = "CHEERS!"
string2.ToLower() = "good bye "
string3 after trim = "spaces"
string1 = "cheers!"
```

图 16.8(续)　string 方法 Replace、ToLower、ToUpper 和 Trim 的用法

第 20 行用 string 方法 Replace 返回一个新的字符串，将 string1 中出现的每个'e'字符都替换成'E'。这个方法带两个实参——要搜索的字符和替换第一个实参中所有匹配情况的另一个字符。原始字符串会保持不变。如果字符串中不存在第一个实参，则该方法会返回原始字符串。这个方法的一个重载版本允许两个字符串作为实参。

string 方法 ToUpper 返回一个新的字符串(第 24 行)，它将 string1 中的所有小写字母都换成对应的大写字母(采用系统的当前设置)。这个方法返回转换后的新字符串，而原始字符串保持不变。如果没有要转换的字符，则返回原始字符串。第 25 行用 ToLower 方法将 string2 中的所有大写字母转换成对应的小写字母，并返回转换后的新字符串(采用系统的当前设置)。原始字符串会保持不变。和 ToUpper 一样，如果没有要转换成小写的字符，则 ToLower 方法返回原始字符串。

第 29 行用 string 方法 Trim 删除 string 开头和结尾的所有空白符。这个方法不修改原始字符串，返回的新字符串，就是删除了开头和结尾空白符的原始字符串。对于获取用户的输入而言(如通过文本框获取输入)，这个方法尤其有用。Trim 的另一个版本带一个字符数组，它返回的新字符串副本并不以数组实参中的字符开头或结尾。

16.10　StringBuilder 类

string 类提供了处理字符串的许多功能。但是，字符串的内容从来不会改变。拼接字符串之类的操作，实际上是创建新的字符串。"+="运算符会创建一个新的字符串，将原始字符串引用赋予这个运算符左边的变量。

下面的几个小节将讨论 StringBuilder 类(位于 System.Text 命名空间)的特性，它可以用来创建和操作动态字符串信息，即可变(mutable)字符串。每个 StringBuilder 都可以保存一定数量的字符，字符的数量由其容量确定。超过 StringBuilder 的容量时，会导致容量扩大，以容纳超出部分的字符。可以看到，StringBuilder 类的成员，如 Append 方法和 AppendFormat 方法，都可以像 string 类的 "+" "+=" 运算符一样用来拼接字符串——并不会创建任何新的字符串对象。StringBuilder 类特别适合操作大量的字符串，因为与创建单个不可变的字符串相比，它要有效率得多。

性能提示 16.2

string 类的对象是不可变的(即为常量字符串)，而 StringBuilder 类的对象是可变的。C#可以执行某些涉及 string 对象的优化操作(如在多个引用中共享一个 string 对象)，因为 C#知道这些对象不会改变。

StringBuilder 构造函数

StringBuilder 类提供了 6 个重载的构造函数，StringBuilderConstructor 类（见图 16.9）演示了其中的 3 个。第 10 行采用无参数 StringBuilder 构造函数创建一个 StringBuilder，它不包含字符，其默认初始容量由具体的实现指定。第 11 行使用带 int 实参的 StringBuilder 构造函数，创建的 StringBuilder 不含字符，初始容量在 int 实参中指定（即 10）。第 12 行使用带 string 实参的 StringBuilder 构造函数，创建的 StringBuilder 包含 string 实参中的字符——初始容量可能与 string 实参的大小不同。第 14~16 行隐式调用了 StringBuilder 的 ToString 方法，获得 StringBuilder 的内容的字符串表示。

```csharp
 1  // Fig. 16.9: StringBuilderConstructor.cs
 2  // Demonstrating StringBuilder class constructors.
 3  using System;
 4  using System.Text;
 5
 6  class StringBuilderConstructor
 7  {
 8     static void Main()
 9     {
10        var buffer1 = new StringBuilder();
11        var buffer2 = new StringBuilder(10);
12        var buffer3 = new StringBuilder("hello");
13
14        Console.WriteLine($"buffer1 = \"{buffer1}\"");
15        Console.WriteLine($"buffer2 = \"{buffer2}\"");
16        Console.WriteLine($"buffer3 = \"{buffer3}\"");
17     }
18  }
```

```
buffer1 = ""
buffer2 = ""
buffer3 = "hello"
```

图 16.9　StringBuilder 构造函数的用法演示

16.11　StringBuilder 类的 Length 属性、Capacity 属性、EnsureCapacity 方法以及索引器

StringBuilder 类提供 Length 和 Capacity 属性，它们分别返回 StringBuilder 中当前的字符数和 StringBuilder 不分配更多内存时可以存储的字符数。这些属性还可以增加或减少 StringBuilder 的长度或容量。EnsureCapacity 方法可以减少 StringBuilder 容量必须增大的次数。这个方法可确保 StringBuilder 的容量至少为指定的值。图 16.10 中的程序演示了这些方法和属性的用法。

```csharp
 1  // Fig. 16.10: StringBuilderFeatures.cs
 2  // StringBuilder size manipulation.
 3  using System;
 4  using System.Text;
 5
 6  class StringBuilderFeatures
 7  {
 8     static void Main()
 9     {
10        var buffer = new StringBuilder("Hello, how are you?");
11
12        // use Length and Capacity properties
13        Console.WriteLine($"buffer = {buffer}" +
14           $"\nLength = {buffer.Length}" +
15           $"\nCapacity = {buffer.Capacity}");
```

图 16.10　StringBuilder 有关容量的用法演示

```
16       buffer.EnsureCapacity(75); // ensure a capacity of at least 75
17       Console.WriteLine($"\nNew capacity = {buffer.Capacity}");
18
19       // truncate StringBuilder by setting Length property
20       buffer.Length = 10;
21       Console.Write($"New length = {buffer.Length}\n\nbuffer = ");
22
23       // use StringBuilder indexer
24       for (int i = 0; i < buffer.Length; ++i)
25       {
26           Console.Write(buffer[i]);
27       }
28
29       Console.WriteLine();
30    }
31 }
```

```
buffer = Hello, how are you?
Length = 19
Capacity = 19

New capacity = 75
New length = 10

buffer = Hello, how
```

图 16.10(续)　StringBuilder 有关容量的用法演示

程序包含一个 StringBuilder 对象 buffer。第 10 行使用带一个 string 实参的 StringBuilder 构造函数，将 StringBuilder 对象初始化成 "Hello, how are you?"。第 13~15 行输出 StringBuilder 的内容、长度和容量。

第 17 行扩展 StringBuilder 的容量，使它至少包含 75 个字符。如果 StringBuilder 中增加新字符，使其长度超过容量，则容量会增加，以容纳增加的字符，就像调用 EnsureCapacity 方法一样。

第 21 行用属性 Length 将 StringBuilder 长度设置为 10，这不会改变 Capacity 的值。如果指定长度小于 StringBuilder 中的当前字符数，则 StringBuilder 的内容会被截尾为指定的长度。如果指定的长度大于 StringBuilder 中的当前字符数，则 StringBuilder 中会添加空字符(即'\0'字符)，直到 StringBuilder 中的总字符数等于指定的长度。第 25~28 行利用 StringBuilder 的索引器显示每一个字符。其中的 for 语句可以替换成如下的 foreach 语句：

```
foreach (var element in buffer)
{
    Console.Write(element);
}
```

16.12　StringBuilder 类的 Append 和 AppendFormat 方法

StringBuilder 类提供了几个重载的 Append 方法，可以用来在 StringBuilder 的末尾追加各种类型的值。Framework 类库对每种简单类型、字符数组、string 和 object 都提供了 Append 方法(记住，ToString 方法可产生任何对象的字符串表示)。每个方法都带有一个实参，方法将实参转换成字符串并追加到 StringBuilder 中。图 16.11 中的程序使用几个 Append 方法(第 22~40 行)，将第 10~18 行创建的变量的字符串表示追加到 StringBuilder 的末尾。

```
1  // Fig. 16.11: StringBuilderAppend.cs
2  // Demonstrating StringBuilder Append methods.
3  using System;
4  using System.Text;
5
6  class StringBuilderAppend
7  {
8      static void Main()
9      {
```

图 16.11　StringBuilder 类的各种 Append 方法的用法演示

```
10      object objectValue = "hello";
11      var stringValue = "good bye";
12      char[] characterArray = {'a', 'b', 'c', 'd', 'e', 'f'};
13      var booleanValue = true;
14      var characterValue = 'Z';
15      var integerValue = 7;
16      var longValue = 1000000L; // L suffix indicates a long literal
17      var floatValue = 2.5F; // F suffix indicates a float literal
18      var doubleValue = 33.333;
19      var buffer = new StringBuilder();
20
21      // use method Append to append values to buffer
22      buffer.Append(objectValue);
23      buffer.Append("  ");
24      buffer.Append(stringValue);
25      buffer.Append("  ");
26      buffer.Append(characterArray);
27      buffer.Append("  ");
28      buffer.Append(characterArray, 0, 3);
29      buffer.Append("  ");
30      buffer.Append(booleanValue);
31      buffer.Append("  ");
32      buffer.Append(characterValue);
33      buffer.Append("  ");
34      buffer.Append(integerValue);
35      buffer.Append("  ");
36      buffer.Append(longValue);
37      buffer.Append("  ");
38      buffer.Append(floatValue);
39      buffer.Append("  ");
40      buffer.Append(doubleValue);
41
42      Console.WriteLine($"buffer = {buffer.ToString()}");
43   }
44 }
```

```
buffer = hello  good bye  abcdef  abc  True  Z  7  1000000  2.5  33.333
```

图 16.11（续） StringBuilder 类的各种 Append 方法的用法演示

StringBuilder 类还提供了 AppendFormat 方法，它将字符串转换成指定的格式，然后追加到 StringBuilder 中。图 16.12 中的程序演示了这个方法的用法。

```
1  // Fig. 16.12: StringBuilderAppendFormat.cs
2  // StringBuilder's AppendFormat method.
3  using System;
4  using System.Text;
5
6  class StringBuilderAppendFormat
7  {
8     static void Main()
9     {
10        var buffer = new StringBuilder();
11
12        // formatted string
13        var string1 = "This {0} costs: {1:C}.\n\n";
14
15        // string1 argument array
16        var objectArray = new object[2] {"car", 1234.56};
17
18        // append to buffer formatted string with argument
19        buffer.AppendFormat(string1, objectArray);
20
21        // formatted string
22        string string2 = "Number:\n{0:d3}.\n\n" +
23           "Number right aligned with spaces:\n{0,4}.\n\n" +
24           "Number left aligned with spaces:\n{0,-4}.";
25
26        // append to buffer formatted string with argument
27        buffer.AppendFormat(string2, 5);
28
```

图 16.12 StringBuilder 类的 AppendFormat 方法的用法演示

```
29        // display formatted strings
30        Console.WriteLine(buffer.ToString());
31    }
32 }
```

```
This car costs: $1,234.56.

Number:
005.

Number right aligned with spaces:
   5.

Number left aligned with spaces:
5   .
```

图 16.12（续） StringBuilder 类的 AppendFormat 方法的用法演示

第 13 行声明了一个格式字符串，它由文本和格式项组成。位于花括号对中的每一个格式项，都是一个值的占位符。格式项中也可以包含一些格式化信息，就如同在插值字符串中的那些。第 16 行声明并初始化了一个对象数组，它将用于格式化操作。第 19 行显示的 AppendFormat 版本带两个参数——格式字符串和对象数组，后者充当格式字符串的实参。位于数组索引 0 处的对象，由格式项 "{0}" 格式化，得到的是对象的字符串表示；位于数组索引 1 处的对象由格式项 "{1:C}" 格式化，它使对象格式化成货币值。

第 22~24 行用三个格式指定符声明了另一个格式字符串：

- 第一个 "{0:d3}" 格式化三位数字的整型值。少于三位的数字，前面会用 0 补满。
- 第二个 "{0,4}" 在 4 个字符的宽度里右对齐字符串。
- 第三个 "{0,−4}" 在 4 个字符的宽度里左对齐字符串。

第 27 行使用了 AppendFormat 的两参数版本——参数为格式字符串和要格式化的对象。这里的对象为数字 5，它被全部的三个格式指定符格式化了。输出显示了采用这两个 AppendFormat 方法版本以及相应实参的结果。

16.13 StringBuilder 类的 Insert、Remove 和 Replace 方法

StringBuilder 类提供了多个重载的 Insert 方法，可以在 StringBuilder 中的任何位置插入各种类型的数据。这个类对每种简单类型、字符数组、string 和 object 都提供了 Insert 方法。每个方法都包含的第二个实参，会被转换成字符串，并会将这个字符串插入 StringBuilder 中第一个实参所指定字符的前面。第一个实参指定的索引应大于或等于 0 且小于 StringBuilder 的长度，否则程序会抛出 ArgumentOutOfRangeException 异常。

StringBuilder 类还提供了一个 Remove 方法，它可以删除 StringBuilder 中的任何部分。这个方法带两个实参——删除的起始索引位置和要删除的字符个数。起始索引与要删除的字符个数的和必须总是小于 StringBuilder 的长度，否则程序会抛出 ArgumentOutOfRangeException 异常。这些方法的用法见图 16.13。

```
1  // Fig. 16.13: StringBuilderInsertRemove.cs
2  // Demonstrating methods Insert and Remove of the
3  // StringBuilder class.
4  using System;
5  using System.Text;
6
7  class StringBuilderInsertRemove
8  {
9     static void Main()
```

图 16.13 StringBuilder 类的 Insert 和 Remove 方法的用法演示

```csharp
10      {
11          object objectValue = "hello";
12          var stringValue = "good bye";
13          char[] characterArray = {'a', 'b', 'c', 'd', 'e', 'f'};
14          var booleanValue = true;
15          var characterValue = 'K';
16          var integerValue = 7;
17          var longValue = 1000000L; // L suffix indicates a long literal
18          var floatValue = 2.5F; // F suffix indicates a float literal
19          var doubleValue = 33.333;
20          var buffer = new StringBuilder();
21
22          // insert values into buffer
23          buffer.Insert(0, objectValue);
24          buffer.Insert(0, " ");
25          buffer.Insert(0, stringValue);
26          buffer.Insert(0, " ");
27          buffer.Insert(0, characterArray);
28          buffer.Insert(0, " ");
29          buffer.Insert(0, booleanValue);
30          buffer.Insert(0, " ");
31          buffer.Insert(0, characterValue);
32          buffer.Insert(0, " ");
33          buffer.Insert(0, integerValue);
34          buffer.Insert(0, " ");
35          buffer.Insert(0, longValue);
36          buffer.Insert(0, " ");
37          buffer.Insert(0, floatValue);
38          buffer.Insert(0, " ");
39          buffer.Insert(0, doubleValue);
40          buffer.Insert(0, " ");
41
42          Console.WriteLine($"buffer after Inserts: \n{buffer}\n");
43
44          buffer.Remove(10, 1); // delete 2 in 2.5
45          buffer.Remove(4, 4);  // delete .333 in 33.333
46
47          Console.WriteLine($"buffer after Removes:\n{buffer}");
48      }
49  }
```

```
buffer after Inserts:
   33.333  2.5  1000000  7  K  True  abcdef  good bye  hello
buffer after Removes:
   33  .5  1000000  7  K  True  abcdef  good bye  hello
```

图 16.13(续) StringBuilder 类的 Insert 和 Remove 方法的用法演示

另一个有用的方法是 Replace，它会搜索指定的字符串或字符，并用另一个字符或字符串替换搜索到的字符串或字符。图 16.14 中的程序演示这个方法的用法。

```csharp
1   // Fig. 16.14: StringBuilderReplace.cs
2   // Demonstrating method Replace.
3   using System;
4   using System.Text;
5
6   class StringBuilderReplace
7   {
8       static void Main()
9       {
10          var builder1 = new StringBuilder("Happy Birthday Jane");
11          var builder2 = new StringBuilder("goodbye greg");
12
13          Console.WriteLine($"Before replacements:\n{builder1}\n{builder2}");
14
15          builder1.Replace("Jane", "Greg");
16          builder2.Replace('g', 'G', 0, 5);
17
18          Console.WriteLine($"\nAfter replacements:\n{builder1}\n{builder2}");
19      }
20  }
```

图 16.14 Replace 方法的用法演示

```
Before Replacements:
Happy Birthday Jane
good bye greg

After replacements:
Happy Birthday Greg
Goodbye greg
```

图 16.14(续)　Replace 方法的用法演示

第 15 行用 Replace 方法将 builder1 中所有的"Jane"都替换成"Greg"。这个方法的另一个重载版本的参数是两个字符，它将第一个字符全部用第二个字符替换。第 16 行使用了 Replace 的重载版本，它带有 4 个参数，前两个可以为字符或者字符串，后两个为 int 值。这个方法将第一个字符（或字符串）全部用第二个字符（或字符串）替换，但从第一个 int 值指定的索引处开始，直到第二个 int 值指定的字符个数结束。这样，这里的 Replace 方法只检查从索引 0 开始的 5 个字符。正如输出所示，这个 Replace 版本只将"goodbye"中的 g 换成 G，而不将"greg"中的 g 换成 G。这是因为，"greg"中的 g 不在 int 实参指定的范围内（指定的索引为 0~4）。

16.14　几个 Char 方法

10.13 节中讲解过表示值类型的结构。实际上，简单类型就是 struct 类型的别名。例如，int 由 struct System.Int32 定义，long 由 System.Int64 定义，等等。所有 struct 类型都是从 ValueType 类派生的，而这个类又是从 object 类派生的。而且，所有的 struct 类型都隐含为 sealed 类型。

在 struct System.Char 中（它是用于字符的结构，在 C#中用关键字 char 表示），大多数方法都是静态的，至少带一个字符实参，对字符执行测试或操作。下一个示例中将介绍其中的几个方法。图 16.15 中的程序演示了测试字符的几个静态方法，以判断它们是否为特定的字符类型，另外几个静态方法对字符进行大小写转换。

```csharp
1   // Fig. 16.15: StaticCharMethods.cs
2   // Demonstrates static character-testing and case-conversion methods
3   // from Char struct
4   using System;
5
6   class StaticCharMethods
7   {
8       static void Main(string[] args)
9       {
10          Console.Write("Enter a character: ");
11          var character = char.Parse(Console.ReadLine());
12
13          Console.WriteLine($"is digit: {char.IsDigit(character)}");
14          Console.WriteLine($"is letter: {char.IsLetter(character)}");
15          Console.WriteLine(
16              $"is letter or digit: {char.IsLetterOrDigit(character)}");
17          Console.WriteLine($"is lower case: {char.IsLower(character)}");
18          Console.WriteLine($"is upper case: {char.IsUpper(character)}");
19          Console.WriteLine($"to upper case: {char.ToUpper(character)}");
20          Console.WriteLine($"to lower case: {char.ToLower(character)}");
21          Console.WriteLine(
22              $"is punctuation: {char.IsPunctuation(character)}");
23          Console.WriteLine($"is symbol: {char.IsSymbol(character)}");
24      }
25  }
```

```
Enter a character: A
is digit: False
is letter: True
is letter or digit: True
is lower case: False
is upper case: True
```

图 16.15　用于测试字符和转换字符大小写的 Char 结构的静态方法

```
to upper case: A
to lower case: a
is punctuation: False
is symbol: False
```

```
Enter a character: 8
is digit: True
is letter: False
is letter or digit: True
is lower case: False
is upper case: False
to upper case: 8
to lower case: 8
is punctuation: False
is symbol: False
```

```
Enter a character: @
is digit: False
is letter: False
is letter or digit: False
is lower case: False
is upper case: False
to upper case: @
to lower case: @
is punctuation: True
is symbol: False
```

```
Enter a character: m
is digit: False
is letter: True
is letter or digit: True
is lower case: True
is upper case: False
to upper case: M
to lower case: m
is punctuation: False
is symbol: False
```

```
Enter a character: +
is digit: False
is letter: False
is letter or digit: False
is lower case: False
is upper case: False
to upper case: +
to lower case: +
is punctuation: False
is symbol: True
```

图 16.15(续)　用于测试字符和转换字符大小写的 Char 结构的静态方法

当用户输入一个字符后，第 13~23 行会分析它。第 13 行用 Char 方法 IsDigit，判断 character 是否为一个数字。如果是，则返回 true，否则返回 false(注意，输出布尔值时首字母为大写)。第 14 行用 Char 方法 IsLetter，判断 character 是否为字母。第 16 行用 Char 方法 IsLetterOrDigit，判断 character 是否为字母或数字。

第 17~20 行中的方法与系统的设置相关。第 17 行用 Char 方法 IsLower，判断 character 是否为小写字母。第 18 行用 Char 方法 IsUpper，判断字符 character 是否为大写字母。

第 19 行用 Char 方法 ToUpper，将字符 character 转换成对应的大写形式。如果字符有对应的大写形式，则这个方法返回转换后的大写字符，否则返回它的原始实参。

第 20 行用 Char 方法 ToLower，将 character 转换成对应的小写形式。如果字符有对应的小写形式，则返回转换后的小写字符，否则返回它的原始实参。

第 22 行用 Char 方法 IsPunctuation，判断 character 是否为标点符号，例如 "!"、":" 或者 ")"。第

23 行用 Char 方法 IsSymbol，判断 character 是否为符号，如 "+"、"="或 "^"。

Char 结构还包含示例中没有用到的其他方法。许多静态方法都是相似的，例如 IsWhiteSpace 方法可用来判断某个字符是否为空白符(换行符、制表符或空格)。还包含几个公共实例方法，其中许多是其他类中见过的，如 ToString 方法和 Equals 方法。实例方法 CompareTo 用于比较两个字符的值。

16.15 （在线）正则表达式处理简介

这一节的内容可通过本书的配套网站：

www.pearsonhighered.com/deitel

来在线学习。这一节介绍的是正则表达式(regular expression)，它是用于搜索文本中模式的特殊格式化字符串。正则表达式可以用来保证数据采用的是特定格式。例如，美国的邮政编码应由 5 位数字组成，或者是 5 位数字后接一条短线，再接一个 4 位数字。编译器用正则表达式来检验程序的语法。如果程序代码不匹配正则表达式，则编译器将指示存在语法错误。我们将探讨 System.Text.RegularExpressions 命名空间中的 Regex 类和 Match 类，也会探讨构成正则表达式的符号。然后，将演示如何在字符串中搜索模式、将整个字符串与模式匹配、替换字符串中匹配模式的字符、在正则表达式模式指定的定界符处拆分字符串。

16.16 小结

本章讲解了 Framework 类库的字符串和字符处理功能。概述了字符和字符串的基础知识。这些示例演示了如何确定字符串的长度、复制字符串、访问字符串中的各个字符、搜索字符串、从较大的字符串中获取较小的字符串、比较字符串、拼接字符串、替换字符串中的字符，以及将字符串变成大写或小写字母形式等。

本章展示了如何用 StringBuilder 类来动态地建立字符串。我们知道了如何判断并指定 StringBuilder 对象的大小，也知道了如何在 StringBuilder 对象中追加、插入、删除和替换字符。接着，介绍了 Char 类型的字符测试方法，它们可以让程序判断字符是否为数字、字母、小写字母、大写字母、标点符号或其他非标点符号。另外的方法可用来将字符转换成大写或小写字母形式。

最后，本章的在线内容探讨了 System.Text.RegularExpressions 命名空间中的 Regex 类、Match 类和 MatchCollection 类，也探讨了构成正则表达式的符号。我们学习了如何在字符串中搜索模式，如何用 Regex 方法 Match 和 Matches 将整个字符串与模式匹配，如何用 Regex 方法 Replace 替换字符串中的字符，以及如何用 Regex 方法 Split 在定界符处拆分字符串。下一章，将讲解如何读写文本文件中的数据。还将讲解 C#的对象序列化机制，它能够将对象转换成字节，以用于对象的输入和输出。

摘要

16.2 节　字符和字符串基础
- 字符是 C#源代码的基本 "建筑材料"。每个程序都由字符序列构成，编译器将这个序列解释为指令，指令描述了如何完成任务。
- 字符串将字符序列当成一个单元对待。字符串可以包含字母、数字以及各种特殊字符，例如+、-、*、/、$以及其他字符。

16.3 节　string 构造函数
- 所有的字符串都是不可变的，它的内容在创建之后就不能改变。

16.4 节 string 索引器、Length 属性和 CopyTo 方法
- Length 属性用于确定 string 中的字符个数。
- string 索引器接收的整型实参是位置号，它返回位于这个位置的字符。字符串中第一个元素的位置号为 0。
- 试图访问位于字符串界外的字符，会导致 IndexOutOfRangeException 异常。
- CopyTo 方法将指定的字符数从字符串复制到 char 数组中。

16.5 节 字符串比较
- 比较字符串时，会采用单词排序规则，这些规则与计算机当前的设置有关。
- Equals 方法和重载的相等性运算符 "=="，都可以用来比较两个字符串内容的相等性。
- 如果两个字符串相等，CompareTo 方法就返回 0；如果调用 CompareTo 的字符串小于通过实参传入的字符串，则返回负值；如果调用 CompareTo 的字符串大于通过实参传入的字符串，则返回正值。
- string 方法 StartsWith 和 EndsWith 分别判断字符串是否以作为实参指定的字符开头或结尾。

16.6 节 查找字符串中的字符和子串
- string 方法 IndexOf 查找字符或者子串第一次出现的位置。string 方法 LastIndexOf 查找字符或者子串最后一次出现的位置。

16.7 节 抽取字符串中的子串
- string 类提供了两个 Substring 方法，它们通过复制已经存在的某个 string 对象的一部分，即可创建一个新 string 对象。

16.8 节 拼接字符串
- string 类的静态方法 Concat 可以拼接两个字符串，返回的新字符串包含来自两个原始字符串的组合字符。

16.10 节 StringBuilder 类
- 一旦创建了 string 对象，它的内容就再也不会改变。StringBuilder 类（位于 System.Text 命名空间）可用于创建并操作能够变化的字符串。

16.11 节 StringBuilder 类的 Length 属性、Capacity 属性、EnsureCapacity 方法以及索引器
- StringBuilder 类提供 Length 和 Capacity 属性，它们分别返回 StringBuilder 中当前的字符数和 StringBuilder 不分配更多内存时可以存储的字符数。这些属性还可以增加或减少 StringBuilder 的长度或容量。
- EnsureCapacity 方法能够确保 StringBuilder 具有最小容量。

16.12 节 StringBuilder 类的 Append 和 AppendFormat 方法
- StringBuilder 类提供的 Append 方法和 AppendFormat 方法，可以用来在 StringBuilder 的末尾追加各种类型的值。

16.13 节 StringBuilder 类的 Insert、Remove 和 Replace 方法
- StringBuilder 类提供了多个重载的 Insert 方法，可以在 StringBuilder 中的任何位置插入各种类型的值。针对每个简单类型、字符数组、string 以及 object 都提供了不同的版本。
- StringBuilder 类还提供了一个 Remove 方法，它可以删除 StringBuilder 中的任何部分。
- StringBuilder 方法会搜索指定的字符串或字符，并用另一个字符或字符串替换搜索到的字符串或字符。

16.14 节 几个 Char 方法
- 实际上，简单类型就是 struct 类型的别名。

- 所有 struct 类型都是从 ValueType 类派生的，而这个类又是从 object 类派生的。
- 所有的 struct 类型都隐含为 sealed 类型。
- Char 是一个表示字符的结构。
- Char 方法 IsDigit 判断字符是否为一个已定义的 Unicode 数字。
- Char 方法 IsLetter 判断字符是否为一个字母。
- Char 方法 IsLetterOrDigit 判断字符是否为字母或数字。
- Char 方法 IsLower 判断字符是否为一个小写字母。
- Char 方法 IsUpper 判断字符是否为一个大写字母。
- Char 方法 ToUpper 将小写字母转换成对应的大写字母。
- Char 方法 ToLower 将大写字母转换成对应的小写字母。
- Char 方法 IsPunctuation 判断字符是否为一个标点符号。
- Char 方法 IsSymbol 判断字符是否为一个符号。
- Char 方法 IsWhiteSpace 判断字符是否为一个空白符。
- Char 方法 CompareTo 比较两个字符的值。

术语表

+ operator "+"运算符	string class string 类
+= concatenation operator "+="拼接运算符	string literal 字符串字面值
== equality operator "=="相等性运算符	string reference string 引用
alphabetizing 按字母顺序排列	StringBuilder class StringBuilder 类
char array char 数组	System namespace System 命名空间
Char struct Char 结构	System.Text namespace System.Text 命名空间
character 字符	trailing whitespace characters 结尾空白符
character constant 字符常量	Trim method of class string string 类的 Trim 方法
format string 格式字符串	Unicode character set Unicode 字符集
immutable string 不可变字符串	ValueType class ValueType 类
leading whitespace characters 开始空白符	verbatim string syntax 逐字字符串语法

自测题

16.1 判断下列语句是否正确。如果不正确，请说明理由。
  a) 当用"=="比较两个字符串时，如果它们包含的值相同，则结果为 true。
  b) string 对象在创建后可以修改。
  c) StringBuilder 方法 EnsureCapacity 将 StringBuilder 实例的长度设置成实参指定的值。
  d) Equals 方法和相等性运算符对 string 的作用相同。
  e) Trim 方法会删除 string 中开始和结尾处的所有空白符。
  f) 与使用 StringBuilder 相比，使用 string 总是要好一些，因为包含相同值的 string 会引用同一个对象。
  g) string 方法 ToUpper 会创建一个首字母大写的新字符串。

16.2 填空题。
  a) 为了拼接两个字符串，可使用运算符_____、StringBuilder 方法_____或者 string 方法_____。
  b) StringBuilder 方法_____会首先格式化指定的字符串，然后将它拼接到 StringBuilder 的末尾。

c) 如果调用 Substring 方法的实参位于字符串的界外，则会抛出＿＿＿异常。

d) 格式字符串中的 C，表示将数字作为＿＿＿输出。

自测题答案

16.1 a) 正确。b) 错误。C#中的 string 对象是不可变的，创建之后不能被修改。但 StringBuilder 对象在创建之后可以被修改。c) 错误。EnsureCapacity 方法只会确保当前的容量至少是方法调用中指定的值。d) 正确。e) 正确。f) 错误。如果要修改字符串，则应使用 StringBuilder。g) 错误。string 方法 ToUpper 会创建一个新的字符串，它的所有字母都会变成大写形式。

16.2 a) +，Append，Concat。b) AppendFormat。c) ArgumentOutOfRangeException。d) 货币值。

练习题

16.3 （比较字符串）编写一个程序，它使用 string 方法 CompareTo 比较用户输入的两个字符串。输出的信息应表明第一个字符串是否小于、等于或大于第二个字符串。

16.4 （随机句子和文章编写程序）编写一个程序，使用随机数生成方法产生语句。用 4 个 string 数组 article、noun、verb 和 preposition，按如下顺序依次从每个数组中随机挑选一个单词来创建一个句子：article, noun, verb, preposition, article, noun。选择一个单词后，将其拼接在前面的单词的后面。单词间用空格分开。当输出这个句子时，它应以一个大写字母开头，以一个句点结尾。程序应产生 10 个句子并将它们在文本框中输出。

这些数组分别用如下内容填充：article 数组包含冠词 the、a、one、some 和 any；noun 数组包含名词 boy、girl、dog、town 和 car；verb 数组包含动词过去式 drove、jumped、ran、walked 和 skipped；preposition 数组包含介词 to、from、over、under 和 on。

16.5 （儿童黑话）编写一个将英语短语编码成 pig Latin（儿童黑话）的程序。pig Latin 是一种常用于娱乐的编码语言形式。有许多种用于构成 pig Latin 短语的方法，出于简单性的考虑，这里使用如下的一种算法。

为了将每一个英语单词翻译成一个 pig Latin 单词，将英语单词的第一个字母放在 pig Latin 单词的末尾，并在其后添加字母 "ay"。这样，单词 "jump" 就变成了 "umpjay"；单词 "the" 变成 "hetay"；单词 "computer" 变成 "omputercay."。单词间的空格保持不变。假设有下列条件：英语短语由用空格分隔的单词组成，没有标点符号且所有的单词都有两个或多个字母。让用户输入一个句子。利用本章中讨论过的技术，将这个句子拆分成单词。用 GetPigLatin 方法将每个单词翻译成 pig Latin 单词。在一个文本框中持续显示所有转换后的句子。

16.6 （从一个五字母单词中列出全部的三字母单词）编写一个程序，从用户处读取一个五字母的单词，产生能从该单词派生出的全部三字母单词组合。例如，从单词 bathe 可以得到经常使用的三字母单词是 ate、bat、bet、tab、hat、the 和 tea，还可以有三字母组合 bth、eab 等。

16.7 （将单词大写）编写一个程序，利用正则表达式将每个单词的第一个字母转换成大写形式。这个程序应该能够处理用户输入的任何字符串。

挑战题

16.8 （项目：健康烹饪食谱）在美国，人口肥胖率正在以令人担忧的速度上升。可以查看美国疾病控制与防护中心（CDC）网站（http://stateofobesity.org/adult-obesity）上的地图，它给出了美国过去 20 年来全国的肥胖发展趋势。与肥胖相关的是一些疾病（如心脏病、高血压、高胆固醇、II 型糖尿病）

也呈高发态势。创建一个程序，帮助用户在烹饪时选择更健康的食谱，并帮助那些对某些食物(如干果和麸质)过敏的人找到替代食品。程序应能从用户处读取一个菜谱，并对其中的某些配料给出更健康的替代食品。图 16.16 中给出了一些常用的替代食品。程序应显示一条警告语，比如"对饮食做出重大改变之前，应咨询医生"。

配 料	替 代 物
1 杯酸奶油	1 杯酸奶
1 杯牛奶	1/2 杯脱脂奶加 1/2 杯水
1 茶匙柠檬汁	1/2 茶匙醋
1 杯糖	1/2 杯蜂蜜、1 杯糖浆或 1/4 杯龙舌兰花蜜
1 杯黄油	1 杯人工黄油或酸奶
1 杯面粉	1 杯黑麦面或米粉
1 杯蛋黄酱	1 杯脱脂乳干酪或 1/8 杯蛋黄酱加 7/8 杯酸奶
1 个鸡蛋	2 大汤匙玉米粉、木薯粉或土豆粉，或者 2 个蛋清，或者 1/2 根大香蕉(糊状)
1 杯牛奶	1 杯豆奶
1/4 杯油	1/4 杯苹果酱
白面包	全麦面包

图 16.16 常见的替代食品

程序需考虑替代食品并不是一对一的。例如，如果蛋糕配料要求 3 个鸡蛋，则可能要用 6 份蛋清来替代。关于度量和替代食品的转换数据，可以从如下这些网站获得：

http://chinesefood.about.com/od/recipeconversionfaqs/f/usmetricrecipes.htm
http://www.pioneerthinking.com/eggsub.html
http://www.gourmetsleuth.com/conversions.htm

程序应考虑用户的健康状况，比如高胆固醇、高血压、麸质过敏，等等。对于高胆固醇的情况，应建议使用鸡蛋和日常食物的替代食品；如果用户希望减肥，则应建议使用低卡路里的替代食品来替代糖。

16.9 (项目：垃圾邮件扫描程序)垃圾邮件(或废邮件)使美国用于垃圾邮件防范软件、装备、网络资源、带宽等方面的开支每年达数十亿美元，并由此降低了生产力。在线研究一些最常见的垃圾邮件消息和单词，并检查一下自己的垃圾邮件文件夹。创建一个垃圾邮件中最常使用的 30 个单词和短语的清单。编写一个程序，让用户输入一条电子邮件消息。然后，在消息中扫描这 30 个关键字或短语。只要它们在消息中出现一次，就为消息的"垃圾指数"增加 1 分。接下来，根据消息的"垃圾指数"来评估它为垃圾邮件的可能性。

16.10 (项目：SMS 语言)短消息服务(SMS)是一种通信服务，它允许在手机之间发送不超过 160 个字符的文本。随着全球手机用户的激增，在许多国家，SMS 已经有了许多其他用途，比如发布关于自然灾害的消息等。关于这方面的情况，可以查看网站 comunica.org/radio2.0/archives/87。由于 SMS 消息的长度有限，因此在消息中经常使用 SMS 语言，即常用单词和短语的缩写。例如在 SMS 消息中，"IMO"表示"in my opinion"。在线研究一下这些 SMS 语言。编写一个程序，让用户输入一条用 SMS 语言编写的消息，然后将它翻译成英语(或其他语言)。还要提供一种机制，能够将用英语(或其他语言)编写的文本翻译成 SMS 语言。一个潜在的问题是，一个 SMS 缩写可以被扩展成各种短语。例如，前面使用的 IMO，也可以代表"International Maritime Organization"或"in memory of"，等等。

第17章 文件和流

目标

本章将讲解

- 创建、读取、写入和更新文件。
- 用 File 和 Directory 类获得关于计算机上的文件和目录的信息。
- 用 LINQ 搜索目录。
- 了解顺序访问文件处理。
- 用 FileStream、StreamReader 和 StreamWriter 类读写文本文件。
- 用 FileStream 和 BinaryFormatter 类读写文件中的对象。

概要

17.1 简介	17.7 用对象序列化创建顺序访问文件
17.2 文件和流	17.8 从二进制文件读取和去序列化数据
17.3 创建顺序访问文本文件	17.9 File 类和 Directory 类
17.4 从顺序访问文本文件读取数据	17.9.1 演示 File 类和 Directory 类
17.5 案例分析：信用查询程序	17.9.2 用 LINQ 搜索目录
17.6 序列化	17.10 小结

摘要 | 术语表 | 自测题 | 自测题答案 | 练习题 | 挑战题

17.1 简介

变量和数组只能临时存储数据——当局部变量离开作用域或程序终止时，它们存储的数据将丢失。相反，文件(以及数据库，见第 22 章)用来长期保存大量的数据，即使创建数据的程序终止之后，数据依然会保存。保存在文件中的数据称为持久数据(persistent data)。计算机将文件存放在辅助存储设备中，比如硬盘、固态硬盘、闪存、DVD 和磁带。在本章，将介绍 C#程序中如何创建、更新和处理数据文件。

本章将讲解 Framework 类库中的一些文件处理类。然后，将讲解如何创建 Windows 窗体程序，读写可供人阅读的文本文件和以二进制格式存储整个对象的二进制文件。最后，用几个示例介绍如何获取计算机上的文件和目录信息。

17.2 文件和流

C#将每个文件都视为有序的字节流(见图 17.1)。每个文件或者以文件结束符(end-of-file marker)结束，或者在特定的字节号处结束，这个字节号记录在由系统维护的管理性数据结构中——因为文件的组织与操作系统相关。当到达字节流的末尾时，处理字节流的C#程序会收到来自操作系统的一个标志——程序不需要知道底层平台是如何表示文件或流的。

图 17.1 C#中 n 个字节的文件的视图

控制台程序中的标准流

当打开一个文件时，就会创建一个对象，并且一个流就会与这个对象相关联。当执行控制台程序时，运行时环境会创建三个流对象，它们可以通过 Console.Out、Console.In 和 Console.Error 属性分别访问。通过流，这些对象方便了程序与特定文件或设备之间的通信。Console.In 称为标准输入流对象(standard input stream object)，它使程序可以从键盘输入数据；Console.Out 称为标准输出流对象(standard output stream object)，它使程序可以向屏幕输出数据；Console.Error 称为标准错误流对象(standard error stream object)，它使程序可以向屏幕输出错误消息。这些对象可以被重定向到其他的文件或者设备。我们已经在控制台程序中使用过了 Console.Out 和 Console.In：

- Console 方法 Write 和 WriteLine 用 Console.Out 执行输出。
- Console 方法 Read 和 ReadLine 用 Console.In 执行输入。

文件处理类

在 Framework 类库中，存在许多文件处理的类。System.IO 命名空间包含的流类有 StreamReader(从流输入文本)、StreamWriter(将文本输出到流)和 FileStream(流输入与输出)。这些流类，分别是从抽象类 TextReader、TextWriter 和 Stream 继承的。Console.In 和 Console.Error 为 TextWriter 类型，Console.In 也为 TextReader 类型。系统创建 TextReader 和 TextWriter 派生类的对象，以分别初始化 Console 属性 Console.In 和 Console.Out。

抽象类 Stream 提供了将流表示成字节的功能。FileStream、MemoryStream 和 BufferedStream 类(都来自 System.IO 命名空间)继承自 Stream 类。FileStream 类可以用来在文件中写入和读取数据。MemoryStream 类可以直接从内存传入和传出数据——这要比读写外部设备快得多。

BufferedStream 类用缓冲(buffering)来从流中传入和传出数据。缓冲是一种 I/O 性能改进技术，每个输出操作都会被定向到称为缓冲区(buffer)的内存区域，缓冲区足够大，可以容纳许多来自于输出操作的数据。然后，当缓冲区被填满时，会执行一个大的物理输出操作(physical output operation)，将数据实际传输到输出设备。定向到内存中输出缓冲区的输出操作，经常被称为逻辑输出操作(logical output operation)。缓冲也可以用来加速输入操作，方法是一开始就将多于所需的数据读取到缓冲区中，这样以后就可以从高速内存读取数据，而不必从低速外部设备读取。

在本章，将使用主要的流类来实现文件处理程序，它们会创建并操作顺序访问文件。

17.3 创建顺序访问文本文件

C#将文件视为无结构的。因此，"记录"等概念在 C#文件中并不存在。这意味着程序员必须对文件进行结构化，以满足程序的要求。下面的几个示例中，将用文本和特殊字符来构成我们自己的"记录"概念。

BankUIForm 类

下面的几个示例，演示了银行账户维护程序中的文件处理过程。这些程序的用户界面相似，因此我们创建可复用的类 BankUIForm(见图 17.2)，它封装了共同的 GUI(见图 17.2 的屏幕截图)。BankUIForm 类(本章示例中 BankLibrary 项目的一部分)包含 4 个标签和 4 个文本框。ClearTextBoxes 方法(第 22~30 行)、SetTextBoxValues 方法(第 33~51 行)和 GetTextBoxValues 方法(第 54~59 行)，分别用来清除、设置和读取文本框中的文本值。利用可视化继承(见 15.13 节)，可以扩展这个类来创建本章中多个示例的 GUI。回忆前面可知，为了复用 BankUIForm 类，必须将 GUI 编译进类库中，然后在每个将复用它的项目中添加一个新类库 DLL 文件的引用(见 15.13 节)。

```csharp
 1  // Fig. 17.2: BankUIForm.cs
 2  // A reusable Windows Form for the examples in this chapter.
 3  using System;
 4  using System.Windows.Forms;
 5
 6  namespace BankLibrary
 7  {
 8     public partial class BankUIForm : Form
 9     {
10        protected int TextBoxCount { get; set; } = 4; // number of TextBoxes
11
12        // enumeration constants specify TextBox indices
13        public enum TextBoxIndices {Account, First, Last, Balance}
14
15        // parameterless constructor
16        public BankUIForm()
17        {
18           InitializeComponent();
19        }
20
21        // clear all TextBoxes
22        public void ClearTextBoxes()
23        {
24           // iterate through every Control on form
25           foreach (Control guiControl in Controls)
26           {
27              // if Control is TextBox, clear it
28              (guiControl as TextBox)?.Clear();
29           }
30        }
31
32        // set text box values to string-array values
33        public void SetTextBoxValues(string[] values)
34        {
35           // determine whether string array has correct length
36           if (values.Length != TextBoxCount)
37           {
38              // throw exception if not correct length
39              throw (new ArgumentException(
40                 $"There must be {TextBoxCount} strings in the array",
41                 nameof(values)));
42           }
43           else // set array values if array has correct length
44           {
45              // set array values to TextBox values
46              accountTextBox.Text = values[(int) TextBoxIndices.Account];
47              firstNameTextBox.Text = values[(int) TextBoxIndices.First];
48              lastNameTextBox.Text = values[(int) TextBoxIndices.Last];
49              balanceTextBox.Text = values[(int) TextBoxIndices.Balance];
50           }
51        }
52
53        // return TextBox values as string array
54        public string[] GetTextBoxValues()
55        {
56           return new string[] {
57              accountTextBox.Text, firstNameTextBox.Text,
58              lastNameTextBox.Text, balanceTextBox.Text};
59        }
60     }
61  }
```

图 17.2 用于本章示例中的可复用 Windows 窗体

Record 类

图 17.3 中的程序包含 Record 类，读写文件时，图 17.4、图 17.6 和图 17.7 将用这个类来维护每条记录的信息。这个类也属于 BankLibrary，因此它与 BankUIForm 类位于同一个项目中。

```csharp
1   // Fig. 17.3: Record.cs
2   // Class that represents a data record.
3   namespace BankLibrary
4   {
5      public class Record
6      {
7         public int Account { get; set; }
8         public string FirstName { get; set; }
9         public string LastName { get; set; }
10        public decimal Balance { get; set; }
11
12        // parameterless constructor sets members to default values
13        public Record() : this(0, string.Empty, string.Empty, 0M) { }
14
15        // overloaded constructor sets members to parameter values
16        public Record(int account, string firstName,
17           string lastName, decimal balance)
18        {
19           Account = account;
20           FirstName = firstName;
21           LastName = lastName;
22           Balance = balance;
23        }
24     }
25  }
```

图 17.3 表示数据记录的类

Record 类包含自动实现的属性 Account、FirstName、LastName 和 Balance（第 7~10 行），它们共同表示记录的所有信息。无参数构造函数（第 13 行）设置了这些成员，即调用 4 实参构造函数，账号为 0，姓氏和名字为 string.Empty（空字符串），余额为 0.0M。4 实参构造函数（第 16~23 行）将这些成员设置为指定的参数值。

用字符流创建输出文件

CreateFileForm 类（见图 17.4）用 Record 类的实例创建了一个顺序访问文件，可以在应收账款系统中使用，这个系统就是一个根据公司客户拖欠公司的款项组织数据的程序。对每个客户，程序获得账号、客户的姓氏、客户的名字以及余额（即客户欠公司的货款和服务款）。每个客户的数据构成了这个客户的记录。在这个程序中，账号被用于记录键——文件将按账号顺序创建并维护。这个程序假设用户是按账号顺序输入记录的。但是，复杂的应收账款系统还应提供排序功能，用户可以按任意顺序输入记录。为这个程序创建 Windows 窗体程序项目时，应确保添加了 BankLibrary.dll 的引用，并将基类从 Form 改成 BankUIForm。有关如何添加类库引用的方法，请参见 15.13 节的讲解。

```csharp
1   // Fig. 17.4: CreateFileForm.cs
2   // Creating a sequential-access file.
3   using System;
4   using System.Windows.Forms;
5   using System.IO;
6   using BankLibrary;
7
8   namespace CreateFile
9   {
10     public partial class CreateFileForm : BankUIForm
11     {
12        private StreamWriter fileWriter; // writes data to text file
13
14        // parameterless constructor
15        public CreateFileForm()
16        {
17           InitializeComponent();
```

图 17.4 创建顺序访问文件

```csharp
18         }
19
20         // event handler for Save Button
21         private void saveButton_Click(object sender, EventArgs e)
22         {
23             // create and show dialog box enabling user to save file
24             DialogResult result; // result of SaveFileDialog
25             string fileName; // name of file containing data
26
27             using (var fileChooser = new SaveFileDialog())
28             {
29                 fileChooser.CheckFileExists = false; // let user create file
30                 result = fileChooser.ShowDialog();
31                 fileName = fileChooser.FileName; // name of file to save data
32             }
33
34             // ensure that user clicked "OK"
35             if (result == DialogResult.OK)
36             {
37                 // show error if user specified invalid file
38                 if (string.IsNullOrEmpty(fileName))
39                 {
40                     MessageBox.Show("Invalid File Name", "Error",
41                         MessageBoxButtons.OK, MessageBoxIcon.Error);
42                 }
43                 else
44                 {
45                     // save file via FileStream
46                     try
47                     {
48                         // open file with write access
49                         var output = new FileStream(fileName,
50                             FileMode.OpenOrCreate, FileAccess.Write);
51
52                         // sets file to where data is written
53                         fileWriter = new StreamWriter(output);
54
55                         // disable Save button and enable Enter button
56                         saveButton.Enabled = false;
57                         enterButton.Enabled = true;
58                     }
59                     catch (IOException)
60                     {
61                         // notify user if file does not exist
62                         MessageBox.Show("Error opening file", "Error",
63                             MessageBoxButtons.OK, MessageBoxIcon.Error);
64                     }
65                 }
66             }
67         }
68
69         // handler for enterButton Click
70         private void enterButton_Click(object sender, EventArgs e)
71         {
72             // store TextBox values string array
73             string[] values = GetTextBoxValues();
74
75             // determine whether TextBox account field is empty
76             if (!string.IsNullOrEmpty(values[(int) TextBoxIndices.Account]))
77             {
78                 // store TextBox values in Record and output it
79                 try
80                 {
81                     // get account-number value from TextBox
82                     int accountNumber =
83                         int.Parse(values[(int) TextBoxIndices.Account]);
84
85                     // determine whether accountNumber is valid
86                     if (accountNumber > 0)
87                     {
88                         // Record containing TextBox values to output
89                         var record = new Record(accountNumber,
90                             values[(int) TextBoxIndices.First],
91                             values[(int) TextBoxIndices.Last],
92                             decimal.Parse(values[(int) TextBoxIndices.Balance]);
```

图 17.4(续) 创建顺序访问文件

```csharp
 93
 94              // write Record to file, fields separated by commas
 95              fileWriter.WriteLine(
 96                 $"{record.Account},{record.FirstName}," +
 97                 $"{record.LastName},{record.Balance}");
 98          }
 99          else
100          {
101              // notify user if invalid account number
102              MessageBox.Show("Invalid Account Number", "Error",
103                 MessageBoxButtons.OK, MessageBoxIcon.Error);
104          }
105      }
106      catch (IOException)
107      {
108          MessageBox.Show("Error Writing to File", "Error",
109             MessageBoxButtons.OK, MessageBoxIcon.Error);
110      }
111      catch (FormatException)
112      {
113          MessageBox.Show("Invalid Format", "Error",
114             MessageBoxButtons.OK, MessageBoxIcon.Error);
115      }
116   }
117
118   ClearTextBoxes(); // clear TextBox values
119 }
120
121 // handler for exitButton Click
122 private void exitButton_Click(object sender, EventArgs e)
123 {
124     try
125     {
126         fileWriter?.Close(); // close StreamWriter and underlying file
127     }
128     catch (IOException)
129     {
130         MessageBox.Show("Cannot close file", "Error",
131            MessageBoxButtons.OK, MessageBoxIcon.Error);
132     }
133
134     Application.Exit();
135   }
136 }
137 }
```

(a) 带三个额外控件的BankUI图形用户界面

(b) 保存文件的对话框

文件和目录

图 17.4(续)　创建顺序访问文件

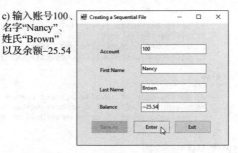

c) 输入账号100、名字"Nancy"、姓氏"Brown"以及余额–25.54

图 17.4(续)　创建顺序访问文件

CreateFileForm 类可以创建或打开文件(根据文件是否存在)，然后让用户向它写入记录。第 6 行的 using 指令，使用户可以用 BankLibrary 命名空间中的类，这个命名空间包含 BankUIForm 类，CreateFileForm 类(第 10 行)是从它继承的。CreateFileForm 类的 GUI 在 BankUIForm 类的 GUI 中增加了 Save As、Enter 和 Exit 按钮。

saveButton_Click 方法

用户单击 Save As 按钮时，程序调用事件处理器 saveButton_Click(第 21~67 行)。第 27 行实例化 SaveFileDialog 类(位于 System.Windows.Forms 命名空间)的一个对象。通过将这个对象放在 using 语句中(第 27~32 行)，可以保证会调用对话框的 Dispose 方法，一旦程序收到了用户在对话框中的输入，就立即释放它的资源。SaveFileDialog 对象用于选择文件(见图 17.4 中的第二个界面)。第 29 行表明，对话框不应该检查用户指定的文件名是否已经存在(实际上，默认为应该检查)。第 30 行调用 SaveFileDialog 方法 ShowDialog 显示这个对话框。

当显示对话框时，SaveFileDialog 会阻止用户与程序中任何其他窗口的交互，直到用户单击 Save 或 Cancel 按钮，关闭了 SaveFileDialog。具有这种行为的对话框，称为模态对话框(modal dialog)。用户选择相应的驱动器、目录和文件，然后单击 Save 按钮。ShowDialog 方法返回的 DialogResult，指定用户单击哪个按钮(Save 或 Cancel)来关闭对话框。这个值会被赋予 DialogResult 变量 result(第 30 行)。第 31 行获得对话框中的文件名。第 35 行测试用户是否单击了 OK 按钮，为此将这个值与 DialogResult.OK 进行了比较。如果两个值相等，则 saveButton_Click 方法继续。

可以创建 FileStream 类对象，以便打开文件，执行文本操作。这个示例中，我们希望打开文件用于输出，因此第 49~50 行创建了一个 FileStream 对象。使用的 FileStream 构造函数带三个实参：一个包含要打开的文件路径和名称的字符串，一个描述如何打开文件的常量，以及一个描述文件读写权限的常量。常量 FileMode.OpenOrCreate(第 50 行)表示 FileStream 对象在文件存在时应打开它，在文件不存在时应创建它。

注意，FileStream 会覆盖掉现有文件的内容。为了保护文件的原始内容，可使用 FileMode.Append 常量。还存在其他的 FileMode 常量，它们描述了如何打开文件。示例中用到这些常量时会介绍它们。常量 FileAccess.Write，表示程序只能对 FileStream 对象执行写入操作。第三个构造函数参数还可以有另外两个常量：FileAccess.Read 和 FileAccess.ReadWrite，前者表示只读访问，后者表示读写访问。

如果打开文件或创建 StreamWriter 时遇到问题，则第 59 行会捕获 IOException 异常。如果出现异常，则程序会显示一条错误消息(第 62~63 行)。如果没有异常发生，则会打开文件，用于写入。

常见编程错误 17.1

未打开文件就在程序中使用它，这是一个逻辑错误。

enterButton_Click 方法

用户在每个文本框中输入信息后，单击 Enter 按钮，它会调用事件处理器 enterButton_Click(第 70~119 行)，将文本框中的数据保存到用户指定的文件中。如果用户输入了一个有效的账号(即大于 0 的整数)，则第 89~92 行会创建一个包含文本框值的 Record。如果用户在某个文本框中输入了无效的值(如在

Balance 字段中输入了非数字字符),则程序会抛出 FormatException 异常。第 111~115 行的 catch 语句块处理这类异常,它(通过消息框)告知用户格式不正确①。

如果用户输入了有效的数据,则第 95~97 行通过调用第 53 行创建的 StreamWriter 对象的 WriteLine 方法,将记录写入文件中。WriteLine 方法会将字符序列写入文件。StreamWriter 对象用 FileStream 实参构造,这个实参指定 StreamWriter 将输出文本的文件。StreamWriter 类(以及本章中讨论过的大多数类)属于 System.IO 命名空间。最后,这些文本框的内容会被清除,使用户能够输入下一条记录的数据。

exitButton_Click 方法

用户单击 Exit 按钮时,会执行事件处理器 exitButton_Click(第 122~135 行)。第 126 行关闭 StreamWriter(如果它非空),这会自动关闭底层的 FileStream。接着,第 134 行终止程序。注意,Close 方法是在一个 try 语句块中调用的。如果文件或流不能正确地关闭,则 Close 方法会抛出 IOException 异常。如果出现这种情况,则一定要通知用户,指出文件或流中的信息可能会不准确。

性能提示 17.1

显式地释放不再需要的资源,可以使其他程序能够立即利用这些资源,从而提高资源的利用率。

数据样本

为了测试这个程序,需要为账户输入如图 17.5 所示的信息。程序没有描述文件中如何保存这些数据记录。为了验证文件已经被成功地创建了,下一节中将建立一个程序,它会读取并显示这个文件的内容。由于这是一个文本文件,因此实际上可以在任何文本编辑器中打开它,以查看它的内容。

账号	名字	姓氏	余额
100	Nancy	Brown	-25.54
200	Stacey	Dunn	314.33
300	Doug	Barker	0.00
400	Dave	Smith	258.34
500	Sam	Stone	34.98

图 17.5 图 17.4 中程序的数据样本

17.4 从顺序访问文本文件读取数据

前一节演示了如何创建用于顺序访问程序的文件。这一节将探讨如何顺序地读取(或取得)文件中的数据。ReadSequentialAccessFileForm 类(见图 17.6)读取图 17.4 中的程序所创建文件中的记录,然后显示每条记录的内容。这个示例的多数代码与图 17.4 中相似,因此这里只介绍这个程序的不同之处。

```
1   // Fig. 17.6: ReadSequentialAccessFileForm.cs
2   // Reading a sequential-access file.
3   using System;
4   using System.Windows.Forms;
5   using System.IO;
6   using BankLibrary;
7
8   namespace ReadSequentialAccessFile
9   {
10     public partial class ReadSequentialAccessFileForm : BankUIForm
11     {
```

图 17.6 读取顺序访问文件

---

① 在第 83 行中使用 int.TryParse 和 decimal.TryParse,就可以防止出现这些异常——本章中之所以没有这样做,是因为这会增加许多代码行(本身的行数就已够多了)。但是,为了防止出现这类异常,最好的做法是采用 int.TryParse 和 decimal.TryParse。

```csharp
12      private StreamReader fileReader; // reads data from a text file
13
14      // parameterless constructor
15      public ReadSequentialAccessFileForm()
16      {
17          InitializeComponent();
18      }
19
20      // invoked when user clicks the Open button
21      private void openButton_Click(object sender, EventArgs e)
22      {
23          // create and show dialog box enabling user to open file
24          DialogResult result; // result of OpenFileDialog
25          string fileName; // name of file containing data
26
27          using (OpenFileDialog fileChooser = new OpenFileDialog())
28          {
29              result = fileChooser.ShowDialog();
30              fileName = fileChooser.FileName; // get specified name
31          }
32
33          // ensure that user clicked "OK"
34          if (result == DialogResult.OK)
35          {
36              ClearTextBoxes();
37
38              // show error if user specified invalid file
39              if (string.IsNullOrEmpty(fileName))
40              {
41                  MessageBox.Show("Invalid File Name", "Error",
42                      MessageBoxButtons.OK, MessageBoxIcon.Error);
43              }
44              else
45              {
46                  try
47                  {
48                      // create FileStream to obtain read access to file
49                      FileStream input = new FileStream(
50                          fileName, FileMode.Open, FileAccess.Read);
51
52                      // set file from where data is read
53                      fileReader = new StreamReader(input);
54
55                      openButton.Enabled = false; // disable Open File button
56                      nextButton.Enabled = true; // enable Next Record button
57                  }
58                  catch (IOException)
59                  {
60                      MessageBox.Show("Error reading from file",
61                          "File Error", MessageBoxButtons.OK,
62                          MessageBoxIcon.Error);
63                  }
64              }
65          }
66      }
67
68      // invoked when user clicks Next button
69      private void nextButton_Click(object sender, EventArgs e)
70      {
71          try
72          {
73              // get next record available in file
74              var inputRecord = fileReader.ReadLine();
75
76              if (inputRecord != null)
77              {
78                  string[] inputFields = inputRecord.Split(',');
79
80                  // copy string-array values to TextBox values
81                  SetTextBoxValues(inputFields);
82              }
83              else
84              {
85                  // close StreamReader and underlying file
86                  fileReader.Close();
```

图 17.6(续)　读取顺序访问文件

```
 87            openButton.Enabled = true; // enable Open File button
 88            nextButton.Enabled = false; // disable Next Record button
 89            ClearTextBoxes();
 90
 91            // notify user if no records in file
 92            MessageBox.Show("No more records in file", string.Empty,
 93               MessageBoxButtons.OK, MessageBoxIcon.Information);
 94         }
 95      }
 96      catch (IOException)
 97      {
 98         MessageBox.Show("Error Reading from File", "Error",
 99            MessageBoxButtons.OK, MessageBoxIcon.Error);
100      }
101   }
102   }
103 }
```

(a) 带一个Open File按钮的BankUI图形用户界面

(b) OpenFileDialog窗口

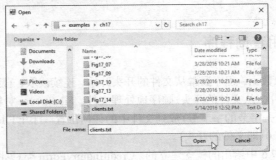

(c) 读取账号100的数据

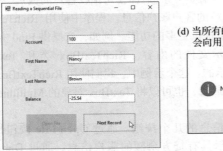

(d) 当所有的记录都被读取后会向用户显示一个消息框

图 17.6(续)　读取顺序访问文件

openButton_Click 方法

用户单击 Open File 按钮时，程序调用事件处理器 openButton_Click（第 21~66 行）。第 27 行创建了一个 OpenFileDialog，第 29 行调用它的 ShowDialog 方法，显示 Open 对话框（见图 17.6 第二个屏幕截图）。Save 对话框与 Open 对话框的功能和 GUI 相似，只不过将标题 "Open" 换成了 "Save"。如果用户选择了有效的文件名，则第 49~50 行会创建一个 FileStream 对象，并将它赋予引用 input。我们将 FileMode.Open 常量作为第二个实参传入 FileStream 构造函数，表示文件存在时打开 FileStream，文件不存在时抛出 FileNotFoundException 异常（这个示例中，FileStream 构造函数不会抛出 FileNotFoundException 异常，因为 OpenFileDialog 被配置成会检查文件是否存在）。在上一个示例中（见图 17.4），用 FileStream 对象和只写访问将文本写入了文件中。这个示例中（见图 17.6）将对文件指定只读访问，将 FileAccess.Read 常量作为第三个实参传入 FileStream 构造函数。第 53 行用这个 FileStream 对象创建了一个 StreamReader 对象。FileStream 对象指定 StreamReader 对象将读取文本的文件。

错误防止提示 17.1

如果不应当修改文件的内容，则可以用 FileAccess.Read 模式打开文件。这可以防止对内容的无意修改。

nextButton_Click 方法

用户单击 Next Record 按钮时，程序调用事件处理器 nextButton_Click（第 69~101 行），从用户指定文件中读取下一条记录（用户必须打开文件后才能单击 Next Record 按钮，查看第一条记录）。第 74 行调用 StreamReader 方法 ReadLine，读取下一条记录。如果读取文件时发生错误，则会抛出 IOException 异常（在第 96 行捕获），并通知用户（第 98~99 行）。否则，第 76 行判断 StreamReader 方法 ReadLine 是否返回 null（即文件中没有更多的文本读取）。如果不返回 null，则第 78 行用 string 类的 Split 方法，将从文件中读取的字符流拆分成表示 Record 属性的标记（字符串）——第二个实参表明标记是由这个文件中的逗号分隔的。第 81 行在文本框中显示 Record 的值。如果 ReadLine 返回 null，则程序关闭 StreamReader 对象（第 86 行），从而自动关闭 FileStream 对象，然后通知用户文件中没有更多的记录（第 92~93 行）。

17.5 案例分析：信用查询程序

为了从文件中顺序读取数据，程序通常从文件的开头开始，连续读取，直到发现所要的数据。有时，必须在执行程序的过程中多次（从文件的开头）顺序地处理文件。FileStream 对象可以将文件位置指针（包含文件中要读取或写入的下一字节的字节号）放到文件中的任何位置。打开 FileStream 对象时，它的文件位置指针被设置为字节位置 0（即文件的开头）。

下面的程序是利用图 17.6 中给出的概念建立的。CreditInquiryForm 类（见图 17.7）是一个信用查询程序，它使信用经理可以搜索和显示那些具有贷方余额（即公司预收客户的钱）、零余额（即不欠公司钱）和借方余额（即客户欠公司的货款和服务款）的客户账户信息。程序中使用 RichTextBox（多信息文本框）显示账户信息。RichTextBox 比普通文本框提供更多的功能。例如，它提供 Find 方法，可以搜索各个字符串，还提供 LoadFile 方法，可以显示文件的内容。RichTextBox 类和 TextBox 类都是从抽象类 System.Windows.Forms.TextBoxBase 继承的。这个示例中，我们使用 RichTextBox，因为它默认显示多行文本，而普通文本框只显示一行文本。或者，也可以将 TextBox 对象的 Multiline 属性设为 true，指定它显示多行文本。

程序显示了让信用经理取得信用信息的几个按钮。通过 Open File 按钮打开一个用于收集数据的文件。通过 Credit Balances 按钮显示具有贷方余额的账户信息，通过 Debit Balances 按钮显示具有借方余额的账户信息，而 Zero Balances 按钮显示具有零余额的账户信息。通过 Done 按钮退出程序。

```csharp
1   // Fig. 17.7: CreditInquiryForm.cs
2   // Read a file sequentially and display contents based on
3   // account type specified by user (credit, debit or zero balances).
4   using System;
5   using System.Windows.Forms;
6   using System.IO;
7   using BankLibrary;
8
9   namespace CreditInquiry
10  {
11     public partial class CreditInquiryForm : Form
12     {
13        private FileStream input; // maintains the connection to the file
14        private StreamReader fileReader; // reads data from text file
15
16        // parameterless constructor
17        public CreditInquiryForm()
18        {
19           InitializeComponent();
20        }
21
22        // invoked when user clicks Open File button
23        private void openButton_Click(object sender, EventArgs e)
24        {
25           // create dialog box enabling user to open file
26           DialogResult result;
27           string fileName;
28
29           using (OpenFileDialog fileChooser = new OpenFileDialog())
30           {
31              result = fileChooser.ShowDialog();
32              fileName = fileChooser.FileName;
33           }
34
35           // exit event handler if user clicked Cancel
36           if (result == DialogResult.OK)
37           {
38              // show error if user specified invalid file
39              if (string.IsNullOrEmpty(fileName))
40              {
41                 MessageBox.Show("Invalid File Name", "Error",
42                    MessageBoxButtons.OK, MessageBoxIcon.Error);
43              }
44              else
45              {
46                 // create FileStream to obtain read access to file
47                 input = new FileStream(fileName,
48                    FileMode.Open, FileAccess.Read);
49
50                 // set file from where data is read
51                 fileReader = new StreamReader(input);
52
53                 // enable all GUI buttons, except for Open File button
54                 openButton.Enabled = false;
55                 creditButton.Enabled = true;
56                 debitButton.Enabled = true;
57                 zeroButton.Enabled = true;
58              }
59           }
60        }
61
62        // invoked when user clicks credit balances,
63        // debit balances or zero balances button
64        private void getBalances_Click(object sender, System.EventArgs e)
65        {
66           // convert sender explicitly to object of type button
67           Button senderButton = (Button) sender;
68
69           // get text from clicked Button, which stores account type
70           string accountType = senderButton.Text;
71
72           // read and display file information
73           try
74           {
```

图 17.7 信用查询程序

```csharp
75             // go back to the beginning of the file
76             input.Seek(0, SeekOrigin.Begin);
77
78             displayTextBox.Text =
79                 $"Accounts with {accountType}{Environment.NewLine}";
80
81             // traverse file until end of file
82             while (true)
83             {
84                 // get next Record available in file
85                 string inputRecord = fileReader.ReadLine();
86
87                 // when at the end of file, exit method
88                 if (inputRecord == null)
89                 {
90                     return;
91                 }
92
93                 // parse input
94                 string[] inputFields = inputRecord.Split(',');
95
96                 // create Record from input
97                 var record =
98                     new Record(int.Parse(inputFields[0]), inputFields[1],
99                         inputFields[2], decimal.Parse(inputFields[3]));
100
101                 // determine whether to display balance
102                 if (ShouldDisplay(record.Balance, accountType))
103                 {
104                     // display record
105                     displayTextBox.AppendText($"{record.Account}\t" +
106                         $"{record.FirstName}\t{record.LastName}\t" +
107                         $"{record.Balance:C}{Environment.NewLine}");
108                 }
109             }
110         }
111         catch (IOException)
112         {
113             MessageBox.Show("Cannot Read File", "Error",
114                 MessageBoxButtons.OK, MessageBoxIcon.Error);
115         }
116     }
117
118     // determine whether to display given record
119     private bool ShouldDisplay(decimal balance, string accountType)
120     {
121         if (balance > 0M && accountType == "Credit Balances")
122         {
123             return true; // should display credit balances
124         }
125         else if (balance < 0M && accountType == "Debit Balances")
126         {
127             return true; // should display debit balances
128         }
129         else if (balance == 0 && accountType == "Zero Balances")
130         {
131             return true; // should display zero balances
132         }
133
134         return false;
135     }
136
137     // invoked when user clicks Done button
138     private void doneButton_Click(object sender, EventArgs e)
139     {
140         // close file and StreamReader
141         try
142         {
143             fileReader?.Close(); // close StreamReader and underlying file
144         }
145         catch (IOException)
146         {
147             // notify user of error closing file
148             MessageBox.Show("Cannot close file", "Error",
```

图17.7(续) 信用查询程序

```
149                    MessageBoxButtons.OK, MessageBoxIcon.Error);
150            }
151
152            Application.Exit();
153        }
154    }
155 }
```

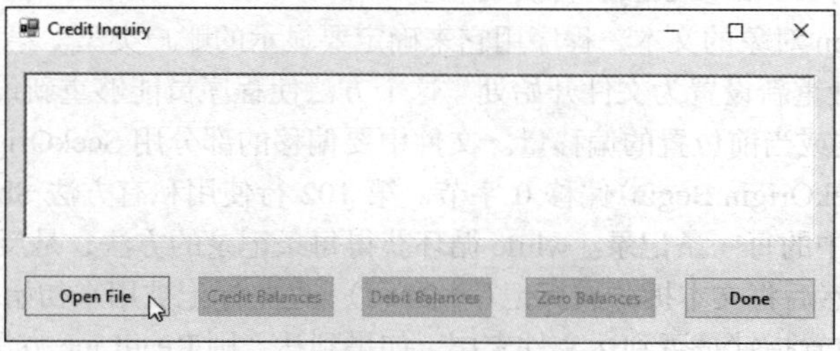

(a) 首次执行程序时的GUI

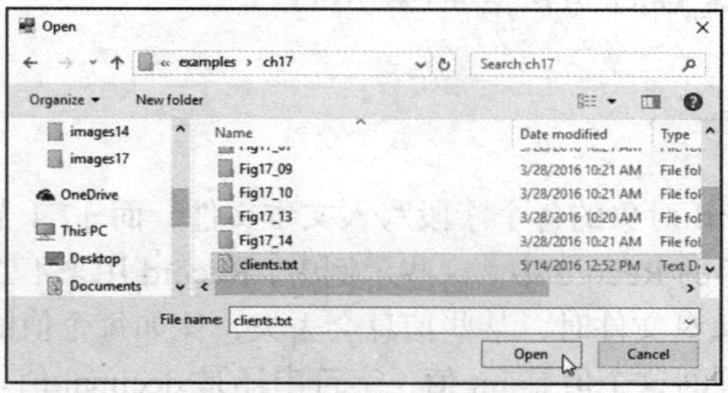

(b) 打开clients.txt文件

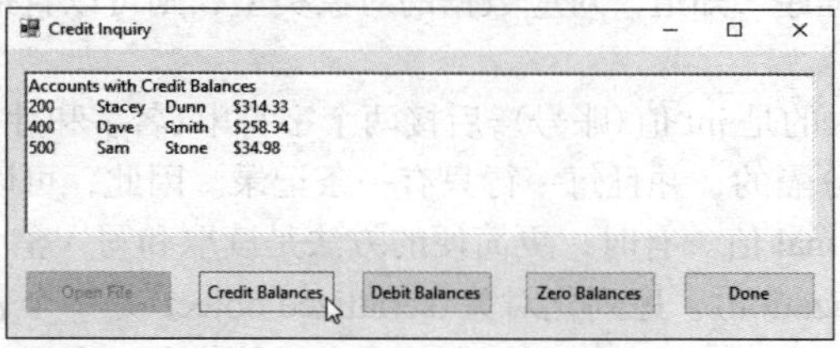

(c) 显示具有贷方余额的账户信息

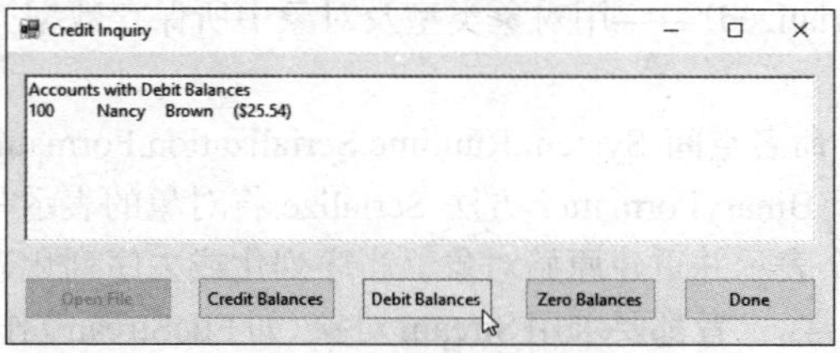

(d) 显示具有借方余额的账户信息

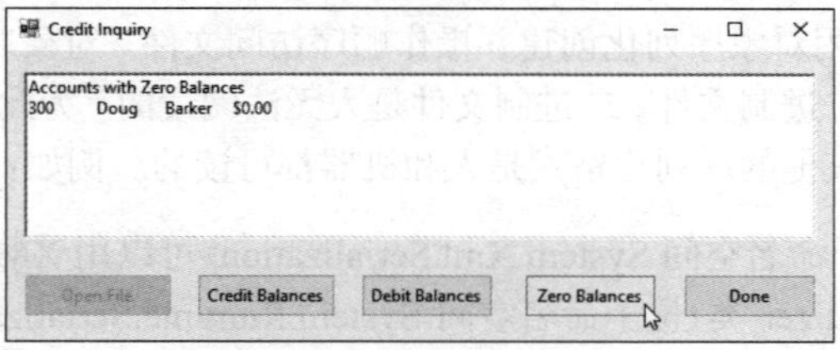

(e) 显示具有零余额的账户信息

图 17.7(续) 信用查询程序

用户单击 Open File 按钮时，程序调用事件处理器 openButton_Click（第 23~60 行）。第 29 行创建了一个 OpenFileDialog，第 31 行调用它的 ShowDialog 方法，显示 Open 对话框，在这个对话框中用户可以选择打开的文件。第 47~48 行创建具有只读文件访问权限的 FileStream 对象，并将它赋予引用 input。第 51 行创建 StreamReader 对象，用来从 FileStream 读取文本。

用户单击 Credit Balances、Debit Balances 或 Zero Balances 按钮时，程序调用 getBalances_Click 方法（第 64~116 行）。第 67 行将 sender 参数强制转换成一个 Button 对象，sender 是一个产生事件的控件的 object 引用。第 70 行取得 Button 对象的文本，程序用它来确定要显示的账户类型。第 76 行使用 FileStream 方法 Seek，将文件位置指针重新设置为文件开始处。这个方法使程序员能够重新设置文件位置指针，只需指定距离文件开头、末尾或当前位置的偏移量。文件中要偏移的部分用 SeekOrigin 枚举的常量选择。这里，流从文件的开头（SeekOrigin.Begin）偏移 0 字节。第 102 行使用私有方法 ShouldDisplay（第 119~135 行），判断是否显示文件中的每一条记录。while 循环获得每条记录的方法，是反复调用 StreamReader 方法 ReadLine（第 85 行），然后将文本拆分成标记（第 94 行），这些标记被用来初始化 record 对象（第 97~99 行）。第 88 行判断文件位置指针是否到达文件末尾，如果到达，则 ReadLine 方法返回 null。如果到达文件末尾，则程序会从 getBalances_Click 方法返回（第 90 行）。

17.6　序列化

17.3 节演示了如何将 Record 对象的各个字段写入文本文件，而 17.4 节讲解了如何从文件中读取这些字段，并将它们的值放入内存的 Record 中。这些示例中，Record 用来汇总一条记录的信息。当 Record 的实例变量以文本形式输出到磁盘文件时，某些信息会丢失，比如每个值的类型。例如，如果从文本文件中读取的值为"3"，则无法判断这个值是 int 值、字符串还是 decimal 值。磁盘中只有数据，没有类型信息。如果读取这个数据的程序"知道"对应数据的对象类型，则可以直接将数据读取到这个类型的对象中。

图 17.6 中，我们知道输入的是 int 值（账号），后接两个字符串（名字和姓氏）和一个 decimal 值（余额）。我们还知道这些值是用逗号分隔的，并且每一行只有一条记录。因此，可以解析字符串，并将账号转换成 int 值，将余额转换成 decimal 值。有时，更简便的方法是读取和写入整个对象。C#提供了这种机制，称为对象序列化（object serialization）。序列化对象（serialized object）是一个表示为字节序列的对象，它包含对象的数据，以及关于对象类型和对象中所保存数据类型的信息。序列化对象写入文件之后，可以从文件读取它并去序列化（deserialized）——用对象类型及对象中所保存数据类型的信息和字节在内存中重建对象。

BinaryFormatter 类（位于命名空间 System.Runtime.Serialization.Formatters.Binary）可以按二进制格式读取和写入流中的整个对象。BinaryFormatter 方法 Serialize 将对象的表示写入文件。BinaryFormatter 方法 Deserialize 从文件读取这个表示并重建原始对象。当序列化或去序列化遇到错误时，这两个方法都会抛出 SerializationException 异常。二者都要求用 Stream 对象（如 FileStream）作为参数，以便 BinaryFormatter 能够访问正确的流。

17.7 节和 17.8 节中，将用对象序列化创建并操作顺序访问文件。对象序列化是对字节流进行的，因此创建和操作的顺序文件是二进制文件。二进制文件是人无法阅读的。为此，我们要编写另外一个程序，它读取并显示序列化对象。其他的序列化格式是人和机器都可读的。例如：

- XmlSerializer 类（位于命名空间 System.Xml.Serialization）可以用 XML 格式读写对象。
- DataContractJsonSerializer 类（位于命名空间 System.Runtime.Serialization.Json）可以用 JSON 格式读写对象。

XML 和 JSON 是用于在 Internet 上传输数据的流行格式。

17.7 用对象序列化创建顺序访问文件

首先，我们创建序列化对象并将它写入顺序访问文件。在本节中，将复用17.3节中的许多代码，因此只介绍新增加的特性。

定义 RecordSerializable 类

首先要修改 Record 类（见图17.3），以便这个类的对象可以被序列化。RecordSerializable 类（见图17.8，它为 BankLibrary 项目的一部分）被标上了[Serializable]属性（第7行），这是向 CLR 表明，RecordSerializable 类的对象可以被序列化。表示序列化类型的类，必须在它的声明中包含这个属性，或者必须实现 ISerializable 接口。

```csharp
1   // Fig. 17.8: RecordSerializable.cs
2   // Serializable class that represents a data record.
3   using System;
4
5   namespace BankLibrary
6   {
7      [Serializable]
8      public class RecordSerializable
9      {
10        public int Account { get; set; }
11        public string FirstName { get; set; }
12        public string LastName { get; set; }
13        public decimal Balance { get; set; }
14
15        // default constructor sets members to default values
16        public RecordSerializable()
17           : this(0, string.Empty, string.Empty, 0M) {}
18
19        // overloaded constructor sets members to parameter values
20        public RecordSerializable(int account, string firstName,
21           string lastName, decimal balance)
22        {
23           Account = account;
24           FirstName = firstName;
25           LastName = lastName;
26           Balance = balance;
27        }
28     }
29  }
```

图 17.8 表示数据记录的序列化类

在标有[Serializable]属性或实现 ISerializable 接口的类中，必须保证类的每个实例变量也可以序列化。所有简单类型的变量和字符串都可以序列化。对于引用类型的变量，必须检查类的定义（可能还要检查它的基类声明），以确保这个类型是序列化的。默认情况下，数组对象是序列化的。但是，如果数组包含其他对象的引用，则这些对象不一定是序列化的。

用序列化流创建输出文件

下面用序列化流创建一个顺序访问文件（见图17.9）。为了测试这个程序，我们用图17.5中的数据样本来创建一个名称为 clients.ser 的文件——扩展名 .ser 表示文件保存的是序列化对象。由于输出结果与图17.4中的相同，因此这里不再给出。第15行创建了一个 BinaryFormatter，用于写入序列化对象。第55~56行打开 FileStream，让这个程序写入序列化对象。传入 FileStream 构造函数的字符串实参，表示要打开的文件名称和路径。这就指定了序列化对象要写入的文件。

```csharp
1   // Fig. 17.9: CreateFileForm.cs
2   // Creating a sequential-access file using serialization.
3   using System;
4   using System.Windows.Forms;
5   using System.IO;
```

图 17.9 利用序列化创建顺序访问文件

```csharp
 6   using System.Runtime.Serialization.Formatters.Binary;
 7   using System.Runtime.Serialization;
 8   using BankLibrary;
 9
10   namespace CreateFile
11   {
12      public partial class CreateFileForm : BankUIForm
13      {
14         // object for serializing RecordSerializables in binary format
15         private BinaryFormatter formatter = new BinaryFormatter();
16         private FileStream output; // stream for writing to a file
17
18         // parameterless constructor
19         public CreateFileForm()
20         {
21            InitializeComponent();
22         }
23
24         // handler for saveButton_Click
25         private void saveButton_Click(object sender, EventArgs e)
26         {
27            // create and show dialog box enabling user to save file
28            DialogResult result;
29            string fileName; // name of file to save data
30
31            using (SaveFileDialog fileChooser = new SaveFileDialog())
32            {
33               fileChooser.CheckFileExists = false; // let user create file
34
35               // retrieve the result of the dialog box
36               result = fileChooser.ShowDialog();
37               fileName = fileChooser.FileName; // get specified file name
38            }
39
40            // ensure that user clicked "OK"
41            if (result == DialogResult.OK)
42            {
43               // show error if user specified invalid file
44               if (string.IsNullOrEmpty(fileName))
45               {
46                  MessageBox.Show("Invalid File Name", "Error",
47                     MessageBoxButtons.OK, MessageBoxIcon.Error);
48               }
49               else
50               {
51                  // save file via FileStream if user specified valid file
52                  try
53                  {
54                     // open file with write access
55                     output = new FileStream(fileName,
56                        FileMode.OpenOrCreate, FileAccess.Write);
57
58                     // disable Save button and enable Enter button
59                     saveButton.Enabled = false;
60                     enterButton.Enabled = true;
61                  }
62                  catch (IOException)
63                  {
64                     // notify user if file could not be opened
65                     MessageBox.Show("Error opening file", "Error",
66                        MessageBoxButtons.OK, MessageBoxIcon.Error);
67                  }
68               }
69            }
70         }
71
72         // handler for enterButton Click
73         private void enterButton_Click(object sender, EventArgs e)
74         {
75            // store TextBox values string array
76            string[] values = GetTextBoxValues();
77
78            // determine whether TextBox account field is empty
79            if (!string.IsNullOrEmpty(values[(int) TextBoxIndices.Account]))
80            {
```

图 17.9(续)　利用序列化创建顺序访问文件

```csharp
 81            // store TextBox values in RecordSerializable and serialize it
 82            try
 83            {
 84               // get account-number value from TextBox
 85               int accountNumber = int.Parse(
 86                  values[(int) TextBoxIndices.Account]);
 87
 88               // determine whether accountNumber is valid
 89               if (accountNumber > 0)
 90               {
 91                  // RecordSerializable to serialize
 92                  var record = new RecordSerializable(accountNumber,
 93                     values[(int) TextBoxIndices.First],
 94                     values[(int) TextBoxIndices.Last],
 95                     decimal.Parse(values[(int) TextBoxIndices.Balance]));
 96
 97                  // write Record to FileStream (serialize object)
 98                  formatter.Serialize(output, record);
 99               }
100               else
101               {
102                  // notify user if invalid account number
103                  MessageBox.Show("Invalid Account Number", "Error",
104                     MessageBoxButtons.OK, MessageBoxIcon.Error);
105               }
106            }
107            catch (SerializationException)
108            {
109               MessageBox.Show("Error Writing to File", "Error",
110                  MessageBoxButtons.OK, MessageBoxIcon.Error);
111            }
112            catch (FormatException)
113            {
114               MessageBox.Show("Invalid Format", "Error",
115                  MessageBoxButtons.OK, MessageBoxIcon.Error);
116            }
117         }
118
119         ClearTextBoxes(); // clear TextBox values
120      }
121
122      // handler for exitButton Click
123      private void exitButton_Click(object sender, EventArgs e)
124      {
125         // close file
126         try
127         {
128            output?.Close(); // close FileStream
129         }
130         catch (IOException)
131         {
132            MessageBox.Show("Cannot close file", "Error",
133               MessageBoxButtons.OK, MessageBoxIcon.Error);
134         }
135
136         Application.Exit();
137      }
138   }
139 }
```

图 17.9(续) 利用序列化创建顺序访问文件

这个程序假设数据输入正确,并且是按正确的记录号顺序输入的。enterButton_Click 方法(第 73~120 行)执行写入操作。第 92~95 行创建并初始化了一个 RecordSerializable 对象。第 98 行调用 Serialize 方法,将 RecordSerializable 对象写入输出文件中。Serialize 方法的第一个实参是 FileStream 对象,使 BinaryFormatter 可以将它的第二个实参写入正确的文件。程序中并没有指定如何格式化输出对象——Serialize 方法会处理这些细节。如果序列化过程中出现问题,则会抛出 SerializationException 异常。

执行图 17.9 中的程序时,输入了 5 个账号的信息——与图 17.5 中的相同。程序没有显示数据记录在文件中的实际情形。记住,现在使用的是二进制文件,它是人无法阅读的。为了验证文件已经成功地创建了,下一节中的程序将读取这个文件的内容。

17.8 从二进制文件读取和去序列化数据

前一节介绍了如何用对象序列化创建顺序访问文件。本节将探讨如何从文件中顺序地读取序列化对象。

图 17.10 中的程序读取并显示了由图 17.9 中的程序创建的 clients.ser 文件的内容。这个程序的输出与图 17.6 中的相同，因此这里不再给出。第 15 行创建了一个 BinaryFormatter，用于读取对象。程序创建了一个 FileStream 对象(第 51~52 行)，用于打开文件进行输入。要打开的文件名称被指定为 FileStream 构造函数的第一个实参。

程序在事件处理器 nextButton_Click(第 61~93 行)中从文件读取对象。我们用(第 15 行创建的 BinaryFormatter 的)Deserialize 方法读取数据(第 67~68 行)。注意，Deserialize 的结果被强制转换成 RecordSerializable 类型(第 67 行)，这个强制转换是必要的，因为 Deserialize 返回 object 类型的引用，而我们需要访问属于 RecordSerializable 类的属性。如果在去序列化的过程中出现错误，或者达到了文件末尾，则会抛出 SerializationException 异常，并且会关闭 FileStream 对象(第 83 行)。

```csharp
1   // Fig. 17.10: ReadSequentialAccessFileForm.cs
2   // Reading a sequential-access file using deserialization.
3   using System;
4   using System.Windows.Forms;
5   using System.IO;
6   using System.Runtime.Serialization.Formatters.Binary;
7   using System.Runtime.Serialization;
8   using BankLibrary;
9
10  namespace ReadSequentialAccessFile
11  {
12      public partial class ReadSequentialAccessFileForm : BankUIForm
13      {
14          // object for deserializing RecordSerializable in binary format
15          private BinaryFormatter reader = new BinaryFormatter();
16          private FileStream input; // stream for reading from a file
17
18          // parameterless constructor
19          public ReadSequentialAccessFileForm()
20          {
21              InitializeComponent();
22          }
23
24          // invoked when user clicks the Open button
25          private void openButton_Click(object sender, EventArgs e)
26          {
27              // create and show dialog box enabling user to open file
28              DialogResult result; // result of OpenFileDialog
29              string fileName; // name of file containing data
30
31              using (OpenFileDialog fileChooser = new OpenFileDialog())
32              {
33                  result = fileChooser.ShowDialog();
34                  fileName = fileChooser.FileName; // get specified name
35              }
36
37              // ensure that user clicked "OK"
38              if (result == DialogResult.OK)
39              {
40                  ClearTextBoxes();
41
42                  // show error if user specified invalid file
43                  if (string.IsNullOrEmpty(fileName))
44                  {
45                      MessageBox.Show("Invalid File Name", "Error",
46                          MessageBoxButtons.OK, MessageBoxIcon.Error);
47                  }
48                  else
49                  {
```

图 17.10 利用去序列化读取顺序访问文件

```csharp
50            // create FileStream to obtain read access to file
51            input = new FileStream(
52               fileName, FileMode.Open, FileAccess.Read);
53
54            openButton.Enabled = false; // disable Open File button
55            nextButton.Enabled = true;  // enable Next Record button
56         }
57      }
58   }
59
60   // invoked when user clicks Next button
61   private void nextButton_Click(object sender, EventArgs e)
62   {
63      // deserialize RecordSerializable and store data in TextBoxes
64      try
65      {
66         // get next RecordSerializable available in file
67         RecordSerializable record =
68            (RecordSerializable) reader.Deserialize(input);
69
70         // store RecordSerializable values in temporary string array
71         var values = new string[] {
72            record.Account.ToString(),
73            record.FirstName.ToString(),
74            record.LastName.ToString(),
75            record.Balance.ToString()
76         };
77
78         // copy string-array values to TextBox values
79         SetTextBoxValues(values);
80      }
81      catch (SerializationException)
82      {
83         input?.Close(); // close FileStream
84         openButton.Enabled = true;  // enable Open File button
85         nextButton.Enabled = false; // disable Next Record button
86
87         ClearTextBoxes();
88
89         // notify user if no RecordSerializables in file
90         MessageBox.Show("No more records in file", string.Empty,
91            MessageBoxButtons.OK, MessageBoxIcon.Information);
92      }
93   }
94 }
95 }
```

图 17.10(续)　利用去序列化读取顺序访问文件

17.9　File 类和 Directory 类

文件按目录(也称为文件夹)组织。程序可以用 File 类和 Directory 类操作磁盘上的文件和目录。File 类可以确定关于文件的信息，并能打开文件用于读写。前面的几个小节中，探讨了读取或写入文件的技术。

图 17.11 中列出了 File 类的几个静态方法，它们用于操作和确定关于文件的信息。图 17.13 中的程序演示了其中几个方法的用法。

静态方法	描述
AppendText	返回一个 StreamWriter 对象，它将文本追加到已经存在的文件的末尾。如果文件不存在，则会创建它
Copy	将文件复制成一个新文件
Create	创建一个文件并返回一个与它相关联的 FileStream 对象
CreateText	创建一个文本文件并返回一个与它相关联的 StreamWriter 对象
Delete	删除指定的文件

图 17.11　File 类的静态方法(部分)

静态方法	描述
Exists	如果指定的文件存在,则返回 true,否则返回 false
GetCreationTime	返回代表文件或者目录创建时间的一个 DateTime 对象
GetLastAccessTime	返回代表文件或者目录被最后一次访问的时间的一个 DateTime 对象
GetLastWriteTime	返回代表文件或者目录被最后一次修改的时间的一个 DateTime 对象
Move	将指定文件移动到指定的位置
Open	返回与指定文件相关联的一个 FileStream 对象,并对它设置指定的读/写权限
OpenRead	返回与指定文件相关联的一个具有只读权限的 FileStream 对象
OpenText	返回与指定文件相关联的一个 StreamReader 对象
OpenWrite	返回与指定文件相关联的一个具有写权限的 FileStream 对象

图 17.11(续)　File 类的静态方法(部分)

　　Directory 类提供了操作目录的功能。图 17.12 列出了 Directory 类中操作目录的几个静态方法。图 17.13 中的程序,演示了其中几个方法的用法。CreateDirectory 方法返回的 DirectoryInfo 对象包含关于目录的信息。包含在 DirectoryInfo 类中的大部分信息,也可以通过 Directory 类的方法访问。

静态方法	描述
CreateDirectory	创建一个目录并返回与它相关联的 DirectoryInfo 对象
Delete	删除指定的目录
Exists	如果指定的目录存在,则返回 true,否则返回 false
GetDirectories	返回一个 string 数组,它包含指定目录下子目录的名称
GetFiles	返回一个 string 数组,它包含指定目录下文件的名称
GetCreationTime	返回代表目录创建时间的一个 DateTime 对象
GetLastAccessTime	返回代表目录被最后一次访问的时间的一个 DateTime 对象
GetLastWriteTime	返回代表目录下的内容被最后一次修改的时间的一个 DateTime 对象
Move	将指定目录移动到指定的位置

图 17.12　Directory 类的静态方法

17.9.1　演示 File 类和 Directory 类

　　FileTestForm 类(见图 17.13)用 File 类和 Directory 类中的方法来访问文件和目录信息。这个窗体包含 inputTextBox 控件,用户可以在这个控件中输入文件或目录名。对用户在文本框中输入时所按的每个键,程序都会调用 inputTextBox_KeyDown 事件处理器(第 19~76 行)。如果用户按下了回车键(第 22 行),则这个方法会根据用户输入的文本显示文件或目录的内容(如果用户没有按回车键,则这个方法返回时不显示任何内容)。

```
1   // Fig. 17.13: FileTestForm.cs
2   // Using classes File and Directory.
3   using System;
4   using System.Windows.Forms;
5   using System.IO;
6
7   namespace FileTest
8   {
9       // displays contents of files and directories
10      public partial class FileTestForm : Form
11      {
12          // parameterless constructor
13          public FileTestForm()
14          {
```

图 17.13　File 类和 Directory 类中方法的使用

```csharp
15          InitializeComponent();
16       }
17
18       // invoked when user presses key
19       private void inputTextBox_KeyDown(object sender, KeyEventArgs e)
20       {
21          // determine whether user pressed Enter key
22          if (e.KeyCode == Keys.Enter)
23          {
24             // get user-specified file or directory
25             string fileName = inputTextBox.Text;
26
27             // determine whether fileName is a file
28             if (File.Exists(fileName))
29             {
30                // get file's creation date, modification date, etc.
31                GetInformation(fileName);
32
33                // display file contents through StreamReader
34                try
35                {
36                   // obtain reader and file contents
37                   using (var stream = new StreamReader(fileName))
38                   {
39                      outputTextBox.AppendText(stream.ReadToEnd());
40                   }
41                }
42                catch (IOException)
43                {
44                   MessageBox.Show("Error reading from file",
45                      "File Error", MessageBoxButtons.OK,
46                      MessageBoxIcon.Error);
47                }
48             }
49             // determine whether fileName is a directory
50             else if (Directory.Exists(fileName))
51             {
52                // get directory's creation date,
53                // modification date, etc.
54                GetInformation(fileName);
55
56                // obtain directory list of specified directory
57                string[] directoryList =
58                   Directory.GetDirectories(fileName);
59
60                outputTextBox.AppendText("Directory contents:\n");
61
62                // output directoryList contents
63                foreach (var directory in directoryList)
64                {
65                   outputTextBox.AppendText($"{directory}\n");
66                }
67             }
68             else
69             {
70                // notify user that neither file nor directory exists
71                MessageBox.Show(
72                   $"{inputTextBox.Text} does not exist", "File Error",
73                   MessageBoxButtons.OK, MessageBoxIcon.Error);
74             }
75          }
76       }
77
78       // get information on file or directory,
79       // and output it to outputTextBox
80       private void GetInformation(string fileName)
81       {
82          outputTextBox.Clear();
83
84          // output that file or directory exists
85          outputTextBox.AppendText($"{fileName} exists\n");
86
87          // output when file or directory was created
88          outputTextBox.AppendText(
89             $"Created: {File.GetCreationTime(fileName)}\n" +
```

图 17.13（续） File 类和 Directory 类中方法的使用

```
 90                Environment.NewLine);
 91
 92            // output when file or directory was last modified
 93            outputTextBox.AppendText(
 94                $"Last modified: {File.GetLastWriteTime(fileName)}\n" +
 95                Environment.NewLine);
 96
 97            // output when file or directory was last accessed
 98            outputTextBox.AppendText(
 99                $"Last accessed: {File.GetLastAccessTime(fileName)}\n" +
100                Environment.NewLine);
101        }
102    }
103 }
```

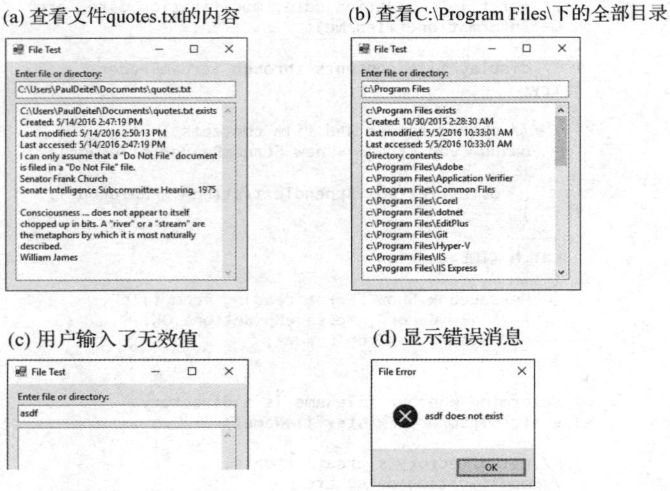

(a) 查看文件quotes.txt的内容　　　(b) 查看C:\Program Files\下的全部目录

(c) 用户输入了无效值　　　(d) 显示错误消息

图 17.13（续）　File 类和 Directory 类中方法的使用

第 28 行用 File 方法 Exists，判断用户指定的文本是否为现有文件的名称。如果是，则第 31 行调用私有方法 GetInformation（第 80~101 行），它会调用 File 方法 GetCreationTime（第 89 行）、GetLastWriteTime（第 94 行）和 GetLastAccessTime（第 99 行），访问文件信息。当 GetInformation 方法返回时，第 37 行实例化一个 StreamReader 对象，用于读取文件中的文本。StreamReader 构造函数的实参为一个字符串，包含要打开的文件名称和路径。第 39 行调用 StreamReader 方法 ReadToEnd，将文件的全部内容作为字符串读取，然后将这个字符串添加到 outputTextBox 中。读取文件之后，using 语句块会终止，文件会关闭，对应的对象会丢弃。

如果第 28 行判断出用户指定的文本不是一个文件，则第 50 行用 Directory 类的 Exists 方法判断它是否为目录。如果用户指定了一个现有的目录，则第 54 行调用 GetInformation 方法访问目录信息。第 57~58 行调用 Directory 类的 GetDirectories 方法，获得一个 string 数组，它包含指定目录中的子目录名。第 63~66 行显示这个 string 数组中的每个元素。注意，如果第 50 行判断出用户指定的文本不是目录名，则第 71~73 行会告知用户，他所输入的名称既不是文件名，也不是目录名。

17.9.2　用 LINQ 搜索目录

下面考虑另外一个示例，它利用了文件和目录的操作功能。LINQToFileDirectoryForm 类（见图 17.14）使用了 LINQ 以及 File、Path 和 Directory 类，报告指定目录路径中每种文件类型的个数。这个程序还是一个"清理"工具，当它找到扩展名为 .bak 的文件（备份文件）时，会显示一个消息框，询问用户是否删除它，接着会根据用户的输入做出适当的响应。这里还利用了 LINQ to Objects 来帮助删除备份文件。

用户单击 Search Directory 按钮时，程序会调用 searchButton_Click 方法（第 23~62 行），递归地搜索

用户指定的目录路径。如果用户在文本框中输入文本,则第 27 行会调用 Directory 类的 Exists 方法,判断文本是否为有效的目录路径名。如果不是,则第 30~31 行会将结果通知用户。

```csharp
1   // Fig. 17.14: LINQToFileDirectoryForm.cs
2   // Using LINQ to search directories and determine file types.
3   using System;
4   using System.Collections.Generic;
5   using System.Linq;
6   using System.Windows.Forms;
7   using System.IO;
8
9   namespace LINQToFileDirectory
10  {
11     public partial class LINQToFileDirectoryForm : Form
12     {
13        // store extensions found, and number of each extension found
14        Dictionary<string, int> found = new Dictionary<string, int>();
15
16        // parameterless constructor
17        public LINQToFileDirectoryForm()
18        {
19           InitializeComponent();
20        }
21
22        // handles the Search Directory Button's Click event
23        private void searchButton_Click(object sender, EventArgs e)
24        {
25           // check whether user specified path exists
26           if (!string.IsNullOrEmpty(pathTextBox.Text) &&
27              !Directory.Exists(pathTextBox.Text))
28           {
29              // show error if user does not specify valid directory
30              MessageBox.Show("Invalid Directory", "Error",
31                 MessageBoxButtons.OK, MessageBoxIcon.Error);
32           }
33           else
34           {
35              // directory to search; if not specified use current directory
36              string currentDirectory =
37                 (!string.IsNullOrEmpty(pathTextBox.Text)) ?
38                    pathTextBox.Text : Directory.GetCurrentDirectory();
39
40              directoryTextBox.Text = currentDirectory; // show directory
41
42              // clear TextBoxes
43              pathTextBox.Clear();
44              resultsTextBox.Clear();
45
46              SearchDirectory(currentDirectory); // search the directory
47
48              // allow user to delete .bak files
49              CleanDirectory(currentDirectory);
50
51              // summarize and display the results
52              foreach (var current in found.Keys)
53              {
54                 // display the number of files with current extension
55                 resultsTextBox.AppendText(
56                    $"* Found {found[current]} {current} files." +
57                    Environment.NewLine);
58              }
59
60              found.Clear(); // clear results for new search
61           }
62        }
63
64        // search directory using LINQ
65        private void SearchDirectory(string folder)
66        {
67           // files contained in the directory
68           string[] files = Directory.GetFiles(folder);
```

图 17.14 使用 LINQ 搜索目录并判断文件类型

```csharp
69
70          // subdirectories in the directory
71          string[] directories = Directory.GetDirectories(folder);
72
73          // find all file extensions in this directory
74          var extensions =
75              from file in files
76              group file by Path.GetExtension(file);
77
78          foreach (var extension in extensions)
79          {
80              if (found.ContainsKey(extension.Key))
81              {
82                  found[extension.Key] += extension.Count(); // update count
83              }
84              else
85              {
86                  found[extension.Key] = extension.Count(); // add count
87              }
88          }
89
90          // recursive call to search subdirectories
91          foreach (var subdirectory in directories)
92          {
93              SearchDirectory(subdirectory);
94          }
95      }
96
97      // allow user to delete backup files (.bak)
98      private void CleanDirectory(string folder)
99      {
100         // files contained in the directory
101         string[] files = Directory.GetFiles(folder);
102
103         // subdirectories in the directory
104         string[] directories = Directory.GetDirectories(folder);
105
106         // select all the backup files in this directory
107         var backupFiles =
108             from file in files
109             where Path.GetExtension(file) == ".bak"
110             select file;
111
112         // iterate over all backup files (.bak)
113         foreach (var backup in backupFiles)
114         {
115             DialogResult result = MessageBox.Show(
116                 $"Found backup file {Path.GetFileName(backup)}. Delete?",
117                 "Delete Backup", MessageBoxButtons.YesNo,
118                 MessageBoxIcon.Question);
119
120             // delete file if user clicked 'yes'
121             if (result == DialogResult.Yes)
122             {
123                 File.Delete(backup); // delete backup file
124                 --found[".bak"]; // decrement count in Dictionary
125
126                 // if there are no .bak files, delete key from Dictionary
127                 if (found[".bak"] == 0)
128                 {
129                     found.Remove(".bak");
130                 }
131             }
132         }
133
134         // recursive call to clean subdirectories
135         foreach (var subdirectory in directories)
136         {
137             CleanDirectory(subdirectory);
138         }
139     }
140 }
```

图 17.14(续)　使用 LINQ 搜索目录并判断文件类型

(a) 输入要搜索的目录并且按下
Search Directory按钮之后的GUI

(b) 要求确认删除 .bak文件的对话框

图17.14(续) 使用LINQ搜索目录并判断文件类型

SearchDirectory 方法

第 36~38 行取得当前的目录(如果用户没有指定路径)或指定的目录。第 46 行将目录名传入递归方法 SearchDirectory(第 65~95 行)。第 68 行调用 Directory 类的 GetFiles 方法，获得一个字符串数组，它包含指定目录中的文件名。第 71 行调用 Directory 类的 GetDirectories 方法，获得一个字符串数组，它包含指定目录中的子目录名。

第 74~76 行用 LINQ 取得 files 数组中不同的文件扩展名。Path 方法 GetExtension 获得指定文件名的扩展名。这里使用 LINQ 的 group by 子句，将结果按文件扩展名分组。对于 LINQ 查询返回的每一个文件扩展名组，第 78~88 行使用 LINQ 方法 Count，确定 files 数组中这个扩展名出现的次数。

LINQToFileDirectoryForm 类用 Dictionary(在第 14 行声明)存储每个文件扩展名以及带这个扩展名的文件个数。Dictionary(位于命名空间 System.Collections.Generic)是键/值对的集合，每个键具有对应的一个值。和 List 类(见 9.4 节)一样，Dictionary 类也是一个泛型类。第 14 行表示名称为 found 的 Dictionary 中包含字符串和整型值对，它们分别表示文件扩展名和带这种扩展名的文件个数。第 80 行用 Dictionary 方法 ContainsKey，判断指定的文件扩展名是否已经被放入了 Dictionary 中。如果这个方法返回 true，则第 82 行将具有给定扩展名的文件个数，添加到保存在 Dictionary 中这个扩展名的当前文件总数中。否则，第 86 行在 Dictionary 中插入一个新的键/值对，表示新的文件扩展名和它的文件个数。第 91~94 行对当前目录的每个子目录递归地调用 SearchDirectory 方法——根据文件和目录的数量，这个操作有可能耗费大量的时间。

CleanDirectory 方法

当 SearchDirectory 方法返回时，第 49 行调用 CleanDirectory 方法(第 98~139 行)，搜索扩展名为 .bak 的所有文件。第 101 行和第 104 行，分别获得当前目录下的文件名清单和目录名清单。第 107~110 行的 LINQ 查询，可找出当前目录下扩展名为 .bak 的所有文件。第 113~132 行迭代遍历结果，并询问用户是否应删除每一个文件。如果用户单击对话框中的 Yes 选项，则第 123 行用 File 方法 Delete 从磁盘删除这个文件，第 124 行将 .bak 文件的总数减 1。如果 .bak 文件的数量变为 0，则第 129 行用 Dictionary 方法 Remove，从 Dictionary 中删除 .bak 文件的键/值对。第 135~138 行对当前目录的每个子目录递归地调用 CleanDirectory 方法。检查完每个子目录中的 .bak 文件后，CleanDirectory 方法返回，第 52~58 行显示文件扩展名以及每种扩展名的文件个数。第 52 行使用 Dictionary 属性 Keys 获得所有的键。第 56 行用 Dictionary 的索引器获得当前键的值。最后，第 60 行用 Dictionary 方法 Clear 删除 Dictionary 的内容。

17.10 小结

这一章讲解了如何通过文件处理来操作持久数据。概述了来自 System.IO 命名空间的几个文件处理类。介绍了如何用顺序访问文件处理来操作文本文件中的记录。然后，探讨了文本文件处理与对象序列化的区别，并用序列化在文件中存储和读取整个对象。最后，我们用 File 类操作文件，用 Directory 类和 DirectoryInfo 类操作目录。

从第 18 章开始，将连续用 4 章的篇幅探讨算法和数据结构。第 18 章讲解的是用于找出数组中数据项的各种搜索算法，以及将数组中的元素按升序排序的排序算法。还会用到大 O 记法来表示算法的最坏情况运行时间。

摘要

17.1 节　简介
- 文件用来长期保存大量的数据。
- 保存在文件中的数据称为持久数据。
- 计算机将文件保存在辅助存储设备上。

17.2 节　文件和流
- C#将每个文件都视为有序的字节流。
- 打开文件的方式，是通过创建一个与它相关联的流对象实现的。
- 流提供了文件与程序之间的通信渠道。
- C#中的文件处理要求用到 System.IO 命名空间。
- Stream 类提供了将流表示成字节的功能。这个类是一个抽象类，它的对象不能被实例化。
- FileStream、MemoryStream 和 BufferedStream 类继承自 Stream 类。
- FileStream 类可以用来在顺序访问文件中写入和读取数据。
- MemoryStream 类可以直接从内存传入和传出数据——这要比其他的数据传输类型(如读/写磁盘)快得多。
- BufferedStream 类用缓冲来从流中传入和传出数据。缓冲提升了 I/O 性能，每个输出操作都会被定向到缓冲区，缓冲区足够大，可以容纳许多来自于输出操作的数据。然后，当缓冲区被填满时，会执行一个大的物理输出操作，将数据实际传输到输出设备。缓冲还可以用来加速输入操作。

17.3 节　创建顺序访问文本文件
- C#将文件视为无结构的。程序员必须结构化文件，以满足程序的要求。
- SaveFileDialog 是一种模态对话框——用户必须与之交互才能使其消失。
- StreamWriter 的构造函数接收一个 FileStream，它指定要写入文本的文件。

17.4 节　从顺序访问文本文件读取数据
- 文件中保存的数据在需要时可取出用于处理。
- 为了从文件中顺序读取数据，程序通常从文件的开头开始，连续读取，直到发现所要的数据。有时，必须在执行程序的过程中多次(从文件的开头)顺序地处理文件。
- OpenFileDialog 使用户能选择要打开的文件。ShowDialog 方法能够显示这个对话框。

17.5 节　案例分析：信用查询程序
- Stream 方法 Seek 可以在文件中移动文件位置指针。程序员可以指定文件位置指针距离文件开头、末尾或当前位置的偏移量。文件中要偏移的部分用 SeekOrigin 枚举的常量选择。

17.6 节　序列化
- 序列化对象是一个表示为字节序列的对象，它包含对象的数据以及关于对象类型和对象中所保存数据类型的信息。
- 将序列化对象写入文件之后，可以从文件中读取它并去序列化(在内存中重新创建)。

第 17 章 文件和流 533

- 支持 ISerializable 接口的 BinaryFormatter 类 (位于命名空间 System.Runtime.Serialization.Formatters.Binary)，可以读取和写入流中的整个对象。
- BinaryFormatter 方法 Serialize 和 Deserialize，分别将对象写入流和从流中读取对象。
- Serialize 方法和 Deserialize 方法，都要求用 Stream 对象 (如 FileStream) 作为参数，以便 BinaryFormatter 能够访问正确的文件。

17.7 节 用对象序列化创建顺序访问文件

- 具有 Serializable 属性的类或者实现了 ISerializable 接口的类，向 CLR 表明它的对象能够被序列化。对于希望读取或写入流的对象，必须在它的类声明中包含这个属性，或者必须实现 ISerializable 接口。
- 在序列化的类中，程序员必须确保类的每个实例变量都是序列化的。默认情况下，所有的简单类型变量都是序列化的。对于引用类型的变量，必须查看类的声明(可能还要查看它的基类声明)，以确保这个类型是序列化的。

17.8 节 从二进制文件读取和去序列化数据

- (BinaryFormatter 类的) Deserialize 方法，从流中读取一个序列化对象并在内存中重建这个对象。
- Deserialize 方法返回的 object 类型的引用，必须被强制转换成合适的类型以操作对象。
- 如果在去序列化的过程中有错误发生，则会抛出 SerializationException 异常。

17.9 节 File 类和 Directory 类

- 计算机中的信息保存在文件中，文件被组织成目录。程序可以用 File 类和 Directory 类操作磁盘上的文件和目录。
- File 类提供的一些静态方法可以确定关于文件的信息，并能打开文件用于读写。
- Directory 类提供的一些静态方法用于操作目录。
- Directory 方法 CreateDirectory 返回的 DirectoryInfo 对象包含关于目录的信息。包含在 DirectoryInfo 类中的大部分信息，也可以通过 Directory 类的方法访问。
- File 方法 Exists 判断字符串是否为现有文件的名称和路径。
- 重载的 StreamReader 构造函数的实参为一个字符串，包含要打开的文件名和文件的路径。StreamReader 方法 ReadToEnd 会读取文件的全部内容。
- Directory 方法 Exists 判断字符串是否为现有目录的名称。
- Directory 方法 GetDirectories 获得一个 string 数组，它包含指定目录中的子目录名。
- Directory 方法 GetFiles 获得一个 string 数组，它包含指定目录中的文件名。
- Path 方法 GetExtension 获得指定文件名的扩展名。
- Dictionary (位于命名空间 System.Collections.Generic) 是键/值对的集合，每个键具有对应的一个值。和 List 类一样，Dictionary 类也是一个泛型类。
- Dictionary 方法 ContainsKey 判断指定的键是否位于 Dictionary 中。
- Dictionary 方法 Add 将一个键/值对插入 Dictionary 中。
- File 方法 Delete 删除磁盘上指定的文件。
- Dictionary 属性 Keys 获得 Dictionary 中的所有键。
- Dictionary 方法 Clear 方法删除 Dictionary 的内容。
- LINQ 的 group by 子句可用来将查询结果分组成集合。

术语表

buffer 缓冲区   BufferedStream class BufferedStream 类

buffering　缓冲
closing a file　关闭文件
Delete method of class File　File 类的 Delete 方法
deserialized object　去序列化对象
Dictionary class　Dictionary 类
Directory class　Directory 类
DirectoryInfo class　DirectoryInfo 类
end-of-file marker　文件结束符
File class　File 类
file-processing programs　文件处理程序
FileAccess enumeration　FileAccess 枚举
file-position pointer　文件位置指针
FileStream class　FileStream 类
IOException　IOException 异常
ISerializable interface　ISerializable 接口
logical output operation　逻辑输出操作
MemoryStream class　MemoryStream 类
modal dialog　模态对话框
object serialization　对象序列化

OpenFileDialog class　OpenFileDialog 类
Path class　Path 类
persistent data　持久数据
physical output operation　物理输出操作
SaveFileDialog class　SaveFileDialog 类
SeekOrigin enumeration　SeekOrigin 枚举
sequential-access file　顺序访问文件
Serializable attribute　Serializable 属性
standard error stream object　标准错误流对象
standard input stream object　标准输入流对象
standard output stream object　标准输出流对象
Stream class　Stream 类
stream of bytes　字节流
StreamReader class　StreamReader 类
StreamWriter class　StreamWriter 类
System.IO namespace　System.IO 命名空间
TextReader class　TextReader 类
TextWriter class　TextWriter 类

自测题

17.1 判断下列语句是否正确。如果不正确，请说明理由。
  a) Stream 类型的对象不能被实例化。
  b) 通常而言，顺序文件中的记录是按记录键字段的顺序存储的。
  c) StreamReader 类继承自 Stream 类。
  d) 任何类都可以被序列化到文件。
  e) FileStream 类的 Seek 方法总是会以相对于文件开头的位置搜索。
  f) StreamReader 类和 StreamWriter 类用于顺序访问文件。

17.2 填空题。
  a) 命名空间_____中包含 BinaryFormatter 类。
  b) StreamReader 方法_____读取文件中的一行文本。
  c) StreamWriter 方法_____向文件写入一行文本。
  d) BinaryFormatter 类的 Serialize 方法的实参是_____和_____。
  e) 命名空间_____中包含大多数 C#的文件处理类。

自测题答案

17.1 a) 正确。b) 正确。c) 错误。StreamReader 类继承自 TextReader 类。d) 错误。只有实现了 ISerializable 接口的类，或者用 Serializable 属性声明的类，才是可序列化的。e) 错误。它会以相对于作为实参之一传入的 SeekOrigin 枚举成员的位置搜索。f) 正确。

17.2 a) System.Runtime.Serialization.Formatters.Binary。b) ReadLine。c) WriteLine。d) Stream，object。e) System.IO。

练习题

17.3 (**学生成绩文件**)创建一个程序,它将学生的成绩保存到一个文本文件中。这个文件应当包含每名学生的姓名、ID号、课程以及成绩信息。应允许用户载入文件,并以只读文本框模式显示它的内容。显示信息时应具有如下的格式:

```
LastName, FirstName:  ID# Class Grade
```

一些数据样本如下:

```
Jones, Bob: 1 "Introduction to Computer Science" "A-"
Johnson, Sarah: 2 "Data Structures" "B+"
Smith, Sam: 3 "Data Structures" "C"
```

17.4 (**序列化和去序列化**)修改前面的程序,使其能利用可以被序列化和去序列化的类对象。

17.5 (**扩展 StreamReader 类和 StreamWriter 类**)扩展 StreamReader 类和 StreamWriter 类,使派生自 StreamReader 的类具有方法 ReadInteger、ReadBoolean 和 ReadString,派生自 StreamWriter 的类具有方法 WriteInteger、WriteBoolean 和 WriteString。思考一下,该如何设计这些写入方法,才能使这些读取方法能够正确地读取写入的内容。将 WriteInteger 方法和 WriteBoolean 方法设计成写入统一大小的字符串,以便 ReadInteger 方法和 ReadBoolean 方法能够精确地读取这些值。应确保 ReadString 方法和 WriteString 方法使用相同的一个或多个字符来分隔字符串。

17.6 (**读取和写入账户信息**)创建一个程序,它结合图 17.4 和图 17.6 中的思想,使用户能向文件写入记录,也能从文件读取记录。为记录添加另外一个 bool 类型的字段,表示这个账户是否应该防止透支。

17.7 (**电话号码单词生成器**)标准的电话机面板上都有数字 0~9。其中,数字 2~9 中的每一个都有相关联的三个或四个字母(见图 17.15)。许多人发现记忆电话号码很困难,因此他们利用数字与字母之间的对应关系,开发了一种与电话号码相对应的七字母单词。例如,如果电话号码为 686-2377,则可以利用图 17.15 中给出的对应关系得到一个七字母单词"NUMBERS"。每一个七字母单词,都正好对应一个 7 位数的电话号码。对于希望提升外卖业务的餐馆而言,可以使用电话号码 825-3688(即"TAKEOUT")。

每一个 7 位数电话号码,可以对应许多不同的七字母单词。遗憾的是,大多数这样的单词都是不知所云的字母拼凑。但是,如果理发店老板知道他的电话号码 424-7288 可以对应成"HAIRCUT"时,则一定会很高兴;卖酒的老板,无疑也会对电话号码 233-7226(对应"BEERCAN")沾沾自喜;兽医也会得意于他的电话号码 738-2273(对应"PETCARE");而卖汽车的人,对他的电话号码 639-2277(对应"NEWCARS")也会感到惊喜。

数字	字母	数字	字母
2	A B C	6	M N O
3	D E F	7	P R S
4	G H I	8	T U V
5	J K L	9	W X Y Z

图 17.15 与电话机上的数字对应的字母

编写一个 GUI 程序,提供一个 7 位数的数字,利用 StreamWriter 对象来写出一个文件,文件内容为与该数字相对应的七字母单词的全部可能组合。一共存在 2187(3^7)种这样的组合。将电话号码中的数字 0 和 1 去除。

17.8 (**学生调查**)图 8.9 中包含一个硬编码到程序中的调查结果数组。如果希望将待处理的调查结果存放在文件中，则应首先创建一个 Windows 窗体，提示用户输入调查结果，并将每个结果输出到一个文件中。用 StreamWriter 对象创建一个名称为 numbers.txt 的文件。每个整数用 Write 方法写入。然后，增加一个文本框，用它输出调查结果。修改图 8.9 中的代码，使它从 numbers.txt 文件中读取调查结果。读取时应使用 StreamReader 方法。使用 string 类的 Split 方法，将输入字符串分解为各个调查结果，然后将每个调查结果转换成一个整数。程序应持续从文件读取调查结果，直到文件结束。将结果在文本框中输出。

挑战题

17.9 （网络钓鱼扫描程序）"钓鱼"是一种盗窃身份的操作形式。在一封电子邮件中，发送者伪装成一个可信赖的源，试图获得接收者的私人信息，比如用户名、口令、信用卡号码、社会保障号等（目前的钓鱼形式有许多种，不限于电子邮件）。钓鱼邮件宣称它们来自公众熟知的银行、信用卡公司、拍卖网站、社交网络、在线支付服务公司等，貌似十分合法。这些欺骗性的消息常常会链接到诱骗（假冒）网站，要求用户输入敏感信息。

访问 www.snopes.com 以及其他站点，找出那些排名靠前的钓鱼欺骗手法清单。也可以访问反钓鱼工作组网站：

www.antiphishing.org/

和 FBI 的 Cyber Investigations 网站：

https://www.fbi.gov/about-us/investigate/cyber/cyber

可以找到最新的欺骗手法以及如何保护自己的信息。

创建一个钓鱼信息中最常使用的 30 个单词、短语和公司名称的清单。根据你对钓鱼信息与这些单词或短语的相似度的估计，为每个单词或短语赋予一个点值（例如，如果有部分相似，则为 1 个点值；如果是中等程度相似，则为 2 个点值；如果高度相似，则为 3 个点值）。编写一个程序，在一个文本文件中扫描这些单词和短语。对于文本文件中每一次找到的单词或短语，将它的点值添加到总点值中。对于找到的每一个单词或短语输出一行信息，包括该单词或短语、出现次数以及总点数。然后，给出整条消息的总点数。对于接收到的真正的钓鱼邮件，程序给予了一个高总点数吗？对于接收到的合法邮件，程序给予了一个高总点数吗？

第 18 章 搜索与排序

目标

本章将讲解

- 利用线性搜索和二分搜索算法,搜索数组中给定的值。
- 利用选择排序和插入排序算法来排序数组。
- 利用递归合并排序算法来排序数组。
- 用大 O 记法来分析搜索算法和排序算法的效率。

概要

18.1 简介
18.2 搜索算法
    18.2.1 线性搜索
    18.2.2 二分搜索
18.3 排序算法

18.3.1 选择排序
18.3.2 插入排序
18.3.3 合并排序
18.4 搜索算法和排序算法的效率
18.5 小结

总结 | 术语表 | 自测题 | 自测题答案 | 练习题

18.1 简介

搜索数据涉及确定一个值(称为搜索键)是否在数据中存在,以及(如果存在的话)该值的位置。本章将讲解两种流行的搜索算法:简单的线性搜索以及更快但更复杂的二分搜索。排序操作会根据一个或多个排序键来使数据有序放置。姓名的列表可以按字母顺序排序,银行账户可以按账号排序,员工工资支付记录可以按社会保障号排序,等等。本章将讲解两个简单的排序算法:选择排序和插入排序;还会讲解一个更有效率但更复杂的算法:合并排序。图 18.1 中给出了本书中将讨论的搜索算法和排序算法。这一章是针对计算机科学专业的学生的。大多数程序员都会使用 .NET Framework 内置的搜索和排序功能,比如 Array 类的 BinarySearch 和 Sort 方法,以及 .NET 集合中的类似功能(参见第 21 章)。

章 号	算 法	出 处
搜索算法		
18	线性搜索	18.2.1 节
	二分搜索	18.2.2 节
	递归线性搜索	练习题 18.8
	递归二分搜索	练习题 18.9
21	Array 类的 BinarySearch 方法	图 21.3
	Dictionary<K, V>类的 ContainsKey 方法	图 21.4
排序算法		
18	选择排序	18.3.1 节

图 18.1 本书中的搜索算法和排序算法分布

章　号	算　　法	出　　处
	插入排序	18.3.2 节
	递归合并排序	18.3.3 节
	冒泡排序	练习题 18.5~18.6
	桶排序	练习题 18.7
	递归快速排序	练习题 18.10
18, 21	Array 类的 Sort 方法	图 18.3 和图 21.3

图 18.1(续)　本书中的搜索算法和排序算法分布

18.2　搜索算法

查找电话号码、访问 Web 站点、在字典中查找某个单词的定义等，都涉及对大量数据的搜索。下面的两个小节将探讨两个常见的搜索算法，其中一个易于编程但较为低效，另一个编程复杂但效率较高。

18.2.1　线性搜索

线性搜索算法会依次搜索数组中的每一个元素。如果搜索键不与数组中的某个元素匹配，则算法会测试每一个元素，且在到达数组末尾时会通知用户没有找到搜索键。如果搜索键位于数组中，则算法会测试每一个元素，直到找到了匹配搜索键的那个元素时为止，并且会返回该元素的索引。

作为一个示例，考虑一个包含如下值的数组：

34　56　2　10　77　51　93　30　5　52

目标是搜索值 51。利用线性搜索算法，方法会首先检查 34(位于索引 0 处)是否与搜索键匹配。因为它们不相等，所以算法会检查 56(索引 1)是否与搜索键匹配。搜索的方法随后依次测试数组中的每一个值，分别是 2(索引 2)、10(索引 3)和 77(索引 4)。当方法测试 51(索引 5)时，它匹配搜索键，因此方法返回数组中 51 所在的位置(5)。如果在检查完每一个数组元素之后，方法发现搜索键不与数组中的任何元素匹配，则会返回–1。如果数组中存在多个与搜索键相等的值，则线性搜索会返回数组中与搜索键匹配的第一个元素的索引。

执行线性搜索

图 18.2 中的程序实现了一个线性搜索算法。Main 方法将局部变量声明成 Random 对象(第 10 行)，产生随机 int 值和一个 int 数组 data(第 11 行)，用于保存这些随机产生的 int 值。第 14~17 行保存的 data 随机 int 值，其范围从 10~99。第 19 行显示这个数组的值时，使用了 string 方法 Join，产生的字符串将数组的元素用空格分开。Join 方法的第一个实参是放置在两个数组元素之间的分隔符，第二个实参为数组。第 22~23 行提示用户输入搜索键。第 26~45 行会一直循环，直到用户输入了–1。第 29 行调用 LinearSearch 方法，判断 searchInt 是否在数组中。如果是，则这个方法返回元素的索引，它在第 33~34 行显示。如果没有位于数组中，则返回–1，且在第 38~39 行通知用户。第 43~44 行提示用户输入下一个搜索键。

```
 1  // Fig. 18.2: LinearSearchTest.cs
 2  // Class that contains an array of random integers and a method
 3  // that searches that array sequentially.
 4  using System;
 5
 6  public class LinearSearchTest
 7  {
 8     static void Main()
 9     {
10        var generator = new Random();
11        var data = new int[10]; // create space for array
12
```

图 18.2　包含一个随机 int 数组和一个顺序搜索该数组的方法的类

```csharp
13          // fill array with random ints in range 10-99
14          for (var i = 0; i < data.Length; ++i)
15          {
16              data[i] = generator.Next(10, 100);
17          }
18
19          Console.WriteLine(string.Join(" ", data) + "\n"); // display array
20
21          // input first int from user
22          Console.Write("Enter an integer value (-1 to quit): ");
23          var searchInt = int.Parse(Console.ReadLine());
24
25          // repeatedly input an integer; -1 terminates the app
26          while (searchInt != -1)
27          {
28              // perform linear search
29              int position = LinearSearch(data, searchInt);
30
31              if (position != -1) // integer was found
32              {
33                  Console.WriteLine($"The integer {searchInt} was found in " +
34                      $"position {position}.\n");
35              }
36              else // integer was not found
37              {
38                  Console.WriteLine(
39                      $"The integer {searchInt} was not found.\n");
40              }
41
42              // input next int from user
43              Console.Write("Enter an integer value (-1 to quit): ");
44              searchInt = int.Parse(Console.ReadLine());
45          }
46      }
47
48      // perform a linear search on the data
49      public static int LinearSearch(int[] values, int searchKey)
50      {
51          // loop through array sequentially
52          for (var index = 0; index < values.Length; ++index)
53          {
54              if (values[index] == searchKey)
55              {
56                  return index; // return the element's index
57              }
58          }
59
60          return -1; // integer was not found
61      }
62  }
```

```
64 90 84 62 28 68 55 27 78 73

Enter an integer value (-1 to quit): 78
The integer 78 was found in position 8.

Enter an integer value (-1 to quit): 64
The integer 64 was found in position 0.

Enter an integer value (-1 to quit): 65
The integer 65 was not found.

Enter an integer value (-1 to quit): -1
```

图 18.2 包含一个随机 int 数组和一个顺序搜索该数组的方法的类

LinearSearch 方法

第 49~61 行执行线性搜索。搜索键被传递给 searchKey 参数。第 52~58 行对数组中的元素进行循环。第 54 行将数组中的当前元素与 searchKey 进行比较。如果值相等，则第 56 行返回该元素的索引。如果循环结束时没有找到匹配的值，则第 60 行返回 -1。

线性搜索算法的效率

所有搜索算法的目标都是相同的：找出与给定搜索键匹配的元素（如果该元素存在的话）。但是，搜索算法之间存在许多的不同点，其中主要的差异是完成搜索所要求的效率。描述这种效率的一种办法是使用大 O 记法，它是算法在最坏情况下运行时间的一种度量，即为了解决问题，算法需付出多大的努力。对于搜索算法和排序算法，它尤其与数据集中的元素个数和所采用的算法相关。

常量运行时间

假设算法的目的是测试数组的第一个元素是否与第二个元素相等。如果数组有 10 个元素，则这个算法要求一次比较。如果数组有 1000 个元素，则这个算法依然只要求一次比较。实际上，这个算法与数组中的元素个数完全没有关系，因此可以说它具有常量运行时间，用大 O 记法表示就是 $O(1)$。具有 $O(1)$ 特性的算法，并不一定只要求进行一次比较。$O(1)$ 只表示比较的次数是恒定的，即它不会随数组规模的变大而增长。测试数组第一个元素是否与后面三个元素中的任何一个相等的算法，其效率依然是 $O(1)$ 的，尽管它要求三次比较。

线性运行时间

测试数组第一个元素是否与其他任何元素相等的算法，最多要求 $n – 1$ 次比较，其中 n 为数组中的元素个数。如果数组有 10 个元素，则这个算法最多要求 9 次比较；如果数组有 1000 个元素，则这个算法最多要求 999 次比较。随着 n 变得越来越大，表达式中的 n 会处于支配地位，而减 1 会变得无足轻重。当 n 增大时，大 O 记法会保留占支配地位的部分而忽略不重要的部分。为此，要求总共 $n – 1$ 次比较的算法（比如前面描述的那一个）被认为是 $O(n)$ 的。$O(n)$ 算法被称为具有线性运行时间。通常，$O(n)$ 被读成"位于 n 阶"或简单地读成"n 阶"。

平方运行时间

现在，假设算法测试数组中的任何一个元素是否与其他元素重复。第一个元素必须与数组中除了这个元素的其他所有元素进行比较；第二个元素必须与数组中除了第一个元素以及本身的其他所有元素进行比较（第一个元素已经比较过了）；第三个元素必须与数组中除了前三个元素的其他所有元素进行比较。因此，这个算法需进行 $(n – 1) + (n – 2) + \cdots + 2 + 1$ 次比较，即 $n^2/2 – n/2$ 次。随着 n 的增加，n^2 将占支配地位，而 n 将变得不重要。同样，大 O 记法会强调 n^2 部分，保留 $n^2/2$。稍后将看到，在大 O 记法中会省略常量因子。

大 O 记法考虑算法运行时间随 n 增加的变化情况。假设算法要求 n^2 次比较，则对于 4 个元素，算法要求 16 次比较；对于 8 个元素，要求 64 次比较。对于这类算法，元素个数加倍，比较次数增加 4 倍。假设一个类似的算法要求 $n^2/2$ 比较，则对于 4 个元素，算法要求 8 次比较；对于 8 个元素，要求 32 次比较。同样，元素个数加倍，比较次数增加 4 倍。这两个算法都以 n^2 速度增长，因此大 O 记法可以忽略常量，记为 $O(n^2)$，它称为平方运行时间，读成"位于 n^2 阶"或简单地读成"n^2 阶"。

n 较小时，$O(n^2)$ 算法（在今天每秒运行数十亿次的个人计算机上）不会有明显的性能影响。但随着 n 的增大，可以看到性能的下降。$O(n^2)$ 算法处理几百万个元素的数组时，要求几万亿次的操作（每个操作可能要执行几个机器指令），这样就可能要求数分钟的运行时间。对于几十亿个元素的数组，则需要 100 万的 3 次方的操作，计算机可能要数十年才能处理完！稍后将看到，$O(n^2)$ 算法其实很容易编写。我们还会看到大 O 指标更好的算法，这些高效算法需要一些技巧来创建，但它们的性能要优越得多，特别在 n 值较大时。

线性搜索运行时间

线性搜索算法的运行效率为 $O(n)$。线性搜索算法的最坏情形是要检查每个元素，以判断数组中是否存在搜索项。如果数组长度加倍，则算法要执行的比较次数也会加倍。如果搜索键刚好匹配数组开头或其附近的元素，则线性搜索可以得到很好的性能。但我们要寻找的是在所有搜索中平均性能较好的算法，包括匹配搜索键的元素位于数组末尾或其附近的情况。

线性搜索是最容易编程的搜索算法,但与其他搜索算法相比,它的运行速度较慢。如果程序要对大数组进行多次搜索,则最好采用更高效的算法,如下一节将介绍的二分搜索。

性能提示 18.1

有时,最简单的算法的性能并不好。但它们的优点是易于编程、测试和调试。有时,要用更复杂的算法来获得最佳性能。

18.2.2 二分搜索

二分搜索算法比线性搜索算法更高效,但要求数组是预先排序的。这个算法的第一次迭代,会测试数组的中间位元素。如果它匹配搜索键,则算法结束。假设数组按升序排序,则如果搜索键小于中间位元素,则它不可能匹配数组后半部分中的任何元素,因此算法只需继续处理数组的前半部分(即第一个元素到中间位元素的前一个元素)。如果搜索键大于中间位元素,则它不可能匹配数组前半部分中的任何元素,因此算法只需继续处理数组的后半部分(即中间位元素的后一个元素到数组最后一个元素)。每次迭代,都会测试数组余下部分(称为子数组)的中间值。子数组可能没有元素,也可能是整个数组。如果搜索键不匹配中间位元素,则算法会丢弃剩余元素的一半。如果找到了匹配搜索键的元素,或者子数组的长度变为 0 时,算法结束。

作为一个示例,考虑如下 15 元素的排序数组:

2 3 5 10 27 30 34 51 56 65 77 81 82 93 99

搜索键为 65。二分搜索算法首先检查 51 是否为搜索键(因为 51 是数组的中间位元素)。由于搜索键(65)大于 51,因此会丢弃 51 和数组的前半部分(这些元素都小于 51),而保留如下待搜索的子数组:

56 65 77 81 82 93 99

接下来,算法检查子数组的中间位元素(81)是否与搜索键 65 匹配——由于 65 小于 81,因此会放弃 81 和大于 81 的元素,而保留如下待搜索的子数组:

56 65 77

经过两次测试后,算法已经将要检查的值缩减到三个(56、65 和 77)。接着,算法检查 65(它匹配搜索键),返回该数组元素的索引。这个算法只进行三次比较,就确定了搜索键是否匹配数组中的某个元素。如果使用线性搜索算法,则需要 10 次比较。(注:这里采用的是 15 个元素的数组,因此数组中恰好总有一个中间位元素。如果元素个数为偶数,则数组的中心位于两个元素之间。算法可以使用两个元素中的较大者作为中间位元素。)

实现二分搜索

图 18.3 中的程序声明了一个 BinarySearchTest 类,它包含静态方法 Main、BinarySearch 和 DisplayElements(用于展示二分搜索算法的实现过程)。Main 方法将局部变量声明成 Random 对象 generator(第 10 行),产生随机 int 值和一个 int 数组 data(第 11 行),用于保存这些随机产生的 int 值。第 14~17 行产生 10~99 范围内的随机 int 值,并将它们保存在 data 中。前面说过,二分搜索要求数组的元素是已经排好序的。为此,第 19 行对数组 data 调用 Array 类的静态方法 Sort——它会将数组中的元素按升序排序。第 20 行调用 DisplayElements 方法(第 86~98 行),显示这个数组的内容。第 23~24 行提示用户输入搜索键并将它保存在 searchInt 中。第 27~46 行会一直循环,直到用户输入了 –1。第 30 行调用 BinarySearch 方法,判断 searchInt 是否在数组中。如果是,则这个方法返回元素的索引,它在第 34~35 行显示。如果没有位于数组中,则返回 –1,且在第 39~40 行通知用户。第 44~45 行给出提示,从用户处取得下一个整数。

```
1   // Fig. 18.3: BinarySearchTest.cs
2   // Class that contains an array of random integers and a method
3   // that uses binary search to find an integer.
4   using System;
```

图 18.3 包含一个随机 int 数组和一个使用二分搜索算法的方法的类

```csharp
 5
 6   public class BinarySearchTest
 7   {
 8      static void Main()
 9      {
10         var generator = new Random();
11         var data = new int[15]; // create space for array
12
13         // fill array with random ints in range 10-99
14         for (var i = 0; i < data.Length; ++i)
15         {
16            data[i] = generator.Next(10, 100);
17         }
18
19         Array.Sort(data); // elements must be sorted in ascending order
20         DisplayElements(data, 0, data.Length - 1); // display array
21
22         // input first int from user
23         Console.Write("\nPlease enter an integer value (-1 to quit): ");
24         int searchInt = int.Parse(Console.ReadLine());
25
26         // repeatedly input an integer; -1 terminates the app
27         while (searchInt != -1)
28         {
29            // perform binary search
30            int position = BinarySearch(data, searchInt);
31
32            if (position != -1) // integer was found
33            {
34               Console.WriteLine($"The integer {searchInt} was found in " +
35                  $"position {position}.\n");
36            }
37            else // integer was not found
38            {
39               Console.WriteLine(
40                  $"The integer {searchInt} was not found.\n");
41            }
42
43            // input next int from user
44            Console.Write("Please enter an integer value (-1 to quit): ");
45            searchInt = int.Parse(Console.ReadLine());
46         }
47      }
48
49      // perform a binary search on the data
50      public static int BinarySearch(int[] values, int searchElement)
51      {
52         var low = 0; // low end of the search area
53         var high = values.Length - 1; // high end of the search area
54         var middle = (low + high + 1) / 2; // middle element
55
56         do // loop to search for element
57         {
58            // display remaining elements of array
59            DisplayElements(values, low, high);
60
61            // indicate current middle; pad left with spaces for alignment
62            Console.WriteLine("-- ".PadLeft((middle + 1) * 3));
63
64            // if the element is found at the middle
65            if (searchElement == values[middle])
66            {
67               return middle; // search key found, so return its index
68            }
69            // middle element is too high
70            else if (searchElement < values[middle])
71            {
72               high = middle - 1; // eliminate the higher half
73            }
74            else // middle element is too low
75            {
76               low = middle + 1; // eliminate the lower half
77            }
```

图 18.3(续)　包含一个随机 int 数组和一个使用二分搜索算法的方法的类

```
78
79            middle = (low + high + 1) / 2; // recalculate the middle
80        } while (low <= high);
81
82        return -1; // search key was not found
83    }
84
85    // method to output certain values in array
86    public static void DisplayElements(int[] values, int low, int high)
87    {
88        // output three spaces for each element up to low for alignment
89        Console.Write(string.Empty.PadLeft(low * 3));
90
91        // output elements left in array
92        for (var i = low; i <= high; ++i)
93        {
94            Console.Write($"{values[i]} ");
95        }
96
97        Console.WriteLine();
98    }
99 }
```

```
12 17 22 25 30 39 40 52 56 72 76 82 84 91 93

Please enter an integer value (-1 to quit): 72
12 17 22 25 30 39 40 52 56 72 76 82 84 91 93
                        *
                        56 72 76 82 84 91 93
                              *
                        56 72 76
                           *
The integer 72 was found in position 9.

Please enter an integer value (-1 to quit): 13
12 17 22 25 30 39 40 52 56 72 76 82 84 91 93
                        *
12 17 22 25 30 39 40
         *
12 17 22
   *
12
*
The integer 13 was not found.

Please enter an integer value (-1 to quit): -1
```

图 18.3(续)　包含一个随机 int 数组和一个使用二分搜索算法的方法的类

　　程序的第一行输出是这个 int 数组(升序)。用户让程序搜索 72 时，程序首先测试中间位元素(在图 18.3 的输出样本中用*号标明)，即 52。由于搜索键大于 52，因此会丢弃数组的前半部分，而只测试后半部分的中间位元素。由于搜索键小于 82，因此程序丢弃子数组的后半部分，只剩下三个元素。最后，程序检查 72(它匹配搜索键)，并返回索引 9。string 方法 PadLeft(第 62 行和第 89 行)会在方法所调用的字符串的前面添加指定数量的空格，并返回这个新字符串。

BinarySearch 方法

　　第 50~83 行声明了 BinarySearch 方法，它的参数分别为要搜索的数组和搜索键。第 52~54 行对程序当前搜索的数组部分计算 low 索引、high 索引和 middle 索引。首次调用这个方法时，low 索引为 0，high 索引为数组长度减 1，middle 索引为这两个值的平均值。第 56~80 行会一直循环，直到 low 大于 high(找不到搜索键时的情况)。第 65 行测试 middle 元素的值是否等于 searchElement。如果是，则第 67 行将 middle(搜索键的索引)返回给调用者。循环每次迭代时，都只测试一个值(第 65 行和第 70 行)，并会丢弃数组中剩下部分的一半值(第 72 行或第 76 行)。然后，更新 middle 值(第 79 行)，供下一次迭代使用。这个程序中的第 59 行和第 62 行，以及本章中其他示例程序中的类似语句，可用来帮助可视化算法的实现过程。真正的搜索和排序算法(以及其他对时间要求严格的算法)中，不应包含这些输出语句。

二分搜索算法的效率

最坏情形下，用二分搜索算法搜索 1023 个元素的已排序数组，只需进行 10 次比较。不断地将 1023 除以 2（因为每次比较都可以丢弃一半的数组元素）并进行舍入（因为还要删除中间位元素），依次得到值 511、255、127、63、31、15、7、3、1、0。数值 1023（$2^{10}-1$）只需经过 10 次除以 2 的操作，就得到了 0，表示不再需要测试更多的元素。除以 2，就相当于二分搜索算法中的一次迭代。这样，对于包含 1 048 575（$2^{20}-1$）个元素的数组，最多只需 20 次比较就可以找到搜索键；对于包含 10 亿（小于 $2^{30}-1$）个元素的数组，最多只需 30 次比较就可以找到搜索键。与线性搜索相比，它的性能有了巨大的提升。对于 10 亿个元素的数组，线性搜索平均需要 5 亿次比较，而二分搜索最多只需 30 次！对任何已排序数组进行二分搜索所需的最大迭代次数，是大于数组元素个数的第一个 2 的幂指数，表示为 $\log_2 n$。由于所有二分算法的增长速率大致相同，因此在大 O 记法中省略了底数。这样，二分搜索的大 O 记法为 $O(\log n)$，它也称为对数运行时间。

18.3 排序算法

对数据进行排序（即将数据按照某种特定的顺序排列，如升序或降序）是最重要的计算应用之一。银行按账号排序所有支票，以便能在每月月末准备各种银行报表。电话公司先按姓氏、后按名字排序账户清单，以便于查找电话号码。几乎所有机构都要进行某种数据排序，而且通常要排序大量的数据。数据排序是计算量很大的问题，吸引了大量研究工作。

关于排序要理解的一个重要概念是：无论用哪一种算法来排序数组，最终的结果（已排序数组）应该是相同的。算法的选择，只影响运行时间和程序使用的内存量。本章的余下部分将介绍三种常见的排序算法。前两种（选择排序和插入排序）很容易编程但效率低，最后一种是合并排序，它比前面两种要快得多，但更难编程。我们只关注简单类型数据（int 类型的数据）的数组的排序。也可以对对象数组进行排序，见第 21 章的讨论。

排序可视化

下面，将在程序中添加几条输出语句，以帮助理解每一种排序算法是如何工作的。

18.3.1 选择排序

选择排序是一种简单而低效的排序算法。算法的第一次迭代从数组中选择最小的元素，并将它与第一个元素交换。第二次迭代选择第二小的元素（它是剩余元素中最小的那个），并将它与第二个元素交换。算法继续执行，直到最后一次迭代选择了第二大的元素，并将它与倒数第二个位置的元素交换（如果有必要），使最大的元素位于最后一个位置。经过第 i 次迭代后，数组中最小的前 i 个元素将按照升序保存在数组的前 i 个位置中。

下面的讨论中，会将最小的元素显示成粗斜体，而即将与之交换的元素会显示成粗体。考虑数组：

  34 56 ***4*** 10 77 51 93 30 5 52

选择排序从索引 0 开始，首先找出最小的那一个元素（4）。然后，程序将 4 与索引 0 处的元素（34）交换，得到结果：

  4 **56** 34 10 77 51 93 30 ***5*** 52

第二次迭代从索引 1 处开始，找出后面元素中的最小值（5）。然后，程序将 5 与索引 1 处的元素（56）交换，得到结果：

  4 5 **34** ***10*** 77 51 93 30 56 52

第三次迭代从索引 2 开始，找出下一个最小值（10）。然后，程序将 10 与索引 2 处的元素（34）交换，得到结果：

```
         4   5  10  34  77  51  93  30  56  52
```
这一过程一直持续，直到整个数组完成排序。

```
         4   5  10  30  34  51  52  56  77  93
```
第一次迭代后，最小的元素出现在第一个位置；第二次迭代后，最小的两个元素按顺序出现在前两个位置；第三次迭代后，最小的三个元素按顺序出现在前三个位置。

实现选择排序

图 18.4 中，Main 方法将局部变量声明成 Random 对象 generator（第 10 行），产生随机 int 值和一个 int 数组 data（第 11 行），用于保存这些随机产生的 int 值。第 14~17 行产生 10~99 范围内的随机 int 值，并将它们保存在 data 中。第 20 行输出数组的内容（未排序）。第 22 行调用 SelectionSort 方法，以升序排序 data 数组。然后，第 24~25 行显示排好序的数组内容。SelectionSort 方法调用了 PrintPass 方法（在第 59~86 行定义），用于可视化排序算法的实现过程。输出用虚线表示数组中每一轮已经排序的部分。这一轮中与最小的元素交换的元素，其位置旁边标上了星号。每一轮迭代过程中，星号旁边的元素和最右边虚线上面的元素是要交换的两个值。

```csharp
 1   // Fig. 18.4: SelectionSortTest.cs
 2   // Class that creates an array filled with random integers.
 3   // Provides a method to sort the array with selection sort.
 4   using System;
 5
 6   public class SelectionSortTest
 7   {
 8      static void Main()
 9      {
10         var generator = new Random();
11         var data = new int[10]; // create space for array
12
13         // fill array with random ints in range 10-99
14         for (var i = 0; i < data.Length; ++i)
15         {
16            data[i] = generator.Next(10, 100);
17         }
18
19         Console.WriteLine("Unsorted array:");
20         Console.WriteLine(string.Join(" ", data) + "\n"); // display array
21
22         SelectionSort(data); // sort array
23
24         Console.WriteLine("Sorted array:");
25         Console.WriteLine(string.Join(" ", data) + "\n"); // display array
26      }
27
28      // sort array using selection sort
29      public static void SelectionSort(int[] values)
30      {
31         // loop over data.Length - 1 elements
32         for (var i = 0; i < values.Length - 1; ++i)
33         {
34            var smallest = i; // first index of remaining array
35
36            // loop to find index of smallest element
37            for (var index = i + 1; index < values.Length; ++index)
38            {
39               if (values[index] < values[smallest])
40               {
41                  smallest = index;
42               }
43            }
44
45            Swap(ref values[i], ref values[smallest]); // swap elements
46            PrintPass(values, i + 1, smallest); // output pass of algorithm
47         }
48      }
```

图 18.4　创建由随机整数填充的数组的类，提供用选择排序算法来排序数组的方法

```csharp
49
50      // helper method to swap values in two elements
51      public static void Swap(ref int first, ref int second)
52      {
53          var temporary = first; // store first in temporary
54          first = second; // replace first with second
55          second = temporary; // put temporary in second
56      }
57
58      // display a pass of the algorithm
59      public static void PrintPass(int[] values, int pass, int index)
60      {
61          Console.Write($"after pass {pass}: ");
62
63          // output elements through the selected item
64          for (var i = 0; i < index; ++i)
65          {
66              Console.Write($"{values[i]}   ");
67          }
68
69          Console.Write($"{values[index]}* "); // indicate swap
70
71          // finish outputting array
72          for (var i = index + 1; i < values.Length; ++i)
73          {
74              Console.Write($"{values[i]}   ");
75          }
76
77          Console.Write("\n                  "); // for alignment
78
79          // indicate amount of array that is sorted
80          for(var j = 0; j < pass; ++j)
81          {
82              Console.Write("--  ");
83          }
84
85          Console.WriteLine("\n"); // skip a line in output
86      }
87  }
```

```
Unsorted array:
86  97  83  45  19  31  86  13  57  61

after pass 1: 13  97  83  45  19  31  86  86* 57  61
              --

after pass 2: 13  19  83  45  97* 31  86  86  57  61
              --  --

after pass 3: 13  19  31  45  97  83* 86  86  57  61
              --  --  --

after pass 4: 13  19  31  45* 97  83  86  86  57  61
              --  --  --  --

after pass 5: 13  19  31  45  57  83  86  86  97* 61
              --  --  --  --  --

after pass 6: 13  19  31  45  57  61  86  86  97  83*
              --  --  --  --  --  --

after pass 7: 13  19  31  45  57  61  83  86  97  86*
              --  --  --  --  --  --  --

after pass 8: 13  19  31  45  57  61  83  86* 97  86
              --  --  --  --  --  --  --  --

after pass 9: 13  19  31  45  57  61  83  86  86  97*
              --  --  --  --  --  --  --  --  --

Sorted array:
13  19  31  45  57  61  83  86  86  97
```

图 18.4(续)　创建由随机整数填充的数组的类，提供用选择排序算法来排序数组的方法

SelectionSort 方法

第 29~48 行声明了 SelectionSort 方法。第 32~47 行一共循环 data.Length – 1 次。第 34 行将 smallest 初始化成当前元素的索引。第 37~43 行对数组中的剩余元素进行循环。对于这些元素中的每一个，第 39 行都将它的值与最小的元素的值进行比较。如果当前元素的值小于最小的元素的值，则第 41 行将当前元素的索引赋予 smallest。循环结束时，smallest 将包含剩余数组中最小的那个元素的索引。第 45 行调用 Swap 方法（第 51~56 行），将这个最小的元素放在数组中的下一个位置。

选择排序算法的效率

选择排序算法的运行效率为 $O(n^2)$。SelectionSort 方法实现了选择排序算法，它包含嵌套的 for 循环。外层 for 循环（第 32~47 行）对数组中前 $n – 1$ 个元素进行迭代，将剩余元素中最小的那一个交换到它的排序位置。内层 for 循环（第 37~43 行）迭代遍历剩余数组中的每一个元素，查找最小的那一个。这个循环在外层循环第一次迭代时执行 $n – 1$ 次，第二次迭代时执行 $n – 2$ 次，然后是 $n – 3$，…，3，2，1 次。内层循环将总共迭代 $n(n – 1)/2$ 次或 $(n^2 – n)/2$ 次。在大 O 记法中，会丢弃较小的项和常量，因此最后得到的效率为 $O(n^2)$。

18.3.2 插入排序

插入排序是另一种简单而低效的排序算法。首次迭代时，它取数组中的第二个元素，如果小于第一个元素，则将其与第一个元素交换。第二次迭代时找到第三个元素，根据它与前两个元素的大小关系，将它插入到正确的位置。这样，前三个元素就是有序的了。第 i 次迭代之后，原始数组的前 i 个元素将完成排序。

考虑如下数组：

```
34  56  4  10  77  51  93  30  5  52
```

实现插入排序算法的程序，首先分析数组的前两个元素：34 和 56。这两个元素已经排好序，因此程序继续（如果它们的顺序不正确，则会交换它们）。

下一次迭代中，程序找到第三个值，即 4。这个值小于 56，因此将 4 保存在一个临时变量中，并将 56 向右移动一个位置。然后，程序检查并判断出 4 小于 34，因此将 34 向右移动一个位置。现在，程序到达了数组的起始位置，因此将 4 放在位置 0 中。现在的数组是

```
4  34  56  10  77  51  93  30  5  52
```

下一次迭代中，程序将值 10 保存在一个临时变量中。然后，将 10 与 56 进行比较，并将 56 向右移动一个位置，因为它大于 10。接着，将 10 与 34 进行比较，并将 34 向右移动一个位置。当将 10 与 4 进行比较时，因为 10 大于 4，因此就将 10 放在位置 1 中。现在，数组变成

```
4  10  34  56  77  51  93  30  5  52
```

利用这个算法，第 i 次迭代时，原始数组的前 i 个元素已经排好序，但不一定处于最终位置，因为数组后面可能还有更小的值。

实现插入算法

图 18.5 中的程序声明了一个 InsertionSortTest 类。第 29~51 行声明了 InsertionSort 方法。第 32~50 行对数组中的 data.Length –1 个元素进行循环。每次迭代中，第 35 行会将要插入到数组已排序部分的那个元素保存到变量 insert 中。第 38 行声明并初始化了 moveItem 变量，它跟踪要插入元素的位置。第 41~46 行通过循环查找这个元素应该插入的正确位置。当程序到达数组的开始或者当遇到其值小于被插入元素值的元素时，循环就终止。第 44 行将一个元素向右移动一个位置，第 45 行将位置减少 1，以便插入下一个元素。循环结束后，第 48 行将这个元素插入到正确的位置。InsertionSort 方法调用了 PrintPass 方法（在第 54~81 行定义），用于可视化排序算法的实现过程。输出用虚线表示数组中每一轮已经排序的部分。星号放在这一轮插入的元素的旁边。

```csharp
 1   // Fig. 18.5: InsertionSortTest.cs
 2   // Class that creates an array filled with random integers.
 3   // Provides a method to sort the array with insertion sort.
 4   using System;
 5
 6   public class InsertionSortTest
 7   {
 8      static void Main()
 9      {
10         var generator = new Random();
11         var data = new int[10]; // create space for array
12
13         // fill array with random ints in range 10-99
14         for (var i = 0; i < data.Length; ++i)
15         {
16            data[i] = generator.Next(10, 100);
17         }
18
19         Console.WriteLine("Unsorted array:");
20         Console.WriteLine(string.Join(" ", data) + "\n"); // display array
21
22         InsertionSort(data); // sort array
23
24         Console.WriteLine("Sorted array:");
25         Console.WriteLine(string.Join(" ", data) + "\n"); // display array
26      }
27
28      // sort array using insertion sort
29      public static void InsertionSort(int[] values)
30      {
31         // loop over data.Length - 1 elements
32         for (var next = 1; next < values.Length; ++next)
33         {
34            // store value in current element
35            var insert = values[next];
36
37            // initialize location to place element
38            var moveItem = next;
39
40            // search for place to put current element
41            while (moveItem > 0 && values[moveItem - 1] > insert)
42            {
43               // shift element right one slot
44               values[moveItem] = values[moveItem - 1];
45               moveItem--;
46            }
47
48            values[moveItem] = insert; // place inserted element
49            PrintPass(values, next, moveItem); // output pass of algorithm
50         }
51      }
52
53      // display a pass of the algorithm
54      public static void PrintPass(int[] values, int pass, int index)
55      {
56         Console.Write($"after pass {pass}: ");
57
58         // output elements till swapped item
59         for (var i = 0; i < index; ++i)
60         {
61            Console.Write($"{values[i]} ");
62         }
63
64         Console.Write($"{values[index]}* "); // indicate swap
65
66         // finish outputting array
67         for (var i = index + 1; i < values.Length; ++i)
68         {
69            Console.Write($"{values[i]} ");
70         }
71
72         Console.Write("\n              "); // for alignment
73
74         // indicate amount of array that is sorted
75         for(var i = 0; i <= pass; ++i)
```

图 18.5 创建由随机整数填充的数组的类,提供用插入排序算法来排序数组的方法

```
76        {
77            Console.Write("-- ");
78        }
79
80        Console.WriteLine("\n"); // skip a line in output
81    }
82 }
```

```
Unsorted array:
12 27 36 28 33 92 11 93 59 62

after pass 1:  12 27* 36  28  33  92  11  93  59  62
               -- --

after pass 2:  12  27 36* 28  33  92  11  93  59  62
               -- -- --

after pass 3:  12  27 28* 36  33  92  11  93  59  62
               -- -- -- --

after pass 4:  12  27  28 33* 36  92  11  93  59  62
               -- -- -- --

after pass 5:  12  27  28  33 36  92* 11  93  59  62
               -- -- -- -- --

after pass 6:  11* 12  27  28  33  36  92  93  59  62
               -- -- -- -- -- -- --

after pass 7:  11  12  27  28  33  36  92 93*  59  62
               -- -- -- -- -- -- --

after pass 8:  11  12  27  28  33  36  59* 92  93  62
               -- -- -- -- -- -- -- --

after pass 9:  11  12  27  28  33  36  59 62*  92  93
               -- -- -- -- -- -- -- --

Sorted array:
11 12 27 28 33 36 59 62 92 93
```

图 18.5（续） 创建由随机整数填充的数组的类，提供用插入排序算法来排序数组的方法

插入排序算法的效率

插入排序算法的运行效率也为 O(n^2)。与选择排序算法类似，插入排序算法的实现（见图 18.5 第 29~51 行）包含嵌套的循环。for 循环（第 32~50 行）迭代 data.Length −1 次，在已经排序的元素中的适当位置插入一个元素。本程序中，data.Length −1 等于 $n-1$（因为 data.Length 是数组的长度）。while 循环（第 41~46 行）对将被插入的元素前面的所有元素进行迭代。最坏情况下，这个 while 循环要求 $n-1$ 次比较。每一个循环都要运行 O(n) 次。在大 O 记法中，嵌套循环意味着要将每个循环的迭代次数相乘。对于外循环中的每一次迭代，内循环中都有一定次数的迭代。这个算法中，对于外循环中的每个 O(n) 次的迭代，内循环中都有 O(n) 次的迭代。将这两个值相乘，就得到大 O 记法 O(n^2)。

18.3.3 合并排序

合并排序是一种高效率的排序算法，但与选择排序和插入排序相比，它的概念要复杂一些。排序数组时，合并排序算法会将其分成两个等长的子数组，将每个子数组排序后，再将它们合并成一个大数组。如果数组包含奇数个元素，则算法创建两个子数组时，会让其中一个多包含一个元素。

本例中实现合并排序的方法是采用递归。递归的基本情形是只包含一个元素的数组。一个元素的数组显然是排序的，因此合并排序算法会在调用一个元素的数组时立即返回。递归步中，会将数组分成两个大致等长的子数组，并递归地排序它们，然后将两个已排序数组合并成一个大的已排序数组。

假设算法已经将两个较小的数组排序，分别得到已排序数组 A：

4　10　34　56　77

和数组 B：

```
        5    30   51   52   93
```

合并排序会将这两个已排序数组合并成一个大的已排序数组。A 中最小的元素是 4(位于 A 中索引 0 处)。B 中最小的元素是 5(位于 B 中索引 0 处)。为了确定大数组中最小的元素,算法比较 4 和 5。来自 A 中的值较小,因此 4 成为合并数组中的第一个元素。算法继续比较 10(A 中的第二个元素)和 5(B 中的第一个元素)。来自 B 中的值较小,因此 5 成为合并数组中的第二个元素。算法继续比较 10 和 30,10 成为合并数组中的第三个元素。算法会依次这样比较下去。

实现合并排序

图 18.6 第 29~32 行声明了一个 MergeSort 方法。第 31 行调用私有 SortArray 方法,实参分别为 0 和 data.Length -1,它们是要排序的数组的起始索引和结束索引。这些值用来通知 SortArray 方法对整个数组进行操作。SubArray 方法(第 116~127 行)由 SortArray 方法(第 35~56 行)和 Merge 方法(第 59~113 行)调用,它得到数组部分内容的字符串表示。程序显示的这些字符串有助于可视化排序算法的实现——展示了算法中由 MergeSort 方法执行的拆分和合并过程。

```csharp
 1   // Fig. 18.6: MergeSortTest.cs
 2   // Class that creates an array filled with random integers.
 3   // Provides a method to sort the array with merge sort.
 4   using System;
 5
 6   public class MergeSortTest
 7   {
 8      static void Main()
 9      {
10         var generator = new Random();
11         var data = new int[10]; // create space for array
12
13         // fill array with random ints in range 10-99
14         for (var i = 0; i < data.Length; ++i)
15         {
16            data[i] = generator.Next(10, 100);
17         }
18
19         Console.WriteLine("Unsorted array:");
20         Console.WriteLine(string.Join(" ", data) + "\n"); // display array
21
22         MergeSort(data); // sort array
23
24         Console.WriteLine("Sorted array:");
25         Console.WriteLine(string.Join(" ", data) + "\n"); // display array
26      }
27
28      // calls recursive SortArray method to begin merge sorting
29      public static void MergeSort(int[] values)
30      {
31         SortArray(values, 0, values.Length - 1); // sort entire array
32      }
33
34      // splits array, sorts subarrays and merges subarrays into sorted array
35      private static void SortArray(int[] values, int low, int high)
36      {
37         // test base case; size of array equals 1
38         if ((high - low) >= 1) // if not base case
39         {
40            int middle1 = (low + high) / 2; // calculate middle of array
41            int middle2 = middle1 + 1; // calculate next element over
42
43            // output split step
44            Console.WriteLine($"split:    {Subarray(values, low, high)}");
45            Console.WriteLine($"          {Subarray(values, low, middle1)}");
46            Console.WriteLine($"          {Subarray(values, middle2, high)}");
47            Console.WriteLine();
48
49            // split array in half; sort each half (recursive calls)
50            SortArray(values, low, middle1); // first half of array
51            SortArray(values, middle2, high); // second half of array
52
```

图 18.6 创建由随机整数填充的数组的类,提供用合并排序算法来排序数组的方法

```csharp
53            // merge two sorted arrays after split calls return
54            Merge(values, low, middle1, middle2, high);
55         }
56      }
57
58      // merge two sorted subarrays into one sorted subarray
59      private static void Merge(int[] values, int left, int middle1,
60         int middle2, int right)
61      {
62         int leftIndex = left; // index into left subarray
63         int rightIndex = middle2; // index into right subarray
64         int combinedIndex = left; // index into temporary working array
65         int[] combined = new int[values.Length]; // working array
66
67         // output two subarrays before merging
68         Console.WriteLine($"merge:   {Subarray(values, left, middle1)}");
69         Console.WriteLine($"         {Subarray(values, middle2, right)}");
70
71         // merge arrays until reaching end of either
72         while (leftIndex <= middle1 && rightIndex <= right)
73         {
74            // place smaller of two current elements into result
75            // and move to next space in arrays
76            if (values[leftIndex] <= values[rightIndex])
77            {
78               combined[combinedIndex++] = values[leftIndex++];
79            }
80            else
81            {
82               combined[combinedIndex++] = values[rightIndex++];
83            }
84         }
85
86         // if left array is empty
87         if (leftIndex == middle2)
88         {
89            // copy in rest of right array
90            while (rightIndex <= right)
91            {
92               combined[combinedIndex++] = values[rightIndex++];
93            }
94         }
95         else // right array is empty
96         {
97            // copy in rest of left array
98            while (leftIndex <= middle1)
99            {
100              combined[combinedIndex++] = values[leftIndex++];
101           }
102        }
103
104        // copy values back into original array
105        for (int i = left; i <= right; ++i)
106        {
107           values[i] = combined[i];
108        }
109
110        // output merged array
111        Console.WriteLine($"         {Subarray(values, left, right)}");
112        Console.WriteLine();
113     }
114
115     // method to output certain values in array
116     public static string Subarray(int[] values, int low, int high)
117     {
118        string temporary = string.Empty.PadLeft(low * 3);
119
120        // output elements left in array
121        for (int i = low; i <= high; ++i)
122        {
123           temporary += $" {values[i]}";
124        }
125
126        return temporary;
127     }
```

图 18.6(续)　创建由随机整数填充的数组的类，提供用合并排序算法来排序数组的方法

128   }

```
Unsorted:   36 38 81 93 85 72 31 11 33 74
split:      36 38 81 93 85 72 31 11 33 74
            36 38 81 93 85
                          72 31 11 33 74

split:      36 38 81 93 85
            36 38 81
                    93 85

split:      36 38 81
            36 38
                  81

split:      36 38
            36
               38

merge:      36
               38
            36 38

merge:      36 38
                  81
            36 38 81

split:            93 85
                  93
                     85

merge:            93
                     85
                  85 93

merge:      36 38 81
                     85 93
            36 38 81 85 93

split:                72 31 11 33 74
                      72 31 11
                              33 74

split:                72 31 11
                      72 31
                            11

split:                72 31
                      72
                         31

merge:                72
                         31
                      31 72

merge:                31 72
                            11
                      11 31 72

split:                      33 74
                            33
                               74

merge:                      33
                               74
                            33 74

merge:                11 31 72
                               33 74
                      11 31 33 72 74

merge:      36 38 81 85 93
                            11 31 33 72 74
            11 31 33 36 38 72 74 81 85 93
Sorted:     11 31 33 36 38 72 74 81 85 93
```

图 18.6(续) 创建由随机整数填充的数组的类，提供用合并排序算法来排序数组的方法

SortArray 方法

SortArray 方法在第 35~56 行声明。第 38 行测试递归的基本情形。如果数组长度为 1，则数组已经排序，因此这个方法立即返回。如果数组长度大于 1，则这个方法会：

- 将数组拆分成两个子数组
- 递归地调用 SortArray 方法，排序这两个子数组
- 合并子数组

第 50~51 行分别对数组的前半部分和后半部分递归地调用 SortArray 方法。当这两个方法调用返回时，两个子数组就已经是排好序的了。第 54 行对这两个已排序数组调用 Merge 方法（第 59~113 行），将它们合并成一个大的已排序数组。

Merge 方法

Merge 方法中的第 72~84 行会一直循环，直到程序到达某个子数组的末尾。第 76 行测试这两个子数组的开始元素哪一个的值较小。如果左边数组中的元素较小或相等，则第 78 行将其放在合并数组中的适当位置上；如果右边数组中的元素较小，则第 82 行将其放在合并数组中的适当位置上。while 循环结束时，某个子数组的全部元素就已经放到了合并数组中，但另一个子数组中仍然包含数据。第 87 行测试左边数组是否已经到达了末尾。如果是，则第 90~93 行将右边数组中的剩余元素放入合并数组中。如果左边数组还没有到达末尾，右边数组已经到达，那么第 98~101 行会将左边数组中的剩余元素放入合并数组中。最后，第 105~108 行将合并数组复制到原始数组中。

合并排序算法的效率

与插入排序和选择排序相比，合并排序算法在排序大量数据时的效率要高得多。考虑对 SortArray 方法的第一次（非递归）调用的情况。它得到的是对 SortArray 方法的两次递归调用，操作的是长度约为原始数组一半的两个子数组，此外还有对 Merge 方法的一次调用。对 Merge 方法的调用，在最坏情况下只需 $n-1$ 次比较就可以填充原始数组，即它的运行时间为 $O(n)$（前面曾介绍过，数组中的每一个元素都可以通过比较两个子数组中的一个元素来选择）。对 SortArray 方法的两次递归调用，导致的是对 SortArray 方法的 4 次递归调用，操作的是长度约为原始数组四分之一的两个子数组，此外还有对 Merge 方法的两次调用。这两次对 Merge 方法的调用，在最坏情况下每一次都只需进行 $n/2-1$ 次比较，因此总的比较次数为 $(n/2-1)+(n/2-1)=n-2$，即它的运行时间为 $O(n)$。持续这一过程，每次调用 SortArray 方法时，都会得到另外两次对 SortArray 方法的调用和一次对 Merge 方法的调用，直到算法将数组分解成一个元素的数组时为止。在每一次迭代时，都要进行 $O(n)$ 次比较来合并子数组。每一次都将数组长度减半，因此将数组长度加倍时只需要多一次迭代；数组长度变成 4 倍时，只需要多两次迭代。这种模式是对数模式，其结果是 $\log_2 n$ 次迭代，因此总效率为 $O(n \log n)$。

性能提示 18.2

可能已经注意到，合并排序有如此高效率的秘诀，是充分利用了额外的内存空间。这是以空间换时间的另一个典型例子——如果有更多的空间可供利用，则算法的运行时间会更少；如果空间不够多，则算法会运行得慢。在业内，如果所创建的程序用于内存受限的设备，则可能不允许使用合并排序算法。

18.4 搜索算法和排序算法的效率

图 18.7 中总结了本书中讨论过的许多搜索算法和排序算法，还给出了它们的大 O 结果。图 18.8 中列出了本章中涉及的大 O 表达式和 n 值，以强调它们的增长速度的差异。

算 法	出 处	大 O 结果
搜索算法		
线性搜索	18.2.1 节	$O(n)$
二分搜索	18.2.2 节	$O(\log n)$
递归线性搜索	练习题 18.8	$O(n)$
递归二分搜索	练习题 18.9	$O(\log n)$
排序算法		
选择排序	18.3.1 节	$O(n^2)$
插入排序	18.3.2 节	$O(n^2)$
合并排序	18.3.3 节	$O(n \log n)$
冒泡排序	练习题 18.5~18.6	$O(n^2)$

图 18.7 搜索算法、排序算法以及它们的大 O 结果

$n=$	$O(\log n)$	$O(n)$	$O(n \log n)$	$O(n^2)$
1	0	1	0	1
2	1	2	2	4
3	1	3	3	9
4	1	4	4	16
5	1	5	5	25
10	1	10	10	100
100	2	100	200	10 000
1000	3	1000	3000	10^6
1 000 000	6	1 000 000	6 000 000	10^{12}
1 000 000 000	9	1 000 000 000	9 000 000 000	10^{18}

图 18.8 常见大 O 记法的比较次数

18.5 小结

本章讲解了如何搜索数组中的元素以及如何排序数组，以使其元素按顺序放置。接着探讨了线性搜索和二分搜索，以及选择排序、插入排序和合并排序。我们了解到线性搜索可以处理任意数据集，而二分搜索要求先将数据排好序。本章还介绍了最简单的搜索算法和排序算法，但它们的性能很差。这里引入了大 O 记法——对算法效率的度量，并用它来比较所讨论算法的效率。在下一章将讲解如何建立动态数据结构，在执行时，它们可以增长或收缩。

摘要

18.1 节 简介
- 搜索涉及确定搜索键是否在数据中存在，以及(如果存在的话)该值的位置。
- 排序涉及将数据按顺序排列。

18.2.1 节 线性搜索
- 线性搜索算法会依次搜索数组中的每一个元素，直到找出匹配搜索键的元素时为止。如果搜索键并不位于数组中，则算法会测试数组中的每一个元素，并且会返回一个标记值，表明没有找到搜索键。
- 描述算法效率的一种办法是使用大 O 记法，它表示为了解决问题，算法需付出多大的努力。

- 对于搜索算法和排序算法，大 O 记法与数据集中的元素个数相关。
- O(n)算法具有线性运行时间。
- 当 n 增大时，大 O 记法会保留占支配地位的部分而忽略不重要的部分。大 O 记法关心算法运行时间的增长速率，因此会忽略常量。
- 线性搜索算法的运行效率为 O(n)。
- 线性搜索算法的最坏情形是要检查每一个元素，以判断数组中是否存在搜索项。这发生在搜索键是数组中最后一个元素时，或数组中不包含搜索键时。

18.2.2 节 二分搜索
- 二分搜索算法比线性搜索算法更高效，但要求数组是预先排序的。
- 二分搜索算法的第一次迭代会测试数组的中间位元素。如果它匹配搜索键，则算法结束，返回它的索引。如果搜索键小于中间位元素，则搜索会针对数组的前半部分继续进行。如果搜索键大于中间位元素，则搜索会针对数组的后半部分继续进行。二分搜索的每一次迭代，都会测试剩余数组的中间值。如果没有找到搜索键，则会丢弃剩余元素的一半。
- 二分搜索是一种比线性搜索的效率更高的算法，因为每次比较时，都会丢弃数组中一半的元素。
- 二分搜索算法的运行时间为 O($\log n$)，因为在每一步中都会丢弃剩余元素的一半。

18.3.1 节 选择排序
- 选择排序是一种简单而低效的排序算法。
- 选择排序算法的第一次迭代从数组中选择最小的元素，并将它与第一个元素交换。第二次迭代选择第二小的元素（它是剩余元素中最小的那个），并将它与第二个元素交换。选择排序会一直持续到最大的那个元素出现在最后的位置。经过选择排序的第 i 次迭代后，整个数组中最小的前 i 个元素将保存在数组的前 i 个位置中。
- 选择排序算法的运行效率为 O(n^2)。

18.3.2 节 插入排序
- 插入排序算法中首次进行迭代时，它取数组中的第二个元素，如果小于第一个元素，则将其与第一个元素交换。第二次迭代时找到第三个元素，根据它与前两个元素的大小关系，将它插入到正确的位置。这样，前三个元素就是有序的了。在插入算法的第 i 次迭代之后，原始数组的前 i 个元素将完成排序。
- 插入排序算法的运行效率为 O(n^2)。

18.3.3 节 合并排序
- 合并排序是一种高效率的排序算法，但与选择排序和插入排序相比，它的实现更复杂。
- 合并排序算法在排序数组时，会将其分成两个等长的子数组，将每个子数组递归地排序后，再将它们合并成一个大数组。
- 合并排序的基本情形是只包含一个元素的数组。一个元素的数组是已经排好序的。
- 合并排序通过检查每个数组中的第一个元素（即数组中最小的元素）来执行合并操作。合并排序取得其中最小的元素，并将它放在大数组中第一个元素的位置上。如果子数组中还有元素，则合并排序会检查该数组中的第二个元素（即剩余的最小元素），将其与另一子数组中的第一个元素进行比较。合并排序会持续这一过程，直到填充完大数组。
- 最坏情形下，首次调用合并排序时，要经过 O(n)次比较才能填充完最终数组的 n 个位置。
- 合并排序算法的合并部分对两个子数组进行操作，子数组的长度大约为 $n/2$。创建每个子数组时，都要求对它们进行 $n/2 - 1$ 次比较，即总共要进行 O(n)次比较。这一模式会一直持续，因为每一次迭代所操作的数组的数量都会加倍，但每一个数组的长度都会比前一次迭代时减半。与二分搜索类似，这种二分操作的结果是 $\log n$ 次迭代，因此总效率为 O($n \log n$)。

术语表

Big O notation　大 O 记法
binary search　二分搜索
constant runtime　常量运行时间
efficiency of algorithms　算法的效率
insertion sort　插入排序
linear runtime　线性运行时间
linear search　线性搜索
logarithmic runtime　对数运行时间
merge sort　合并排序

search key　搜索键
quadratic runtime　平方运行时间
search key　搜索键
searching　搜索
selection sort　选择排序
sort key　排序键
sorting　排序
swapping values　交换值

自测题

18.1 填空题。
　　a) 与 32 元素的数组相比，对 128 元素的数组运行选择排序程序时，通常要多_____倍的时间。
　　b) 合并排序算法的效率是_____。

18.2 二分搜索与合并排序的大 O 对数部分，表示的主要意思是什么？

18.3 插入排序在什么方面优于合并排序？合并排序在什么方面优于插入排序？

18.4 文中指出，合并排序会先将数组分解为两个子数组，然后将它们进行排序并合并。为什么有人不理解"将两个子数组排序"？

自测题答案

18.1 a) 16。因为 $O(n^2)$ 在排序 4 倍的元素时，运行时间会是原来的 16 倍。b) $O(n \log n)$。

18.2 这两个算法都采用"二分"方法，即将某个数组减少一半。二分搜索算法在每次比较后，都会丢弃一半的数组元素。每次调用时，合并排序算法会将数组分成两部分。

18.3 与合并排序相比，插入排序更容易理解和编程。但是，与插入排序($O(n^2)$)相比，合并排序的效率($O(n \log n)$)要高得多。

18.4 实际上，并不会排序这两个子数组，它只是简单地将原始数组减半，直到得到一个元素的子数组，它自然是排序的。然后，通过合并一个元素的子数组建立原先的两个子数组，这样一直合并，直到将整个数组排完序。

练习题

18.5 （冒泡排序）冒泡排序是另一种简单而低效的排序方法。之所以称为冒泡排序或下沉排序，是因为较小的值会逐渐向数组顶部（即第一个元素的方向）"冒泡"，而较大的值会向数组底部（即末尾）"下沉"。这种技术用嵌套循环对数组循环多次。每次循环，都会比较连续的元素对（即元素 0 与元素 1，元素 1 与元素 2，元素 2 与元素 3，等等）。如果元素对为升序（或值相等），则冒泡排序会保持值的原来位置；如果元素对为降序，则冒泡排序会将它们的值交换。

第一遍会比较数组的前两个元素，必要时将它们交换。然后，比较第二个和第三个元素。最后比较数组的后两个元素，必要时进行交换。一遍迭代之后，最大的那个元素会出现在最后的位置。

两遍迭代之后，最大的两个元素会出现在最后两个位置。为什么冒泡排序是一种 O(n^2) 算法？

18.6 （增强的冒泡排序）通过下列简单的修改，提升练习题 18.5 中开发的冒泡排序的性能。

a) 第一遍迭代之后，最大的数位于数组最高索引元素处（对于按升序排列的数组而言）；第二遍迭代之后，最大的两个数已经"就位"，如此继续。在每一遍迭代时不进行 9 次比较（对于 10 元素的数组而言），而是将冒泡排序修改成第二遍时只比较 8 次，第三遍只比较 7 次，如此递减。

b) 数组中的数据可能已经是正确顺序或接近正确顺序，也许不需要 9 次迭代就已经足够了（10 元素的数组）。修改算法，在每一遍迭代结束时检查是否有交换行为发生。如果没有，则数据一定是顺序正确的，因此程序应该终止。如果发生了交换，则至少还应再迭代一遍。

18.7 （桶排序）桶排序操作一个要排序的一维正整数数组，以及一个二维整数数组，它的行索引为 0~9，列索引为 0~$n-1$，其中 n 为要排序数组中的数值个数。这个二维数组的每一行称为一个"桶"。编写一个 BucketSort 类，它包含一个名称为 Sort 的方法，执行下列操作。

a) 根据值的个位（最右边位）的情况，将一维数组的每个值放入桶数组的行中。例如，97 放入行 7（第 8 行），3 放入行 3，100 放入行 0。这一过程称为"分布传递"。

b) 逐行地对桶数组进行循环，并将值复制回原始数组中。这一过程称为"收集传递"。上述值在一维数组中的新顺序为 100，3，97。

c) 对十位、百位、千位等重复上述过程。

在第二遍（十位）迭代中，100 放入行 0，3 放入行 0（因为 3 没有十位），97 放入行 9。经过"收集传递"之后，上述值在一维数组中的新顺序为 100，3，97。在第三遍（百位）迭代中，100 放入行 1，3，97 放入行 0（97 在 3 之后）。经过最后一次"收集传递"之后，原始数组就已经是排序的了。

二维桶数组的长度，必须是要排序的整型数组长度的 10 倍。这种排序方法提供了比冒泡排序更好的性能，但要求更多的内存——冒泡排序方法只要求比数据元素多一个的空间。这是"以空间换时间"的另一个例子。桶排序方法比冒泡排序更快，但要求更多的内存。桶排序的这一个版本，要求每一遍迭代都将所有数据复制回原始数组中。另一种可行的方法是创建第二个二维桶数组，并在两个桶数组之间不断地交换数据。

18.8 （递归线性搜索）修改图 18.2 中的程序，用递归方法 RecursiveLinearSearch 对数组执行线性搜索。这个方法的实参为搜索键和起始索引。如果找到搜索键，则返回它在数组中的索引，否则返回–1。每次调用递归方法时，都应检查数组中的一个索引。

18.9 （递归二分搜索）修改图 18.3 中的程序，用递归方法 RecursiveBinarySearch 对数组执行二分搜索。这个方法的实参为搜索键、起始索引和终止索引。如果找到搜索键，则返回它在数组中的索引，否则返回–1。

18.10 （快速排序）对于一维数组值，一种称为"快速排序"的递归排序技术使用如下的基本算法。

a) 分区步骤：取要排序数组的第一个元素，确定它在已排序数组中的最终位置（即该元素左边的所有值都小于该元素，右边的所有值都大于该元素。下面会讲解如何能做到这样）。现在，我们就有了一个位置正确的元素以及两个还未排序的子数组。

b) 递归步骤：对每个未排序的子数组执行上一步。

每次对未排序的子数组执行上一步时，又可以将另一个元素放入它在已排序数组中的最终位置，此外还会创建另外两个未排序的子数组。当子数组中只有一个元素时，该元素就已经在它的最终位置了（因为一个元素的数组是排序的）。

这个算法似乎很简单，但该如何确定每个子数组的第一个元素在已排序数组中的最终位置呢？例如，考虑下列数值（粗体元素是分区元素，它将被放入已排序数组中的最终位置）：

37 2 6 4 89 8 10 12 68 45

a) 从数组最右边的元素开始，比较 37 与每个元素，直到找出小于 37 的元素，然后将它与 37 交

换。第一个小于 37 的元素是 12，因此将它们交换。新的数组是

    12 2 6 4 89 8 10 37 68 45

元素 12 采用斜体，表示刚刚与 37 交换。

b) 从数组的左边元素 12 后面的元素开始，比较 37 与每个元素，直到找出大于 37 的元素，然后将它与 37 交换。第一个大于 37 的元素是 89，因此将它们交换。新的数组是

    12 2 6 4 *37* 8 10 *89* 68 45

c) 从数组的右边元素 89 前面的那个元素开始，比较 37 与每个元素，直到找出小于 37 的元素，然后将它与 37 交换。第一个小于 37 的元素是 10，因此将它们交换。新的数组是

    12 2 6 4 *10* 8 *37* 89 68 45

d) 从数组的左边元素 10 后面的那个元素开始，比较 37 与每个元素，直到找出大于 37 的元素，然后将它与 37 交换。没有更多的元素大于 37，因此当将 37 与自己比较时，就知道 37 已经位于已排序数组中的最终位置了。现在，37 左边的每个值都比它小，而右边的每个值都比它大。

对上述数组采用分区后，就出现了两个未排序的子数组。小于 37 的未排序子数组包含值 12、2、6、4、10 和 8，大于 37 的未排序子数组包含值 89、68 和 45。排序过程会继续递归地进行，对这两个未排序子数组进行和原始数组相同的处理。

根据前面的讨论，编写一个递归方法 QuickSortHelper，排序一个一维整型数组。一个 QuickSort 方法应当将数组作为实参接收，然后调用 QuickSortHelper 方法。QuickSortHelper 方法的实参为要排序的原始数组的起始索引和终止索引。

第 19 章　定制链式数据结构

目标

本章将讲解：

- 用引用、自引用类和递归形成链式数据结构。
- 装箱和拆箱使简单类型值可以用在程序中需要对象的地方。
- 创建和操作动态数据结构，比如链表、队列、栈和二叉树。
- 链式数据结构的各种重要应用。
- 用类、继承和组合，创建可复用的数据结构。

概要

19.1　简介
19.2　简单类型 struct 以及装箱和拆箱
19.3　自引用类
19.4　链表
19.5　栈
19.6　队列
19.7　树
　　19.7.1　整数值的二叉搜索树
　　19.7.2　IComparable 对象的二叉搜索树
19.8　小结

摘要 | 术语表 | 自测题 | 自测题答案 | 练习题 | 拓展内容：建立自己的编译器

19.1　简介

本章将继续讲解一共占据 4 章的算法和数据结构。前面讨论过的大多数数据结构都是固定长度的，如一维和二维数组。前面还介绍过可动态伸缩的 List<T> 集合（见第 9 章）。本章将进一步讲解在执行时可以伸缩的动态数据结构(dynamic data structure)。链表是数据项的集合，它们排成"一行"或"链接在一起"，用户可以在链表的任何地方插入和删除项。7.11 节中讲过，栈在编译器和操作系统中非常重要，插入和删除只在它的一端进行，即栈顶(top)。队列表示排队的行，插入是在队列的后面(也称为队尾)进行的，而删除在前面(也称为队头)进行。二叉树(binary tree)可以实现数据的高速搜索和排序，有效地消除了重复的数据项，可以用来表示文件系统目录和将表达式编译成机器语言。这些数据结构还有许多其他有趣的应用。

本章将讨论这几大类数据结构，并实现创建和操作它们的几个程序。利用类、继承和组合，可以创建并打包这些数据结构，以实现可复用性和可维护性。第 20 章将介绍泛型，它声明的数据结构可以自动调整，以包含任何类型的数据。在第 21 章，将讨论 C#的预定义集合类，它可以实现各种数据结构。

对于更高级的课程和行业用程序而言，本章中的示例是有价值的实践性程序。这些程序关注的重点是引用操作，练习中提供了大量有用的程序。

19.2　简单类型 struct 以及装箱和拆箱

本章所讨论的数据结构用于保存 object 引用。很快就会看到，这些数据结构可以保存简单类型值和引用类型值。本节将讨论将简单类型值作为对象操作的机制。

简单类型 struct

每个简单类型(见附录 B)在 System 命名空间中都有对应的 struct 定义。这些结构分别称为 Boolean、Byte、SByte、Char、Decimal、Double、Single、Int16、UInt16、Int32、UInt32、Int64 和 UInt64。用关键字 struct 声明的类型为值类型。

实际上，简单类型就是对应 struct 的别名。因此，简单类型的变量可以用该简单类型的关键字或 struct 名称声明。例如，int 和 Int32 是可互换的。与某种简单类型相关的方法位于相应的 struct 中(如将字符串转换成 int 值的 Parse 方法位于 struct Int32 中)。可参考相应的 struct 类型的文档，查看操作该类型值的可用方法。

装箱和拆箱转换

所有简单类型和其他的 struct，都是从 System 命名空间的 ValueType 类继承的。ValueType 类继承自 object 类。因此，任何简单类型值都可以被赋予 object 变量，这称为装箱转换(boxing conversion)，它使简单类型可用在需要对象的任何地方。在装箱转换中，简单类型值被复制到对象中，使简单类型值可以像 object 一样操作。装箱转换可以显式或隐式地进行，比如下面的语句：

```
int i = 5; // create an int value
object object1 = (object) i; // explicitly box the int value
object object2 = i; // implicitly box the int value
```

执行上述代码之后，object1 和 object2 引用两个不同的 object，它们都包含 int 变量 i 中整数值的副本。

拆箱转换(unboxing conversion)可以显式地将 object 引用转换成简单值，比如下面的语句：

```
int int1 = (int) object1; // explicitly unbox the int value
```

对没有引用正确的简单类型值的 object 引用显式地执行拆箱转换，会导致 InvalidCastException 异常。

第 20 章和第 21 章将探讨 C#的泛型和泛型集合。我们将看到能够创建特定值类型的数据结构，这样就不必进行装箱和拆箱转换了。

19.3 自引用类

自引用类(self-referential class)包含引用相同类的类型对象的引用成员。例如，图 19.1 中的类声明定义了自引用类 Node 的壳。这个类型有两个属性：Data(int 类型)和 Next(一个 Node)。Next 引用另一个 Node 对象，这个对象的类型与声明时的类型相同——因此称为"自引用类"。Next 充当一个"链扣"(如同链条上的链环)。

```
1   // Fig. 19.1
2   // Self-referential Node class declaration.
3   class Node
4   {
5       public int Data { get; set; } // store integer data
6       public Node Next { get; set; } // store reference to next Node
7
8       public Node(int data)
9       {
10          Data = data;
11      }
12  }
```

图 19.1 自引用 Node 类的声明

自引用对象可以链接在一起，形成有用的数据结构，如链表、队列、栈和树。图 19.2 演示了两个自引用对象链接成链表的情况。反斜线(表示 null 引用)放在第二个自引用对象的链成员中，表示这个链不引用另外的对象。反斜线仅供演示，它不对应于 C#中的反斜线符。null 链通常表示数据结构的结尾。

常见编程错误 19.1

链表中没有将最后一个节点的链设置为 null 是一个逻辑错误。

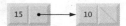

图 19.2 将自引用类对象链接在一起

创建和操作动态数据结构要求动态内存分配——程序在执行时获得更多内存空间的能力，以容纳新的节点，并释放不再需要的空间。10.8 节曾介绍过，C#程序不显式地释放动态分配的内存，而是由 CLR 自动执行垃圾回收操作。

new 运算符对动态内存分配非常关键，它的操作数为所要分配的对象类型，返回该类型对象的引用。例如，语句：

    var nodeToAdd = **new** Node(10);

会分配适当的内存量来保存 Node，并在 nodeToAdd 中保存这个对象的引用。如果没有内存可用，则 new 运算会抛出 OutOfMemoryException 异常。构造函数的实参值 10 指定 Node 对象的数据。

后面的几节将讨论链表、栈、队列和树。这些数据结构是用动态内存分配和自引用类创建和维护的。

19.4 链表

链表(linked list)是自引用类对象的线性集合(即序列)，这些对象称为节点(node)，它们由引用链接起来，因此称为"链"表。程序通过第一个节点的引用访问链表。后续的每一个节点，都通过前一个节点中保存的链引用成员访问。习惯上，链表中最后一个节点的链引用设置为 null，表示链表的结尾。数据被动态地存放在链表中。也就是说，在需要时才会创建节点。节点可以包含任何类型的数据，包括其他类对象的引用。栈和队列也是线性数据结构——事实上，可以将它们看成链表的受限版本。树是一种非线性数据结构。

一列数据可以存放在数组中，但链表具有几个优点。当数据结构中要表示的数据元素个数无法预测时，就适合采用链表。与链表不同，传统 C#数组的长度不能改变，因为数组长度在创建时就固定了。传统数组可能被填满，而链表只有在系统没有足够内存满足动态内存分配请求时，才会填满。

性能提示 19.1

数组可以声明成包含比所要项数更多的元素，这会导致内存浪费。对于这种情况，链表提供了更好的内存利用率，因为它可以在执行时伸缩。

程序员可以让链表维持排序顺序，只需将每个新元素插入到链表中正确的点即可(找到正确的插入点需要时间)，而不必移动表中的现有元素。

性能提示 19.2

数组元素在内存中是连续保存的，以便能立即访问任何数组元素——任何元素的地址，都可以直接通过它的索引计算出来。链表中不能这样快速访问元素，只能通过链表遍历来访问。

通常而言，链表节点在内存中是连续保存的。而且，节点在逻辑上是连续的。图 19.3 演示了具有几个节点的一个链表。注意，并不要求将 lastNode 引用实现成链表——这是对快速访问链表最后一个元素的一种优化。

性能提示 19.3

对执行时可能伸缩的数据结构使用链式数据结构和动态内存分配(而不用数组)，可以节省内存。但是要记住，链引用会占用空间，并且动态内存分配会出现方法调用的开销。

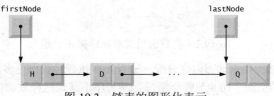

图 19.3 链表的图形化表示

链表的实现

图 19.4 和图 19.5 中的程序用一个 List 类对象操作具有各种对象类型的一个链表。ListTest 类的 Main 方法(见图 19.5)创建了一列对象，在列表开头用 List 方法 InsertAtFront 插入对象，在列表末尾用 List 方法 InsertAtBack 插入对象，在列表开头用 List 方法 RemoveFromFront 删除对象，在列表末尾用 List 方法 RemoveFromBack 删除对象。执行完每个插入和删除操作之后，程序调用 List 方法 Display，输出当前列的内容。如果从空链表删除项，则会发生 EmptyListException 异常。后面将会详细讨论这个程序。

性能提示 19.4

在已排序数组中进行插入和删除操作会浪费时间——插入或删除之后，所有的元素都必须相应地移位。

这个程序由 4 个类组成：ListNode(见图 19.4 第 8~27 行)、List(第 30~161 行)、EmptyListException(第 164~176 行)以及 ListTest(见图 19.5)。图 19.4 中的类创建了一个链表库(在 LinkedListLibrary 命名空间中定义)，它可以在本章中重复使用。应将图 19.4 中的代码放入类库项目中，见 15.13 节的描述。

```csharp
1   // Fig. 19.4: LinkedListLibrary.cs
2   // ListNode, List and EmptyListException class declarations.
3   using System;
4
5   namespace LinkedListLibrary
6   {
7      // class to represent one node in a list
8      class ListNode
9      {
10         // automatic read-only property Data
11         public object Data { get; private set; }
12
13         // automatic property Next
14         public ListNode Next { get; set; }
15
16         // constructor to create ListNode that refers to dataValue
17         // and is last node in list
18         public ListNode(object dataValue) : this(dataValue, null) { }
19
20         // constructor to create ListNode that refers to dataValue
21         // and refers to next ListNode in List
22         public ListNode(object dataValue, ListNode nextNode)
23         {
24            Data = dataValue;
25            Next = nextNode;
26         }
27      }
28
29      // class List declaration
30      public class List
31      {
32         private ListNode firstNode;
33         private ListNode lastNode;
34         private string name; // string like "list" to display
35
36         // construct empty List with specified name
37         public List(string listName)
38         {
39            name = listName;
40            firstNode = lastNode = null;
41         }
```

图 19.4 ListNode、List 和 EmptyListException 的类声明

```csharp
42
43          // construct empty List with "list" as its name
44          public List() : this("list") { }
45
46          // Insert object at front of List. If List is empty,
47          // firstNode and lastNode will refer to same object.
48          // Otherwise, firstNode refers to new node.
49          public void InsertAtFront(object insertItem)
50          {
51              if (IsEmpty())
52              {
53                  firstNode = lastNode = new ListNode(insertItem);
54              }
55              else
56              {
57                  firstNode = new ListNode(insertItem, firstNode);
58              }
59          }
60
61          // Insert object at end of List. If List is empty,
62          // firstNode and lastNode will refer to same object.
63          // Otherwise, lastNode's Next property refers to new node.
64          public void InsertAtBack(object insertItem)
65          {
66              if (IsEmpty())
67              {
68                  firstNode = lastNode = new ListNode(insertItem);
69              }
70              else
71              {
72                  lastNode = lastNode.Next = new ListNode(insertItem);
73              }
74          }
75
76          // remove first node from List
77          public object RemoveFromFront()
78          {
79              if (IsEmpty())
80              {
81                  throw new EmptyListException(name);
82              }
83
84              object removeItem = firstNode.Data; // retrieve data
85
86              // reset firstNode and lastNode references
87              if (firstNode == lastNode)
88              {
89                  firstNode = lastNode = null;
90              }
91              else
92              {
93                  firstNode = firstNode.Next;
94              }
95
96              return removeItem; // return removed data
97          }
98
99          // remove last node from List
100         public object RemoveFromBack()
101         {
102             if (IsEmpty())
103             {
104                 throw new EmptyListException(name);
105             }
106
107             object removeItem = lastNode.Data; // retrieve data
108
109             // reset firstNode and lastNode references
110             if (firstNode == lastNode)
111             {
112                 firstNode = lastNode = null;
113             }
114             else
```

图 19.4(续)　ListNode、List 和 EmptyListException 的类声明

```csharp
        {
            ListNode current = firstNode;

            // loop while current.Next is not lastNode
            while (current.Next != lastNode)
            {
                current = current.Next; // move to next node
            }

            // current is new lastNode
            lastNode = current;
            current.Next = null;
        }

        return removeItem; // return removed data
    }

    // return true if List is empty
    public bool IsEmpty()
    {
        return firstNode == null;
    }

    // output List contents
    public void Display()
    {
        if (IsEmpty())
        {
            Console.WriteLine($"Empty {name}");
        }
        else
        {
            Console.Write($"The {name} is: ");

            ListNode current = firstNode;

            // output current node data while not at end of list
            while (current != null)
            {
                Console.Write($"{current.Data} ");
                current = current.Next;
            }

            Console.WriteLine("\n");
        }
    }
}

// class EmptyListException declaration
public class EmptyListException : Exception
{
    // parameterless constructor
    public EmptyListException() : base("The list is empty") { }

    // one-parameter constructor
    public EmptyListException(string name)
        : base($"The {name} is empty") { }

    // two-parameter constructor
    public EmptyListException(string exception, Exception inner)
        : base(exception, inner) { }
}
```

图 19.4(续) ListNode、List 和 EmptyListException 的类声明

ListNode 类

封装在每个 List 中的是 ListNode 对象的一个链表。ListNode 类(见图 19.4 第 8~27 行)包含两个属性：Data 和 Next。Data 可以引用任何对象。(注：通常，一个数据结构只包含一种类型的数据，或包含从一种基本类型派生出的任何类型的数据。)本示例中，我们用从 object 类派生的各种类型的数据，演示 List 类可以保存任何类型的数据——通常而言，某种数据结构的元素，都是同一种类型。Next

第 19 章 定制链式数据结构

保存链表中下一个 ListNode 对象的引用。ListNode 构造函数(第 18 行和第 22~26 行)可以初始化 ListNode，分别放在 List 的末尾或 List 中指定的 ListNode 之前。ListNode 不是一个公共类，因为只有 List 类需要使用它。

List 类

List 类(第 30~161 行)包含私有实例变量 firstNode 和 lastNode，它们分别为 List 中第一个和最后一个 ListNode 的引用。两个构造函数(第 37~41 行和第 44 行)将这两个引用初始化为 null，使得可以指定 List 的名称用于输出。List 类的主要方法有：InsertAtFront(第 49~59 行)、InsertAtBack(第 64~74 行)、RemoveFromFront(第 77~97 行) 和 RemoveFromBack(第 100~130 行)。IsEmpty 方法(第 133~136 行)是一个谓词方法(predicate method)——这种方法检验某个条件并返回一个布尔值，而不会修改它所调用的对象的值。此处的这个方法，用来判断链表是否为空(即 firstNode 等于 null)。也可以将 IsEmpty 方法实现成一个只读属性。如果链表为空，则 IsEmpty 方法返回 true，否则返回 false。Display 方法(第 139~160 行)显示链表的内容。在图 19.5 之后会详细讨论 List 类的方法。

EmptyListException 类

EmptyListException 类(第 164~176 行)定义了一个异常类，用来表示对空 List 的非法操作。

ListTest 类

ListTest 类(见图 19.5)用链表库创建和操作链表。(注：在包含图 19.5 的程序的项目中，必须添加包含图 19.4 的类的类库引用。)第 11 行创建了一个新的 List 对象，并将它赋予变量 list。第 14~17 行创建要添加到链表中的数据。第 20~27 行用 List 的几个插入方法插入这些值，并用 List 方法 Display 在每次插入之后输出 list 的内容。第 20 行、第 22 行、第 24 行要求 object 引用，隐式地将简单类型变量值装箱。try 语句块中的代码(第 32~46 行)通过 List 的几个删除方法删除对象，输出每个被删除的对象和每次删除后的 list。如果从空链表删除对象，则第 48~51 行的 catch 语句会捕获 EmptyListException 异常并显示错误消息。

```
1   // Fig. 19.5: ListTest.cs
2   // Testing class List.
3   using System;
4   using LinkedListLibrary;
5
6   // class to test List class functionality
7   class ListTest
8   {
9      static void Main()
10     {
11        var list = new List(); // create List container
12
13        // create data to store in List
14        bool aBoolean = true;
15        char aCharacter = '$';
16        int anInteger = 34567;
17        string aString = "hello";
18
19        // use List insert methods
20        list.InsertAtFront(aBoolean);
21        list.Display();
22        list.InsertAtFront(aCharacter);
23        list.Display();
24        list.InsertAtBack(anInteger);
25        list.Display();
26        list.InsertAtBack(aString);
27        list.Display();
28
29        // remove data from list and display after each removal
30        try
31        {
```

图 19.5 测试 List 类

```
32          object removedObject = list.RemoveFromFront();
33          Console.WriteLine($"{removedObject} removed");
34          list.Display();
35
36          removedObject = list.RemoveFromFront();
37          Console.WriteLine($"{removedObject} removed");
38          list.Display();
39
40          removedObject = list.RemoveFromBack();
41          Console.WriteLine($"{removedObject} removed");
42          list.Display();
43
44          removedObject = list.RemoveFromBack();
45          Console.WriteLine($"{removedObject} removed");
46          list.Display();
47       }
48       catch (EmptyListException emptyListException)
49       {
50          Console.Error.WriteLine($"\n{emptyListException}");
51       }
52    }
53 }
```

```
The list is: True

The list is: $ True

The list is: $ True 34567

The list is: $ True 34567 hello

$ removed
The list is: True 34567 hello

True removed
The list is: 34567 hello

hello removed
The list is: 34567

34567 removed
Empty list
```

图 19.5(续)　测试 List 类

InsertAtFront 方法

下面将详细讨论 List 类中的每一个方法。InsertAtFront 方法(见图 19.4 第 49~59 行)将一个新节点放在链表的开头。这个方法由三个步骤组成：

1. 调用 IsEmpty 方法，判断链表是否为空(第 51 行)。
2. 如果是，则将 firstNode 和 lastNode 都设置为由 insertItem 初始化的新 ListNode 的引用(第 53 行)。第 18 行的 ListNode 构造函数，调用第 22~26 行的 ListNode 构造函数，将 Data 属性设置为引用第一个实参传入的对象，并将 Next 属性的引用设置为 null。
3. 如果链表不为空，则新节点被链接到链表中，将 firstNode 设置为引用一个新的 ListNode 对象，该对象是用 insertItem 和 firstNode 初始化的(第 57 行)。执行 ListNode 构造函数(第 22~26 行)时，它将 Data 属性设置为引用第一个实参传入的对象，并执行插入操作，将 Next 引用设置为第二个实参传入的 ListNode。

图 19.6(a)中显示了新节点被链接到链表之前，InsertAtFront 操作期间的链表和新节点。图 19.6(b)中的虚线和箭头表示 InsertAtFront 操作中的步骤 3，它使包含 12 的节点成为新的链表头。

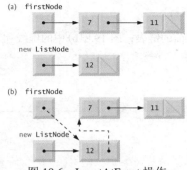

图 19.6　InsertAtFront 操作

　性能提示 19.5
在排序链表中找到新项的插入点之后，在链表中插入元素更快——只需修改两个引用。所有现有节点都会保持它们当前在内存中的位置。

InsertAtBack 方法

InsertAtBack 方法（见图 19.4 第 64~74 行）将一个新节点放在链表末尾。这个方法由三个步骤组成：

1. 调用 IsEmpty 方法，判断链表是否为空（第 66 行）。
2. 如果是，则将 firstNode 和 lastNode 都设置为由 insertItem 初始化的新 ListNode 的引用（第 68 行）。第 18 行的 ListNode 构造函数，调用第 22~26 行的 ListNode 构造函数，将 Data 属性设置为引用第一个实参传入的对象，并将 Next 属性的引用设置为 null。
3. 如果链表不为空，则新节点被链接到链表中，将 lastNode 和 lastNode.Next 设置为引用一个新的 ListNode 对象，该对象是用 insertItem 初始化的（第 72 行）——lastNode.Next 将以前的最后一个节点与新的最后一个节点相链接。执行第 18 行的 ListNode 构造函数时，会调用第 22~26 行的构造函数，将 Data 属性设置为引用实参传入的对象，并将 Next 属性的引用设置为 null。

图 19.7(a) 显示了新节点被链接到链表之前，InsertAtBack 操作期间的链表和新节点。图 19.7(b) 中的虚线和箭头表示 InsertAtBack 操作中的步骤 3，它将新节点添加到非空的链表末尾。

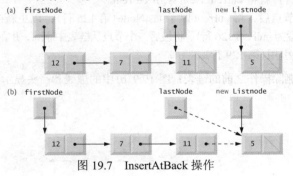

图 19.7　InsertAtBack 操作

RemoveFromFront 方法

RemoveFromFront 方法（见图 19.4 第 77~97 行）删除链表中的第一个节点并返回所删除数据的引用。如果是从空链表中删除节点，则会抛出 EmptyListException 异常（第 81 行），否则返回所删除数据的引用。确定链表非空后，这个方法用如下的 4 个步骤删除第一个节点：

1. 将 firstNode.Data（将从链表中删除的数据）赋予变量 removeItem（第 84 行）。
2. 如果 firstNode 和 lastNode 引用同一个对象，则表示链表中只有一个元素，因此方法将 firstNode 和 lastNode 设置为 null（第 89 行），以从链表中删除该节点（变成空表）。
3. 如果链表中有多个节点，则方法让 lastNode 引用保持不变，而将 firstNode.Next 赋予 firstNode（第 93 行）。这样，firstNode 就引用了链表中原来的第二个节点。

4. 返回 removeItem 引用（第 96 行）。

图 19.8(a)中演示了删除操作之前的链表；图 19.8(b)中的虚线和箭头显示了引用的操作。

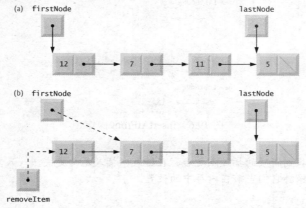

图 19.8　RemoveFromFront 操作

RemoveFromBack 操作

RemoveFromBack 方法（见图 19.4 第 100~130 行）从链表中删除最后一个节点，并返回所删除数据的引用。如果是从空链表中删除节点，则会抛出 EmptyListException 异常（第 104 行），否则返回所删除数据的引用。这个方法由七个步骤组成：

1. 将 lastNode.Data（将从链表中删除的数据）赋予变量 removeItem（第 107 行）。
2. 如果 firstNode 和 lastNode 引用同一个对象（第 110 行），则表示链表中只有一个元素，因此方法将 firstNode 和 lastNode 设置为 null（第 112 行），从链表中删除该节点（变成空链表）。
3. 如果链表中有多个节点，则创建 ListNode 变量 current，并将它赋予 firstNode（第 116 行）。
4. 现在，用 current 遍历链表，直到它引用倒数第二个节点。只要 current.Next 不等于 lastNode，while 循环（第 119~122 行）就将 current.Next 赋予 current。
5. 找到倒数第二个节点后，将 current 赋予 lastNode（第 125 行），以更新链表中的最后一个节点。
6. 将 current.Next 设置为 null（第 126 行），将最后一个节点从链表中删除，并在当前节点处终止这个链表。
7. 返回 removeItem 引用（第 129 行）。

图 19.9(a)中演示了删除操作之前的链表；图 19.9(b)中的虚线和箭头显示了引用的操作。

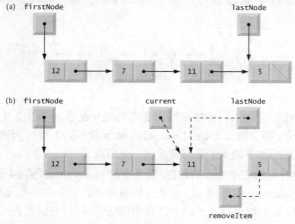

图 19.9　RemoveFromBack 操作

Display 方法

Display 方法(见图 19.4 第 139~161 行)首先判断链表是否为空(第 141 行)。如果是,则显示字符串 "Empty" 和链表的 name 值,然后将控制返回到调用方法。否则,输出链表中的数据。这个方法显示的字符串包括 "The"、链表的 name 值和 "is:"。然后,第 149 行创建 ListNode 变量 current,并将它初始化为 firstNode。如果 current 不为 null,则表示链表中还有更多的项。因此,这个方法显示 current.Data 的值(第 154 行),然后将 current.Next 赋予 current(第 155 行),移到链表中的下一个节点。

线性链表、环形单向链表和双向链表

前面讨论的链表都是单向链表(singly linked list),以第一个节点的引用开头,每个节点依次包含下一个节点的引用。链表以引用成员值为 null 的节点结束。单向链表只能从一个方向遍历。

环形单向链表(见图 19.10)以第一个节点的引用开头,每个节点依次包含下一个节点的引用,但"最后一个节点"不包含 null 引用,而是回指第一个节点,从而封闭成一个"环"。

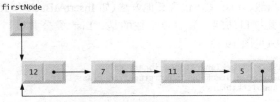

图 19.10 环形单向链表

双向链表(见图 19.11)可以向前和向后遍历。这种链表通常用两个"起始引用"实现,一个指向链表的第一个节点,允许从前向后遍历链表;另一个指向最后一个节点,允许从后向前遍历链表。每一个节点都具有下一节点的正向引用和前一节点的反向引用。例如,如果链表中包含字母顺序的电话目录,则搜索字母靠近字母表前面的姓名时,可以从链表的前面开始;搜索字母靠近字母表后面的姓名时,可以从链表的后面开始。

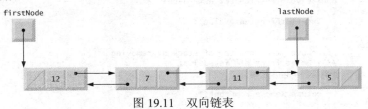

图 19.11 双向链表

环形双向链表(见图 19.12)的最后一个节点的前向引用指向第一个节点,而第一个节点的后向引用指向最后一个节点,从而封闭成一个"环"。

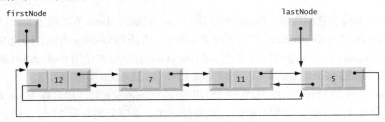

图 19.12 环形双向链表

19.5 栈

栈(stack)是链表的受限版本,它只能在栈顶接收新节点或释放节点。为此,栈称为后入先出(last-in, first-out,LIFO)数据结构。有关栈的主要操作包括入栈(push)和出栈(pop)。入栈操作将新节点添加到栈顶；出栈操作从栈顶移走一个节点，并返回被移走节点的数据项。

栈有许多有趣的应用。例如，程序调用一个方法时，被调方法必须知道如何返回它的调用者，因此要将返回地址压入方法调用栈中。如果发生了一系列方法调用，则后续的返回值将以 LIFO 的顺序压入栈中。因此，每个方法都能返回到它的调用者。栈支持递归方法调用，使用时与传统的非递归方法调用相同。

下一个示例中，将利用链表和栈的密切关系，通过复用链表类来实现一个栈类。我们将演示两种不同形式的复用途径。首先，从图 19.4 的 List 类派生出栈类。然后，通过组合实现栈类，将 List 对象作为栈类的私有成员。System.Collections.Generic 命名空间包含 Stack 类，它将实现和操作栈，在程序执行期间栈可以伸缩。

继承自 List 类的栈类

图 19.13 中的程序创建了一个栈类（见图 19.13 第 8 行），它继承自图 19.4 的 List 类。我们希望栈具有 Push、Pop、IsEmpty 和 Display 方法。实际上，这些方法就是 List 类的 InsertAtFront、RemoveFromFront、IsEmpty 和 Display 方法。当然，List 类还包含其他方法（如 InsertAtBack 和 RemoveFromBack），但我们不希望它们能通过栈的公共接口访问。要着重记住的是，List 类公共接口中的所有方法也是派生类 StackInheritance 的公共方法（见图 19.13）。

```csharp
 1   // Fig. 19.13: StackInheritanceLibrary.cs
 2   // Implementing a stack by inheriting from class List.
 3   using LinkedListLibrary;
 4
 5   namespace StackInheritanceLibrary
 6   {
 7       // class StackInheritance inherits class List's capabilities
 8       public class StackInheritance : List
 9       {
10           // pass name "stack" to List constructor
11           public StackInheritance() : base("stack") { }
12
13           // place dataValue at top of stack by inserting
14           // dataValue at front of linked list
15           public void Push(object dataValue)
16           {
17               InsertAtFront(dataValue);
18           }
19
20           // remove item from top of stack by removing
21           // item at front of linked list
22           public object Pop()
23           {
24               return RemoveFromFront();
25           }
26       }
27   }
```

图 19.13 通过继承 List 类实现栈

每个 StackInheritance 方法的实现，都会调用合适的 List 方法——Push 方法调用 InsertAtFront，Pop 方法调用 RemoveFromFront。StackInheritance 类没有定义 IsEmpty 方法和 Display 方法，因为 StackInheritance 从 List 类通过 StackInheritance 的公共接口继承这些方法。StackInheritance 类使用 LinkedListLibrary 命名空间（见图 19.4），因此定义 StackInheritance 的类库，必须具有 LinkedListLibrary 类库的引用。

StackInheritanceTest 的 Main 方法（见图 19.14）用 StackInheritance 类创建名称为 stack 的对象栈（第 12 行）。第 15~18 行定义了 4 个值，它们将被压入栈和弹出栈。程序分别在第 21 行、第 23 行、第 25 行、第 27 行入栈一个布尔值 true、一个 char 值 '$'、一个 int 值 34567 和一个字符串 "Hello"。无限 while 循环（第 33~38 行）使这些元素出栈。栈为空时，Pop 方法抛出 EmptyListException 异常，并且程序会显示异常的栈踪迹，给出了发生异常时的程序执行栈。程序用 Display 方法（通过 StackInheritance 从 List 类继承）在每次操作之后输出栈的内容。StackInheritanceTest 类使用了命名空间 LinkedListLibrary（见图 19.4）和 StackInheritanceLibrary（见图 19.13），因此 StackInheritanceTest 类的实现必须引用这两个类库。

```csharp
1   // Fig. 19.14: StackInheritanceTest.cs
2   // Testing class StackInheritance.
3   using System;
4   using StackInheritanceLibrary;
5   using LinkedListLibrary;
6
7   // demonstrate functionality of class StackInheritance
8   class StackInheritanceTest
9   {
10      static void Main()
11      {
12         StackInheritance stack = new StackInheritance();
13
14         // create objects to store in the stack
15         bool aBoolean = true;
16         char aCharacter = '$';
17         int anInteger = 34567;
18         string aString = "hello";
19
20         // use method Push to add items to stack
21         stack.Push(aBoolean);
22         stack.Display();
23         stack.Push(aCharacter);
24         stack.Display();
25         stack.Push(anInteger);
26         stack.Display();
27         stack.Push(aString);
28         stack.Display();
29
30         // remove items from stack
31         try
32         {
33            while (true)
34            {
35               object removedObject = stack.Pop();
36               Console.WriteLine($"{removedObject} popped");
37               stack.Display();
38            }
39         }
40         catch (EmptyListException emptyListException)
41         {
42            // if exception occurs, write stack trace
43            Console.Error.WriteLine(emptyListException.StackTrace);
44         }
45      }
46   }
```

```
The stack is: True
The stack is: $ True
The stack is: 34567 $ True
The stack is: hello 34567 $ True

hello popped
The stack is: 34567 $ True

34567 popped
The stack is: $ True

$ popped
The stack is: True

True popped
Empty stack
   at LinkedListLibrary.List.RemoveFromFront() in C:\Users\PaulDeitel\
      Documents\examples\ch19\Fig19_04\LinkedListLibrary\
      LinkedListLibrary\LinkedListLibrary.cs:line 81
   at StackInheritanceLibrary.StackInheritance.Pop() in C:\Users\
      PaulDeitel\Documents\examples\ch19\Fig19_13\StackInheritanceLibrary\
      StackInheritanceLibrary\StackInheritance.cs:line 24
   at StackInheritanceTest.Main(String[] args) in C:\Users\PaulDeitel\
      Documents\examples\ch19\Fig19_14\StackInheritanceTest\
      StackInheritanceTest\StackInheritanceTest.cs:line 35
```

图 19.14　测试 StackInheritance 类

包含 List 引用的栈类

实现栈类的另一种办法，是通过组合复用 List 类。图 19.15 中的 StackComposition 类使用了 List 类的私有对象（第 10 行）。通过只向公共接口提供所要求的 List 方法，可以利用组合隐藏 List 类的方法，这些方法不应当出现在栈的公共接口中。这个类实现每一个栈方法时，会将相应的工作委托给适当的 List 方法。StackComposition 的几个方法会分别调用 List 的 InsertAtFront、RemoveFromFront、IsEmpty 和 Display 方法。这里没有给出 StackCompositionTest 类，因为该示例的唯一不同，在于栈名从 StackInheritance 变成了 StackComposition。

```csharp
1   // Fig. 19.15: StackCompositionLibrary.cs
2   // StackComposition class encapsulates functionality of class List.
3   using LinkedListLibrary;
4
5   namespace StackCompositionLibrary
6   {
7      // class StackComposition encapsulates List's capabilities
8      public class StackComposition
9      {
10         private List stack;
11
12         // construct empty stack
13         public StackComposition()
14         {
15            stack = new List("stack");
16         }
17
18         // add object to stack
19         public void Push(object dataValue)
20         {
21            stack.InsertAtFront(dataValue);
22         }
23
24         // remove object from stack
25         public object Pop()
26         {
27            return stack.RemoveFromFront();
28         }
29
30         // determine whether stack is empty
31         public bool IsEmpty()
32         {
33            return stack.IsEmpty();
34         }
35
36         // output stack contents
37         public void Display()
38         {
39            stack.Display();
40         }
41      }
42   }
```

图 19.15　封装了 List 类功能的 StackComposition 类

19.6　队列

另一种常用的数据结构是队列（queue）。队列与超市里的收银队列相似——收银员会为队列中的第一个人服务，其他客户要从后面排队并等待服务。队列节点只能从队头删除，从队尾插入。因此，队列是先入先出（FIFO）数据结构。队列的插入和删除操作分别称为入队（enqueue）和出队（dequeue）。

队列在计算机系统中有许多用途。只有一个处理器的计算机，一次只能为一个程序服务。请求处理器时间的每一个程序，都会被放入队列中。位于队头的程序，就是下一个接受服务的程序。当前面的程序接受服务时，后面的程序逐渐前进到队头。

队列也可以用来支持打印假脱机程序（print spooling）。例如，一台打印机可以供网络上所有的用户共享。即使打印机正忙时,其他用户也可以向打印机发送打印作业。这些打印作业会被放在队列中,直到打印机可以打印它们。队列是由打印假脱机程序管理的,它保证在前一个打印作业完成时,将下一个打印作业发送到打印机。

计算机网络中的信息分组也会在队列中等待。每次分组到达网络节点时,必须沿着分组的最终目的地路径,路由到下一个节点。路由节点一次路由一个分组,因此其他分组要入队,直到路由器将它路由。

计算机网络中的文件服务器用于处理网络上来自许多客户端的文件访问请求。对于来自客户端的服务请求,文件服务器的能力有一定的限制。当超过它的能力时,客户端请求会在队列中等待。

继承自 List 类的队列类

图 19.16 中的程序创建了一个队列类,它继承自 List 类。QueueInheritance 类(见图 19.16)具有 Enqueue、Dequeue、IsEmpty 和 Display 方法。实际上,这些方法就是 List 类的 InsertAtBack、RemoveFromFront、IsEmpty 和 Display 方法。当然,List 类还包含其他方法(如 InsertAtFront 和 RemoveFromBack),但我们不希望它们能通过队列的公共接口访问。记住,List 类公共接口中的所有方法也是派生类 QueueInheritance 类中的公共方法。

每一个 QueueInheritance 类方法的实现,都调用相应的 List 方法——Enqueue 方法调用 InsertAtBack,Dequeue 方法调用 RemoveFromFront。IsEmpty 和 Display 方法调用从 List 类派生到 QueueInheritance 公共接口的基类版本。QueueInheritance 类使用 LinkedListLibrary 命名空间(见图 19.4),因此定义 QueueInheritance 的类库,必须具有 LinkedListLibrary 类库的引用。正如讲解栈时所演示的那样,也可以使用组合来实现队列中的类,从而不必使用 List 类中的某些方法。

```
1   // Fig. 19.16: QueueInheritanceLibrary.cs
2   // Implementing a queue by inheriting from class List.
3   using LinkedListLibrary;
4
5   namespace QueueInheritanceLibrary
6   {
7      // class QueueInheritance inherits List's capabilities
8      public class QueueInheritance : List
9      {
10        // pass name "queue" to List constructor
11        public QueueInheritance() : base("queue") { }
12
13        // place dataValue at end of queue by inserting
14        // dataValue at end of linked list
15        public void Enqueue(object dataValue)
16        {
17           InsertAtBack(dataValue);
18        }
19
20        // remove item from front of queue by removing
21        // item at front of linked list
22        public object Dequeue()
23        {
24           return RemoveFromFront();
25        }
26     }
27  }
```

图 19.16 通过继承 List 类实现队列

QueueTest 类的 Main 方法(见图 19.17)创建了一个名称为 queue 的 QueueInheritance 对象。第 15~18 行定义了 4 个要入队和出队的值。程序入队(第 21 行,第 23 行,第 25 行,第 27 行)一个布尔值 true、一个 char 值'$'、一个 int 值 34567 和一个字符串 "hello"。QueueTest 类使用了命名空间 LinkedListLibrary 和 QueueInheritanceLibrary,因此,QueueTest 类的实现必须引用这两个类库。

```
1   // Fig. 19.17: QueueTest.cs
2   // Testing class QueueInheritance.
3   using System;
4   using QueueInheritanceLibrary;
5   using LinkedListLibrary;
```

图 19.17 测试 QueueInheritance 类

```csharp
 6
 7    // demonstrate functionality of class QueueInheritance
 8    class QueueTest
 9    {
10       static void Main()
11       {
12          QueueInheritance queue = new QueueInheritance();
13
14          // create objects to store in the queue
15          bool aBoolean = true;
16          char aCharacter = '$';
17          int anInteger = 34567;
18          string aString = "hello";
19
20          // use method Enqueue to add items to queue
21          queue.Enqueue(aBoolean);
22          queue.Display();
23          queue.Enqueue(aCharacter);
24          queue.Display();
25          queue.Enqueue(anInteger);
26          queue.Display();
27          queue.Enqueue(aString);
28          queue.Display();
29
30          // use method Dequeue to remove items from queue
31          object removedObject = null;
32
33          // remove items from queue
34          try
35          {
36             while (true)
37             {
38                removedObject = queue.Dequeue();
39                Console.WriteLine($"{removedObject} dequeued");
40                queue.Display();
41             }
42          }
43          catch (EmptyListException emptyListException)
44          {
45             // if exception occurs, write stack trace
46             Console.Error.WriteLine(emptyListException.StackTrace);
47          }
48       }
49    }
```

```
The queue is: True

The queue is: True $

The queue is: True $ 34567

The queue is: True $ 34567 hello

True dequeued
The queue is: $ 34567 hello

$ dequeued
The queue is: 34567 hello

34567 dequeued
The queue is: hello

hello dequeued
Empty queue
   at LinkedListLibrary.List.RemoveFromFront() in C:\Users\PaulDeitel\
      Documents\examples\ch19\Fig19_04\LinkedListLibrary\
      LinkedListLibrary\LinkedListLibrary.cs:line 81
   at QueueInheritanceLibrary.QueueInheritance.Dequeue() in C:\Users\
      PaulDeitel\Documents\examples\ch19\Fig19_16\QueueInheritanceLibrary\
      QueueInheritanceLibrary\QueueInheritance.cs:line 24
   at QueueTest.Main(String[] args) in C:\Users\PaulDeitel\Documents\
      examples\ch19\Fig19_17\QueueTest\QueueTest\QueueTest.cs:line 38
```

图 19.17(续)　测试 QueueInheritance 类

无限 while 循环(第 36~41 行)以 FIFO 顺序使元素出队。出队时如果队列为空，则 Dequeue 方法抛出 EmptyListException 异常，程序显示异常的栈踪迹，给出发生异常时的程序执行栈。程序用 Display 方法（从 List 类继承）在每次操作之后输出队列的内容。

19.7 树

链表、栈和队列都是线性数据结构，而树（tree）是一种非线性的二维数据结构，它具有几个特殊的属性。树节点可以包含两个或多个链。

基本术语

二叉树（见图 19.18）的每个树节点都包含两个链（可以有 0 个、1 个或 2 个链为 null）。根节点是树的第一个节点。根节点中的每个链，都指向一个子节点。左子节点是左子树中的根节点，右子节点是右子树中的根节点。指定节点的几个子节点称为同胞节点。没有子节点的节点称为叶节点。计算机科学家通常从根节点开始向下画树，这与大自然中的树正好相反。

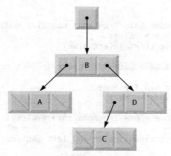

图 19.18 二叉树的图形化表示

二叉搜索树

下面的二叉树示例中，创建了一种特殊的二叉树，称为二叉搜索树。二叉搜索树（没有重复的节点值）的特征是：任何左子树的值，都小于该子树父节点的值；任何右子树的值，都大于该子树父节点的值。图 19.19 中给出了一个带 9 个整数值的二叉搜索树。对应于一组数据的二叉搜索树的形状，由树中插入数值的顺序确定。

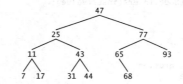

图 19.19 包含 9 个值的二叉搜索树

19.7.1 整数值的二叉搜索树

图 19.20 和图 19.21 中的程序创建了整数的二叉搜索树，并用三种方式遍历它（遍历所有节点）：递归的中根顺序（inorder）、先根顺序（preorder）和后根顺序（postorder）。程序产生了 10 个随机数，并将它们插入到树中。图 19.20 中的程序定义了一个 BinaryTreeLibrary 命名空间中的 Tree 类，供其他程序复用。图 19.21 中的程序定义了一个 TreeTest 类，它演示 Tree 类的功能。TreeTest 类的 Main 方法实例化空 Tree 对象，然后随机生成 10 个整数，并调用 Tree 方法 InsertNode，将每个值插入到二叉树中。然后，程序分别执行先根顺序、中根顺序和后根顺序的遍历。稍后将讨论这些遍历方法。

```csharp
1   // Fig. 19.20: BinaryTreeLibrary.cs
2   // Declaration of class TreeNode and class Tree.
3   using System;
4
5   namespace BinaryTreeLibrary
6   {
7      // class TreeNode declaration
8      class TreeNode
9      {
10         // automatic property LeftNode
11         public TreeNode LeftNode { get; set; }
12
13         // automatic property Data
14         public int Data { get; private set; }
15
16         // automatic property RightNode
17         public TreeNode RightNode { get; set; }
18
19         // initialize Data and make this a leaf node
20         public TreeNode(int nodeData)
21         {
22            Data = nodeData;
23         }
24
25         // insert TreeNode into Tree that contains nodes;
26         // ignore duplicate values
27         public void Insert(int insertValue)
28         {
29            if (insertValue < Data) // insert in left subtree
30            {
31               // insert new TreeNode
32               if (LeftNode == null)
33               {
34                  LeftNode = new TreeNode(insertValue);
35               }
36               else // continue traversing left subtree
37               {
38                  LeftNode.Insert(insertValue);
39               }
40            }
41            else if (insertValue > Data) // insert in right subtree
42            {
43               // insert new TreeNode
44               if (RightNode == null)
45               {
46                  RightNode = new TreeNode(insertValue);
47               }
48               else // continue traversing right subtree
49               {
50                  RightNode.Insert(insertValue);
51               }
52            }
53         }
54      }
55
56      // class Tree declaration
57      public class Tree
58      {
59         private TreeNode root;
60
61         // Insert a new node in the binary search tree.
62         // If the root node is null, create the root node here.
63         // Otherwise, call the insert method of class TreeNode.
64         public void InsertNode(int insertValue)
65         {
66            if (root == null)
67            {
68               root = new TreeNode(insertValue);
69            }
70            else
71            {
72               root.Insert(insertValue);
73            }
74         }
```

图 19.20　TreeNode 类和 Tree 类的声明

```csharp
75
76      // begin preorder traversal
77      public void PreorderTraversal()
78      {
79          PreorderHelper(root);
80      }
81
82      // recursive method to perform preorder traversal
83      private void PreorderHelper(TreeNode node)
84      {
85          if (node != null)
86          {
87              // output node Data
88              Console.Write($"{node.Data} ");
89
90              // traverse left subtree
91              PreorderHelper(node.LeftNode);
92
93              // traverse right subtree
94              PreorderHelper(node.RightNode);
95          }
96      }
97
98      // begin inorder traversal
99      public void InorderTraversal()
100     {
101         InorderHelper(root);
102     }
103
104     // recursive method to perform inorder traversal
105     private void InorderHelper(TreeNode node)
106     {
107         if (node != null)
108         {
109             // traverse left subtree
110             InorderHelper(node.LeftNode);
111
112             // output node data
113             Console.Write($"{node.Data} ");
114
115             // traverse right subtree
116             InorderHelper(node.RightNode);
117         }
118     }
119
120     // begin postorder traversal
121     public void PostorderTraversal()
122     {
123         PostorderHelper(root);
124     }
125
126     // recursive method to perform postorder traversal
127     private void PostorderHelper(TreeNode node)
128     {
129         if (node != null)
130         {
131             // traverse left subtree
132             PostorderHelper(node.LeftNode);
133
134             // traverse right subtree
135             PostorderHelper(node.RightNode);
136
137             // output node Data
138             Console.Write($"{node.Data} ");
139         }
140     }
141 }
142 }
```

图 19.20(续)　TreeNode 类和 Tree 类的声明

```csharp
1   // Fig. 19.21: TreeTest.cs
2   // Testing class Tree with a binary tree.
3   using System;
4   using BinaryTreeLibrary;
5
6   // class TreeTest declaration
7   class TreeTest
8   {
9      // test class Tree
10     static void Main()
11     {
12        Tree tree = new Tree();
13
14        Console.WriteLine("Inserting values: ");
15        Random random = new Random();
16
17        // insert 10 random integers from 0-99 in tree
18        for (var i = 1; i <= 10; i++)
19        {
20           int insertValue = random.Next(100);
21           Console.Write($"{insertValue} ");
22
23           tree.InsertNode(insertValue);
24        }
25
26        // perform preorder traversal of tree
27        Console.WriteLine("\n\nPreorder traversal");
28        tree.PreorderTraversal();
29
30        // perform inorder traversal of tree
31        Console.WriteLine("\n\nInorder traversal");
32        tree.InorderTraversal();
33
34        // perform postorder traversal of tree
35        Console.WriteLine("\n\nPostorder traversal");
36        tree.PostorderTraversal();
37        Console.WriteLine();
38     }
39  }
```

```
Inserting values:
39 69 94 47 50 72 55 41 97 73

Preorder traversal
39 69 47 41 50 55 94 72 73 97

Inorder traversal
39 41 47 50 55 69 72 73 94 97

Postorder traversal
41 55 50 47 73 72 97 94 69 39
```

图 19.21　用二叉树测试 Tree 类

TreeNode 类（见图 19.20 第 8~54 行）是一个自引用类，它包括三个属性——TreeNode 类型的 LeftNode 和 RightNode，int 类型的 Data。TreeNode 不是一个公共类，因为只有 List 类需要使用它。初始时，每个 TreeNode 都是一个叶节点——默认情况下，LeftNode 和 RightNode 会被初始化为 null。稍后将讨论 TreeNode 方法 Insert（第 27~53 行）。

Tree 类（第 57~141 行）操作 TreeNode 类的对象。Tree 类具有一个私有数据 root（第 59 行）——树根节点的引用——默认为 null。这个类包含公共方法 InsertNode（第 64~74 行），用于在树中插入新节点，还包含公共方法 PreorderTraversal（第 77~80 行）、InorderTraversal（第 99~102 行）和 PostorderTraversal（第 121~127 行），它们用于遍历树。每个方法都调用一个递归实用工具方法，对树的内部表示执行遍历操作。

Tree 方法 InsertNode（第 64~74 行）首先判断树是否为空。如果是，则第 68 行分配一个新的 TreeNode，用插入的整数将节点初始化，并将新节点赋予 root。如果树不为空，则 InsertNode 方法调用 TreeNode 方法 Insert（第 27~53 行），递归地判断树中新节点的位置，并在该位置插入节点。二叉搜索树中，节点只能作为叶节点插入。

TreeNode 方法 Insert 比较插入的值和指定节点中的 data 值。如果插入的值小于指定节点中的值，则程序判断左子树是否为空（第 32 行）。如果是，则第 34 行分配一个新的 TreeNode，用插入的整数将节点初始化，并将新节点赋予引用 LeftNode。否则，第 38 行对左子树递归调用 Insert 方法，将值插入左子树中。如果插入的值大于指定节点中的值，则程序判断右子树是否为空（第 44 行）。如果是，则第 46 行分配一个新的 TreeNode，用插入的整数将节点初始化，并将新节点赋予引用 RightNode。否则，第 50 行对右子树递归调用 Insert 方法，将值插入右子树中。如果插入值与已经存在的某个节点值相等，则会忽略这个插入值。

PreorderTraversal、InorderTraversal 和 PostorderTraversal 方法，分别调用帮助器方法 PreorderHelper（第 83~96 行）、InorderHelper（第 105~118 行）和 PostorderHelper（第 127~140 行）遍历树并显示节点值。Tree 类中这些帮助器方法的作用，是允许程序员执行遍历操作，而不必先取得根节点的引用（然后用这个引用调用递归方法）。InorderTraversal、PreorderTraversal 和 PostorderTraversal 方法只带有私有变量 root，并会将它传入相应的帮助器方法以遍历树。下面的讨论将使用图 19.22 中的二叉搜索树。

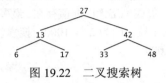

图 19.22　二叉搜索树

中根顺序遍历算法

InorderHelper 方法（第 105~118 行），定义了中根顺序遍历的步骤。这些步骤是

1．如果实参为 null，则不处理树。
2．用 InorderHelper 方法递归地遍历左子树（第 110 行）。
3．处理节点中的值（第 113 行）。
4．用 InorderHelper 方法递归地遍历右子树（第 116 行）。

中根顺序遍历要处理完某个节点左子树中的节点值后，才处理该节点中的值。对于图 19.22 中的树，其中根顺序遍历过程如下：

　　6 13 17 27 33 42 48

二叉搜索树的中根顺序遍历过程按升序处理节点值。创建二叉搜索树的过程，实际上就是排序数据（在中根顺序遍历时）。因此，这个过程称为二叉树排序（binary-tree sort）。

先根顺序遍历算法

PreorderHelper 方法（第 83~96 行）定义了先根顺序遍历的步骤。这些步骤是

1．如果实参为 null，则不处理树。
2．处理节点中的值（第 88 行）。
3．用 PreorderHelper 方法递归地遍历左子树（第 91 行）。
4．用 PreorderHelper 方法递归地遍历右子树（第 94 行）。

先根顺序遍历处理所访问的每个节点值。处理完节点中的值之后，再处理左子树中的值，然后处理右子树中的值。对于图 19.22 中的树，其先根顺序遍历过程如下：

　　27 13 6 17 42 33 48

后根顺序遍历算法

PostorderHelper 方法（第 127~140 行）定义了后根顺序遍历的步骤。这些步骤是

1．如果实参为 null，则不处理树。
2．用 PostorderHelper 方法递归地遍历左子树（第 132 行）。

3. 用 PostorderHelper 方法递归地遍历右子树(第 135 行)。
4. 处理节点中的值(第 138 行)。

后根顺序遍历在处理完节点所有子节点的值之后，再处理该节点的值。图 19.22 中的树，其后根顺序遍历过程如下：

  6 17 13 33 48 42 27

消除重复值

  二叉搜索树可以帮助消除重复值。建立树时，插入操作能识别出重复值，因为每次对重复值执行比较操作时，都会像原始值一样，执行相同的"向左"或"向右"决策。这样，插入操作最终要比较重复值和包含相同值的节点。这时，插入操作只需将重复值放弃即可。

  搜索二叉树中某个值的速度很快，尤其是在紧密二叉树中。紧密二叉树中的每一层都大约包含上一层的两倍的元素个数。图 19.22 中给出的就是一个紧密二叉树。包含 n 个元素的紧密二叉搜索树至少有 $\log_2 n$ 层。对于这样的树，为了找到匹配值或确定无匹配值存在，最多只需要 $\log_2 n$ 次比较。搜索包含 1000 个元素的紧密二叉树，最多需要 10 次比较，因为 $2^{10} > 1000$；搜索包含 1 000 000 个元素的紧密二叉树，最多需要 20 次比较，因为 $2^{20} > 1 000 000$。

有关层级顺序二叉树练习题的说明

  本章后面的几个练习题为二叉树的层级顺序遍历提供了一种算法，它从根节点所在的层开始，逐层访问树的节点。在树的每一层，层级顺序遍历都从左到右访问节点。

19.7.2 IComparable 对象的二叉搜索树

  19.7.1 节中的二叉树示例，在所有数据都为 int 类型时很适合。假设我们希望操作 double 值的二叉树，则可以用不同名称改写 TreeNode 类和 Tree 类，将它定制成操作 double 值。类似地，每种数据类型都可以创建 TreeNode 和 Tree 类的定制版本。这样就会得到大量代码，管理和维护就变得困难了。

  理想情况下，应能一次性定义二叉树的功能，并可对许多数据类型复用它。类似 C#之类的语言，提供了几种功能，使所有对象可以按一致的方式操作。利用这些功能，可以设计出更灵活的数据结构。C#是通过泛型提供这些功能的(见第 20 章)。

  下一个示例中，将利用 C#的多态功能，使 TreeNode 类和 Tree 类操作实现 IComparable 接口(位于 System 命名空间)的任何类型的对象。对于二叉搜索树中存放的对象，应该能够进行比较，以便确定插入新节点的路径。实现 IComparable 接口的类定义了一个 CompareTo 方法，它比较调用该方法的对象与方法实参中传入的对象。这个方法返回一个 int 值，小于 0 表示调用对象小于实参对象，0 表示相等，大于 0 表示调用对象大于实参对象。而且，调用对象和实参对象必须为相同的数据类型，否则会抛出 ArgumentException 异常。

  图 19.23 和图 19.24 中的程序对 19.7.1 节中的程序(对几个 IComparable 对象进行操作)进行了改进。对于这个 TreeNode 类和 Tree 类的新版本，一个限制是每个 Tree 对象都只能包含同一种类型的值(例如，都是字符串或都是 double 值)。如果程序试图在同一个 Tree 对象中插入多种类型的值，则会导致 ArgumentException 异常。我们只需修改 TreeNode 类中的 5 行代码(见图 19.23 第 14 行、第 20 行、第 27 行、第 29 行、第 41 行)和 Tree 类中的一行代码(第 64 行)，就可以处理 IComparable 对象。除了第 30 行和第 42 行，所有的其他改变，只不过是将 int 类型替换成 IComparable 类型。以前，第 30 行和第 42 行采用小于和大于运算符比较插入的值与指定节点的值。现在，这些行通过接口的 CompareTo 方法比较 IComparable 对象，然后测试方法的返回值，判断它是否小于 0(调用对象小于实参对象)或大于 0(调用对象大于实参对象)。(注：如果用泛型编写这个类，则编译时可以将 data、int 或 IComparable 类型替换成任何其他类型，只需这个类型实现了必要的运算符和方法。)

```csharp
1   // Fig. 19.23: BinaryTreeLibrary2.cs
2   // Declaration of class TreeNode and class Tree.
3   using System;
4
5   namespace BinaryTreeLibrary2
6   {
7      // class TreeNode declaration
8      class TreeNode
9      {
10         // automatic property LeftNode
11         public TreeNode LeftNode { get; set; }
12
13         // automatic property Data
14         public IComparable Data { get; private set; }
15
16         // automatic property RightNode
17         public TreeNode RightNode { get; set; }
18
19         // initialize Data and make this a leaf node
20         public TreeNode(IComparable nodeData)
21         {
22            Data = nodeData;
23         }
24
25         // insert TreeNode into Tree that contains nodes;
26         // ignore duplicate values
27         public void Insert(IComparable insertValue)
28         {
29            if (insertValue.CompareTo(Data) < 0) // insert in left subtree
30            {
31               // insert new TreeNode
32               if (LeftNode == null)
33               {
34                  LeftNode = new TreeNode(insertValue);
35               }
36               else // continue traversing left subtree
37               {
38                  LeftNode.Insert(insertValue);
39               }
40            }
41            else if (insertValue.CompareTo(Data) > 0) // insert in right
42            {
43               // insert new TreeNode
44               if (RightNode == null)
45               {
46                  RightNode = new TreeNode(insertValue);
47               }
48               else // continue traversing right subtree
49               {
50                  RightNode.Insert(insertValue);
51               }
52            }
53         }
54      }
55
56      // class Tree declaration
57      public class Tree
58      {
59         private TreeNode root;
60
61         // Insert a new node in the binary search tree.
62         // If the root node is null, create the root node here.
63         // Otherwise, call the insert method of class TreeNode.
64         public void InsertNode(IComparable insertValue)
65         {
66            if (root == null)
67            {
68               root = new TreeNode(insertValue);
69            }
70            else
71            {
72               root.Insert(insertValue);
73            }
74         }
```

图 19.23 TreeNode 类和 Tree 类的声明

```csharp
 75
 76         // begin preorder traversal
 77         public void PreorderTraversal()
 78         {
 79             PreorderHelper(root);
 80         }
 81
 82         // recursive method to perform preorder traversal
 83         private void PreorderHelper(TreeNode node)
 84         {
 85             if (node != null)
 86             {
 87                 // output node Data
 88                 Console.Write($"{node.Data} ");
 89
 90                 // traverse left subtree
 91                 PreorderHelper(node.LeftNode);
 92
 93                 // traverse right subtree
 94                 PreorderHelper(node.RightNode);
 95             }
 96         }
 97
 98         // begin inorder traversal
 99         public void InorderTraversal()
100         {
101             InorderHelper(root);
102         }
103
104         // recursive method to perform inorder traversal
105         private void InorderHelper(TreeNode node)
106         {
107             if (node != null)
108             {
109                 // traverse left subtree
110                 InorderHelper(node.LeftNode);
111
112                 // output node data
113                 Console.Write($"{node.Data} ");
114
115                 // traverse right subtree
116                 InorderHelper(node.RightNode);
117             }
118         }
119
120         // begin postorder traversal
121         public void PostorderTraversal()
122         {
123             PostorderHelper(root);
124         }
125
126         // recursive method to perform postorder traversal
127         private void PostorderHelper(TreeNode node)
128         {
129             if (node != null)
130             {
131                 // traverse left subtree
132                 PostorderHelper(node.LeftNode);
133
134                 // traverse right subtree
135                 PostorderHelper(node.RightNode);
136
137                 // output node Data
138                 Console.Write($"{node.Data} ");
139             }
140         }
141     }
142 }
```

图 19.23(续)　TreeNode 类和 Tree 类的声明

TreeTest 类(见图 19.24)创建了三个 Tree 对象,分别保存 int、double 和 string 值。.NET Framework 将它们定义为 IComparable 类型。程序在树中分别填入数组 intArray(第 12 行)、doubleArray(第 13 行) 和 stringArray(第 14~15 行)的值。

```csharp
1   // Fig. 19.24: TreeTest.cs
2   // Testing class Tree with IComparable objects.
3   using System;
4   using BinaryTreeLibrary2;
5
6   // class TreeTest declaration
7   public class TreeTest
8   {
9      // test class Tree
10     static void Main()
11     {
12        int[] intArray = {8, 2, 4, 3, 1, 7, 5, 6};
13        double[] doubleArray = {8.8, 2.2, 4.4, 3.3, 1.1, 7.7, 5.5, 6.6};
14        string[] stringArray =
15           {"eight", "two", "four","three", "one", "seven", "five", "six"};
16
17        // create int Tree
18        Tree intTree = new Tree();
19        PopulateTree(intArray, intTree, nameof(intTree));
20        TraverseTree(intTree, nameof(intTree));
21
22        // create double Tree
23        Tree doubleTree = new Tree();
24        PopulateTree(doubleArray, doubleTree, nameof(doubleTree));
25        TraverseTree(doubleTree, nameof(doubleTree));
26
27        // create string Tree
28        Tree stringTree = new Tree();
29        PopulateTree(stringArray, stringTree, nameof(stringTree));
30        TraverseTree(stringTree, nameof(stringTree));
31     }
32
33     // populate Tree with array elements
34     private static void PopulateTree(Array array, Tree tree, string name)
35     {
36        Console.WriteLine($"\n\n\nInserting into {name}:");
37
38        foreach (IComparable data in array)
39        {
40           Console.Write($"{data} ");
41           tree.InsertNode(data);
42        }
43     }
44
45     // perform traversals
46     private static void TraverseTree(Tree tree, string treeType)
47     {
48        // perform preorder traversal of tree
49        Console.WriteLine($"\n\nPreorder traversal of {treeType}");
50        tree.PreorderTraversal();
51
52        // perform inorder traversal of tree
53        Console.WriteLine($"\n\nInorder traversal of {treeType}");
54        tree.InorderTraversal();
55
56        // perform postorder traversal of tree
57        Console.WriteLine($"\n\nPostorder traversal of {treeType}");
58        tree.PostorderTraversal();
59     }
60  }
```

```
Inserting into intTree:
8 2 4 3 1 7 5 6

Preorder traversal of intTree
8 2 1 4 3 7 5 6

Inorder traversal of intTree
1 2 3 4 5 6 7 8

Postorder traversal of intTree
1 3 6 5 7 4 2 8


Inserting into doubleTree:
```

图 19.24 用 IComparable 对象测试 Tree 类

```
8.8 2.2 4.4 3.3 1.1 7.7 5.5 6.6
Preorder traversal of doubleTree
8.8 2.2 1.1 4.4 3.3 7.7 5.5 6.6
Inorder traversal of doubleTree
1.1 2.2 3.3 4.4 5.5 6.6 7.7 8.8
Postorder traversal of doubleTree
1.1 3.3 6.6 5.5 7.7 4.4 2.2 8.8

Inserting into stringTree:
eight two four three one seven five six

Preorder traversal of stringTree
eight two four five three one seven six

Inorder traversal of stringTree
eight five four one seven six three two

Postorder traversal of stringTree
five six seven one three four two eight
```

图 19.24(续)　用 IComparable 对象测试 Tree 类

PopulateTree 方法(第 34~43 行)接收的实参是一个 Array、一个 Tree 和一个 string，其中 Array 实参包含 Tree 的初始值设定项值，Tree 实参中的数组元素将被替换，而 string 实参表示 Tree 的名称。这个方法会将每个 Array 元素插入 Tree 中。TraverseTree 方法(第 46~59 行)接收的实参是一个 Tree 和表示 Tree 的名称的 string，输出是树的先根顺序、中根顺序和后根顺序的遍历结果。无论 Tree 中存放的数据类型是什么，每个 Tree 的中根顺序遍历都按升序输出数据。Tree 类的多态实现调用了相应数据类型的 CompareTo 方法，通过使用标准二叉树插入规则来确定每个值的插入点路径。还要注意，string 类型的 Tree 是以字母顺序出现的。

19.8　小结

本章讲解了简单类型是值类型 struct，但只要采用装箱和拆箱转换，仍然可以用在程序中需要对象的任何地方。我们知道了链表是数据项的集合，这些数据项被"链接在一起"。程序可以在链表的任何地方执行插入和删除操作(但本章的示例中，是在链表的末尾执行这些操作)。栈和队列数据结构是链表的受限版本。对于栈，插入和删除操作只能在栈顶进行，因此栈称为后入先出(LIFO)数据结构。队列表示"排队等候"，插入在队尾进行，删除在队头进行，因此队列称为先入先出(FIFO)数据结构。本章还讲解了二叉树数据结构。二叉搜索树可以执行高速的数据搜索和排序，并可有效地消除重复项。下一章将介绍泛型，它可以用来声明一簇类和方法，对任何类型实现相同的功能。

摘要

19.1 节　简介
- 动态数据结构在执行时可以伸缩。

19.2 节　简单类型 struct 以及装箱和拆箱
- 所有简单类型的名称，都是 System 命名空间中对应 struct 的别名。
- 每个简单类型 struct，都声明用于操作相应简单类型值的方法。
- 表示简单类型的结构，都是从 System 命名空间的 ValueType 类继承的。
- 装箱转换会创建一个包含简单类型值副本的对象。
- 拆箱转换从对象取得一个简单类型值。

19.3 节　自引用类
- 自引用类包含引用相同类的类型对象的引用成员。自引用对象可以链接在一起,形成有用的数据结构,如链表、队列、栈和树。
- 创建和操作动态数据结构,要求动态内存分配——程序在执行时获得更多内存空间的能力,以容纳新的节点,并释放不再需要的空间。
- new 运算符的操作数为所要动态分配的对象类型,它会调用适当的构造函数来初始化该对象,并返回一个该类型对象的引用。如果没有内存可用,则 new 运算会抛出 OutOfMemoryException 异常。

19.4 节　链表
- 链表是自引用类对象的线性集合(即序列),这些对象称为节点,它们由引用链连接起来。
- 节点可以包含任何类型的数据,包括其他类对象的引用。
- 程序通过第一个节点的引用访问链表。后续的每一个节点,都通过前一个节点中保存的链引用成员访问。
- 习惯上,链表中最后一个节点的链引用设置为 null,表示链表的结尾。
- 环形单向链表以第一个节点的引用开头,每个节点依次包含下一个节点的引用,但"最后一个节点"不包含 null 引用,而是回指第一个节点,从而封闭成一个"环"。
- 双向链表可以向前和向后遍历。这种链表通常用两个"起始引用"实现,一个指向表的第一个节点,允许从前向后遍历链表;另一个指向最后一个节点,允许从后向前遍历链表。每一个节点都具有下一节点的正向引用和前一节点的反向引用。
- 环形双向链表中最后一个节点的前向引用指向第一个节点,而第一个节点的后向引用指向最后一个节点,从而封闭成一个"环"。

19.5 节　栈
- 栈对于编译器和操作系统是重要的。
- 栈是链表的受限版本,它只能在栈顶添加新节点或删除节点。为此,栈称为后入先出(LIFO)数据结构。
- 对栈的主要操作是入栈和出栈。入栈操作是将新节点添加到栈顶。出栈操作是从栈顶移走一个节点,并返回被移走节点的数据项。

19.6 节　队列
- 队列表示排队的行。插入是在队列的后面(也称为队尾)进行的,而删除在前面(也称为队头)进行。
- 队列与超市里的收银队列相似:收银员会为队列中的第一个人服务,其他客户要从后面排队并等待服务。
- 队列节点只能从队头删除,从队尾插入。因此,队列是先入先出(FIFO)数据结构。
- 队列的插入和删除操作分别称为入队和出队。

19.7 节　树
- 二叉树可以实现数据的高速搜索和排序。
- 树节点可以包含两个或多个链。
- 二叉树是一种所有节点都包含两个链的树(每个链都可以为 null)。根节点是树的第一个节点。
- 根节点中的每个链都指向一个子节点。左子节点是左子树中的根节点,右子节点是右子树中的根节点。
- 指定节点的几个子节点称为同胞节点。没有子节点的节点称为叶节点。
- 二叉搜索树(没有重复的节点值)的特征是:任何左子树的值都小于该子树父节点的值;任何右子树的值,都大于该子树父节点的值。

- 二叉搜索树中，节点只能作为叶节点插入。
- 先根顺序遍历处理所访问的节点值。处理完节点中的值之后，再处理左子树中的值，然后处理右子树中的值。
- 后根顺序遍历在处理完节点的左子树和右子树后，再处理节点的值。
- 中根顺序遍历在处理完节点的左子树后，处理节点的值，然后处理节点的右子树。
- 二叉搜索树的中根顺序遍历过程按升序处理节点值。创建二叉搜索树的过程，实际上就是排序数据(在中根顺序遍历时)。因此，这个过程称为二叉树排序。
- 二叉搜索树可以帮助消除重复的值。建立树时，插入操作能识别出重复值，因为每次对重复值执行比较操作时，都会像原始值一样，执行相同的"向左"或"向右"决策。这样，插入操作最终要比较重复值和包含相同值的节点。重复值会被简单地丢弃掉。

术语表

binary search tree 二叉搜索树	node 节点
binary tree 二叉树	parent node 父节点
binary-tree sort 二叉树排序	pop on a stack 出栈
boxing conversion 装箱转换	postorder traversal 后根顺序遍历
child node 子节点	predicate method 谓词方法
circular, doubly linked list 环形双向链表	preorder traversal 先根顺序遍历
circular, singly linked list 环形单向链表	print spooling 打印假脱机程序
collection 集合	push on a stack 入栈
data structures 数据结构	queue 队列
dequeue 出队	right child node 右子节点
doubly linked list 双向链表	right subtree 右子树
duplicate elimination 消除重复值	root node 根节点
dynamic data structures 动态数据结构	searching 搜索
enqueue 入队	self-referential class 自引用类
head of a queue 队头	sibling node 同胞节点
IComparable interface IComparable 接口	simple type 简单类型
inorder traversal 中根顺序遍历	singly linked list 单向链表
InvalidCastException InvalidCastException 异常	sorting 排序
leaf node 叶节点	stack 栈
left child node 左子节点	tail of a queue 队尾
left subtree 左子树	top of a stack 栈顶
linear data structure 线性数据结构	unboxing conversion 拆箱转换
link 链	ValueType class ValueType 类
linked list 链表	

自测题

19.1 判断下列语句是否正确。如果不正确，请说明理由。
   a) 队列中第一个加进的项，会被最后一个删除。
   b) 对于树中的每个节点，最多只有两个子节点。

c) 没有子节点的节点称为叶节点。
d) 链表节点在内存中是连续保存的。
e) 栈数据结构的主要操作是入队和出队。
f) 链表、栈和队列都是线性数据结构。

19.2 填空题。
a) _____类用于定义构成动态数据结构的节点，即可以在执行时伸缩的数据结构。
b) _____运算符能够动态分配内存，它返回所分配内存的引用。
c) _____是链表的受限版本，它只能从开头插入和删除节点，这个数据结构按 LIFO 顺序返回节点的值。
d) 队列是_____数据结构，因为先插入的节点会先被删除。
e) _____是链表的受限版本，它只能从末尾插入节点，从开头删除节点。
f) _____是一种非线性的二维数据结构，它包含的节点可以具有两个或多个链。
g) _____树的节点包含两个链成员。
h) 先处理节点，然后处理左子树，最后处理右子树的树遍历算法，称为_____。

自测题答案

19.1 a) 错误。队列是先入先出(FIFO)数据结构，第一个插入队列的项目会被第一个删除。b) 错误。一般而言，树可以在每个节点有多个子节点。只有二叉树中的每个节点被限制成不超过两个子节点。c) 正确。d) 错误。链表节点是逻辑相连的，但它们不必存放在连续的内存空间中。e) 错误。这些是队列的主要操作。栈的主要操作包括入栈和出栈。f) 正确。

19.2 a) 自引用。b) new。c) 栈。d) 先入先出(FIFO)。e) 队列。f) 树。g) 二叉。h) 先根顺序遍历算法。

练习题

19.3 (**合并有序链表对象**)编写一个程序，将两个整型值的有序链表对象合并成一个有序链表对象。ListMerge 类的 Merge 方法接收要合并的两个链表对象的引用，返回合并链表对象的引用。

19.4 (**用栈逆序显示一行文本**)编写一个程序，向它输入一行文本，用栈对象逆序显示该行文本。

19.5 (**回文**)编写一个程序，用栈来判断一个字符串是否为回文(即顺读和倒读都相同的字符串)。忽略大小写差别、空格和标点符号。

19.6 (**用栈求值表达式**)编译器用栈来计算表达式的值，并产生机器语言代码。在这个和下一个练习中，将分析编译器是如何计算由常量、运算符和括号组成的表达式的值的。

人们在书写表达式时(如 3＋4 和 7/9)，通常将运算符(这里是 "＋" 或 "/")放在操作数之间，这称为中缀表示法。计算机 "更喜欢" 使用后缀表示法，也就是将运算符放在两个操作数的右边。前面的中缀表达式用后缀表示法编写，就分别变成：3 4 ＋和 7 9 /。

为了计算一个复杂的中缀表达式的值，编译器首先将它转换成后缀表达式，然后再计算这个后缀版本的值。所有算法，都只需要对表达式做一次从左到右的遍历。每一个算法，都用栈对象来支持它的操作，栈在这些算法中的用途不同。这个练习题需实现一个将中缀形式转换成后缀形式的算法。下一个练习题中，需实现一个计算后缀表达式值的算法。

编写一个 InfixToPostfixConverter 类，将一个由一位整型数字组成的普通中缀算术表达式(假定输入的是一个有效的表达式)转换成后缀表达式。例如，将中缀表达式：

```
(6 + 2) * 5 - 8 / 4
```
转换成后缀表达式版本：
```
6 2 + 5 * 8 4 / -
```
程序应将表达式读入 StringBuilder infix，并用（见图 19.13 中实现的）StackInheritance 类来帮助创建 StringBuilder postfix 中的后缀表达式。创建后缀表达式的算法如下：

a) 将左括号'('入栈。
b) 在 infix 的末尾添加一个右括号')'。
c) 若栈非空，则从左到右读取 infix 并做如下工作：
    如果 infix 中的当前字符是一个数字，则将它追加到 postfix 的末尾。
    如果 infix 中的当前字符是一个左括号，则将它入栈。
    如果 infix 中的当前字符是一个运算符：
        若栈顶运算符（如有）的优先级等于或高于当前运算符的优先级，则将其弹出栈并追加到 postfix 的末尾。
        将 infix 中的当前字符入栈。
    如果 infix 中的当前字符是一个右括号：
        从栈顶弹出运算符并将它追加到 postfix 的后面，直到左括号位于栈顶。
        从栈中弹出（并丢弃）左括号。

表达式中允许使用的算术运算符如下：

+   加法
−   减法
*   乘法
/   除法
^   指数
%   求余

程序中可能要提供如下的方法：

a) ConvertToPostfix 方法将中缀表达式转换成后缀表达式。
b) IsOperator 方法判断其参数 c 是否为一个运算符。
c) Precedence 方法判断（来自中缀表达式的）operator1 的优先级是低于、等于还是高于（来自栈的）operator2 的优先级。

如果 operator1 的优先级低于或等于 operator2 的优先级，则方法返回 true，否则返回 false。

19.7 （用栈计算后缀表达式的值）编写一个 PostfixEvaluator 类，用它计算后缀表达式（假定它是有效的）的值，例如：
```
6 2 + 5 * 8 4 / -
```
程序应将一个由数字和运算符组成的后缀表达式读入 StringBuilder 中。应利用练习题 19.6 中的栈类来读取并计算表达式的值。（用于一位数字的）算法如下所示：

a) 在后缀表达式的末尾添加一个右括号')'。如果遇到右括号，表示不需要进一步的处理。
b) 如果没有遇到右括号，则从左到右读取表达式。
    如果当前字符是一个数字，则进行如下操作：
        将它的整数值入栈（数字字符的整数值，等于它在计算机字符集中的值减去 Unicode 字符 '0'的值）。
    否则，如果当前字符是一个 *operator*，则进行如下操作：
        弹出栈顶的两个元素，并将它们赋予变量 x 和 y。计算 y *operator* x 的值。
        将计算结果入栈。

c) 如果遇到的是表达式中的右括号，则弹出栈顶的值。它就是后缀表达式的结果。

[注：上面的 b)步骤中（以这个练习题开始处的样本表达式为例），若运算符是"/"，则栈顶的值为 4，栈中的下一个元素为 8，这样将弹出 4 并赋给 x，弹出 8 并赋给 y，计算 y / x，将结果 2 压回栈。这个注解同样适用于运算符"–"。]表达式中允许使用的算术运算符如下：

+ 加法
– 减法
* 乘法
/ 除法
^ 指数
% 求余

程序中可能要提供如下的方法：

a) EvaluatePostfixExpression 方法，它计算后缀表达式的值。
b) Calculate 方法，它计算表达式 op1 *operator* op2 的值。

19.8 （按层级顺序遍历二叉树）图 19.21 中的程序演示了遍历二叉树的三种递归方法——中根顺序遍历、先根顺序遍历和后根顺序遍历。这个练习题给出的是二叉树的层级顺序遍历，它从根节点所在的层开始，逐层显示节点的值。位于同一层的节点是从左至右显示的。层级顺序遍历不是一种递归算法，它利用队列对象来控制节点的输出。算法如下所示：

a) 将根节点插入队列中。
b) 当队列中还存在节点时，执行如下操作：

  获得队列中的下一个节点。

  显示该节点的值。

  如果节点的左子节点引用不为 null：

    将左子节点插入队列中。

  如果节点的右子节点引用不为 null：

    将右子节点插入队列中。

编写一个 LevelOrderTraversal 方法，执行二叉树对象的层级顺序遍历操作。将图 19.21 中的程序修改成使用这个方法。（注：程序中依然需要使用图 19.16 中的队列处理方法。）

拓展内容：建立自己的编译器

练习题 8.31~8.33 中，引入了一种 Simpletron 机器语言（SML），并且实现了一台 Simpletron 计算机模拟器，它执行 SML 程序。练习题 19.9~19.13 中，将设计一个编译器，它能够将用高级编程语言编写的程序转换成 SML。这一部分的内容，是与整个编程过程紧密相关的。我们将用这种新的高级语言编写程序，用自己搭建的编译器编译它，然后在练习题 8.32 设计的模拟器上运行它。（注：由于练习题 19.9~19.13 中的问题描述，其内容颇多，因此将其以 PDF 的格式置于本书的配套网站 http://www.deitel.com/books/VCSharpHTP6 上。）

第 20 章 泛 型

目标

本章将讲解

- 创建泛型方法，用不同类型的实参执行相同的任务。
- 创建泛型 Stack 类，用于保存特定类型的对象。
- 理解如何用非泛型方法或其他泛型方法重载泛型方法。
- 适应于类型参数的约束种类。
- 对类型参数采用多个约束。

概要

20.1 简介
20.2 泛型方法的由来
20.3 泛型方法的实现
20.4 类型约束
    20.4.1 IComparable<T>接口
20.4.2 指定类型约束
20.5 重载泛型方法
20.6 泛型类
20.7 小结

摘要 ｜ 术语表 ｜ 自测题 ｜ 自测题答案 ｜ 练习题

20.1 简介

第 19 章中讲解了保存和操作对象引用的数据结构。本章将继续讲解在多个章节中讨论的数据结构。

基于对象的数据结构的缺点

数据结构中可以保存任何对象。但当从集合中读取保存的对象引用时，就显得不太方便。通常，程序需要处理特定类型的对象。这样，从集合中获得的对象引用，通常需要向下强制转换成合适的类型，以使程序能正确地处理它。此外，值类型（如 int 和 double）的数据必须进行装箱，才能用对象引用操作，从而增加了处理这类数据的开销。最重要的是，将所有数据作为对象类型处理，也限制了 C#编译器执行类型检查的能力。

编译时类型安全性

尽管能够很容易地创建数据结构，将任何类型的数据作为对象操作（见第 19 章），但是，最好能够在编译时检测出类型失配的情况，这称为编译时类型安全性（compile-time type safety）。例如，如果栈只应当保存 int 值，则如果试图将字符串压入栈中，就应当产生编译时错误。类似地，在用 Sort 方法比较元素时，应保证它们具有相同的类型。如果创建 Stack 类和 Sort 方法的类型特定版本，则 C#编译器能够保证编译时类型安全性。但是，这会要求创建同一基础代码的许多副本。

泛型

本章将探讨泛型（generic），它提供了创建上述通用模型的办法。泛型方法（generic method）使用户可以在一个方法声明中指定一组相关的方法。泛型类（generic class）使用户可以在一个类声明中指定一组相关的类。同样，泛型接口（generic interface）使用户可以在一个接口声明中指定一组相关的接口。泛型提供了编译时类型安全性。(注：也可以实现泛型 struct 和泛型代理。) 到目前为止，我们已经用过了泛型 List（见第 9 章）和 Dictionary（见第 17 章）。

可以编写排序任何对象数组的泛型方法，然后分别对 int 数组、double 数组、string 数组等调用这个泛型方法，排序每种不同类型的数组。编译器会执行类型检查，以确保传入排序方法的数组只包含正确类型的元素。可以编写一个泛型 Stack 类，然后对 int 栈、double 栈、string 栈等实例化 Stack 对象。编译器会执行类型检查，以确保 Stack 中只包含正确类型的元素。

本章将介绍泛型方法和泛型类的例子，第 21 章将探讨 .NET Framework 的泛型集合类。集合是一种数据结构，它维护一组相关的对象或值。.NET Framework 集合类用泛型来指定特定集合要保存的具体对象类型。

20.2 泛型方法的由来

重载方法常用于对不同类型的数据执行相似的操作。为了理解泛型方法的由来，首先举一个例子（见图 20.1），它包含三个重载的 DisplayArray 方法（第 23~31 行、第 34~42 行和第 45~53 行）。这些方法分别显示 int 数组、double 数组和 char 数组的元素。稍后，将用一个泛型方法更简洁、更巧妙地实现这个程序。

```csharp
1   // Fig. 20.1: OverloadedMethods.cs
2   // Using overloaded methods to display arrays of different types.
3   using System;
4
5   class OverloadedMethods
6   {
7      static void Main(string[] args)
8      {
9         // create arrays of int, double and char
10        int[] intArray = {1, 2, 3, 4, 5, 6};
11        double[] doubleArray = {1.1, 2.2, 3.3, 4.4, 5.5, 6.6, 7.7};
12        char[] charArray = {'H', 'E', 'L', 'L', 'O'};
13
14        Console.Write("Array intArray contains: ");
15        DisplayArray(intArray); // pass an int array argument
16        Console.Write("Array doubleArray contains: ");
17        DisplayArray(doubleArray); // pass a double array argument
18        Console.Write("Array charArray contains: ");
19        DisplayArray(charArray); // pass a char array argument
20     }
21
22     // output int array
23     private static void DisplayArray(int[] inputArray)
24     {
25        foreach (var element in inputArray)
26        {
27           Console.Write($"{element} ");
28        }
29
30        Console.WriteLine();
31     }
32
33     // output double array
34     private static void DisplayArray(double[] inputArray)
35     {
36        foreach (var element in inputArray)
37        {
38           Console.Write($"{element} ");
39        }
40
41        Console.WriteLine();
42     }
43
```

图 20.1 用重载方法显示不同类型的数组

```
44      // output char array
45      private static void DisplayArray(char[] inputArray)
46      {
47          foreach (var element in inputArray)
48          {
49              Console.Write($"{element} ");
50          }
51
52          Console.WriteLine();
53      }
54  }
```

```
Array intArray contains: 1 2 3 4 5 6
Array doubleArray contains: 1.1 2.2 3.3 4.4 5.5 6.6 7.7
Array charArray contains: H E L L O
```

图 20.1(续)　用重载方法显示不同类型的数组

程序首先声明并初始化三个数组——6 元素的 int 数组 intArray（第 10 行）、7 元素的 double 数组 doubleArray（第 11 行）和 5 元素的 char 数组 charArray（第 12 行）。然后，第 14~19 行输出这些数组。

编译器遇到方法调用时，它会寻找方法名相同、参数类型匹配方法调用实参类型的方法声明。这个示例中，每个 DisplayArray 调用都正好匹配某个 DisplayArray 方法声明。例如，第 15 行调用 DisplayArray 方法时，用 intArray 作为实参。编译时，编译器判断实参 intArray 的类型（即 int[ ]），找到指定一个 int[ ] 参数的、名称为 DisplayArray 的方法（在第 23~31 行中找到），由此建立对这个方法的调用。类似地，当编译器遇到第 17 行的 DisplayArray 调用时，它判断实参 doubleArray 的类型（即 double[ ]），然后找到指定一个 double[ ] 参数的、名称为 DisplayArray 的方法（在第 34~42 行中找到），由此建立对这个方法的调用。最后，当编译器遇到第 19 行的 DisplayArray 调用时，它判断实参 charArray 的类型（即 char[ ]），然后找到指定一个 char[ ] 参数的、名称为 DisplayArray 的方法（在第 45~53 行中找到），由此建立对这个方法的调用。

请研究一下每一个 DisplayArray 方法。注意，数组元素类型（int、double 或 char）在每个方法的一个地方出现——方法首部（第 23 行，第 34 行，第 45 行）。每一个 foreach 语句首部（第 25 行，第 36 行，第 47 行），都使用 var 来推断方法参数中的元素类型。如果将每个方法首部中的元素类型替换成泛型名（如用 T 替换类型），则这三个方法都与图 20.2 中的某一个相同。看起来，如果将三个方法中的数组元素类型替换成一个"宽泛的类型参数"，则应当可以只声明一个 DisplayArray 方法，它能够显示任意类型数组的元素。图 20.2 中的方法不能编译，因为它的语法不正确。图 20.3 中，用正确的语法声明了泛型 DisplayArray 方法。

```
1   private static void DisplayArray(T[] inputArray)
2   {
3       foreach (var element in inputArray)
4       {
5           Console.Write($"{element} ");
6       }
7
8       Console.WriteLine();
9   }
```

图 20.2　实际的类型名称被泛型名称 T 替换了的 DisplayArray 方法。这段代码不会被编译

20.3　泛型方法的实现

如果几个重载方法对每个实参类型都执行相同的操作，则可以用泛型方法更简洁、更方便地编码重载方法。可以编写一个泛型方法声明，在不同的时刻用不同类型的实参调用。根据传入泛型方法的实参类型，编译器会相应处理每一个方法调用。

图 20.3 中的程序，用泛型 DisplayArray 方法重新实现了图 20.1 中的程序（第 24~32 行）。注意，第 15 行、第 17 行、第 19 行中的 DisplayArray 方法调用，与图 20.1 中的方法调用相同，两个程序的输出也

相同，但图 20.3 的代码比图 20.1 少 22 行。从图 20.3 可以看出，泛型使得只需创建并测试代码一次，然后就可以对许多不同类型的数据复用这些代码。这充分体现了泛型的强大功能。

```csharp
1   // Fig. 20.3: GenericMethod.cs
2   // Using a generic method to display arrays of different types.
3   using System;
4
5   class GenericMethod
6   {
7      static void Main()
8      {
9         // create arrays of int, double and char
10        int[] intArray = {1, 2, 3, 4, 5, 6};
11        double[] doubleArray = {1.1, 2.2, 3.3, 4.4, 5.5, 6.6, 7.7};
12        char[] charArray = {'H', 'E', 'L', 'L', 'O'};
13
14        Console.Write("Array intArray contains: ");
15        DisplayArray(intArray); // pass an int array argument
16        Console.Write("Array doubleArray contains: ");
17        DisplayArray(doubleArray); // pass a double array argument
18        Console.Write("Array charArray contains: ");
19        DisplayArray(charArray); // pass a char array argument
20     }
21
22     // output array of all types
23     private static void DisplayArray<T>(T[] inputArray)
24     {
25        foreach (var element in inputArray)
26        {
27           Console.Write($"{element} ");
28        }
29
30        Console.WriteLine();
31     }
32  }
```

```
Array intArray contains: 1 2 3 4 5 6
Array doubleArray contains: 1.1 2.2 3.3 4.4 5.5 6.6 7.7
Array charArray contains: H E L L O
```

图 20.3　用泛型方法显示不同类型的数组

第 23 行是 DisplayArray 方法声明的开始，它被声明成静态的，以便 Main 方法能够调用它。所有的泛型方法声明，都将类型参数表（type-parameter list）放在尖括号中（本例为<T>），后接方法的名称。每个类型参数表都包含一个或多个类型参数，用逗号分开（如 Dictionary<K，V>）。类型参数是实际类型名称的标识符。类型参数可以用来在泛型方法声明中声明返回类型、参数类型和局部变量类型，类型参数是代表传入泛型方法数据类型的类型实参的占位符。

在整个方法声明中，类型参数名必须匹配类型参数表中声明的名称。此外，类型参数表中只能将类型参数声明一次，但可以在方法的参数表中多次出现。不同泛型方法中的类型参数名称可以相同。

常见编程错误 20.1

如果在声明泛型方法时没有包括类型参数表，则编译器在遇到这个方法时，会不认识相应的类型参数名，从而造成编译错误。

DisplayArray 方法的类型参数表（第 23 行）声明类型参数 T，作为 DisplayArray 方法要输出的数组元素类型的占位符。注意，T 在参数表中显示为数组元素类型（第 23 行）。图 20.1 也在重载的 DisplayArray 方法的这个位置，指定了元素类型 int、double 和 char。DisplayArray 方法的其他部分，与图 20.1 中的版本一致。这个示例中，根据传递给方法的数组类型，foreach 语句会推断出元素的类型。

正如图 20.1 所示，图 20.3 中的程序首先声明并初始化三个数组——6 元素的 int 数组 intArray（第 10 行）、7 元素的 double 数组 doubleArray（第 11 行）和 5 元素的 char 数组 charArray（第 12 行）。然

后,通过调用 DisplayArray 方法(第 15 行,第 17 行,第 19 行)输出每个数组,实参分别为 intArray、doubleArray 和 charArray。

当编译器遇到第 15 行的方法调用时,它会分析可能匹配方法调用的一组方法(非泛型方法和泛型方法),查找最匹配调用的那个方法。如果没有匹配的方法,或者有多个方法匹配,则编译器会产生错误。

第 15 行中,编译器判断出将 DisplayArray 方法声明第 23 行的类型参数 T,替换成方法调用实参 intArray 的元素类型(即 int)时,发生的是最佳匹配。这样,编译器会以 int 作为类型参数 T 的类型实参来设置 DisplayArray 调用,这称为类型推导(type-inferencing)过程。第 17 行和第 19 行调用 DisplayArray 方法时,采用的是相同的类型推导过程。

常见编程错误 20.2
如果编译器找不到方法调用的最佳匹配泛型方法或非泛型方法声明,或者如果存在多个最佳匹配,则会发生编译错误。

对类型参数声明的每一个变量,编译器会判断对这种变量执行的操作,能否适用于类型参数所允许的全部类型。默认情况下,类型参数可以是任何类型,但是 20.4 节中将看到,能够将它限制成特定的类型。本例中,对数组元素执行的唯一操作,是输出它们的字符串表示。第 27 行对当前的数组元素执行了隐式的 ToString 调用。由于所有对象都有 ToString 方法,因此编译器判断出第 27 行能对任何数组元素执行有效操作。

图 20.3 中将 DisplayArray 声明为泛型方法后,就省掉了图 20.1 的重载方法,节省了 22 行代码并创建了一个可复用的方法,可以输出任何一维数组元素的字符串表示,而不限于 int、double 或 char 元素的数组。

泛型中的值类型与引用类型的比较

对于泛型方法调用,编译器对值类型和引用类型的处理是不同的。如果某个类型参数使用的是值类型实参,则编译器会产生一个特定于该值类型的方法版本——如果以前已经存在这种方法,则编译器会复用它。所以,在图 20.3 中,编译器会产生 DisplayArray 方法的三个版本,分别用于 int、double 和 char 类型。如果是用引用类型调用 DisplayArray 方法,编译器只会产生该方法的一个版本,它用于处理所有的引用类型。

显式类型实参

也可以用显式类型实参(explicit type argument)表明调用泛型功能时应使用的具体类型。例如,第 15 行可以写成

```
DisplayArray<int>(intArray); // pass an int array argument
```

上述方法调用显式地提供了类型实参(int),它用于替换类型参数 T(第 23 行)。尽管这个示例中并不要求显式类型实参,但是如果编译器无法从方法的实参中推断出类型,则它就是必须提供的。

20.4 类型约束

这一节中将介绍泛型方法 Maximum,它判断并返回三个(相同类型)实参的最大值。本例中的泛型方法用类型参数声明了方法的返回类型和它的参数。通常,比较几个值中哪个较大时,可以使用 ">" 运算符。但是,这个运算符未重载成处理 Framework 类库中内置的每一个类型,也没有重载成处理扩展这些类型的其他类型。默认情况下,泛型代码只限于对每种可能的类型确保执行有效的操作。因此,value1 < value2 之类的表达式是不允许的,除非编译器能保证 "<" 运算符对泛型代码中用到的每一种类型都可用。类似地,也不能对泛型类型变量调用方法或者访问属性,除非编译器能够保证泛型代码中用到的所有类型都支持这个方法或者属性。为此,泛型代码默认只支持 object 类中的方法。

20.4.1 IComparable<T>接口

如果某个类型实现了泛型接口 IComparable<T>（位于命名空间 System），则可以比较具有这个类型的两个对象，这个接口是 19.7.2 节中介绍的 IComparable 接口的泛型版本。实现 IComparable<T>接口的一个好处是，IComparable<T>对象可以用于 System.Collections.Generic 命名空间中类的排序和搜索方法——第 21 章将介绍这些方法。

C#的简单类型，都通过它们的 .NET Framework 类库类型实现了 IComparable<T>接口。例如，Double 值类型（简单类型 double）实现了 IComparable<Double>，Int32 值类型（简单类型 int）实现了 IComparable<Int32>。实现了 IComparable<T>接口的类型，必须声明一个用于比较对象的 CompareTo 方法。例如，如果有两个 int 值 int1 和 int2，则可以用下列表达式进行比较：

```
int1.CompareTo(int2)
```

CompareTo 方法的返回结果为

- 如果两个对象相等，则返回 0。
- 如果 int1 小于 int2，则返回一个负整数。
- 如果 int1 大于 int2，则返回一个正整数。

20.4.2 指定类型约束

尽管 IComparable 对象是可比较的，但默认不能用在泛型代码中，因为并不是所有的类型都实现了 IComparable<T>接口。但是，可以限制泛型方法或类中可以使用的类型，保证它们满足方法或类的要求。这是通过类型约束（type constraint）实现的。

图 20.4 中的程序声明了 Maximum 方法（第 18~35 行），类型约束要求该方法的每一个实参都为 IComparable<T>类型。这个限制很重要，因为并不是所有对象都可以通过 CompareTo 方法进行比较。但是，所有 IComparable<T>对象都保证具有 CompareTo 方法，可以在 Maximum 方法中使用，以找出三个实参中的最大者。此外，由于只有一个类型参数，所以三个实参都必须为同一种类型。

```csharp
1   // Fig. 20.4: MaximumTest.cs
2   // Generic method Maximum returns the largest of three objects.
3   using System;
4
5   class MaximumTest
6   {
7       static void Main()
8       {
9           Console.WriteLine($"Maximum of 3, 4 and 5 is {Maximum(3, 4, 5)}\n");
10          Console.WriteLine(
11              $"Maximum of 6.6, 8.8 and 7.7 is {Maximum(6.6, 8.8, 7.7)}\n");
12          Console.WriteLine("Maximum of pear, apple and orange is " +
13              $"{Maximum("pear", "apple", "orange")}\n");
14      }
15
16      // generic function determines the
17      // largest of the IComparable<T> objects
18      private static T Maximum<T>(T x, T y, T z) where T : IComparable<T>
19      {
20          var max = x; // assume x is initially the largest
21
22          // compare y with max
23          if (y.CompareTo(max) > 0)
24          {
25              max = y; // y is the largest so far
26          }
27
28          // compare z with max
29          if (z.CompareTo(max) > 0)
```

图 20.4 泛型方法 Maximum 返回三个对象中的最大者

```
30          {
31              max = z; // z is the largest
32          }
33
34          return max; // return largest object
35      }
36  }
```

```
Maximum of 3, 4 and 5 is 5
Maximum of 6.6, 8.8 and 7.7 is 8.8
Maximum of pear, apple and orange is pear
```

图 20.4(续)　泛型方法 Maximum 返回三个对象中的最大者

用 where 子句指定类型约束

泛型方法 Maximum 用类型参数 T 作为方法的返回类型（第 18 行），也作为方法参数 x、y、z 的类型（第 18 行）以及局部变量 max 的推断类型（第 20 行）。where 子句（第 18 行的参数表后面）指定类型参数 T 的类型约束。这里的类型约束，表示这个方法要求类型实参实现 IComparable<T>接口。如果不指定类型约束，则默认类型约束为 object。如果传递给 Maximum 方法的值的类型与约束的类型不匹配，则编译器会产生错误。需再次注意，这里将 Maximum 方法声明成静态的，以便 Main 方法能够调用它——泛型方法并不要求是静态的。

```
where T : IComparable<T>
```

类型约束的种类

C#提供了几种类型约束：

- 类约束（class constraint）表示类型实参必须为指定基类或其子类的对象。
- 接口约束（interface constraint）指定类型实参的类必须实现指定的接口。第 18 行中的类型约束是一个接口约束，因为 IComparable<T>是一个接口。
- 可以用引用类型约束（class）或值类型约束（struct），分别指定类型实参必须为引用类型或值类型。
- 最后，可以指定构造函数约束（constructor constraint）——new()，表示泛型代码可以用 new 运算符创建类型参数所表示类型的新对象。如果类型参数用构造函数约束指定，则类型实参的类必须提供公共无参数或默认构造函数，以保证不传递构造函数实参时能创建这个类的对象，否则会发生编译错误。

应用多种类型约束

可以对类型参数采用多个约束。为此，只需在 where 子句中提供一个用逗号分隔的约束表即可。如果有类约束、引用类型约束或值类型约束，则必须首先列出这些约束，并且每一种类型参数只能有这几种约束中的一种。接下来列出接口约束（如果存在）。最后给出的是构造函数约束（如果存在）。

分析代码

Maximum 方法假设第一个实参（x）为最大值，并将它赋予局部变量 max（第 20 行）。然后，第 23~26 行的 if 语句判断 y 是否大于 max。if 中的条件调用了 y.CompareTo(max)。如果 y 大于 max——CompareTo 返回一个大于 0 的值——就将 y 赋予变量 max（第 25 行）。类似地，第 29~32 行的语句判断 z 是否大于 max。如果是，则将 z 赋予 max。接着，第 34 行将 max 返回给调用者。

在 Main 方法中（第 7~14 行），第 9 行用整数 3、4 和 5 调用 Maximum 方法。泛型方法 Maximum 匹配这个调用，但它的实参必须实现接口 IComparable<T>，以保证它们是可以比较的。int 类型是 Int32 的同义词，而 Int32 实现了 IComparable<int>接口。所以，对 Maximum 方法而言，int（以及其他的基本类型）是有效的实参。

第 11 行将三个 double 实参传入 Maximum 方法。这同样是允许的，因为 double 是 Double 的同义词，

Double 实现了 IComparable<double> 接口。第 13 行向 Maximum 方法传递三个 string，它也是 IComparable<string> 对象。我们故意将最大值放在每个方法调用的不同位置（第9行，第 11 行，第 13 行），以表明泛型方法总是能找到最大值，不管它在实参表中的位置如何，也不管类型实参如何。

泛型中的值类型与引用类型的比较

这个示例中，根据 Main 中对 Maximum 方法的调用，编译器会产生该方法的三个版本。两个定制的 Maximum 方法，分别是为 int、double 类型产生的；由于 string 是一个类，所以该方法的第三个版本是为所有的引用类型而产生的——运行时会根据方法调用来确定引用类型实参。有关运行时如何处理值类型和引用类型的泛型方法的更多细节，请参见：

https://msdn.microsoft.com/library/f4a6ta2h

20.5 重载泛型方法

泛型方法可以被重载。每个重载的方法都必须具有唯一的签名（见第 7 章的讨论）。类能够提供两个或者多个泛型方法，指定它们的方法名称相同而方法参数不同。例如，可以对泛型方法 DisplayArray（见图 20.3）提供另一个版本，增加参数 lowIndex 和 highIndex，指定要输出的数组部分（参见练习题 20.8）。

泛型方法可以用具有相同方法名的非泛型方法重载。编译器遇到方法调用时，它会搜索与调用所指定方法名和实参类型具有最佳匹配的方法声明。例如，图 20.3 中的泛型方法 DisplayArray，可以重载一个 string 类型的特定版本，以表格格式输出字符串（参见练习题 20.9）——与某个方法的泛型版本相比，运行时会优先使用同一个方法的非泛型版本。如果编译器无法将方法调用匹配非泛型方法或泛型方法，或者由于存在多个匹配而造成歧义，则会产生编译错误。

20.6 泛型类

理解数据结构（如栈）包含数据元素的方法时，可以不考虑它操作的元素类型。泛型类提供了独立于类型的方式来描述类。可以实例化泛型类的类型特定版本。这种能力为软件复用提供了机会。

利用泛型类，可以用简明扼要的表示法来表示需替换类的类型参数的实际类型。编译时，编译器保证了代码的类型安全性，运行时系统会用类型实参替换类型参数，使客户端代码可以与泛型类交互。

例如，一个泛型 Stack 类，可以是创建许多 Stack 类的基础（如 "Stack of double" "Stack of int" "Stack of char" "Stack of Employee"）。图 20.5 中的程序给出了泛型 Stack 类的声明。不应将这个类与来自命名空间 System.Collections.Generics 的 Stack 类相混淆。泛型类的声明与非泛型类的声明相似，只是类名的后面是类型参数表（第 5 行），以及可选的一个或多个类型参数约束。类型参数 T 表示 Stack 类操作的元素的类型。和泛型方法一样，泛型类的类型参数表可以有一个或多个类型参数，用逗号分隔。（练习题 20.11 中，将创建带两个类型参数的一个泛型类。）Stack 类的整个声明中，都用类型参数 T 表示元素类型（见图 20.5）。Stack 类声明变量 elements 为 T 类型的数组（第 8 行）。这个数组（在第 25 行创建）保存 Stack 的元素。（注：这个示例中，将 Stack 实现为数组。第 19 章曾介绍过，Stack 通常也被实现为链表的受限版本。）

```
1   // Fig. 20.5: Stack.cs
2   // Generic class Stack.
3   using System;
4
5   public class Stack<T>
6   {
7       private int top; // location of the top element
8       private T[] elements; // array that stores stack elements
9
```

图 20.5 泛型类 Stack

```
10      // parameterless constructor creates a stack of the default size
11      public Stack()
12          : this(10) // default stack size
13      {
14          // empty constructor; calls constructor at line 18 to perform init
15      }
16
17      // constructor creates a stack of the specified number of elements
18      public Stack(int stackSize)
19      {
20          if (stackSize <= 0) // validate stackSize
21          {
22              throw new ArgumentException("Stack size must be positive.");
23          }
24
25          elements = new T[stackSize]; // create stackSize elements
26          top = -1; // stack initially empty
27      }
28
29      // push element onto the stack; if unsuccessful,
30      // throw FullStackException
31      public void Push(T pushValue)
32      {
33          if (top == elements.Length - 1) // stack is full
34          {
35              throw new FullStackException(
36                  $"Stack is full, cannot push {pushValue}");
37          }
38
39          ++top; // increment top
40          elements[top] = pushValue; // place pushValue on stack
41      }
42
43      // return the top element if not empty,
44      // else throw EmptyStackException
45      public T Pop()
46      {
47          if (top == -1) // stack is empty
48          {
49              throw new EmptyStackException("Stack is empty, cannot pop");
50          }
51
52          --top; // decrement top
53          return elements[top + 1]; // return top value
54      }
55  }
```

图 20.5(续) 泛型类 Stack

和泛型方法一样，编译泛型类时，编译器会对类的类型参数执行类型检查，以确保它们能用于泛型类中的代码。对于值类型，编译器会为不同的值类型产生定制的类，用于创建新的 Stack 对象；对于引用类型，编译器只会产生一个定制的 Stack 类。约束确定了对类型参数可以执行的操作。对于引用类型，运行时系统会将类型参数替换成实际的类型。由于没有对 Stack 类指定类型约束，因此使用默认类型约束 object。泛型类的类型参数的作用域是整个类。

Stack 构造函数

　　Stack 类有两个构造函数。无参数构造函数（第 11~15 行）将默认栈长度（10）传入一个具有单实参的构造函数，用语法 this（第 12 行）调用同一个类中的另一个构造函数。单实参的构造函数（第 18~27 行）验证 stackSize 实参，并创建指定 stackSize（如果它大于 0）的一个数组，否则抛出一个异常。

Stack 方法 Push

　　Push 方法（第 31~41 行）首先判断是否在向已经填满的栈压入元素。如果是，则第 35~36 行抛出 FullStackException 异常（在图 20.6 中声明）。如果栈没有满，则第 39 行将 top 计数器递增，表示新的栈顶位置，第 40 行将实参放在数组 elements 的这个位置。

Stack 方法 Pop

　　Pop 方法（第 45~54 行）首先判断是否从空栈弹出元素。如果是，则第 49 行抛出 EmptyStackException

异常（在图 20.7 中声明）。否则，第 52 行将 top 计数器递减，表示新的栈顶位置，第 53 行返回原先的栈顶元素。

FullStackException 类和 EmptyStackException 类

FullStackException 类（见图 20.6）和 EmptyStackException 类（见图 20.7）均提供了一个无参数构造函数、一个单实参构造函数（用于构造异常类，见 13.8 节的讨论）和一个双实参构造函数（用于利用已有的异常创建新的异常）。无参数构造函数设置默认错误消息，而单实参构造函数设置定制错误消息。

```
1   // Fig. 20.6: FullStackException.cs
2   // FullStackException indicates a stack is full.
3   using System;
4
5   public class FullStackException : Exception
6   {
7      // parameterless constructor
8      public FullStackException() : base("Stack is full")
9      {
10        // empty constructor
11     }
12
13     // one-parameter constructor
14     public FullStackException(string exception) : base(exception)
15     {
16        // empty constructor
17     }
18
19     // two-parameter constructor
20     public FullStackException(string exception, Exception inner)
21        : base(exception, inner)
22     {
23        // empty constructor
24     }
25  }
```

图 20.6　FullStackException 类表明栈已满

```
1   // Fig. 20.7: EmptyStackException.cs
2   // EmptyStackException indicates a stack is empty.
3   using System;
4
5   public class EmptyStackException : Exception
6   {
7      // parameterless constructor
8      public EmptyStackException() : base("Stack is empty")
9      {
10        // empty constructor
11     }
12
13     // one-parameter constructor
14     public EmptyStackException(string exception) : base(exception)
15     {
16        // empty constructor
17     }
18
19     // two-parameter constructor
20     public EmptyStackException(string exception, Exception inner)
21        : base(exception, inner)
22     {
23        // empty constructor
24     }
25  }
```

图 20.7　EmptyStackException 类表明栈已空

演示 Stack 类

下面考虑一个程序（见图 20.8），它使用了 Stack 泛型类。第 13~14 行声明了类型为 Stack<double>（读作"Stack of double"）和 Stack<int>（读作"Stack of int"）的两个变量。类型 double 和 int 是 Stack 的类型实参。编译器会替换泛型类中的类型参数，并进行类型检查。Main 方法实例化大小为 5 的

doubleStack 对象（第 18 行）和大小为 10 的 intStack 对象（第 19 行），然后调用 TestPushDouble 方法（在第 28~47 行声明）、TestPopDouble 方法（在第 50~71 行声明）、TestPushInt 方法（在第 74~93 行声明）和 TestPopInt 方法（在第 96~117 行声明），操作这个示例中的两个栈。

```csharp
 1  // Fig. 20.8: StackTest.cs
 2  // Testing generic class Stack.
 3  using System;
 4
 5  class StackTest
 6  {
 7     // create arrays of doubles and ints
 8     private static double[] doubleElements =
 9        {1.1, 2.2, 3.3, 4.4, 5.5, 6.6};
10     private static int[] intElements =
11        {1, 2, 3, 4, 5, 6, 7, 8, 9, 10, 11};
12
13     private static Stack<double> doubleStack; // stack stores doubles
14     private static Stack<int> intStack; // stack stores ints
15
16     static void Main()
17     {
18        doubleStack = new Stack<double>(5); // stack of doubles
19        intStack = new Stack<int>(10); // stack of ints
20
21        TestPushDouble(); // push doubles onto doubleStack
22        TestPopDouble(); // pop doubles from doubleStack
23        TestPushInt(); // push ints onto intStack
24        TestPopInt(); // pop ints from intStack
25     }
26
27     // test Push method with doubleStack
28     private static void TestPushDouble()
29     {
30        // push elements onto stack
31        try
32        {
33           Console.WriteLine("\nPushing elements onto doubleStack");
34
35           // push elements onto stack
36           foreach (var element in doubleElements)
37           {
38              Console.Write($"{element:F1} ");
39              doubleStack.Push(element); // push onto doubleStack
40           }
41        }
42        catch (FullStackException exception)
43        {
44           Console.Error.WriteLine($"\nMessage: {exception.Message}");
45           Console.Error.WriteLine(exception.StackTrace);
46        }
47     }
48
49     // test Pop method with doubleStack
50     private static void TestPopDouble()
51     {
52        // pop elements from stack
53        try
54        {
55           Console.WriteLine("\nPopping elements from doubleStack");
56
57           double popValue; // store element removed from stack
58
59           // remove all elements from stack
60           while (true)
61           {
62              popValue = doubleStack.Pop(); // pop from doubleStack
63              Console.Write($"{popValue:F1} ");
64           }
65        }
66        catch (EmptyStackException exception)
67        {
68           Console.Error.WriteLine($"\nMessage: {exception.Message}");
```

图 20.8　测试泛型类 Stack

第20章 泛　　型　　601

```
69              Console.Error.WriteLine(exception.StackTrace);
70           }
71        }
72
73        // test Push method with intStack
74        private static void TestPushInt()
75        {
76           // push elements onto stack
77           try
78           {
79              Console.WriteLine("\nPushing elements onto intStack");
80
81              // push elements onto stack
82              foreach (var element in intElements)
83              {
84                 Console.Write($"{element} ");
85                 intStack.Push(element); // push onto intStack
86              }
87           }
88           catch (FullStackException exception)
89           {
90              Console.Error.WriteLine($"\nMessage: {exception.Message}");
91              Console.Error.WriteLine(exception.StackTrace);
92           }
93        }
94
95        // test Pop method with intStack
96        private static void TestPopInt()
97        {
98           // pop elements from stack
99           try
100          {
101             Console.WriteLine("\nPopping elements from intStack");
102
103             int popValue; // store element removed from stack
104
105             // remove all elements from stack
106             while (true)
107             {
108                popValue = intStack.Pop(); // pop from intStack
109                Console.Write($"{popValue:F1} ");
110             }
111          }
112          catch (EmptyStackException exception)
113          {
114             Console.Error.WriteLine($"\nMessage: {exception.Message}");
115             Console.Error.WriteLine(exception.StackTrace);
116          }
117       }
118    }
```

```
Pushing elements onto doubleStack
1.1 2.2 3.3 4.4 5.5 6.6
Message: Stack is full, cannot push 6.6
   at Stack`1.Push(T pushValue) in C:\Users\PaulDeitel\Documents\
      examples\ch20\Fig20_05_08\Stack\Stack\Stack.cs:line 35
   at StackTest.TestPushDouble() in C:\Users\PaulDeitel\Documents\
      examples\ch20\Fig20_05_08\Stack\Stack\StackTest.cs:line 39

Popping elements from doubleStack
5.5 4.4 3.3 2.2 1.1
Message: Stack is empty, cannot pop
   at Stack`1.Pop() in C:\Users\PaulDeitel\Documents\
      examples\ch20\Fig20_05_08\Stack\Stack\Stack.cs:line 49
   at StackTest.TestPopDouble() in C:\Users\PaulDeitel\Documents\
      examples\ch20\Fig20_05_08\Stack\Stack\StackTest.cs:line 62

Pushing elements onto intStack
1 2 3 4 5 6 7 8 9 10 11
Message: Stack is full, cannot push 11
   at Stack`1.Push(T pushValue) in C:\Users\PaulDeitel\Documents\
      examples\ch20\Fig20_05_08\Stack\Stack\Stack.cs:line 35
   at StackTest.TestPushInt() in C:\Users\PaulDeitel\Documents\
      examples\ch20\Fig20_05_08\Stack\Stack\StackTest.cs:line 85
```

图 20.8（续）　测试泛型类 Stack

```
Popping elements from intStack
10 9 8 7 6 5 4 3 2 1
Message: Stack is empty, cannot pop
   at Stack`1.Pop() in C:\Users\PaulDeitel\Documents\
      examples\ch20\Fig20_05_08\Stack\Stack\Stack.cs:line 49
   at StackTest.TestPopInt() in C:\Users\PaulDeitel\Documents\
      examples\ch20\Fig20_05_08\Stack\Stack\StackTest.cs:line 109
```

图 20.8（续） 测试泛型类 Stack

TestPushDouble 方法

TestPushDouble 方法（第 28~47 行）调用 Push 方法，将 doubleElements 数组中存放的 double 值 1.1、2.2、3.3、4.4 和 5.5 放入 doubleStack 中。当测试程序试图将第 6 个值压入 doubleStack 时，foreach 语句终止（栈已满，因为 doubleStack 只能保存 5 个元素）。这时，方法会抛出 FullStackException 异常（见图 20.6），表明栈已满。图 20.8 第 42~46 行会捕获这个异常，并显示消息和栈踪迹信息。栈踪迹表明了发生的异常，并显示 Stack 方法 Push 在文件 Stack.cs 的第 35 行产生了异常（见图 20.5）。对于 StackTest.cs 文件的第 39 行，栈踪迹还显示了 StackTest 方法 TestPushDouble 调用了 Push 方法。这个信息使我们可以确定发生异常时方法调用栈中的方法。由于程序捕获了异常，因此 C#运行时环境认为异常已经处理，程序可以继续执行。

TestPopDouble 方法

TestPopDouble 方法（见图 20.8 第 50~71 行）在无限 while 循环中调用 Stack 方法 Pop，从栈中移走所有的值。从输出可以看出，数值是按后入先出的顺序弹出的。当然，这是栈所定义的特性。while 循环（第 60~64 行）一直继续，直到栈为空。当对空栈执行弹出操作时，会发生 EmptyStackException 异常。这会使程序进入 catch 语句块（第 66~70 行）并处理异常，使程序能继续执行。当测试程序试图弹出第 6 个值时，doubleStack 为空，因此 Pop 方法抛出 EmptyStackException 异常。

TestPushInt 方法和 TestPopInt 方法

TestPushInt 方法（第 74~93 行）调用 Stack 方法 Push，将值压入 intStack 中，直到栈满。TestPopInt 方法（第 96~117 行）调用 Stack 方法 Pop，将值从 intStack 中移走，直到栈空。同样，值是以后入先出的顺序出栈的。

创建泛型方法，测试 Stack<T>类

注意，对于将值压入栈的操作，TestPushDouble 方法和 TestPushInt 方法的代码几乎相同。同样，对于将值弹出栈的操作，TestPopDouble 方法和 TestPopInt 方法的代码也几乎相同。这就表明了可以再次利用泛型方法。图 20.9 中的程序声明了泛型方法 TestPush（第 33~53 行），执行与图 20.8 中 TestPushDouble 和 TestPushInt 相同的任务，将值压入 Stack<T>中。类似地，泛型方法 TestPop（第 56~77 行）执行与图 20.8 中 TestPopDouble 和 TestPopInt 相同的任务，将值从 Stack<T>中弹出。

```
 1   // Fig. 20.9: StackTest.cs
 2   // Testing generic class Stack.
 3   using System;
 4   using System.Collections.Generic;
 5
 6   class StackTest
 7   {
 8      // create arrays of doubles and ints
 9      private static double[] doubleElements =
10         {1.1, 2.2, 3.3, 4.4, 5.5, 6.6};
11      private static int[] intElements =
12         {1, 2, 3, 4, 5, 6, 7, 8, 9, 10, 11};
13
14      private static Stack<double> doubleStack; // stack stores doubles
15      private static Stack<int> intStack; // stack stores int objects
16
17      static void Main()
```

图 20.9 测试泛型类 Stack

```csharp
18     {
19         doubleStack = new Stack<double>(5); // stack of doubles
20         intStack = new Stack<int>(10); // stack of ints
21
22         // push doubles onto doubleStack
23         TestPush(nameof(doubleStack), doubleStack, doubleElements);
24         // pop doubles from doubleStack
25         TestPop(nameof(doubleStack), doubleStack);
26         // push ints onto intStack
27         TestPush(nameof(doubleStack), intStack, intElements);
28         // pop ints from intStack
29         TestPop(nameof(doubleStack), intStack);
30     }
31
32     // test Push method
33     private static void TestPush<T>(string name, Stack<T> stack,
34         IEnumerable<T> elements)
35     {
36         // push elements onto stack
37         try
38         {
39             Console.WriteLine($"\nPushing elements onto {name}");
40
41             // push elements onto stack
42             foreach (var element in elements)
43             {
44                 Console.Write($"{element} ");
45                 stack.Push(element); // push onto stack
46             }
47         }
48         catch (FullStackException exception)
49         {
50             Console.Error.WriteLine($"\nMessage: {exception.Message}");
51             Console.Error.WriteLine(exception.StackTrace);
52         }
53     }
54
55     // test Pop method
56     private static void TestPop<T>(string name, Stack<T> stack)
57     {
58         // pop elements from stack
59         try
60         {
61             Console.WriteLine($"\nPopping elements from {name}");
62
63             T popValue; // store element removed from stack
64
65             // remove all elements from stack
66             while (true)
67             {
68                 popValue = stack.Pop(); // pop from stack
69                 Console.Write($"{popValue} ");
70             }
71         }
72         catch (EmptyStackException exception)
73         {
74             Console.Error.WriteLine($"\nMessage: {exception.Message}");
75             Console.Error.WriteLine(exception.StackTrace);
76         }
77     }
78 }
```

```
Pushing elements onto doubleStack
1.1 2.2 3.3 4.4 5.5 6.6
Message: Stack is full, cannot push 6.6
   at Stack`1.Push(T pushValue) in C:\Users\PaulDeitel\Documents\
      examples\ch20\Fig20_09\Stack\Stack\Stack.cs:line 35
   at StackTest.TestPush[T](String name, Stack`1 stack, IEnumerable`1
      elements) in C:\Users\PaulDeitel\Documents\examples\ch20\Fig20_09\
      Stack\Stack\StackTest.cs:line 45

Popping elements from doubleStack
5.5 4.4 3.3 2.2 1.1
Message: Stack is empty, cannot pop
```

图 20.9(续)　测试泛型类 Stack

```
              at Stack`1.Pop() in C:\Users\PaulDeitel\Documents\
              examples\ch20\Fig20_09\Stack\Stack\Stack.cs:line 49
           at StackTest.TestPop[T](String name, Stack`1 stack) in
              C:\Users\PaulDeitel\Documents\examples\ch20\Fig20_09\Stack\
              Stack\StackTest.cs:line 68

Pushing elements onto intStack
1 2 3 4 5 6 7 8 9 10 11
Message: Stack is full, cannot push 11
           at Stack`1.Push(T pushValue) in C:\Users\PaulDeitel\Documents\
              examples\ch20\Fig20_09\Stack\Stack\Stack.cs:line 35
           at StackTest.TestPush[T](String name, Stack`1 stack, IEnumerable`1
              elements) in C:\Users\PaulDeitel\Documents\examples\ch20\Fig20_09\
              Stack\Stack\StackTest.cs:line 45

Popping elements from intStack
10 9 8 7 6 5 4 3 2 1
Message: Stack is empty, cannot pop
           at Stack`1.Pop() in C:\Users\PaulDeitel\Documents\
              examples\ch20\Fig20_09\Stack\Stack\Stack.cs:line 49
           at StackTest.TestPop[T](String name, Stack`1 stack) in
              C:\Users\PaulDeitel\Documents\examples\ch20\Fig20_09\Stack\
              Stack\StackTest.cs:line 68
```

图 20.9(续) 测试泛型类 Stack

Main 方法（见图 20.9 第 17~30 行）创建了 Stack<double>对象（第 19 行）和 Stack<int>（第 20 行）对象。第 23~29 行调用泛型方法 TestPush 和 TestPop，测试 Stack 对象。

泛型方法 TestPush（第 33~53 行）用类型参数 T（在第 33 行指定）表示 Stack 中保存的数据类型。泛型方法带三个实参——表示输出的 Stack 对象名的一个 string、Stack<T>类型的一个对象和要压入 Stack<T>的元素类型 IEnumerable<T>。当调用 Push 方法时，编译器会保证 Stack 类型和要压入 Stack 的元素的一致性，这就是泛型方法调用的类型实参。泛型方法 TestPop（第 56~77 行）带两个实参——表示要输出的 Stack 对象名的一个 string 和 Stack<T>类型的一个对象。

20.7 小结

本章探讨了泛型，讨论了如何利用在编译时检查类型失配，使泛型保证编译时的类型安全。然后讲解了只有当泛型代码中类型参数执行的所有操作都支持可能使用的所有类型时，编译器才会编译泛型代码。还介绍了如何用类型参数声明泛型方法和泛型类。演示了如何用类型约束指定类型参数的要求，这是编译时保证类型安全的重要部分。本章介绍了几种类型约束，包括引用类型约束、值类型约束、类约束、接口约束以及构造函数约束。还探讨了如何对类型参数实现多个类型约束。最后，介绍了泛型如何提高代码的复用性。下一章将讲解 .NET Framework 类库的集合类、接口和算法。集合类是预构建的数据结构，可以在程序中复用以节省时间。

摘要

20.1 节　简介
- 泛型方法使用户可以在一个方法声明中指定一组相关的方法。
- 泛型类使用户可以在一个类声明中指定一组相关的类。
- 泛型接口使用户可以在一个接口声明中指定一组相关的接口。
- 泛型提供了编译时类型安全性。

20.2 节　泛型方法的由来
- 重载方法常用于对不同类型的数据执行相似的操作。

- 编译器遇到方法调用时,它会寻找方法名相同、参数类型匹配方法调用实参类型的方法声明。

20.3 节　泛型方法的实现
- 如果几个重载方法对每个实参类型都执行相同的操作,则可以用泛型方法更简洁、更方便地编码重载方法。
- 可以编写一个泛型方法声明,在不同的时刻用不同类型的实参调用。根据传入泛型方法的实参类型,编译器会相应处理每一个方法调用。
- 所有泛型方法声明都将类型参数表放在尖括号中,后接方法的名称。每一个类型参数表都包含一个或多个类型参数,用逗号分开。
- 类型参数是代表实际类型名的标识符。类型参数可以用来在泛型方法声明中声明返回类型、参数类型和局部变量类型,类型参数是代表传入泛型方法数据类型的类型实参的占位符。
- 泛型方法体的声明与任何其他方法的声明相同。在整个方法声明中,类型参数名必须匹配类型参数表中声明的名称。
- 类型参数表中只能将类型参数声明一次,但可以在方法的参数表中多次出现。不同泛型方法中的类型参数名称可以相同。
- 当编译器遇到方法调用时,它会分析可能匹配方法调用的一组方法(非泛型方法和泛型方法),查找最匹配调用的一个方法。如果没有匹配的方法,或者有多个方法匹配,则编译器都会产生错误。
- 利用显式类型实参,可以明确调用泛型功能时应使用的具体类型。例如,"DisplayArray<int>(intArray);"方法调用显式地提供了类型实参(int),它用于替换 DisplayArray 方法声明中的类型参数 T。
- 对类型参数声明的每个变量,编译器还会判断对这种变量执行的操作能否适用于类型参数所允许的所有类型。

20.4 节　类型约束
- 泛型代码只限于对每种可能的类型确保执行有效的操作。因此,variable 1< variable 2 之类的表达式是不允许的,除非编译器能保证对泛型代码中用到的每一种类型都提供"<"运算符。类似地,也不能对泛型类型变量调用方法,除非编译器能够保证泛型代码中用到的所有类型都支持这个方法。
- 如果某个类型实现了泛型接口 IComparable<T>(位于命名空间 System),则可以比较具有这个类型的两个对象,因为这个接口中声明了 CompareTo 方法。
- IComparable<T>对象可以用于 System.Collections.Generic 命名空间中的类的排序和搜索方法。
- 所有的简单类型都实现了 IComparable<T>接口。
- 声明实现 IComparable<T>接口的类型的程序员要负责提供 CompareTo 方法,使它能比较两个该类型的对象的内容,并在它们相等时返回 0,在第一个对象小于第二个时返回一个负值,在第一个对象大于第二个时返回一个正值。
- 可以限制泛型方法或类中可以使用的类型,保证它们满足一定的要求。这个特性称为类型约束,它限制特定类型参数提供的实参类型。例如,"where T:IComparable<T>"子句表明类型实参必须实现 IComparable<T>接口。如果不指定类型约束,则默认类型约束为 object。
- 类约束表示类型实参必须为指定基类或其子类的对象。
- 接口约束指定类型实参的类必须实现指定的接口。
- 可以用引用类型约束或值类型约束,分别指定类型实参必须为引用类型或值类型。
- 可以指定构造函数约束——new(),表示泛型代码可以用 new 运算符创建类型参数所表示类型的新对象。如果类型参数用构造函数约束指定,则类型实参的类必须提供公共无参数或默认构造函数,以保证不传递构造函数实参时能创建这个类的对象,否则会发生编译错误。
- 可以将多个约束应用到一个类型参数上,方法是在 where 子句中提供一个用逗号分隔的约束表。

- 如果有类约束、引用类型约束或值类型约束，则必须首先列出这些约束，并且每一种类型参数只能有这几种约束中的一种。接下来列出接口约束（如果存在）。最后给出的是构造函数约束（如果存在）。

20.5 节　重载泛型方法
- 泛型方法可以被重载。每一个方法都必须包含唯一的签名。
- 泛型方法可以用具有相同方法名的非泛型方法重载。编译器遇到方法调用时，它会搜索与调用所指定方法名和实参类型具有最佳匹配的方法声明。

20.6 节　泛型类
- 泛型类提供了独立于类型的方式来描述类。
- 利用泛型类，可以用简单、扼要的表示法来表明需替换类的类型参数的实际类型。编译时，编译器保证了代码的类型安全性，运行时系统会用类型实参替换类型参数，使客户端代码可以与泛型类交互。
- 泛型类的声明与非泛型类的声明相似，只是类名的后面是类型参数表以及可选的类型参数约束。
- 和泛型方法一样，泛型类的类型参数表可以有一个或多个类型参数，用逗号分隔，且每一个类型参数都可以具有类型约束。
- 编译泛型类时，编译器会对类的类型参数执行类型检查，以确保它们能用于泛型类中的代码。约束确定了对类型参数所声明的变量可以执行的操作。

术语表

class constraint	类约束	overloading generic methods	重载泛型方法
compile-time type safety	编译时类型安全性	scope of a type parameter	类型参数的作用域
explicit type argument	显式类型实参	type argument	类型实参
generic class	泛型类	type checking	类型检查
generic interface	泛型接口	type constraint	类型约束
generic method	泛型方法	type inference	类型引用
generics	泛型	type parameter	类型参数
interface constraint	接口约束	type-parameter list	类型参数表
multiple constraints	多个约束	where clause	where 子句

自测题

20.1 判断下列语句是否正确。如果不正确，请说明理由。
a) 泛型方法不能与非泛型方法具有相同的名称。
b) 所有泛型方法声明都将类型参数表放在方法名称的前面。
c) 一个泛型方法可以被另一个名称相同而类型参数个数不同的泛型方法重载。
d) 类型参数表中只能将类型参数声明一次，但可以在方法的参数表中多次出现。
e) 不同泛型方法的类型参数名称必须不同。
f) 泛型类的类型参数的作用域是整个类。
g) 类型参数最多只能有一个接口约束，但可以有多个类约束。

20.2 填空题。
a) 利用_____，可以通过一个方法声明指定一组相关的方法；利用_____，可以通过一个类声明指定一组相关的类。

b) 类型参数表中的类型参数用_____分隔。
c) 泛型方法的_____用于指定方法实参的类型、方法的返回类型或声明方法内部的变量。
d) 语句 "Stack<int> myStack = new Stack<int>( );" 表明 myStack 保存的是_____。
e) 在泛型类声明中，类名称的后面是_____。
f) _____约束要求类型实参必须具有一个公共无参数构造函数。

自测题答案

20.1 a) 错误。泛型方法可以被非泛型方法重载。b) 错误。所有泛型方法声明都将类型参数表放在方法名称的后面。c) 正确。d) 正确。e) 错误。不同泛型方法的类型参数名可以相同。f) 正确。g) 错误。类型参数最多只能有一个类约束，但可以有多个接口约束。

20.2 a) 泛型方法，泛型类。b) 尖括号。c) 类型参数。d) int 值。e) 类型参数表。f) new。

练习题

20.3 （泛型表示法）解释下列表示法在 C#程序中的用法：

```
public class Array<T>
```

20.4 （重载泛型方法）应该如何重载泛型方法？

20.5 （判断调用的是哪一个方法）编译器会执行匹配过程，以判断调用方法时应该调用哪一个版本。在什么情况下试图进行匹配时会导致编译时错误？

20.6 （语句的作用）为什么 C#程序可以使用下列语句？

```
var workerlist = new Array<Employee>();
```

20.7 （泛型线性搜索方法）编写一个泛型方法 Search，它用线性搜索算法搜索一个数组。Search 方法比较搜索键与它的数组参数中的每个元素，直至找到搜索键或者到达数组末尾。如果找到搜索键，则返回它在数组中的位置，否则返回-1。编写一个测试程序，它接收并搜索一个 int 数组和一个 double 数组。程序应提供两个按钮，让用户通过单击来随机产生 int 值和 double 值。在一个文本框中显示产生的这些值，以便用户可以知道能够搜索什么值。（提示：在 Search 方法的 where 子句中使用 IComparable<T>，以便能用 CompareTo 方法比较搜索键与数组中的元素。）

20.8 （重载泛型方法）重载图 20.3 中的泛型方法 DisplayArray，使其另外包含两个 int 参数：lowIndex 和 highIndex。调用这个方法时，只显示数组的指定部分。应验证 lowIndex 和 highIndex。如果任何一个索引值越界，或者 highIndex 小于或等于 lowIndex，则重载的 DisplayArray 方法应抛出 ArgumentException 异常；否则，返回要显示的元素个数。然后，修改 Main 方法，对 intArray、doubleArray 和 charArray 数组使用 DisplayArray 方法的两个版本。应测试这两个版本的所有功能。

20.9 （用非泛型方法重载泛型方法）用非泛型版本重载图 20.3 中的泛型方法 DisplayArray，以整齐的表格格式显示字符串数组，输出样本如下所示：

```
Array stringArray contains:
one     two     three   four
five    six     seven   eight
```

20.10 （泛型方法 IsEqualTo）编写 IsEqualTo 方法的一个简单泛型版本，它用 Equals 方法比较两个实参，相等时返回 true，否则返回 false。利用这个泛型方法，在程序中调用 IsEqualTo 处理各种简单类型，比如 object 或 int。运行这个程序时，会得到什么结果？

20.11 （泛型类 Pair）编写一个泛型类 Pair，它有两个类型参数 F 和 S，分别代表一对值中第一个元素和第二个元素的类型。为第一个元素和第二个元素添加属性。(提示：类首部应当是 public class Pair<F，S>。)

20.12 （**泛型类 TreeNode 和 Tree**）将图 19.20 中的 TreeNode 类和 Tree 类变成泛型类。为了在 Tree 中插入对象，就要将它与现有 TreeNode 中的对象进行比较。为此，Tree 类和 TreeNode 类中应指定每个类的类型参数具有接口约束 IComparable<T>。修改完 TreeNode 类和 Tree 类之后，编写一个测试程序，它创建三个 Tree 对象，分别保存 int 值、double 值和 string 值。在每个树中插入 10 个值。然后，程序对每个树执行先根顺序、中根顺序和后根顺序的遍历。

20.13 （**泛型方法 TestTree**）修改练习题 20.12 中的测试程序，用泛型方法 TestTree 测试三个 Tree 对象。这个方法应被调用三次，对每个 Tree 对象调用一次。

第 21 章 泛型集合以及 LINQ/PLINQ 函数式编程

目标

本章将讲解

- 更多的 .NET 泛型集合。
- 用 Array 类的静态方法操作数组。
- 利用 using static 指令,不通过完全限定名来访问类的静态成员。
- 用枚举器遍历集合。
- 使用泛型集合 SortedDictionary 和 LinkedList。
- 利用 C# 6 的 null 条件运算符 "?[ ]" 来访问数组或集合元素。
- 利用 C# 6 的索引初始值设定项来初始化字典。
- 将方法引用保存在代理变量中,然后利用这些变量调用对应的方法。
- 使用 lambda 表达式创建匿名方法,并通过代理变量引用这些方法。
- 使用 LINQ 方法调用语法和 lambda 表达式,演示函数式编程的技术。
- 利用多核处理器性能的并行 LINQ(PLINQ) 操作。
- 了解泛型类型的协变和逆变。

概要

21.1 简介
21.2 集合概述
21.3 Array 类和枚举器
    21.3.1 C# 6 的 using static 指令
    21.3.2 UsingArray 类的静态字段
    21.3.3 Array 方法 Sort
    21.3.4 Array 方法 Copy
    21.3.5 Array 方法 BinarySearch
    21.3.6 Array 方法 GetEnumerator 和 IEnumerator 接口
    21.3.7 用 foreach 语句迭代集合
    21.3.8 Array 方法 Clear、IndexOf、LastIndexOf 和 Reverse
21.4 字典集合
    21.4.1 字典概述
    21.4.2 使用 SortedDictionary 集合
21.5 泛型 LinkedList 集合
21.6 C# 6 的 null 条件运算符 "?[ ]"
21.7 C# 6 的字典和集合初始值设定项
21.8 代理
    21.8.1 声明代理类型
    21.8.2 声明代理变量
    21.8.3 代理参数
    21.8.4 将方法名称直接传递给代理参数
21.9 lambda 表达式
    21.9.1 表达式 lambda
    21.9.2 将 lambda 表达式赋予代理变量
    21.9.3 显式类型化 lambda 参数
    21.9.4 语句 lambda
21.10 函数式编程简介
21.11 用 LINQ 方法调用语法和 lambda 表达式进行函数式编程
    21.11.1 LINQ 扩展方法 Min、Max、Sum 和 Average

21.11.2 用于聚合操作的 Aggregate 扩展方法	21.12 PLINQ：提升 LINQ to Objects 在多核处理器上的性能
21.11.3 用于过滤操作的 Where 扩展方法	21.13 （选修）泛型类型的协变和逆变
21.11.4 用于映射操作的 Select 扩展方法	21.14 小结

摘要 ｜ 术语表 ｜ 自测题 ｜ 自测题答案 ｜ 练习题 ｜ 函数式编程练习

21.1 简介

第 19 章讨论了如何创建并操作定制的数据结构。这些讨论是"低级的"，意思是需用 new 运算符动态地创建每种数据结构的每一个元素；修改数据结构时，需直接操作它的元素和元素引用。对大多数程序而言，不需要建立定制的数据结构，而是可以用 .NET Framework 提供的预包装数据结构类。这些类称为集合类(collection class)，它们保存数据的集合。这些类的每一个实例都是项的集合。集合的例子包括：一副牌、保存在计算机上的歌曲、房管局的房地产记录、某个球队的队员。

使用已有类，而不是构建自己的类

集合类使程序员可以用现有数据结构保存一组数据，而不必考虑这些数据结构是如何实现的。这是代码复用的范例。通过复用代码，程序员可以更快速地编写代码并可得到更佳的性能，提高执行速度并减少内存消耗。本章将讨论：

- 集合接口，它们声明每一种集合类型的功能
- 一些实现类
- 迭代遍历集合的枚举器（与 C++ 和 Java 中的迭代器相似）

集合的命名空间

.NET Framework 提供了针对集合的几个命名空间。

- System.Collections 包含的集合用于保存对象——与第 19 章中定义的那些数据结构相似。这种集合能够同时保存许多不同类型的对象，因为所有的 C# 类型都直接或间接派生自 object。在 C# 2.0(2005) 中引入泛型之前编写的那些 C# 遗留代码中，有可能会遇到这个命名空间中的类，比如 ArrayList、Stack 和 Hashtable。遗留代码使用较老的编程技术——可能包含编程语言不再支持的语言和库特性，或者这些特性已经被新的功能替代。
- System.Collections.Generic 包含泛型集合，比如 List<T> 类（见 9.4 节）和 Dictionary<K,V> 类（见 17.9 节），它们保存创建集合时指定的类型的对象。应该使用泛型集合而不是基于对象的遗留集合，以利用那些处理集合的代码中的编译时类型检查功能。
- System.Collections.Concurrent 包含所谓的线程安全泛型集合，用于多线程的程序。
- System.Collections.Specialized 包含的集合针对特定的场景进行了优化，比如处理比特集合。

代理与 lambda 表达式

14.3.3 节中讲解过代理的概念。代理是一个包含方法引用的对象。代理使程序可以将方法作为数据保存，并可以将一个方法作为实参传递给另一个方法。在事件处理中，代理保存事件处理器方法的引用，当用户与 GUI 控件交互时，会调用这些事件处理器方法。本节将更详细地探讨代理，介绍 lambda 表达式，它用于定义能被代理使用的匿名方法(anonymous method)。本章关注的是如何利用 lambda 表达式，将方法引用传递给指定了代理参数的另一个方法。

函数式编程简介

到目前为止，已经讲解过三种编程规范：

- 结构化编程（也称为过程式编程）

- 面向对象编程
- 泛型编程(本章将继续探讨)

21.10 节和 21.11 节中还会讲解函数式编程，展示如何用 LINQ to Objects 更简明地编写代码，从而写出包含更少错误的程序。21.12 节中，用一个额外的方法调用演示了 PLINQ(并行 LINQ)如何能够在多核系统中极大地提高 LINQ to Objects 的性能。本章的练习题中，将回顾早先的几个示例，并用函数式编程技术重新实现它们。

21.2 集合概述

.NET Framework 中的所有集合类，都实现了集合接口的某些功能，这些接口声明了对不同集合类型执行的操作。图 21.1 中列出了 System.Collections.Generic 命名空间中一些常见的泛型集合接口，System.Collections 命名空间中也包含一些面向对象的遗留接口。许多集合类都实现了这些接口。程序员也可以提供针对自己的需求的接口实现。

接口	描述
IEnumerable<T>	可以被枚举的对象——例如，foreach 循环可以对这种对象的元素进行迭代。这个接口包含一个方法 GetEnumerator，它返回一个 IEnumerator<T>对象，可用于人工地迭代集合(参见 21.3 节)。事实上，foreach 在幕后使用了集合的 IEnumerator<T>对象。ICollection<T>扩展了 IEnumerable<T>，因此所有的集合类都直接或间接地实现了 IEnumerable 接口
ICollection<T>	IList<T>和 IDictionary<K,V>接口继承自这个接口。它包含：一个 Count 属性，用于确定集合的大小；一个 CopyTo 方法，用于将集合的内容复制到传统数组中；一个 IsReadOnly 属性
IList<T>	可以像数组一样进行操作的有序集合。提供一个用 int 索引访问元素的"[ ]"运算符(称为索引器)。Add、Remove、Contains 和 IndexOf 方法用于搜索和修改集合
IDictionary<K,V>	值的集合，用任意 K 类型的"键"对象进行索引。提供用键访问元素的索引器([ ])，以及用于修改集合的方法(如 Add 方法和 Remove 方法)。Keys 属性包含所有的键，Values 属性包含所有保存的值

图 21.1 一些常见的泛型集合接口

命名空间 System.Collections.Generic

利用 System.Collections.Generic 命名空间中的集合，可以指定保存在集合中的确切类型。这为面向对象的遗留集合提供了两点好处：

- 编译时类型检查可以保证集合中使用的是合适的类型。如果不是，则编译器会发出错误消息。
- 从泛型集合中取得的项具有正确的类型。在基于对象的集合取得的每一项，都是作为对象返回的。取得对象后，可以通过显式强制类型转换，将对象转换成程序需要的类型。如果对象没有合适的类型，则可能在执行时导致 InvalidCastExceptions 异常。

泛型集合在存储值类型的集合时特别有用，因为它消除了装箱和拆箱的开销，而装箱和拆箱是面向对象的遗留集合所需要的。

本章将继续探讨数据结构和集合，给出更多的数组功能，还会讲解泛型 SortedDictionary 类和 LinkedList 类。System.Collections.Generic 命名空间提供了许多其他的数据结构，包括 Stack<T>、Queue<T> 和 SortedList<K,V>(键/值对的集合，按键排序，可按键或按索引访问)。图 21.2 中给出了许多集合类。有关集合类的完整列表，请访问：

> https://msdn.microsoft.com/library/system.collections.generic

集合类有许多共同的功能，这些功能与它所实现的接口相关。只需知道几种集合的用法(如 List、Dictionary、LinkedList 和 SortedDictionary)，即可根据在线文档推断出其他集合的用法，这些文档中包含有代码样本。

类	实现的接口	描述
System 命名空间		
Array	IList	所有传统数组的基类。参见 21.3 节
System.Collections.Generic 命名空间		
Dictionary<K, V>	IDictionary<K, V>	一种无序的键/值对泛型集合,可以通过键快速访问。参见 17.9.2 节
LinkedList<T>	ICollection<T>	一种泛型双向链表。参见 21.5 节
List<T>	IList<T>	一种基于数组的泛型列表。参见 9.4 节
Queue<T>	ICollection<T>	一种先入先出(FIFO)的泛型集合。有关队列的更多信息,可参见 19.6 节
SortedDictionary<K, V>	IDictionary<K, V>	一种按二叉树中的键排序数据的字典。参见 21.4 节
SortedList<K, V>	IDictionary<K, V>	与 SortedDictionary 类似,但在内部使用数组。如果数据已经存在,并且在插入操作前集合已经是排序的,则 SortedList 中的插入操作会比 SortedDictionary 中的要快。如果数据没有排序,则在 SortedDictionary 中的插入操作会更快一些
Stack<T>	ICollection<T>	一种后入先出(LIFO)的泛型集合。有关栈的更多信息,可参见 19.5 节
System.Collections 命名空间中的遗留集合		
ArrayList	IList	与传统数组类似,但为了容纳元素可以伸缩
BitArray	ICollection	内存高效的比特数组,比特位 0 和 1,分别表示布尔值 false 和 true。练习题 21.14 中将利用 BitArray 实现 Eratosthenes 筛选法,用于查找质数
Hashtable	IDictionary	一种无序的键/值对集合,可以通过键快速访问
Queue	ICollection	一种先入先出(FIFO)的集合。有关队列的更多信息,可参见 19.6 节
SortedList	IDictionary	一种键/值对的集合,根据键排序,能够通过键或索引访问
Stack	ICollection	一种后入先出(LIFO)的集合。有关栈的更多信息,可参见 19.5 节

图 21.2 .NET Framework 中的一些集合类

本章还会探讨 IEnumerator<T>接口。每一个集合类的枚举器可用于迭代遍历这个集合。尽管这些枚举器的实现方式不同,但它们都实现了 IEnumerator<T>接口,所以程序可以用它们来迭代遍历集合的元素(例如,使用 foreach 语句)。下一节中,将分析几种枚举器,并将它们用于数组操作。集合类直接或间接地实现了 ICollection<T>接口和 IEnumerable<T>接口(或者实现了针对旧式集合的面向对象的 ICollection 接口和 IEnumerable 接口)。

21.3 Array 类和枚举器

第 8 章讲解过基本的数组处理方法。所有数组都隐式继承抽象基类 Array(位于 System 命名空间),这个类定义了 Length 属性,它指定数组中元素的个数。此外,Array 类还提供了几个静态方法,为数组的处理提供算法。通常,Array 类会重载这些方法。例如,Array 方法 Reverse 可以颠倒整个数组中元素的顺序,也可以颠倒数组中指定范围内元素的顺序。Array 类的静态方法的完整列表请参见:

https://msdn.microsoft.com/library/system.array

图 21.3 中的程序,演示了 Array 类中几个静态方法的用法。

```csharp
1   // Fig. 21.3: UsingArray.cs
2   // Array class static methods for common array manipulations.
3   using System;
4   using static System.Array;
5   using System.Collections;
6
7   // demonstrate algorithms of class Array
8   class UsingArray
9   {
10      private static int[] intValues = {1, 2, 3, 4, 5, 6};
11      private static double[] doubleValues = {8.4, 9.3, 0.2, 7.9, 3.4};
12      private static int[] intValuesCopy;
```

图 21.3 用于执行常见数组操作的 Array 类的静态方法

第 21 章 泛型集合以及 LINQ/PLINQ 函数式编程

```csharp
13
14      // method Main demonstrates class Array's methods
15      static void Main()
16      {
17          intValuesCopy = new int[intValues.Length]; // defaults to zeroes
18
19          Console.WriteLine("Initial array values:\n");
20          PrintArrays(); // output initial array contents
21
22          // sort doubleValues
23          Sort(doubleValues); // unqualified call to Array static method Sort
24
25          // copy intValues into intValuesCopy
26          Array.Copy(intValues, intValuesCopy, intValues.Length);
27
28          Console.WriteLine("\nArray values after Sort and Copy:\n");
29          PrintArrays(); // output array contents
30          Console.WriteLine();
31
32          // search for 5 in intValues
33          int result = Array.BinarySearch(intValues, 5);
34          Console.WriteLine(result >= 0 ?
35              $"5 found at element {result} in intValues" :
36              "5 not found in intValues");
37
38          // search for 8763 in intValues
39          result = Array.BinarySearch(intValues, 8763);
40          Console.WriteLine(result >= 0 ?
41              $"8763 found at element {result} in intValues" :
42              "8763 not found in intValues");
43      }
44
45      // output array content with enumerators
46      private static void PrintArrays()
47      {
48          Console.Write("doubleValues: ");
49
50          // iterate through the double array with an enumerator
51          IEnumerator enumerator = doubleValues.GetEnumerator();
52
53          while (enumerator.MoveNext())
54          {
55              Console.Write($"{enumerator.Current} ");
56          }
57
58          Console.Write("\nintValues: ");
59
60          // iterate through the int array with an enumerator
61          enumerator = intValues.GetEnumerator();
62
63          while (enumerator.MoveNext())
64          {
65              Console.Write($"{enumerator.Current} ");
66          }
67
68          Console.Write("\nintValuesCopy: ");
69
70          // iterate through the second int array with a foreach statement
71          foreach (var element in intValuesCopy)
72          {
73              Console.Write($"{element} ");
74          }
75
76          Console.WriteLine();
77      }
78  }
```

```
Initial array values:

doubleValues: 8.4 9.3 0.2 7.9 3.4
intValues: 1 2 3 4 5 6
intValuesCopy: 0 0 0 0 0 0

Array values after Sort and Copy:
```

图 21.3（续） 用于执行常见数组操作的 Array 类的静态方法

```
doubleValues: 0.2 3.4 7.9 8.4 9.3
intValues: 1 2 3 4 5 6
intValuesCopy: 1 2 3 4 5 6

5 found at element 4 in intValues
8763 not found in intValues
```

图 21.3(续)　用于执行常见数组操作的 Array 类的静态方法

21.3.1　C# 6 的 using static 指令

第 3 行和第 5 行的 using 指令，包含了 System 命名空间和 System.Collections 命名空间，前者用于 Array 类和 Console 类，后者用于 IEnumerator 接口，见稍后的讨论。第 4 行使用了 C# 6 的 using static 指令，它使得访问类型的静态成员时，不必提供成员的完全限定名称——这里为 Array 类的静态成员。第 23 行：

　　　　Sort(doubleValues); // unqualified call to Array static method Sort

给出的对 Array 类的静态方法 Sort 的调用，就没有使用完全限定方法名，它等价于：

　　　　Array.Sort(doubleValues); // call to Array static method Sort

尽管这个示例中，可以对所有的 Array 类的静态成员使用非完全限定名称(如第 26 行中的 Copy、第 33 行和第 39 行中的 BinarySearch)，但是采用完全限定方法名的调用，可以使代码更可读，它能清楚地体现类中包含了哪些静态方法。

21.3.2　UsingArray 类的静态字段

图 21.3 中的测试类声明了三个静态数组变量(第 10~12 行)。前两行将 intValues 和 doubleValues 分别初始化为 int 数组和 double 数组。静态变量 intValuesCopy 的作用是演示 Array 类的 Copy 方法，该变量的初始值为 null，表示还没有指向任何数组。

第 17 行将 intValuesCopy 初始化为一个 int 数组，它具有与 intValues 数组相同的长度。第 20 行调用 PrintArrays 方法(第 46~77 行)，输出所有三个数组的初始内容。稍后将讨论 PrintArrays 方法。从图 21.3 的输出可以看出，数组 intValuesCopy 的每一个元素，都被初始化成了默认值 0。

21.3.3　Array 方法 Sort

第 23 行用 Array 类的静态方法 Sort，按升序排序 doubleValues 数组。数组中的元素必须实现 IComparable 接口(所有简单类型都必须如此)，这使得 Sort 方法能够比较元素，以判断它们的顺序。

21.3.4　Array 方法 Copy

第 26 行用 Array 类的静态方法 Copy，将元素从 intValues 数组复制到 intValuesCopy 数组。第一个实参是要复制的数组(intValues)；第二个实参是目标数组(intValuesCopy)；第三个实参是一个 int 值，表示要复制的元素个数(这里是 intValues.Length，表示所有元素)。Array 类中，还提供了用于复制数组部分内容的重载方法。

21.3.5　Array 方法 BinarySearch

第 33 行和第 39 行调用 Array 类的静态方法 BinarySearch，对 intValues 数组执行二分搜索。BinarySearch 方法接收要搜索的已排序数组和要搜索的键，返回数组中键所在位置的索引(如果找不到键，则返回一个负值)。这个方法要求数组是排序的。它操作非排序数组的结果是没有定义的。第 18 章中详细讨论过二分搜索。

21.3.6 Array 方法 GetEnumerator 和 IEnumerator 接口

PrintArrays 方法（第 46~77 行）用 Array 类的几个方法对数组元素进行迭代。Array 类实现了 IEnumerable 接口（IEnumerable<T>接口的非泛型版本）。所有数组都隐式地从 Array 继承，因此，int[ ]和 double[ ]数组类型都实现了 IEnumerable 接口方法 GetEnumerator，它返回枚举器，可以对集合迭代——这个方法返回的枚举器总是位于数组第一个元素的前面。IEnumerator 接口（所有枚举器都实现这个接口）定义了 MoveNext 方法和 Reset 方法以及 Current 属性：

- MoveNext 方法将枚举器移到集合中的下一个元素。首次调用 MoveNext 时，会将枚举器定位在集合的第一个元素——如果集合中至少还有一个元素，则 MoveNext 方法返回 true，否则返回 false。
- Reset 方法将枚举器定位到集合的第一个元素之前。
- 只读属性 Current 返回集合中当前位置的那个对象（由最近一次对 MoveNext 方法的调用确定）。

枚举器不能用于修改集合的内容，它只能用来获得集合的内容。

常见编程错误 21.1

如果创建枚举器之后集合发生了改变，则这个枚举器会立即变成无效——因此，枚举器被称为是"快速失效的"。在集合发生改变之后，再调用枚举器的 Reset 或 MoveNext 方法，会导致 InvalidOperationException 异常。但是，对于数组而言，不会出现这种情况。

第 51 行中的 GetEnumerator 方法返回枚举器时，最初它会被定位到 doubleValues 数组中的第一个元素之前。然后，第 53 行在 while 循环的第一次迭代中调用 MoveNext 方法时，枚举器前进到 doubleValues 中的第一个元素。第 53~56 行的 while 语句对每个元素迭代，直到枚举器到达 doubleValues 数组的末尾，MoveNext 方法返回 false 时为止。每次迭代时，都使用枚举器的 Current 属性获得并输出数组的当前元素。第 63~66 行对 intValues 数组进行迭代。

21.3.7 用 foreach 语句迭代集合

第 71~74 行用 foreach 语句迭代集合。foreach 语句和枚举器都依次逐个元素地对数组元素循环，它们都不能在迭代过程中修改元素。这样做不是偶然的，foreach 语句通过 GetEnumerator 方法隐式地获得枚举器，并用枚举器的 MoveNext 方法和 Current 属性遍历集合，就像第 51~56 行和第 61~66 行中所做的那样。为此，可以用 foreach 语句对实现 IEnumerable 接口或 IEnumerable<T>接口的任何集合进行迭代——正如 9.4 节中对 List<T>类所做的那样。由于 string 类实现了 IEnumerable<char>接口，所以可以对字符串中的字符进行迭代操作。

21.3.8 Array 方法 Clear、IndexOf、LastIndexOf 和 Reverse

其他的静态 Array 方法包括：

- Clear 方法，将一定范围的元素值设置为 0、false 或 null。
- IndexOf 方法，找到数组或数组的一部分中对象第一次出现的位置。
- LastIndexOf 方法，找到数组或数组的一部分中对象最后一次出现的位置。
- Reverse 方法，颠倒数组或数组一部分的内容。

21.4 字典集合

字典（dictionary）是键/值对集合的一个通用术语。17.9.2 节中讲解过泛型 Dictionary 集合。本节中将探讨 Dictionary 的工作机理，然后演示与它相关联的 SortedDictionary 集合的用法。

21.4.1 字典概述

程序创建新的或现有类型的对象时，需要高效地管理这些对象，这涉及排序和检索对象。如果数组中数据的某些方面直接匹配键值，并且这些键值唯一而紧凑，则对数组排序和从数组检索信息时，可以高效率地实现。如果 100 名员工的社会保障号为 9 位数字，要用社会保障号作为键保存并取得员工数据，则通常需要有一个包含 1 000 000 000 个元素的数组，因为存在这么多个不同的 9 位数(000 000 000~999 999 999)。如果用这么大的数组，则只用社会保障号作为数组索引，就可以高效地存储和检索员工记录，但这样会浪费大量内存。许多程序都存在这样的问题：或者键的类型不正确(如不是非负整数)，或者虽然类型正确，但在大范围上稀疏分布。

哈希法

我们需要的是将社会保障号或者库存零件号之类的键，转换成具有唯一数组索引的高速处理模式。这样，程序需要保存某个信息时，模式就可以快速地将程序键转换成索引，信息记录可以存放在数组中这个索引位置。检索记录时，也按同样的方式进行，程序有了希望检索数据记录的键之后，只需简单地对键进行换算，得到数据所在位置的索引，从而检索到该数据。

此处描述的模式，就是一种称为"哈希法"(hashing)的技术的基础。当将键转换成数组索引时，我们故意将比特位打乱，使数字变得"分散"。实际上，这个数字只用于保存和检索这个特定的数据记录，此外并无任何实际的意义。采用哈希法的数据结构，通常被称为哈希表(类似于 System.Collections 命名空间中的 Hashtable 类)。哈希表是实现字典的一种途径——System.Collections.Generic 命名空间中的 Dictionary<K,V>类就是用哈希表实现的。

冲突

这个模式可能发生冲突(即两个不同的键，被"哈希"成同一个数组中的单元格或元素)。由于不能将两个不同的数据记录存放在同一空间中，因此需要对第一次哈希时不位于特定数组索引范围内的所有记录，寻找另一个存储地址。一种模式是"再哈希"(即对键重新采用哈希法变换，得到另一个数组单元格)。这个过程被设计成只需经过少数几次哈希操作，即可找到可用的单元格。

另一种模式是用一个哈希运算来定位第一个候选单元格。如果这个单元格已被占用，则线性搜索后续单元格，直到找到可用单元格时为止。读取时也采用相同的方法——将键哈希一次，检查得到的单元格，以判断它是否包含所要的数据。如果是，则搜索完成。否则，继续线性地搜索后续单元格，直到找到所要的数据。

解决哈希表冲突最常用的办法，是让表中的每个单元格都作为一个哈希"桶"——通常就是哈希到这个单元格的所有键/值对的链表。.NET Framework 的 Dictionary 类的实现，采用的就是这种办法。

负载因子

负载因子(load factor)会影响哈希法模式的性能。负载因子是哈希表中存储的对象个数与哈希表中单元格总数的比值。随着这个比值的增大，发生冲突的可能性就越大。

性能提示 21.1

哈希表的负载因子是以空间换时间的一个范例：通过提高负载因子，可以得到更好的内存利用率，但是由于增加了哈希冲突，因此程序的运行速度会减慢。通过降低负载因子，可以得到更好的程序运行速度，因为减少了哈希冲突。但这会降低内存利用率，因为哈希表的大部分是空的。

哈希函数

哈希函数(hash function)会执行计算，以确定应该将数据放在哈希表中的什么位置。哈希函数作用于对象键/值对中的键。任何对象都可以用作键。为此，object 类定义了 GetHashCode 方法，所有对象都继承这个方法。大多数可以作为哈希表中的键的类（如 string 类）都重写了这个方法，以提供对特定类型执行高效的哈希码计算。

21.4.2 使用 SortedDictionary 集合

.NET Framework 提供几个字典的实现方法，它们实现了 IDictionary<K,V>接口（见图 21.1）。图 21.4 中的程序演示了泛型类 SortedDictionary 的用法。与实现成哈希表的 Dictionary 类不同，SortedDictionary 类将键/值对保存在二叉搜索树中（见 19.7 节）。顾名思义，SortedDictionary 类中的项在树中是按键排序的。对于实现了接口 IComparable<T>的键类型，SortedDictionary 类利用 IComparable<T>方法 CompareTo 的结果将键排序。虽然有这些实现细节上的不同，但是在 Dictionary 和 SortedDictionary 类中，使用相同的公共方法、属性和索引器。多数情况下，这两个类是可以互换的——这就是面向对象编程的美妙之处。

> **性能提示 21.2**
> 由于 SortedDictionary 类的元素在二叉树中排序，因此获得或插入键/值对的效率为 O(log n) 次，它比先执行线性搜索，然后进行插入的操作的速度要快。

```csharp
 1  // Fig. 21.4: SortedDictionaryTest.cs
 2  // App counts the number of occurrences of each word in a string
 3  // and stores them in a generic sorted dictionary.
 4  using System;
 5  using System.Text.RegularExpressions;
 6  using System.Collections.Generic;
 7
 8  class SortedDictionaryTest
 9  {
10     static void Main()
11     {
12        // create sorted dictionary based on user input
13        SortedDictionary<string, int> dictionary = CollectWords();
14
15        DisplayDictionary(dictionary); // display sorted dictionary content
16     }
17
18     // create sorted dictionary from user input
19     private static SortedDictionary<string, int> CollectWords()
20     {
21        // create a new sorted dictionary
22        var dictionary = new SortedDictionary<string, int>();
23
24        Console.WriteLine("Enter a string: "); // prompt for user input
25        string input = Console.ReadLine(); // get input
26
27        // split input text into tokens
28        string[] words = Regex.Split(input, @"\s+");
29
30        // processing input words
31        foreach (var word in words)
32        {
33           var key = word.ToLower(); // get word in lowercase
34
35           // if the dictionary contains the word
36           if (dictionary.ContainsKey(key))
37           {
38              ++dictionary[key];
39           }
40           else
41           {
42              // add new word with a count of 1 to the dictionary
43              dictionary.Add(key, 1);
44           }
45        }
46
47        return dictionary;
```

图 21.4　计算每个单词在字符串中出现的次数，并将它们存放在一个泛型排序字典中

```
48        }
49
50        // display dictionary content
51        private static void DisplayDictionary<K, V>(
52           SortedDictionary<K, V> dictionary)
53        {
54           Console.WriteLine(
55              $"\nSorted dictionary contains:\n{"Key",-12}{"Value",-12}");
56
57           // generate output for each key in the sorted dictionary
58           // by iterating through the Keys property with a foreach statement
59           foreach (var key in dictionary.Keys)
60           {
61              Console.WriteLine($"{key,-12}{dictionary[key],-12}");
62           }
63
64           Console.WriteLine($"\nsize: {dictionary.Count}");
65        }
66     }
```

```
Enter a string:
We few, we happy few, we band of brothers

Sorted dictionary contains:
Key         Value
band        1
brothers    1
few,        2
happy       1
of          1
we          3

size: 6
```

图21.4(续) 计算每个单词在字符串中出现的次数,并将它们存放在一个泛型排序字典中

第4~6行的 using 指令,分别指定了命名空间 System(用于 Console 类)、System.Text.RegularExpressions(用于 Regex 类)和 System.Collections.Generic(用于 SortedDictionary 类)。泛型类 SortedDictionary 具有两个类型实参:

- 第一个实参指定键的类型(string)
- 第二个实参指定值的类型(int)

SortedDictionaryTest 类声明了三个静态方法:

- CollectWords 方法(第19~48 行)输入一条语句,并返回一个 SortedDictionary<string, int>对象,其中的键为语句中的单词,值为该单词在语句中出现的次数。
- DisplayDictionary 方法(第51~65 行)显示传入的 SortedDictionary,采用分栏的格式。
- Main 方法(第10~16行)调用 CollectWords 方法(第13 行),然后将该方法返回的 SortedDictionary<string, int>对象传递给 DisplayDictionary 方法(第15 行)。

CollectWords 方法

CollectWords 方法(第 19~48 行)首先用一个新的 SortedDictionary<string,int>初始化变量 dictionary(第22 行)。第24~25 行提示用户输入一条语句(字符串)。第28 行用 Regex 类的静态方法 Split,通过空白符将这个字符串分隔开(有关 Regex 类的讲解,请参见第 16 章的在线章节)。正则表达式 "\s+" 中,"\s" 表示空白符,"+" 表示其左侧的一个或者多个表达式——这些单词就被一个或者多个空白符分隔开,而空白符会被丢弃。这样,就产生了只包含单词的数组,然后将它们存放在局部变量 words 中。

SortedDictionary 方法 ContainsKey 和 Add

第31~45 行迭代遍历 words 数组。每个单词都用 string 方法 ToLower 转换成小写字母,然后保存在

变量 key 中(第 33 行)。接下来，第 36 行调用 SortedDictionary 方法 ContainsKey，判断某个单词是否在字典中。如果单词已经在字典中，则表示它以前在语句中已经出现过。如果 SortedDictionary 中不包含这个单词，则第 43 行用 SortedDictionary 方法 Add，在字典中创建一个新项，将小写单词作为键，对应的值为 1。

常见编程错误 21.2
用 Add 方法添加字典中已经存在的键时，会导致 ArgumentException 异常。

SortedDictionary 索引器

如果单词已经是字典中的键，则第 38 行用 SortedDictionary 的索引器，获得并设置字典中这个键的相关值。对哈希表中不存在的键调用 set 访问器创建一个新项时，就像使用 Add 方法一样。因此，第 43 行也可以写成

```
dictionary[key]=1;
```

常见编程错误 21.3
用集合中不存在的键调用 SortedDictionary 索引器的 get 访问器，会导致 KeyNotFoundException 异常。

DisplayDictionary 方法

第 47 行将字典返回给 Main 方法，然后将它传入 DisplayDictionary 方法(第 51~65 行)，它会显示所有的键/值对。这个方法用只读属性 Keys(第 59 行)取得一个 ICollection<T>对象，它包含所有的键。由于 ICollection<T>接口扩展了 IEnumerable<T>接口，所以第 59~62 行中，可以将这个集合用于 foreach 语句，迭代遍历集合中的键。利用迭代变量和 SortedDictionary 索引器的 get 访问器，这个循环会获取并输出所有的键，以及与键对应的值。每一组键和值是在宽度为 12 的字段中左对齐输出的。由于 SortedDictionary 以二叉搜索树的形式保存键/值对，所以结果是按键的排序顺序显示的。第 64 行用 SortedDictionary 属性 Count，获得字典中的键/值对个数。

迭代遍历 SortedDictionary 的 KeyValuePair

第 59~62 行也可以对 SortedDictionary 对象使用 foreach 语句，而不必用 Keys 属性。如果对 SortedDictionary 对象使用 foreach 语句，则迭代遍历的类型应为 KeyValuePair<K,V>。SortedDictionary 的枚举器，使用 KeyValuePair<K,V> struct 值类型来保存键/值对。这个结构提供 Key 属性和 Value 属性，分别用于取得当前元素的键和值。

SortedDictionary 的 Values 属性

如果不需要键，则 SortedDictionary 类还提供了只读 Values 属性，它可以取得 SortedDictionary 中所有值的 ICollection<T>。可以使用这个属性来迭代遍历保存在 SortedDictionary 中的值，而不必理会值所对应的键是什么。

21.5 泛型 LinkedList 集合

9.4 节中介绍过泛型 List<T>集合，它定义了基于数组的列表实现方式。这里将探讨 LinkedList<T>类，它定义的双向链表，使程序能够以顺序或者逆序的方式遍历它。LinkedList<T>包含泛型类 LinkedListNode<T>的节点。每一个节点，都具有 Value 属性和 Previous、Next 只读属性。Value 属性的类型匹配 LinkedList<T>的唯一类型参数，因为它包含节点中存放的数据。Previous 属性取得链表中前一个节点的引用(如果是表中的第一个节点，则返回 null)。类似地，Next 属性取得链表中后一个节点的引用(如果是表中的最后一个节点，则返回 null)。图 21.5 中的程序演示了对链表进行这几种操作的用法。

```csharp
1   // Fig. 21.5: LinkedListTest.cs
2   // Using LinkedLists.
3   using System;
4   using System.Collections.Generic;
5
6   class LinkedListTest
7   {
8      private static readonly string[] colors =
9         {"black", "yellow", "green", "blue", "violet", "silver"};
10     private static readonly string[] colors2 =
11        {"gold", "white", "brown", "blue", "gray"};
12
13     // set up and manipulate LinkedList objects
14     static void Main()
15     {
16        var list1 = new LinkedList<string>();
17
18        // add elements to first linked list
19        foreach (var color in colors)
20        {
21           list1.AddLast(color);
22        }
23
24        // add elements to second linked list via constructor
25        var list2 = new LinkedList<string>(colors2);
26
27        Concatenate(list1, list2); // concatenate list2 onto list1
28        PrintList(list1); // display list1 elements
29
30        Console.WriteLine("\nConverting strings in list1 to uppercase\n");
31        ToUppercaseStrings(list1); // convert to uppercase string
32        PrintList(list1); // display list1 elements
33
34        Console.WriteLine("\nDeleting strings between BLACK and BROWN\n");
35        RemoveItemsBetween(list1, "BLACK", "BROWN");
36
37        PrintList(list1); // display list1 elements
38        PrintReversedList(list1); // display list in reverse order
39     }
40
41     // display list contents
42     private static void PrintList<T>(LinkedList<T> list)
43     {
44        Console.WriteLine("Linked list: ");
45
46        foreach (var value in list)
47        {
48           Console.Write($"{value} ");
49        }
50
51        Console.WriteLine();
52     }
53
54     // concatenate the second list on the end of the first list
55     private static void Concatenate<T>(
56        LinkedList<T> list1, LinkedList<T> list2)
57     {
58        // concatenate lists by copying element values
59        // in order from the second list to the first list
60        foreach (var value in list2)
61        {
62           list1.AddLast(value); // add new node
63        }
64     }
65
66     // locate string objects and convert to uppercase
67     private static void ToUppercaseStrings(LinkedList<string> list)
68     {
69        // iterate over the list by using the nodes
70        LinkedListNode<string> currentNode = list.First;
71
72        while (currentNode != null)
73        {
74           string color = currentNode.Value; // get value in node
```

图 21.5 使用 LinkedList

```csharp
75          currentNode.Value = color.ToUpper(); // convert to uppercase
76          currentNode = currentNode.Next; // get next node
77      }
78  }
79
80  // delete list items between two given items
81  private static void RemoveItemsBetween<T>(
82      LinkedList<T> list, T startItem, T endItem)
83  {
84      // get the nodes corresponding to the start and end item
85      LinkedListNode<T> currentNode = list.Find(startItem);
86      LinkedListNode<T> endNode = list.Find(endItem);
87
88      // remove items after the start item
89      // until we find the last item or the end of the linked list
90      while ((currentNode.Next != null) && (currentNode.Next != endNode))
91      {
92          list.Remove(currentNode.Next); // remove next node
93      }
94  }
95
96  // display reversed list
97  private static void PrintReversedList<T>(LinkedList<T> list)
98  {
99      Console.WriteLine("Reversed List:");
100
101     // iterate over the list by using the nodes
102     LinkedListNode<T> currentNode = list.Last;
103
104     while (currentNode != null)
105     {
106         Console.Write($"{currentNode.Value} ");
107         currentNode = currentNode.Previous; // get previous node
108     }
109
110     Console.WriteLine();
111 }
112 }
```

```
Linked list:
black yellow green blue violet silver gold white brown blue gray

Converting strings in list1 to uppercase

Linked list:
BLACK YELLOW GREEN BLUE VIOLET SILVER GOLD WHITE BROWN BLUE GRAY

Deleting strings between BLACK and BROWN

Linked list:
BLACK BROWN BLUE GRAY
Reversed List:
GRAY BLUE BROWN BLACK
```

图 21.5(续)　使用 LinkedList

第 16~25 行创建了字符串链表 list1 和 list2，分别填入数组 colors 和 colors2 的内容。LinkedList 是一个泛型类，它包含一个类型参数，本例中指定的类型实参为 string(第 16 行和第 25 行)。

LinkedList 方法 AddLast 和 AddFirst

程序中演示了填充链表的两种方法。第 19~22 行使用了 foreach 语句和 AddLast 方法来填充 list1。AddLast 方法会创建一个新的 LinkedListNode(节点的值可以通过 Value 属性获得)，并将这个节点追加到链表末尾。这个方法还包含一个 AddFirst 方法，它将节点插到链表开头。

第 25 行调用的构造函数有一个 IEnumerable<T>参数。所有的数组都实现了泛型接口 IList<T>和 IEnumerable<T>，类型实参为数组的元素类型。所以，string 数组实现了 IEnumerable<string>。这样，colors2 是一个 IEnumerable<string>，可以将它传递给 List<string>构造函数，以初始化 List。这个构造函数会将 colors2 数组的内容复制给 list2。

测试 LinkedList 类的方法

第 27 行调用泛型方法 Concatenate(第 55~64 行),将 list2 的所有元素追加到 list1 的末尾。第 28 行调用 PrintList 方法(第 42~52 行)输出 list1 的内容。第 31 行调用 ToUppercaseStrings 方法(第 67~78 行)将每个 string 元素变成大写,然后第 32 行再次调用 PrintList 方法,显示修改后的字符串。第 35 行调用 RemoveItemsBetween 方法(第 81~94 行),删除"BLACK"和"BROWN"之间的元素,但不删除这两个元素本身。第 37 行再次输出字符串,然后第 38 行调用 PrintReversedList 方法(第 97~111 行),按逆序显示它。

泛型方法 Concatentate

泛型方法 Concatenate(第 55~64 行)用 foreach 语句对第二个参数(list2)迭代,并调用 AddLast 方法,将每个值追加到第一个参数(list1)的末尾。LinkedList 类的枚举器对节点的值循环,而不是对节点本身循环。因此,迭代变量的类型应为 LinkedList 的元素类型 T。注意,这个操作会对 list2 中的每个节点在 list1 中创建一个新节点。一个 LinkedListNode 不能是多个 LinkedList 的成员。如果希望同一个数据属于多个 LinkedList,则必须在每个表中建立该节点的副本,以避免出现 InvalidOperationException 异常。

泛型方法 PrintList 和方法 ToUppercaseStrings

泛型方法 PrintList(第 42~52 行)也同样用 foreach 语句对 LinkedList 中的值迭代并输出它们。ToUppercaseStrings 方法(第 67~78 行)带一个字符串链表,并将每个字符串值转换成大写形式。这个方法替换了链表中存放的字符串,因此不能像前两个方法一样使用 foreach 语句。而是要通过 First 属性获得第一个 LinkedListNode(第 70 行),并用一条标记控制 while 语句对链表循环(第 72~77 行)。while 语句的每一次迭代,会通过 Value 属性获得 currentNode 的内容(第 74 行),并通过 string 方法 ToUpper 创建字符串的大写版本(第 75 行)。然后,第 76 行将 currentNode.Next(它指向 LinkedList 的下一个节点)的值赋予 currentNode,移到下一个节点。LinkedList 最后一个节点的 Next 属性返回 null,因此 while 语句迭代到链表末尾时,循环退出。

ToUppercaseStrings 方法不是泛型方法

将 ToUppercaseStrings 方法声明为泛型方法没有什么意义,因为它对节点值使用了特别针对 string 的方法。

 软件工程结论 21.1

为了尽可能多地复用代码,只要允许,就应将方法定义成包含泛型类型参数。

泛型方法 RemoveItemsBetween

泛型方法 RemoveItemsBetween(第 81~94 行)删除了两个节点间的项。第 85~86 行利用 Find 方法,对链表执行线性搜索,获得两个"边界"节点。该方法返回包含实参所传递值的第一个节点;如果没有找到这样的节点,则返回 null。这里将范围的起始节点保存在局部变量 currentNode 中,将范围的结尾节点保存在 endNode 中。

第 90~93 行删除 currentNode 和 endNode 之间的全部元素。每一次迭代都会调用 Remove 方法(第 92 行),将 currentNode 后面的那个节点删除。这个方法的实参是一个 LinkedListNode,它从 LinkedList 中删除这个节点,并调整周边节点的引用。调用 Remove 方法之后,currentNode 的 Next 属性指向所删除节点后面的节点,而这个节点的 Previous 属性,现在指向 currentNode。while 语句继续循环,直到 currentNode 和 endNode 之间没有节点,或 currentNode 是链表中的最后一个节点时为止。Remove 方法还有一个重载版本,它对指定值执行线性搜索,删除链表中第一个包含该值的节点。

PrintReversedList 方法

PrintReversedList 方法(第 97~111 行)通过遍历节点来逆序显示链表的值。第 102 行通过 Last 属性获得链表中的最后一个元素,并将它保存在 currentNode 中。第 104~108 行中的 while 语句,以逆序迭代遍历链表，采用的办法是将 currentNode.Previous（当前节点的前一个节点）的值赋予 currentNode。当 currentNode.Previous 的值为 null 时，循环终止。注意，这段代码与第 70~77 行迭代链表的代码非常相似。

21.6　C# 6 的 null 条件运算符 "?[ ]"

13.9 节中讲解过可空类型和 C# 6 的 null 条件运算符 "?."，在使用引用调用方法或访问属性之前，判断该引用是否为空。C# 6 提供了另一个 null 条件运算符 "?[ ]"，用于支持 "[ ]" 索引运算符的数组和集合。

假设 Employee 类具有一个 decimal 类型的 Salary 属性，并且程序定义了一个名称为 employees 的 List<Employee>，则语句：

```
decimal? salary = employees?[0]?.Salary;
```

同时使用了两个 null 条件运算符。它的执行过程如下：

- 第一个 "?[ ]" 运算符判断 employees 是否为空。如果是，则表达式 "employees?[0]?.Salary" 会执行短路求值——它会立即终止，且表达式的结果为空。对于上述语句，这个结果会被赋予可为空的 decimal 变量 salary。如果 employees 不为空，则 "employees?[0]" 会取得位于 List<Employee> 位置 0 处的元素。
- 位置 0 处的元素也许为空，也许是某个 Employee 对象的引用，所以需使用 "?." 运算符来检查 "employees?[0]" 是否为空。如果是，则整个表达式的值会被再次设置成空，这个值会被赋予可为空的 decimal 变量 salary；否则，salary 的值就是 Salary 属性的值。

注意，在上述语句中，必须将 salary 声明成可空类型，因为表达式 "employees?[0]?.Salary" 可返回空值或者一个 decimal 值。

21.7　C# 6 的字典和集合初始值设定项

为了初始化集合，C# 6 支持两种新特性——索引初始值设定项，以及用于具有 Add 扩展方法的任何集合的集合初始值设定项。

C# 6 的索引初始值设定项

在 C# 6 之前，可以利用由一对花括号界定的集合初始值设定项来初始化字典的键/值对。例如，如果有一个名称为 toolInventory 的 Dictionary<string, int>，则可以用如下方式创建并初始化它：

```
var toolInventory = new Dictionary<string, int>{
    {"Hammer", 13},
    {"Saw", 17},
    {"Screwdriver", 7}
};
```

实际上，这个过程是先创建字典，然后用 Add 方法将每一个键/值对添加进字典。

C# 6 采用索引初始值设定项，它用如下方式清楚地表明了每一个键/值对中的键和值：

```
var toolInventory = new Dictionary<string, int>{
    ["Hammer"] = 13,
    ["Saw"] = 17,
    ["Screwdriver"] = 7
};
```

C# 6 的集合初始值设定项，支持具有 Add 扩展方法的集合

C# 6 之前的版本，定义了 Add 实例方法的任何集合都可以用集合初始值设定性来初始化。C# 6 中，对于具有 Add 扩展方法的任何集合，编译器还支持集合初始值设定项。

21.8 代理

14.3.3 节中讲解过代理的概念——包含某个方法的引用的对象[①]。可以通过一个代理类型的变量调用某个方法，让由代理引用的那个方法去执行任务。通过代理，还可以使方法能够彼此传递。第 14 章中讲解代理时，是在 GUI 事件处理器的环境中介绍的。其实，代理可用于 .NET Framework 的许多情形下。例如，第 9 章讲解过 LINQ 查询语法，编译器会将 LINQ 查询转换成对扩展方法的调用——这些方法多数都具有代理参数。图 21.6 的程序中声明并使用了一个代理类型。21.11 节中会将代理用于 LINQ 扩展方法。

```
1   // Fig. 21.6: Delegates.cs
2   // Using delegates to pass functions as arguments.
3   using System;
4   using System.Collections.Generic;
5
6   class Delegates
7   {
8      // delegate for a function that receives an int and returns a bool
9      public delegate bool NumberPredicate(int number);
10
11     static void Main()
12     {
13        int[] numbers = {1, 2, 3, 4, 5, 6, 7, 8, 9, 10};
14
15        // create an instance of the NumberPredicate delegate type
16        NumberPredicate evenPredicate = IsEven;
17
18        // call IsEven using a delegate variable
19        Console.WriteLine(
20           $"Call IsEven using a delegate variable: {evenPredicate(4)}");
21
22        // filter the even numbers using method IsEven
23        List<int> evenNumbers = FilterArray(numbers, evenPredicate);
24
25        // display the result
26        DisplayList("Use IsEven to filter even numbers: ", evenNumbers);
27
28        // filter the odd numbers using method IsOdd
29        List<int> oddNumbers = FilterArray(numbers, IsOdd);
30
31        // display the result
32        DisplayList("Use IsOdd to filter odd numbers: ", oddNumbers);
33
34        // filter numbers greater than 5 using method IsOver5
35        List<int> numbersOver5 = FilterArray(numbers, IsOver5);
36
37        // display the result
38        DisplayList("Use IsOver5 to filter numbers over 5: ", numbersOver5);
39     }
40
41     // select an array's elements that satisfy the predicate
42     private static List<int> FilterArray(int[] intArray,
43        NumberPredicate predicate)
44     {
45        // hold the selected elements
46        var result = new List<int>();
47
48        // iterate over each element in the array
49        foreach (var item in intArray)
50        {
51           // if the element satisfies the predicate
52           if (predicate(item)) // invokes method referenced by predicate
53           {
```

图 21.6 使用代理，将方法作为实参传递

---

① 这类似于 C++ 中的函数指针和函数对象（也称为仿函数）。

```
54            result.Add(item); // add the element to the result
55         }
56      }
57
58      return result; // return the result
59   }
60
61   // determine whether an int is even
62   private static bool IsEven(int number) => number % 2 == 0;
63
64   // determine whether an int is odd
65   private static bool IsOdd(int number) => number % 2 == 1;
66
67   // determine whether an int is greater than 5
68   private static bool IsOver5(int number) => number > 5;
69
70   // display the elements of a List
71   private static void DisplayList(string description, List<int> list)
72   {
73      Console.Write(description); // display the output's description
74
75      // iterate over each element in the List
76      foreach (var item in list)
77      {
78         Console.Write($"{item} "); // print item followed by a space
79      }
80
81      Console.WriteLine(); // add a new line
82   }
83 }
```

```
Call IsEven using a delegate variable: True
Use IsEven to filter even numbers: 2 4 6 8 10
Use IsOdd to filter odd numbers: 1 3 5 7 9
Use IsOver5 to filter numbers over 5: 6 7 8 9 10
```

图 21.6(续)　使用代理，将方法作为实参传递

21.8.1　声明代理类型

第 9 行定义了一个名称为 NumberPredicate 的代理类型。这种类型的变量可以存储任何带 int 实参且返回布尔值的方法的引用。声明代理类型时，在方法首部前面放上关键字 delegate(位于任何访问修饰符之后，比如 public 或 private)，后接方法首部和一个分号。代理类型声明只包括方法首部——首部只是简单描述一组具有特定参数和特定返回类型的方法。

21.8.2　声明代理变量

第 16 行将 evenPredicate 声明为一个 NumberPredicate 类型的变量，并将它初始化为表达式方法 IsEven 的引用(第 62 行)。由于 IsEven 方法的签名与 NumberPredicate 代理的签名匹配，因此可以用 NumberPredicate 类型的变量引用 IsEven 方法。现在，变量 evenPredicate 可以用作 IsEven 方法的别名。NumberPredicate 变量可以保存接收 int 实参且返回布尔值的任何方法的引用。第 19~20 行用变量 evenPredicate 调用 IsEven 方法，然后显示结果。调用代理引用的方法时，应使用代理变量的名称代替方法的名称，例如：

```
evenPredicate(4)
```

21.8.3　代理参数

代理的真正强大之处，在于可以将方法引用作为实参传入其他方法的能力，如这个示例中的 FilterArray 方法(第 42~59 行)。这个方法的实参为

- 一个 int 数组。
- 一个 NumberPredicate 代理，它引用一个过滤数组元素的方法。

这个方法返回的 List<int>只包含满足由 NumberPredicate 指定的条件的 int 值。FilterArray 返回一个 List，因为事先无法知道会有多少个元素位于结果中。

对数组的每一个元素，foreach 语句(第 49~56 行)调用 NumberPredicate 代理引用的方法(第 52 行)。如果方法调用返回 true，则将元素放入 result 中。NumberPredicate 保证返回的是 true 值或者 false 值，因为 NumberPredicate 引用的任何方法，都必须返回一个布尔值，这是 NumberPredicate 代理类型定义中指定的(第 9 行)。第 23 行向 FilterArray 传入一个 int 数组(numbers)和引用 IsEven 方法的 NumberPredicate(evenPredicate)。然后，FilterArray 对每一个数组元素调用 NumberPredicate 代理。第 23 行将 FilterArray 返回的 List 赋予变量 evenNumbers，第 26 行调用 DisplayList 方法(第 71~82 行)显示结果。

21.8.4 将方法名称直接传递给代理参数

第 29 行调用 FilterArray 方法，选择数组中的奇数。这里，传递给 FilterArray 的第二个实参是方法名称 IsOdd(在第 65 行定义)，而不是传递一个 NumberPredicate 变量。第 32 行显示只包含奇数的结果。第 35 行调用 FilterArray 方法，选择数组中大于 5 的那些数。传递给 FilterArray 的第二个实参是 IsOver5 方法(在第 68 行定义)。第 38 行显示那些大于 5 的元素。

21.9 lambda 表达式

lambda 表达式用于定义简单的匿名方法(anonymous method)——方法不具有名称，并且其定义位于它被赋予代理的位置，或者位于作为代理参数传递的位置。多数情况下，使用 lambda 表达式能够减小代码的规模，还可降低使用代理时的复杂性。从后面的几个示例中可以看出，lambda 表达式尤其适合于在 LINQ 查询中与 where 子句组合使用。图 21.7 中的程序没有显式地声明 IsEven、IsOdd 和 IsOver5 方法，而是利用 lambda 表达式重新实现了图 21.6 中的程序。

```
1   // Fig. 21.7: Lambdas.cs
2   // Using lambda expressions.
3   using System;
4   using System.Collections.Generic;
5
6   class Lambdas
7   {
8      // delegate for a function that receives an int and returns a bool
9      public delegate bool NumberPredicate(int number);
10
11     static void Main(string[] args)
12     {
13        int[] numbers = {1, 2, 3, 4, 5, 6, 7, 8, 9, 10};
14
15        // create an instance of the NumberPredicate delegate type using an
16        // implicit lambda expression
17        NumberPredicate evenPredicate = number => number % 2 == 0;
18
19        // call a lambda expression through a variable
20        Console.WriteLine(
21           $"Use a lambda-expression variable: {evenPredicate(4)}");
22
23        // filter the even numbers using a lambda expression
24        List<int> evenNumbers = FilterArray(numbers, evenPredicate);
25
26        // display the result
27        DisplayList("Use a lambda expression to filter even numbers: ",
28           evenNumbers);
29
30        // filter the odd numbers using an explicitly typed lambda
31        // expression
32        List<int> oddNumbers =
33           FilterArray(numbers, (int number) => number % 2 == 1);
```

图 21.7 使用 lambda 表达式

```
34
35          // display the result
36          DisplayList("Use a lambda expression to filter odd numbers: ",
37              oddNumbers);
38
39          // filter numbers greater than 5 using an implicit lambda statement
40          List<int> numbersOver5 =
41              FilterArray(numbers, number => {return number > 5;});
42
43          // display the result
44          DisplayList("Use a lambda expression to filter numbers over 5: ",
45              numbersOver5);
46      }
47
48      // select an array's elements that satisfy the predicate
49      private static List<int> FilterArray(
50          int[] intArray, NumberPredicate predicate)
51      {
52          // hold the selected elements
53          var result = new List<int>();
54
55          // iterate over each element in the array
56          foreach (var item in intArray)
57          {
58              // if the element satisfies the predicate
59              if (predicate(item))
60              {
61                  result.Add(item); // add the element to the result
62              }
63          }
64
65          return result; // return the result
66      }
67
68      // display the elements of a List
69      private static void DisplayList(string description, List<int> list)
70      {
71          Console.Write(description); // display the output's description
72
73          // iterate over each element in the List
74          foreach (int item in list)
75          {
76              Console.Write($"{item} "); // print item followed by a space
77          }
78
79          Console.WriteLine(); // add a new line
80      }
81  }
```

```
Use a lambda expression variable: True
Use a lambda expression to filter even numbers: 2 4 6 8 10
Use a lambda expression to filter odd numbers: 1 3 5 7 9
Use a lambda expression to filter numbers over 5: 6 7 8 9 10
```

图 21.7(续)　使用 lambda 表达式

21.9.1　表达式 lambda

第 17 行的 lambda 表达式：

number => number % 2 == 0

从一个参数表(这里为 number)开始。参数表后面是 lambda 运算符 "=>" 和一个表示 lambda 体的表达式。第 17 行的 lambda 表达式用 "%" 运算符判断参数的 number 值是否为偶数。表达式产生的值(如果 number 为偶数则返回 true，否则返回 false)由 lambda 表达式隐式地返回。第 17 行中的 lambda 表达式称为表达式 lambda (expression lambda)，因为在 lambda 运算符的右边，只有一个简单的表达式。注意，我们没有指定 lambda 表达式的返回类型，返回类型可以从返回值推出，或者在某些情况下，也可由代理的返回类型推出。第 17 行的 lambda 表达式等价于图 21.6 定义的 IsEven 方法。

注意，C# 6 的表达式方法使用与表达式 lambda 类似的语法，它也包含一个 lambda 运算符 "=>"。

21.9.2 将 lambda 表达式赋予代理变量

图 21.7 第 17 行中，lambda 表达式的结果被赋予一个 NumberPredicate 类型的变量——第 9 行中声明的代理类型。代理可以是一个 lambda 表达式的引用。和传统方法一样，用 lambda 表达式定义的方法必须具有与代理类型兼容的签名。NumberPredicate 代理可以保存接收 int 实参且返回布尔值的任何方法的引用。这样，编译器可以推断出第 17 行的 lambda 表达式定义一个方法，隐式地带一个 int 实参，并且返回方法体中表达式的布尔结果。

第 20~21 行显示调用第 17 行所定义的 lambda 表达式的结果。lambda 表达式是通过引用它的变量(evenPredicate)调用的。第 24 行将 evenPredicate 传递给 FilterArray 方法（第 49~66 行），它与图 21.6 中所用的方法相同，用 NumberPredicate 代理判断数组元素是否应放入结果中。第 27~28 行显示了过滤后的结果。

21.9.3 显式类型化 lambda 参数

lambda 表达式通常用作具有代理类型参数的方法的实参，而不是用于定义或者引用另一个方法，也不是用于定义一个引用 lambda 表达式的代理变量。第 32~33 行利用如下的 lambda 表达式选择数组中的奇数值元素：

```
(int number) => number % 2 == 1
```

这个 lambda 表达式的结果被直接传入 FilterArray 方法，隐式地保存在 NumberPredicate 代理参数中。

这个 lambda 表达式的输入参数 number 被显式地设置成 int 类型——有时，为了避免由于类型不明确而导致编译错误，需要这样做，尽管此处不会导致编译错误。指定 lambda 参数的类型，或者 lambda 表达式具有多个参数时，必须将参数表置于括号中，如第 33 行所示。这一行中的 lambda 表达式，与图 21.6 中定义的 IsOdd 方法等价。图 21.7 第 36~37 行，显示了过滤后的结果。

21.9.4 语句 lambda

第 40~41 行使用 lambda 表达式：

```
number => {return number > 5;}
```

查找数组中大于 5 的 int 值，并会保存结果。这个 lambda 表达式与图 21.6 中的 IsOver5 方法等价。

这个 lambda 表达式称为语句 lambda(statement lambda)，因为 lambda 运算符的右边包含语句块——位于花括号中的一条或者多条语句。这个 lambda 表达式的签名和 NumberPredicate 代理兼容，因为参数 number 的类型被推断为 int，并且 lambda 表达式中的语句返回布尔值。有关语句 lambda 的更多信息请参见：

```
https://msdn.microsoft.com/library/bb397687
```

21.10 函数式编程简介

至此，已经讲解了结构化编程、面向对象编程以及泛型编程等几种技术。尽管经常需要使用 .NET Framework 类和接口来执行各种任务，但是通常应当由希望完成的任务决定。

例如，假设要完成的任务是对一个名称为 values 的 int 数组中的元素值(数据源)求和。可以使用如下的代码：

```csharp
var sum = 0;

for (var counter = 0; counter < values.Length; ++counter)
{
    sum += values[counter];
}
```

这个循环精确地指定了如何将每一个数组元素的值累加到 sum 中——利用一条 for 迭代语句，一次处理一个元素，将它的值累加到 sum 中。这种技术称为外部迭代(external iteration)——程序(而不是库)指定了如何进行迭代，并且需要在一个单一的执行线程中，从头至尾依次访问每一个元素。为了执行上述任务，还需要创建两个变量(sum 和 counter)，随着迭代的执行，它们的值会不断变化。存在许多类似的、针对数组和集合的任务，比如显示数组元素、汇总掷骰子 60 000 000 次的点数情况、计算数组元素的平均值，等等。

外部迭代容易出错

外部迭代的一个问题，是即使在一个简单的循环中，也容易出现错误。可能出错的情形包括：

- 错误地初始化变量 sum。
- 错误地初始化控制变量 counter。
- 使用了不正确的循环继续条件。
- 错误地递增了控制变量 counter。
- 将数组中的元素值累加到 sum 时，计算错误。

内部迭代

利用函数式编程(functional programming)，就只需要指定希望完成的任务，而不必指定如何完成这项任务。后面将会看到，为了对数字型数据源(数组或者集合)的元素值求和，利用 LINQ 的功能，就可以这样说："这里有一个数据源，请提供它的元素值的和"。这样做，无须指定如何迭代遍历元素，也不必声明和使用任何会随时变化的变量。这称为内部迭代(internal iteration)，因为库代码(在幕后)迭代遍历了所有的元素[①]。

函数式编程的一个重要方面，是它的不变性(immutability)——不会修改所处理的数据源或者其他的程序声明，比如循环中的计数器控制变量。利用内部迭代，就可以消除由于错误地修改数据而导致的那些程序错误。这就使编写正确的代码变得更容易了。

过滤、映射和聚合

对数据集进行的常见函数式编程操作有三种：过滤(filter)、映射(map)和聚合(reduce)。

- 过滤操作得到的新集合，只包含满足某个条件的那些元素。例如，可以将一个 int 集合过滤成只包含偶整数值，也可以将一个大公司中的 Employee 集合过滤成只包含某个部门的员工。过滤操作不会修改原始集合。
- 映射操作得到的新集合，是将原始集合中的每一个元素映射成一个新值(类型可以不同)。例如，将数字型值映射成它的平方值。新集合的元素个数与原始集合相同。映射操作不会修改原始集合。
- 聚合操作是将集合中的元素合并成一个新值，通常是利用一个 lambda 表达式来指定如何合并元素。例如，对于一个包含 0~100 的 int 类型考试成绩的集合而言，可以将其聚合成一个通过了考试(成绩大于或者等于 60)的学生数量。聚合操作不会修改原始集合。

下一小节中将利用 Enumerable 类的 LINQ to Objects 扩展方法 Where、Select 和 Aggregate，分别演示这三种操作的用法。这些扩展方法对那些实现了 IEnumerable<T>接口的集合进行操作。

[①] 过去几十年中，系统开发人员已经熟悉了"做什么"与"如何做"的区别。开始时，需要定义需求文档，它指定了系统的目标。然后，开发人员利用各种工具(比如 UML)来设计系统，它确定的是如何构建系统，以满足需求。本书的在线章节中就开发了一个软件，它用于一个简化的 ATM 系统。首先给出的需求文档定义了该软件需要完成的功能。然后，利用 UML 来明确软件应当如何实现这些功能。最后，用 C#代码完成了这些功能的细节。

C#与函数式编程

尽管 C#最初不是被设计成一种函数式编程语言,但它的 LINQ 查询语法和 LINQ 扩展方法都支持函数式编程技术,比如内部迭代和不变性。此外,C# 6 的只读自动实现的属性,使得易于在 C#中定义不可变类型。我们希望在 C#以及其他流行的编程语言的后续版本中,可以包含更多的函数式编程功能,以使程序能够更方便地采用函数式风格。

21.11 用 LINQ 方法调用语法和 lambda 表达式进行函数式编程

第 9 章中讲解过 LINQ,演示了 LINQ 查询语法,还介绍过一些 LINQ 扩展方法。LINQ 查询语法能够完成的任务,也能够利用各种 LINQ 扩展方法和 lambda 表达式来实现。事实上,编译器会将 LINQ 查询语法翻译成对 LINQ 扩展方法的调用,而调用时的实参为 lambda 表达式。例如,图 9.2 第 21~24 行:

```csharp
var filtered =
    from value in values // data source is values
    where value > 4
    select value;
```

可以写成

```csharp
var filtered = values.Where(value => value > 4);
```

图 21.8 中的程序利用一个整数列表,演示了一种简单的函数式编程技术。

```csharp
 1   // Fig. 21.8: FunctionalProgramming.cs
 2   // Functional programming with LINQ extension methods and lambdas.
 3   using System;
 4   using System.Collections.Generic;
 5   using System.Linq;
 6
 7   namespace FilterMapReduce
 8   {
 9       class FunctionalProgramming
10       {
11           static void Main()
12           {
13               var values = new List<int> {3, 10, 6, 1, 4, 8, 2, 5, 9, 7};
14
15               Console.Write("Original values: ");
16               values.Display(); // call Display extension method
17
18               // display the Min, Max, Sum and Average
19               Console.WriteLine($"\nMin: {values.Min()}");
20               Console.WriteLine($"Max: {values.Max()}");
21               Console.WriteLine($"Sum: {values.Sum()}");
22               Console.WriteLine($"Average: {values.Average()}");
23
24               // sum of values via Aggregate
25               Console.WriteLine("\nSum via Aggregate method: " +
26                   values.Aggregate(0, (x, y) => x + y));
27
28               // sum of squares of values via Aggregate
29               Console.WriteLine("Sum of squares via Aggregate method: " +
30                   values.Aggregate(0, (x, y) => x + y * y));
31
32               // product of values via Aggregate
33               Console.WriteLine("Product via Aggregate method: " +
34                   values.Aggregate(1, (x, y) => x * y));
35
36               // even values displayed in sorted order
37               Console.Write("\nEven values displayed in sorted order: ");
38               values.Where(value => value % 2 == 0) // find even integers
39                   .OrderBy(value => value) // sort remaining values
40                   .Display(); // show results
41
```

图 21.8 利用 LINQ 扩展方法和 lambda 表达式进行函数式编程

```
42            // odd values multiplied by 10 and displayed in sorted order
43            Console.Write(
44               "Odd values multiplied by 10 displayed in sorted order: ");
45            values.Where(value => value % 2 != 0) // find odd integers
46               .Select(value => value * 10) // multiply each by 10
47               .OrderBy(value => value) // sort the values
48               .Display(); // show results
49
50            // display original values again to prove they were not modified
51            Console.Write("\nOriginal values: ");
52            values.Display(); // call Display extension method
53         }
54      }
55
56      // declares an extension method
57      static class Extensions
58      {
59         // extension method that displays all elements separated by spaces
60         public static void Display<T>(this IEnumerable<T> data)
61         {
62            Console.WriteLine(string.Join(" ", data));
63         }
64      }
65   }
```

```
Original values: 3 10 6 1 4 8 2 5 9 7

Min: 1
Max: 10
Sum: 55
Average: 5.5

Sum via Aggregate method: 55
Sum of squares via Aggregate method: 385
Product via Aggregate method: 3628800

Even values displayed in sorted order: 2 4 6 8 10
Odd values multiplied by 10 displayed in sorted order: 10 30 50 70 90

Original values: 3 10 6 1 4 8 2 5 9 7
```

图 21.8(续)　利用 LINQ 扩展方法和 lambda 表达式进行函数式编程

Display 扩展方法

这个示例中，显示各种操作的结果时，使用的都是程序中定义的扩展方法 Display，它是在静态类 Extensions 中定义的(第 57~64 行)。这个方法利用了 string 方法 Join，将 IEnumerable<T>实参中用空格分隔的元素拼接起来。

注意，在 Main 的开始和结尾处，当对 values 集合直接调用 Display 方法时(第 16 行和第 52 行)，会以相同的顺序显示同样的值。这两个输出结果证实了在 Main 中执行的各种函数式编程操作(见 21.11.1 节~21.11.4 节的讨论)不会修改原始 values 集合的内容。

21.11.1　LINQ 扩展方法 Min、Max、Sum 和 Average

Enumerable 类(位于 System.Linq 命名空间)的各种 LINQ 扩展方法，用于常见的聚合操作，包括：

- Min 方法(第 19 行)返回集合中的最小值。
- Max 方法(第 20 行)返回集合中的最大值。
- Sum 方法(第 21 行)返回集合中所有元素的和值。
- Average 方法(第 22 行)返回集合中所有元素的平均值。

迭代和改变值的操作是隐藏的

注意，对于第 19~22 行中的每一种聚合操作：

- 只简单地指明了希望得到的是什么，而没有指出如何得到它——程序中没有给出迭代的细节。
- 没有使用可变变量来执行这些操作。

- 没有改动 values 集合(由第 52 行的输出确认)。

事实上，LINQ 操作根本不会改动程序中的原始集合或者任何变量——这是函数式编程的一个主要特性。当然，在幕后是需要进行迭代操作且需要可变变量的：

- 全部 4 个扩展方法都会迭代遍历集合，并且必须记住它们正在处理的元素的位置。
- 对集合进行迭代时，Min 和 Max 方法必须保存当前的最小和最大项，而 Sum 和 Average 方法必须记住已经处理过的元素的和值——所有这些操作，都要求有一个其值不断变化的局部变量(它对程序员是隐藏的)。

21.11.2 节~21.11.4 节中的其他操作同样要求迭代操作和可变变量。不过，这些细节是由库去处理的，库已经被彻底调试和测试过了。为了查看 LINQ 扩展方法(如 Min、Max、Sum 和 Average)是如何实现这些概念的，可查看 .NET 源代码中的 Enumerable 类，网址为

```
https://github.com/dotnet/corefx/tree/master/src/System.Linq/src/
    System/Linq
```

Enumerable 类已经被分割成许多部分类——在文件 Min.cs、Max.cs、Sum.cs 和 Average.cs 中，可分别找到 Min、Max、Sum 和 Average 方法的定义。

21.11.2 用于聚合操作的 Aggregate 扩展方法

利用 LINQ 扩展方法 Aggregate，可以自定义聚合方法。例如，第 25~26 行中对 Aggregate 方法的调用，就是对 values 的元素值求和。这个 Aggregate 版本接收两个实参：

- 第一个实参(0)是用于帮助开始聚合操作的一个值。当对集合元素求和时，这个实参的值为 0。稍后就会看到，用值 1 可以计算元素相乘的结果。
- 第二个实参是 Func 类型(位于 System 命名空间)的一个代理。这个代理表示接收两个同类型实参的一个方法，它返回一个值——存在 Func 类型的许多版本，它们分别指定任意类型的 0~16 个实参。此处传递的是下面这个 lambda 表达式，它返回两个实参的和值：

    (x, y) => x + y

对于集合中的每一个元素，Aggregate 方法都会调用这个 lambda 表达式。

- 首次调用这个表达式时，参数 x 的值是 Aggregate 的第一个实参值(0)，参数 y 的值是 values 中的第一个 int 值(3)，得到的结果为 3 (0 + 3)。
- 后续对这个 lambda 表达式的每一次调用，都会将上一次调用的结果作为它的第一个实参值，而第二个实参为集合中的下一个元素的值。第二次调用它时，参数 x 的值是第一次计算得到的结果(3)，而参数 y 的值是 values 中的第二个 int 值(10)，得到和值 13 (3 + 10)。
- 第三次调用它时，参数 x 的值是前一次计算得到的结果(13)，而参数 y 的值是 values 中的第三个 int 值(6)，得到和值 19 (13 + 6)。

这个过程会一直持续，直到集合中的所有元素都用完。这时，所得到的最终和值会由 Aggregate 方法返回。需再次注意，这个过程中没有使用任何可变变量，并且没有改动原始的 values 集合。

用 Aggregate 方法计算值的平方和

第 29~30 行利用 Aggregate 方法，计算 values 元素值的平方和。此处的 lambda 表达式为

    (x, y) => x + y * y

它会将当前元素的平方值累加到总和中。计算过程如下所示：

- 首次调用这个表达式时，参数 x 的值是 Aggregate 的第一个实参值(0)，参数 y 的值是 values 中的第一个 int 值(3)，得到的结果为 9 (0 + 3^2)。

- 第二次调用它时,参数 x 的值是首次计算得到的结果(9),而参数 y 的值是 values 中的第二个 int 值(10),得到和值 $109(9 + 10^2)$。
- 第三次调用它时,参数 x 的值是前一次计算得到的结果(109),而参数 y 的值是 values 中的第三个 int 值(6),得到和值 $145(109 + 6^2)$。

这个过程会一直持续,直到集合中的所有元素都用完。这时,所得到的最终和值会由 Aggregate 方法返回。需再次注意,这个过程中没有使用任何可变变量,并且原始的 values 集合没有改动。

用 Aggregate 方法计算值的乘积

第 33~34 行利用 Aggregate 方法,计算 values 元素值的乘积。lambda 表达式:

    (x, y) => x * y

将两个实参值相乘。由于计算的是元素的乘积,所以需从值 1 开始。计算过程如下所示:

- 首次调用这个表达式时,参数 x 的值是 Aggregate 的第一个实参值(1),参数 y 的值是 values 中的第一个 int 值(3),得到的结果为 3(1×3)。
- 第二次调用它时,参数 x 的值是首次计算得到的结果(3),而参数 y 的值是 values 中的第二个 int 值(10),得到和值 30(3×10)。
- 第三次调用它时,参数 x 的值是前一次计算得到的结果(30),而参数 y 的值是 values 中的第三个 int 值(6),得到和值 180(30×6)。

这个过程会一直持续,直到集合中的所有元素都用完。这时,所得到的最终乘积值会由 Aggregate 方法返回。需再次注意,这个过程中没有使用任何可变变量,并且原始的 values 集合没有改动。

21.11.3 用于过滤操作的 Where 扩展方法

第 38~40 行过滤出 values 中的偶整数,按升序排序并显示结果。过滤元素、得到匹配某个条件的新结果集的表达式称为谓词(predicate)。LINQ 扩展方法 Where(第 38 行)的实参为表示一个方法的 Func 代理,该方法接收一个实参并返回一个布尔值,表明是否应将某个元素包含在由 Where 方法返回的集合中。

第 38 行中的 lambda 表达式:

    value => value % 2 == 0

接收一个值并返回一个布尔值,表明该值是否满足谓词的条件——所接收的值是否能够被 2 整除。

排序结果

OrderBy 扩展方法接收一个 Func 代理实参,该代理表示的方法,接收一个参数并返回一个值,用于排序结果。第 39 行的 lambda 表达式:

    value => value

只是用于返回它的实参值,OrderBy 用它来按升序排序这些值。如果希望采用降序排序,则应使用 OrderByDescending。需再次注意,过滤和排序集合的过程中没有使用任何可变变量,并且原始的 values 集合没有改动。

延迟执行

对 Where 和 OrderBy 的调用,采用了 9.5.2 节中探讨过的延迟执行技术——只有迭代完结果之后,才会执行对它们的调用。第 38~40 行中,延迟发生在调用 Display 扩展方法的时刻(第 40 行)。这意味着可以将这种操作保存在一个变量中,以备后用,即

```
var evenIntegers =
    values.Where(value => value % 2 == 0) // find even integers
        .OrderBy(value => value); // sort remaining values
```

可以在以后通过迭代 evenIntegers 执行这个操作。每次执行它时，保存在 values 的当前元素都会被过滤和排序。因此，如果在集合中添加了更多的偶整数，则当迭代 evenIntegers 时，它们就会出现在结果中。

21.11.4 用于映射操作的 Select 扩展方法

第 45~48 行过滤出 values 中的奇整数，将它的值乘以 10，然后以升序排序并显示结果。此处采用的新特性，是将每一个值乘以 10 的映射操作。映射可将集合中的元素值转换成新值，新值的类型可以与原始元素的类型不同。

LINQ 扩展方法 Select 接收的实参为一个 Func 代理，该代理表示的方法接收一个实参，并将它映射成一个新值(类型可能不同)，新值会被包含在由 Select 方法返回的集合中。第 46 行中的 lambda 表达式：

```
value => value * 10
```

将它的 value 实参值乘以 10，然后映射成一个新值。第 47 行对结果排序。对 Select 的调用会被延迟执行，直到迭代完结果——调用 Display 扩展方法的那一刻(第 48 行)。需再次注意，映射集合元素的过程中，没有使用任何可变变量，并且原始的 values 集合没有改动。

21.12 PLINQ：提升 LINQ to Objects 在多核处理器上的性能

如今的计算机，基本上都具备 4 核或者 8 核处理器，而未来的计算机将具备更多核的处理器。在不同的操作系统任务以及某一刻正在运行的多个程序中，计算机的操作系统会共享这些核。

线程

利用线程(thread)，可以使操作系统并行地执行一个程序的不同部分。例如，当图形用户界面线程(常称为 GUI 线程)等待用户与 GUI 控件交互时，同一个程序中的另一个线程可以执行其他任务(如复杂的计算、下载视频文件、播放音乐、发送 E-mail 等)。尽管所有这些任务可以并行地执行，但它们是通过共享一个处理器核来实现的。

共享处理器

利用多核处理器，多个程序可以真正地在不同的核上并行地操作(即同步操作)。此外，操作系统还允许一个程序的多个线程在不同的核上真正并行地执行，以便尽可能地提升程序的性能。利用多核处理器并行功能的程序和算法，实现起来比较困难且容易出错，尤其对那些需要共享数据的任务而言，这些数据有可能被一个或者多个任务改动。

PLINQ(并行 LINQ)

21.10 节中提到过函数式编程和内部迭代的一个好处，是库代码会(在幕后)迭代遍历集合的所有元素来执行任务。另一个好处是，可以很容易地要求库去执行并行处理的任务，以利用处理器的多核功能。这就是 PLINQ(并行 LINQ)的用途——LINQ to Objects 扩展方法的一种实现方式，这些方法将它们的操作并行化，以提高性能。PLINQ 会负责处理将任务分解成多个小块以并行执行时可能出现的错误，并且会协调各个小任务的结果，从而能够方便地编写出利用多核处理器的高性能程序。

演示 PLINQ 的用法

图 21.9 中的程序演示了 LINQ to Objects 以及 PLINQ 扩展方法 Min、Max 和 Average 对 10 000 000 个元素的随机 int 值数组进行操作的情况。这个数组在第 13~15 行创建。利用 LINQ to Objects，这些操作的 PLINQ 版本不会修改原始集合的值。程序中对这些操作的执行时间进行了记录，表明与(使用单一核的)LINQ to Objects 相比，使用多核的 PLINQ 的性能有很大的提升。后面的讲解中，会将 LINQ to Objects 简写成 LINQ。

```csharp
 1  // Fig. 21.9: ParallelizingWithPLINQ.cs
 2  // Comparing performance of LINQ and PLINQ Min, Max and Average methods.
 3  using System;
 4  using System.Linq;
 5
 6  class ParallelizingWithPLINQ
 7  {
 8     static void Main()
 9     {
10        var random = new Random();
11
12        // create array of random ints in the range 1-999
13        int[] values = Enumerable.Range(1, 10000000)
14                                 .Select(x => random.Next(1, 1000))
15                                 .ToArray();
16
17        // time the Min, Max and Average LINQ extension methods
18        Console.WriteLine(
19           "Min, Max and Average with LINQ to Objects using a single core");
20        var linqStart = DateTime.Now; // get time before method calls
21        var linqMin = values.Min();
22        var linqMax = values.Max();
23        var linqAverage = values.Average();
24        var linqEnd = DateTime.Now; // get time after method calls
25
26        // display results and total time in milliseconds
27        var linqTime = linqEnd.Subtract(linqStart).TotalMilliseconds;
28        DisplayResults(linqMin, linqMax, linqAverage, linqTime);
29
30        // time the Min, Max and Average PLINQ extension methods
31        Console.WriteLine(
32           "\nMin, Max and Average with PLINQ using multiple cores");
33        var plinqStart = DateTime.Now; // get time before method calls
34        var plinqMin = values.AsParallel().Min();
35        var plinqMax = values.AsParallel().Max();
36        var plinqAverage = values.AsParallel().Average();
37        var plinqEnd = DateTime.Now; // get time after method calls
38
39        // display results and total time in milliseconds
40        var plinqTime = plinqEnd.Subtract(plinqStart).TotalMilliseconds;
41        DisplayResults(plinqMin, plinqMax, plinqAverage, plinqTime);
42
43        // display time difference as a percentage
44        Console.WriteLine("\nPLINQ took " +
45           $"{((linqTime - plinqTime) / linqTime):P0}" +
46           " less time than LINQ");
47     }
48
49     // displays results and total time in milliseconds
50     static void DisplayResults(
51        int min, int max, double average, double time)
52     {
53        Console.WriteLine($"Min: {min}\nMax: {max}\n" +
54           $"Average: {average:F}\nTotal time in milliseconds: {time:F}");
55     }
56  }
```

```
Min, Max and Average with LINQ to Objects using a single core
Min: 1
Max: 999
Average: 499.96
Total time in milliseconds: 179.03

Min, Max and Average with PLINQ using multiple cores
Min: 1
Max: 999
Average: 499.96
Total time in milliseconds: 80.99

PLINQ took 55 % less time than LINQ
```

图 21.9 LINQ 和 PLINQ 的 Min、Max 和 Average 方法的性能对比

```
Min, Max and Average with LINQ to Objects using a single core
Min: 1
Max: 999
Average: 500.07
Total time in milliseconds: 152.13

Min, Max and Average with PLINQ using multiple cores
Min: 1
Max: 999
Average: 500.07
Total time in milliseconds: 89.05

PLINQ took 41 % less time than LINQ
```

图 21.9(续)　LINQ 和 PLINQ 的 Min、Max 和 Average 方法的性能对比

利用 Enumerable 类的 Range 方法，产生一定范围内的 int 值

利用函数式编程技术，第 13~15 行创建了一个包含 10 000 000 个随机 int 值的数组。Enumerable 类提供一个静态方法 Range，它产生一个包含整数值的 IEnumerable<int>对象。表达式：

```
Enumerable.Range(1, 10000000)
```

得到的 IEnumerable<int>对象包含的值范围为 1~10 000 000——第一个实参指定范围内的起始值，第二个实参指定值的个数。接下来，第 14 行利用 LINQ 扩展方法 Select，将每一个元素映射成 1~999 内的整数。lambda 表达式：

```
x => random.Next(1, 1000)
```

会忽略它的参数 x，它返回的随机值，会成为 Select 方法返回的 IEnumerable<int>值的一部分。最后，第 15 行调用扩展方法 ToArray，它返回的 int 数组包含由 Select 操作得到的元素。注意，Enumerable 类还提供扩展方法 ToList，它的结果是一个 List<T>而不是数组。

LINQ 的 Min、Max 和 Average 方法

为了计算 LINQ 的 Min、Max 和 Average 扩展方法调用所需要的总时间，利用了 DateTime 类型的 Now 属性，取得 LINQ 操作之前(第 20 行)和之后(第 24 行)的当前时间。第 21~23 行对数组 values 执行 Min、Max 和 Average 计算。第 27 行使用 DateTime 方法 Subtract，计算两个时间的差值，返回的结果是一个 TimeSpan 对象。然后，将 TimeSpan 的 TotalMilliseconds 值保存起来，以供后面计算 PLINQ 相比 LINQ 的性能提升百分比时使用。

PLINQ 的 Min、Max 和 Average 方法

第 33~41 行执行与第 20~28 行相同的任务，但使用的是 PLINQ 的 Min、Max 和 Average 扩展方法调用，以演示与 LINQ 相比的性能提升度。为了初始化并行处理的过程，第 34~36 行调用了 IEnumerable<T>扩展方法 AsParallel(来自 ParallelEnumerable 类)，它返回一个 ParallelQuery<T>对象(这里的 T 为 int)。实现了 ParallelQuery<T>的对象，可以用于那些 LINQ 扩展方法的 PLINQ 并行版本。ParallelEnumerable 类定义了几个 ParallelQuery<T>并行版本(PLINQ)，还定义了几个 PLINQ 特有的扩展方法。有关 ParallelEnumerable 类中定义的扩展方法的更多信息，可访问：

https://msdn.microsoft.com/library/system.linq.parallelenumerable

性能差异

第 44~46 行，计算并显示 PLINQ 与 LINQ 相比在处理时间上的百分比提升度。从输出可以看出，PLINQ(通过 AsParallel)的处理时间有极大的提升——执行时间分别减少了 55%和 41%。将这个程序运行多次(最多使用三核)，所节省的处理时间通常为 41%~55%，但有一次达到了 61%。所节省的平均时间受处理器核数量的影响，也与计算机上正在运行的其他程序相关。

21.13 （选修）泛型类型的协变和逆变

C#支持泛型接口和代理类型的协变(covariance)和逆变(contravariance)。可以将这些概念放到数组的环境中去考虑。在 C#中，数组总是具有协变性和逆变性的。

数组中的协变

回忆 12.5 节中的 Employee 类层次，它由基类 Employee 和派生类 SalariedEmployee、HourlyEmployee、CommissionEmployee、BasePlusCommissionEmployee 组成的。假设有如下声明：

```
SalariedEmployee[] salariedEmployees = {
    new SalariedEmployee("Bob", "Blue", "111-11-1111", 800M),
    new SalariedEmployee("Rachel", "Red", "222-22-2222", 1234M) };
Employee[] employees;
```

可以编写如下的语句：

```
employees = salariedEmployees;
```

尽管数组类型 SalariedEmployee[ ]没有从数组类型 Employee[ ]派生，但前面的赋值是允许的，因为 SalariedEmployee 类派生自 Employee 类。

类似地，如果存在下面的这个方法，它显示 employees 数组参数中每个 Employee 的 string 表示：

```
void PrintEmployees(Employee[] employees)
```

则可以用 SalariedEmployees 数组调用这个方法，即

```
PrintEmployees(salariedEmployees);
```

而方法会正确地显示这个实参数组中每一个 SalariedEmployee 对象的 string 表示。将一个派生类类型的数组赋予一个基类类型的数组变量，就是协变的一个例子。

泛型类型中的协变

协变可用于几个泛型接口和代理类型，包括 IEnumerable<T>。数组和泛型集合实现了 IEnumerable<T>接口。利用前面声明的 salariedEmployees 数组，考虑如下的语句：

```
IEnumerable<Employee> employees = salariedEmployees;
```

在 C#以前的版本中，这会导致编译错误。现在，IEnumerable<T>接口是协变的，因此编写这样的语句是允许的。如果将 PrintEmployees 方法修改成

```
void PrintEmployees(IEnumerable<Employee> employees)
```

则可以用数组 SalariedEmployee 对象调用 PrintEmployees 方法，因为这个数组实现了 IEnumerable<SalariedEmployee>接口，SalariedEmployee "是"一个 Employee，而且 IEnumerable<T>是协变的。类似这样的协变，只能用于与类层次相关的引用类型。

数组中的逆变

前面讲解过，可以将一个派生类类型(salariedEmployees)的数组，赋予一个基类类型(employees)的数组变量。现在考虑下面的语句，在 C#中它总是可以编译的：

```
SalariedEmployee[] salariedEmployees2 =
    (SalariedEmployee[]) employees;
```

从这条语句可知，现在 Employee 数组变量 employees 引用的是一个 SalariedEmployee 数组。利用强制转换运算符，将 employees(基类类型元素的数组)赋予 salariedEmployees2(派生类类型元素的数组)，这就是逆变的例子。如果 employees 不是一个 SalariedEmployee 数组，则在运行时前面的强制转换操作会失败。

泛型类型中的逆变

为了理解泛型类型中的逆变，考虑 SalariedEmployee 的一个 SortedSet。SortedSet<T>类包含一组排

好序的对象，并且不允许出现重复值。位于 SortedSet 中的对象必须实现 IComparable<T>接口。对于没有实现这个接口的类，可以利用实现了 IComparer<T>接口的对象来比较类中的对象。这个接口的 Compare 方法比较它的两个实参，如果两个对象相等，则返回 0；如果第一个对象小于第二个，则返回一个负整数；如果第一个对象大于第二个，则返回一个正整数。

Employee 类层次中的类没有实现 IComparable<T>接口。假设我们希望用社会保障号排序 Employee，则可以实现如下的类来比较任意两个 Employee：

```
class EmployeeComparer : IComparer<Employee>
{
    int IComparer<Employee>.Compare(Employee a, Employee b)
    {
        return a.SocialSecurityNumber.CompareTo(
            b.SocialSecurityNumber);
    }
}
```

利用 string 方法 CompareTo，Compare 方法返回比较两个 Employee 社会保障号的结果。

现在考虑下面的语句，它创建了一个 SortedSet：

```
SortedSet<SalariedEmployee> set =
    new SortedSet<SalariedEmployee>(new EmployeeComparer());
```

如果类型实参没有实现 IComparable<T>接口，则必须使用一个合适的 IComparer<T>对象来比较将放入 SortedSet 中的对象。由于是在创建一个 SalariedEmployee 类的 SortedSet，所以编译器期待一个 IComparer<T>对象来实现 IComparer<SalariedEmployee>接口。此处提供的就是一个实现了 IComparer<Employee>接口的对象。编译器允许为需要派生类类型 IComparer 的地方提供基类类型 IComparer，因为 IComparer<T>接口支持逆变。

Web 资源

如果想更多地了解协变和逆变接口类型，可访问：

  https://msdn.microsoft.com/library/dd799517#VariantList

还可以自己创建支持协变和逆变的类型。更多信息，请访问：

  https://msdn.microsoft.com/library/mt654058

21.14　小结

本章讲解了 .NET Framework 中那些预包装的集合类。提供了大多数集合类都实现的接口层次，概述了许多类的实现过程。还讲解了枚举器，它使得程序能够迭代遍历集合。

本章探讨了几个专门用于集合的 .NET Framework 命名空间，包含用于面向对象集合的 System.Collections，用于泛型集合的 System.Collections.Generic，比如 List<T>、LinkedList<T>、Dictionary<K,V> 和 SortedDictionary<K,V>类，它们保存创建集合时所指定的类型的对象。还提到了 System.Collections.Concurrent 命名空间中包含的线程安全泛型集合，它们用于多线程程序中，而 System.Collections.Specialized 命名空间中包含的集合针对特定的情况（如处理比特集合）进行了优化。

本章分析了如何用 Array 类执行数组操作。本章中再次探讨了引用方法的代理，也讲解了 lambda 表达式，用它定义的匿名方法可以使用代理。还关注了如何利用 lambda 表达式，将方法引用传递给指定了代理参数。

本章简要描述了函数式编程，展示了如何用它来更精简地编写代码，并且编写出的程序具有更少的 bug。特别地，本章使用了 LINQ 扩展方法和 lambda 表达式，实现了对值列表进行的函数式操作。

第 22 章将开始数据库的讨论，数据库将数据组织成能被快速选择和更新的方式。我们将介绍 ADO.NET Entity Framework（实体框架）和 LINQ to Entities，用它们编写的 LINQ 查询可用于查询数据库。

第 21 章 泛型集合以及 LINQ/PLINQ 函数式编程

摘要

21.1 节 简介
- .NET Framework 提供的预包装的数据结构类称为集合类，它们保存的是数据的集合。
- 利用集合类，程序员可以不创建数据结构，而只需使用现有的数据结构来保存一组项，并且不必考虑这些数据结构是如何实现的。

21.2 节 集合概述
- .NET Framework 集合提供了常见数据结构的高性能、高质量的实现，并使得软件能够复用。
- 在 C# 的早期版本中，.NET Framework 主要在 System.Collections 命名空间中提供集合类，用于保存和操作对象引用。
- .NET Framework 的 System.Collections.Generic 命名空间中包含的集合类利用了 .NET 的泛型能力。

21.3 节 Array 类和枚举器
- 所有的数组都隐式地继承自抽象基类 Array（位于 System 命名空间）。

21.3.1 节 C# 6 的 using static 指令
- 利用 C# 6 的 using static 指令，不通过完全限定名就可以访问类的静态成员。

21.3.3 节 Array 方法 Sort
- Array 类的静态方法 Sort 可用于排序数组。

21.3.4 节 Array 方法 Copy
- Array 类的静态方法 Copy 可将一个数组中的元素复制到另一个数组中。

21.3.5 节 Array 方法 BinarySearch
- Array 类的静态方法 BinarySearch 对数组执行二分搜索。这个方法要求数组为已排序数组。

21.3.6 节 Array 方法 GetEnumerator 和 IEnumerator 接口
- 集合的 GetEnumerator 方法返回一个能够对集合迭代的枚举器。
- 所有的枚举器都具有 MoveNext 方法、Reset 方法和 Current 属性。
- MoveNext 方法将枚举器移到集合中的下一个元素。如果集合中至少还有一个元素，则 MoveNext 方法返回 true，否则返回 false。
- 只读属性 Current 返回集合中当前位置的那个对象。

21.3.7 节 用 foreach 语句迭代集合
- foreach 语句通过 GetEnumerator 方法隐式地包含一个枚举器，而且可以使用枚举器的 MoveNext 方法和 Current 属性遍历集合。这种能力适用于实现了 IEnumerable 接口的任何集合，而不仅仅是数组。

21.3.8 节 Array 方法 Clear、IndexOf、LastIndexOf 和 Reverse
- Array 类的静态方法 Clear 将一定范围的元素值设置为 0、false 或 null。
- Array 类的静态方法 IndexOf 找到数组或数组的一部分中对象第一次出现的位置。
- Array 类的静态方法 LastIndexOf 找到数组或数组的一部分中对象最后一次出现的位置。
- Array 类的静态方法 Reverse 颠倒数组或数组的一部分的内容。

21.4 节 字典集合
- 字典是键/值对的集合。哈希表是实现字典的方法之一。

21.4.1 节 字典概述
- 哈希法是一种将键转换成唯一数组索引的高速模式。

21.4.2 节 使用 SortedDictionary 集合
- 泛型类 SortedDictionary 不使用哈希表，而是将键/值对保存在二叉搜索树中。
- 泛型类 SortedDictionary 带两个类型实参，第一个指定键的类型，第二个指定值的类型。
- ContainsKey 方法判断指定的键是否位于字典中。
- SortedDictionary 方法 Add 可以创建字典中的一个新项，它的键为第一个实参，值为第二个实参。
- SortedDictionary 的索引器可用于获取或者设置键所对应的值。
- 利用 SortedDictionary 的 Keys 属性，可以获得包含所有键的一个 ICollection<T>对象。
- 如果对 SortedDictionary 使用 foreach 语句，则迭代变量就是 KeyValuePair 类型的，它的 Key 属性和 Value 属性分别用于取得当前元素的键和值。
- 用集合中不存在的键调用 SortedDictionary 索引器的 get 访问器，会导致 KeyNotFoundException 异常。

21.5 节 泛型 LinkedList 集合
- LinkedList 类是一个双向链表，可以对泛型类 LinkedListNode 的节点进行前向或后向导航。
- 每一个节点都具有 Value 属性和 Previous、Next 只读属性。
- LinkedList 类的枚举器会对节点的值循环，而不是对节点本身循环。
- 一个 LinkedListNode 不能是多个 LinkedList 的成员。将来自于某个 LinkedList 的节点添加到另一个 LinkedList 时，会导致 InvalidOperationException 异常。
- Find 方法对链表执行线性搜索，返回包含实参所传递值的第一个节点。
- Remove 方法会删除 LinkedList 中的一个节点。

21.6 节 C# 6 的 null 条件运算符 "?[ ]"
- C# 6 提供了另一个 null 条件运算符 "?[ ]"，用于支持 "[ ]" 索引运算符的数组和集合。
- 在访问数组或者集合的元素之前，"?[ ]" 运算符判断对数组或者集合的引用是否为空。

21.7 节 C# 6 的字典和集合初始值设定项
- C# 6 的索引初始值设定项语法可用来初始化字典中的键/值对，如下所示：

```
var variableName = new Dictionary<TypeOfKey, TypeOfValue>{
    [key1] = value1,
    [key2] = value2,
    [key3] = value3
};
```

- C# 6 中，对于具有 Add 扩展方法的任何集合，编译器还支持集合初始值设定项。

21.8 节 代理
- 代理就是保存方法引用的一个对象。
- 通过代理，可以将方法赋予一个变量，还可以使方法之间能够彼此传递。也可以通过代理类型的变量调用方法。
- 编译器会将 LINQ 查询转换成对扩展方法的调用——这些方法多数都具有代理参数。

21.8.1 节 声明代理类型
- 声明代理类型时，在方法首部前面放上关键字 delegate（位于任何访问修饰符之后，比如 public 或 private），后接方法首部和一个分号。
- 代理类型声明只包括方法首部——首部只是简单描述一组具有特定参数和特定返回类型的方法。

第 21 章 泛型集合以及 LINQ/PLINQ 函数式编程

21.8.2 节 声明代理变量
- 代理变量可以引用具有相应签名的任何方法。

21.8.3 节 代理参数
- 代理的真正强大之处，在于可以将方法引用作为实参传入其他方法。

21.8.4 节 将方法名称直接传递给代理参数
- 可以将方法名称直接传递给代理参数，而不必首先将其赋予一个代理变量。

21.9 节 lambda 表达式
- lambda 表达式用于定义简单的匿名方法——方法不具有名称，并且其定义位于它被赋予代理的位置，或者位于作为代理参数传递的位置。
- 使用 lambda 表达式能够减小代码的规模，还可降低使用代理时的复杂性。

21.9.1 节 表达式 lambda
- 表达式 lambda 以一个参数表开始，后接一个 lambda 运算符 "=>" 和一个表示 lambda 体的表达式。
- 表达式产生的值会由 lambda 表达式隐式地返回。
- 表达式 lambda 在 lambda 运算符的右边有一个表达式。
- lambda 表达式的返回类型可以从返回值推定，或者在某些情况下，也可由代理的返回类型推定。

21.9.2 节 将 lambda 表达式赋予代理变量
- 代理能够引用一个 lambda 表达式，只要它的签名与代理类型兼容即可。
- lambda 表达式是通过引用它的变量调用的。

21.9.3 节 显式类型化 lambda 参数
- lambda 表达式通常用作具有代理类型参数的方法的实参，而不是用于定义或者引用另一个方法，也不是用于定义一个引用 lambda 表达式的代理变量。
- 可以明确地为 lambda 表达式的参数指定类型。
- 指定 lambda 参数的类型时，或者 lambda 表达式具有多个参数时，必须将参数表置于括号中。

21.9.4 节 语句 lambda
- 语句 lambda 包含的语句块，即位于 lambda 运算符右边花括号中的一条或者多条语句。

21.10 节 函数式编程简介
- 利用外部迭代，程序可以不用库来指定如何进行迭代。此外，需要在一个单一的执行线程中，从头至尾依次访问每一个元素。
- 外部迭代要求在执行迭代操作时，变量的值能够时刻变化。
- 外部迭代容易出错。
- 利用函数式编程，只需要指定希望完成的任务，而不必指定如何完成这项任务。
- 这样做，无须指定如何迭代遍历元素，也不必声明和使用任何会随时变化的变量。这称为内部迭代，因为库代码(在幕后)迭代遍历了所有的元素。
- 函数式编程的一个重要方面是它的不变性——不会修改所处理的数据源或者其他的程序声明，比如循环中的计数器控制变量。这可以消除由于错误地修改数据而导致的那些常见错误。
- 对数据集进行的常见函数式编程操作有三种：过滤、映射和聚合。
- 过滤操作得到的新集合只包含满足某个条件的那些元素。
- 映射操作得到的新集合是将原始集合中的每一个元素映射成一个新值(类型可以不同)。新集合的元素个数与原始集合相同。
- 聚合操作是将集合中的元素合并成一个新值，通常是利用一个 lambda 表达式来指定如何合并元素。

- 尽管 C#最初不是被设计成一种函数式编程语言，但它的 LINQ 查询语法和 LINQ 扩展方法都支持函数式编程技术，比如内部迭代和不变性。

21.11 节 用 LINQ 方法调用语法和 lambda 表达式进行函数式编程
- LINQ 查询语法能够完成的任务，也能够利用各种 LINQ 扩展方法和 lambda 表达式实现。
- 编译器会将 LINQ 查询语法翻译成对 LINQ 扩展方法的调用，而调用时的实参为 lambda 表达式。

21.11.1 节 LINQ 扩展方法 Min、Max、Sum 和 Average
- Enumerable 类（位于 System.Linq 命名空间）中定义了各种 LINQ to Objects 扩展方法。
- Min 方法返回集合中的最小值。
- Max 方法返回集合中的最大值。
- Sum 方法返回集合中所有元素的和值。
- Average 方法返回集合中所有元素的平均值。

21.11.2 节 用于聚合操作的 Aggregate 扩展方法
- 利用 LINQ 扩展方法 Aggregate，可以自定义聚合方法。
- 本章中给出的 Aggregate 方法的版本接收两个实参：一个值和一个 Func 代理（位于 System 命名空间），前者用于帮助开始聚合操作，后者是该代理表示的方法，该方法接收两个实参并返回一个值，并且指定了如何聚合实参。对于集合中的每一个元素，Aggregate 方法都会调用这个 lambda 表达式。
- 首次调用 lambda 表达式时，传递给它的是第一个实参和集合中的第一个元素值。后续对这个 lambda 表达式的每一次调用，都会将上一次调用的结果作为它的第一个实参值，而第二个实参为集合中的下一个元素的值。这个过程会一直持续，直到集合中的所有元素都被处理了，集合聚合成一个值。

21.11.3 节 用于过滤操作的 Where 扩展方法
- 过滤元素、得到匹配某个条件的新结果集的表达式称为谓词。
- LINQ 扩展方法 Where，其实参为表示一个方法的 Func 代理，该方法接收一个实参并返回一个布尔值，表明是否应将某个元素包含在由 Where 方法返回的集合中。
- OrderBy 扩展方法接收一个 Func 代理实参，该代理表示的方法接收一个参数（集合中的一个元素）并返回一个值，用于排序结果。
- 对 Where 和 OrderBy 的调用，采用延迟执行技术——只有迭代完结果之后，才会执行对它们的调用。

21.11.4 节 用于映射操作的 Select 扩展方法
- 映射可将集合中的元素值转换成新值，新值的类型可以与原始元素的类型不同。
- LINQ 扩展方法 Select 接收的实参为一个 Func 代理，该代理表示的方法接收一个实参（集合中的一个元素），并将它映射成一个新值（类型可能不同），新值会被包含在由 Select 方法返回的集合中。

21.12 节 PLINQ：提升 LINQ to Objects 在多核处理器上的性能
- 利用线程，使操作系统能够并行地执行一个程序的不同部分。
- 尽管所有这些任务可以并行地执行，但它们是通过共享一个处理器核来实现的。
- 利用多核处理器，多个程序可以真正地在不同的核上并行地操作。
- 操作系统还允许一个程序的多个线程在不同的核上真正并行地执行,以便尽可能地提升程序的性能。
- 利用多核处理器并行功能的程序和算法，实现起来比较困难且容易出错，尤其对那些需要共享数据的任务而言，这些数据有可能被一个或者多个任务改动。

- 函数式编程的另一个好处是，可以很容易地要求库去执行并行处理的任务，以利用处理器的多核功能。这就是 PLINQ（并行 LINQ）的用途——LINQ to Objects 扩展方法的一种实现方式，这些方法将它们的操作并行化，以提高性能。
- Enumerable 类提供一个静态方法 Range，它产生一个包含整数值的 IEnumerable<int>对象。第一个实参指定范围内的起始值，第二个实参指定值的个数。
- 扩展方法 ToArray 返回 IEnumerable<T>内容的数组表示。Enumerable 类还提供扩展方法 ToList，它的结果是一个 List<T>，而不是数组。
- DateTime 的 Now 属性可获得当前时间。
- DateTime 方法 Subtract 计算两个 DateTime 的差值，返回的结果是一个 TimeSpan 对象。
- TimeSpan 类型的 TotalMilliseconds 方法返回由 TimeSpan 对象表示的毫秒数。
- 为了初始化并行处理的过程，需调用 IEnumerable<T>扩展方法 AsParallel（来自 ParallelEnumerable 类），它返回一个 ParallelQuery<T>对象。
- 实现了 ParallelQuery<T>的对象，可以用于那些 LINQ 扩展方法的 PLINQ 并行版本。
- ParallelEnumerable 类定义了几个 LINQ to Objects 扩展方法的 ParallelQuery<T>并行版本（PLINQ），还定义了几个 PLINQ 特有的扩展方法。

21.13 节 （选修）泛型类型的协变和逆变
- C#支持泛型接口和代理类型的协变和逆变。
- 将一个派生类类型的数组赋予一个基类类型的数组变量，就是协变的一个例子。
- 协变可以用于几个泛型接口，包括 IEnumerable<T>。
- 泛型集合中的协变只能用于同一个类层次中的引用类型。
- 利用强制转换运算符，将基类类型元素的数组变量赋予派生类类型元素的数组变量，这就是逆变的例子。
- SortedSet 类包含一种排好序的对象，并且不允许出现重复值。
- 位于 SortedSet 中的对象，必须是可比较的，以确定它的排序顺序。如果类实现了 IComparable<T>接口，则该类的对象就是可比较的。
- 对于没有实现 IComparable<T>接口的类，可以利用实现了 IComparer<T>接口的对象来比较类中的对象。这个接口的 Compare 方法比较它的两个实参，如果两个对象相等，则返回 0；如果第一个对象小于第二个，则返回一个负整数；如果第一个对象大于第二个，则返回一个正整数。
- 为需要派生类类型 IComparer 的地方提供基类类型 IComparer 是允许的，因为 IComparer<T>接口支持逆变。

术语表

?[ ] null-conditional operator　null 条件运算符"?[ ]"
=> lambda operator　lambda 运算符"=>"
anonymous method　匿名方法
Clear method of class Array　Array 类的 Clear 方法
collection　集合
collection class　集合类
collision in a hash table　哈希表中的冲突
contravariance　逆变
Copy method of class Array　Array 类的 Copy 方法
covariance　协变
dictionary　字典
Dictionary<K,V> collection　Dictionary<K,V>集合
Enumerable class　Enumerable 类
enumerator　枚举器
expression lambda　表达式 lambda
external iteration　外部迭代
Func delegate　Func 代理
functional programming　函数式编程
hash function　哈希函数

hash table 哈希表
hashing 哈希法
IComparer<T> interface IComparer<T>接口
IEnumerable<T> interface IEnumerable<T>接口
IEnumerator<T> interface IEnumerator<T>接口
immutability 不变性
index initializer 索引初始值设定项
internal iteration 内部迭代
KeyValuePair<K,V> type KeyValuePair<K,V>类型
lambda expression lambda 表达式
LinkedList<T> collection LinkedList<T>集合
LinkedListNode<T> class LinkedListNode<T>类

load factor in a hash table 哈希表的负载因子
ParallelEnumerable class ParallelEnumerable 类
ParallelQuery<T> interface ParallelQuery<T>接口
PLINQ (Parallel LINQ) PLINQ（并行 LINQ）
Queue<T> collection Queue<T>集合
Sort method of class Array Array 类的 Sort 方法
SortedList<K,V> collection SortedList<K,V>集合
SortedSet<T> collection SortedSet<T>集合
Stack<T> collection Stack<T>集合
statement lambda 语句 lambda
TimeSpan type TimeSpan 类型
using static directive using static 指令

自测题

21.1 填空题。

a) _____用于迭代遍历集合，但迭代期间不能删除集合中的元素。
b) IEnumerator 方法_____，将枚举器移到下一项。
c) 如果创建完枚举器后改变它引用的集合，则调用 Reset 方法会导致_____异常。
d) 利用 C# 6 的_____指令，不通过完全限定名就可以访问类的静态成员。
e) _____语句通过 GetEnumerator 方法隐式地包含一个枚举器，而且可以使用枚举器的 MoveNext 方法和 Current 属性遍历集合。
f) _____是键/值对的集合。
g) _____用于定义简单的匿名方法——方法不具有名称，并且其定义位于它被赋予代理的位置，或者位于作为代理参数传递的位置。
h) 利用_____，程序可以不通过库来指定如何进行迭代。
i) 利用_____，库可以确定程序如何迭代遍历集合。
j) 函数式编程中，_____操作得到的新集合只包含满足某个条件的那些元素。
k) 函数式编程中，_____操作得到的新集合是将原始集合中的每一个元素映射成一个新值（类型可以不同）。新集合的元素个数与原始集合相同。
l) 函数式编程中的_____操作是将集合中的元素合并成一个新值，通常是利用一个 lambda 表达式来指定如何合并元素。
m) 为了初始化并行处理的 PLINQ 过程，需调用 IEnumerable<T>扩展方法_____（来自 ParallelEnumerable 类），它返回一个_____对象。

21.2 判断下列语句是否正确。如果不正确，请说明理由。

a) 函数式编程中的过滤、映射和聚合操作，分别对应于 IEnumerable<T>扩展方法 Where、Select 和 Aggregate.。
b) 哈希表保存的是键/值对。
c) 实现 IEnumerator<T>接口的类，必须定义 MoveNext 方法和 Reset 方法，并且类不具有属性。
d) SortedDictionary<K,V>对象中可以包含重复的键。
e) LinkedList<T>对象中可以包含重复的值。
f) Dictionary 是一个接口。

g) 枚举器可以改变元素的值，但不能删除它。
h) 在哈希法中，当负载因子升高时，发生冲突的可能性会降低。
i) 在执行 BinarySearch 操作之前，数组中的元素必须按升序排序。
j) Arrays 类提供排序数组的静态 Sort 方法。
k) 哈希表是实现字典的方法之一。
l) 在访问数组或者集合的元素之前，"?."运算符判断数组或者集合是否为空。
m) lambda 表达式以一个参数表开始，后接一个 lambda 运算符 "=>" 和一个表示 lambda 体的表达式。
n) 表达式 lambda 包含的语句块，为位于 lambda 运算符右边花括号中的一条或者多条语句。
o) 用于界定 lambda 表达式参数表的括号是可有可无的。
p) 函数式编程的一个重要方面是它的不变性——不会修改所处理的数据源或者其他的程序声明，比如循环中的计数器控制变量。这可以消除由于错误地修改数据而导致的那些常见错误。

自测题答案

21.1 a) 枚举器（或者 foreach 语句）。b) MoveNext。c) InvalidOperationException。d) using static。e) foreach。f) 字典。g) lambda 表达式。h) 外部迭代。i) 内部迭代。j) 过滤。k) 映射。l) 聚合。m) AsParallel，ParallelQuery<T>。

21.2 a) 正确。b) 正确。c) 错误。类还必须实现 Current 属性。d) 错误。SortedDictionary 中不能包含重复的键。e) 正确。f) 错误。Dictionary 是类，而 IDictionary 是接口。g) 错误。枚举器不能用来改变元素的值。h) 错误。在哈希法中，当负载因子升高时，哈希表中能够存储对象的单元格会减少，因此发生冲突的可能性会增加。i) 正确。j) 正确。k) 正确。l) 错误。在访问数组或者集合的元素之前，"?[ ]"运算符判断数组或者集合是否为空。m) 正确。n) 错误。语句 lambda 包含的语句块，为位于 lambda 运算符右边花括号中的一条或者多条语句。o) 错误。指定 lambda 参数的类型，或者 lambda 表达式具有多个参数时，必须将参数表置于括号中。p) 正确。

练习题

21.3 （集合术语）描述如下术语。

  a) ICollection
  b) Array
  c) IList
  d) 负载因子
  e) 哈希表冲突
  f) 哈希法中的空间/时间权衡
  g) 字典

21.4 （枚举器成员）简要解释如下与枚举器相关的方法的作用。

  a) GetEnumerator
  b) Current
  c) MoveNext

21.5 （IDictionary<K,V>的方法和属性）简要描述 IDictionary<K,V>接口中下面的方法和属性的作用，Dictionary 和 SortedDictionary 都实现了它们：

  a) Add
  b) Keys

c) Values
d) ContainsKey

21.6 (**无重复值的链表**) 编写一个程序,它读取一些人的名字并将它们保存在一个 LinkedList 中。不允许保存重复的名字。应允许用户搜索名字。

21.7 (**用 SortedDictionary 计算字符的出现次数**) 修改图 21.4 中的程序,使其计算每个字母的出现次数而不是每个单词的出现次数。例如,字符串 "HELLO THERE" 包含两个 H、三个 E、两个 L、一个 O、一个 T 和一个 R。显示得到的结果。

21.8 (**Color 类的 SortedDictionary**) 利用 SortedDictionary 来创建一个可复用的类,它从 (System.Drawing 命名空间的) Color 类中选择某些预定义的颜色。颜色的名称为键,而预定义的 Color 对象为值。将这个类放入可被任何 C#程序引用的类库中。将这个新类用在 Windows 程序中,允许用户选择某种颜色,然后将窗体的背景色变成该种颜色。

21.9 (**语句中重复的单词**) 编写一个程序,它确定并显示某条语句中重复的单词数。不区分字母的大小写,忽略标点符号。

21.10 (**使用 List**) 编写一个程序,它将 0~100 的 25 个随机整数依次插入 List 类的一个对象中。程序应计算它们的和以及浮点型平均值。利用循环来执行计算。

21.11 (**颠倒 LinkedList**) 编写一个程序,它创建一个 10 字符的 LinkedList 对象,然后创建第二个链表对象,以逆序包含前一个链表中的元素。不允许调用 LinkedList 方法 Reverse。

21.12 (**质数和质因子**) 编写一个程序,它从用户处获得一个整数输入,然后判断它是否为质数。如果不是,则显示该数的全部质因子(利用 List<int>来保存这些质因子)。质数的因子是 1 和自身。不为质数的数都具有唯一的因子分解。例如,54 的因子为 2、3、3、3,这些值相乘的结果是 54。因此对于 54,输出因子应为 2 和 3。

21.13 (**LinkedList<int>的桶排序**) 在练习题 18.7 中,利用一个二维数组执行了 int 类型的桶排序,其中数组的每一行都表示为一个桶。如果使用一种可动态扩展的数据结构来表示每一个桶,则不必编写代码来跟踪每个桶中的 int 值个数。利用一个 LinkedList<int>桶的一维数组,重新编写代码。

21.14 (**用 BitArray 执行 Eratosthenes 筛选法**) 参阅 System.Collections.Specialized 命名空间中的 BitArray 类,然后利用它重新实现练习题 8.27 中的 Eratosthenes 筛选法。比较这两种方法的性能,哪一种更快?

函数式编程练习

21.11~21.12 节中,讲解了使用 LINQ 和 PLINQ 的几个函数式编程示例,展示了以更简单的办法实现前几章中完成过的那些任务。下面的几个练习题要求用 LINQ 扩展方法、lambda 表达式和函数式编程技术,重新实现本书中以前讲解过的一些示例。

21.15 (**产生数组中的值**) 图 8.4 中的程序,用 2~10 的偶整数填充了一个数组。利用图 21.9 第 13~15 行中的技术,创建一个包含 2~10 的偶整数的数组。

21.16 (**产生数组中的值**) 修改练习题 21.15,用 20 000 000 个元素填充数组。同时用 LINQ 和 PLINQ 执行任务,并按照图 21.9 中同样的办法,显示两种方法在处理时间上的差额百分比。

21.17 (**处理员工数据**) 利用映射,将图 12.9 中的 List<Employee>映射成一个匿名对象的 List,其中的每一个对象都包含员工的名字和收入。如果员工为 BasePlusCommissionEmployee,则将其底薪增加 10%,但不能修改原始的 BasePlusCommissionEmployee 对象。显示所有员工的名字和收入。

21.18 (**信用查询程序**) File 类提供一个静态方法 ReadLines,它返回的 IEnumerable<string>对象表示文件中的每一个文本行。利用函数式编程技术，重新实现图 17.7 中的信用查询程序将具有贷方余额、借方余额和零余额的账户分别过滤出来。

21.19 （高级：掷骰子 60 000 000 次）图 8.8 中的程序将骰子掷了 60 000 000 次，并用一个数组来汇总每一面的出现次数。利用与图 21.9 第 13~15 行相同的技术，产生 1~6（表示骰子的六个面）的 60 000 000 个随机数。这里不要求将 IEnumerable<T>转换成一个数组，而是需使用 GroupBy 扩展方法来汇总结果。

GroupBy 的实参为一个 Func 代理。这个代理接收一个实参并返回一个值，GroupBy 用这个值来创建具有该值的所有元素的集合。对于这个练习题，元素是按它的随机值来分组的，所以可使用 lambda 表达式：

```
value => value
```

GroupBy 返回的 IEnumerable，包含每一个组的所有 IGrouping 对象。每一个 IGrouping 对象都是一个 IEnumerable 对象（从而可以迭代遍历组中的所有元素）。IGrouping 对象的 Key 属性表示用于分组 IGrouping 中元素的唯一值。对于随机的骰子面值，一共有与值 1~6 相对应的 6 个 IGrouping 对象。

使用 OrderBy 扩展方法，将 IGroupings 按 Key 值排序。然后，迭代结果并按图 8.8 所示的表格形式显示它们。为了确定每一面的出现次数，需为当前的 IGrouping 调用 Count 扩展方法。

21.20 （高级：掷骰子 60 000 000 次）修改练习题 21.19，将每一个 IGrouping 映射成一个新对象，它具有 Face 和 Frequency 属性。Face 值为 IGrouping 的 Key 值，Frequency 值为 IGrouping 中元素的 Count 属性值。

21.21 （高级：汇总调查结果）利用练习题 21.19 中的技术，重新实现图 8.9 中的民意调查分析程序。

第 22 章　数据库和 LINQ

目标

本章将讲解

- 了解关系数据库模型。
- 使用 ADO.NET 实体数据模型创建类，通过 LINQ to Entities 与数据库交互。
- 用 LINQ 提取并操作来自数据库的数据。
- 为项目添加数据源。
- 用 IDE 的拖放功能在程序中显示数据库表。
- 利用数据绑定，在 GUI 控件与数据库间无缝地移动数据。
- 创建主/细视图，使用户能够选择一条记录并显示它的细节。

概要

- 22.1　简介
- 22.2　关系数据库
- 22.3　Books 数据库
- 22.4　LINQ to Entities 与 ADO.NET 实体框架
- 22.5　用 LINQ 查询数据库
  - 22.5.1　创建 ADO.NET 实体数据模型类层次
  - 22.5.2　创建 Windows 窗体项目并使用实体数据模型
  - 22.5.3　控件与实体数据模型之间的数据绑定
- 22.6　动态绑定查询结果
- 22.6.1　创建显示查询结果程序的 GUI
- 22.6.2　编写显示查询结果程序的代码
- 22.7　用 LINQ 取得来自多个表的数据
- 22.8　创建主/细视图程序
  - 22.8.1　创建主/细视图 GUI
  - 22.8.2　编写主/细视图程序
- 22.9　地址簿案例分析
  - 22.9.1　创建地址簿程序的 GUI
  - 22.9.2　编写地址簿程序
- 22.10　工具和 Web 资源
- 22.11　小结

摘要 | 术语表 | 自测题 | 自测题答案 | 练习题

22.1　简介

数据库（database）是有组织的数据集合。数据库管理系统（DBMS）提供了存储、组织、获取和修改数据的机制。如今最为流行的 DBMS 是关系数据库（relational database），它将数据简单地组织成具有行和列的表。

几种流行的企业级 DBMS 是 Microsoft SQL Server、Oracle、Sybase 和 IBM DB2。PostgreSQL、MariaDB 和 MySQL 是流行的开源 DBMS，任何人都可以免费下载并使用它们。本章将利用随 Visual Studio 一起安装的 Microsoft SQL Server 的一个版本。它也可以从以下站点单独下载：

> https://www.microsoft.com/en-us/server-cloud/products/sql-server-
> editions/sql-server-express.aspx

SQL Server Express

SQL Server Express 提供需付费购买的 Microsoft 完整版 SQL Server 产品中的大多数功能，但存在一些限制，比如对数据库大小的限制（最大为 10 GB）。SQL Server Express 数据库文件可以容易地迁移到 SQL Server 的完整版中。关于 SQL Server 版本的更多信息，请参见：

> https://www.microsoft.com/en-us/server-cloud/products/sql-server-
> editions/overview.aspx

与 Visual Studio Community 一起捆绑的 SQL Server 版本，称为 SQL Server Express LocalDB。它表示只能在本地计算机上进行程序开发和测试。

结构化查询语言（SQL）

称为"结构化查询语言"（SQL，发音为"sequel"）的语言是一种国际标准，关系数据库用它来执行查询（即请求符合指定条件的信息）和操作数据。程序访问关系数据库时，都是向 DBMS 传入 SQL 查询（表示为字符串），然后处理结果。

LINQ to Entities 与 ADO.NET 实体框架

在数据库中查询和操作数据的一个逻辑扩展，即对任意数据源执行类似的操作，这些数据源包括数组、集合（与 ListBox 中的 Items 集合相似）和文件。第 9 章中介绍过 LINQ to Objects，并用它来操作保存在数组中的数据。LINQ to Entities 可用来保存在关系数据库中的数据，这里的关系数据库即为 SQL Server Express。和 LINQ to Objects 一样，IDE 为 LINQ to Entities 查询提供了智能感知（IntelliSense）特性。

ADO.NET 实体框架（常被简称为 ADO.NET EF）使程序能够与各种形态的数据交互，包括保存在关系数据库中的数据。本章中将使用 ADO.NET EF 和 Visual Studio 来创建代表数据库的实体数据模型，然后用 LINQ to Entities 来操作实体数据模型中的对象。尽管这里所操作的数据都位于 SQL Server Express 数据库中，但 ADO.NET EF 能够用于大多数流行的数据库管理系统。在幕后，ADO.NET EF 会产生 SQL 语句来与数据库交互。

本章将讲解关系数据库的一般概念，然后用 ADO.NET EF、LINQ to Entities 和 IDE 的数据库工具来开发几个数据库程序。后面的章节中，将讲解其他几个实用的数据库和 LINQ to Entities 程序，比如基于 Web 的书店程序和基于 Web 来宾簿程序。数据库是几乎所有"工业级强度"程序的核心。

22.2 关系数据库

关系数据库将数据组织成表（table）。图 22.1 演示了一个 Employees 样本表，它可能用于人事系统中。这个表保存了员工的属性。表由行（也称为记录）和列（也称为字段）组成，值保存在行和列中。这个表由 6 行（每位员工占 1 行）、5 列（每个属性占 1 列）组成。员工的属性包括：

- Number（编号）
- Name（姓名）
- Department（部门）
- Salary（工资）
- Location（地点）

每一行的 Number 列是表的主键（primary key），也就是要求具有唯一值，不能在其他行中有重复值的一个列（或列组）。这就保证了每一个主键值都能用来唯一地标识一行。由两个或多个列构成的主键称为合成键（composite key）。合成键中的每一种列值的组合都必须是唯一的。在其他程序中主键列的例子包括：图书信息系统中图书的 ISBN（图书号）、库存系统中的部件号等，在这些列中的值必须是唯一的。22.3 节中，将给出合成键的一个示例。LINQ to Entities 要求每个表都有一个主键，以支持表中数据的更新。图 22.1 中显示的行是按主键的升序排列的。不过，它们也完全可以按递减的顺序（降序）或任何特定的顺序排列。

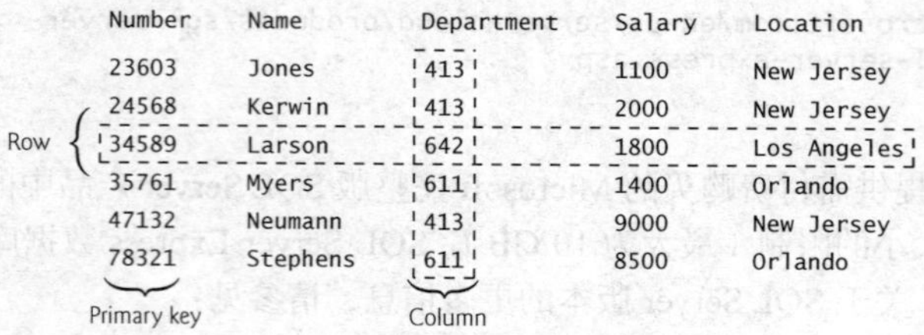

```
            Number  Name      Department  Salary  Location
            23603   Jones      | 413 |    1100    New Jersey
            24568   Kerwin     | 413 |    2000    New Jersey
      Row { 34589   Larson     | 642 |    1800    Los Angeles
            35761   Myers      | 611 |    1400    Orlando
            47132   Neumann    | 413 |    9000    New Jersey
            78321   Stephens   | 611 |    8500    Orlando
            Primary key         Column
```

图 22.1　Employees 表的样本数据

每个列都代表了一个不同的数据属性。在不同的行之间，有些列的值可能重复。例如，Employees 表的 Department 列中有三个不同的行，它们都包含数字 413，表示这些员工在同一个部门工作。

选择数据子集

程序员可以使用 LINQ to Entities 来定义从表中选择数据子集的查询。例如，程序可以选择 Employees 表中的数据，创建查询结果，以 Department 编号递增的顺序显示每个部门的地点（见图 22.2）。

```
Department    Location
413           New Jersey
611           Orlando
642           Los Angeles
```

图 22.2　从 Employees 表中选择不同的 Department 和 Location 数据的结果

22.3　Books 数据库

现在考虑一个简单的 Books 数据库，它保存一些 Deitel 编写的图书的信息。首先，我们看一下这个数据库的表。数据库的表、它们的字段以及字段间的关系，被统称为数据库模式（database schema）。ADO.NET 实体框架利用数据库的模式来定义类，使程序员能够与数据库交互。22.5 节~22.8 节中将讲解如何操作 Books 数据库。数据库文件 Books.mdf 已经随本章的示例程序一起提供。SQL Server 数据库文件的扩展名是.mdf（表示"主数据文件"）。

Authors 表

这个数据库由三个表组成：Authors、Titles 和 AuthorISBN。Authors 表（见图 22.3 的描述）由三个列组成：每个作者的唯一 ID 号（AuthorID）、作者的名字（FirstName）以及作者的姓氏（LastName）。图 22.4 中的样本数据来自 Authors 表。

列	描述
AuthorID	数据库中作者的 ID 号。在 Books 数据库中，这个整数类型的列被定义成标识列（identity column），也称为自动递增列（autoincremented column），对于插入到表中的每一行，AuthorID 值会自动增加 1，以确保每一行都具有唯一的 AuthorID。这个列为主键列
FirstName	作者的名字（字符串）
LastName	作者的姓氏（字符串）

图 22.3　Books 数据库中的 Authors 表

AuthorID	FirstName	LastName
1	Paul	Deitel
2	Harvey	Deitel
3	Abbey	Deitel
4	Sue	Green
4	John	Purple

图 22.4　Authors 表的样本数据

Titles 表

Titles 表（见图 22.5）由 4 个列组成，这些列在数据库中保存关于每一本书的信息，它们的名称分别是 ISBN、Title（书名）、EditionNumber（版本号）和 Copyright（版权年）。图 22.6 中的样本数据来自 Titles 表。

列	描述
ISBN	图书的 ISBN（字符串）。表的主键。ISBN 是"国际标准书号"的缩写，这是一种编号机制，出版商用它来为每一本书赋予一个全球唯一的标识号
Title	图书的书名（字符串）
EditionNumber	图书的版本号（整数）
Copyright	图书的版权年（字符串）

图 22.5 Books 数据库中的 Titles 表

ISBN	Title	EditionNumber	Copyright
0132151006	Internet & World Wide Web How to Program	5	2012
0133807800	Java How to Program	10	2015
0132575655	Java How to Program, Late Objects Version	10	2015
0133976890	C How to Program	8	2016
0133406954	Visual Basic 2012 How to Program	6	2014
0134601548	Visual C# How to Program	6	2017
0134448235	C++ How to Program	10	2016
0134444302	Android How to Program	3	2016
0134289366	Android 6 for Programmers: An App-Driven Approach	3	2016
0133965260	iOS 8 for Programmers: An App-Driven Approach with Swift	3	2015
0134021363	Swift for Programmers	1	2015

图 22.6 Titles 表的样本数据

AuthorISBN 表

AuthorISBN 表（见图 22.7）由两个列组成，分别是每本书的 ISBN 和这本书的作者 ID 号。这个表将作者与他的书关联起来。AuthorID 列是一个外键（foreign key）——表中匹配另一个表中主键列（即 Authors 表中的 AuthorID 列）的列。ISBN 列也是一个外键——它匹配 Titles 表中的主键列（Titles 表中的 ISBN）。一个数据库可以由许多表组成。设计数据库时，其中的一个目标是最小化数据库表中的重复数据量。创建数据库表时指定的外键，使多个表中的数据能够关联起来。这个表中的 AuthorID 和 ISBN 列共同构成了一个合成主键（composite primary key）。这个表中的每一行都唯一地将一位作者与一本书的 ISBN 匹配。图 22.8 包含了 Books 数据库中 AuthorISBN 表的数据。

列	描述
AuthorID	作者的 ID 号，针对 Authors 表的外键
ISBN	图书的 ISBN，针对 Titles 表的外键

图 22.7 Books 数据库中的 AuthorISBN 表

AuthorID	ISBN	AuthorID	ISBN
1	0132151006	1	0132575655
1	0133807800	1	0133976890
1	0133406954	2	0133406954

图 22.8 Books 数据库中 AuthorISBN 表的数据

AuthorID	ISBN	AuthorID	ISBN
1	0134601548	2	0134601548
1	0134448235	2	0134448235
1	0134444302	2	0134444302
1	0134289366	2	0134289366
1	0133965260	2	0133965260
1	0134021363	2	0134021363
2	0132151006	3	0132151006
2	0133807800	3	0133406954
2	0132575655	4	0134289366
2	0133976890	5	0134289366

图 22.8（续）　Books 数据库中 AuthorISBN 表的数据

每一个外键值都必须作为另一个表的主键值出现，这样 DBMS 就能够保证外键值都是有效的。例如，DBMS 能够确保对于 AuthorISBN 表中特定的行（见图 22.8），AuthorID 值都是有效的，办法是验证在 Authors 表中存在以这个 AuthorID 值为主键的一行。

外键还允许从多个表中选择相关数据，这称为"连接"（joining）数据。主键与对应外键之间存在一对多关系（one-to-many relationship）（例如，一位作者可以写多本书，而一本书也可以有多位作者）。因此，外键值可以在自己的表中出现多次，但在另一表中（作为主键）只能出现一次。例如，AuthorISBN 表的多个行中可以出现 ISBN 0132151006（因为这本书有多位作者），但在 Titles 表只能出现一次，因为 ISBN 是主键。

Books 数据库的实体-关系图

图 22.9 是 Books 数据库的实体-关系（entity-relationship，ER）图。这个图显示了数据库中的表以及它们之间的关系。

图 22.9　Books 数据库的实体-关系图

主键

每个框中的第一格是表的名称。以斜体给出的名称是主键，它们分别是 Authors 表中的 AuthorID，AuthorISBN 表中的 AuthorID 和 ISBN，以及 Titles 表中的 ISBN。每一行的主键列（或合成主键列）必须具有值，并且主键值必须在表中是唯一的。否则，DBMS 会提示出错。AuthorISBN 表中的 AuthorID 和 ISBN 都为斜体，它们共同构成了 AuthorISBN 表的合成主键。

表之间的关系

连接表的线（见图 22.9）给出了表之间的关系。考虑 Authors 表和 AuthorISBN 表之间的线。在线的 Authors 表一端有一个"1"，而在 AuthorISBN 表的一端有一个无穷大符号（∞）。这表示一对多关系，Authors 表中的每一位作者都能够在 AuthorISBN 表中具有任意数量的 ISBN，只要这些书是他写的（也就是说，一位作者可以写任意数量的图书）。注意将 Authors 表中 AuthorID 列（即表的主键）连接到 AuthorISBN 表中 AuthorID 列（即表的外键）的关系线，它是将主键与对应的外键相连接的线。

Titles 表和 AuthorISBN 表的连线给出了一个一对多关系：一本书可以有多位作者。注意将 Titles 表中的主键 ISBN 连接到 AuthorISBN 表中对应外键的线。图 22.9 中的这些关系，演示了 AuthorISBN 表的唯一作用是在 Authors 表和 Titles 表之间提供多对多关系：一位作者可以编写多本图书，而一本书也可以有多位作者。

22.4 LINQ to Entities 与 ADO.NET 实体框架

当使用 ADO.NET 实体框架时，与数据库的交互是通过 IDE 从数据库模式产生的类进行的。将一个新的 ADO.NET 实体数据模型添加到项目中时（见 22.5.1 节），这个过程就开始了。

实体数据模型中产生的类

对于 Books 数据库中的 Authors 表和 Titles 表，IDE 会在每一个数据模型中创建两个类：

- 第一个类表示表的行，它包含表中每一列的属性。这个类中的对象称为行对象（row object），它保存的是来自于表中不同行的数据。IDE 将这个表的（复数形式的）名称的单数形式当成这个行类的名称。对于 Books 数据库中的 Authors 表，其行类名称为 Author，而 Titles 表的行类名称为 Title。
- 第二个类表示这个表本身。这个类的一个对象保存行对象的集合，这些行对象与表中所有的行相对应。Books 数据库的两个表类被命名为 Authors 和 Titles。

一旦创建完成，实体数据模型类在 IDE 中就具备完整的智能感知支持。22.7 节中演示的查询，利用了 Books 数据库中表之间的关系来连接数据。

实体数据模型中表之间的关系

读者可能已经注意到，这里没有提及 Books 数据库中的 AuthorISBN 表。回忆一下，这个表具备下列功能：

- 将 Authors 表中的每一位作者与 Titles 表中该作者的图书相连接。
- 将 Titles 表中的每一本图书与 Authors 表中该图书的作者相连接。

由实体数据模型产生的类包含表之间的关系。例如，Author 行类中包含一个名称为 Titles 的导航属性，可以通过这个属性取得表示某一位作者所写全部图书的 Title 对象。IDE 会自动在"Title"的后面添加一个"s"，以表明这个属性表示的是 Title 对象的集合。同样，Title 行类中包含一个名称为 Authors 的导航属性，可以通过它取得表示某一本图书的作者的 Author 对象。

DbContext 类

DbContext 类（位于命名空间 System.Data.Entity）管理程序与数据库之间的数据流。当 IDE 产生实体数据模型的行类和表类时，也会针对所操作的数据库创建一个 DbContext 的派生类。对于 Books 数据库，这个派生类包含 Authors 表和 Titles 表的属性。后面将看到，这些属性可充当数据源，用于 LINQ 查询以及 GUI 中的数据操作。对由 DbContext 管理的数据的任何改变，都可以通过 DbContext 的 SaveChanges 方法保存到数据库中。

IQueryable<T>接口

LINQ to Entities 使用 IQueryable<T>接口，它是从第 9 章介绍的 IEnumerable<T>接口继承的。当在数据库中执行针对 IQueryable<T>对象的 LINQ to Entities 查询时，查询结果会被载入到对应的实体数据模型类的对象中，以方便在代码中访问。

使用扩展方法操作 IQueryable<T>对象

前面说过，扩展方法在为已有的类增加功能性的同时，不需要改动这个类的源代码。第 9 章中讲解过几个 LINQ 扩展方法，包括 First、Any、Count、Distinct、ToArray 和 ToList。这些方法被定义成（System.Linq 命名空间中的）Enumerable 类的静态方法，可用于实现了 IEnumerable<T>接口的任何对象，比如数组、集合以及 LINQ to Objects 查询的结果。

本章中，将组合使用 LINQ 查询语法和 LINQ 扩展方法来操作数据库的内容。这里使用的这些扩展方法，被定义成（System.Linq 命名空间中的）Queryable 类的静态方法，它们可用于实现了 IQueryable<T> 接口的任何对象，这些对象包括各种实体数据模型对象和 LINQ to Entities 查询的结果。

22.5 用 LINQ 查询数据库

本节将讲解如下内容：
- 如何连接到数据库
- 如何查询数据库
- 显示查询结果

本节中几乎没有代码——IDE 提供的可视化编程工具和向导，可以简化程序中访问数据的工作。这些工具会建立数据库连接并创建对象，这些对象是通过 Windows 窗体 GUI 控件浏览和操作数据所必需的，这种技术称为数据绑定（data binding）。

对于 22.5 节~22.8 节中的示例，将创建一个包含了多个项目的解决方案。其中的一个项目是创建一个可复用的类库，它包含用于与 Books 数据库交互的 ADO.NET 实体数据模型。其他的项目为 Windows 窗体程序，它们利用类库中的 ADO.NET 实体数据模型来操作数据库。

下面的这个示例对 22.3 节的 Books 数据库执行简单的查询。取得整个 Authors 表的内容，先按作者的姓氏排序，然后按名字排序。接着，利用数据绑定将这个表中的数据显示成 DataGridView 形式。DataGridView 控件来自 System.Windows.Forms 命名空间，它能够以表格形式显示来自数据源的数据。执行查询的基本步骤如下：

- 创建操作数据库的 ADO.NET 实体数据模型类。
- 将表示 Authors 表的实体数据模型对象作为数据源添加。
- 将 Authors 表数据源拖放到设计视图中，以创建显示表数据的 GUI。
- 添加代码，允许程序与数据库交互。

图 22.10 显示的是这个程序的 GUI。当在设计视图中将表示 Authors 表的数据源拖放到窗体中时，会自动产生这个 GUI 中的全部控件。位于窗口顶部的 BindingNavigator 工具栏包含了这些控件，它使程序员能够在 DataGridView 的记录间导航，这些记录填充了窗口的剩余部分。

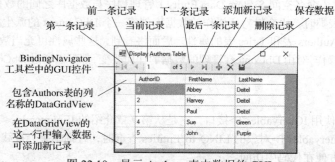

图 22.10 显示 Authors 表中数据的 GUI

BindingNavigator 中的控件还可以用来添加、删除记录，或者修改已有记录，并将这些变化保存到数据库中。按下 Add new 按钮：

然后输入新作者的名字和姓氏，即可添加一条新记录。选中某位作者（通过 DataGridView 或者 BindingNavigator 上的控件），然后按下 Delete 按钮：

即可删除一条已有的记录。单击某一条记录中的名字或者姓氏字段，然后输入一个新值，即可编辑已有的记录。为了将这个变化保存到数据库中，只需单击 Save Data 按钮：

由于 Books 数据库的 Authors 表中不允许出现空值，所以如果要保存的记录的两个字段都没有值，则会发生异常。

22.5.1 创建 ADO.NET 实体数据模型类层次

这一节讲解根据已有数据库创建实体数据模型所需要的步骤。模型描述的是将要操作的数据，这里即为 Books 数据库里几个表中的数据。

步骤 1：为 ADO.NET 实体数据模型创建类库项目

选择 File > New > Project，显示 New Project 对话框，然后从 Visual C#模板中选择 Class Library，将这个项目命名为 BooksExamples。单击 OK 按钮创建这个项目，然后删除 Solution Explorer 中的 Class1.cs 文件。

步骤 2：向类库添加 ADO.NET 实体数据模型

为了与数据库交互，需向类库项目添加一个 ADO.NET 实体数据模型。这个操作也会配置与数据库的连接。

1. 添加 ADO.NET 实体数据模型。右击 Solution Explorer 中的 BooksExamples 项目并选择 Add > New Item，显示 Add New Item 对话框（见图 22.11）。从 Data 类别中选择 ADO.NET Entity Data Model，将这个模型命名为 BooksModel——它就是配置实体数据模型的文件名称（扩展名为.edmx）。单击 Add 按钮，将这个实体数据模型添加到类库中。然后会显示一个 Entity Data Model Wizard 对话框。

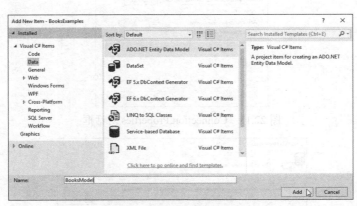

图 22.11　在 Add New Item 对话框中选择 ADO.NET Entity Data Model

2. 选择模型内容。Entity Data Model Wizard 对话框的 Choose Model Contents 步骤（见图 22.12），用于指定实体数据模型的内容。本章示例中的模型将由来自 Books 数据库的数据组成，所以选择 EF Designer from database。然后，单击 Next 按钮，显示 Choose Your Data Connection 步骤。

3. 选择数据连接。在 Choose Your Data Connection 步骤中单击 New Connection 按钮，显示 Connection Properties 对话框（见图 22.13）。如果 IDE 显示一个 Choose Data Source 对话框，则选取 Microsoft SQL Server Database File 并单击 Continue 按钮；如果 Data source 字段中没有显示 Microsoft SQL Server Database File (SqlClient)，则单击 Change 按钮，选择 Microsoft SQL Server Database File (SqlClient)并单击 OK 按钮。然后，单击 Database file name 字段右边的 Browse 按钮，并在本章的

示例目录 Databases 中找到 Books.mdf 文件。可以单击 Test Connection 按钮，检查 IDE 能否通过 SQL Server Express 连接到数据库。单击 OK 按钮，创建这个连接。图 22.14 展示了 Books.mdf 数据库的 Connection string（连接字符串）。这个字符串包含了在运行时 ADO.NET 实体框架与数据库连接所需要的信息。单击 Next 按钮，出现一个对话框，询问是否需要向项目添加数据库。单击 Yes 按钮，进入下一步。

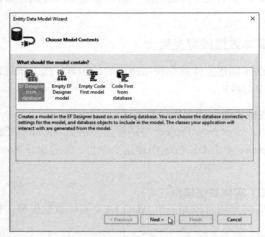

图 22.12　Entity Data Model Wizard 对话框的 Choose Model Contents 步骤

图 22.13　Connection Properties 对话框

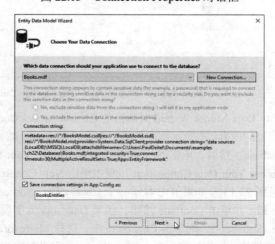

图 22.14　选择 Books.mdf 之后的 Choose Your Data Connection 步骤

4. **选取实体框架版本**。在 Choose Your Version 步骤中，选择 Entity Framework 6.x（见图 22.15），然后单击 Next 按钮。这会在项目中添加最新的实体框架版本。
5. **选择包含在模型中的数据库对象**。在 Choose Your Database Objects and Settings 步骤中，需指定将用于 ADO.NET 实体数据模型的数据库内容。选择如图 22.16 所示的 Tables 节点，然后单击 Finish 按钮。这时，IDE 会下载所需的 Entity Framework 6.x 模板，并将它们添加到项目中。在此过程中，可能会出现一个或者多个安全警告对话框——试图在项目中使用下载的内容时，Visual Studio 就会显示这种对话框。单击 OK 按钮，退出安全警告对话框。这些警告主要针对的是从不信任的站点下载的 Visual Studio 模板。

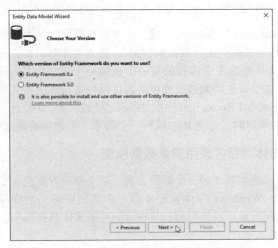

图 22.15　选择项目中使用的实体框架版本

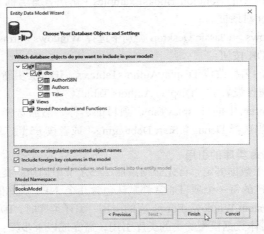

图 22.16　选择包含在 ADO.NET 实体数据模型中的数据库表

6. **在模型设计器中查看实体数据模型图**。至此，IDE 就创建好了实体数据模型，并会在模型设计器中显示一个框图（见图 22.17）。这个框图包含 Author 实体和 Title 实体，它们分别表示数据库中的 Authors 表和 Titles 表以及每个表的属性。注意，IDE 将 Titles 表的 Title 列重命名为 Title1，以避免与表示行的 Title 类发生命名冲突。两个实体之间的连线，指出了作者与图书之间的一种关系，这种关系在 Books 数据库中被实现成 AuthorISBN 表。线两端的星号表示的是一种多对多关系：一位作者可以有多本图书，而一本图书也可以有多位作者。Author 实体中的 Navigation

Properties 部分包含一个 Titles 属性,它将作者与其所著图书相连接。同样,Title 实体中 Navigation Properties 部分的 Authors 属性将一本图书与其所有作者相连接。

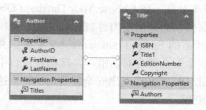

图 22.17　Author 和 Title 实体的实体数据模型图

7. 建立类库。选择 Build > Build Solution,建立一个将在后面的几个示例中重复使用的类库。这个操作会编译由 IDE 产生的那些实体数据模型类[1]。建立类库时,IDE 所产生的类可用于与数据库的交互。这些类包含从数据库中选择的每一个表的一个类,以及一个名称为 BooksEntities 的 DbContext 派生类,这个派生类能够使程序员通过编程来与数据库交互——通过将"Entities"添加到数据库文件的主名称(Books.mdf 中的"Books")的后面,IDE 就创建了名称"BooksEntities"(见图 22.14)。建立项目时,会使 IDE 执行一个脚本,创建并编译这些实体数据模型类。

22.5.2　创建 Windows 窗体项目并使用实体数据模型

前面说过,下面的几个示例均属于同一个解决方案。这个解决方案包含了几个项目,即一个包含可复用模型的类库项目和几个 Windows 窗体程序(每一个实例讲解一个程序)。本节中将新创建一个 Windows 窗体程序,并将它配置成可以使用前一节中所创建的实体数据模型。

步骤 1:创建项目

为了在已有解决方案中新增加一个 Windows 窗体项目,需执行如下步骤:

1. 右击 Solution Explorer 中的 Solution 'BooksExamples'(解决方案名称)并选择 Add > New Project,显示 Add New Project 对话框。
2. 在 Visual C# > Windows > Classic Desktop 类别中选择 Windows Forms Application,将项目命名为 DisplayTable,单击 OK 按钮。
3. 将 Form1.cs 源文件的名称改成 DisplayAuthorsTable.cs。IDE 会更新窗体的类名称,以匹配源文件。将窗体的 Text 属性设置成"Display Authors Table"。
4. 右击 Solution Explorer 中的 DisplayTable 项目的名称,然后选择 Set as Startup Project,将 DisplayTable 配置成当选择 Debug > Start Debugging(或者按 F5 键)时将执行的项目。

步骤 2:添加 BooksExamples 类库的引用

为了将实体数据模型用于数据绑定,首先必须添加 22.5.1 节中创建的类库的引用,这样才能使新项目可以使用这个类库。所创建的每一个项目通常都默认包含几个 .NET 类库的引用(称为汇编)。例如,Windows 窗体项目就包含 System.Windows.Forms 库的引用。编译类库时,IDE 会创建一个包含库的信息的 .dll 文件。为了添加包含实体数据模型的类的类库引用,需完成以下步骤:

1. 在 Solution Explorer 中右击 DisplayTable 项目的 References,选择 Add Reference。
2. 在出现的 Reference Manager 对话框的左列选择 Projects,显示解决方案中的其他项目。然后,从对话框的中间选择 BooksExamples 复选框,并单击 OK 按钮。现在,BooksExamples 就应当出现在项目的 References 节点中。

---

[1] 如果在此过程中出现了出错信息,表明 IDE 因为 .mdf 文件正在被使用而无法复制到 bin\Debug 目录下,则需关闭 Visual Studio,然后重新打开项目,再次构建这个解决方案。

步骤3：添加 EntityFramework 库的引用

还需要添加 EntityFramework 库的引用，以便使用 ADO.NET 实体框架。创建实体数据模型时，IDE 就已经将 EntityFramework 库添加到 BooksExamples 类库项目中。但是，对于需要使用实体数据模型的每一个程序，还需要添加 EntityFramework 库。为了添加 EntityFramework 库的引用，需进行如下操作：

1. 右击 Solution Explorer 中的项目名称，选择 Manage NuGet Packages，在 Visual Studio 的编辑区显示一个 NuGet 选项卡。NuGet 是一个工具（称为包管理器），它用于下载和管理项目中用到的库（称为包）。
2. 在出现的对话框中单击 Browse 链接，然后选择 EntityFramework by Microsoft，单击 Install 按钮（见图 22.18）。
3. IDE 会要求确认这些改变。单击 OK 按钮。
4. IDE 会要求接受 EntityFramework 许可条款。单击 I Accept 按钮，完成安装。

现在，EntityFramework 就应当出现在项目的 References 节点中。关闭 NuGet 选项卡。

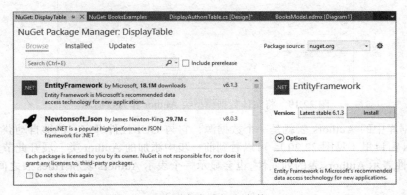

图 22.18　在 NuGet 选项卡中选择和安装 EntityFramework

步骤4：添加 Windows 窗体程序的连接字符串

使用实体数据模型的每一个程序，都需要一个连接字符串，它告诉实体框架如何连接数据库。连接字符串保存在 BooksExamples 类库的 App.Config 文件中。在 Solution Explorer 中打开 BooksExamples 类库的 App.Config 文件，然后复制 connectionStrings 元素（位于相关文件的第 7 行至第 9 行），其格式如下：

```
<connectionStrings>
    Connection string information appears here
</connectionStrings>
```

接下来，打开 DisplayTable 项目中的 App.Config 文件，将连接字符串信息粘贴到包含</entityFramework>的那一行之后、包含</configuration>的那一行之前。保存并关闭 App.Config 文件。

22.5.3　控件与实体数据模型之间的数据绑定

现在，使用 IDE 的拖放 GUI 设计功能来创建与 Books 数据库交互的 GUI。必须编写一小段代码来启用自动生成 GUI 的功能，以便与实体数据模型交互。下面将执行的这些步骤，用于在 GUI 中显示 Authors 表的内容。

步骤1：为 Authors 表添加数据源

为了将实体数据模型类用于数据绑定，首先必须将它们作为数据源添加。为此，需执行如下操作：

1. 选择 View > Other Windows > Data Sources，会在 IDE 的左侧显示一个 Data Sources 窗口。在该窗口中单击 Add New Data Source 链接，显示 Data Source Configuration Wizard 对话框。
2. 实体数据模型类可用来创建表示数据库表的对象，因此我们使用 Object 数据源。在这个对话框中，选择 Object 并单击 Next 按钮。将树视图展开成如图 22.19 所示，确保已经复选了 Author 选项。这个类的对象将被用作程序的数据源。
3. 单击 Finish 按钮。

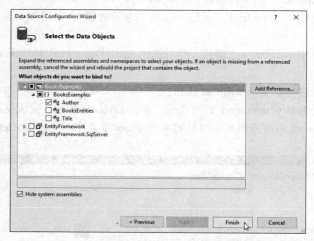

图 22.19　将实体数据模型类 Author 作为数据源

现在，数据库中的 Authors 表就是一个数据源，它与 GUI 控件绑定，能够自动获得作者数据。在 Data Sources 窗口里（见图 22.20），可以看到前一步中添加的 Author 类。展开此节点，看到的那些 Author 的属性表示 Authors 表的列属性，也会显示一个表示 Authors 表和 Titles 表之间关系的 Titles 导航属性。

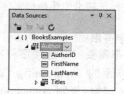

图 22.20　Data Sources 窗口表明已经将 Author 类当作数据源

步骤 2：创建 GUI 元素

接下来，使用设计视图来创建一个 DataGridView 控件，让它显示 Authors 表中的数据。为此，需执行如下操作：

1. 切换到 DisplayAuthorsTable 类的设计视图。
2. 单击 Data Sources 窗口中的 Author 节点，使它变成下拉列表。单击向下箭头打开这个下拉列表，确保选中了 DataGridView 选项，这个 GUI 控件将用来显示数据并与数据交互。
3. 将 Author 节点从 Data Sources 窗口拖到设计视图中的窗体上。需将窗体调整成适合 DataGridView 的大小。

IDE 创建的 DataGridView 的列名称（见图 22.21）代表了 Author 的全部属性以及 Titles 导航属性。

第 22 章 数据库和 LINQ

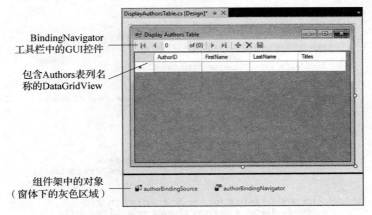

图 22.21 设计视图中维护非可视化组件的组件架

IDE 也会创建一个 BindingNavigator 工具栏，它包含的按钮用于：

- 在项间移动
- 添加项
- 删除项
- 将改动保存到数据库

IDE 还会产生一个 BindingSource（authorBindingSource），它在数据源和窗体上的数据绑定控件之间传输数据。BindingSource 之类的非可视化组件和 BindingNavigator 之类的非可视化部分，会出现在组件架（component tray）中，即设计视图中窗体下面的灰色区域。IDE 会根据数据源的名称（Author）来命名 BindingNavigator 和 BindingSource（分别为 authorBindingNavigator 和 authorBindingSource）。本章将采用自动生成的组件的默认名称，以确切展示 IDE 创建的具体内容。

为了使 DataGridView 占据 BindingNavigator 下面的整个窗口，需选中这个 DataGridView，然后利用 Properties 窗口将 Dock 属性设置成 Fill。可以在水平方向展开这个窗口，以查看全部的 DataGridView 列。这个示例中不需要使用 Titles 列，所以需右击 DataGridView，选择 Edit Columns 按钮，显示 Edit Columns 对话框。在 Selected Columns 列表中选取 Titles，然后单击 Remove 按钮，删除这个列。然后，单击 OK 按钮。

步骤 3：将数据源与 authorBindingSource 连接

最后一步，是将数据源与 authorBindingSource 连接，以便程序能够与数据库交互。图 22.22 中给出的代码是获得数据库中的数据所必需的，也是将用户所做的任何数据改动写回数据库所必需的。

```
1   // Fig. 22.22: DisplayAuthorsTable.cs
2   // Displaying data from a database table in a DataGridView.
3   using System;
4   using System.Data.Entity;
5   using System.Data.Entity.Validation;
6   using System.Linq;
7   using System.Windows.Forms;
8
9   namespace DisplayTable
10  {
11      public partial class DisplayAuthorsTable : Form
12      {
13          // constructor
14          public DisplayAuthorsTable()
15          {
16              InitializeComponent();
17          }
```

图 22.22 在 DataGridView 显示来自数据库的数据

```csharp
18
19      // Entity Framework DbContext
20      private BooksExamples.BooksEntities dbcontext =
21         new BooksExamples.BooksEntities();
22
23      // load data from database into DataGridView
24      private void DisplayAuthorsTable_Load(object sender, EventArgs e)
25      {
26         // load Authors table ordered by LastName then FirstName
27         dbcontext.Authors
28            .OrderBy(author => author.LastName)
29            .ThenBy(author => author.FirstName)
30            .Load();
31
32         // specify DataSource for authorBindingSource
33         authorBindingSource.DataSource = dbcontext.Authors.Local;
34      }
35
36      // click event handler for the Save Button in the
37      // BindingNavigator saves the changes made to the data
38      private void authorBindingNavigatorSaveItem_Click(
39         object sender, EventArgs e)
40      {
41         Validate(); // validate the input fields
42         authorBindingSource.EndEdit(); // complete current edit, if any
43
44         // try to save changes
45         try
46         {
47            dbcontext.SaveChanges(); // write changes to database file
48         }
49         catch(DbEntityValidationException)
50         {
51            MessageBox.Show("FirstName and LastName must contain values",
52               "Entity Validation Exception");
53         }
54      }
55   }
56 }
```

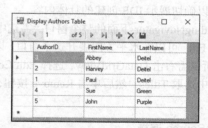

图 22.22（续） 在 DataGridView 显示来自数据库的数据

创建 DbContext 对象

正如 22.4 节中提到的，程序通过 DbContext 对象与数据库交互。当创建实体数据模型类来访问 Books 数据库时（见 22.5.1 节），IDE 会自动产生 BooksEntities 类（DbContext 的派生类）。第 20~21 行创建了这个类的一个对象，名称为 dbcontext。

DisplayAuthorsTable_Load 事件处理器

可以创建窗体的 Load 事件处理器（第 24~34 行），方式是在设计视图中双击窗体的标题栏。这个程序中，利用 LINQ to Entities 的扩展方法来从 BooksEntities 的 Authors 属性中提取数据（第 27~30 行），从而使数据能够在 DbContext 和数据库之间移动。这个 Authors 属性对应于数据库中的 Authors 表。表达式：

    dbcontext.Authors

表示希望从 Authors 表取得数据。

OrderBy 扩展方法调用：

```
.OrderBy(author => author.LastName)
```

表示表中的行应根据作者的姓氏按升序提取。OrderBy 扩展方法接收一个 Func 代理实参（位于 System 命名空间），该代理表示的方法接收一个参数并返回一个值，用于排序结果。这里传递的是一个 lambda 表达式，它定义了一个匿名方法：

- 参数 author（Author 实体数据模型类的一个对象）被传递给方法。
- lambda 运算符 "=>" 右边的表达式（author 的 LastName）由方法隐式地返回。

lambda 表达式会从（包含 Author 对象的）dbcontext.Authors 推断出 author 的类型，会从 author.LastName 推断出 lambda 表达式的返回类型（string）。

如果有多位作者的姓氏相同，则我们希望他们按名字的升序排列。ThenBy 扩展方法调用：

```
.ThenBy(author => author.FirstName)
```

用来根据另一个列排序结果。这个调用针对的是已经根据姓氏排好序的那些 Author 对象。和 OrderBy 一样，ThenBy 也接收一个 Func 代理，用于排序结果。

最后，第 30 行调用了 Load 扩展方法（在 System.Data.Entity 命名空间的 DbExtensions 类中定义）。这个方法执行 LINQ to Entities 查询并将结果载入内存中。这些数据会被内存中的 BookEntities DbContext 跟踪。这样，结果中的任何变化都会被最终保存到数据库中。第 27~30 行中的语句与下列语句等价：

```
(from author in dbcontext.Authors
 orderby author.LastName, author.FirstName
 select author).Load();
```

第 33 行将 authorBindingSource 的 DataSource 属性设置成 dbcontext.Authors 对象的 Local 属性。这里的 Local 属性是 ObservableCollection<Author>，即由第 27~30 行载入到内存的查询结果。当 BindingSource 的 DataSource 属性被赋予一个 ObservableCollection<T>对象（位于 System.Collections.ObjectModel 命名空间）时，与这个 BindingSource 绑定的 GUI 会接到数据发生变化的通知，从而可以据此更新 GUI。此外，用户在 GUI 中对数据进行的任何改动都会被跟踪，这样，DbContext 会最终将这些变化保存到数据库中。

authorBindingNavigatorSaveItem_Click 事件处理器

如果用户修改了 DataGridView 中的数据，则也应将这些改动保存到数据库中。默认情况下，BindingNavigator 的 Save Data 按钮：

是禁用的。为了启用它，需右击 BindingNavigator 中这个按钮的图标并选择 Enabled。然后双击这个图标，创建它的 Click 事件处理器，并在方法体中添加代码（第 41~53 行）。

将 DataGridView 中输入的数据存回数据库是一个三步的过程。首先，窗体中的控件都需要通过调用继承的 Validate 方法进行验证（第 41 行）——只要控件具有针对 Validating 事件的事件处理器，就执行它。通常情况下，应处理这个事件，以判断控件的内容是否有效。其次，第 42 行对 authorBindingSource 调用 EndEdit 方法，它会强迫 authorBindingSource 将任何已经发生的改动保存到 BooksEntities 模型中。最后，第 47 行对 BooksEntities 对象（dbcontext）调用 SaveChanges 方法，将这些变化保存到数据库中。这个调用被放入一个 try 语句块中，因为 Authors 表不允许名字和姓氏中有空值存在——首次创建这个数据库时，就已经为这两个字段配置好规则了。调用 SaveChanges 方法时，对 Authors 表所做的任何改变都必须满足这个表的规则。否则，会导致 DBEntityValidationException 异常。

22.6 动态绑定查询结果

接下来，是执行几个不同的查询并在 DataGridView 中显示结果。这个程序只读取实体数据模型中的数据，所以禁用了 BindingNavigator 中允许用户添加和删除记录的那些按钮——只需选取某个按钮，在它的 Properties 窗口中将 Enabled 属性设置为 False 即可。还可以在 BindingNavigator 工具栏中删除这些按钮。后面将解释为什么这个示例中不允许修改数据库。

显示查询结果程序（见图 22.23~图 22.25），允许用户从窗口底部的 ComboBox 中选择一个查询，然后会显示这个查询的结果。

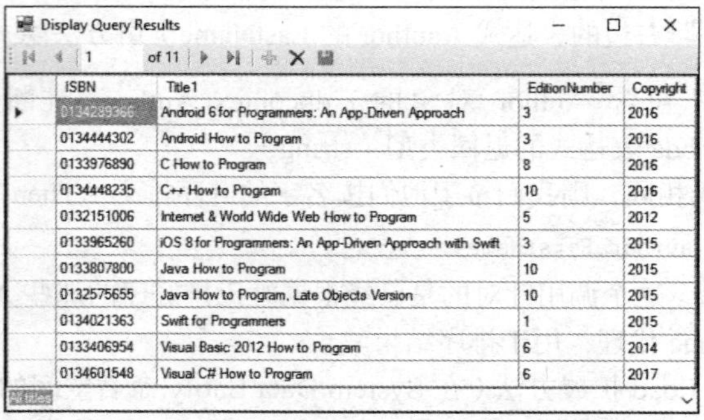

图 22.23　执行"All titles"查询的结果，它给出了 Titles 表的内容，按书名排序

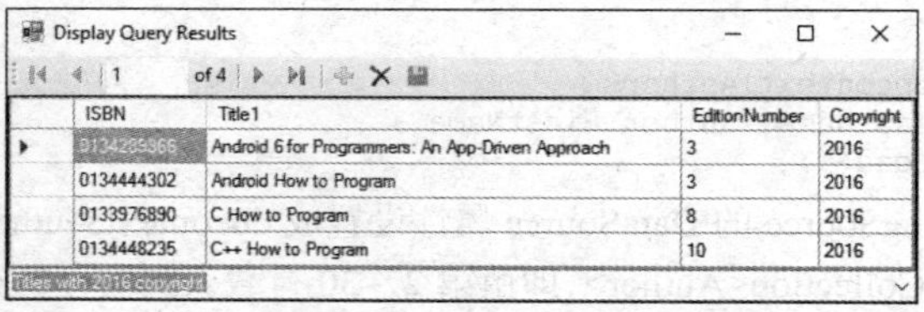

图 22.24　"Titles with 2016 copyright"查询的结果

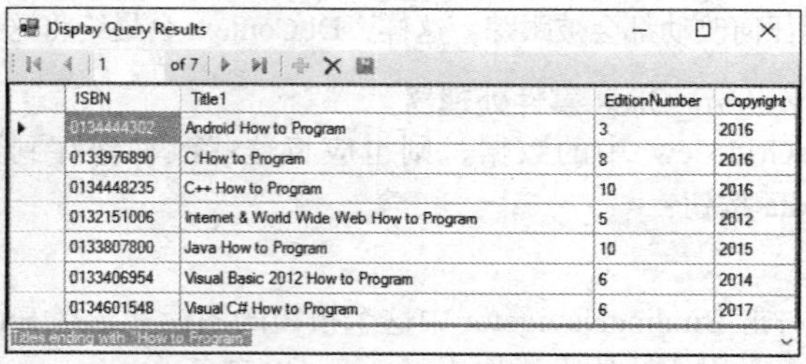

图 22.25　"Titles ending with "How to Program""查询的结果

22.6.1　创建显示查询结果程序的 GUI

执行下面的步骤，可以创建这个显示查询结果程序的 GUI。

步骤 1：创建项目

执行 22.5.2 节中的步骤，在 DisplayTable 程序的同一个解决方案中，新创建一个名称为 DisplayQueryResult 的 Windows 窗体程序项目。将 Form1.cs 源文件命名为 TitleQueries.cs。将窗体的 Text 属性设置成"Display Query Results"。确保添加了 BooksExamples 库和 EntityFramework 库的引用，也已经将连接字符串添加到项目的 App.Config 文件中，并将 DisplayQueryResult 设置成启动项目。

步骤 2：创建显示 Titles 表的 DataGridView

按照 22.5.3 节中步骤 1 和步骤 2 的方法，创建数据源和 DataGridView。这个示例中选择 Title 类（而不是 Author 类）作为数据源，并将 Title 节点从 Data Sources 窗口拖到窗体上。将 DataGridView 中的 Authors 列删除，因为这里不需要用它。

步骤 3：向窗体添加一个 ComboBox 控件

在设计视图中，将名称为 queriesComboBox 的 ComboBox 添加到窗体中 DataGridView 的下面。用户将从这个控件中选择要执行的查询。将 ComboBox 的 Dock 属性设置成 Bottom，将 DataGridView 的 Dock 属性设置成 Fill。

接下来，要将查询的名称添加到 ComboBox 中。右击 ComboBox 并选择 Edit Items，打开 ComboBox 的 String Collection Editor 窗口。也可以从 ComboBox 的智能标记菜单中打开这个窗口。对于可能需要设置的常见控件属性（比如文本框的 Multiline 属性），智能标记菜单提供了快速访问的能力，这样用户就可以在设计视图中直接设置这些属性，而不必在 Properties 窗口中设置。为了打开智能标记菜单，需在设计视图中选中某个控件后，单击它的右上角出现的小箭头：

▶

在 String Collection Editor 中将如下三项添加到 queriesComboBox 中，它们分别用于将创建的三个查询：

1. All titles
2. Titles with 2016 copyright
3. Titles ending with "How to Program"

22.6.2 编写显示查询结果程序的代码

接下来创建这个程序的代码（见图 22.26）。

```
1   // Fig. 22.26: TitleQueries.cs
2   // Displaying the result of a user-selected query in a DataGridView.
3   using System;
4   using System.Data.Entity;
5   using System.Linq;
6   using System.Windows.Forms;
7
8   namespace DisplayQueryResult
9   {
10      public partial class TitleQueries : Form
11      {
12          public TitleQueries()
13          {
14              InitializeComponent();
15          }
16
17          // Entity Framework DbContext
18          private BooksExamples.BooksEntities dbcontext =
19              new BooksExamples.BooksEntities();
20
21          // load data from database into DataGridView
22          private void TitleQueries_Load(object sender, EventArgs e)
23          {
24              dbcontext.Titles.Load(); // load Titles table into memory
25
26              // set the ComboBox to show the default query that
27              // selects all books from the Titles table
28              queriesComboBox.SelectedIndex = 0;
29          }
30
31          // loads data into titleBindingSource based on user-selected query
32          private void queriesComboBox_SelectedIndexChanged(
33              object sender, EventArgs e)
34          {
35              // set the data displayed according to what is selected
36              switch (queriesComboBox.SelectedIndex)
```

图 22.26　在 DataGridView 中显示用户选择的查询的结果

```csharp
37        {
38            case 0: // all titles
39                // use LINQ to order the books by title
40                titleBindingSource.DataSource =
41                    dbcontext.Titles.Local.OrderBy(book => book.Title1);
42                break;
43            case 1: // titles with 2016 copyright
44                // use LINQ to get titles with 2016
45                // copyright and sort them by title
46                titleBindingSource.DataSource =
47                    dbcontext.Titles.Local
48                        .Where(book => book.Copyright == "2016")
49                        .OrderBy(book => book.Title1);
50                break;
51            case 2: // titles ending with "How to Program"
52                // use LINQ to get titles ending with
53                // "How to Program" and sort them by title
54                titleBindingSource.DataSource =
55                    dbcontext.Titles.Local
56                        .Where(
57                            book => book.Title1.EndsWith("How to Program"))
58                        .OrderBy(book => book.Title1);
59                break;
60        }
61
62        titleBindingSource.MoveFirst(); // move to first entry
63    }
64  }
65 }
```

图 22.26（续） 在 DataGridView 中显示用户选择的查询的结果

定制窗体的 Load 事件处理器

创建窗体的 TitleQueries_Load 事件处理器（第 22~29 行）的方式，是在设计视图中双击标题栏。载入窗体时，它会按书名顺序显示 Titles 表中图书的完整列表。第 24 行对 BookEntities DbContext 的 Titles 属性调用 Load 扩展方法，将 Titles 表的内容载入内存。这里没有像第 40~41 行那样定义相同的 LINQ 查询，而是简单地将 queriesComboBox 的 SelectedIndex 设置成 0（第 28 行），使得在程序中执行 queriesComboBox_SelectedIndexChanged 事件处理器。

queriesComboBox_SelectedIndexChanged 事件处理器

接下来，必须编写代码，使得当用户从 queriesComboBox 中选择不同的项时执行相应的查询。双击设计视图中的 queriesComboBox，在 TitleQueries.cs 文件中生成一个 queriesComboBox_SelectedIndexChanged 事件处理器（第 32~63 行）。这个事件处理器中添加了一个 switch 语句（第 36~60 行）。switch 语句中的每一个分支，都会将 titleBindingSource 的 DataSource 属性变成返回了正确数据集的那些查询结果。由 IDE 创建的数据绑定，在每次改变 DataSource 时都会自动更新 titleDataGridView。BindingSource 拥有的 Position 属性表示数据源中的当前项。BindingSource 的 MoveFirst 方法（第 62 行）将 Position 属性设置成 0，在每次执行查询时都会移动到结果中的第一行。第 40~41 行、第 46~49 行和第 54~58 行的查询结果，分别在图 22.23~图 22.25 中给出。由于这里没有修改数据，所以每一个查询都是对 Titles 表的内存表示执行的，这种内存表示可通过 dbcontext.Titles.Local 访问。

按书名排序图书

第 40~41 行对 dbcontext.Titles.Local 调用 OrderBy 扩展方法，根据 Title1 属性值排序这些 Title 对象。前面说过，在所产生的 Title 实体数据模型类中，IDE 会将数据库中 Titles 表的 Title 列重命名成 Title1，以避免与类名称发生命名冲突。Local 返回的 ObservableCollection<T>对象包含特定表的行对象，这里返回的是 ObservableCollection<Title>。当对 ObservableCollection<T>调用 OrderBy 方法时，会返回一个 IEnumerable<T>对象。这里将这个对象赋予 titleBindingSource 的 DataSource 属性。当这个属性发生改变时，DataGridView 会迭代遍历 IEnumerable<T>对象的内容并显示这些数据。

选择版权年为 2016 年的图书

第 46~49 行利用一个 Where 扩展方法来过滤所显示的书名。这个方法将一个 lambda 表达式：

```
book => book.Copyright == "2016"
```

作为实参。扩展方法 Where 的实参为表示一个方法的 Func 代理，该方法接收一个参数并返回一个布尔值，表明方法的实参值是否与指定的条件相匹配。该 lambda 表达式的参数为一个 Title 对象（名称为 book），并用这个参数来检查指定的 Title 的 Copyright 属性（数据库中的一个字符串）是否等于 "2016"。带有 Where 扩展方法的 lambda 表达式必须返回一个布尔值。只有那些使这个 lambda 表达式返回 true 的 Title 对象才会被选中。这里使用 OrderBy 方法，根据 Title1 属性对结果进行了排序，使图书按书名的升序显示。lambda 表达式中的 book 参数的类型可以从 dbcontext.Titles.Local（包含这些 Title 对象）推断出来。一旦 titleBindingSource 的 DataSource 属性发生改变，DataGridView 就会用查询结果进行更新。

选择书名以 "How to Program" 结尾的图书

第 54~58 行利用一个 Where 扩展方法来过滤所显示的书名。这个方法将一个 lambda 表达式：

```
book => book.Title1.EndsWith("How to Program")
```

作为实参。该表达式的参数为一个 Title 对象（名称为 book），并用这个参数来检查指定的 Title 的 Title1 属性是否以 "How to Program" 结尾。表达式 books.Title1 返回保存在该属性中的字符串，然后用字符串类的 EndsWith 方法执行测试。这里根据 Title1 属性对结果进行了排序，使图书按书名的升序显示。

22.7 用 LINQ 取得来自多个表的数据

这一节将用第 9 章讲解过的 LINQ 查询语法执行 LINQ to Entities 查询。特别地，将讲解如何获得来自多个表的组合查询结果（见图 22.27~图 22.29）。Joining Tables with LINQ 程序利用 LINQ to Entities 来组合并组织来自多个表的数据，并会给出执行如下这些任务后的查询结果：

- 获得全部作者以及他们所写图书的 ISBN 清单，先按姓氏排序，后按名字排序（见图 22.27）。
- 获得全部作者以及他们所写图书的书名清单，先按姓氏排序，后按名字排序；对于同一位作者，按书名的字母顺序排序（见图 22.28）。
- 获得按作者分组的全部图书的清单，先按姓氏排序，后按名字排序；对于同一位作者，书名按字母顺序排序（见图 22.29）。

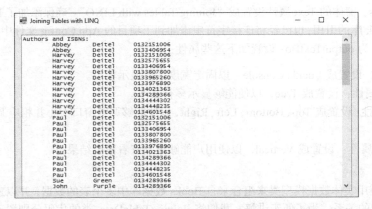

图 22.27　Joining Tables with LINQ 程序，获得作者姓名和他们所写图书的 ISBN 清单。作者先按姓氏排序，后按名字排序

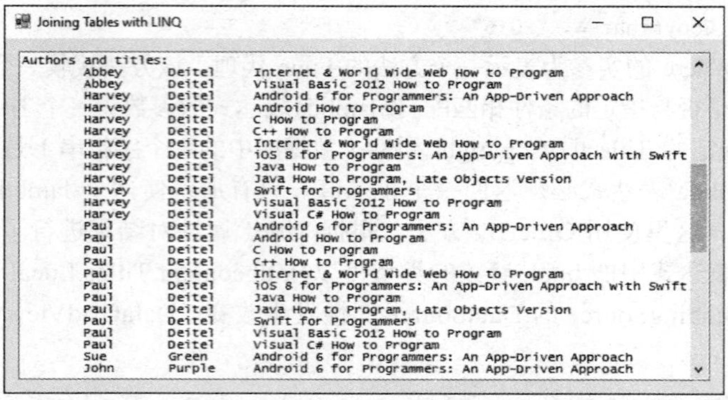

图 22.28　Joining Tables with LINQ 程序，获得作者姓名和他们所写图书的书名清单。作者先按姓氏排序，后按名字排序；某位作者的图书书名按字母顺序排序

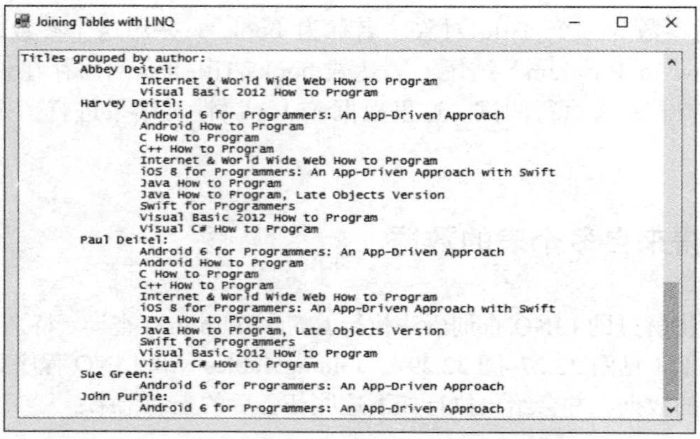

图 22.29　Joining Tables with LINQ 程序，按作者分组书名。作者先按姓氏排序，后按名字排序；某位作者的图书书名按字母顺序排序

Joining Tables with LINQ 程序的 GUI

对于这个示例（见图 22.30~图 22.33），需执行 22.5.2 节中的那些步骤，在与前几个示例相同的解决方案中新创建一个名称为 JoinQueries 的 Windows 窗体程序项目。将 Form1.cs 源文件重命名为 JoiningTableData.cs，窗体的 Text 属性设置成"Joining Tables with LINQ"。确保添加了 BooksExamples 库和 EntityFramework 库的引用，也已经将连接字符串添加到了项目的 App.Config 文件中，并将 JoinQueries 设置成启动项目。为 outputTextBox 设置如下这些属性：

- Font 属性：设置成 Lucida Console，以固定宽度字体显示输出。
- Multiline 属性：设置成 True，以便能够显示多行文本。
- Anchor 属性：设置成 Top、Bottom、Left、Right，以便能够调整窗口大小并相应调整 outputTextBox 的大小。
- Scrollbars 属性：设置成 Vertical，以便用户能够滚动查看输出结果。

创建 DbContext

这里的代码使用实体数据模型类来组合来自 Books 数据库中多个表的数据，并以三种不同的方式显示作者与图书之间的关系。为了便于讲解，我们将 JoiningTableData 类的代码分别置于几个图中（见图 22.30~图 22.33）。和前面的那些例子一样，DbContext 对象（见图 22.30 第 19 行）使程序能够与数据库交互。

```csharp
 1  // Fig. 22.30: JoiningTableData.cs
 2  // Using LINQ to perform a join and aggregate data across tables.
 3  using System;
 4  using System.Linq;
 5  using System.Windows.Forms;
 6
 7  namespace JoinQueries
 8  {
 9     public partial class JoiningTableData : Form
10     {
11        public JoiningTableData()
12        {
13           InitializeComponent();
14        }
15
16        private void JoiningTableData_Load(object sender, EventArgs e)
17        {
18           // Entity Framework DbContext
19           var dbcontext = new BooksExamples.BooksEntities();
20
```

图 22.30 创建用于查询 Books 数据库的 BooksEntities

将作者姓名与他所写图书的 ISBN 组合

第一个查询（见图 22.31 第 22~26 行）将来自于两个表的数据结合，并返回作者姓名与他所写图书的 ISBN 清单，先按 LastName 排序，后按 FirstName 排序。这个查询利用了基于数据库表间关系的外键而创建的实体数据模型类中的那些属性。利用这些属性，很容易就能将多个表中相关行的数据组合起来。

```csharp
21           // get authors and ISBNs of each book they co-authored
22           var authorsAndISBNs =
23              from author in dbcontext.Authors
24              from book in author.Titles
25              orderby author.LastName, author.FirstName
26              select new {author.FirstName, author.LastName, book.ISBN};
27
28           outputTextBox.AppendText("Authors and ISBNs:");
29
30           // display authors and ISBNs in tabular format
31           foreach (var element in authorsAndISBNs)
32           {
33              outputTextBox.AppendText($"\r\n\t{element.FirstName,-10} " +
34                 $"{element.LastName,-10} {element.ISBN,-10}");
35           }
36
```

图 22.31 获得作者姓名和他所写图书的 ISBN 清单

第一条 from 子句（第 23 行）获得 Authors 表中的每一位作者。第二条 from 子句（第 24 行）利用 Author 类的 Titles 属性获得当前作者的那些 ISBN。实体数据模型使用保存在数据库 AuthorISBN 表中的外键信息，取得相应的 ISBN。这两条 from 子句的组合结果，是全部作者与他们所写图书的 ISBN 的集合。它们将两个范围变量引入查询中，其他的子句可以利用这两个范围变量组合来自多个表中的数据。第 25 行先按 author 的 LastName 排序，然后按 FirstName 排序。第 26 行新创建了一个匿名类型，它包含来自 Authors 表中作者的 FirstName 和 LastName，以及由该作者所著的 Titles 表中的图书的 ISBN。

匿名类型

回忆 9.3.5 节可知，LINQ 查询的 select 子句可以创建一个匿名类型，其属性由初始值设定项列表指定——这里为 FirstName、LastName 和 ISBN（第 26 行）。所以，匿名类型的所有属性，都是公共的和只读的。由于这个类型没有名称，所以必须使用隐式类型化局部变量来保存匿名类型对象的引用（第 31 行）。此外，在匿名类型中，除了 ToString 方法，编译器还提供一个 Equals 方法，它比较调用这个方法的匿名对象和实参指定的匿名对象的属性。

将作者姓名与他所写图书的书名组合

第二个查询（见图 22.32 第 38~42 行）得到的输出结果，与第一个查询类似，但它利用了外键关系来获得作者所写全部图书的书名。

```
37        // get authors and titles of each book they co-authored
38        var authorsAndTitles =
39           from book in dbcontext.Titles
40           from author in book.Authors
41           orderby author.LastName, author.FirstName, book.Title1
42           select new {author.FirstName, author.LastName, book.Title1};
43
44        outputTextBox.AppendText("\r\n\r\nAuthors and titles:");
45
46        // display authors and titles in tabular format
47        foreach (var element in authorsAndTitles)
48        {
49           outputTextBox.AppendText($"\r\n\t{element.FirstName,-10} " +
50              $"{element.LastName,-10} {element.Title1}");
51        }
52
```

图 22.32 获得作者姓名和他所写图书的书名清单

第一条 from 子句（第 39 行）获得 Titles 表中的每一本书。第二条 from 子句（第 40 行）利用所产生的 Title 类的 Authors 属性获得当前图书的作者。实体数据模型使用保存在数据库 AuthorISBN 表中的外键信息，取得相应的作者。这些 author 对象使我们能够取得当前图书的作者姓名。select 子句（第 42 行）使用了 author 和 book 范围变量，从 Authors 表取得每一位作者的 FirstName 和 LastName，还从 Titles 表取得每一本图书的书名。

按作者排列书名

大多数查询返回的结果中，其数据都会排列成行列关系风格的表。最后一个查询（见图 22.33 第 55~62 行）返回的是层次化的结果。结果中的每一个元素都包含作者的姓名和他所写的书名清单。LINQ 查询在第二个 select 子句中使用了嵌套查询。外层查询对数据库中的作者进行迭代。内层查询包含一个指定的作者，并取得该作者所写全部图书的书名。select 子句（第 58~62 行）创建了一个具有两个属性的匿名类型：

- Name 属性（第 58 行）被初始化成一个字符串，将作者的名字和姓氏用空格分开。
- Titles 属性（第 59~62 行）被初始化成嵌套查询的结果，它返回当前作者所写全部图书的书名。

这个示例中，采用的是在新的匿名类型中为每一个属性提供名称。创建匿名类型时，可以利用格式 name = value（名称 = 值）为每一个属性指定一个名称。

```
53        // get authors and titles of each book
54        // they co-authored; group by author
55        var titlesByAuthor =
56           from author in dbcontext.Authors
57           orderby author.LastName, author.FirstName
58           select new {Name = author.FirstName + " " + author.LastName,
59              Titles =
60                 from book in author.Titles
61                 orderby book.Title1
62                 select book.Title1};
63
64        outputTextBox.AppendText("\r\n\r\nTitles grouped by author:");
65
66        // display titles written by each author, grouped by author
67        foreach (var author in titlesByAuthor)
68        {
69           // display author's name
70           outputTextBox.AppendText($"\r\n\t{author.Name}:");
71
72           // display titles written by that author
73           foreach (var title in author.Titles)
74           {
75              outputTextBox.AppendText($"\r\n\t\t{title}");
76           }
77        }
78     }
79  }
80 }
```

图 22.33 获得按作者分组的图书的书名清单

这个嵌套查询中的 book 范围变量会用 Titles 属性迭代遍历当前作者的全部图书。某本图书的 Title1 属性会返回 Titles 表中该图书所在行的 Title 列值。

嵌套的 foreach 语句（第 67~77 行）中，使用了匿名类型的属性，用于输出层次化结果。外层循环显示作者的姓名，而内层循环显示该作者所写全部图书的书名。

22.8 创建主/细视图程序

图 22.34 演示了一个所谓的主/细视图（master/detail view），用户可在 GUI 的一部分（主视图）中选择一项，而另一部分（细视图）会显示关于这个项的详细信息。首次载入程序时，它会在 DataGridView 中显示数据源中第一位作者的姓名以及该作者的图书。如果使用 BindingNavigator 上的按钮来更改作者，则程序会显示由该作者所写图书的细节——图 22.34 中展示的是第二位作者的图书。这个程序只读取实体数据模型中的数据，所以禁用了 BindingNavigator 中允许用户添加和删除记录的那些按钮。运行程序时，可以体验一下 BindingNavigator 中的那些控件。BindingNavigator 中类似 DVD 播放器面板中的按钮，使用户能够改变当前显示的行。

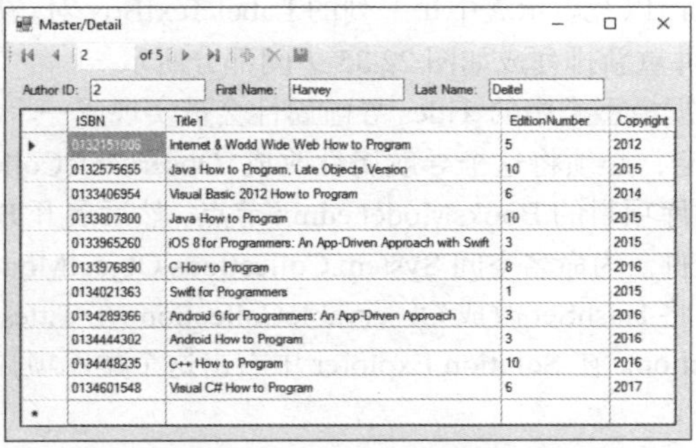

图 22.34　显示数据源中某位作者所写图书的主/细视图程序

22.8.1 创建主/细视图 GUI

前面已经看到，当将数据源拖到窗体上时，IDE 会自动产生 BindingSource、BindingNavigator 和 GUI 元素。下面将使用两个 BindingSource：一个用于作者的主列表，另一个用于与某位作者相关联的书名。它们都是由 IDE 产生的。需构建的完整 GUI，显示在图 22.35 中。

步骤 1：创建项目

按照 22.5.2 节中讲解的步骤，创建并配置一个新的 Windows 窗体程序项目，名称为 MasterDetail。将源文件命名为 Details.cs，并将窗体的 Text 属性设置为 Master/Detail。确保添加了 BooksExamples 库和 EntityFramework 库的引用，也已经将连接字符串添加到了项目的 App.Config 文件中，并将 MasterDetail 设置成启动项目。

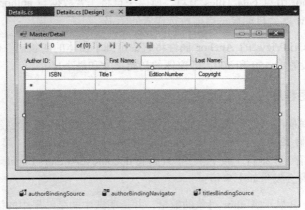

图 22.35　完成设计后的主/细视图程序

步骤 2：为 Authors 表添加数据源

按照 22.5.3 节中的步骤，为 Authors 表添加数据源。尽管要为每一位作者显示来自 Titles 表的记录，但并不需要将这个表作为数据源添加。书名信息将从 Author 实体数据模型类中的 Titles 导航属性获取。

步骤 3：创建 GUI 元素

接下来，利用设计视图创建几个 GUI 控件，将几个项从 Data Sources 窗口拖放到窗体中。前面几节中，我们将对象从 Data Sources 窗口拖动到窗体上，创建了 DataGridView。当将 Data Sources 窗口中的对象拖放到窗体上时，IDE 允许指定所创建的控件的类型。为此，需执行如下操作：

1. 切换到 Details 类的设计视图。
2. 单击 Data Sources 窗口中的 Author 节点，使它变成下拉列表。单击向下箭头，打开这个下拉列表并选择 Details 选项。这表明我们希望产生一组 Label/TextBox 对，代表 Authors 表的每一列。
3. 将 Author 节点从 Data Sources 窗口拖到设计视图中的窗体上。这会创建 authorBindingSource、authorBindingNavigator，以及表示表中每一列的 Label/TextBox 对。初始时，这些控件应如图 22.36 所示。我们将这些控件重新排列成如图 22.35 中间部分所示。
4. 默认情况下，实体数据模型类中的 Titles 导航属性会被实现成一个 HashSet<Title>。为了将数据与 GUI 控件正确绑定，必须将这个导航属性改成 ObservableCollection<Title>。为此，需展开 Solution Explorer 中类库项目的 BooksModel.edmx 节点，然后展开 BooksModel.tt 节点，并在编辑器中打开 Author.cs 文件。为命名空间 System.Collections.ObjectModel 添加一条 using 语句，然后在 Author 构造函数中将 HashSet 改成 ObservableCollection。在 Titles 属性的声明中，将 ICollection 改成 ObservableCollection。在 Solution Explorer 中右击这个类库项目，然后选择 Build，重新编译这个类。

图 22.36　作者的详细信息表示

5. 在 Solution Explorer 中选择 MasterDetail 项目。接下来，在 Data Sources 窗口中单击嵌套于 Author 节点中的 Titles 节点，它应当变成一个下拉列表。单击向下箭头打开这个列表，确保选中了 DataGridView 选项，它就是用于显示 Titles 表中对应于某位作者的数据的 GUI 控件。
6. 将 Titles 节点拖入设计视图的窗体中。这会创建 titlesBindingSource 和 DataGridView。这个控件只用于浏览数据，因此用 Properties 窗口将它的 ReadOnly 属性设置为 True。由于是在 Data Sources 窗口中拖动 Author 节点下的 Titles 节点，所以一旦将作者数据与 authorBindingSource 进行了绑定，DataGridView 就会自动显示当前所选作者的图书。

前面已经利用 DataGridView 的 Anchor 属性将它锚定到了窗体的四条边。还需要将窗体的 Size 和 MinimumSize 属性分别设置成 550 和 300，即窗体的初始尺寸和最小尺寸。

22.8.2　编写主/细视图程序

用来显示作者以及对应图书的代码相当简单（见图 22.37）。第 18~19 行创建了一个 DbContext。窗体的 Load 事件处理器（第 22~32 行）根据 LastName（第 26 行）和 FirstName（第 27 行）排序这些 Author 对象，然后将它们载入内存（第 28 行）。接下来，第 31 行将 dbcontext.Authors.Local 赋予 authorBindingSource 的 DataSource 属性。此时会发生如下事情：

● BindingNavigator 会显示 Author 对象的数量，并指明选中的是结果中的第一个。

- 几个文本框会显示当前所选 Author 的 AuthorID、FirstName 和 LastName 属性值。
- 当前所选作者的那些图书的书名, 会被自动赋予 titlesBindingSource 的 DataSource, 使 DataGridView 显示这些书名。

现在, 当利用 BindingNavigator 来改变所选作者时, 与之对应的书名会显示在 DataGridView 中。

```csharp
1   // Fig. 22.37: Details.cs
2   // Using a DataGridView to display details based on a selection.
3   using System;
4   using System.Data.Entity;
5   using System.Linq;
6   using System.Windows.Forms;
7
8   namespace MasterDetail
9   {
10      public partial class Details : Form
11      {
12         public Details()
13         {
14            InitializeComponent();
15         }
16
17         // Entity Framework DbContext
18         BooksExamples.BooksEntities dbcontext =
19            new BooksExamples.BooksEntities();
20
21         // initialize data sources when the Form is loaded
22         private void Details_Load(object sender, EventArgs e)
23         {
24            // load Authors table ordered by LastName then FirstName
25            dbcontext.Authors
26               .OrderBy(author => author.LastName)
27               .ThenBy(author => author.FirstName)
28               .Load();
29
30            // specify DataSource for authorBindingSource
31            authorBindingSource.DataSource = dbcontext.Authors.Local;
32         }
33      }
34   }
```

图 22.37 使用 DataGridView 根据所选择的作者显示图书细节

22.9 地址簿案例分析

最后一个示例实现一个简单的 AddressBook (地址簿) 程序 ((见图 22.38~图 22.40), 用户可以在数据库 AddressBook.mdf 中执行如下的任务 (这个数据库包含在本章的示例目录中)。

- 插入新的联系人信息
- 找出姓氏以指定字母开头的联系人
- 更新已有的联系人信息
- 删除联系人

数据库中已经包含了 6 个虚构的联系人信息。

图 22.38 使用 BindingNavigator 的控件来导航数据库中的联系人信息

图22.39 在Last Name文本框中输入搜索字符串，单击Find按钮，找到姓氏与搜索字符串匹配的联系人。只有两位联系人的姓氏以"Br"开头，因此BindingNavigator中只给出两条匹配的记录

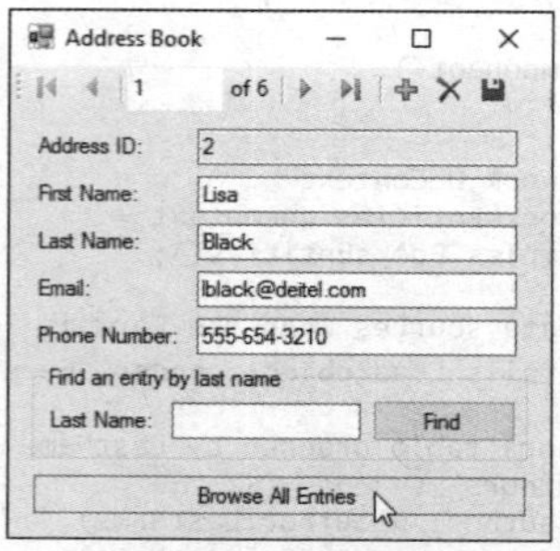

图22.40 单击Browse All Entries按钮，会清除搜索条件且会显示所有的联系人信息

这个程序不是在DataGridView中显示数据库表的信息，而是一次在几个文本框中给出一位联系人的详细信息。位于窗口顶部的BindingNavigator，使用户可以控制任意时刻要显示的表中的行。BindingNavigator中还可以添加或者删除联系人，但是只有在浏览完整的联系人信息时才可以这样做。当根据姓氏过滤联系人信息时，程序会禁用Add new按钮：

和Delete按钮：

（稍后将给出解释。）单击Browse All Entries按钮时，会再次启用这两个按钮。添加一个新行时，会清除这些文本框并将Address ID右侧的那个文本框设置成0，以表明现在这些文本框中的信息代表的是一条新记录。当保存一个新项时，Address ID字段会自动从0变成一个数据库中不存在的数字。除非单击了Save Data按钮：

否则在界面上所做的任何改变，都不会被保存到底层数据库中。

22.9.1 创建地址簿程序的GUI

稍后将讨论这个程序的代码，现在需设置包含实体数据模型以及Windows窗体程序的这个新解决方案。关闭前面几个示例中使用的BooksExamples解决方案。

步骤1：为实体数据模型创建类库项目

执行22.5.1节中的步骤，创建一个名称为AddressExample的类库项目，它包含一个用于AddressBook.mdf数据库的实体数据模型，这个数据库中只有一个Addresses表，其列名分别为AddressID、FirstName、LastName、Email和PhoneNumber。将实体数据模型命名为AddressModel。AddressBook.mdf数据库位于本章示例的Databases文件夹中。

步骤 2：为地址簿程序创建一个 Windows 窗体程序项目

执行 22.5.2 节中的那些步骤，在 AddressExample 解决方案中新创建一个 Windows 窗体程序项目，名称为 AddressBook。将窗体的文件名设置成 Contacts.cs，然后将它的 Text 属性设为"Address Book"。将 AddressBook 设置成解决方案的启动项目。

步骤 3：将 Address 对象添加成数据源

将实体数据模型的 Address 对象作为数据源添加，步骤与 22.5.3 节中的步骤 1 类似。

步骤 4：显示每一行的细节

在设计视图中，选择 Data Sources 窗口中的 Address 节点。单击 Address 节点的下箭头并选择 Details 选项，表示 IDE 应创建一组 Label/TextBox 对，以显示某一条记录的细节。

步骤 5：将 Address 节点拖到窗体上

将 Address 节点从 Data Sources 窗口拖到窗体上。这会自动创建一个 BindingNavigator，还会创建对应于数据库表的列的标签和文本框。这些字段会按字母顺序放置。用设计视图重新排列这些组件，使它们按图 22.38 所示的顺序出现。可能还需要改变控件选项卡的顺序。为此，选择 View > Tab Order，然后按照图 22.38 中出现的从上到下的顺序依次单击这些文本框。

步骤 6：使 AddressID 成为只读文本框

Addresses 表的 AddressID 列是自动增长的标识列，因此不允许用户编辑这个列的值。选择 AddressID 的文本框，并用 Properties 窗口将它的 ReadOnly 属性设置为 True。

步骤 7：添加控件，允许用户指定要查找的姓氏

BindingNavigator 可以用来浏览地址簿，但更方便的做法是能根据姓氏找出特定的项。为了在程序中增加这个功能，必须创建几个控件，允许用户输入姓氏，还要提供几个事件处理器来执行搜索。

在窗体中添加一个 findLabel 标签、一个 findTextBox 文本框和一个 findButton 按钮。将这些控件放入一个名称为 findGroupBox 的 GroupBox 中，然后将这个 GroupBox 的 Text 属性设置成"Find an entry by last name"。将标签的 Text 属性设置为"Last Name:"，将按钮的 Text 属性设置为"Find"。

步骤 8：允许用户返回到浏览数据库中的所有行

在根据指定的姓氏搜索完特定的联系人之后，为了允许用户返回到浏览所有的联系人，需在 findGroupBox 下面添加一个 browseAllButton 按钮。将这个按钮的 Text 属性设置为"Browse All Entries"。

22.9.2 编写地址簿程序

为了便于讲解，Contacts.cs 文件被分别置于几个图中（见图 22.41~图 22.45）。

RefreshContacts 方法

和前面的几个示例一样，必须将控制 GUI 的 addressBindingSource 与和数据库交互的 DbContext 进行连接。这个示例中，在图 22.41 第 20 行中声明了一个 AddressEntities DbContext 对象，但它的创建以及数据绑定初始化工作是在 RefreshContacts 方法中进行的（第 23~45 行），这个方法会被程序中的另外几个方法调用。调用这个方法时，如果 dbcontext 非空，则调用它的 Dispose 方法，然后在第 32 行创建一个新的 AddressEntities DbContext 对象。这样做是为了能够重新排序实体数据模型中的数据。如果在执行程序时，内存中只有一个 dbcontext.Addresses 对象存在，这时若用户更改了某人的姓氏或者名字，则 dbcontext.Addresses 对象中的记录会依然维持它们的原始顺序，即使这种顺序是错误的。第 36~39 行依次根据 LastName 和 FirstName 排序 Address 对象，并将这些对象载入内存。然后，第 42 行将 addressBindingSource 的 DataSource 属性设置成 dbcontext.Addresses.Local，将内存中的数据与 GUI 绑定。

```csharp
1   // Fig. 22.41: Contact.cs
2   // Manipulating an address book.
3   using System;
4   using System.Data;
5   using System.Data.Entity;
6   using System.Data.Entity.Validation;
7   using System.Linq;
8   using System.Windows.Forms;
9
10  namespace AddressBook
11  {
12      public partial class Contacts : Form
13      {
14          public Contacts()
15          {
16              InitializeComponent();
17          }
18
19          // Entity Framework DbContext
20          private AddressExample.AddressBookEntities dbcontext = null;
21
22          // fill our addressBindingSource with all rows, ordered by name
23          private void RefreshContacts()
24          {
25              // Dispose old DbContext, if any
26              if (dbcontext != null)
27              {
28                  dbcontext.Dispose();
29              }
30
31              // create new DbContext so we can reorder records based on edits
32              dbcontext = new AddressExample.AddressBookEntities();
33
34              // use LINQ to order the Addresses table contents
35              // by last name, then first name
36              dbcontext.Addresses
37                  .OrderBy(entry => entry.LastName)
38                  .ThenBy(entry => entry.FirstName)
39                  .Load();
40
41              // specify DataSource for addressBindingSource
42              addressBindingSource.DataSource = dbcontext.Addresses.Local;
43              addressBindingSource.MoveFirst(); // go to first result
44              findTextBox.Clear(); // clear the Find TextBox
45          }
46
```

图 22.41 创建 BooksEntities 并定义用于其他方法的 RefreshContacts 方法

Contacts_Load 方法

Contacts_Load 方法（见图 22.42）调用了 RefreshContacts 方法（第 50 行），这样会使程序启动时显示第一条记录。和前面一样，为了创建 Load 事件处理器，需双击窗体的标题栏。

```csharp
47          // when the form loads, fill it with data from the database
48          private void Contacts_Load(object sender, EventArgs e)
49          {
50              RefreshContacts(); // fill binding with data from database
51          }
52
```

图 22.42 当程序启动时调用 RefreshContacts 方法来填充文本框

addressBindingNavigatorSaveItem_Click 方法

当 BindingNavigator 的 Save Data 按钮被单击时，addressBindingNavigatorSaveItem_Click 方法（见图 22.43）会将改动保存到数据库中（记住，要启用这个按钮）。AddressBook 数据库被配置成要求具有名字、姓氏、电话号码和 E-mail 的值。如果试图保存时有字段为空，则会发生 DbEntityValidationException 异常。在保存之后还要调用 RefreshContacts 方法（第 72 行），以重新排序数据并移回到第一个元素。

```
53      // Click event handler for the Save Button in the
54      // BindingNavigator saves the changes made to the data
55      private void addressBindingNavigatorSaveItem_Click(
56         object sender, EventArgs e)
57      {
58         Validate(); // validate input fields
59         addressBindingSource.EndEdit(); // complete current edit, if any
60
61         // try to save changes
62         try
63         {
64            dbcontext.SaveChanges(); // write changes to database file
65         }
66         catch (DbEntityValidationException)
67         {
68            MessageBox.Show("Columns cannot be empty",
69               "Entity Validation Exception");
70         }
71
72         RefreshContacts(); // change back to updated unfiltered data
73      }
74
```

图 22.43 当用户单击 Save Data 按钮时，将改动保存到数据库中

findButton_Click 方法

findButton_Click 方法（见图 22.44）使用 LINQ 查询语法（第 81~85 行），选择其姓氏以 findTextBox 中的字符开头的人。查询结果会先按姓氏排序，后按名字排序。在 LINQ to Entities 中，不能直接将 LINQ 查询的结果与 BindingSource 的 DataSource 进行绑定。因此，第 88 行调用查询对象的 ToList 方法，取得所过滤数据的 List 表示，并将这个 List 赋予 BindingSource 的 DataSource。当将查询结果转换成 List 时，DbContext 只会跟踪发生了变动的那些记录——查看所过滤数据时添加或者删除的任何记录都将丢失。为此，过滤数据时需禁用 Add new 按钮和 Delete 按钮。输入姓氏并单击 Find 按钮时，BindingNavigator 只让用户浏览包含指定姓氏的行。这是因为绑定到窗体控件的数据源（LINQ 查询的结果）已经发生改变，现在只包含有限数量的行。

```
75      // use LINQ to create a data source that contains only people
76      // with last names that start with the specified text
77      private void findButton_Click(object sender, EventArgs e)
78      {
79         // use LINQ to filter contacts with last names that
80         // start with findTextBox contents
81         var lastNameQuery =
82            from address in dbcontext.Addresses
83            where address.LastName.StartsWith(findTextBox.Text)
84            orderby address.LastName, address.FirstName
85            select address;
86
87         // display matching contacts
88         addressBindingSource.DataSource = lastNameQuery.ToList();
89         addressBindingSource.MoveFirst(); // go to first result
90
91         // don't allow add/delete when contacts are filtered
92         bindingNavigatorAddNewItem.Enabled = false;
93         bindingNavigatorDeleteItem.Enabled = false;
94      }
95
```

图 22.44 找出姓氏以指定字符串开头的联系人

browseAllButton_Click 方法

browseAllButton_Click 方法（见图 22.45）使用户能够在搜索特定的行之后返回到浏览所有的行。双击 browseAllButton 按钮，创建它的 Click 事件处理器。这个事件处理器会启用 Add new 按钮和 Delete 按钮，然后调用 RefreshContacts 方法来恢复数据源并（按序）给出联系人的完整列表，也会清除 findTextBox 文本框。

```
 96         // reload addressBindingSource with all rows
 97         private void browseAllButton_Click(object sender, EventArgs e)
 98         {
 99             // allow add/delete when contacts are not filtered
100             bindingNavigatorAddNewItem.Enabled = true;
101             bindingNavigatorDeleteItem.Enabled = true;
102             RefreshContacts(); // change back to initial unfiltered data
103         }
104     }
105 }
```

图 22.45　使用户能够浏览全部联系人

22.10　工具和 Web 资源

本书作者已经创建了一个内容丰富的 LINQ 资源中心，位于 www.deitel.com/LINQ，它包含许多其他信息的链接，包括 Microsoft LINQ 团队成员的博客、样章、教程、视频、下载、FAQ、论坛、网播以及其他的资源站点。

学习 LINQ 的一个好工具是 LINQPad：

　　http://www.linqpad.net

它允许用户执行任何 Visual Basic 或 C#表达式，包括 LINQ 查询，并能查看结果。它还支持 ADO.NET 实体框架和 LINQ to Entities。

本章仅仅是有关数据库、ADO.NET 实体框架和 LINQ to Entities 的一个简介。Microsoft 的实体框架站点：

　　https://msdn.microsoft.com/en-us/data/aa937723

提供了大量有关 ADO.NET 实体框架和 LINQ to Entities 的信息，包括教程、视频等。

22.11　小结

本章讲解了关系数据库模型、ADO.NET 实体框架、LINQ to Entities 以及 Visual Studio 中用于数据库可视化编程的工具。我们分析了一个简单的 Books 数据库的内容，了解了数据库中表间的关系。然后使用了由 IDE 产生的 LINQ to Entities 和实体数据模型类，以获取、添加、删除和更新 SQL Server Express 数据库中的数据。

本章探讨了由 IDE 自动产生的实体数据模型类，比如管理程序与数据库的交互的 DbContext 类。然后分析了如何利用 IDE 的工具来连接数据库，并基于已有数据库的模式产生实体数据模型类。接着用 IDE 的拖放功能来自动产生 GUI，用于显示并操作数据库中的数据。下一章中将讲解如何使用 C#的 async 修饰符和 await 运算符来进行异步编程，以利用多核体系结构的能力。

摘要

22.1 节　简介

- 数据库是有组织的数据集合。
- 数据库管理系统（DBMS）提供了存储、组织、获取和修改数据的机制。
- SQL Server Express 提供需付费购买的 Microsoft 完整版 SQL Server 产品中的大多数功能，但存在一些限制，比如对数据库大小的限制。
- 可以容易地将 SQL Server Express 数据库迁移到 SQL Server 的完整版中。
- ADO.NET 实体框架和 LINQ to Entities 可用来操作保存在关系数据库中的关系型数据，比如 SQL Server Expres 数据库。

22.2 节 关系数据库
- 关系数据库只是简单地将数据组织成表。
- 表由行（也称为记录）和列（也称为字段）组成，值保存在行和列中。
- 每一行的列（或列组）是表的主键，也就是要求具有唯一值，不能在其他行中有重复值的一个列（或列组）。这保证了可以用主键值来唯一地标识一行。
- 由两个或多个列构成的主键称为合成键。
- 每个列都代表了一个不同的数据属性。
- 在表中，行通常是唯一的（因为有主键），但某些列的值可以在行间重复。

22.3 节 Books 数据库
- 数据库的表、它们的字段以及字段间的关系，统称为数据库模式。
- 外键是一个表中的一列，它匹配另一个表中的主键列。
- 创建数据库表时指定的外键，使多个表中的数据能够关联起来。
- 每一个外键值都必须作为另一个表的主键值出现，这样 DBMS 就能够保证外键值都是有效的。
- 外键还允许从多个表中选择相关数据，这称为"连接"数据。
- 主键与对应的外键之间存在一对多关系——外键值可以在自己的表中出现多次，但在另一表中（作为主键）只能出现一次。
- 实体-关系图（ER 图）体现了数据库中的表以及它们之间的关系。
- 每一行的主键列必须具有值，并且主键值必须在表中是唯一的。

22.4 节 LINQ to Entities 与 ADO.NET 实体框架
- 利用 ADO.NET 实体框架，当将一个新 ADO.NET 实体数据模型添加到项目中时，可通过由 IDE 从数据库模式产生的类与数据库交互。
- IDE 会为每一个表创建两个类。第一个类表示表的行，它包含表中每一列的属性。这个类中的对象称为行对象，它保存的是来自表中不同行的数据。IDE 将这个表的（复数形式的）名称的单数形式当作这个行类的名称。第二个类表示这个表本身。这个类的一个对象保存行对象的集合，这些行对象与表中所有的行相对应。
- 实体数据模型类在 IDE 中具备完整的智能感知功能。
- 行类中的导航属性表示表之间的关系。
- DbContext 类（位于命名空间 System.Data.Entity）管理程序与数据库之间的数据流。当 IDE 产生实体数据模型的行类和表类时，也会针对所操作的数据库创建一个 DbContext 的派生类。这个类包含的属性表示数据库中的表。这些属性可用作数据源，用于操作 LINQ 查询中的数据以及用于 GUI。
- 对由 DbContext 管理的数据的任何改变，都可以通过 DbContext 的 SaveChanges 方法保存到数据库中。
- LINQ to Entities 通过 IQueryable<T>接口工作，该接口继承自 IEnumerable<T>接口。当在数据库中执行针对 IQueryable<T>对象的 LINQ to Entities 查询时，查询结果会被载入到对应的实体数据模型类的对象中，以方便在代码中访问。
- LINQ to Entities 扩展方法被定义成（System.Linq 命名空间中的）Queryable 类的静态方法，它们可用于实现了 IQueryable<T>接口的任何对象，这些对象包括各种实体数据模型对象和 LINQ to Entities 查询的结果。

22.5 节 用 LINQ 查询数据库
- IDE 提供的可视化编程工具和向导，可以简化项目中访问数据的工作。这些工具会建立数据库连接并创建对象，这些对象是通过 GUI 控件浏览和操作数据所必需的，这种技术称为数据绑定。
- DataGridView（位于命名空间 System.Windows.Forms）以表格形式显示来自数据源的数据。

- BindingNavigator 是控件的一个集合，它使用户能够在显示于 GUI 中的记录间导航。BindingNavigator 控件还可以用来添加、删除记录，并能将记录的变动保存到数据库中。

22.5.1 节　创建 ADO.NET 实体数据模型类层次
- 实体数据模型将 C#的类描述成要操作的数据。
- 为了与数据库交互，需将一个 ADO.NET 实体数据模型添加到项目中（通常为重复使用的一个类库项目）。这个操作也会配置与数据库的连接。
- ADO.NET 实体数据模型的 .edmx 文件包含关于这个实体数据模型的信息。
- 配置模型时，需创建一个与数据库的连接并挑选来自数据库的模型的内容。
- 实体连接字符串包含了在运行时 ADO.NET 实体框架与数据库连接所需要的信息。
- 实体数据模型图包含所选择的数据库对象，并给出了这些对象之间的关系。

22.5.2 节　创建 Windows 窗体项目并使用实体数据模型
- 为了将来自类库的实体数据模型类用于数据绑定，首先必须将该类库的引用添加到项目中。还需要添加 EntityFramework 库的引用。
- 对于使用实体数据模型的所有程序，都要求包含 EntityFramework 库。
- 使用实体数据模型的每一个程序，还需要一个连接字符串，它告诉实体框架如何连接数据库。连接字符串保存在项目的 App.Config 文件中。必须将连接字符串复制到使用这个实体数据模型的项目的 App.Config 文件中。

22.5.3 节　控件与实体数据模型之间的数据绑定
- 必须编写一小段代码来启用自动生成 GUI 的功能，以便与实体数据模型交互。
- 为了将实体数据模型类用于数据绑定，首先必须通过 Visual Studio 的 Data Sources 窗口，将它们添加成数据源。实体数据模型类可用来创建表示数据库表的对象，因此使用 Object 数据源。
- 表的默认 GUI 为一个 DataGridView，其列名称与数据源对象的全部属性相对应。IDE 还会创建一个 BindingNavigator，它包含的按钮用于在项间移动、添加项、删除项和将改动保存到数据库中。IDE 还会产生一个 BindingSource，它在数据源和窗体上的数据绑定控件之间传输数据。
- BindingSource 之类的非可视化组件和 BindingNavigator 之类的非可视化部分，会出现在组件架中，即设计视图中窗体下面的灰色区域。
- IDE 会根据数据源的名称来命名 BindingNavigator 和 BindingSource。
- 为了编辑显示在 DataGridView 的某个列，需右击它然后选择 Edit Columns，之后显示 Edit Columns 对话框。
- 为了完成数据绑定，必须创建实体数据模型的 DbContext 派生类的一个对象，并用它来获得数据。
- OrderBy 扩展方法接收一个 Func 代理实参，并会将代理返回的值按升序排序。
- ThenBy 扩展方法接收一个 Func 代理，并可根据另一个列来排序结果。
- Load 扩展方法（在 System.Data.Entity 命名空间的 DBExtensions 类中定义）将数据载入内存。这些数据会被内存中的 DbContext 跟踪。这样，结果中的任何变化，都会被最终保存到数据库中。
- DbContext 对象的 Local 属性为一个 ObservableCollection<T>，它表示内存中的数据。
- 当 BindingSource 的 DataSource 属性被赋予一个 ObservableCollection<T>（位于 System.Collections.ObjectModel 命名空间）时，与这个 BindingSource 绑定的 GUI 会接到数据发生变化的通知，从而可以据此更新 GUI。此外，用户在 GUI 中对数据进行的任何改动都会被跟踪。这样，DbContext 会最终将这些变化保存到数据库中。
- 对 BindingSource 调用 EndEdit，会强迫它将任何已经发生的改动保存到内存中的 DbContext 模型里。
- 对 DbContext 对象调用 SaveChanges，可将任何改变保存到数据库中。

22.6 节 动态绑定查询结果

- IDE 创建的数据绑定，在每一次 BindingSource 的 DataSource 发生改变时，会自动更新 DataGridView。
- BindingSource 的 MoveFirst 方法将 Position 属性设置成 0，在每次执行查询时都会移动到数据源的第一行。
- 对 ObservableCollection<T>调用 OrderBy 时，会返回一个 IOrderedEnumerable<T>对象。
- 用于扩展方法 Where 的 Func 代理必须返回一个布尔值，表明代理的实参值是否与指定的条件相匹配。

22.7 节 用 LINQ 取得来自多个表的数据

- 为了连接来自多个表中的数据，需使用实体数据模型基于数据库表间关系的外键而包含的属性。利用这些属性，很容易访问其他表中的相关行。
- 大多数查询返回的结果中，其数据都会排列成行列关系风格的表。利用 LINQ to Entities，可以创建返回层次结果的查询，结果中的每一项都包含一个其他项的集合。
- 匿名类型的所有属性都是公共的和只读的。
- 匿名类型的对象是通过隐式类型化局部变量来引用的。
- 任何匿名类型自动产生的 Equals 方法，用于比较调用这个方法的匿名对象的属性与由实参指定的匿名对象的属性。

22.8 节 创建主/细视图程序

- 在主/细视图中，用户可在 GUI 的一部分（主视图）中选择一项，另一部分（细视图）就会显示关于这个项的详细信息。
- 当将 Data Sources 窗口中的对象拖放到窗体上时，IDE 允许指定所创建的控件的类型。为此，需在 Data Sources 窗口中单击数据源对象的节点，这时它应当变成一个下拉列表，可从中选择 GUI 中使用的控件。Details 选项表明 IDE 应当产生一组 Label/TextBox 对，表示数据源对象的每一列。
- 将导航属性从数据源对象拖入 Data Sources 窗口，可创建一个 BindingSource 和一个 GUI，该 GUI 中列出了与这个数据源对象相关联的其他表中的项。第二个 BindingSource 中的项会根据当前所选择的主对象而自动更新。

22.9 节 地址簿案例分析

- 不能直接将 LINQ to Entities 查询的结果与 BindingSource 的 DataSource 进行绑定。
- 当将查询结果转换成 List 时，DbContext 只会跟踪发生了改变的那些记录——查看所过滤数据时添加或者删除的任何记录都将丢失。

术语表

ADO.NET Entity Framework　ADO.NET 实体框架
BindingNavigator class　BindingNavigator 类
BindingSource class　BindingSource 类
column of a database table　数据库表的列
composite key　合成键
connection to a database　连接到数据库
data binding　数据绑定
Data Sources window　Data Sources 窗口

database　数据库
database schema　数据库模式
database table　数据库表
DataGridView class　DataGridView 类
DbContext class　DbContext 类
entity data model　实体数据模型
entity-relationship (ER) diagram　实体-关系（ER）图

Enumerable class　Enumerable 类
field in a database table　数据库表的字段
foreign key　外键
Func delegate　Func 代理
identity column in a database table　数据库表的标识列
IQueryable<T> interface　IQueryable<T>接口
joining database tables　连接数据库表
many-to-many relationship　多对多关系
master/detail view　主/细视图
navigation property　导航属性
Object data source　Object 数据源
ObservableCollection<T> class　Observable-

Collection <T>类
one-to-many relationship　一对多关系
primary key　主键
query　查询
Queryable class　Queryable 类
relational database　关系数据库
row object　行对象
row of a database table　数据库表的行
smart tag menu　智能标记菜单
Structured Query Language (SQL)　结构化查询语言（SQL）
table in a database　数据库中的表

自测题

22.1 填空题。
　a) 关系数据库中的表，由保存值的_____和_____组成。
　b) _____唯一地标识了关系数据库表中的每一行。
　c) 通过_____派生类的对象，ADO.NET 实体框架可以操作关系数据库，这个类包含用于访问数据库中每一个表的属性。
　d) （本章给出的）_____控件以行和列的形式显示数据，它们对应于数据源中的行和列。
　e) 将来自于多个关系数据库表中的数据合并，称为_____数据。
　f) _____是一个表中的一列（或列组），它匹配另一个表中的主键列（或列组）。
　g) _____对象充当数据源与对应的绑定数据的 GUI 控件之间的中介。
　h) 控件的_____属性指定从哪里获得要显示的数据。

22.2 判断下列语句是否正确。如果不正确，请说明理由。
　a) 在多行中为外键提供相同的值，会导致 DBMS 报告错误。
　b) 如果提供的外键值在另一个表中不是作为主键值出现的，会导致错误。
　c) 查询结果可以按升序或降序排列。
　d) 可以通过 BindingNavigator 对象从数据库中抽取数据。
　e) DbContext 会自动将改动保存到数据库中。

自测题答案

22.1　a) 行，列。b) 主键。c) DbContext。d) DataGridView。e) 连接。f) 外键。g) BindingSource。h) DataSource。

22.2　a) 错误。对外键而言，多个行可以具有同一个值。在多行中为主键提供同一个值，会导致 DBMS 报告错误，因为重复的主键值会使每一行无法唯一地标识。b) 正确。c) 正确。d) 错误。BindingNavigator 使用户能够浏览并操作另一个 GUI 控件中显示的数据。DbContext 对象可以从数据库中抽取数据。e) 错误。必须对 DbContext 调用 SaveChanges 方法，才能将改动保存到数据库中。

练习题

22.3 （改进显示 Authors 表数据的程序）修改 22.5 节中的程序，让它包含一个文本框和一个按钮，使用户能够根据姓氏搜索指定的作者。需包含一个标签来标识这个文本框。利用 22.9 节中讲解的技术创建一个 LINQ 查询，并使 authorBindingSource 的 DataSource 属性改成只包含指定的作者。此外，还需提供一个按钮，它使用户能够回退到浏览全部的作者信息。

22.4 （修改显示查询结果的程序）修改 22.6 节中的程序，使它包含一个文本框和一个按钮，使用户能够对 Books 数据库中 Titles 表执行针对图书书名的搜索。需用一个标签来标识这个文本框。当用户单击这个按钮时，程序应执行并显示查询的结果。根据用户在文本框中输入的查询条件，这个查询会选择 Title 列中任意位置满足查询条件的所有行。例如，如果输入查询条件"Visual"，则 DataGridView 中应该显示如下两行：Visual Basic 2012 How to Program 和 Visual C# How to Program；如果输入的是"Swift"，则 DataGridView 应该显示如下两行：iOS 8 for Programmers: An App-Driven Approach with Swift 和 Swift for Programmers。（提示：应使用 String 类的 Contains 方法。）此外，还需提供一个按钮，它使用户能够回退到浏览全部的图书信息。

22.5 （修改 Joining Tables with LINQ 程序）创建一个与 22.7 节中的那个程序类似的程序，使用 Books 数据库并显示如下查询的结果：
a) 获得所有图书以及对应作者的列表，按书名排序。
b) 获得所有图书以及对应作者的列表，按书名排序。对于每一个书名，作者依次按姓氏和名字的字母顺序排序。
c) 获得所有作者按书名分组的列表，按书名排序。对于某一个书名，作者依次按姓氏和名字的字母顺序排序。

22.6 （Baseball 数据库程序）建立一个程序，它对 Baseball 数据库中的 Players 表执行查询，这个数据库中的表包含在本章示例目录中的 Databases 文件夹下。在 DataGridView 中显示这个表的内容，并增加一个文本框和一个按钮，以使用户能够根据姓氏搜索特定的球手。需用一个标签来标识这个文本框。单击这个按钮后，应执行相应的查询。此外，还需提供一个按钮，它使用户能够回退到浏览全部的球手信息。

22.7 （修改 Baseball 数据库程序）修改练习题 22.6 中的程序，以使用户能够找出平均击球成绩位于一个指定范围内的球手。添加一个 minimumTextBox 文本框，表示最小平均击球成绩（默认为 0.000）；添加一个 maximumTextBox 文本框，表示最大平均击球成绩（默认为 1.000）。需包含一个标签来标识每一个文本框。添加一个按钮，用于执行从 Players 表中选择行的查询，其中的 BattingAverage 列应大于或等于指定的最小值，并且小于或等于指定的最大值。

第 23 章　async、await 与异步编程

目标

本章将讲解

- 什么是异步编程，它如何能提高程序性能。
- 使用 async 修饰符，表明方法是异步的。
- 使用 await 表达式等待异步任务完成，以便 async 方法能够继续执行。
- 通过任务并行库（TPL）特性，利用多核处理器异步地执行任务。
- 在继续执行 async 方法之前，利用 Task 方法 WhenAll 等待完成多个任务。
- 对运行于单核系统和双核系统（处理器速度相同）的多个任务进行计时，确定运行于双核系统上的任务的性能提升度。
- 利用 HttpClient，异步地调用 Web 服务。
- 展示异步任务的进度和中间结果。

概要

23.1　简介
23.2　async 和 await 概述
　　23.2.1　async 修饰符
　　23.2.2　await 表达式
　　23.2.3　async、await 与线程
23.3　在 GUI 程序中执行异步任务
　　23.3.1　异步执行任务
　　23.3.2　calculateButton_Click 方法
　　23.3.3　Task 方法 Run：在单独的线程中异步地执行
　　23.3.4　await 与结果
　　23.3.5　异步计算下一个 Fibonacci 值
23.4　同步执行两个计算密集型任务
23.5　异步执行两个计算密集型任务
　　23.5.1　await 与具有 Task 方法 WhenAll 的多个任务
　　23.5.2　StartFibonacci 方法
　　23.5.3　在单独的线程中修改 GUI
　　23.5.4　await 与具有 Task 方法 WhenAny 的多个任务之一
23.6　使用 HttpClient 类异步调用 Flickr Web 服务
　　23.6.1　使用 HttpClient 类调用 Web 服务
　　23.6.2　调用 Flickr Web 服务的 flickr.photos.search 方法
　　23.6.3　处理 XML 响应
　　23.6.4　将照片名称与 ListBox 绑定
　　23.6.5　异步下载照片
23.7　显示异步任务的进度
23.8　小结

总结 ｜ 术语表 ｜ 自测题 ｜ 自测题答案 ｜ 练习题

23.1　简介

如果我们能够某一时刻只关注一项任务的执行，则一定会做得很好。遗憾的是，在一个纷繁的世界里，每时每刻都有无数的事情在同时发生。利用本章讲解的 C#功能所开发出来的程序，能够创建并管理

并发性

如果称"两项任务是并发（concurrently）操作的"，就表示它们是同时处理的。多年前，大多数计算机还只具有单一的处理器。运行于这类计算机上的操作系统会并发地执行多项任务。通过快速地在任务间切换，首先完成一项任务的一小部分，然后转到下一项任务，以此来使多项任务都能够得到处理。对个人计算机而言，可以并发地编译程序、将文件发送给打印机以及通过网络接收电子邮件信息。处理这类彼此独立的任务，被认为是异步执行的，因此称为"异步任务"（asynchronous task）。

并行性

如果称"两项任务是并行（in parallel）操作的"，就表示它们是同步进行的。就这个含义而言，"并行性"是"并发性"的一个子集。人体能够并行地执行大量任务。例如，呼吸、血液循环、消化食物、思考和走路，它们就能够并行地进行。所有的感官——看、听、触、闻、尝，也都能够并行地进行。人的大脑具备并行功能，是因为它包含数十亿的"处理器"。当今的多核计算机也具有多个处理器，它们能够并行地执行多项任务。

多线程功能

通过 C#以及它的 API，就可以实现并发性。C#程序可以包含多个执行线程，每个线程都具有自己的方法调用栈，使得在与其他线程并发地执行时，线程能够共享程序范围内的资源，比如共享内存和文件。这种能力称为多线程功能（multithreading）。

性能提示 23.1

对于单线程化的程序而言，会导致弱响应性的一个问题是：在某个动作能够开始之前，首先必须完成其他漫长的动作。在多线程化的程序中，线程可以分布于多个核中（如果存在的话），从而能够真正并行地执行多个任务，使程序的效率更高。在单处理器系统中，多线程也能够提升性能。当某个线程不能处理时（比如它正在等待 I/O 操作的结果），另一个线程能够使用处理器。

多线程编程是困难的

人们发现，要想在所思考的多件事情之间跳跃是困难的。为了理解为什么编写和读懂多线程程序是困难的，可以尝试下面的事情。同时将三本书都翻到第一页，然后同时阅读它们。先阅读第一本书上的几个单词，然后看第二本，接着读第三本。下一个循环中，依次阅读每本书中下面的几个单词，如此往复。有了这样的体验之后，就能感受到多线程的诸多挑战了：要不断变换图书、快速阅读、记住每本书中看过的位置、将正在看的书移近一些以便能看清、将不需要看的书放在一边。而且在这一片混乱之中，还必须理解每本书的内容！

async、await 与异步编程

为了全面利用多核体系结构，需要编写能够异步地执行任务的程序。异步编程（asynchronous programming）是编写包含多项任务的程序的一种技术，它能够提升那些包含需长时间运行或者计算密集型任务的程序性能和 GUI 响应能力。在类似 C#的编程语言之前，这样的程序利用了操作系统的原有功能，主要由有经验的系统程序员使用。利用 C#以及其他的编程语言，使得程序开发人员可以指定并发操作。刚开始时，这些功能由于太复杂而经常导致微妙的错误。

async 修饰符和 await 运算符极大地简化了异步编程，减少了错误，并且使程序能够利用当今的多核计算机、智能手机和平板电脑的处理能力。有许多 .NET 类可用于 Web 访问、文件处理、联网操作、图像处理，还有更多的类包含一些方法，它们返回的 Task 对象可用于 async 和 await，从而能够利用异步编程模型。本章将简要讲解 async、await 以及异步编程。

23.2 async 和 await 概述

在 async 和 await 之前,位于一个调用线程中的方法调用通常是同步的(即一次一个地执行任务),以便能够发起一个长时间异步运行的任务,并且要为这个任务提供回调方法(或者在某些情况下,需注册一个事件处理器)。只有当异步任务完成之后,才能够调用这个回调方法。这种编码风格现在已经用 async 和 await 简化了。

23.2.1 async 修饰符

async 修饰符表示一个方法或者 lambda 表达式至少包含一个 await 表达式。async 方法执行它的方法体时,是在调用方法的同一个线程中进行的。(后面的讨论中,将"方法或者 lambda 表达式"简称为"方法"。)

23.2.2 await 表达式

await 表达式只能出现在 async 方法中,它包含一个 await 运算符,后接一个返回值为"可等待"项的表达式——通常为一个 Task 对象(见 23.3 节),但也可以创建自己的"可等待"项。有关创建"可等待"项的讨论超出了本书的范围。更多信息请访问:

        http://blogs.msdn.com/b/pfxteam/archive/2011/01/13/10115642.aspx

当 async 方法遇到一个 await 表达式时:

- 如果异步任务已经完成,则 async 方法会继续执行。
- 否则,程序控制会返回到 async 方法的调用者,直到异步任务完成时为止。这使得调用者能够执行其他的工作,而这些工作不会依赖于异步任务的结果。

异步任务完成后,程序控制会返回到 async 方法,并会在 await 表达式后面的下一条语句上继续执行。

软件工程结论 23.1
是否应将控制返回给 async 方法的调用者或者继续执行 async 方法,还是在异步任务完成后继续 async 方法的执行,这些机制完全是由编译器生成的代码决定的。

23.2.3 async、await 与线程

async 和 await 机制不会创建新的线程。如果需要任何线程,则用于启动异步任务且需等待结果而调用的方法,会负责创建用于执行异步任务的那些线程。例如,后面的几个示例中,将展示如何利用 Task 类的 Run 方法来启动新的线程,以异步地执行任务。Task 方法 Run 返回一个 Task 对象,其他方法可根据这个对象来等待(await)结果。

23.3 在 GUI 程序中执行异步任务

这一节将演示在 GUI 程序中异步执行计算密集型任务时所带来的好处。

23.3.1 异步执行任务

图 23.1 中的程序演示了如何在一个 GUI 程序中异步地执行一项任务。先看一下图 23.1 末尾的 GUI。在它的上半部分,可以输入一个整数,然后单击 Calculate 按钮,利用一个计算密集型递归算法(见 23.3.2 节)

计算该整数的 Fibonacci 值（后面将探讨）。对于 40~49 的整数值，递归计算需要数秒甚至数分钟才能完成（在作者的测试计算机上）。如果是同步地执行计算，则在执行期间 GUI 会被"冻结"，用户无法与程序交互（见图 23.2 的演示）。如果异步地执行计算，并让它在一个独立的线程中执行，则 GUI 会保持它的响应性。为了演示这个特性，在 GUI 的下半部分，可以不断地单击 Next Number 按钮，将前两个数添加到序列中，计算下一个 Fibonacci 数。对于图 23.1 中的屏幕截图，将 GUI 的上半部分用于计算 Fibonacci(45)，在作者的测试计算机上用时超过 1 分钟。当这个计算在一个独立的线程中执行时，可以不断地单击 Next Number 按钮，表明依然可以与 GUI 交互，而递归的 Fibonacci 计算会更有效率。

计算密集型算法：递归地计算 Fibonacci 数

有关递归的强大功能已经在 7.16 节讲解过了。这一节以及 23.4 节和 23.5 节中的几个示例，都执行一个计算密集型递归的 Fibonacci 计算（第 53~63 行定义了 Fibonacci 方法）。Fibonacci 序列是

    0, 1, 1, 2, 3, 5, 8, 13, 21, ...

它从 0 和 1 开始，而每个后续的 Fibonacci 数都是前两个 Fibonacci 数之和。Fibonacci 序列可以采用下面的递归定义：

    Fibonacci(0) = 0
    Fibonacci(1) = 1
    Fibonacci(n) = Fibonacci(n – 1) + Fibonacci(n – 2)

```
 1   // Fig. 23.1: FibonacciForm.cs
 2   // Performing a compute-intensive calculation from a GUI app
 3   using System;
 4   using System.Threading.Tasks;
 5   using System.Windows.Forms;
 6
 7   namespace FibonacciTest
 8   {
 9      public partial class FibonacciForm : Form
10      {
11         private long n1 = 0; // initialize with first Fibonacci number
12         private long n2 = 1; // initialize with second Fibonacci number
13         private int count = 1; // current Fibonacci number to display
14
15         public FibonacciForm()
16         {
17            InitializeComponent();
18         }
19
20         // start an async Task to calculate specified Fibonacci number
21         private async void calculateButton_Click(object sender, EventArgs e)
22         {
23            // retrieve user's input as an integer
24            int number = int.Parse(inputTextBox.Text);
25
26            asyncResultLabel.Text = "Calculating...";
27
28            // Task to perform Fibonacci calculation in separate thread
29            Task<long> fibonacciTask = Task.Run(() => Fibonacci(number));
30
31            // wait for Task in separate thread to complete
32            await fibonacciTask;
33
34            // display result after Task in separate thread completes
35            asyncResultLabel.Text = fibonacciTask.Result.ToString();
36         }
37
38         // calculate next Fibonacci number iteratively
39         private void nextNumberButton_Click(object sender, EventArgs e)
40         {
41            // calculate the next Fibonacci number
42            long temp = n1 + n2; // calculate next Fibonacci number
43            n1 = n2; // store prior Fibonacci number in n1
44            n2 = temp; // store new Fibonacci
```

图 23.1　在 GUI 中执行计算密集型程序

```
45          ++count;
46
47          // display the next Fibonacci number
48          displayLabel.Text = $"Fibonacci of {count}:";
49          syncResultLabel.Text = n2.ToString();
50      }
51
52      // recursive method Fibonacci; calculates nth Fibonacci number
53      public long Fibonacci(long n)
54      {
55          if (n == 0 || n == 1)
56          {
57              return n;
58          }
59          else
60          {
61              return Fibonacci(n - 1) + Fibonacci(n - 2);
62          }
63      }
64  }
65 }
```

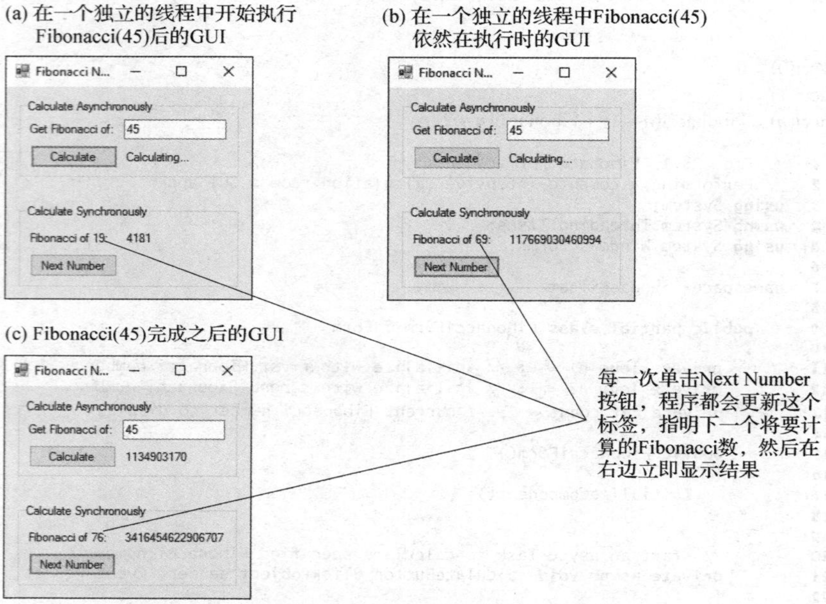

(a) 在一个独立的线程中开始执行 Fibonacci(45)后的GUI

(b) 在一个独立的线程中Fibonacci(45) 依然在执行时的GUI

(c) Fibonacci(45)完成之后的GUI

每一次单击Next Number按钮，程序都会更新这个标签，指明下一个将要计算的Fibonacci数，然后在右边立即显示结果

图 23.1(续)　在 GUI 中执行计算密集型程序

指数复杂度

需要注意此处这个产生 Fibonacci 数的递归方法的阶数。计算第 n 个 Fibonacci 数所需要的递归调用次数的阶数为 2^n。随着 n 的增大，这种速度的增长很快就会失去控制。计算第 20 个 Fibonacci 数时，要求阶数为 2^{20}，大约需要 100 万次调用；计算第 30 个 Fibonacci 数时，需要 2^{30} 阶数，大约有 10 亿次调用。这种指数复杂度（exponential complexity）令世界上功能最强大的计算机也感到无能为力！即使是递归地计算 Fibonacci(47)，对于当今的大多数台式机和笔记本电脑而言，也需要花费数分钟的时间。

23.3.2　calculateButton_Click 方法

Calculate 按钮的事件处理器（第 21~36 行）在一个独立的线程中发起对 Fibonacci 方法的调用，并在调用完成后显示结果。它被声明成 async 方法（第 21 行），是在向编译器表明，这个方法将启动一个异步任务，并会等待结果。在 async 方法中编写代码时，与同步执行这些代码时的编写方法一致，编译器会处理与异步执行管理相关的复杂事务。这样，就使得代码易于编写、调试、修改和维护，并且能减少错误的发生。

23.3.3 Task 方法 Run：在单独的线程中异步地执行

第 29 行创建并启动了一个 Task<TResult>（位于 System.Threading.Tasks 命名空间），它会在未来某一刻返回一个泛型类型 TResult 的结果。Task 类是用于并行和异步编程的 .NET 任务并行库（TPL）的一部分。第 29 行中使用的 Task 类的静态方法 Run 的版本，其实参为一个 Func<TResult>代理（见 14.3.3 节的讨论），而且它执行的方法是在一个独立的线程中进行的。代理 Func<TResult>表示不带实参的任何方法，返回的结果类型由 TResult 类型参数指定。传递给 Run 的方法的返回类型，由编译器用作 Run 的 Func 代理的类型实参，也用作 Run 返回的 Task 的类型实参。

Fibonacci 方法要求一个实参，所以第 29 行传递了一个 lambda 表达式：

```
() => Fibonacci(number)
```

它不带实参——这个 lambda 表达式封装了对 Fibonacci 的调用，而它的实参为 number（用户输入的值）。lambda 表达式隐式地返回 Fibonacci 调用的结果（一个 long 类型的值），以便满足 Func<TResult>代理的要求。这个示例中，Task 的静态方法 Run 会创建并返回一个 Task<long>。编译器从 Fibonacci 方法的返回类型中推断出类型为 long。这里本可以在第 29 行用 var 声明局部变量 fibonacciTask——采用类型 Task<long>是出于清晰性的考虑，因为 Task 方法 Run 的返回类型不能明显地从调用中获得。

23.3.4 await 与结果

接下来，第 32 行等待异步执行的 fibonacciTask 的结果。如果 fibonacciTask 已经完成，则程序的执行会在第 35 行继续。否则，控制会返回到 calculateButton_Click 的调用者（GUI 事件处理器线程），直到获得了 fibonacciTask 的结果时为止。这样，就在执行 Task 的同时保持了 GUI 的响应性。一旦 Task 完成，calculateButton_Click 就会在第 35 行继续执行，它利用 Task 属性 Result，取得 Fibonacci 的返回值，并在 asyncResultLabel 中显示结果。

async 方法能够执行的语句，位于启动异步 Task 的语句和等待结果的语句之间。这时，在启动异步 Task 之后，方法会一直执行，直到遇到 await 表达式。

第 29 行和第 32 行可以更简洁地写成

```
long result = await Task.Run(() => Fibonacci(number));
```

这时，await 运算符会解开并返回 Task 的结果——由 Fibonacci 方法返回的一个 long 类型的值。然后，可以不必利用 Task 属性 Result，而是直接使用这个值。

23.3.5 异步计算下一个 Fibonacci 值

单击 Next Number 按钮时，会执行 nextNumberButton_Click 事件处理器（第 39~50 行）。第 42~45 行将保存在实例变量 n1 和 n2 中的前两个 Fibonacci 数相加，以确定序列中的下一个数，然后将 n1 和 n2 更新成新的值并递增 count。接着，第 48~49 行更新 GUI，显示刚刚计算出的 Fibonacci 数。

Next Number 事件处理器中的代码是在 GUI 执行线程中运行的，该线程处理用户与控件的交互。在这个线程中处理短时间的计算，不会导致 GUI 被冻结。由于需花费较长时间的 Fibonacci 计算是在单独的线程中执行的，因此在进行递归计算的同时，还可以获得下一个 Fibonacci 数。

23.4 同步执行两个计算密集型任务

图 23.2 中的程序使用了在 23.3 节中引入的递归 Fibonacci 方法。当用户单击 Start Sequential Fibonacci Calls 按钮时，这个程序依次地执行 Fibonacci(46)（第 22 行）和 Fibonacci(45)（第 35 行）的计算。注意，在点击了这个按钮之后，程序就变成无响应的了。这是因为，Fibonacci 计算是在一个 GUI 线程中执行的——只有当计算完成之后，用户才能够再次与程序交互。在每一次调用 Fibonacci 的前后，都获得了当时

的时间（DateTime 类型，见 15.4 节），以便能够获得每一个计算所需的总时间，以及两个计算花费的总时间。这个程序中，使用了 DateTime 重载的减法运算符"–"，以计算两个 DateTime 值之间的差（第 27 行，第 40 行，第 45 行）——和以前讲解的 Subtract 方法一样，减法运算符也返回一个 TimeSpan 对象。前两个输出是在一台双核 Windows 10 计算机上执行程序的结果；后两个输出是在一台单核 Windows 10 计算机上执行程序的结果。对于所有的核，其处理速度都是相同的。在单核计算机上执行程序，花费的时间总是要长一些（作者的测试结果），因为处理器被这个程序以及其他正在同时执行的程序所共享。在双核系统上，其中的一个核有可能负责处理计算机上的其他任务，从而降低了在核上执行同步计算的需求。根据处理器速度、核的数量、当前正在执行的程序、操作系统正在执行的其他任务等，在不同的系统上得到的结果可能不同。

```csharp
1   // Fig. 23.2: SynchronousTestForm.cs
2   // Fibonacci calculations performed sequentially
3   using System;
4   using System.Windows.Forms;
5
6   namespace FibonacciSynchronous
7   {
8       public partial class SynchronousTestForm : Form
9       {
10          public SynchronousTestForm()
11          {
12              InitializeComponent();
13          }
14
15          // start sequential calls to Fibonacci
16          private void startButton_Click(object sender, EventArgs e)
17          {
18              // calculate Fibonacci (46)
19              outputTextBox.Text = "Calculating Fibonacci(46)\r\n";
20              outputTextBox.Refresh(); // force outputTextBox to repaint
21              DateTime startTime1 = DateTime.Now; // time before calculation
22              long result1 = Fibonacci(46); // synchronous call
23              DateTime endTime1 = DateTime.Now; // time after calculation
24
25              // display results for Fibonacci(46)
26              outputTextBox.AppendText($"Fibonacci(46) = {result1}\r\n");
27              double minutes = (endTime1 - startTime1).TotalMinutes;
28              outputTextBox.AppendText(
29                  $"Calculation time = {minutes:F6} minutes\r\n\r\n");
30
31              // calculate Fibonacci (45)
32              outputTextBox.AppendText("Calculating Fibonacci(45)\r\n");
33              outputTextBox.Refresh(); // force outputTextBox to repaint
34              DateTime startTime2 = DateTime.Now;
35              long result2 = Fibonacci(45); // synchronous call
36              DateTime endTime2 = DateTime.Now;
37
38              // display results for Fibonacci(45)
39              outputTextBox.AppendText($"Fibonacci(45) = {result2}\r\n");
40              minutes = (endTime2 - startTime2).TotalMinutes;
41              outputTextBox.AppendText(
42                  $"Calculation time = {minutes:F6} minutes\r\n\r\n");
43
44              // show total calculation time
45              double totalMinutes = (endTime2 - startTime1).TotalMinutes;
46              outputTextBox.AppendText(
47                  $"Total calculation time = {totalMinutes:F6} minutes\r\n");
48          }
49
50          // Recursively calculates Fibonacci numbers
51          public long Fibonacci(long n)
52          {
53              if (n == 0 || n == 1)
54              {
55                  return n;
56              }
57              else
```

图 23.2　依次执行 Fibonacci 计算的结果

```
58          {
59              return Fibonacci(n - 1) + Fibonacci(n - 2);
60          }
61      }
62  }
63  }
```

(a) 在双核 Windows 10 计算机上的输出结果

Synchronous Test
Sequential calls to Fibonacci(46) and Fibonacci(45)
Start Sequential Fibonacci Calls
Calculating Fibonacci(46)
Fibonacci(46) = 1836311903
Calculation time = 1.525270 minutes

Calculating Fibonacci(45)
Fibonacci(45) = 1134903170
Calculation time = 0.956839 minutes

Total calculation time = 2.482140 minutes

Synchronous Test
Sequential calls to Fibonacci(46) and Fibonacci(45)
Start Sequential Fibonacci Calls
Calculating Fibonacci(46)
Fibonacci(46) = 1836311903
Calculation time = 1.409179 minutes

Calculating Fibonacci(45)
Fibonacci(45) = 1134903170
Calculation time = 0.868244 minutes

Total calculation time = 2.277423 minutes

(b) 在单核 Windows 10 计算机上的输出结果

Synchronous Test
Sequential calls to Fibonacci(46) and Fibonacci(45)
Start Sequential Fibonacci Calls
Calculating Fibonacci(46)
Fibonacci(46) = 1836311903
Calculation time = 1.768599 minutes

Calculating Fibonacci(45)
Fibonacci(45) = 1134903170
Calculation time = 1.018165 minutes

Total calculation time = 2.786764 minutes

Synchronous Test
Sequential calls to Fibonacci(46) and Fibonacci(45)
Start Sequential Fibonacci Calls
Calculating Fibonacci(46)
Fibonacci(46) = 1836311903
Calculation time = 1.660091 minutes

Calculating Fibonacci(45)
Fibonacci(45) = 1134903170
Calculation time = 1.025217 minutes

Total calculation time = 2.685307 minutes

图 23.2（续） 依次执行 Fibonacci 计算的结果

23.5 异步执行两个计算密集型任务

运行任何程序时，它的任务会与操作系统、其他程序以及由操作系统替代你执行的其他活动竞争处理器的时间。如果执行下一个示例，则根据处理器速度、核的数量、计算机上运行的其他程序等，执行 Fibonacci 计算的时间会有所不同。这就如同驾车去超市购物一样——路上花费的时间与交通状况、天气、红绿灯以及其他因素有关。

图 23.3 中的程序还使用了一个递归 Fibonacci 方法，但是对 Fibonacci 的两次调用是在独立的线程中执行的。前两个输出结果是在一台双核计算机上得到的。尽管执行时间不同，但是执行两个 Fibonacci 计算的总时间通常会远小于图 23.2 中的总时间。尽管将计算密集型任务分解到多个线程中，并在双核系统上执行它们，不会获得双倍的性能提升，但是与在单核系统上依次执行相比，通常会运行得更快。尽管总时间是花费较长时间进行计算的那个时间，但并不总是这种情况，因为使用线程执行不同的任务，还存在一些固有的时间开销。

后两个输出结果表明，在单核处理器上的多线程中执行计算，所花费的时间确实要比同步地执行它们的时间长，这是由于需要与程序的线程、正在执行的所有其他程序、操作系统正在执行的其他任务等共享一个处理器。

```
1  // Fig. 23.3: AsynchronousTestForm.cs
2  // Fibonacci calculations performed in separate threads
3  using System;
4  using System.Threading.Tasks;
```

图 23.3 在独立的线程中执行 Fibonacci 计算的结果

```csharp
5   using System.Windows.Forms;
6
7   namespace FibonacciAsynchronous
8   {
9       public partial class AsynchronousTestForm : Form
10      {
11          public AsynchronousTestForm()
12          {
13              InitializeComponent();
14          }
15
16          // start asynchronous calls to Fibonacci
17          private async void startButton_Click(object sender, EventArgs e)
18          {
19              outputTextBox.Text =
20                  "Starting Task to calculate Fibonacci(46)\r\n";
21
22              // create Task to perform Fibonacci(46) calculation in a thread
23              Task<TimeData> task1 = Task.Run(() => StartFibonacci(46));
24
25              outputTextBox.AppendText(
26                  "Starting Task to calculate Fibonacci(45)\r\n");
27
28              // create Task to perform Fibonacci(45) calculation in a thread
29              Task<TimeData> task2 = Task.Run(() => StartFibonacci(45));
30
31              await Task.WhenAll(task1, task2); // wait for both to complete
32
33              // determine time that first thread started
34              DateTime startTime =
35                  (task1.Result.StartTime < task2.Result.StartTime) ?
36                  task1.Result.StartTime : task2.Result.StartTime;
37
38              // determine time that last thread ended
39              DateTime endTime =
40                  (task1.Result.EndTime > task2.Result.EndTime) ?
41                  task1.Result.EndTime : task2.Result.EndTime;
42
43              // display total time for calculations
44              double totalMinutes = (endTime - startTime).TotalMinutes;
45              outputTextBox.AppendText(
46                  $"Total calculation time = {totalMinutes:F6} minutes\r\n");
47          }
48
49          // starts a call to Fibonacci and captures start/end times
50          TimeData StartFibonacci(int n)
51          {
52              // create a TimeData object to store start/end times
53              var result = new TimeData();
54
55              AppendText($"Calculating Fibonacci({n})");
56              result.StartTime = DateTime.Now;
57              long fibonacciValue = Fibonacci(n);
58              result.EndTime = DateTime.Now;
59
60              AppendText($"Fibonacci({n}) = {fibonacciValue}");
61              double minutes =
62                  (result.EndTime - result.StartTime).TotalMinutes;
63              AppendText($"Calculation time = {minutes:F6} minutes\r\n");
64
65              return result;
66          }
67
68          // Recursively calculates Fibonacci numbers
69          public long Fibonacci(long n)
70          {
71              if (n == 0 || n == 1)
72              {
73                  return n;
74              }
75              else
76              {
77                  return Fibonacci(n - 1) + Fibonacci(n - 2);
78              }
```

图 23.3(续)　在独立的线程中执行 Fibonacci 计算的结果

```
79        }
80
81        // append text to outputTextBox in UI thread
82        public void AppendText(String text)
83        {
84            if (InvokeRequired) // not GUI thread, so add to GUI thread
85            {
86                Invoke(new MethodInvoker(() => AppendText(text)));
87            }
88            else // GUI thread so append text
89            {
90                outputTextBox.AppendText(text + "\r\n");
91            }
92        }
93    }
94 }
```

(a) 在双核Windows 10计算机上的输出结果

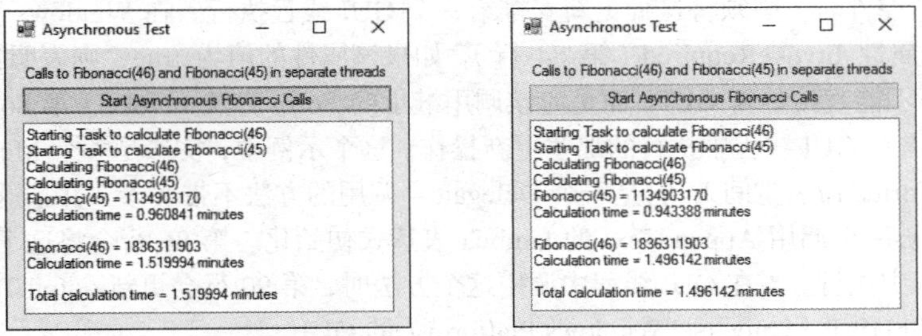

(b) 在单核Windows 10计算机上的输出结果

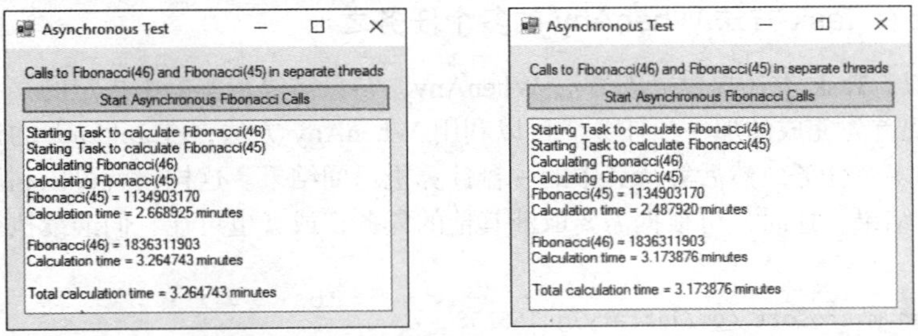

图 23.3(续) 在独立的线程中执行 Fibonacci 计算的结果

23.5.1 await 与具有 Task 方法 WhenAll 的多个任务

图 23.3 的 startButton_Click 方法中，第 23 行和第 29 行使用 Task 方法 Run，创建并启动两个执行 StartFibonacci 方法（第 50~66 行）的 Task 对象——一个用于计算 Fibonacci(46)，另一个用于计算 Fibonacci(45)。为了获得总的计算时间，程序必须在执行第 34~46 行之前等待这两个 Task 完成。利用 Task 静态方法 WhenAll（第 31 行）的结果，可以等待多个 Task 完成。WhenAll 方法返回的 Task 对象，会等待该方法的实参（也为 Task）执行完之后才执行，并会将所有的结果置于一个数组中。这个程序中，Task 的 Result 为一个 TimeData[]对象，因为 WhenAll 的两个 Task 实参都执行返回 TimeData 对象的方法。TimeData 类在项目的 TimeData.cs 文件中被定义为

```
class TimeData
{
    public DateTime StartTime { get; set; }
    public DateTime EndTime { get; set; }
}
```

这个类的对象用来保存调用 Fibonacci 之前和之后的那一刻的时间——它们将用于执行时间的计算。TimeData 数组可用来迭代遍历 await Task 的结果。这个示例中只有两个 Task，所以在事件处理器中是直接与 task1 和 task2 交互的。

23.5.2 StartFibonacci 方法

StartFibonacci 方法（第 50~66 行）指定要执行的任务——这里是调用 Fibonacci（第 57 行），执行递归计算、为计算计时（第 56 行和第 58 行）、显示计算结果（第 60 行），以及显示计算所花费的时间（第 61~63 行）。这个方法返回一个 TimeData 对象，它包含每一个线程中调用 Fibonacci 之前和之后的时间。

23.5.3 在单独的线程中修改 GUI

StartFibonacci 中的第 55 行、第 60 行和第 63 行调用了 AppendText 方法（第 82~92 行），将文本追加到 outputTextBox 上。GUI 控件只能由 GUI 线程操作——所有的 GUI 事件处理器都是在 GUI 线程中自动调用的。在一个非 GUI 线程中修改 GUI 控件，会导致 GUI 崩溃，使 GUI 不可读或者不可用。当在一个非 GUI 线程中更新控件时，必须将这种更新安排给一个 GUI 线程执行。在 Windows 窗体中的做法，是检查继承的 Form 属性 InvokeRequired（第 84 行）。如果该属性的值为 true，则表明代码是在一个非 GUI 线程中执行的，不能直接更新 GUI。而是应该调用继承的 Form 方法 Invoke（第 86 行），它接收的 Delegate 实参，表示需在 GUI 线程中执行的那些更新操作。这个示例中，实参是一个 MethodInvoker（位于 System.Windows.Forms 命名空间），它是一个 Delegate，调用的方法不带实参，并且返回类型为 void。这个 MethodInvoker 被一个调用 AppendText 的 lambda 表达式初始化。第 86 行会将这个 MethodInvoker 安排到一个 GUI 线程中执行。当在 GUI 线程中调用这个方法时，第 90 行会更新 outputTextBox。这种技术同样适用于 WPF 和 UWP（Universal Windows Platform）的 GUI。

23.5.4 await 与具有 Task 方法 WhenAny 的多个任务之一

与 WhenAll 类似，Task 类还提供静态方法 WhenAny，它只需等待实参中指定的某一项任务完成了即可。WhenAny 返回首先完成的那一项任务。可以利用 WhenAny 方法，在 Internet 的计算机上发起执行同一项复杂计算的多个任务，然后等待其中的一台计算机返回结果。这样，就可以利用全部的计算能力，尽可能快地得到结果。这时，可根据需要取消其他的任务，或者也可让它们继续执行。相关的细节请参见：

https://msdn.microsoft.com/library/jj155758

WhenAny 方法的另一个用法是同时下载多个大型文件，一个任务中下载一个文件。这时，可以等到所有的文件都下载了之后才去处理它们，也可以在第一项任务完成之后就立即处理结果。甚至，还可以对依然在执行的其他任务再次调用 WhenAny 方法。

23.6 使用 HttpClient 类异步调用 Flickr Web 服务

本节将讲解的 Flickr Viewer 程序，可用来在 Flickr（flickr.com）上搜索照片，然后浏览结果。Flickr 是最早提供照片共享服务的 Web 站点之一。这个程序使用了一个异步方法来调用 Flickr Web 服务。Web 服务是一种软件组件，它利用标准的 Web 技术在 Internet 上接收方法调用。

XML 和 LINQ to XML

许多 Web 服务都以 XML（可扩展标记语言）的格式返回数据。XML 是一个广泛支持的数据描述标准，常用于 Internet 上的程序间交换数据。XML 以人和计算机都能够理解的方式描述数据。

这个示例中使用的 Flickr Web 服务方法默认返回 XML 数据。这里将使用 LINQ to XML 处理由 Flickr 返回的数据，LINQ to XML 已经被内置于 .NET 平台里。23.6.3 节中将简要分析一小段 XML 文件——本书配套网站上的 "LINQ to XML" 一章详细分析了这些技术。

REST Web 服务

Flickr 提供所谓的 REST Web 服务，它能够通过标准的 Web 技术接收方法调用。这里的程序将通过

URL 调用 Flickr Web 服务方法,就如同在 Web 浏览器中访问 Web 页面一样。REST 是 "Representational State Transfer"(表示状态转移)的缩写,它在本书的在线一章 "REST Web 服务"中探讨。

异步调用 Web 服务

在等待一个 Web 服务的响应时,由于存在无法预测的延迟,因此在一个调用 Web 服务(或执行网络通信)的 GUI 程序中,经常需要用到异步任务,以确保程序的响应性。

要求有 Flickr API Key

为了在计算机上运行这个示例,必须从如下网站获取自己的 Flickr API key:

> https://www.flickr.com/services/apps/create/apply

并用它替换图 23.4 第 18 行的 "YOUR API KEY HERE"。这个 Key 是一个唯一的字符和数字串,使 Flickr 可以跟踪 API 的使用情况。应仔细阅读 Flickr API 的使用条款。

Flicker Viewer 程序

Flickr Viewer 程序(见图 23.4)可以按照片标签搜索全球用户上传到 Flickr 的照片。标签化(tagging)或标化(labeling)内容是社交媒体协作特性的一部分。标签(tag)是任何用户提供的单词或短语,用于帮助组织 Web 内容。包含有意义的单词或短语的标签化项,可以创建强大的内容标识。Flickr 利用标签来提升它的照片搜索服务,使用户得到更好的结果。

```csharp
 1  // Fig. 23.4: FickrViewerForm.cs
 2  // Invoking a web service asynchronously with class HttpClient
 3  using System;
 4  using System.Drawing;
 5  using System.IO;
 6  using System.Linq;
 7  using System.Net.Http;
 8  using System.Threading.Tasks;
 9  using System.Windows.Forms;
10  using System.Xml.Linq;
11
12  namespace FlickrViewer
13  {
14     public partial class FickrViewerForm : Form
15     {
16        // Use your Flickr API key here--you can get one at:
17        // https://www.flickr.com/services/apps/create/apply
18        private const string KEY = "YOUR API KEY HERE";
19
20        // object used to invoke Flickr web service
21        private static HttpClient flickrClient = new HttpClient();
22
23        Task<string> flickrTask = null; // Task<string> that queries Flickr
24
25        public FickrViewerForm()
26        {
27           InitializeComponent();
28        }
29
30        // initiate asynchronous Flickr search query;
31        // display results when query completes
32        private async void searchButton_Click(object sender, EventArgs e)
33        {
34           // if flickrTask already running, prompt user
35           if (flickrTask?.Status != TaskStatus.RanToCompletion)
36           {
37              var result = MessageBox.Show(
38                 "Cancel the current Flickr search?",
39                 "Are you sure?", MessageBoxButtons.YesNo,
40                 MessageBoxIcon.Question);
41
42              // determine whether user wants to cancel prior search
43              if (result == DialogResult.No)
44              {
45                 return;
```

图 23.4 用 HttpClient 类异步地调用 Web 服务(示例中所用的照片,版权归 Paul Deitel 所有)

```csharp
46              }
47              else
48              {
49                  flickrClient.CancelPendingRequests(); // cancel search
50              }
51          }
52
53          // Flickr's web service URL for searches
54          var flickrURL = "https://api.flickr.com/services/rest/?method=" +
55              $"flickr.photos.search&api_key={KEY}&" +
56              $"tags={inputTextBox.Text.Replace(" ", ",")}" +
57              "&tag_mode=all&per_page=500&privacy_filter=1";
58
59          imagesListBox.DataSource = null; // remove prior data source
60          imagesListBox.Items.Clear(); // clear imagesListBox
61          pictureBox.Image = null; // clear pictureBox
62          imagesListBox.Items.Add("Loading..."); // display Loading...
63
64          // invoke Flickr web service to search Flickr with user's tags
65          flickrTask = flickrClient.GetStringAsync(flickrURL);
66
67          // await flickrTask then parse results with XDocument and LINQ
68          XDocument flickrXML = XDocument.Parse(await flickrTask);
69
70          // gather information on all photos
71          var flickrPhotos =
72              from photo in flickrXML.Descendants("photo")
73              let id = photo.Attribute("id").Value
74              let title = photo.Attribute("title").Value
75              let secret = photo.Attribute("secret").Value
76              let server = photo.Attribute("server").Value
77              let farm = photo.Attribute("farm").Value
78              select new FlickrResult
79              {
80                  Title = title,
81                  URL = $"https://farm{farm}.staticflickr.com/" +
82                      $"{server}/{id}_{secret}.jpg"
83              };
84          imagesListBox.Items.Clear(); // clear imagesListBox
85
86          // set ListBox properties only if results were found
87          if (flickrPhotos.Any())
88          {
89              imagesListBox.DataSource = flickrPhotos.ToList();
90              imagesListBox.DisplayMember = "Title";
91          }
92          else // no matches were found
93          {
94              imagesListBox.Items.Add("No matches");
95          }
96      }
97
98      // display selected image
99      private async void imagesListBox_SelectedIndexChanged(
100         object sender, EventArgs e)
101     {
102         if (imagesListBox.SelectedItem != null)
103         {
104             string selectedURL =
105                 ((FlickrResult) imagesListBox.SelectedItem).URL;
106
107             // use HttpClient to get selected image's bytes asynchronously
108             byte[] imageBytes =
109                 await flickrClient.GetByteArrayAsync(selectedURL);
110
111             // display downloaded image in pictureBox
112             MemoryStream memoryStream = new MemoryStream(imageBytes);
113             pictureBox.Image = Image.FromStream(memoryStream);
114         }
115     }
116 }
117 }
```

图 23.4(续) 用 HttpClient 类异步地调用 Web 服务（示例中所用的照片，版权归 Paul Deitel 所有）

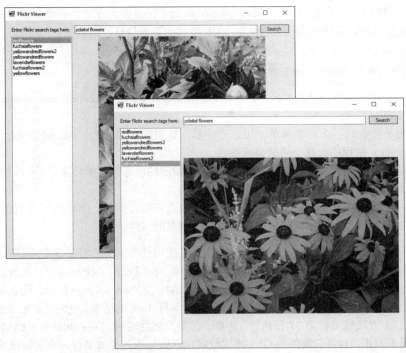

图 23.4（续） 用 HttpClient 类异步地调用 Web 服务（示例中所用的照片，版权归 Paul Deitel 所有）

如图 23.4 所示，可以在程序的文本框中输入一个或多个标签（例如，"pdeitel flowers"）。单击 Search 按钮时，程序调用 Flickr Web 服务，它搜索照片，返回一个 XML 文档，包含匹配该标签的前 500 个（或更少）结果的链接。这里使用 LINQ to XML 来解析结果，并在一个 ListBox 中显示照片名称的清单。当在 ListBox 中选择某张照片名称时，程序会使用另一个异步任务来从 Flickr 下载全尺寸的照片，并将它显示在一个 PictureBox 中。

23.6.1 使用 HttpClient 类调用 Web 服务

这个程序使用了 HttpClient 类（位于 System.Net.Http 命名空间）来与 Flickr 的 Web 服务交互，并接收与搜索标签相匹配的照片。第 21 行创建一个静态 HttpClient 对象 flickrClient，用于从 Flickr 下载数据。HttpClient 类是众多支持用 async 和 await 进行异步编程的 .NET 类中的一个。在 searchButton_Click 方法中（第 32~96 行），使用了 HttpClient 类的 GetStringAsync 方法来启动一项新任务（第 65 行）。创建该任务时，会将它赋予一个实例变量 flickrTask（在第 23 行声明），以便当用户发起一项新搜索时，能够测试该任务是否依然在执行。

软件工程结论 23.2

HttpClient 对象通常被声明成静态的，以便能被程序的所有线程使用。根据 HttpClient 的文档说明，静态 HttpClient 对象可以用于多线程中。

23.6.2 调用 Flickr Web 服务的 flickr.photos.search 方法

searchButton_Click 方法（第 32~96 行）发起了一个异步 Flickr 搜索，所以需将它声明成一个 async 方法。首先，第 35~51 行判断以前是否已经发起了一个搜索。如果是，则判断该搜索是否已经完成（第 34~35 行）。如果它依然在执行，则会显示一个对话框，询问是否希望取消这个搜索（第 37~40 行）。如果单击了 No 按钮，则事件处理器会直接返回。否则，调用 HttpClient 类的 CancelPendingRequests 方法，终止这个搜索（第 49 行）。

第 54~57 行创建的 URL 调用 Flickr 的 flickr.photos.search Web 服务方法,它根据提供的参数搜索照片。关于这个方法的参数以及用于调用该方法的 URL 格式的更多信息,请参见:

https://www.flickr.com/services/api/flickr.photos.search.html

这个示例中,为下列 flickr.photos.search 参数指定了值:

- api_key——自己的 Flickr API Key。记住,必须从 https://www.flickr.com/services/apps/create/apply 获取这个 Key。
- tags——用于搜索的一个标签清单,用逗号分隔。这里的参数值为 "pdeitel,flowers"。如果用空格来分隔标签,则程序会将空格替换成逗号。
- tag_mode——这里采用 all 模式来获得匹配搜索中指定的所有标签的结果。也可以使用 any 模式,它的结果是匹配搜索中的一个或者多个标签。
- per_page——返回的最大结果数(最多为 500)。如果省略此参数,则默认值为 100。
- privacy_filter——"1" 表示只会返回那些可公开获取的照片。

第 65 行调用 HttpClient 类的 GetStringAsync 方法,它使用作为 string 实参指定的 URL,从 Web 服务器请求信息。由于这个 URL 表示对 Web 服务方法的调用,所以调用 GetStringAsync 方法会导致调用 Flickr Web 服务方法来执行搜索。GetStringAsync 方法返回的一个 Task<string>对象,代表了一种承诺,它最终会返回一个包含搜索结果的字符串。然后,第 68 行等待 Task 的结果。这时,如果 Task 已经完成,则 searchButton_Click 方法继续在第 71 行执行。否则,程序控制会返回到 searchButton_Click 方法的调用者,直到接收了结果为止。这样,就使得 GUI 的执行线程能够处理其他的事件,在进行搜索的同时能够保持 GUI 的响应性。因此,可以在任意时刻开始另一项搜索(这个程序中,它会取消前一个搜索的执行)。

23.6.3 处理 XML 响应

完成了 Task 之后,程序控制会在第 68 行的 searchButton_Click 方法中继续,处理由 Web 服务返回的 XML 数据。图 23.5 显示了 XML 响应的样本。

```
1   <rsp stat="ok">
2       <photos page="1" pages="1" perpage="500" total="5">
3           <photo id="8708146820" owner="8832668@N04" secret="40fabab966"
4               server="8130" farm="9" title="fuchsiaflowers" ispublic="1"
5               isfriend="0" isfamily="0"/>
6           <photo id="8707026559" owner="8832668@N04" secret="97be93bb05"
7               server="8115" farm="9" title="redflowers" ispublic="1"
8               isfriend="0" isfamily="0"/>
9           <photo id="8707023603" owner="8832668@N04" secret="54db053efd"
10              server="8263" farm="9" title="yellowflowers" ispublic="1"
11              isfriend="0" isfamily="0"/>
12      </photos>
13  </rsp>
```

图 23.5 来自 Flickr API 的 XML 响应的样本

XML 的元素和属性

XML 将数据表示成元素、属性和文本。XML 用开始标记和结束标记定界元素。开始标记包含一个元素名称,后面可能有 "attributeName=value" 形式的属性名称/值对,它们都位于一对尖括号中。例如,图 23.5 第 1 行中:

```
<rsp stat="ok">
```

就是 rsp 元素的开始标记,它包含全部 Web 服务的响应。这个标记还包含一个属性 stat(表示 "状态")——值 "ok" 表明 Flickr Web 服务请求成功。结束标记在尖括号中的元素名称前面加上了一条斜线(如第 13 行的</rsp>),表示 "响应结束"。

元素的开始和结束标记可包含:

- 表示一段数据的文本

- 其他的嵌套元素。例如，rsp 元素中包含了一个 photos 元素（第 2~12 行），而 photos 元素包含三个 photo 元素（第 3~11 行），它们分别代表由 Web 服务找到的照片。

如果在开始和结束标记之间没有包含文本或者嵌套的元素，则这个元素就是空的。这样的元素可以用一个以 "/>" 结尾的开始标记表示。例如，第 3~5 行定义了一个空 photo 元素，在它的开始标记中有几个属性名称/值对。

XDocument 类与 LINQ to XML

命名空间 System.Xml.Linq 包含的类，用于通过 LINQ to XML 操作 XML——这里将使用其中的几个类来处理 Flickr 响应。只要程序收到 XML 搜索的结果，图 23.4 第 68 行就会使用 XDocument 方法 Parse，将 await 表达式返回的 XML 字符串转换成一个 XDocument 对象。LINQ to XML 能够解析 XDocument 对象，抽取来自 XML 的数据。

第 71~83 行使用 LINQ to XML，从 XDocument 的每一个 element 元素中收集属性，这些属性是在 Flickr 上找到对应的照片所需要的：

- XDocument 方法 Descendants（第 72 行）返回一个 XElement 对象列表，它们表示具有实参中指定的名称的那些元素，这里为 photo 元素。
- 第 73~77 行使用 XElement 方法 Attribute，得到的那些 XAttribute 分别表示来自当前 photo XElement 的元素的 id、title、secret、server 和 farm 属性。
- XAttribute 属性 Value（第 73~77 行）返回指定属性的值。

对于每一张照片，都创建了一个 FlickrResult 类的对象（这个类位于项目的 FlickrResult.cs 文件中），它包含：

- Title 属性——用 photo 元素的 title 属性初始化，用于在程序的 ListBox 中显示照片的名称。
- URL 属性——由 photo 元素的 id、secret、server 和 farm 属性组成（farm 是 Internet 上多个服务器的集合）。照片的 URL 格式由如下的站点指定：

  http://www.flickr.com/services/api/misc.urls.html

在 imagesListBox_SelectedIndexChanged 方法中（见 23.6.5 节），当用户选中了 ListBox 中的某张照片时，将使用 FlickrResult 的 URL 下载它。

23.6.4 将照片名称与 ListBox 绑定

如果得到了任何结果（第 87 行），则第 89~90 行会将结果的名称与 ListBox 绑定。不能将 LINQ 查询的结果直接与 ListBox 绑定，所以第 89 行对 flickrPhotos LINQ 查询调用 LINQ 方法 ToList，先将它转换成一个 List，然后将结果赋予 ListBox 的 DataSource 属性。这表明 List 的数据应用来填充 ListBox 的 Items 集合。这个 List 包含 FlickrResult 对象，所以第 90 行设置 ListBox 的 DisplayMember 属性，表明每一个 FlickrResult 的 Title 属性应当显示在 ListBox 中。

23.6.5 异步下载照片

imagesListBox_SelectedIndexChanged 方法（第 99~115 行）被声明成一个 async 方法，因为它需要等待照片的异步下载过程。第 104~105 行取得所选 ListBox 项的 URL 属性值。然后，第 108~109 行调用 HttpClient 类的 GetByteArrayAsync 方法，它获得一个包含照片信息的字节数组。这个方法将 URL 指定成它的 string 实参，以便从 Flickr 请求下载照片。它会返回一个 Task<byte[ ]>对象——确保在任务执行完成后，会返回一个 byte[ ]对象。然后，事件处理器等待结果。Task 完成之后，await 表达式就会返回这个 byte[ ]。第 112 行根据这个 byte[ ]创建一个 MemoryStream（允许将内存中的数组字节作为流读取）。然后，第 113 行使用 Image 类的静态方法 FromStream，根据字节数组创建一个 Image 对象，并将它赋予 PictureBox 的 Image 属性，以显示所选照片。

23.7 显示异步任务的进度

最后一个示例展示如何显示异步任务的进度和中间结果。图 23.6 中的程序提供了一个 FindPrimes 类，它异步地判断从 2 开始到用户输入的一个值之间的每一个值是否为质数。在异步测试每一个值的期间，用找到的每一个质数更新 TextBox，同时还更新一个 ProgressBar（进度条）和一个 Label，显示到目前为止已经完成的测试百分比。

```csharp
 1   // Fig. 23.6: FindPrimes.cs
 2   // Displaying an asynchronous task's progress and intermediate results
 3   using System;
 4   using System.Linq;
 5   using System.Threading.Tasks;
 6   using System.Windows.Forms;
 7
 8   namespace FindPrimes
 9   {
10      public partial class FindPrimesForm : Form
11      {
12         // used to enable cancelation of the async task
13         private bool Canceled { get; set; } = false;
14         private bool[] primes; // array used to determine primes
15
16         public FindPrimesForm()
17         {
18            InitializeComponent();
19            progressBar.Minimum = 2; // 2 is the smallest prime number
20            percentageLabel.Text = $"{0:P0}"; // display 0 %
21         }
22
23         // handles getPrimesButton's click event
24         private async void getPrimesButton_Click(object sender, EventArgs e)
25         {
26            // get user input
27            var maximum = int.Parse(maxValueTextBox.Text);
28
29            // create array for determining primes
30            primes = Enumerable.Repeat(true, maximum).ToArray();
31
32            // reset Canceled and GUI
33            Canceled = false;
34            getPrimesButton.Enabled = false; // disable getPrimesButton
35            cancelButton.Enabled = true; // enable cancelButton
36            primesTextBox.Text = string.Empty; // clear primesTextBox
37            statusLabel.Text = string.Empty; // clear statusLabel
38            percentageLabel.Text = $"{0:P0}"; // display 0 %
39            progressBar.Value = progressBar.Minimum; // reset progressBar min
40            progressBar.Maximum = maximum; // set progressBar max
41
42            // show primes up to maximum
43            int count = await FindPrimes(maximum);
44            statusLabel.Text = $"Found {count} prime(s)";
45         }
46
47         // displays prime numbers in primesTextBox
48         private async Task<int> FindPrimes(int maximum)
49         {
50            var primeCount = 0;
51
52            // find primes less than maximum
53            for (var i = 2; i < maximum && !Canceled; ++i)
54            {
55               // if i is prime, display it
56               if (await Task.Run(() => IsPrime(i)))
57               {
58                  ++primeCount; // increment number of primes found
59                  primesTextBox.AppendText($"{i}{Environment.NewLine}");
60               }
61
```

图 23.6 展示异步任务的进度和中间结果

```csharp
62             var percentage = (double)progressBar.Value /
63                (progressBar.Maximum - progressBar.Minimum + 1);
64             percentageLabel.Text = $"{percentage:P0}";
65             progressBar.Value = i + 1; // update progress
66          }
67
68          // display message if operation was canceled
69          if (Canceled)
70          {
71             primesTextBox.AppendText($"Canceled{Environment.NewLine}");
72          }
73
74          getPrimesButton.Enabled = true; // enable getPrimesButton
75          cancelButton.Enabled = false; // disable cancelButton
76          return primeCount;
77       }
78
79       // check whether value is a prime number
80       // and mark all multiples as not prime
81       public bool IsPrime(int value)
82       {
83          // if value is prime, mark all of multiples
84          // as not prime and return true
85          if (primes[value])
86          {
87             // mark all multiples of value as not prime
88             for (var i = value + value; i < primes.Length; i += value)
89             {
90                primes[i] = false; // i is not prime
91             }
92
93             return true;
94          }
95          else
96          {
97             return false;
98          }
99       }
100
101      // if user clicks Cancel Button, stop displaying primes
102      private void cancelButton_Click(object sender, EventArgs e)
103      {
104         Canceled = true;
105         getPrimesButton.Enabled = true; // enable getPrimesButton
106         cancelButton.Enabled = false; // disable cancelButton
107      }
108   }
109 }
```

图 23.6(续)　展示异步任务的进度和中间结果

Eratosthenes 筛选法

第 14 行声明了一个 bool 类型的数组 primes，它利用 Eratosthenes 筛选法（参见练习题 8.27），找出小于一个最大值的所有质数。Eratosthenes 筛选法从第一个质数开始，将该质数的全部倍数值从一个整数表中去除。然后，从还没有被去除的下一个数（它为下一个质数）开始，删除它的所有倍数值。这个过程一直持续到所有的非质数都被去除。在算法上，将从一个 bool 数组的元素 2 开始（忽略元素 0 和 1），并将索引值为 2 的倍数的所有元素的值设置成 false, 表示它们可以被 2 整除, 因此不是质数。然后, 移动到下一个数组元素, 检查它的值是否为 true。如果是, 则将索引值为它的索引值倍数的所有元素的值设置成 false, 表示它们的索引值能被当前元素的索引值整除。当算法完成时, 包含值 true 的元素的所有索引值都为质数, 因为它们不具有因数。这个示例中的 Eratosthenes 筛选法是用 FindPrimes 方法(第 48~77 行)和 IsPrime 方法(第 81~99 行)实现的。只要 IsPrime 方法判断出某个特定的数为质数, 它就立即删除该数的所有倍数。这个示例中的这种算法实现是一种低效率的做法, 练习题 23.10 中将给出原因并要求修改这个程序。

构造函数

FindPrimesForm 类的构造函数(第 16~21 行)将 progressBar 的 Minimum 属性值设置为 2(第一个质数), 并将 percentageLabel 的 Text 属性值设置为 0, 表示一个整数百分比。格式指定符 "P0" 中, "P" 表示应当将值格式化成一个百分比; "0" 表示 0 个小数位。

async 方法 getPrimesButton_Click

用户在 maxValueTextBox 中输入一个数, 并按下 Get Primes 按钮之后, 就会调用 getPrimesButton_Click 方法(第 24~45 行)。它被声明成一个 async 方法, 因为需要等待 FindPrimes 方法的结果。第 27 行取得用户输入的最大值, 然后第 30 行创建一个元素数量为该最大值的 bool 数组, 并用 true 值填充该数组。索引值不为质数的那些元素, 其值将会被设置成 false。Enumerable 静态方法 Repeat 会创建一个包含它的第一个实参值的元素列表。第二个实参指定该列表的长度。然后, 对结果调用 ToArray 方法, 取得这些元素的数组表示。Repeat 是一个泛型方法——它返回的列表类型由第一个实参的类型确定。

第 33~40 行将 Canceled 属性重新设置成 false, 将 GUI 重新设置成准备判断质数。第 39~40 行将 progressBar 的 Value 值重新设置成 Minimum 值, 并将 Maximum 设置成用户输入的一个新值。在测试从 2 到最大值之间的每一个质数时, 会将 progressBar 的 Value 属性设置成已经被测试过的当前数量。随着数量的增长, progressBar 将相应以不同颜色显示异步任务的进度。

第 43 行调用 async 方法 FindPrimes, 开始寻找质数的过程。一旦完成, FindPrimes 方法就会返回比用户输入的最大值小的质数的个数, 然后在第 44 行显示这个结果。

async 方法 FindPrimes

async 方法 FindPrimes 实现了 Eratosthenes 筛选法, 显示找到的质数, 并更新进度条和百分比完成情况。第 50 行将 primeCount 初始化成 0, 表示还没有找到任何质数。第 53~66 行迭代遍历从 2 开始到用户输入的最大值之间的所有值(不含最大值)。对于每一个值, 第 56 行都发起一个异步 Task, 判断该值是否为质数, 并等待 Task 的结果。当结果返回时, 如果它为 true, 则第 58 行将 primeCount 的值增加 1, 表示找到了一个质数, 并且第 59 行将该数的字符串表示追加到 primesTextBox 的文本中——这样就能够显示中间结果。不管某个值是否为质数, 第 62~64 行都会计算到目前为止已经完成的循环的百分比并显示这个结果, 然后第 65 行会更新 progressBar 的 Value 值。

在执行 FindPrimes 的任意时刻, 用户都可以点击 Cancel 按钮。这时, Canceled 属性会被设置成 true, 循环会提前终止。如果出现这种情况, 则第 69~72 行会在 primesTextBox 中显示 "Canceled"。

IsPrime 方法

IsPrime 方法(第 81~99 行)由 async 方法 FindPrimes 调用, 用于执行 Eratosthenes 筛选法的一部分。IsPrime 方法测试它的 value 实参值是否为一个质数, 方法是检查对应的元素是否位于 primes 数组中(第 85 行)。如果 value 为质数, 则第 88~91 行将索引值为 value 倍数的所有 primes 元素的值都设置为 false, 然后在第 93 行返回 true, 表明该 value 值为质数。否则, 方法返回 false。

cancelButton_Click 方法

用户单击 Cancel 按钮时, cancelButton_Click 方法(第 102~107 行)会将 Canceled 属性设置为 true,

然后启用 Get Primes 按钮，禁用 Cancel 按钮。接下来，会计算第 53 行的条件表达式，使 FindPrimes 方法中的循环终止。

23.8 小结

本章讲解了如何使用 async 修饰符、await 运算符和 Task，异步地执行需长时间运行的计算密集型任务。处理过程彼此独立的任务被认为是异步执行的，因此称为"异步任务"。

我们解释了利用多线程功能，使得一个线程能够与其他线程并发地执行，从而能够共享程序间的资源，比如内存和处理器。为了充分利用多核体系结构的能力，本章编写了几个程序，它们异步地处理任务。异步编程是编写包含多项任务的程序的一种技术，它能够提升那些包含需长时间运行或者计算密集型任务的程序性能和 GUI 响应能力。

为了演示异步编程的具体方法，本章给出了几个示例：

- 第一个示例展示了如何在一个 GUI 程序中异步地执行计算密集型运算，以便在运算过程中使 GUI 依然保持响应性。
- 第二个程序同步（依次）地执行两个计算密集型运算。执行这个程序时，由于计算是在 GUI 线程中执行的，所以 GUI 会被"冻结"。第三个程序异步地执行相同的计算密集型运算。将这两个程序分别在单核和双核计算机上执行，演示了它们在不同环境下的性能表现。
- 第四个程序使用 HttpClient 类与 Flickr Web 站点交互，用于搜索照片。HttpClient 类是众多 .NET Framework 类之一，它能够发起一个异步任务，用于 async 和 await 方法。
- 最后一个程序演示了如何在一个进度条中显示异步任务的进度。

本书的几个在线章节中介绍了 ASP.NET，它用于在 C#和 .NET 中构建基于 Web 的程序。讲解 ASP.NET 的这一章是本书在线章节的第一章。如果希望查看在线章节，请访问本书的配套网站[①]：

http://www.deitel.com/books/VCSharpHTP6

摘要

23.1 节　简介

- 计算机能够并发地执行操作。
- 处理过程彼此独立的任务被认为是异步执行的，因此称为"异步任务"。
- 只有具备多个处理器或者多个核的计算机，才能真正并发地执行多个异步任务。
- Visual C#程序可以包含多个执行线程，每个线程都具有自己的方法调用栈，使得在与其他线程并发地执行时，线程能够共享程序范围内的资源，比如共享内存和处理器。这种能力称为多线程功能。
- 单核计算机上的操作系统通过在活动（线程）间的快速切换，创造出并发执行的一种假象。
- 现在的多核计算机、智能手机和平板电脑，能够真正地并发执行多个任务。
- 异步编程是编写包含多项任务的程序的一种技术，它能够提升那些包含需长时间运行或者计算密集型任务的程序性能和 GUI 响应能力。
- async 修饰符和 await 运算符极大地简化了异步编程，减少了错误，并且使程序能够利用当今的多核计算机、智能手机和平板电脑的处理能力。

[①] 或登录华信教育资源网(www.hxedu.con.cn)下载。

- 有许多 .NET 类可用于 Web 访问、文件处理、联网操作、图像处理，还有更多的类包含一些方法，它们返回的 Task 对象可用于 async 和 await 处理，从而能够利用异步编程模型。

23.2.1 节　async 修饰符
- async 修饰符表示一个方法或者 lambda 表达式至少包含一个 await 表达式。
- async 方法执行它的方法体时，是在调用方法的同一个线程中进行的。

23.2.2 节　await 表达式
- 当 async 方法遇到一个 await 表达式时，如果异步任务已经完成，则 async 方法会继续执行。否则，程序控制会返回到 async 方法的调用者，直到异步任务完成。异步任务完成后，程序控制会返回到 async 方法，并会在 await 表达式后面的下一条语句上继续执行。
- 是否应将控制返回给 async 方法的调用者或者继续执行 async 方法，还是在异步任务完成后继续 async 方法的执行，这些机制是完全由编译器生成的代码决定的。

23.2.3 节　async、await 与线程
- async 和 await 机制不会创建新的线程。用于启动异步任务且需等待结果而调用的方法，会负责创建用于执行异步任务的那些线程（如 Task 方法 Run）。

23.3.1 节　异步执行任务
- 如果 GUI 程序中正在同步地执行一个长时间运行的计算，则 GUI 会被"冻结"，用户无法与程序交互。
- 如果异步地执行计算，并让它在一个独立的线程中执行，则 GUI 会保持它的响应性。
- Fibonacci 计算的递归实现就是一种计算密集型运算。

23.3.2 节　calculateButton_Click 方法
- 被声明成 async 的方法，是在向编译器表明，这个方法将启动一个异步任务并会等待结果。
- 在 async 方法中编写代码时，与同步执行这些代码时的编写方法一致，编译器会处理与异步执行管理相关的复杂事务。

23.3.3 节　Task 方法 Run：在单独的线程中异步地执行
- Task 会承诺在将来某一刻返回一个结果。
- Task 类是用于并行和异步编程的 .NET 任务并行库（TPL）的一部分。
- Task 类的静态方法 Run 接收的实参为一个 Func<TResult>代理，并在一个独立的线程中执行方法。这个方法返回一个 Task<TResult>对象，其中的 TResult 表示由所执行的方法返回的类型。
- 代理 Func<TResult>表示不带实参的任何方法，返回泛型类型 TResult 的一个结果。

23.3.4 节　await 与结果
- Task 属性 Result 的值为 Task 返回的结果。
- async 方法能够执行的语句，位于启动异步 Task 的语句和等待结果的语句之间。这时，在启动异步 Task 之后，方法会一直执行，直至遇到 await 表达式。
- 可以将 await 表达式置于赋值语句的右边。await 运算符会解开并返回 Task 的结果，这样就不必利用 Task 的 Result 属性，而是直接使用这个结果值。

23.3.5 节　异步计算下一个 Fibonacci 值
- 在 GUI 线程中处理短时间的计算，不会导致 GUI 被冻结。

23.4 节　同步执行两个计算密集型任务
- 在单核计算机上执行同步任务，花费的时间要比在多核计算机上长一些，因为处理器被这个程序以及其他正在同时执行的程序所共享。在双核系统上，其中的一个核有可能负责处理计算机上的其他任务，从而降低了在核上执行异步计算的需求。

23.5 节 异步执行两个计算密集型任务

- 运行任何程序时，它的任务会与操作系统、其他程序以及由操作系统执行的其他活动竞争处理器的时间。根据处理器的速度、核的数量、计算机上运行的其他程序等，执行程序所需要的时间会有所不同。
- 在双核计算机上的不同线程中执行异步方法所花费的时间，通常会比同步执行相同的任务所花费的时间要短。
- 在单核处理器上的多线程中执行异步方法，所花费的时间确实要比同步地执行它们的时间长，这是由于需要与程序的线程、正在执行的所有其他程序、操作系统正在执行的其他任务等共享一个处理器。

23.5.1 节 await 与具有 Task 方法 WhenAll 的多个任务

- 利用 Task 静态方法 WhenAll 的结果，可以等待多个 Task 完成。WhenAll 方法返回的 Task 对象会等待该方法的实参（也为 Task）执行完之后才执行，并会将所有的结果置于一个数组中。这个数组可用来迭代遍历 await Task 的结果。

23.5.3 节 在单独的线程中修改 GUI

- GUI 控件只能由 GUI 线程操作——在一个非 GUI 线程中修改 GUI 控件，会导致 GUI 崩溃，使 GUI 不可读或者不可用。
- 当在一个非 GUI 线程中更新控件时，必须将这种更新安排给一个 GUI 线程执行。在 Windows 窗体中，需检查 Form 类的 InvokeRequired 属性。如果该属性的值为 true，则表明代码是在一个非 GUI 线程中执行的，不能直接更新 GUI。而是应该调用 Form 方法 Invoke，它接收的 Delegate 实参，表示需在 GUI 线程中执行的那些更新操作。
- MethodInvoker（位于 System.Windows.Forms 命名空间）是一个代理，调用的方法不带实参，并且返回类型为 void。

23.5.4 节 await 与具有 Task 方法 WhenAny 的多个任务之一

- Task 类的静态方法 WhenAny 只需等待实参中指定的某一项任务完成了即可。WhenAny 返回首先完成的那一项任务。

23.6 节 使用 HttpClient 类异步调用 Flickr Web 服务

- Web 服务是一种软件组件，它利用标准的 Web 技术在 Internet 上接收方法调用。在等待一个 Web 服务的响应时，由于存在无法预测的延迟，因此在一个调用 Web 服务（或执行网络通信）的 GUI 程序中，经常需要用到异步任务，以确保程序的响应性。

23.6.1 节 使用 HttpClient 类调用 Web 服务

- HttpClient 类（位于 System.Net.Http 命名空间）能够调用 Web 服务。HttpClient 类是众多支持用 async 和 await 进行异步编程的 .NET 类中的一个。

23.6.2 节 调用 Flickr Web 服务的 flickr.photos.search 方法

- HttpClient 类的 CancelPendingRequests 方法能够终止正在执行的异步任务。
- HttpClient 类的 GetStringAsync 方法将 URL 指定成它的 string 实参，以便从 Web 服务请求信息。它会返回一个 Task<string>对象，可确保最终会返回一个 string 对象。

23.6.3 节 处理 XML 响应

- XML 将数据表示成元素、属性和文本。
- XML 用开始标记和结束标记定界元素。
- 开始标记包含一个元素名称，后面可能有 "attributeName=value" 形式的属性名称/值对，它们都位于一对尖括号中。

- 结束标记在尖括号中的元素名称前面加上了一条斜线。
- 元素的开始标记和结束标记之间包含的文本，表示数据块或者其他嵌套的元素。
- 如果在开始标记和结束标记之间没有包含文本或者嵌套的元素，则这个元素就是空的。这样的元素可以用一个以 "/>" 结尾的开始标记表示。
- 命名空间 System.Xml.Linq 包含的类用于通过 LINQ to XML 操作 XML。
- XDocument 方法 Parse 可将一个 XDocument 对象转换成一个 XML 字符串。
- LINQ to XML 能够解析 XDocument 对象，抽取来自 XML 的数据。
- XDocument 方法 Descendants 返回一个 XElement 对象列表，它们表示具有实参中指定的名称的那些元素。
- XElement 方法 Attribute 抽取那些表示元素属性的 XAttributes 值。
- XAttribute 属性 Value 返回指定属性的值。

23.6.4 节 将照片名称与 ListBox 绑定
- 不能将 LINQ 查询的结果直接与 ListBox 绑定。必须首先将结果用 ToList 方法转换成一个 List，或者用 ToArray 方法转换成一个数组。
- ListBox 属性 DataSource 表示用来填充 ListBox 的 Items 集合的数据源。ListBox 属性 DisplayMember 表示数据源中每一项的哪一个属性应当显示在 ListBox 中。

23.6.5 节 异步下载照片
- HttpClient 类的 GetByteArrayAsync 方法在一个独立的线程中启动一个 Task<byte[ ]>，它取得方法的 string 实参指定的 URL 中的 byte[ ]对象。

23.7 节 显示异步任务的进度
- ProgressBar 属性 Minimum 取得或者设置 ProgressBar 的最小值。
- ProgressBar 属性 Maximum 取得或者设置 ProgressBar 的最大值。
- ProgressBar 属性 Value 取得或者设置 ProgressBar 的当前值。随着这个值的增大，ProgressBar 会用不同的颜色填充。
- Enumerable 静态方法 Repeat 会创建一个包含它的第一个实参值的元素列表。这个列表的长度由第二个实参指定。Repeat 是一个泛型方法——它返回的列表类型由第一个实参的类型确定。

术语表

async modifier　async 修饰符	Fibonacci series　Fibonacci 序列
asynchronous call　异步调用	Func<TResult> delegate　Func<TResult>代理
asynchronous programming　异步编程	HttpClient class　HttpClient 类
asynchronous task　异步任务	MethodInvoker delegate　MethodInvoker 代理
await expression　await 表达式	multithreading　多线程功能
await multiple Tasks　等待多项任务	parallel operations　并行操作
await operator　await 运算符	ProgressBar class　ProgressBar 类
awaitable entity　"可等待"项	responsive GUI　可响应的 GUI
block a calling method　阻止调用方法	REST Web service　REST Web 服务
callback method　回调方法	Result property of class Task　Task 类的Result 属性
concurrency　并发性	Run method of class Task　Task 类的 Run 方法
concurrent operations　并发操作	System.Net.Http namespace　System.Net.Http 命名空间
exponential complexity　指数复杂度	

Task class Task 类	WhenAny method of class Task Task 类的 WhenAny 方法
Task Parallel Library 任务并行库（TPL）	XAttribute class XAttribute 类
thread of execution 执行线程	XDocument class XDocument 类
Web service Web 服务	XElement class XElement 类
WhenAll method of class Task Task 类的 WhenAll 方法	

自测题

23.1 "异步地处理任务"所表示的意思是什么？
23.2 针对多核系统进行编程，主要的好处是什么？
23.3 假设有一个程序包含两个计算密集型任务，该程序运行于双核系统的一个核上。现在，假设要将这两个计算密集型任务异步地运行在一个双核系统的独立的线程中。则运行时间会减半吗？为什么？
23.4 利用 async 和 await 机制时，会创建新线程吗？
23.5 （正确/错误）能够在任何执行线程中更新 GUI。这句话正确吗？为什么？

自测题答案

23.1 这意味着多个任务可以彼此独立地处理。
23.2 在多核系统中，可以使多个核同步工作，从而可以让具有异步任务的程序更快速地完成。
23.3 运行时间不会减半。还存在用于执行其他任务的线程，它们需要花费时间。在一个双核系统上执行异步任务，不会使完成时间减半，但通常会比同步执行它们所花费时间要短。
23.4 不会创建新线程。创建新线程的工作，是由启动异步任务并等待结果而调用的那个方法负责的。
23.5 错误。当在一个非 GUI 线程中更新控件时，必须将这种更新安排给一个 GUI 线程执行。为此，需检查 Form 类继承的 InvokeRequired 属性的值。如果该属性的值为 true，则表明代码是在一个非 GUI 线程中执行的，不能直接更新 GUI。应该调用继承的 Form 方法 Invoke，它接收的 Delegate 实参，表示需调用的那个方法。

练习题

23.6 考虑其他的计算密集型运算，然后修改图 23.1 中的程序，异步地执行其他的计算密集型运算。
23.7 修改图 23.3 中的程序，处理由 Task 方法 WhenAll 产生的 array 数组结果。
23.8 分析其他网站（如 http://www.programmableweb.com）上提供的 Web 服务，找到一个返回 XML 的 REST Web 服务，然后修改图 23.4 中的程序，利用 HttpClient 类的方法异步地调用这个 Web 服务。利用 LINQ to XML 解析结果，然后根据返回的数据类型显示结果。
23.9 读者可能已经注意到，利用图 23.6 中的程序可以快速得到质数。这个示例中的异步任务，可能不会受限于计算机的计算能力，而是受限于 I/O 能力。也就是说，在屏幕上显示结果的速度，会减慢程序的运行速度，而不是处理器的能力限制了产生质数的过程。重新实现图 23.6 中的程序，这次采用限制计算能力的算法，比如图 23.1 中的递归 Fibonacci 算法。尝试计算 0~47 的所有 Fibonacci 值。运行程序时，随着 Fibonacci 数的增大，计算速度会明显减慢，使得展示计算结果的 ProgressBar 和 TextBox 也会更新得慢。由于这个计算是受限于计算能力的，所以程序总的运行速度会依赖于计算机处理器的能力——可能需要相应地增大或者减小最大的 Fibonacci 值。例如，在作者的测试计算机上，计算 Fibonacci 值 47 需花费两分钟的时间。

23.10 访问https://en.wikipedia.org/wiki/Sieve_of_Eratosthenes，了解有关 Eratosthenes 筛选法的更多信息。图 23.6 中实现的这个算法是一种低效算法，因为即使数组中已经包含了全部的质数（最大为用户输入的数）之后，程序依然会去除质数的倍数。只有当去除了小于或者等于最大值平方根的所有质数的倍数之后，算法才可以终止。对图 23.6 进行如下修改。

a) 更新算法，使得只有当去除了小于或者等于最大值平方根的所有质数的倍数之后，算法才终止。

b) 修改更新 ProgressBar 和百分比 Label 的代码，使它们显示的是 Eratosthenes 筛选法的进度，而不是检查某个数是否为质数的进度。

附录 A　运算符优先级表

下表中显示的这些运算符，是按照从上到下优先级递减的顺序排列的，每个优先级都用一条水平线分隔。右列显示了运算符的结合律。

运算符	类　　型	结　合　律
.	成员访问	从左到右
?.	null 条件成员访问	
()	方法调用	
[ ]	元素访问	
?[ ]	null 条件元素访问	
++	后置增量	
--	后置减量	
nameof	标识符的字符串表示	
new	对象创建	
typeof	获得类型的 System.Type 对象	
sizeof	获得类型的字节数	
checked	复选状态	
unchecked	未复选状态	
+	一元加	从右到左
-	一元减	
!	逻辑非	
~	位补	
++	前置增量	
--	前置减量	
(type)	强制转换	
*	乘法	从左到右
/	除法	
%	求余	
+	加法	从左到右
-	减法	
>>	右移位	从左到右
<<	左移位	
<	小于	从左到右
>	大于	
<=	小于或等于	
>=	大于或等于	
is	类型比较	
as	类型转换	
!=	不等于	从左到右
==	等于	

图 A.1　运算符优先级表

运 算 符	类 型	结 合 律
&	逻辑与	从左到右
^	逻辑异或	从左到右
|	逻辑或	从左到右
&&	条件与	从左到右
||	条件或	从左到右
??	null 合并	从右到左
?:	条件	从右到左
=	赋值	从右到左
*=	乘后赋值	
/=	除后赋值	
%=	求余后赋值	
+=	加后赋值	
-=	减后赋值	
<<=	左移位赋值	
>>=	右移位赋值	
&=	逻辑与赋值	
^=	逻辑异或赋值	
|=	逻辑或赋值	

图 A.1(续)　运算符优先级表

附录B 简单类型

类型	大小（位）	值范围	标准
bool	8	true 或 false	
byte	8	0~255，包含二者	
sbyte	8	−128~127，包含二者	
char	16	'\u0000'~'\uFFFF' (0~65 535)，包含二者	Unicode
short	16	−32 768~32 767，包含二者	
ushort	16	0~65 535，包含二者	
int	32	−2 147 483 648~2 147 483 647，包含二者	
uint	32	0~4 294 967 295，包含二者	
float	32	大致负值范围：−3.402 823 466 385 288 6E+38~ −1.401 298 464 324 817 07E−45 大致正值范围：1.401 298 464 324 817 07E−45~3.402 823 466 385 288 6E+38 其他支持的值： 正 0 和负 0 正无穷和负无穷 非数字（NaN）	IEEE 754 IEC 60559
long	64	−9 223 372 036 854 775 808~9 223 372 036 854 775 807，包含二者	
ulong	64	0~18 446 744 073 709 551 615，包含二者	
double	64	大致负值范围：−1.797 693 134 862 315 7E+308~ −4.940 656 458 412 465 44E−324 大致正值范围：4.940 656 458 412 465 44E−324~1.797 693 134 862 315 7E+308 其他支持的值： 正 0 和负 0 正无穷和负无穷 非数字（NaN）	IEEE 754 IEC 60559
decimal	128	负值范围：−79 228 162 514 264 337 593 543 950 335 (−7.9E+28)~ −1.0E−28 正值范围：1.0E−28~79 228 162 514 264 337 593 543 950 335 (7.9E+28)	

图 B.1　简单类型

其他简单类型信息

- 本附录基于 Microsoft 的 C# 6 规范 Types 节的内容。关于这个规范的一个草案，可参见：http://msdn.microsoft.com/vcsharp/aa336809
- float 类型值的精度为 7 位。
- double 类型值的精度为 15~16 位。
- decimal 类型值表示为整数值，用 10 的指数放大或缩小。−1.0~1.0 之间的值表示为 28 位。
- 关于 IEEE 754 的更多信息，请参见 http://grouper.ieee.org/groups/754/。
- 有关 Unicode 的更多信息，请参见 http://unicode.org。

附录 C ASCII 字符集

	0	1	2	3	4	5	6	7	8	9
0	nul	soh	stx	etx	eot	enq	ack	bel	bs	ht
1	nl	vt	ff	cr	so	si	dle	dc1	dc2	dc3
2	dc4	nak	syn	etb	can	em	sub	esc	fs	gs
3	rs	us	sp	!	"	#	$	%	&	`
4	(	)	*	+	,	-	.	/	0	1
5	2	3	4	5	6	7	8	9	:	;
6	<	=	>	?	@	A	B	C	D	E
7	F	G	H	I	J	K	L	M	N	O
8	P	Q	R	S	T	U	V	W	X	Y
9	Z	[	\	]	^	_	'	a	b	c
10	d	e	f	g	h	i	j	k	l	m
11	n	o	p	q	r	s	t	u	v	w
12	x	y	z	{	|	}	~	del		

图 C.1 ASCII 字符集

这个图中左边的数字，是字符编码的十进制等价描述（0~127）的左边数字；顶部的数字，是字符编码的十进制等价描述的右边数字。例如，"F"的字符编码是 70，"&"的字符编码是 38。

本书的大多数用户，都对许多计算机上用来标识英文字符的这个 ASCII 字符集感兴趣。ASCII 字符集是 C#使用的 Unicode 字符集的子集，Unicode 字符集表示了世界上大多数语言中的字符。有关 Unicode 字符集的更多信息，请参见 http://unicode.org。

索　引

符号

— prefix/postfix decrement　—，前置/后置递减　5.13
– subtraction　–　减法　3.8
! logical negation　!　逻辑非　6.11
!= not equals　!=，不等于　3.9
?: ternary conditional operator　三元条件运算符 "?:"　5.6
?? (null coalescing operator)　null 合并运算符 "??"　13.9
?. null-conditional operator (C# 6)　null 条件运算符 "?." (C# 6)　13.9
?[ ] null-conditional operator (C# 6)　null 条件运算符 "?[ ]" (C# 6)　21.6
. (member access operator)　. 成员访问运算符　4.2
{ left brace　{，左大括号　3.2
} right brace　}，右大括号　3.2
@ verbatim string character　@逐字字符串字符　16.2
* multiplication　*　乘法　3.8
/ forward slash in end tags　/ 结束标签中的斜线　23.6
/ division　/　除法　3.8
/* */ delimited comment　/* */ 注释分隔符　3.2
// single-line comment　//，单行注释　3.2
\ escape character　\，转义字符　3.5
\n newline escape sequence　\n，新行转义序列　3.4
& boolean logical AND　&，布尔逻辑与　6.11
& menu access shortcut　&，菜单访问快捷键　15.2
&& conditional AND　&&，条件与　6.11
% remainder　%，求余　3.8
+ addition　+　加法　3.8
+ concatenation operator　+，拼接运算符　16.8
++ prefix/postfix increment　++，前置/后置递增　5.13
< less than　<，小于　3.9
<= less than or equal　<=，小于等于　3.9
= assignment operator　=，赋值运算符　3.6
== comparison operator　==，比较运算符　16.5
== is equal to　==，等于　3.9
=> lambda operator　lambda 运算符 "=>"　21.9
> greater than　>，大于　3.9
>= greater than or equal to　>=，大于等于　3.9
| boolean logical inclusive OR　|，布尔逻辑或　6.11
|| conditional OR　||，条件或　6.11

A

Abs method of Math　Math 类的 Abs 方法　7.3
absolute value　绝对值　7.3
abstract class　抽象类　12.4
abstract keyword　abstract 关键字　11.4
abstract method　抽象方法　12.4
abstraction　抽象　4.2
accelerometer　加速度计　1.3
access modifier　访问修饰符　4.3
access private class member　访问私有类成员　4.3
access shortcut　访问快捷键　15.2
action　动作　5.6
action expression in the UML　UML 中的动作表达式　5.4
action state in the UML　UML 中的动作状态　5.4
action state symbol　动作状态符号　5.4
action to execute　执行动作　5.2
activation record　活动记录　7.11
active control　活动控件　14.4
active tab　活动选项卡　2.3
active window　活动窗口　14.2
activity diagram　活动图　5.4
activity in the UML　UML 中的活动　5.4
Ada programming language　Ada 编程语言　1.8
add a database to a project　将数据库添加到项目中　22.5
add a reference to a class library　为类库添加引用　17.3
Add method of class List<T>　List<T>类的 Add 方法　9.4
Add Tab menu item　Add Tab 菜单项　15.11
addition　加法　1.3
ADO.NET Entity Data Model　ADO.NET 实体数据模型　22.4
ADO.NET Entity Framework　ADO.NET 实体框架　22.2
algebraic notation　代数符号　3.8
algorithm　算法　5.2
Alphabetic icon　按字母排列图标　2.4
alphabetizing　按字母顺序排列　16.5
Alt key　Alt 键　14.12
Alt key shortcut　Alt 快捷键　15.2
ALU (arithmetic and logic unit)　算术和逻辑单元(ALU)　1.3
Analyze menu　Analyze 菜单　2.3
anchor a control　锚定控件　14.4
Anchor property of class Control　Control 类的 Anchor 属性　14.4
anchoring a control　锚定控件　14.4

Anchoring demonstration　锚定演示　14.4
Android operating system　Android 操作系统　1.10
anonymous method　匿名方法　21.1
anonymous type　匿名类型　9.4
app　程序　3.2
app bar　应用栏　1.10
App Developer Agreement　应用开发者协议　1.11
application　应用程序　2.2
Application class　Application 类　15.2
Application.Exit method　Application.Exit 方法　15.7
Applicaton class Exit method　Applicaton 类 Exit 方法　15.2
arbitrary number of arguments　任意数量的实参　8.11
args parameter of Main method　Main 方法的 args 参数　8.12
argument promotion　实参提升　7.6
argument to a method　方法的实参　3.2
ArgumentException class　ArgumentException 类　21.4
arithmetic and logic unit（ALU）　算术和逻辑单元（ALU）　1.3
arithmetic calculation　算术运算　3.8
arithmetic mean　算术平均　3.8
arithmetic operators　算术运算符　3.8
array　数组　8.2
array-access expression　数组访问表达式　8.2
array-creation expression　数组创建表达式　8.3
array initializer　数组初始值设定项　8.4
ArrayList class　ArrayList 类　21.2
arrays as references　将数组作为引用　8.13
arrow　箭头　5.4
as operator（downcasting）　as 运算符（向下强制转换）　12.5
assembler　汇编器　1.5
assembly（compiled code）　汇编（编译后的代码）　3.3
assembly language　汇编语言　1.5
assign a value to a variable　向变量赋值　3.6
assignment operator =　赋值运算符=　3.6
assignment statement　赋值语句　3.6
associativity of operators　运算符的结合律　3.8
async modifier　async 修饰符　23.1
asynchronous programming　异步编程　1.8
asynchronous task　异步任务　23.1
attribute in the UML　属性（UML）　1.7
attributes（XML）　属性（XML）　23.6
augmented reality　增强现实　1.10
Authors table of Books database　Books 数据库的 Authors 表　22.3
auto-implemented property　自动实现的属性　4.7
auto-hide　自动隐藏　2.4
autoincremented database column　自动递增数据库列　22.3
automatic garbage collection　自动垃圾回收　13.5
automatic memory management　自动内存管理　10.8
AutoScroll property of class Form　Form 类的 AutoScroll 属性　14.3
AutoScroll property of class Panel　Panel 类的 AutoScroll 属性　14.6
average　平均　3.8
average calculation　平均成绩计算　5.9

await expression　await 表达式　1.8
await multiple Tasks　等待多项任务　23.5
awaitable entity　"可等待"项　23.2

B

BackColor property of a form　窗体的 BackColor 属性　2.5
background color　背景色　2.5
backward reference　后向引用　19.4
bandwidth　带宽　1.7
bar of asterisks　星号条　8.4
base case　基类　7.16
constructor　构造函数　11.4
default constructor　默认构造函数　11.4
BASIC programming language　BASIC 编程语言　1.8
behavior of a class　类的行为　1.6
big data　大数据　1.4
Big O notation　大 O 记法　18.2
BigInteger struct　BigInteger 结构　7.17
binary digit（bit）　二进制位（位）　1.4
binary operator　二元运算符　3.6
binary search algorithm　二分搜索算法　18.2
binary search tree　二叉搜索树　19.7
binary tree　二叉树　19.2
binary tree sort　二叉树排序　19.7
BinaryFormatter class　BinaryFormatter 类　17.7
BindingNavigator class　BindingNavigator 类　22.5
BindingSource class　BindingSource 类　22.5
BitArray class　BitArray 类　21.3
bitwise operators　位运算符　14.7
bitwise Xor operator　位异或运算符　15.3
blank line　空行　3.2
block of statements　语句块　3.9
BMP（Windows bitmap）　BMP（Windows 位图）　2.5
body of a class declaration　类声明的体　3.2
body of a loop　循环体　5.8
Books database　Books 数据库　22.3
bool simple type　bool 简单类型　5.6
Boolean struct　Boolean 结构　19.2
boundary of control　控制的边界　15.14
bounds checking　边界检查　8.5
boxing　装箱　21.2
boxing conversion　装箱转换　19.3
braces（{ and }）　大括号（{和}）　5.6
braces not required　不要求大括号　6.8
break statement　break 语句　6.8
brittle software　脆弱软件　11.4
buffer　缓冲区　17.3
BufferedStream class　BufferedStream 类　17.3
buffering　缓冲　17.3
Build menu　Build 菜单　2.3
built-in array capabilities　内置数组能力　21.2
button　按钮　14.1

Button class　Button 类　1.12
Button properties and events　按钮的属性和事件　14.5
ButtonBase class　ButtonBase 类　14.5
Byte struct　Byte 结构　19.2

C
C format specifier　C 格式指定符　4.9
C programming language　C 编程语言　1.8
C# 6 Specification　C# 6 规范　13.4
C# Coding Conventions　C#编码规范　8.4
.cs file name extension　.cs 文件扩展名　3.2
C# keywords　C#关键字　3.2
C# programming language　C#编程语言　1.8
calculations　计算　1.4
call stack　调用栈　13.7
callback method　回调方法　23.2
calling method (caller)　调用方法(调用者)　4.3
carbon footprint calculator　碳足迹计算器　1.12
card games　纸牌游戏　8.6
carriage return　回车符　3.5
cascaded method calls　层叠方法调用　10.14
cascaded window　层叠窗口　15.12
case sensitive　大小写敏感　3.2
catch all exception types　捕获所有的异常类型　13.2
catch an exception　捕获异常　13.2
catch block　catch 语句块　8.5
catch-related errors　与 catch 相关的错误　13.4
Categorized icon　Categorized 图标　2.4
Ceiling method of Math　Math 类的 Ceiling 方法　7.3
central processing unit (CPU)　中央处理单元(CPU)　1.4
char simple type　char 简单类型　3.6
CompareTo method　CompareTo 方法　16.14
character　字符　1.4
Character struct　Character 结构　19.2
check box　复选框　14.5
Checked property　Checked 属性　14.7
CheckedChanged event　CheckedChanged 事件　14.7
CheckState property　CheckState 属性　14.7
CheckedListBox class　CheckedListBox 类　15.2
CheckedIndices property　CheckedIndices 属性　15.7
CheckedItems property　CheckedItems 属性　15.7
child node　子节点　15.9
child window　子窗口　15.12
chromeless window　无边框窗口　1.10
class　类　1.6
constructor　构造函数　4.8
class average　班级平均成绩　5.9
class constraint　类约束　20.4
class hierarchy　类层次　11.1
class library　类库　1.9
class variable　类变量　7.3
CheckBox　复选框　14.7

ComboBox　组框　15.2
Control　控件　14.4
Clear method of class Array　Array 类的 Clear 方法　21.3
Clear method of class Graphics　Graphics 类的 Clear 方法　15.8
Clear method of class List<T>　List<T>类的 Clear 方法　9.4
click a Button　单击按钮　14.3
Click event of class Button　Button 类的 Click 事件　14.5
client of a class　类的客户　4.3
client code　客户端代码　12.2
clock　时钟　15.14
close a project　关闭项目　2.3
close a window　关闭窗口　14.3
close box　关闭框　2.5
Close method of class Form　Form 类的 Close 方法　14.3
cloud computing　云计算　1.2
code　代码　1.7
code maintenance　代码维护　4.9
code reuse　代码复用　11.1
code snippets　代码段　7.10
Coding Conventions (C#)　编码规范(C#)　8.4
coding requirements　编码需求　8.4
coin tossing　抛硬币　7.8
collapse a tree　缩合树　2.4
collapse node　缩合节点　15.9
collection　集合　9.4
collection class　集合类　21.1
collection initializer　集合初始值设定项　21.7
collision　冲突　21.4
Color structure　Color 结构　14.12
column　列　8.9
column in a database table　数据库表的列　22.2
column index　列索引　8.10
ComboBox class　ComboBox 类　14.2
ComboBox demonstration　ComboBox 演示　15.8
ComboBoxStyle enumeration　ComboBoxStyle 枚举　15.8
comma (,)　逗号(,)　6.6
comma-separated list　逗号分隔清单　6.6
command-line argument　命令行实参　8.12
Command Prompt　命令提示　3.2
comment　注释　3.2
CommissionEmployee class　CommissionEmployee 类　11.4
comparison operator　比较运算符　3.9
compilation error　编译错误　3.2
compile　编译　3.2
compile into a class library　编译进类库　17.3
compile-time error　编译时错误　3.2
compiler　编译器　1.5
compile-time type safety　编译时类型安全性　20.2
compiling　编译　19.2
ComplexNumber class　ComplexNumber 类　10.13
component　组件　1.6

component tray 组件架 14.9
composite key 合成键 22.2
composite primary key 合成主键 22.3
composition 组合 10.7
compound interest 复利 6.6
computer program 计算机程序 1.3
computer programmer 计算机程序员 1.3
Concat method of class string string 类的 Concat 方法 16.8
concatenate strings 拼接字符串 10.9
concrete class 具体类 12.4
concrete derived class 具体派生类 12.5
concurrent operations 并发操作 23.1
condition 条件 3.9
conditional expression 条件表达式 5.6
connect to a database 连接到数据库 22.5
connection string 连接字符串 22.5
console app 控制台程序 3.2
Console class Console 类 17.3
console window 控制台窗口 3.2
Console.WriteLine method Console.WriteLine 方法 3.2
const keyword const 关键字 6.8
constant 常量 6.8
constant integral expression 常量整型表达式 6.8
constant run time 常量运行时间 18.2
constant string expression 常量字符串表达式 6.8
constituent controls 构成控件 15.14
constrained version of a linked list 链表的受限版本 19.5
constructor 构造函数 4.8
constructor constraint (new()) 构造函数约束(new()) 20.4
constructor header 构造函数首部 4.8
constructor initializer 构造函数初始值设定项 10.5
container 容器 14.2
container control in a GUI GUI 中的容器控件 14.4
context-sensitive help 上下文相关帮助 2.5
contextual keyword 上下文关键字 4.6
contextual keywords contextual 关键字 3.2
continue keyword continue 关键字 6.10
continue statement continue 语句 6.10
contravariance 逆变 21.13
control 控件 2.2
control boundary 控件边界 15.14
Control class Control 类 14.4
control layout and properties 控件的布局与属性 14.4
control statement 控制语句 5.2
control variable 控制变量 5.9
converge on a base case 基本情况的收敛 7.16
Copy method of class Array Array 类的 Copy 方法 21.5
Copy method of class File File 类的 Copy 方法 17.9
copying objects shallow copy 影子复制 11.7
Cos method of Math Math 类的 Cos 方法 7.3
cosine 余弦 7.3

Count method (LINQ) Count 方法(LINQ) 17.9
counter 计数器 5.9
counter-controlled iteration 计数器控制循环 5.9
counting loop 计数循环 6.2
covariance 协变 21.13
CPU (central processing unit) 中央处理单元(CPU) 1.4
craps (casino game) 掷骰子(赌博游戏) 7.8
create a reusable class 创建可复用类 15.13
Create method of class File File 类的 Create 方法 17.9
creating and initializing an array 创建并初始化数组 8.4
credit inquiry 信用查询 17.5
.cs file name extension .cs 文件扩展名 2.4
.csproj file extension .csproj 文件扩展名 2.5
Ctrl key Ctrl 键 6.8
Ctrl + z Ctrl + z 组合键 6.8
culture settings 本地化设置 4.9
current time 当前时间 15.14
cursor 光标 3.3
custom control 定制控件 15.14
Custom palette Custom 调色板 2.5
Custom tab Custom 选项卡 2.5
customize a Form 定制表单 2.4
customize Visual Studio IDE 定制 Visual Studio IDE 2.3

D

data 数据 1.3
data binding 数据绑定 22.5
data hierarchy 数据层次 1.4
data source 数据源 9.2
Data Sources window Data Sources 窗口 22.5
data structure 数据结构 8.1
data types bool bool 数据类型 5.6
database 数据库 1.4
database connection 数据库连接 22.5
database schema 数据库模式 22.3
database table 数据库表 22.2
DataGridView control DataGridView 控件 22.5
Date property of a DateTime DateTime 类的 Date 属性 15.4
DateTime structure DateTime 结构 15.14
DayOfWeek property DayOfWeek 属性 15.5
DateTimePicker class DateTimePicker 类 15.4
DayOfWeek enumeration DayOfWeek 枚举 15.5
DbContext class DbContext 类 22.5
DbExtensions class DbExtensions 类 22.5
dealing a card 发牌 8.6
Debug menu Debug 菜单 2.3
Debugging 调试程序 2.3
decimal digit 十进制数 1.4
decimal literal decimal 类型的字面值数 4.9
decimal point 小数点 5.10
decimal simple type decimal 简单类型 3.6
decimal type Parse method decimal 类型 Parse 方法 4.9

decision 判断 3.9
decision symbol 判断符号 5.6
declaration 声明 3.5
declarative programming 声明式编程 9.2
declare a constant 声明常量 8.4
deeply nested statement 深嵌套语句 6.12
default case in a switch switch 语句中的默认分支 6.8
default case 默认分支 7.8
default constructor 默认构造函数 4.8
default event of a control 控件的默认事件 14.3
default settings 默认设置 1.12
default value 默认值 4.3
deferred execution 延迟执行 9.5
definite repetition 确定性循环 5.9
definitely assigned 确定赋值 5.9
delegate 代理 14.3
Delegate class Delegate 类 14.3
delegate keyword delegate 关键字 14.3
Delete method of class File File 类的 Delete 方法 17.9
deletion 删除 19.4
delimited comments 注释分隔符 3.2
dependent condition 依赖条件 6.11
dequeue operation of queue 队列的出队操作 19.6
derived class 派生类 11.1
deselected state 去选状态 14.7
deserialized object 去序列化对象 17.7
design mode 设计模式 2.5
design process 设计过程 1.7
Design view 设计视图 2.2
destructor 析构函数 10.8
dialog 对话框 2.2
DialogResult enumeration DialogResult 枚举 14.8
dice game 掷骰子游戏 7.9
dictionary 字典 21.4
Dictionary class Dictionary 类 21.2
Dictionary<K,V> class Dictionary<K,V>类 17.9
digit 数字 3.6
direct base class 直接基类 11.1
Directory class Directory 类 17.9
DirectoryInfo class DirectoryInfo 类 15.10
disk 磁盘 1.3
display output 显示输出 3.9
divide and conquer 分而治之 7.16
divide by zero 除数为 0 5.10
DivideByZeroException class DivideByZeroException 类 13.2
division 除法 1.3
.dll file .dll 文件 3.3
do keyword do 关键字 6.7
do...while iteration statement do...while 迭代语句 5.4
dock a control 停靠控件 14.3
Dock property of class Control Control 类的 Dock 属性 14.4

docking demonstration 停靠演示 14.4
dotted line in the UML UML 中的虚线 5.4
double data type double 数据类型 5.10
double selection 双选择 6.12
double-selection statement 双选择语句 5.6
double simple type double 简单类型 3.6
Double struct Double 结构 19.2
doubly linked list 双向链表 19.4
down-arrow button 下箭头按钮 2.5
downcast 向下强制转换 12.5
drag the mouse 拖动鼠标 2.4
Draw event of class ToolTip ToolTip 类的 Draw 事件 14.9
draw on control 在控件上绘制 15.14
driver class 驱动器类 4.2
drop-down list 下拉列表 14.2
dual-core processor 双核处理器 1.4
dummy value 哑值 5.10
duplicate elimination 消除重复值 19.7
dynamic binding 动态绑定 12.5
dynamic data structures 动态数据结构 19.2
dynamic memory allocation 动态内存分配 19.4
dynamic resizing 动态伸缩 9.1
dynamically linked library 动态链接库 3.3

E
E format specifier E 格式指定符 4.9
Edit menu Edit 菜单 2.3
editable list 可编辑列表 15.8
element（XML） 元素（XML） 23.6
element of an array 数组元素 8.2
element of chance 机会元素 7.8
eligible for destruction 适合析构的 10.8
eligible for garbage collection 适合回收内存的 10.8
eliminate resource leak 消除资源泄漏 13.5
ellipsis button 省略号按钮 2.5
Employee abstract base class Employee 抽象基类 12.5
Employee hierarchy test application Employee 层次测试程序 12.5
employee identification number 员工标识号 1.4
empty parameter list 空参数列表 4.3
Enabled property of class Control Control 类的 Enabled 属性 14.4
encapsulation 封装 1.7
end-of-file indicator 文件结束指示符 17.2
end tag 结束标签 23.6
EndsWith method of class string string 类的 EndsWith 方法 16.5
enqueue operation of queue 队列的入队操作 19.6
Enter (or Return) key 回车键 2.5
enter data from the keyboard 从键盘输入数据 14.2
entities in an entity data model 实体数据模型中的实体 22.5
entity connection string 实体连接字符串 22.5
Entity Data Model 实体数据模型 22.2
entities 实体 22.5
entity-relationship diagram 实体–关系图 22.3

entry point 入口点 3.2
enum 枚举 7.9
Enumerable class Enumerable 类 21.10
enumeration 枚举 7.9
enumeration constant 枚举常量 7.9
enumerator 枚举器 21.1
equal likelihood 等概率 7.8
equality operators (== and !=) 相等性运算符 (==和!=) 5.6
Equals method of class object object 类的 Equals 方法 11.7
Equals method of class string string 类的 Equals 方法 16.5
Error List window Error List 窗口 3.3
Error property of class Console Console 类的 Error 属性 17.3
escape character 转义字符 3.4
escape sequence 转义序列 3.4
event 事件 14.3
event driven 事件驱动 1.8
event handler 事件处理器 14.3
event handling 事件处理 14.3
event handling model 事件处理模型 14.3
event multicasting 事件多播 14.3
event sender 事件发送者 14.3
EventArgs class EventArgs 类 14.3
events 事件 1.8
events at an interval 时间间隔中的事件 15.14
exception 异常 3.6
Exception Assistant 异常助理 13.2
Exception class Exception 类 13.4
exception filter (C# 6) 异常过滤器 (C# 6) 13.10
exception handler 异常处理器 13.1
exception handling 异常处理 3.6
.exe file name extension .exe 文件扩展名 3.3
executable 可执行的 1.9
execute an application 执行程序 3.3
exhausting memory 耗尽内存 7.17
Exists method of class Directory Directory 类的 Exists 方法 17.9
Exit method of class Application Application 类的 Exit 方法 15.2
exit point 退出点 6.11
Exp method of Math Math 类的 Exp 方法 7.3
expand a tree 展开树 2.4
expand node 展开节点 15.9
explicit conversion 显式转换 5.10
explicit type argument 显式类型实参 20.3
exponential complexity 指数复杂度 23.3
exponential method 指数方法 7.3
exponentiation operator 指数运算符 6.6
expression 表达式 3.6
expression lambda 表达式 lambda 21.9
extend a class 扩展类 11.1
extensibility 可扩展性 12.2
extensible programming language 可扩展编程语言 4.1
extension method 扩展方法 9.3

Enumerable class Enumerable 类 21.10
external iteration 外部迭代 21.10

F
F format specifier F 格式指定符 4.9
Factorial method Factorial 方法 7.16
false keyword false 关键字 3.9
fatal error 致命错误 5.6
fault tolerant 容错 3.6
fault-tolerant program 容错程序 8.5
Fibonacci series Fibonacci 序列 23.3
field default initial value 字段的默认初始值 4.3
in a database table 数据库中的表 22.2
field of a class 类的字段 1.4
field width 字段宽度 6.6
file 文件 1.4
File class File 类 17.9
File menu File 菜单 2.3
File name extensions .cs .cs 文件扩展名 2.4
FileAccess enumeration FileAccess 枚举 17.3
FileInfo class FileInfo 类 15.10
FullName property FullName 属性 15.10
file-position pointer 文件位置指针 17.5
files 文件 17.2
FileStream class FileStream 类 17.3
filter (functional programming) 过滤器(函数式编程) 21.11
filter a collection using LINQ 使用 LINQ 过滤集合 9.2
filter elements 过滤器元素 21.11
filtering array elements 过滤数组元素 21.8
final state in the UML UML 中的终止状态 5.4
final value 终止值 6.2
Finalize method of class object object 类的 Finalize 方法 11.7
finally block finally 语句块 13.2
Find method of class LinkedList LinkedList 类的 Find 方法 21.6
first refinement 第一步细化 5.11
Fisher-Yates shuffling algorithm Fisher-Yates 洗牌算法 8.6
flag value 标志值 5.10
flash drive 闪存驱动器 17.1
FlatStyle property of class Button Button 类的 FlatStyle 属性 14.5
Flickr API key Flickr API 键 23.6
float simple type float 简单类型 3.6
floating-point division 浮点除法 5.10
floating-point number 浮点数 5.10
float data type 浮点数据类型 5.10
Floor method of Math Math 类的 Floor 方法 7.3
flow of control 控制流 5.8
focus 焦点 14.2
Font class Font 类 14.7
Font dialog Font 对话框 2.5
Font property of a Label Label 的 Font 属性 2.5
Font property of class Control Control 类的 Font 属性 14.4
Font property of class Form Form 类的 Font 属性 14.3

索引 719

font size　字体大小　2.5
font style　字体风格　2.5
Font window　Font 窗口　2.5
FontStyle enumeration　fontStyle 枚举　14.7
for iteration statement　for 循环语句　5.4
foreach iteration statement　foreach 迭代语句　8.4
foreign key　外键　22.3
form　窗体　2.2
form background color　窗体背景色　2.5
Form class　Form 类　14.3
Font property　Font 属性　14.3
FormBorderStyle property　FormBorderStyle 属性　14.3
format item　格式项　16.13
Format menu　Format 菜单　2.3
format specifier　格式指定符　4.9
format string　格式字符串　16.13
FormatException class　FormatException 类　13.2
formatted output field width　格式化输出的字段宽度　6.6
formulating algorithms　形成算法　5.9
forward reference　前向引用　19.4
fragile software　脆弱软件　11.4
Framework Class Library　Framework 类库　20.4
from clause of a LINQ query　LINQ 查询中的 from 子句　9.2
FullName property of class Type　Type 类的 FullName 属性　11.7
fully qualified class name　完全限定类名　7.5
fully qualified name　完全限定名称　7.4
Func delegate　Func 代理　21.11
Func<TResult> delegate　Func<TResult> 代理　23.3
function　函数　7.2
function key　功能键　14.12
functional programming　函数式编程　1.3
filter　过滤器　21.11

G

G format specifier　G 格式指定符　4.9
game programming　游戏编程　1.2
garbage collector　垃圾收集器　10.8
general catch clause　通用 catch 子句　13.2
general class average problem　通用求班级平均成绩问题　5.10
generic class　泛型类　9.4
generic interface　泛型接口　20.2
generic method　泛型方法　20.2
generic programming　通用编程　1.3
generics　泛型　20.2
get accessor of a property　属性的 get 访问器　1.6
get keyword　get 关键字　4.6
GetLength method of an array　数组的 GetLength 方法　8.9
GetType method of class object　object 类的 GetType 方法　11.7
GIF (Graphic Interchange Format)　图形交换格式(GIF)　2.5
global namespace　全局命名空间　7.7
goto elimination　消灭 goto 语句　5.4
goto statement　goto 语句　5.4

graph information　图形信息　8.4
Graphic Interchange Format (GIF)　图形交换格式(GIF)　2.5
graphical user interface (GUI)　图形用户界面(GUI)　2.2
Graphics class　Graphics 类　14.12
GroupBox class　GroupBox 类　1.12
guard condition in the UML　UML 中的监控条件　5.6

H

handle an event　处理事件　14.3
handle an exception　处理异常　13.2
hard disk　硬盘　17.1
hard drive　硬盘驱动器　1.3
hardware　硬件　1.3
has-a relationship　"有"关系　10.7
hash function　哈希函数　21.4
hash table　哈希表　21.4
hashing　哈希法　21.4
Hashtable class　Hashtable 类　21.3
head of a queue　队头　19.2
Height property of structure Size　Size 结构的 Height 属性　14.4
Help menu　Help 菜单　2.3
helper method　帮助器方法　19.7
HelpLink property of Exception　Exception 的 HelpLink 属性　13.7
"hidden" fields　"隐藏"字段　7.10
hide implementation details　隐藏实现细节　7.2
Hide method of class Control　Control 类的 Hide 方法　14.4
Hide method of class Form　Form 类的 Hide 方法　14.3
high-level language　高级语言　1.5
horizontal tab　水平制表符　3.5
hot key　热键　15.2
HTTP (HyperText Transfer Protocol)　HTTP(超文本传输协议)　1.7
HttpClient class　HttpClient 类　23.6
Human Genome Project　人类基因组计划　1.2
HyperText Markup Language (HTML)　超文本标记语言(HTML)　1.7
HyperText Transfer Protocol (HTTP)　超文本传输协议(HTTP)　1.7

I

ICollection<T> interface　ICollection<T>接口　21.2
IComparable interface　IComparable 接口　12.7
IComparable<T> interface　IComparable<T>接口　20.4
CompareTo method　CompareTo 方法　20.4
IComparer<T> interface　IComparer<T>接口　21.13
IComponent interface　IComponent 接口　12.7
icon　图标　2.3
identifier　标识符　3.2
identity column in a database table　数据库表的标识列　22.3
IDictionary<K,V> interface　IDictionary<K,V>接口　21.2
IDisposable interface　IDisposable 接口　12.7
IEnumerable<T> interface　IEnumerable<T>接口　9.2

IEnumerator interface　IEnumerator 接口　12.7
if single-selection statement　if 单选择语句　3.9
if...else double-selection statement　if...else 双选择语句　5.4
ignoring array element zero　忽略元素 0　8.5
IList<T> interface　IList<T>接口　21.2
Image property of class PictureBox　PictureBox 类的 Image 属性　2.5
image resource　图像资源　14.8
ImageList class　ImageList 类　15.9
Images property　Images 属性　15.10
immutability　不变性　21.11
immutable string　不可变字符串　10.9
imperative programming　命令式编程　9.2
implement an interface　实现接口　12.1
implementation-dependent code　依赖于实现的代码　10.3
implicit conversion　隐式转换　5.10
implicitly typed local variable　隐式类型化局部变量　8.4
In property of class Console　Console 类的 In 属性　17.3
increment　增量　6.6
increment and decrement operators　增量和减量运算符　5.13
indefinite repetition　非确定性循环　5.10
indentation　缩进　3.2
indent size　缩进量　3.2
independent software vendor (ISV)　独立软件开发商 (ISV)　11.6
index　索引　8.2
index initializer（C# 6）　索引初始值设定项 (C# 6)　21.7
index zero　索引 0　8.2
indexer　索引器　16.4
IndexOf method of class Array　Array 类的 IndexOf 方法　21.3
IndexOfAny method of class string　string 类的 IndexOfAny 方法　16.6
IndexOutOfRangeException class　IndexOutOfRangeException 类　8.5
indirect base class　间接基类　11.1
infer a local variable's type　推断局部变量的类型　8.4
infinite loop　无限循环　5.8
infinite recursion　无穷递归　7.17
infinity symbol　无穷大符号　22.4
information hiding　信息隐藏　1.7
inherit from class Control　从 Control 类继承　15.14
inheritance　继承　1.7
initial state in the UML　UML 中的初始状态　5.4
initial value of control variable　控制变量的初始值　6.2
initializer list　初始值设定项列表　8.4
inlining method calls　内联方法调用　12.6
inorder traversal of a binary tree　二叉树的中根顺序遍历　19.7
input data from the keyboard　从键盘输入数据　3.9
input device　输入设备　1.3
input unit　输入单元　1.3
input validation　输入验证　13.2
Insert method of class List<T>　List<T>类的 Insert 方法　9.4
Insert Separator option　Insert Separator 选项　15.2
Insert Snippet window　Insert Snippet 窗口　7.10
inserting separators in a menu　在菜单中插入分隔条　15.2

insertion point　插入点　19.4
insertion sort algorithm　插入排序算法　18.3
instance　实例　1.6
instance variable　实例变量　1.6
instant message　即时消息　1.2
int simple type　int 简单类型　3.6
Int16 struct　Int16 结构　19.2
Int32 struct　Int32 结构　19.2
Int64 struct　Int64 结构　19.2
integer　整数　3.6
integer array　整型数组　8.4
integer promotion　整数提升　5.10
interest rate　利率　6.6
interface　接口　9.2
interface constraint　接口约束　20.4
interface keyword　interface 关键字　12.7
Interfaces ICollection<T>　ICollection<T>接口　21.2
Internet of Things　物联网　1.8
Internet TV　网络电视　1.2
interpolation expression　插值表达式　3.6
interpreter　解释器　1.5
Interval property of class Timer　Timer 类的 Interval 属性　15.14
InvalidCastException class　InvalidCastException 类　12.5
InvalidOperationException class　InvalidOperationException 类　21.3
Invoice class implements IPayable　Invoice 类实现 IPayable　12.7
invoke a method　调用方法　7.2
Invoke method of class Control　Control 类的 Invoke 方法　23.5
IP address　IP 地址　1.8
IPayable interface declaration　IPayable 接口声明　12.7
IQueryable<T> interface　IQueryable<T>接口　22.5
is-a relationship　"是"关系　11.1
is operator　is 运算符　12.5
IsDigit method of struct Char　Char 结构的 IsDigit 方法　16.14
ISerializable interface　ISerializable 接口　17.7
IsLetter method of struct Char　Char 结构的 IsLetter 方法　16.14
IsLower method of struct Char　Char 结构的 IsLower 方法　16.15
IsSymbol method of struct Char　Char 结构的 IsSymbol 方法　16.15
IsUpper method of struct Char　Char 结构的 IsUpper 方法　16.15
ItemCheckEventArgs class　ItemCheckEventArgs 类　15.7
Index property　Index 属性　15.7
Items property of class ListBox　ListBox 类的 Items 属性　15.6
Items property of class ListView　ListView 类的 Items 属性　15.10
iteration　迭代　5.9
iteration statement　迭代语句　5.4
iteration terminates　迭代终止　5.8
iteration variable　迭代变量　8.4

J

jagged array　交错数组　8.9
Java programming language　Java 编程语言　1.8
JIT (just-in-time) compilation　JIT (即时) 编译　1.6
Join method of class string　string 类的 Join 方法　18.2

joining database tables　连接数据库表　22.3
just-in-time (JIT) compiler　即时 (JIT) 编译器　1.9

K
key code　键码　14.12
key data　键数据　14.12
key event　键事件　14.12
key value　键值　14.12
keyboard　键盘　1.3
keyboard shortcuts　键盘快捷键　15.2
KeyEventArgs class　KeyEventArgs 类　14.12
KeyCode property　KeyCode 属性　14.12
KeyData property　KeyData 属性　14.12
KeyValue property　KeyValue 属性　14.12
KeyNotFoundException class　KeyNotFoundException 类　21.4
KeyPressEventArgs class　KeyPressEventArgs 类　14.12
KeyChar property　KeyChar 属性　14.12
Keys enumeration　Keys 枚举　14.12
KeyUp event of class Control　Control 类的 KeyUp 事件　14.12
KeyValuePair<K,V> structure　KeyValuePair<K,V>结构　21.4
Keywords　关键字　3.2

L
label　标签　14.5
Label class　Label 类　2.2
lambda expression　lambda 表达式　21.9
lambda operator　lambda 运算符　21.9
language independence　语言独立性　1.10
Language Integrated Query (LINQ)　语言集成查询 (LINQ)　9.2
language interoperability　语言互操作性　1.10
Last property of class LinkedList　LinkedList 类的 Last 属性　21.6
late binding　后绑定　12.5
LayoutMdi method of class Form　Form 类的 LayoutMdi 方法　15.12
leaf node in a binary search tree　二叉搜索树中的叶节点　19.7
left align output　左对齐输出　6.6
left child　左子节点　19.7
left subtree　左子树　19.7
left-to-right evaluation　从左到右的求值　3.8
legacy code　遗留代码　21.1
Length property of an array　数组的 Length 属性　8.4
Length property of class string　string 类的 Length 属性　16.4
let clause of a LINQ query　LINQ 查询中的 let 子句　9.5
letter　字母　1.4
level of indentation　缩进层次　5.4
linear collection　线性集合　19.4
linear data structure　线性数据结构　19.7
linear run time　线性运行时间　18.2
linear search algorithm　线性搜索算法　18.2
link　链　19.4
link for a self-referential class　链接自引用类　19.3
linked list　链表　19.2

linked list data structure　链表数据结构　19.2
linked list in sorted order　排序链表　19.4
LinkedList generic class　LinkedList 泛型类　21.2
LinkedList<T> class　LinkedList<T>类　21.2
LinkedList<T> generic class　LinkedList<T>泛型类　21.5
LinkLabel class　LinkLabel 类　15.2
LinkArea property　LinkArea 属性　15.5
LinkBehavior property　LinkBehavior 属性　15.5
LinkClicked event　LinkClicked 事件　15.5
LinkColor property　LinkColor 属性　15.5
LinkVisited property　LinkVisited 属性　15.5
LinkLabel properties and an event　LinkLabel 属性与事件　15.5
let clause　let 子句　9.5
List class　List 类　21.2
List<T> generic class　List<T>泛型类　9.4
IndexOf method　IndexOf 方法　9.4
Insert method　Insert 方法　9.4
ListBox control　ListBox 控件　14.2
ListView control　ListView 控件　15.10
LargeImageList property　LargeImageList 属性　15.10
ListView properties and events　ListView 属性和事件　15.10
ListViewItem class　ListViewItem 类　15.10
ImageIndex property　ImageIndex 属性　15.10
literal　字面值　3.3
Load event of class Form　Form 类的 Load 事件　14.3
load factor　负载因子　21.4
local variable　局部变量　4.3
local variable "goes out of scope"　局部变量"越界"　17.2
Log method of Math　Math 类的 Log 方法　7.3
logarithm　对数　7.3
logarithmic run time　对数运行时间　18.2
logic error　逻辑错误　3.6
logical decision　逻辑判断　1.3
logical operators　逻辑运算符　6.11
logical output operation　逻辑输出操作　17.3
logical unit　逻辑单元　1.3
long-term retention of data　数据的长期保留　17.1
loop　循环　5.4
loop-continuation condition　循环继续条件　6.2
lowercase letter　小写字母　1.4

M
m-by-n array　m×n 数组　8.9
machine code　机器代码　1.5
machine language　机器语言　1.5
magic numbers　幻数　8.4
Main method　Main 方法　3.2
maintainability　可维护性　19.2
making decisions　做出判断　3.9
many-to-many relationship　多对多关系　22.4
map (functional programming)　映射 (函数式编程)　21.11
map elements to new values　将元素映射成新值　21.11

mashup 混搭 1.8
mask the user input 隐藏用户输入 14.5
master/detail view 主/细视图 22.8
Math class Math 类 7.3
Max method Max 方法 7.3
Min method Min 方法 7.3
mathematical computations 数学计算 1.8
Max LINQ extension method Max LINQ 扩展方法 21.11
Max method of Math Math 类的 Max 方法 7.3
.mdf file extension .mdf 文件扩展名 22.3
MDI（Multiple Document Interface） MDI（多文档界面） 15.12
MdiChildren property of class Form Form 类的 MdiChildren 属性 15.12
MdiLayout enumeration MdiLayout 枚举 15.12
MdiParent property of class Form Form 类的 MdiParent 属性 15.12
mean 3.8
medical imaging 医疗影像 1.2
member access (.) operator 成员访问运算符 "." 6.6
memory 内存 1.3
memory consumption 内存消耗 21.1
memory leak 内存泄漏 10.8
memory location 内存位置 3.7
memory unit 内存单元 1.3
MemoryStream class MemoryStream 类 17.3
menu 菜单 2.3
menu bar 菜单栏 2.3
menu item 菜单项 2.3
MdiWindowListItem property MdiWindowListItem 属性 15.12
MenuStrip properties and events MenuStrip 属性和事件 15.2
merge sort algorithm 合并排序算法 18.3
merge symbol in the UML UML 中的合并符号 5.8
merge two arrays 合并两个数组 18.3
message 消息 3.3
Message property of Exception Exception 的 Message 属性 8.6
method 方法 1.6
method call 方法调用 1.6
method-call stack 方法调用栈 7.11
method declaration 方法声明 7.4
method header 方法首部 4.3
method overloading 方法重载 7.12
method parameter list 方法参数表 8.11
MethodInvoker delegate MethodInvoker 代理 23.5
methods implicitly sealed 隐含为 sealed 的方法 12.6
Min LINQ extension method Min LINQ 扩展方法 21.11
Min method of Math Math 类的 Min 方法 7.3
mobile application 移动程序 1.2
modal dialog 模态对话框 17.3
model 模型 22.5
model designer 模型设计器 22.5
modifier key 修饰键 14.12
modularizing a program with methods 用方法模块化程序 7.2
monetary calculations 货币计算 6.6

MaxDate property MaxDate 属性 15.3
MaxSelectionCount property MaxSelectionCount 属性 15.3
MinDate property MinDate 属性 15.3
MonthlyBoldedDates property MonthlyBoldedDates 属性 15.3
Moore's Law 摩尔定律 1.3
mouse 鼠标 1.3
mouse click 鼠标单击 14.11
mouse event 鼠标事件 14.11
mouse move 鼠标移动 14.11
MouseEventArgs class MouseEventArgs 类 14.11
MouseEventArgs properties MouseEventArgs 属性 14.11
MouseEventHandler delegate MouseEventHandler 代理 14.11
MouseUp event of class Control Control 类的 MouseUp 事件 14.11
Move method of class Directory Directory 类的 Move 方法 17.9
Move method of class File File 类的 Move 方法 17.9
multicast delegate 多播代理 14.3
multicast event 多播事件 14.3
MulticastDelegate class MulticastDelegate 类 14.3
multicore processor 多核处理器 1.4
multidimensional array 多维数组 8.9
Multiline property of class TextBox TextBox 类的 Multiline 属性 14.5
multiple document interface（MDI） 多文档界面（MDI） 14.2
multiple-selection statement 多选择语句 5.4
multithreading 多线程功能 23.1
mutual exclusion 互斥 14.7
mutually exclusive options 互斥选项 14.7

N
N format specifier N 格式指定符 4.9
name 名称 3.7
name collision 名称冲突 14.3
Name property of class FileInfo FileInfo 类的 Name 属性 15.10
named constant 命名常量 8.4
named parameter 命名参数 7.15
nameof operator (C# 6) nameof 运算符 (C# 6) 10.5
namespace 命名空间 3.2
namespace declaration 命名空间声明 14.3
NaN constant of structure Double Double 结构的 NaN 常量 13.2
natural logarithm 自然对数 7.3
navigation property 导航属性 22.5
nested array initializer 嵌套数组初始值设定项 8.9
nested building block 嵌套构建块 6.12
nested control statements 嵌套控制语句 5.11
nested for statement 嵌套 for 语句 8.4
nested foreach statement 嵌套 foreach 语句 8.9
nested if selection statement 嵌套 if 选择语句 5.6
nested if...else selection statement 嵌套 if...else 选择语句 5.6
nested parentheses 嵌套圆括号 3.8
nesting rule 嵌套规则 6.12
new keyword new 关键字 4.2
new operator new 运算符 19.4
New Project dialog New Project 对话框 2.2

new ( ) (constructor constraint)　new ( ) (构造函数约束)　20.4
newline character　换行符　3.4
Next method of class Random　Random 类的 Next 方法　7.8
node　节点　15.9
nodes in a linked list　链表中的节点　19.4
non-static class member　非静态类成员　10.9
nonfatal logic error　非致命逻辑错误　5.6
nonlinear data structures　非线性数据结构　19.4
not selected state　未选中状态　14.7
note (in the UML)　UML 中的注解　5.4
Now property of DateTime　DateTime 的 Now 属性　21.12
NuGet package manager　NuGet 包管理器　22.5
null coalescing operator (??)　null 合并运算符 "??"　13.9
null keyword　null 关键字　4.3
null reference　空引用　19.4
nullable type　可空类型　13.9
null-conditional operator (?.)　null 条件运算符 "?."　13.9
null-conditional operator (?[ ])　null 条件运算符 "?[ ]"　21.6
NullReferenceException class　NullReferenceException 类　13.4
NumericUpDown control　数字上下控件　14.2

O

O(1) time　O(1) 运算时间　18.2
O(n) time　O(n) 运算时间　18.2
O(n²) time　O(n²) 运算时间　18.2
object　对象　1.6
object class　object 类　11.1
object-creation expression　对象创建表达式　4.2
Object data source　Object 数据源　22.5
object initializer　对象初始值设定项　10.12
object initializer list　对象初始值设定项列表　10.12
object of a class　类的对象　1.7
object of a derived class　派生类的对象　12.3
object-oriented language　面向对象的语言　1.7
object-oriented programming (OOP)　面向对象编程(OOP)　1.3
object serialization　对象序列化　17.7
object-oriented programming　面向对象编程　21.1
ObservableCollection<T> class　ObservableCollection<T>类　22.5
octa-core processor　八核处理器　1.4
off-by-one error　差 1 错误　6.3
one-to-many relationship　一对多关系　22.3
OnPaint method of class Control　Control 类的 OnPaint 方法　15.14
OOP (object-oriented programming)　面向对象编程(OOP)　1.7
Open method of class File　File 类的 Open 方法　17.9
OpenFileDialog class　OpenFileDialog 类　17.4
opening a project　打开项目　2.3
OpenRead method of class File　File 类的 OpenRead 方法　17.9
OpenText method of class File　File 类的 OpenText 方法　17.9
operands of a binary operator　二元运算符的操作数　3.6
operating system　操作系统　1.10
operation in the UML　UML 中的操作　4.3
operation parameter in the UML　UML 中的操作参数　4.4

operator　运算符　3.8
operator keyword　operator 关键字　10.13
operator overloading　运算符重载　10.13
operator precedence　运算符优先级　3.8
operator precedence chart　运算符优先级表　5.10
order in which actions should execute　执行动作的顺序　5.2
OrderBy extension method　OrderBy 扩展方法　21.11
orientation information　方向信息　1.3
out keyword　out 关键字　7.18
out-of-range array index　数组索引越界　13.4
Out property of class Console　Console 类的 Out 属性　17.3
output　输出　3.4
output device　输出设备　1.3
output parameter　输出参数　7.18
output unit　输出单元　1.3
overloaded constructors　重载构造函数　10.5
overloaded generic methods　重载泛型方法　20.5
overloaded methods　重载方法　3.3
override a base class method　重写基类方法　11.2
override keyword　override 关键字　8.6

P

package manager NuGet　NuGet 包管理器　22.5
Padding property of class Form　Form 类的 Padding 属性　14.4
PadLeft method of class string　string 类的 PadLeft 方法　18.2
PaintEventArgs class　PaintEventArgs 类　15.14
PaintEventArgs properties　PaintEventArgs 属性　15.14
pair of braces {}　大括号对{}　3.9
palette　调色板　2.5
Panel class　Panel 控件　1.12
properties　属性　14.6
Parallel LINQ　并行 LINQ　9.2
ParallelEnumerable class　ParallelEnumerable 类　21.12
ParallelQuery<T> class　ParallelQuery<T>类　21.12
parameter　参数　4.3
parameter in the UML　UML 中的参数　4.4
Parameter Info window　参数信息窗口　3.3
parameter list　参数表　4.3
parameter name　参数名称　4.3
parameter type　参数类型　4.3
parameterless constructor　无参数构造函数　10.5
params keyword　params 关键字　8.11
parent container　父容器　14.4
parent menu　父菜单　15.2
parent node　父节点　15.9
parent window　父窗口　15.12
parentheses　圆括号　3.2
Parse method of type int　int 类型的 Parse 方法　3.6
partial class　部分类　14.3
partial keyword　partial 关键字　14.3
Pascal Case　帕斯卡命名法　3.2
Pascal programming language　Pascal 编程语言　1.8

pass an array element to a method 将数组元素传递给方法 8.7
pass an array to a method 将数组传递给方法 8.7
pass-by-reference 按引用传递 7.18
pass-by-value 按值传递 7.18
password TextBox 口令文本框 14.5
Path class Path 类 15.9
perform a calculation 执行计算 3.9
perform a task 执行任务 4.3
perform an action 执行动作 3.3
performance 性能 23.1
permission setting 权限设置 15.10
physical output operation 物理输出操作 17.3
PictureBox class PictureBox 类 2.2
properties and event 属性和事件 14.8
pin icon 图钉图标 2.4
platform 平台 1.10
platform independence 平台独立性 1.10
PLINQ (Parallel LINQ) PLINQ (并行 LINQ) 21.5
PNG (Portable Network Graphics) PNG (可移植的网络图形) 2.5
Poll analysis application 民意调查分析程序 8.5
polymorphism 多态 6.8
polynomial 多项式 3.8
pop off a stack 出栈 7.11
pop stack operation 出栈操作 19.5
portability 可移植性 1.10
Portable Network Graphics (PNG) PNG (可移植的网络图形) 2.5
porting 移植 1.10
position number 位置号 8.2
postdecrement 后置减量 5.13
postfix decrement operator 后置减量运算符 5.13
postfix increment operator 后置增量运算符 5.13
PostgreSQL 22.1
postincrement 后置增量 5.13
postorder traversal of a binary tree 二叉树的后根顺序遍历 19.7
Pow method of Math Math 类的 Pow 方法 6.6
precedence 优先级 3.9
precedence chart 优先级表 5.10
precision of a floating-point value 浮点值的精度 5.10
predecrement 前置减量 5.13
predicate 谓词 9.2
predicate method 谓词方法 19.4
prefix decrement operator 前置减量运算符 5.13
prefix increment operator 前置增量运算符 5.13
preincrement 前置增量 5.13
preorder traversal of a binary tree 二叉树的先根顺序遍历 19.7
prepackaged data structures 预包装的数据结构 21.1
primary key 主键 22.2
primary memory 主存 1.3
primitive data type promotion 基本数据类型的提升 5.10
principal in an interest calculation 利率计算中的本金 6.5
principle of least privilege 最低权限原则 10.10

print spooling 打印假脱机程序 19.6
private access modifier private 访问修饰符 4.3
procedural programming 过程化编程 21.1
procedure 过程 7.2
Process class Process 类 15.6
processing phase 处理阶段 5.10
processing unit 处理单元 1.3
program 程序 1.3
program control 程序控制 5.2
program development tool 程序开发工具 5.10
program execution stack 程序执行栈 7.11
program in the general 通用程序 12.1
program in the specific 专用程序 12.1
programming languages C# C#编程语言 1.8
ProgressBar class ProgressBar 类 23.6
project 项目 2.2
Project menu Project 菜单 2.3
projection 投影 9.4
promotion 提升类型转换 5.10
prompt 提示 3.6
Properties window Properties 窗口 2.4
property 属性 1.6
property declaration 属性声明 4.6
property of a form or control 窗体或控件的属性 2.4
proprietary class 属性类 11.5
protected access modifier protected 访问修饰符 4.3
pseudocode 伪代码 5.3
pseudorandom number 伪随机数 7.8
public access modifier public 访问修饰符 4.3
push onto a stack 将数据压入栈 7.11

Q

quad-core processor 四核处理器 1.4
quadratic run time 平方运行时间 18.2
query 查询 9.2
query expression (LINQ) 查询表达式 (LINQ) 9.2
Queryable class Queryable 类 22.5
queue 队列 19.2
Queue class Queue 类 21.2
queue data structure 队列数据结构 19.2
Queue generic class Queue 泛型类 21.2
Queue<T> class Queue<T>类 21.2

R

radians 弧度 7.3
radio button 单选钮 14.5
RAM (Random Access Memory) RAM (随机访问存储器) 1.3
Random class Random 类 7.8
random number generation 随机数生成 8.6
random numbers 随机数 7.9
range variable of a LINQ query LINQ 查询的范围变量 9.2

Read method of class Console　Console 类的 Read 方法　17.3
read-only property　只读属性　5.7
readability　可读性　3.2
Reading sequential-access files　读取顺序访问文件　17.4
readonly keyword　readonly 关键字　10.10
real number　实数　5.10
real part of a complex number　复数的实部　10.13
realization in the UML　UML 中的实例化　12.7
reclaim memory　回收内存　10.8
record　记录　1.4
record key　记录键　1.4
rectangular array　矩形数组　8.9
recursion　递归　15.9
recursion step　递归步骤　7.16
recursive call　递归调用　7.16
recursive evaluation　递归求值　7.16
recursive factorial　递归阶乘　7.16
recursive method　递归方法　7.16
reduce（functional programming）　缩减（函数式编程）　21.11
redundant parentheses　冗余圆括号　3.9
ref keyword　ref 关键字　7.18
refer to an object　引用对象　7.17
reference　引用　7.17
reference manipulation　引用操作　19.2
reference type　引用类型　7.17
reference type constraint class　引用类型约束类　20.4
regular expression　正则表达式　16.15
relational database　关系数据库　22.1
relational database table　关系数据库表　22.2
relational operators　关系运算符　3.9
release resource　释放资源　13.5
release unmanaged resources　释放未管理的资源　12.7
remainder　求余　3.8
repetition counter controlled　计数器控制循环　5.10
repetition statement　循环语句　5.4
Replace method of class string　string 类的 Replace 方法　16.9
requirements　需求　1.7
reserved word　保留字　3.2
Resize method of class Array　Array 类的 Resize 方法　8.4
resource　资源　14.8
resource leak　资源泄漏　10.8
ResourceManager class　ResourceManager 类　14.8
Resources class　Resources 类　14.8
REST web service　REST Web 服务　23.6
result of an uncaught exception　未捕获异常的后果　13.2
Result property of class Task　Task 类的 Result 属性　23.3
rethrow an exception　重抛异常　13.5
return keyword　return 关键字　4.3
return statement　return 语句　4.6
return type　返回类型　4.3
reusability　可复用性　19.2

reusable component　可复用组件　11.2
reusable software components　可复用的软件组件　1.6
reuse　复用　3.2
Reverse extension method　Reverse 扩展方法　16.5
Reverse method of class Array　Array 类的 Reverse 方法　21.3
right align output　右对齐输出　6.6
right child　右子节点　19.7
right subtree　右子树　19.7
rise-and-shine algorithm　"朝阳算法"　5.2
robot　机器人　1.2
robust application　健壮的程序　13.1
rolling two dice　掷两枚骰子　7.9
root node　根节点　15.9
rounding a number　四舍五入一个数　3.8
row in a database table　数据库表中的行　22.2
rows of a two-dimensional array　二维数组的行　8.9
Ruby programming language　Ruby 编程语言　1.8
rules of operator precedence　运算符优先级的规则　3.8
Run command in Windows　Windows 中的 Run 命令　15.6
Run method of class Task　Task 类的 Run 方法　23.3
run mode　运行模式　2.5
run-time logic error　运行时逻辑错误　3.6
running an app　运行程序　15.6
runtime class　运行时类　12.5
runtime system　运行时系统　20.6

S
SaveFileDialog class　SaveFileDialog 类　17.3
savings account　储蓄账户　6.6
SByte struct　SByte 结构　19.2
scaling factor（random numbers）　缩放因子（随机数）　7.8
scanning images　扫描图形　1.3
schema（database）　模式（数据库）　22.3
scope　作用域　6.3
static variable　静态变量　10.9
screen　屏幕　1.3
screen cursor　屏幕光标　3.3
screen-manager program　屏幕管理程序　12.2
scripting language　脚本编程语言　1.5
scrollbar　滚动条　2.4
scrollbox　滑块　2.4
SDI（Single Document Interface）　SDI（单文档界面）　15.12
sealed class　sealed 类　12.6
Search Algorithms binary search　二分搜索算法　18.2
search key　搜索键　18.1
searching　搜索　19.2
searching data　搜索数据　18.1
second-degree polynomial　二次多项式　3.8
second refinement　第二步细化　5.11
secondary storage　辅助存储器　1.3
secondary storage device　辅助存储设备　17.1
secondary storage unit　辅助存储单元　1.4

seed value (random numbers) 种子值(随机数) 7.8
SeekOrigin enumeration SeekOrigin 枚举 17.6
select clause of a LINQ query LINQ 查询中的 select 子句 9.2
Select LINQ extension method Select LINQ 扩展方法 21.11
Select method of class Control Control 类的 Select 方法 14.4
Select Resource dialog Select Resource 对话框 2.5
selected state 选中状态 14.7
selecting an item from a menu 从菜单选择一项 14.3
selecting data from a table 从表中选择数据 22.3
selection 选择 5.5
selection sort algorithm 选择排序算法 18.3
selection statement 选择语句 5.4
SelectionMode enumeration SelectionMode 枚举 15.6
self-documenting code 自说明性代码 3.6
self-referential class 自引用类 19.3
self-referential object 自引用对象 19.4
semicolon (;) 分号 3.3
sentinel value 标记值 5.10
separator bar 分隔条 15.2
sequence 顺序 5.4
sequence of items 项的顺序 19.4
sequence structure 顺序结构 5.4
sequential-access file 顺序访问文件 17.3
sequential execution 顺序执行 5.4
[Serializable] attribute [Serializable]属性 17.7
SerializationException class SerializationException 类 17.8
serialized object 序列化对象 17.7
service of a class 类的服务 10.3
set accessor of a property 属性的 set 访问器 1.6
Set as Startup Project 设置启动项目 22.5
set keyword set 关键字 4.6
shallow copy 影子复制 11.7
Shape class hierarchy Shape 类层次 11.2
shift 移位 7.8
Shift key Shift 键 14.12
shifting value (random numbers) 移位值(随机数) 7.8
short-circuit evaluation 短路求值 6.11
shortcut key 快捷键 15.2
shortcuts with the & symbol 带&符号的快捷键 15.2
Show All Files icon Show All Files 图标 2.4
Show method of class Control Control 类的 Show 方法 14.4
Show method of class Form Form 类的 Show 方法 14.3
sibling node 同胞节点 15.9
side effect 辅助功能 6.11
Sieve of Eratosthenes Eratosthenes 筛选法 21.3
signal value 信号值 5.10
signature of a method 方法的签名 7.12
simple condition 简单条件 6.11
simple name 简单名称 15.13
simple type 简单类型 3.6
simplest activity diagram 最简活动框图 6.12

Sin method of Math Math 类的 Sin 方法 7.3
Single Document Interface (SDI) SDI(单文档界面) 15.12
single entry point 单入口点 6.11
single exit point 单出口点 6.11
single inheritance 单继承 11.1
single-selection statement 单选择语句 5.5
Single struct Single 结构 19.2
single-line comment 单行注释 3.2
single-selection statement if if 单选择语句 5.6
singly linked list 单向链表 19.4
Size property of class Control Control 类的 Size 属性 14.4
Size structure Size 结构 14.4
sizing handle 尺寸手柄 2.5
.sln file extension .sln 文件扩展名 2.5
small circles in the UML UML 中的小圆 5.4
smart tag menu 智能标记菜单 22.6
snap lines 抓取线 14.4
software 软件 1.3
software reuse 软件复用 7.2
solid circle in the UML UML 中的实心圆 5.4
SolidBrush class SolidBrush 类 14.12
solution 解决方案 1.11
Solution Explorer window Solution Explorer 窗口 2.4
selection sort 选择排序 18.3
sort key 排序键 18.1
Sort method of Array Array 的 Sort 方法 18.2
Sort method of class Array Array 类的 Sort 方法 21.3
Sort method of class List<T> List<T>类的 Sort 方法 9.4
sorted array 已排序数组 19.4
Sorted property of class ListBox ListBox 类的 Sorted 属性 15.6
SortedDictionary generic class SortedDictionary 泛型类 21.2
SortedDictionary<K,V> class SortedDictionary<K,V>类 21.2
SortedList class SortedList 类 21.2
SortedList<K,V> generic class SortedList<K,V>泛型类 21.2
SortedSet<T> class SortedSet<T>类 21.13
sorting 排序 19.2
sorting data 排序数据 18.1
source code 源代码 3.2
Source property of Exception Exception 的 Source 属性 13.7
space character 空格符 3.2
space/time trade-off 空间/时间权衡 21.4
special character 特殊字符 3.6
special symbol 特殊符号 1.4
Split method of class Regex Regex 类的 Split 方法 21.4
split the array in merge sort 合并排序中分解数组 18.3
spooler 打印假脱机程序 19.6
Sqrt method of class Math Math 类的 Sqrt 方法 13.8
square root 平方根 7.3
stack 栈 7.11
Stack class Stack 类 21.2
stack data structure 栈数据结构 19.2

stack frame　栈帧　7.11
Stack generic class　泛型类 Stack　20.5
stack overflow　栈溢出　7.11
stack trace　栈踪迹　13.2
stack unwinding　栈解退　13.7
Stack<T> class　Stack<T>类　21.2
stacking control statements　控制语句堆叠　6.12
stacking rule　堆叠规则　6.12
StackOverflowException class　StackOverflowException 类　13.4
standard error stream object　标准错误流对象　17.3
standard input stream object　标准输入流对象　17.3
standard input/output object　标准输入/输出对象　3.3
standard output stream object　标准输出流对象　17.3
standard reusable component　标准可复用组件　11.2
standard time format　标准时间格式　10.2
Start method of class Process　Process 类的 Start 方法　15.6
Start Page　开始页　2.2
start tag　起始标签　23.6
StartsWith method of class string　string 类的 StartsWith 方法　9.5
startup project　启动项目　2.4
state button　状态按钮　14.7
statement lambda　语句 lambda　21.9
static class member　静态类成员　10.9
static binding　静态绑定　12.6
static class　静态类　10.14
static keyword　static 关键字　7.4
static member demonstration　静态成员演示　10.9
static method　静态方法　7.4
static method Concat　静态方法 Concat　16.9
static variable　静态变量　7.3
static variable scope　静态变量作用域　10.9
stereotype in the UML　UML 中的版型　4.6
straight-line form　直线形　3.8
stream standard error　标准错误流　17.3
standard input　标准输入　17.3
standard output　标准输出　17.3
Stream class　Stream 类　17.3
stream of bytes　字节流　17.2
StreamReader class　StreamReader 类　17.3
StreamWriter class　StreamWriter 类　17.3
StretchImage value　StretchImage 值　2.5
string class　string 类　3.3
string concatenation　字符串拼接　7.4
string constructors　字符串构造函数　16.3
string format specifiers　字符串格式指定符　4.9
string indexer　字符串索引器　16.5
string interpolation (C# 6)　字符串插值(C# 6)　3.5
string literal　字符串字面值　16.2
string type　string 类型　3.6
StringBuilder constructors　StringBuilder 构造函数　16.10
StringBuilder size manipulation　StringBuilder 的长度操作　16.11

StringBuilder text replacement　StringBuilder 文本替换　16.13
struct　结构　19.2
struct keyword　struct 关键字　10.13
structured programming　结构化编程　1.3
Structured Query Language (SQL)　结构化查询语言(SQL)　22.1
Style property of class Font　Font 类的 Style 属性　14.7
subarray　子数组　18.2
submenu　子菜单　15.2
Substring method of class string　string 类的 Substring 方法　16.7
substrings generated from strings　从字符串产生子串　16.7
Subtract method of DateTime　DateTime 的 Subtract 方法　21.12
subtraction　减法　1.3
Sum LINQ extension method　Sum LINQ 扩展方法　21.11
swapping values　交换值　18.3
switch code snippet (IDE)　switch 代码段(IDE)　7.10
switch expression　switch 表达式　6.8
switch logic　switch 逻辑　6.8
synchronous programming　同步编程　1.8
syntax　语法　3.2
syntax color highlighting　语法颜色高亮　3.3
syntax error　语法错误　3.2
syntax error underlining　语法错误下画线　3.3
System　7.17
System namespace　System 命名空间　3.2
System.Collections namespace　System.Collections 命名空间　7.8
System.Data.Entity namespace　System.Data.Entity 命名空间　7.8
System.Drawing namespace　System.Drawing 命名空间　14.7
System.IO namespace　System.IO 命名空间　7.8
System.Linq namespace　System.Linq 命名空间　7.8
System.Net.Http namespace　System.Net.Http 命名空间　23.6
System.Text namespace　System.Text 命名空间　7.8
System.Web namespace　System.Web 命名空间　7.8
System.Xml namespace　System.Xml 命名空间　7.8
System.Xml.Linq namespace　System.Xml.Linq 命名空间　7.8
SystemException class　SystemException 类　13.4

T

tab　制表符　14.1
Tab key　Tab 键　3.2
tab stops　跳表长度　3.2
tabbed window　选项卡化窗口　2.3
TabControl class　TabControl 类　15.11
TabCount property　TabCount 属性　15.11
TabPages property　TabPages 属性　15.11
table　表　8.9
table element　表元素　8.9
table in a relational database　关系数据库中的表　22.2
table of values　值表　8.9
TabPage class　TabPage 类　15.11
Text property　Text 属性　15.11
tabular format　表格格式　8.4
tagging　标签化　23.6

tail of a queue 队列尾 19.2
Tan method of Math Math 类的 Tan 方法 7.3
tangent 正切 7.3
tape 磁带 17.1
Task class Result property Task 类的 Result 属性 23.3
Task Parallel Library 任务并行库（TPL） 23.3
Task<TResult> class Task<TResult>类 23.3
TCP (Transmission Control Protocol) TCP（传输控制协议） 1.7
TCP/IP 1.7
Team menu Team 菜单 2.3
template 模板 2.2
temporary data storage 临时的数据存储 17.2
temporary value 临时值 5.10
terminate a loop 终止循环 5.10
termination housekeeping 终止内务处理 10.8
ternary operator 三元运算符 5.6
test harness 测试套件 8.8
Testing class List 测试 List 类 19.4
Testing class QueueInheritance 测试 QueueInheritance 类 19.6
Testing class StackInheritance 测试 StackInheritance 类 19.5
text editor 文本编辑器 3.3
Text property Text 属性 2.5
Text property of class Button Button 类的 Text 属性 14.5
Text property of class CheckBox CheckBox 类的 Text 属性 14.7
Text property of class Control Control 类的 Text 属性 14.4
Text property of class Form Form 类的 Text 属性 14.3
Text property of class GroupBox GroupBox 类的 Text 属性 14.6
Text property of class LinkLabel LinkLabel 类的 Text 属性 15.5
Text property of class TabPage TabPage 类的 Text 属性 15.11
Text property of class TextBox TextBox 类的 Text 属性 14.5
Text property of class TreeNode TreeNode 类的 Text 属性 15.9
TextAlign property of a Label Label 的 TextAlign 属性 2.5
textbox 文本框 14.5
Text property Text 属性 14.5
TextChanged event TextChanged 事件 14.5
Text-displaying application 文本显示程序 3.2
TextReader class TextReader 类 17.3
TextWriter class TextWriter 类 17.3
this keyword this 关键字 10.4
thread of execution 执行线程 23.1
throw an exception 抛出异常 8.5
throw point 抛出点 13.2
throw statement throw 语句 13.5
Tick event of class Timer Timer 类的 Tick 事件 15.14
tightly packed binary tree 紧密二叉树 19.7
tiled window 平铺窗口 15.12
time and date 时间和日期 15.14
Time1 object used in an app 程序中使用的 Time1 对象 10.2
TimeOfDay property of DateTime DateTime 的 TimeOfDay 属性 15.4
Timer class Timer 类 15.14
Tick event Tick 事件 15.14

TotalMilliseconds property TotalMilliseconds 属性 21.12
TimeSpan value type TimeSpan 值类型 23.4
title bar 标题栏 2.5
Titles table of Books database Books 数据库的 Titles 表 22.3
ToList method of class Enumerable Enumerable 类的 ToList 方法 9.5
ToLower method of class string string 类的 ToLower 方法 16.9
ToLower method of struct Char Char 结构的 ToLower 方法 16.15
tool tip 工具提示 2.3
toolbar 工具栏 2.3
toolbar icon 工具栏图标 2.3
Toolbox 工具箱 2.4
Tools menu Tools 菜单 2.3
ToolStripMenuItem class ToolStripMenuItem 类 15.2
Text property Text 属性 15.2
ToolTip class ToolTip 类 14.9
ToolTip properties and events ToolTip 属性和事件 14.9
top of a stack 栈顶 19.2
ToString method of class object object 类的 ToString 方法 11.4
total 总和 5.9
ToUpper method of class string string 类的 ToUpper 方法 9.5
ToUpper method of struct Char Char 结构的 ToUpper 方法 16.15
transfer of control 控制转移 5.4
transition arrow in the UML UML 中的转移箭头 5.4
translation 翻译 1.5
translator program 翻译程序 1.5
Transmission Control Protocol (TCP) TCP（传输控制协议） 1.7
traversals forwards and backwards 前向和后向遍历 19.4
traverse a tree 遍历树 19.7
traverse an array 遍历数组 8.9
tree 树 15.9
TreeNode class TreeNode 类 15.9
TreeNodeCollection class TreeNodeCollection 类 15.9
TreeView class TreeView 类 15.2
TreeViewEventArgs class TreeViewEventArgs 类 15.9
trigger an event 触发事件 14.2
trigonometric cosine 三角余弦 7.3
trigonometric sine 三角正弦 7.3
trigonometric tangent 三角正切 7.3
Trim method of class string string 类的 Trim 方法 16.9
truncate 截断 3.8
truth table 真值表 6.11
try block try 语句块 8.5
try statement try 语句 8.5
TryParse method of int int 类型的 TryParse 方法 13.2
two-dimensional array 二维数组 8.9
two-dimensional data structure 二维数据结构 19.7
type 类型 3.5
type argument 类型实参 20.3
type checking 类型检查 20.2
Type class Type 类 11.7
type constraint 类型约束 20.4

type inference 类型引用 8.4
type parameter 类型参数 20.3
type parameter list 类型参数表 20.3
typing in a TextBox 在文本框中输入 14.3

U
UInt16 struct UInt16 结构 19.2
UInt32 struct UInt32 结构 19.2
UInt64 struct UInt64 结构 19.2
UML（Unified Modeling Language） UML（统一建模语言） 1.7
UML class diagram UML 类图 11.2
unary cast operator 一元强制转换运算符 5.10
unary operator 一元运算符 5.10
unboxing conversion 拆箱转换 19.3
uncaught exception 未捕获异常 13.2
uneditable text or icons 不可编辑文本或图标 14.2
unhandled exception 未处理的异常 13.2
Unicode character set Unicode 字符集 1.4
Unified Modeling Language (UML) 统一建模语言(UML) 1.7
universal-time format 世界时间格式 10.2
unmanaged resource 未管理的资源 12.7
unqualified name 非限定名 7.7
unwind a method from the call stack 从调用栈中解退方法 13.7
uppercase letter 大写字母 3.2
user-defined classes 用户定义类 3.2
UserControl control UserControl 控件 15.14
user-defined exception class 用户定义异常类 13.7
user-interface thread 用户接口线程 21.11
using directive using 指令 3.2
Using lambda expressions 使用 lambda 表达式 21.9
using static directive using static 指令 21.3

V
valid identifier 有效标识符 3.6
validate data 验证数据 4.5
validate input 验证输入值 13.2
validation 验证 4.9
validity checking 有效性检查 4.9
value 值 3.7
value contextual keyword value 上下文关键字 4.6
Value property of a nullable type 可空类型的 Value 属性 13.9
Value property of class XAttribute XAttribute 类的 Value 属性 23.6
value type 值类型 7.17
value type constraint struct 值类型约束结构 20.4
ValueType class ValueType 类 16.14
var keyword var 关键字 8.4
variable 变量 3.5
variable is not modifiable 变量不可修改 10.10
variable-length argument list 变长实参表 8.11
variable scope 变量的作用域 6.3

verbatim string 逐字字符串 15.6
View menu View 菜单 2.3
View property of class ListView ListView 类的 View 属性 15.10
virtual keyword virtual 关键字 11.4
virtual machine（VM） 虚拟机(VM) 1.9
Visible property of Control Control 类的 Visible 属性 14.4
visual app development 可视化程序开发 2.2
visual programming 可视化编程 14.3
void keyword void 关键字 3.2
volatile information 易失信息 1.3

W
waiting line 排队等候 19.2
walk the list 遍历列表 19.4
web service Web 服务 1.8
WhenAll method of class Task Task 类的 WhenAll 方法 23.5
WhenAny method of class Task Task 类的 WhenAny 方法 23.5
where clause where 子句 20.4
Where extension method Where 扩展方法 21.11
while iteration statement while 循环语句 5.4
while keyword while 关键字 6.7
while repetition statement while 循环语句 5.9
whitespace 空白 3.2
whole-number literal 整数字面值 6.6
widget 窗件 14.1
Width property of structure Size Size 结构的 Width 属性 14.4
window auto hide 窗口自动隐藏 2.4
window gadget 窗口小件 14.1
Window menu Window 菜单 2.3
window tab 窗口选项卡 2.3
Windows bitmap（BMP） BMP（Windows 位图） 2.5
Windows Explorer 15.6
Windows Forms Windows 窗体 14.2
Windows operating system Windows 操作系统 1.10
workflow 工作流 5.4
Write method of class Console Console 类的 Write 方法 3.4

X
X format specifier X 格式指定符 4.9
XAttribute class XAttribute 类 23.6
XDocument class XDocument 类 23.6
XElement class XElement 类 23.6
XmlSerializer class XmlSerializer 类 17.7
Xor bitwise operator 位异或运算符 15.3

Y
Y property of class MouseEventArgs MouseEventArgs 类的 Y 属性 14.11

Z
zero-based counting 基数为 0 的计数 6.3
zeroth element 第 0 个元素 8.2

尊敬的老师：

您好！

为了确保您及时有效地申请培生整体教学资源，请您务必完整填写如下表格，加盖学院的公章后传真给我们，我们将会在 2-3 个工作日内为您处理。

请填写所需教辅的开课信息：

采用教材				☐中文版 ☐英文版 ☐双语版
作　者			出版社	
版　次			ISBN	
课程时间	始于　　年　月　日		学生人数	
	止于　　年　月　日		学生年级	☐专　科　　☐本科 1/2 年级 ☐研究生　　☐本科 3/4 年级

请填写您的个人信息：

学　校	
院系/专业	
姓　名	
通信地址/邮编	
手　机	
传　真	
official email(必填) (eg:XXX@ruc.edu.cn)	

职　称	☐助教 ☐讲师 ☐副教授 ☐教授
电　话	
email (eg:XXX@163.com)	

是否愿意接受我们定期的新书讯息通知：　　☐是　　　☐否

系 / 院主任：_____（签字）

（系 / 院办公室章）

____年____月____日

资源介绍：

—教材、常规教辅（PPT、教师手册、题库等）资源：请访问 www.pearsonhighered.com/educator；　　（免费）

—MyLabs/Mastering 系列在线平台：适合老师和学生共同使用；访问需要 Access Code；　　（付费）

100013　　北京市东城区北三环东路 36 号环球贸易中心 D 座 1208 室
电话：（8610）57355003　　传真：（8610）58257961

Please send this form to: